PRINTPRODUKTION WELL DONE!

Kaj Johansson | Peter Lundberg | Robert Ryberg

Printproduktion well done!

DRITTE, KOMPLETT ÜBERARBEITETE UND ERWEITERTE AUFLAGE

»Drucken ist ein Abenteuer!«
HAP GRIESHABER

Verlag Hermann Schmidt Mainz

Dank

Der Verlag dankt herzlich:
den Autoren Kaj Johansson, Peter Lundberg, Robert Ryberg *für die Überarbeitung,*
Johanna und Anders Ekberg *für Geduld und Flexibilität,*
Inka-Gabriela Schmidt *für Übersetzung, inhaltliche Aktualisierung und Gestaltung,*
Winfried Schmidt *für Screenshots deutscher Software und einige Fotos,*
Herwig Horn *für fachliche Tipps,*
Brigitte Raab *für Kommunikation und Koordination zwischen Kaufbeuren, Mainz und Schweden,*
Max Kostopoulos *für Fotos, Umschlag und Layout,*
Karoline Deißner *für kritisches Lektorat und Korrektorat,*
dem Team der Universitätsdruckerei H. Schmidt: Andreas Ziegler, Thomas Sartorius, Talisha Kreuzberg, Hans Schmidt, Michael Schindel, Gerhard Neumann und Kersten Thomas Meyer *für die geduldige Beantwortung vieler Fragen zum aktuellen Stand der Technik,*
sowie allen, *die uns Kommentare und Anregungen zusenden.*

Die Autoren danken:
Anders Ekberg,
Johanna Ekberg,
Roger Johansson,
Junior Boys,
Eva Kjellström,
Paul Lindström,
Per Marklund,
Alfred Mosskin,
Ellinor Sjöqvist,
Henrik Svensson, *der uns die Skizze einer ins Wasser eintauchenden Tomate zur Verfügung stellte,*
Sanna Wolk,
sowie allen, *die bereits Kommentare und Anregungen geschickt haben!*

Ganz persönlicher Dank der Autoren gilt:
Annika,
Linda,
Milou,
Milton,
Morris,
Nell.

Vorwort

Zehn Jahre sind vergangen, seit wir uns auf das Abenteuer eingelassen haben, ein »Grafisches Kochbuch« herauszugeben. Inzwischen zeigen sich die ersten grauen Härchen und ein kleiner Bauchansatz, aber wir präsentieren mit derselben Faszination über die Entwicklung der grafischen Produktion wie damals eine komplett überarbeitete und auch erweiterte Ausgabe.

Die Technik wurde in vielen Bereichen einfacher und die Verantwortlichkeit verlagert. Heute kann im Grunde genommen jeder produzieren. Die grafische Industrie hat expandiert und alle Grenzen, wer was in der Produktion zu tun hat, sind verwischt. Es ist nicht länger nötig, in teure Geräte und spezielle Drucksysteme zu investieren, um Produkte in Bestqualität zu erzeugen – was Sie aber brauchen, ist Fachwissen, ein paar nützliche Kniffe und eine Prise Leidenschaft.

Dieses Buch erklärt Schritt für Schritt die Abläufe der grafischen Produktion, wie Sie selbst Bilder, Layouts und druckrelevante Dateien erstellen, und welche Rolle die Kunden dabei spielen. Wir gehen auf alles ein, was man bei der Herstellung eines Buches wissen sollte. Wir arbeiten dazu sowohl auf der Windows- wie auch der Mac-Oberfläche und nutzten einfache standardisierte Techniken, die heutzutage die Produktion so einfach und sicher wie möglich machen, angefangen von der bloßen Idee, einem Manuskript und einem Layout bis hin zu einer druckfertigen PDF/X-Datei [*lesen Sie mehr über die Herstellung dieses Buches in Kapitel 1.6*].

Angenehme Lektüre und viel Erfolg bei Ihrer grafischen Produktion!

Kaj, Peter und Robert

Drucken bleibt ein Abenteuer!

Vor zehn Jahren hatten Kaj Johansson, Peter Lundberg und Robert Ryberg die Idee, ein »grafisches Kochbuch« herauszubringen, das Schritt für Schritt sicher durch den Printprozess begleitet – von den Dateiformaten übers Farbmanagement bis zu Bildbearbeitung und Layout, von der Papierwahl bis zur Weiterverarbeitung. Inzwischen ist der Titel weltweit in mehreren Auflagen – immer wieder in internationalem Kooperations-Lektorat überarbeitet – zum Standardwerk geworden.

Parallel haben in der Printproduktion fundamentale Veränderungen stattgefunden. Die Technik selbst ist in vielen Bereichen einfacher geworden. Die Grenzen zwischen »drucken« und »kopieren« verschwinden, die Auftragsabwicklung wird durch Internetdruckereien und Fertigung in Fernost verstärkt anonymisiert und standardisiert. Digitaldruck und Print on demand machen Autoren, Studenten, wagemutige Verleger und andere in Herstellungsfragen Unerfahrene zu Auftraggebern und Dirigenten des Herstellungsprozesses. Unternehmensberater haben in Verlagen die Herstellungsabteilungen teilweise nahezu wegrationalisiert und die Verantwortlichkeiten ins Lektorat oder andere Abteilungen verschoben. Und die angehenden Herstellungsprofis an den Grafikdesignhochschulen sind im Rahmen des Bolognaprozesses teilchenbeschleunigt auf sechs Bachelorsemester.

Ein kompetenter Begleiter durch die Printproduktion ist also nötiger denn je, um den Überblick zu behalten und die Entscheidungen im Printprozess so treffen zu können, dass der Kunde am Ende sagt: »Well done!«

Das wünschen Ihnen
Karin und Bertram Schmidt-Friderichs

So nutzen Sie dieses Buch

Dieses Buch ist so geschrieben, dass der Inhalt der Kapitel ungefähr dem Produktionsablauf folgt. Jedes Kapitel ist mit einer Daumenmarke versehen, die einen schnellen Zugriff ermöglicht. Den Hauptkapiteln ist jeweils eine Auftaktseite mit einer Liste schwerpunktmäßig behandelter Inhalte vorangestellt. Dazu werden Seitenhinweise auf die Unterkapitel gegeben. Jedes Kapitel wird mit übergreifenden Fragen eingeleitet und geht dann auf Detailfragen und technische Aspekte ein.

Das Buch ist so zusammengestellt, dass man es sowohl von vorne bis hinten durchlesen als auch einzelne Kapitel oder aktuell benötigte spezifische Informationen herausgreifen kann. In den späteren Kapiteln wird allerdings vorausgesetzt, dass man die vorangegangenen Produktionsschritte bereits kennt, um häufige Wiederholungen innerhalb des Buches zu vermeiden. Wenn wir in einem Kapitel ein Thema anschneiden, das an anderer Stelle ausführlich behandelt wird, gibt es entsprechende Verweise, die zum Beispiel so aussehen: [*siehe Druck 9.9.2*].

Wenn wir im Text spezifische Befehle oder Menüs in Programmen oder Betriebssystemen erwähnen, sind sie auf diese Weise dargestellt: **Modus** → **Bild** → **Bildgröße**. Der Pfeil bedeutet, dass **Bild** ein Unterverzeichnis zu **Modus** ist sowie **Bildgröße** ein weiteres Unterverzeichnis zu **Bild**.

Noch ein letzter Hinweis zu den genannten Programmen und deren abgebildeten Paletten und Dialogfenstern. Alle Programmmenüs und Abbildungen beziehen sich auf die derzeit aktuellen Versionen. Diese sind die Adobe Creative Suite CS3 mit Illustrator CS3, Photoshop CS3, InDesign CS3, Acrobat Professional 8 sowie QuarkXPress 7, betrifft aber auch jegliche andere genannte oder abgebildete Software. Werden in der Produktion ältere Versionen dieser Programme eingesetzt, so kann es sein, dass zum einen die Programmfenster anders aussehen, zum anderen aber auch Menübefehle oder Vorgehensweisen nicht auf die beschriebene Art nachvollzogen werden können.

Das Ende jedes Kapitels markiert das Aldusblatt. ❦

INFOKÄSTEN

SO FUNKTIONIEREN DIE INFOKÄSTEN
In diesen Kästen finden Sie Details, Ergänzungen, Zusammenfassungen, Checklisten oder Schritt-für-Schritt-Anleitungen. Die Überschrift verrät, was der Kasten enthält.

Bei Bedarf können Sie die Kästen kopieren, ausschneiden und an gut sichtbarer Stelle am Arbeitsplatz aufhängen oder auch einem Auftrag beifügen.

SEITENVERWEISE UND DAUMENREGISTER
Auf der ersten Seite jedes Kapitels finden Sie Seitenangaben zu den Abschnitten des Kapitels.

Ganz außen auf der Seite befindet sich dazu ein Daumenregister, mit dessen Hilfe man schnell zu anderen Kapiteln findet.

Inhalt

01. GRAFISCHE DRUCKPRODUKTION 11
- 1.1 Workflow der grafischen Produktion 12
- 1.2 Bevor gedruckt wird 20
- 1.3 Was beeinflusst die Kosten? 23
- 1.4 Einen Dienstleister wählen 30
- 1.5 Die grafische Produktion planen 32
- 1.6 Wie dieses Buch hergestellt wurde 34

02. DER COMPUTER 39
- 2.1 Die Hardware 40
- 2.2 Computerverbindungen und Schnittstellen 41
- 2.3 Was macht einen Computer schnell? 43
- 2.4 Der Bildschirm 44
- 2.5 Software 48
- 2.6 Speichermedien 50
- 2.7 Kommunikation 55
- 2.8 Netzwerk 57
- 2.9 Das Internet 64
- 2.10 Datenübertragung 66

03. FARBENLEHRE 69
- 3.1 Was ist Farbe? 70
- 3.2 Auge und Farbe sehen 70
- 3.3 RGB – Additive Farbmischung 71
- 3.4 CMYK – Subtraktive Farbmischung 72
- 3.5 Volltonfarbensysteme – Pantone und HKS 75
- 3.6 Warum werden Farben verfälscht dargestellt? 77
- 3.7 CIE – ein geräteunabhängiges Farbsystem 78
- 3.8 Standards im RGB-Farbsystem 80
- 3.9 Farbmanagementsysteme 84
- 3.10 Wie funktionieren ICC-Profile? 85
- 3.11 Farbmanagement effizient einsetzen 90
- 3.12 Farbmanagement in der Praxis 91
- 3.13 Farbkonvertierung 94
- 3.14 Probleme mit dem Farbmanagement 98

04. DIGITALE BILDER 101
- 4.1 Vektorgrafiken 102
- 4.2 Programme für Vektorgrafiken 104
- 4.3 Dateiformate für Vektorgrafiken 104
- 4.4 Pixelgrafiken 107
- 4.5 Bildbearbeitungsprogramme 107
- 4.6 Farbmodus 108
- 4.7 Auflösung 114
- 4.8 Dateiformate für Bilder 116
- 4.9 Komprimierung 123
- 4.10 Digitalkameras 128
- 4.11 Digitalfotografie 133
- 4.12 Scanner 137
- 4.13 Bilder scannen 142

05. BILDBEARBEITUNG 151
- 5.1 Was ist ein »gutes« Bild? 152
- 5.2 Über Bilder und Bildqualität sprechen 153
- 5.3 Bilder prüfen 154
- 5.4 Bilder bearbeiten 164
- 5.5 Retusche und Photoshop-Werkzeuge 179
- 5.6 Speichern und Archivieren 189
- 5.7 Bilder für Druck und Web 191
- 5.8 Effizientere Bildbearbeitung 193

06. LAYOUT & REINZEICHNUNG 197
- 6.1 Layouterstellung 198
- 6.2 Das Textmanuskript 201
- 6.3 Importieren von Texten 203
- 6.4 Schriftbild, Fonts und Typografie 206
- 6.5 Schriftformate und ihre Funktionalität 211
- 6.6 Bilder 216
- 6.7 Bilder einbauen 219
- 6.8 Farben 221
- 6.9 Lernen aus Fehlern im Umgang mit Farben 226
- 6.10 Typische Fehler beim Layouten 227
- 6.11 Korrekturen 232
- 6.12 Proofs 233
- 6.13 Dokumente in den Druck geben 236
- 6.14 Strukturieren und Archivieren 238

07. DRUCKVORSTUFE 243
- 7.1 PostScript 244
- 7.2 PDF – Portable Document Format 248
- 7.3 JDF – Job Definition Format 260
- 7.4 Einstellungen für den Druck 261
- 7.5 Analoge und digitale Proofs 274
- 7.6 Ausschießen 279
- 7.7 Halbtonraster 286

08. PAPIER 299
- 8.1 Gestrichen oder ungestrichen 300
- 8.2 Matt, satiniert oder glänzend 301
- 8.3 Holzfrei oder holzhaltig 301
- 8.4 Papier oder Karton 301
- 8.5 Kunststoff oder Folien 301
- 8.6 Papierformat 302
- 8.7 Bogen- und Papiergewicht 304
- 8.8 Volumen 304
- 8.9 Oberflächenbeschaffenheit 304
- 8.10 Helligkeit und Weißgrad 304
- 8.11 Opazität 305
- 8.12 Laufrichtung 305
- 8.13 Formstabilität 307
- 8.14 Festigkeit 307
- 8.15 Alterungsbeständigkeit 307
- 8.16 Die Papierwahl 308
- 8.17 Papier und Umwelt 313
- 8.18 Der Umgang mit dem Papier 317
- 8.19 Wie wird Papier hergestellt? 320

09. DRUCK 325
- 9.1 Verschiedene Druckverfahren 326
- 9.2 Xerografie 326
- 9.3 Tintenstrahldruck 332
- 9.4 Thermotransferdruck 334
- 9.5 Offsetdruck 335
- 9.6 Hochdruck 351
- 9.7 Siebdruck 354
- 9.8 Tiefdruck 357
- 9.9 Flexodruck 359
- 9.10 Einrichten der Druckmaschine 361
- 9.11 Drucke prüfen 363

10. WEITERVERARBEITUNG 377
- 10.1 Arten der Weiterverarbeitung 378
- 10.2 Vor der Weiterverarbeitung 379
- 10.3 Lackieren 380
- 10.4 Laminieren 381
- 10.5 Heißfolienprägung 381
- 10.6 Prägen 381
- 10.7 Schneiden 382
- 10.8 Stanzen und Perforieren 383
- 10.9 Lochen 383
- 10.10 Falzen 385
- 10.11 Nuten und Rillen 386
- 10.12 Zusammentragen oder Einstecken 386
- 10.13 Klammerheftung 388
- 10.14 Spiralbindung 389
- 10.15 Klebebindung 389
- 10.16 Fadenheftung 390
- 10.17 Fadensiegelheftung 391
- 10.18 Softcover 391
- 10.19 Hardcover 392

11. GLOSSAR 395

01.
Grafische Druckproduktion

1.1	WORKFLOW DER GRAFISCHEN PRODUKTION	12
1.2	BEVOR GEDRUCKT WIRD	20
1.3	WAS BEEINFLUSST DIE KOSTEN?	23
1.4	EINEN DIENSTLEISTER WÄHLEN	30
1.5	DIE GRAFISCHE PRODUKTION PLANEN	32
1.6	WIE DIESES BUCH HERGESTELLT WURDE	34

Wer macht heutzutage was in der grafischen Druckproduktion? Was versteht man unter Vorstufe? Was treibt die Kosten, wo kann man sparen? Wie hoch ist der Anteil der Papierkosten an den Gesamtkosten? Wie vermeidet man Zusatzkosten? Wie finde ich den richtigen Dienstleister? Mit welchen Zeiten und Terminplänen muss ich rechnen?

DIE GRAFISCHE PRODUKTION ist heutzutage ein weit gefächertes Gebiet. Sie beinhaltet alle Schritte, die für die Herstellung eines Druckerzeugnisses erforderlich sind. Natürlich gehören dazu der Druck und die Weiterverarbeitung, aber auch jegliche Vorbereitung wie Entwerfen und Ausführen des Designs, Fotografieren und Bildbearbeitung, Texterfassung und Layout und die Druckvorstufe mit der Herstellung von PDF-Dateien für den Druck, Druckeinstellungen, dem Anpassen der Bilder für die Druckausgabe sowie der Erzeugung von Proofs und Druckplatten.

In diesem Kapitel geben wir einen Überblick über den Workflow in der grafischen Druckproduktion, eine Einführung zu diversen Arbeitsschritten und einige Beispiele zu den typischen Aufgaben aller an diesem Prozess Beteiligten. Bevor wir beginnen, sollten wir einige Fragen dazu beantworten, welche Dinge entscheidend dafür sein können, wie man sein Projekt anlegt und durchführt.

Einkaufen und Planen der grafischen Druckproduktion sind schwieriger als man glaubt, denn es sind viele Leute daran beteiligt, und man geht dabei eine hoffentlich gut funktionierende Kooperation ein. Es ist auch nicht immer einfach, die genauen Kosten vorherzusagen und zu wissen, welche Informationen man braucht, um ein konkretes Preisangebot zu erhalten und Zusatzkosten zu vermeiden, wie sie oftmals in der grafischen Industrie entstehen.

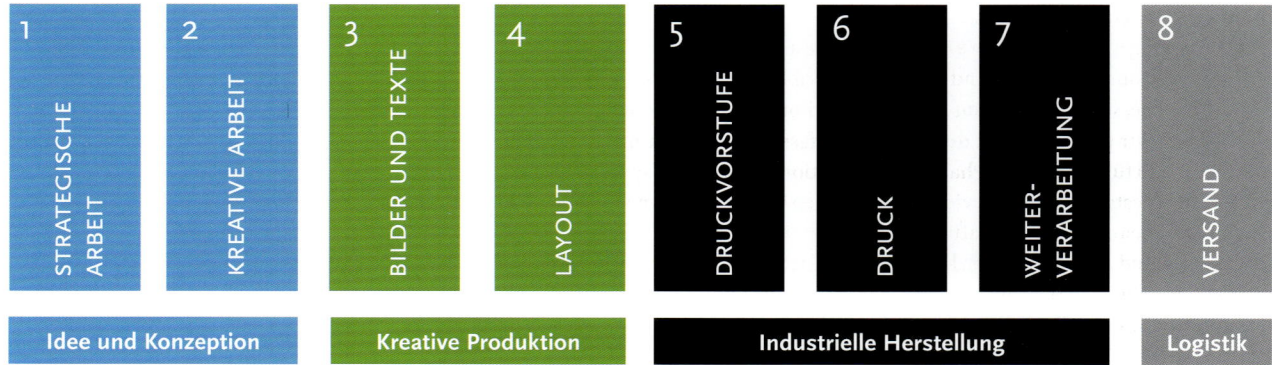

DIE ACHT SCHRITTE DER GRAFISCHEN DRUCKPRODUKTION
Die grafische Druckproduktion kann in acht Schritte und vier Phasen aufgeteilt werden.
Phase eins: strategische und kreative Arbeit. Als Ergebnis präsentieren sich Idee und Konzeption.
Phase zwei: die kreative Produktion. Bilder und Texte werden erstellt bzw. bearbeitet, das Layout gestaltet und technisch angelegt.
Phase drei: besteht aus Druckvorstufe, Druck und Weiterverarbeitung, also aus der industriellen Herstellung.
Phase vier: der letzte Schritt umfasst die Logistik. Hier geht es darum, die Auslieferung des Produkts zu planen und durchzuführen.

Wir werden daher einen Blick auf einige Aspekte werfen, die die Kosten hochtreiben können, und Ihnen eine Checkliste an die Hand geben, was alles in einem aussagefähigen Angebot enthalten sein sollte. Wir gehen auch darauf ein, woran man denken sollte, wenn man sich für einen Dienstleister entscheidet, und wie man die grafische Druckproduktion am besten plant.

1.1 Workflow der grafischen Produktion

Die Technologie der grafischen Druckproduktion ist erschwinglicher und heute für jedermann zugänglich geworden. Diese Entwicklung hat dazu geführt, dass eine Reihe spezialisierter Berufe in den letzten 15 bis 20 Jahren überflüssig wurden. Heute kann ein und dieselbe Person diese Arbeiten übernehmen. Aus diesem Grund gibt es zwischen den verschiedenen Arten der traditionellen Druckherstellung keine exakte Trennung mehr.

Die Aufgabenverteilung ist nicht mehr so klar gegliedert. Vielmehr überschneiden sich die verschiedenen Herstellungsbereiche, und es ist nicht mehr vorgeschrieben, was wo produziert wird. Es gibt Werbeagenturen, die Bilder bearbeiten, Druckereien, die Layouts erstellen, Betriebe der Druckvorstufe, die sogar das Fotografieren übernehmen. Materialien, Herstellung und Informationsabläufe haben sich verändert, was zu einer größeren Vielseitigkeit, aber auch zu mehr Verantwortung des Einzelnen geführt hat.

Um den grafischen Produktionsablauf zu veranschaulichen, haben wir ihn in acht Stufen unterteilt.

- *Strategische Arbeit*
- *Kreative Phase*
- *Bilder und Texte*
- *Layout*
- *Druckvorstufe*
- *Druck*
- *Weiterverarbeitung*
- *Versand*

Die ersten beiden Punkte befassen sich mit Ideenfindung, Konzept und Rahmenbedingungen. In dieser Phase entscheidet sich auch, ob ein Druckerzeugnis benötigt wird oder eher etwas anderes. Ideen, Scribbles und Grafikdesign sind eigene Bereiche, so dass wir darauf nicht mehr als nötig eingehen werden. Trotzdem werden wir uns mit Punkt drei und vier befassen. Gemeinsam stehen sie stellvertretend für die kreative Phase der Produktion (Bild, Text, Layout), in der das Produkt gestaltet wird. Die vier letzten Phasen befassen sich mehr mit der technischen Bearbeitung, die dafür sorgt, das zuvor Geplante und Entworfene umzusetzen und zu drucken. Den letzten Punkt, die Auslieferung der Produkte, werden wir lediglich streifen.

Ein- und dieselbe Firma kann viele dieser Arbeitsschritte erledigen, wobei dies für uns bei der Betrachtung der grafischen Druckherstellung nicht von Interesse ist. Wir müssen lediglich wissen: Wer ist wofür verantwortlich, welche Informationen werden benötigt, welche Kompetenzen sind jeweils erforderlich. Auch wenn die Technik heute selbstverständlicher zur Verfügung steht, so ist doch in Teilbereichen eine besondere Kompetenz erforderlich, um ein hochwertiges Druckprodukt zu erzeugen. Nicht jedes Projekt stellt dieselben Anforderungen.

1.1.1 Strategie

Die erste Phase gilt dem Kommunikationsziel. Hier ist zu klären, was man tun will, welche Wirkung bei wem erzielt werden soll. Was soll der Empfänger mit dem Druckerzeugnis tun?

In dieser Phase entscheidet sich auch, ob überhaupt ein Druckerzeugnis der richtige Weg ist oder ob man sinnvoller eine andere Kommunikationsform wählt. In dieser Phase sollten Marketingabteilung, Werbegrafik und Mediaplaner eng zusammenarbeiten.

1.1.2 Kreative Arbeit

In der kreativen Phase beschäftigt man sich vor allem mit Entwicklung des Designs, mit der Botschaft, der Aufmachung und der Zielgruppe. Weitere Fragen rücken das Projekt ins Blickfeld. Welchen Art des Druckerzeugnisses soll man wählen? Was soll es vermitteln? Wie kommuniziert man die Aussage? Wie soll es wirken?

1.1.3 Bilder und Texte

Digitale Bilder werden heutzutage von fast jedermann aufgenommen und bearbeitet. Mittels digitaler Kameras, Scannern, Mobiltelefonen mit Kamerafunktion und weit verbreiteten Bildbearbeitungsprogrammen werden auf durchschnittlichen Computern eine große Zahl digitaler Bilder bearbeitet. Das hatte zur Folge, dass eine Vielzahl traditioneller Reproduktionsfirmen, die hauptsächlich in der Bildbearbeitung tätig waren, für immer schließen mussten.

Diejenigen, die digitale Bilder bearbeiten, sind aber nicht immer so ausgebildet und erfahren, wie es wünschenswert wäre, sondern eigentlich für ganz andere Aufgaben zuständig. Gleichzeitig sind aber die Ansprüche und die Verantwortung in der Bildbearbeitung gestiegen. Denn wenn nur ein digita-

DIE WAHL ERFOLGT IN UMGEKEHRTER REIHENFOLGE
Allen Produktionsphasen gemeinsam ist, dass man selbst zu jedem Zeitpunkt wissen muss, wie es weitergeht, und dass man seine Arbeit dahingehend plant.

Der Versand kann einen beträchtlichen Anteil der Produktionskosten verschlingen. Es ist daher üblich, ein Papier mit niedrigerem Gewicht zu wählen, um die Kosten zu senken.

Dies wiederum betrifft dann aber sowohl die Weiterverarbeitung als auch den Druck. Umgekehrt kann die Art der Weiterverarbeitung die Papierwahl beeinflussen, wie auch die Papierwahl ihrerseits die Druckmethode vorgibt und indirekt die Bildbearbeitung für den Druck, und so fort.

DER GRAFISCHE PRODUKTIONSABLAUF

Der grafische Prozess besteht aus acht Schritten. In diesem Buch konzentrieren wir uns auf Schritt drei bis sieben. Den Ablauf dieser fünf Schritte sehen wir rechts abgebildet. Der Prozess beginnt mit der kreativen Produktion (Bild, Text und Layout). In dieser Phase wird das Produkt entworfen und bearbeitet. Die folgende Phase betrifft die eigentliche Herstellung und wird in drei Schritte unterteilt (Druckvorstufe, Weiterverarbeitung und Bindung). Danach kann der Vertrieb beginnen.

Die Abbildung zeigt den Workflow anhand eines typischen Druckerzeugnisses.

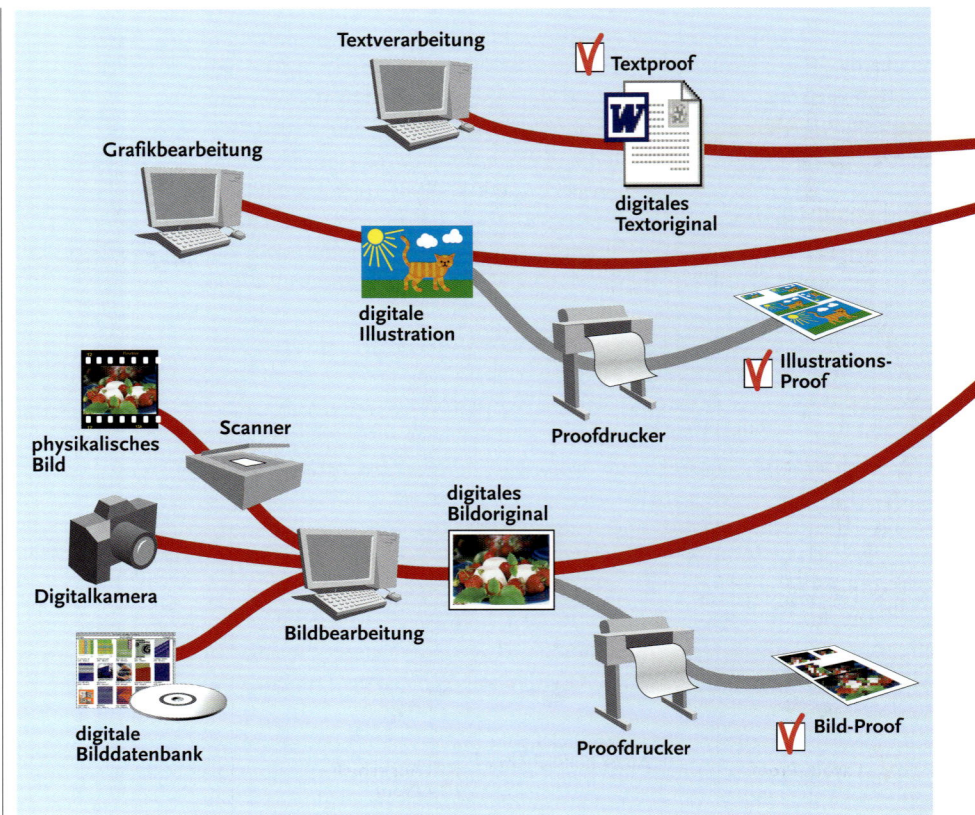

BILD UND TEXT

In dieser Phase werden die Bilder hergestellt. Sie werden gescannt, digital fotografiert, von einer Bilddatenbank eingekauft oder von CDs geladen. Sie werden überprüft, für die Druckausgabe angepasst und retuschiert. In der Regel geschieht dies alles in Adobe Photoshop. Auch Illustrationen werden gegentlich in diesem Programm gezeichnet und überarbeitet, normalerweise aber eher in Adobe Illustrator. Ergänzend sind Texte in einem Textbearbeitungsprogramm zu schreiben, meistens in Microsoft Word, sowie zu bearbeiten und zu korrigieren.

KONTROLLAUSDRUCKE

Der grafische Prozess benötigt regelmäßige Kontrollen. Es ist wichtig, dass diese so früh wie möglich stattfinden, um Fehler zu vermeiden. Zu spät erkannte Fehler sind kostenintensiv in der Korrektur und können den Zeitplan durcheinanderbringen. Rechts sehen wir, welche Kontrollen durchzuführen sind, wie sie erfolgen sollten, wer sie vornimmt und was überprüft wird.

Die *Textüberprüfung* erfolgt durch den Korrektor/das Lektorat über einen Laserausdruck oder direkt im Textverarbeitungsprogramm. Sprachlicher Ausdruck, Grammatik und Rechtschreibung, Inhalt und Richtigkeit werden ebenso geprüft wie die Textstruktur, ob beispielsweise eine Überschrift auch als solche hervorgehoben ist und ob gleiche Ebenen gleich behandelt werden.

Der Mediengestalter erstellt fallweise auch ein *Farbproof*, um Darstellung, Farben und Texte von *Grafiken* zu überprüfen. Dieser Ausdruck wird auf einem Laserdrucker mit hoher Auflösung erstellt.

Farben, Schärfe, Montagen und Qualität der *Fotos und digitalen Illustrationen* werden vom Bearbeiter ebenso anhand eines Farbausdrucks auf einem Proofdrucker überprüft.

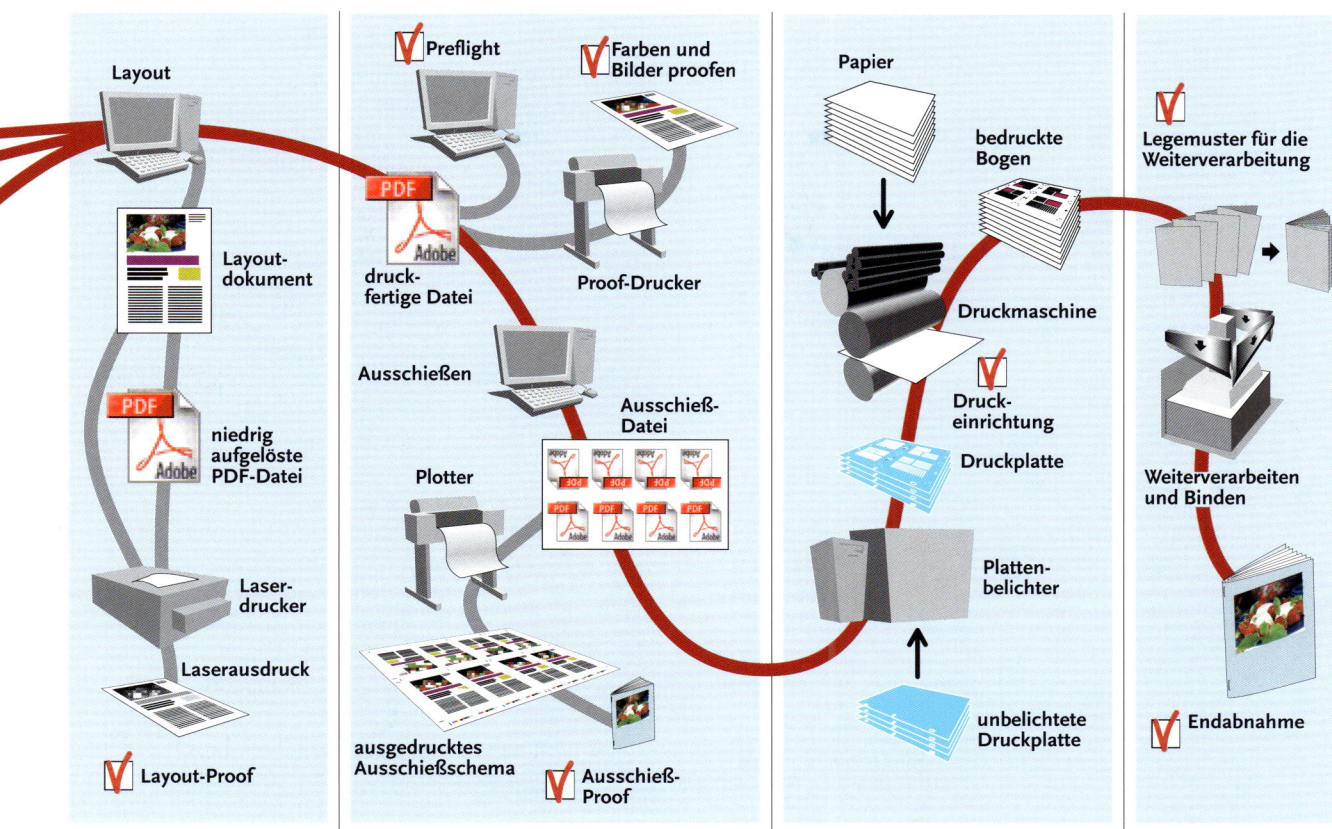

LAYOUT UND REINZEICHNUNG
Bilder und Texte werden meistens in Adobe InDesign oder QuarkXPress zu einem Layout gestaltet. Der Text wird formatiert. Häufig wird ein PDF mit niedriger Auflösung für die Korrektur erstellt. Von der Layout- oder der PDF-Datei wird ein Proof ausgegeben.

Der Mediengestalter erstellt einen Layout-Ausdruck auf einem Laserdrucker, häufig auch in Farbe, um Position der Objekte, Typografie und Design etc. zu kontrollieren. Echte Farben und Bildqualität können damit jedoch nicht geprüft werden.

DRUCKVORSTUFE
Vom Layout wird ein hoch aufgelöstes PDF erstellt. Mittels Adobe Acrobat oder Enfocus Pitstop wird ein Preflight-Check durchgeführt. Dann werden die Seiten so angeordnet, wie sie auf dem Druckbogen stehen müssen. Dies geschieht in einem Ausschießprogramm wie Preps oder Imposition. Davon werden die Druckformen erstellt – beispielsweise die Druckplatten für den Offsetdruck.

Beim *Preflight-Check* der PDF-Datei prüft die Druckerei die technische Qualität des PDFs, wie Bildauflösung, Existenz aller Fonts, Farbsättigung und benötigte Druckfarben.
Der Gestalter gibt ein *Proof* zum Testen der *Farben und Bilder* auf einem Laser- oder Tintenstrahldrucker hoher Auflösung aus, um ein letztes Mal den Gesamteindruck zu prüfen. Die Druckerei erstellt einen meist niedrig aufgelösten *Ausschieß-Proof*, auf dem der Stand aller Seiten auf Richtigkeit überprüft wird.

DRUCK
Der Druck auf einer Druckmaschine erfordert Druckplatten, während ein Drucker direkt die digitale Information ausdrucken kann. Drucksysteme verarbeiten nur bestimmte Papiere, es muss daher eines ausgesucht werden, das zum gewählten Druckverfahren passt.

Die *Abnahme des ersten Druckbogens* erfolgt durch den Drucker oder Gestalter. Alles sollte so aussehen wie auf dem letzten Farbproof. Außerdem achtet man hier besonders auf Kratzer, Butzen und die Passergenauigkeit.

WEITERVERARBEITUNG
Hier wird das Druckerzeugnis fertiggestellt. Die Bogen werden gefalzt und zugeschnitten, das Produkt gebunden oder geklebt. Eventuell auch verpackt, gestempelt, adressiert etc., ehe das Produkt ausgeliefert wird.

Das *Freigabe-Exemplar* wird vom Drucker oder Buchbinder (oder gemeinsam) überprüft, ob technische Fehler oder Ungenauigkeiten vorliegen.
Die *Endabnahme* des fertigen Druckerzeugnisses erfolgt durch den Kunden.

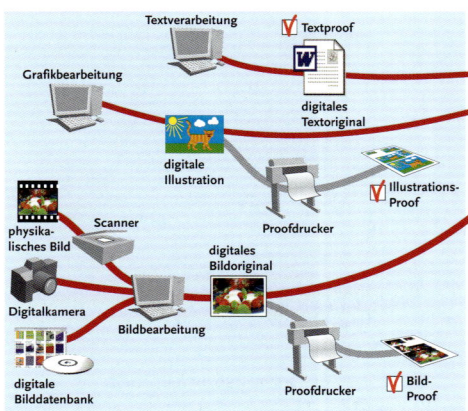

BILD UND TEXT

In diesem Abschnitt werden die digitalen Originalbilder, Illustrationen und Texte für das Druckerzeugnis hergestellt. Dabei arbeiten Fotografen, Illustratoren, Journalisten, Autoren, Retuscheure, Druckvorstufenbetriebe und Druckereien zusammen. In dieser Phase kontrolliert der Gestalter die Texte, Illustrationen und Bilder.

les Original vorliegt und es keine Möglichkeit gibt, auf ein Negativ oder Dia zurückzugreifen, darf nichts schiefgehen.

Die Tatsache, dass es sich um ein digitales Bild handelt, heißt leider nicht automatisch, dass das Bild aus technischer Sicht eine ausreichende Qualität hat, um auch gedruckt zu werden. Das heißt, die Bildqualität muss generell überprüft werden, bevor ein Bild gedruckt wird, auch dann, wenn das Original angeblich von einem Profi geliefert wurde.

Um diese Kontrollen auf die richtige Weise vorzunehmen benötigen Sie grundsätzliches Fachwissen und ein paar Tipps. Woran erkennt man eine gute Bildqualität? Wenn man die technischen Standards kennt und anwendet, hat man eine gute Chance, stets Bilder in ausreichender Qualität zu verwenden.

Aber Bildbearbeitung besteht nicht nur aus technischen Aspekten, sondern schließt natürlich auch kreative ein. Es gibt heutzutage nur wenige veröffentlichte Bilder, die nicht bis zu einem gewissen Grad retuschiert wurden. Einer der häufigsten Bearbeitungsschritte ist allerdings, das Bildmotiv vor einem weißen oder transparenten Hintergrund freizustellen.

Wenn man über digitale Bilder spricht, unterscheidet man zwischen pixelbasierten Bildern und Vektorgrafiken. Bei pixelbasierten Bildern handelt es sich in der Regel um Fotografien, während Illustrationen, Firmenlogos oder Diagramme mit Vektorprogrammen erstellt werden. Pixelbasierte Bilder bestehen aus einer Vielzahl kleinster Bildelemente, den sogenannten Pixeln. Grafikobjekte basieren dagegen auf mathematischen Konstruktionspunkten, zwischen denen Linien oder Kurven errechnet werden. Deshalb lassen sich Vektorgrafiken sozusagen unendlich vergrößern, während Pixelgrafiken möglicherweise einen unschönen »Pixelsalat« ergeben. Die gebräuchlichsten Programme für diese beiden Bildarten sind derzeit Adobe Photoshop für Pixelgrafiken und Adobe Illustrator für Vektorgrafiken.

Bei Pixelgrafiken entscheidet die Auflösung über die Druckqualität. In der Regel verwendet man eine Auflösung von 300 dpi für die abgebildete Größe. Die Speicherformate TIFF und EPS sind dafür am gebräuchlichsten, aber auch PDF und PSD finden immer häufiger Verwendung. Vektorgrafiken werden im EPS- oder PDF-Format gesichert, aber auch das AI-Format ist möglich.

Die Vielzahl der digitalen Bilder hat diverse Arten der Bildverwaltung hervorgebracht. Um das erforderliche Bild zielorientiert zu finden, bedarf es einer standardisierten Namensvergabe sowie einer Reihe von Stichwörtern, Bildbeschreibungen und Copyright-Informationen. Dieser Bereich hat sich in jüngster Zeit enorm weiterentwickelt, und Adobe Photoshop unterstützt mittlerweile die Kennzeichnung von Bildern nach dem internationalen IPTC-Standard. Dies ist auch bei einigen einfacheren und preiswerteren Bildverwaltungsprogrammen wie Cumulus von der Firma Canto oder Portfolio von Extensis der Fall.

Gleichzeitig mit Bildern verwendet man oft auch Texte, die vorab meistens mit Microsoft Word erfasst werden. Wenngleich es möglich ist, in Word ein einfaches Layout zu erzeugen, sollte man dieses Programm nicht für die Erstellung der Druckprodukte verwenden, denn dafür ist es nicht geeignet, sehr wohl aber für die Erfassung und Vorbereitung von Texten.

1.1.4 Layout

Texte und Bilder werden im Layout vereinigt, um vollständige Seiten zu erzeugen. Dabei reicht es nicht aus, ein visuell ansprechendes Layout zusammenzustellen. Es ist ebenso wichtig, dass das Dokument für eine Druckausgabe und für die Erstellung von Druckplatten verwendet werden kann. Dokumente, die diesen Anspruch nicht erfüllen, verursachen unnötige Kosten und Störungen im Produktionsablauf oder erzeugen unerwartete Ergebnisse. Die gängigsten Programme für eine professionelle Layoutdatei sind Adobe InDesign und QuarkXPress.

Typografie, Manuskripterstellung, Bildbearbeitung, Zeichnen von Grafiken, Wahl und Zusammenstellung der Farben sind wichtige Bestandteile der Layoutarbeit. In diesem Buch wird keine ästhetische Betrachtung der Typografie vorgenommen, aber darüber gesprochen, was man bei der Verwendung von Fonts im Zusammenhang mit der Layouterstellung beachten sollte. Ebenso sollte man einiges über die Ausgabeprozesse wissen, beispielsweise was es mit Überdrucken und Überfüllen auf sich hat [siehe 6.10.4 und 6.10.5].

Wenn man Farbe verwendet, wird man mit verschiedenen Farbsystemen konfrontiert, wie RGB, CMYK und Pantone. RGB (Rot, Grün, Blau) ist das Farbsystem, das Computermonitore verwenden, während CMYK (Cyan, Magenta, Yellow, Black) für den Druck benötigt wird. Pantone und HKS sind besondere Echtfarbensysteme, wenn man mit mehr als den vier Grundfarben und mit reinen Farben drucken will. Pantone ist ein international vertretenes Volltonfarbsystem, HKS ein deutsches. Beispiele für den Einsatz wären Gold, Silber, andere Metallic- oder Neonfarben, leuchtendes Blau oder Orange.

Wenn man ein Layout erstellt, muss man eine Vielzahl von Dateien verwalten, vor allem Bilder. Deshalb ist es wichtig, strukturiert zu arbeiten und sich zu überlegen, wie die Dateien benannt werden sollen, damit man sie leicht wiederfindet. Für die reine Layoutarbeit werden oftmals Bilder in niedriger Auflösung eingesetzt, obwohl es selten geworden ist, dass Software oder Rechner ein Problem mit dem Speicherbedarf hoch aufgelöster Bilder haben. Für eine einheitliche und gut strukturierte Gestaltung ist es unerlässlich, eine entsprechende Layoutvorlage zu verwenden. Auf diese Weise lässt sich auch viel Zeit sparen.

Während der Layoutarbeit ist es in der Regel nötig, Proofs an die einzelnen Entscheider zu schicken. Das PDF-Format hat sich zu einem Standard für Proofs entwickelt. Adobes Acrobat Professional enthält viele praktische Funktionen, beispielsweise kann man Kommentare zu den Änderungswünschen anhängen.

1.1.5 Druckvorstufe

Der etwas schwammige Begriff Druckvorstufe schließt alle Arbeitsschritte ein, die man ausführen muss, bevor man drucken kann. Die früheren Begriffe dafür waren Repro, Layoutsatz, Montage und Plattenkopie. Die Grenzen zwischen Druckvorstufe, Layouterstellung und Bildbearbeitung sind fließend, und so kommt es oft zu Problemen und Missverständnissen bei der Frage, wer denn nun eigentlich wofür zuständig ist.

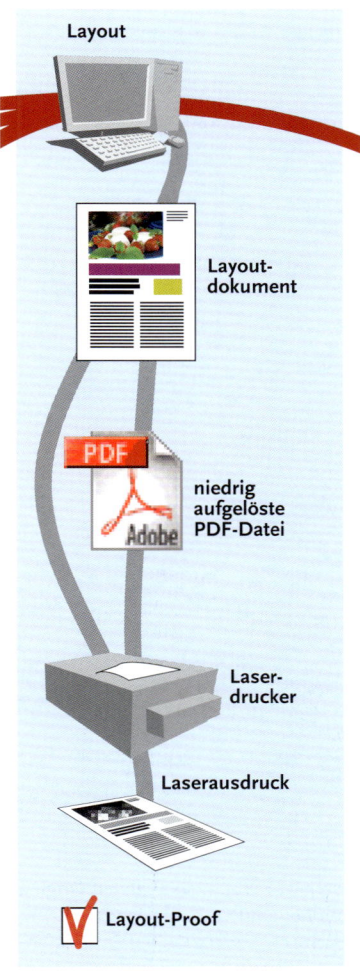

LAYOUT UND REINZEICHNUNG

Unter Layoutarbeit versteht man das Zusammenstellen von Text- und Bildmaterial in einem Layoutprogramm. Damit daraus druckfertige Originalseiten werden, müssen alle Materialien die richtige Qualität haben – dann spricht man beim Layout von einer Reinzeichnung.

Zum Layouten gehören die Umarbeitung des Manuskripts in eine typografische Gestaltung, die Bearbeitung von Bildern und Logos ebenso wie die Wahl der Farben und Farbkombinationen.

Layouts entstehen in Designstudios, Werbeagenturen, hauseigenen Marketingabteilungen und Druckereien.

In dieser Phase gibt der Gestalter das fertige Layout frei.

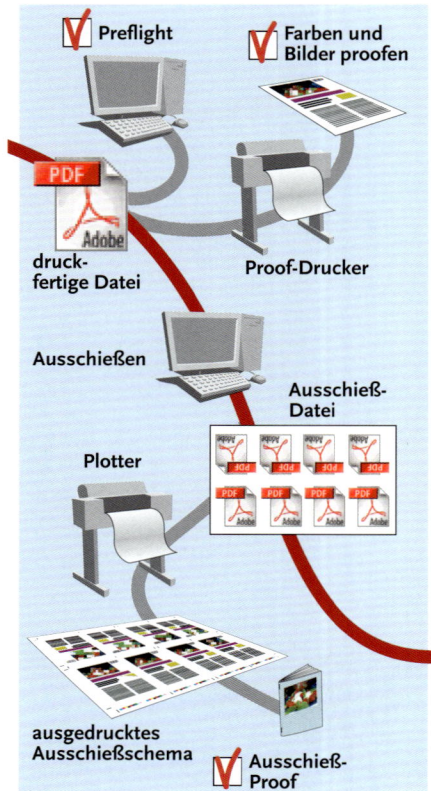

DRUCKVORSTUFE
Druckvorstufe ist ein allumfassender Name für die vielen Arbeitsschritte, die noch getan werden müssen, bevor das Produkt gedruckt werden kann. Zunächst werden PDF-Dateien in hoher Auflösung erzeugt, um Bilder und Dokumente druckfertig vorzubereiten. Dann werden Ausschießen und Rasterweite kontrolliert. Techniken wie PostScript, PDF, JDF und andere Typen verbindlicher Proofs helfen dabei. Auch das Plattenbelichten gehört eigentlich zur Vorstufe. Da es technisch aber dem digitalen Drucken ähnelt, steht es in der nächsten Phase. Ein großer Teil der Druckvorstufenarbeit erfolgt heutzutage automatisiert und in der Druckerei. Vier der Kontrollstufen während der Druckvorstufenphase sind:

- Überprüfen der druckfertigen PDF-Dateien durch Preflight in der Druckerei;
- Überprüfen des Proofs aus der Druckerei;
- Prüfen des Ausschießschemas, normalerweise übernimmt dies der Drucker;
- Prüfen der Plattenbelichtung.

Die heutige Layoutgestaltung erfolgt in der Regel in Werbeagenturen oder Werbeabteilungen innerhalb eines Unternehmens. Die Bildbearbeitung übernehmen Fotografen und spezialisierte Retuschefirmen ebenso wie Mediengestalter und Grafiker. Also was ist dann die Druckvorstufe? Wir haben uns dazu entschlossen, in diesem Buch jene Arbeitsschritte und Techniken der Druckvorstufe zuzuordnen, die notwendig sind, digitale und drucktaugliche Dateien herzustellen, die die Grundlage für die Druckformherstellung bilden. Dazu gehören die Arbeitsschritte zur Erzeugung hoch aufgelöster PDF-Dateien, die Anpassung von Bildern und Dokumenten für die Druckausgabe, Proofen, Ausschießen und Rastern, aber auch Technologien wie PostScript, PDF, JDF und andere Arten gedruckter Proofs.

Die meisten Arbeitsabläufe in der Druckvorstufe sind heutzutage automatisiert und werden zum großen Teil den Druckereien überlassen. Alle Druckereien akzeptieren PDF-Dateien als Originale. Es wurden internationale Standards entwickelt, die PDF-Dateien drucktauglich machen (PDF/X).

Die Bilder werden für die Druckausgabe mittels ICC-Profilen auf die verschiedenen Gegebenheiten angepasst. Für die üblichen Druckverfahren stehen sogar standardisierte ICC-Profile zur Verfügung.

Bei der digitalen Ausgabe auf Druckplatten wird automatisch gerastert. Die Rasterpunkte entsprechen den verschiedenen Farben und Tonwerten, die im Druck erzeugt werden sollen. Es gibt verschiedene Rasterverfahren, die alle ihre Vor- und Nachteile haben.

Einen wichtigen Faktor stellt der Proof in der Druckvorstufe dar. Er ersetzt heute den früher üblichen Andruck. Es handelt sich dabei um einen qualitativ hochwertigen Farbausdruck, der dem Kunden vorgelegt werden kann, bevor der eigentliche Druck erfolgt. Der Proof vermittelt einen Eindruck davon, wie das gedruckte Produkt aussehen wird, und gibt dem Drucker vor, welches Endergebnis der Kunde erwartet. Ohne Proof ist es schwierig, das Druckergebnis zu beanstanden, wenn man damit nicht zufrieden ist. Da die Grenzen innerhalb der Druckvorstufe fließend sind, werden manche Bearbeitungsschritte von Leuten ausgeführt, die normalerweise in der Bildbearbeitung oder im Layout tätig sind. Es ist nicht so wichtig, wie wir die einzelnen Arbeitsschritte nennen. Wichtiger ist, wer macht die Arbeit, wie ist sie definiert, welche Arbeitsschritte sind auszuführen und wie kompetent muss jemand sein, damit man ihm dafür die Verantwortung übertragen kann.

1.1.6 Druck

Das Druckverfahren, das man für das geplante Projekt auswählt, wird im Wesentlichen vom Qualitätsanspruch, der Auflagenhöhe, dem Bedruckstoff, dem Format und der Art des Produkts bestimmt. Druckerzeugnisse lassen sich sowohl über Drucker wie auch Druckmaschinen herstellen, und die Grenzen zwischen beiden sind fließend. Im entsprechenden Kapitel werden wir die verschiedenen Druckverfahren und ihre spezifischen Eigenschaften vorstellen.

Der grundlegende Unterschied zwischen der Technik einer Druckmaschine und der Technologie eines Druckers besteht darin, dass Erstere eine bestimmte Art von Druckform verwendet. Druckplatten sind statisch, das bedeutet, alle von derselben Druckplatte hergestellten Druckerzeugnisse sehen gleich aus.

Die Technik der Druckmaschinen eignet sich besonders gut für hohe Auflagen. Die üblichsten Verfahren sind Offsetdruck, Tiefdruck, Flexodruck und Siebdruck. Digitaldrucker benötigen keine Druckplatten, das heißt, jeder Ausdruck ist ein Unikat und kann vom vorhergehenden abweichen. Die Druckertechnologie ist für kleine Auflagen von wenigen bis 500 Exemplaren besser geeignet. Die üblichen Verfahren sind Xerografie, Tintenstrahldruck und Thermotransferdruck.

Spricht man über Digitaldruck, meint man normalerweise, dass die Technologie zwar die eines Druckgerätes ist, aber hohe Auflagen wie auf herkömmlichen Druckmaschinen produziert werden können. Der Vorteil der Digitaldruckmaschine besteht darin, dass der Inhalt von Blatt zu Blatt variieren darf (beispielsweise bei adressierter Werbung), die Einrichtekosten im Gegensatz zu Druckmaschinen gering sind und man keine Filme oder Druckplatten erstellen muss. Allerdings ist die Vielfalt des bedruckbaren Materials im Digitaldruck eingeschränkt. Man kann jedoch auch auf Kunststoffe oder Textilien drucken, nicht nur auf Papier.

1.1.7 Weiterverarbeitung

Die Weiterverarbeitung ist die letzte Phase der grafischen Druckproduktion, hat aber von Anfang an einen großen Einfluss auf das Produkt und sollte daher frühzeitig in die Überlegungen mit einbezogen werden. Beispielsweise sind manche Papiersorten geeigneter zum Falzen und Binden als andere. Auch das Ausschießen (die Anordnung der Seiten auf dem Druckbogen) ist entscheidend für die Weiterverarbeitung. Man muss also bereits zu Beginn festlegen, welche Weiterverarbeitungsschritte gewünscht sind. Man kann die Weiterverarbeitung in drei Bereiche unterteilen: Oberflächenbehandlung, Veredelung und Binden.

Es gibt verschiedene Möglichkeiten der Oberflächenbehandlung und unterschiedliche Gründe, diese für notwendig zu halten. Man kann mit Folienkaschierung optische Reize schaffen, Bereiche aus dem Papier ausstanzen, ein Bild durch Teillackierung aufpeppen oder mit Heißfolienprägung metallische Effekte erzeugen. Häufig soll die Oberfläche des Druckerzeugnisses vor Schmutz und Feuchtigkeit oder vor Abnutzung geschützt und deshalb laminiert werden. Es kommt auch oft vor, dass die Druckbogen lackiert werden, damit man nicht warten muss, bis die Farben trocken sind, sondern möglichst zügig in die Weiterverarbeitung gehen kann.

Die letzten Bearbeitungsschritte sorgen für die richtige Form des Druckerzeugnisses: Zuschnitt – das Druckerzeugnis wird auf das richtige Format beschnitten und erhält glatte Schnittflächen; Stanzen – das Druckerzeugnis wird durch Stanzen in eine andere Form gebracht oder erhält eine Perforation; Falzen – aus den Druckbogen werden Lagen hergestellt; Rillen – das Druckerzeugnis wird gerillt, um glatte Falzkanten zu gewährleisten.

Beim Binden werden eine ganze Anzahl einzeln bedruckter Druckbogen zu einer Einheit zusammengefügt. Das können klammergeheftete Broschüren sein, spiralgebundene Handbücher, Taschenbücher oder gebundene Bücher mit festem Einband. Mit dem Binden wird festgelegt, auf welche Weise der Inhalt zusammengehalten wird: Klammerheftung, Spiralbindung, Rückstichheftung,

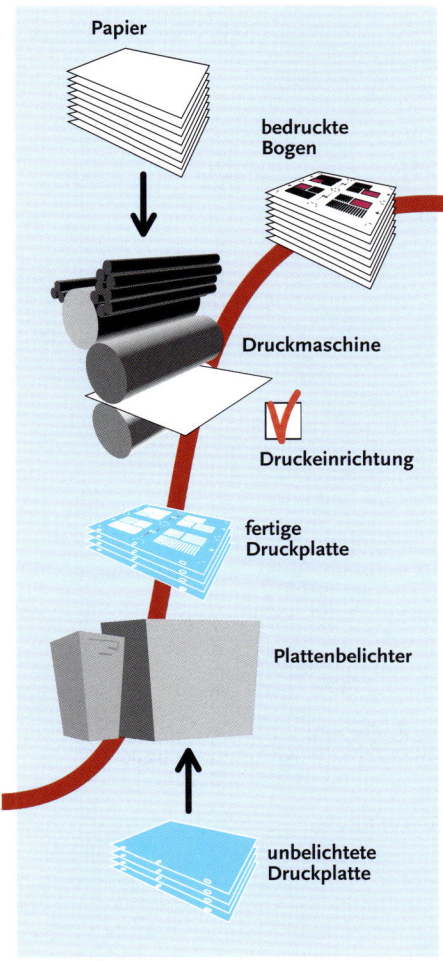

DRUCKEN
Heutzutage wird sowohl digital als auch auf Druckmaschinen gedruckt.

Klassische Druckverfahren erfordern die Erstellung einer Druckform für jede Druckfarbe: Hochdruckklischees für den Flexodruck, Druckplatten für den Offsetdruck, gravierte Zylinder für den Hochdruck und Siebe für den Siebdruck. Der Digitaldruck benötigt keine Druckformen, sondern druckt direkt die digitale Information.

In dieser Phase entscheidet man über die Druckausgabequalität. Die Druckfreigabe kann durch den Gestalter, den Kunden oder jemanden aus der Druckerei erfolgen.

WEITERVERARBEITEN UND BINDEN
Die Weiterverarbeitung der bedruckten Bogen findet entweder in der Druckerei statt oder in einer eigenständigen Buchbinderei und kann in drei Bereiche unterteilt werden: Oberflächenbearbeitung (Lackieren, Laminieren, Prägen etc.), Schneiden und Formen (Beschneiden, Stanzen, Nuten etc.) und Binden (Zusammentragen, Heften, Klammern, Klebebinden etc.).

Zu diesem Zeitpunkt muss eine erneute Freigabe erfolgen. Jemand aus der Druckerei, der für die Qualitätskontrolle verantwortlich ist, muss das erste Exemplar begutachten und freigeben, bevor die gesamte Auflage fertiggestellt wird.

VERSAND
Der Versand wird häufig von der Druckerei übernommen oder, wenn es sich um einen großen Auftrag handelt, von spezialisierten Firmen. Die Versandkosten übersteigen oftmals die Druckkosten.

Der Gestalter oder der Kunde muss normalerweise das Druckerzeugnis erst freigeben, bevor es in den Versand geht.

Fadenheftung, Fadensiegelheftung oder Klebebindung. Bei Klammerheftung und Spiralbindung wird der Umschlag während des Bindeprozesses angefügt. Bei Faden- und Fadensiegelheftung wird erst der Inhalt gebunden und dann in die Buchdecke eingehängt. Dies kann auf zwei Arten erfolgen: Bei der ersten Version (Taschenbücher, Softcover) wird der Umschlag am Rücken des Buchblocks angeklebt. Bei der zweiten (fester Einband, Hardcover) werden die erste und letzte Seite des Buchblocks, die sogenannten Vorsätze, an die Innenseiten des Einbands geklebt. Bei der Herstellung von Taschenbüchern wird der Umschlag während des Heftens angeklebt. Bei der Fadenheftung wird der Buchblock erst später in den Einband eingehängt.

Der spätere Anwendungsbereich des Druckprodukts beeinflusst die Wahl der Weiterverarbeitung. Ein Handbuch, das in einer Garage verwendet wird, muss öl- und schmutzresistent sein, ein Computerhandbuch soll flach aufgeschlagen liegen bleiben. Ökonomische Aspekte spielen bei der Wahl ebenso eine Rolle, wie die Auflagenhöhe. Eine Tageszeitung muss nicht länger als einen Tag halten, man kann dafür also eine preiswertere und einfachere Weiterverarbeitung wählen. Druckt man eine Großauflage auf einer Rollendruckmaschine, ist die Weiterverarbeitung in der Regel direkt an die Druckmaschine angeschlossen. Man spricht dann von der Online-Verarbeitung.

Die Weiterverarbeitung findet in der Druckerei statt oder bei einem Buchbinder. Arbeitet man mit einer bestimmten Bogenoffsetdruckerei zusammen, müssen die Druckbogen oftmals an eine externe Buchbinderei weitergeleitet werden. Buchbinder sind häufig auf bestimmte Bindeverfahren spezialisiert. Verfügt die Druckerei über keine eigenen Möglichkeiten der Weiterverarbeitung, arbeitet sie oftmals fest mit einer Buchbinderei zusammen.

1.1.8 Versand
Das Druckerzeugnis ist nun fertig und kann an den Endverbraucher geliefert werden. Die Versandkosten übersteigen häufig die Druckkosten. Der Versand wird oftmals von Firmen übernommen, die sich darauf spezialisiert haben. Dazu werden wir in diesem Buch aber nur einen allgemeinen Überblick geben.

1.2 Bevor gedruckt wird
Bevor man überhaupt mit der Produktion anfängt, gibt es erst mal eine Reihe von Fragen zu klären. Warum will man das Produkt erzeugen, wer soll damit – und auch wie – erreicht werden, welche Art Druckerzeugnis soll es denn überhaupt werden und in welcher Qualität? Fragen über Fragen!

1.2.1 Was soll erreicht werden?
Bevor man beginnt, sollte der Zweck des Druckerzeugnisses klar sein, wen man damit erreichen will und welche Botschaft kommuniziert werden soll.
Das Produkt kann zum Beispiel:
- informieren
- verkaufen
- unterhalten
- verpacken

AKTEURE IM PROZESS DER GRAFISCHEN DRUCKPRODUKTION

STRATEGISCHE PHASE	BILDER UND TEXTE	LAYOUT	DRUCKVORSTUFE	WEITERVERARBEITUNG UND BUCHBINDEREI
• Marketingabteilungen	• Fotografen	• Werbe- und Designbüros	• Druckvorstufenbetriebe	• Druckereien
• Public-Relation-Abteilungen	• Fotolabore	• externe Grafiker	• Druckereien	• Buchbinder
• Werbeagenturen	• Druckvorstufenbetriebe	• Produktionsfirmen	• Produktionsfirmen	**VERSAND**
• Medienberater	• Druckereien mit eigener Druckvorstufe	• Druckvorstufenbetriebe	• hauseigene Designabteilung	• Druckereien
KREATIVE PHASE	• Bildagenturen	• Druckereien	**DRUCK**	• Buchbinder
• Marketing- und PR-Abteilungen	• Texter/Übersetzer	• hauseigene Designabteilung	• Druckvorstufenbetriebe	• Letter-Shops
• Werbe- und PR-Agenturen	• Autoren		• Druckereien	• Kunden inhouse
• Designbüros	• externe Lektorate			

Der Zweck des Druckerzeugnisses ist heutzutage wichtiger denn je, da die Konkurrenz anderer Medien größer geworden ist. Häufig besteht die Antwort aus einer Kombination verschiedener Zwecke, abhängig von der Art des Produkts, der Form, dem gewählten Material und der Zielgruppe.

Die Frage muss daher lauten: Was kann ein Druckprodukt besser erreichen als andere Medien?
- Lässt es sich gezielter verteilen?
- Wirkt es wertiger?
- Wird es mehrfach zur Hand genommen?
- Wird es genutzt an Orten oder zu Zeiten, wo andere Medien nicht zur Verfügung stehen?
- Soll es informieren, werben, unterhalten oder als Verpackung dienen?

1.2.2 Wer soll mit dem Druckerzeugnis erreicht werden?

Wer ist die Zielgruppe, wer wird das Druckerzeugnis verwenden? Die Zielgruppe ist ausschlaggebend für die Art des herzustellenden Produkts, wie es aussehen soll und vor allem auch, welchen Inhalt es haben soll. Heutzutage gibt es viele technische Möglichkeiten, das Druckerzeugnis am Computer zielgruppengerecht mit den Informationen für den Kunden zu gestalten.

1.2.3 Wie soll der Leser erreicht werden?

Wie will man den Endverbraucher erreichen und welche Medien/Kanäle sollen genutzt werden, um ans Ziel zu kommen? Die Wahl des Mediums kann entscheidend dafür sein, wie erfolgreich man die Zielgruppe erreicht. Wie soll das Druckerzeugnis versandt werden und von wem? Einige Beispiele:
- ausgedehnte Werbemaßnahmen innerhalb der Stadt
- Werbung in Tageszeitungen oder Wochenmagazinen
- Direct-Mailings

1.2.4 Welches Produkt soll hergestellt werden?
Welche Art Druckerzeugnis soll es sein und wie hoch soll die zu druckende Auflage sein? Die Art des Druckerzeugnisses und die Auflage beeinflussen den Preis und geben die Drucktechnik vor. Einige Beispiele gedruckter Produkte und ihrer Auflagenhöhe:

- Flyer   30.000 Exemplare
- Kataloge   100.000 Exemplare
- Bücher   5.000 Exemplare
- Prospekte   10.000 Exemplare
- Verpackungen 100.000 Exemplare
- Anzeigen   200 Schaltungen
- Plakate   500 Exemplare

1.2.5 Wie wird das Druckerzeugnis vom Endbraucher verwendet?
Wie wird das Druckerzeugnis verwendet werden? Wird man es über einen kurzen oder eher einen langen Zeitraum nutzen, und falls ja, wird es das aushalten? Einige Fragen können hilfreich sein bei der Klärung:

- Soll das Produkt haltbar sein, eventuell sogar Archivqualität haben?
- Wird es schnell durchgeblättert?
- Wird es, nachdem es gelesen wurde, weggeworfen?
- Soll es eine bestimmte Funktionalität haben? Muss eine Verpackung beispielsweise lebensmittelecht sein?

Der Einsatzbereich des Druckerzeugnisses und seine geplante Lebensdauer sind entscheidend dafür, wie gedruckt und geheftet wird, welche Weiterverarbeitung und welches Material in Frage kommen. Einige Beispiele:

    Ein Katalog, der häufig durchgeblättert wird, sollte so weiterverarbeitet werden, dass er diese Verwendung aushält. Das bedeutet beispielsweise, dass der Umschlag laminiert werden sollte und man eine Klebebindung verwendet.

    Ein Außenplakat muss Wind und Wetter widerstehen, solange es hängt. Es muss grundsätzlich mit wasserfesten und möglichst lichtechten Farben und auf ein wetterbeständiges Papier gedruckt werden.

    Ein Buch, dem man eine lange Lebensdauer voraussagt (oder das vermutlich häufig in die Hand genommen wird, so wie dieses), sollte als fadengebundene Ausgabe mit einem festen und durch Veredelung geschützten Einband erscheinen.

    Tageszeitungen haben eine kurze Lebensdauer und können daher auf preiswertem Papier gedruckt und ohne Bindung zusammengetragen werden.

1.2.6 Welche Qualitätsanforderungen werden gestellt?
Die Frage nach der Qualität beeinflusst Preis und Lieferzeit. Sie betrifft auch die Wahl der Produktionspartner. Soll es ein qualitativ hochwertiges Produkt werden? Sollen die Fotos in Topqualität abgebildet werden?

    Man kann die grafische Druckproduktion grob in drei Qualitätsstufen aufteilen: niedrig, mittel und hoch. Typische Produkte minderer Qualität sind

Produktflyer, einfache Prospekte, interne Newsletter und Ähnliches. Zu Produkten mittlerer Qualität zählen Periodika, Prospekte, Broschüren. Qualitativ besonders hochwertig gedruckt und weiterverarbeitet werden Jahresberichte, Kunstbücher oder exklusive Verpackungen. Einige Beispiele:

Ein Kunstbuch sollte hinsichtlich der Bilder und des Druckergebnisses, der Papierart und der Weiterverarbeitung die bestmögliche Qualität erreichen.

Ein Werbeflyer für das Direct-Mailing einer Pizzeria um die Ecke muss weder besondere Bildqualität zeigen, noch auf einem besonders guten Papier gedruckt werden. In diesem Fall sollen einfach die Kosten so gering wie möglich sein.

1.3 Was beeinflusst die Kosten?

Holt man sich bei verschiedenen Firmen Angebote ein, ist es wichtig, alle Informationen zu liefern, die mit dem Produkt in Verbindung stehen, um eine genaue Aussage über die Kosten und den Produktionszeitraum zu erhalten. Im Folgenden werden wir ein paar wesentliche Parameter hinsichtlich der Produktionskosten nennen und ein paar Fragen klären, die von Bedeutung sein können, wenn man sein Druckerzeugnis plant.

Im Druckgewerbe gibt es keine einheitlichen Richtlinien für die Kostenkalkulation, daher können die Kosten von Anbieter zu Anbieter ziemlich schwanken. Einige Firmen arbeiten mit einer festen Preisliste, während andere von Auftrag zu Auftrag neu kalkulieren. Es ist wichtig, darüber zu sprechen, was ein Angebot konkret beinhalten soll und was nicht. Handelt es sich um Nettopreise oder wurde die Mehrwertsteuer bereits hinzuaddiert?

Darüber hinaus gilt es, die geeignete Firma zu beauftragen. Die verschiedenen Druckverfahren sind nur für bestimmte Produktionsbereiche geeignet, so dass die Druckereien in ihren Möglichkeiten beschränkt sind. Das bedeutet gleichzeitig eine Spezialisierung, die für ökonomische Betrachtungen ausschlaggebend sein kann. Es ist also wichtig, einen Dienstleister auszuwählen, der normalerweise genau die Art von Produkt herstellt, um die es sich bei dem Auftrag handeln wird. Es kann zwar sein, dass er auch in der Lage ist, ein für ihn unübliches Produkt herzustellen, meist aber zu deutlich höheren Kosten.

Sprechen wir über Druckerzeugnisse, vergessen wir dabei manchmal die Kosten, die im Vorfeld entstehen. Dazu gehören die Kosten, die bei der Beauftragung einer Werbeagentur anfallen, die Idee und Konzept entwickelt, Texte schreibt und das Design entwirft. Nicht zu vergessen, die Versandkosten. Stellt man eine kleine Auflage her, nehmen die Kosten für die Werbeagentur einen großen Anteil an den Gesamtkosten ein. Handelt es sich um eine Großauflage, sinken die Kosten der Werbeagentur proportional zu den steigenden Vertriebskosten.

Die Papierkosten sind normalerweise in den Druckkosten enthalten und machen bei Kleinauflagen (10.000 Exemplare oder weniger) nur einen geringeren Teil der Gesamtkosten aus. Bei höheren Auflagen (100.000 Exemplare oder mehr) kann das Papier über 50 Prozent der Druckkosten verursachen. Soll nur eine kleine Auflage gedruckt werden, ist die Papierwahl also, vom ökonomischen Standpunkt aus betrachtet, zu vernachlässigen, während sie bei einer Großauflage immens wichtig ist.

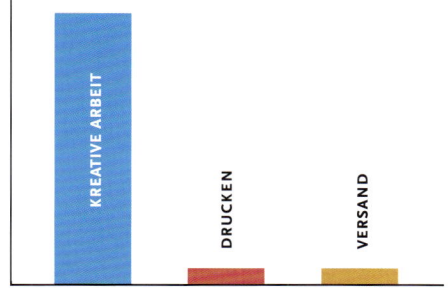

Kostenverteilung bei Kleinauflagen und kleinem Umfang

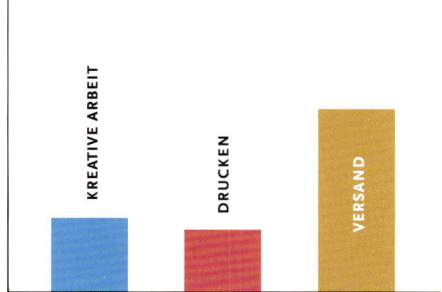

Kostenverteilung bei Großauflagen und großem Umfang

DIE KOSTEN EINES DRUCKERZEUGNISSES
Die relativen Kosten eines Druckerzeugnisses hängen von der Auflagenhöhe ab. Bei Kleinauflagen machen die Kreativkosten wie Bildbearbeitung, Text- und Designerstellung einen großen Teil der Gesamtkosten aus, bei Großauflagen und großem Umfang sind es dagegen die Versandkosten.

Wir zeigen im Folgenden einige Parameter auf, die Einfluss auf die Druckkosten nehmen.

1.3.1 Rüstzeiten und Einrichtekosten

Berechnet man den Preis für ein Druckerzeugnis, beginnt man in der Regel mit dem Preis pro Stunde (abhängig von den Kosten der Druckmaschine) und der Zeit, die man durchschnittlich für die Produktion braucht. Da Druckmaschinen sehr teuer in ihrer Anschaffung und ihrem Unterhalt sind, ist der Preis pro Stunde hoch und kann schnell irgendwo zwischen 250 € und 1.000 € pro Stunde liegen, je nach Größe und Leistungsfähigkeit der Druckmaschine.

Die gesamten Druckkosten setzen sich zusammen aus den Kosten für die Einrichtezeit und aus den Materialkosten wie Druckplatten und Papier.

Bevor der erste Bogen erfolgreich bedruckt wird, muss die Druckmaschine vorbereitet und eingestellt werden. Die eigentlichen Kosten für die Laufzeit der Maschine stehen dann in direkter Relation zu der Anzahl der bedruckten Bogen. Die Anzahl der Bogen wiederum ist abhängig von der Auflagenhöhe, dem Produktformat und den daraus resultierenden Nutzen pro Bogen sowie dem Gesamtumfang des Produkts.

1.3.2 Auflagenhöhe, Format und Umfang

Die Auflagenhöhe benennt die Anzahl der Exemplare, die man drucken möchte. Das Format ist die endgültige Größe und mit dem Umfang meint man die Anzahl der Seiten. Diese drei Parameter beschreiben das Druckerzeugnis und sind also die Hauptfaktoren für die Kostenberechnung.

Die Auflagenhöhe beeinflusst natürlich die Gesamtkosten. Da die Einrichtekosten vergleichsweise hoch sind, sinkt der Preis pro Exemplar, je mehr man druckt. Es bietet sich daher manchmal an, lieber ein paar Stück mehr zu drucken, weil dies billiger ist, als eine Handvoll Exemplare nachzudrucken. Will man wissen, wie hoch die Preisdifferenz bestimmter Stückzahlen ist, bittet man die Druckerei um entsprechende Kalkulation. Auflagen unter 500 Stück werden sinnvollerweise im Digitaldruck hergestellt, höhere Auflagen auf Bogenoffsetdruckmaschinen. Rollenoffsetdruckmaschinen sind erst ab Auflagen von mehr als 50.000 Exemplaren gefragt, während sich der Tiefdruck für Auflagen von 300.000 Stück oder mehr anbietet. Diese sind natürlich nur Richtwerte, sie können je nach Format und Umfang variieren.

Das Format beeinflusst die Druckkosten ganz erheblich, weil davon abhängt, wie viele Seiten (Nutzen) auf dem Druckbogen Platz haben. Plant man das Format, ist es sinnvoll, die maximale Formatgröße der Druckmaschine (oder des vorgegebenen Papiers) zu kennen, um es effizient auszunutzen. Halbiert man das Format, kann man die Druckkosten erheblich senken, da man nur halb so viele Bogen bedrucken muss. Die Kosten selbst halbieren sich dadurch aber nicht, weil die Einrichtezeiten dieselben bleiben. Bei hohen Auflagen kann man dagegen die Druckkosten in etwa halbieren, da hier die Rüstzeiten nur einen kleinen Anteil der Gesamtkosten ausmachen.

Ein wichtiger Faktor ist auch der Umfang. Je mehr Seiten das Druckerzeugnis haben soll, desto höher sind die Druckkosten. Da der Druck im Bogenoffset auf bestimmte Standardformate ausgelegt ist, sollte man sein Produkt mit einer

Seitenanzahl planen, die durch 4, 8 oder 16 teilbar ist. (Die Seitenzahl doppelseitiger Druckerzeugnisse muss auf jeden Fall wenigstens durch 4 teilbar sein – je 2 Vorder- und 2 Rückseiten – da das Produkt sonst nicht verarbeitet werden kann!) Alle drei Faktoren – Auflagenhöhe, Format und Umfang – stehen also in einer direkten Beziehung zueinander und bestimmen, wie viele Bogen bedruckt werden müssen.

1.3.3 Farben

Nur mit schwarzer Farbe zu drucken ist wesentlich preisgünstiger, als ein Produkt im Vierfarbendruck herzustellen. Sind außerdem spezielle Farben gewünscht, wie zwei oder drei Pantonefarben (bzw. HKS), steigen die Druckkosten sprunghaft. Denn dazu muss man in der Regel die Farben auswechseln und die Druckmaschine reinigen. Die Anzahl der Farben, die auf einer bestimmten Druckmaschine in einem Durchlauf gedruckt werden können, hängt von der Anzahl der Farbwerke ab. Viele moderne Bogenoffsetdruckmaschinen haben fünf oder sechs Farbwerke, das heißt, es ist dann nicht so teuer, mit einer oder zwei zusätzlichen Farben zu drucken. Wie auch immer, der Wunsch nach drei oder mehr Sonderfarben kann ziemlich teuer werden! Man muss die Farben wechseln, die Druckmaschine reinigen, neu einrichten und die Sonderfarben in einem zusätzlichen Durchlauf drucken.

Beim Einsatz von Rollenoffsetdruckmaschinen oder Digitaldruckpressen ist man meistens auf den Vierfarbendruck beschränkt, da diese nur selten über mehr als vier Farbwerke verfügen. Flexodruckmaschinen besitzen dagegen häufig mehr als vier Farbwerke, so dass man, ähnlich wie auf entsprechenden Bogenoffsetdruckmaschinen, zusätzliche Farben ohne nennenswerte Kostenerhöhung drucken kann.

1.3.4 Bildbearbeitung

Zur Bildbearbeitung gehören vor allem Retuschen, die Erstellung von Auswahlen und Freistellern, Proofen und weitere Anpassungen. Diese Arbeiten werden in der Regel pro Stunde abgerechnet und der Preis variiert von 80 € pro Stunde bis etwa 350 €, abhängig von Komplexität und Größe der Aufgabe. Aufwändige Retuschen kosten beispielsweise mehr als eine einfache Bildbearbeitung. Es entspricht nicht notwendigerweise der Wahrheit, dass ein und dieselbe Person oder Firma beide Arbeiten gleich gut erledigen kann. Druckereien sind meistens in der Lage, einfache Bildbearbeitungen vorzunehmen, während aufwändige Retuschen möglicherweise Spezialisten erfordern. Aber es ist nicht nur eine Frage der Qualität, sondern auch der Kosten, denn ein erfahrener Retuscheur führt die Arbeit in der Regel schneller durch als jemand, der nur wenig Ahnung hat.

Gibt es viele Bilder zu bearbeiten, lässt man sich am besten den Preis je Bild anbieten – man hat so die Gesamtkosten auch selbst in der Hand. Man muss dem Dienstleister aber die gewünschte Bearbeitung exakt beschreiben, damit dieser Probleme und Zeiterfordernisse genau einschätzen kann. Man braucht beispielsweise mehr Zeit, eine Pinie freizustellen als einen Ball. Am besten zeigt man dem Dienstleister einige Beispielbilder für die gewünschte Bearbeitung.

Lässt man Bilder scannen oder fotografieren, wird meistens pro Bild abgerechnet. Hierbei ist es wichtig, Größe und Auflösung abzuklären, damit die Qualität stimmt. Den Preis beeinflusst es selten. Sind mehrere Bilder auf dieselbe Weise aufzunehmen, reduziert sich dagegen oft der Preis pro Bild.

1.3.5 Layout

Die Layoutarbeit kann alles Mögliche einschließen, vom Füllen einer Vorlagendatei bis hin zur einem aufwändigen Design, das anhand eines Scribbles erstellt werden soll, oder auch der Entwicklung einer Idee. Zu einfacheren Layouttätigkeiten gehören das Proofen vorhandener Dokumente, die typografische Bearbeitung eines bereits angelegten Dokuments, Anzeigengestaltung oder die Aufgabe, einer vorhandenen Vorlage eine weitere Sprache hinzuzufügen. Zu aufwändigeren Layoutarbeiten gehören die Seitengestaltung anhand eines Scribbles oder alles selbst zu erstellen, inklusive des Designs.

Layoutarbeiten werden häufig pro Stunde bezahlt, bei umfangreichen Projekten pro Seite. Die Preise variieren je nach Aufwand und Schwierigkeitsgrad. Es ist nicht immer richtig, alle Arbeiten an dieselbe Person oder Firma zu vergeben, sondern auch hier ist es besser, zu differenzieren.

Handelt es sich um ein umfangreiches Projekt, sollte man nach einem Seitenpreis fragen. Die Kosten für das Gesamtprojekt lassen sich dann besser planen. Auch hier gilt, den Arbeitsauftrag so genau wie möglich zu beschreiben und am besten ein paar Beispielseiten zu zeigen, damit der Dienstleister den Auftrag genau einschätzen kann.

Manchmal bietet es sich an, mit einem Seitenpreis zu kalkulieren, wenn darin auch noch das Scannen von Bildern, Bildbearbeitung, Layouten und Proofen beinhaltet sind.

Überhaupt sollte man die Proofs nicht vergessen. Man muss unbedingt mitteilen, welche Einstellungen dabei zu berücksichtigen sind, wann Proofs zu erstellen sind, und die Zeit für die Beurteilung dieser Testdrucke und eventuelle Nachkorrekturen muss mit eingeplant werden. Man kann eine bestimmte Anzahl von Proofs fest einkalkulieren und für jeden zusätzlichen Proof einen separaten Preis vereinbaren.

1.3.6 Druckvorstufe

Zur Druckvorstufe gehören das Erstellen oder/und Überprüfen von PDF-Dateien oder der Originaldaten aus QuarkXPress, Adobe InDesign oder Adobe Illustrator. Auch eine druckrelevante Anpassung der Dokumente oder Bilddateien kann notwendig sein. Das Proofen gehört oftmals ebenso dazu wie das Ausschießen und das Erstellen der Druckformen. Manchmal ist es erforderlich, die Kosten für die Archivierung der digitalen Daten zu erfragen. Die Preise in der Druckvorstufe variieren je nach Firma, obwohl diese Tätigkeiten mehr oder weniger automatisiert und immer gleich sind.

In der Druckvorstufe gilt normalerweise ein Stundenpreis, der zwischen 70 € und 300 € pro Stunde liegen kann. Die benötigten Stunden hängen vom Aufwand und Umfang der Aufgabe ab. Druckmaschinenproofs und Druckformen werden oft je Form abgerechnet und kosten je nach Format zwischen 150 € und 650 €.

1.3.7 **Weiterverarbeitung**
Zur Weiterverarbeitung gehören die Oberflächenbehandlung (lackieren, laminieren, kaschieren, prägen), verschiedene Bearbeitungsvarianten des Druckbogens (beschneiden, stanzen, perforieren, rillen) und die Bindearten (beispielsweise Spiral-, Klebebindung, Fadenheftung).

Lackiert wird meistens direkt in der Druckmaschine, und die Kosten dafür sind nicht sehr hoch. Laminieren und Kaschieren sind in der Regel kostenintensiver und erfordern mehr manuelle Tätigkeit. Zum Prägen und Stanzen müssen Formen hergestellt werden, die ebenfalls die Kosten in die Höhe treiben können. Die verschiedenen Bindearten variieren im Preis. Man kann allgemein sagen, dass die Spiralbindung und die Fadenheftung wesentlich kostenintensiver sind als eine einfache Klammerheftung oder Klebebindung.

Die Weiterverarbeitungskosten setzen sich aus Rüstzeiten, Arbeitszeit und Materialkosten pro Exemplar zusammen. Umfang und Ausschießschema der Druckbogen sind ausschlaggebend für die Stückzahlen, die von den Weiterverarbeitungsmaschinen bearbeitet werden müssen. Je weniger Seiten auf dem Druckbogen stehen und je mehr Seiten das Druckerzeugnis hat, desto höher die Einrichtekosten. Die Auflagenhöhe beeinflusst den Stückpreis.

VERSCHIEDENE PAPIERE – VERSCHIEDENE PREISE

- Bogenpapiere sind teurer als Rollenpapiere.
- Kunstdruckpapiere sind teurer als satinierte oder ungestrichene Papiere.
- Holzfreie Papiersorten sind teurer als holzhaltige Papiere.
- Farbige Papiere kosten mehr als weißes Papier.
- Archivpapiere sind teurer als normale Papiere.

1.3.8 **Papier**
Auch bei der Papierwahl sollte man die Kosten nicht außer Acht lassen. Eine Grundregel besagt: je höher die Auflage, desto größer ist der Kostenanteil des Papiers an den Gesamtkosten. Bei hohen Auflagen von 100.000 Exemplaren und mehr kann ein vergleichsweise geringer Preisunterschied zweier Papiersorten eine große Differenz bei den Gesamtkosten ergeben. Bei einer Kleinauflage von ein paar Tausend Exemplaren oder auch weniger, machen die Papierkosten nur einen kleinen Teil der Produktionskosten aus. Die gängigen Papiersorten weichen nicht mehr als +/- 15 Prozent im Preis voneinander ab. Nur Spezialpapiere kosten wesentlich mehr.

Wählt man ein anderes Papiergewicht (g/m²) einer bestimmten Papiersorte, verändert sich der Preis proportional zum Papiergewicht. Es ist daher üblich, bei höheren Auflagen das Papiergewicht niedriger zu wählen.

Wenn man über die Druckkosten spricht, ist auch der Umfang des Produkts zu beachten, also die Anzahl der Seiten. Für ein Buch mit vielen Seiten benötigt man entsprechend viel Papier – auch bei einer Kleinauflage. Das Format ist in diesem Zusammenhang ebenso wichtig. Ausgefallene Formate erschweren die optimale Flächennutzung des Druckbogens. Es wird viel Abfall produziert. Kleine Formatänderungen können hier möglicherweise Wunder bewirken. Die Druckerei kann auch hierbei beraten.

Normalerweise kauft man das Papier bei der Druckerei, die das Produkt drucken wird. Dabei ist zu bedenken, dass der Papierpreis auch von der Vereinbarung abhängt, die die Druckerei mit bestimmten Papierlieferanten getroffen hat, und vom Volumen, das man für den Auftrag bestellt. Dasselbe Papier muss daher bei verschiedenen Druckereien nicht das Gleiche kosten. Manchmal ist es auch sinnvoll, sich alternative Papiere zeigen und kalkulieren zu lassen.

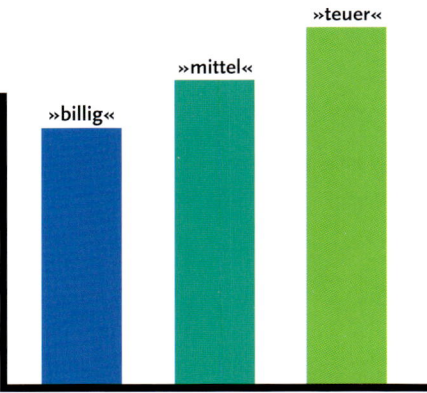

PREISUNTERSCHIEDE DER PAPIERQUALITÄTEN
Die meisten Papiere durchschnittlicher Qualität unterscheiden sich nicht mehr als +/-15 Prozent im Preis. Bestimmte Spezialpapiere können dagegen sehr viel teurer sein.

CHECKLISTE FÜR DAS EINHOLEN EINES ANGEBOTS

PROJEKTDEFINITION
- Projektname und -nummer
- Kurzbeschreibung der Aufgabe
- Qualitätsanspruch
- beteiligte Partner

AUFLAGE, UMFANG UND FORMAT
- Auflage
- Umfang (Buchblock und Einband)
- Format

FARBEN
- Vierfarbdruck im Schön- und Widerdruck
- Sonderfarben
- Lackierung

PAPIER
- gestrichen oder ungestrichen
- satiniert oder glänzend
- Papiergewicht
- Qualität
- Buchblock und Einband

WEITERVERARBEITUNG UND BUCHBINDERARBEITEN
- Lackieren, Laminieren
- Kaschieren, Prägen
- Stanzen, Perforieren, Nuten
- Falzen und Rillen
- Art der Bindung (Klammer-, Faden- oder Fadensiegelheftung, Spiral- oder Klebebindung)

KONFEKTIONIEREN UND VERSAND
- Versandweg (Lieferung; per Post; ggf. zusätzlich digital als Mail-Verteiler oder Website etc.)
- Lieferadressen
- Verpackung
- Eintüten in Umschläge
- Etikettieren/Adressieren

MATERIALVORAUSSETZUNGEN
- Layout
- Bilder (Vektor- und Pixelgrafiken)
- Texte
- Tabellen
- Scribbles
- Originaldateien oder PDFs

BILDBEARBEITUNG
- Freisteller
- Retuschen
- Schatten und andere Effekte
- Farbkorrekturen

LAYOUT UND REINZEICHNUNG
- Layout anhand des Scribbles erstellen
- Layout als Reinzeichnung umsetzen
- ein vorhandenes Original übernehmen oder bearbeiten
- Software
- Proofs (PDF, Ausdrucke etc.)

DRUCKVORSTUFE
- Rasterfrequenz
- Rasterart
- Proof der ausgeschossenen Seiten

ZEITVORGABE
- Lieferung des Materials
- Lieferung der Proofs
- ggf. mehrere Korrekturläufe terminieren
- Druckfreigabe
- Lieferung des Druckerzeugnisses

SONSTIGES
- Umgang mit Belegexemplaren
- Archivierung des Materials

1.3.9 **Konfektionieren und Versand**
Es muss auch geklärt werden, ob der Versand im Preis enthalten ist oder extra hinzukommt. Die meisten Druckereien übernehmen auch das Verpacken, Kuvertieren, Addressieren und den Versand. Bei hohen Auflagen macht die Distribution einen großen Teil der Gesamtkosten aus. In diesem Zusammenhang ist es wichtig zu entscheiden, ob man bei den anderen Faktoren wie Papier, Format und Umfang einen Kompromiss finden und Kosten einsparen kann. Die Distributionskosten selbst lassen sich kaum beeinflussen, aber manchmal erhält man einen Rabatt bei einem anderen Distributeur oder beim Versandporto, indem die Versandkosten ohne postalische Beschränkungen nur anhand des Volumens berechnet werden.

1.3.10 **Archivierung**
Manche Firmen bieten die Archivierung der digitalen Dokumente und Bilder für eine eventuelle spätere Wiederverwendung an. Es ist durchaus nicht selbstverständlich, dass Daten aufgehoben werden, wenngleich manche Dienstleister dies tun. Will man sichergehen, dass dies der Fall ist, sollte man darüber reden. In der Regel kostet es nur wenig, oftmals auch gar nichts. Ein guter Modus ist eine monatliche Zahlungsrate im Verhältnis zum Umfang des zu archivierenden Materials. Auch ein Archivierungszeitraum muss festgelegt werden.

1.3.11 **Gedanken zur Umwelt**
Um die Umweltbelastung, die durch die grafische Produktion hervorgerufen wird, zu senken, muss man von Zeit zu Zeit darüber nachdenken und neue Entscheidungen bezüglich Papier, Material, Farben und so fort treffen. Auch im Produktionsprozess kann es Neuerungen geben, beispielsweise bei der Veredelung und Bindung, bei Papiersorten und Druckfarben. Die grafische Produktion entwickelt sich ständig weiter, so dass man sich immer wieder aufs Neue informieren muss, welche Alternativen zur Verfügung stehen.

Die Herstellung nimmt von der Idee bis zum fertigen Produkt auch Einfluss auf die Umwelt, das sollte man nicht außer Acht lassen. Wie lange die Lebenserwartung des Produkts ist, wie und wo es verwendet wird bis zu dem Tag, an dem es weggeworfen und recycelt wird. Man sollte daher energieschonend produzieren, den Einsatz der Materialien überdenken und reduzieren, Recyclingprodukte nutzen, giftige und nicht recycelbare Materialien vermeiden.

Leider sind nicht alle mit »ECO« bezeichneten Materialien oder Verfahrensweisen auch tatsächlich besser; hier hilft nur eine abgewogene und dialektische Information.

Ein paar typische Fragen:
- Wie werden die Rohmaterialien, die für die Herstellung von Papier und anderen Materialien benötigt werden, hergestellt und eingesetzt?
- Welche Druckfarben werden verwendet, enthalten diese giftige Stoffe oder sind sie aus Pflanzen hergestellt? Können die Überreste recycelt werden?
- Kann man für den Auftrag Recyclingpapier einsetzen, welche Chemikalien wurden zum Bleichen verwendet?

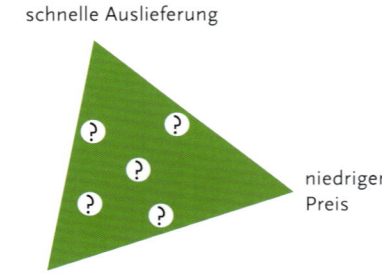

WAS HAT VORRANG IN DER PRODUKTION?
Druckereien kalkulieren oft knapp. Es ist daher schwierig, einen niedrigen Preis mit schneller Lieferung und bester Qualität zu kombinieren. Man muss sich entscheiden, welchen Schwerpunkt des Dreiecks man für sein Projekt wählt.

- Wie wird mit Entwicklern und andere Chemikalien während der Produktion umgegangen? Inwiefern beeinflusst die Weiterverarbeitung die Recycelfähigkeit des Produkts?
- Werden die Tonerkartuschen der Drucker und der Digitaldruckmaschinen recycelt?
- Wie wird im Produktionsprozess mit Energie und Ressourcen umgegangen?
- Ist die Druckerei Umwelt-zertifiziert?

1.4 Einen Dienstleister wählen

Für eine erfolgreiche Druckproduktion bedarf es einer guten und engen Zusammenarbeit mit verschiedenen Dienstleistern. Man sollte seine Geschäftspartner daher sorgfältig wählen.

Vergleicht man verschiedene Dienstleister miteinander, muss man zuallererst darüber nachdenken, welche Anforderungen man stellt. Auch sollte definiert werden, welche Phasen der Produktion man selbst übernimmt und wo man Hilfe benötigt. Kann man einen Großteil der Herstellung selbst übernehmen, mindert dies die Kosten, aber zugleich trägt man auch selbst größere Verantwortung für das Ergebnis.

Es gilt zu bedenken, dass manche Teile der Produktion besonders gut von einem bestimmten Dienstleister ausgeführt werden können, andere vielleicht aber nicht. Es kann daher sein, dass für bestimmte Bereiche Spezialisten gefordert sind. Im Folgenden betrachten wir einige Faktoren, die bei der Entscheidung hilfreich sein können.

1.4.1 Qualität und Kompetenz

Kompetenz und Qualität sind oft die wichtigsten Faktoren bei der Suche nach einem Dienstleister. Dazu muss man sich natürlich erst mal im Klaren sein, welche Ansprüche man stellen will. Es ist häufig schwierig, die Kompetenz und den Qualitätsgrad zu beurteilen, wenn man mit dem Dienstleister noch nie zusammengearbeitet hat. Dann ist es am besten, man lässt sich Referenzen zeigen, also Arbeiten, die für andere Kunden ausgeführt wurden. Vielleicht ist die Firma auf bestimmte Aufgabenbereiche spezialisiert. Beispielsweise kann eine Bildbearbeitungsfirma auf diesem Gebiet sehr professionell sein, aber auch teuer. Stellt man an die Bildqualität jedoch nicht so hohe Ansprüche, sollte man mit einem Dienstleister zusammenarbeiten, der diese Arbeiten auch anbietet, jedoch kein Spezialist, dafür aber preiswerter ist.

Man sollte den Dienstleister auch fragen, wie die Zusammenarbeit konkret ablaufen soll, welche Vorarbeiten er seinerseits erwartet und inwieweit er gute Qualität garantieren kann.

1.4.2 Verlässlichkeit und Termintreue

Ein Garantieren von Lieferzeit und Qualität sind entscheidende Faktoren bei der Wahl des Dienstleisters. Wobei diese beiden Bereiche im Vorhinein schwer zu beurteilen sind. Im Prinzip stellt sich die Frage, wie schnell der Dienstleister die Arbeit ausführen kann und wie zuverlässig er ist.

Man sollte auf jeden Fall fragen, ob die Lieferzeit garantiert werden kann. Dies kann in manchen Fällen absolut entscheidend für die Auftragsvergabe sein, beispielsweise wenn die Werbung für ein Produkt pünktlich ausgeliefert werden muss. Daher ist es manchmal notwendig, eine Lieferklausel in den Vertrag mit dem Dienstleister aufzunehmen. Ist eine kurzfristige schnelle Lieferung gewünscht, kann dies den Preis erhöhen.

1.4.3 Kapazitäten und Ressourcen

Soll ein großer Umfang in kurzer Zeit produziert werden, gilt es herauszufinden, ob der Dienstleister diesen Anforderungen technisch und personell gewachsen ist. Man sollte sich auch unbedingt nach Alternativangeboten umsehen. Oft hängt beides, Technik und Personal, von der Größe der Firma ab. Aber es ist auch von Bedeutung, ob mehrere Leute in der Lage sind, dieselbe Arbeit auszuführen, oder ob alles auf den Schultern von wenigen lastet.

1.4.4 Organisation und Zusammenarbeit

Man sollte mit gesundem Menschenverstand darauf schauen, welchen Eindruck die Firma macht und wie sie mit Kunden umgeht. Wie wichtig ist man als Kunde für den Dienstleister und wird einem der Service geboten, den man erwartet? Gibt es spezielle Kontakter und ist die Kontaktperson immer dieselbe oder ist es je nach Aufgabenbereich immer jemand anders?

1.4.5 Nähe und Verfügbarkeit

Es kann von Vorteil sein, einen Dienstleister in der Nähe zu wählen, vor allem wenn die Lieferzeit eine Rolle spielt und man hohe Qualitätserwartungen hat. Ist die Lieferzeit nicht ausschlaggebend, kann es aus ökonomischen Erwägungen vorteilhafter sein, einen Anbieter außerhalb der eigenen Stadt zu beauftragen. Dagegen spricht, dass man nicht mal eben vorbeifahren kann, wenn es Probleme gibt.

Eine andere wichtige Frage betrifft die Arbeitszeiten. Druckereien und Druckvorstufenbetriebe arbeiten oft in Schichten oder einer Art 24-Stunden-System. Wann und wie ist zu diesen Zeiten jemand erreichbar?

Firmen, die im Schichtbetrieb arbeiten, können meistens schneller produzieren und bieten kürzere Lieferzeiten als andere Firmen.

1.4.6 Referenzen und Image

Man sollte stets nach typischen Produktionsbeispielen fragen, die diese Firma hergestellt hat. Oder sich umhören, wer dieser Firma bereits einen Auftrag erteilt hatte und wie zufrieden man mit Ergebnis und Zusammenarbeit war.

Die grafische Druckproduktion lebt von der Zusammenarbeit und dem Austausch. Man sollte viel mit Dienstleistern sprechen und zusehen, dass man sich untereinander kennt. Wählt man in diesem Bereich Partner aus, baut man oft eine Geschäftsbeziehung auf, die über Jahre halten kann. Wechselt man den Dienstleister, kann es lange dauern, bis die Zusammenarbeit wieder ähnlich gut klappt, und das heißt, zu Anfang können unnötige Unkosten entstehen.

EINIGE INTERESSANTE HINWEISE FÜR DIE WAHL EINES DIENSTLEISTERS:

- Qualität und Kompetenz
- Verlässlichkeit und Termintreue
- Kapazitäten und Ressourcen
- Freundlichkeit und persönliche »Chemie«
- Organisation und Zusammenarbeit
- Nähe und Verfügbarkeit
- Referenzen und Image
- Flexibilität und Improvisation
- Rahmenbedingungen und Vertragsgestaltung
- Nachhaltigkeit und Umweltfreundlichkeit
- Wirtschaftlichkeit und Zukunftsfähigkeit

1.4.7 Rahmenbedingungen und Vertragsgestaltung

Welche Routinen und Absprachen müssen zwischen einem selbst als Kunden und dem Dienstleister getroffen werden? Viele Anbieter verwenden ALG2, das ist ein besonderer Vertrag, der von Repräsentanten der Grafikindustrie und Dienstleistern erarbeitet wurde. Die Verantwortlichkeiten von Kunde und Dienstleister werden damit festgelegt.

Es kann auch andere Absprachen oder Routinen geben, über die man Bescheid wissen sollte, bevor man zusammenarbeitet, beispielsweise Zahlungskonditionen, Qualitätsgarantien und Copyright.

1.4.8 Nachhaltigkeit und Umweltfreundlichkeit

Manchmal werden besondere Anforderungen an Qualität und Umweltfreundlichkeit gestellt. In diesem Fall muss man erfragen, wie der Dienstleister mit Umweltfragen umgeht und ob er nach ISO 12001 zertifiziert ist [*siehe Druck 9.12*]. Das Gleiche betrifft die Qualität. Auch hier gibt es Standards, ISO 9000. Wobei man bedenken sollte, dass diese Standards nicht die Ansprüche an den Grad der Qualität ersetzen. Standards werden durch die jeweiligen Vorgehensweisen ersetzt. Es ist also wichtiger herauszufinden, was der Anbieter dafür tut, die Qualität zu gewährleisten.

1.4.9 Wirtschaftlichkeit und Zukunftsfähigkeit

Die grafische Druckproduktion befindet sich ständig im Umbruch und für viele Firmen ist es ein harter Stand. Aus diesem Grund sollte man auch einen Blick auf die ökonomische Stabilität und die Besitzverhältnisse einer Firma schauen. Auch wie die Zukunftspläne des Dienstleisters aussehen, ob es bestimmte Zukunftsprojekte gibt, welche Richtung eingeschlagen wird und welche Aktivitäten anstehen, um das Überleben der Firma langfristig zu sichern.

1.5 Die grafische Produktion planen

Man hat Angebote eingeholt und sich für einen Dienstleister entschieden. Dann ist es endlich an der Zeit, die Produktion zu planen. Das ist nicht einfach, wenn verschiedene Parteien daran beteiligt sind und man von allen ein wenig abhängig ist. Unerwartete Ereignisse können auftreten, und man muss dann schnell und objektiv die richtigen Maßnahmen ergreifen. Kommunikation, Disziplin und Kompetenz sind entscheidend für eine erfolgreiche Zusammenarbeit. Alle profitieren davon, wenn jeder die Erwartungen des anderen genau kennt.

Die Tatsache, dass es nicht einfach ist, einen Produktionsplan aufzustellen, heißt nicht automatisch, dass man es dann einfach lassen sollte. Im Gegenteil, man sollte sich die Zeit nehmen und in Ruhe darüber nachdenken:

1. Wer übernimmt die Verantwortung für das Projekt?
   Wer hat genügend Fachwissen?
2. Welche Partner braucht man, um das Projekt durchzuführen?
3. Was kann man selbst übernehmen und für was braucht man Hilfe?
   Welche Aufgaben überträgt man seinen Geschäftspartnern?

PRODUKTIONSPLAN

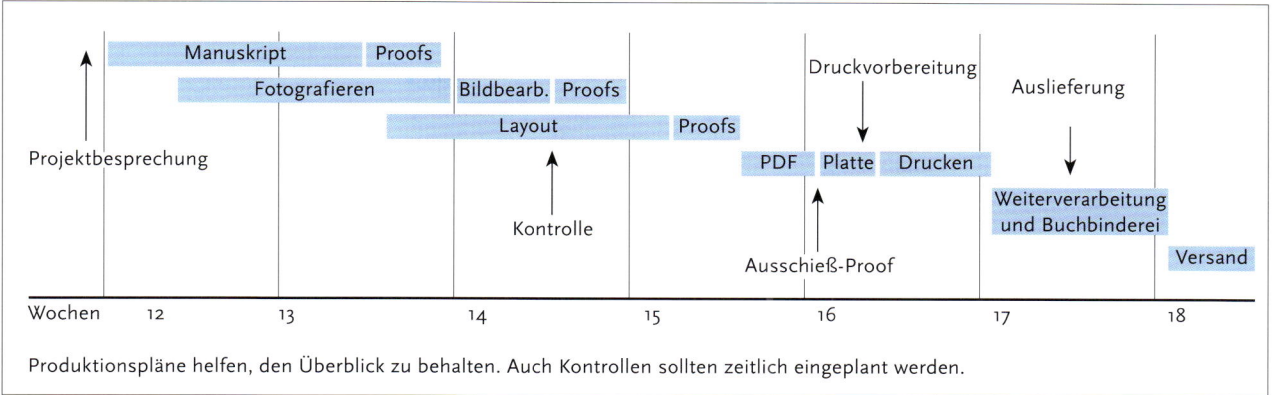

Produktionspläne helfen, den Überblick zu behalten. Auch Kontrollen sollten zeitlich eingeplant werden.

4. Wer wird einbezogen? Wer ist wofür zuständig?
5. Ist in allen Bereichen der Kontakt hergestellt oder muss dies erst noch geschehen?
6. Welche Leute sollten zwischenzeitlich über den Stand des Projekts informiert werden?
7. Wie soll für Qualität und Termineinhaltung garantiert werden?
8. Wer überprüft die Probeabzüge der Texte, der Bilder, des Designs, des Inhalts und der Funktionalität?
9. Wer macht die Endabnahme, bevor das Projekt in den Druck geht?

Damit der Informationsfluss und die Koordination des Projekts reibungslos vonstatten gehen, bedarf es in der Regel eines Projektleiters. Dieser soll den Überblick behalten und alle Stufen des Workflows verstehen. Die verschiedenen Produktionsstufen unterscheiden sich zum Teil sehr stark voneinander, jede muss sorgfältig geplant werden. Fehler im Informationsfluss führen direkt zu schlechterer Qualität und längeren Lieferzeiten.

Produktionspläne können eine gute Hilfe sein. Im Allgemeinen fängt man mit der Planung von hinten an. Man versucht zu klären, wie viel Zeit jede einzelne Produktionsphase braucht. Dann plant man Lieferzeit, Teillieferungen, Proofen. Nicht zu vergessen, ein bisschen Puffer für eventuelle Unwägbarkeiten. Es passiert immer dann etwas Unerwartetes, wenn man es am wenigsten gebrauchen kann. Zuletzt noch die Frage: Soll das Druckprodukt neu aufgelegt werden? Neue Version, neue Auflage, neue Nummern etc.?

Für jede Produktionsstufe sollte so viel Zeit vorgesehen werden, dass das Zwischenergebnis auch überprüft werden kann. Je später man während der Produktion noch Fehler entdeckt, desto höher sind die Kosten, diese zu korrigieren.

1.6 Wie dieses Buch hergestellt wurde

Seit vor rund zehn Jahren die erste Ausgabe von *Well done, bitte!* erschienen ist, hat sich in der grafischen Design- und Druckindustrie viel getan. Es wurden neue Techniken entwickelt und andere Arbeitsmethoden eingeführt. Als wir das erste Buch schrieben, arbeiteten wir auf einem Macintosh, der zu jener Zeit die grafische Druckproduktion beherrschte. Die Programme, mit denen wir arbeiteten, waren Microsoft Word, Adobe Illustrator und Adobe Photoshop. Das Layout wurde in QuarkXPress erstellt und viele Bilder waren niedrig aufgelöste OPI-Dateien. Als es Zeit für eine vollständige Überarbeitung von *Well done, bitte!* wurde, waren wir neugierig, die neuen und in vielerlei Hinsicht einfacheren Möglichkeiten zu verwenden.

Als Erstes haben wir das Layoutprogramm gewechselt und die vielen interessanten Funktionen getestet, die Adobe InDesign anbietet. Während der Produktion des neuen Buches haben wir sogar mit einer Kombination aus Mac- und PC-Rechnern gearbeitet, was durch Adobe InDesign und die Unterstützung von OpenType-Fonts erleichtert wurde. Wir entschieden uns auch für das Verwenden hoch aufgelöster Bilder. Und schließlich waren wir ein bisschen vorsichtiger im Umgang mit dem Manuskript und beließen die Texte so lange wie möglich im Textverarbeitungsprogramm. Denn in der alten Ausgabe wurde viel Textkorrektur im Layoutdokument vorgenommen, und das wollten wir diesmal vermeiden.

1.6.1 Manuskript

Als wir an dem alten Buch arbeiteten, war Microsoft Word bereits das herausragende Textverarbeitungsprogramm, das es heute auch noch ist. Der Unterschied zu damals ist jedoch, dass das Programm immens weiterentwickelt wurde. Zu jener Zeit war es nicht so einfach festzustellen, welche Ergänzungen und Korrekturen jeweils im Text gemacht worden waren, wenn der Text die Runde zwischen den drei Autoren drehte. Dasselbe betraf das Korrekturlesen durch unseren Verleger.

Diesmal nutzten wir die Vorteile der Korrekturfunktionen in Word. Hatten wir mal vergessen, diese Funktion einzuschalten, verglichen wir stattdessen die Dokumente und behalfen uns auf diese Weise. Wir verwendeten die Kommentarfunktionen, um Meinungen und Gedanken zum Manuskript auszutauschen. Um die einzelnen Fassungen auseinanderzuhalten, gaben wir den Dateien Versionsnummern.

1.6.2 Die grafische Druckproduktion

Bei der dritten Ausgabe fanden wir, es wäre an der Zeit, das Erscheinungsbild des Buches zu ändern. Wir trafen uns mit dem Grafikdesigner Urban Gyllström, die Chemie stimmte spontan. Er hatte keine leichte Aufgabe zu bewältigen. Immerhin gab es bereits ein funktionierendes und eingeführtes Design, das wir nicht vollständig über den Haufen werfen wollten. Außerdem waren wir drei Autoren, die mitredeten und dabei nicht immer einer Meinung waren. Er musste also die Balance finden zwischen dem, was bleiben, und dem, was geändert werden sollte.

Ein Buch mit so vielen Illustrationen, Tabellen und Marginalientexten wie *Printproduktion well done!* wirkt schnell unordentlich. Daher haben wir ein wenig aufgeräumt und alles herausgenommen, was nicht unbedingt nötig war. Wo es möglich war, setzten wir Illustrationen und Text nebeneinander, um mehr Übersichtlichkeit zu schaffen. Unser Ziel war es, das Buch leserlicher und luftiger zu gestalten und dabei den wesentlichen Inhalt beizubehalten.

1.6.3 Layout und Typografie

Darüber hinaus hatten wir die Idee, die Layoutarbeit effizienter zu gestalten. Deshalb stellten wir das Manuskript zunächst in Word fertig, legten dort bereits Zeichen- und Absatzformate fest, inklusive Überschriften, Fließtext und Bildunterschriften, die wir später in InDesign übernahmen. Da diese Absatzformate der in Word eingebauten Absatzhierarchie folgten, konnten wir schnell einen Überblick über das gesamte Manuskript erhalten und leicht etwas umstellen, indem wir dabei das Überarbeitungsfenster und die Seitenlayoutansicht nutzten.

Es stellte sich heraus, dass das Glossar doppelt so lang wurde wie in früheren Ausgaben. Gleichzeitig wurde das Buch in einige andere Sprachen übersetzt. Um das Glossar mit den verschiedenen Sprachen zu verbinden, mussten wir es in einer einfacheren Datenstruktur sammeln, damit es alphabetisch sortiert und in verschiedene Formate exportiert werden konnte. Der einfachste Weg, dieses Ziel zu erreichen, war der Einsatz von Microsoft Excel. Wir exportierten die Texte aus Excel und konvertierten sie in das XML-Format, um sie in InDesign zu importieren und automatisch formatieren zu lassen.

1.6.4 Layoutvorlagen

Unser Designer Urban erstellte die grundlegenden Entwürfe für das neue Buchdesign. Nachdem diese abgesegnet waren, erstellten wir produktionsreife InDesign-Vorlagen. Wir erstellten in Word ein Makro, das einen Großteil der häufigsten Flüchtigkeitsfehler im Text eliminierte, beispielsweise doppelte Leerzeichen oder Leerzeichen vor einem Fragezeichen.

Danach importierten wir die Wordmanuskripte. Der gesamte Text wurde automatisch mit den richtigen Zeichen- und Absatzformaten ausgezeichnet, indem er die korrespondierenden Formate von InDesign übernahm.

1.6.5 Fotografien und Illustrationen

Für das alte Buch speicherten wir die meisten Fotografien im TIFF-Format, ausgenommen Bilder, die mittels Pfaden freigestellt wurden und deshalb im EPS-Format gesichert werden mussten. Mit Pfaden erstellte Freisteller ergeben manchmal zu scharfe Kanten, und der Schatten muss im Layoutprogramm ergänzt werden. Aus diesem Grund verwendeten wir diesmal zum Freistellen die Ebenentransparenz von Photoshop und speicherten die Bilder im PSD-Format, das mit InDesign ohne Probleme zusammenarbeitet. Außerdem erlaubt dieses Format (aber auch das TIFF-Format) das Speichern von Bildebenen, Ebenenmasken, Einstellungsebenen und Alphakanälen.

Die Illustrationen wurden wie früher in Adobe Illustrator konstruiert, häufig unter Verwendung von Funktionen wie Ebenen, Filtern etc. Da es für den

WERKZEUGE UND ARBEITSMETHODEN 1998

- Mac
- Layout in QuarkXPress
- Worddateien für das Basismanuskript
- PostScript-Type1-Fonts für Mac
- OPI und Bilder mit niedriger Auflösung
- Freisteller über Beschneidungspfade
- TIFF- und EPS-Bilder in CMYK
- offene Layoutdateien für den Druck
- Syquest-Cartridges in die Druckerei

WERKZEUGE UND ARBEITSMETHODEN 2008

- PC und Mac
- Layout in Adobe InDesign
- Wordmanuskript mit Absatzformaten verbinden mit InDesign
- digitale Aufnahmen im RAW-Format sichern
- Änderungen und Kommentare in Word
- Makros in Word
- OpenType-Fonts
- Fotos in RGB und CMYK
- Bilder im Illustrator- und Photoshop-Format
- Freisteller über Ebenentransparenz, Ebenenmasken oder Alphakanäle
- Adobe Bridge für die Bildübersicht
- eigener Preflight in Acrobat Professional
- PDF/X-Dateien als Druckvorlage
- ICC-Profile für die Druckanpassung in Photoshop und InDesign
- FTP-Transfer der Dateien in die Druckerei

Import in InDesign nicht zwingend notwendig ist, die Grafiken im EPS-Format zu speichern, verwendeten wir der Einfachheit halber das Illustrator-Format, das zudem die Auswahl der Ebenen beim Importieren zulässt.

1.6.6 Bildeinstellungen

Diesmal wollten wir auch ein wenig flexibler mit Bildeinstellungen, Freistellern und der Bearbeitung von Illustrationen umgehen. Wir nutzten daher den Vorteil, dass InDesign sowohl das Photoshop- wie auch das Illustrator-Format versteht. Bei der Bearbeitung der Bilder verwendeten wir Einstellungsebenen, um nachträgliche Änderungen ohne Reduzierung der Bildqualität vornehmen zu können. Freisteller erzeugten wir mit Ebenenmasken und Ebenentransparenz im Photoshop-Format. Die Grafiken wurden mit Ebenen und Filtern im Illustrator-Format gesichert, so dass sie sich ebenfalls jederzeit unproblematisch bearbeiten ließen. Einige Illustrationen wurden sogar direkt in InDesign gezeichnet, da das Programm inzwischen die meisten der Illustrator-Zeichenfunktionen enthält.

1.6.7 Digitalfotografie

Alle Bilder der alten Ausgabe wurden noch auf Film fotografiert und anschließend auf einem Trommelscanner eingescannt. Alle neuen Bilder dieser Ausgabe wurden digital fotografiert. Für das alte Buch machten wir die Fotos nicht selbst. Jetzt ergänzten wir sie mit einigen unserer eigenen Fotografien. Wir verwendeten eine vergleichsweise einfache Digitalkamera, mit der man Bilder im RAW-Format erstellen kann, und es stellte sich heraus, dass man damit Bilder in adäquater Qualität erzeugen kann. Es bleibt dem Leser überlassen, diejenigen Bilder im Buch zu finden, die wir selbst fotografiert haben.

1.6.8 Die Bilder mit dem Text verbinden

Der nächste Schritt war die Platzierung der Bilder. Letztes Mal hatten wir damit eine Menge Ärger. Wenn Kaj feststellte, dass wir den Text in einem Kapitel ersetzen mussten, kostete es mehrere Stunden manueller Arbeit, die Bilder so zu verschieben, dass sie sich an der richtigen Stelle befanden, passend zum Text.

Wir waren sehr glücklich, als wir diese schlaue Funktion in InDesign entdeckten, mit der man einen Bildanker im Text setzen kann. Diese Methode erleichterte es uns ungemein, Texte, Bilder, Tabellen und Kästen neu zu arrangieren. Wenn wir merkten, dass wir ein Kapitel umstrukturieren mussten und ein Teil des Textes dabei auf neuen Seiten landete, dann waren die Bilder einfach mit dem Text weitergewandert, und das klappte sogar, wenn die Bilder in den Marginalspalten standen.

1.6.9 Importierte Bilder

Um Bilder wiederzuverwenden, die wir im alten Buch eingesetzt hatten, wurde das QuarkXPress-Dokument in InDesign konvertiert. Wir konnten die Bilder dann einfach ausschneiden und im neuen Dokument platzieren. Im alten Buch hatten wir etwas mehr als 800 Bilder verwendet, sortiert in verschiedenen Verzeichnissen, um beim Importieren leichter das Passende zu finden. Trotz dieser

Sortierung und einer klaren Benennung der Bilder war es aufgrund der Vielzahl an Bildern nicht einfach, immer das richtige Bild zu identifizieren.

Nachdem wir die Bilder im neuen Dokument eingesetzt hatten, mussten alle Verknüpfungen mühselig Ordner für Ordner aktualisiert werden. Um das Importieren neuer Illustrationen zu erleichtern, verwendeten wir Adobe Bridge, das sich im Lieferumfang von Adobe InDesign befindet. Nun erhielten wir eine Vorschau über mehrere Hundert Bilder und es war viel einfacher, das Passende auszuwählen.

1.6.10 **Bilder in RGB**
Als wir das alte Buch erstellten, wurden alle Bilder für die Druckausgabe in CMYK konvertiert, bevor sie im Layout platziert wurden. Das heißt, wir mussten zu einem sehr frühen Zeitpunkt eine Entscheidung über die Druckbedingungen fällen. Wenn wir dann die Bilder für eine andere Druckausgabe oder eine digitale Overheadprojektion nutzen wollten, die etwas mit dem Buch zu tun hatte, traten Probleme auf – nicht alle Bilder lagen uns in RGB vor. Einige waren auf den alten Scannern, die wir verwendet hatten, in CMYK gescannt worden. Diesmal entschieden wir uns, die Fotografien im RGB-Modus zu belassen, auch im Layout.

Das aktuelle Basislayout war nun unserem Plan entsprechend fertiggestellt und wir konnten das InDesign-Dokument unserem Designer, Urban, liefern, der das Design abschließend ein wenig aufpeppte. Urban benötigte dazu keinerlei Originalbilder, denn die Vorschauen waren ja im Dokument enthalten.

1.6.11 **Schriften**
Als wir das alte Buch herstellten, war ein Dokumentenaustausch zwischen Mac und Windows ein Ding der Unmöglichkeit. Über die Jahre wurde es einfacher, aber Schriften stellten nach wie vor das Hauptproblem dar, wenn Dokumente zwischen den Betriebssystemen ausgetauscht wurden. Damit Urban mit demselben Dokument am Mac arbeiten konnte, während wir uns unter Windows bewegten, entschieden wir uns für Fonts im OpenType-Format.

1.6.12 **PDF**
Als Urban das Finetuning unseres Layouts fertig hatte, erhielten wir das Dokument zurück. Wir verknüpften es mit den hoch aufgelösten Bildern und exportierten direkt aus InDesign druckfertige PDF/X-Dateien. Indem wir die ICC-Profile der Druckerei verwendeten, wurden alle RGB-Bilder beim Exportieren ins PDF an die Druckbedingungen angepasst.

1.6.13 **Proofen**
Zuletzt musste nur noch in Adobe Acrobat Professional ein Preflight durchgeführt werden, um sicherzustellen, dass keine Fonts fehlten oder sich niedrig aufgelöste Bilder eingeschlichen hatten.

Dann sendeten wir die PDF-Dateien via FTP an die Druckerei. Beim Arbeiten am alten Buch hatten wir noch Syquest-Cartridges und externe Festplatten mit dem gesamten Material verschickt.

RÜCKBLICK
Viele der neuen technischen Errungenschaften, die seit der ersten Ausgabe von *Well done, bitte!* entwickelt wurden, haben unsere Arbeit spürbar erleichtert. Die neuen Arbeitsmethoden bedeuteten für uns in vielerlei Hinsicht mehr Flexibilität: Wir konnten besser am gleichen Manuskript arbeiten; Bildeinstellungen, Aktualisieren und Umorganisieren des Layouts leichter durchführen; mit Urban plattformübergreifend zusammenarbeiten; Bilder in RGB belassen; von unserem eigenen Material ein Proof erstellen, bevor alles in den Druck ging. Und letztlich erfolgte die Produktion schneller und uns blieb mehr Zeit für die kreative Arbeit!

02.
Der Computer

2.1	DIE HARDWARE	40
2.2	COMPUTERVERBINDUNGEN UND SCHNITTSTELLEN	41
2.3	WAS MACHT EINEN COMPUTER SCHNELL?	43
2.4	DER BILDSCHIRM	44
2.5	SOFTWARE	48
2.6	SPEICHERMEDIEN	50
2.7	KOMMUNIKATION	55
2.8	NETZWERK	57
2.9	DAS INTERNET	64
2.10	DATENÜBERTRAGUNG	66

Welcher Monitor ist am besten für die grafische Produktion geeignet? Welches Speichermedium setzt man am besten für die Archivierung ein – Festplatte, Band oder DVD? Was ist eine Systemerweiterung? Soll man USB oder FireWire einsetzen? Wie funktioniert das Ethernet? Was beeinflusst die Geschwindigkeit im Internet? Soll man Dateien besser per E-Mail oder FTP verschicken? Wie managt man die Verbindung zwischen PDAs und Internet?

DER COMPUTER BILDET DIE GRUNDLAGE für alle Arbeitsschritte in der grafischen Industrie. Mit ihm erstellt man Textvorlagen, bearbeitet Bilder, entwirft das Layout und gibt alle diese Elemente in einem druckfertigen PDF aus. Archivierung und Speicherung von digitalem Material erfolgen ebenfalls mit Hilfe des Computers. Er steuert auch die Druckmaschinen und Geräte wie Scanner und RIP, ja sogar die modernen Falzmaschinen.

In diesem Kapitel behandeln wir grundlegende Komponenten des Computers und deren Funktionen. In der grafischen Produktion kommen der grafischen Qualität des Monitors sowie dem Speichern und schnellen Datentransport große Bedeutung zu. Wir werden daher diesen Bereichen besondere Aufmerksamkeit widmen. Zuerst aber werden wir uns etwas genauer mit dem Computer befassen.

Ein Computer besteht einfach ausgedrückt aus zwei Hauptbestandteilen: Hardware und Software.

Zur Hardware zählen die physikalischen Teile des Computers, bestehend aus Festplatte, Prozessor, Arbeitsspeicher (RAM) und Netzwerkkarte, um nur einige zu nennen. Aber zur Hardware zählt man auch Peripheriegeräte wie Bildschirm, Tastatur, Maus, Drucker, Scanner.

Die Software setzt sich zusammen aus Betriebssystem, Systemerweiterungen, Treibern, Programmen und Programmerweiterungen.

DER COMPUTER
Die gesamte Herstellung grafischer Originale findet heute am Computer statt. Der Macintosh-Rechner ist in der grafischen Produktion immer noch am häufigsten vertreten, aber PCs erobern auch diesen Bereich mehr und mehr.

2.1 Die Hardware

Unter Hardware versteht man alle physikalischen Bestandteile eines Computers – sozusagen die Dinge, die man anfassen kann. Von Computern gibt es verschiedene Typen und Marken. Im grafischen Gewerbe war der Macintosh lange Zeit am gebräuchlichsten. Inzwischen sind PCs und Laptops mit dem Betriebssystem Windows immer mehr im Gebrauch. Die Hardware ist im Prinzip dieselbe. Die in der grafischen Produktion verwendeten Programme unterscheiden sich unter beiden Betriebssystemen kaum voneinander.

IM COMPUTER
So kann das Innenleben eines Computers aussehen! Hier sieht man das Motherboard in einem PC. Alle Bestandteile dieser Hauptplatine sehen ähnlich aus – ob Prozessor, Bus oder Speicher. Es ist auch noch Platz für Stromversorgung, Festplatte, DVD-Laufwerk oder andere Speichermedien, Soundkarte, Netzwerkkarte, Grafikkarte etc.

2.1.1 Der Prozessor
Das Herz – oder besser gesagt das »Hirn« – eines Computers ist die CPU (Central Processing Unit), der Prozessor. Er führt alle Berechnungen, also die gesamte »Denkarbeit« aus, die ein Computer leistet. Der Prozessor führt alles aus, was Betriebssystem und Programme ihm befehlen, und er steuert alles, was die anderen Teile des Computers tun sollen. Beispiel sind Motorolas Power-PC-Prozessor in älteren Apple-Rechnern oder die Intel-Pentium-Prozessoren in IBM-kompatiblen und neueren Apple-Rechnern.

2.1.2 Der Datenbus
Der Datenbus übernimmt den Informationsfluss im Computer. Er bildet den Weg, auf dem die Information zwischen den einzelnen Einheiten des Computers wie Speicher, Grafikkarte und Festplatte transportiert wird. Er ist direkt mit dem Prozessor verbunden und seine Leistungsfähigkeit entscheidet darüber, wie schnell die Information im Computer weitergeleitet wird.

2.1.3 RAM – Random Access Memory
Der RAM oder Arbeitsspeicher ist ein Hochleistungsspeicher. Die Information bleibt nur so lange im RAM, wie der Computer eingeschaltet ist. Die Information, die erforderlich ist, um eine bestimmte Aufgabe mit dem Computer auszuführen, zum Beispiel ein Bild im Programm Photoshop zu bearbeiten, wird über den Datenbus von der Festplatte in den Arbeitsspeicher übertragen. Es ist daher wichtig, die Arbeit auf der Festplatte zu speichern, da sie verloren geht, wenn man den Rechner ausschaltet. Auch ausreichend großer Arbeitsspeicher ist wichtig, damit der Computer nicht gezwungen ist, die langsamere Festplatte als temporären Zwischenspeicher zu verwenden.

2.1.4 ROM – Read Only Memory
Bestimmte Bestandteile des Betriebssystems sind bereits vorinstalliert und im ROM (Read Only Memory) gespeichert. Sie bilden die fundamentalen Teile des Betriebssystems, die zum Beispiel nötig sind, damit der Computer starten und den Rest des Betriebssystems auf der Festplatte suchen kann.

2.1.5 Integrierte Schaltkreise – IC
Prozessor, RAM und ROM bestehen aus so genannten integrierten Schaltkreisen oder Chips. Sie befinden sich auf einer großen Hauptplatine (Motherboard). Darauf werden die Komponenten des Computers miteinander verbunden.

2.1.6 Die Festplatte – der Plattenspeicher
Die Festplatte ist ein Medium, auf dem Informationen, zum Beispiel Dateien oder Programme, gespeichert und von dem sie abgerufen werden können. Informationen können auch von einem externen Speichermedium wie CD, DVD oder anderen abgerufen werden [siehe 2.6].

2.1.7 CD und DVD
Computer besitzen heutzutage ein CD- und DVD-Laufwerk. Dabei kann es sich auch um einen CD- oder DVD-Brenner handeln, mit dem die Scheiben nicht nur gelesen werden, sondern auch mittels eines Lasers Speicherinformationen gebrannt werden [siehe 2.6.4].

2.1.8 Die Grafikkarte
Damit der Bildschirm zeigen kann, womit man arbeitet, ist eine Grafikkarte eingebaut. Von der Leistungsfähigkeit der Grafikkarte hängt ab, wie viele Farben dargestellt werden können, wie fein die Auflösung ist und wie schnell ein neues Bild aufgebaut werden kann – einen guten Bildschirm vorausgesetzt. Hat man mehrere Grafikkarten oder eine Grafikkarte mit mehreren Ausgängen eingebaut, kann man mehrere Bildschirme an einem Rechner anschließen, was praktisch für die Auslagerung der vielen Paletten in manchen Programmen ist. Manche Grafikkarten lassen sich auch an einen Fernseher anschließen.

2.1.9 Netzwerkkarte
Um die Kommunikation mit anderen Computern und Peripheriegeräten zu ermöglichen, kann eine Netzwerkkarte auf dem Motherboard installiert werden. Dann können Daten zwischen Computern ausgetauscht, E-Mails empfangen und auf verschiedene Drucksysteme zugegriffen werden [siehe 2.8.1]. Die Netzwerkkarte stellt dann also eine physikalische Verbindung her. Alternativ wird die Netzwerkkarte in kabellosen Netzwerken als Sender verwendet.

2.2 Computerverbindungen und Schnittstellen

2.2.1 Sound- und Videoanschluss
Die meisten Computer haben einen Anschluss für Mikrofon oder andere Audiogeräte und einen Anschluss für Lautsprecher und Kopfhörer. Die Qualität der Soundkarte entscheidet über die Aufnahme- und Wiedergabequalität. Einige Computer haben einen Anschluss zum Aufnehmen und/oder zum Abspielen von Videos. Dazu benötigt der Computer eine spezielle Videokarte. In einigen Computern ist sie vorinstalliert. Digitale Videokameras benötigen diese nicht, ihre Daten werden über eine FireWire-Schnittstelle übermittelt.

2.2.2 Serielle und parallele Schnittstelle
Serielle und parallele Schnittstellen dienen als digitaler Ein- und Ausgang des Computers oder eines Peripheriegerätes. Bei der Datenübertragung über eine parallele Schnittstelle werden mehrere Bits parallel, also gleichzeitig übertragen; im Gegensatz zur seriellen Schnittstelle, bei der die Bits nacheinander übertragen werden, also mehr Zeit benötigen. Wird ohne genauere Kenn-

BINÄRZAHLEN

Viele Leute wissen, dass Computer eine Sprache sprechen, die aus Einsen und Nullen besteht. Doch was bedeutet das eigentlich? Einfach ausgedrückt, kann jede Speichereinheit im Computer nur eine Eins oder eine Null speichern. Jedes Stückchen Information, das man sichern möchte, muss also in eine Serie aus Einsen und Nullen übersetzt werden.

Der Computer kann das in unserem Alltag übliche dezimale Zahlensystem nicht verwenden, in dem jede Stelle zehn verschiedene Werte von 0 bis 9 haben kann. Stattdessen arbeitet der Rechner mit dem binären Zahlensystem und verwendet für jede Stelle nur die Werte Eins oder Null.

Eine binäre Ziffer nennt man Bit. Jedes neue Bit in einer Zahl hat den doppelten Wert des vorangegangenen und wird zur Zahl addiert.

Das erste Bit, die erste Ziffer, kann den Wert $1 \times 2^0 = 1$ oder $0 \times 2^0 = 0$, das nächste $1 \times 2^1 = 2$ oder $0 \times 2^1 = 0$, das folgende $1 \times 2^2 = 4$ oder $0 \times 2^2 = 0$ und so weiter. Ein Bit kann also nur $2^1 = 2$ Werte haben, 0 und 1. Drei Bit können $2 \times 2 \times 2 = 2^3 = 8$ Werte repräsentieren, 000–111, die den Ziffern 0–7 im Dezimalsystem entsprechen.

Mit dem Binärsystem arbeitet man gewöhnlich mit Gruppen von je acht Bit, die man Bytes nennt, was $2^8 = 256$ Werte (0000 0000 – 1111 1111) ergibt, die den Zahlen 0–255 im Dezimalsystem entsprechen. Aus diesem Grund haben beispielsweise die roten, grünen und blauen Lichtquellen der Pixel 256 Helligkeitsstufen. In der Tabelle sieht man, wie man die dezimale Entsprechung 163 der Binärzahl 1010 0011 ausrechnet.

Binär		Potenzwert		Dezimal
1	×	2^7 (=128)	=	128
				+
0	×	2^6 (=64)	=	0
				+
1	×	2^5 (=32)	=	32
				+
0	×	2^4 (=16)	=	0
				+
0	×	2^3 (=8)	=	0
				+
0	×	2^2 (=4)	=	0
				+
1	×	2^1 (=2)	=	2
				+
1	×	2^0 (=1)	=	1
				163

COMPUTERVERBINDUNGEN UND SCHNITTSTELLEN

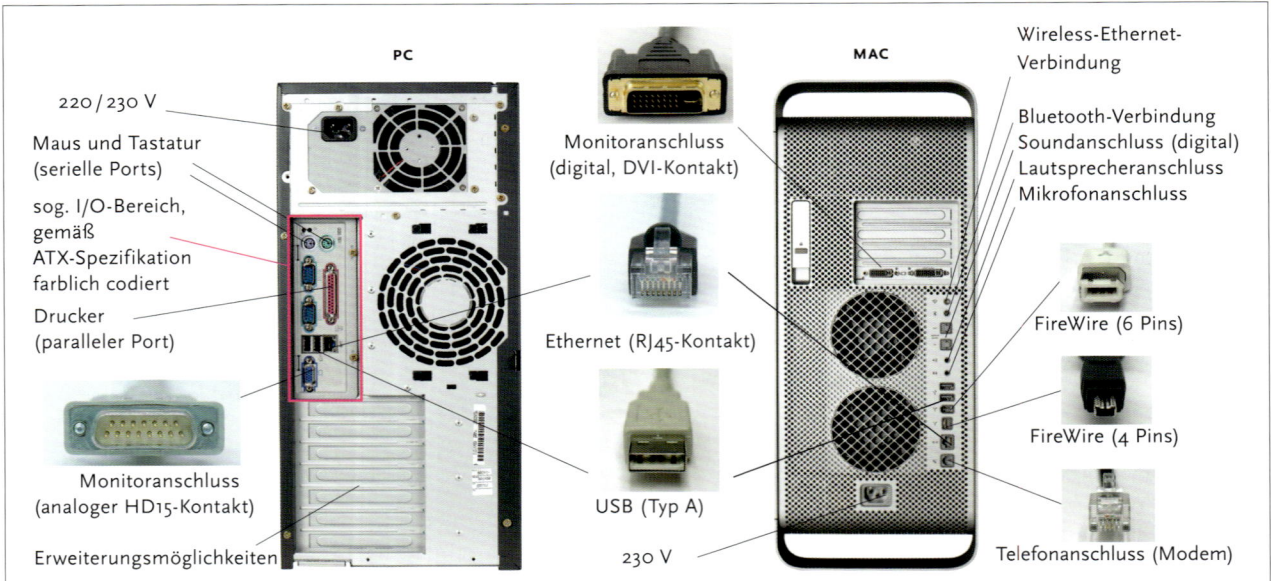

Die Anschlüsse eines Computers sind verschieden, damit kein Kabel in eine falsche Buchse gesteckt werden kann. Abgebildet sind ein PC und ein Apple-Computer. Die Computermodelle weichen voneinander ab, auch unterschiedliche Schnittstellen sind zu finden, sowohl auf der Vorder- wie auch auf der Rückseite der Rechner. Dieser PC verfügt beispielsweise über Soundschnittstellen auf der Vorderseite, hat aber keinen FireWire- und keinen DVI-Anschluss für den Monitor. Einige Computer haben auch eine elektrische Stromversorgung für den Monitor eingebaut, so dass dieser sich automatisch ausschaltet, wenn der Rechner heruntergefahren wird.

zeichnung von einer »parallelen Schnittstelle« gesprochen, ist damit meistens der Druckerport (LPT1 oder LPT2) gemeint, bei »serieller Schnittstelle« die RS-232-Schnittstelle (oder PS/2). Sie wird zum Anschließen von Tastatur, Maus, einfachen Druckern oder anderen Geräten genutzt.

In modernen Rechnern werden diese veralteten und recht langsamen Schnittstellen mehr und mehr von USB-2-Ports (seriell), FireWire (parallel) und Bluetooth (auf Funk basierend) ersetzt.

2.2.3 SCSI, USB und FireWire

Small Computer System Interface, kurz SCSI, ist eine Schnittstelle, die zum Anschließen externer Festplatten, Scanner oder CD-Brenner an früheren Macintosh-Computern verwendet wurde. Wie bei USB und FireWire handelt es sich um eine schnelle Schnittstelle. USB 1.1 wird für die Verbindung zu Mäusen, Tastaturen, Druckern, Digitalkameras, PDAs und anderen Geräten genutzt. USB 2.0 und FireWire übertragen Daten noch um ein Vielfaches schneller.

2.2.4 Bluetooth und IR

Bluetooth und Infrarot (IR) sind vergleichsweise langsame kabellose Kommunikationstechniken, um eine Maus oder eine Tastatur, ein Mobiltelefon oder ein PDA ohne Kabel am Rechner anzuschließen, also Geräte, die nur

SCSI
wird »skazzy« ausgesprochen und ist eine Schnittstelle, die früher hauptsächlich zum Anschließen externer Geräte an Macintosh-Computern verwendet wurde. Für Hochleistungs-Workstations, Server und High-End-Peripherie sind sie immer noch im Einsatz.

Fast SCSI, Wide SCSI, Ultra SCSI, Ultra Wide SCSI etc. stellen Weiterentwicklungen dieser Schnittstelle mit noch höherer Übertragungsgeschwindigkeit dar.

kleine Datenmengen übertragen. Bluetooth nutzt dafür die Funkübertragung, IR unsichtbare Lichtwellen [siehe 2.7.3 und 2.7.4].

2.2.5 Monitorverbindungen

Traditionelle Computer verfügen über eine analoge Verbindung zum Monitor, die früher bei IBM-PCs und Macintosh-Computern verschieden aussah und oftmals einen Adapter erforderte. Moderne Computer bieten häufig verschiedene Anschlüsse an, beispielsweise DVI [siehe 2.4.6]. Der Vorteil von DVI zur analogen Verbindung liegt in der direkten Übertragung; der sonst nötige Digital-Analog-Konverter auf der Grafikkarte und der damit verbundene Signalverlust entfällt. Man erhält eine bessere Qualität.

2.2.6 Ethernet

Auf dem Motherboard der meisten Computer ist bereits eine Netzwerkverbindung über Ethernet vorgesehen. Der Port sieht immer gleich aus, ungeachtet der Übertragungsgeschwindigkeit, die davon unterstützt wird (10 Mbit, 100 Mbit, 1 Gbit). Die meisten neuen Rechner haben auch die Sende- und Empfangsteile für WLAN (Wireless Local Area Network) eingebaut [siehe 2.8].

2.2.7 Netzteil

Obwohl das Netzteil mit den eigentlichen Computerfunktionen nichts zu tun hat, ist es seine größte Komponente. Das Netzteil wandelt die 220–230 Volt Wechselstrom aus der Steckdose in Gleichstrom mit der Spannung um, mit der Computer arbeiten, normalerweise 3,3 oder 5 oder 12 Volt.

Laptops besitzen einen kleineren Transformator, der den Computer mit der richtigen Spannung versorgt, normalerweise zwischen 12 und 20 Volt.

2.3 Was macht einen Computer schnell?

Wenn man von der Geschwindigkeit eines Computers spricht, meint man meist die Taktfrequenz des Prozessors, zum Beispiel 4 GHz. Aber es gibt noch andere Faktoren, die die Geschwindigkeit eines Computers beeinflussen. Große Bedeutung hat die Übertragungsgeschwindigkeit des Datenbusses. Je schneller er Informationen transportiert, umso schneller ist der Computer. Für wiederkehrende Operationen verwendet der Computer einen Cache-Speicher. Dieser garantiert einen schnelleren Zugriff. Je größer dieser Speicher, umso mehr Operationen finden darin Platz.

2.3.1 Arbeitsspeicher – RAM

Auch die Kapazität des Arbeitsspeichers ist wichtig – speziell, wenn man mit großen Datenmengen wie Bildern arbeitet. Je größer der RAM, umso weniger Informationen müssen auf die um einiges langsamere Festplatte ausgelagert werden.

2.3.2 Videokarte

Um mit beweglichen oder großen Bildern schnell arbeiten zu können, muss auch die Grafikkarte viel RAM-Kapazität haben – den sogenannten VRAM.

COMPUTER UND UMWELT

GEFÄHRLICHE BESTANDTEILE
Ein Computer besteht aus bis zu Tausend verschiedenen Einzelteilen, von denen wenigstens die Hälfte schädlich für die Umwelt sind. Sie enthalten alles Mögliche, angefangen von Blei und Quecksilber über Arsen, Cadmium und Chrom bis hin zu PVC-Kunststoffen und entflammbaren Materialien. Ein CRT-Monitor kann bis zu zwei Kilo Blei enthalten.

KÜRZERE LEBENSDAUER
Die Zahl der weggeworfenen Computer ist mit der sinkenden Lebensdauer der Rechner angestiegen. Wurden sie früher noch vier oder fünf Jahre lang eingesetzt, so werden sie heute nach etwa zwei Jahren ausgemustert.

RECYCLING
Weil Computermüll dermaßen umweltbelastend ist, ist es umso wichtiger, ihn zu recyceln. Es gibt Firmen, die sich auf die Wiederverwertung von Computern und elektronischem Equipment spezialisiert haben. Sie nehmen die Geräte auseinander und sorgen für eine sichere Verwertung oder Entsorgung der verschiedenen Bestandteile. Gold, Silber, Kupfer, Stahl und Aluminium sind einige der Materialien, die man aus Computern retten kann.

DIE GESCHWINDIGKEIT DES PROZESSORS
Die Taktfrequenz des Prozessors ist ein Maß für die Schwingungen bzw. Rechenvorgänge des Prozessors pro Sekunde (Hz).

Die sogenannte IPC-Rate (Instructions per cycle) ist abhängig von der gesamten Prozessorarchitektur und wird in MIPS (Million instructions per second) bzw. FLOPS (Fließkommazahlen-Operationen pro Sekunde) angegeben.

Wenn mehrere Programme zur gleichen Zeit laufen oder viele Systemerweiterungen im Hintergrund geladen sind, beanspruchen sie Speicherkapazität. Alle Programme, die gerade nicht verwendet werden, sollten beendet und alle überflüssigen Systemerweiterungen gelöscht werden, damit der Prozessor freie Kapazitäten für die eigentlichen Anweisungen hat.

MONITORE

Dargestellt sind zwei verschiedene Bildschirmtypen. Oben ist ein CRT-Monitor zu sehen und darunter ein LCD-Bildschirm.

2.4 Der Bildschirm

Heute gibt es vor allem zwei Typen von Bildschirmen: CRT(Cathode Ray Tube, Kathodenstrahlröhre)- und LCD(Liquid Crystal Display)-Bildschirme. Bei CRT handelt es sich um einen tiefen, für Desktop-Rechner eingesetzten Monitor, bei LCD um einen platzsparenden Flachbildschirm. Die CRT-Technik wird zunehmend von der LCD-Technologie abgelöst, die zunächst für Laptop-Modelle entwickelt wurde.

Das Bild auf dem Monitor wird durch das Leuchten vieler winziger Lichtquellen erzeugt. Bei Farbbildschirmen sind die Lichtquellen in Dreiergruppen eingeteilt – eine rote, eine grüne und eine blaue Lichtquelle [*siehe Farbenlehre 3.3*]. Wenn man einen Fernseh- oder Computerbildschirm mit einer Lupe betrachtet, kann man das erkennen. Diese Gruppen nennt man Pixel. Das Wort kommt vom englischen »picture element«, also Bildelement. Die Pixel sind in Zeilen über den Schirm verteilt.

Jede Lichtquelle im Pixel kann verschiedene Helligkeitsstufen annehmen. Wenn man die drei Farben (R, G, B) in verschiedenen Verhältnissen mischt, nimmt das Gehirn einen bestimmten Farbton wahr. Die genaue Farbe hängt von der relativen Helligkeit der drei Farblichtquellen ab. So gut wie alle Farbtöne lassen sich so auf dem Bildschirm erzeugen [*siehe Farbenlehre 3.2*].

2.4.1 CRT-Monitore

Der CRT-Monitor funktioniert ähnlich wie ein herkömmlicher Fernsehbildschirm, nur mit einer höheren Auflösung, das heißt, der Bildschirm hat mehr Pixel und kann daher mehr Details zeigen. (Auf moderne TFT- oder LCD-Fernseher trifft dies allerdings nicht mehr zu.) Die Pixel des CRT, die aus Phosphor bestehen, werden durch Elektronenbeschuss zum Leuchten gebracht. Eine Kathode und Strahlenröhre bündeln und lenken den Elektronenstrahl, so dass er exakt zum richtigen Zeitpunkt die richtigen Pixel trifft. Rund um einen CRT-Schirm entsteht ein Magnetfeld, das beim Anwender verschiedene Arten von Beschwerden verursachen kann. Dieses Magnetfeld sowie Größe und Gewicht des CRT-Monitors haben dazu geführt, dass LCD-Bildschirme diese zunehmend ersetzen.

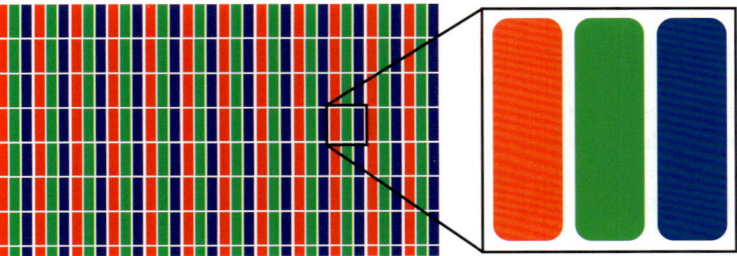

WORAUS EIN BILD AUF DEM MONITOR BESTEHT
Ein Bild auf dem Monitor ist aus Reihen kleiner Pixel zusammengesetzt. Diese Pixel bestehen aus Lichtquellen, unterteilt in Rot, Grün und Blau. Abhängig von der Lichtintensität stellen Kombinationen dieser drei Lichtquellen alle Farben am Monitor dar.

2.4.2 LCD- und TFT-Schirme

Ein LCD-Bildschirm (Liquid Crystal Display) ist ein flacher, energiesparender Monitor. Er basiert auf polarisierten Flüssigkristallen, die von hinten beleuchtet werden. Durch die Polarisation werden die Flüssigkristalle für das Licht der Hintergrundbeleuchtung »geöffnet« oder »geschlossen«. Das Prinzip ist dasselbe wie bei zwei Polfilter-Linsen, die zueinander um 90 Grad gedreht und dann wieder in die Ausgangslage gebracht werden. Die eine lässt kein Licht durch, die andere ist durchlässig. Die LCD-Technik wird sowohl für Schwarzweiß- als auch für Farbbildschirme genutzt.

Abgesehen davon, dass LCD-Bildschirme etwas teurer sind als CRT, ist das Hauptproblem, dass die preiswerteren sich schlecht kalibrieren lassen oder ihre genaue Farbdarstellung von der jeweiligen Betrachtungsposition abhängt. Will man einen wirklich guten LCD-Bildschirm, muss man schon etwas tiefer in die Tasche greifen. Weitere Arten von Flachbildschirmen, beispielsweise Plasmamonitore, sind in der Entwicklung.

Viele der heutzutage erhältlichen Flachbildschirme basieren auf der TFT-Technik (Thin Film Transistor). Solche Flachbildschirme sind in der Lage, Pixel vollständig getrennt voneinander darzustellen und mit geringem Stromverbrauch zurechtzukommen. Durch die schnelle Elektronik lassen sich Bewegungen ohne Schlieren übertragen. Durch die separate Ansteuerung der Pixel liefern TFT-Bildschirme meistens ein schärferes Bild.

Wichtig zu wissen: die Größe eines LCDs oder TFTs ist nicht mit den Zollangaben des CRT gleichzusetzen. Ein 17-Zoll-LCD oder -TFT entspricht (ohne Gehäuse) den Maßen der sichtbaren Fläche eines 19-Zoll-CRT-Monitors.

LCD-FUNKTIONSWEISE
Dreht man einen jeden Kristall des LCD-Schirms um 90 Grad, wird der Lichtdurchfluss unterbrochen. Die Funktionsweise ist dieselbe wie bei den abgebildeten qualitativ hochwertigen Polaroid-Sonnenbrillen-Linsen.

2.4.3 Die Reaktionszeit

Bei LCD-Schirmen begrenzen die Flüssigkristalle die Bildschärfe: Die kleinen Kristalle können sich nicht schnell genug öffnen und schließen, um den Lichtfluss zu steuern. Daher eignen sich diese Monitore weniger gut für bewegliche Bilder – wobei auch dies immer besser wird. Bewegliche Objekte haben häufig einen »Kometenschweif« oder das ganze Bild verschwimmt.

Die phosphoreszierenden Pixel der CRT-Schirme leuchten nur kurz auf, nachdem sie von einem Elektron getroffen wurden, und müssen ständig wieder »entzündet« werden. Beim CRT-Schirm fährt der Elektronenstrahl die Bildschirmfläche Pixel für Pixel, Zeile für Zeile ab, bis alle Pixel leuchten. Dann beginnt er wieder von vorn. Das Phosphor eines CRT-Monitors leuchtet so lange, wie es die Elektronenkanone schafft, den letzten Pixel zu treffen, bevor der erste erloschen ist. Von dem Tempo, mit dem der Strahl sich bewegt, hängt die Bildwiederholfrequenz ab. Wie oft das Bild wechselt, wird in Hertz angegeben (Zahl der Bilder pro Sekunde). Damit bewegliche Bilder nicht flimmern, muss der Elektronenstrahl 50-mal pro Sekunde über den Schirm fahren, was 50 Hz entspricht. Heute sind mehr als 70 Hz üblich.

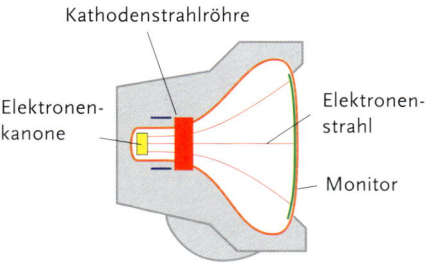

CRT – AUF EINEN BLICK
Die Elektronenkanone feuert Elektronen ab, die von Kathode und magnetischer Spule gelenkt werden. Wenn sie auf den Bildschirm treffen, bringen sie den Phosphor in den Pixeln zum Leuchten.

2.4.4 Bildschirmgröße

Für die Bildschirmgröße gibt es zwei Maßeinheiten. Die erste entspricht der für Fernsehgeräte: die Diagonale der Bildröhre in Zoll. Die zweite gibt die Zahl der Pixel pro Bildschirmbreite bzw. -höhe an. Die kleinsten Bildschirme sind

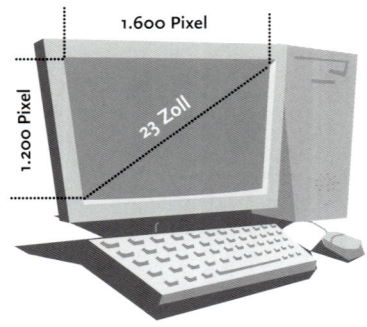

DIE BILDSCHIRMGRÖSSE
Die Bildschirmgröße ist die Bildschirmdiagonale in Zoll (beispielsweise 23 Zoll wie in der Abbildung). Dabei wird die gesamte Bildröhre gemessen, auch der in der Öffnung nicht sichtbare Teil. Die Auflösung des Bildschirms wird in Pixeln angegeben, Breite mal Höhe (1.600 × 1.200 Pixel im Beispiel oben).

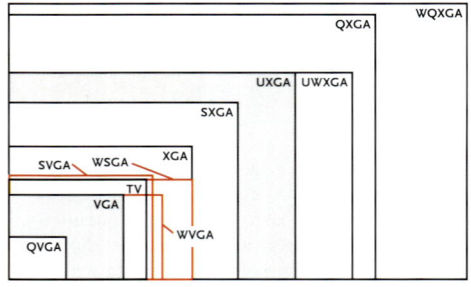

BILDSCHIRMAUFLÖSUNGEN

QVGA	320 × 240 Pixel
VGA	640 × 480 Pixel
TV	768 × 576 Pixel
SVGA	800 × 600 Pixel
WVGA	854 × 480 Pixel
WSGA	1.024 × 576 Pixel
XGA	1.024 × 768 Pixel
SXGA	1.280 × 1.024 Pixel
UXGA	1.600 × 1.200 Pixel
UWXGA	1.920 × 1.200 Pixel
QXGA	2.048 × 1.536 Pixel
WQXGA	2.560 × 1.600 Pixel

heutzutage 15 Zoll groß und haben 1.024 × 768 Pixel. Die typische Bildschirmgröße, wie sie in der grafischen Produktion verwendet wird, beträgt 21 Zoll und maximal 1.600 × 1.200 Pixel. Es gibt aber auch größere Monitore bis zu 30 Zoll mit einer Auflösung von maximal 2.560 × 1.600 Pixel und sogar extrem große, deren Auflösung bis 3.840 × 2.400 Pixel beträgt.

Die Pixeldichte bestimmt die Auflösung des Bildschirms. Je höher die Auflösung, umso kleinere Pixel und umso bessere Detailwiedergabe. Die Auflösung hängt allerdings auch von der Grafikkarte ab. Ein Bildschirm mit einer Auflösung von 2.560 × 1.600 Pixel benötigt eine Zwei-Kanal-Digitalverbindung, um den Vorteil seiner Höchstauflösung wiederzugeben.

2.4.5 Bildschirmqualität

Es gibt eine lange Liste von Eigenschaften, die für Bildschirmqualität, technische Möglichkeiten und Verwendbarkeit in der grafischen Produktion entscheidend sind. Größe, Auflösung, Pixelgröße, Schärfe, Farbumfang, Kontrast und Helligkeit sind grundlegende Faktoren.

In der grafischen Produktion ist es besonders wichtig, dass der Monitor eine gute Farbwiedergabe hat und Farben korrekt darstellt. In diesem Zusammenhang ist es auch wichtig, dass der Monitor über einen langen Zeitraum stabil funktioniert und nicht während eines Arbeitstages Schwankungen aufweist und nachjustiert werden muss. Auch sollte die Darstellung gleichmäßig und nicht etwa in den Ecken dunkler sein, so dass ein Bild je nach Position auf dem Bildschirm anders aussehen würde.

Der Farbumfang des Bildschirms ist ausschlaggebend für den Umgang mit Farben und die Bildbearbeitung. Wenngleich der RGB-Farbumfang des Bildschirms in der Regel höher ist als der eines CMYK-Drucks, so gibt es doch kaum einen Monitor, der alle Farben wiedergibt, die in einer qualitativ hochwertigen Vierfarbenreproduktion dargestellt werden können. Der Standardfarbraum Adobe RGB (1998) wurde entwickelt, um den gesamten druckbaren Farbumfang abzudecken, aber nur ein paar wenige recht teure Monitore können Adobe RGB (1998) reproduzieren.

Bei LCD-Bildschirmen taucht das Problem auf, dass der Betrachtungswinkel manchmal sehr eng ist, das heißt, der Betrachter muss in exakt der richtigen Position sitzen, um ein wirklich gutes Bild zu sehen. Je größer der Betrachtungswinkel, desto besser. Ein anderes typisches Problem ist, dass LCD-Monitore eine etwas langsamere Reaktionszeit haben, was vor allem bei der Betrachtung von Bewegtbildern die Qualität mindert.

Die Wiederholfrequenz ist der wichtigste Faktor, um ein Flimmern zu vermeiden. CRT-Monitore haben ebenfalls einen mehr oder weniger flachen Schirm, geben aber je nach Oberfläche Reflexionen von der Umgebung wieder, was den Gesamteindruck stört. Manche Bildschirme haben auch eingebaute Lautsprecher, USB-Anschlüsse, die Möglichkeit, vertikal gedreht zu werden, gleichzeitig mit mehreren Computern verbunden zu werden etc. Auch die Art des Computeranschlusses variiert. Einige Monitore haben eine analoge Verbindung, während andere moderne digitale Anschlüsse anbieten, welche das Risiko einer vom Computer verursachten Bildstörung mindern.

Um den Ansprüchen einer guten Farbqualität, Schärfe und Bildwiederholrate gerecht zu werden, werden auch größere Anforderungen an die Grafikkarte des Rechners gestellt und an die Art der Verbindung. Eine schnelle Grafikkarte mit hoher Speicherkapazität unterstützt gute Bildqualität, und um eine gute Bildqualität auf Monitoren mit hoher Auflösung zu bekommen, ist wiederum eine digitale Verbindung notwendig.

2.4.6 **Monitorverbindungen**

Ältere Computer, Monitore und die meisten Beamer verwenden eine analoge VGA-Verbindung mit einem HD15-Stecker, einige ältere Macintosh-Computermodelle stattdessen einen kleineren Mini-VGA-Stecker.

Viele digitale Flachbildschirme verwenden eine Verbindung, die dem DVI-Standard (Digital Visual Interface) folgt, das heißt, das Signal muss nicht erst in ein analoges umgewandelt werden.

DVI wurde von einer Reihe führender Computer- und Monitorhersteller entwickelt und existiert in verschiedenen Varianten: DVI-Analog (DVI-A) unterstützt nur analoge Übertragungen und funktioniert gut mit traditionellen CRT-Monitoren. DVI-Digital (DVI-D) unterstützt nur digitale Übertragungen, DVI-Integrated (DVI-I) dagegen beide, digital und analog, und funktioniert daher mit digitalen wie auch mit traditionellen Bildschirmen.

DVI kann also über einen oder zwei Kanäle verfügen. Ein Kanal kann pro Sekunde 165 Millionen Pixel mit 24 Bit per Pixel an den Monitor senden. Mit einem Kanal, genannt Single-Link, kann der Computer Monitore bis zur UXGA-Auflösung (1.600 x 1.200 Pixel) mit einer Wiederholungsrate von 60 Hz versorgen. Mit zwei Kanälen, als Dual-Link bezeichnet, können Monitore mit sehr hoher Auflösung verwendet werden, HDTV (1.920 x 1.080 Pixel), QXGA-Auflösung (2.048 x 1.536 Pixel) oder noch höher.

Die Stecker der DVI-Kabel sind so konstruiert, dass sie nicht verkehrt verbunden werden können, ungeachtet der Tatsache, dass der Stecker für DVI noch dazu in fünf Varianten vorkommt – je nachdem, ob es sich um eine analoge und/oder digitale Übertragung handelt und ob der digitale Transfer über einen oder zwei Kanäle erfolgt. Monitore und Grafikkarten, die ausschließlich digital arbeiten, können nicht analog verbunden werden, aber mit einem Equipment, das beides verarbeitet, nämlich analoge und digitale Signale.

Der DVI-Standard unterstützt auch DCC (Display Data Channel) und EDID (Extended Display Identification Data), das den Computer befähigt, mit den verschiedenen Auflösungen des Bildschirms zu kommunizieren, beispielsweise mit der Widescreen-Darstellung.

Um einen Monitor oder Projektor mit einer VGA-Verbindung an einem Computer anzuschließen, der mit DVI arbeitet, muss ein DVI-A/VGA-Adapter verwendet werden, damit zum einen das DVI-Signal in analog umgewandelt wird und zudem der Anschluss möglich ist.

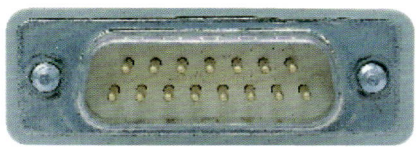

HD15-SCHNITTSTELLE FÜR ANALOGE MONITORANSCHLÜSSE
HD15 ist die traditionelle Schnittstelle für den analogen Monitoranschluss und hat 15 Pins.

DVI-VERBINDUNGEN FÜR DIGITALE MONITORANSCHLÜSSE
DVI-Schnittstellen existieren in sechs Varianten, abhängig davon, ob sie analog und/oder digital übertragen und ob die digitale Übertragung auf einem oder zwei Kanälen stattfindet.

- **DVI-A**   12+5 Pins (nur analog)
- **DVI-D**   Single-Link 18+1 Pins (digital 1 Kanal)
- **DVI-I**   Dual-Link 24+1 Pins (digital 2 Kanäle)
- **DVI-I**   Single-Link 18+5 Pins (digital 1 Kanal + analog)
- **DVI-I**   Dual-Link 24+5 Pins (digital 2 Kanäle + analog)
- **Mini-DVI** ist eine Version von DVI, die von einigen Apple Laptops verwendet wird und unter Verwendung eines Adapters auf DVI, VGA, S-Video oder Composite Video konvertiert werden kann.

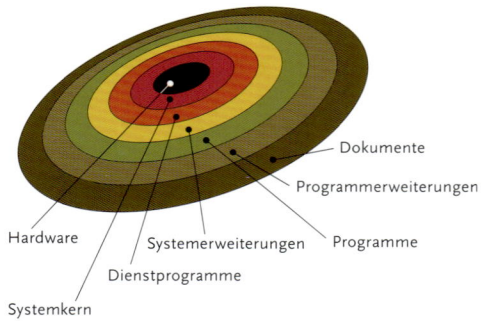

DER AUFBAU EINES COMPUTERS
Das Betriebssystem (rote Bereiche) dient als Vermittler zwischen Software und Hardware.

2.5 Software

Zunächst werfen wir einen Blick auf die verschiedenen Arten von Software im Computer: Betriebssysteme, Systemerweiterungen, Treiber, Programme und Programmerweiterungen sowie spezielle Programme für die grafische Produktion.

2.5.1 Betriebssysteme

Die Basis-Software eines Computers ist das Betriebssystem. Ohne Betriebssystem könnte der Computer noch nicht einmal gestartet werden. Das Betriebssystem steuert alle grundlegenden Funktionen wie Anzeigen der Arbeitsoberfläche, das Empfangen und Übermitteln der Anschläge auf der Tastatur, das Speichern von Dokumenten auf der Festplatte etc. Außerdem steuert es die Kommunikation zwischen den verwendeten Programmen und der Computerhardware. Beispiele für Betriebssysteme sind Mac OS, Unix, Windows XP, Windows Vista, LINUX und DOS.

2.5.2 Systemerweiterungen

Als Ergänzung zum Betriebssystem gibt es Systemerweiterungen, die dem Computer zusätzliche Systemfunktionen verleihen. Systemerweiterungen, die eine wichtige Rolle bei der grafischen Produktion spielen, sind beispielsweise jene, die Systemschriften oder Farbmanagement zur Verfügung stellen.

2.5.3 Treiber

Treiber sind eine Software, die es dem Computer ermöglicht, mit externen Einheiten wie Drucker oder Scanner zusammenzuarbeiten. Beim Kauf eines Peripheriegeräts wird der entsprechende Treiber, der auf dem Computer installiert werden muss, fast immer mitgeliefert.

VERSCHIEDENE PROGRAMMTYPEN

TEXTVERARBEITUNG
Mit dem Textverarbeitungsprogramm erfasst und bearbeitet man Texte.

BILDBEARBEITUNGSPROGRAMM
Mit einem Bildbearbeitungsprogramm werden Bilder auf Pixelbasis erstellt und bearbeitet.

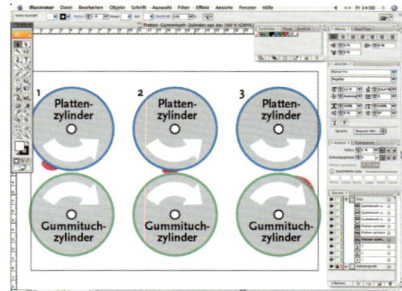

GRAFIKPROGRAMM
Mit einem Grafikprogramm erstellt man Illustrationen auf Vektorbasis.

2.5.4 Anwendungsprogramme

Ein Anwendungsprogramm ist eine Software mit einer Reihe von Funktionen für einen bestimmten Bereich, wie Texterfassung oder Bildbearbeitung.

In der grafischen Produktion gibt es verschiedene Kategorien: Textverarbeitungs-, Bildbearbeitungs-, Grafik-, Layout-, Preflight-, Ausschießprogramme und Datenbankanwendungen. Darüber hinaus gibt es eine Vielzahl von Spezialprogrammen für unterschiedliche Zwecke. Wir werden im jeweiligen Kapitel näher auf die wichtigsten Programmtypen eingehen.

Textverarbeitungsprogramme dienen dazu, Texte zu erfassen und zu redigieren, also eine fertige Textvorlage zu erstellen. Ihre Kapazität reicht für professionelle Gestaltung und Typografie nicht aus, und sie sind auch nicht für PostScript oder für das Vierfarbensystem ausgelegt. Für die Erstellung einer Original-Druckvorlage sind sie daher nicht geeignet. Gebräuchliche Textverarbeitungsprogramme sind zum Beispiel Microsoft Word und WordPerfect von Corel.

Bildbearbeitungsprogramme verwendet man, um Bilder für den Druck anzupassen. Das gebräuchlichste Programm ist Adobe Photoshop.

Grafikprogramme benötigt man, wenn man mit Hilfe des Computers ein Bild zeichnen bzw. entwerfen möchte. Die am meisten verwendeten Programme sind Adobe Illustrator und Macromedia Freehand. Hierzu kann man auch 3D-Grafikprogramme zählen wie 3D Studio Max, Maya oder Cinema 4D.

Mit einem Layoutprogramm stellt man Text und Bilder zu fertigen Seiten zusammen. Die gebräuchlichsten Programme sind QuarkXPress und Adobe InDesign sowie 3B2 für professionellen Mengensatz.

Preflight-Programme werden zur Kontrolle verwendet, ob das digitale Original von der technischen Seite korrekt ist, beispielsweise ob die Bildauflösung stimmt und die Fonts eingebettet sind. Gebräuchlich sind Adobe Acrobat Professional und Enfocus Pitstop.

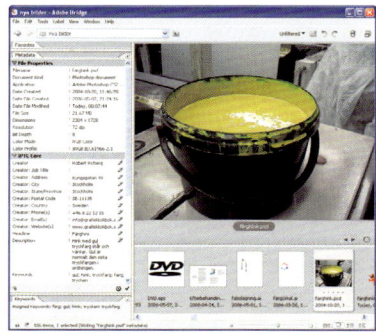

ARCHIVIERUNGSPROGRAMM
Form einer Datenbankanwendung, die Überblick über verschiedene Dateien gibt und durch Kategorisierung den Zugriff erleichtert.

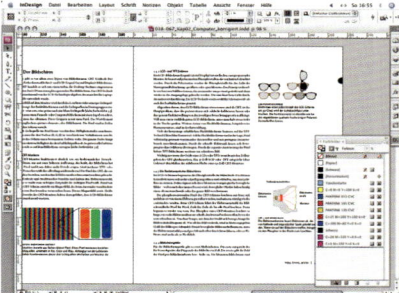

LAYOUTPROGRAMM
In einem Layoutprogramm stellt man Texte, Grafiken und Bilder zu einer Seitengestaltung zusammen und erzeugt druckfähige Originale.

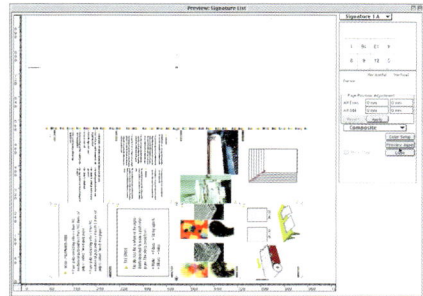

AUSSCHIESSPROGRAMM
Im Ausschießprogramm werden die Seiten digital zu Formen »montiert«, die dann auf einen großen Film oder eine Platte übertragen werden können.

Ausschießprogramme platzieren die einzelnen Seiten für eine mehrseitige digitale Druckplattenausgabe und steuern die für Weiterverarbeitung und Druck nötigen Hilfszeichen, Prüffelder und Informationen wie Bogensignaturen bei. Beispiele für diese Programme sind Signastation von Heidelberg, VivaImpose von Viva, Impostrip von Ultimate sowie weitere von DK&A, One Vision oder Scenicsoft [*siehe Druckvorstufe 7.6*].

Datenbankanwendungen werden für das Indizieren und Archivieren von Dokumenten benötigt. Dabei kann es sich um Text-, Bild- und Layoutdokumente handeln, aber auch um Video- und Audiodateien. Einige der üblichen Datenbankanwendungen sind Fotostation von Fotoware, Portfolio von Extensis und Cumulus von Canto [*siehe Layout 6.14.6*].

Andere in der grafischen Produktion häufig verwendete Programme sind OPI-Programme, Überfüllungs- und Preflight-Programme oder Programme, die RIP, Belichter und Druckmaschine steuern. Außerdem wird eine Reihe von Administrationsprogrammen benutzt, zum Beispiel für Auftragsabwicklung und Rechnungsstellung. Auf die wichtigsten dieser Programme werden wir in späteren Kapiteln zurückkommen.

2.5.5 **Plug-ins**

Plug-ins werden auch Programmerweiterungen oder Extensions genannt. Dabei handelt es sich um kleine Programme, die die Funktionen des Hauptprogramms erweitern. Diese Programmerweiterungen können beim Weiterreichen von Dateien manchmal Probleme verursachen. Unter Umständen ist es erforderlich, dass der Empfänger einer Datei dieselbe Programmerweiterung hat wie der Urheber der Datei, um sie überhaupt lesen zu können.

2.6 **Speichermedien**

Dateien werden während der Produktionsphase in der Regel auf der internen Festplatte des Rechners gespeichert. Will man zwischendurch eine Datensicherung machen, komplette Backup-Kopien erstellen, Dateien liefern, mitnehmen oder archivieren, so werden verschiedene Anforderungen an die Speichermedien gestellt. Sie müssen beispielsweise viel Speicherkapazität aufnehmen und schnell sein. In diesem Fall bietet sich am ehesten die Verwendung einer externen Festplatte an.

Kurzzeit-Archivierungen, das Erstellen von Backups und das Sichern digitaler Informationen für die Weitergabe erfordern sichere und dabei nicht zu teure Speichermedien. Es spielt dann keine Rolle, ob das Speichermedium nur einmal beschrieben werden kann. Dafür sind CDs und DVDs bestens geeignet. Oder auch mittlerweile recht preiswerte Memory-Sticks für den einfachen Datentransport von Rechner zu Rechner. Für tragbares Equipment muss der Speicher klein und stabil sein, wie Flash-Cards in digitalen Kameras und Musicplayern etc.

Um sicher zu kopieren, muss das Speichermedium sehr große Dateien aufnehmen können und darf pro Gigabyte nicht zu viel kosten, muss aber nicht unbedingt sehr schnell sein. Aus diesen Gründen werden häufig noch Magnetbänder eingesetzt, inzwischen aber auch CDs und DVDs.

EINSATZBEREICHE VERSCHIEDENER SPEICHERMEDIEN

- **Festplatten** – Produktion und Transport. Sehr große Speicherkapazität.
- **CD** – Archivieren und transportieren, Musik, kleine Speicherkapazität.
- **DVD** – Archivieren und transportieren, Film, mittlere Speicherkapazität.
- **Tape** – sichere Kopien großer Datenmengen.
- **Flash-Speicher** – tragbares Equipment, kleine Speicherkapazität.

PREISUNTERSCHIEDE

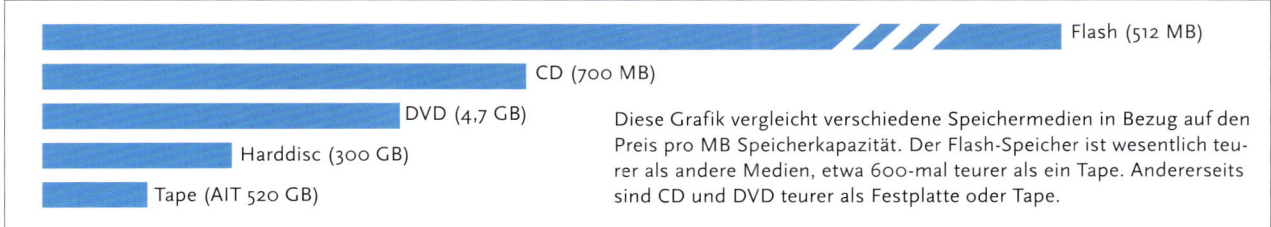

Diese Grafik vergleicht verschiedene Speichermedien in Bezug auf den Preis pro MB Speicherkapazität. Der Flash-Speicher ist wesentlich teurer als andere Medien, etwa 600-mal teurer als ein Tape. Anderseits sind CD und DVD teurer als Festplatte oder Tape.

2.6.1 Wie unterscheiden sich Speichermedien voneinander?

Die größten Unterschiede betreffen den Preis pro Gigabyte, die Speicherkapazität, die Lese- und Schreibgeschwindigkeit, Zugriffszeit, Sicherheit, Lebensdauer, den Standard und die Verfügbarkeit. Mit der Zugriffszeit eines Mediums meint man, wie lange der Computer braucht, um eine bestimmte Datei auf dem Medium zu finden. Die Lese- und Schreibgeschwindigkeit ist ein Maß für die Datenmenge, die von einem Speichergerät pro Sekunde gelesen oder darauf geschrieben werden kann. Die Sicherheit betrifft die Resistenz eines Mediums gegenüber äußeren Einflüssen wie elektromagnetischen Feldern und Stößen. Die Lebensdauer hängt davon ab, wie lange die Information gespeichert und wieder gelesen werden kann und auch ob das Medium physikalisch betrachtet stabil ist. Wird ein Speichermedium häufig eingesetzt und von der Industrie zu einem Standard weiterentwickelt, dann ist es auch überall erhältlich.

2.6.2 Festplatten

Festplatten sind das schnellste Speichermedium, was Zugriffs- und Schreib-/Lesegeschwindigkeit betrifft. In jedem Computer ist heutzutage eine Festplatte eingebaut, bezeichnet auch als interne Harddisc (HD). Benötigt man mehr Speicherplatz, beispielsweise zum Sichern umfangreicher Projektdaten, schließt man eine externe Festplatte über FireWire, USB oder – heutzutage immer seltener – über SCSI am Computer an. Auch in leistungsfähigen Mediaplayern für Musik und Video sind Festplatten eingebaut und können bei Bedarf für den Datentransport verwendet werden.

Eine Festplatte besteht aus einer Reihe übereinandergestapelter Scheiben. Jede ist mit einer Magnetschicht versehen. Bei der Datensicherung speichern diese Oberflächen die Informationen in Form magnetischer »tracks«, die der Computer als eine Reihe von Einsen und Nullen lesen und interpretieren kann.

DURCHSCHNITTLICHE GESCHWINDIGKEITEN FÜR VERSCHIEDENE SPEICHERMEDIEN

Medium	Lesen	Schreiben	Zugriffszeit
CD	8 MB/s	2,4 MB/s	0,1 s
DVD	22 MB/s	22 MB/s	0,1 s
HD	150 MB/s	150 MB/s	0,009 s
Tape (DAT)	3 MB/s	3 MB/s	50 s
Flash	20 MB/s	16 MB/s	0,00000002 s

VOR- UND NACHTEILE VON FESTPLATTEN
+ Sie sind sehr schnell.
− Sie sind relativ teuer.
− Sie sind empfindlich gegenüber Magnetfeldern.
− Sie sind stoßempfindlich.

FESTPLATTEN

FESTPLATTEN BESTEHEN AUS MEHREREN SCHEIBEN
Eine Festplatte besteht aus einer Anzahl magnetischer Scheiben, die mittels Schreib-/Leseköpfen gelesen und beschrieben werden.

NAH BEIEINANDER
Die empfindlichen Scheiben liegen nah beieinander, eine auf der anderen, und die Information wird auf beiden Seiten gespeichert.

SPEICHERN IN SEGMENTEN
Optische Discs speichern die Daten in Segmenten, in derselben Weise wie eine Festplatte oder eine Magnetdisc.

SPEICHERN IN SEQUENZEN
Tapes speichern die Informationen in Sequenzen, das heißt, alle Daten werden nacheinander auf dem Band gesichert.

DAT MIT LESEGERÄT
Ein DAT-Band hat eine Speicherkapazität von bis zu 4 GB. Will man eine Datei vom Band lesen, muss das Lesegerät

das Band bis zu der Stelle spulen, an der die Datei auf dem Band gesichert ist. Das heißt, man findet Dateien nicht so schnell wie auf magnetischen oder optischen Scheiben.

SPEICHERPLATZ AUF BÄNDERN
DAT-Band – bis zu 72 GB
DLT-Band – bis zu 80 GB
AIT-Band – bis zu 520 GB

VOR- UND NACHTEILE VON BÄNDERN
+ Bänder sind billig pro MB.
− Sie benötigen viel physikalischen Platz.
− Sie haben eine lange Zugriffszeit.
− Sie sind empfindlich gegenüber Magnetfeldern.
− Sie sind schlecht standardisiert (verschiedene Programme für denselben Bandtyp).

CD UND DVD
Eine CD hat Speicherplatz für 700 MB, eine DVD für 4,7 bis 17 GB.

Der Schreib-/Lesekopf der Festplatte bewegt sich beim Speichern und Lesen der Informationen sehr nah über den rotierenden Scheiben, weshalb sie während des Betriebs sehr stoßempfindlich ist. Wird die Festplatte während des Betriebs angestoßen oder geschüttelt, kann der Schreib-/Lesekopf auf den Scheiben aufschlagen und die enthaltenen Informationen zerstören. Man spricht dann von einem »head crash«.

Sind im Computer zwei oder mehr Festplatten eingebaut, kann man diese so miteinander verbinden, dass sich ihre Inhalte zur Sicherheit gegenseitig als Backup spiegeln. Dazu verwendet man eine Technik, die als RAID (Redundant Array of Independent Discs) bezeichnet wird. Wird die defekte Festplatte durch eine neue ersetzt, wird das Material der zerstörten Festplatte automatisch aus dem Backup der anderen Platten auf die neue kopiert.

2.6.3 Tape

Ein Tape oder Band ist ebenfalls ein magnetisches Speichermedium. Es gibt verschiedene Arten, aber die gebräuchlichsten sind DLT (Digital Linear Tape), DAT (Digital Audio Tape), AIT (Advanced Intelligent Tape) und Exabyte. Bänder sind vergleichsweise langsame Medien, aber die Kosten pro Megabyte sind niedrig und es können große Datenmengen gesichert werden. Ein Tape kann als Backup-Medium, also für die Langzeitarchivierung verwendet werden. Alle Tapes benötigen ein kompatibles Schreib-/Lesegerät am Arbeitsplatzrechner. Die unterschiedlichen Backup-Programme sind nicht standardisiert. Damit der Computer das Tape lesen kann, muss häufig genau das Programm installiert sein, das zum Sichern des Inhalts verwendet wurde.

Tapes speichern die Information sequenziell, das heißt, um die gewünschte Information wieder auszulesen, muss erst mal an die Stelle auf dem Band gespult werden, wo sich die Daten befinden. Die Zugriffszeit ist also langsam und kann einige Sekunden dauern, verglichen mit ein paar Millisekunden bei magnetischen oder optischen Speichermedien. Genauso wie bei Magnetscheiben ist die Oberfläche des Tapes magnetisch und daher störanfällig für elektromagnetische Felder, aber auch für jegliche Art physikalischer Eingriffe. Hersteller schätzen die Lebensdauer auf durchschnittlich fünf bis zehn Jahre.

2.6.4 CD und DVD

CDs (Compact Disc) und DVDs (Digital Versatile Disc) gibt es in verschiedenen Versionen. Ihre Basis ist eine optische Technologie. Sie besitzen daher keine magnetische Oberfläche wie die meisten anderen Medien, die bisher vorgestellt wurden. Sie sind deshalb auch unempfindlich gegenüber Magnetfeldern und sicherer für eine Langzeitarchivierung. Abgesehen von der DVD-RW sind optische Scheiben nicht wiederbeschreibbar oder zu löschen, was sie noch sicherer für die Archivierung macht, und sie sind dabei relativ preiswert. Ihre Lebensdauer wird auf etwa zehn bis dreißig Jahre geschätzt.

CDs sind die am häufigsten verwendeten optischen Speichermedien und am besten standardisiert. Die meisten Computer besitzen eingebaute CD-Laufwerke und können CDs lesen, ohne ein bestimmtes Programm dafür zu benötigen. Die Daten sind dauerhaft gespeichert, und alle genannten Faktoren machen die CD zu einem idealen Vertriebs- und Archivierungsmedium. CDs sollten trotz allem sorgsam behandelt werden, denn ihre Oberfläche kann verkratzt und leicht beschädigt werden. Die Standardkapazität liegt bei 700 MB.

CDs, die in hoher Auflage hergestellt werden, beispielsweise Audio-CDs oder Computer-Software, werden als CD-ROMs (Compact Discs Read Only Memory) bezeichnet. Um eine CD-ROM zu produzieren, muss zuerst eine Master-Disc erstellt werden. Von dieser wird wiederum eine Kopie erzeugt, von der dann die Stückzahlen für den Vertrieb gepresst werden.

CDs, die man am eigenen Computer beschreibt, heißen CD-R (Compact Disc Recordable). Man benötigt dazu ein geeignetes Programm und ein spezielles Lese- und Schreiblaufwerk, einen sogenannten CD-Brenner.

Eine Weiterentwicklung der CD-R-Technik ist die CD-RW (Compact Disc Rewritable). Auf dieser können Daten gelöscht oder überschrieben werden. Man geht jedoch davon aus, dass ihre Lebensdauer etwas geringer ist als die anderer Discs.

Die DVD (Digital Versatile Disc oder Digital Video Disc) basiert auf der CD-Technologie, speichert die Informationen aber mit höherer Dichte und kann daher größere Datenmengen speichern.

Wie bei den CDs gibt es auch bei den DVDs verschiedene Arten. Videos werden auf DVD-Video, Musik auf DVD-Audio und Speicherdaten auf DVD-ROM gebrannt. Beschreibbare DVDs gibt es als DVD-R oder DVD+R sowie drei verschiedene Arten wiederbeschreibbarer DVDs: DVD-RW, DVD+RW und DVD-RAM. Zu begründen ist dies damit, dass die Hersteller sich unterschiedlichen Technologieentwicklungen angeschlossen haben. Praktisch gesprochen sind jedoch die DVD-R und die DVD+R fast gleich und können beide von den meisten Geräten gelesen werden. Sie werden auch als DVD±R gekennzeichnet. DVD-Brenner verarbeiten diese Formate als DVD±RW.

DVDs werden entweder einseitig oder beidseitig beschrieben, mit einem oder zwei Layern pro Seite. Single-sided Discs mit einem Layer können 4,5 GB an Daten speichern, während Double-Layer-(oder auch Dual-Layer-)Discs bis zu 17 GB speichern können, das sind zwischen 7- und 28-mal mehr Daten als auf einer herkömmlichen CD. In der grafischen Produktion werden DVDs für Datentransport, Vertrieb und Langzeitarchivierung eingesetzt.

Das Equipment zum Schreiben und Lesen von CDs und DVDs wird Reader und Brenner genannt. Der Brenner kann auch Discs lesen, und der DVD-Brenner oder -Player kann auch CDs lesen – aber nicht umgekehrt. Modernes DVD-Equipment unterstützt verschiedene DVD-Standards. Um Double-Layer-DVDs zu verstehen, bedarf es jedoch eines speziellen Gerätes.

KONSTRUKTION VON CDS UND DVDS

Eine CD besteht physikalisch aus drei Schichten: einer Grundschicht aus Polycarbonat, dem Informationslayer mit einer reflektierenden Aluminiumbeschichtung und einer Schutzschicht aus Lack.

Wie bei einer Schallplatte wird die Information in einer kontinuierlichen Spirale angelegt. Ein energiereicher Laser brennt die Informationen als Pits (Vertiefungen) und Lands (Erhöhungen) in die CD-Oberfläche. Ein Niedrigenergielaser liest die Informationen wieder aus, und der Computer übersetzt sie in eine Serie aus Nullen und Einsen.

Die Pits auf einer DVD sind kleiner und enger angeordnet als auf einer CD und können daher mehr Daten speichern. Eine zweiseitige DVD mit zwei Layern ergibt eine vierschichtige Kapazität, verglichen mit einer einseitigen Disc mit nur einem Layer.

LESEN EINER CD

CDs werden von einem Laser beleuchtet, um die Daten zu lesen. Der Lichtstrahl wird von einem »Land« reflektiert. Der Wechsel von einem »Pit«, der tiefer liegt, zu einem »Land«, der höher liegt, wird als Eins interpretiert, während der unveränderte Zustand als Null interpretiert wird.

DVD-STANDARDS

- DVD-ROM
- DVD-R/RW
- DVD-RAM
- DVD+R/RW
- DVD-R DL
- DVD+R DL

ABKÜRZUNGEN FÜR CD UND DVD

ROM – Read Only (gepresste Disc)
RAM – Random Access Rewritable
DL – Double-Layer
R – Recordable once
RW – ReWritable

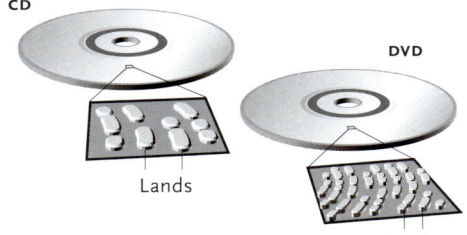

SPEICHERTECHNIK VON CD UND DVD
Die CD und die DVD sind gleichermaßen aus einer kontinuierlichen Spirale mit Erhöhungen und Vertiefungen aufgebaut.

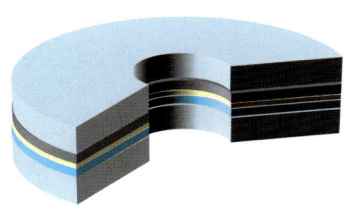

FLASH-SPEICHER

COMPACTFLASH
Die CompactFlash (CF) basiert auf dem PC-Karten-Standard. Sie wird in Digitalkameras, MP3-Playern, Organizern und anderen Geräten verwendet. Die CF-Karte kann aber auch die Festplattentechnologie verwenden und ist dann wesentlich empfindlicher.

SECURE DIGITAL
Secure Digital (SD) ist eine relativ kleine Speicherkarte, weit verbreitet und schon vergleichsweise günstig. Sie wird in Mobiltelefonen, Digitalkameras, Organizern etc. verwendet. Der Begriff Secure Digital leitet sich von der Tatsache ab, dass die Karte mit einem Kopierschutz gegen den Missbrauch von Musik etc. ausgestattet ist. SD-Karten sind unempfindlicher gegen statische Aufladungen als andere Speicherkarten.

MINI SD
Selber Standard wie SD, aber 60 Prozent kleiner. Die Karte kann in SD-Lesegeräten mittels eines Adapters gelesen werden.

TRANSFLASH
Transflash (TF) ist eine sehr kleine Speicherkarte, die auf dem Mini-SD-Standard aufbaut. Sie wird beispielsweise in Mobiltelefonen verwendet.

MEMORY-STICK
Der Memory-Stick (MS), aufgrund seiner Schnittstelle besser bekannt unter USB-Stick, hat sich in kurzer Zeit von einem teuren zu einem erschwinglichen Speichermedium gemausert. Auch die Speicherkapazität hat sich rasch erhöht. USB-Sticks sind mit 1 GB, 4 GB und mehr erhältlich.

MULTIMEDIA CARD
Die Multimedia Card (MMC) ist eine relativ kleine und dünne Speicherkarte. Sie ist wenig gebräuchlich.

SMART MEDIA
Werden in Digitalkameras eingesetzt.

XD, PICTURE CARD
Eine kleine und relativ teure Speicherkarte, die man in Kameras von Fuji und Olympus findet.

Die Geschwindigkeit des Brenners wird gewöhnlich mit der Zeit angegeben, die er braucht, um eine beschriebene Disc zu lesen. Die Geschwindigkeit wird als ein Vielfaches der Zeit angegeben, mit der das Gerät eine normale Musik-CD oder Video-DVD schneller lesen kann, beispielsweise 52fach, häufig angegeben als 52x. Eine CD, die normalerweise bis zu 80 Minuten Musik enthalten kann (700 MB), kann in 80 Minuten/52 = ungefähr 1,5 Minuten gelesen werden.

Eine Nachfolgerin ist die Blu-ray Disc, kurz BD. Eine Scheibe fasst auf einem Layer bis zu 27 GB, mit zwei Layern bis zu 54 GB Daten. Blu-ray bedeutet wörtlich so viel wie »Blauer Lichtstrahl«, was sich auf den verwendeten blau-violetten Laser mit 405 nm Wellenlänge bezieht. Die Blu-ray Disc gibt es in drei Varianten: als nur lesbare BD-ROM, als einmal beschreibbare BD-R (vergleichbar mit DVD±R) und als wiederbeschreibbare BD-RW (vergleichbar mit DVD±RW).

2.6.5 Flash-Speicher für tragbare Geräte

Flash-Speicher werden in Geräten verwendet, die ziemlich kleine, stabile Speichermedien brauchen, auf denen die Information auch dann gespeichert bleibt, wenn das Gerät ausgeschaltet ist. Flash-Speicher werden in Form wechselbarer Speicherkarten in unterschiedlichen Geräten wie Musicplayern oder Digitalkameras eingesetzt. Sie sind besonders widerstandsfähig, da sie keine beweglichen Teile enthalten, und die Information ist sicher in einer gut verschlossenen Hülle verpackt. Verschiedene Hersteller bieten unterschiedliche Arten von Speicherkarten an, die aber alle auf der Flash-Technologie aufbauen. Zu den bekanntesten zählen CompactFlash, Secure Digital und Smart Media. Obwohl sie alle gleich funktionieren, sind verschiedene Geräte gefragt. Der eine Kamerahersteller hat sich für den einen Kartentyp entschieden, ein anderer Hersteller für einen anderen Typ. Auch in Geschwindigkeit und Speicherkapazität unterscheiden sich die Karten.

Die Speicherkapazität reicht von wenigen Megabyte bis zu einigen Gigabyte. Die Lese- und Schreibgeschwindigkeit ist verglichen mit anderen Speichermedien klein. Sie wird gewöhnlich als Vielfaches von x angegeben, wobei x für 150 KB pro Sekunde steht. Eine Speicherkarte mit einer Geschwindigkeit von 133 x kann also 133 x 150 KB = 19,5 MB pro Sekunde lesen.

Flash-Speicher waren zu Anfang sehr teuer, werden aber in letzter Zeit immer preiswerter. Dieser Speichertyp wird hauptsächlich eingesetzt, um kleine, temporäre Dateien zu sichern, beispielsweise die Bilder einer Digitalkamera, die anschließend auf einem Rechner gesichert werden.

Auch in den so genannten USB-Sticks, kleinen länglichen Massenspeichern, befindet sich nichts anderes als ein Flash-Speicher. Seit dem Jahr 2000, damals mit 8 MB, haben USB-Sticks unaufhaltsam den Markt der Speichermedien erobert. Heute sind sie üblicherweise mit einigen Gigabyte Kapazität, aber auch bis zu 64 GB, erhältlich [siehe 2.7.1].

2.6.6 Ältere Speichermedien

Speichermedien müssen immer schneller werden und immer mehr Speicherkapazität aufnehmen. Ältere Speicherarten werden daher immer wieder durch bessere ersetzt.

Immer wieder findet man zu einem früheren Zeitpunkt produziertes Material auf älteren (antiquiert anmutenden) Speichermedien, und diese müssen weiterhin lesbar sein. Wir stellen einige dieser Technologien vor:

2.6.7 Magnetische Disketten

Alle »beweglichen« magnetischen Disketten brauchen ein spezielles Laufwerk, das mit dem Computer verbunden oder darin eingebaut ist. Die Disketten waren wiederbeschreibbar und hatten aus heutiger Sicht eine geringe Speicherkapazität bei einem vergleichsweise hohen Preis pro Megabyte. Sie wurden von einer Kunststoffhülle geschützt und waren empfindlich gegenüber elektromagnetischen Einflüssen.

2.6.8 Floppy Disc

Floppy Discs, oder schlicht: Disketten waren für einen langen Zeitraum das gebräuchlichste flexible Speichermedium – trotz ihres winzigen Speichervermögens (maximal 1,44 MB), ihrer Empfindlichkeit und Langsamkeit.

Das nötige Laufwerk war Standard in nahezu jedem Rechner. Disketten wurden für alles eingesetzt, beispielsweise zum Transportieren von Text- und Bilddateien oder für den Vertrieb von Programmen.

2.6.9 Zip und Jaz

Andere Typen flexibler Magnetdisketten waren für einige Jahre das Jaz mit 1 GB Kapazität und das Zip mit 100, später auch mit 250 und 750 MB. Sie waren zudem schneller als gewöhnliche Disketten und wurden vor allem zum Transportieren und Archivieren größerer Datenmengen eingesetzt.

2.6.10 Syquest

Syquest Cartridges waren ebenfalls lange eine weit verbreitete Speichertechnologie, um Daten der grafischen Produktion zu sichern, mit einer Speicherkapazität von 44, 88 oder 200 MB.

2.6.11 Magneto-optische Disc

Magneto-optische Discs (oder auch MO-Cartridges) waren eine Kombination aus optischem und magnetischem Medium, die die Vorteile beider Technologien miteinander verband. Sie waren wiederbeschreibbar, zur gleichen Zeit aber auch sicher genug für Langzeitarchivierungen. Eine MO-Disc speicherte 1,3 GB, andere Typen bis zu 99 GB.

2.7 Kommunikation

Ständig müssen zwischen Computer und Peripheriegeräten wie Tastatur, Scanner oder externer Festplatte Daten übermittelt werden. Dieser Datentransport kann auf verschiedene Weise erfolgen: per Kabel oder kabellos, je nach erforderlicher Geschwindigkeit. Es gibt ganz verschiedene Technologien der Datenübertragung. Meistens ist es notwendig, mehrere Computer miteinander zu verbinden oder sie auf dieselben Geräte wie Server oder Drucker zugreifen zu lassen. In diesem Fall spricht man von einem Netzwerk.

SPEICHERKARTEN
Ihre Kapazität reicht von einigen Megabyte bis zu mehreren Gigabyte.

FLOPPY DISC
Eine klassische Diskette hat Platz für 1,44 MB.

ZIP-DISC/DRIVE
Eine ZIP-Diskette fasst 100, 250 oder 750 MB.

USB

USB TYP A
verbindet in den Computer.

USB TYP B
verbindet externe Geräte wie Maus, Tastatur, Scanner.

USB TYP MINI B
verbindet mit kleineren Geräten wie Digitalkameras oder kleinen Festplatten.

FIREWIRE

1394 9-PIN
wird verwendet mit 1934b-Schnittstelle, auch FireWire 800 genannt, von Apple.

1394 6-PIN
Verwendung mit FireWire 400.

1394 4-PIN
Verwendung mit FireWire 400, in der Regel für kleinere Geräte wie Digitalkameras.

2.7.1 USB

Beim Universal Serial Bus, kurz USB, handelt es sich um eine serielle Schnittstelle (port). Sie wird so genannt, weil die Signale (Einsen und Nullen) seriell, also nacheinander, auf derselben Leitung übertragen werden. Im Gegensatz zu Parallelports, wo die Signale simultan auf mehreren parallel verlaufenden Leitungen versendet werden.

Mit der USB-Version 1.0/1.1 wurde es einfacher, verschiedene Geräte wie eine Maus oder Tastatur am Rechner anzuschließen, weil der Rechner selbst erkennt, welches Gerät angeschlossen wird, und man darf dies vor allem auch bei laufendem Betrieb machen (was in früheren Zeiten für manches SCSI-Gerät das Todesurteil bedeutete). USB 1.1 ist so kraftvoll (bis zu 12 Mbit/s), dass diese Verbindung sogar für Monitore, CD-Player, Drucker und einfachere Scanner geeignet ist. Bis zu 127 Geräte können angeschlossen werden, indem man als Zwischenstück sogenannte USB-Hubs, kleine Verteiler mit mehreren Ein- und Ausgängen, einsetzt. Mit der USB-Version 2.0 hat sich die Übertragungsrate auf 480 Mbit/s erhöht, stark genug, um Verbindungen zwischen Festplatten, Videogeräten usw. herzustellen. USB 2.0 ist abwärts kompatibel mit USB 1.1 und verbraucht bis zu 2,5 Watt.

2.7.2 IEEE 1394 FireWire

IEEE 1394 (von Apple) oder iLink (von Sony), besser bekannt unter dem Begriff FireWire, ist mit bis zu 400 Mbit/s ein sehr schneller Standard für die Datenübertragung, sogar für Videodaten. Die maximale Kabellänge beträgt 4,5 Meter. Der Nachfolger, FireWire 800, hat eine Übertragungsgeschwindigkeit von bis zu 800 Mbit/s und unterstützt eine Kabellänge bis zu 100 Meter. Bis zu 64 Computer und andere externe Geräte können mit einer einzigen FireWire-Schnittstelle verbunden werden. Der IEEE 1394b-Standard erlaubt eine Übertragungsgeschwindigkeit von bis 3.200 Mbit/s und ist zu älteren FireWire-Versionen kompatibel. Im Gegensatz zu USB kann FireWire direkt mit verschiedenen Computern verbunden werden.

Beide, USB und FireWire, unterstützen die sogenannte Hot-Plug-Technologie, das heißt, sie dürfen bei laufendem Betrieb ab- und angesteckt werden, und der Rechner erkennt das Gerät. Bei manchen Speichermedien wie USB-Sticks empfiehlt sich allerdings, diese vor dem Abziehen abzumelden, sogenanntes »Auswerfen«, sonst kommt es unter Umständen doch mal zu Datenverlust.

2.7.3 Bluetooth

Unter Bluetooth versteht man eine Technologie der Funkübertragung, die der kabellosen Computerkommunikation über kurze Distanzen dient, bis zu zehn Meter. Diese Technik kann man für vieles nutzen, beispielsweise Computer mit einem Mobiltelefon verbinden, einem PDA, einer kabellosen Maus oder Tastatur, etc.

Bluetooth arbeitet mit einer Übertragungsgeschwindigkeit von bis zu 720 Kbit/s, und bis zu sieben Verbindungen zu verschiedenen Geräten können gleichzeitig bedient werden. Bluetooth sendet auf 2,4 GHz – dieselbe Frequenz, die viele wireless Netzwerke verwenden –, aber, die Übertragung kann bei Bedarf durch Codierung geschützt werden.

2.7.4 **Infrarotlicht – IR**
Viele Rechner, Mobiltelefone, Organizer etc. haben diese Technologie bereits eingebaut, um kabellos über unsichtbares Infrarotlicht – IR [*siehe Farbenlehre 3.1*] zu kommunizieren. Mit Hilfe der Infrarottechnik kann man beispielsweise einen Organizer über das Mobiltelefon mit dem Internet verbinden.

Geräte, die man miteinander verbinden möchte, müssen ein paar Zentimeter voneinander entfernt sein und die IR-Schnittstellen aufeinander gerichtet haben. Infrarotlicht kann von starker Sonneneinstrahlung irritiert werden. Die Übertragungsgeschwindigkeit liegt derzeit normalerweise bei 4 Mbit/s, bis zu maximal 16 Mbit/s.

2.8 Netzwerk

Netzwerke und Computerkommunikation spielen heute in der grafischen Produktion eine zentrale Rolle. Mit einem Netzwerk ist man in der Lage, das gesamte Equipment an Druckern, Servern und Modems mit anderen Rechnern im Netzwerk zu teilen. Man kann auch Informationen auf der Festplatte des eigenen Rechners gezielt anderen Computern zur Verfügung stellen.

Wir werden daher Konzepte wie LAN und WAN vorstellen, außerdem die verschiedenen Netzwerkkomponenten, die Grundlagen der Übertragungstechnik und ihre Funktionalität. Auch verschiedene Netzwerktypen wie Telefonkommunikation und Internet sind interessant. Als Erstes werden wir definieren, was ein Netzwerk überhaupt ist.

2.8.1. Was ist ein Netzwerk?
Ein Netzwerk besteht aus mehr als ein paar physikalischen Kabeln oder der Basisstation für den kabellosen Zugang ins Internet. Ein Netzwerk kann über die Präsenz von Netzwerkkabeln definiert werden, durch spezielle Netzwerkkarten in den Rechnern und/oder durch das Vorhandensein eines Netzwerkprotokolls, das die Netzwerkkommunikation managt.

Netzwerke werden manchmal anhand ihrer geografischen Reichweite definiert. Ein Netzwerk, das auf ein Zimmer oder ein Gebäude beschränkt ist, wird üblicherweise lokales Netzwerk genannt (Local Area Network, kurz LAN). Netzwerke, die über weitere Distanzen reichen, miteinander verbundene LANs, werden WAN (Wide Area Networks) genannt. Eine Firma, die Büros in verschiedenen Städten betreibt, könnte ein WAN verwenden, um ihre Standorte miteinander zu verbinden. Man kann dafür das Internet nutzen oder, für verbesserte Sicherheit, verfügbare Glasfaserkabel, um mehrere LANs oder WANs zu verbinden. Ein Netzwerk besteht aus einer Reihe von Komponenten, zu denen Kabel oder wireless Basisstationen gehören, Netzwerkkarten, Netzwerkprotokolle und verschiedene Netzwerkgeräte. Die Netzwerkschnittstelle erleichtert die Kommunikation zwischen dem Rechner und den Kabeln. Das Netzwerkprotokoll enthält Routinen darüber, wie die Kommunikation geführt werden sollte. Netzwerkserver und andere Netzwerkgeräte wie Repeater, Hubs, Bridges, Switches und Router sind physikalische Bausteine, die benötigt werden, um ein Netzwerk aufzubauen. Wir betrachten nun die verschiedenen Elemente des Netzwerks etwas näher.

BLUETOOTH

BLUETOOTH
Bluetoothgeräte senden im lizenzfreien ISM-Band (Industrial, Scientific and Medical-Band). Durch WLANs, Mobiltelefone oder andere Geräte, die im gleichen Frequenzband arbeiten, können Störungen verursacht werden. Aus diesem Grund ist in naher Zukunft eine Frequenzänderung vorgesehen.

Bluetooth unterstützt die Übertragung von Sprache und unterschiedlichsten Daten. Eine Verschlüsselung der transportierten Daten ist ebenfalls möglich.

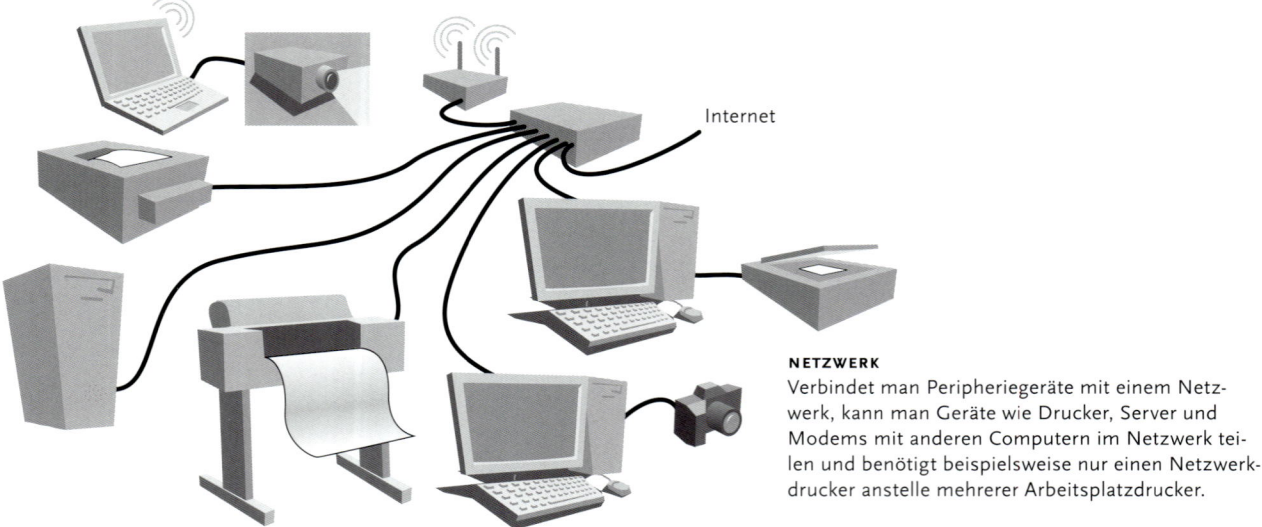

NETZWERK
Verbindet man Peripheriegeräte mit einem Netzwerk, kann man Geräte wie Drucker, Server und Modems mit anderen Computern im Netzwerk teilen und benötigt beispielsweise nur einen Netzwerkdrucker anstelle mehrerer Arbeitsplatzdrucker.

VERSCHIEDENE NETZWERKTYPEN

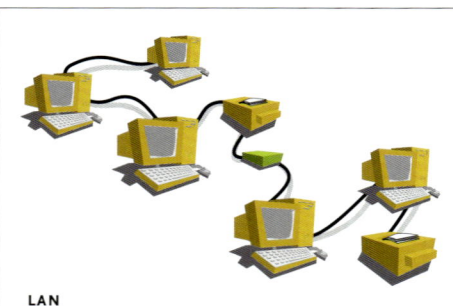

LAN
Das inzwischen veraltete LAN (Local Area Network) ist auf ein Zimmer oder ein Gebäude beschränkt.

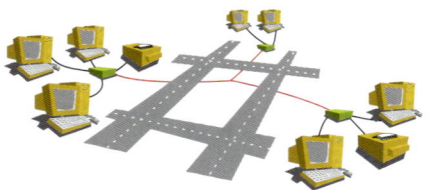

WAN
Das WAN (Wide Area Network) kann lokale Netzwerke über größere Entfernungen verbinden, um beispielsweise ein großes Firmennetzwerk aus vielen geografisch auseinander liegenden Standorten zu bilden.

2.8.2 Der Ethernet-Netzwerk-Standard

Das Ethernet ist der üblichste Standard eines Netzwerks, wie die Netzwerk-Hardware, Kabel, Kontakte, Basisstationen, Netzwerkkarten und Netzwerkeinheiten eingerichtet sein sollten. Der Standard, der aktuell IEEE 802.3 genannt wird, gibt auch bestimmte Übertragungsrichtlinien für die Kommunikation im Netzwerk vor. In einem Ethernet-Netzwerk wird normalerweise TCP/IP als Protokoll für die Kommunikation verwendet.

2.8.3 Das über Kabel verbundene Ethernet

Normalerweise sind im Ethernet eine Reihe von Anwendercomputern und die Server über eine Netzwerkeinheit wie ein Switch miteinander verbunden. Mehrere dieser Einheiten wiederum sind zu einem großen Netzwerk verbunden. Dabei handelt es sich um ein sogenanntes Sternnetz. Aufgrund seiner Unterteilung belastet das Laden innerhalb eines Sternsegments nicht unnötig die Rechner in einem der anderen Segmente [siehe 2.8.17].

Frühere Generationen der Ethernet-Technologie waren sehr einfach aufgebaut, was es sehr unkompliziert machte, sie aufzurüsten. Innerhalb des gesamten Netzwerks kann man verschiedene Kabeltypen verwenden und miteinander kombinieren.

Heute wird am häufigsten das Ethernet der Kategorie 5 verwendet, auch Fast Ethernet genannt oder 100 base TX. Es hat eine theoretische Übertragungsgeschwindigkeit von 100 Mbit/s, das entspricht 12,5 MB/s und ist somit zehnmal schneller als das alte Ethernet der Kategorie 3, das sogenannte 10 base T, mit einer theoretischen Übertragung von 10 Mbit/s.

Inzwischen gibt es das Ethernet 1000 base T, auch Gigabit Ethernet genannt. Es hat eine theoretische Übertragungsrate von 1.000 Mbit/s, das entspricht 1 Gbit/s oder 125 MB/s.

Um eine bestimmte Ethernetgeneration zu nutzen, ist es wichtig, dass alle Rechner und die Netzwerkeinheit überhaupt in der Lage sind, diese Ethernet-Technologie zu unterstützen. Denn die Übertragung im gesamten Netzwerk richtet sich nach der langsameren Geschwindigkeit, wenn ein Gerät älterer Ethernetgeneration eingebunden ist.

Das Ethernet kann auch direkt zwischen zwei Rechnern verwendet werden. Dazu braucht man ein spezielles Ethernetkabel.

2.8.4 Netzwerkkabel

Die Art der im Netzwerk verwendeten Kabel bestimmt die Übertragungsgeschwindigkeit. Sie gibt auch vor, wie groß die Distanzen und wie sicher die Übertragung ist. Es gibt drei Arten: Coaxial- (veraltet), Twisted-Pair- und Glasfaserkabel. Das Ethernet verwendet heutzutage entweder Twisted-Pair-Kabel mit oder ohne Abschirmung gegen elektrische Einflüsse oder Glasfaserkabel.

Die Wahl der Kabel ist immer eine Frage von Preis gegen Leistung. Üblicherweise kombiniert man verschiedene Kabeltypen im Netzwerk. In einigen Bereichen sind einfache Twisted-Pair-Kabel völlig ausreichend, während in anderen Bereichen große Datenmengen über weite Distanzen übertragen werden müssen, was nur Glasfaserkabel leisten können.

2.8.5 Wireless Ethernet – WLAN

Neben den traditionellen kabelverbundenen Netzwerken gibt es auch noch die kabellosen Netzwerke – genannt WLAN (Wireless Local Area Network). Sie verfügen über eine Menge Vorteile, die weit darüber hinausgehen, dass man ohne den üblichen Kabelsalat auskommt oder auf einen bestimmten Punkt im Netzwerk festgenagelt ist. Sie haben aber leider auch einen Schwachpunkt, sie sind nämlich langsamer als die traditionellen kabelgestützten Netzwerke.

Öffentliche wireless Netzwerke gibt es überall, in Hotels, Cafés, an Flughäfen, in Zügen und Flugzeugen. Ihre Geschwindigkeit nimmt bei zunehmender Entfernung ab. Auch Hindernisse wie dicke Mauern können das Funksignal schwächen.

Die meisten kabellosen Netzwerke sind auf einer Variante des IEEE-Standards aufgebaut, der 802.11 heißt. Im Prinzip gibt es sogar drei Varianten: 802.11a, 802.11b und 802.11g. Bei IEEE handelt es sich um eine in den USA ansässige Organisation (Institute of Electrical an Electronics Engineers).

Die erste weit verbreitete Variante war IEEE 802.11b. Die Spezifikation kommt mit einem Frequenzbereich von 2,4 GHz aus und ermöglicht Übertragungsraten bis zu 11 Mbit/s.

2.8.6 Basisstationen für wireless Netzwerke

Um ein kabelloses Netzwerk aufzubauen oder Peripheriegeräte mit einem auf Kabeln aufgebauten Netzwerk zu verbinden, benötigt man Basisstationen, die die Signale der Rechner empfangen und verteilen.

Die Basisstationen sind so konstruiert, dass sie verschiedenen Kommunikationsstandards folgen. Dazu ist der Einbau von Netzwerkkarten in den Rechnern notwendig, die die Kommunikation mit kabellosen Netzwerken erlauben.

DREIERLEI NETZWERKKABEL

Von links:
A. Twisted-Pair-Kabel
B. Coaxial-Kabel
C. Glasfaserkabel

A. TWISTED-PAIR-KABEL

Das Twisted-Pair-Kabel ist das gebräuchlichste und zugleich preiswerteste der drei Kabelarten. Es besteht aus isolierten Kupferkabeln, die umeinander gewickelt sind, identisch mit einem normalen Telefonkabel. Twisted-Pair-Kabel können ein Signal etwa 100 Meter weit übertragen. Danach schwächen elektrische Störungen das Signal ab und die Information muss eventuell neu übermittelt werden. Die Störung wird von elektrischen Feldern verursacht, die elektrische Kabel und Geräte umgeben. Um davor zu schützen, wurden abgeschirmte Twisted-Pair-Kabel entwickelt. Der Schutz besteht aus einer speziellen Folie, die um die Kabel gewickelt ist.

B. COAXIAL-KABEL

Der zweite Kabeltyp, das Coaxial-Kabel, besteht aus einem Kupferkabel, das mit einer Kunststoffisolierung abgeschirmt ist. Die Isolierung ist in einer Kupferschutzisolierung eingewickelt, die das Kabel unsensibel gegenüber Störungen macht. Ein Coaxial-Kabel kann Signale bis 185 Meter weit übertragen. Coaxial-Kabel sind noch immer gebräuchlich; obwohl sie teurer sind als Twisted-Pair-Kabel, sind sie doch immerhin preiswerter als Glasfaserkabel.

C. GLASFASERKABEL

Die elektronischen Signale werden in der Netzwerkschnittstelle in Lichtimpulse umgewandelt, die dann durch die Glasfasern des Kabels verschickt werden. Das bedeutet, dass die Fiberglastechnik gegen elektronische Störungen unempfindlich ist. Ein Glasfaserkabel kann ein Signal bis zu 20 Kilometer weit tragen und erlaubt höhere Übertragungsgeschwindigkeiten als andere Kabeltypen. Die Übertragung ist sicherer und erfordert kompatible Hardware.

WIRELESS NETWORK STANDARDS

IEEE 802.11b
IEEE 802.11b verwendet Radiofrequenzen um 2,4 GHz – etwa dieselbe wie Bluetooth – und eine maximale Übertragungsgeschwindigkeit von 11 Mbit/s, ähnlich der Rate von 10 base Ethernet. Dies ist der gebräuchlichste Typ der kabellosen Netzwerke. Er kann bis zu drei Basisstationen am gleichen Ort betrieben, ohne dass diese miteinander konkurrieren.

Apple nennt sein IEEE 802.11b-kompatibles Equipment »Airport«.

Um höhere Übertragungsgeschwindigkeiten zu erreichen, erlauben einige IEEE 802.11b-kompatible Netzwerke die Nutzung von zwei Kanälen, so dass eine Übertragungsgeschwindigkeit von bis zu 22 Mbit/s erreicht wird.

IEEE 802.11a
Der Nachfolger von IEEE 802.11b heißt IEEE 802.11a und hat eine maximale Übertragungsgeschwindigkeit von 54 Mbit/s, das ist halb so viel wie die des Ethernet und ungefähr ein Zwanzigstel der Übertragungsgeschwindigkeit des Gigabit Ethernet. IEEE 802.11a verwendet eine Frequenz von 5 GHz, was eine kleinere Reichweite bedeutet als bei einem Netzwerk, das 2,4 GHz verwendet. Dafür stehen mehrere Kanäle zur Verfügung, das heißt, man kann bis zu 13 Basisstationen am gleichen Platz betreiben.

IEEE 802.11g
IEEE 802.11g ist eine Variante, die mit 54 Mbit/s auf einem 2,4-GHz-Band kommuniziert, gleichzeitig mit IEEE 802.11b kompatibel ist und ebenso drei Basisstationen zulässt. Apple nennt sein IEEE 802.11g-kompatibles Equipment »Airport Extreme«.

IEEE 802.11n
IEEE 802.11n ist der neue Standard, der frühestens Mitte 2009 zum Einsatz kommen soll und derzeit noch mit einer geplanten Übertragungsgeschwindigkeit von mehr als 100 Mbit/s entwickelt wird.

2.8.7 Das Netzwerkprotokoll
Damit alle Netzwerkeinheiten miteinander kommunizieren können, müssen sie dieselbe Sprache sprechen. Hier kommt das Netzwerkprotokoll zum Einsatz. Ein Netzwerkprotokoll besteht aus einer Reihe von »Regeln«, die bestimmen, wie die Rechner und andere Geräte im Netzwerk miteinander kommunizieren – ähnlich den Grammatikregeln einer bestimmten Sprache. Mit anderen Worten, ein Netzwerkprotokoll definiert, wie Informationen verpackt werden, um sie im Netzwerk zu übertragen.

Besteht ein Netzwerk aus einer Kombination von MacOS-, Windows- und Unix-Computern, verwendet man üblicherweise TCP/IP. Dieses Protokoll wird auch für die Kommunikation über das Internet verwendet. TCP/IP ist das am besten standardisierte Netzwerkprotokoll und kompatibel mit den meisten Netzwerken.

2.8.8 Wie TCP/IP funktioniert
TCP/IP ist das Kürzel für Transmission Control Protocol und Internet Protocol. Eigentlich handelt es sich um zwei verschiedene Protokolle, die zusammenarbeiten, wobei jedes eine eigene Aufgabe erfüllt.

Um eine Datei über das Internet oder in einem lokalen IP-basierten Netzwerk von einem Gerät zu einem anderen zu schicken, adressiert das IP-Protokoll einen Empfänger. Das sendende Gerät benötigt eine IP-Adresse, beispielsweise 195.47.247.68. Jedes Gerät, gleichgültig ob Rechner, Drucker etc., muss in einem IP-basierten Netzwerk über eine eigene Adresse verfügen. Daher werden IP-Adressen auch von Web- und FTP-Servern verwendet.

Schickt ein Computer innerhalb eines lokalen Netzwerkes eine mehrere Megabyte große Datei an einen anderen Rechner, bleibt die interne Kommunikation über den gesamten Zeitraum bestehen. Die Datei wird dazu in mehrere kleinere Pakete aufgeteilt, die wieder zur Originaldatei zusammengesetzt werden, sobald alle Teile angekommen sind. In einem IP-Netzwerk können die Pakete nicht größer als 1,5 MB sein. Jedes Paket enthält Informationen über die IP-Adresse des Senders und des Empfängers.

TCP, das Transmission Control Protocol, lenkt die Übertragung und teilt die Dateien des Senders in kleine Datenstücke oder Segmente, die als IP-Pakete verschickt werden können. Die IP-Adresse führt das Paket zum richtigen Empfänger. TCP stellt sicher, dass das Paket ankommt. Wurde das Paket empfangen, wird dem Sender mitgeteilt, dass das nächste Paket verschickt werden kann. Erfolgt keine Empfangsbestätigung, wird das Paket erneut verschickt. Das letzte Paket enthält die Information, dass die Übertragung abgeschlossen ist. TCP enthält Mechanismen, die die Übertragungsgeschwindigkeit kontrollieren, so dass das Netzwerk nicht überlastet wird, was zu einem Verlust des Pakets und einem erneuten Versand führen würde. Indem TCP die Pakete durchnummeriert, wird sichergestellt, dass die Pakete in der richtigen Reihenfolge beim Empfänger ankommen. Das ist wichtig, denn die Pakete können verschiedene Wege durchs Internet nehmen und in der falschen Reihenfolge ankommen.

Die Übertragung beginnt damit, dass der Sender eine Verbindung zum Empfänger herstellt und beide Geräte sich über eine bestimme Größe der zu sendenden Pakete abstimmen, je nachdem, welche besonderen Funktionen beide unterstützen können. Dann beginnt die Datenübertragung und die Pakete werden verschickt. Hat der Sender alle Daten abgeschickt und der Empfang der Daten wurde abgeschlossen, schickt der Empfänger eine Bestätigung an den Sender und die Verbindung wird abgebrochen. Übertragungen können durch unerwartete Ereignisse gestört werden – beispielsweise, wenn es sich bei den Daten um ein Computerspiel mit Sound oder Video in Echtzeit handelt. Dabei wird häufig ein UDP-Protokoll (User Data Protocol) verwendet, das die Ankunft des Pakets beim Empfänger nicht bestätigt.

2.8.9 Netzwerkkarte

Die Karte für die Netzwerkschnittstelle wird in einem Kartensteckplatz des Rechners installiert. Die Karte managt die Übertragung zwischen dem Computer und den Netzwerkkabeln. Die einzelnen Netzwerktypen erfordern unterschiedliche Netzwerkkarten. Auch in vielen Druckern sind Netzwerkkarten eingebaut, ebenso in Festplatten, Projektoren und Webkameras.

2.8.10 Netzwerkgeräte

Ein Netzwerk besteht auch aus einem oder mehreren Servern und einer Reihe anderer Geräte. Der Server ist ein spezieller Computer im Netzwerk, der bestimmte Netzwerkdienste anbietet. Repeater, Hub, Bridge, Switch und Router sind einige Beispiele für Netzwerkgeräte, die ein Netzwerk um verschiedene Zonen oder Segmente ergänzen, es aufteilen oder mehrere Netzwerke miteinander verbinden. Im Folgenden werden diese erklärt.

2.8.11 Hub

Verschiedene Bestandteile des Netzwerks wie Bridge und Router werden über einen Hub miteinander verbunden. Es gibt zwei Arten von Hubs: aktive und passive. Aktive Hubs übernehmen die Funktion eines Empfängers und verstärken die Signale, die durch sie hindurchgehen. Passive Hubs verbinden dagegen lediglich verschiedene Netzwerkgeräte.

2.8.12 Switch

Ein Switch ist eine Netzwerk-Komponente zur Verbindung mehrerer Computer bzw. Netz-Segmente in einem lokalen Netz. Da Switches den Netzwerkverkehr analysieren und logische Entscheidungen treffen, werden sie auch als intelligente Hubs bezeichnet. Switches sind so konstruiert, dass jedes Gerät, das mit ihnen verbunden ist, immer eine bestimmte Kapazität im Netzwerk zur Verfügung gestellt bekommt. Das bedeutet, dass Computer, die mit einem Switch miteinander verbunden sind, nicht von anderen Computern im gleichen Netzwerk beeinflusst werden und Datenpakete nicht miteinander kollidieren.

Die meisten Computernetzwerke in der grafischen Produktion arbeiten mit einem Switch, um die schnelle Übertragung großer Datenmengen zu gewährleisten. Switches bieten auch den Vorteil des sogenannten »full duplex«, das heißt, Daten können zeitgleich gesendet und empfangen werden, was ohne Switch nicht möglich ist.

DER INHALT DES PAKETS

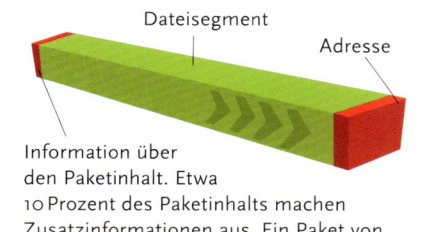

Information über den Paketinhalt. Etwa 10 Prozent des Paketinhalts machen Zusatzinformationen aus. Ein Paket von 500 Byte besteht aus 50 Byte für Anfang und Ende der Information und 450 Byte für die eigentliche Dateiinformation.

WAS ENTHÄLT DAS PAKET?

Jedes Paket ist so konstruiert, dass das erste Segment jedes Pakets die Information über die Adresse des Senders und des Empfängers enthält und das letzte Segment eine Beschreibung über die Bestandteile des Pakets. Das erlaubt dem Empfängerrechner zu entscheiden, dass die Übertragung vollständig ist und alle Informationen angekommen sind. Die inhaltliche Information, die das Paket transportiert, liegt zwischen diesen zwei Segmenten. Wenn ein Paket empfangen wurde, wird der Sender benachrichtigt, dass das nächste Paket geschickt werden kann. Das letzte Paket enthält die Information, dass damit die Übertragung abschließt.

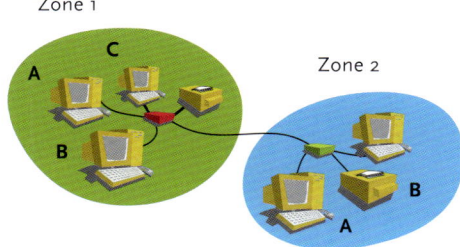

IN ZONEN UNTERTEILTE NETZWERKE

Man kann den Netzwerkverkehr reduzieren, indem man es durch den Einsatz von Routern oder Bridges in verschiedene Zonen unterteilt. Den Verkehr zwischen den einzelnen Zonen muss man nicht überwachen. Die Aktivitäten von Gerät A in Zone 1 und Gerät A in Zone B beeinflussen einander nicht.

GERÄTE IM NETZWERK

VERSCHIEDENE NETZWERKGERÄTE:

- Server
- Repeater
- Netzwerk-Hub
- Bridge
- Router
- Switch

NETZWERKEINHEITEN
Netzwerkeinheiten sind normalerweise in einem Gestell wie oben abgebildet untergebracht.

AUFGABEN EINES SERVERS

- Dateien verwalten
- Ausdrucke verwalten
- das Netzwerk überwachen
- Kommunikation und E-Mail
- Sicherheitsdienste
- Kopieren und Backup erstellen

GRÖSSERE ENTFERNUNGEN = LANGSAMERE ÜBERTRAGUNGSGESCHWINDIGKEIT
Der ungefähre Durchsatz der kabellosen Netzwerke basiert auf IEEE 802.11b.

- bis ungefähr 30 Meter – 11 Mbit/s (Mbps)
- bis ungefähr 50 Meter – 5,5 Mbit/s (Mbps)
- bis ungefähr 80 Meter – 2 Mbit/s (Mbps)
- bis ungefähr 100 Meter – 1 Mbit/s (Mbps)

2.8.13 Bridge und Router

Bridge und Router verbinden bestimmte Bestandteile des Netzwerks, wie Netzwerkzonen oder Netzwerksegmente. Sie übermitteln nur Informationen von einem Segment oder einer Zone zur anderen. Dadurch wird unnötiger Datenverkehr über das interne Netzwerk vermieden und der Zugriff auf die Netzwerk-Bandbreite reduziert.

2.8.14 Repeater

Repeater werden zur Erweiterung der geografischen Reichweite des Netzwerks verwendet. Wie schon erwähnt, bestehen in einem Netzwerk physikalische Beschränkungen, weil das Signal bei der Übertragung über das Kabel umso mehr abgeschwächt wird je weiter es sich von der Quelle entfernt. Der Repeater verstärkt das Signal ungeachtet der Quelle oder des Ziels und erlaubt dadurch dem Netzwerk, die Beschränkungen des Kabels zu überschreiten.

2.8.15 Server

Bei einem Server handelt es sich um einen Zentralrechner, mit dem alle anderen Rechner im Netzwerk verbunden sind. Es ist ein leistungsfähiger Computer, der alle Netzwerkgeräte verwaltet und eine Reihe verschiedener Anfragen bearbeiten kann.

Die wichtigste Aufgabe des Servers ist, Daten verschiedener Anwender zu sichern. Bestimmte Programme befähigen den Server, die Ausgabe auf einem Belichter oder Drucker zu steuern, bekannt als Spoolen. Über Software kann der Server auch veranlasst werden, Informationen vom Netzwerkverkehr fernzuhalten, Kapazitäten zu verteilen sowie die mit dem Netzwerk verbundenen Anwender zu identifizieren und ihre Netzwerkaktivität zu überwachen.

Ist der Server mit dem Internet verbunden, können die Anwender im Netzwerk über den Server mit externen Rechnern kommunizieren. Über diese Telekommunikationsgeräte kann man sein LAN- oder WAN-Netzwerk erweitern. Auch E-Mails werden in der Regel über einen Server gemanagt. Ein Netzwerkserver kann mittels Passwort-Programmen für Netzwerksicherheit sorgen, verschiedene Sicherheitsstufen für das Öffnen von Dateien verwalten, aber diese weder sichern noch löschen. Nur der Anwender ist berechtigt, Dateien zu sichern oder zu löschen. Das Risiko, dass Dateien versehentlich verändert oder gelöscht werden, hält sich dadurch in Grenzen.

2.8.16 Übertragungstechnik und Kapazität

Arbeitet man mit einem Netzwerk, ist die Übertragungsgeschwindigkeit ein wichtiger Punkt. Sie wird in Bit pro Sekunde gemessen, was letztlich besagt, wie viele Daten in einer bestimmten Zeit über das Netzwerk übertragen werden. Theoretisch ist die Übertragungsgeschwindigkeit in erster Linie davon abhängig, welche Art von Netzwerk man betreibt und mit welchen Kabeln.

In Wahrheit hängt die Übertragungsgeschwindigkeit jedoch auch davon ab, welches Netzwerkprotokoll man einsetzt, wie das Netzwerk aufgebaut ist und wie viele Daten darin gleichzeitig unterwegs sind. Das Verkehrsaufkommen wird darüber entschieden, wie viele Anwender zur gleichen Zeit mit dem Netzwerk verbunden sind und wie groß die verwendeten und übertragenen

Dateien sind. Da sich die Rechner die Netzwerkkapazität teilen, nimmt die Übertragungsgeschwindigkeit und Bandbreite ab, wenn das Verkehrsaufkommen hoch ist.

2.8.17 Was beeinflusst die Kapazitäten des Netzwerks?

Zu einem typischen Netzwerk gehört eine Anzahl von Anwendern, die zur gleichen Zeit Informationen über das Netzwerk versenden wollen. Das Ethernet erlaubt nur immer ein Paket zu einem Zeitpunkt zu verschicken. Sobald das Paket unterwegs ist, ist das Netzwerk blockiert, bis das Paket an der richtigen Adresse angekommen ist. Dann erst steht es wieder zur Verfügung und ein neues Paket kann von irgendeinem anderen Rechner aus verschickt werden.

Versenden zwei Anwender ein Paket zum selben Zeitpunkt, werden beide miteinander kollidieren und keines von beiden an seinem Ziel ankommen. Um solche Kollisionen zu vermeiden, verwaltet ein Zufallszahlen-Generator die Übertragung der Pakete und verhindert nahezu jegliche Kollisionsgefahr. Je mehr Computer sich im Netzwerk befinden, desto größer wird jedoch die Wahrscheinlichkeit einer Kollision. Je mehr Pakete verschickt werden, desto mehr Netzwerkbandbreite wird belegt.

Darüber hinaus gibt es noch etwas, was sich Network Control Traffic nennt, es ist so eine Art Verkehrskontrolle im Netzwerk. Alle verbundenen Geräte müssen sich ständig gegenseitig darüber informieren, dass sie im Netzwerk zur Verfügung stehen. Dies erfolgt, indem sie sich gegenseitig kleine Fragen und Antworten schicken. Je mehr Geräte beteiligt sind, desto mehr Network Control Traffic läuft ab.

2.8.18 Aus der Netzwerkkapazität das Beste machen

Der Netzwerk-Kontrollverkehr mindert die Leistungsfähigkeit des Netzwerks auf ein bestimmtes Maß. Am meisten leidet die Leistungsfähigkeit, wenn viele Computer viele große Dateien im gleichen Netzwerk versenden.

Der beste Lösungsweg ist die Aufteilung des großen Netzwerks in eine Reihe kleiner unabhängiger Netzwerke, so genannter Zonen. (In der Windows-Welt nennt man dies eine Segmentation.)

Jede Zone funktioniert wie ein eigenes, sich selbst verwaltendes Netzwerk, das bedeutet unter anderem, dass zwischen zwei Geräten in zwei verschiedenen Zonen kein Network Control Traffic erfolgen muss. Das Verkehrsaufkommen der einen Zone hat nichts zu tun mit dem einer anderen Zone. Verlegt man beispielsweise die Computer für Bildbearbeitung in die eine Zone und die weniger Verkehrsaufkommen beanspruchenden Computer für die Seitenlayouterstellung in eine zweite, werden die Anwender der zweiten Zone keine Reduktion ihrer Netzwerkkapazität durch Rechner der ersten Zone bemerken.

Zonen machen einen großen Unterschied in der Netzwerkverfügbarkeit aus: ein Ethernet, das nicht in Zonen aufgeteilt wurde, ist nur halb so effizient wie eines mit vernünftig gestalteten Zonen. Ein anderer Vorteil der Aufteilung in Zonen ist die geringere Anfälligkeit für technische oder mechanische Fehler. Verursacht ein Kabel Fehlfunktionen in einer Zone, ist nur diese davon betroffen; der Rest des Netzwerks kann trotzdem weiterarbeiten. Es lohnt sich also darüber nachzudenken, wie das Netzwerk aufgebaut sein sollte.

DATENVERKEHR IM NETZWERK

PAKETE IN EINEM NETZWERK
Zerteilt man eine 10 MB große Datei in Pakete von 500 Byte, wird die Datei in insgesamt 20.000 Pakete zerlegt. Über einen Ethernet-Standard der Kategorie 5 kann man theoretisch 100 Mbit/s versenden oder 25.000 Pakete von 500 Byte/s. Eine Datei von 10 MB braucht gerade mal eine Sekunde.

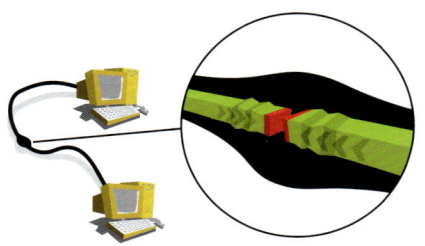

KOLLISIONEN BEI DER ÜBERTRAGUNG
Senden zwei Computer zeitgleich ihre Daten, kann es geschehen, dass zwei Pakete miteinander kollidieren und keines von beiden ankommt. Die Daten werden dann zurückgeschickt. Ein Zufallszahlen-Generator sorgt üblicherweise dafür, dass Daten nicht zeitgleich verschickt werden.

VERKEHRSKONTROLLE IM NETZWERK
Alle verbundenen Geräte müssen sich laufend darüber informieren, dass sie im Netz erreichbar sind. Dazu schicken sie sich ständig Fragen und Antworten. Je mehr Geräte sich im Netzwerk befinden, desto mehr Kontrollverkehr entsteht.

2.9 Das Internet

»Internet« ist eine Bezeichnung für das globale Netzwerk, das weltweit Millionen von LANs und WANs verbindet. TCP/IP ist das Netzwerkprotokoll für das Internet. Es kann von fast jedem Rechner erreicht werden, egal ob über eine Telefon- oder eine direkte Kabelverbindung.

Es gibt viele Wege, einen Computer oder ein lokales Netzwerk mit dem Internet zu verbinden. Die Zugriffsgeschwindigkeiten sind unterschiedlich. Es handelt sich entweder um Hochgeschwindigkeitsverbindungen mit konstantem Zugriff auf das Internet oder Telefonverbindungen, zu denen die folgenden zählen: die Anwahl über ein analoges Modem unter Benutzung einer vorhandenen Telefonleitung oder digital per ISDN oder ADSL-Technik, über ein Mobiltelefon, Kabelfernsehen oder eine Glasfaserverbindung.

2.9.1 Highspeed-Verbindung

Unter einer Hochgeschwindigkeitsverbindung versteht man, dass man über ein Netzwerkkabel, das mit dem lokalen Netzwerk oder einem separaten Rechner verbunden ist, einen ständigen direkten Kontakt zum Internet hat. In diesem Fall ist man mit dem Internet über einen Internetservice verbunden, dem man ein monatliches Entgelt bezahlt, egal wie intensiv die Übertragung genutzt wird. Firmen und andere Geschäftsbereiche verwenden häufig eine leistungsstarke Standleitung über Glasfaserkabel zum Internet. ADSL und Kabelmodem haben oft auch eine schnelle Verbindung, da sie konstanten Kontakt zum Internet aufbauen, verwenden zur Übertragung aber Telefonleitungen oder Kabel-TV.

ADSL VS. SDSL
ADSL steht für »Asymmetric Digital Subscriber Line« und bedeutet, dass für Downloads und Uploads unterschiedliche Übertragungsgeschwindigkeiten in Mbit/s zur Verfügung stehen.
   Bei SDSL (Symmetric Digital Subscriber Line) sind Up- & Download-Geschwindigkeit gleich schnell.

2.9.2 ADSL und Kabelmodem

ADSL steht für »Asymmetric Digital Subscriber Line«, eine Methode, die die Kupferleitungen des Telefonsystems für die Übertragung digitaler Informationen anstelle der analogen Übertragung über ein traditionelles Modem nutzt. Die Bezeichnung »asymmetrisch« weist darauf hin, dass die Übertragungsgeschwindigkeit beim Upload der Dateien im Vergleich zum Download abweicht.

Theoretisch kann reguläres ADSL eine Download-Geschwindigkeit von bis zu 16 Mbit pro Sekunde erreichen, aber normalerweise bleibt sie unter 1 Mbit pro Sekunde. Wenn man einen Dateiupload macht, geht dies in der Regel noch langsamer als bei einem Download.

Um über ADSL oder TV-Kabelnetz ins Internet zu gehen, benötigt man ein spezielles Modem. Das Kabelmodem basiert auf einer Verbindung zum Internet über das Netzwerk des Kabelfernsehens. Im Gegensatz zu traditionellen Modemverbindungen zahlt man meistens einen monatlichen Festbetrag und kann dann ohne Zusatzkosten permanent verbunden bleiben.

2.9.3 Analoge Modems

Modems erlauben dem Computer, über die reguläre Telefonleitung zu kommunizieren. Über ein analoges Modem kann der Computer ganz einfach einen anderen Computer anwählen. Ein analoges Modem konvertiert digitale Informationen in analoge Tonsignale, die das Telefonsystem übertragen kann. Das empfangende Modem interpretiert die Signale und konvertiert sie in digitale Informationen zurück. Die Bezeichnung »Modem« ist ein Kunstwort aus den Begriffen Modulator und Demodulator, also sinngemäß Umwandeln und Zurückwandeln.

Modems übertragen die Information mit einer maximalen Geschwindigkeit von 56.6 Kbit/s, was 7,2 KB/s entspricht.

2.9.4 Verbindung über ein Mobiltelefon

Man kann auch ein Mobiltelefon für die Verbindung zum Internet verwenden. Abhängig davon, welche Technik das Telefon und der Dienst unterstützen, werden verschiedene Übertragungsgeschwindigkeiten erreicht. Man verwendet entweder ein Mobiltelefon oder eine PC-Karte mit derselben Technik. Es arbeitet mittels GSM-Standard und kann theoretisch eine Geschwindigkeit von 1,4 Kbit/s erreichen.

GPRS (»2,5 G«) erreicht eine maximale Geschwindigkeit von 170 Kbit/s (praktisch 30 bis 70 Kbit/s). EDGE (Enhanced Data Rates for GSM Evolution) beschleunigt den paketorientierten GPRS-Dienst und lässt wegen eines effizienteren Modulationsverfahrens kürzere Signallaufzeiten und somit auch schnellere Antwortzeiten zu, 400 Kbit/s (praktisch 100 bis 200 Kbit/s). GSM wird ständig weiterentwickelt. Mit der Hilfe von 3G erreicht die Übertragung sogar bis zu 1.920 Kbit/s (UMTS).

2.9.5 ISDN

ISDN (Integrated Services Digital Network) ist eine Art der Telekommunikation, die in der grafischen Druckindustrie einmal sehr populär war. ISDN basiert ähnlich wie ein normales Modem auf der Einwahlverbindung, hat jedoch die Vorteile digitaler Zugeständnisse des regulären analogen Telefonsystems genutzt.

Mit ISDN erreicht man höhere Übertragungsgeschwindigkeiten als mit einem Modem, was für Textdokumente und niedrig aufgelöste Bilddateien prima funktioniert, jedoch ist es vergleichsweise langsam, wenn große Informationsmengen verschickt werden. Die ISDN-Übertragung erfolgt über einen oder mehrere »Kanäle«, jeder mit 64 Kbit/s, entsprechend 7,5 KB/s auf jedem Kanal.

2.9.6 Firewalls

Netzwerke mit einer Verbindung zum Internet sollten vor Einflüssen von außen geschützt werden. Häufig geschieht dies, indem der Computer seine Kommunikation über etwas managt, das sich »Firewall« nennt. Eine Firewall ist ein spezielles Programm, das nur autorisierten Verkehr durch das Kommunikationssystem hindurchlässt. Auf dem Markt tummeln sich viele verschiedene Firewall-Programme.

MODEM
Ein Modem konvertiert die digitale Information des Rechners in analoge Signale, die das Telefonsystem übermitteln kann.

Das empfangende Modem interpretiert die Signale und konvertiert sie zurück in digitale Informationen.

2.10 Datenübertragung

In der grafischen Produktion werden die Dateien häufig über das Internet verschickt. Sie können alles Mögliche enthalten, wie kleinere Manuskriptdateien oder niedrig aufgelöste Vorschaubilder bis hin zu speicherintensiven Bilddateien oder druckfertigen PDFs. FTP, E-Mail-Anhänge, sogenannte Attachments, wie auch Downloads von einer Website sind die bevorzugten Methoden für den Datentransfer via Internet.

Die Übertragungsgeschwindigkeit kann dabei enorm variieren. Sie ist jedenfalls niedriger als in einem lokalen Netzwerk. Eine Einwahlverbindung mittels eines Standardmodems von 56,6 Kbit/s erlaubt lediglich das Übertragen komprimierter Dateien mit einer Rate von 6 KB/s. Die Breitbandgeschwindigkeit kann ebenfalls stark variieren, erreicht aber normalerweise 1 Mbit/s. Dies kann mit einem lokalen Netzwerk verglichen werden, das theoretisch 100 bis 1.000 Mbit/s erreicht.

Das Internet basiert auf einer Plattform, die ihre Informationen über einen oder verschiedene Pfade zu ihrem Ziel verschickt, um die Wahrscheinlichkeit einer erfolgreichen Übertragung zu erhöhen. Zuerst versucht das Internet die Informationen über die schnellste Verbindung zu verschicken, wenn dies nicht möglich ist, nimmt es andere, langsamere Pfade. Das Fazit ist, dass es manchmal ein bisschen länger dauert, bis man die E-Mail erhält oder bis eine Website am Bildschirm aufgebaut wird.

Um die Übertragung von Dateien zu beschleunigen, ist es ratsam, sie zuvor zu komprimieren. Mit einer Komprimierungssoftware kann man auch mehrere Dateien in einer zusammenfassen. Das macht die Übertragung nicht nur schneller, sondern auch sicherer [*siehe Digitale Bilder 4.9 und Layout 6.13.3*].

ÜBERTRAGUNGSGESCHWINDIGKEIT

Art der Verbindung	Geschwindigkeit (Kbit/s)	(KB/s)	10 MB
Modem	56,6	7,1	24 min
ISDN (ein Kanal)	64	8	21 min
Highspeed-Verbindung	1.024	128	1,3 min

Art der Verbindung	Geschwindigkeit (Mbit/s)	(MB/s)	100 MB
Highspeed-Verbindung	2	0,25	6 min 40 s
USB	12	1,5	1 min 6 s
SCSI	24	3	33 s
SCSI 2	80	10	10 s
Fast Ethernet	100	12,5	8 s
FDDI	100	12,5	8 s
IEEE 1394/FireWire	400	50	2 s
USB 2	480	60	1,7 s
IEEE 1394b/FireWire 800	800	100	1 s
Gigabit Ethernet	1.000	125	0,8 s

THEORETISCHE ÜBERTRAGUNGSGESCHWINDIGKEIT VERSCHIEDENER TECHNOLOGIEN
Die Auflistung gibt einen Überblick über die theoretische Übertragungsgeschwindigkeit verschiedener Netzwerktypen und Telekommunikationstechniken sowie Beispiele für Dateigrößen und ihre Übertragungsdauer.
Merke: Realistisch sind 60 bis 70 Prozent der angegebenen Werte. Fehler, zu viel Information und starker Netzwerkverkehr etc. reduzieren die Übertragungsgeschwindigkeit.

2.10.1 **E-Mail-Anhänge**
Unter E-Mail versteht man das Versenden elektronischer Post zwischen zwei Computern. Die Nachricht wird auf dem E-Mail-Server des Empfängers hinterlegt, wo er sie abholen kann. Die Nachricht kann auch gleichzeitig an mehrere Empfänger verschickt werden. Außerdem kann die E-Mail einen Anhang (Attachment) enthalten. Im Prinzip kann jede digitale Datei an ein E-Mail-Textdokument angehängt werden. Niedrig aufgelöste Bilder werden als E-Mail-Anhang übersetzt.
Einige Einschränkungen gibt es jedoch:
- Die Dateigröße der Anhänge kann vom E-Mail-Server des Empfängers begrenzt werden.
- Die Anhänge werden vom Betriebssystem des Empfängers nicht verstanden.
- Ein Antiviren-Schutzprogramm blockiert auf dem Computer des Empfängers bestimmte Dateitypen (beispielsweise Dateien mit der Endung .exe, bei denen es sich um ausführende, also Programmdateien handelt, zu denen leider auch häufig Viren gehören).

Die E-Mail ist ein einfacher Weg, Dateien zu verschicken, und funktioniert am besten, wenn die Datei eine bestimmte Person erreichen soll und wenn die Dateien vergleichsweise klein sind.

2.10.2 **FTP**
Das File Transfer Protocol, kurz FTP, ist ein Standard der Datenübertragung über das Internet, der zwischen zwei Computern stattfindet. Mittels FTP kann man sich auf einem anderen Rechner einloggen und entweder Dateien von dort herunterladen, seine eigenen hochladen oder die Dateien auf dem FTP-Server eines Dritten, beispielsweise eines Dienstleisters, hinterlegen. Beide, der Sender und der Empfänger, müssen ein FTP-Programm auf ihrem Rechner haben. Es gibt viele spezielle FTP-Programme, aber auch einige neuere Webbrowser haben diese Funktion übernommen.

FTP beschränkt nur selten die Größe der Dateien. Meistens erfordert der Zugang zum Server aber die Eingabe eines Benutzernamens und eines Passworts.

FTP ist das schnellste Protokoll für die Datenübertragung via Internet und funktioniert auch gut mit größeren Dateien, erscheint aber vielleicht ein wenig komplizierter als die Verwendung eines E-Mail-Anhangs.

2.10.3 **Http/Web-Transfer**
Die Übertragung von Websites und die Darstellung von Bildern im Web geschieht unter Verwendung eines Protokolls, das sich »http« nennt (Hyper Text Transfer Protocol). Es wird auch für den Upload der Dateien auf einen Webserver verwendet, in derselben Weise, wie Dateien auf einen FTP-Server gelangen. Das Einzige, was man dazu braucht, ist ein normaler Webbrowser, und dann überträgt man die ausgewählten Daten über eine Website auf den Server. Diese Vorgehensweise ist einfach, nur ein wenig langsamer als ein FTP-Transfer.

FTP – FILE TRANSFER PROTOCOL
FTP oder File Transfer Protocol ist ein Standard für die Übertragung von Dateien zwischen zwei Computern über das Internet. Man kann den eigenen Computer mit FTP einloggen und dann Dateien eines anderen Rechners empfangen oder diesem schicken. Beide Teilnehmer müssen dazu FTP-Programme verwenden.

03. Farbenlehre

Warum sehen Bilder und Farben am Monitor schöner und anders aus als im Druck? Muss man Farben für verschiedene Ausgabezwecke unterschiedlich anpassen? Warum kann man nicht im RGB-Modus drucken? Warum ist ein schwarzes T-Shirt wärmer als ein weißes? Warum werden Logos meistens in Pantonefarben erstellt? Welche Beziehung besteht zwischen RGB und CIE? Was ist ein ICC-Profil?

3.1	WAS IST FARBE?	70
3.2	AUGE UND FARBSEHEN	70
3.3	RGB – ADDITIVE FARBMISCHUNG	71
3.4	CMYK – SUBTRAKTIVE FARBMISCHUNG	72
3.5	VOLLTONFARBENSYSTEME – PANTONE UND HKS	75
3.6	WARUM WERDEN FARBEN VERFÄLSCHT DARGESTELLT?	77
3.7	CIE – EIN GERÄTEUNABHÄNGIGES FARBSYSTEM	78
3.8	STANDARDS IM RGB-FARBSYSTEM	80
3.9	FARBMANAGEMENTSYSTEME	84
3.10	WIE FUNKTIONIEREN ICC-PROFILE?	85
3.11	FARBMANAGEMENT EFFIZIENT EINSETZEN	90
3.12	FARBMANAGEMENT IN DER PRAXIS	91
3.13	FARBKONVERTIERUNG	94
3.14	PROBLEME MIT DEM FARBMANAGEMENT	98

DIE FARBENLEHRE ist die Grundlage aller gestalterischen Produktionen. Eine der schwierigsten Aufgaben besteht darin, Farben möglichst immer gleich aussehen zu lassen. Die Ursache dafür liegt in der Fähigkeit des Auges, mehr verschiedene Farben differenzieren zu können, als sich mittels eines Druckverfahrens auf Papier abbilden lassen. Wir müssen daher einige Kompromisse eingehen und versuchen, einen akzeptalen Grad der Reproduktion zu erreichen.

Die Farbenlehre hat zu einem großen Teil mit Licht zu tun und damit, wie das menschliche Auge Farben wahrnimmt, wie wir Farben beschreiben und wie wir mit Farben am Monitor und im Druck arbeiten.

In diesem Kapitel werden wir einige grundlegende Begriffe der Farbtheorie besprechen. Wir werden uns mit der Farbwahrnehmung des menschlichen Auges sowie der Farbmischung beschäftigen und die bekanntesten Farbsysteme vorstellen.

Darüber hinaus werden wir erörtern, woran man denken muss, wenn man mit Farben und Licht arbeitet, und die Informationen über den Umgang mit Farben um die ICC-Standards erweitern. Diese sind der Schlüssel zu einem guten Farbmanagement zwischen Monitordarstellung, Proofen und Drucken.

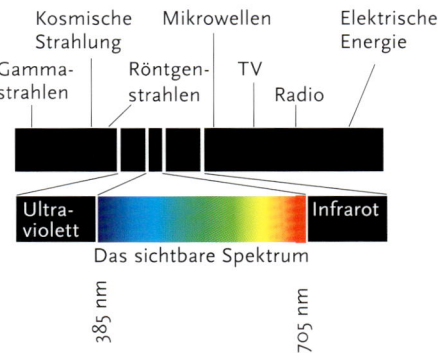

ELEKTROMAGNETISCHE STRAHLUNG
Das Auge kann nur einen begrenzten Frequenzbereich elektromagnetischer Strahlung wahrnehmen. Dieser Bereich wird als sichtbarer Teil des Lichtspektrums bezeichnet.

EINIGE FARBBEZEICHNUNGEN

- **Druckfarbe** – Farbe in ihrer physikalischen Form für den Druck.
- **Farbe** – ein bestimmter Farbton, Sättigung und Helligkeit.
- **Farbkonstanz** – wie gut Farben abgeglichen werden, beispielsweise zwischen Original und Druck.
- **Farbraum** – ist die Beschreibung, wie die Farben eines bestimmten Farbsystems in Abständen zueinander angeordnet sind.
- **Farbstandard** – normierte Farben in einem bestimmten Farbsystem, beispielsweise Adobe RGB (1998), Eurostandard, Swop, Pantone.
- **Farbsystem** – beschreibt die Verwendung eines bestimmten Farbraums, beispielsweise RGB für Monitorausgabe, dagegen CMYK, HKS u.a. für den Druck.
- **Farbton** – bezeichnet die Eigenschaft, nach der man Farbempfindungen (wie Rot, Gelb, Blau ...) unterscheidet, und bestimmt gleichzeitig, wo sich eine Farbe im Spektrum befindet.
- **Farbumfang** – wie viele Farbtöne innerhalb eines Farbraums darstellbar sind.
- **Farbumfangwarnung** – eine bestimmte Farbe liegt außerhalb des Farbraums.
- **Helligkeit** – wie hell eine Farbe auf der Skala zwischen Weiß und Schwarz ist.
- **HKS-K** – für gestrichene Papiere (Kunstdruck)
- **HKS-N** – für ungestrichene Papiere (Naturpapiere)
- **Ink** – Druckfarbe
- **Sättigung** – wie »leuchtend« eine bestimmte Farbe ist.

DIE FARBE EINER FLÄCHE
Das einfallende Licht wird von der Fläche teilweise absorbiert, teilweise reflektiert. Die Zusammensetzung des reflektierten Anteils ergibt die Farbe.

SIND NACHTS ALLE KATZEN GRAU?
Die Zäpfchen im Auge benötigen Licht, um Farbintensität wahrzunehmen. Bei Nacht ist die Helligkeit so gering, dass nur noch die Stäbchen funktionieren und wir im Zwielicht keine Farben mehr sehen. Daher erscheinen alle Katzen bei Nacht grau.

3.1 Was ist Farbe?

Farben gibt es eigentlich nur in unserem Kopf. Sie entstehen, wenn das Auge Licht unterschiedlicher Frequenz (Schwingungen pro Sekunde) wahrnimmt. Ohne Licht sehen wir keine Farben. Licht ist elektromagnetische Strahlung, genau wie Radiowellen, aber mit sehr viel höherer Frequenz und somit kürzerer Wellenlänge. Das menschliche Auge ist so gebaut, dass es nur Strahlung innerhalb eines sehr engen Wellenbereichs wahrnehmen kann. Man spricht dabei vom sichtbaren Teil des Lichtspektrums. Es reicht von Rottönen mit rund 705 Nanometern (nm) über alle Zwischentöne bis zu blauvioletten Tönen mit rund 385 Nanometern. Im Wellenbereich direkt über den roten Tönen liegt das Infrarotlicht, das wir als Wärmestrahlung wahrnehmen. Über den violetten Tönen liegt das ultraviolette Licht, das so energiereich ist, dass es unsere Haut bräunt.

Wenn Licht auf das Auge trifft, das alle Wellenlängen des sichtbaren Spektrums in gleicher Stärke enthält, wird es als weißes Licht wahrgenommen. Dies ist bei gewöhnlichem Tageslicht der Fall.

Wenn weißes Licht auf eine Oberfläche fällt, werden einige Anteile des sichtbaren Spektrum absorbiert, andere reflektiert. Die sichtbare Farbe ist das Ergebnis der reflektierten Wellenlängen des Lichts. Das Licht wird also sozusagen von der Fläche, auf die es auftrifft, ausgefiltert. Beispielsweise sieht der Rasen bei Tageslicht nur deshalb grün aus, weil die Oberfläche der Grashalme die grünen Anteile des sichtbaren Spektrums reflektiert und den Rest absorbiert.

3.2 Auge und Farbsehen

Auf der Netzhaut des Auges befinden sich kleine lichtempfindliche Sinneszellen, die Stäbchen und die Zäpfchen. Die Stäbchen reagieren auf Licht, nehmen jedoch keine Farben wahr. Sie kommen bei schwachem Licht zum Einsatz. Deshalb scheint uns die Welt in der Dunkelheit nahezu schwarzweiß. Daraus resultiert auch der Spruch: In der Nacht sind alle Katzen grau.

DIE SINNESZELLEN DES AUGES

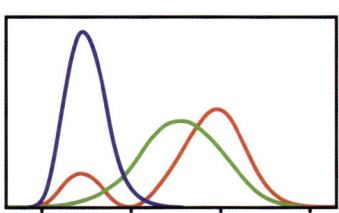

DIE EMPFINDLICHKEIT DER ZÄPFCHEN
Es gibt drei Arten von Zäpfchen im Auge. Jede ist für ein Drittel des sichtbaren Spektrums empfänglich – eine für rote, eine für grüne und eine für blaue Farbtöne. In der Abbildung wird gezeigt, wie sich die Sensibilität der drei Zapfenarten im Spektrum verteilt.

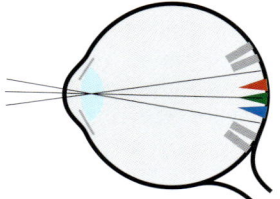

STÄBCHEN UND ZÄPFCHEN
Auf der Netzhaut des Auges befinden sich zwei Arten lichtempfindlicher Sinneszellen: die Stäbchen und die Zäpfchen. Stäbchen empfangen Unterschiede in der Helligkeit, können aber keine Farben wahrnehmen, während Zäpfchen für Rot, Grün und Blau empfänglich sind.

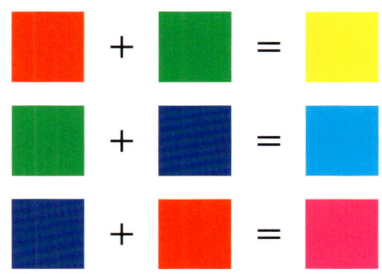

DIE ADDITIONSTABELLE
Hier sehen wir, wie die einzelnen Lichtquellen kombiniert werden können, um Gelb, Cyan und Magenta zu erzeugen.

Es gibt drei Arten von Zäpfchen, die jeweils für bestimmte Bereiche des sichtbaren Spektrums empfänglich sind – eine für rote, eine für grüne und eine für blaue Töne. Die Kombination dieser drei Gruppen ermöglicht es uns, alle Farben des Spektrums wahrzunehmen, ungefähr zehn Millionen Farbtöne – sehr viel mehr, als man im Vierfarbendruck erzeugen kann.

Bei der Farbwahrnehmung gibt es individuelle Unterschiede. Einigen Menschen fällt es schwerer als anderen, Farben wahrzunehmen. Man spricht von unterschiedlichen Graden der Farbenblindheit, die bei Männern stärker verbreitet ist als bei Frauen. Das betrifft vor allem die Unterscheidungsfähigkeit zwischen Rot- und Grüntönen.

Ein Farbfoto besteht aus tausenden unterschiedlicher Farben. Druckt man dieses Foto, stehen einem jedoch nicht tausende verschiedener Druckfarben zur Verfügung und es ist auch nicht möglich, es unter dem Einsatz tausender unterschiedlicher Lichtquellen am Monitor zu zeigen. Stattdessen müssen die vielen Farben des Fotos aus drei Grundfarben gemischt werden, nämlich aus den Farben, die dem Aufbau des Auges entsprechen und für die es besonders empfänglich ist. Deshalb sind Rot, Grün und Blau (RGB) die Grundlage der Farbmischung.

3.3 RGB – Additive Farbmischung

Die additive Farbmischung beruht darauf, dass man Anteile der Grundfarben Rot, Grün und Blau (RGB) miteinander mischt, um andere Farbtöne zu erzeugen. Wenn alle drei Lichtquellen mit voller Intensität leuchten, nimmt das Auge die Mischung als Weiß wahr. Ohne Licht sieht man nur Schwarz.

Mischt man nur zwei der Farben mit ihrer maximalen Intensität, ergibt sich folgendes Resultat: Rot plus Grün ergibt Gelb, Blau plus Grün ergibt Cyan, Rot plus Blau ergibt Magenta. Betrachtet man den Monitor als Beispiel für die Anwendung des RGB-Systems, so stellt man fest, dass er aus vielen roten,

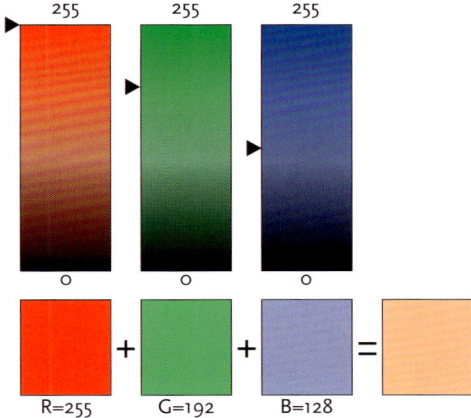

RGB-MISCHUNGEN
Das RGB-System erzeugt Farben, indem das Licht aus drei verschiedenen Lichtquellen kombiniert wird. Im Computer definiert man ihre Werte über Rot, Grün und Blau, von 0 bis 255.

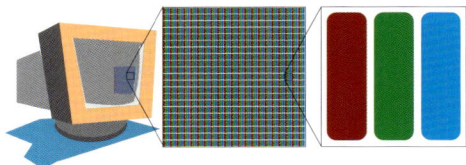

DIE PIXEL DES MONITORS
Monitore bestehen aus einem Muster quadratischer Pixel. Jedes Pixel hat eine rote, grüne und blaue Lichtquelle, deren Intensität gesteuert werden kann. Der blaugraue Ton wird durch eine schwach leuchtende rote Lichtquelle erzeugt, gemischt mit grünen und blauen Lichtanteilen.

PRIMÄR-, SEKUNDÄR- UND TERTIÄRFARBEN
Cyan, Magenta und Gelb sind im subtraktiven Farbsystem die Primärfarben. Mischt man zwei Primärfarben miteinander, erhält man eine Sekundärfarbe. In der Abbildung sind Blau, Grün und Rot die Sekundärfarben. Mischt man alle drei Primärfarben miteinander, erhält man Tertiärfarben. Da alle Tertiärfarben unter Einsatz dreier Druckfarben dargestellt werden, ist es wichtig, Stabilität im Druckprozess herzustellen, da die Farben ansonsten innerhalb der Auflage variieren.

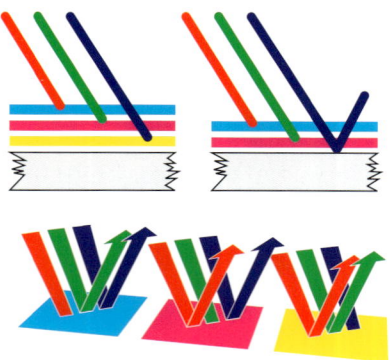

SUBTRAKTIVE FARBMISCHUNG
Jede Fläche absorbiert (subtrahiert) verschiedene Wellenlängen des Lichts. Die erste Fläche absorbiert den roten Lichtanteil. Nur der grüne und blaue Anteil bleiben übrig, was Cyan ergibt. Entsprechend werden die anderen Flächen als Magenta und Gelb wahrgenommen.

grünen und blauen Lichtquellen besteht, den sogenannten Pixeln. Mischt man zwei oder drei der Primärfarben in unterschiedlicher Intensität miteinander, lassen sich auf dem Monitor fast alle Farben darstellen, die das menschliche Auge wahrnehmen kann.

Die additive Farbmischung wird von allen Geräten verwendet, die Farben mittels Licht erzeugen, wie Computerbildschirme, Fernseher und Videoprojektoren. Aber sie wird auch in Geräten genutzt, die Licht empfangen, wie Digitalkameras und Scanner. Ein Bildschirm besteht aus vielen Pixeln. Jedes Pixel wiederum besteht aus je einem roten, grünen und blauen Leuchtkörper. Die Mischung der Farben dieser drei Lichtquellen ergibt die Pixelfarbe [*siehe Computer 2.4*].

RGB – Rot, Grün und Blau – ist ein additives Farbsystem, das für digitale Bilder und für die Bildschirmanzeige verwendet wird. Farbtöne werden deutlich durch genaue Werte der drei Primärfarben definiert, zum Beispiel entspricht R = 255, G = 0 und B = 0 einem warmen Rot. Haben alle drei Primärfarben den Wert 0, sind keine Lichtquellen vorhanden und die Farbe erscheint schwarz. Haben dagegen alle drei Primärfarben den Wert 255, liegt maximale Lichtintensität vor und wir sehen Weiß. Ein Grauton ist zu sehen, wenn alle drei Grundfarben denselben Wert aufweisen, beispielsweise R = 100, G = 100, B = 100. Über das RGB-Farbmodell lassen sich 256 x 256 x 256 = ungefähr 16,7 Millionen verschiedene Farbnuancen erzeugen.

Das sagt jedoch kaum etwas darüber aus, wie das Auge die Farben wahrnimmt. Außerdem wird das wirkliche Aussehen einer bestimmten Farbmischung von dem verwendeten Scanner und dem Bildschirm beeinflusst. Derselbe Farbwert ergibt also bei verschiedenen Geräten nicht immer exakt denselben Eindruck. Farbbilder, die gedruckt werden sollen, müssen vom RGB-System in das CMYK-System umgerechnet werden. Dies kann unter verschiedenen Bedingungen geschehen und beeinflusst in höchstem Maße, wie die Farben beim Drucken reproduziert werden [*siehe Druckvorstufe 7.4*].

3.4 CMYK – Subtraktive Farbmischung

Beim Drucken werden die Farbtöne durch das Mischen der drei primären Druckfarben Cyan, Magenta und Gelb, englisch Yellow (CMY) erzeugt. Man bezeichnet dies als subtraktive Farbmischung, weil aus dem Spektrum des auf die Fläche treffenden weißen Lichts jene Farbanteile subtrahiert bzw. absorbiert werden, die nicht in der Farbe der gedruckten Fläche enthalten sind.

ADDITIVE UND SUBTRAKTIVE PRIMÄRFARBEN

ADDITIVE PRIMÄRFARBEN
Die Primärfarben des additiven Farbsystems und ihre Mischungen.

SUBTRAKTIVE PRIMÄRFARBEN
Die Primärfarben des subtraktiven Farbsystems und ihre Mischungen.

Jede der drei Druckfarben Cyan, Magenta und Gelb besteht aus zwei Grundfarben des weißen Lichts und filtert die dritte Farbe aus. Das bedeutet, diese ausgefilterte Farbe entspricht wiederum einer der drei Farben, für die die Zäpfchen im Auge empfindlich sind: Rot, Grün oder Blau. Beispielsweise reflektiert eine magentafarbene Fläche die roten und blauen Anteile weißen Lichts, wohingegen die grünen absorbiert werden. Daher sehen wir Magenta. Auf dieselbe Weise reflektiert Gelb die Grün- und Rotanteile des Lichts, filtert jedoch Blau aus, und Cyan lässt Grün und Blau übrig, filtert aber Rot aus. Weil Cyan, Magenta und Gelb jeweils aus den Farben Rot, Grün und Blau bestehen, werden CMY auch als Sekundärfarben von RGB bezeichnet.

Schwarz wird im Druck als Ergänzung der drei anderen Farben eingesetzt, daher die Abkürzung CMYK und das Prinzip des Vierfarbendrucks. Wir kommen darauf später in diesem Kapitel zurück.

Eine unbedruckte Fläche reflektiert ihre eigene Farbe – bei weißem Papier also Weiß. Theoretisch ergibt die volle Menge Cyan, Magenta und Gelb übereinander Schwarz, das heißt, alle sichtbaren Wellenlängen werden absorbiert und das Licht verwandelt sich in Wärme. Ein praktisches Beispiel dafür ist die Erfahrung, dass es uns in einem schwarzen T-Shirt an einem warmen Sommertag ziemlich heiß werden kann. Das Sonnenlicht, das auf das T-Shirt auftrifft, wird in Wärme umgewandelt und man wird es gerne gegen ein weißes eintauschen, weil dieses den größten Teil des Sonnenlichts reflektiert.

Im CMYK-System hängt das Farbergebnis von der prozentualen CMYK-Mischung ab. Beispielsweise besteht ein warmes Rot aus C = 0 %, M = 100 %, Y = 100 %, K = 0 %. Die nicht bedruckten Bereiche erscheinen in der Papierfarbe. Die Farbmenge kann von 0 % (also keine Farbe) bis 100 % (Vollfläche) reichen. Die unterschiedlichen Farbtöne erzeugt man, indem man Rasterpunkte unterschiedlicher Größe druckt [*siehe Druckvorstufe 7.7*]. Wir können nicht empfehlen, sich auf die am Monitor gewählten Farben zu verlassen. Denn trotz aller Farbmanagementsysteme ist es alles andere als einfach, vom Monitor bis zum Druckergebnis eine gleichbleibende Farbe zu erzielen. Bei der Farbwahl sollte man daher nach wie vor gedruckte Farbtafeln heranziehen. Standard-Farbtafeln sind auf einer Reihe üblicher Papiersorten erhältlich, einige Druckereien verwenden ihre eigenen Farbtafeln. Die Farben werden in CMYK-Prozentwerten angegeben. Man kann den Farbton zwar in einer allgemein erhältlichen Farbtafel auswählen, trotzdem kann das Ergebnis je nach Druckfarbe, Papiersorte und Druckmaschine abweichen. Will man einigermaßen sichergehen, dass das Farbergebnis hinterher das Gewünschte ist, führt am klassischen Andruck, vor allem bei Sonderfarben, kein Weg vorbei!

Selbst wenn Cyan, Magenta und Gelb zu gleichen Teilen gemischt werden, ergibt sich in der Praxis nur theoretisch Schwarz, das Auge sieht hier ein schmutziges Dunkelbraun, insbesondere auf ungestrichenem Papier. Einer der Gründe dafür liegt in der Herstellung der Druckfarben, die niemals absolut rein sind. Deshalb ergänzt man die Primärfarben CMY im Druck durch Schwarz, kurz K (Key oder Kontur). Ein anderer Grund ist, dass keine der Farben die dritte Lichtfarbe perfekt ausfiltert, so dass man kein neutrales Grau erhält, selbst wenn man CMY zu gleichen Teilen aufeinanderdruckt. Verwendet man 50 % von jeder Farbe, ist das Ergebnis ein rötlich-braunes Grau. Man kann

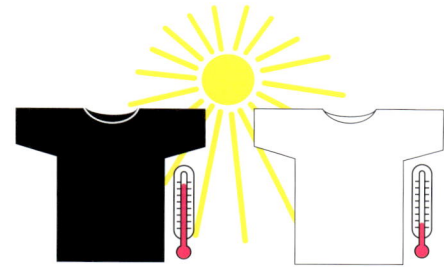

SCHWARZ WIRD HEISS
Trägt man an einem heißen Sommertag ein schwarzes T-Shirt, wird das auftreffende Sonnenlicht absorbiert und in Hitze umgewandelt. Man wird also lieber ein weißes T-Shirt tragen, das den größten Teil des Sonnenlichts reflektiert.

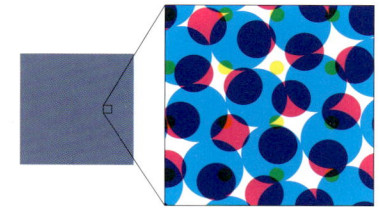

EINE GEDRUCKTE FARBE
Beim Drucken werden Farben durch das Mischen von Rastertönen in Cyan, Magenta und Gelb in unterschiedlichen Größen erzeugt.

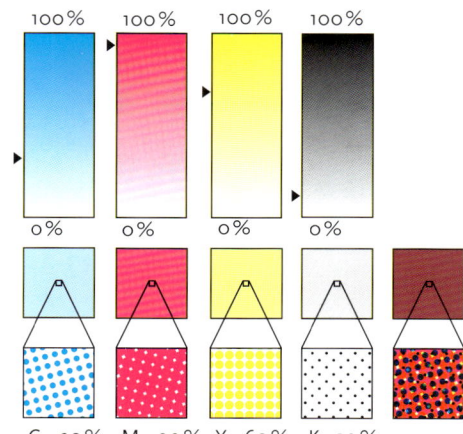

CMYK-MISCHUNGEN
Das CMYK-System erzeugt Farben durch Kombination unterschiedlich großer Rasterpunkte und Farben. Wie viel Fläche insgesamt von den Druckfarben bedeckt wird, stellt sich erst während des Druckprozesses heraus.

SCHWARZ IN THEORIE UND PRAXIS
Cyan, Magenta und Gelb ergeben übereinandergedruckt theoretisch Schwarz, in der Praxis jedoch eher ein dunkles Braungrau. Deshalb wird auch noch schwarze Druckfarbe (oder nur Schwarz alleine) aufgetragen.

Es ist umstritten, ob das K in CMYK von Key color, Kontrast, Kontur oder von dem K in blacK stammt.

LEUCHTPULT
Es ist wichtig, Original, Proof und Druckerzeugnis im richtigen Licht (Normlicht) zu betrachten.

dies ausgleichen und erhält ein neutraleres Grau, indem man weniger Magenta und Gelb verwendet, also beispielsweise C = 50 %, M = 40 % und Y = 40 % [*siehe Druckvorstufe 7.4.2*]. Oder man verwendet nur Anteile von Schwarz.

Ein Grund mehr für die Verwendung von Schwarz ist der Anteil schwarzer Texte in Drucksachen. Angesichts der feinen Serifen und Schriftdetails ist es nahezu unmöglich, für die Passergenauigkeit der drei Farben CMY zu sorgen. Unter Passergenauigkeit versteht man den exakten Übereinanderdruck mehrerer Farben. Nur mit Schwarz gedruckter Text ist randschärfer [*siehe Druck 9.11.8*].

Der CMYK-Farbraum ist wesentlich kleiner als der RGB-Farbraum, deshalb ist eine möglichst genaue Umrechnung von RGB in CMYK unerlässlich, um ein vergleichbares Ergebnis zu erhalten. Ebenso wie das RGB-Farbsystem enthält das CMYK-Farbsystem keine Aussage darüber, wie das Auge Farben wahrnimmt. Ein und dieselbe Farbe kann in Abhängigkeit von ihrer Umgebungsfarbe unterschiedlich wirken. Man nennt dies Simultankontrast. Es gibt aber auch das Phänomen, dass eine Farbe je nach Lichtquelle verschieden aussieht oder dass zwei Farben bei einer bestimmten Beleuchtung gleich aussehen, bei einer anderen jedoch unterschiedlich. Man spricht dann von Metamerie. Beispielsweise sieht eine Fläche unter weißem Licht rot aus, erscheint aber unter gelbem Licht orange. Schuld daran sind die Wellenlängen der jeweiligen Lichtquelle, die kein neutrales, sondern ein »farbstichiges« Licht abgeben.

Man sollte deshalb neutrale Normlichtquellen in Form von Tisch- oder Deckenleuchten verwenden, wenn man die Farben von Fotos, Farbdrucken oder Druckmaterialien beurteilt. In der Druckindustrie gibt es spezielle Leuchtpulte, die für die richtige farbneutrale Beleuchtung sorgen.

Die Farbtemperatur einer Lichtquelle wird in Kelvin (K) angegeben. Neutrales Licht hat eine Farbtemperatur von 5.000 Kelvin. Dies entspricht natürlichem Tageslicht und wird daher für eine farbneutrale Beurteilung empfohlen. Höhere Werte stehen für kältere Farbtemperaturen (Neonröhren), lassen Farben also bläulicher erscheinen, niedrigere Werte für wärmere Lichtquellen (Glühbirne) mit eher gelblich wirkendem Licht.

FARBTEMPERATUR VERSCHIEDENER LICHTQUELLEN

DIE KELVINSKALA
Die Kelvinskala ist die Temperaturskala für die Messung von Licht.

Wenn man einer Lichtquelle einen Wert in Kelvin zuordnet, meint man nicht die Temperatur der Lichtquelle selbst. Vielmehr bedeutet der Wert, dass das Licht der Lichtquelle so wahrgenommen wird wie ein völlig schwarzer Körper, der auf die entsprechende Temperatur in Kelvin erhitzt wird.

Die Kelvinskala beginnt bei Null, das entspricht dem absoluten Gefrierpunkt von −273°C. Auf der Kelvinskala gibt es keine negativen Werte. Das bedeutet, dass eine in Grad Celsius angegebene Temperatur der Temperatur in Kelvin (K) minus 273 entspricht. Also sind 5.000 K = 4.727°C.

Die Temperaturabstufungen der Celsiusskala werden in Grad angegeben. Die Kelvinskala kennt keine Grad, ihre Abstufungen werden nur in Kelvin angegeben.

• wolkenloser Himmel	11.000 K
• bedeckter Himmel	5.500–7.000 K
• Normlichtquelle	5.000 K
• Kunstlicht	3.200–3.400 K
• Glühlampe	2.650 K
• Kerzenlicht	1.500 K

FARBEN UND LICHT

KORREKTES BETRACHTUNGSLICHT
Da die Farbe einer Oberfläche vom einfallenden Licht abhängt, kann dieselbe Oberfläche bei unterschiedlichem Betrachtungslicht verschiedene Farbtöne annehmen.

Metamerie beschreibt die Wirkung, dass zwei Flächen unter dem einen Licht gleich aussehen, unter einem anderen völlig unterschiedlich. Dieses Phänomen ist auf die Zusammensetzung des Lichts und der Lichtabsorption der Druckfarben zurückzuführen.

FARB- UND LICHTPHÄNOMENE
Die Farbwahrnehmung des Auges kann uns einen Streich spielen. Eine Farbe wird durch ihre Umgebungsfarbe beeinflusst. Es scheint dann, als würde es sich um eine vollkommen andere Farbe handeln. Dieses Phänomen nennt man Simultankontrast.

Beispiele: Die Farbe des blauen Sterns wird auf orangefarbenem Hintergrund anders wahrgenommen als auf grünem. Auch der Ton wird je nach Umgebung unterschiedlich empfunden. Die drei Sterne der oberen Reihe sind im selben Grauton gefärbt, wirken jedoch aufgrund ihres Umfeldes anders. Dasselbe gilt für die dunkleren Sterne der unteren Reihe.

GEMISCHTE LICHTVERHÄLTNISSE
Licht, das aus verschiedenen Lichtquellen strahlt, kann unterschiedliche Farbtemperatur haben. Das Bild zeigt, wie das durch die Fenster einfallende Tageslicht und das eingeschaltete Kunstlicht den Raum mit verschiedenen Farbtemperaturen ausleuchtet.

3.5 Volltonfarbensysteme – Pantone und HKS

Um einen bestimmten Farbton mit nur einer Druckfarbe zu erzeugen, verwendet man Volltonfarben, auch Sonder-, Echt- oder Schmuckfarben genannt. Sonderfarben verwendet man vor allem, wenn sich eine bestimmte Farbe nur schlecht mit dem Vierfarbensystem darstellen lässt oder weil man eine prozentuale Mischung aus CMYK vermeiden will.

Pantone und HKS sind die bei uns üblicherweise verwendeten Volltonfarbensysteme. Pantone ist ein international vertretenes Farbsystem, HKS ein deutsches. Beide finden häufig Verwendung als Haus- und Logofarben und im Verpackungsdruck.

FARBUMFANG

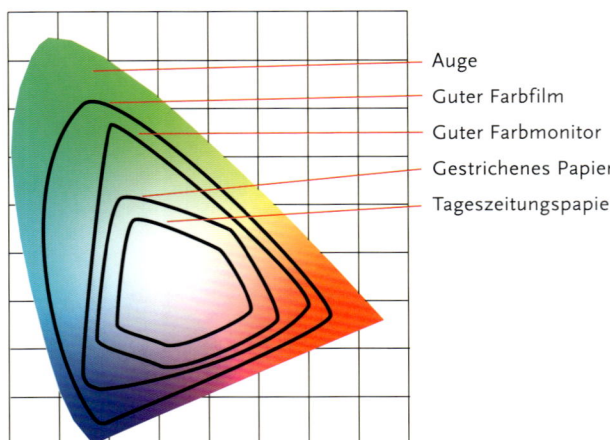

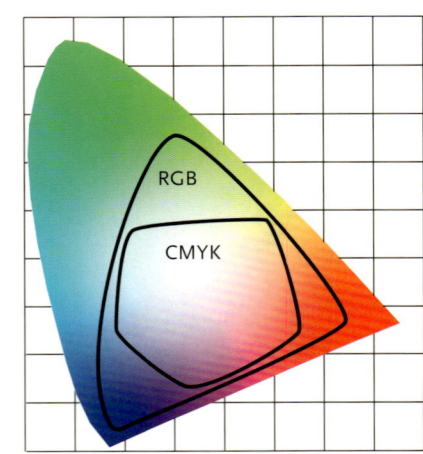

DER FARBUMFANG
Der Farbumfang hängt von dem Medium ab, auf dem reproduziert wird. Das Diagramm zeigt, wie groß die Farbräume sind, die man mit verschiedenen Medien erzeugen kann. Diafilm hat den größten Farbumfang, Tageszeitungspapier dagegen den kleinsten. Fazit: Mit Diafilmen kann man eine wesentlich größere Zahl von Farben und auch gesättigtere Farben darstellen.

RGB HAT EINEN GRÖSSEREN FARBUMFANG ALS CMYK
Das RGB-Modell hat einen größeren Farbumfang als das CMYK-Modell. Das gesamte Diagramm repräsentiert den Wahrnehmungsbereich des menschlichen Auges.

Die drei Ecken stehen für die Zäpfchentypen im Auge, die für die Farben Rot, Grün und Blau empfindlich sind.

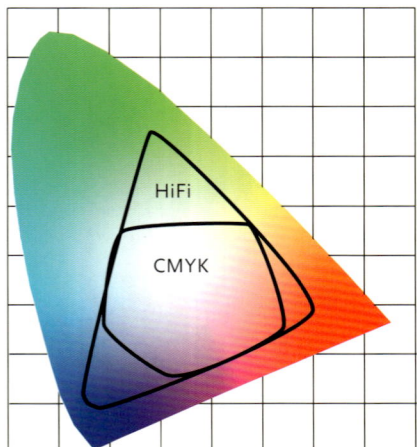

HIFI-COLOR
Es gibt weitere Farbmodelle, die in Beziehung zu CMYK stehen, aber gesättigtere Farben erzeugen können. Sie basieren auf sechs bis acht Druckfarben, den sogenannten HiFi-Farben (engl. High fidelity = hohe Naturtreue), weil man damit originalgetreuere Farben erzeugt.

Am häufigsten sind Sechsfarben-Separationen, wobei man zusätzlich zu CMYK einen Grün- und einen Orangeton anwendet. Auf diese Weise erzielt man einen größeren Farbumfang und – als Folge davon – eine bessere Farbwiedergabe bei Bildern.

In der Praxis werden HiFi-Farben nur selten eingesetzt, da es teurer ist, auf diese Art zu drucken, und man spezielle Programme für die Separation benötigt. Die bessere Qualität rechtfertigt nur selten die immensen Kosten. Eine günstigere Art der High-Fidelity-Farbraumerweiterung ist mit hochpigmentierten Druckfarben, beispielsweise ANIVA, zu erreichen. Dabei kann ohne zusätzliche Sonderfarben auf normalen Vierfarbdruckmaschinen gedruckt werden.

Achtung! Diese Illustrationen sind nur schematische Darstellungen, da sie mit vier Farben gedruckt sind und nicht das gesamte Spektrum wiedergeben können.

Das Pantone-Volltonfarbenmodell basiert auf 14 Basisfarben, die aufgrund ihres Farbtons und ihrer Mischbarkeit gewählt wurden. Alle 1.114 Farbtöne dieses Systems sind aus einer bestimmten Kombination dieser 14 Farben gemischt. Die Farben sind nach einem Ziffernsystem sortiert, das die Identifikation erleichtern soll, aus dem aber nicht hervorgeht, um welche Farbe es sich jeweils handelt. Pantone verkauft Farbfächer und Farbbücher, die auf verschiedenen Papiersorten und anderen Materialien gedruckt sind, damit man sich davon überzeugen kann, wie die gewählte Farbe gedruckt aussieht.

Ein derartiges Farbmodell, das für jede seiner unterschiedlichen Farben eine Kombination von Pigmenten verwendet, bietet ein größeres Spektrum gesättigter Farben. Beispielsweise besteht ein helles Gelb im Pantone-System tatsächlich aus hellgelben Pigmenten, wohingegen das Auge im CMYK-Modell mittels feiner Rasterpunkte getäuscht wird, ein helles Gelb zu sehen, das auf dem Papier gar nicht existiert. Bleibt zu bedenken, dass sich nicht alle Pantone-Farben in eine annähernd gleichwertige CMYK-Farbe umwandeln lassen – auch wenn Programme wie Adobe Photoshop entsprechende Umwandlungstabellen enthalten.

Ein typisches Beispiel ist das Drucken einer Anzeige in einer Tageszeitung. Druckereien, die Tageszeitungen drucken, arbeiten normalerweise ausschließlich mit CMYK-Farben, auch wenn Farben ursprünglich als Pantone-Farben definiert waren. Um festzustellen, wie eine Pantone-Farbe aussieht, wenn sie im Vierfarbendruck umgewandelt wird, benötigt man eine spezielle Pantone-zu-CMYK-Farbtafel. Diese enthält Pantone-Farben, die einmal mit Pantone gedruckt wurden und im Vergleich dazu mit CMYK. Manche Ergebnisse sind sehr ähnlich, andere überhaupt nicht – vor allem bestimmte Blau-, Grün- und Orangetöne weichen stark ab.

HKS ist ein Volltonfarbensystem, das wie Pantone aus verschiedenen Pigmentmischungen für jede Farbe besteht. Es wird hauptsächlich in Deutschland verwendet und hierzulande häufiger als Pantone. Das HKS-System besteht aus 88 physikalischen Farben und ihren Abstufungen, insgesamt sind es 3.520 Farbtöne. Auch die HKS-Farben gibt es als gedruckte Farbtafeln auf gestrichenen und ungestrichenen Papiersorten.

3.6 Warum werden Farben verfälscht dargestellt?

Wer mit Farben und Druckausgabe zu tun hat, weiß, wie schwer es ist, Farben korrekt wiederzugeben. Warum nur ist es so immens kompliziert, zwischen Monitor und Druckergebnis eine Übereinstimmung zu erreichen? Selbst auf unterschiedlichen Monitoren müssen Farben nicht gleich aussehen. Wir werden die wichtigsten Gründe erklären.

Zunächst muss man verstehen, dass ein genereller Unterschied besteht zwischen einem Tinten- oder Laserdrucker bzw. einer Druckmaschine auf der einen Seite und einem Monitor bzw. einem Projektor auf der anderen. Erstere verwenden Farben des CMYK-Farbraums und arbeiten mit Pigmenten, während Letztere mit dem RGB-Farbmodell und Lichtquellen einen größeren Farbumfang erreichen. Es ist daher schon rein physikalisch nicht möglich, mit beiden Systemen dieselben Farben zu erzielen.

PANTONE-FARBFÄCHER
Für die Wahl der richtigen Pantone-Farbe verwendet man gedruckte Pantone-Farbmuster.

SEPARIEREN VON PANTONE-FARBEN
Pantone-Farben, die in CMYK separiert werden, ergeben danach oft einen stark abweichenden Farbton. Spezielle Farbleithilfen erleichtern die Umwandlung.

RAL-INDUSTRIEFARBEN UND LACKE

Das RAL-Institut (früher: Reichs-Ausschuss für Lieferbedingungen) stellt Industriefarben her, die mit vierstelligen Farbnummern klassifiziert sind. Dazu gehören beispielsweise Wandfarben und Autolacke.

Die Farbpalette RAL EFFECT, die seit 2007 auf dem Markt ist, erfüllt nicht nur den Wunsch nach einer größeren Farbenvielfalt, sondern ist die erste Kollektion von RAL, die auf wasserbasierten Lacksystemen beruht, die ohne Schwermetalle auskommen.

RAL DESIGN besteht seit 1993 und ist ein Satz von 1.688 Farben, die als CIELab-Koordinaten definiert sind. Im Gegensatz zu den willkürlichen Farbnummern im älteren RAL-Farbsystem sind diese Farben systematisch nach Buntton (H = Hue), Helligkeit (L = Lightness) und Sättigung (C = Chroma) geordnet.

Um RAL-Volltonfarben in CMYK darzustellen, wurden eigene Umrechnungstabellen geschaffen, beispielsweise für den Druck von Werbematerialien.

Selbst innerhalb desselben Farbmodells gibt es Unterschiede, beispielsweise zwischen einem Tintenstrahl- und einem Laserdrucker. Beide verwenden das CMYK-Farbmodell, aber während der Laserdrucker mit einem Farbtoner arbeitet, der Farbpigmente auf das Papier brennt, sprüht der Tintenstrahldrucker feine Tintentropfen (also farbige Flüssigkeit) auf das Papier. Auch die verschiedenen Druckmaschinen unterscheiden sich voneinander, vor allem wenn sie auf unterschiedlicher Technologie basieren und spezielle Farben einsetzen. Und selbst wenn man dies außer Acht ließe, so beeinflussen die verschiedenen Papiersorten die Farbwiedergabe auf ihre Weise.

Und zu guter Letzt stimmen nicht einmal zwei Geräte desselben Typs überein, beispielsweise zwei Monitore oder zwei Laserdrucker. Ein Beispiel. Will man ein neues Fernsehgerät kaufen, so findet man im Laden auf unterschiedlichen Fernsehbildschirmen das gleiche Bild verschieden dargestellt, obwohl es mit den identischen Farbwerten ausgegeben wird. Der Grund ist, dass die Lichtquellen der Fernsehbildschirme sich in der Ausgabe der Primärfarben Rot, Grün und Blau voneinander unterscheiden.

Alle dieser Faktoren machen es unglaublich schwierig, eine einheitliche Farbwiedergabe zu gewährleisten. RGB und CMYK sind sogenannte geräteabhängige Farbmodelle, weil ihre Farbwiedergabe vom jeweiligen Ausgabegerät abhängt. Sie sind daher nicht als Grundlage für ein Farbmanagementsystem geeignet. Es bedarf also eines Farbraums, mit dem Farben unabhängig vom jeweiligen Gerät genau gemessen und gesteuert werden können.

3.7 CIE – ein geräteunabhängiges Farbsystem

Das CIE-Farbsystem ist die einzige Methode, um Farben in einer genauen und geräteunabhängigen Weise zu beschreiben. Die Commission Internationale d'Eclairage, kurz CIE, die internationale Beleuchtungskommission, hat dieses Farbsystem entwickelt. Das System basiert auf Anfang der 1930er Jahre durchgeführten umfassenden Versuchen zur menschlichen Farbwahrnehmung. Da alle Menschen ein unterschiedliches Farbempfinden haben, schuf man einen Standardwert als Basis – den Mittelwert aus den Farbwahrnehmungen der Testpersonen. Man fand heraus, dass das menschliche Farbensehen in drei

VERSCHIEDENE FARBMODELLE

Farbmodell	HSB	CIE	Pantone (PMS)	HKS	RGB	CMYK
Bedeutung	Farbton Sättigung Helligkeit	Commission Internationale d'Eclairage	Pantone Matching System	Hostmann-Steinberg Kast + Ehinger H. Schmincke & Co.	Rot, Grün, Blau	Cyan, Magenta, Gelb (Yellow), Schwarz (Key color)
Anwendung	Grafiken, Bildbearbeitung	exakte Definition geräteunabhängiger Farbwerte (CIELab)	Schmuckfarben im Druck	Schmuckfarben im Druck	Einlesen; Bildbearbeitung, Originalspeicherung; Web	Vierfarbendruck
Funktion	leicht verständliches Farbschema	geräteunabhängige Konvertierung und Speicherung	vorgemischte Volltonfarben, auch Neon- und Metallfarben	vorgemischte Volltonfarben, auch Neon- und Metallfarben	additives Farbsystem; Farbraum größer als CMYK	subtraktives Farbsystem; Farbumfang abhängig von Druckmaschine und Papiersorte

UNTERSCHIEDLICHE GERÄTE – VERSCHIEDENE ERGEBNISSE

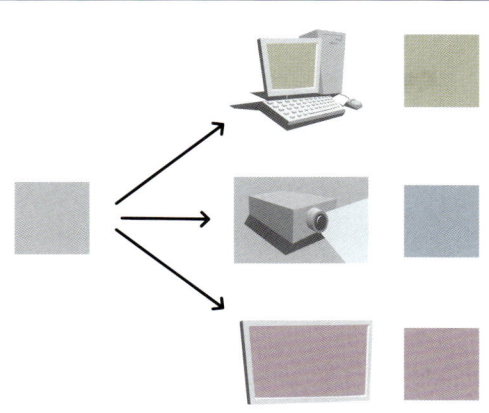

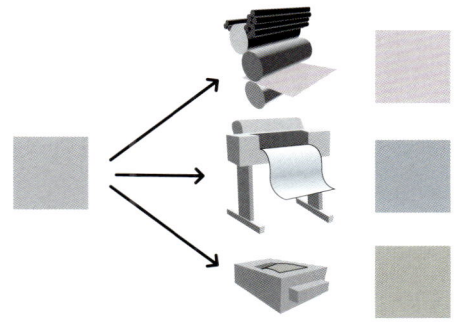

RGB-GERÄTE
Unter den mit RGB arbeitenden Geräten bestehen große Unterschiede, obwohl sie alle dasselbe Signal verarbeiten. Beispielsweise verwenden sowohl ein Projektor als auch ein Bildschirm das RGB-System für die Darstellung. Doch während der Monitor mit vielen kleinen Pixeln arbeitet, schickt der Projektor das Licht einer speziellen Glühbirne durch Farbfilter. Aufgrund der technischen Unterschiede werden die Farben also nicht identisch dargestellt.

CMYK-GERÄTE
Obwohl dasselbe Signal empfangen wird, kann das Ergebnis zweier mit CMYK arbeitender Geräte sehr stark voneinander abweichen. Beispielsweise verwenden sowohl ein Laser- als auch ein Tintenstrahldrucker das CMYK-System für die Druckausgabe. Doch der Laserdrucker benutzt Tonerpulver, das auf dem Papier eingebrannt wird, während der Tintenstrahldrucker seine Flüssigtinte versprüht. Ein ähnlicher Unterschied besteht zwischen zwei Druckmaschinen, besonders wenn sie verschiedene Druckverfahren (Offset-, Tiefdruck) und andere Arten von Druckfarben verwenden. Die Farben werden dementsprechend unterschiedlich reproduziert.

IDENTISCHE GERÄTE – VERSCHIEDENE ERGEBNISSE

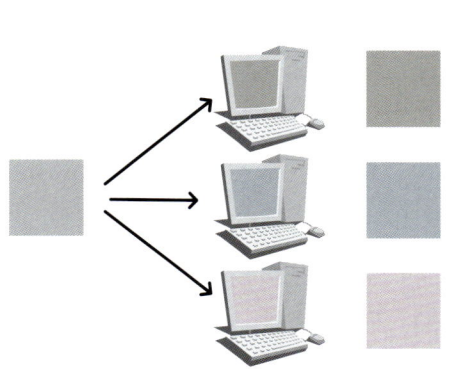

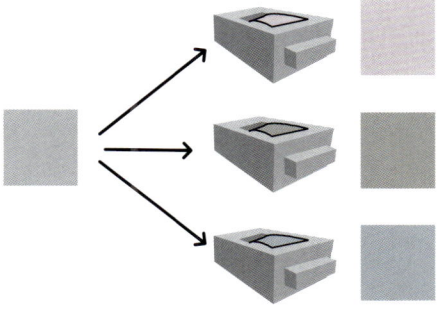

RGB-GERÄTE
Auch identische RGB-Geräte können unterschiedliche Farbergebnisse liefern. Ein typisches Beispiel erlebt man beim Betrachten verschiedener Fernsehgeräte in einem Geschäft. Obwohl sie alle das gleiche Signal empfangen, zeigen sie dasselbe Bild in verschiedenen Farben. Eine der Ursachen kann in unterschiedlichen Lichtquellen für Rot, Grün und Blau liegen.

CMYK-GERÄTE
Auch identische CMYK-Geräte können unterschiedliche Farbergebnisse liefern. Ein typisches Beispiel dafür ist die Ausgabe von Druckern. Obwohl sie alle dasselbe Signal empfangen, zeigen sie verschiedene Farben. Eine der Ursachen ist die unterschiedliche Zusammensetzung der Druckfarben.

LICHT × OBERFLÄCHE × TRISTIMULUS = CIE
Das Normlicht ist aus bestimmten Wellenlängen zusammengesetzt.

Die farbige Fläche reflektiert bestimmte Wellenlängen besser als andere.

Das Auge ist für die verschiedenen Wellenlängen unterschiedlich empfindlich, ausgedrückt über die drei sogenannten Tristimuluskurven x, y und z. Dies entspricht der Empfindlichkeit jeder der drei Zäpfchenarten im Auge eines durchschnittlichen Betrachters.

Indem man x, y und z mit den beiden anderen Kurven multipliziert, erhält man die drei Werte X, Y und Z, bekannt als CIE-Werte.

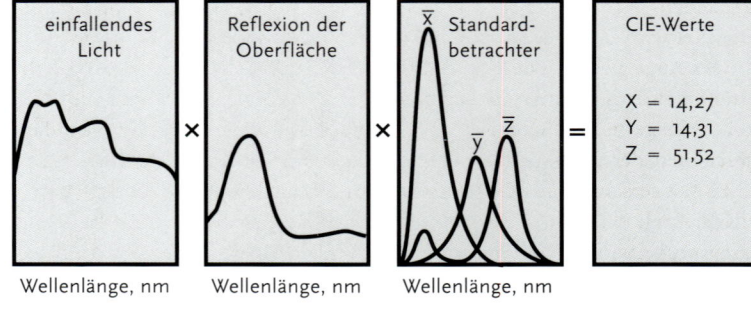

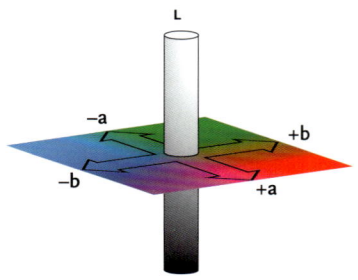

DAS CIELAB-FARBMODELL
CIELab beschreibt Farben mit einem Parameter für die Helligkeit der Farbe (L = Luminanz), einem für Grün bis Rot (a) und einem dritten für Blau zu Gelb (b).

Unterschiedlicher L-Wert, gleicher a- und b-Wert

Unterschiedlicher a- und b-Wert, gleicher L-Wert

WAS BEEINFLUSST L, WAS A UND B?
Die sechs abgebildeten Farben sind mittels CIELab definiert. Die Farben der oberen Reihe haben dieselben a- und b-Werte, aber verschiedene L-Werte. In der unteren Reihe haben sie denselben L-Wert, aber verschiedene a- und b-Werte.

Empfindlichkeitskurven dargestellt werden kann – den Tristimuluswerten. Diese können in Kombination mit den Eigenschaften des Lichts und den Farbanteilen des Lichts, die eine beleuchtete Fläche reflektieren kann, sehr exakt Aufschluss über den jeweiligen Farbton einer Fläche geben.

CIELab und CIEXYZ sind Varianten des CIE-Systems. CIELab ist eine Weiterentwicklung von CIEXYZ, wobei das System an die menschliche Farbwahrnehmung angepasst wurde. Da CIE auf drei unterschiedlichen Werten basiert, kann man sagen, dass das System dreidimensional ist. Daraus ergibt sich eine gewisse Geometrie – die Farbgeometrie. In CIELab oder CIEXYZ werden den Farben Werte für L, a und b bzw. X, Y und Z zugeordnet. Ein Positionswechsel einer Farbe im Farbraum (ausgedrückt in CIELab-Werten) ist relativ zur Änderung der Farbe (ausgedrückt in Wellenlängen). Verschiebt man also eine Farbe beispielsweise zwischen zwei Farborten innerhalb der Blautöne, so ist das relative Ergebnis an jedem anderen Ort innerhalb des Spektrums dasselbe. Ungeachtet dessen, wo sich der neue Wert im CIELab-Modell befindet, nimmt das Auge einen entsprechenden Farbton wahr, denn das Modell basiert auf der Wahrnehmung des Auges.

Der visuelle Unterschied zweier Farbtöne, also eine Verschiebung in der Farbgeometrie, drückt man mit ΔE (Delta E) aus. Die Veränderung innerhalb der Farbgeometrie basiert auf den Wellenlängen beziehungsweise auf einer Änderung des Abstands, muss aber nicht gezwungenermaßen denselben ΔE-Wert ergeben, weil das Auge für bestimmte Farbbereiche empfindlicher ist als für andere. Ist ΔE kleiner als 1, nimmt das Auge keine Differenz wahr.

Das CIELab-System wird im grafischen Gewerbe meist in sogenannten geräteunabhängigen Farbsystemen verwendet, weil es sowohl an die menschliche Farbwahrnehmung angepasst ist als auch physikalisch exakte Angaben bietet.

3.8 Standards im RGB-Farbsystem

Wie schon erwähnt, besteht die Schwierigkeit in der Darstellung eines RGB-Bildes darin, dass sich nicht vorhersagen lässt, wie es im Druck aussehen wird. Ein Pixel, das nur das volle Signal des Rotkanals empfängt, wird zwar ein Rot darstellen, aber welches Rot, ist nicht genau festgelegt. Je nach Monitor oder Drucker wird es variieren, man kann nicht sagen, welches das Richtige ist.

Das Auge arbeitet auf RGB-Basis und ebenso die Monitore, Scanner und Digitalkameras, die im Alltag eingesetzt werden. CIELab schafft die Möglichkeit, Farben und Bilder genauer zu beschreiben. Daher wurde ein Standard geschaffen, der RGB-Werten die entsprechenden CIELab-Werte zuordnet.

Es gibt verschiedene RGB-Standards: ColorMatch RGB, Adobe RGB (1998), sRGB, Apple RGB und andere mehr. Die verschiedenen Standards haben ihren Ursprung in verschiedenen Einsatzbereichen wie Druck, Video, Film, Fernsehen und Monitorausgabe. Das heißt, sie haben ihre spezifischen Eigenschaften und man muss den jeweils richtigen RGB-Standard auswählen. Was sie unterscheidet, ist die Art und Weise, wie die Primärfarben Rot, Grün und Blau aufgebaut werden und welcher RGB-Farbraum dabei entsteht. Im Klartext bedeutet dies, dass derselbe RGB-Wert je nach RGB-Farbraum eine andere Farbe ergibt. Man kann dies in etwa mit den Temperaturunterschieden zwischen 20° Celsius und 20° Fahrenheit vergleichen – derselbe Wert, aber eine andere Temperatur.

Die von Photoshop zur Verfügung gestellten RGB-Farbräume sind verschiedenen Standards, deren genaue Definition über CIELab festgelegt ist. Wechselt man also von einem RGB-Standard in einen anderen, werden alle RGB-Werte vom alten in den neuen Farbraum umgerechnet. Man kann dies wiederum mit der Umrechnung der Temperatur von Fahrenheit in Celsius vergleichen. Die aktuelle Temperatur kann nicht nur anhand ihres Wertes festgestellt werden, es bedarf auch der korrekten Einheit.

Wenngleich RGB-Farbräume einen unterschiedlichen Farbumfang besitzen, ist es dennoch möglich, einen Teil der Farben korrekt von einem in den anderen Farbraum zu übersetzen. Die verschiedenen RGB-Farbräume überlappen sich, bilden also Schnittmengen. Die meisten Farben können demzufolge ohne Schwierigkeiten in allen RGB-Farbräumen dargestellt und ohne Probleme übersetzt werden. Farben, die außerhalb der Schnittmengenbereiche liegen, können jedoch nicht von einem RGB-Farbraum in einen anderen übertragen werden. Konvertiert man beispielsweise von Adobe RGB (1998) in sRGB, befinden sich bestimmte Farben außerhalb des Farbumfangs von sRGB und können daher nicht übernommen werden. Um solche Farben zu übertragen, müssen sie in eine andere Farbe übersetzt werden, die im sRGB-Farbraum vorkommt. Näheres dazu später [siehe 3.9, 3.13].

3.8.1 RGB Standardfarbumfang

RGB-Standards unterscheiden sich vor allem in ihrem Farbumfang. Ein größerer Farbumfang bedeutet, dass mehr gesättigte Farben dargestellt werden können.

Ein RGB-Farbstandard, der auf 256 Tonwertstufen pro Kanal (Rot, Grün und Blau) basiert, kann 16,7 Millionen Farben darstellen. Ist der Farbraum größer, ist der Abstand zwischen Farben größer als in einem kleineren Farbraum. Wird ein Bild, das stark gesättigte Farben enthält, von einem großen RGB-Farbumfang in CMYK mit einem kleineren Farbumfang umgewandelt, treten Probleme auf. Verwendet man einen RGB-Standard mit kleinerem Farb-

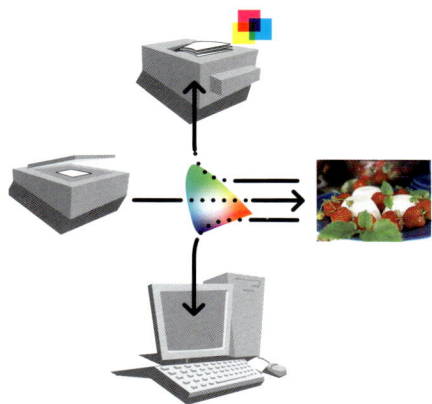

CIE UND RGB
Das RGB-Farbmodell, wie man es in Photoshop findet, ist in CIELab vordefiniert. Wenn man beispielsweise ein Bild im RGB-Modus in ein anderes Farbmodell konvertiert, übernimmt CIELab die Übersetzung vom alten in den neuen Farbraum. Diese Art der Umrechnung erfolgt auch, wenn man das Bild auf ein Ausgabegerät schickt, wie auf einen Drucker, der mit CMYK arbeitet.

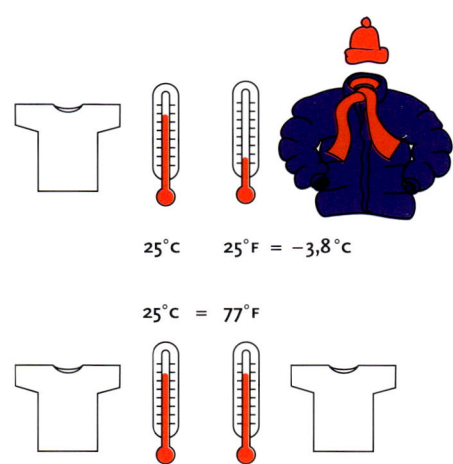

CELSIUS UND FAHRENHEIT
Wechselt man von einem RGB-Modell in ein anderes, werden alle RGB-Werte verändert, beispielsweise bei der Konvertierung eines Bildes von Adobe RGB (1998) in sRGB. Man kann dies mit der Übertragung einer Temperaturangabe von Celsius in Fahrenheit vergleichen. 25° Celsius entsprechen 77° Fahrenheit. Würde man die Farben zwischen zwei RGB-Standards nicht übersetzen, entspräche dies der Behauptung, 25° C seien dasselbe wie 25° F.

FARBENLEHRE | 81

umfang, der mehr dem CMYK-Farbumfang ähnelt, werden weniger Farbveränderungen auftreten. Ungeachtet dessen wird in der grafischen Produktion meist ein RGB-Standard mit größerem Farbumfang eingesetzt, beispielsweise Adobe RGB. Denn kleinere RGB-Farbräume haben zwar oft einen größeren Farbumfang als CMYK, der aber nicht mit dem von CMYK deckungsgleich ist, während der CMYK-Farbraum in großen RGB-Farbräumen komplett enthalten ist, also besser konvertiert werden kann. Am besten ist die Verwendung eines RGB-Standards, der einen möglichst kleinen Farbumfang hat, aber dennoch alle CMYK-Farben beinhaltet [siehe 3.8.5].

3.8.2 Der Standard-RGB-Gamma-Wert

Alle Farben eines RGB-Farbraums können entweder aufgrund ihrer Helligkeitsunterschiede in gleichen Abständen verteilt werden oder so, dass sich in den helleren Bereichen, in denen das Auge Farbtöne differenzierter wahrnimmt, mehr Farben bei kleineren Farbabständen ergeben [siehe Druckvorstufe 7.7.8]. Man berücksichtigt dies, indem man verschiedene Gamma-Werte verwendet. Ein Gamma-Wert von 1.0 bedeutet, dass die Definition der Farben linear verläuft bzw. dass alle abhängig von ihrer Helligkeit gleiche Abstände einnehmen. Die meisten RGB-Standards verwenden einen Gammawert von 1.8 bis 2.2. Unter Berücksichtigung der Farbwahrnehmung des Auges liegt dann der größere Anteil der 16,7 Millionen Farben in den helleren Farbbereichen.

3.8.3 Der standardisierte Weißpunkt

Die Farbtemperatur des Weißpunkts ist ein weiterer Faktor, in dem verschiedene RGB-Farbräume voneinander abweichen. In einigen Farbräumen entspricht das reine Weiß (R = 255, G = 255, B = 255) einer Farbtemperatur von 5.000 Kelvin (D50), während andere 5.400 Kelvin (E), 6.500 Kelvin (D65) oder 6.774 Kelvin (C) als Weißpunkt verwenden, der damit bläulicher wirkt.

Unser Auge nimmt allerdings ungeachtet dieser Werte ganz einfach den hellsten Punkt als Weißpunkt wahr.

3.8.4 Adobe RGB

Adobe RGB hat einen größeren Farbraum als ColorMatch RGB und ist heutzutage der am häufigsten eingesetzte RGB-Farbraum in der professionellen grafischen Produktion. Früher wurde dieser Standard SMPTE-240 M genannt. Erhält man in diesem alten Standard definierte Bilder, sollte man Adobe RGB dafür verwenden. Adobe RGB umfasst einen ziemlich großen Farbraum, so dass nur wenige Monitore alle seine Farben anzeigen. Gamma 2.8, D65.

3.8.5 ECI-RGB

ECI-RGB ist ein Standard für die Druckindustrie, der von der European Color Initiative (ECI) entwickelt wurde und dem Adobe RGB (1998) ähnlich, aber etwas kleiner ist. Der Farbraum umfasst alle heutigen Druckfarbräume wie Bogen- und Rollenoffset, Tief- und Zeitungsdruck, ist aber nicht unnötig um Farben größer, die sich schlecht konvertieren lassen. Gleiche Werte von Rot, Grün und Blau ergeben neutrale Grautöne im Druck. Außerdem wird ein Weißpunkt von 5.000 Kelvin / D50 und ein Gamma von 1.8 berücksichtigt.

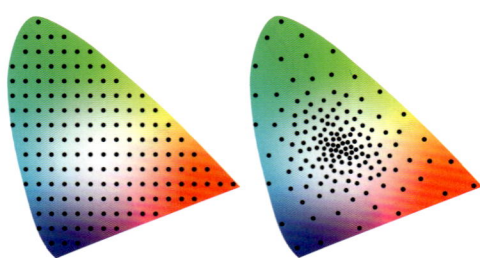

UNTERSCHIEDLICHES GAMMA
Alle Farben des linken RGB-Farbraums sind in gleichen Abständen verteilt: Gamma = 1.0.
Der Farbraum im rechten Beispiel ist anders aufgebaut: Im helleren Bereich befinden sich mehr Farbtöne: Gamma = 1.8 bis 2.2.

3.8.6 sRGB
sRGB basiert auf dem HDTV-Standard und wird von Hewlett-Packard und Microsoft unterstützt. Beide verwenden sRGB als Standard für Arbeitsabläufe, die nicht auf PostScript basieren, und für Web-Browser. sRGB wurde als Farbraum für einfache PC-Monitore entwickelt, daher fällt der Farbumfang etwas kleiner aus als der anderer RGB-Farbräume, die für die Druckproduktion eingesetzt werden. Da viele seiner Farben außerhalb des CMYK-Farbraums liegen, ist er für Bilder, die gedruckt werden sollen, nicht geeignet.
Gamma ca. 2.2, D65.

3.8.7 Apple RGB
Apple RGB wurde früher als Standard-RGB-Farbraum von Adobe Photoshop und Adobe Illustrator verwendet. Das Farbspektrum ist allerdings nicht viel größer als das von sRGB und daher für grafische Druckherstellung nicht geeignet. Gamma 1.8, D65.

3.8.8 ColorMatch RGB
ColorMatch RGB entspricht dem RGB-Farbraum des Radius PressView-Monitors, der in der grafischen Produktion weit verbreitet ist. Der Farbraum ist vergleichsweise klein, beschränkt übersättigte Farben und war deswegen lange Zeit ein Standard für produktionstechnische Bedingungen. Gamma 1.8, D50. Heute verwendet man am besten ein eigenes, mit Hilfe eines Spektralfotometers erzeugtes Monitorprofil [*siehe 3.10.3*].

3.8.9 Wide Gamut RGB
Wide Gamut RGB ist ein so großer Farbraum, dass die meisten Farben auf einem durchschnittlichen Monitor gar nicht dargestellt werden können, geschweige denn im Druck. 13 % von Wide Gamut RGB liegen außerhalb sichtbarer Bereiche. Daraus ergeben sich ähnlich wie bei Adobe RGB eine Menge Probleme bei der Konvertierung von RGB in CMYK. Gamma 2.2, D50.

3.8.10 Monitor RGB
Monitor RGB/Simplified Monitor RGB verwendet die Monitoreinstellungen, um einen RGB-Farbraum zu berechnen, und wird verwendet, wenn man nicht mit ICC-Profilen arbeitet.

3.8.11 CIE RGB
CIE RGB ist ein alter RGB-Farbraum, der kaum noch verwendet wird. Er ist immer noch in Adobe Photoshop verfügbar, damit Bilder in diesem Profil geöffnet werden können. Der Farbumfang ist größer als in CIELab. Gamma 2.2, E.

3.8.12 NTSC
NTSC ist der nordamerikanische Standard für Fernsehbilder. Gamma 2.2, C.

3.8.13 PAL/SECAM
PAL/SECAM ist der Standard-RGB-Farbraum für das europäische Fernsehen. Gamma 2.2, D65.

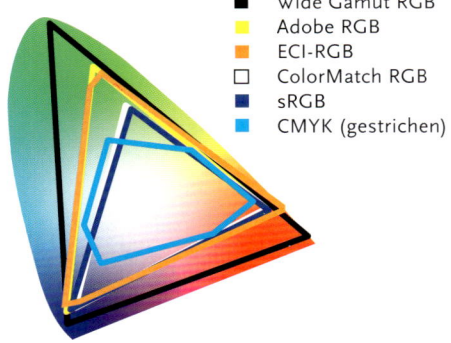

VERSCHIEDENE RGB-STANDARDS
Die unterschiedlichen RGB-Standards haben nicht denselben Farbumfang. Es gibt aber eine große Schnittmenge gemeinsamer Farben. Daher können die meisten Farben in allen RGB-Farbräumen beschrieben und ohne Probleme untereinander konvertiert werden.

WARUM SETZEN WIR FARBMANAGEMENT EIN?

- Damit auf verschiedenen Geräten wie Druckern, Scannern, Monitoren und Druckmaschinen Farben so genau wie möglich wiedergegeben werden;
- um zu erreichen, dass bei der Konvertierung von Bildern zwischen verschiedenen Farbmodellen und Farbräumen die Farbtöne so ähnlich wie möglich bleiben;
- um auf Druckern und Monitoren unterschiedliche Druckergebnisse zu simulieren.

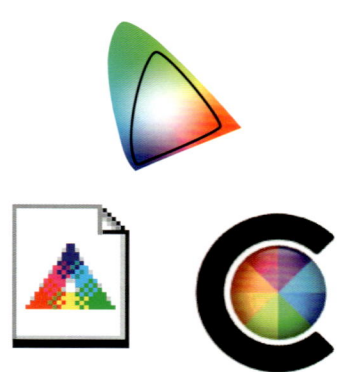

DIE ICC-SYSTEM-KOMPONENTEN

1. Der geräteunabhängige Farbraum CIELab
2. ICC-Profile
3. Das Farbmanagementmodul (CMM, Color Management Module)

3.9 Farbmanagementsysteme

Verwendet man in der grafischen Herstellung Bilder, so ist es unvermeidlich, dass die Bilddaten zwischen verschiedenen Farbsystemen, beispielsweise RGB und CMYK, konvertiert werden müssen, damit sie auf Monitoren darstellbar sind oder über Drucker oder Druckmaschinen wiedergegeben werden. Um Farben und Farbreproduktion über den gesamten Produktionsablauf hinweg zu kontrollieren, benötigt man ein System, mit dem sich Veränderungen bei der Konvertierung prüfen und kompensieren lassen.

Das Farbmanagementsystem rechnet Farbwerte des einen Gerätes, beispielsweise eines Scanners, in Farbwerte des anderen um, beispielsweise eines Druckers, und zwar so, dass die gedruckten Farben den gescannten entsprechen. Wo eine exakte Umwandlung nicht möglich ist, berechnet das Farbmanagementsystem Farbwerte, die denen des Originals so weit wie möglich ähneln.

Es gibt drei Gründe für den Einsatz von Farbmanagementsystemen. Erstens, um über verschiedene Geräte wie Drucker, Scanner, Monitore und Druckmaschinen eine möglichst genaue Farbwiedergabe zu erhalten. Zweitens, um Bilder so genau wie möglich von einem Farbraum in einen anderen zu konvertieren, beispielsweise von Adobe RGB (1998) in ein bestimmtes CMYK oder in sRGB. Und drittens, um Druckresultate auf verschiedenen Druckern oder Monitoren farbverbindlich zu simulieren.

Eine Gemeinschaft von Software- und Hardwareproduzenten hatte das Ziel, einen gemeinsamen Standard für Farbmanagementsysteme zu entwickeln. Die Gruppe nennt sich International Color Consortium, ICC, und so heißt auch der Standard.

Das ICC-System selbst basiert auf drei verschiedenen Elementen. Das erste ist der geräteunabhängige Farbraum CIELab, der die Farben exakt beschreibt (auch bekannt als RCS – Reference Color Space oder PCS – Profile Connection Space). Zum Zweiten basiert es auf ICC-Profilen, genau genommen auf Korrekturtabellen, die die Eigenschaften und Mängel verschiedener Geräte als Abweichungen vom Referenzwert beschreiben. Die dritte Grundlage des ICC-Systems ist die Software Color Management Module (CMM), die Farbkonvertierungen zwischen Farbräumen mittels der in den ICC-Profilen enthaltenen Werte berechnet.

Arbeitet man mit einem Farbmanagementsystem sind diese drei Elemente gemeinsam für das Ergebnis verantwortlich. Scannt man beispielsweise ein Bild ein, so verwendet das Farbmanagementmodul die ICC-Profile, um Mängel und Fehler des Scanners zu mildern und um die Werte zu berechnen, die die gescannten Farben im geräteunabhängigen Farbraum haben sollen.

CIELab als geräteunabhängiges Farbsystem ist das wichtigste Element des ICC-Systems [siehe 3.7]. Wir kennen alle das Mysterium, das einem im Elektro-Fachmarkt begegnet, wenn die Bilder auf verschiedenen Fernsehbildschirmen farblich völlig unterschiedlich wirken, obwohl alle dasselbe Bild mit denselben Farbwerten senden. Das Gleiche gilt für Druckmaschinen, bei denen Abweichungen durch die Art des Rasters, die verwendeten Druckfarben, zu niedrige Auflösung, die Papierart etc. entstehen. Diesem Problem versucht CIELab so weit wie möglich entgegenzuwirken.

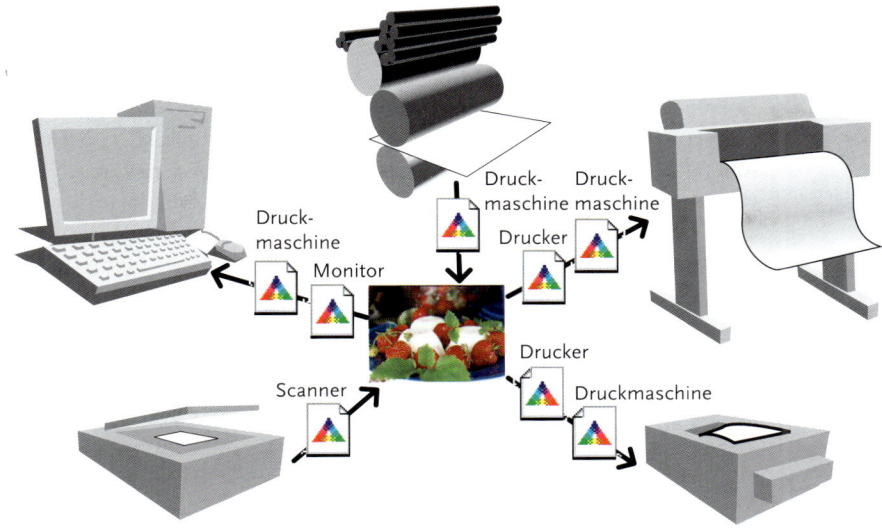

FARBMANAGEMENTSYSTEME
Jedes Gerät im Produktionsablauf hat bestimmte Eigenschaften und Mängel in der Farbwiedergabe. Diese Eigenschaften lassen sich messen und in einem ICC-Profil sichern.

Um auf dem Bildschirm Druckergebnisse zu simulieren, sollte man sowohl ein Monitorprofil verwenden, das die speziellen Eigenschaften und Schwächen des Monitors ausgleicht, als auch die Profile der Druckmaschine, die Informationen über die tatsächlichen Druckbedingungen enthalten (z. B. Papiereigenschaften).

Kombiniert man beide Profile miteinander, erhält man eine ziemlich gute Vorschau des gedruckten Endprodukts.

CIELab bezieht sich auf die Wahrnehmung der Farben durch das Auge und liefert dafür eine physikalisch exakte Beschreibung. Das ICC-System verwendet daher CIELab als Referenz, um Farben von einem Farbsystem in ein anderes zu konvertieren.

CIELab ersetzt weder RGB noch CMYK, aber es macht es möglich, Farben wesentlich genauer zwischen diesen Systemen zu konvertieren. Würden Fernsehgeräte mit einem Farbmanagementsystem arbeiten, würde jedes Gerät seine Farben als CIELab-Farben empfangen und dasselbe Bild auf allen Fernsehbildschirmen gleich aussehen. Die CIELab-Werte könnten dann nämlich mittels üblicher ICC-Profile in die RGB-Signale des jeweiligen Geräts konvertiert und Mängel ausgeglichen werden.

3.10 Wie funktionieren ICC-Profile?

Ein ICC-Profil beschreibt Farbumfang, Eigenschaften und Mängel eines bestimmten Gerätes. Ein ICC-Profil macht es also möglich, das gedruckte Ergebnis zuvor auf einem Drucker oder am Monitor zu simulieren.

Wird also eine Farbe am Computermonitor dargestellt, muss es nicht die sein, die man sich vorgestellt hatte. Orange könnte auf dem Monitor beispielsweise zu rot erscheinen. Stellt man die Orangewerte für diesen Bildschirm vorsichtig ein wenig gelber ein, werden alle Orangetöne korrigiert. ICC-Profile können bei dieser Art des Farbmanagements hilfreich sein.

Das Profil vergleicht die Farbwerte, die das Gerät wiedergibt, mit den Referenzwerten (basierend auf CIELab) einer genormten Farbtafel, die als Richtwerte dienen. Die gemessenen Abweichungen dienen als Grundlage für das Profil. Mit ihrer Hilfe kann man dann ermitteln, wie eine Farbe kompensiert werden muss, damit sie dem Referenzwert entspricht. Die Farbwerte, die nicht

PROOFEN — WIE ES FUNKTIONIERT

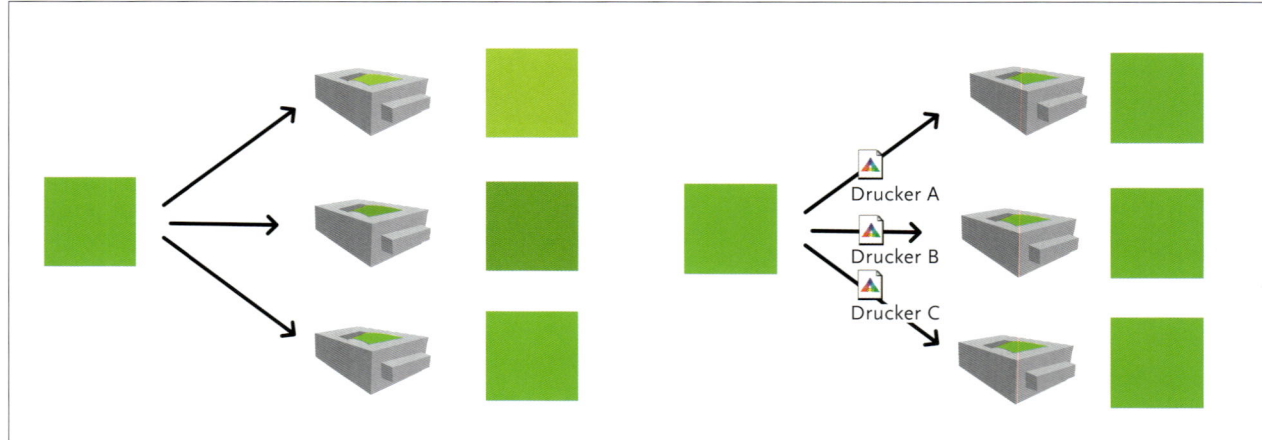

Verwendet man ICC-Profile für verschiedene Geräte wie Drucker, Monitore und Druckmaschinen kann man Farben ziemlich genau reproduzieren. Häufig entspricht die im Programm definierte Farbe am Bildschirm nicht ganz der gewünschten Farbe. Ein Grün kann z. B. auf bestimmten Monitoren etwas zu blau dargestellt werden. In diesem Fall würde man alle Grüntöne vorsichtig anpassen, indem man Blau reduziert. Genau solche Fälle korrigiert ein Farbmanagement mit ICC-Profilen.

SIMULATION — WIE SIE FUNKTIONIERT

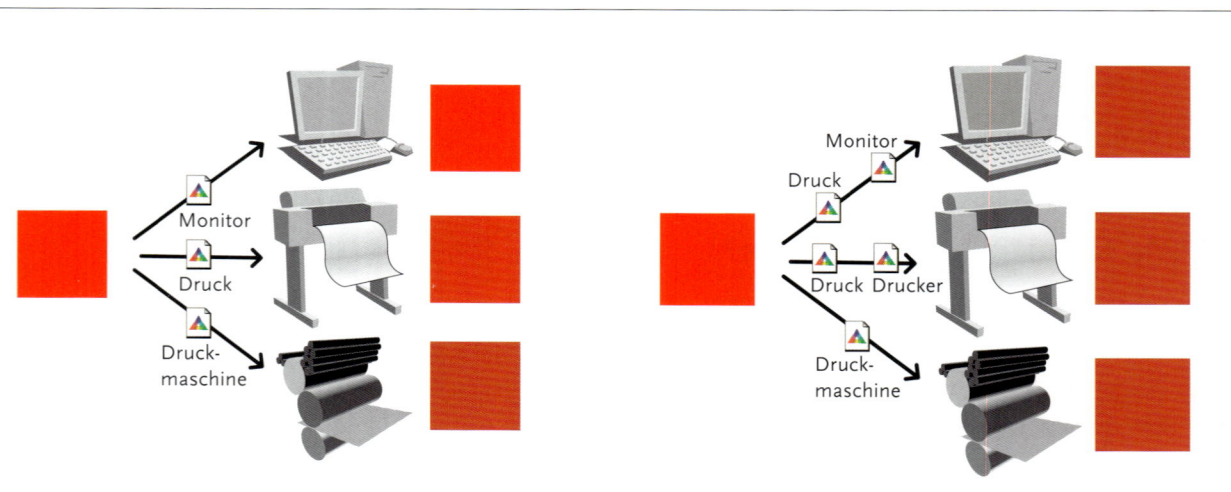

Im Druck steht ein kleinerer Farbumfang zur Verfügung als auf Monitoren oder Digitalproofs. Hat man Zugang zu den ICC-Profilen der Druckmaschine, kann man das Druckergebnis am Monitor oder auf einem Farbausdruck simulieren und bestimmen, wie die Farben erscheinen sollen. Um Druckergebnisse am Bildschirm zu simulieren, muss das Monitor-ICC-Profil verwendet werden, damit die Farben richtig angezeigt werden. Anschließend wird das Profil mit dem der Druckmaschine kombiniert, um die Druckbedingungen und das Druckergebnis zu simulieren. Auf dieselbe Weise kann man das zu erwartende Ergebnis vorab bestimmen – unangenehme Überraschungen werden vermieden.

als Referenzwerte im Testbild enthalten sind, werden vom Farbmanagementmodul mit Hilfe von zwei oder drei benachbarten Referenzfarben errechnet.

Es gibt verschiedene Programme auf dem Markt, um gerätespezifische Profile zu erstellen. Dazu gehören Profilemaker von Gretag Macbeth, Colortune von Agfa, Printopen und Scanopen von Heidelberg, und ColourKit Profiler Suite von Fuji. Zu einigen Geräten gibt es eigene Systeme, um die Profile zu errechnen – dazu gehören Monitore von Barco und Radius, aber auch bestimmte Farbdrucker.

Es gibt zwei Arten von ICC-Profilen: Eingabeprofile und Ausgabeprofile. Eingabeprofile von Scannern und Digitalkameras sind in Bildern gespeichert, während Ausgabeprofile dafür zuständig sind, das Bild auf Monitoren darzustellen oder auf Druckern und Druckmaschinen wiederzugeben.

3.10.1 Das Erstellen eines Eingabeprofils

Um ein Eingabeprofil zu erstellen, benötigt man die entsprechende Software und eine standardisierte Farbtafel mit verschiedenen Referenzfarbfeldern. Das Programm, das das Profil berechnet, enthält für jede Farbe des Testbildes exakt definierte CIELab-Referenzwerte. Die Farbtafel wird ausgedruckt, am Monitor ausgegeben oder gescannt, und das Resultat mit den CIELab-Referenzwerten verglichen. Das Ergebnis ist eine Konvertierungstabelle, die in einem ICC-Profil gespeichert wird.

Um ein Profil für einen Scanner zu erstellen, liest man die Farbtafel auf Fotopapier oder Diafilm ein. Das so gewonnene digitale Testbild wird dann Feld für Feld mit den Farbreferenzwerten abgeglichen. Für zwei verschiedene Scanner muss der Vorgang wiederholt werden, und man erhält unterschiedliche RGB-Werte für dieselben Referenzfarbfelder. Die Ursache liegt in der Verwendung anderer Lichtquellen, Farbfilter, Optik etc. Die RGB-Werte beider Scanner können trotzdem in denselben CIELab-Wert umgerechnet werden, indem die CIELab-Werte des jeweiligen Scannerprofils dazu herangezogen werden. Die Korrektur mittels ICC-Profilen erlaubt also, mit zwei unterschiedlichen Scannern zum gleichen Ergebnis zu kommen.

Führende Filmhersteller wie Afga, Kodak und Fuji stellen solche Farbcharts sowohl als Fotovorlage wie auch als Diapositiv her. Sie verwenden dabei ihre verschiedenen Filmemulsionen und Fotopapiere, die beim Scannen unter-

EIN EINGABEPROFIL ENTHÄLT INFORMATIONEN ÜBER

- die spezifischen Eigenschaften eines Scanners oder einer Digitalkamera (beispielsweise Farbumfang, Lichtempfindlichkeit etc.);
- spezifische Eigenschaften der Lichtquelle (beispielsweise Farbtemperatur, Lichtintensität, etc.);
- spezifische Eigenschaften des Originals (beispielsweise Kontrast).

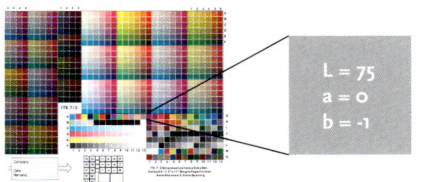  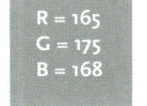 

ICC-Profil

WIE ERSTELLT MAN EIN EINGABEPROFIL?
Um das ICC-Profil für einen Scanner oder eine Digitalkamera zu erzeugen, benötigt man eine standardisierte Farbtafel, die über eine bestimmte Anzahl von Feldern mit Referenzfarben verfügt. Mit dem Farbchart wird auch eine Datei mitgeliefert, die für jedes Referenzfarbfeld exakte CIELab-Sollwerte enthält. Die Farbtafel wird eingescannt oder abfotografiert, so dass jedem Referenzfeld ein RGB-Wert zugeordnet wird, der dann mit dem entsprechenden Referenz-CIELab-Wert verglichen wird. Das Ergebnis wird in einer Umrechnungstabelle als ICC-Profil gesichert.

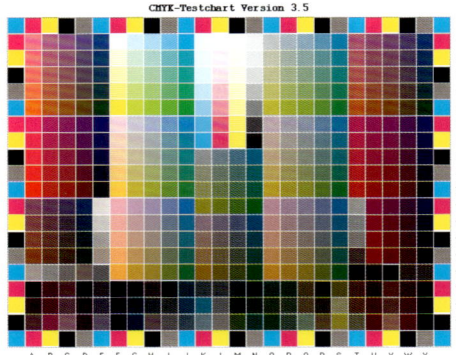

IT8 – FARBTESTTAFEL
Die Darstellung der Farbtesttafel basiert auf dem ISO IT8-Standard. Die meisten Hersteller von Profilerstellungsprogrammen verwenden ihre eigenen Farbtafeln, basierend auf IT8. Die abgebildete Farbtafel wird mit Logo Profilemaker Pro ausgeliefert.

EIN AUSGABEPROFIL ENTHÄLT INFORMATIONEN ÜBER

- die spezifischen Eigenschaften des Druckers oder der Druckmaschine (z. B. Punktzuwachs);
- die spezifischen Farben und den Farbumfang;
- die aktuellen Farbeigenschaften des Papiers;
- Graubalance und Separationsart (UCR/GCR).

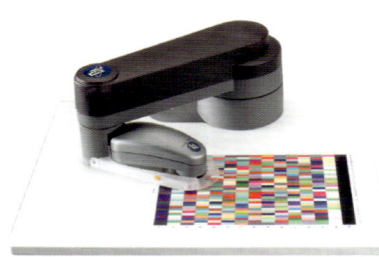

SPEKTRALFOTOMETER
Ein Spektralfotometer misst die spektrale Zusammensetzung bestimmter Farben auf dem Ausdruck eines Druckers, auf einem Proof, Druckbogen oder am Bildschirm. Die Messwerte können für die Erstellung eines ICC-Profils zur Anwendung von Farbmanagement verwendet werden.

schiedliche Ergebnisse liefern. Scannt man beispielsweise Bilder ein, die man auf einem Diafilm von Fuji aufgenommen hat, benötigt man ein entsprechendes Testbild, das auf demselben Material hergestellt ist, um einen korrekten Kompensationswert zu erhalten. Das bedeutet in der Praxis, man muss für einen Scanner mehrere ICC-Profile erstellen, damit man je nach verwendetem Originalmaterial das entsprechende ICC-Profil wählen kann.

Das Aussehen der Farbtafeln ist im ISO-Standard IT8 (ISO 12641) festgelegt. Die meisten Hersteller von Profilerstellungsprogrammen verwenden ihre eigenen Farbcharts auf der Grundlage von IT8. Das Testbild enthält 252 farbige Referenzfelder mit Primär-, Sekundär- und Tertiärfarben sowie einigen Grautönen. Die Farbtafeln verschiedener Hersteller weichen voneinander ab, weil sie über die in IT8 vorgegebenen hinaus weitere eigene Farbfelder enthalten. So hoffen die Hersteller, Abweichungen der einzelnen Geräte noch genauer feststellen zu können.

3.10.2 Erstellen eines Ausgabeprofils für Drucker und Druckmaschinen

Wie auch beim Testbild zur Erzeugung eines Eingabeprofils enthält die – nun allerdings digitale – Vorlage (genormtes Farbchart nach ISO 12640) eine bestimmte Anzahl vordefinierter Referenzfelder. In diesem Fall handelt es sich um 928 in CMYK-Werten festgelegte Farbfelder. Diese Farbtafel wird nun auf dem betreffenden Gerät ausgedruckt. Das Resultat wird mit einem Spektralfotometer gemessen, die erhaltenen CIELab-Werte mit den CMYK-Referenzwerten verglichen und als Profil gespeichert.

So wie zwei Scanner ein jeweils eigenes Profil benötigen, erzeugen auch zweierlei Drucker oder Druckmaschinen verschiedene Ergebnisse, wenn sie dieselben Referenzfarben drucken. Im Falle eines Druckers oder einer Druckmaschine erhält man aber auch abweichende CIELab-Werte, wenn man das Testbild auf unterschiedliche Papiere ausdruckt, unterschiedliche Toner oder Druckfarben verwendet oder sonstige technische Parameter wie die Luftfeuchtigkeit ändert.

Verwendet jeder Drucker oder die Druckmaschine ihre eigenen ICC-Profile, so können Abweichungen korrigiert werden, und das Ergebnis wird derselbe CIELab-Wert sein. Das heißt, dass theoretisch auf zwei unterschiedlichen Drucksystemen dieselben Ergebnisse zu Papier gebracht werden können.

So wie unterschiedliche Filmemulsionen oder Fotopapiere verschiedene Resultate beim Einscannen ergeben, sind auch gedruckte Ergebnisse von der Papierwahl abhängig. Für jedes Papier muss daher ein eigenes ICC-Profil erstellt werden. Druckereien verfügen in der Regel über eigene ICC-Profile für gestrichene und ungestrichene Papiere. Soll ein qualitativ hochwertiges Produkt gedruckt werden, sollte man vorher einen Test (Andruck) auf dem Auflagenpapier durchführen und, wenn nötig, ein eigenes ICC-Profil dafür erstellen.

3.10.3 Erstellen eines Ausgabeprofils für Monitore

Um das Ausgabeprofil für einen Monitor zu erstellen, beginnt man mit einer Reihe von Referenzfarben, die in RGB-Werten definiert sind. Die Referenzfarben werden auf dem Monitor dargestellt und dann mit einem Spektralfotometer direkt als CIELab-Werte gemessen. Das Ergebnis wird mit den RGB-Referenz-

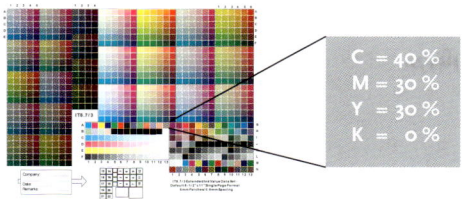   

ICC-Profil

WIE ERSTELLT MAN EIN AUSGABEPROFIL?
Um ein ICC-Profil für einen Drucker oder eine Druckmaschine zu erstellen, benötigt man ein standardisiertes Testchart (ISO 12640), das eine bestimmte Anzahl digital definierter Referenzfarbfelder enthält. Das Testbild enthält exakte, in CMYK definierte Referenzwerte, die auf dem Drucker oder der Druckmaschine ausgegeben werden. Jedes Referenzfarbfeld wird mit einem Spektralfotometer ausgemessen und der CIELab-Farbwert mit dem entsprechenden CMYK-Wert in einer Konvertierungstabelle des neuen ICC-Profils gespeichert.

farbwerten verglichen und in einem ICC-Profil gesichert. Zwei verschiedene Monitore können unterschiedliche CIELab-Werte ausgeben, bei gleichen RGB-Referenzwerten. Die Ursachen können technischer Art sein (Gebrauchsalter etc.). Allgemeine ICC-Profile, die der Hersteller für den Monitor bereitstellt, können zwar helfen, die RGB-Werte zu korrigieren. Absolut genau ist dies im Gegensatz zu einem aktuell erstellten Profil jedoch nicht.

3.10.4 Standardprofile oder angepasste Profile

Einige Hersteller liefern bereits ICC-Standardprofile mit den Produkten aus, zum Beispiel für Scanner und Drucker. Diese Profile gelten allgemein für das jeweilige Modell, berücksichtigen jedoch nicht die Eigenheiten und Mängel des einzelnen Exemplars und können daher unterschiedliche Ergebnisse erzeugen. Deshalb ist es sinnvoller, mit sogenannten angepassten Profilen zu arbeiten, die für das spezifische Gerät in seinem spezifischen Umfeld erstellt wurden. Das heißt also, auch wenn in einem Unternehmen nur ein Bildschirmmodell eines Herstellers verwendet wird, sollte man für jedes Exemplar ein Profil erstellen, um das bestmögliche Resultat zu gewährleisten.

Für Offsetdruckmaschinen gibt es ebenfalls ICC-Standardprofile der ECI (European Color Initiative) und von Gretag Macbeth. Diese basieren auf dem internationalen ISO 12647-2-Standard für die Auflagendruckkontrolle im Offsetdruck. Es gibt Profile für verschiedene Papiersorten, die regelmäßig durch Updates aktualisiert werden [siehe Druck 9.11.10].

Auch für den Anzeigendruck werden Standardprofile verwendet. Dieselbe Anzeige wird häufig in verschiedenen Tageszeitungen gedruckt. Doch es ist nicht durchführbar, für jede Zeitung und jede Druckerei eine eigene Datei der Anzeige mit einem angepassten Profil zu erstellen. Damit ein einziges Standardprofil funktionieren kann, müssen Druckereien ihren Druckprozess immer wieder neu an die Profile anpassen. Für die deutsche Presse erstellt die Forschungsgesellschaft Druck (FOGRA) entsprechende Standardprofile.

EIN MONITORPROFIL ENTHÄLT INFORMATIONEN ÜBER
- die Eigenschaften des Monitors (z. B. Farbumfang, Gamma etc.);
- die aktuellen Monitoreinstellungen (z. B. Lichtstärke, Weißpunkt etc.);
- die Lichtverhältnisse in der Umgebung.

STANDARDPROFILE FINDET MAN HIER
ECI (www.eci.org) – Standardprofile für verschiedene Papiersorten im Offsetdruck und Tiefdruck.
Zeitungspapierhersteller (www.ifra.com) – Standardprofile für den Zeitungsdruck (Coldset).

3.11 Farbmanagement effizient einsetzen

Damit Farbmanagement funktioniert, müssen bestimmte Bedingungen erfüllt werden. Zum einen braucht es die entsprechende Ausrüstung und Programme, die für die Farbkonvertierung zwischen verschiedenen Geräten unter Verwendung von ICC-Profilen geeignet sind. Eine andere Notwendigkeit stellt die sorgfältige Handhabung der Ausrüstung im gesamten Workflow dar.

Wir werden drei Schritte behandeln: Konstanz, Kalibrierung und Charakterisierung.

Eine wesentliche Voraussetzung für ein stabiles Farbmanagement stellt das konstante Verhalten und die Kalibrierung der Geräte dar. Das bedeutet, man sorgt dafür, dass alle Komponenten der Ausrüstung jederzeit dasselbe Resultat bringen. Solange dieser Zustand nicht erreicht ist, wird das Ergebnis nicht vorauszusagen sein.

Ein ICC-Profil beschreibt das Verhalten eines Gerätes unter bestimmten Bedingungen. Sind diese Bedingungen jedoch nicht konstant, wird das ICC-Profil seine Aufgabe nicht erfüllen. Wenn nur eines der ICC-Profile im gesamten Farbmanagementsystem nicht korrekt arbeitet, wird das ganze System nicht funktionieren. Das gesamte Equipment, bestehend aus Scanner, Monitor, Druckern und Druckmaschine, muss mit ein und demselben Farbmanagement im gleichen Zeitraum konstant zusammenarbeiten, damit das empfindliche System seinen Zweck erfüllt.

GLEICHBLEIBENDE UMGEBUNGSBEDINGUNGEN SIND WICHTIG
Das ICC-Profil ist nicht nur individuell für ein bestimmtes Gerät, sondern auch für die Bedingungen, unter denen die aktuellen Messungen stattfinden. Beispielsweise für das Papier, das man im Drucker verwendet, oder wie viel Luftfeuchtigkeit in dem Raum herrscht, in dem die Druckmaschine steht.

Das ICC-Profil beschreibt den Farbumfang des Gerätes ebenso wie seine Eigenschaften und seine Schwächen unter spezifischen Bedingungen. Es kann nur dann effektiv eingesetzt werden, wenn dabei dieselben Bedingungen vorherrschen wie zum Zeitpunkt der Profilerstellung.

3.11.1 Konstanz
Ein konstantes Verhalten sorgt dafür, dass alle Druckeinheiten dauerhaft dieselben Ergebnisse erbringen. Instabilität kann durch mechanische Fehler entstehen oder durch veränderte Umgebungsbedingungen wie Luftfeuchtigkeit und Temperatur. Um also über einen längeren Zeitraum gleichbleibende Resultate zu erhalten, ist es wichtig, Ausrüstung, Materialien und Rahmenbedingungen auf demselben Niveau zu halten.

3.11.2 Kalibrierung
Kalibrierung bedeutet, dass man die Ausrüstung anhand bestimmter Richtwerte einstellt, so dass zum Beispiel 40 % Cyan am Bildschirm auch 40 % Cyan im Drucker, Proofgerät oder Belichter ergeben. Das Kalibrieren wird meist mit Programmen vorgenommen, die im Lieferumfang des jeweiligen Gerätes enthalten sind. Kalibriert man einen Monitor, nimmt man oftmals auch eine Charakterisierung vor, die bei der Kalibrierung des Monitors hilft.

3.11.3 Charakterisierung
Die Charakterisierung schließt die Erstellung eines ICC-Profils für ein bestimmtes Gerät mit ein. Bevor die Charakterisierung ausgeführt wird, muss das Gerät kalibriert sein, Materialien und andere Bedingungen müssen stabil sein. Die Charakterisierung findet beim Ausdrucken, Scannen oder am Monitor durch Anzeigen eines IT8-Testbildes statt und indem die Ergebnisse, die das jeweilige Gerät erzielt, gemessen werden. Die ICC-Profile beschreiben die Eigenschaften und Mängel des Gerätes und ermöglichen es, diese zu kompensieren.

3.12 Farbmanagement in der Praxis

Damit das Farbmanagement mit ICC-Profilen in der Praxis funktioniert und alle Komponenten dasselbe Resultat ausgeben, müssen für alle beteiligten Geräte wie Monitore, Digitalkameras, Scanner, Drucker und Druckmaschinen stabile Bedingungen geschaffen sein. Sind diese Voraussetzungen geschaffen, kann der Arbeitsablauf in der Produktion unter Farbmanagementbedingungen erfolgen, die Farben werden korrigiert und automatisch zwischen den verschiedenen Farbsystemen konvertiert. Wir werden nun die verschiedenen Schritte des Arbeitsprozesses vorstellen.

3.12.1 Die richtige Farbwiedergabe im Druck

Beim Bearbeiten von im RGB-Modus fotografierten oder gescannten Bildern verwendet man RGB-Farbräume, die in CIELab vordefiniert sind. Die RGB-Werte der Kamera oder des Scanners werden mittels der ICC-Profile und des Farbmanagementmoduls korrigiert und in das gewählte Bildprofil konvertiert, beispielsweise Adobe RGB (1998). Die Farben des Bildes stimmen so weit mit der Wirklichkeit überein, wie es der in CIELab definierte Arbeitsfarbraum zulässt. RGB-Farbräume unterscheiden sich dahingehend in ihren Eigenschaften, wie jedem RGB-Wert ein spezifischer CIELab-Wert zugeordnet ist. Das Bild kann in jedem Format gesichert werden, das ICC-Profile unterstützt.

3.12.2 Farbmanagement für Monitore

Betrachtet man am Monitor eine Drucksimulation, sollte man bedenken, dass der Monitor eine eigene Art hat, das Bild darzustellen – in Abhängigkeit vom ICC-Monitorprofil. Dieses versucht die Schwächen des Monitors auszugleichen, damit das Bild korrekt dargestellt wird.

3.12.3 Farbmanagement für Farbdrucker und Druckmaschinen

Das ICC-Profil des Farbdruckers oder der Druckmaschine (unter Berücksichtigung der Papiersorte wie gestrichen/ungestrichen) wird beim Ausdrucken für die Farbkonvertierung der Bilder (und eventuell vorhandener RGB-Farben) in das CMYK des Druckers verwendet, so dass die Schwächen des Druckers ausgeglichen werden.

Normalerweise sollte die Konvertierung aber schon zuvor in Photoshop durchgeführt werden, indem jedes Bild einzeln oder über die Stapelverarbeitung in CMYK umgerechnet und für die Druckausgabe vorbereitet wird. Dann kann man beispielsweise noch die Sättigung überarbeiten, die häufig bei der Umwandlung abgeschwächt wird.

3.12.4 Drucksimulation

Der Druckfarbraum ist um einiges kleiner als der eines Monitors oder eines Originalbildes im RGB-Modus. Sogar Drucker erzeugen teilweise eine höhere Anzahl gesättigter Farben und mehr Kontrast als eine Druckmaschine.

Man kann sein System auch anhand einfacher Ausdrucke kalibrieren. Diese »Simulation« ist zwar keine exakte Vorgehensweise, aber einfach und schnell durchzuführen.

MONITORKALIBRIERUNG OHNE SPEKTRALFOTOMETER

Besitzt man kein Spektralfotometer, sollte man den Bildschirm wenigstens mit Hilfe eines Dienstprogrammes und nach Augenmaß so genau wie möglich einstellen und daraus ein ICC-Profil erzeugen. Auf dem Mac ist ein solches Programm im System integriert, unter Windows wird das Adobe Gamma zusammen mit Adobe Photoshop installiert. Die Vorgehensweise ähnelt der mit einem Spektralfotometer und das Ergebnis ist immerhin ganz ordentlich.

Es ist jedoch zu bedenken, dass das Profil nur für die Umgebungssituation gültig ist, unter der es entstanden ist. Ändert man irgendwelche Monitoreinstellungen, muss auch das Profil neu erstellt werden.

Im Folgenden wird Schritt für Schritt gezeigt, was man tun muss:

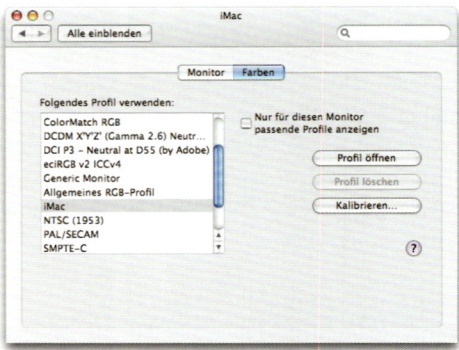

1. Im **Mac OS** stellt man den Monitor ein unter **Apple-Menü** → **Systemeinstellungen** ... → **Monitor** → **Farben**.

2. Verschiedene Fragestellungen leiten durch das Menü. Die geforderten Einstellungen werden mit gutem Augenmaß ausgeführt, um dem Programm das Verhalten des Bildschirms mitzuteilen.

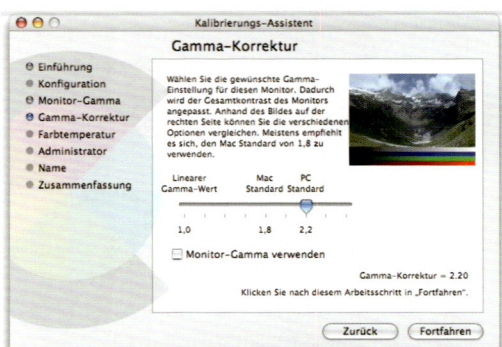

3. Der **Gammawert** des Monitors wird auf 2.2 eingestellt. Dies ergibt den Basiskontrast und die besten Voraussetzungen für das zu erstellende ICC-Profil.

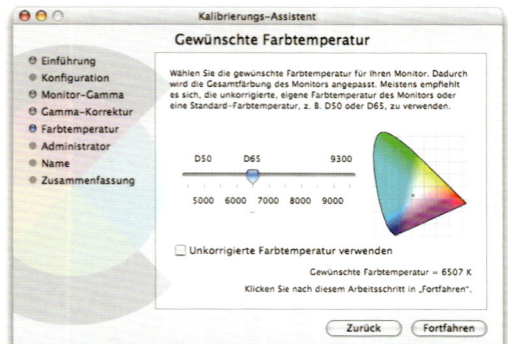

4. Über den **Weißpunkt** legt man die Farbtemperatur fest, das heißt, welches Weiß der Bildschirm zeigen soll. Für die Druckherstellung verwendet man am besten 6.500 K (D65).

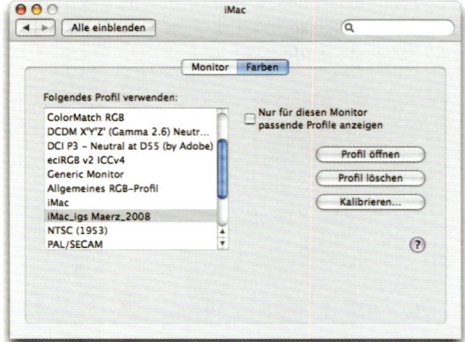

5. Zuletzt berechnet das Programm eine Korrekturtabelle und speichert diese als ICC-Monitorprofil. Alle darzustellenden Daten werden nun immer zuerst durch dieses Profil »hindurchgeschleust«.

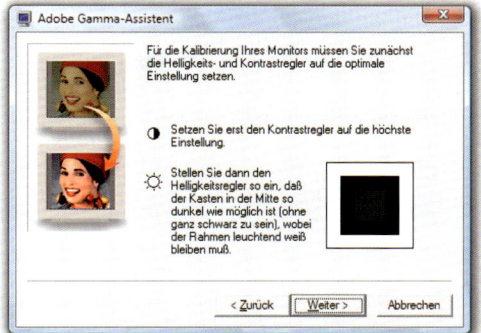

1. Da es unter **Windows** keine Systemfunktion gibt, muss man mit Adobe Gamma arbeiten, zu finden unter dem **Start-Menü → Einstellungen → Systemsteuerung** … *

2. Zunächst werden **Kontrast und Helligkeit** eingestellt, dann befolgt man die weiteren Anweisungen des Adobe Gamma-Assistenten.

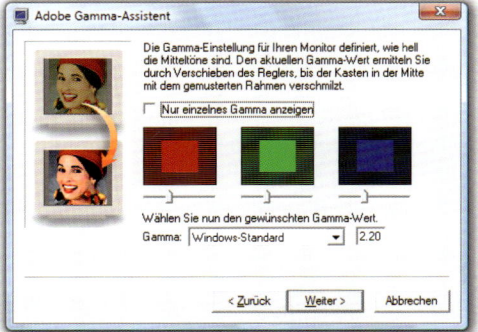

3. Verschiedene Fragestellungen leiten durch das Menü. Die geforderten Einstellungen werden mit gutem Augenmaß ausgeführt, um dem Programm das Verhalten des Bildschirms mitzuteilen. Der **Gammawert** des Monitors wird auf 2.2 eingestellt. Dies ergibt den Basiskontrast und die besten Voraussetzungen für das zu erstellende ICC-Profil.

4. Als nächstes wird die Farbtemperatur eingestellt, der **Hardware-Weißpunkt**, um dem Bildschirm vorzugeben, welches Weiß er zeigen soll. Für die Druckherstellung verwendet man am besten 6.500 K (D65).

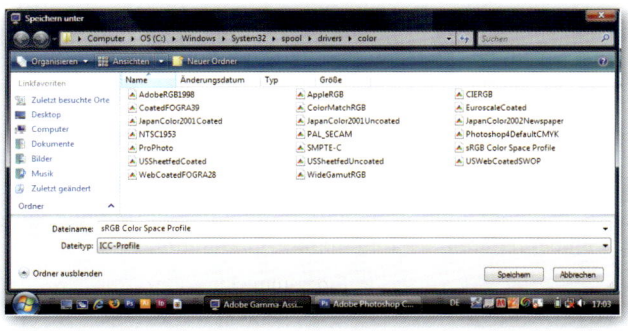

5. Adobe Gamma berechnet eine Korrekturtabelle und speichert diese als **ICC-Monitorprofil** im Betriebssystem. Alle Bilddaten werden nun immer automatisch durch das Profil korrigiert dargestellt.

* *Nur wer zuvor CS2 installiert hatte, findet Adobe Gamma auch unter CS3 an der gewohnten Stelle. Denn – offiziell gibt es Adobe Gamma unter CS3 nicht mehr. Es wird aber versteckt installiert. Und so geht's: Kopieren Sie die Datei »Adobe Gamma.cpl« aus dem Verzeichnis* **C: → Programme → Gemeinsame Dateien → Controlpanels** *in das Verzeichnis* **C: → Windows → System32**, *und schon können Sie damit Ihren Monitor kalibrieren. Besser geht es nur noch mit einem Spektralfotometer.*

FARBENLEHRE | 93

Eine Möglichkeit besteht darin, ein Dokument auszudrucken und dann zu schauen, inwieweit die Darstellung von der des Monitors abweicht, und die Einstellungen zu korrigieren. Dies ist beispielsweise in Adobe Photoshop, InDesign und Acrobat möglich [*siehe Bildbearbeitung 5.3.1, Layout 6.8.8 und Druckvorstufe 7.5.2*]. Die Idee dahinter ist, Programme und Monitore so anzupassen, dass die Bildschirmdarstellung dem gedruckten Produkt so weit wie möglich entspricht. Genauso sollen der Farbdrucker und das Proofgerät angepasst werden, um das endgültige Druckergebnis zu simulieren.

Eine genauere Methode ist, einen echten Andruck für die Anpassung der anderen Einheiten heranzuziehen. Kombiniert man die Informationen in beiden Profilen, wird man eine gute Simulation des Druckergebnisses am Monitor erhalten. Will man das Druckergebnis auf dem Farbdrucker simulieren, muss man das Druckerprofil mit dem Ausgabeprofil der Druckmaschine kombinieren.

Die Simulation erfordert, dass der Monitor oder Farbdrucker für eine korrekte Darstellung über einen größeren Farbraum verfügt als das gedruckte Produkt.

3.13 Farbkonvertierung

Eine Farbkonvertierung erfolgt, wenn Farben zwischen zwei Farbsystemen oder Farbmodellen umgerechnet werden. Die Werte der Originalfarben werden in neue Werte übertragen, um sie an den neuen Farbraum anzupassen. Die Farbkonvertierung kann auf verschiedene Weise erfolgen, und eine ganze Reihe verschiedener Faktoren beeinflusst diesen Prozess. Jegliche Konvertierungen erfolgen über CIELab, das exakteste Farbsystem.

Erstellt man ein neues ICC-Profil, werden dazu vordefinierte Referenzfarben herangezogen. Das Profil vergleicht die vom Gerät reproduzierten Farben mit einem vorgefertigten Referenzbild, dessen Werte auf CIELab basieren. Entsprechend den Abweichungen steuert es die Korrektur hin zu den tatsächlich gewünschten Farbwerten. Die Differenz zwischen Soll- und Ist-Werten bildet die Grundlage für das Profil und erlaubt das Speichern von Informationen zur Farbkompensation, steuert also, wie man denselben Wert wie auf dem Farbchart erreicht.

Farben, deren Referenzwerte im Ergebnis nicht enthalten sind, werden vom Farbmanagementmodul unter Heranziehung von zwei oder mehr Referenzfarben so genau wie möglich durch Interpolation erzeugt.

Das Farbmanagementmodul (CMM) ist eine Zusatzsoftware, die mittels ICC-Profilen die Farbumrechnung zwischen verschiedenen Geräten vornimmt. ColorSync von Apple ist eines der am weitesten verbreiteten Module und wird mit Apples Betriebssystem mitgeliefert. Windows verwendet stattdessen LinoColor. Mehrere Anbieter, zum Beispiel Kodak, Heidelberg und AGFA, bieten eigene Farbmanagementmodule.

Alle Programme, die Farben konvertieren oder bearbeiten sollen, greifen dabei auf ein Farbmanagementmodul zurück – so zum Beispiel das Scannerprogramm beim Einlesen eines Bildes oder das Bildbearbeitungsprogramm bei der Separation in CMYK.

FARBMANAGEMENT IN DER PRAXIS

Im Workflow der grafischen Produktion werden Farben immer wieder in verschiedene Farbsysteme konvertiert, und korrigiert.

Diese Farbkonvertierungen werden unter Verwendung der ICC-Profile von den Farbmanagementmodulen für die verschiedenen Ausgabegeräte vorgenommen. Jedes der Profile beschreibt unter anderem den Farbumfang des Gerätes.

Kombiniert man das ICC-Profil des Druckers oder des Monitors mit dem ICC-Profil der Druckmaschine, kann man den Ausdruck auf dem Drucker oder am Bildschirm simulieren.

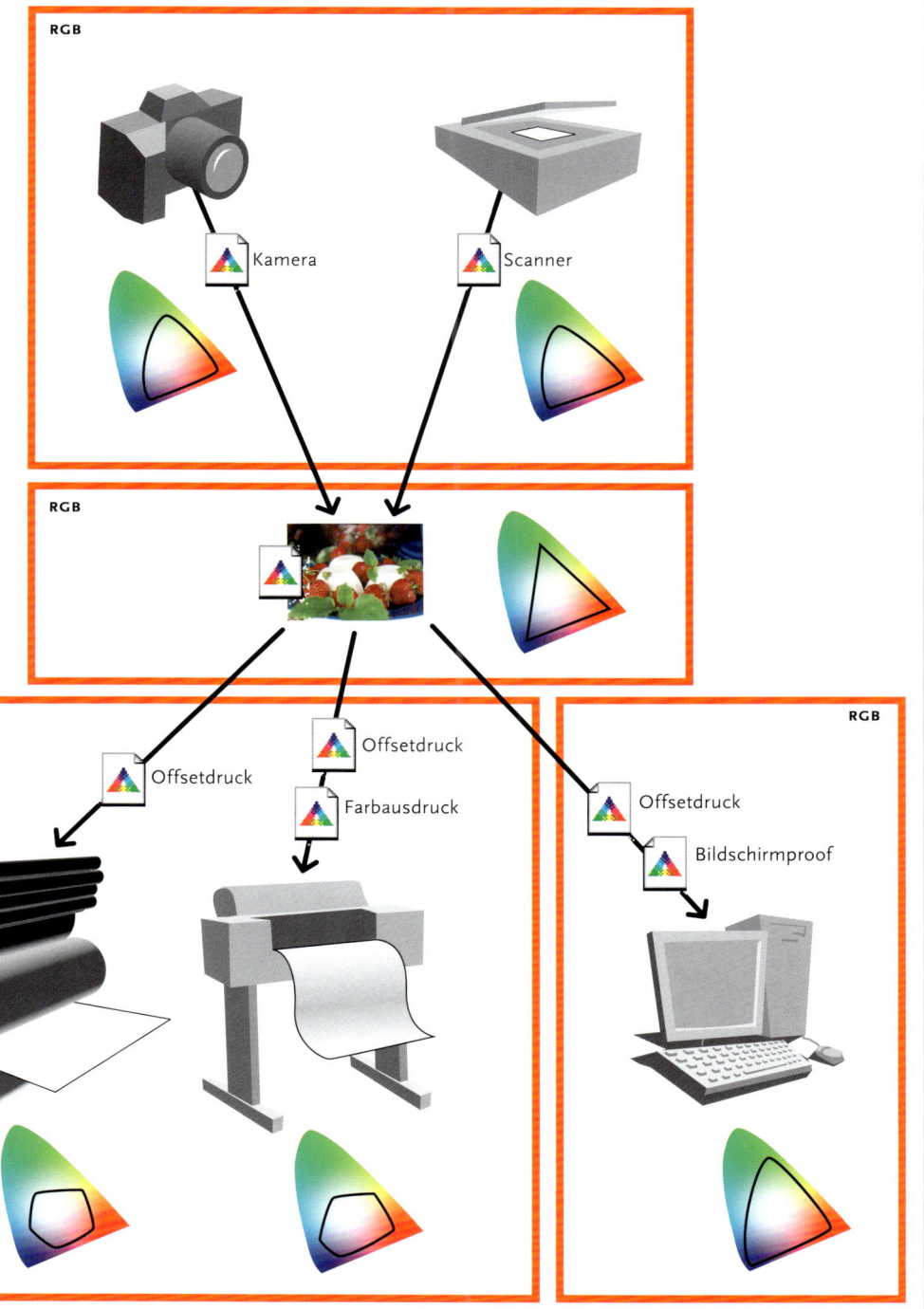

COLORSYNC
ColorSync von Apple ist das am häufigsten eingesetzte Farbmanagementmodul und wird mit dem Apple Betriebssystem ausgeliefert.

Wenn die einzelnen Hersteller festlegen, wie ihr jeweiliges Farbmanagementmodul Konvertierungen vornehmen soll, gehen sie von bestimmten gemeinsamen Grundlagen aus:
- Alle neutralen (grauen) Farbtöne sollen bei der Konvertierung erhalten bleiben.
- Der Kontrast soll nach der Konvertierung so stark wie möglich sein.
- Beim Konvertieren sollen alle Farbtöne von dem Gerät wiedergegeben werden können, alle Farbtöne müssen also im Farbraum des Gerätes liegen.

Einige Bereiche des Farbraums sind schwer konvertierbar und können Probleme verursachen. Zum Beispiel:
- Helle Farbtöne können verflacht oder vermischt werden, wenn das Farbmanagementmodul versucht, einen möglichst großen Tonumfang zu erzeugen. Dasselbe Problem tritt bei sehr dunklen Tönen auf.
- Gesättigte Farben verursachen Probleme, wenn sie außerhalb des Gerätefarbraums liegen. Sie müssen dann irgendwie im Gerätefarbraum untergebracht werden, damit sie wiedergegeben werden können, wobei sie sich jedoch immer verändern. Das kann auch Auswirkungen auf Farbtöne haben, die innerhalb des Farbraums liegen.
- Farbtöne, die an der Grenze des Gerätefarbraums liegen und große Flächen bedecken, können beim Konvertieren ihre Nuancierung verlieren.

Es gibt vier verschiedene Arten, wie Farbmanagementmodule Farben konvertieren. Der Unterschied besteht in der Art, wie sie die Farben in den Gerätefarbraum übersetzen. Die vier Konvertierungsmethoden haben folgende Bezeichnungen:
- perzeptive Konvertierung
- absolut farbmetrische Konvertierung
- relativ farbmetrische Konvertierung
- Sättigungskonvertierung

3.13.1 Perzeptive Konvertierung

Die perzeptive Methode wird vor allem für Konvertierung fotografischer Bilder angewandt. Bei einer Konvertierung wird der relative Abstand im Farbraum, Delta E (ΔE), beibehalten. Farbtöne, die außerhalb des Gerätefarbraums liegen, werden hineingenommen. Aber auch die, die innerhalb des Farbraums liegen, werden verschoben, so dass die relativen Farbunterschiede erhalten bleiben – auch wenn dadurch alle Farbtöne von den Originalfarben abweichen. Das menschliche Auge reagiert empfindlicher auf Abweichungen gemeinsam betrachteter Farben als auf einzelne. Setzt man Farben dicht aneinander, sieht man nur die Unterschiede zwischen diesen Farben. Betrachtet man sie dagegen einzeln, ist es oftmals schwierig zu sagen, ob es sich um dieselbe Farbe handelt oder nicht. Daher die Bezeichnung »perzeptiv«, die hier so viel bedeutet wie »wahrnehmungsorientiert«.

Da die perzeptive Konvertierungsmethode feine Farbunterschiede erhält, ist sie besonders für die Separation von Fotos geeignet.

VERSCHIEDENE METHODEN DER FARBKONVERTIERUNG

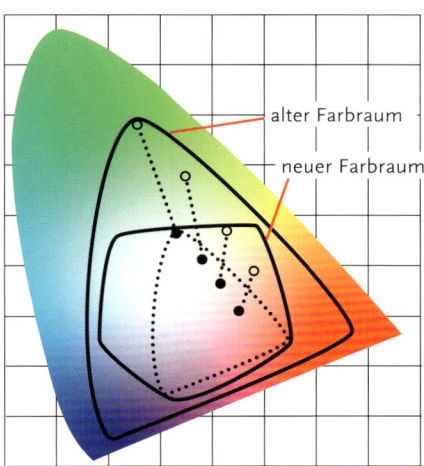

PERZEPTIVE KONVERTIERUNG
Bei einer perzeptiven Konvertierung wird der relative Abstand Delta E aller Farben beibehalten. Das heißt, nicht nur Farbtöne, die außerhalb des Zielfarbraums liegen, werden hineinverschoben, sondern auch die innenliegenden Farben.

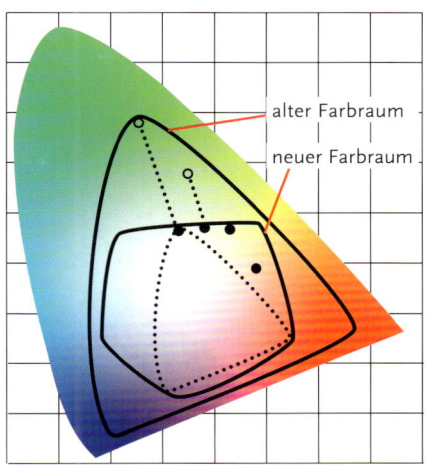

ABSOLUT FARBMETRISCHE KONVERTIERUNG
Farbtöne, die außerhalb des Zielfarbraums eines Gerätes liegen, werden an den Rand des Farbraums verschoben und verlieren dadurch ihre Differenzierung. Die Farbwerte, die in der Schnittmenge beider Farbräume liegen, bleiben hingegen unverändert.

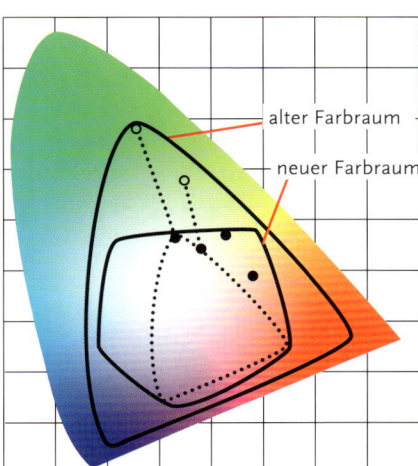

RELATIV FARBMETRISCHE KONVERTIERUNG
Farben, die innerhalb der Schnittmenge beider Farbräume liegen, behalten ihre Werte. Farben, die außerhalb des Zielfarbraums liegen, werden in eine Farbe konvertiert, die der Originalfarbe so nahe wie möglich kommt, indem man die Helligkeit der Farben beibehält.

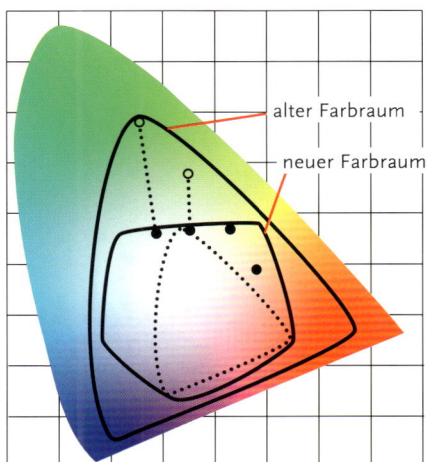

SÄTTIGUNGSKONVERTIERUNG
Ziel ist es, einen möglichst hohen Sättigungsgrad beizubehalten. Ob das Pixel dadurch eine veränderte Farbe erhält, spielt keine Rolle.

3.13.2 Absolut farbmetrische Konvertierung

Die absolut farbmetrische Konvertierung setzt man in erster Linie ein, um den Druck mit einem Proofsystem zu simulieren. Die Farbtöne, die außerhalb des Farbraums des Proofsystems liegen, werden hineinverschoben, während die Werte der Farben innerhalb unverändert bleiben. Die Tonabstufungen zwischen den Farben außerhalb des Gerätefarbraums und denen an der Grenze werden dabei aufgehoben. Dabei kann es folglich geschehen, dass zwei vorher unterschiedliche Tonwerte ihre Differenzierung verlieren und identisch werden.

Das Verfahren eignet sich immer dann, wenn es wichtig ist, die Farben so vorlagengetreu wie möglich wiederzugeben, wie bei Proofs. Um den Verlust von Tonwertabstufungen zu vermeiden, sollte man als Proofsystem eines wählen, dessen Farbraum größer ist als der für den Druck.

3.13.3 Relativ farbmetrische Konvertierung

Manchmal geschieht es bei perzeptiver Konvertierung, dass Kontrast und Sättigungsgrad der Bilder leiden. Dann wird das Resultat bei relativ farbmetrischer Konvertierung besser. Der relative Abstand Delta E (ΔE) zwischen Farben außerhalb des Gerätefarbraums wird auch nach der Hereinnahme beibehalten. Die Farben innerhalb des Farbraums behalten ihre Werte. Die Farben, die verschoben werden, werden in eine Farbe konvertiert, die der Originalfarbe so nahe wie möglich kommt, indem man die Helligkeit der Farben beibehält. Der relative Abstand zwischen zwei Farbtönen am äußeren Rand des Farbraums wird verändert, und zwei vorher sehr unterschiedliche Farbtöne können einen ähnlichen Wert annehmen.

3.13.4 Sättigungskonvertierung

Bei der Arbeit mit Bildern auf Objektbasis empfiehlt es sich, eine Sättigungskonvertierung vorzunehmen. Das Verfahren strebt eine Konvertierung an, deren Resultat einen möglichst hohen Sättigungsgrad aufweist. Dies wird durch Änderung des relativen Farbabstands Delta E (ΔE) bei gleichbleibendem Sättigungsgrad erreicht. Man erzielt also die maximale Sättigung, indem jedes Pixel seinen Sättigungswert behält, ganz gleich, ob es außerhalb oder innerhalb des Gerätefarbraums liegt.

3.14 Probleme mit dem Farbmanagement

Probleme mit dem Farbmanagement entstehen, wenn Geräte keine konstanten Resultate im Produktionsablauf erzeugen. Diese Schwierigkeiten können auch durch eine Unbeständigkeit des ICC-Standards ausgelöst sein. Werfen wir einen Blick auf Ärger mit Geräten im Produktionsablauf.

Geräte können im Laufe der Zeit unterschiedliche Ergebnisse bringen, unabhängig davon, wie neu oder alt sie sind. Die Ausrüstung muss in regelmäßigen Abständen frisch kalibriert werden. Einer der größten Übeltäter ist der Druckprozess selbst. Die Druckmaschine ist von allen Geräten am schwierigsten konstant zu halten – selbst innerhalb eines Durchlaufs kann es zu Variationen kommen. Ständig muss man nachjustieren. Nimmt man während des Druckprozesses notwendige Anpassungen vor, dauert es jedoch eine Weile, bis die Ergebnisse diese Veränderungen auch zeigen, und man muss vielleicht nochmals korrigieren. Insgesamt gesehen kann also auch ein Farbmanagementsystem niemals hundertprozentig genau arbeiten.

Obwohl ICC ein Standard ist, entwickeln die verschiedenen Programme manchmal Profile, die unterschiedliche Ergebnisse erbringen, obwohl sie denselben ICC-Spezifikationen folgen. Das liegt daran, dass die ICC-Standard-Spezifikationen nicht präzise genug sind. Der Standard wurde von vielen verschiedenen Interessengruppen aus unterschiedlichen Bereichen entwickelt und wurde nicht streng genug überwacht. Andererseits ist so genügend Raum für verschiedene Firmen, die Standards für ihre Produkte so einzustellen, dass optimale Ergebnisse erzielt werden.

04.
Digitale Bilder

4.1	VEKTORGRAFIKEN	102
4.2	PROGRAMME FÜR VEKTORGRAFIKEN	104
4.3	DATEIFORMATE FÜR VEKTORGRAFIKEN	105
4.4	PIXELGRAFIKEN	107
4.5	BILDBEARBEITUNGSPROGRAMME	107
4.6	FARBMODUS	108
4.7	AUFLÖSUNG	114
4.8	DATEIFORMATE FÜR BILDER	116
4.9	KOMPRIMIERUNG	123
4.10	DIGITALKAMERAS	128
4.11	DIGITALFOTOGRAFIE	133
4.12	SCANNER	137
4.13	BILDER SCANNEN	142

In welcher Auflösung sollten Bilder für den Druck vorliegen? Welches Format ist geeigneter: TIF, EPS oder JPEG? Dürfen auch PDFs verwendet werden? Wie erzeuge ich ein Bild in bester Qualität, aber mit wenig Speicherbedarf? Was versteht man unter einem Duplex und wie stelle ich es her? Mit wie vielen Megapixeln sollte eine Digitalkamera ausgerüstet sein, damit ihre Aufnahmen für den Druck geeignet sind? Welches Dateiformat empfiehlt sich bei Bildausschnitten, welches bei Grafiken oder Diagrammen? Wie stark darf ich ein Bild vergrößern? Verursacht das mehrmalige Speichern im JPEG-Format zusätzliche Informationsverluste? Wie erreiche ich beste Qualität, wenn ich eine Digitalkamera einsetze?

DIGITALE KAMERAS sind in der Fotografie heute Standard. Aber um mit einer Digitalkamera eine hohe Bildqualität zu erzeugen müssen wir uns zunächst damit beschäftigen, wie digitale Kameras funktionieren und wie man sie richtig bedient. In dem vorliegenden Kapitel werden wir der Theorie digitaler Bilder auf den Grund gehen, einen detaillierten Einblick in die Digitalfotografie geben und verschiedene Kameratypen vorstellen. Wir erklären, wie Kameras gebaut sind, wie sie funktionieren, wie das digitale Bild erzeugt wird. Außerdem werden wir die verschiedenen Dateiformate miteinander vergleichen, mit denen die Kamera speichern kann. Und natürlich werden wir das Ganze durch ein paar nützliche Tipps bereichern.

Wenn man analog fotografierte Bilder einscannt, ist man automatisch mit Themen wie Farbraum, Farbkompression und Gammawert konfrontiert. Ebenso viel Aufmerksamkeit sollte man Auflösung, Format, Vergrößerungsfaktor und Samplingfaktor beimessen. Wir werden alle diese Begriffe erläutern und zeigen, wie man richtig scannt.

Doch zunächst werfen wir einen Blick auf die Grundtypen digitaler Bilder und Dateiformate. Es gibt zwei Haupttypen digitaler Bilder: Vektorgrafiken und Pixelgrafiken. Eine Vektorgrafik besteht aus mathematisch berechneten Kurven und Linien, die Flächen und Formen bilden, während es sich bei Pixelgrafiken um digitale Bilder handelt, die aus Pixeln bestehen, also aus quadratischen Bildelementen in verschiedenen Farben.

VEKTORGRAFIK
Diese Vektorgrafik aus Linien und so genannten Bézierkurven kann ohne Qualitätsverlust skaliert werden.

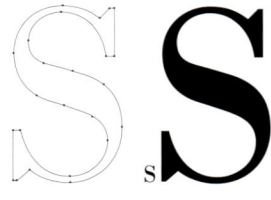

DER BEGRIFF VEKTORGRAFIK
Der Begriff Vektorgrafik entstammt der Zeit, als man in Grafikprogrammen nur Vektoren einsetzte. Ein Vektor ist eine gerade Linie zwischen zwei Punkten. Mit vielen solcher kurzer Verbindungslinien kann der Eindruck einer Kurve simuliert werden. Vergrößert man die Grafik, wirkt sie jedoch zunehmend »eckig«.
Heutige Vektorgrafiken bestehen aus Linien und so genannten Bézierkurven. Diese können über Griffpunkte jede gebogene Form annehmen und lassen sich unendlich vergrößern, ohne dass die Darstellungsqualität leidet. Auch Texte bestehen aus Vektoren und Bézierkurven.

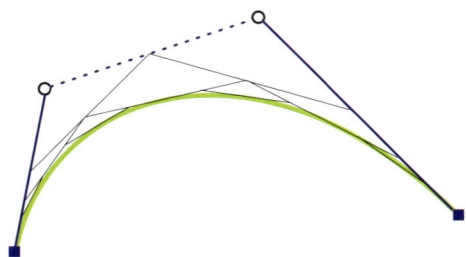

BÉZIERKURVE
So wird eine Bézierkurve erstellt: Zwei Ankerpunkte (Konstruktionspunkte) und ihre zugehörigen Griffpunkte (die »Angeln«) bestimmen den Verlauf der Kurve.

4.1 Vektorgrafiken

Logos, Anzeigengrafiken, Illustrationen und Infografiken sind nur ein paar Beispiele für Bilder, die als sogenannte Vektorgrafik hergestellt werden. Sie können aus einfachen Kurven, geraden Linien, Kreisen, Quadraten, Polygonen, anderen grafischen Objekten und auch aus Schriftzeichen bestehen. Dabei ist es möglich, sie mit unterschiedlich fetten Konturen, mit Linienmustern sowie mit Füllungen verschiedener Farbsysteme, mit Verläufen oder Mustern zu füllen oder sie auch als Schnittmasken zu verwenden.

Bei einem Vektor handelt es sich, vereinfacht ausgedrückt, um eine Linie zwischen zwei Konstruktionspunkten. Um einen Bogen beliebiger Krümmung zu erzeugen, erfand man die Bézierkurven, so benannt nach einem Mathematiker, der für den französischen Autohersteller Renault arbeitete.

Mit Vektorgrafiken lassen sich sehr exakte, absolut randscharfe Formen erstellen. Wird die Vektorgrafik vergrößert oder verkleinert, nehmen die Konstruktionspunkte neue Koordinaten auf der Seite ein. Der dazwischen befindliche Vektor wird neu berechnet, ebenso die Objektattribute. Deshalb lässt sich eine Vektorgrafik ohne Qualitätsverlust vergrößern und benötigt sehr viel weniger Speicherplatz als eine Pixelgrafik, bei der für jeden einzelnen Bildpunkt eine Farbe gemerkt werden muss.

4.1.1 Konturen und Linien
Eine Linie oder Kontur in der Objektgrafik kann jede Farbe annehmen. Man kann sogar angeben, wie breit sie sein soll, ob durchgezogen oder unterbrochen, und ob die Ecken abgerundet, spitz oder kantig sein sollen.

4.1.2 Füllungen
Kurven und geschlossene Objekte können mit Farben, Tönungen und Mustern ausgefüllt werden. Farben werden in den Werten angegeben, die die jeweilige Druckfarbe haben soll. Muster und Verläufe werden aus vordefinierten Bibliotheken ausgewählt.

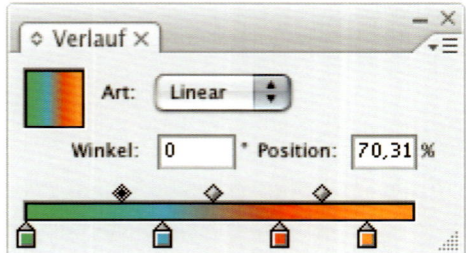

VERLAUF
In Adobe Illustrator lassen sich Verläufe aus zwei oder mehr Farben erstellen.

 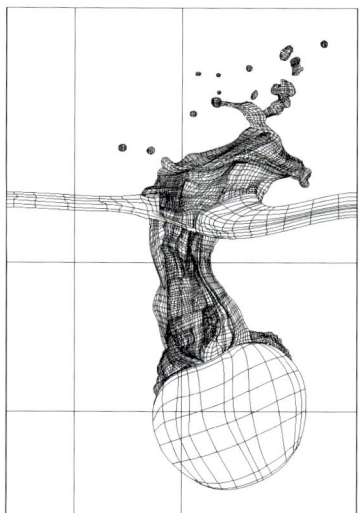

AUFWÄNDIGE OBJEKTGRAFIKEN
Mit der Gitternetz-Funktion in Adobe Illustrator lassen sich realistisch wirkende Bilder erstellen, allerdings ist diese Arbeit sehr zeitintensiv. Rechts sieht man das Gitternetz, auf dem die Darstellung basiert. Jedem Kreuzungspunkt zweier Gitternetzlinien kann eine Farbe zugewiesen werden. Die von dort ausgehenden Griffpunkte und der Abstand zur nächsten Gitternetzlinie bestimmen, wie weit die jeweilige Farbe wirkt.

4.1.3 Muster
Ein Muster besteht aus einer kleinen Gruppe von Objekten, die als kleine Kacheln aneinandergesetzt und wiederholt werden. Es ist leicht, eigene Muster für seine Illustrationen herzustellen.

4.1.4 Verläufe
Verläufe bestehen aus Übergängen zwischen einer Vielzahl von Farben in bestimmten Abständen. Sie können linear oder radial sein.

4.1.5 Stanzen
Eine Kurve, die in einem geschlossenen Objekt platziert wird, zum Beispiel ein Kreis in einem Quadrat, kann als Stanzung oder Passepartout ausgewählt werden. In unserem Beispiel bedeutet Stanzung, dass der Kreis eine transparente Öffnung aus dem Quadrat stanzt. Das heißt, dass alles, was man hinter das Quadrat legt, durch diese kreisförmige Öffnung sichtbar sein wird [*siehe auch die Stanzung im grünen Stern in der Abbildung rechts oben*].

4.1.6 Überlagerungen und Transparenzen
Objekte können durchsichtig sein oder ihre Farben können sich mit darunterliegenden Objekten überlagern und mischen, wozu verschiedene Softwarefunktionen nötig sind.

VEKTORGRAFIKEN ZEICHNEN

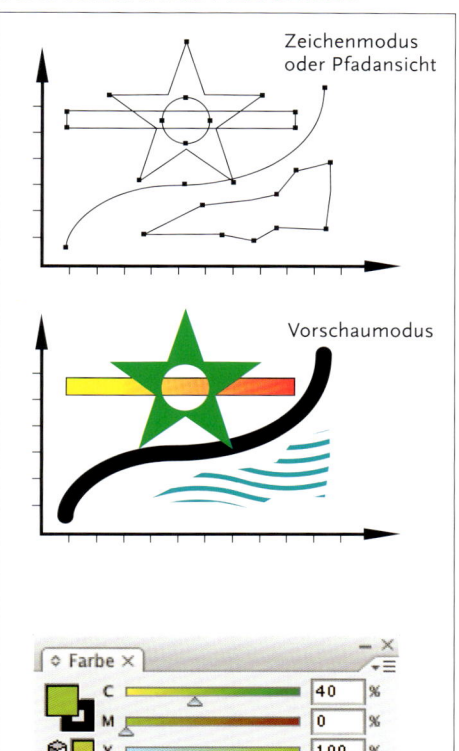

In Adobe Illustrator werden die Objekte auf der Basis eines unsichtbaren Koordinatensystems erstellt. Unter Verwendung der Farbpalette lassen sich verschiedene Farbfüllungen zuweisen. Häufig verwendete Farben, Verläufe und Muster speichert man in der Farbpalette ab, von wo sie bequem per Klick zugewiesen werden. Speichert man Farben als so genannte »Globale Farben« (Feld mit Dreieck; Volltonfarben Dreieck mit Punkt), werden sie bei Veränderung sogar automatisch aktualisiert, wo sie bereits eingesetzt wurden.

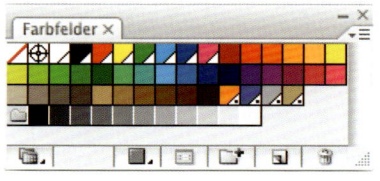

KONVERTIERUNG VON PIXELGRAFIKEN IN VEKTORGRAFIKEN

Im Beispiel handelt es sich um eine Strichgrafik mit niedriger Auflösung. Um die Qualität zu verbessern, kann man sie in Zeichenpfade konvertieren.

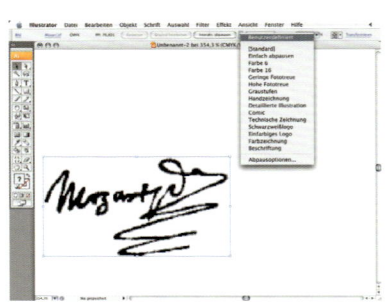

Die Strichgrafik wird in eine Vektorgrafik umgerechnet, Dazu wird in Adobe Illustrator der Befehl **Objekt → Interaktiv abpausen** verwendet.

Das Ergebnis ist ein Bild mit scharfen Kanten, das beliebig skaliert werden darf. Es kann außerdem bearbeitet werden, beispielsweise in Illustrator.

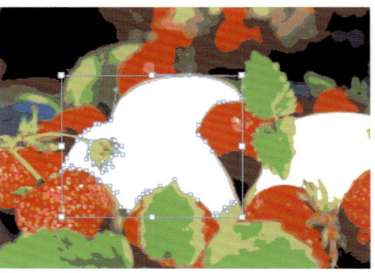

Auch Fotos können in Vektorgrafiken umgewandelt werden – allerdings mit einem anderen Ergebnis.

Adobe Illustrator teilt das Bild in eine bestimmte Anzahl einfarbiger und vereinfachter Flächen auf.

Beim »Posterisieren« wird die Anzahl der Farben reduziert. In diesem Fall besteht das Bild nur noch aus 17 Farben.

4.2 Programme für Vektorgrafiken

Vektorgrafiken, die in Grafikprogrammen wie Adobe Illustrator und Macromedia Freehand erstellt werden, sind für den Druck geeignet, solche aus Macromedia Flash nur für das Internet. Es gibt auch Programme, die Pixelgrafiken abzeichnen und in Vektorobjekte umwandeln. Adobe Streamline und Freesoft Silhouette sind Beispiele dafür. Oft nutzt man sie, um Logos auf Pixelbasis in Vektorgrafiken umzuwandeln, damit man sie in allen möglichen Größen ohne Qualitätsverlust einsetzen kann. Eine Nachbearbeitung ist aber meistens notwendig. In Adobe Illustrator und Macromedia Flash ist ebenfalls eine entsprechende Funktion integriert.

4.3 Dateiformate für Vektorgrafiken

Vektorgrafiken werden in der Regel im Bildformat EPS oder PDF gespeichert. Man kann sie auch im jeweiligen Programmformat speichern, beispielsweise im AI-Format von Adobe Illustrator. Vektorbasierte Formate wie WMF, EMF, SVG und SWF sind für Büroanwendungen und für das Internet geeignet. Nachfolgend werden die gängigsten Formate beschrieben.

4.3.1 PDF

Das PDF-Format ist am besten für Vektorgrafiken geeignet. Die meisten Layoutprogramme können Bilder in diesem Format importieren. PDF-Dateien können sowohl Texte als auch Pixel- und Vektorgrafiken enthalten, und alle grafischen Effekte, die man mit einer Illustrationssoftware erzeugen kann.

Das PDF-Format hat einen entscheidenden Vorteil gegenüber anderen Formaten. Es kann mit dem kostenlos erhältlichen Adobe Reader geöffnet und ausgedruckt werden. Mit den in Acrobat Professional vorhandenen Werkzeugen kann man im PDF Korrekturen vornehmen und Kommentare hinzufügen. Ebenso kann ein PDF im Internet veröffentlicht werden. Um das PDF zu schützen, kann man ein Kennwort vergeben. PDFs benötigen normalerweise nur einen geringen Speicherplatz und pixelbasierte Bilder können zusätzlich komprimiert werden.

Ein PDF kann in Adobe Illustrator geöffnet und mit allen zur Verfügung stehenden Befehlen bearbeitet werden. Allerdings kann der Speicherbedarf des PDFs dabei ein wenig zunehmen und häufig wird Text in nicht editierbare Pfade umgerechnet.

Das PDF-Format wird nicht immer von älteren Layoutprogrammen oder RIPs unterstützt. In diesem Fall ist das EPS-Format eine Alternative.

4.3.2 EPS

Das Encapsulated PostScript, oder kurz EPS, kann sowohl Vektorobjekte als auch Pixel enthalten. Eine EPS-Datei besteht aus zwei Teilen: einem Vorschaubild in geringer Auflösung und einem auf PostScript basierenden Bild, das die eigentlichen Objekte und Pixel enthält. Das Vorschaubild wird verwendet, wenn die Datei im Layoutdokument platziert wird.

Dieses kann mittels JPEG komprimiert sein, ohne dabei seinen EPS-Status zu verlieren. EPS-Formate unterscheiden sich in ihrer Art, wie sie die Vorschau speichern. Für den Macintosh handelt es sich um ein PICT, für Windows um ein TIFF, wobei auch für den Macintosh TIFF gewählt werden kann. Es kann schwarzweiß oder farbig sein und hat immer eine Auflösung von 72 ppi (Pixel pro Inch), weil das die Standardauflösung von Bildschirmen ist.

Die Objekte der EPS-Datei sind unabhängig von der Bildgröße und ergeben daher immer die gleiche Dateigröße. Hat man jedoch ein Bild auf Vektorbasis erstellt, das sehr breit und hoch ist und im EPS-Format gespeichert wurde, wird die Dateigröße des Vorschaubildes groß und beansprucht daher oft den meisten Speicherplatz. Ist der Speicherplatz für EPS-Bilder knapp, kann man entweder das Format komprimieren, bevor man das Bild speichert, um so ein kleineres Vorschaubild zu erhalten, oder sich für eine schwarzweiße Variante

VEKTORGRAFIKEN
+ enthalten eine unbeschränkte Anzahl von Farben
+ können ohne Qualitätsverlust vergrößert werden
+ sind leicht und ohne Qualitätsverlust zu bearbeiten
+ brauchen wenig Speicherplatz
− sind nicht für Fotos verwendbar

PDF
+ kann von jedem geöffnet werden
+ ist identisch für Mac und Windows
+ Dateien brauchen wenig Speicherplatz
+ können Fonts enthalten
+ können mit einem Kennwort geschützt werden
+ können ICC-Profile enthalten
− werden von älteren Layoutprogrammen nicht verstanden

EPS
+ allgemein gebräuchlich
+ werden von den meisten Layoutprogrammen akzeptiert
− benötigen etwas mehr Speicherplatz als das Grafikformat des Programms
− benötigt ein Grafik- oder Layoutprogramm, um betrachtet zu werden
− bettet als Vektor-EPS keine ICC-Profile ein
− nur neuere Versionen betten Fonts ein

AI (ADOBE ILLUSTRATOR)
+ benötigt wenig Speicherplatz
+ bettet alle Funktionen ein
+ bettet Fonts ein
+ bettet ICC-Profile ein
− wird nicht von allen Layoutprogrammen verstanden, insbesondere nicht von älteren Versionen

entscheiden. Die Farbqualität des Ausdrucks wird jedoch nicht beeinträchtigt. Adobe Indesign kann EPS-basierte Bilder mit hoher Auflösung am Monitor darstellen, indem das Programm auf die hoch aufgelösten Feindaten anstelle des Vorschaubildes zugreift.

4.3.3 Illustrator – AI

Adobe Illustrator verwendet sein eigenes Format für vektorbasierte Bilder, kann aber ebenso Pixelbilder enthalten.

Adobe InDesign kann Bilder im Adobe-Illustrator-Format verarbeiten. In Adobe InDesign kann man außerdem Bilder aus der Zwischenablage einfügen, die man in Adobe Illustrator kopiert hat, und kann sie dann innerhalb des Layoutprogramms bearbeiten. Die Änderungen werden nicht in die Originaldatei der Vektorgrafik zurückgespeichert.

Das Illustratorformat wird generell für die Arbeitsdatei verwendet, da sie einen geringen Speicherbedarf hat. Um Illustrator-Dateien Layoutprogrammen zugänglich zu machen, müssen sie in der Regel als EPS oder PDF gesichert werden.

4.3.4 WMF und EMF

WMF (Windows Metafile) und EMF (Enhanced Metafile) sind Bildformate für einfache Grafikobjekte unter Windows. Sie werden von den meisten Büroapplikationen akzeptiert, sind aber in den Möglichkeiten ihrer grafischen Darstellung sehr eingeschränkt und sollten nicht für die Produktion verwendet werden.

4.3.5 SVG

Scalable Vector Graphics, kurz SVG, ist ein Dateiformat für vektorbasierte Bilder, die im Internet Verwendung finden. Das SVG-Format basiert auf XML und unterstützt sowohl JavaScript und dynamische Bildeffekte als auch interaktive Bilder mit Sound und Animationen.

Das Format ist nicht für die Druckproduktion, sondern für das Internet konzipiert. Es kann aus Adobe Illustrator exportiert werden. SVGZ ist die komprimierte Version eines SVG.

4.3.6 DWG und DXF

DWG (die Abkürzung für Drawing) ist ein Standardformat, das aus CAD-Programmen wie Autocad ausgegeben wird. DXF-Dateien werden oftmals verwendet, um CAD-Dateien in andere Programme zu übertragen.

CAD-Dateien wurden zum Speichern und Austauschen grafischer Objekte geschaffen, insbesondere für Designaufgaben in der Verpackungsindustrie. Die Dateien können in Adobe Illustrator importiert werden und bilden die Grundlage des Verpackungsdesigns.

4.3.7 SWF

Das SWF-Format (Shockwave Flash) wird für vektorbasierte Animationen und interaktive Bilder verwendet, die mit Macromedia Flash für das Internet erstellt werden. Das Format ist nicht für die Druckproduktion geeignet.

ÖLGEMÄLDE IM COMPUTER
Mit Programmen wie Corel Painter kann man Bilder zeichnen und malen, die wie mit Pinsel, Aquarell oder Ölfarbe gemalt aussehen.

4.4 Pixelgrafiken

Eine Pixelgrafik ist in kleine quadratische Bildelemente unterschiedlicher Farben aufgeteilt, ähnlich wie ein Mosaik. Diese kleinen Farbquadrate werden als Pixel bezeichnet, abgeleitet vom englischen PICTure ELement.
Ein auf Pixeln basierendes Bild kann auf verschiedene Weise erzeugt werden:

- mit Hilfe eines Scanners, der ein physisch vorhandenes Original einliest, wie einen fotografischen Film (Dia oder Negativ), einen Fotoabzug, gezeichnete Illustrationen, Unterschriften, Schriftzeichen etc.;
- mit Hilfe einer Digitalkamera, die sofort während der Aufnahme ein digitales Bild erzeugt;
- oder indem man ein auf Pixeln basierendes Bild mit einem Designprogramm wie Corel Painter oder Adobe Photoshop im Computer erstellt.

PIXELGRAFIKEN
Digitale Bilder bestehen aus kleinen farbigen Quadraten, den Pixeln. Das Auge nimmt die Pixel nicht wahr, außer das Bild wird übermäßig stark vergrößert.

Nun werden wird uns den interessantesten Themen bei der Erstellung und Bearbeitung von Pixelgrafiken widmen: der Bildauflösung, den Farbmodi, in denen eine Pixelgrafik vorliegen kann, den Dateiformaten, der Kompression, Bildbearbeitung, Schärfe, Retusche, Belichtung etc.

4.5 Bildbearbeitungsprogramme

Der unbestrittene Marktführer unter den Bildbearbeitungsprogrammen ist Adobe Photoshop. Es wird sowohl von Profis als auch von Laien verwendet. Die um einige Funktionen abgespeckte Version für den Heimanwender nennt sich Adobe Elements. Eine Alternative für die professionelle Bildbearbeitung ist Photo Retouch der Firma Binuscan. Sie enthält zwar weniger Funktionen, ist aber genauso stark in der Farbkorrektur.

Man findet noch einige weitere Programme, mit denen man Bilder automatisch korrigieren kann, z. B. bei Google. Zwei davon sind Intellihance von Extensis und Photo Perfect von Binuscan. Die automatischen Korrekturen solcher Programme sind nicht schlecht, ersetzen aber nicht die oftmals nötigen manuellen Einstellungen einer professionellen Bearbeitung. Eine manuelle Bildbearbeitung gibt einem die Gelegenheit, im Einzelfall darüber zu entscheiden, wie man am besten vorgeht, um eine möglichst hohe Bildqualität zu erreichen. Fotostation von Fotoware ist beispielsweise eine Bildverwaltungs-

FARBMODI
Dasselbe Bild in verschiedenen Farbmodi dargestellt, inklusive der Angabe, mit welchen Farben gedruckt wurde.

BIT-TIEFE FÜR JEDES PIXEL

Bildpixeln kann unterschiedlicher Speicherbedarf zugeordnet werden, bekannt als Bit-Tiefe. Je höher diese ist, desto mehr unterschiedliche Farben können von einem Pixel dargestellt werden.

In der Praxis reicht dies von einer 1-bit-Strichgrafik mit zwei Farben bis zu einem 16-bit-Bild, das für jeden Farbkanal (Rot, Grün, Blau) eines Pixels 16 bit verwendet. Das entspricht 65.536 × 65.536 × 65.536 = 280 Billionen Farben. Die Tabelle gibt an, wie viele Farben bei einer bestimmten Bit-Tiefe pro Kanal darstellbar sind:

1 bit	→ 2^1 →	2 Farben	
2 bit	→ 2^2 →	4 Farben	
3 bit	→ 2^3 →	8 Farben	
4 bit	→ 2^4 →	16 Farben	
5 bit	→ 2^5 →	32 Farben	
6 bit	→ 2^6 →	64 Farben	
7 bit	→ 2^7 →	128 Farben	
8 bit	→ 2^8 →	256 Farben	
10 bit	→ 2^{10} →	1.024 Farben	
12 bit	→ 2^{12} →	4.096 Farben	
14 bit	→ 2^{14} →	16.384 Farben	
15 bit	→ 2^{15} →	32.768 Farben	
16 bit	→ 2^{16} →	65.536 Farben »High Color«	
24 bit	→ 2^{24} →	16,7 Mio. Farben »True Color«	

software, die ebenfalls über Befehle für eine automatische Bildbearbeitung verfügt und in größeren Produktionsabläufen wie bei Tageszeitungen eingesetzt wird. Paintshop Pro des Herstellers Corel ist eine akzeptable Alternative zu Adobe Photoshop.

Auch mit Painter von Corel lassen sich Pixelgrafiken erzeugen. Dabei handelt es sich jedoch um Zeichnungen und Malereien, die durch den Einsatz unterschiedlicher Effekte wie Wasserfarben, Filzstifte, Ölfarben und verschiedene Untergründe sehr realistisch wirken.

Mit Hunderten anderer, recht einfacher Programme lassen sich ebenfalls Pixelgrafiken bearbeiten, jedoch sind diese nicht unbedingt für eine professionelle Produktion geeignet.

4.6 Farbmodus

Bilder auf Pixelbasis können schwarzweiß oder farbig sein und viele unterschiedliche Farbtöne enthalten. Man spricht von den unterschiedlichen Farbmodi der Bilder. Der einfachste Farbmodus ist ein Bitmap-Bild, das nur aus zwei Farben, Schwarz und Weiß, besteht. Des Weiteren gibt es Graustufenbilder wie Schwarzweißfotos, Duplex für getönte Schwarzweißbilder, indizierte Bilder für einfache Web-Animationen, RGB-Bilder für Bildbearbeitung, Websites und Multimedia, CMYK-Bilder für den Vierfarbendruck.

Jedes Pixel benötigt unterschiedlich viel Speicherplatz, je nachdem, mit welchem Farbmodus das Bild gespeichert wird. Dies wird in Bit pro Pixel angegeben. Je mehr Bit pro Pixel ein Bild hat, umso mehr unterschiedliche Farbtöne kann jedes Pixel annehmen.

4.6.1 Strichbilder

Strichbilder bzw. Bilder im Bitmap-Modus bestehen ausschließlich aus schwarzen und weißen Pixeln. Sie werden mit Eins oder Null beschrieben und benötigen daher nur ein Bit pro Pixel, um dies zu speichern. Beispiele für solche Bilder sind einfarbige Schriftzeichen oder grafische Illustrationen wie Holzschnitte.

BILDER MIT TÖNUNG

DUPLEX
Ein Duplex besteht aus weißen und schwarzen Bildbereichen und Zwischentönen einer Farbe.

FALSCHES DUPLEX
Ein falsches Duplex liegt vor, wenn ein Graustufenbild auf eine farbige Fläche gedruckt wird. Die weißen Bereiche erscheinen dann in der Flächenfarbe.

EINGEFÄRBTES GRAUSTUFENBILD
Ein Graustufenbild kann statt mit Schwarz auch mit einer anderen Farbe gedruckt werden.

Auch der Bildschirmfont (das auf dem Bildschirm angezeigte Schriftbild) besteht aus kleinen Strichbildern der Buchstaben [*siehe Layout 6.4*]. Texte und Bilder, die per Fax übertragen werden, sind ebenfalls Strichbilder.

Strichbilder können in Adobe Photoshop über das Menü **Bild → Modus → Bitmap** erzeugt werden. Dazu muss ein Graustufenbild vorliegen und man kann unter verschiedenen Bitmap-Rastern wählen.

4.6.2 Graustufenbilder

Ein Graustufenbild enthält Pixel, die Tonwerte von 0 bis 100 Prozent einer Farbe annehmen können. Die Tonwertskala von Weiß (0 % Schwarz) bis Schwarz (100 % Schwarz) wird also in Tonwertstufen unterteilt. Damit ist der Graustufenmodus geeignet für Schwarzweißfotos oder Zeichnungen, die mit Markern erstellt wurden und nur eine Farbe, diese aber in vielen feinen Abstufungen enthalten.

Die Tonwertskala für die Druckausgabe reicht von Weiß (0 % Farbe) bis Schwarz (100 % der Farbe Schwarz). Ein digitales Bild kann maximal 256 Abstufungen enthalten, das entspricht 8 Bit oder einem Byte, abhängig davon wie viel Speicherbedarf einem einzelnen Pixel zugeordnet ist. Der dunkelste Punkt in einem Bild erreicht den digitalen Sättigungswert von 0, der hellste den Wert 255. Dazwischen befinden sich also maximal 254 Abstufungen. 256 Werte sind für unser Sehen ausreichend. Wir nehmen rund 100 Grautöne in einem Graustufenbild wahr und ebenso genügen 256 Farbtöne für ein einfaches Farbbild.

Der Graustufenmodus ist in Adobe Photoshop im Menü **Bild → Modus → Graustufen** zu finden.

4.6.3 Duplex/Triplex/Quadruplex – getönte Graustufenbilder

Wie der Name Duplex sagt, werden hier zwei Druckfarben statt einer verwendet. Will man feinere Details eines Graustufenbildes wiedergeben, es weicher zeichnen oder in einem anderen Ton als Schwarz darstellen, arbeitet man mit Duplex. Meist druckt man mit Schwarz plus einer Schmuckfarbe seiner Wahl. Man kann natürlich auch mit zwei Schmuckfarben drucken und auf Schwarz verzichten. Wenn man das Graustufenbild mit drei Druckfarben druckt, spricht man von einem Triplex, bei vier Druckfarben von einem Quadruplex.

Möchte man aus irgendeinem Grund ein ursprünglich farbiges Bild als Duplex ausgeben, muss man es zunächst in ein Graustufenbild konvertieren. Wandelt man ein Graustufenbild in ein Duplexbild um, wird zunächst für beide Druckfarben das unveränderte Pixelbild verwendet. Technisch gesehen geht man also vom selben Graustufenbild aus, doch bei der Ausgabe wird das Bild in zwei Farben zerlegt – Schwarz plus Schmuckfarbe. Das Einzige, was man also hinzufügt, ist die Information über die zweite Druckfarbe.

Um die Duplexfunktion professionell einzusetzen, stellt man zwei unterschiedliche Gradationskurven ein. Die Kurve für Schwarz bleibt in der Regel unverändert. Über die Kurve der Schmuckfarbe wird für diese der Kontrast gemindert, indem man im Licht leicht erhöht (statt 0 % verwendet man z. B. 5 % bis 10 %) und in der Tiefe absenkt (statt 100 % nimmt man 40 % bis 60 %) – je nachdem, wie stark die gewählte Farbe wirken soll. Diese Vorgehensweise ver-

GRAUSTUFENBILDER

Graustufenbilder bestehen aus schwarzen und weißen Pixeln, und verschiedenen Grauabstufungen. Der Modus ist geeignet für Schwarzweiß-Fotografien oder Tuschezeichnungen.

GRAUSTUFEN

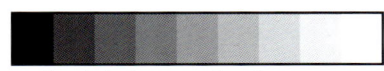

Ist die Skala der Grauabstufungen zwischen Schwarz und Weiß zu gering, sind die einzelnen Tonwerte sichtbar.

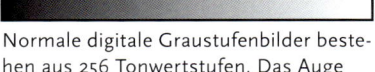

Normale digitale Graustufenbilder bestehen aus 256 Tonwertstufen. Das Auge kann keine genaue Differenzierung der Töne feststellen.

Hier handelt es sich um »Graustufen« zwischen Schwarz und Cyan eines Duplexbildes. Die dunkelsten Bereiche sind Schwarz, die hellsten Weiß. Weil die Abstufungen dazwischen eingefärbt sind, zeigt das Bild einen besseren Kontrast als ein Graustufenbild.

EIN DUPLEXBILD ERSTELLEN

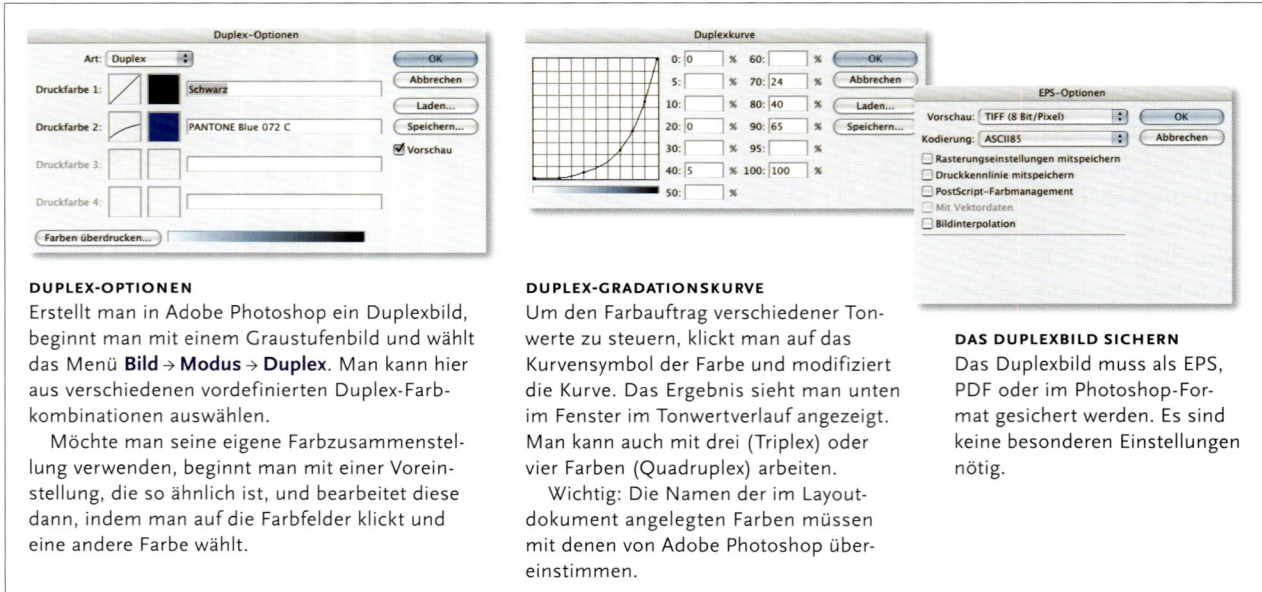

DUPLEX-OPTIONEN
Erstellt man in Adobe Photoshop ein Duplexbild, beginnt man mit einem Graustufenbild und wählt das Menü **Bild** → **Modus** → **Duplex**. Man kann hier aus verschiedenen vordefinierten Duplex-Farbkombinationen auswählen.

Möchte man seine eigene Farbzusammenstellung verwenden, beginnt man mit einer Voreinstellung, die so ähnlich ist, und bearbeitet diese dann, indem man auf die Farbfelder klickt und eine andere Farbe wählt.

DUPLEX-GRADATIONSKURVE
Um den Farbauftrag verschiedener Tonwerte zu steuern, klickt man auf das Kurvensymbol der Farbe und modifiziert die Kurve. Das Ergebnis sieht man unten im Fenster im Tonwertverlauf angezeigt. Man kann auch mit drei (Triplex) oder vier Farben (Quadruplex) arbeiten.

Wichtig: Die Namen der im Layoutdokument angelegten Farben müssen mit denen von Adobe Photoshop übereinstimmen.

DAS DUPLEXBILD SICHERN
Das Duplexbild muss als EPS, PDF oder im Photoshop-Format gesichert werden. Es sind keine besonderen Einstellungen nötig.

ZUSAMMENFASSUNG ZUM DUPLEX

- Ein pixelbasiertes Bild druckt mit zwei Farben.
- Die Beziehung zwischen den beiden Farben wird über Gradationskurven bestimmt.
- Duplex wird als EPS-, PDF- oder im Photoshop-Format gespeichert.
- Die Rasterwinkel beider Farben müssen verschieden sein.

leiht dem Bild insgesamt ein wertigeres Aussehen und verhindert ein Zulaufen in der Tiefe, das heißt, der Farbauftrag in den dunklen Bereichen wird nicht zu stark. Außerdem müssen bei der Belichtung der Druckplatten zwei klar voneinander abgegrenzte Rasterwinkel für beide Farben verwendet werden, um Probleme im Druck zu vermeiden [siehe Druckvorstufe 7.7.9].

Unter »falschen« oder »unechten« Duplexbildern versteht man Graustufenbilder, die lediglich auf eine Farbfläche gestellt werden, beispielsweise im Layoutprogramm. Graustufenbilder lassen sich auch ersatzweise nur mit einer Volltonfarbe drucken. Aufgrund des fehlenden Schwarz wirken sie dann jedoch meistens etwas flau.

Ein Duplexbild kann in den Formaten EPS, PDF oder im Photoshop-Format gesichert werden, aber nicht als TIFF.

Den Duplex-Modus findet man in Adobe Photoshop unter **Bild** → **Modus** → **Duplex**.

4.6.4 RGB

Rot, Grün und Blau, kurz RGB, sind die Farben, die beim Scannen eines Farbbildes verwendet werden [siehe 4.12] und die der Computerbildschirm wiedergibt. Deshalb verwendet man für das Anzeigen der Bilder auf dem Schirm oft den RGB-Modus, zum Beispiel bei Multimediapräsentationen. Jedem Pixel im Bild ist ein Wert zugeordnet, der angibt, wie viel Rot, Grün und Blau es enthält. Diese Mischung nimmt das Auge dann als einen bestimmten Farbton wahr [siehe Farbenlehre 3.3]. Man kann sagen, dass ein RGB-Bild aus drei separaten Pixelbildern besteht. Technisch gesehen handelt es sich dabei um drei Bilder im

Graustufenmodus, die jeweils die Farben Rot, Grün und Blau repräsentieren. Das bringt mit sich, dass ein RGB-Bild dreimal so viel Speicherplatz beansprucht wie ein Graustufenbild derselben Größe und Auflösung.

Dieser Aufbau bedeutet folglich, dass jedes Pixel in einem 8-bit-RGB-Bild $2^8 \times 2^8 \times 2^8 = 256 \times 256 \times 256 = 16{,}8$ Millionen verschiedene Farbabstufungen darstellen kann. Ebenso wie in einem Graustufenbild entspricht der Wert 0 Schwarz und der Wert 255 Weiß. Die Kombination Rot = 0, Grün = 0 und Blau = 0 ergibt Schwarz bzw. kein Licht. Rot = 255, Grün = 255 und Blau = 255 entspricht Weiß bzw. vollem Licht.

Wenn Sie ein 16-bit-Bild verwenden, stehen jeweils 16 bit für Rot, Grün und Blau zur Verfügung. Dementsprechend kann jedes Pixel noch viel mehr Tonwerte darstellen:

$2^{16} \times 2^{16} \times 2^{16} = 65.536 \times 65.536 \times 65.536 = 2{,}8 \times 10^{14} = 280$ Billionen.

Damit ein RGB-Bild gedruckt werden kann, muss es in die Druckfarben Cyan, Magenta, Gelb und Schwarz umgewandelt werden – also in den Vierfarbenmodus [*siehe Druckvorstufe 7.4*].

Den RGB-Modus findet man in Adobe Photoshop im Menü **Bild** → **Modus** → **RGB-Farbe**.

4.6.5 Lab oder CIELab

CIELab basiert auf dem CIELab-System [*siehe Farbenlehre 3.7*]. CIELab definiert Farben durch ihre Helligkeit (L-Achse) und über zwei Farbachsen: von Grün nach Rot (a-Achse) und von Blau nach Gelb (b-Achse). Das CIELab-System macht es dadurch einfacher, nur die Helligkeit unabhängig von den Farbachsen (a und b) zu bearbeiten. Normalerweise bearbeitet man Bilder mit 8 bit Farbtiefe im CIELab-Modus, die also $2^8 \times 2^8 \times 2^8 = 256 \times 256 \times 256 = 16{,}8$ Millionen verschiedene Farbabstufungen darstellen können, es können aber auch Bilder mit 16 bit Farbtiefe im CIELab bearbeitet werden.

Eine weitaus höhere Bedeutung kommt dem CIELab-Modus jedoch im Zusammenhang mit dem Farbmanagement zu. Der CIELab-Modus bildet den größten Farbraum. Er stellt die Verbindung zwischen den einzelnen Farbmodellen dar und fungiert dabei gewissermaßen als Dolmetscher, ist also geräteunabhängig und neutral. Adobe Photoshop nutzt den CIELab-Farbraum bei jeder Konvertierung eines Bildes von einem Farbraum in einen anderen [*siehe Farbenlehre 3.9*].

Wird beispielsweise das Bild einer digitalen Kamera, das im Adobe RGB-Farbraum vorliegt, für die Druckproduktion in den kleineren CMYK-Farbraum umgerechnet, so ist über das im Bild mitgespeicherte Quellprofil Adobe-RGB jeder Farbe ein entsprechender (normierter) CIELab-Wert zugeordnet. Damit die Farbe im anderen Farbraum, hier also CMYK, möglichst genauso aussieht, wird nicht der RGB- sondern der CIELab-Wert für die Umrechnung herangezogen. Denn im CMYK-Zielprofil sind wiederum jedem CMYK-Wert ebenfalls entsprechende CIELab-Werte zugeordnet. Ähnlich ist es, wenn ein Bild, egal ob RGB oder CMYK, auf einem Drucksystem ausgegeben wird. Das Ausgabeprofil übernimmt die Rolle des Dolmetschers in Form von CIELab.

Den CIELab-Modus findet man in Photoshop unter **Bild** → **Modus** → **Lab-Farbe**.

RGB-MODUS
Der RGB-Modus basiert auf einer Kombination dreier Lichtfarben. Das Auge nimmt diese Kombination als gemischten Farbton wahr.

4.6.6 CMYK

Wenn man Fotos oder andere Farbbilder drucken möchte, verwendet man in der Regel die Druckfarben Cyan, Magenta, Gelb und Schwarz – entsprechend dem Vierfarbendruck. Die Umwandlung von RGB in diese vier Farben nennt man Konvertierung. Ein Vierfarbenbild besteht rein technisch aus vier separaten Bildern im Graustufenmodus. Jedes davon bestimmt über die Menge der jeweiligen Druckfarbe. Ein Bild im Vierfarbenmodus beansprucht 33 Prozent mehr Speicherplatz als dasselbe im RGB-Modus, weil es aus vier Farbkanälen besteht anstatt aus drei.

Die Aufsplittung eines Bildes im RGB- oder im CMYK-Modus in die drei bzw. vier Druckfarben bei der Ausgabe nennt man Separation. Theoretisch kann jedes Pixel in einem CMYK-Bild 256 x 256 x 256 x 256 = 4,3 Billionen verschiedene Farbabstufungen darstellen. Da aber die Ausgangsbasis eines CMYK-Bildes ein RGB-Bild mit maximal 16,7 Millionen Farben ist, kann auch das CMYK-Bild nicht mehr Farben enthalten. In Wirklichkeit enthält ein CMYK-Bild sogar weniger Farben, da aufgrund der für den Druck notwendigen Rasterung und anderer technischer Gegebenheiten gar nicht so viele Farben darstellbar sind, doch dazu später mehr.

Den CMYK-Modus findet man in Photoshop unter **Bild → Modus → CMYK-Farbe**.

4.6.7 Indizierte Farben

Aus verschiedenen Gründen möchte man manchmal für ein digitales Bild weniger Farben verwenden. Vielleicht will man die Größe der Bilddatei einschränken oder das Bild soll auf einem Bildschirm erscheinen, der nur eine begrenzte Menge Farben wiedergeben kann – wobei beides immer mehr an Bedeutung verliert. Am ehesten möchte man vielleicht eine Bild-zu-Bild-Animation erstellen (sogenannte GIF-Animation). Dann arbeitet man mit indizierten Farben, zum Beispiel um GIF-Bilder für das Internet zu erstellen.

CMYK-MODUS
Der CMYK-Modus kombiniert die vier Druckfarben, indem sie als Halbtonrasterpunkte aufeinander drucken. Das Ergebnis ist ein buntes Bild.

Ein Bild im Indizierte-Farben-Modus kann bis zu 256 Farbtöne enthalten, die in einer Palette erfasst sind, auf der jedes Feld eine Farbe enthält und mit einer Nummer versehen ist. Das bedeutet, dass alle Pixel des Bildes entsprechend ihrer Palettenfarbe einen Wert zwischen 0 und 255 haben. Das Bild besteht also nur aus einem Pixelbild in derselben Speichergröße wie ein Graustufenbild und einer Palette. Meist geht man von einem RGB-Bild aus und rundet alle Farbtöne auf einen der 256 Töne der Palette ab, der ihnen am nächsten kommt. Man kann auch vom Programm errechnen lassen, welche 256 Farben am besten zu diesem speziellen Bild passen, und eine entsprechende Palette anlegen. Es ist sogar möglich, Paletten mit weniger als 256 Farben zu verwenden, um den Speicherbedarf weiter zu reduzieren, beispielsweise 128 Farben – 7 bit, 64 Farben – 6 bit oder 32 Farben – 5 bit. Das wird auf Websites häufig gemacht.

Bilder in indizierten Farben eignen sich relativ schlecht für Farbfotos, weil diese sehr viel mehr als 256 Farbtöne enthalten. Dies und alternative Entwicklungen wie Flash-Animationen etc. führten zu einem rückläufigen Einsatz von Bildern im indizierten Farbmodus. Diesen Modus findet man in Photoshop unter **Bild** → **Modus** → **Indizierte Farbe**.

MODUS INDIZIERTE FARBEN
Dieses Bild besteht aus 256 Farben, die nicht für den Druck geeignet sind. Daneben ist die Palette der maximal 256 indizierten Farben abgebildet. Der Modus Indizierte Farben wird für einfachere Bilder wie Illustrationen, farbige Punkte etc. verwendet, die auf einer Website erscheinen sollen.

4.6.8 RAW-Format

Einige Digitalkameras können Bilder im RAW-Format aufnehmen. In diesem Bildmodus erhält jedes Pixel seine Information direkt vom Bildsensor der Kamera und enthält alle Bildinformationen, die die Kamera einfangen kann. Das RAW-Format speichert diese Informationen auf spezielle Weise. Bilder im RAW-Format werden zwar im RGB-Modus aufgenommen, der für die Farben Rot, Grün und Blau jeweils einen Farbkanal enthält. Bei Bildern

SPEICHERBEDARF DER VERSCHIEDENEN BILDMODI

FARBMODUS	KANAL	FARBTIEFE/PIXEL	FARBEN
Bitmap (Strichbild)	1	1 bit pro Pixel	$= 2^1 = 2$ Tonwerte; Schwarz und Weiß
Graustufen	1	8 bit pro Pixel	$= 2^8 = 256$ Graustufen
Indizierte Farben	1	(von 3 bis) 8 bit pro Pixel	$= 2^8 = 256$ Farben
Duplex	1	8 bit pro Pixel	$= 2^8 = 256$ Graustufen*
RGB (8 bit)	3	$8+8+8 = 24$ bit pro Pixel	$= 2^8 \times 2^8 \times 2^8 = 256 \times 256 \times 256 = 16{,}8$ Mio. Farben
RGB (16 bit)	3	$16+16+16 = 48$ bit pro Pixel	$= 2^{16} \times 2^{16} \times 2^{16} = 65.536 \times 65.536 \times 65.536 = 2{,}8 \times 10^{14} = 280$ Mio. Farben
CMYK	4	$8+8+8+8 = 32$ bit pro Pixel	$= 2^8 \times 2^8 \times 2^8 \times 2^8 = 256 \times 256 \times 256 \times 256 = 4{,}3$ Billionen Farben**
CIELab	3	$8+8+8 = 24$ bit pro Pixel	$= 2^8 \times 2^8 \times 2^8 = 256 \times 256 \times 256 = 16{,}8$ Mio. Farben
RAW-Format	1	8 bis 14 bit pro Pixel	$= 256$ bzw. 65.536 Farben pro Pixel***

* Das Bild basiert nach wie vor auf einem Graustufenbild.
** Lag das Original im RGB-Modus mit maximal 16,8 Mio. Farben vor und es wurden während der Bearbeitung für den Druck keine weiteren (Sonder-)Farben hinzugefügt, kann man theoretisch auch nicht mehr als 16,8 Millionen Farben erhalten. (Aufgrund der Gegebenheiten im Druck, wie Rasterverfahren, Papieroberfläche etc., sind es jedoch noch weniger.)
*** Bezogen auf ein 8- oder 16-bit-RGB-Bild nach der RAW-Format-Konvertierung.

EIN BERECHNUNGSBEISPIEL

Ein Bild, das 10 × 15 cm groß ist und eine Auflösung von 300 ppi hat, besteht aus 120 Pixeln pro Zentimeter (1 inch = 2,54 cm). Das bedeutet, das Bild enthält insgesamt (10 × 120) × (15 × 120) = 2.160.000 Pixel. Da 8 bit = 1 byte eines unkomprimierten Bildes sind, ist es nun einfach, die Größe dieses Bildes für verschiedene Bildmodi zu berechnen. Bitmap = 264 KB, Graustufen/Indizierte Farben/Duplex = 2,1 MB, RGB = 6,3 MB, CMYK = 88,4 MB, CIELab = 6,3 MB, RAW-Format = 2,1 bzw. 3,7 MB.

im RAW-Format wird jedoch jedem Pixel nur eine dieser Farben zugeordnet, welche Farbe, ist von einer vordefinierten Matrix abhängig, beispielsweise kann jedes dritte Pixel grün sein.

Jedes Pixel wird normalerweise in 10, 12 oder 14 bit gespeichert, zu vergleichen mit 3 x 8 = 24 bit im RGB-Modus, weshalb im RAW-Modus 1.024 bis 16.384 mögliche Tonwertabstufungen pro Pixel möglich sind. Wie das RAW-Format aufgebaut ist, ist abhängig von der Kamera und dem jeweiligen Kamerahersteller [*siehe 4.11.6*].

4.7 Auflösung

Beim Scannen eines Bildes muss die spätere Bildauflösung festgelegt werden. Zwei Dinge sind dafür ausschlaggebend: die Rasterweite, mit der das Bild gedruckt werden soll, und das Format, ob skaliert wird oder nicht. Die Rasterweite ist abhängig vom Druckverfahren und dem gewünschten Papier. Wenn man davon ausgeht, dass ein Bild auf Pixelbasis in einer bestimmten Größe gedruckt werden soll, muss das Bild aus einer entsprechenden Anzahl von Pixeln pro Zentimeter oder pro inch (ppi) aufgebaut sein. Die Bildauflösung wird in ppi oder Pixeln pro Zentimeter ppcm (1 inch = 2,54 cm) angegeben.

Je höher die Auflösung pro Zentimeter ist, desto mehr Details des Bildes können dargestellt werden. Je weniger Pixel das Bild enthält oder je größer sie sind, desto weniger Details wird das Bild zeigen.

8 ODER 16 BIT PRO KANAL

Wenn man Bilder scannt oder bearbeitet, wird normalerweise jedes Pixel mit 8 bit gesichert, wodurch 256 verschiedene Tonwerte möglich sind. Ein Pixel in einem RGB-Bild besteht aus drei Kanälen und wird mit 3 × 8 bit = 24 bit gesichert. Man spricht von einem 24-bit-Bild.

Bearbeitet man ein Bild, werden Informationen zerstört. Damit der Qualitätsverlust nicht zu groß ist und Tonwertunterschiede erhalten bleiben, sollte möglichst viel Information in den Bildern vorhanden sein. Dies geschieht durch Erhöhung der Bit-Tiefe, das ist die Bit-Zahl pro Kanal und pro Pixel.

Adobe Photoshop verarbeitet statt 8 bit pro Kanal auch 16 bit pro Kanal. Natürlich benötigt ein 16-bit-Bild mehr Arbeitsspeicher während der Bearbeitung und auch mehr Festplattenspeicher. Ein Pixel eines RGB-Bildes mit 16 bit pro Kanal besteht aus: 3 × 16 = 48 bit. Es wird als 48-bit-Bild bezeichnet.

Adobe Photoshop kann Bilder in den Modi Graustufen, RGB, CIELab, Mehrkanal und CMYK mit 16 bit pro Kanal verarbeiten. Das Bild wird im Format Photoshop, PDF, TIFF, PNG oder Photoshop-RAW gesichert.

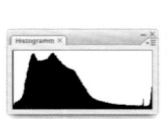 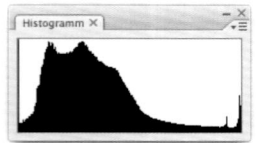

8-BIT- (LINKS) BZW. 16-BIT-BILD (RECHTS) VOR DER BILDBEARBEITUNG
Der Tonwertumfang zeigt keine Abrisse, bei 16 bit ist er noch differenzierter.

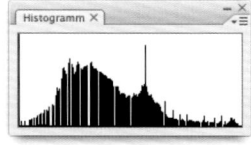

8-BIT-BILD NACH DER BILDBEARBEITUNG
Die dünnen Linien des Histogramms stehen für verloren gegangene Tonwerte, also für Informationsverluste, auch als Posterisierung bezeichnet.

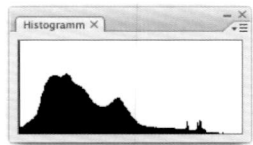

16-BIT-BILD NACH DER BILDBEARBEITUNG
Aufgrund der hohen Anzahl differenzierter Tonwerte enthält das Histogramm eines 16-bit-Bildes auch nach einer intensiven Bildbearbeitung immer noch vielfältige Abstufungen.

KANÄLE UND EBENEN

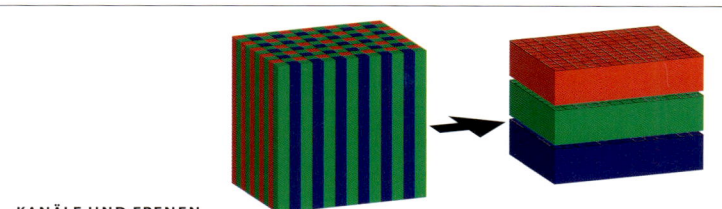

KANÄLE UND EBENEN
Das RAW-Format besteht eigentlich aus nur einem Kanal, der aber mit 10–14 bit (1.024–16.384 Farbtönen) pro Pixel arbeitet. Diese werden in Pixel mit drei Kanälen pro bit konvertiert, die gemeinsam 16,7 Millionen Farbtöne ergeben. Bei der Konvertierung werden auch die Farbwerte benachbarter Pixel in die Berechnung einbezogen.

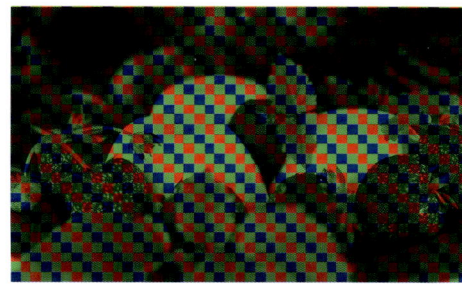

PIXEL IM RAW-FORMAT SIND ENTWEDER R, G ODER B
In den meisten der RAW-Format-Dateien digitaler Kameras repräsentiert jedes Pixel nur eine der drei Farben Rot, Grün oder Blau. Welche, das ist vorgegeben. Während der RAW-Format-Konvertierung werden diese Ein-Kanal-Pixel in normale Drei-Kanal-Pixel umgewandelt.

Ein Bild, das in der Breite aus 300 Pixeln besteht (entsprechend einem inch) und ebenso in der Höhe aus 300 Pixeln aufgebaut ist (ein inch), hat eine Auflösung von 300 ppi.

Bei niedriger Bildauflösung sind die Pixel groß und man sieht, dass das Motiv aus einem mosaikartigen Muster besteht. Bei einer höheren Auflösung kann das Auge nicht mehr wahrnehmen, dass das Bild aus Pixeln besteht. Es gibt für die meisten Bilder eine angemessene Höchstauflösung; ist die Auflösung höher als benötigt, beansprucht das Bild nur mehr Speicherplatz.

4.7.1 Die richtige Bildauflösung

Die Beziehung zwischen Bildauflösung und Rasterweite für den Druck bezeichnet man als Samplingfaktor. Es hat sich herausgestellt, dass der ideale Samplingfaktor 2 ist, das heißt, die Auflösung ist doppelt so hoch wie die Rasterweite. Wenn also ein Bild mit einer Rasterweite von 150 lpi (lines per inch) gedruckt werden soll, müsste es mit einer Auflösung von 300 ppi gescannt werden.

Es hat sich ebenfalls gezeigt, dass der optimale Samplingfaktor mit der Scandichte variiert. Wird mit einer geringeren Dichte gescannt, beispielsweise für den Druck in einer Tageszeitung, vor allem für den Einfarbendruck, dann ist es wichtig, keinen zu niedrigen Samplingfaktor zu wählen. Ist der Samplingfaktor niedriger als 2, entsteht eine mittlere Bildqualität, obwohl das Auge dies erst wahrnimmt, wenn der Samplingfaktor unter 1,7 absinkt. Fällt er unter 1, werden die einzelnen Pixel des gescannten Bildes beim Druck zu sehen sein. Auf der anderen Seite ergibt ein Samplingfaktor von mehr als 2 kein besseres Resultat [siehe 4.13.7]. Da Strichbilder bei der Ausgabe nicht gerastert werden, richtet sich die Berechnung ihrer Auflösung nicht nach Rasterweite und Samplingfaktor.

4.7.2 Die richtige Auflösung für Strichbilder

Strichbilder werden vor dem Ausdrucken nicht gerastert, deshalb gelten für sie nicht dieselben Regeln hinsichtlich der Auflösung wie für Bilder auf Pixelbasis [siehe Druckvorstufe 7.7]. Stattdessen muss man eine hohe Auflösung wählen, so dass das Bild nicht durch die vielen kleinen Pixel zerhackt aussieht. Die

BILDAUFLÖSUNG
Ein pixelbasiertes Bild hat immer eine bestimmte Auflösung (Pixels per Inch oder ppi.) Im abgebildeten Beispiel hat das Bild 8 Pixel/0,0228 Inch = 350 Pixel pro Inch oder 350 ppi.

DIGITALE BILDER | 115

Druckverhältnisse bestimmen, welche Auflösung erforderlich ist. Rund 600 ppi sind bei Laserausdrucken und anderen einfachen Drucken ausreichend. Rund 1.000 bis 1.200 ppi geben auf ungestrichenem Papier fast alle Details des Originals wieder. Optimale Druckverhältnisse und ein gestrichenes Papier erfordern mehr als 1.200 ppi für ein entsprechend gutes Resultat.

Wenn man ein bereits gerastertes und gedrucktes Schwarzweißbild im Bitmap-Modus einliest, muss man die Auflösung auf 1.200 bis 1.800 ppi erhöhen, um je nach Rasterdichte die Rasterpunkte alle zu erfassen. Es ist zu bedenken, dass man niemals eine höhere Auflösung erzielen kann als der Drucker zulässt. So wird zum Beispiel ein Strichbild mit 1.000 ppi, das auf einem Drucker mit 600 dpi ausgedruckt wird, nicht besser aussehen als ein Strichbild mit 600 ppi.

4.8 Dateiformate für Bilder

Es gibt verschiedene Dateiformate zum Speichern von Bildern auf Pixelbasis. Einige davon haben sich im grafischen Gewerbe mehr oder weniger zu Standards entwickelt. Der Unterschied besteht vor allem im jeweiligen Farbmodus und verschiedenen Finessen, die es nicht bei jedem Bildformat gibt. Die Übersicht auf Seite 121 zeigt, welches Format mit welchem Farbmodus arbeitet. Die üblichsten Bildformate sind Photoshop-Format, EPS, DCS, PDF, TIFF, PICT, BMP, GIF, PNG und JPEG. Für die Produktion sind TIFF und EPS zu empfehlen. PDF und JPEG sind ebenfalls in Ordnung und viel verwendet, bedürfen aber aufgrund ihrer Kompression einer besonderen Beachtung. Das Photoshop-Format setzt sich immer mehr durch, ist aber nicht immer sinnvoll.

4.8.1 PSD – Photoshop-Format

Dieses Bildformat auf Pixelbasis wird vor allem bei der Bildbearbeitung verwendet. Ein wichtiger Vorteil besteht darin, dass Bilder inklusive Ebenen und sogenannten Alphakanälen, mit Einstellungsebenen, Ebenenmasken, Transparenzeinstellungen und anderem gespeichert werden. Das Photoshop-Format unterstützt auch 16-bit-Dateien, ein großer Vorteil bei Retuschen. Außerdem werden verschiedene Farbmodi unterstützt, beispielsweise der CMYK-Modus zuzüglich Schmuckfarben.

In den neueren Versionen von Adobe InDesign und QuarkXPress lassen sich Bilder im Photoshop-Format ohne Probleme importieren, wobei TIFF oder EPS trotzdem oftmals die bessere Wahl ist, da diese Formate etwas weniger Speicher benötigen. Das ist wichtig, wenn man eine größere Menge speicherintensiver Bilder verwendet. Der Vorteil, Bilder im Photoshop-Format zu sichern, liegt darin, dass es (außer dem TIFF-Format) das Einzige ist, das alle Bearbeitungsfunktionen im Bild erhält. Neben Adobe Photoshop unterstützen viele andere Programme dieses Format.

4.8.2 TIFF

Tagged Image File Format, kurz TIFF, ist ein offenes Bildformat für Pixelbilder. Die Datei besteht aus einem Header und den Informationen über Inhalt und Größe des Bildes sowie über die Art, wie der Computer es lesen soll – eine Art

AUFLÖSUNG FÜR STRICHBILDER
Strichbilder benötigen eine umso höhere Auflösung, je besser die Qualität sein soll. Die Höhe der Auflösung hängt auch vom Papier ab:
Laserausdruck, Tageszeitung 600–800 ppi
feines ungestrichenes Papier 800–1.200 ppi
feines gestrichenes Papier über 1.200 ppi

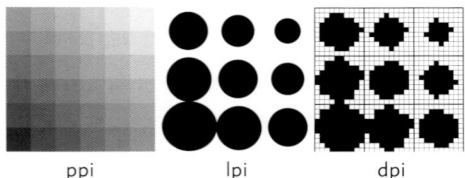

ppi   lpi   dpi

PPI, DPI UND LPI

- **ppi** – Pixels per inch. Auflösung eines auf Pixeln basierenden digitalen Bildes. Eine einfache Regel besagt, dass zum Scannen der Wert der Rasterfrequenz (lpi) verdoppelt werden sollte.
- **dpi** – Dots per inch. Belichtungspunkte eines Druckers oder Belichters. Der Wert sollte mindestens zehnmal höher sein als der lpi-Wert.
- **lpi** – Lines per inch. Anzahl der Rasterlinien pro Inch im Druck, genannt Rasterweite oder Rasterfrequenz. Ein höherer Wert ergibt mehr Details. Begrenzt wird der Wert durch Papierwahl und Druckverfahren.

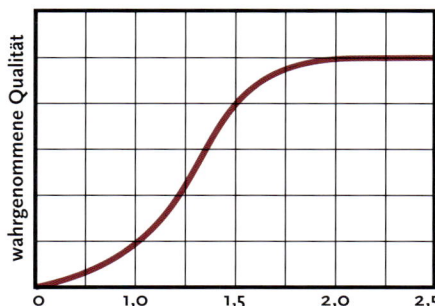

DER SAMPLINGFAKTOR
Den Samplingfaktor auf mehr als 2 zu erhöhen erzeugt kein besseres Bildergebnis. Dagegen wird der Speicherbedarf steigen und das Arbeiten am Computer erschweren.

ZENTIMETER VERSUS INCH
Die Bild- und Druckerauflösung sowie die Rasterweite wird in der Regel in Inch (ppi, dpi, lpi) angegeben. In einigen Fällen jedoch in Zentimetern. Die Tabelle kann helfen, zwischen beiden Maßeinheiten umzurechnen:

Pro Inch	Pro Zentimeter
lpi	lpcm
50	20 (20)
60	24 (24)
72	28 (28)
75	30 (30)
85	33 (34)
100	39 (40)
120	47 (48)
133	52 (54)
150	59 (60)
175	69 (70)
200	79 (78)
220	87 (87)
300	118 (120)
350	138 (140)

Die Werte in Klammern sind die Werte in lpcm, die in der Regel Verwendung finden.

Anleitung zum Öffnen des Bildes. TIFF-Bilder haben den Vorteil, dass sie direkt von Photoshop aus mit LZW komprimiert werden können [*siehe 4.9.2*]. Beim TIFF-Format gibt es Abweichungen zwischen Windows und Macintosh, aber die meisten Programme kommen mit beiden Varianten klar. Das Format ist offen, das heißt, dass innerhalb eines Layoutprogramms das TIFF-Bild verändert werden kann, beispielsweise der Kontrast oder die Farben.

TIFF kann Bilder im Bitmap-, Graustufen-, RGB- und CMYK-Modus verarbeiten. Das Format unterstützt Alphakanäle, also gesicherte Auswahlbereiche. Es unterstützt außerdem Pfade und Ebenen. Allerdings können nicht alle Programme damit etwas anfangen. Außerdem können Bilder mit 16 bit pro Kanal im TIFF-Format gesichert werden.

4.8.3 EPS

Encapsulated PostScript, kurz EPS, eignet sich sowohl für Vektorgrafik als auch für Pixelbilder. Das Dateiformat wird sowohl in Adobe Illustrator als auch in Adobe Photoshop verwendet. Für Pixelbilder gibt es im EPS-Format

EMPFOHLENE RASTERWEITE

Hier ist eine Liste der für bestimmte Papiersorten und Druckverfahren empfohlenen Rasterweiten.

Papier	Rasterweite in lpi	Druckverfahren	Rasterweite in lpi
Tageszeitungspapier	65–100	Offsetdruck	65–300*
ungestrichen	100–133	Tiefdruck	120–200
gestrichen	133–170	Siebdruck	50–100
gestrichen, glänzend	150–300*	Flexodruck	90–120

* Trockenoffset, ansonsten ungefähr 200 lpi.

BEIDES, NIEDRIGE UND HOHE AUFLÖSUNG
Eine EPS-Datei besteht sowohl aus einer niedrig aufgelösten Vorschaudatei als auch aus einer hoch aufgelösten Dateiinformation, die sowohl Vektoren als auch Pixel enthalten kann.

einige praktische Funktionen. Bilder können mit Hilfe sogenannter Beschneidungspfade freigestellt werden, und das Dateiformat kann Informationen über Rasterform, Rasterdichte und Druckkennlinien für die jeweiligen Druckbedingungen speichern.

Eine EPS-Datei besteht aus zwei Teilen: einem Vorschaubild mit niedriger Auflösung und einem PostScript-basierten Bild, das sowohl Objekte als auch Pixel enthalten kann. Adobe InDesign nutzt nur diesen hoch aufgelösten Teil des EPS-Bildes anstelle des Vorschaubildes.

Dieses kann mittels JPEG komprimiert sein ohne dabei seinen EPS-Status zu verlieren. EPS-Formate unterscheiden sich in ihrer Art, wie sie die Vorschau speichern. Für den Macintosh handelt es sich um ein PICT, für Windows um ein TIFF, wobei auch für den Macintosh TIFF gewählt werden kann.

EPS kann Bilder im Bitmap-, Graustufen-, RGB- und CMYK-Modus verarbeiten sowie Vektorgrafiken. Das Format unterstützt zwar Pfade, aber weder Alphakanäle noch Ebenen.

4.8.4 DCS und DCS2

Desktop Color Separation, kurz DCS, ist eine Variante des EPS-Formats für Vierfarbenbilder, dessen Verwendung langsam abnimmt. DCS bietet dieselben Funktionen wie EPS. Der wesentliche Unterschied besteht darin, dass die DCS-Datei aus fünf Teildateien besteht: einem Montagebild (sogenanntes Composite) mit niedriger Auflösung im PICT-Format und je einem Bild mit hoher Auflösung für jede Druckfarbe (CMYK). Das DCS wird daher manchmal auch als ein Fünf-Dateien-EPS bezeichnet.

Ein Vorteil des DCS-Formats besteht darin, dass der Druckvorstufenbetrieb oder die Druckerei das Bild mit der niedrigen Auflösung an die Agentur oder den Designer schicken kann, der es dann in sein Dokument montiert. Das hoch aufgelöste Bild ersetzt das niedrig aufgelöste, wenn das Dokument ausgedruckt wird. Ein weiterer Vorteil ist, dass nur die Anteile aus dem Bild, die tatsächlich Cyan enthalten, per Netzwerk an das Ausgabegerät geschickt werden, wenn eine einzelne Farbe, beispielsweise Cyan, ausgegeben werden soll. Die Ausgabe erfolgt daher schneller als wenn eine nicht separierte Datei geschickt wird.

Von Nachteil ist allerdings, dass man mit fünf Dateien anstatt mit einer hantieren muss. Die Gefahr besteht, dass eine Teildatei verloren geht oder beschädigt wird. Das Bild ist dann unbrauchbar. Beim neueren DCS2 lässt sich jedoch auch dies vermeiden, indem man die Option »Einzeldatei mit Farbcomposite« wählt, dann werden Vorschaubild und Separationen innerhalb einer einzigen Datei verwaltet.

DCS2 ist also eine Weiterentwicklung des DCS-Formats, das noch dazu eine größere Zahl an Druckfarben speichern kann. Hat man zum Beispiel ein Vierfarbenbild mit zwei Schmuckfarben, wird das Bild in sieben Dateien gespeichert: einem Montagebild und sechs hoch aufgelösten Bildern für die einzelnen Druckfarben (CMYK sowie Schmuckfarbe 1 & 2). DCS2 eignet sich daher beispielsweise gut für die Herstellung von Druckvorlagen für Verpackungsaufdrucke, bei denen häufig Schmuckfarben verwendet werden, oder um bestimmte Bildbereiche mit einer Teillackierung hervorzuheben, denn man kann ja mit mehr als nur mit Farbe drucken.

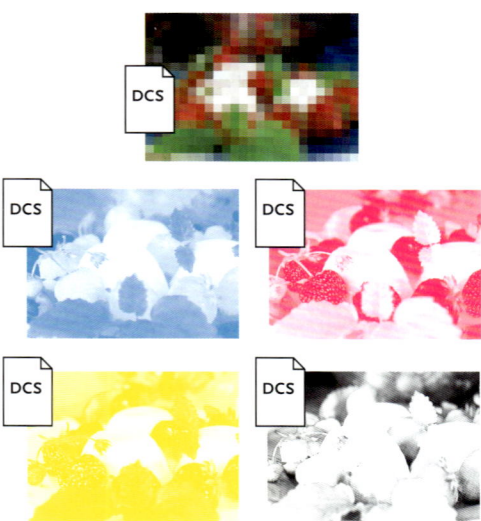

FÜNF BILDER IN EINEM
Bilder im DCS-Format werden in fünf Dateien getrennt – ein Vorschaubild in niedriger Auflösung im RGB-Modus und je ein Bild im Graustufenmodus in hoher Auflösung für jede der vier Druckfarben.

4.8.5 PDF

Das Portable Document Format, kurz PDF, kann sowohl Vektor- als auch Pixelgrafiken speichern. Es vereint in sich die besten Eigenschaften der Formate EPS und Photoshop. Darüber hinaus ist es besser standardisiert und plattformübergreifend lesbar. Außer Vektorgrafiken und Pixelbildern kann ein PDF auch noch Schriften, ICC-Profile, Pfade, Ebenen, Alphakanäle, Transparenzen und anderes enthalten.

Die Pixelinformation kann sowohl verlustfrei (LZW) oder auch verlustbehaftet (JPEG) komprimiert werden. Man sollte jedoch darauf achten, PDF-Dateien nicht zu stark zu komprimieren.

Adobe Photoshop bietet an, Pixelgrafiken im PDF-Format zu speichern. Adobe Illustrator sichert Vektorgrafiken bevorzugt mit PDF-Option.

Bilder im PDF-Format lassen sich sowohl von Adobe Reader als auch von Acrobat öffnen. Der Empfänger einer solchen Datei benötigt also nicht gezwungenermaßen das Erstellungsprogramm. Dies macht das PDF zu einem idealen Austauschformat, vor allem auch, seit es mittels Adobe Acrobat möglich ist, einem PDF Korrekturen und Kommentare hinzuzufügen. Die Datei lässt sich sogar mit einem Kennwortschutz versehen, damit nicht-autorisierte Anwender am Zugriff gehindert werden.

Das PDF kann die meisten Farbmodi verarbeiten: Bitmap, Graustufen, RGB, CIELab, CMYK und Indizierte Farben. Auch 16 bit pro Kanal sind möglich.

4.8.6 JPEG und JPEG 2000

Joint Photographic Experts Group, kurz JPEG, ist ein Komprimierungsverfahren für Bilder, das auch in den Bildern des gleichnamigen Speicherformats Verwendung findet. JPEG hat den Vorteil, dass das Format bei allen Computerplattformen gleich ist. JPEG eignet sich für Graustufen-, RGB- und CMYK-Modus, speichert aber keine Alphakanäle [*siehe 4.9.6*].

JPEG 2000 ist der Nachfolger von JPEG mit einer Reihe weiterer Funktionen. Es wurde entwickelt, um stark komprimierte Bilder mit niedriger Auflösung wie beispielsweise Webbilder in einer besseren Qualität zu erzeugen, auch um diese Bilder für den Druck zu verwenden. JPEG-2000-Dateien können sogar verlustfrei komprimiert werden.

JPEG 2000 eignet sich für die Farbmodi Graustufen, RGB, CIELab und CMYK. Es unterstützt 16-bit-Kanäle, 8-bit-Transparenzen, Alphakanäle und Schmuckfarben.

JPEG 2000 bietet über die Erstellung eines Alphakanals an, Teile des Bildes zu komprimieren, andere aber nicht. Damit lassen sich Störungen in kritischen Bildbereichen vermeiden. Diese Technik wird als ROI (Region of Interest) bezeichnet. Allerdings wird JPEG 2000 noch nicht von allen Bildbearbeitungs- und Layoutprogrammen unterstützt.

4.8.7 RAW-Format

Moderne Digitalkameras nehmen das Bild mittels eines Bildsensors auf, so dass das Bild gespeichert werden kann, ohne sofort in ein klassisches RGB konvertiert zu werden. Dies ist durchaus interessant, da die Konvertierung, die eine Kamera automatisch vornimmt, nicht immer optimal ausfällt. Nun hat man

PSD +/−
+ unterstützt 16-bit-Bilder, Transparenz, Ebenen, -masken, Einstellungs- und Textebenen etc.
+ versteht die meisten Farbmodi
− kann von einfacheren Bildbearbeitungsprogrammen nicht gelesen werden
− kann nicht komprimiert werden
− kann nicht in ältere Versionen von QuarkXPress importiert werden

TIFF +/−
+ Farbe, Kontrast und Helligkeit können in der Seitenlayoutsoftware bearbeitet werden
+ kann mit LZW komprimiert werden
+ etwas kleinere Dateigröße als EPS
− gespeicherte Beschneidungspfade müssen im Layoutprogramm erst aktiviert werden
− Information über den Halbtonraster kann nicht gesichert werden

EPS +/−
+ Information über den Halbtonraster kann gesichert werden
+ Information über Druckkennlinien kann gesichert werden
+ kann separiert werden
+ kann mit JPEG komprimiert werden
+ verarbeitet Duplexmodus
− keine Bearbeitung im Seitenlayoutprogramm
− Dateigröße ist größer als bei TIFF

DCS UND DCS2 +/−
Der Dateityp DCS hat dieselbe Funktion wie EPS, ist jedoch in fünf Dateien unterteilt.
+ der niedrig aufgelöste Teil kann leicht geladen werden
− Risiko, Einzeldateien zu verlieren

PDF +/−
+ kann von jedem gelesen werden
+ verarbeitet die meisten Farbmodi und Funktionen
+ normale PDF-Funktionen verwendbar
+ kann verlustfrei und verlustbehaftet komprimiert werden

JPEG +/−
+ braucht sehr wenig Speicherplatz
+ Kompressionsstufe kann gewählt werden
− Qualitätsverlust durch Kompression

JPEG 2000 +/−
+ braucht sehr wenig Speicherplatz
+ Kompressionsstufe kann gewählt werden
+ kann auch verlustfrei komprimieren
+ kann auch Teile eines Bildes komprimieren
+ kann Volltonfarbenkanäle sichern
− Qualitätsverlust bei Kompression
− wird nicht von allen Programmen verstanden

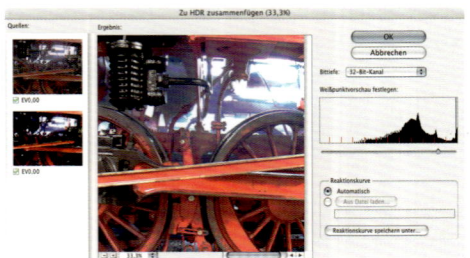

die Wahl, die Konvertierung beispielsweise von Adobe Photoshop vornehmen zu lassen. Denn das unkonvertierte Bild enthält alle Informationen, die die Kamera zusätzlich gespeichert hat.

Das spezielle, auf die Kamera abgestimmte RAW-Format, muss in eine gewöhnliche RGB-Datei umgerechnet werden, bevor es bearbeitet oder in einem Layout eingesetzt werden kann. Man spricht von der RAW-Format-Konvertierung, mit dem Vorteil, ein einzigartiges Bild zu erstellen und die höchstmögliche Qualität zu erzielen. Das RAW-Format kann mit einem Negativ verglichen werden, wenn man Bilder auf einen Film aufnimmt, und die Konvertierung entspricht sozusagen dem Scannen des Negativs, wobei sich die Helligkeit und die Farben noch beeinflussen lassen.

RAW-Format-Dateien enthalten mehr Tonwerte als ein normales RGB-Bild, benötigen dabei aber vergleichsweise wenig Speicher. Dies macht es sinnvoll, Bilder zunächst im RAW-Format zu sichern und erst danach mit den benötigten Einstellungen zu konvertieren.

Eine einzige Datei enthält separate rote, grüne und blaue Pixel in 10 bis 14 bit Farbtiefe [siehe 4.11.6].

Die RAW-Formate der einzelnen Kameramodelle unterscheiden sich voneinander. Die Konvertierungsprogramme enthalten daher Konvertierungsfilter für die RAW-Formate der spezifischen Kameratypen.

4.8.8 Digital Negative – DNG

Da verschiedene RAW-Formate der Kameratypen existieren, könnte das in der Zukunft zu diversen Problemen führen. Es wäre möglich, dass einige Dateien nicht die Information enthalten, mit welcher Kamera sie erstellt wurden, weil manche Kameramodelle und ihre Dateiformate aus der Mode kommen und das Bildbearbeitungsprogramm nicht länger über einen entsprechenden Konvertierungsfilter verfügt. Adobe hat deshalb einen Standard entwickelt, wie RAW-Dateien gesichert werden können: das digitale Negativ, kurz DNG. Das RAW-Format der Kamera kann verlustfrei in DNG umgewandelt werden, um sicherzustellen, dass das Bild auch in Zukunft verwendbar bleibt, ohne dass Informationen über das ursprüngliche Kameramodell notwendig sind.

4.8.9 High Dynamic Range – HDR

Der Dynamikumfang (das Verhältnis zwischen dunklen und hellen Bereichen) in der Wirklichkeit übersteigt bei weitem den Bereich gedruckter oder auf Monitoren angezeigter Bilder. Während sich jedoch das menschliche Auge an unterschiedliche Helligkeitsstufen anpassen kann, können die meisten Digitalkameras und Monitore nur einen festgelegten dynamischen Bereich reproduzieren. Insbesondere ausgerissene Lichter und zugelaufene Schatten sind Anwendern und Fotografen ein Dorn im Auge. Bei der Verwendung digitaler Bilder muss man häufig entscheiden, was in einer Szene wichtig ist, da nicht alle Bereiche gleich gut darstellbar sind. HDR-Bilder, High Dynamic Range, also Bilder mit hohem Kontrastumfang, eröffnen neue Möglichkeiten, da in einem HDR-Bild alle Luminanzwerte einer realen Szene proportional dargestellt werden. Das Ändern der Belichtung bei HDR-Bildern hat denselben Effekt wie das Ändern der Belichtung beim Fotografieren. Verschiedene Helligkeitszonen können gleichwertig wiedergegeben werden. Voraussetzung für eine gelungene Anwendung ist das Fotografieren von einem Stativ, um absolut passgenaue Bilder zu erhalten. Eine ideale Kombination stellt das Fotografieren im RAW-Format mit anschließender Montage über HDR da. Noch mehr Dynamikumfang und Details sind zurzeit nicht möglich.

In Adobe Photoshop verwendet man den Menübefehl **Datei → Automatisieren → Zu HDR zusammenfügen,** um mehrere Bilder mit unterschiedlicher Belichtung derselben Szene zu kombinieren und so den dynamischen Bereich der Szene zu einem einzigen Bild zusammenzufassen. Das zusammengefügte Bild wird als 32-bit/Kanal-HDR-Bild gespeichert. Die Anpassung der Vorschau wird in der HDR-Bilddatei gesichert und jedes Mal angewendet, wenn die Datei in Photoshop geöffnet wird. Über **Ansicht → 32-bit-Vorschauoptionen** kann man jederzeit auf die Einstellungen zurückgreifen und diese ändern.

Abgesehen von Photoshop gibt es auch andere, teils eigenständige Programme, die diese Funktion anbieten, beispielsweise Photomatix Pro, Ulead Photo Impact von Corel oder Freeware-Programme wie FDR Tools Basic.

4.8.10 PSB

Diese Version des Photoshop-Formats speichert besonders große Dateien, kann aber nur mit Photoshop CS oder neueren Versionen verarbeitet werden.

4.8.11 PICT

Picture File, kurz PICT, ist ein reines Macintosh-Format. Es wird intern im Computer für Icons und andere Systemgrafiken verwendet. Auch für Montagebilder in niedriger Auflösung im EPS-Format und im OPI-Prozess kommt es zum Einsatz. PICT-Bilder eignen sich nicht für die Herstellung von Druckerzeugnissen und werden vor allem für Bitmap-, Graustufen- und RGB-Bilder genutzt. Sie können auch Vektorgrafiken enthalten.

4.8.12 GIF

Graphic Interchange Format, kurz GIF, ist ein Dateiformat, das hauptsächlich für Websites verwendet wird. Das Dateiformat wurde ursprünglich von dem amerikanischen Online-Unternehmen CompuServe entwickelt, um Bilder so zu speichern, dass sie schnell per Telefonleitung verschickt werden konnten.

Ein GIF-Bild befindet sich immer im indizierten Farbmodus und enthält zwei bis 256 Farbtöne. Die Anzahl der Farbtöne hängt davon ab, wie viel bit einem Pixel zugeordnet werden: ein bis acht bit sind möglich. Die Farben werden einer Palette entnommen, die aus den aktuellen Farben des Bildes zusammengestellt sein kann oder den Macintosh- oder Windows-Systemfarben entspricht. Es gibt auch eine Palette mit Web-Farben, die eine Schnittmenge beider Systemfarbenpaletten enthält. Diese stammen aus der Zeit, als Computer nicht mehr als 256 Farben verarbeiten konnten, davon sind jedoch nur 216 zwischen Macintosh und Windows identisch [siehe 4.6.7]

VERGLEICH DER BILDFORMATE

WELCHER FARBMODUS WIRD VON WELCHEM FORMAT GESPEICHERT?

- **TIFF** – Bitmap, Graustufen, Indizierte Farben, RGB, CIELab, CMYK
- **EPS** – Bitmap, Graustufen, Duplex, RGB, CIELab, CMYK
- **PDF** – Bitmap, Graustufen, Indizierte Farben, Duplex, RGB, CIELab, CMYK
- **JPEG** – Graustufen, RGB, CMYK
- **PICT** – Bitmap, Graustufen, Indizierte Farben, RGB
- **PSD** – Graustufen, Indizierte Farben, Duplex, RGB, CIELab, CMYK
- **GIF** – Indizierte Farben, maximal 256 Farben

DER AUFBAU DES BILDES HÄNGT MIT DEM DATEIFORMAT ZUSAMMEN

- **TIFF** – Dateikopf, Pixelgrafik
- **EPS** – verkapselte PostScript-Information und Vorschaubild als PICT oder TIFF
- **DCS** – wie EPS, aber Vorschau- und hoch aufgelöster CMYK-Teil sind in fünf Einzeldateien gesichert
- **GIF** – Farbpalette und komprimierte Bitmap-Information
- **JPEG** – visuelle Reduzierung und Hoffman-Codierung

DATEI-ENDUNGEN

> **DATEI-ENDUNGEN VERWENDEN**
>
> In der Windows-Umgebung ist die Verwendung von Datei-Endungen unverzichtbar, während man auf dem Mac nicht darauf angewiesen ist. Es ist jedoch empfehlenswert, grundsätzlich Datei-Endungen zu verwenden, da man nie weiß, auf welchem Betriebssystem die Dateien in der Zukunft noch eingesetzt werden sollen.
>
> **DATEI-ENDUNGEN FÜR VERSCHIEDENE FORMATE**
>
> - TIFF.tif
> - PSD.psd
> - EPS.eps
> - DCS.eps
> - JPEG.jpg
> - JPEG2000.jp2
> - PDF.pdf
> - Illustrator.ai
> - Illustrator-EPS.eps
> - DNG.dng
> - RAW.raw
> - PNG.png
> - GIF.gif
> - PICT.pic
> - PCX.pcx
> - BMP.bmp
> - WMF.wmf
> - EMF.emf
> - QuarkXPress.qxp
> - InDesign.indd

4.8.13 PNG

Portable Network Graphics, kurz PNG, ist ein Dateiformat für Pixelgrafiken im Internet. PNG wurde als Nachfolger des GIF-Formats entwickelt und teilweise auch für TIFF. Grundsätzlich weist das PNG alle Eigenschaften eines GIFs auf wie indizierte Farben, Transparenzen, Interlacing und andere. Allerdings kann das PNG keine Animationen enthalten, dafür wurde MNG [*siehe 4.8.14*] entwickelt.

Aber PNG kann noch mehr. Es speichert auch Alphakanäle für Transparenzmasken, beispielsweise Schatten, und unterstützt Farbmanagement und den sRGB-Farbraum. Der PNG-Algorithmus ist freigegeben und erreicht mitunter eine bessere Kompression als andere verlustfreie Methoden.

Das PNG gibt es als 8-bit-Version für indizierte Farben (anstelle von GIF) und als 24-bit-Version (anstelle von JPEG). Es unterstützt außerdem 8 und 16 bit pro Kanal.

4.8.14 MNG

Multiple-Image Network Graphics, kurz MNG, ist eine wenig gebräuchliche Variante des PNG-Formats, die Animationen enthalten kann.

4.8.15 BMP

BMP ist die Abkürzung für »Bitmap« und ist das Standard-Bildformat von Windows. Es wird für Bildschirmgrafiken und Büroanwendungen wie Microsoft Word oder Excel eingesetzt.

BMP unterstützt den Bitmap-, Graustufen-, RGB- und Indizierte-Farben-Modus, nicht jedoch CMYK. Bilder im BMP-Format liegen normalerweise mit 4 oder 8 bit vor und können komprimiert werden.

Nicht verwechseln sollte man das Speicherformat Bitmap mit dem Farbmodus Bitmap. Während das Bildformat schwarzweiß oder farbig sein kann, handelt es sich beim Farbmodus Bitmap eindeutig um eine Strichgrafik, also nur schwarze und weiße Pixel.

4.8.16 PCX

PCX ist ein Bildformat für pixelbasierte Bilder der Windows-Oberfläche und kann in den meisten Büroanwendungen eingesetzt werden, ist jedoch für die Druckproduktion kaum verwendbar.

PCX speichert Bilder mit 1, 4, 8 oder 24 bit und kann komprimiert werden.

4.8.17 Photoshop RAW

Das Photoshop-RAW-Format dient dem Austausch digitaler Bilder zwischen verschiedenen Programmen und Computer-Plattformen. Bilder in diesem Format können sich im Graustufen-, RGB-, CMYK-Modus (inklusive Alphakanälen) sowie in anderen Modi, sogar im CIELab (ohne Alphakanal) befinden. Es unterstützt auch 16 bit pro Kanal.

Es sollte jedoch nicht mit dem RAW-Format verwechselt werden, wie es Digitalkameras verwenden.

4.9 Komprimierung

Bilder beanspruchen viel Speicherplatz. Oft ist das kein Problem, doch beim Transport, vor allem über Netzwerk und Telefonleitung, ist es wichtig, die Dateigröße zu reduzieren, um die Übertragungszeit zu verkürzen. In diesen Fällen komprimiert man die Bilder. Es gibt zwei Arten der Bildkomprimierung: verlustfrei und verlustbehaftet. Zudem besteht die Möglichkeit, übliche Komprimierungs- und Packprogramme für alle Arten von Dateien zu verwenden. Verlustfreie Komprimierungsverfahren reduzieren die Dateimenge, ohne die Bildqualität zu beeinträchtigen. Nach dem Entpacken sieht das Bild genauso aus wie vor dem Komprimieren. Technisch gesehen werden dabei nur die Speicherangaben vereinfacht. Es gibt mehrere Arten verlustfreier Komprimierung, beispielsweise die Lauflängencodierung, LZW, Huffman, ZIP und CCITT. Verschiedene Dateiformate erfordern unterschiedliche Komprimierungsverfahren. Sie werden nachfolgend etwas genauer beschrieben und die zugehörigen Dateiformate genannt.

Die verlustbehaftete Komprimierung entfernt Bildinformationen. In der Regel ist dieser Verlust für das menschliche Auge nicht wahrnehmbar. Es kann sich um eine winzige Änderung in einer Farbe oder eines Details im Hintergrund handeln, meistens ist es eine Farbe. Das Bild wird sozusagen vereinfacht. Wenn das Bild zu stark komprimiert wird, wird allerdings zu viel Information entfernt. Der Verlust ist in diesem Fall sichtbar, das Bild verliert an Schärfe und wirkt im Extremfall wie eine Fläche aus einfarbigen Feldern unterschiedlicher Größe.

Auch wenn man den durch die Komprimierung verursachten Verlust nicht sieht, sollte man daran denken, dass dieses Bild nur noch eine sehr vorsichtige Bearbeitung verträgt. Eine verlustbehaftete Komprimierung sollte daher erst verwendet werden, wenn die Bildbearbeitung abgeschlossen ist.

4.9.1 Run Length Encoding, RLE

Eine einfache Methode verlustfreier Komprimierung ist die Lauflängencodierung. Sie wird für Bitmaps verwendet, die nur aus schwarzen und weißen Pixeln bestehen. Normalerweise nimmt der Code die Farbe jedes einzelnen Pixels auf. Eine Zeile könnte dann etwa so aussehen: schwarz, schwarz, schwarz, weiß, weiß, weiß, weiß, weiß, weiß, weiß, weiß, weiß, weiß, weiß, weiß, weiß, weiß, schwarz, schwarz, schwarz, schwarz, schwarz, schwarz. Nach einer Lauflängencodierung sähe die Zeile so aus: 3 schwarze, 14 weiße, 6 schwarze – was natürlich weniger Platz beansprucht. Bilder bestehen oft aus vielen zusammenhängenden Bereichen derselben Farbe, so dass mit dieser Methode viel Platz gespart werden kann. Die Lauflängencodierung, auch PackBit-Codierung genannt, wird in BMP- und PCX-Dateien eingesetzt.

4.9.2 LZW-Komprimierung

LZW (benannt nach den Entwicklern Lempel, Ziv und Welch) ist eine andere Methode für verlustfreies Komprimieren. Sie kann bei der grafischen Arbeit verwendet werden, wenn Bilder in den Formaten TIFF, PDF, GIF oder als PostScript gespeichert werden.

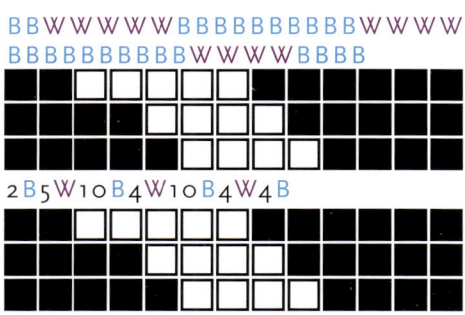

LAUFLÄNGENCODIERUNG (RLE)
Es beansprucht weniger Speicherplatz, die Folgen von Pixelzahlen anzugeben (2 5 10 4 10 4 4), als den Tonwert jedes einzelnen Pixels (1 1 0 0 0 0 0 1 1 1 1 1 1 1 1 0 0 0 0 1 1 1 1 1 1 1 1 1 0 0 0 0 1 1 1 1), wenn mehrere Pixel hintereinander denselben Wert haben. Das ist das Prinzip der Lauflängencodierung.

LZW +/–

+ Bilddetails gehen nicht verloren
+ Verwendung im TIFF-Format
+ funktioniert sehr gut bei Strichgrafiken
− reduziert die Dateigröße nur wenig
− braucht länger zum Öffnen und zum Sichern

BESTE QUALITÄT FÜR BESTIMMTE DATEIGRÖSSEN
Im Allgemeinen wird eine bessere Bildqualität erreicht, wenn man eine hohe Auflösung kombiniert mit stärkerer Kompression verwendet, als wenn man mit niedriger Auflösung und schwächerer Kompression arbeitet – wenn die Datei in beiden Fällen dieselbe Dateigröße hätte. Das hängt damit zusammen, dass die 8 × 8 Pixel großen Gruppen der JPEG-Kompression bei höherer Auflösung kleiner sind.

LZW eignet sich für Bitmap-, Graustufen-, RGB-, CIELab und CMYK-Bilder.

Ein Graustufen-, RGB- oder CMYK-Bild kann mit LZW auf rund die Hälfte der Dateigröße komprimiert werden. LZW ist ein wenig effizienter, wenn das Bild im CIELab-Modus vorliegt. Dann kann die Dateigröße auf etwa ein Viertel des Originals schrumpfen. Am effizientesten arbeitet die Komprimierung, wenn das Bild große einheitliche Flächen in derselben Farbe enthält, wie bei Strichbildern. Dann reduziert sich die Speicherkapazität bis auf ein Zehntel des Originals.

4.9.3 Huffman-Codierung
Die Huffman-Codierung ist eine mathematische Komprimierungsmethode und kommt in modifizierter Form in Faxgeräten zum Einsatz. Sie ist ein verlustfreier Bestandteil der JPEG-Komprimierung.

4.9.4 ZIP-Komprimierung
Die ZIP-Komprimierung ist ebenfalls eine verlustfreie Methode. Sie wird häufig im PDF-Format oder in Dateien, die ein PDF enthalten, verwendet, wird aber auch vom TIFF-Format unterstützt. Diese Methode arbeitet am besten, wenn große einheitliche Farbflächen vorliegen.

4.9.5 CCITT
CCITT ist die Abkürzung des französischen Namens für den Internationalen Ausschuss für Telegrafie und Telefonie. Er entwickelte eine Reihe verlustfreier

LZW-KOMPRIMIERUNG UND DATEIGRÖSSE

Unkomprimiertes Strichbild
= 321 KB

Unkomprimiertes Vierfarbenbild
= 2.100 KB

Ein Beispiel, wie die LZW-Kompression die Dateigröße beeinflusst.

LZW ist verlustfrei und erzielt das beste Resultat bei einem reinen Schwarzweißbild, während Graustufen- und Farbbilder höchstens auf die Hälfte ihrer Dateigröße komprimiert werden.

Dasselbe Bild mit
LZW-Komprimierung = 66 KB

Dasselbe Bild mit
LZW-Komprmierung = 1.200 KB

Komprimierungsmethoden, um Schwarzweißbilder über Telefonleitungen zu versenden, beispielsweise Faxe. Die CCITT-Komprimierung wird für Strichbilder im PDF-Format verwendet und wird auch von PostScript unterstützt.

4.9.6 JPEG

JPEG ist die am häufigsten verwendete Methode verlustbehafteter Komprimierung. Sie erlaubt dem Anwender den Grad des Informationsverlustes einzustellen und gleichzeitig den Komprimierungsgrad zu kontrollieren. Beim kleinsten Komprimierungsgrad – wenn das Bild am wenigsten Verlust hat, beispielsweise in Adobe Photoshop – wird die Datei auf ungefähr ein Zehntel ihrer Originalgröße reduziert. Der Verlust ist für das Auge nicht wahrnehmbar. Wird das Bild stärker komprimiert, erkennt man die Veränderung am quadratischen Muster, den sogenannten Artefakten, wenn man die beiden Bilder nebeneinander betrachtet. Der Begriff Artefakt bedeutet, dass das Muster durch die manuelle Bearbeitung entstanden ist und keinen natürlichen Ursprung hat [*siehe Bildbearbeitung 5.3.5*]

Wenn man ein Bild im JPEG-Format bearbeitet, wird es jedes Mal neu komprimiert, wenn man speichert. Demzufolge sollten Bilder, die man bearbeitet, also nicht im JPEG-Format gesichert werden.

Die JPEG-Komprimierung wird in Bildern mit niedriger Auflösung am ehesten sichtbar. Sie unterstützt die Dateiformate JPEG, TIFF, PDF und EPS. Unglücklicherweise sieht man solchen Dateien nicht an, ob sie bereits kom-

WIEDERHOLTE JPEG-KOMPRIMIERUNG
Öffnet man ein mit JPEG komprimiertes Bild und sichert es erneut als JPEG, wird die Komprimierung neu berechnet. Das bedeutet, das ein mehrmals mit JPEG komprimiertes Bild immer wieder einen neuen Verlust erleidet. Nur bei JPEG 2000 ist dies nicht der Fall.

JPEG +/–
+ erhebliche Reduktion der Dateigröße
+ kompatibel zu allen Betriebssystemen
+ kann als Komprimierung im EPS verwendet werden
– entfernt Farbinformationen aus dem Bild
– benötigt etwas länger zum Speichern und Öffnen

JPEG-KOMPRIMIERUNG UND DATEIGRÖSSE

Es mag sich gefährlich anhören, wenn von verlustbehafteter Komprimierung die Rede ist, tatsächlich aber sieht man die JPEG-Kompression nicht immer. Das hängt einfach von der Stärke des gewählten Kompressionsfaktors ab. Es hat immerhin den Vorteil, dass man eine Menge Speicherplatz spart, beispielsweise bei der Archivierung.
(Die Bildausschnitte sind in sechsfacher Vergrößerung zu sehen.)

Unkomprimiertes Originalbild, 2.100 KB

JPEG, leicht komprimiert, 840 KB

JPEG, mittlerer Kompressionsfaktor, 165 KB

JPEG, stark komprimiert, 61 KB

WIE FUNKTIONIERT JPEG?

Das Geheimnis der JPEG-Kompression liegt in der Unterteilung des Bildes in kleinere Blöcke von 8 Pixeln Breite und 8 Pixeln Höhe, also einer Fläche von 64 Pixeln. Innerhalb dieses Blocks reduziert die Kompression die Helligkeits- und Farbunterschiede unter den 64 Pixeln. Dies vereinfacht das Bild und benötigt weniger Speicherplatz.

Unglücklicherweise kann das JPEG nicht wissen, wo sich im Bild Details befinden. Die Blöcke sind einfach gleichmäßig über das Bild verteilt, egal welche Auflösung das Bild hat.

Wenn die Kompression zu stark ist, werden die Blöcke als große Pixel sichtbar, und je niedriger die Bildauflösung ist, desto eher macht sich der Kompressionseffekt in der Bildqualität bemerkbar.

ORIGINALBILD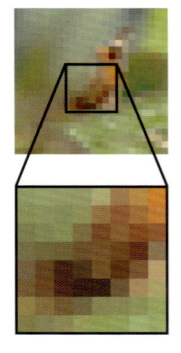

Das Bild wird in Blöcke von 8×8 Pixeln geteilt. Innerhalb dieser Blöcke werden die Farb- und Helligkeitsunterschiede reduziert.

JPEG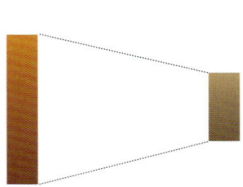

DIE JPEG-KOMPRESSION WIRD TECHNISCH IN FÜNF SCHRITTEN VOLLZOGEN:

1. Das Bild wird in 8 × 8 Pixel große Blöcke aufgeteilt.

 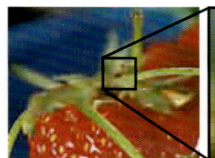 

2. Der Farbumfang des Bildes wird von RGB in CIELab konvertiert, in eine neue Farbumgebung mit getrennter Helligkeits- und Farbinformation. Die Helligkeit ist für den Gesamteindruck des Bildes am wichtigsten, deshalb haben die Helligkeitswerte bei der Kompression Priorität.

3. Eine »discreet cosine-transformation« (dct) wird jedem Pixelblock zugewiesen. Dies ist eine mathematische Operation. Die mittlere Helligkeit und mittlere Farbigkeit jedes Blocks wird berechnet. Die Werte aller Pixel des Blocks werden in ihrer Abweichung von den beiden Mittelwerten beschrieben.

4. Nun beginnt die eigentliche Kompression. Das Programm, das die Kompression ausführen soll, liest die eingestellte Kompressionsstufe (beispielsweise in Adobe Photoshop »niedrige Qualität«). Die Abweichungen von den Mittelwerten werden reduziert. Je größer die Kompression sein soll, desto stärker ist die Angleichung und desto weniger Speicherbedarf ist nötig. Dies ist der verlustbehaftete Teil der JPEG-Kompression.

5. Zuletzt wird die Datei auf der Basis der neuen Werte noch einmal komprimiert, diesmal mit einer verlustfreien mathematischen Methode, der Huffman-Codierung.

primierte Informationen enthalten, außer dem JPEG. Für TIFF-Dateien sollte man eigentlich keine JPEG-Komprimierung wählen, weil diese nicht von allen Programmen unterstützt werden.

JPEG-Dateien werden nur von RIPs mit PostScript Level 2 oder neuer ausgegeben. Alle modernen Layout- und Bildbearbeitungsprogramme verstehen JPEGs sowohl im RGB- als auch im CMYK-Modus, Web-Browser und andere Internetprogramme bevorzugen den RGB-Modus.

4.9.7 JPEG 2000

JPEG 2000 enthält eine Komprimierung, die sowohl verlustfrei als auch verlustbehaftet arbeitet. Das bedeutet, unterschiedliche Bereiche eines Bildes werden auf verschiedene Weise komprimiert. Mit der verlustfreien Komprimierungsmethode werden die Bilder auf etwa die Hälfte ihrer unkomprimierten Dateigröße reduziert. Tests haben bewiesen, dass JPEG 2000 bis zu 20 Prozent besser komprimiert als JPEG. Die besten Ergebnisse erzielt JPEG 2000 bei niedrig aufgelösten Bildern für das Web.

DATEIFORMATE FÜR BILDER UND IHRE FUNKTIONALITÄT

	Dateiformate:	AI	BMP	DCS	DCS2	EMF	EPS	GIF	JPEG	JPEG 2000	PCX	PDF	PICT	PNG	PSD	SVG	TIFF	WMF
VERWENDUNG	Web							•	•	•				•		•		
	Druck	•		•	•		•		•			•			•		•	
	Office-Programme		•			•			•		•	•					•	•
AUFBAU	Pixel		•	•	•		•	•	•	•	•	•	•	•	•		•	
	Vektorobjekte	•				•	•					•	•			•		•[5]
	LowRes. Vorschau			•	•		•											
	Separation			•	•													
PLATTFORM[8]	Allgemeines Format	•	•	•			•	•	•	•		•		•	•		•	
	Mac OS												•				•	
	Windows		•			•					•						•	•
FUNKTION	JPEG-Kompression				•[3]		•[3]		•			•[3]					•[3]	
	Wavelet-Kompression									•								
	verlustfrei		•[3]							•[3]	•[3]	•[3]					•[3]	
	16-bit-Modus									•		•			•		•	
	Transparenz									•		•		•	•			
	Alpha-Kanäle		•									•	•[1]		•		•	
	Einstellungsebene														•		•	
	Ebenen	•										•			•		•[4]	
	Beschneidungspfad			•	•		•					•[7]			•[7]		•[7]	
	ICC-Profile	•		•	•				•	•		•			•		•	
	Rasterweite			•	•		•[6]											
	Metadaten						•	•	•			•		•			•	
FARBMODUS	Strichgrafik		•				•	•			•	•	•	•			•	
	Graustufen		•	•			•	•	•		•	•	•	•			•	
	Duplex						•					•			•		•	
	Indizierte Farben		•					•			•	•	•	•	•		•	
	RGB	•	•			•	•	•	•	•	•	•	•[2]	•	•	•	•	•
	CIELab	•					•		•			•			•		•	
	CMYK	•		•	•		•		•	•		•			•		•	•
	Volltonfarbenkanal				•					•		•			•		•	

1. Nur ein Alphakanal 2. 16 oder 32 bit, nicht 24 bit 3. Kompression möglich 4. Wird nur von Photoshop unterstützt 5. Keine Bézierkurven – nur gerade Vektoren 6. Nicht von Illustrator unterstützt 7. Unterstützt normale Pfade, aber nicht alle Layoutprogramme verstehen diese 8. Zeigt die Plattformabhängigkeit an

Diese Komprimierungsmethode bezeichnet man als Wavelet-Technik. Während normale JPEG-Bilder bei zu starker Komprimierung einen karierten Eindruck machen, übermittelt die Wavelet-Technik einen gekörnten, nicht fokussierenden Eindruck. Eine mit JPEG 2000 komprimierte Datei kann zwischen Computern auf progressive Weise übermittelt werden, das heißt, das Bild wird während der Übertragungsphase immer deutlicher dargestellt. Diesen Effekt sieht man oftmals im Internet.

4.10 Digitalkameras

Digitalkameras verfügen generell über dieselbe Optik wie eine mit Film arbeitende Kamera, jedoch fällt das Licht statt auf den Film auf einen Bildsensor. Der Bildsensor nimmt das Licht wahr, das vom Gegenstand reflektiert wird und überträgt es als rote, grüne und blaue Signale (RGB) auf einen Speicherchip.

Es gibt viele Vorteile der Digitalfotografie gegenüber dem Fotografieren auf Film: Man kann sofort beurteilen, ob das Bild etwas geworden ist; es ist einfach, die Einstellungen anzupassen, wenn man sieht, dass dies nötig ist; man spart dadurch viel Zeit; es kostet nichts extra, eine Reihe alternativer Bilder zu schießen; das Ergebnis wird nicht vom Filmmaterial oder vom Entwicklungsprozess beeinflusst; das Bild liegt sofort in digitaler Form vor, muss also nicht zuerst eingescannt werden, sondern steht sofort für die digitale Bearbeitung zur Verfügung.

Praktisch ausgedrückt liefert die digitale Kameratechnik dieselbe Bildqualität wie ein analoges Foto. Es gibt trotzdem einige beachtenswerte Unterschiede: Wirklich gute Digitalkameras sind um einiges teurer als gleichwertige Kameras mit herkömmlichem Film. Der Bildsensor der Digitalkameras hat ein etwas kleineres Format als ein fotografischer Film. Das bedeutet, man verfügt nicht über dieselbe kurze Brennweite wie bei einer Filmkamera. Außerdem besteht ein erhöhtes Risiko, falsche Farben zu erhalten. Der Gegenstand muss sich näher am Objektiv befinden, um denselben Weitwinkel wie mit einer Filmkamera aufzunehmen.

Digitalkameras haben einen geringeren Dynamikumfang als Filmkameras, das heißt, sie können Differenzierungen in den dunklen Tönen nicht so genau reproduzieren und erzeugen bei knifflichen Lichtverhältnissen eine Menge Störungen.

Die Digitalfotografie ist gegenüber Farbtemperaturen des Lichts weniger empfindlich, weil ein elektronischer Weißabgleich vorgenommen werden kann.

Digitalkameras sind durch die maximale Anzahl der Pixel gekennzeichnet, die sie erfassen, wodurch die maximale Bildgröße für die Darstellung am Monitor oder auf einem Ausdruck festgelegt ist. Die Maßeinheit sind Megapixel und besagt, wie viele Millionen Pixel das Bild maximal enthalten kann. Dies sagt jedoch nicht wirklich etwas über die erreichbare Bildqualität aus. Ein Foto, das von einer Digitalkamera aufgenommen wurde, die weniger Pixel, dafür aber eine bessere Optik und gute elektronische Komponenten hat, kann möglicherweise ein besseres Ergebnis erzielen, als das von einer Kamera mit mehr Megapixeln aber einer schlechteren Optik und minderwertigeren elektronischen

EXIF-INFORMATION

Speichert eine Digitalkamera eine Datei, werden zusätzlich Informationen über Datum, Uhrzeit, Blende, Helligkeit, Belichtungszeit, Blitzeinstellungen und mehr gesichert. Diese Information nennt sich EXIF (Exchangeable Image File Data).

Diese Information kann wertvoll sein, wenn man die Ursache für ein Problem mit dem Bild herausfinden will. Die Information kann auch für automatische Einstellungen in bestimmten Programmen genutzt werden – beispielsweise Objektverzerrungen im Bild. Beispiele einer EXIF-Information:

Filename: IMG_0737.JPG
FIF_APP1: Exif
Main Information
Make: Canon
Model: Canon PowerShot G6
Orientation: left-hand side
XResolution: 180/1
YResolution: 180/1
ResolutionUnit: Inch
DateTime: 2006:05:16 11:21:18
YCbCrPositioning: centered
ExifInfoOffset: 196
Sub Information
ExposureTime: 1/200Sec
FNumber: F4,0
ExifVersion: 0220
DateTimeOriginal:
2006:05:16 11:21:18
DateTimeDigitized:
2006:05:16 11:21:18
ComponentConfiguration:
YCbCr
CompressedBitsPerPixel:
5/1 (bit/pixel)
ShutterSpeedValue: 1/202Sec
ApertureValue: F4,0
ExposureBiasValue: EV0,0
MaxApertureValue: F2,0
MeteringMode: Division
Flash: Not fired(Compulsory)
FocalLength: 7,19(mm)
MakerNote: Canon Format:
916Bytes (Offset:942)
UserComment:
FlashPixVersion: 0100
ColorSpace: sRGB
ExifImageWidth: 3072
ExifImageHeight: 2304
ExifInteroperabilityOffset: 1882
FocalPlaneXResolution:
3072000/284
FocalPlaneYResolution:
2304000/213
FocalPlaneResolutionUnit:
Meter
SensingMethod:
OneChipColorArea sensor
FileSource: DSC

CustomRendered:
Normal process
ExposureMode: Auto
WhiteBalance: Auto
DigitalZoomRatio: 3072/3072
SceneCaptureType: Standard
Vendor Original Information
MacroMode: Off
Self-timer: Off
Quality: Super-Fine
FlashMode: Off
Drive Mode: Single-frame
Focus Mode: Single
ImageSize: Large
Easy shooting mode: Manual
Digital Zoom: Off
Contrast: Normal
Saturation: Normal
Sharpness: Normal
CCD Sensitivity: AUTO
MeteringMode: Evaluative
FocusType: Auto
AF point selected :
Unknown (8197)
ExposureProgram:
Program Normal
Focal length of lens:
7,1875-28,8125 (mm)
Flash Activity: Off
Long Shutter Mode: Off
Photo Effect: Off
Sequence number(Continuous mode): 0
Flash bias: 0 EV
Image type:
IMG:PowerShotG6 JPEG
FirmwareVersion1.00
Image Number: 1070737
Owner name: Robert Ryberg
ExifR: R98
Version: 0100
Thumbnail Information
Compression: OLDJPEG
ResolutionUnit: Inch
JPEGInterchangeFormat: 2548
JPEGInterchangeFormatLength:
6875

DATEIGRÖSSE UND MEGAPIXEL

Die Tabelle gibt eine Übersicht über Dateigrößen, die eine Digitalkamera abhängig von ihrer maximalen Pixelzahl erreicht, und die maximale Abbildungsgröße bei einer Rasterweite von 150 lpi. Es handelt sich um theoretische Größenangaben.

Wie groß ein Bild tatsächlich abgebildet werden kann, hängt von seiner Qualität ab. Einige Studiokameras erzeugen 4 oder 16 Aufnahmen eines Bildes, woraus eine sehr große Datei errechnet wird.

Typische Megapixel-Werte	Ungefähre Breite (Pixel)	Ungefähre Höhe (Pixel)	Dateigröße* (MB)	Breite (150 lpi)	Höhe (150 lpi)
0,3 Megapixel	640	480	0,9	5,4 cm	4,1 cm
0,5 Megapixel	800	600	1,4	6,8 cm	5,1 cm
0,8 Megapixel	1.024	768	2,3	8,7 cm	6,5 cm
1,3 Megapixel	1.280	1.024	3,8	10,8 cm	8,7 cm
2 Megapixel	1.600	1.240	5,7	13,5 cm	10,5 cm
3 Megapixel	2.050	1.550	9,1	17 cm	13 cm
4 Megapixel	2.400	1.600	11,0	20 cm	14 cm
5 Megapixel	2.600	2.000	14,9	22 cm	17 cm
6 Megapixel	2.800	2.100	16,8	24 cm	18 cm
8 Megapixel	3.500	2.300	23,0	30 cm	19 cm
11 Megapixel	4.000	2.700	30,9	34 cm	23 cm
14 Megapixel	4.550	3.100	40,4	39 cm	26 cm
22 Megapixel	5.400	4.100	63,3	46 cm	35 cm
83 Megapixel	10.400	8.000	238,0	88 cm	68 cm

* Dateigröße für eine unkomprimierte RGB-Datei

Bauteile aufgenommene. Aus diesem Grund können billige Amateurkameras genauso viel oder sogar mehr Megapixel haben als eine Profikamera, die viel teurer ist.

Technische Bildparameter wie Graubalance, Umfang der Bildstörungen, Farbneutralität, Reproduktion dunkler Tonwertbereiche und Bildschärfe sind wichtigere Gradmesser für die Bildqualität digitaler Kameras. Diese Faktoren sind allerdings anhand der Herstellerdaten nur schwer zu beurteilen. Besser ist es, die Kamera zu testen.

Man kann Digitalkameras in sechs Kategorien einteilen, je nachdem, wofür sie eingesetzt werden und wie ihre Bildqualität ausfällt: Web- und Handy-kameras, Halbkompaktkameras, Kompaktkameras, Bridge-Kameras, Spiegelreflexkameras und Studiokameras.

4.10.1 Web-Kameras und Handy-Kameras

Web-Kameras sind Bestandteil des Computer-Zubehörs und werden für Videokonferenzen oder einfach für Schnappschüsse verwendet. Diese Kameras sind oftmals in tragbaren Computern und Mobiltelefonen eingebaut. Manchmal sind es sogar einfache Videokameras. Die Qualität der damit aufgenommenen

MOBILTELEFONE UND WEBKAMERAS
Kameras in Mobiltelefonen und Webcams haben meistens eine sehr kleine Linse und die Sensorqualität ist zu schwach, um Bilder aufzunehmen, die Druckqualität erreichen.

VERSCHIEDENE KAMERATYPEN

KOMPAKTKAMERAS
Typische Eigenschaften von Kompaktkameras:

- kein austauschbares Objektiv
- verfügen über einen Sucher oder nur über ein Display
- speichern die Bilder fast ausschließlich im JPEG-Format
- keine manuelle Helligkeitseinstellung
- schwaches Objektiv
- produzieren eine Menge Störungen im Bild

HALBKOMPAKTKAMERAS
Typische Eigenschaften von Halbkompaktkameras:

- kein austauschbares Objektiv
- haben manchmal elektronische Sucher mit kleinem Display
- können im RAW-Format speichern oder unkomprimiert
- Helligkeit und Belichtung lassen sich manuell einstellen
- haben einen schärferen Fokus und lassen mehr Licht durch das Objektiv
- produzieren weniger Störungen

BRIDGE-KAMERAS
Bridge-Kameras haben ähnliche Funktionen und produzieren eine ähnliche Bildqualität wie Spiegelreflexkameras, denen sie auch in ihrem Äußeren ähneln. Sie haben ein Objektiv mit größerer Brennweite, das jedoch im Gegensatz zur Spiegelreflexkamera nicht gewechselt werden kann.

SPIEGELREFLEXKAMERAS
Tpyische Eigenschaften von Spiegelreflexkameras:

- Objektiv kann ausgetauscht werden
- Sucher arbeitet über einen Spiegel
- können im RAW-Format oder unkomprimiert aufnehmen
- bieten viele manuelle Einstellmöglichkeiten
- haben einen mittelgroßen Bildsensor
- produzieren wenig Störungen
- haben häufig einen mechanischen Verschluss

Bilder reicht nicht aus, um sie zu drucken. Bessere Kameras in diesem Bereich liefern immerhin Bilder, die gut genug sind, um sie ins Internet zu stellen. Ihre Auflösung liegt zwischen 0,3 und drei Megapixel.

4.10.2 Kompaktkameras für den Amateurbereich

Der einfachste und preiswerteste Typ von Digitalkameras ist für den Amateurbereich bestimmt und für jeden erschwinglich. Sie sind billig, erzeugen aber nur eine niedrige Bildqualität. Die Bilder eignen sich wegen der geringen Auflösung und schlechten Bildqualität am ehesten für die Anzeige am Bildschirm oder Ausdrucke in einem kleinen Format. Die Auflösung liegt zwischen fünf und sieben Megapixel. Die Kamera stellt Brennpunkt und Belichtung vollautomatisch ein.

4.10.3 Halbkompakt- und Bridge-Kameras

Es gibt eine ganze Reihe von Kompaktkameras, die ähnlich wie Amateurkameras über eine Optik verfügen, die nicht ausgewechselt werden kann. Diese bezeichnet man als Halbkompakt- oder Bridge-Kameras.

Bridge-Kameras haben dieselbe Funktion und liefern fast dieselbe Bildqualität wie Spiegelreflexkameras. Sie besitzen ein längeres Objektiv, welches aber nicht wie bei einer Spiegelreflexkamera ausgewechselt werden kann. Das Objektiv dieses Kameratyps ist lichtempfindlicher, es ist toleranter gegenüber schlechten Lichtverhältnissen und hat einen größeren Tiefenschärfebereich als das einer Halbkompaktkamera.

Einige dieser Kameras haben einen elektronischen Sucher, ähnlich wie viele Videokameras, doch was man im Sucher sieht, wird in einem kleinen, schwach beleuchteten Display gezeigt.

Beide Kameratypen verfügen über einen Blitzaufsatz für die Verwendung eines externen Blitzgeräts. Die Bilder können im RAW-Format oder einem anderen unkomprimierten Format gesichert werden. Es gibt eine Reihe manueller Einstellmöglichkeiten wie Verschlusszeit, Blende, Helligkeit und so weiter. Mit anderen Worten, diese Kameras können so eingestellt werden, dass ein qualitativ vergleichsweise hochwertiges Bild entsteht.

Die Brennweite von Digitalkameras oder Videokameras hängt gewöhnlich von der Differenz zwischen Weitwinkel und maximalem Tele ab. Bridge-Kameras verfügen typischerweise über ein Zoomobjektiv mit zehnfacher Vergrößerung, das man ungefähr mit dem einer Halbkompakt- oder Kompaktkamera gleichstellen kann, deren Zoom drei- bis vierfach vergrößert. Die typische Auflösung für diese Kameratypen liegt bei acht bis zehn Megapixel.

4.10.4 Spiegelreflexkameras

Eine digitale Spiegelreflexkamera ist einer herkömmlichen Spiegelreflexkamera sehr ähnlich, nur dass die bisherige Filmebene durch einen digitalen Chip ersetzt wurde. Die Auflösung beträgt zwischen sechs und vierzehn Megapixel.

Die Benutzung der digitalen Spiegelreflexkamera ist fast genauso wie bei einer analogen. Was die digitale Spiegelreflexkamera von einfacheren Digitalkameras unterscheidet, ist das austauschbare Objektiv und die wesentlich höhere Qualität. Der Bildsensor ist zudem größer, was eine kürzere Brennweite

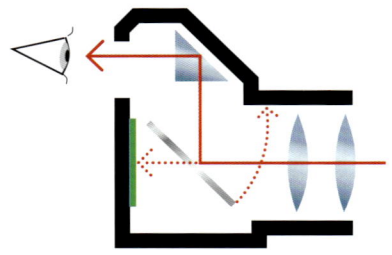

SPIEGEL UND SENSOREN
Bei der Spiegelreflextechnik wird das Licht über einen Spiegel und ein Prisma durch die Linse gelenkt und erreicht das Auge über den Sucher. Im Sucher wird dabei dasselbe Bild gezeigt, das bei der Belichtung auf den Sensor auftrifft, wenngleich leicht beschnitten.

Wird die Aufnahme ausgelöst, klappt der Spiegel hoch und das Licht erreicht den Sensor. Weil der Spiegel geöffnet ist, bevor das Foto geschossen wird, kann das Bild nicht bereits vor der Aufnahme auf dem Display angezeigt werden.

erlaubt, und das bedeutet gleichzeitig eine bessere Bildschärfe. Diese Kameras verfügen oftmals über einen mechanischen Verschluss, um die Belichtungszeit zu steuern – die Zeit, in der das Licht auf den Bildsensor trifft, im Gegensatz zu einfacheren Kameras, die die Verschlusszeit elektronisch steuern.

Diese Kameras sind mit einem speziellen Sucher ausgestattet. Wenn man durch den Sucher schaut, sieht man das Objekt durch das Objektiv über einen Spiegel. Dieser klappt auf, wenn das Foto geschossen wird, und das Licht fällt durch das Objektiv auf den dahinter liegenden Bildsensor. Erst wenn sich der Spiegel wieder vor dem Bildsensor befindet, kann das Bild erstmalig nach der Belichtung betrachtet werden.

4.10.5 **Studiokameras**

Die größte und teuerste Variante digitaler Kameras ist die Studiokamera. Sie wird für professionelle Bildaufnahmen eingesetzt. Dieser Kameratyp hat die höchste Auflösung und die beste Bildqualität. Oftmals handelt es sich um eine analoge Kamera im Mittelformat, die über einen digitalen Aufsatz anstelle einer Filmkassette verfügt.

Die meisten modernen Studiokameras arbeiten auf dieselbe Weise wie Spiegelreflexkameras, aber mit leistungsstärkeren Bildsensoren und besserer Optik. Gewöhnlich werden diese Studiokameras direkt mit einem Computer

BILDSENSORTECHNIK

CCD, APS ODER CMOS
Der Bildsensor besteht aus einer großen Zahl lichtsensitiver Zellen. Jede Zelle bildet die Grundlage für ein Pixel des späteren Bildes.

Der Sensor ist auf einer der folgenden Techniken augebaut: CCD (Charge Coupled Device) oder APS (Active Pixel Sensors).

Im CCD-Sensor »liest« jede Zelle die Intensität des Lichts und sendet ihr Signal an den Bildprozessor, der die Stärke des Signals in einen digitalen Wert für jedes Pixel umrechnet.

Der APS-Sensor gibt einen digitalen Wert für jedes Pixel direkt an die Bildzelle. Der am häufigsten verwendete Typ eines APS-Sensors verwendet die CMOS-Technik (Complementary Metal Oxide Semiconductor).

CCD und CMOS sind gleich gute Techniken, aber sie unterscheiden sich in bestimmten Aspekten, weshalb sie in verschiedenen Kameratypen eingesetzt werden. CCD produziert weniger Bildstörungen, liegt aber höher im Stromverbrauch, während CMOS-Sensoren kleiner sind und immer billiger werden. CMOS-Sensoren werden heute auch in besseren Kameras verwendet.

Die Bayer-Matrix wird von den meisten Digitalkameras verwendet.

BAYER-MATRIX ODER FOVEON
Der Bildsensor kann auf zwei unterschiedliche Arten hergestellt sein. Traditionelle Sensoren haben vor jeder Zelle einen roten, grünen oder blauen Farbfilter. Jede Zelle registriert so nur eine der drei Bildkomponenten. Die Zellen sind in einem bestimmten Muster angeordnet (GRGB), der Bayer-Matrix.

Wenn das Bild aufgenommen wird, berechnen der Bildprozessor oder das Programm, das für die RAW-Format-Konvertierung zuständig ist, die Werte der Bildpixel, so dass jedes Pixel einen Wert für Rot, Grün und Blau hat, unter Berücksichtigung der jeweiligen Umgebungspixel.

Eine alternative Bildsensortechnik ist Foveon. Hier gibt jede Zelle direkt einen R-, G- und B-Wert aus. Da das rote, grüne und blaue Licht auf verschiedene Tiefen in der Zelle durchgelassen wird, können die jeweiligen Farbwerte gelesen werden. Theoretisch ist mit dieser Technik ein größerer Detailreichtum möglich als mit derselben Anzahl Zellen in einem Bildsensor, der auf der Bayer-Matrix aufbaut.

Einige Studiokameras verwenden eine Technik, bei der ein schwenkbarer Farbfilter in Rot, Grün und Blau vor den Zellen des Bildsensors platziert ist. Wenn die Aufnahme gemacht wird, schwenkt der Filter zur nächsten Farbe und erstellt je eine separate Aufnahme für Rot, Grün und Blau.

Einige Studiokameras können auch den Bildsensor zwischen den Aufnahmen einer Serie etwas bewegen, so dass man eine noch höhere Auflösung erreicht, wenn man 4 oder 16 dieser Aufnahmen zusammen in einem Bild platziert.

verbunden, um die Bilder zu speichern und die Qualität auf einem Monitor zu überprüfen. Einige Kameras müssen grundsätzlich mit einem Computer verbunden sein, andere lassen sich auch unabhängig davon einsetzen.

Eine Variation dieser Studiokameras ist die sogenannte Three-Shot-Kamera, die ausschließlich mit einem Stativ für nicht bewegliche Motive eingesetzt wird. Sie verfügt über einen Schwarzweiß-Bildsensor, dessen Zellen gleichermaßen rot-, grün- und blauempfindlich sind. Vor dem Bildsensor befindet sich ein drehbarer Filter in Rot, Grün und Blau. Die erste Aufnahme erfasst eine dieser Komponenten, dann wird der Filter zur nächsten Farbe gedreht und die nächste Aufnahme wird gemacht, und so fort. Zuletzt werden die einzelnen Bilder zu einem RGB-Bild zusammengefügt. Auf diese Weise wird die Technik des Bildsensor bestens genutzt und das Ergebnis ist ein Bild mit guter Durchzeichnung und wenig Störungen.

Bei Studiokameras mit der höchsten Auflösung sind anstelle einer Matrix die Bildzellen in einer Reihe auf dem Bildsensor angeordnet. Sie werden nur für die Produktfotografie in einem Studio verwendet. Die Aufnahme ist fertig, wenn sich der Bildsensor entlang der Bildebene bewegt hat. Die Bildsensoren registrieren das Bild ähnlich wie beim Flachbettscanner und die Belichtungszeit ist ziemlich lang.

Diese Technik ist bedeutend langsamer als normalerweise und die Belichtungszeit (Erfassungszeit) kann mehrere Minuten betragen. Dafür ist aber die Auflösung beträchtlich höher und die Bildqualität meistens wesentlich besser als bei einer Standardkamera. Wie bei einem Scanner lässt sich die gewünschte Auflösung einstellen. Diese Kamera erzeugt RGB-Bilder, die in einer 8-bit-Konfiguration bis zu 240 Megabyte benötigen. Sie ist im Allgemeinen teurer als die anderen Kameratypen und kann einige Tausend Euro kosten.

STUDIOKAMERAS
Die größte und teuerste Version der Digitalkameras wird für professionelle Aufnahmen eingesetzt, wenn der Anspruch an die Bildqualität besonders hoch ist.
Dieser Kameratyp hat die höchste Auflösung und die beste Elektronik und Optik.

4.11 Digitalfotografie

Eine Reihe von Bedingungen nehmen Einfluss auf die Qualität des digitalen Fotos. Wir werden nun dem Weg des Bildes vom Gegenstand durch das Objektiv bis zur Speicherkarte folgen und dabei Schritt für Schritt feststellen, wie das Bild dabei beeinflusst wird.

4.11.1 Das Objektiv bestimmt den Blickwinkel

Ein Bild ist nichts anderes als die Erfassung des Lichts, das von einem Gegenstand in einem bestimmten Abstand reflektiert wird. Das Licht wird beim Passieren des Objektivs von einer Reihe polierter Glaslinsen eingefangen, die in einer bestimmten Weise angeordnet sind. Die Linsen einer Digitalkamera entsprechen derselben Optik wie der einer traditionellen Kamera. Die Eigenschaften der Linsen bestimmen die größte Öffnung und die Brennweite. Die Brennweite legt den Blickwinkel fest, beispielsweise ergibt eine kürzere Brennweite einen Weitwinkel und eine längere Brennweite entspricht der eines Teleobjektivs. Digitale Kameras werden unterschiedlich konstruiert. Aus diesem Grund ist es schwierig, den durch die Linsen bedingten Aufnahmewinkel direkt aus der Brennweite abzuleiten. Deshalb setzt man die Brennweite der Optik einer Digitalkamera gleich mit der Brennweite einer entsprechenden

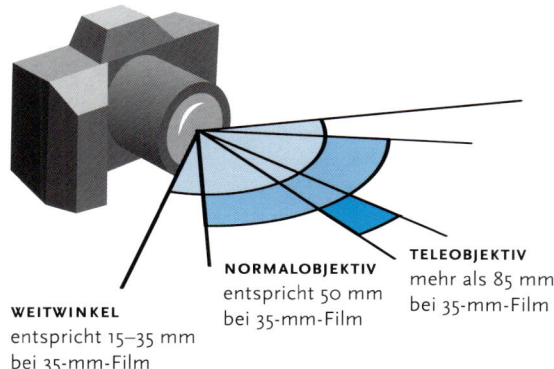

WEITWINKEL
entspricht 15–35 mm bei 35-mm-Film

NORMALOBJEKTIV
entspricht 50 mm bei 35-mm-Film

TELEOBJEKTIV
mehr als 85 mm bei 35-mm-Film

WINKEL VS. BRENNWEITE
Das Normalobjektiv entspricht dem Blickwinkel des Auges. Eine kürzere Brennweite erzeugt einen weiteren Blickwinkel (Weitwinkel) und das Bildmotiv erscheint weiter entfernt. Eine längere Brennweite (Teleobjektiv) entspricht einem engeren Blickwinkel und lässt das Motiv näher erscheinen. Digitalkameras werden häufig mit traditionellen Kameras verglichen, die mit 35-mm-Film arbeiten, um eine Referenz zu haben.

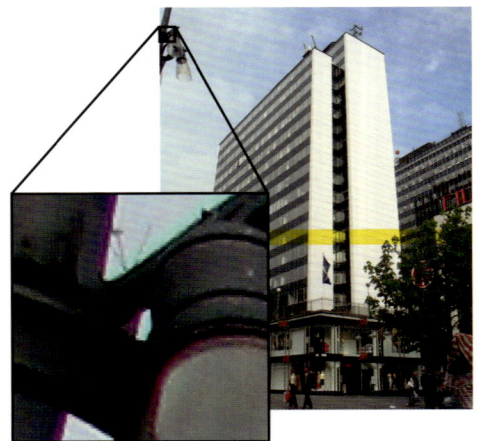

FARBRAUSCHEN (CHROMARAUSCHEN)
Ein typischer Fehler von Digitalkameras, besonders wenn mit Weitwinkel fotografiert wird, ist ein Farbrauschen. Vor allem in den Randbereichen des Bildes entstehen dann entlang von Motivkanten magentafarbene und grüne Farbsäume. Dieser Fehler kann teilweise bei der RAW-Format-Konvertierung beseitigt werden.

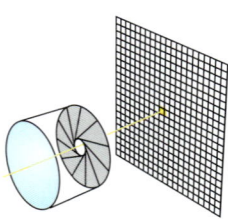

ONE-SHOT-TECHNIK
Die meisten Digitalkameras nehmen das Bild mit einer einzigen Belichtung auf der CCD-Matrix auf.

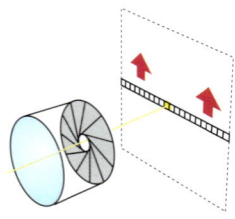

SCANNERTECHNIK
Ältere digital arbeitende Studiokameras können mit einer Reihe von CCD-Zellen ausgestattet sein, die langsam über das Motiv wischen. Diese Kameras können keine Bewegtaufnahmen machen.

35-mm-Filmkamera, um zu Vergleichswerten für den Bildwinkel zu gelangen. Weitwinkel und kurze Brennweiten entsprechen 15–36 mm, Teleobjektiv oder lange Brennweiten dagegen 85 mm und mehr. Bei etwa 50 mm sprechen wir von einem Normalobjektiv, das dem Blickwinkel des menschlichen Auges entspricht.

4.11.2 Die Blende bestimmt den Lichteinfall

Über die Blendenöffnung bestimmt die Kamera die Menge des auf den Bildsensor auftreffenden Lichts. Die Blende ist wie ein radialer Vorhang, der sich verschieden weit öffnen kann. Die Größe der Blende wird normalerweise mit einem »f« davor angegeben. Bei einer weiten Öffnung (niedriger Blendenwert, beispielsweise f2,4) fällt viel Licht durch das Objektiv, bei einer kleinen Öffnung (hoher Blendenwert, beispielsweise f22) wenig. Wird die Blende variiert, lässt sich ein mittlerer Lichteinfall mit einer entsprechenden Belichtungszeit kombinieren. Außerdem beeinflusst die Blende das Bild in der Weise, dass eine kleinere Blendenöffnung eine höhere Tiefenschärfe ergibt. Eine größere Blendenöffnung ergibt dagegen eine geringere Tiefenschärfe und bildet den Gegenstand in einem unschärferen Vorder- und Hintergrund ab.

4.11.3 Der Verschluss bestimmt die Belichtungszeit

Der Kameraverschluss reguliert, wie lange das Licht durch die Blendenöffnung auf den Bildsensor trifft. Der Verschluss ist wie ein Vorhang, der sich vor dem Bildsensor öffnet und schließt. Einfachere Kameras besitzen so genannte elektronische Verschlüsse. Das bedeutet lediglich, dass der Zeitraum, in dem das vom Gegenstand ausgehende Lichtsignal vom Bildsensor aufgenommen wird, einer elektronischen Kontrolle unterliegt.

4.11.4 Der Bildsensor nimmt das Bild auf

Der Bildsensor ersetzt den Film einer traditionellen Kamera. Er besteht aus einer Reihe lichtempfindlicher Zellen. Jede Zelle registriert das einfallende Licht und wandelt es in ein analoges elektronisches Signal um. Diese werden wiederum in einen digitalen Wert umgerechnet. Damit eine gute Bildqualität erzielt wird, muss der Bildsensor über einen hohen Dynamikumfang verfügen, um sowohl die Tonwertunterschiede in der Tiefe wie auch im Licht so fein wie möglich abzubilden.

In der Regel werden Bildsensoren eingesetzt, deren Zellen entweder Rot, Grün oder Blau aufzeichnen, die so genannte Bayer-Matrix (One-Shot-Technik), oder es handelt sich um einen Foveon-Bildsensor, der drei übereinander liegende Sensorelemente verwendet, um mit jedem Pixel alle drei Grundfarben zu erfassen.

4.11.5 Zwischenspeicher, Bildprozessor und Speicherkarte

Wenn das Bild vom Bildsensor aufgenommen wird, wird es in einem Zwischenspeicher abgelegt und zunächst durch den Bildprozessor geschickt, bevor es auf der vergleichsweise langsam arbeitenden Speicherkarte gesichert wird. Auf welche Weise das Bild den Prozessor und den Zwischenspeicher passiert, ist von Kamera zu Kamera verschieden.

Der Zwischenspeicher ist ein schneller RAM-Speicher, von dessen Geschwindigkeit und Kapazität es abhängt, wie schnell ein neues Bild und wie viele Bilder in kurzer Folge fotografiert werden können. Durchläuft das Bild den Prozessor vor dem Zwischenspeicher, so ist die Kamerageschwindigkeit auch von der des Prozessors abhängig. Wird noch dazu die Komprimierung ins JPEG-Format verwendet, benötigt das Durchlaufen des Prozessors möglicherweise noch mehr Zeit.

Der Bildprozessor konvertiert die Rohdaten eines jeden Pixels in reguläre RGB-Werte, nimmt notwendige Anpassungen von Helligkeit und Kontrast vor, fügt Schärfe oder andere Einstellungen hinzu. Erst danach wird die JPEG-Kompression abgeschlossen. Findet die Schärfung vor der JPEG-Komprimierung statt, verwenden einige Kameras zusätzlich während des Sicherns ein Nachschärfen, um die ursprüngliche Schärfe wiederherzustellen, die die Rohdatendatei besaß, bevor die JPEG-Komprimierung Bilddetails reduzierte.

Zuletzt wird das Bild auf der Speicherkarte gesichert. Ein Bild im RAW-Format wird nicht vom Bildprozessor beeinflusst, bevor es auf der Speicherkarte abgelegt wird.

Speicherkarten gibt es in vielen Varianten, jedoch sind sie alle qualitativ etwa gleich. Abgesehen von der Speicherkapazität sollte die Schreib- und Lesegeschwindigkeit bei der Wahl der Speicherkarte ausschlaggebend sein.

4.11.6 Sichern als JPEG, TIFF oder im RAW-Format?

Normalerweise werden die Bilder von der Digitalkamera im JPEG-Format gespeichert. Kompaktkameras bieten oftmals kein anderes Format zur Auswahl an. Der Grund mit JPEG zu arbeiten liegt auf der Hand: So viele Bilder wie möglich sollen auf der Speicherkarte abgelegt werden. Der Nachteil besteht in der Komprimierung, die mitunter so stark ist, dass man einiges an Qualität einbüßt, insbesondere wenn das Bild anschließend noch bearbeitet wird.

Hochwertigere Kompaktkameras bieten zusätzlich das TIFF-Format an, das vollkommen verlustfrei speichert. Wünscht man eine bessere Bildqualität, ist dieses Format auf jeden Fall dem JPEG vorzuziehen.

Immer mehr Digitalkameras können auch im RAW-Format speichern. Die Kamera speichert die Bilddaten so, wie der Bildsensor sie erfasst, also bevor der Bildprozessor sie in ein normales RGB umrechnet und ohne dass die Daten verändert werden. Diese digitale Bilddatei wird als Rohdatendatei (RAW) bezeichnet und kann wie das Negativ einer Digitalkamera betrachtet werden. Dieser Dateityp enthält die meisten Bildinformationen und stellt die höchste Bildqualität dar.

Das RAW-Format muss vom Computer zuerst noch in ein normales RGB-Format umgerechnet werden, ehe es verarbeitet werden kann. Die Konvertierung einer Rohformatdatei in eine RGB-Datei bezeichnet man als RAW-Format-Konvertierung. Dabei hat man die Möglichkeit, die vom Bildsensor gespeicherte Bildinformation vorteilhaft zu nutzen, um bestimmten Tonwerten und Farben den Vorzug zu geben, damit ein Bild in bester Qualität entsteht, ähnlich einem gescannten Dia oder Negativ. Bei der Konvertierung des RAW-Formats lässt sich beispielsweise die Durchzeichnung in den Tiefen verbessern, die Helligkeit beeinflussen oder optische Fehler des Kameraobjektivs aus-

DATEIFORMATE DER KAMERAS

JPEG
+ benötigt wenig Speicherplatz
− reduziert die Bildqualität

TIFF
+ verlustfreies Format, höhere Bildqualität
− benötigt viel Speicherplatz

RAW-FORMAT
+ sichert die höchste Bildqualität
+ erlaubt nachträgliche Einstellungen
− benötigt ziemlich viel Speicherplatz
− erfordert RAW-Format-Konvertierung

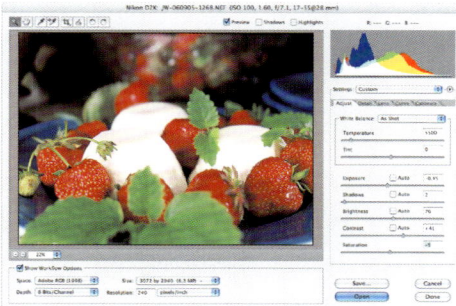

RAW-FORMAT-KONVERTIERUNG
Um ein Bild, das im RAW-Format aufgenommen wurde, zu bearbeiten und zu drucken, muss es zuerst in ein traditionelles RGB-Bild konvertiert werden. Die Konvertierung ist ähnlich wie das Einscannen eines Bildes, erfordert aber ein entsprechendes Programm wie Adobe Camera RAW.

DATEINAMENERWEITERUNGEN FÜR RAW-DATEIEN

- Canon   .crw   .cr2
- Fuji   .raf
- Kodak   .dcr   .dcs   .drf   .kdc   .k25
- Minolta   .mrw
- Nikon   .nef
- Olympus   .orf
- Panasonic .raw
- Pentax   .pef   .ptx
- Sony   .arw   .srf   .sr2

merzen. Ein normales RGB-Bild besteht aus drei Komponenten – Rot, Grün und Blau –, wobei in jedem Pixel jede dieser Komponenten gesichert wird, maximal mit 24 bit. Jedes Pixel kann demzufolge einen von 256 Tonwerten der drei Farbkomponenten annehmen.

Der Bildsensor der meisten Digitalkameras nimmt das Bild als eine einzige Komponente auf, ungeachtet der Tatsache, dass der Bildsensor eigentlich aus drei Arten von Bildzellen besteht, die nur für je eine der Farben Rot, Grün oder Blau empfindlich sind. Die Bildinformation in dieser Ein-Komponenten-Datei wird in der Regel mit 10 bis 14 bit pro Pixel gesichert. Das ergibt 1.024 bis 16.383 mögliche Tonwerte.

Ein Bild im 14-bit-RAW-Format einer gewöhnlichen 6-Megapixel-Kamera benötigt ungefähr 9,8 MB, und 16,8 MB wenn es in ein 8-bit-RGB-Bild konvertiert wird. Einige Kameras komprimieren die RAW-Format-Dateien beim Speichern, um den Speicherbedarf zu senken, ohne jedoch ihre Qualität zu schmälern. Die Zellen des Bildsensors sind in einem spezifischen Muster angeordnet (Bayer-Matrix), in der Regel Grün–Rot–Grün–Blau (GRGB). Die Anzahl der grünen Pixel des RAW-Formats ist also doppelt so hoch wie die der roten und blauen, weshalb die konvertierten Bilder im Grünbereich weniger störanfällig sind. Die neuere Technologie der Foveon-Bildsensoren basiert darauf, dass jedes Pixel sowohl die Information für Rot wie auch für Grün

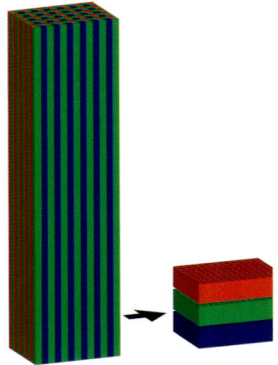

WIE RAW-FORMAT-KONVERTIERUNG FUNKTIONIERT
Eine Datei im RAW-Format besteht aus einem Kanal mit bester Farbtiefe, beispielsweise 12 bit = 4.096 Tonwertstufen. Konvertiert wird gewöhnlich in ein RGB-Bild, in dem jeder Kanal mit 256 Farben arbeitet.

FOTOGRAFIEREN MIT HÖCHSTER QUALITÄT

TIPPS FÜR DIE HÖCHSTE QUALITÄT EINES DIGITALEN FOTOS

- Vermeide schlechte Lichtverhältnisse, da diese viele Störungen verursachen und lange Belichtungszeiten erfordern.
- Vermeide lange Verschlusszeiten, um Verwacklungsunschärfe zu reduzieren.
- Verwende für längere Belichtungszeiten ein Stativ.
- Passe die Helligkeit manuell über einer weißen oder grauen Fläche an.
- Nimm bei einer Bildserie unter gleichen Lichtverhältnissen in einem Bild eine Graustufenskala auf.
- Verwende das Display als Sucher, um die Einstellungen zu erleichtern.
- Verwende das Histogramm in der Kamera, um ein Bild zu erstellen, das den gesamten Farbumfang digitaler Bilder ausschöpft.
- Vermeide bei direkter Sonneneinstrahlung zu fotografieren, um einen ausgeglichenen Farbumfang zu erhalten.
- Verwende die Belichtungskompensation, um die Belichtung zu optimieren.
- Plane voraus, da manche Digitalkameras etwas länger für ihre Einstellungen benötigen.
- Stelle einen niedrigen ISO-Wert ein, um Bildrauschen zu vermeiden.
- Sichere die Bilder im RAW-Format oder als TIFF; nicht im JPEG-Format.
- Schalte das Schärfen aus (ein leichtes Schärfen kann bei JPEG-Speicherung sinnvoll sein).
- Verwende für Innenaufnahmen nicht den eingebauten Blitz der Kamera.
- Bedenke, dass extreme Weitwinkel Farbsäume oder Verzerrungen verursachen.
- Stelle die Bildzählfunktion nicht zurück, um ein versehentliches Überspeichern älterer Bilder zu vermeiden.
- Schalte die Funktion »Digitaler Zoom« aus.
- Vermeide die Höchstauflösung der Kamera.

TYPISCHE BILDFEHLER BEI DIGITALAUFNAHMEN

- Bildrauschen im Bild, besonders in dunklen Bildbereichen
- schwache Tonstufenwiedergabe
- geringer Farbumfang im Bild
- Digitales Moiré
- Farbsäume
- schwache Bildtiefe
- falsche Graubalance
- unnatürliche Farben
- Verluste durch JPEG-Kompression
- Überschärfung durch die Kamera
- Interpolationsfehler durch digitalen Zoom
- Verwackeln
- falsch gefärbte Pixel

und Blau registriert. Jedes Pixel produziert einen RGB-Wert, der theoretisch zu einem größeren Detailreichtum führt und eine Konvertierung von GRGB in RGB erübrigt. Darüberhinaus gibt es bestimmte Studiokameras, die mit der sogenannten Three-Shot-Technik arbeiten und dabei direkt ein RGB-Bild liefern [siehe 4.10.5].

Es gibt diverse Programmzusätze, um die RAW-Format-Konvertierung zu implementieren, beispielsweise Camera RAW-PlugIn in Adobe Photoshop oder Capture One von Phase One.

RAW-Dateien können außerdem in das kamera-unabhängige Rohdatenformat DNG, Digital Negative konvertiert werden [siehe 4.8.8].

4.11.7 ICC-Profile für Digitalkameras

Jede Digitalkamera verfügt ähnlich wie anderes grafisches Equipment über ihre besonderen Eigenschaften, denen man, um korrekte Farben zu erzielen, entsprechende Aufmerksamkeit schenken sollte. Zu diesem Zweck wurden die ICC-Profile für Kameras geschaffen. Aber Licht und Farbtemperatur sind in jeder Aufnahmesituation anders. Diese beiden Komponenten beeinflussen das Bild mehr als die spezifischen Eigenschaften der Kamera. Wenn die Kamera ein ICC-Profil verwendet, benötigt sie eigentlich für jede Gelegenheit ein anderes.

Incamera von PictoColor ist ein solches System, mit dem man ICC-Profile und Farbkorrekturen für digitale Fotos erstellen kann. Das System basiert auf einem Testchart, das zusätzlich als separates Bild einer Bildserie aufgenommen wird. Dieses wird in Incamera geöffnet und mit einem Gitternetz überlagert. Das Programm erstellt ein ICC-Profil für die aktuelle Aufnahmesituation. Die anderen Bilder, die bei denselben Lichtverhältnissen aufgenommen wurden, werden dann mittels dieses RGB-ICC-Profils angepasst. Auf diese Weise werden die Farben über das ICC-Profil so korrigiert, dass sie den tatsächlichen Farben des Motivs entsprechen.

4.12 Scanner

Im folgenden Abschnitt wird erklärt, was man wissen muss, wenn man Bilder in den Computer einlesen will. Tonwertumfang, Tonkomprimierung und Gamma sind einige wichtige Begriffe. Auflösung, Rasterdichte und Samplingfaktor sollte man ebenfalls kennen.

Es gibt verschiedene Typen von Scannern, je nachdem, welche Vorlage man einscannen möchte. Grundsätzlich unterscheidet man drei Typen: Trommelscanner, Filmscanner und Flachbettscanner. Flachbettscanner gibt es in allen Preisklassen und Qualitätsstufen, einfachere Modelle für den Heimanwender für rund 100 Euro bis zu einigen Tausend als Profiausrüstung. Die einfacheren Scanner sind oftmals Kombimodelle mit Faxfunktion. Es gibt auch Modelle, die Schwarzweiß-Dokumente sehr schnell einscannen und die mit einem automatischen Einzug ausgestattet sind. Filmscanner kosten von einigen Hundert Euro bis in die Zehntausende. Trommelscanner sind extrem teuer, und ihre Zeit ist fast vorbei. Sie wurden inzwischen durch professionelle Flachbettscanner ersetzt.

GRAUSTUFEN IN DER DIGITALFOTOGRAFIE
Nimmt man am Bildrand eine Graustufenskala mit auf, lässt sich darüber bei der RAW-Format-Konvertierung oder in der Bildbearbeitung leichter die Graubalance einstellen.

FARBBEISPIELE ERGEBEN DIE RICHTIGE FARBE
Nimmt man ein spezielles Farbbeispiel als eigenes Bild einer Bildserie bei gleichen Lichtverhältnissen mit auf, kann später mit Autofarbkorrekturen abgestimmt werden.

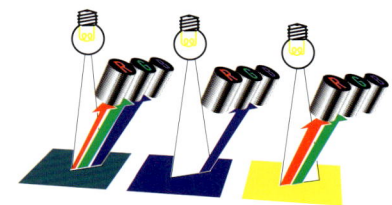

DAS PRINZIP DES SCANNENS
Der Scanner beleuchtet eine Fläche mit weißem Licht. Das reflektierte Licht wird von Farbfiltern in die drei Komponenten Rot, Grün und Blau aufgeteilt. Zusammen ergeben sie die Farben, die man sieht.

VERSCHIEDENE SCANNER

SCANNEN MIT EINEM FLACHBETTSCANNER
Das Original wird auf eine Glasplatte gelegt.

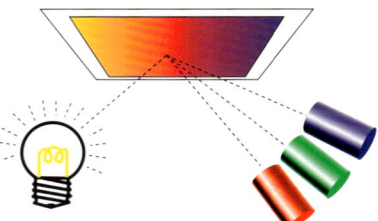

Das Licht der Scannerlampe wird von der Vorlage reflektiert und gelangt zu den CCD-Zellen.

SCANNEN MIT EINEM TROMMELSCANNER
Das Original wird auf einer Glastrommel aufgespannt.

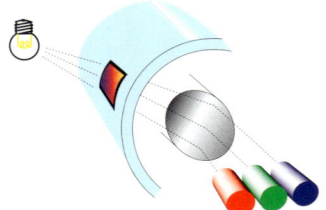

Das Licht fällt durch den Film und durch die rotierende Trommel. Danach wird das Licht über einen Spiegel auf die CCD-Zellen oder den Fotomultiplier gelenkt.

SCANNEN MIT EINEM FILMSCANNER
Ein Filmscanner scannt Negative oder Dias.

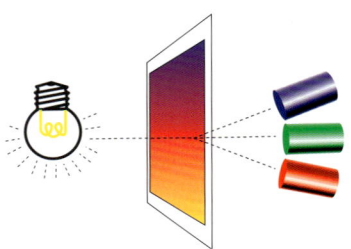

Das Scannen mit einem Filmscanner funktioniert ähnlich wie mit einem Trommelscanner, nur liegt der Film während des Scanvorgangs ruhig.

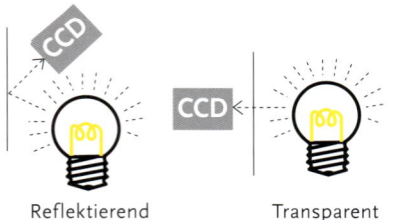

SCANNEN
Wenn ein Bild gescannt wird, wird das Licht entweder reflektiert (von der Aufsichtvorlage) oder leuchtet durch die Vorlage hindurch (Dia oder Filmnegativ).

Wenn der Scanner ein Bild abtastet, zerlegt er die Bildfläche in ein Kästchenschema, in dem jedes kleine Quadrat einem Ablesepunkt entspricht. Je höher die gewählte Dichte ist (also je größer die Auflösung), desto mehr Bildinformation wird der Scanner übertragen – und umso mehr Speicherbedarf hat die Datei. Jeder Scannerpunkt wird vom Computer in ein Pixel umgerechnet. Die Scanauflösung wird mit der Anzahl der Pixel pro inch (ppi) angegeben [siehe 4.7].

Der Scanner beleuchtet jeden Ablesepunkt mit weißem Licht. Das Licht, das vom Ablesepunkt reflektiert wird (beim Scannen einer Aufsichtvorlage) oder transmittiert (bei einer Durchsichtvorlage), ergibt den Farbton, den der jeweilige Punkt im Original hat. Das reflektierte oder transmittierte Licht wird von Farbfiltern in die drei Komponenten Rot, Grün und Blau aufgesplittet und erzeugt für jede Farbe mittels lichtempfindlicher CCD-Zellen den entsprechenden RGB-Wert.

Die Elektronik der Zellen übersetzt die analogen elektronischen Impulse, die ähnlich wie bei einer Digitalkamera über die Lichtintensität erzeugt wurden, in digitale Zahlenwerte. Vor jeder Zelle befindet sich ein Farbfilter, mit dem die

Zelle getrennte Werte für Rot, Grün und Blau ausgibt. Auf diese Weise erhält jedes Pixel seinen RGB-Wert. Die unterschiedliche Intensität der Grundfarben ergibt die verschiedenen Farbmischungen.

4.12.1 Flachbettscanner

Die Vorlage wird auf eine flache Glasplatte gelegt, was bei nicht biegsamen Originalen ein großer Vorteil ist. Die maximale Vorlagengröße beträgt in der Regel A4 oder A3. Dias und Negative müssen vor dem Scannen meistens aus ihren Rähmchen oder Hüllen herausgenommen werden. Flachbettscanner tasten das Originalbild mittels CCD-Zellen zeilenweise ab. Eine vollständige Zeile des Originals wird also in einem Schritt gescannt.

Die optische Auflösung von Scannern reicht von 600 ppi und einem kleineren Farbumfang bis hin zu 5.000 ppi und einer Farbdichte von mehr als vier Dichteeinheiten bei den fortschrittlicheren Scannern [siehe 4.13.2]. Der Bedarf, Negative oder Dias zu scannen, hat allerdings in den letzten Jahren drastisch abgenommen.

4.12.2 Filmscanner

Dieser Scannertyp wurde ausschließlich zum Abtasten transparenter Vorlagen wie Dias oder Negative gebaut. In der Regel scannt der Filmscanner nur immer ein Bild pro Durchgang ein.

Einige Modelle können nur Kleinbilddias einlesen (35 mm), andere Mittelformate wie 4,5 × 6 cm, 6 × 6 cm, 6 × 9 cm, und ein paar sogar alle Formate bis 12 × 25 cm. In diesen Scannern wird der Film in einen Filmhalter eingehängt.

Außerdem gibt es noch Scanner, die auf einer Technologie basieren, bei der der Film auf einer Trommel aufgebracht wird und auf diese Weise immer denselben Abstand zu einem rotierenden Scankopf einhält. Die Auflösung dieser Scanner reicht von 3.000 ppi bis zu 8.000 ppi.

4.12.3 Trommelscanner

Der Trommelscanner ist nach der großen Glastrommel benannt, auf die man die Bildvorlage mit Klebeband montiert. Die maximale Vorlagengröße variiert je nach Fabrikat, ist aber in der Regel A3. Ein Trommelscanner kann nur biegsame Originale einlesen. Will man zum Beispiel einen Bucheinband einscannen, muss man ihn erst abfotografieren. Andernfalls kann man ihn auch in einem Flachbettscanner einlesen. Dia-Originale müssen vor dem Montieren auf die Glastrommel aus dem Rahmen genommen werden. Trommelscanner sind meist groß und teuer, bieten jedoch hohe Qualität und Produktivität. Sie werden meist von Unternehmen der Druckvorstufe und von Druckereien mit hohen Anforderungen an die Bildqualität verwendet.

Das Einlesen in einem Trommelscanner geschieht, indem das Bild beleuchtet wird und ein Lesekopf mit Fotomultiplyer oder CCD-Zellen die Intensität des reflektierten bzw. durchgelassenen Lichts misst. Die Trommel rotiert mit hoher Geschwindigkeit, während der Lesekopf sich langsam über die Bildoberfläche bewegt. Bei einem Flachbettscanner erfolgt das Einlesen mit Hilfe einer Reihe von CCD-Zellen, die Schritt für Schritt, also zeilenweise, das Original abtasten.

CCD (CHARGED COUPLED DEVICE)
CCD-Sensoren sind Halbleiterbauteile, die die Lichtintensität in einen Spannungswert umwandeln. Sie bestehen aus einzelnen CCD-Elementen, die entweder als lineare Einheit (in einer Zeile) oder als Matrix angeordnet sind.

Die lineare Einheit findet vor allem in Scannern und Studiokameras Anwendung. Sie besteht aus drei CCD-Leisten (je eine für Rot, Grün und Blau). Um ein Bild abzutasten, fährt die Einheit über das Bild hinweg.

Im Gegensatz dazu sind die CCD-Elemente bei einer Matrix, wie sie in Digitalkameras Verwendung findet, in Zeilen und Spalten angeordnet. Das gesamte Bild wird somit auf einmal erfasst.

MIT GEL ODER ÖL MONTIEREN
Um eine besonders hohe Bildqualität zu erhalten, muss man wissen, wie man Newtonringe und sichtbare Kratzer auf dem Film vermeidet, wenn man Negative oder Dias einscannt. Man kann die transparente Vorlage auf einer dünnen Gel- oder Ölschicht auf dem Glas des Scanners montieren.

Die Abbildung zeigt, wie Newtonsche Ringe aussehen.

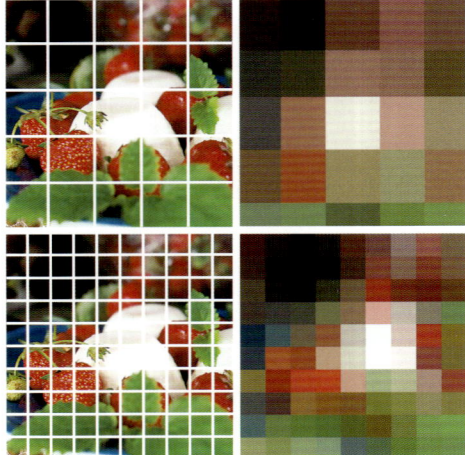

BILDER SCANNEN
Beim Scannen teilt der Scanner das Bild in ein quadratisches Muster, in dem jedes kleine Quadrat einem Scanpunkt entspricht. Je größer die gewählte Dichte (Auflösung) ist, desto mehr Bildinformation wird aufgezeichnet – was in einer größeren Datei resultiert. Jeder gescannte Punkt wird in ein Bildelement, ein sogenanntes Pixel, konvertiert. Die Scanauflösung wird in der Anzahl der Pixel pro Inch gemessen (ppi).

4.12.4 **Fotomultiplyer und CCD-Zellen**
Die Qualität des Fotomultiplyers oder der CCD-Zellen eines Scanners ist wichtig, damit die Lichtsignale richtig umgesetzt werden. Fotomultiplyer wurden in Scannern höchster Qualität eingesetzt, aber heutzutage arbeiten alle modernen Scanner mit CCD-Zellen, weil sie inzwischen die gleiche Qualität erreichen, jedoch preiswerter sind.

CCD-Zellen haben Schwierigkeiten, Tonwertunterschiede zu erkennen, insbesondere in dunklen Bildbereichen. CCD-Zellen altern zudem, was ihre Fähigkeit, Farben und Tonübergänge exakt wiederzugeben, beeinträchtigt.

4.12.5 **Mechanik und Elektronik**
Mechanik und Elektronik des Scanners sind entscheidend für seine Einlesepräzision. Die optische Präzision beeinflusst Farbwiedergabe und Schärfe, während die mechanische dafür sorgt, dass der Einlesevorgang in gleichbleibender Qualität verläuft. Mangelhafte optische Präzision führt zu schmutzigen Farben und Unschärfe, während schlechte mechanische Präzision Streifen und Farbverschiebungen hervorrufen kann.

4.12.6 **Tonwertumfang**
Der Tonwertumfang eines Scanners gibt Aufschluss über seine Fähigkeit, den gesamten Tonwertumfang eines Bildes einzulesen, inklusive feiner Farbnuancen. Begrenzt wird er durch die Empfindlichkeit des Fotomultiplyers oder der CCD-Zellen. Man kann den Tonwertumfang eines Scanners mit dem eines Bildoriginals vergleichen. Ein Dia hat einen Tonwertumfang von maximal 2,7 Dichteeinheiten [siehe 4.13.2]. Ein Scanner mit geringerem Tonwertumfang als das Original kann es also nicht optimal wiedergeben. Ein Scanner mit geringem Tonwertumfang kann zum Beispiel in den dunklen Partien keine feinen Nuancen erkennen, wodurch das Bild ungleichmäßige Tonwertübergänge hat und kontrastarm wirkt. Fortschrittliche Scanner verfügen über einen ausgeglichenen Tonwertumfang (Dmax), der in der Regel bei 4 liegt, so dass unterschiedliche Originalvorlagen mit allen ihren Tonwerten dargestellt werden können.

4.12.7 **Anzahl der bit pro Farbe**
Die meisten Scanner können mehr als 8 bit pro Farbe Rot, Grün und Blau einlesen, selbst wenn das Bild letztlich nur 8 bit pro Farbe benötigt. Die Zahl der bit pro Farbe bezeichnet man als die Farbtiefe (in bit) des Scanners. Es gibt Scanner mit einer Bit-Tiefe von 10, 12 oder 14 bit pro Farbe. Dies ergibt anstelle von nur 256 Tonwerten bei 8 bit, bei 14 bit bereits 16.384 Tonwerte und bei 16 bit sogar 65.536 Tonwertstufen. Wenn man mit 16 bit für jede Farbe scannt, spricht man vom 48-bit-Scannen (3 x 16 = 48).

Werden mehr Tonwerte eingescannt, wird also beim Einlesen mehr Bildinformation erfasst. Das Auge vermag all diese Nuancen nicht zu unterscheiden, aber die zusätzlichen bit ermöglichen es, mehr Information über die besonders wichtigen Bildbereiche zu erhalten, zum Beispiel detailreiche Schatten in einem dunklen Bild. Scannen mit höherer Bit-Tiefe erzeugt ein digitales Bild, das eine bessere Ausgangsbasis für die Bearbeitung liefert als ein 8-bit-Bild [siehe 4.6.5].

4.12.8 Scanner-Auflösung

Die maximale Auflösung ist ein weiteres wichtiges Qualitätsmerkmal des Scanners. Ein Scanner von guter Qualität kann Bilder mit mehr als 5.000 ppi einlesen. Eine hohe Auflösung ist wichtig, wenn das Bild vergrößert werden soll. Ein einfaches Kleinbilddia (24 × 36 mm), das zehnfach vergrößert werden soll, muss mit einer Auflösung von 3.000 ppi eingelesen werden, damit es mit einer Rasterweite von 150 lpi (60 l/cm) gedruckt werden kann.

Es ist wichtig, zwischen optischer und interpolierter Auflösung zu unterscheiden. Die optische Auflösung ist die tatsächliche physikalische Auflösung, die der Scanner hat. Die interpolierte Auflösung ist eine mathematische Erhöhung der Bildauflösung, die der Scanner basierend auf der optischen Auflösung berechnet, wenn das Bild gescannt wird. Das Bild erhält dadurch keine bessere Detailzeichnung, es verfügt lediglich über eine höhere Auflösung. Es sollte daher möglichst nicht interpoliert werden und die einzige Messlatte für die Scannerauflösung ist die optische Auflösung.

4.12.9 Rauschen

Ähnlich wie eine Digitalkamera erzeugt auch der Scanner Störungen im Bild. Diese überlagern das Bild wie eine Art Körnung. Sie entstehen, wenn der Scanner und die CCD-Zellen zu warm werden. Die meisten modernen Scanner haben ein integriertes Kühlsystem, um dieses Problem zu minimieren.

4.12.10 Die Scansoftware

Bei den meisten Scannern gehören anspruchsvolle Programme, bei denen man unterschiedliche Einstellungen vornehmen kann, zum Lieferumfang. Ein gutes Bildeinleseprogramm sollte eine Reihe an Einstellmöglichkeiten für Scanauflösung, Farbseparation und Druckanpassung sowie für selektive Farbkorrektur mittels ICC-Profilen haben. Viele dieser Faktoren können später noch beeinflusst werden, aber man gewinnt meist nicht nur Qualität, sondern auch Zeit, wenn man die Werte gleich beim Einlesen einstellen kann. Ein schlecht gescanntes Bild lässt sich nachträglich häufig schlecht bearbeiten, manchmal ist es sogar unmöglich.

Zusätzlich sollten sich Einstellungen für die Stapelverarbeitung vornehmen lassen (nicht bei Filmscannern). Die meisten Scanner sind mit der eigenen Scansoftware des Herstellers ausgerüstet. Eines dieser recht populären Programme ist Silverfast von Lasersoft.

4.12.11 Scannerprofile

Jeder Scanner hat seine besonderen Eigenschaften. Jedes Gerät ist einzigartig und die Eigenschaften variieren selbst zwischen Geräten eines Modells desselben Herstellers. Das eine stellt beispielsweise ein bestimmtes Rot gelblicher und heller dar, das andere bläulicher und dunkler. Um immer die richtigen Farben als Ergebnis zu erhalten, damit das gescannte Bild also genauso aussieht wie das Original, muss man diese Scanfehler verhindern. Der Scanner muss farbkalibriert werden. Dazu werden die Farbwerte jedes Bildes mit einer Tabelle in Form eines sogenannten ICC-Profils verglichen [*siehe Farbenlehre 3.10*]. Das ICC-Profil des Scanners wird mittels eines sorgfältig auf ver-

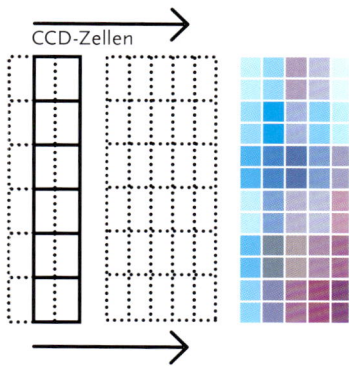

WAS BEDEUTET EINE AUFLÖSUNG VON 1.200 × 600?
Bei manchen Scannern ist die Auflösung in der einen Richtung höher als in der anderen. Das liegt daran, dass die Reihe mit CCD-Zellen in kleineren Schritten bewegt werden kann als die Auflösung einer Reihe beträgt. Der Scanner kann daher in der einen Richtung feiner aufzeichnen. Bei der höchsten Auflösung ergeben zwei nebeneinanderliegende Pixel dasselbe.

DIE QUALITÄT DES SCANNERS
Die Qualität des Scanners ist abhängig von

- mechanischen und elektronischen Faktoren
- Photomultipliern oder CCD-Zellen
- Farbumfang
- Bit-Zahl pro Einzelfarbe
- Auflösung
- Scansoftware

EIN SPEKTRALFOTOMETER
Ein Spektralfotometer misst Farben sehr genau. Es wird für das Ausmessen einer gedruckten Vorlage oder eines Bildschirms verwendet, um ein ICC-Profil zu erstellen.

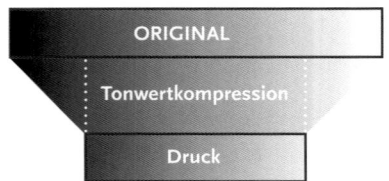

TONWERTKOMPRESSION IM DRUCK
Weil der Tonwertumfang im Druck niedriger ist als in der Wirklichkeit, muss komprimiert werden. Dabei gehen Tonwerte verloren und man muss Prioritäten setzen, welche Tonwerte am wichtigsten sind.

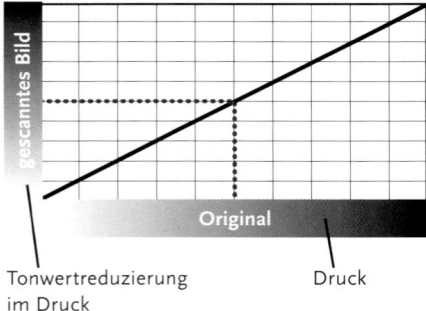

TONWERTREDUZIERUNG BEIM SCANNEN
Im Diagramm sehen wir, wie der gesamte Tonwertumfang des Originals in den Tonwertumfang des Drucks reduziert wird. Die X- und Y-Achsen stellen den Tonwertumfang des Originals und des gescannten Bildes gegenüber.

schiedenen Fotopapieren und Filmmaterialien unterschiedlicher Hersteller wie Fuji oder Kodak erstellten Testcharts erzeugt. Diese Testcharts bestehen aus vielen kleinen Quadraten unterschiedlicher Farben, die eingescannt werden. Mittels eines speziellen ICC-Programms werden die Werte, die die einzelnen Quadrate haben sollten, mit den gescannten verglichen.

Dann berechnet das Programm automatisch ein ICC-Profil. Dieses ICC-Profil wird anschließend von der Scannersoftware bei jedem Scanvorgang verwendet. Scannt man nun das Testchart erneut ein, werden alle Farben korrekt erscheinen.

Das Programm und die Testcharts für die Farbkalibrierung des Scanners werden zusammen mit einem Messgerät, dem Spektralfotometer, verkauft und sind vergleichsweise teuer. Ein solches Gerät ist beispielsweise das Eye-One der Firma Gretag Macbeth.

4.13 Bilder scannen

Nachfolgend werden wir betrachten, was es mit Tonwertumfang, Tonwertkomprimierung und Gammawert auf sich hat. Ebenso sollten Auflösung, Rasterweite und Samplingfaktor beachtet werden. Zuletzt werden wir zeigen, wie man ein Bild richtig scannt. Zunächst aber werden wir einen Blick darauf werfen, was man über die verschiedenen Arten von Bildvorlagen wissen sollte.

4.13.1 Verschiedene Arten von Originalbildern

Mit Originalbildern meinen wir die Vorlagen, die eingelesen und in ein digitales Bild verwandelt werden sollen. Dabei kann es sich um ein Papierbild (eine sogenannte Aufsichtvorlage), ein Diapositiv oder ein Negativ (Durchsichtvorlagen) handeln. Beim Originalbild kann es sich auch um eine von Hand gezeichnete Illustration oder Ähnliches handeln.

Nicht jede Form von Original eignet sich für jeden Zweck. Wenn man Bilder im Großformat drucken oder Ausschnittvergrößerungen vornehmen will, sollte man große Originale wählen. Die maximale Auflösung des Scanners begrenzt die Vergrößerungsmöglichkeit. Hat der Scanner eine niedrige Auflösung, kann man das Bild nicht sehr stark vergrößern. Dann ist es natürlich besonders wichtig, eine große Vorlage zu haben – ein Aufsichtbild oder ein großformatiges Dia. Wird eine Vorlage stark vergrößert, besteht die Gefahr, dass die Körnung des Films deutlich sichtbar wird. Deshalb sind größere Bildvorlagen eigentlich immer von Vorteil. Ab einer gewissen Größe passen Vorlagen jedoch nicht mehr auf den Scanner: Dann müssen wiederum Aufnahmen (zum Beispiel von Postern oder großen Originalen) angefertigt werden.

Auch die Lebensdauer der einzelnen Originale unterscheidet sich. Ein Polaroidbild behält seine Qualität nur ein paar Jahre, während ein schwarzweißes Papierbild bei richtiger Behandlung, also trockener, dunkler und kühler Lagerung, über 100 Jahre erhalten bleibt.

4.13.2 Tonwertumfang der Vorlage

Der Tonwertumfang ist die Menge an Farbtönen, die von einem bestimmten Original reproduziert werden kann. Den größten Tonwertumfang können

Diafilme wiedergeben. Deshalb werden oft Diapositive eingelesen, weil sie die höchstmögliche Bildinformation enthalten. Der Tonwertumfang wird als Dichteumfang (d) angegeben, das ist die Differenz zwischen der dunkelsten und der hellsten Partie des Bildes. Ein Original-Dia hat in der Regel einen Dichteumfang von etwa 2,7 bis über 3,0. Der Druck auf einem fein gestrichenen Papier hat einen Dichteumfang von etwa 2,2. Ein Druck auf Zeitungspapier liegt bei 0,9 und der Papierabzug von einem Negativ bei 1,8.

Der Farbumfang bei Aufsichtvorlagen liegt bei einer Dichte von ungefähr 2, wird aber normalerweise bei der Belichtung vom Negativ auf das Fotopapier angepasst. Sie lassen sich folglich gut einscannen und in Drucksachen wiedergeben, obwohl der Farbumfang eher klein ist. Allerdings lässt der geringe Spielraum keine feinen Details im Bild zu. Dazu müsste man eine Originalaufnahme verwenden.

Entspricht die Größe der Aufsichtvorlage der späteren Größe im Druck, lässt sich das Bild genauer einlesen und ist weniger abhängig von den Möglichkeiten des Scanners.

4.13.3 Qualität von Originalbildern

Details und Farben, die im physikalischen Original nicht enthalten sind, können nicht auf wundersame Weise erscheinen. Je weniger das Bild beim Scannen und Bearbeiten verändert werden muss, desto besser ist das Endergebnis.

Abgesehen von den Farben spielt die Graubalance eine entscheidende Rolle. Das Original sollte möglichst geringe Abweichungen in der Farbbalance aufweisen. Man stellt dies am besten sicher, indem man dafür sorgt, dass Filmtyp und Farbtemperatur korrekt gewählt werden.

Fotografische Filme verursachen eine leichte Körnung im Bild. Besonders stark wird das Filmkorn sichtbar, wenn man einen sehr lichtempfindlichen Film verwendet oder wenn man einen Film komprimiert, der unterbelichtet und überentwickelt wurde. Bei manchen Bildern ist das Korn durchaus erwünscht, aber es ist schwierig zu entfernen, wenn man es nicht haben will.

Auch das Format des Originals und der Einsatzbereich des davon erzeugten Digitalbildes bestimmt die Chance auf eine gute Bildqualität. Je größer das Original ist, desto leichter sind Schärfe und Detailreichtum zu erzeugen. Natürlich muss das Original auch scharf sein sowie frei von Staub und Kratzern.

4.13.4 Das Motiv berücksichtigen

Um die Information des Originals optimal nutzen zu können, muss man beim Einlesen steuern, wie die Tonwertreduzierung vorgenommen werden soll und welche Tonwertbereiche dabei Vorrang haben sollen. Deshalb ist es sinnvoll, jedes Bild vor dem Einlesen unter dem Aspekt zu betrachten, welche Bildbereiche wichtiger und welche weniger wichtig sind. In einem dunklen Bild mit vielen Details in den dunklen Partien haben die dunklen Bereiche Priorität, bei einem hellen Bild ist es umgekehrt.

Wir haben die Bilder in drei Typen unterteilt: High-Key-Bilder, Mittelton- und Low-Key-Bilder. High-Key-Bilder haben große, detailreiche helle Partien. Mitteltonbilder sind vor allem in den mittleren Tonwerten detailreich. Bei Low-Key-Bildern befinden sich die Details vor allem in den dunklen Partien.

DIE DICHTE VERSCHIEDENER ORIGINALE

- Druck auf Zeitungspapier   d 0,9–d 1,0
- Papierkopie   d 1,8
- Druck auf gestrichenem Papier   d 1,8–d 2,2
- Negative   d 2,5
- Dias   d 2,7
- Wirklichkeit   über d 3,0

Das **HIGH-KEY-BILD** ist hell und hat viele Details in den hellen Bildbereichen.

Das **MITTELTONBILD** zeigt hauptsächlich im Mitteltonbereich viele Details.

Das **LOW-KEY-BILD** ist dunkel, viele Details liegen in den dunklen Bereichen.

UNTERSCHIEDLICHE GAMMAWERTE FÜR VERSCHIEDENE BILDMOTIVE

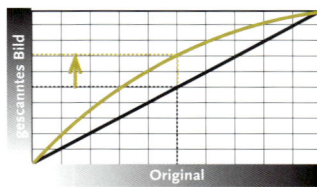 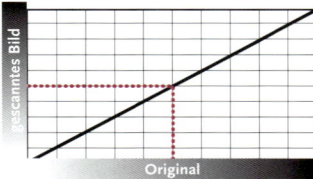 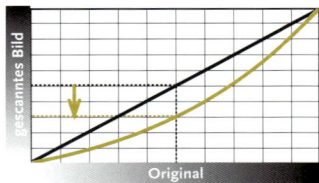

GAMMA WENIGER ALS 1.8
Die Bilder unten wurden mit der für High-Key-Bilder erforderlichen Gammakurve gescannt.

GAMMA GLEICH 1.8
Die Bilder unten wurden mit der für Mitteltonbilder erforderlichen Gammakurve gescannt.

GAMMA HÖHER ALS 1.8
Die Bilder unten wurden mit der für Low-Key-Bilder erforderlichen Gammakurve gescannt.

HIGH-KEY-BILD
Das Bild behält seine Kontraste in den hellen Bildbereichen auf Kosten der dunklen Bereiche.

HIGH-KEY-BILD
Das Bild wird in den hellen Bereichen kontrastärmer.

HIGH-KEY-BILD
Das Bild büßt in den hellen Bereichen alle Kontraste ein.

MITTELTONBILD
Das Bild wird in den dunklen Bereichen kontrastärmer.

MITTELTONBILD
Das Bild behält seine Kontraste im Mitteltonbereich zu Lasten der dunklen und hellen Bereiche.

MITTELTONBILD
Das Bild wird in den hellen Bildbereichen kontrastärmer.

LOW-KEY-BILD
Das Bild büßt in den dunklen Bereichen alle Kontraste ein und läuft zu.

LOW-KEY-BILD
Das Bild wird in den dunklen Bereichen kontrastärmer.

LOW-KEY-BILD
Das Bild behält seine Kontraste in den dunklen Bildbereichen zu Lasten der hellen Bereiche.

4.13.5 Die Gammakurve

Man kann mit Hilfe einer Tonwertkurve, der so genannten Gammakurve, die Tonwertverteilung justieren. Die Gammakurve gibt an, wie die Tonwerte des Originals in Tonwerte des Drucks umgesetzt werden sollen. Eine lineare Gammakurve beeinflusst die Umsetzung der Töne nicht, während geschwungene Kurven die Umsetzung unterschiedlich steuern.

Der Gammawert bestimmt Verlauf und Lage der Gammakurve. In der Regel wird ein Gammawert von 1.8 für Mitteltonbilder empfohlen, da er der Wahrnehmungsweise des menschlichen Auges nahe kommt. Er eignet sich für das Einlesen üblicher Mitteltonbilder. Ein Low-Key-Bild muss jedoch mit einem höheren Gammawert eingelesen werden, damit die Details in den dunklen Bildbereichen im Druck wirklich wiedergegeben werden. Dafür muss man allerdings eine etwas schlechtere Detailwiedergabe in den hellen Partien in Kauf nehmen.

Ein High-Key-Bild wird mit einem Gammawert von weniger als 1.8 eingelesen, damit alle Details in den hellen Partien im Druck erscheinen. Die schlechteren Details in den dunklen Bereichen muss man als Kompromiss in Kauf nehmen.

4.13.6 Der Vergrößerungsfaktor beim Scannen

Will man das Bild ganz oder teilweise vergrößern, muss man das bereits bei der Wahl der Scanauflösung berücksichtigen. Das Größenverhältnis zwischen Original und Druck nennt man Vergrößerungs- oder Skalierungsfaktor. Will man beispielsweise ein Bild in dreifacher Originalgröße drucken, ist der Vergrößerungsfaktor 3. Man muss also die Scanauflösung gegenüber dem Wert, den man benötigt hätte, um das Bild in Originalgröße zu drucken, verdreifachen. Dies wird in der Regel mit 300 % Skalierung angegeben.

4.13.7 Die optimale Scanauflösung

Die Scanauflösung errechnet sich, indem man Rasterdichte, Vergrößerungsfaktor und Samplingfaktor miteinander multipliziert.

Beispiel: Ein Bild soll mit einer Rasterweite von 150 lpi in 170 % der Originalgröße gedruckt werden. Daraus folgt, dass die optimale Scanauflösung gleich $150 \times 2 \times 1{,}7 = 510$ ppi ist. Sie wählen nun an Ihrem Scanner die nächsthöhere Auflösung, die auf diesen Wert folgt, um ein schnelles Einlesen in guter Qualität zu gewährleisten – wahrscheinlich in diesem Falle 600 ppi, da die Scanauflösung oft in glatten Hunderterschritten vorgegeben ist. Denken Sie daran, dass die Bildauflösung der doppelten Rasterweite entspricht, während die Scanauflösung gleich Bildauflösung mal Vergrößerungsfaktor ist. Im Beispiel oben ist also die Bildauflösung gleich 300 ppi, während die Scanauflösung gleich $1{,}7 \times 300 = 510$ ppi ist.

Die meisten Scannerprogramme verfügen über eine Funktion, die die Scanauflösung automatisch berechnet, wenn Rasterweite und Vergrößerungsfaktor eingegeben werden.

Rasterweite	A6	A5	A4	A3
500 ppi/250 lpi/80er l/cm	4	5	6	7
350 ppi/175 lpi/60er l/cm	3	4	5	6
240 ppi/120 lpi/50er l/cm	2	3	4	5
170 ppi/85 lpi/30er l/cm	1	2	3	4

DATEIGRÖSSE EINES UNKOMPRIMIERTEN RGB:

1 – ca. 2,25 MB   5 – ca. 36 MB
2 – ca. 4,5 MB   6 – ca. 72 MB
3 – ca. 9 MB   7 – ca. 144 MB
4 – ca. 18 MB

RASTERWEITE UND BILDFORMAT

Sobald man die Größe digitaler Bilder verändert, hat das Auswirkungen auf die Auflösung und somit auf die Rasterweite, mit der sie gedruckt werden können. Die Tabelle oben zeigt das Verhältnis zwischen Vergrößerungsgrad/Bildformat und Bildauflösung/Rasterweite.

Ein digitales Bild, das um 200% vergrößert wird, etwa von A6 auf A4, hat eine nur halb so starke Auflösung und kann daher mit maximal halber Rasterdichte gedruckt werden.

Ein Bild, das in A6 für 80er l/cm (250 lpi) eingelesen wurde, also mit 500 ppi, kann auf A5 für 60er l/cm, A4 für 50er l/cm oder A3 für 30er l/cm (= Ziffercode 4) vergrößert werden.

MAXIMALER SKALIERUNGSFAKTOR =

$$\frac{\text{maximale Auflösung des Scanners}}{\text{Bildauflösung}}$$

zum Beispiel:

$$\frac{1.200}{300} = \text{Skalierungfaktor 4}$$

OPTIMALE SCANAUFLÖSUNG =

Rasterweite (lpi) × Samplingfaktor* × Vergrößerungsfaktor (%).

* Der Samplingfaktor sollte 2 betragen.

VERGRÖSSERN VON BILDERN
Wenn ein Bild die dreifache Breite haben soll, sind 9 Pixel für einen Teil des Motivs erforderlich, wo im kleinen Bild nur 1 Pixel gebraucht wurde. Daraus ergibt sich auch die erforderliche neunfache Speichergröße.

ZUSCHNEIDEN UND DREHEN
Wurde ein Bild eingescannt, muss es manchmal im Bildbearbeitungsprogramm gerade ausgerichtet werden. In Adobe Photoshop kann man in einem Schritt mittels Verwendung des Freistellungswerkzeugs drehen und zuschneiden.

UM EIN BILD IN BESTMÖGLICHER QUALITÄT ZU SCANNEN IST FOLGENDES ZU BEACHTEN:

- Entferne sorgfältig und behutsam Staub und Schmutz vom Original;
- Wähle die besten Grundeinstellungen, die in der Scansoftware möglich sind;
- Kalibriere den Scanner mit einem ICC-Profil;
- Stocke das Bild auf 16 bit auf, um so viele Nuancen wie möglich zu behalten;
- Weise dem Bild das ICC-Profil Adobe RGB (1998) zu;
- Verwende das ICC-Profil, das für die verwendete Filmsorte erstellt wurde, wenn ein Film eingescannt werden soll;
- Wenn auf einem Flachbett- oder Trommelscanner mit sehr hoher Auflösung gescannt wird, ziehe die Vorlage mit Gel oder Öl auf.

4.13.8 Wie stark kann man ein Bild vergrößern?

Wie stark man ein Bild vergrößern kann, hängt vom Original und der maximalen Auflösung des Scanners ab. Die maximale Scanauflösung ergibt sich aus der kleinsten Schrittlänge, für die der Lesekopf des Scanners ausgelegt ist. Hat ein Scanner eine maximale Auflösung von 4.800 ppi, kann er ein Bildoriginal mit maximal 4.800 Punkten pro Zoll abtasten.

Zurück zu unserem Beispiel. Wir gehen davon aus, dass der Scanner eine maximale Auflösung von 4.800 ppi hat. Ein Bild, das mit 150 lpi (60 l/cm) gedruckt werden soll, erfordert eine Bildauflösung von 300 ppi, wenn wir mit dem optimalen Samplingfaktor 2 arbeiten. Das bedeutet, dass man das Bild maximal 4.800 ppi/300 lpi = 16fach vergrößern kann. Das heißt gleichzeitig, ein Bild, das mit 150 lpi gedruckt werden soll und mit einer Scanauflösung von 4.800 ppi eingelesen wird, kann maximal auf 1.600 % vergrößert werden. Scannt man also auf diese Weise ein Kleinbildnegativ ein, lässt es sich von 24×36 mm bis auf 38,4×57,5 cm vergrößern, das ist mehr als A3.

Als Vorlage für Bilder, die sehr groß gedruckt werden sollen, sollte man daher möglichst ein großes Original verwenden. Bei zu kleinem Original besteht die Gefahr, dass es nicht ausreichend vergrößert werden kann. Kleinbildnegative sollten nicht mehr als A3 vergrößert werden, am besten maximal A4, weil sonst das Filmkorn zu sichtbar wird.

4.13.9 Die Verwendung des Scanprogramms

Wird ein Bild gescannt, erfolgt dies in der Regel durch ein Programm, das den Scanner steuert und Einstellmöglichkeiten anbietet, wie das Bild gescannt werden soll. Die Scannersoftware kann ein eigenständiges Programm sein oder ein Plug-in von Adobe Photoshop.

Bevor das Bild richtig gescannt wird, wird zuerst eine Vorschau erstellt, die das Bild zeigt, wie es in den Scanner eingelegt ist. Im Vorschaufenster kann der Bereich, der gescannt werden soll, mittels eines Rahmens genau eingegrenzt werden. Nun kann man den Kontrast einstellen, den Schwarz- und Weißpunkt, Sättigung und Farbbalance sowie einen dem Motiv entsprechenden Gammawert wählen. Viele dieser Programme bieten einen automatischen Abgleich an. Wenn man ein Dia, und insbesondere wenn man ein Negativ einscannt, sollte der Scanner über ICC-Profile der verschiedenen Filmtypen verfügen, da Farben und Tonwerte je nach Filmtyp variieren können. Mit geeigneten Filmprofilen ist das Scannen entschieden einfacher.

Es ist wichtig, das Bild so zu scannen, dass es dem Original möglichst nahe kommt, um unnötige Nachbearbeitungen zu vermeiden und eine möglichst hohe Bildqualität zu erzielen.

Die Scannersoftware bietet auch eine Schärfefunktion an. Diese sollte jedoch nicht verwendet werden. Geschärft werden sollte erst später nach der Bildbearbeitung und kurz vor dem Druck, weil dabei der Tonwertumfang reduziert wird.

Das Scannerprogramm übernimmt die Berechnung der Auflösung. Man gibt normalerweise nur die Grundeinstellungen wie den Samplingfaktor vor. Dieser sollte auf 2 stehen. Dann sollte für jedes Bild eingestellt werden, mit welcher Rasterweite es gedruckt werden wird, sowie der Skalierungsfaktor,

SKALIERUNGSFAKTOR

Beispiele für Bilder mit unterschiedlichem Vergrößerungsfaktor. Untersuchungen haben gezeigt, dass Vergrößerungen bis zu 120 % ein gutes Resultat ergeben. Bei mehr als 120 % wird die Qualität sichtbar beeinträchtigt. Das wird vor allem bei diagonalen Konturen deutlich, zum Beispiel an der Oberkante des geöffneten Deckels. Generell wirken zu starke Vergrößerungen unscharf, und bei extremen Vergrößerungen werden die Pixel sichtbar.

mit dem das Originalbild eingelesen werden soll. Wird das Bild doppelt so lang, muss die Größe auf 200 % eingestellt werden. Auf jeden Fall variieren die Einstellmöglichkeiten je nach Scannersoftware.

4.13.10 Mehrere Bilder auf einmal scannen

Verwendet man einen Flachbett- oder Trommelscanner, ist es möglich, mehrere Bilder in einem Durchgang einzulesen. Auch manche Filmscanner verfügen über diese Möglichkeit und verwenden dazu einen automatischen Filmeinzug. Die Scannersoftware sollte in der Lage sein, eine Stapelverarbeitung durchzuführen, das bedeutet, man kann für jedes Bild eine individuelle Einstellung vornehmen, die der Scanner beim Durchlauf automatisch zuordnet. Vorteil der Stapelverarbeitung ist, dass man nicht daneben sitzen und warten muss, um den Scanvorgang für jedes Bild manuell zu starten, und dies macht das Scannen wesentlich effizienter.

STAPELVERARBEITUNG

Die meisten Scanprogramme bieten eine Stapelverarbeitung an, um mehrere Bilder auf einmal zu scannen. Nach dem Prescan erscheinen alle Bilder in der Vorschau, können beschnitten werden, und werden dann in einem Durchgang gescannt.

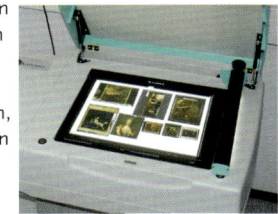

DER SAMPLINGFAKTOR

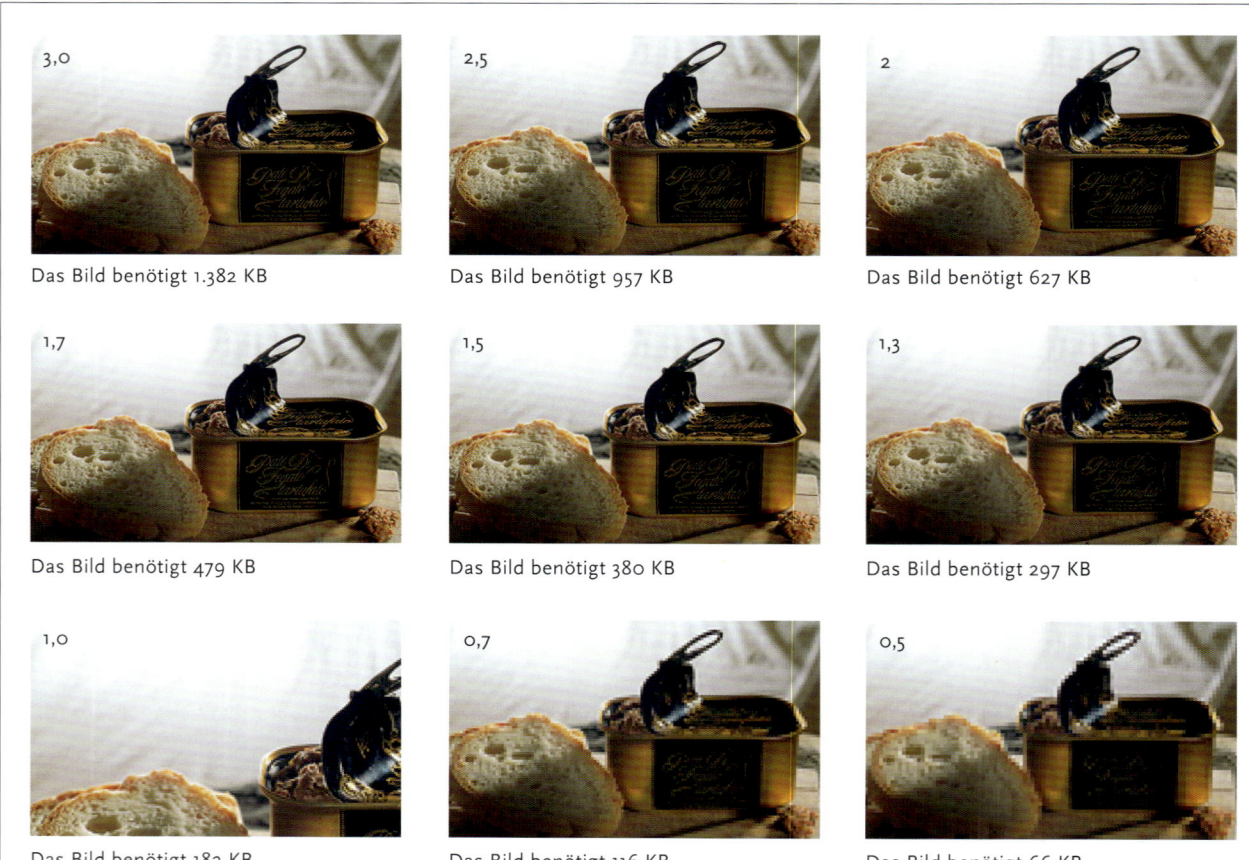

BILDBEISPIELE MIT VERSCHIEDENEN SAMPLINGFAKTOREN
Oben wird dasselbe Bild gezeigt, aufgezeichnet mit verschiedenen Samplingfaktoren. Ein Samplingfaktor von mehr als 2 bringt kein wesentlich besseres Bildergebnis, aber eine große Datei. Es hat sich gezeigt, dass ein Samplingfaktor von etwa 2 das optimale Verhältnis zwischen Dateigröße und Bildqualität darstellt.

Eine zu niedrige Auflösung im Verhältnis zur Rasterweite (niedriger Samplingfaktor) zeigt sich in diagonalen Linien, beispielsweise am geöffneten Dosendeckel. Ganz allgemein verursacht eine niedrige Auflösung Unschärfe und wenig Detailreichtum. Bei höherer Rasterweite wird die niedrige Auflösung sichtbar vom Raster abgebildet.

Falls der Scanner keine Stapelverarbeitung anbietet, die Bilder aber ähnliche Voraussetzungen haben, so dass dieselben Einstellungen verwendet werden können, kann man alle Bilder in einem Arbeitsschritt einscannen, als handele es sich um ein einziges.

Adobe Photoshop kann die gemeinsam gescannten Bilder nach dem Scanvorgang automatisch in einzelne Bilder zerteilen und drehen. Der Befehl dafür befindet sich unter: **Datei → Automatisieren → Fotos freistellen und gerade ausrichten.**

WIE SCANNT MAN...

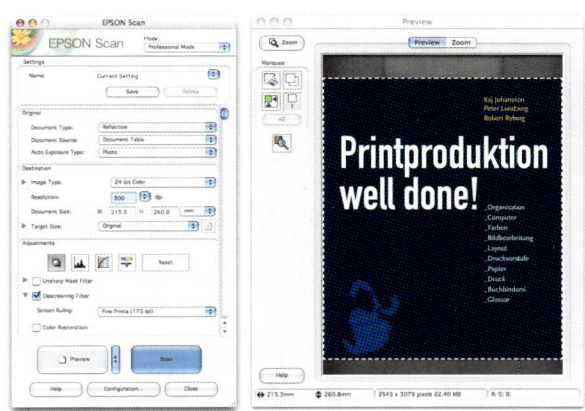

... EIN GEDRUCKTES ORIGINAL?
Will man eine verkleinerte Abbildung eines Druckerzeugnisses (beispielsweise ein Buchcover) woanders abbilden, hat aber das Originaldokument nicht, dann muss man das gedruckte Exemplar einscannen. Um ein gutes Ergebnis zu bekommen, gilt es dabei einiges zu beachten:

Farbdruck: Das Bild in Farbe (RGB) einscannen. Einen Entrasterungsfilter (Descreen) beim Scannen anwenden. Möglichst die Rasterweite einstellen, mit der das Produkt gedruckt wurde, und eine Druckeinstellung mit hohem GCR verwenden [*siehe Druckvorstufe 7.4.4*].

Schwarzweiße Originale: Diese werden meistens am besten, wenn man sie im Bitmap-Modus (Strich) scannt. Die gescannten Bilder sollten danach 1.200–1.800 ppi in der Endgröße haben. Der Vorteil daran ist, dass der Raster des Bildes kein Moiré bilden kann und der Text in der Reproduktion lesbar sein wird. Das Bild sollte eher etwas heller gescannt werden, da für Schwarzweißdrucke keine Möglichkeit besteht, dem Druckpunktzuwachs entgegenzuwirken.

Ist die Reproduktion kleiner als das Original, sollte man stattdessen in Graustufen scannen und bei Bedarf nachbearbeiten.

Verkleinerte Reproduktionen werden allerdings am besten, wenn man das Original verwenden und daraus eine EPS- oder PDF-Datei erstellen kann. Dann werden die Bilder für die Druckausgabe korrekt gerastert und der Text am besten, nur in Schwarz und ohne Rasterung wiedergegeben [*siehe Layout 6.7*].

... EIN BEREITS GEDRUCKTES BILD
Scannt man ein Bild für den Druck ein, das bereits gedruckt ist, riskiert man ein stark sichtbares Moiré.

Um dies zu vermeiden oder wenigstens das Risiko zu minimieren, verwendet man die »Entrasterungsfunktion« der Scannersoftware. Das Scannen wird etwas länger dauern und das Bild wird ein wenig weichgezeichnet wirken, aber dafür kann es später erneut gedruckt werden.

Manchmal wird auch empfohlen, das Bild ein wenig gedreht zu scannen. Dies bringt aber nicht immer den gewünschten Effekt, weil in einem farbigen Bild verschiedene Rasterwinkel vorhanden sind. Nur wenn das Bild mit einem FM-Raster (frequenzmoduliert) gedruckt wurde, besteht keine Moiré-Gefahr. Entrastert werden sollte jedoch trotzdem.

... EINE UNTERSCHRIFT
Eine Signatur sieht am natürlichsten aus, wenn sie im Druck nicht gerastert wird. Die Kanten sollen zudem scharf aussehen. Am besten scannt man die Unterschrift als Strichzeichnung (Bitmap) ein. Soll sie später gedruckt werden, braucht man eine Auflösung von 1.000 ppi.

Soll die Unterschrift eingefärbt werden, wählt man die Farbe am einfachsten im Layoutprogramm aus. Diese wird zwar eventuell gerastert, hat aber trotzdem eine bessere Kantenschärfe, als wenn man sie als Graustufen oder RGB einscannt.

05.
Bildbearbeitung

Welche sind die häufigsten Fehler bei der Bearbeitung digitaler Bilder? Woher weiß man, ob eine gute Bildqualität vorliegt? Wie kann man Fehler im Bild korrigieren? Wie speichert man Bilder ab? Wie stellt man ein Bildmotiv frei? Wie stark sollte ein Bild geschärft werden?

5.1 WAS IST EIN »GUTES« BILD?	152
5.2 ÜBER BILDER UND BILDQUALITÄT SPRECHEN	153
5.3 BILDER PRÜFEN	154
5.4 BILDER BEARBEITEN	164
5.5 RETUSCHE UND PHOTOSHOP-WERKZEUGE	179
5.6 SPEICHERN UND ARCHIVIEREN	189
5.7 BILDER FÜR DRUCK UND WEB	191
5.8 EFFIZIENTERE BILDBEARBEITUNG	193

DIGITALE BILDER werden heutzutage von jedermann erstellt. Mit Hilfe digitaler Kameras, Scanner, Mobiltelefone und diverser Bildbearbeitungsprogramme auf Standardcomputern werden Massen digitaler Bilder erstellt. Dadurch sind die traditionellen Reproduktionsbetriebe überflüssig geworden.

Diejenigen, die heute Bilder bearbeiten, sind nicht mehr alleine auf diese Aufgabe spezialisiert wie früher die Lithografen, sondern sollen außer Bildbearbeitung auch andere Aufgaben wie Satzbearbeitung, Layout und Grafikerstellung übernehmen.

Gleichzeitig sind die Anforderungen an die Bildbearbeitung gestiegen, denn wenn nur ein einziges Original als digitale Aufnahme existiert, hat man nicht die Möglichkeit, auf ein Negativ oder Dia zurückzugreifen, wenn das Bild erneut benötigt wird.

Die Tatsache, dass das Bild digital vorliegt, bedeutet leider nicht automatisch, das die Bildqualität für den Druck ausreicht. Daher empfiehlt es sich grundsätzlich, die digitalen Bilder zunächst an die Druckbedingungen anzupassen und dann einen Proof zu erstellen, selbst wenn das Original von einem Profi stammt. Dazu ist das richtige Fachwissen nötig, aber natürlich auch die Kenntnis über Programme und eine genaue Vorstellung vom angestrebten Ergebnis.

Welche Eigenschaften und Merkmale muss ein Bild haben, damit man sagen kann, es hat eine gute Qualität? Wie kann ein technischer Standard – also eine Festlegung technischer Spezifikationen, die jedes Bild erfüllen muss – dabei helfen, Bilder von einheitlich guter Qualität zu erzeugen und das auch noch effizient [siehe 5.8]?

In diesem Kapitel werden wir alle wichtigen Arbeitsschritte im Umgang mit Bildern zeigen. Wir werden erklären, wie man mittels eines Proofs die Bildqualität überprüft und anpasst, Retuschen und die wichtigsten Werkzeuge für diese Arbeit vorstellen. Außerdem müssen die vielen digitalen Bilder auch archiviert werden. Wir werden Vorschläge machen, wie man Bildern Informationen hinzufügt, damit man sie später leichter wiederfindet.

Aber zuerst werfen wir einen Blick darauf, woran man ein hochwertiges Bild erkennt.

5.1 Was ist ein »gutes« Bild?

Was man unter einem gelungenen Bild versteht, unterliegt normalerweise dem persönlichen Geschmack. Aber darüber hinaus gibt es eine Menge technischer und auch psychologischer Kriterien.

Bilder hoher Qualität sind auf optimale Weise fotografiert, entsprechen den technischen Anforderungen an ein digitales Bild und sind frei von Fehlern. In technischer Hinsicht muss das Bild über eine möglichst hohe Auflösung verfügen sowie in korrekter Weise bearbeitet und retuschiert sein.

Es kann sehr wichtig sein, dass die Farben des Bildes natürlich dargestellt werden. Beispielsweise muss eine Lebensmittelaufnahme appetitlich wirken, Gras muss grün aussehen oder die Farbe eines Autos sollte der Originallackierung entsprechen.

Einer der wichtigsten Faktoren ist, dass die Bilder in gedrucktem Zustand ebenso gut aussehen sollen wie im Original. Dies schließt beispielsweise Kontrast, Schärfe und Farbumfang mit ein. Auch beeinträchtigen Bilder, die nicht aufeinander abgestimmt sind, die Qualität des fertigen Produkts.

5.1.1 Wie erstellt man ein gutes Original?

Seit Digitalkameras im täglichen Gebrauch sind, werden mehr und mehr Bilder für den späteren Gebrauch in digitaler Form archiviert. Die Originale sind also digitale Bilder und haben Dias und Negative abgelöst. Bilder werden eingescannt, mit Digitalkameras fotografiert, stammen von einer lizenzfreien CD oder werden von einem digitalen Bildarchiv eingekauft. Daher weiß man oftmals gar nicht, ob es sich bei dem Bild tatsächlich um ein Original handelt.

Als Erstes ist sicherzustellen, dass das Bild nicht beschädigt oder sein Einsatz durch Qualität oder Größe begrenzt ist. Dann muss das Bild bei Bedarf so angepasst werden, dass Farben und Kontrast optimal eingestellt sind. Bilder einer Serie oder eines Projekts müssen einheitlich wirken. Nach diesen Arbeitsschritten werden die Bilder bei Bedarf retuschiert, skaliert, gedreht, zugeschnitten oder freigestellt. Erst dann hat man sozusagen ein Original für die Weiterverarbeitung, benötigt aber noch eine passende Benennung und muss Informationen hinzufügen, nach denen das Bild gesucht und wiedergefunden werden kann.

Es ist einfach, mit digitalen Originalen umzugehen, solange sie nicht an eine bestimmte Druckausgabe oder einen anderen Zweck gebunden sind. Wenn möglich, sollte man also immer wieder neu vom digitalen Original ausgehen, dann erst spezifische Einstellungen für den Druck vornehmen, es separieren oder für das Internet vorbereiten.

5.1.2 Anforderungen an ein digitales Originalbild

Die Farben und Tonwerte des Originals müssen überarbeitet und Fehler wie Staub, Kratzer etc. retuschiert werden. Weitere Bearbeitungsschritte sind erforderlich, damit sich das Bild in bester Qualität präsentiert.

Das Original sollte in einem Farbmodus gesichert werden, der nicht für den Druck ausgelegt ist, wie RGB oder CIELab. Verwendet man CIELab, kann das Bild sogar mit 16 bit Farbtiefe gespeichert werden, so dass noch mehr Farben erhalten bleiben.

Auflösung und Bildgröße sollten möglichst hoch genug sein, damit man in der Verwendung des Bildes flexibel ist. Stellt sich beim ersten Einsatz des Bildes heraus, dass es zu klein ist, sollte man versuchen, eine bessere Version herzustellen, so dass man in Zukunft mehr Möglichkeiten hat, das Bild zu benutzen.

Bilder werden in der Regel in einem unkomprimierten 8-bit-Format gesichert. Die Dateigröße wird in MB angezeigt. Bei unkomprimierten Bildern verhält sich dieser Wert proportional zur Gesamtzahl der Bildpixel. Ein unkomprimiertes DIN A4 großes RGB-Bild, das mit höchstmöglicher Rasterweite ausgegeben werden soll, beansprucht beispielsweise rund 36 MB und das Doppelte bei DIN A3. In Extremfällen kann das Bild bis zu 250 MB haben, wenn es entsprechend groß ist. Es kommt aber selten vor, dass man Bilder mit mehr als 150 MB Dateigröße verarbeiten muss.

Ein digitales Original sollte nicht übermäßig scharfgezeichnet werden. Dennoch ist es mitunter nötig, das Bild nachzuschärfen [*siehe Druckvorstufe 7.4*].

Zu guter Letzt sollte das Bild ein paar vernünftige Stichworte erhalten, unter denen man es wiederfindet. Alle Informationen über Bildrechte und der Name des Fotografen sollten im IPTC-Feld des Bildes gesichert werden.

5.2 Über Bilder und Bildqualität sprechen

Diskutiert man über die Bildqualität, so ist es wichtig, eine klare Ausdrucksweise zu verwenden. Es reicht nicht aus, jemandem zur Bearbeitung des Bildes oberflächliche Kommentare mitzuteilen wie »mach den Baum schöner« oder »das Bild soll aus der Seite herausstehen«. Wie soll der Baum verändert werden? Wie soll das gesamte Bild platziert werden?

Besser ist es, man beschreibt genau, was wo an dem Bild bearbeitet werden soll. Man kann Begriffe benutzen wie aufhellen und abdunkeln, stärkerer/schwächerer Kontrast, Sättigung erhöhen/verringern, schärfen/weichzeichnen, entfernen/retuschieren/hinzufügen/verschieben, gelblicher/bläulicher/rötlicher, kälter/wärmer, neutrales Grau erzeugen etc. Dabei sollte man auch angeben, wo diese Bearbeitung im Bild stattfinden soll, beispielsweise in den hellen/dunklen Bereichen, im Licht bzw. in der Tiefe, im Himmel, in den Blautönen, im gesamten Bild. Sofern möglich, sollte man sogar das angestrebte Ergebnis beschreiben, beispielsweise »erhöhe die Sättigung im Ball, so dass er dieselbe Farbe erhält wie der Eimer«.

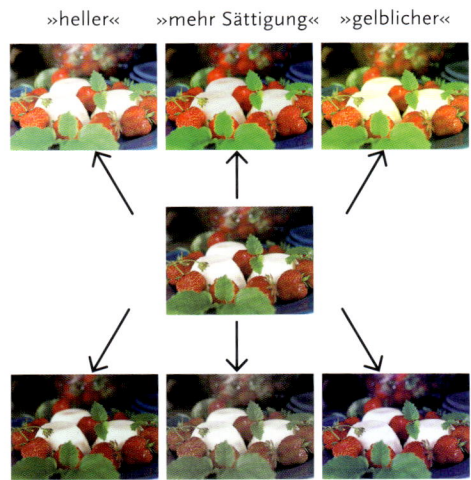

EINDEUTIGE ANWEISUNGEN
Um anzugeben, wie ein Bild eingestellt werden soll, müssen eindeutige Anweisungen gegeben werden, beispielsweise heller/dunkler, Sättigung abschwächen/verstärken, neutrales Grau, schärfer/weicher, retuschieren/hinzufügen/verschieben, gelblicher, bläulicher, roter.

KOMMENTARFUNKTION IN ADOBE-PROGRAMMEN
Sowohl in Adobe Photoshop wie auch in Adobe Illustrator können Dateien im PDF-Format gesichert werden. Erstellt man in Adobe Photoshop Notizen mit dem **Anmerkungen-Werkzeug**, werden diese als Kommentare im PDF gespeichert und können in Photoshop und Acrobat gelesen werden. Damit sie zu sehen sind, muss in Acrobat die Option **Anmerkungen** im Menü **Ansicht→Einblenden…→Extra-Optionen einblenden** aktiviert sein.

Auf dieselbe Weise lassen sich Sound-Anmerkungen hinzufügen, die man über ein Mikrofon aufnimmt und die dann in beiden Programmen abgehört werden können.

HÄUFIGE FEHLER
Digitale Bilder können typische Fehler aufweisen, auf die man achten sollte – hier einige davon:

- Das RGB-Bild hat kein oder ein falsches ICC-Profil eingebettet.
- Das Bild befindet sich im CMYK-Modus.
- Das Bild hat eine zu niedrige Auflösung.
- Das Bild hat eine JPEG-Kompression.
- Tonwerte fehlen.
- Es gibt übertrieben große Lichter.
- In den hellen Bereichen fehlt Detailzeichnung.
- Das Bild zeigt Interpolationsfehler.
- Das Bild enthält ein Rauschen.
- Das Bild ist irgendwie unscharf.
- Das Bild wurde zu sehr scharfgezeichnet.
- Das Bild enthält ein Moiré des Druckrasters.
- Das Bild ist schlampig freigestellt.

Am einfachsten und klarsten ist es, wenn die Kommentare direkt im Bild selbst angebracht werden. Dies kann digital über eine separate Bildebene erfolgen oder auf einem Ausdruck. Die digitale Form hat den Vorteil, dass man die Information zeitsparend per E-Mail verschicken kann.

PDF-Dateien sind praktisch, da für diese in Adobe Acrobat verschiedene Kommunikationsfunktionen angeboten werden. Man kann Teile des Bildes markieren, Kommentare und Notizzettel einfügen etc. [*siehe Layout 6.12.2*]. Arbeitet man mit Adobe Photoshop und ist das Bild im Format TIFF, PSD oder PDF gesichert, kann man auch dort direkt Kommentare hinzufügen und lesen. Das PDF-Format bietet zudem den Vorteil, dass man das Bild anschauen kann, ohne dafür das Erstellungsprogramm zu benötigen.

Stehen einem die Funktionen von Adobe Acrobat oder Adobe Photoshop nicht zur Verfügung, nimmt man die Korrekturwünsche auf einem Ausdruck vor. Dabei sollte man berücksichtigen, dass der Ausdruck nicht unbedingt die exakten Farben des Originals zeigt. Bezieht man sich auf einen Fotoabzug, erstellt man sich eine Farbfotokopie oder legt ein Transparentpapier darüber und schreibt darauf seine Anmerkungen.

5.3 Bilder prüfen

Digitale Bilder sind nur selten perfekt. Bevor man ein Bild in der Produktion einsetzt, sollte man am besten erst mal einen Proof erstellen. Selbst wenn es von einem Fotografen stammt, aus einem professionellen Fotoarchiv oder jemand anders es früher schon mal bearbeitet hatte, es kann grundsätzlich technische Fehler aufweisen und sollte daher überprüft werden.

Wir werden im Folgenden daher häufig auftretende Fehler aufzeigen und wie man sie vermeidet, damit man während der Produktion oder beim fertigen Produkt keine bösen Überraschungen erlebt.

Die wichtigsten Fehler sind: mangelnde Auflösung, das Bild liegt nur im CMYK-Modus vor, mehrere Bilder weichen stark in ihrer Darstellung voneinander ab, Weiß- und Schwarzpunkt sind falsch gesetzt, die Farben sind zu wenig gesättigt oder wirken unnatürlich, das Bild ist farbstichig, unscharf oder überschärft, das Bild enthält Artefakte, die durch Interpolation oder JPEG-Kompression verursacht wurden. Außerdem kommt es oft vor, dass Tonwerte fehlen oder sich im Bild Störungen wie Moiré, Staub oder Kratzer zeigen.

5.3.1 Bilder am Monitor und im Ausdruck überprüfen

Um zu entscheiden, ob die technische Qualität des Bildes in Ordnung ist, bieten Bildbearbeitungsprogramme eine Auswahl nützlicher Funktionen. Wir beginnen mit Adobe Photoshop.

Möchte man Details im Bild genau betrachten, muss das Bild in einer Ansichtsgröße von 100 % am Monitor angezeigt werden. Dann wird jedes Pixel des Bildes von einem Pixel des Bildschirms wiedergegeben, das heißt, man sieht den tatsächlichen Bildinhalt. In Photoshop erreicht man dies am einfachsten, indem man einen Doppelklick auf das Zoomwerkzeug (Lupe) ausführt. Das Dokumentfenster zeigt dann im Feld links unten 100 % an.

BILDER ÜBERPRÜFEN

ANSICHTSGRÖSSE 100 %
Um in einem digitalen Bild die Details zu überprüfen, sollte das Bild bei 100 % seiner Größe betrachtet werden. Jedes Bildpixel wird dann mit einem Monitorpixel dargestellt. In Photoshop erreicht man dies am einfachsten durch einen Doppelklick auf die Lupe. In der linken unteren Ecke des Bildfensters wird dann 100 % angezeigt.

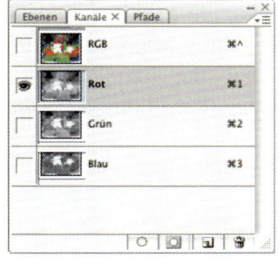

EIN BILD – MEHRERE KANÄLE
Um die Qualität eines Bildes zu beurteilen, sollte man auch einen Blick auf die einzelnen Farbkanäle werfen, entweder Rot, Grün und Blau oder Cyan, Magenta, Gelb und Schwarz.

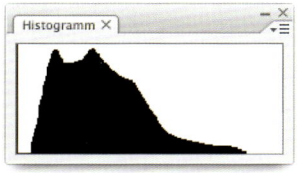

WAS ZEIGT EIN HISTOGRAMM?
Das Histogramm gibt Auskunft über die Tonwertverteilung des Bildes, also wie viele Pixel eines Tonwerts es enthält. Erstrecken sich die Ausschläge nicht über das gesamte Histogramm, ist das Bild kontrastarm.

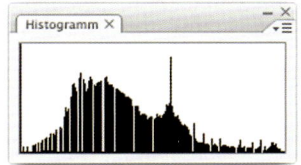

Zeigt das Histogramm zu viele hohe Ausschläge und weiße Lücken, ist das Bild zerstört.

Das Histogramm kann auch für die einzelnen Kanäle getrennt angezeigt werden.

Um Fehler im Bild herauszufinden, ist es vorteilhaft, die einzelnen Farbkanäle zu betrachten, entweder den roten, grünen und blauen, oder – wenn das Bild bereits für die Druckausgabe umgewandelt wurde – den Cyan-, Magenta-, Gelb- und Schwarzkanal. So kann man Störungen bereits feststellen, bevor das Bild gedruckt wird.

Die Betrachtung des Histogramms gibt genaue Auskunft über die Tonwertverteilung und den Tonwertumfang des Bildes. Das Histogramm kann für das gesamte Bild oder für die einzelnen Kanäle angezeigt werden. In Photoshop findet man es unter **Fenster→Histogramm**.

Befindet sich das Bild, von dem ein Proof erstellt werden soll, noch im RGB-Modus, kann es hilfreich sein, für die Bildschirmdarstellung den Befehl **Ansicht→Proof einrichten→CMYK-Arbeitsfarbraum** zu verwenden. Das Bild wird dann so gezeigt, wie es nach der Konvertierung in den CMYK-Modus aussehen wird.

Um die gedruckten Farben am Monitor zu simulieren, muss man im Menü **Bearbeiten→Farbeinstellungen→Arbeitsfarbräume→CMYK** das ICC-Ausgabeprofil des Druckers wählen. Sinnvollerweise sollte der Monitor dazu kalibriert sein. Will man eine Beurteilung anhand eines Ausdrucks vornehmen, sollte dazu ein Drucker mit hoher Auflösung und großem Farbumfang zur Verfügung stehen,

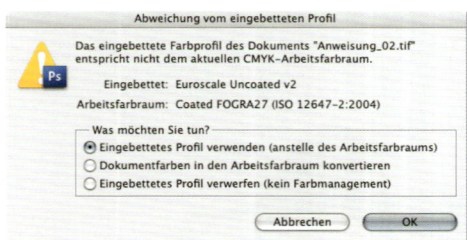

EINGEBETTETES PROFIL VS. ARBEITSFARBRAUM
Wenn das eingebettete ICC-Profil nicht dem aktuell eingestellten Arbeitsfarbraum entspricht, erscheint dieses Warnfenster. In den meisten Fällen ist es richtig, das eingebettete Profil beizubehalten.

da ein RGB-Bild einen höheren Farbumfang als ein CMYK-Drucker hat. In der Regel handelt es sich dabei um einen Tintenstrahldrucker. Auch dieser muss kalibriert sein, um einen farbechten Vergleich zwischen digitalem Original und Farbausdruck zu garantieren.

5.3.2 Vermisste oder abweichende ICC-Profile

Wird ein Bild in Adobe Photoshop geöffnet, kann sich ein Warnfenster öffnen, das auf ein fehlendes ICC-Profil hinweist. In diesem Fall sind im Bild keine den RGB-Werten entsprechenden CIELab-Werte eingebettet. Die Farben sind folglich nicht geräteunabhängig gespeichert [siehe Farbenlehre 3.6]. Man sollte in diesem Fall das Profil des Arbeitsfarbraums einbetten. Dann werden die Farben in CIELab-Werten definiert und sind damit geräteunabhängig.

Oftmals ist zwar ein Profil eingebettet, entspricht aber nicht dem des voreingestellten Arbeitsfarbraums. In diesem Fall öffnet sich das Warnfenster, um auf die Abweichung hinzuweisen. In der Regel empfiehlt es sich, das eingebettete Profil beizubehalten, da die Farben bereits in CIELab und damit geräteunabhängig gespeichert sind. Wählt man stattdessen das Profil des Arbeitsfarbraums, riskiert man bei der Umrechnung den Verlust von Tonwerten, da jeder Farbraum einen etwas anderen Farbumfang hat.

5.3.3 Ein Bild im CMYK-Modus

Es ist durchaus üblich, dass man Bilder von Bilddatenbanken, Fotografen und so weiter für die Weiterverarbeitung erhält, die bereits im CMYK-Modus gesichert sind. Wird ein Bild von RGB in CMYK konvertiert, erhält es über das ICC-Profil spezifische druckrelevante Eigenschaften, die sich aus der Art der Drucktechnik und dem verwendeten Papier zusammensetzen. Das heißt also, jegliche CMYK-Bilder sind bereits auf eine bestimmte Art von Druckbedingungen angepasst. Druckt man dieses CMYK-Bild nun auf ein anderes Papier oder mit einer anderen Druckmaschine, die nicht dem Profil entspricht, wird das Bild anders als erwartet aussehen. Beispielsweise verträgt ein Bild, das für den Zeitungsdruck angepasst ist, nur einen geringen Gesamtfarbauftrag und ist zudem aufgehellt, um den hohen Druckpunktzuwachs zu kompensieren. Beim qualitativ höherwertigen Offsetdruck auf ein gestrichenes Papier wird das Bild demzufolge zu hell und kontrastlos wirken, da der Druckpunktzuwachs wesentlich kleiner ausfällt.

Weiß man, mit welchem ICC-Profil das Bild für die Druckausgabe vorbereitet wurde, kann es wiederum mittels des neuen Ausgabeprofils für ein anderes Papier oder ein anderes Druckverfahren angepasst werden. Die Ergebnisse einer CMYK-zu-CMYK-Konvertierung sind immerhin zufriedenstellend.

In Adobe Photoshop gibt es dafür verschiedene Möglichkeiten, die man abhängig davon verwendet, ob das Original-ICC-Profil in der Bilddatei eingebettet ist oder nicht. Ist das ICC-Profil bekannt, aber nicht eingebettet, weist man dieses zunächst dem Bild zu. Dazu verwendet man den Menübefehl **Bearbeiten → Profil zuweisen**. Dabei werden den vorhandenen RGB-Werten wieder korrekte CIELab-Werte zugeordnet. Anschließend konvertiert man das Bild in das neue Druckausgabeprofil über das Menü **Bearbeiten → In Profil konvertieren**. Diesen Befehl benutzt man auch, wenn das Bild über ein eingebettetes

FALSCHES CMYK-PROFIL
Hier sieht man, was geschieht, wenn man das verkehrte ICC-Profil für die Druckeinstellungen verwendet (untere Hälfte).

Profil verfügt. Nur wenn das Bild kein Profil enthält und man auch nicht weiß, welches CMYK dafür verwendet wurde, empfiehlt es sich, zuerst in RGB zu konvertieren, um die spezifischen Druck- und Papiereinstellungen zu entfernen. Anschließend kann man bei Bedarf den Kontrast mittels Verwendung der Gradationskurven anpassen und wendet erst dann **Bearbeiten → In Profil konvertieren** für die neuen Druckeinstellungen an.

5.3.4 Zu geringe Auflösung

Ein häufig auftretendes Problem ist eine für die gewünschte Abbildungsgröße zu geringe Bildauflösung. Die Entscheidung, ob die Bildqualität für den Druck ausreichend ist, fällt damit, ob die Auflösung hoch genug ist oder nicht. Andernfalls wird das Bild unscharf aussehen. Ist die Auflösung sehr niedrig, riskiert man sogar die sichtbare Abbildung der Bildpixel.

Eine einfache Grundregel besagt, dass die Auflösung des digitalen Bildes doppelt so hoch sein muss wie die Rasterfrequenz, sofern ein traditioneller Raster verwendet wird.

GRÖSSE UND AUFLÖSUNG

105 cm, 72 ppi

ZU NIEDRIGE AUFLÖSUNG
Die Auflösung dieses Bildes ist mit 100 ppi zu niedrig für den Druck. Sie sollte doppelt so hoch wie die Rasterfrequenz sein (175 lpi × 2), wenn es mit 100 % seiner Originalgröße im Layoutprogramm platziert wird (350 ppi).

IST DAS BILD GROSS GENUG?
Kommt das Bild direkt von einer Digitalkamera, ist es oft schwierig, spontan zu entscheiden, ob die Auflösung passend ist. Häufig ist die Auflösung niedrig, das Bild aber riesengroß.

72 ppi   300 ppi

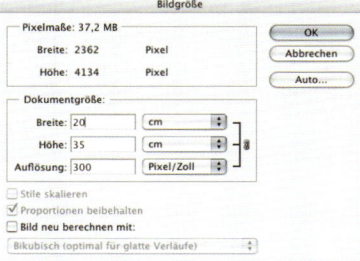

ZU NIEDRIGE AUFLÖSUNG – BILD VERKLEINERN
Ein Bild im Web hat 72 ppi. Die Auflösung ist zu niedrig, um es zu drucken. Reduziert man die Bildgröße auf ein Viertel, erhöht sich die Auflösung auf 300 ppi. Eine gute Voraussetzung für Druckbedingungen.

RICHTIGE AUFLÖSUNG – RICHTIGE GRÖSSE
In Adobe Photoshop kann man im Menü **Bild → Bildgröße…** die Auflösung und das Format des Bildes gegenübergestellt prüfen und sehen, wie groß das Bild bei der gewählten Druckauflösung ist. Merke: die Option **Bild neu berechnen mit** sollte dazu ausgeschaltet sein.

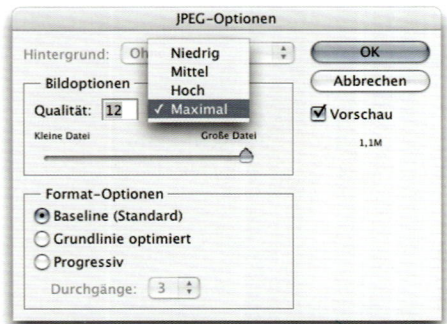

Der Qualitätsregler bestimmt die Komprimierungsstufe. Je höher die Einstellung ist, desto mehr Details bleiben bei der Komprimierung erhalten, aber desto größer wird auch die Datei.

Für ein Bild, das auf einer Website veröffentlicht wird, genügt eine Auflösung von 72 ppi. Für ein Bild, das gedruckt werden soll, benötigt man im Allgemeinen 300 ppi. Man müsste das Internetbild also auf ein Viertel seiner Größe verkleinern, um ungefähr die nötige Druckauflösung zu erhalten.

Die Qualität eines Bildes mit zu niedriger Auflösung kann mit Hilfe der Interpolation in einem Bildbearbeitungsprogramm verbessert werden [*siehe 5.4.5*]. Die Interpolation kann keine Wunder vollbringen und Details hervorzaubern, die im Bild fehlen. Aber sie kann die mit einer niedrigen Auflösung einhergehenden Probleme mindern.

Irritierend wirkt möglicherweise das immense Format eines Bildes, das mit einer Digitalkamera aufgenommen wurde, gleichzeitig aber eine niedrige Auflösung hat. In diesem Fall gibt man im Menü **Bildgröße** in Adobe Photoshop die für den Druck nötige Auflösung ein (ohne Aktivierung der Option **Bild neu berechnen mit**). Die neuen Dimensionen des Bildes werden angezeigt und man kann entscheiden, ob es für die Druckausgabe groß genug ist.

5.3.5 JPEG-Artefakte

Die JPEG-Komprimierung entfernt Bildinformationen, die nicht wiederhergestellt werden können. Ihre Verwendung kann zu Störungen im Bild führen, vor allem in Bereichen mit feinen Details und hohem Kontrast oder bei diagonalen Linien. Die Störungen zeigen sich als einheitliche Farbblöcke.

Ob im Bild Kompressionsfehler vorkommen, kann man sowohl am Monitor sehen als auch über einen hoch auflösenden Farbdrucker feststellen. Prüft man die Qualität am Bildschirm, sollte man dazu eine Ansichtsgröße von 100% oder 200% wählen. Dann werden alle Bildpixel vollständig angezeigt und störende

Wie wird in Photoshop komprimiert?	Qualitätsstufen max. 12	Dateigröße im Verhältnis zum Original	Verursacht die Komprimierung bleibende Schäden?
Reine JPEG-Kompression	12 (maximal)	35%	Die Schäden sind so gering, dass sie für das menschliche Auge nicht wahrnehmbar sind.
Reine JPEG-Kompression	10 (maximal)	15%	Je nach Bildmotiv ist ein sichtbarer Schaden möglich.
Reine JPEG-Kompression	9 (hoch)	10% oder weniger	Der Schaden ist in der Regel sichtbar, zumindest bei Bildern geringer Auflösung.
Photoshop EPS mit JPEG-Kompression	maximale Qualität	30%	Die Schäden sind so gering, dass sie für das menschliche Auge nicht wahrnehmbar sind.
Photoshop EPS mit JPEG-Kompression	hohe Qualität	15%	Der Schaden ist in der Regel sichtbar, vor allem im Druck.
Photoshop TIFF mit LZW-Kompression	–	bis zu 60%	LZW verursacht keinerlei Schäden. Wie stark sich die Dateigröße reduziert, hängt davon ab, wie oft dieselben Farben im Bild vorkommen.

SOLLTE EIN JPEG-BILD REPARIERT WERDEN?

Je höher die Kompressionseinstellung ist, desto wahrscheinlicher ist es nötig, dass das Bild in Photoshop repariert werden muss. Eine zu extreme Kompression kann das Bild jedoch auch unbrauchbar machen. Vergleicht man die Dateigröße des JPEG-Formats mit einer unkomprimierten Datei, erhält man einen guten Anhaltspunkt für den Umfang des Schadens. Wie groß der Speicherbedarf im unkomprimierten Zustand ist, kann in Photoshop links unten im Bildfenster abgelesen werden.

JPEG-ARTEFAKTE UND WIE MAN SIE REDUZIERT

1. Dieser Bildausschnitt zeigt bei 330 % Vergrößerung eindeutig JPEG-Artefakte.

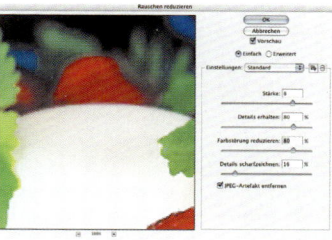

2. Man wählt **Filter** → **Rauschfilter** → **Rauschen reduzieren…** in Photoshop. Die Option **JPEG-Artefakte entfernen** führt zu einem etwas weicheren Ergebnis.

JPEG-ARTEFAKTE
Ein durch JPEG-Kompression verursachter Schaden lässt sich am leichtesten feststellen, wenn man die einzelnen Kanäle anschaut, besonders in weichen Tonwertabstufungen wie in der Eiscreme oder entlang diagonaler Konturen mit hohem Kontrast.

3. So sieht das Ergebnis nach Anwenden des Filters **Rauschen reduzieren…** aus. Vielleicht ein wenig zu unscharf, dafür ist aber die Störung gemindert.

4. Manche Anwender bevorzugen anschließend eine leichte Schärfung mittels des Filters **Unscharf maskieren** in Photoshop, um die Weichzeichnung abzuschwächen.

JPEG-Artefakte sofort sichtbar. Es macht auch Sinn, die einzelnen Farbkanäle getrennt zu betrachten, weil die Artefakte vielleicht erst dann auffallen. Vor allem, wenn zarte Tonwertabstufungen im Bild vorkommen, wie Blautöne eines Himmels, oder wenn diagonale Linien mit hartem Kontrast abgebildet sind. Bei Letzteren kann es sich auch um im Bild integrierten Text handeln.

Will man versuchen, JPEG-Fehler zu reparieren, kann man dazu beispielsweise in Photoshop den Filter **Rauschfilter** → **Rauschen reduzieren** bei aktivierter Option **JPEG-Artefakte entfernen** anwenden.

Einen anderen Weg, die sichtbaren Fehler zu beheben, stellt die Formatreduktion im Layout dar. Wird das Bild verkleinert, fallen die in Gruppen von 8 × 8 Pixeln auftretenden Störungen weniger auf [*siehe Digitale Bilder 4.9*].

5.3.6 Fehlende Farben

Bearbeitet man die Tonwerte des Bildes, führt dies auch immer dazu, dass Farben verschwinden, die im Original noch vorhanden waren. Normalerweise stellt dies kein Problem dar, solange ein gewisser Farbumfang existiert. Greift

PROGRAMME ZUR REPARATUR VON JPEG-ARTEFAKTEN

JPEG-Artefakte lassen sich nicht wirklich reparieren, denn der Schaden ist dauerhaft. Aber es gibt verschiedene Methoden, die optischen Auswirkungen zu minimieren.

- Der Filter **Rauschen reduzieren…** in Adobe Photoshop
- Alien skin Image Doctor: www.alienskin.com – ein Plug-in für Adobe Photoshop
- JPEG Fixer: www.vicman.net – ein eigenständiges Programm
- Photo Retouch Pro: www.binuscan.com – ein eigenständiges Bildbearbeitungprogramm

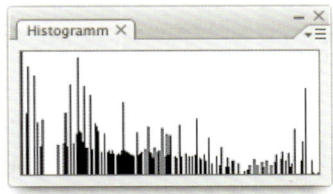

SPÄRLICHES HISTOGRAMM = RISIKO
Nach einer zu extremen Bildbearbeitung zeigen sich Tonwertverluste und besonders in hellen Bereichen Blockbildung. Man kann dies an der Posterisierung des Histogramms ablesen oder betrachtet die Streifenbildung in den Farbkanälen getrennt voneinander (im Beispiel der Grünkanal).

MIT ODER OHNE INTERPOLATIONSSCHADEN
Bilder können zwar die richtige Auflösung haben, diese kann jedoch das Resultat einer Interpolation durch die Digitalkamera, den Scanvorgang oder eine Software sein. Der Effekt ist eine körnige Weichheit mit ausgefransten Rändern, die bereits von der ursprünglich niedrigeren Auflösung herrührt.

die Bildbearbeitung zu stark ein oder wird sie falsch durchgeführt, verschwinden so viele Farben aus dem Bild, dass die Qualität sichtbar darunter leidet.

Man sollte nach diesem Phänomen in den einzelnen Farbkanälen Ausschau halten und das Histogramm jedes Farbkanals prüfen. Sieht das Histogramm ausgedünnt aus, vor allem in den hellen Bereichen, dann riskiert man, dass im gedruckten Bild Streifen oder Blöcke zu sehen sein werden. Die verloren gegangenen Farben können nicht wiederhergestellt werden. Um den Streifeneffekt in großen Flächen zu mildern, beispielsweise in einem klaren blauen Himmel, kann man bis zu einem gewissen Grad weichzeichnen.

5.3.7 Überbelichtung

Eine schlechte Durchzeichnung ist in dunklen Bereichen leichter zu verschmerzen als in hellen. Es ist also wichtig, gerade die hellen Tonwertabstufungen des Bildes möglichst zu erhalten.

In manchen Bildern sind die hellen Tonwerte vollständig verloren gegangen. Solche Bereiche können durchaus natürlich sein, beispielsweise wenn es sich um einen Lichtreflex handelt. Sie sind dann jedoch ausgesprochen klein. Wenn sie groß sind, wirken sie wie ein weißes Loch im Bild. In manchen Fällen ist auch das akzeptabel, beispielsweise wenn extremes Sonnenlicht oder ein Scheinwerferlicht im Bild sichtbar ist. Im Allgemeinen ist es jedoch besser, ein Bild etwas unterbelichtet zu lassen, als eine Überbelichtung zu riskieren.

In Adobe Photoshop kann man das Dialogfenster **Bild → Anpassungen → Tonwertkorrektur** verwenden, um überbelichtete Bereiche herauszufinden. Schaltet man die Vorschau ein und hält die alt-Taste gedrückt, während man auf das weiße Dreieck unter dem Histogramm klickt, werden nur die Bereiche weiß angezeigt, die wirklich rein weiß sind. Sind diese klein, ist alles in Ordnung.

5.3.8 Interpolationsfehler

Ist die Auflösung eines Bildes zu gering, kann man den Computer die Auflösung erhöhen lassen, indem Pixel hinzugefügt werden. Wie diese neuen Pixel auszusehen haben, wird aus den vorhandenen berechnet. Man nennt dies Interpolation.

Da sich Details nicht aus dem Nichts heraus zaubern lassen, ist dies eine schlechtere Methode, als ein Bild erneut mit einer höheren Auflösung zu scannen oder zu fotografieren. Wobei diese Interpolationsfehler auch beim Scannen und Fotografieren auftreten können, wenn man eine höhere Auflösung einstellt als die Geräte erzeugen können. Bei Digitalkameras spricht man dann vom digitalen Zoom, den man besser vermeiden sollte.

5.3.9 Körnung und digitales Rauschen

Scannt man Dias oder Negative ein und vergrößert diese stark, bildet sich das Filmkorn ab. Dies lässt sich kaum vermeiden, außer man verwendet Filme mit kleinerem Korn, also Filmmaterial mit niedrigerem ISO-Wert.

Auch Digitalkameras und Scanner verursachen eine Art körnige Struktur im Bild, die man als Störung oder Rauschen bezeichnet. Entweder sie ist in Form einer hervortretenden Farbe auffällig, indem einzelne Pixel extrem rot, grün oder blau sind, oder es sind Helligkeitsschwankungen dafür verantwort-

BILDRAUSCHEN REDUZIEREN

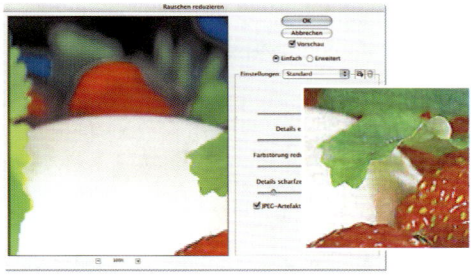

GEKÖRNTE BILDSTRUKTUR
Digitalkameras produzieren manchmal Bildpixel in falschen Farben, bekannt als Rauschen. Entweder werden auffällige Konturen in Rot, Grün oder Blau sichtbar, oder die Pixel haben eine andere Helligkeit und bilden dadurch eine körnige Struktur.

RAUSCHEN REDUZIEREN TEIL 1
Adobe Photoshop's eingebautes Menü **Filter → Rauschen → Rauschen reduzieren...** ist ein nützliches Werkzeug, Störungen zu beseitigen, die von einer Digitalkamera verursacht wurden.

RAUSCHEN REDUZIEREN TEIL 2
Für die Reduktion farbigen Rauschens eignet sich der **Filter → Weichzeichner → Selektiver Weichzeichner...** Daran anschließend wählt man **Bearbeiten → Verblassen → Selektiver Weichzeichner...** mit der Einstellung **Modus: Farbe.**

RAUSCHEN REDUZIEREN TEIL 3
Oder man dupliziert die Bildebene, zeichnet die obere extrem weich und experimentiert dann, bei welcher Deckkraft das Gesamtergebnis besser aussieht.

RAUSCHEN REDUZIEREN TEIL 4
Rauschen entsteht meistens unregelmäßig. Hat man mehrere identische Aufnahmen desselben Motivs, kann man diese übereinanderlegen und reduziert die Deckkraft der oberen Bildebenen, um die Störungen zu reduzieren.

RAUSCHEN REDUZIEREN TEIL 5
Eine Variante von Vorschlag 4 wäre die Kombination mit Adobe Photoshop's **Filter → Rauschen → Rauschen reduzieren...**

HARTE UND WEICHE TONWERTABSTUFUNGEN
Einem zu harten Bild fehlen Tonwertabstufungen zwischen dem hellsten und dem dunkelsten Bildbereich. Das Bild kann daher feine Details nicht darstellen. Eine Bildschärfung ist nichts anderes als eine Kontrastverstärkung entlang zweier Flächenränder. Im Beispiel wurde so stark geschärft, dass harte Kanten entstanden sind, anstelle weich aneinander grenzender Ränder.

VERWACKLUNGSUNSCHÄRFE
Unschärfe entsteht auch, wenn die Kamera während der Aufnahme nicht ruhig gehalten wurde. Das Bild scheint in eine Richtung verzogen zu sein, Details erscheinen als kurze Linien.

LINSENUNSCHÄRFE
Unschärfe kann entstehen, wenn die Kamera nicht richtig scharf eingestellt wurde. Es gibt dann keine oder nur eine geringe Objektschärfe, während die Bereiche vor und hinter dem Objekt unscharf erscheinen.

lich, dass das Bild körnig wirkt. Das Problem tritt hauptsächlich in dunklen Bildbereichen digitaler Aufnahmen auf oder in Bildern, die unter schlechten Lichtverhältnissen und mit Einstellungen für hohe Lichtempfindlichkeit fotografiert wurden.

Um diesen Effekt zu minimieren, kann man in Adobe Photoshop den Filter **Rauschen → Rauschen reduzieren** anwenden. Oder man verwendet einen der Weichzeichnungsfilter, beispielsweise den **Gaußschen Weichzeichner**. Handelt es sich um eine Farbstörung, kann man das Bild in den Lab-Modus konvertieren und austesten, ob das separate Bearbeiten der beiden a- und b-Farbkanäle zum Erfolg führt. Die Helligkeit bleibt davon unberührt. Außerdem gibt es diverse Plug-ins für Adobe Photoshop zu kaufen, mit denen man Störungen reduzieren kann.

Eine andere Möglichkeit besteht darin, die Kamera auf einem Stativ anzubringen und mehrere identische Aufnahmen unterschiedlicher Belichtung zu machen, sofern es sich um ein unbewegtes Motiv handelt. Die Störungen werden sich unterschiedlich auswirken. Legt man nun diese Bilder auf Ebenen übereinander und reduziert die Deckkraft, lassen sich die Störungen minimieren.

5.3.10 Bildschärfe

Ein scharfes Bild weist an den hellen und dunklen Details des Motivs harte Kontraste auf. Der Übergang von dunklen zu hellen Flächen kann auf der kurzen Distanz von zwei Pixeln erfolgen. Zeichnet man das Bild weich, verliert es diese harten Kontraste zwischen helleren und dunkleren Bereichen, kann dann aber die feinsten Details nicht mehr wiedergeben. Weichere Übergänge erstrecken sich über mehrere Pixel.

Unschärfe kann auf verschiedene Weise erzeugt werden, wenn sie erwünscht ist. Wir kennen hauptsächlich die drei folgenden Formen der Unschärfe: Verwacklungsunschärfe, Bewegungsunschärfe und Linsenunschärfe.

Bei digitalen Aufnahmen müssen aufgrund der geringeren Lichtempfindlichkeit längere Belichtungszeiten verwendet werden als bei traditionellen Kameras. Wird die Kamera während der Aufnahme nicht ruhig gehalten, ist das gesamte Bild unscharf. Man spricht dann von Verwacklungsunschärfe. Mit einem Teleobjektiv oder beim Zoomen tritt dieser Effekt noch häufiger auf. Die Verwacklungsunschärfe fällt auf, wenn das Bild in einer Richtung schärfer wirkt als in der anderen. Meistens ist dies besonders an dünnen Linien im Objekt zu erkennen, die in dieselbe Richtung weisen wie die Bewegung oder an kleinen kontrastreich geschärften Details, die wie Streifen aussehen.

Unter Bewegungsunschärfe verstehen wir vor allem eine auf bewegte Bildobjekte begrenzte Unschärfe. Diese entsteht während längerer Belichtungszeiten, wenn ein Stativ verwendet und dadurch der Hintergrund scharf abgebildet wird, während sich das Objekt, beispielsweise ein Radfahrer, am Objektiv vorbeibewegt und unscharf abgebildet wird. Oder man zieht die Kamera mit dem sich bewegenden Objekt mit und bildet dieses scharf ab, wohingegen der Hintergrund dann unscharf wird. Bewegungsunschärfe ist also nicht immer ein Bildfehler, sondern manchmal ein durchaus gewünschter Effekt.

Wurde die Schärfe nicht korrekt eingestellt und dadurch eine Unschärfe beim Fotografieren ausgelöst, spricht man von einer Linsenunschärfe.

Für alle diese Unschärfen gilt dasselbe, sie lassen sich nicht korrigieren, und im Prinzip sind die Bilder meistens unbrauchbar. Zur Not kann man versuchen, das Bild nachzuschärfen, indem man in Photoshop den Scharfzeichnungsfilter **Unscharf maskieren** verwendet. In den meisten Fällen ist ein Schärferadius von 1 bis 4 ausreichend. Oder man verkleinert das Bild sehr stark, denn die Tonwertübergänge sind dann im Druck kürzer und erscheinen härter.

5.3.11 Überschärfung

Eine Überschärfung in Form heller und dunkler Konturen entlang der Motivkanten tritt ein, wenn man über die Digitalkamera, den Scanner oder die Bildbearbeitungssoftware zu viel Schärfe hinzufügt oder ein Bild nachschärft, das schon mal zuvor geschärft wurde.

Als Gegenmaßnahme zur Entfernung harter Kanten – ohne gleichzeitig andere Details zu verändern – kann man versuchen, eine Maske zu erstellen, bevor man dann den **Gaußschen Weichzeichner** anwendet. Man wählt das gesamte Bild aus, kopiert den Inhalt, erstellt einen neuen Kanal und fügt die Kopie dort ein. Auf das entstandene Graustufenbild dieses Kanals wendet man nun den Stilisierungsfilter **Konturen finden** an. Die Kontraste im Bild werden mittels Gaußschem Weichzeichner, Gradationskurven oder Tonwertkorrektur abgeschwächt. Dann wird der Kanal als Auswahl geladen und der **Gaußsche Weichzeichner** mit einem Radius von 1 auf das Bild angewendet.

5.3.12 Moiré

Scannt man Bilder, die mit traditionellem Raster gedruckt wurden, erhält man einen Moiréeffekt. Manchmal wird dieser erst beim Drucken abgebildet, aber oftmals sieht man ihn bereits im digitalen Bild.

Viele Scannerprogramme bieten sogenannte Descreen- oder Entrasterungsfilter an, um dieses Problem zu umgehen. Der Scanvorgang dauert dann meistens etwas länger, reduziert aber das Risiko, ein Moiré zu erhalten.

5.3.13 Schlechte Freisteller

Freigestellte Motive sollten am besten geprooft werden, um sicherzustellen, dass sie sorgfältig ausgeführt wurden. Mangelhafte Freisteller werden am ehesten in Haaren und feinen Motiven sichtbar, manchmal ist auch der ursprüngliche Hintergrund noch sichtbar.

Freisteller kann man auf verschiedene Weisen durchführen: man füllt den Hintergrund mit Weiß, macht ihn transparent, erzeugt einen Alphakanal oder einen Beschneidungspfad. Am besten überprüfen lässt sich der Freisteller, indem man das Bild ausdruckt. Die Teile, die nicht vom Pfad umgeben wurden, sind dann nicht sichtbar.

Öffnet man in Adobe Photoshop ein Bild, das mit einem Pfad oder einem Alphakanal freigestellt wurde, wird das Bild vollständig angezeigt. Der Pfad kann über die Pfadepalette sichtbar gemacht werden und erscheint dann als dünne Linie im Bild. Erst nach dem Import in ein anderes Anwendungsprogramm sieht man nur noch das freigestellte Motiv.

UNSCHÄRFE WIRD SCHÄRFER
Reduziert man das Format eines unscharfen Bildes sehr stark, werden die Tonwertabstände im Druck kürzer und das Bild erscheint schärfer.

ÜBERSCHÄRFUNG
Bilder, die zu stark scharfgezeichnet wurden, zeigen Haloeffekte entlang der Kanten und erscheinen insgesamt hart und körnig.

DER RASTER WIRD GERASTERT
Scannt man Bilder ein, die mit herkömmlichen Rastern gedruckt wurden, erhält man häufig einen Moiréeffekt. Die Pixelmatrix des Scanners bildet zusammen mit dem Raster im Bild ein Interferenzmuster. Manchmal stellt man dies erst fest, wenn man das Bild druckt – nämlich dann, wenn das Bild erneut gerastert wird.

SCHLECHT GEMACHTE FREISTELLER
Schlecht ausgeführte Freisteller werden vor allem im Bereich von Haaren oder anderen Bereichen mit feinen Details sichtbar, die einen unnatürlichen Rand zum Hintergrund zeigen. Oft blitzen auch Teile des alten Hintergrundes am Rand des Freistellers hervor.

In Adobe Photoshop wird der transparente Bildbereich normalerweise in Form eines Schachbrettmusters dargestellt. Um den Freisteller besser beurteilen zu können, sollte man einfach eine schwarze oder weiße Ebene dahinterlegen.

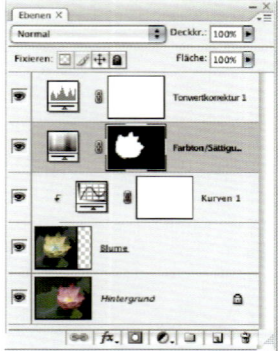

EINFACH UND MIT BESTER QUALITÄT BEARBEITEN
Die Verwendung von Einstellungsebenen, Ebenenmasken und Bildebenen ergibt die höchste Qualität und größte Flexibilität bei der Bildbearbeitung.

Füllt man die Hintergrundfläche mit Weiß, ist es einfacher, am Bildschirm zu beurteilen, ob das Ergebnis sauber erstellt ist und wie der Kontrast des Motivs zum Papierweiß ist. Manchmal enthält das Motiv auch Schatten, deren Übergang zum Hintergrund natürlich aussehen soll. Am besten betrachtet man das Bild dazu bei 100 % Ansichtsgröße. Ein Nachteil ist allerdings, dass man später nicht mehr nachkorrigieren kann, wenn man zu viel entfernt hat. Ähnlich verhält es sich, wenn man die ungewünschten Bereiche löscht oder herausradiert. Auch dies ist endgültig. Anstelle des Motivs wird in den transparenten Bereichen in Adobe Photoshop ein graues Karomuster angezeigt. Man kann die Transparenz aber auch auf Weiß umstellen unter **Bearbeiten → Voreinstellungen → Transparenz**.

Das Arbeiten mit einem transparenten oder weißen Hintergrund ist jedoch nur geeignet, wenn das Motiv im Layoutprogramm auf weißem Hintergrund steht. Soll dagegen im Layoutprogramm eine Farbfläche oder ein Verlauf dahintergelegt werden oder Text automatisch um das freigestellte Motiv herumfließen, muss ein Pfad oder Alphakanal verwendet werden.

5.4 Bilder bearbeiten

Hat man festgestellt, dass das Bild keine besonderen Schwächen aufweist, kann man es fertig bearbeiten. Dazu zählt, das Bild zu beschneiden, zu drehen, die Bildauflösung zu optimieren sowie Farben, Kontrast und Graubalance anzupassen.

5.4.1 Die beste Bildqualität erzeugen

Wenn man das Bild bearbeitet, so geschieht dies, um es zu optimieren und die Bildqualität zu steigern. Das Problem dabei ist, dass jeder Eingriff im Originalbild einen Informationsverlust bedeutet, beispielsweise an Details und Farben. Die Bearbeitung sollte daher so erfolgen, dass die Verluste die Bildqualität nicht beeinträchtigen. Obwohl die Eingriffe vom technischen Standpunkt aus betrachtet eine »Zerstörung« des Bildes darstellen, entsteht dennoch der optische Eindruck eines besseren Bildes.

Demzufolge sollte die Anzahl der Bearbeitungsschritte minimiert und darauf geachtet werden, dass man sie in der richtigen Reihenfolge ausführt, um Wiederholungen zu vermeiden. Beispielsweise sollte die Anpassung von Helligkeit, Kontrast und Farben zum frühestmöglichen Zeitpunkt vorgenommen werden, also idealerweise beim Scannen oder der RAW-Format-Konvertierung [*siehe Digitale Bilder 4.8.7*]. Dann erübrigt sich manche Nachbearbeitung von selbst.

In Adobe Photoshop lassen sich Informationsverluste durch mehrfache Nachbearbeitung vermeiden, indem man Einstellungsebenen verwendet (**Ebenen → Neue Einstellungsebene** oder in der **Ebenen-Palette**). Alle gängigen Bearbeitungsmenüs stehen als Einstellungsebene zur Verfügung. Die Einstellungen können beliebig oft verändert werden und greifen dabei immer wieder auf die ursprünglichen Daten zurück, so dass keine mehrfachen Verluste eintreten. Ebenso können sie vollkommen verlustfrei entfernt oder über Ebenenmasken (**Ebenen → Ebenenmaske**) in ihrem Anwendungsbereich begrenzt werden.

Eine andere Möglichkeit, Informationsverluste während der Bearbeitung zu minimieren, besteht darin, das Bild beim Scannen oder bei der RAW-Konvertierung mit 16 bit berechnen zu lassen. Ein 16-bit-Bild besteht aus maximal 65.636 Farben pro Pixel und Kanal, ein 8-bit-Bild dagegen aus nur 256. Der Spielraum für die Bildbearbeitung wird dadurch wesentlich größer und man muss nicht befürchten, dass das Bild durch die Bearbeitung schnell ruiniert wird. Ist das Bild fertig angepasst, kann es wieder in 8 bit pro Kanal und in einem üblichen Speicherformat gesichert werden. Schaut man sich jetzt das Histogramm an, wird es keine Lücken zeigen.

Um bei der Bildbearbeitung möglichst effizient zu sein, sollte man in einer bestimmten Reihenfolge vorgehen: Zuerst wird das Bild auf seine endgültige Größe und Auflösung zugeschnitten – dann geht alles Übrige schneller und einfacher von der Hand. Allgemeine Einstellungen, die das gesamte Bild betreffen, werden zuerst durchgeführt, dann die, die nur bestimmte Bildbereiche verändern sollen.

5.4.2 Drehen und Perspektive korrigieren

Muss das Bild gedreht werden, sollte man dies als Erstes erledigen. Es sollte vermieden werden, das Bild im Layoutprogramm zu drehen, da dies bei der Druckausgabe mehr Berechnungszeit erfordert.

In Adobe Photoshop können Bilder bequem im richtigen Winkel gedreht werden, in dem man mit dem Linealwerkzeug entlang einer Linie im Bild zieht,

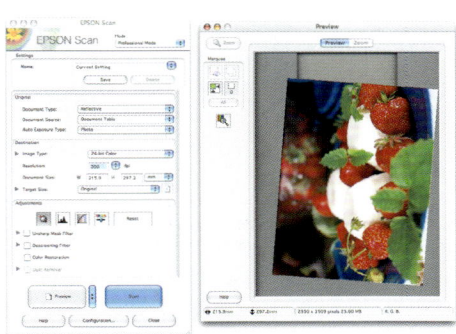

RICHTIG HINEIN – RICHTIG HERAUS
Man sollte die Gelegenheit für Bildeinstellungen nutzen, wenn man das Bild einscannt oder eine RAW-Format-Konvertierung vornimmt. Beides ergibt eine bessere Qualität und geht schneller als eine nachträgliche Bearbeitung.

ZERSTÖRT UND TROTZDEM BESSER

GLEICHZEITIG ZERSTÖREN UND VERBESSERN
Links ein unbearbeitetes Bild, bei dem die eingelesene Bildinformation noch vollständig vorhanden ist. Das Histogramm unter dem Bild gibt seine Tonwertverteilung über die ganze Skala wieder – links die dunklen, rechts die hellen Tonwerte. Die Höhe der Säulen gibt Auskunft über die jeweilige Pixelzahl des Tons. Rechts dasselbe Bild nach der Bearbeitung. Am Histogramm unter dem Bild erkennt man, dass eine Posterisierung stattgefunden hat, das heißt, viele Tonwerte sind verschwunden – sie hinterlassen Lücken im Histogramm. Obwohl das Bild dadurch gewissermaßen zerstört wurde, ist die optische Wirkung besser, weil mehr Kontrast entstanden ist. In der Praxis ergeben sich nur Probleme, wenn man das Bild zu stark bearbeitet. Wird es mehrfach oder in der falschen Reihenfolge angepasst, verschwinden immer mehr Tonwerte und die Bildqualität lässt am Ende sichtbar nach.

die waagerecht sein soll, beispielsweise am Horizont oder einer Bodenleiste oder was sich sonst im Bild dafür anbietet. Danach wählt man **Bearbeiten → Transformieren → Drehen**. Der gemessene Winkel wird automatisch für die Drehung verwendet.

Um Aufnahmen perspektivisch zu entzerren, beispielsweise ein Gebäude, verwendet man in Adobe Photoshop den Verzerrungsfilter **Objektivkorrektur**. Durch die Entzerrung entstehende Lücken am Bildrand können abgeschnitten werden, oder man behält sie und stempelt sie anschließend zu. Vorteil des Filters gegenüber dem manuellen Arbeiten mit dem normalen Verzerrungswerkzeug ist eine automatische Berechnung der Perspektive und die Möglichkeit, auch eine Bildverkrümmung zu korrigieren.

5.4.3 Beschneiden des Bildes

Nachdem das Bild gedreht wurde, werden überflüssige Randbereiche abgeschnitten. Der Speicherbedarf des Bildes wird dadurch auf das notwendige Maß reduziert. Ein kleineres Bild kann schneller korrigiert, gedruckt und gespeichert werden, vor allem wenn man mit mehreren Ebenen oder im 16-bit-Modus arbeitet. Soll das Bild später randabfallend drucken, ist daran zu denken, dass es fünf Millimeter größer sein muss, damit es im Layoutdokument über den Seitenrand hinausstehen kann.

Will man das Bild nicht endgültig abschneiden, aber Randbereiche ausblenden, erstellt man eine Rechteckauswahl und aus dieser eine Ebenenmaske. Die Bereiche sind dann nicht mehr zu sehen, verbleiben aber im Bild.

5.4.4 Die Bildauflösung verringern

Es gibt verschiedene Vorgehensweisen, die Bildauflösung herabzusetzen. Am besten ist es, in ganzen Zahlen zu teilen, so dass auf die Hälfte, ein Drittel, ein Viertel etc. reduziert wird. Damit behält man die beste Bildqualität. In Adobe Photoshop verwendet man dazu den Menübefehl **Bildgröße**. Die beste Interpolationsmethode für die Verringerung der Bildauflösung von Fotos ist **Bikubisch glatter**.

Wird die Bildauflösung reduziert, nimmt auf jeden Fall auch die Schärfe ab. Es kann daher erforderlich sein, das Bild anschließend zu schärfen [*siehe 5.4.12*]. Dies geschieht am besten mit Hilfe des Filters **Unscharf maskieren**. Der Vorteil besteht darin, dass man drei Regler zum manuellen Einstellen des Schärfegrades hat, sowie in einer Vorschau.

Anstelle des Menüs **Bildgröße** kann man das Bild auch mit dem **Freistellungswerkzeug** beschneiden. In den Optionen lassen sich Format und Auflösung einstellen. Die Methode, wie die Auflösung umgerechnet wird, richtet sich nach der aktuellen Einstellung des Menüs **Bildgröße**.

5.4.5 Die Bildauflösung erhöhen

Ist die Bildauflösung zu gering, gibt es vier Möglichkeiten: das Bild behält seine niedrige Auflösung und man nimmt die schlechte Bildqualität in Kauf; man scannt oder fotografiert das Motiv neu mit einer höheren Auflösung oder lässt es neu berechnen, wenn das Ausgangsbild im RAW-Format vorliegt; man verkleinert das Bild, so dass sich daraus die nötige Auflösung ergibt; oder man

MIT DEM LINEALWERKZEUG DREHEN
Man zieht mit dem Linealwerkzeug eine Linie entlang einer Kante, die horizontal stehen soll. Dann wählt man **Bearbeiten → Transformieren → Drehen**. Die Rotation wird automatisch mit dem gemessenen Winkel ausgeführt.

ÄNDERN VON GRÖSSE, WINKEL UND AUFLÖSUNG
Arbeitet man mit dem **Freistellungswerkzeug**, können Format und/oder Auflösung für den Zuschnitt in der Optionsleiste eingestellt werden.

PERSPEKTIVE KORRIGIEREN

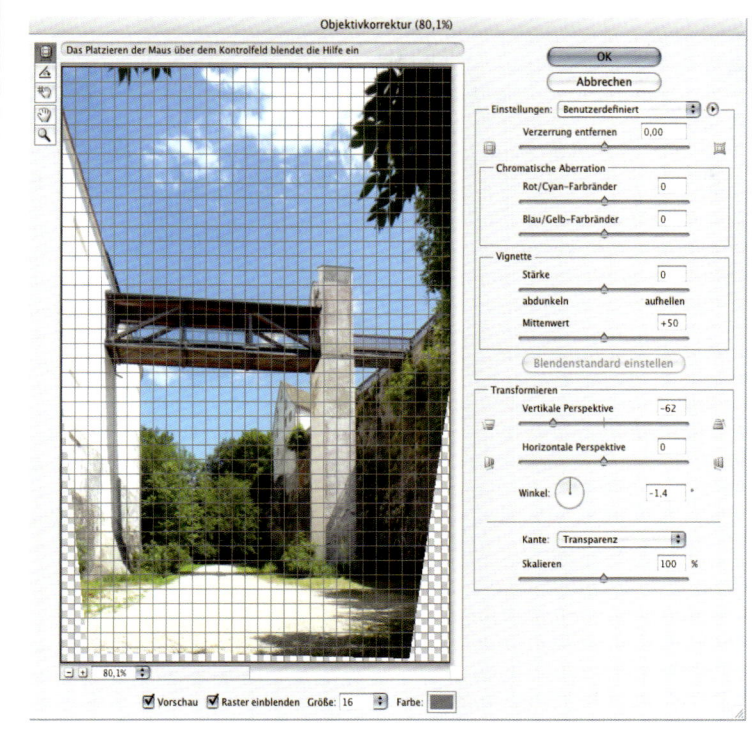

unbearbeitet — entzerrt

Perspektivische Verzerrungen entstehen bei Aufnahmen in Frosch- oder Vogelperspektive, bei Weitwinkelaufnahmen etc. Adobe Photoshop bietet eine leicht bedienbare Bearbeitung an, die bessere Resultate ergibt als die manuelle Bearbeitung mit einem Verzerrungswerkzeug.

Der Befehl im Menü **Filter→Verzerrungsfilter →Objektivkorrektur** arbeitet nur mit Bildern im RGB-, nicht im CMYK-Modus.

Man kann wählen, ob die entstandenen Lücken im Hintergrund transparent bleiben oder mit der aktuellen Hintergrundfarbe aufgefüllt werden sollen, oder ob das Bild um diese Bereiche beschnitten werden soll (wie im abgebildeten Beispiel).

erhöht die Auflösung über Interpolation im Bildbearbeitungsprogramm. Die Software berechnet mittels mathematischer Formeln die Farben der hinzugefügten Pixel aus deren Umfeld. Als Methode wählt man im Menü **Bildgröße** hierfür am besten **Bikubisch glatter**. Interpolation bedeutet grundsätzlich eine Verschlechterung der Bildschärfe und eine mindere Bildqualität, verglichen mit einem in der richtigen Auflösung erstellten Original. Man sollte deshalb nur dann interpolieren, wenn sich keine bessere Alternative anbietet.

Wurde das Bild mit einer Digitalkamera im RAW-Format aufgenommen, ist es am besten, die RAW-Konvertierung neu vorzunehmen, weil im gleichen Augenblick auch interpoliert, dabei aber eine bessere Qualität errechnet wird.

Es gibt andere Programme oder Plug-ins für Adobe Photoshop, mit denen sich beim Neuberechnen der Bildauflösung eine bessere Bildqualität erzielen lässt, beispielsweise Genuine Fractals von Lizardtech oder Pxl Smartscale von Extensis.

Eine weitere Möglichkeit besteht darin, die Berechnung nicht auf einmal, sondern schrittweise vorzunehmen, beispielsweise in 10 %-Schritten, bis die gewünschte Auflösung erreicht ist. Wenn man diese Arbeitsweise öfter braucht, kann man sie beschleunigen, indem man eine Aktion erstellt [*siehe 5.8.4*].

Hat das Bild zu sehr an Schärfe verloren, schärft man es über **Unscharf maskieren** nach [*siehe 5.4.12*].

ÄNDERN DER BILDGRÖSSE

Um das Format und die Auflösung eines Bildes zu prüfen oder zu ändern, verwendet man das Menü **Bildgröße** in Adobe Photoshop. Die Option **Bild neu berechnen mit** sollte ausgeschaltet sein, damit nicht interpoliert wird.

BILDBEARBEITUNG | 167

DIE AUFLÖSUNG VON STRICHGRAFIKEN ÄNDERN
Ist es notwendig, die Auflösung einer Strichgrafik zu verändern, wechselt man zunächst bei gleichbleibender Auflösung in den Modus **Graustufen**, nimmt dann über das Menü **Bildgröße** eine Änderung der Auflösung mit **bikubischer** Berechnung vor und wandelt dann das Bild über das Menü **Bild → Modus → Bitmap** wieder zurück.

5.4.6 **Farbstich entfernen**

Ein Bild mit fehlerhafter Graubalance erscheint farbstichig. Das heißt, das Bild sieht aus, als ob es in einem bestimmten Farbton eingefärbt wäre, beispielsweise grünstichig. Der natürliche Farbeindruck wird dadurch empfindlich gestört, insbesondere wenn es sich um Hauttöne handelt, um Gras oder Orangen. Auch auf einen Farbstich in Bereichen, die in neutralem Grau dargestellt sein müssten, wie Asphalt oder Beton, reagiert unser Gehirn sehr sensibel.

Manchmal ist es schwierig zu sehen, ob die Graubalance stimmt. Die **Histogramm-Palette** in Adobe Photoshop kann helfen. Wählt man in der Palette **Alle Kanäle in Ansicht** sieht man, ob alle drei Farben R, G und B den Tonwertumfang in gleicher Weise ausfüllen. Hebt sich beispielsweise nur der Blaukanal in den helleren Bildbereichen durch höheren Ausschlag hervor, bedeutet es, dass diese blaustichig sind.

Solche Farbstiche lassen sich in Adobe Photoshop mit verschiedenen Menübefehlen bearbeiten: **Ebene → neue Einstellungsebene → Farbbalance** oder alternativ **Bild → Anpassungen → Variationen**. Auch mittels **Tonwertkorrektur** oder **Gradationskurven** können neutrale Grautöne erzeugt werden, vielleicht sogar der einfachste Weg, die richtige Graubalance zu erhalten.

Farbbalance hat den Vorteil, dass der Befehl als Einstellungsebene angewendet und daher jederzeit nachkorrigiert werden kann. **Variationen** ist leicht zu bedienen, da man mehrere Vorschaubilder erhält, die unterschiedliche Farbkorrekturen anbieten. In diesem Fenster kann zusätzlich die Helligkeit bearbeitet werden. Hat man keine Auswahl getroffen, die die Bearbeitung auf einen bestimmten Bildbereich begrenzt, dann werden alle Farben des Bildes beeinflusst. Die Stärke der Veränderung kann von fein bis grob definiert werden.

Will man die Graubalance bearbeiten, sollte man sich die **Info-Palette** so auf dem Bildschirm positionieren, dass man jederzeit den RGB-Wert ablesen kann. Man sucht im Bild nach einem Bereich, der neutral oder – anders ausgedrückt – grau sein müsste und fährt mit dem Cursor darüber. In der **Info-Palette** müsste für die drei Farben R, G und B derselbe Wert angezeigt werden. Der **Aufnahmebereich** für die Pipette sollte in den **Optionen** auf 3 x 3 oder 5 x 5 Pixel **Durchschnitt** gesetzt werden. Dann bearbeitet man das Bild mit einem der oben genannten Menübefehle, bis der zuvor ermittelte Farbwert gleiche RGB-Werte anzeigt. Um die Arbeit zu erleichtern, kann man auch mit dem **Farbaufnahme-Werkzeug** bis zu vier Anzeigepunkte im Bild markieren. Die Veränderungen werden dann parallel in der **Info-Palette** angezeigt. Hat man in den kritischen Bereichen eine Graubalance hergestellt, müssten auch die anderen Bildelemente korrekt angezeigt werden. Gibt es nur leichte, aber unterschiedliche Farbverschiebungen im Bild, muss die Graubalance partiell angepasst werden.

Ein anderer Weg, die Graubalance anzupassen, ist die Verwendung der mittleren Pipette in den Dialogfenstern **Tonwertkorrektur** oder **Gradationskurven**. Klickt man mit dieser Pipette in einen Bildbereich, der neutral grau sein soll, wird die Graubalance automatisch errechnet. Das beste Ergebnis erzielt man, wenn man es schafft, annähernd einen mittleren Tonwert anzuklicken. Tatsächlich variieren auch in neutralen Bildbereichen die exakten RGB-Werte von Pixel zu Pixel, so dass man eventuell mehrere Versuche unternehmen muss, um ein akzeptables Ergebnis zu erzielen.

FARBEINSTELLUNGEN

GRAUBALANCE
Die obere Hälfte des Bildes zeigt einen Farbstich. R, G und B haben unterschiedliche Werte.

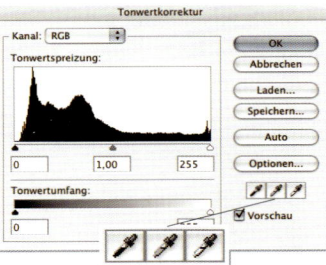

DEN FARBSTICH WEGKLICKEN
Farbstiche sind besonders in Bereichen sichtbar, die neutral grau dargestellt sein müssten, wie die Gemüsekisten oder das Straßenpflaster im Beispiel. Man kann die Farbe in diesen Bereichen anpassen, indem man mit der **Graubalance-Pipette** aus den Fenstern **Tonwertkorrektur** oder **Gradationskurven** hineinklickt.

Um die **Graubalance-Pipette** genauer einzustellen, wählt man die Pipette in der Werkzeugpalette aus und stellt in der Optionsleiste einen Aufnahmebereich von 5×5 Pixel ein.

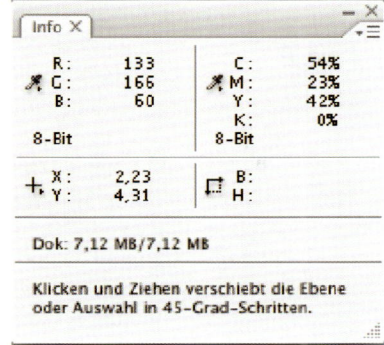

RGB – GLEICHE WERTE ERGEBEN GRAU
Zieht man den Cursor auf einen Bildbereich, der grau sein soll, kann man an den Werten ablesen, ob ein Farbstich vorliegt. Im Beispiel hat das Bild einen Grünstich, denn der Wert für grün ist höher als die beiden anderen.

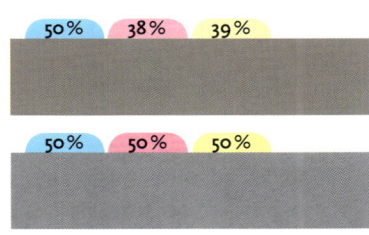

GLEICHE WERTE BEDEUTEN NICHT GRAU
Will man mit CMY ein neutrales Grau erzeugen, dürfen die Werte nicht gleich sein. Druckfarben haben keinen Idealzustand, daher muss die Mischung so sein wie ganz oben abgebildet.

Um im Druck eine Graubalance festzustellen, wird einem aus reinem Schwarz gedruckten Grau eine Mischung aus CMY gegenübergestellt. Die Werte variieren je nach Druckverfahren.

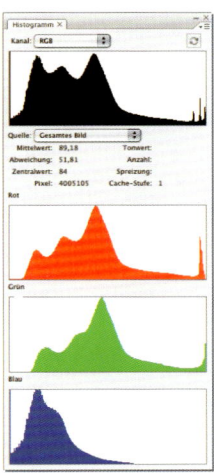

FARBSTICH IM HISTOGRAMM
Wenn die Histogramme der einzelnen Farben sehr unterschiedliche Ausschläge und »Lücken« an den Randbereichen zeigen, hat das Bild einen Farbstich.

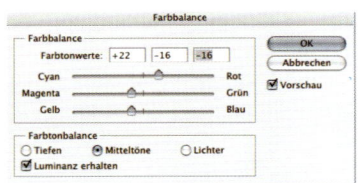

BALANCE HERSTELLEN
Um einen Farbstich zu entfernen, kann man das Menü **Farbbalance** verwenden, das es auch als Einstellungsebene gibt.

KLICKEN UND WÄHLEN
Das Menü **Variationen** erlaubt die Wahl eines anderen Erscheinungsbildes durch simples Anklicken – bis man mit dem Ergebnis zufrieden ist.

Platziert man beim Fotografieren eine neutral graue Karte am Rand des Bildausschnitts, wird eine eventuell notwendige Farbanpassung immens erleichtert. Erstellt man eine Bildserie unter gleichen Lichtbedingungen, muss die Karte nicht auf jedem Bild mit aufgenommen werden, da man die Einstellungen für die Anpassung der Graubalance in den Dialogfenstern sichern und im nächsten Bild erneut laden kann.

5.4.7 Lichter und Tiefen setzen

Ein typischer Fehler ist, dass das Bild nicht den gesamten Tonwertumfang nutzt. Die Tiefen in einem Graustufen- oder RGB-Bild sollten schwarz sein statt dunkelgrau und die Lichter weiß, nicht hellgrau. Der in der **Info-Palette** angezeigte Wert für die Tiefe sollte dann 0 sein und für das Licht 255, wenn man mit der Pipette über die entsprechenden Bereiche fährt. Bei geringerem Tonwertumfang wirkt das Bild flach und kontrastarm. Manchmal ist es sofort zu erkennen, aber oftmals muss man erst das Histogramm anschauen, ein Diagramm der Tonwertverteilung, um Schwächen festzustellen.

TIEFEN UND LICHTER

Tiefen und Lichter können über die **Tonwertkorrektur** eingestellt werden. Entweder man nimmt die Einstellung wie unten abgebildet manuell vor oder man klickt auf die Schaltfläche **Auto**.

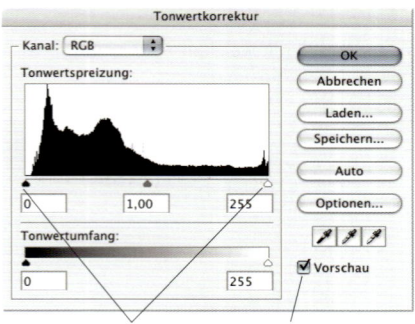

Die alt-Taste halten und auf das schwarze oder das weiße Dreieck klicken, um den Schwarz- bzw. Weißpunkt abzulesen.

Damit man das Ergebnis sieht, muss die **Vorschau** aktiviert sein.

WAS IST WEISS?

Unser Gehirn entscheidet darüber, was in einem Bild als weiß wahrgenommen wird. Das Motiv unterstützt diese Entscheidung. Motive, die typischerweise weiß sind (wie Sahne, Schnee etc.), werden vom Gehirn als weiß interpretiert, auch wenn der entsprechende Bildbereich – wie in dem Beispiel oben – nicht wirklich weiß ist. Um den gesamten Tonwertbereich des jeweiligen Druckverfahrens optimal zu nutzen und einen maximalen Kontrast herzustellen, so dass das Bild nicht vergraut erscheint, sollte der hellste Punkt des Bildes auf den hellsten Tonwert gesetzt werden, den der Drucker darstellen kann, und ebenso der dunkelste so dunkel wie technisch darstellbar ist.

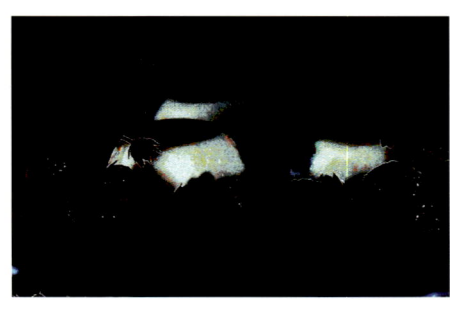

Überprüft man den Weißpunkt (Lichter), werden nur die weißen Bereiche am Bildschirm weiß angezeigt – alles andere schwarz. Die Anzeige ist umgekehrt, wenn der Schwarzpunkt (Tiefen) geprüft wird.

HISTOGRAMME DEUTEN

Aus dem Aussehen des Histogramms lassen sich eine Menge Rückschlüsse über die Bilddarstellung ziehen und darüber, was eventuell verändert werden muss.

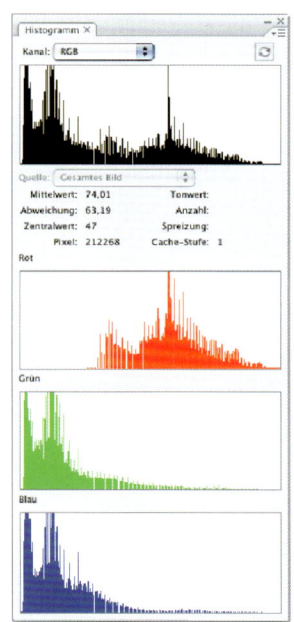

In der **Histogrammpalette** von Adobe Photoshop sieht man normalerweise nur das Histogramm des Composites. Man kann aber auch das Histogramm jedes einzelnen Kanals anzeigen lassen, wie im Beispiel R, G und B.

Einem Histogramm, das nicht bis zum linken und rechten Rand ausgefüllt ist, fehlen die Tiefen bzw. Lichter.

Hat das Histogramm feine Lücken, fehlen diese Tonwerte und es besteht die Gefahr sichtbarer Tonwertabrisse.

Sind die Ausschläge in den dunklen und hellen Bereichen der drei Einzelhistogramme sehr unterschiedlich, liegt ein Farbstich vor.

Ein gutes Bild sollte ein gleichmäßiges Histogramm zeigen, das den Tonwertumfang von einem zum anderen Ende ausfüllt.

Ein Histogramm, das am Ende nicht nach unten ausläuft, sondern mit hohem Ausschlag endet, ist ein Hinweis auf eine falsche Belichtung.

Ist der Tonwertausschlag im Lichtbereich hoch, ist das Bild überbelichtet. Große Teile des Bildes sind weiß oder fast weiß. Man sagt, es gibt zu starke Glanzlichter im Bild.

Ist der Tonwertausschlag in der Tiefe hoch, ist das Bild unterbelichtet, und große Teile des Bildes sind schwarz oder zumindest sehr dunkel und ohne Zeichnung. Die Tiefen laufen zu.

Das Histogramm sollte – wie mit den Pfeilen dargestellt – bearbeitet werden. Beide Bildtypen sind schwierig zu korrigieren, da Tonwertverluste prinzipiell nicht wiederhergestellt werden können.

Einem Bild, dessen Histogramm Lücken an den Enden zeigt, fehlen Tiefen und Lichter. Es wird nicht der gesamte Tonwertumfang genutzt. Als Resultat wirkt das Bild vergraut. Das Problem kann über die **Tonwertkorrektur** behoben werden.

In einem Bild mit weichen Tonwertübergängen ist der Mitteltonbereich stärker vertreten als in kontrastreichen Bildern. Dies kann man über **Gradationskurven** anpassen.

In einem Bild, das sehr hart wirkt, sind die meisten Tonwerte in den dunklen und hellen Bildbereichen vertreten, dagegen zu wenige im Mitteltonbereich. Dies kann ebenfalls über **Gradationskurven** korrigiert werden.

Um Lichter und Tiefen korrekt anzupassen verwendet man in Photoshop entweder die **Einstellungsebene Tonwertkorrektur** oder das Menü **Bild→Anpassungen→Tonwertkorrektur**. Das Histogramm sollte sich über den gesamten Tonwertumfang erstrecken, von einem Ende zum anderen. Bestehen an den Enden Lücken, wird nicht die gesamte Tonwertskala genutzt und eine Korrektur ist erforderlich.

Das weiße Dreieck unterhalb des Histogramms wird dorthin geschoben, wo die hellsten Tonwerte im Bild vorhanden sind, und das schwarze Dreieck platziert man da, wo die dunkelsten Tonwerte angezeigt werden. Um zu sehen, welche Bereiche des Bildes vollständig schwarz oder weiß sind, klickt man bei gehaltener alt-Taste auf die Dreiecke.

Manchmal genügt es, auf die Schaltfläche **Auto** im Fenster **Tonwertkorrektur** zu klicken, um eine Anpassung von Tiefen und Lichtern vorzunehmen. Technisch betrachtet wird dabei der hellste im Bild gefundene Wert gleich Weiß gesetzt und der dunkelste gefundene gleich Schwarz. Der Befehl ist auch separat aufgeführt unter **Bild→Anpassungen→Auto-Tonwertkorrektur**.

Diese automatische Tonwertkorrektur richtet ihre Funktionsweise nach den drei zur Auswahl stehenden Varianten, die sich hinter der Schaltfläche **Optionen** im Fenster verbergen:

Die einfachste Variante heißt **Schwarzweiß-Kontrast verbessern**. Sie lässt die Farbbalance des Bildes unberührt und verbessert lediglich den Kontrast. Dazu werden alle drei Farbkanäle gemeinsam betrachtet. Der Kanal, der die hellsten Bereiche aufweist, gibt den neuen Weißpunkt vor, der Kanal mit den dunkelsten Bereichen den neuen Schwarzpunkt. Diese Option wird vom Menü **Bild→Anpassungen→Auto-Kontrast** verwendet.

Mit der mittleren Option wird der Kontrast in jedem einzelnen Kanal erhöht, was Farbverschiebungen hervorrufen kann, im positiven wie auch im negativen Sinn. Häufig ist dies die Lösung zur Entfernung eines Farbstichs.

Mit der dritten Variante **Dunkle und helle Farben suchen** wird der Kontrast der hellsten und dunkelsten Farbtöne in einem Bild maximiert, während gleichzeitig um den im Fenster voreingestellten Wert beschnitten wird.

Die anderen beiden Optionen im Fenster können Farben verstärken oder abschwächen, so dass man mit ihrer Verwendung vorsichtig sein muss.

Mit **Neutrale Mitteltöne ausrichten** sucht das Programm im Bild nach einer durchschnittlichen, fast neutralen Farbe und richtet die Gammawerte so aus, dass diese neutral wird. Das Menü **Bild→Anpassungen→Auto-Farbkorrektur** entspricht der Verwendung der Schaltfläche **Auto** im Fenster Tonwertkorrektur, wenn diese Option aktiviert ist.

Die Beschneidungswerte geben vor, wie viel Prozent des Lichts und der Tiefe bei der automatischen Anpassung nicht berücksichtigt werden sollen. Für Bilder guter Qualität sollte der Wert zwischen 0,01 bis 0,1 % betragen. Klickt man auf das weiße, graue bzw. schwarze Feld, lassen sich die RGB-Eckwerte für Lichter, Mitteltöne und Tiefen setzen. Diese sollten 255, 128 und 0 betragen.

5.4.8 Helligkeit und Kontrast verbessern

Bei den meisten Bildern will man einfach nur die Helligkeit und den Kontrast verbessern. Ein Bild kann zu flach wirken oder zu hart, dies kann das gesamte

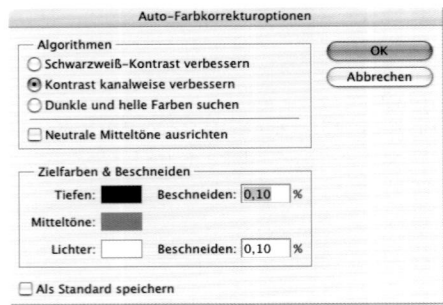

AUTOMATISCHE FARBKORREKTUREN
Die erste Option verbessert nur den Hell-Dunkel-Kontrast, ohne die Farbbalance zu beeinflussen. Die zweite verbessert den Kontrast in jedem einzelnen Kanal, was oftmals Farbstiche verbessert. Mit der dritten wird der Farbkontrast verstärkt.

HART ODER WEICH

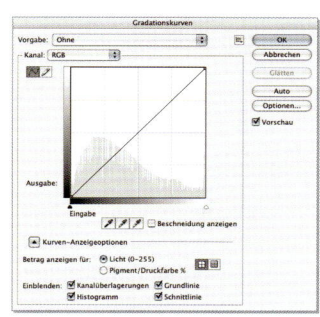

HELLIGKEIT UND KONTRAST

Mit Hilfe der Gradationskurven von Adobe Photoshop können Helligkeit und Kontrast sowie Lichter und Tiefen bearbeitet werden.

Eine flachere Kurve ergibt ein »weicheres« Bild, eine steilere Kurve ein »härteres«. Bleiben Anfangs- und Endpunkt am gleichen Platz, werden absolutes Licht und Tiefe nicht bearbeitet.

Zu besserer Kontrolle der Tonwerte wurde in Adobe Photoshop CS3 eine Histogrammabbildung hinterlegt.

A: Das Bild wurde nicht bearbeitet (45°-Diagonale).
B: Das Bild wird »weicher« und zeigt mehr Details, indem der Mitteltonbereich beibehalten, jedoch die Vierteltöne verstärkt und die Dreivierteltöne aufgehellt wurden.
C: Die dunklen Tonwertbereiche wurden aufgehellt. Der Rest bleibt unberührt.
D: Das Bild wurde kontrastreicher, weil die Vierteltöne aufgehellt und die Dreivierteltöne verstärkt wurden. Es verliert dabei jedoch an Detailzeichnung.

Bild betreffen oder auch nur Teilbereiche. Um dies zu korrigieren verwendet man in Adobe Photoshop das Menü **Bild → Anpassungen → Gradationskurven** oder noch besser die gleichnamige Einstellungsebene.

Entweder man nimmt die Einstellungen manuell vor oder man überlässt dies der **Auto**-Option im Fenster, die identisch mit der **Auto**-Option der Tonwertkorrektur ist.

Nicht verwenden sollte man das Menü **Helligkeit und Kontrast**, da dieses undifferenziert arbeitet. Verschiebt man beispielsweise den Helligkeitsregler um aufzuhellen, werden alle Tonwerte um denselben Wert aufgehellt. Es geht folglich Tiefe verloren. Arbeitet man mit dem Kontrastregler entgegengesetzt, um die Tiefe wiederherzustellen, gehen weitere Tonwerte verloren. Für eine professionelle Bildbearbeitung ist diese Vorgehensweise also ungeeignet.

5.4.9 Bestimmte Farbbereiche bearbeiten

Manchmal sollen nach der Herstellung der Graubalance noch bestimmte Farbbereiche eines Bildes korrigiert werden, um ein natürliches Erscheinungsbild zu erhalten, beispielsweise Hauttöne, Gras, Himmel etc. Oder man greift ein, weil die Farben insgesamt zu flau wirken.

Um dies zu verbessern, verwendet man am besten wieder eine Einstellungsebene und entweder **Farbton und Sättigung** oder **Selektive Farbkorrektur**.

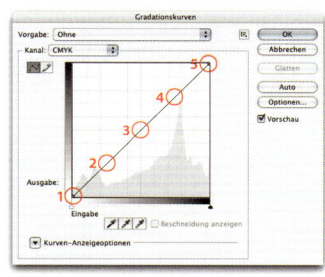

1 Lichter
2 Vierteltöne
3 Mitteltöne
4 Dreivierteltöne
5 Tiefen

In einem CMYK-Bild befinden sich die Lichter unten und die Tiefen oben.

In einem RGB-Bild wird die Gradationskurve dagegen umgekehrt angezeigt, die Lichter oben und die Tiefen unten.

Die horizontale Achse steht als Referenz für die Eingabe-Werte (Ist-Zustand), die vertikale Achse für die Ausgabe-Werte (Ergebnis nach Bearbeitung).

BESTIMMTE FARBEN BEARBEITEN

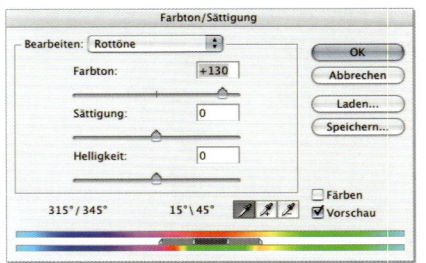

DER EINFACHSTE WEG
Farbton/Sättigung ist das einfachste Arbeitswerkzeug, um Farben einzeln zu bearbeiten. Beispielsweise wählt man Rot aus dem Pop-up-Menü (zur Bearbeitung der roten Erdbeeren).

Die obere der beiden Farbskalen des Bildes zeigt das theoretische Farbspektrum an, die untere Farbskala, welche neue Farbe einer vorhandenen aufgrund der Bearbeitung zugeordnet wird (Grün ersetzt Rot).

FARBLICHE ZEITREISE
Über **Farbton/Sättigung** und **Selektive Farbkorrektur** lassen sich gezielt bestimmte Farbbereiche im Bild beeinflussen. So können aus reifen Erdbeeren wieder unreife werden!

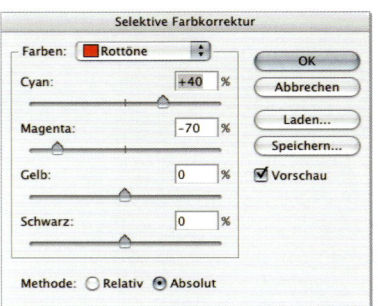

DER GENAUESTE WEG
Das Arbeiten mit der **Selektiven Farbkorrektur** ist zwar etwas schwieriger, dafür aber wesentlich genauer.

SÄTTIGUNG
Digitale Bilder zeigen mitunter nicht so gesättigte Farben (oben) wie sie könnten (unten). Die Farben wirken wie mit einem Grauschleier überdeckt.

Für jeden Farbbereich können der Farbton, die Sättigung und die Helligkeit separat bearbeitet werden. Man kann alle Farben im Bild auf einmal verändern oder nur innerhalb einer zuvor getroffenen Auswahl Korrekturen vornehmen. Oder man wählt aus dem Pop-up-Menü einen Farbbereich, beispielsweise Rottöne, um rote Erdbeeren gelber zu färben oder mehr zu sättigen. Sollen das gesamte Bild oder Teilbereiche den Charakter eines Schwarzweißbildes erhalten, muss man nur die Sättigung bis zum Minimum reduzieren.

5.4.10 Teile des Bildes anpassen

Manchmal sollen, wie schon erwähnt, nur Teilbereiche des Bildes bearbeitet werden, beispielsweise ein bestimmtes Objekt oder das Gesicht einer Person. In diesen Fällen erstellt man als Erstes eine Auswahl. Dies lässt sich in Adobe Photoshop mit verschiedenen **Auswahl-Werkzeugen** bewerkstelligen, beispielsweise mit dem Freihand- oder dem Polygonlasso oder mit Ebenenmasken [siehe 5.5].

Eine Ebenenmaske (**Ebenen → Ebenenmaske hinzufügen**) kann nachträglich bearbeitet werden. Sie zeigt wie ein Passepartout nur die von ihr eingeschlossenen Bereiche der Bildebene, der Rest wird transparent, ohne aber dauerhaft gelöscht zu werden. Die Maske ist jedoch nicht darauf beschränkt, die Bildebene vollständig oder gar nicht anzuzeigen, sondern kann auch teiltransparent arbeiten, wenn sie mit Grautönen gefüllt ist, und so eine Mischung mit den darunter liegenden Bildebenen ergeben.

Arbeitet man mit Einstellungsebenen für die Farb- und Kontrastkorrektur, will aber nur Teilbereiche des Bildes verändern, wendet man auch auf die Einstellungsebenen Masken an [*siehe 5.5*].

5.4.11 Bilder vereinheitlichen

Mitunter ist es wichtiger, Bilder für dasselbe Druckerzeugnis auf einen einheitlichen technischen Standard zu bringen, als die individuelle Qualität jedes Bildes beizubehalten. Das menschliche Gehirn reagiert sehr empfindlich auf Abweichungen, ist aber tolerant bei allgemeinen Schwächen. Wird ein Bild mit einwandfreier Farbbalance neben einem mit leichtem Farbstich platziert, stört dies den Gesamteindruck wesentlich mehr, als wenn alle Bilder denselben Farbstich zeigen. Man spricht von der Homogenität der Bilder.

Das Problem stellt sich, wenn Bilder, die aus unterschiedlichen Quellen stammen, nicht dieselbe Qualität mitbringen. Dies kann die Farben betreffen, die Sättigung, den Kontrast, die Struktur, die Helligkeit, aber auch den Blickwinkel oder die Schärfe.

Es fällt mehr auf, wenn Bilder nicht dieselbe technische Qualität zeigen, als wenn sie alle dieselbe mindere Qualität haben. Es ist folglich wichtig, die Qualität der Bilder einander anzupassen. Um die Unterschiede festzustellen, öffnet man alle Bilder nebeneinander am Monitor oder druckt sie zusammen auf einem Blatt aus.

Um die Bilder einheitlicher zu gestalten, sucht man sich am besten ein Bild heraus, das ein zufriedenstellendes Erscheinungsbild bietet, und verwendet dieses während der Bearbeitung der anderen Bilder als Referenz. Dann passt man Farben, Hauttöne, Kontrast etc. der anderen Bilder an dieses an.

Eine andere Möglichkeit, die Bilder einander anzupassen, stellt die Umwandlung in Graustufen dar, eventuell auch die spätere Umwandlung in ein Duplex [*siehe Digitale Bilder 4.6.3*].

Am einfachsten lässt sich ein RGB-Bild über **Bild → Modus → Graustufen** umwandeln. Meistens muss danach der Weiß- und Schwarzpunkt angepasst werden. Manche Leute meinen allerdings, dass diese Vorgehensweise nicht das beste Ergebnis liefert. Deshalb hier noch ein paar Alternativen:

Man konvertiert das Bild in den Lab-Modus, löscht den a- und b-Kanal aus der Kanäle-Palette und wandelt das Bild mit dem verbleibenden Luminanz-Kanal dann in den Graustufen-Modus um.

Oder man kombiniert unter **Bild → Kanalberechnungen** den Rot- und Grünkanal zu je 40 % als neuen Kanal unter Anwendung der Methode **Multiplizieren**. Es entsteht ein neuer Kanal (Alphakanal) mit einer Graustufenversion des Bildes, der nun nur noch in den Graustufen-Modus konvertiert werden muss. Diese Arbeitsweise ergibt einen guten Kontrast in Hauttönen und verhindert in dunklen Bildbereichen das Zulaufen in der Tiefe.

Eine ebenfalls einfache Methode funktioniert so: Man wählt in der **Kanäle-Palette** nur den Grünkanal aus und kopiert dessen Inhalt. Dann erstellt man ein neues Bild – Adobe Photoshop gibt automatisch die richtige Auflösung und Größe und den Graustufenmodus vor und fügt die Kopie ein. Fertig.

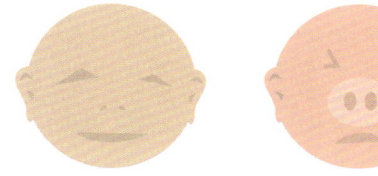

SCHWEINCHEN-ROSA VERMEIDEN
Eine einfache Regel besagt, dass die natürliche Hautfarbe ungefähr 15 % mehr Gelb als Magenta enthalten muss.

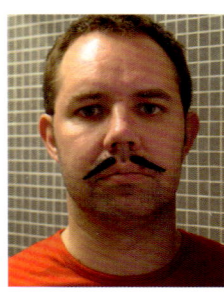 

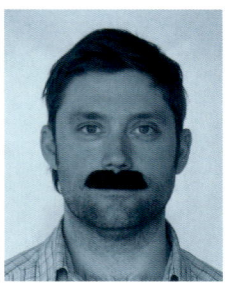 

MANCHMAL IST ES SCHWIERIG, PORTRÄTS GLEICH AUSSEHEN ZU LASSEN
Liegen Bilder unterschiedlicher Qualität, beispielsweise Porträtbilder vor, die gemeinsam abgedruckt werden sollen, ist der einfachste Weg für eine einheitliche Darstellung, sie entweder in Graustufen oder in ein Duplex umzuwandeln.

Die Farbverteilung wird zwar möglicherweise mit anderen als den korrekten Helligkeitswerten der Farben umgesetzt, bildet jedoch eine ausgewogene Tonwertverteilung und zeigt gerade bei Hauttönen gute Ergebnisse. Verwendet man nur einen der Farbkanäle als Basis des neuen Grauenstufenbildes, besteht allerdings auch die Gefahr, dass im Gegensatz zu den anderen Methoden mehr Störungen zu sehen sind. In diesem Fall eignet sich der Grünkanal am besten, weil Digitalkameras in diesem die wenigsten Störungen produzieren.

5.4.12 **Scharfzeichnen**
Der letzte Schritt der Bildbearbeitung ist das Scharfzeichnen. Wird ein Bild als unscharf empfunden, weist es entlang der Motivkanten zu wenig Kontrast auf. Anstelle einer eindeutigen Kante besteht ein sanfter Übergang. Schärft man ein Bild, wird der Kontrast dieser Tonwerte härter.

Scharfzeichnen kann auf zweierlei Arten und zu zwei unterschiedlichen Zeitpunkten während der Bildproduktion stattfinden. Als Erstes wird dem Bild eine Art Grundschärfe verliehen, damit es die beste Ausgangsqualität als Original und für die Archivierung hat. Die zweite Schärfung erfolgt vor dem Einsatz im Web oder dem Druck [*siehe Druckvorstufe 7.4.7*], nachdem das Bild in Auflösung und Format vorbereitet wurde.

Bilder, die mit einer guten Digitalkamera mit guter Optik und korrekt eingestellter Schärfe aufgenommen wurden, benötigen normalerweise keine besondere Nachbearbeitung der Grundschärfe, während Bilder schlechterer Qualität meistens nachgeschärft werden müssen. Dabei sollte man umsichtig vorgehen, damit das Bild nicht beschädigt wird. Viele Digitalkameras und Scanner verfügen über einen Schärfefilter, man sollte diesen aber nicht verwenden. Stattdessen sollte man im Programm nachschärfen, weil man dort das Ergebnis als Vorschau sieht und verschiedene Einstellmöglichkeiten zur Auswahl stehen. Ausgenommen davon sind Bilder, die von der Digitalkamera im Format JPEG gesichert werden. Hier ist das Schärfen innerhalb der Kamera sinnvoll, da es erfolgt, bevor die JPEG-Kompression eingreift [*siehe Digitale Bilder 4.11.5*].

Der beste Schärfefilter in Adobe Photoshop heißt **Unscharf maskieren**. Derselbe Filter existiert auch in den meisten anderen Bildbearbeitungsprogrammen. Der Filter lässt drei Einstellmöglichkeiten zu: **Radius**, **Stärke** und **Schwellenwert**.

Soll ein Bild scharfgezeichnet werden, legt man über den **Radius** in Pixeln den Bereich fest, in dem scharfgezeichnet werden soll. Zu hohe Werte erzeugen breite Konturen im Bild, zu schmale wirken möglicherweise nicht stark genug. Der Radius für gescannte Bilder oder Bilder, die mit einer durchschnittlichen Digitalkamera aufgenommen wurden, sollte zwischen 0,8 und 1,6 Pixeln liegen. In Studioqualität fotografierte Bilder können mit 0,1 bis 1,3 Pixelradius geschärft werden. Bei Bildern, die mit niedriger Auflösung im Web oder über einen Projektor gezeigt werden sollen, genügt ein Radius von 0,3 Pixeln.

Nur Kanten werden geschärft. Wobei sich die Frage stellt, wie stark der Tonwertunterschied gewünscht wird, der als Kante zwischen zwei Flächen verstärkt werden soll, denn Scharfzeichnen bedeutet nichts anderes, als die Tonwertunterschiede zwischen zwei Pixeln zu verstärken. Liegen zu geringe Tonwertdifferenzierungen im Bild vor und man zeichnet scharf, kann es sein,

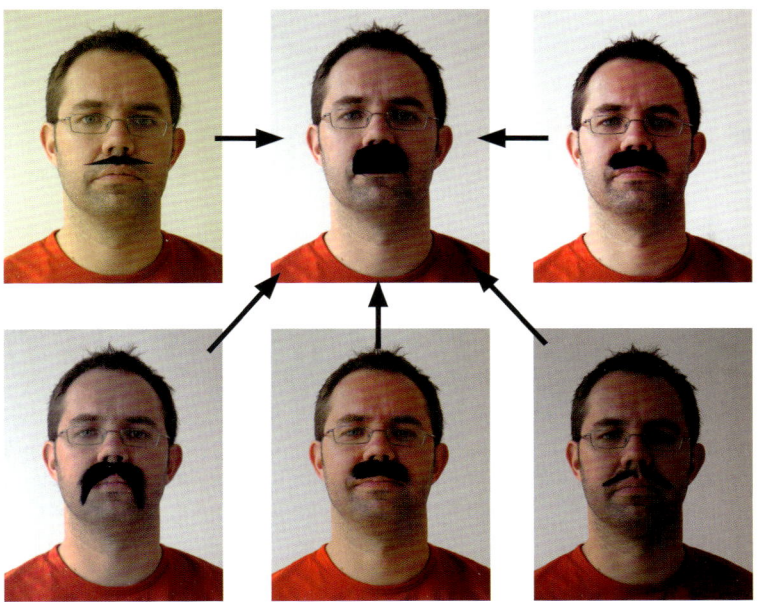

EINER FÜR ALLE – ALLE FÜR EINEN
Bearbeitet man Bilder mit ähnlichen Motiven oder Bilder einer Serie, die besser zusammenpassen sollen, beispielsweise Porträts, wählt man ein Bild als Referenzbild für die Bearbeitung aller anderen aus und lässt es stets gleichzeitig am Bildschirm angezeigen.

dass dadurch unerwünschte Störungen zutage treten. Das können natürliche Strukturen im Bildmotiv sein, aber auch Filmkorn oder Staub.

Um dies zu vermeiden, kann man den **Schwellenwert** so weit heraufsetzen, dass feine Tonwertunterschiede nicht für die Kontrastverstärkung berücksichtigt werden. Normalerweise soll er 3 bis 9 betragen, das heißt, erst wenn der Tonwertunterschied höher als der Schwellenwert ist, findet eine Kontrastverstärkung statt. Ist das Bild sehr körnig oder werden Hautflächen geschärft, kann man den Schwellenwert auf 20 bis 30 heraufsetzen. Da ein Bild pro Kanal aus 256 Tonwertstufen zwischen Schwarz (0) und Weiß (255) besteht, bedeutet ein Schwellenwert von 255, dass keine Schärfung stattfindet.

Wie stark der Kontrast angehoben wird, legt man über die Einstellung der **Stärke** fest. Wird der Wert zu klein gewählt, wird dem Bild zu wenig Schärfe zugefügt. Ist der Wert zu hoch, bilden sich dunkle und helle Konturen. Man bezeichnet dieses Phänomen auch als Halos oder Lichthöfe. Der Wert sollte irgendwo dazwischen liegen, bei 100 % bis 200 %, abhängig vom Motiv und der Bildauflösung.

Alles in allem muss man mit den Einstellungen ein wenig experimentieren. Beispielsweise kann ein größerer Radius mit niedrigerer Stärke ein besseres Ergebnis bringen als umgekehrt. Zu beachten ist noch, dass das Bild möglichst in 100 % Ansichtsgröße dargestellt sein sollte, um eine genaue Pixeldarstellung zu erhalten.

Normalerweise wendet man den Filter **Unscharf maskieren** auf ein RGB-Bild an. Man kann das Bild aber auch zuerst in 16 bit und in den Lab-Modus konvertieren und dann nur im Luminanzkanal schärfen. Hier ist eine stärkere und risikofreiere Scharfzeichnung möglich.

WIE DER SCHÄRFUNGSFILTER UNSCHARF MASKIEREN FUNKTIONIERT

Der **Unscharf-maskieren**-Filter in Adobe Photoshop bietet drei Einstellungsmöglichkeiten an:

Hier ein Beispiel für einen weichen und einen harten Übergang im Bild. Die Tonwertabweichung zwischen angrenzenden Flächen entscheidet darüber, ob der Übergang als Kontur (harter Übergang) oder als Verlauf (weicher Übergang) behandelt wird. Gesteuert wird dies über den Schwellenwert.

Die drei Faktoren Stärke, Radius und Schwellenwert sind in der nebenstehenden Grafik veranschaulicht.

- **Stärke** ist der Wert für den Grad der Scharfzeichnung – das heißt, wie sehr der Kontrast benachbarter Pixel verstärkt wird. Zu viel Schärfe ergibt störende Konturen.

- Der **Radius** gibt an, in welchem Bereich unscharfe Pixel kontrastiert, also scharfgezeichnet werden sollen. Er wird in der Zahl der Pixel angegeben, die der Breite des unscharfen Übergangs entspricht. Im Beispiel sind dies vier Pixel und nur innerhalb dieses Radius wird scharfgezeichnet.

- Der **Schwellenwert** legt fest, wie groß die Tonwertabweichung zwischen zwei Flächen sein muss, um als Kontur zu gelten, die scharfgezeichnet werden muss. Bei kritischen Flächen wie Hautbereichen empfiehlt es sich, den Schwellenwert >0 zu setzen, damit beispielsweise keine Poren oder Leberflecke scharfgezeichnet werden!

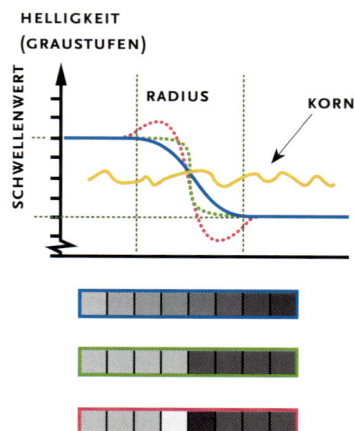

- Hier sieht man eine Reihe Pixel aus einem unscharfen Bildbereich (blau). Bei einer Unschärfe ist der Übergang zwischen Hell und Dunkel weich (flache blaue Kurve).

- Um das Bild scharfzuzeichnen, kann man versuchen, diesen Kurvenabschnitt steiler zu gestalten (grün gepunktete Kurve).

- Wird das Bild jedoch zu scharf, treten an den Rändern sogenannte Kränze auf (rot gepunktete Kurve).

Das untere der beiden Bilder ist zu scharf geraten. Rund um die Konturen treten störende Phänomene auf – so genannte Kanteneffekte. Sie entstehen dadurch, dass sich auf der hellen Seite einer Kontur eine helle Linie bildet und auf dunklen Seite eine dunkle Linie. Unten ist das Phänomen noch einmal verdeutlicht.

Es gibt noch einen Trick, um eine Überschärfung feiner Bildstörungen zu verhindern. Bevor man das **Unscharf maskieren** anwendet, wählt man das gesamte Bild aus, kopiert es und fügt es in einen neuen Kanal ein. Auf dieses Graustufenbild wendet man den Stilisierungsfilter **Konturen finden** an. Zu harte Kontraste können mittels **Gaußschem Weichzeichner, Gradationskurven** oder **Tonwertkorrektur** abgeschwächt werden. Dann wird der Kanal als Auswahl ins Bild geladen und das **Unscharf maskieren** ausgeführt.

Benötigt man die Abfolge dieser Arbeitsschritte öfter, kann man sie als Aktion speichern und braucht sie dann nur noch zu laden [*siehe 5.8.4*]. Es gibt auch Plug-ins für die Bildschärfung, wie Focal Blade von Thepluginsite.com, die teilweise noch bessere Ergebnisse erzeugen.

5.5 Retusche und Photoshop-Werkzeuge

Bilder müssen oftmals noch auf andere als die zuvor besprochenen Arten bearbeitet werden. Die Rede ist von Retusche und Manipulationen. Es kann sein, dass Staub entfernt werden muss oder ein Composing aus mehreren Bildern erstellt werden soll. Photoshop bietet viele verschiedene Funktionen und Werkzeuge an, von denen wir die wichtigsten vorstellen werden, insbesondere die Retuschewerkzeuge. Will man mehr darüber lernen, wie alles funktioniert, empfehlen wir die Photoshop-Hilfefunktion.

5.5.1 Die Optionsleiste
Direkt unterhalb der Menüleiste befindet sich in Photoshop die Optionsleiste, die passend zum gewählten Werkzeug unterschiedliche Inhalte für die spezifischen Werkzeugeinstellungen anzeigt. Manchmal muss man mehrere Einstellungen testen, um herauszufinden, welches die richtige ist.

5.5.2 Größe und Auftrag
Für jedes Malwerkzeug, beispielsweise Pinsel, Buntstift, Stempel, Radiergummi etc. kann unabhängig von den anderen Werkzeugen die Pixelgröße der Werkzeugspitze eingestellt werden. Ferner kann man wählen, ob es eine harte oder an den Kanten weich arbeitende Werkzeugspitze sein soll, ob der Auftrag deckend oder teiltransparent erfolgen oder sich auf eine bestimmte Weise mit dem Untergrund vermischen soll.

5.5.3 Auswahlwerkzeuge
Mit dem Lasso zieht man mit gehaltener Maustaste eine Freihandauswahl. Oder man hält die alt-Taste und klickt in kleinen Schritten, dann wird das **Freihandlasso** vorübergehend zum **Polygonlasso**, das es aber auch als auswählbares Werkzeug gibt. Bestehen eindeutige Motivkanten, kann man daran mit dem **Magnetischen Lasso** entlangfahren, um eine automatische Auswahl zu erstellen. Für ganz einfache geometrische Auswahlformen verwendet man das **Rechteck-** oder **Ellipsen-Auswahlwerkzeug**, die bei gleichzeitig gedrückter Umschalttaste zum Quadrat bzw. Kreis werden. Zuletzt gibt es noch das **Einzelne-Zeile-** und **Einzelne-Spalte-Werkzeug**, das horizontal bzw. vertikal eine 1 Pixel breite Auswahl trifft.

DIE RICHTIGE REIHENFOLGE

Wird das Bild ohne Einstellungsebenen bearbeitet, sollte die Reihenfolge der Bearbeitungsschritte beachtet werden, um eine gute Bildqualität zu erzielen. Werden Einstellungsebenen verwendet, können die Schritte 4 bis 7 nachträglich durchgeführt werden, ohne die Qualität zu mindern.

1. Zuerst drehen und Perspektive anpassen.
2. Das Bild zuschneiden.
3. Auflösung und Größe einstellen.
4. Die Farbbalance bearbeiten:
   Bild → Anpassungen → Farbbalance…
5. Schwarz- und Weißpunkt setzen:
   Bild → Anpassungen → Tonwertkorrektur…
6. Helligkeit und Kontrast einstellen:
   Bild → Anpassungen → Gradationskurven…
7. Sättigung und spezifische Farben einstellen:
   Bild → Anpassungen → Farbton/Sättigung
8. Das Bild schärfen:
   Filter → Scharfzeichnungsfilter → Unscharf maskieren…
9. Das Bild als digitales Original sichern.

Nach dem Erstellen der Auswahl kann man dieser über **Kante verbessern** in der Optionsleiste einen weichen Rand hinzufügen. Da man diese bei einer Fehlentscheidung über die **Protokoll-Palette** wieder entfernen und neue Werte ausprobieren kann, ist die Funktion dem Befehl **Weiche Kante**, der vor dem Erstellen der Auswahl gewählt werden muss und sich nachträglich nicht entfernen lässt, vorzuziehen.

Eine weitere Variante stellt der **Zauberstab** dar. Dazu muss in der Optionsleiste ein Toleranzwert eingestellt werden. Je höher der Wert ist, desto größer ist der Spielraum ähnlicher Farben, die bei Anklicken eines Farbpixels in die automatische Auswahl aufgenommen werden. Zu beachten ist auch die Option **Benachbart**. Ist sie eingeschaltet, erfolgt die Auswahl nur rund um das angeklickte Pixel. Ist sie ausgeschaltet, wird überall im Bild nach ähnlichen Pixelwerten für die Auswahl gesucht.

Mit dem **Schnellauswahl-Werkzeug** kann man eine Auswahl wie mit einem Pinsel malen. Das Werkzeug erkennt selbstständig ähnliche, mit dem gemalten Bereich zusammenhängende Farben und erweitert die Auswahl automatisch. Es funktioniert am besten in sehr homogenen Bereichen wie einem wolkenlosen Himmel.

Um die Auswahl mit einem beliebigen der Auswahlwerkzeuge zu erweitern hält man die Umschalttaste gedrückt oder klickt die Schaltfläche **Der Auswahl hinzufügen** in der Optionsleiste an. Um sie zu verkleinern, hält man die alt-Taste gedrückt oder wählt die Schaltfläche **Von der Auswahl subtrahieren**. Die Option **Schnittmenge mit Auswahl bilden** steht allen Auswahlwerkzeugen außer der Schnellauswahl zur Verfügung. In diesem Fall bleibt von der vorhandenen und der neuen Auswahl nur der gemeinsame Flächenanteil übrig.

Das Menü **Auswahl → Farbbereich** funktioniert ähnlich wie der Zauberstab bei aktivierter Option **Benachbart**, arbeitet also im gesamten Bild, hat aber mehr Einstellmöglichkeiten. Es erlaubt innerhalb des Bildes eine Auswahl anhand einer gewählten Farbe zu treffen. Über den Toleranzregler bestimmt man, wie ähnlich ebenfalls auszuwählende weitere Farbtöne sein müssen. Im Gegensatz zum Zauberstab wählt der Befehl jedoch Farben, die nicht dieselbe Reinheit und Helligkeit wie die Grundfarbe aufweisen, nicht mit voller, sondern nur mit Teildeckkraft aus.

Dieser Befehl ist praktisch, wenn bestimmte Objekt- oder Hintergrundfarben ausgewählt werden sollen, beispielsweise auf einer Wiese verteilte Blumen gleicher Blütenfarbe. Färbt man diese anschließend um, wirkt das Ergebnis aufgrund der unterschiedlichen Deckkraft sehr natürlich.

Jede Auswahl kann über das Menü **Auswahl → Auswahl sichern** als sogenannter Alphakanal im Bild gespeichert werden und stellt technisch betrachtet ein Graustufenbild innerhalb des Bildes dar.

5.5.4 Maskierungsmodus

Um eine Auswahl mit Malwerkzeugen zu erstellen, aktiviert man in der **Werkzeug-Palette** den **Maskierungsmodus**. Man kann entweder die Bereiche ausmalen, die man später geschützt haben will (standardmäßig werden diese als rote Folie angezeigt), oder die nicht zu schützenden, da sich die daraus generierte Auswahl jederzeit per Menübefehl umkehren lässt.

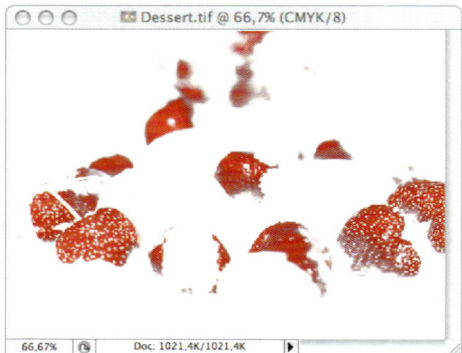

ANHAND EINER BESTIMMTEN FARBE AUSWÄHLEN
Das Menü **Auswahl → Farbbereich…** erlaubt innerhalb des Bildes eine Auswahl anhand einer gewählten Farbe zu treffen. Mittels der Pipette klickt man entweder in die Vorschau im Dialogfenster oder direkt in das Bild und wählt die gewünschte Farbe aus. Über den Toleranzregler definiert man, inwieweit ähnliche Tonwerte in die Auswahl miteinbezogen werden sollen. Die Plus- bzw. Minus-Pipette erlauben, durch Klick ins Bild ähnliche Tonwerte gezielt dazu- oder abzuwählen.

Man kann jegliches Malwerkzeug einsetzen, auch das **Verlaufswerkzeug**, um verschiedene Deckungsgrade zu erzeugen. Ist man fertig, klickt man erneut auf das Symbol und kehrt dadurch in den Normalmodus zurück. Die Auswahl wird jetzt angezeigt.

Man kann auch zuerst mit den Auswahlwerkzeugen arbeiten und dann in den Maskierungsmodus wechseln, um die vorhandene Auswahl mit den Malwerkzeugen nachzubearbeiten.

5.5.5 Protokollpinsel

Die **Protokoll-Palette** sichert alle letzten Arbeitsschritte, die bei der Bearbeitung ausgeführt wurden. Wie viele das sind, hängt von der Voreinstellung ab. Will man partiell im Bild zu einem früheren Zustand zurückkehren, wählt man den **Protokollpinsel** und klickt in der Pinselspalte auf die Zeile, die den gewünschten Zustand enthält. Dann malt man mit dem Pinsel über den Bildbereich.

5.5.6 Retusche-Werkzeuge

Um im Bild irgendetwas durch Retusche zu entfernen überträgt man mit dem **Kopierstempel** einen anderen Bildbereich dorthin, beispielsweise um Staub, Kratzer, Muttermale, Fettflecken, Stromleitungen im Himmel oder Ähnliches verschwinden zu lassen.

Man klickt dazu mit gedrückter alt-Taste auf den Bereich, den man als Quelle der Übertragung festlegen will, dann malt man über den zu retuschierenden Zielbereich. Parallel dazu wird im Quellbereich ein Fadenkreuz angezeigt. Wie bei anderen Werkzeugen sind auch hierfür die Einstellmöglichkeiten in der Optionsleiste zu beachten. Erstellt man vor dem Stempeln eine neue Ebene, auf die man die Retusche aufbringt, kann man anschließend den Zustand vor und nach der Retusche miteinander vergleichen.

Der **Reparaturpinsel** funktioniert im Prinzip genauso, man muss auch eine Quelle definieren, er ist aber nur innerhalb homogener Farbflächen geeignet. Dort erbringt er allerdings bessere Ergebnisse, weil die vorhandene Helligkeit berücksichtigt wird und weniger Flecken entstehen. Das ist wichtig, wenn man beispielsweise kleine Störungen oder eine dünne Stromleitung aus dem Himmel entfernen möchte.

Der **Bereichsreparaturpinsel** arbeitet ähnlich wie der Reparaturpinsel. Man muss aber keine Quelle festlegen, sondern er nimmt automatisch Pixel aus dem Malbereich auf, um die Retusche durchzuführen.

Mit dem **Ausbessern-Werkzeug** kann man einen ausgewählten Bereich mit Pixeln aus einem anderen Bereich oder aus einem Muster reparieren. Wie der Reparaturpinsel passt auch dieses Werkzeug Struktur und Beleuchtung der aufgenommenen Pixel an den zu retuschierenden Bereich an.

Der Effekt roter »Kaninchenaugen« entsteht, wenn das Blitzlicht der Kamera von der Netzhaut der fotografierten Person reflektiert wird. Meistens geschieht dies bei Aufnahmen in dunkleren Räumen, da die Pupille der Person dann weit geöffnet ist. Mit dem **Rote-Augen-Werkzeug** kann man die roten Augen in Blitzlichtaufnahmen von Personen oder Tieren korrigieren, indem man mit dem Werkzeug auf den roten Bereich klickt. Die Farbe wird dann »entsättigt« und in einen ihrer Helligkeit entsprechenden Grauton umgewandelt.

DER MASKIERUNGSMODUS

Auf das Symbol **Maskierungsmodus – Standardmodus** klicken.

Eine leere Maske liegt über dem Bild. War zuvor eine Auswahl aktiv, wird der aktive Bereich normal angezeigt, der inaktive jedoch als rote Folie.

Mit Hilfe der Mal- und Füllwerkzeuge erstellt man die gewünschte Auswahlform.

Dann klickt man erneut auf das Symbol. Die gemalte Maske wird in eine aktive Auswahl umgewandelt.

WERKZEUGE IN PHOTOSHOP

Hinter der Werkzeug-Palette in Adobe Photoshop verbergen sich eine Reihe optional zur Verfügung stehender Werkzeuge. Hält man die Maus auf eines der Werkzeuge gedrückt, die ein kleines Dreieck in der rechten unteren Ecke ihres Symbols tragen, erscheinen weitere Werkzeuge zur Auswahl.

Klickt man bei gedrückter alt-Taste mehrfach auf das Werkzeugsymbol, klickt man sich durch diese Werkzeug-Optionen hindurch. Man kann aber auch den angegebenen Buchstaben so oft auf der Tastatur drücken, bis das gewünschte Werkzeug angezeigt wird.

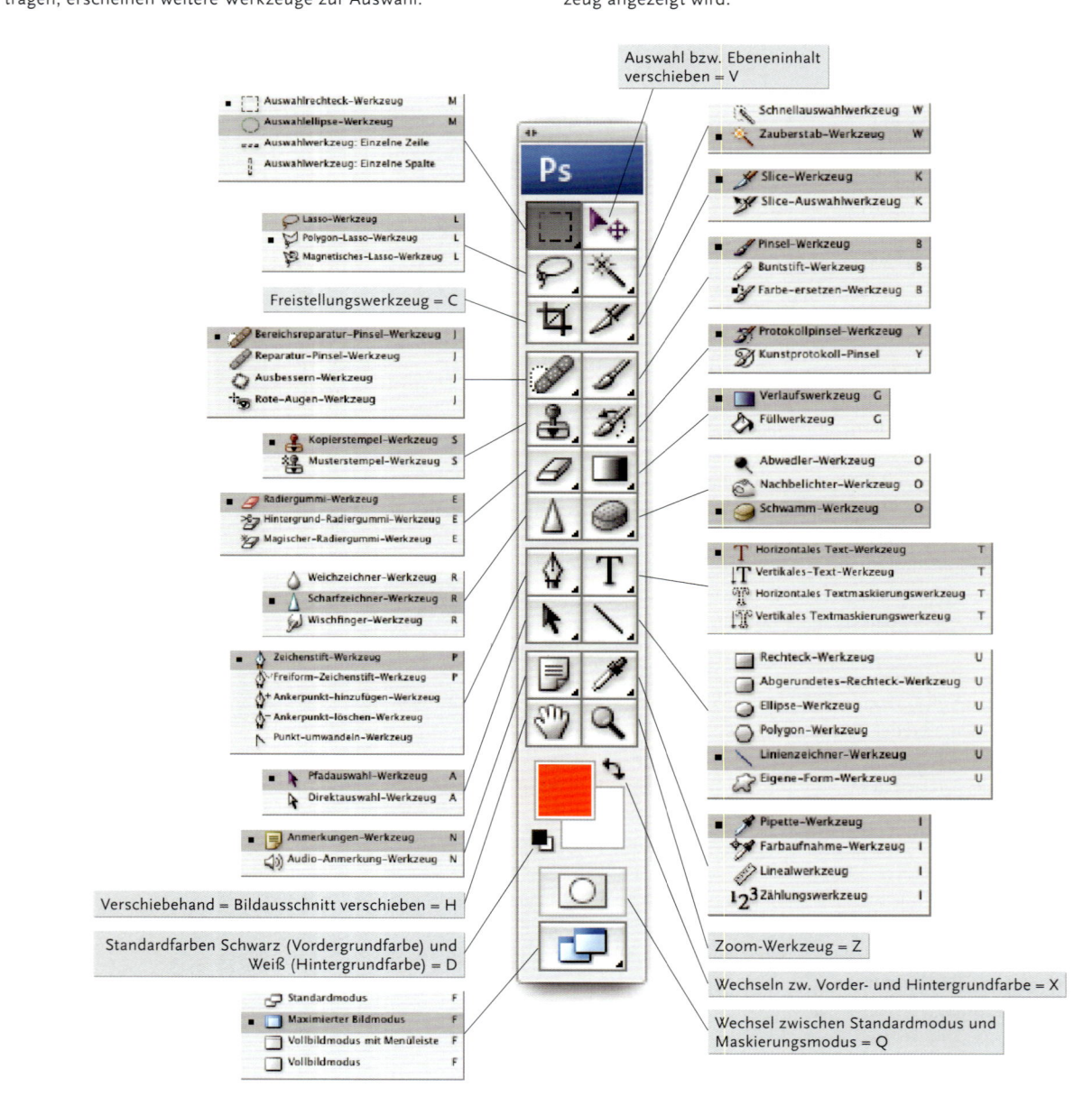

5.5.7 Weichzeichnen, Scharfzeichnen, Verwischen

Soll nur ein kleiner Bildbereich oder eine Kante weichgezeichnet werden, zieht man mit dem **Weichzeichner-Werkzeug**, das wie eine Träne aussieht, malend darüber. Dabei wird der Kontrast der bearbeiteten Pixel gemindert, was dann wie weichgezeichnet wirkt. Der **Scharfzeichner** funktioniert im Prinzip genauso, nur dass er den Kontrast dort verstärkt, wo man damit malt.

Das Fingersymbol steht für den **Wischfinger**, der die Pixelfarbe aufnimmt und weiterträgt.

5.5.8 Abwedler, Nachbelichter, Schwamm

Die Werkzeuge **Abwedler** und **Nachbelichter** sind dem manuellen Fotobelichten in der Dunkelkammer entlehnt. Mit dem **Abwedler** werden Bildbereiche aufgehellt, beispielsweise das Weiß im Auge einer Porträtaufnahme. Mit dem Nachbelichter werden Bildbereiche verstärkt, beispielsweise Wimpern oder Augenbrauen. Mit dem **Schwamm-Werkzeug** lassen sich Teile des Bildes durch Darübermalen mehr oder weniger sättigen, je nachdem, welche Einstellung man in der Optionsleiste gewählt hat.

5.5.9 Buntstift und Pinsel

Mit beiden Werkzeugen kann man malen, beispielsweise eine gescannte Comiczeichnung kolorieren. Der **Buntstift** zeichnet hart und kann besonders gut Konturen malen. Der **Pinsel** kann mit weichen Werkzeugspitzen, mit variabler Deckkraft und mit Mustern arbeiten. Die Einstellungen nimmt man wieder in der Optionsleiste vor. Wählt man einen geringeren **Durchfluss**, verhält sich der Pinsel wie eine Airbrush-Pistole oder Sprühdose. Je länger man auf dieselbe Stelle sprüht, desto mehr Farbauftrag erfolgt.

Eine wichtige Einstellmöglichkeit sind auch die Farbmodi für diese Werkzeuge. Beispielsweise kann man mit Modus **Farbe** arbeiten, um die Augenfarbe unter Beibehaltung aller Strukturen zu ändern.

5.5.10 Pfadwerkzeug

Mit dem **Zeichenstift-Werkzeug** erstellt man Pfade auf der Basis von Bézierkurven. Diese können entweder in anderen Anwendungsprogrammen als Freisteller verwendet oder innerhalb von Photoshop über die **Pfade-Palette** in eine Auswahl umgerechnet werden. Benötigt man mehrere unabhängige Pfade, muss man jeden in der **Pfade-Palette** [*siehe Kasten Seite 187*] benennen.

5.5.11 Verlaufswerkzeug

Mit dem **Verlaufswerkzeug** lassen sich Verläufe aus zwei oder mehr Farben erstellen, als linearer oder kreisförmiger Verlauf oder auch in anderen Verlaufsarten, die man in der Optionsleiste wählen kann. Wendet man den Verlauf als Auswahl oder in einer Ebenenmaske an, kann man damit Bildbereiche weich ineinander überblenden.

5.5.12 Gleiche Farbe

Um verschiedene RGB-Bilder einander farblich anzupassen, beispielsweise Produktbilder oder Porträts, verwendet man **Bild** → **Anpassungen** → **Gleiche Farbe**.

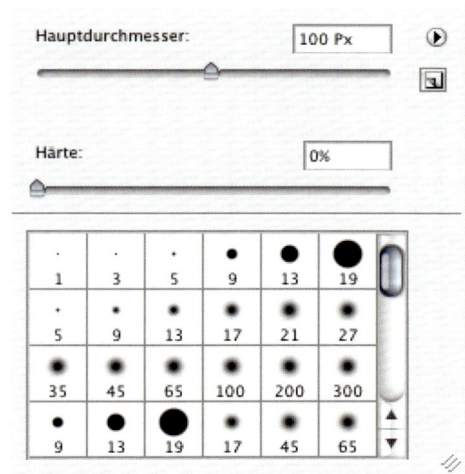

PINSELSPITZEN

Die Bezeichnung »Pinsel« in Adobe Photoshop ist eigentlich ein wenig irreführend. Der Begriff meint Werkzeugspitzen, die jedoch nicht nur für das Pinsel-Werkzeug und den Buntstift zur Auswahl stehen, sondern auch für andere Werkzeuge, beispielsweise Radiergummi, Abwedler oder Weichzeichner, um nur einige zu nennen.

Es gibt harte und weiche Spitzen, runde, elliptische und quadratische, und mittlerweile findet man unter dem Suchbegriff »Photoshop brushes« eine reichliche Auswahl auch von Struktur- und Bildpinseln im Internet, von denen viele sogar kostenlos zu haben sind.

Kaum zu glauben – aber jedes dieser kleinen Bilder ist eine Pinselspitze! Man braucht nur noch die gewünschte Farbe wählen und los geht's ...

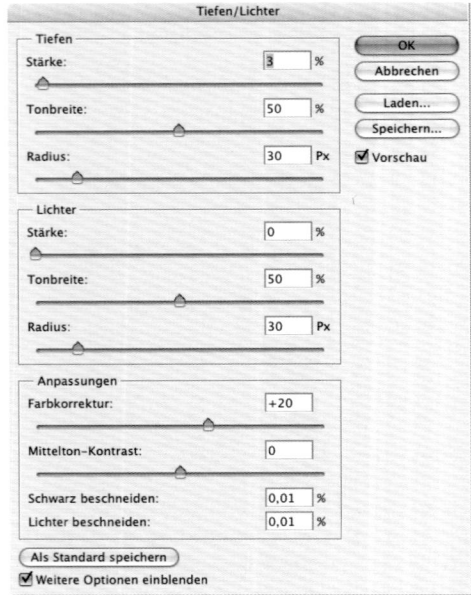

SCHATTENBEREICHE SICHERN
Bilder, in denen Teilbereiche unterbelichtet wurden, beispielsweise wenn mit Gegenlicht fotografiert worden ist, sind schwer zu korrigieren. In diesen Fällen ist der Befehl **Tiefen/Lichter** oftmals sehr hilfreich, um die Überbelichtung zu reduzieren und Details im Schatten zum Vorschein zu bringen.

Photoshop passt die Farben im Bild automatisch anhand der Werte eines anzugebenden Referenzbildes an. Man hat das Referenzbild entweder parallel geöffnet, damit es im Pop-up als Quelle angeboten wird, oder man hat seine Werte zuvor als sogenannte Bildstatistik gesichert und lädt diese nun in das anzugleichende Bild. Wie stark das Bild vom Referenzbild beeinflusst wird, kann man über verschiedene Regler einstellen.

5.5.13 Tiefen und Lichter
Falsch belichtete Bilder können über das Menü **Bild→Anpassungen→Tiefen/Lichter** verbessert werden. Zu schwache Lichtverhältnisse zum Zeitpunkt der Aufnahme lassen sich über verschiedene Regler weitgehend kompensieren. Leider gibt es diese Funktion nicht als Einstellungsebene.

5.5.14 Weichzeichnungsfilter
Es ist nicht unüblich, Bildbereiche, insbesondere einen Hintergrund mit störenden Details, unschärfer zu gestalten oder eine Bewegungsunschärfe zu simulieren. Im Menü **Filter→Weichzeichnungsfilter** stehen verschiedene Filter zur Auswahl. Die wichtigsten sind der **Gaußsche Weichzeichner**, um ausgewählten Bildbereichen ihre Schärfe zu nehmen; **Bewegungsunschärfe**, um den Eindruck eines bewegten Objekts zu simulieren und **Radialer Weichzeichner**, beispielsweise um die Drehbewegung eines Rades zu imitieren.

5.5.15 Ebenen
Ebenen werden benötigt, um einzufärben, zu retuschieren oder um Collagen zu erstellen. Auch um mit verschiedenartigen Objekten zu arbeiten, wie Bildern, Texten, Formen oder importierten Vektorgrafiken. Liegen die Einzelteile auf verschiedenen Ebenen, können sie unabhängig von den anderen verschoben, skaliert, gedreht, entfernt, maskiert etc. werden. Außerdem kann für jede Ebene ein anderer Farbmodus oder eine bestimmte Deckkraft zur Verrechnung mit den darunterliegenden Ebenen gewählt werden. Außerdem kann man für eine bessere Übersichtlichkeit mehrere Ebenen in einem Ebenenset verwalten oder den Inhalt einer Ebene als Schnittmaske für eine andere Ebene verwenden. Bilder, die mehrere Ebenen enthalten, müssen im Photoshop- oder im TIFF-Format gesichert werden.

5.5.16 Einstellungsebenen
Einstellungsebenen werden entweder über das **Ebenen-Menü** oder über die **Ebenen-Palette** erstellt und anschließend wie normale Ebenen in der **Ebenen-Palette** angezeigt. Sie stehen für die wichtigsten Bildbearbeitungsbefehle zur Verfügung, beispielsweise **Tonwertkorrektur**, **Gradationskurven**, **Farbbalance** oder **Farbton und Sättigung**.

Es können so viele Einstellungsebenen hinzugefügt werden, wie man will, und sie können auch so oft verändert werden, wie man will, ohne dem Bild in irgendeiner Weise zu schaden. Es können alle Ebenen auf einmal bearbeitet werden oder nur eine, die als Schnittmaske mit der Einstellungsebene verbunden wird, oder Ausschnitte, indem der Einstellungsebene eine Ebenenmaske hinzugefügt wird.

Der Vorteil der Einstellungsebenen liegt darin, dass sie wie eine Vorschau auf den späteren Bildzustand arbeiten. Man kann sie ein- und ausschalten, bearbeiten oder auch wieder löschen, ohne dass dabei an den ursprünglichen Bilddaten etwas verändert wird.

5.5.17 **Ebenenmasken**

Noch mehr Flexibilität bei der Bildbearbeitung bietet die Verwendung von **Ebenenmasken**, **Vektormasken** und **Schnittmasken**. Masken wirken wie Auswahlbereiche oder Passepartouts und zeigen nur Teile einer Ebene an. Der Rest wird transparent, bleibt aber erhalten. Die Maske kann vorübergehend deaktiviert werden, so dass die Ebene wieder vollständig sichtbar wird. Sie kann jederzeit nachbearbeitet werden, um mehr oder weniger der Bildebene anzuzeigen.

DAS BILD EBENE UM EBENE AUFBAUEN

LEICHT BEARBEITEN UND BESTE QUALITÄT ERZIELEN

Verwendet man in Adobe Photoshop Einstellungsebenen, Ebenen und -masken, holt man die beste Qualität aus dem Bild heraus und bleibt während der Bearbeitung am flexibelsten.

Ebenen können Bildausschnitte enthalten, die sich überlagern, über die Ebenenmodi und unterschiedliche Deckkrafteinstellungen miteinander mischen. Einstellungsebenen dienen der Farb- und Kontrastbearbeitung, lassen sich auf die ganze Ebene oder Teile davon anwenden, jederzeit nachbearbeiten, ein- und ausschalten oder wirken mit unterschiedlicher Transparenz.

Beide, die Bild- und die Einstellungsebenen, können mit Hilfe von Ebenenmasken ein- und ausgeblendet werden.

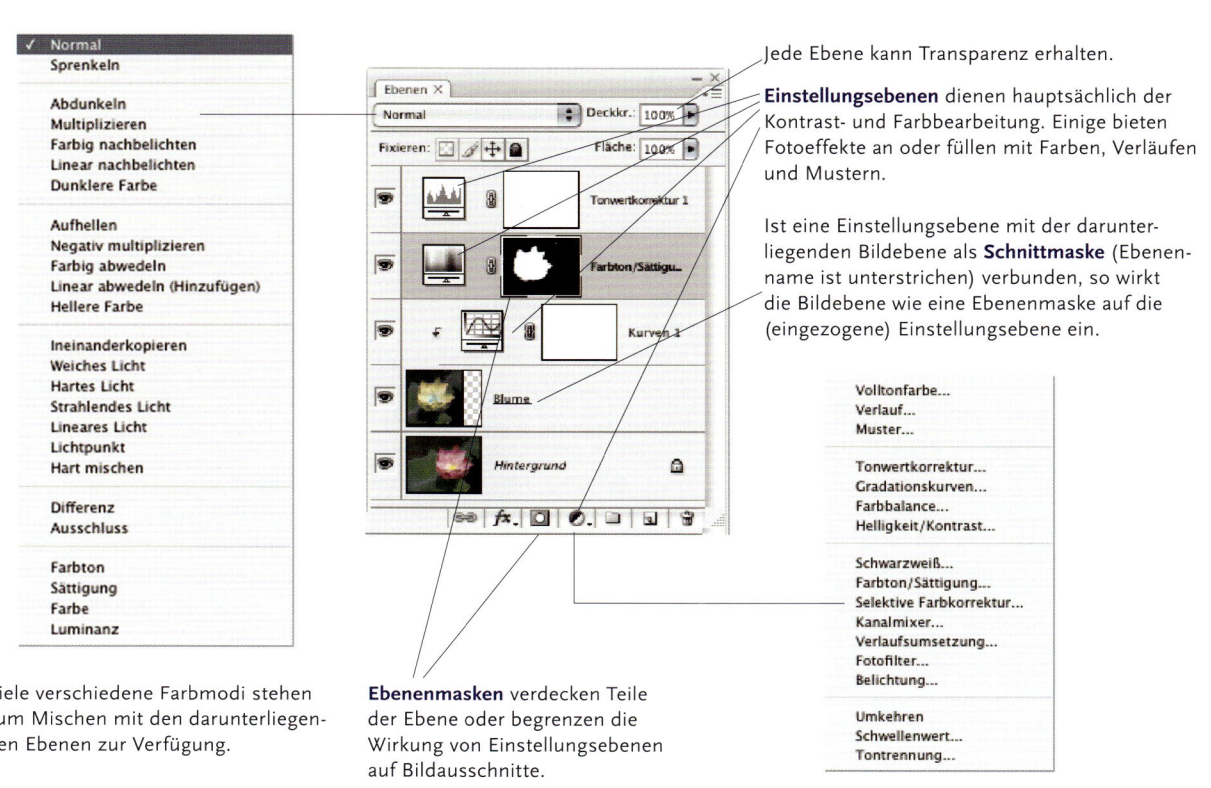

Viele verschiedene Farbmodi stehen zum Mischen mit den darunterliegenden Ebenen zur Verfügung.

Ebenenmasken verdecken Teile der Ebene oder begrenzen die Wirkung von Einstellungsebenen auf Bildausschnitte.

Jede Ebene kann Transparenz erhalten.

Einstellungsebenen dienen hauptsächlich der Kontrast- und Farbbearbeitung. Einige bieten Fotoeffekte an oder füllen mit Farben, Verläufen und Mustern.

Ist eine Einstellungsebene mit der darunterliegenden Bildebene als **Schnittmaske** (Ebenenname ist unterstrichen) verbunden, so wirkt die Bildebene wie eine Ebenenmaske auf die (eingezogene) Einstellungsebene ein.

WIE VIEL SPEICHERPLATZ BENÖTIGEN DIE BILDER?
Der Speicherplatzbedarf hängt davon ab, aus wie vielen Ebenen, Kanälen, gesicherten Auswahlbereichen (Alphakanälen) und Ebenenmasken das Bild besteht, ob es sich im 8- oder 16-bit-Modus befindet, welche Kompression verwendet wurde etc. Im Beispiel sind die Werte für ein 8-bit-RGB-Bild aufgelistet, DIN A4 groß, mit der Auflösung von 300 ppi, gesichert im Photoshop-Format:

Originalbild, Hintergrundebene	26,1 MB
Gesicherte Auswahl / Alphakanal	26,4 MB
CMYK-Modus	33,5 MB
CMYK-Modus mit ICC-Profil	34,0 MB
Mit drei Einstellungsebenen	51,9 MB
Mit einer Bildebene (25 % der Bildgröße)	59,2 MB
Mit einer Ebenenmaske	57,5 MB
16-bit-Modus	54,0 MB
Mit drei Bildebenen in Bildgröße	104,4 MB

VERSCHIEDENE DATEIFORMATE ERGEBEN VERSCHIEDENE DATEIGRÖSSEN:

EPS-Format	36,2 MB
Unkomprimierte TIFF-Datei	27,0 MB
Photoshop-Format	26,1 MB
mit ZIP komprimiertes PDF	27,9 MB
mit LZW komprimiertes TIFF	14,7 MB
mit JPEG, maximale Qualität	5,5 MB

(Beachten Sie, dass ein Bild mit vielen Details eine andere Speicherkapazität verbraucht als eines mit wenigen Details, anderen Auswahlbereichen oder Ebenenmasken etc. so dass dieses Beispiel nur ein Anhaltspunkt sein kann.)

Eine **pixelbasierte Ebenenmaske** kann Teiltransparenzen enthalten, so dass sich die Bildebene mit den darunterliegenden teilweise optisch vermischt. Im Prinzip stellt diese Maske ein Graustufenbild dar, das mit den üblichen Mal- und Verlaufswerkzeugen bearbeitet werden kann. Jede dieser Ebenenmasken erfordert so viel Speicherplatzbedarf, wie ein Graustufenbild in Größe und Auflösung des aktuellen Bildes benötigen würde.

Eine **Vektormaske** besteht aus einem Pfad und zeigt ebenfalls nur Teile der Bildebene an, kann jedoch keine Teiltransparenzen enthalten. Sie ist leichter nachzubearbeiten als eine pixelbasierte Ebenenmaske und beansprucht fast keinen Speicherplatz.

Masken können jedoch nicht nur auf Bildebenen, sondern auch auf Einstellungsebenen angewendet werden, so dass sich deren Attribute nicht auf die gesamte Bildebene auswirken, sondern nur auf Teilbereiche.

Verwendet man eine Ebene als **Schnittmaske**, so bestimmt der Inhalt der unteren Bildebene, was von der oberen zu sehen ist. Im Falle einer Einstellungsebene gibt der Inhalt der darunterliegenden Bildebene vor, dass nur sie von der Einstellungsebene bearbeitet wird, wohingegen tiefer liegende Ebenen von den Einstellungen unberührt bleiben.

5.5.18 Freistellen

Ein Objekt freizustellen (oder zu extrahieren) bedeutet, dass das Objekt aus dem ursprünglichen Hintergrund herausgelöst wird. Es gibt verschiedene Verfahren, um dies zu erreichen: das Objekt wird auf Weiß oder Transparenz ausgeschnitten oder mittels eines Pfades oder Alphakanals freigestellt. Einige Methoden funktionieren nur in manchen Layoutprogrammen.

Die einfachste Art, das Objekt freizustellen, ist seine Umgebung mit Weiß zu füllen. Es kann dann jedoch nicht auf einem andersfarbigen Hintergrund platziert werden. Vorteil dieser Methode ist, dass der Übergang zwischen dem Motiv und dem Hintergrund weicher und natürlicher ist. Es ist außerdem einfacher, einen natürlichen Schatten zu erzeugen, so als ob das Objekt auf einem weißen Hintergrund fotografiert wurde. Ein anderer Vorteil ist, dass man unabhängig von bestimmten Speicherformaten ist.

Die übliche Methode ist, das Bild mittels eines Pfades freizustellen. Man zeichnet mit dem sogenannten **Zeichenstift** eine Bézierkurve (Pfad) um das Objekt. Man kann auch mehrere Kurven zeichnen, beispielsweise um dem Freisteller ein Loch hinzuzufügen, wie beim Extrahieren eines Rings. Der Pfad wird in der Pfadepalette gesichert und dann im Menü der Palette als Beschneidungspfad definiert. Das Eingabefeld unter **Kurvennäherung** lässt man frei. Die Genauigkeit der Kurven wird dann von der Auflösung des Ausgabegerätes gesteuert. Sollte es wider Erwarten Druckprobleme geben, gibt man für den Offsetdruck einen Wert zwischen 7 und 10 ein, für Laserdrucker zwischen 2 und 5.

Bei der Verwendung eines Freistellpfades sind die Objektkanten randscharf. Im Bildbearbeitungsprogramm wird weiterhin das vollständige Motiv angezeigt. Nachdem das Bild in einem Vektorgrafik- oder einem Layoutprogramm platziert und gedruckt wurde, zeigt es jedoch nur die vom Pfad umgebenen Bildbereiche, der Rest ist transparent.

FREISTELLEN MIT PFADEN IN ADOBE PHOTOSHOP

Die klassische Arbeitsweise, ein Bildmotiv freizustellen, besteht darin, mit Hilfe von Bézierkurven einen Zeichenpfad um das Objekt anzulegen. Weil der Pfad eine scharfe Kante bildet, kann es vorkommen, dass der Freisteller bei feinen Details unnatürlich wirkt. Mit einem Pfad freigestellte Bilder können in allen Grafik- und Layoutprogrammen eingesetzt werden.

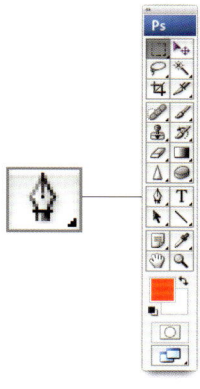

1. Als Grundlage zum Ausprobieren wählen Sie ein Bild, bei dem das freizustellende Objekt möglichst scharfe Konturen hat.

2. Wählen Sie den **Zeichenstift** aus der **Werkzeug-Palette**.

3. Ziehen Sie mit der Zeichenfeder einen Pfad um das Objekt. Der Pfad kann ein oder mehrere Objekte umfassen. Er sollte innerhalb der Objektkontur verlaufen. Dabei sollten so wenig Anker- und Griffpunkte wie möglich verwendet werden, um die spätere Ausgabe zu beschleunigen.

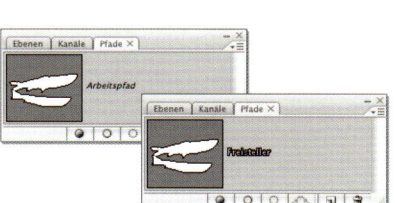

4. Sichern Sie den Pfad durch Doppelklick auf den **Arbeitspfad** in der **Pfade-Palette**. Geben Sie dem Pfad einen unmissverständlichen Namen. Sie können mehrere Pfade in einem Bild speichern, aber nur einen zum Beschneidungspfad erklären.

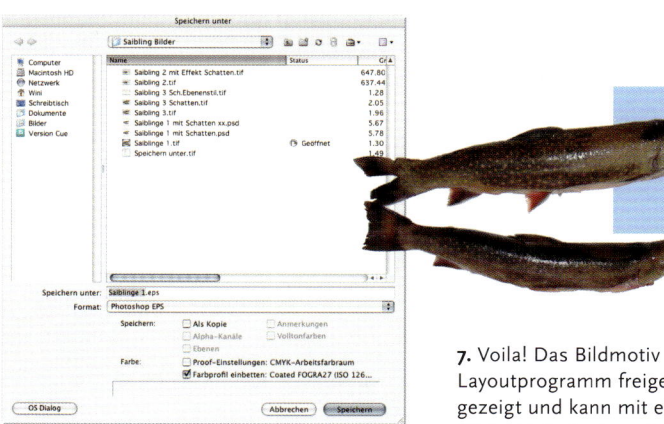

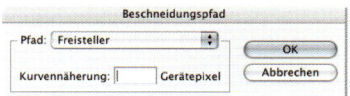

5. Im Pop-up-Menü der Pfadepalette den Befehl **Beschneidungspfad** aufrufen. Ist unter **Kurvennäherung** kein Wert eingegeben, setzt das Ausgabegerät selbst einen ein. Falls es Ausgabeprobleme aufgrund zu dicht gesetzter Ankerpunkte gibt, ist ein Wert zwischen 7 und 10 empfehlenswert.

6. Sichern Sie das Bild als PDF, EPS, DCS oder PSD.

7. Voila! Das Bildmotiv wird im Layoutprogramm freigestellt gezeigt und kann mit einer Farbfläche hinterlegt werden.

Das Bild bleibt dennoch vollständig für die weitere Bearbeitung in Photoshop erhalten (siehe Schritt 3).

BILDBEARBEITUNG | 187

EXTRAHIEREN MIT TRANSPARENZ IN ADOBE PHOTOSHOP

Will man entlang von Objektkanten mit sanftem Übergang zum Hintergrund freistellen, kann man über Transparenz extrahieren. Die flexibelste Arbeitsweise, die auch nachträgliche Korrekturen zulässt, ist die Verwendung einer Ebenenmaske. Bilder, die Transparenz enthalten, können jedoch nicht in allen Grafikprogrammen und auch nicht in älteren Layoutprogrammen verwendet werden.

1. Wählen Sie irgendein Bild. Die Kanten des freizustellenden Objekts dürfen weich in den Hintergrund übergehen.

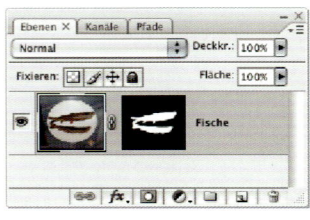

2. Erstellen Sie unter Verwendung der Auswahlwerkzeuge oder im Maskierungsmodus eine Auswahl des Objekts. Wandeln Sie die Auswahl anschließend in eine Ebenenmaske um.

3. Die schwarzen Bereiche der Maske werden im Bildfenster als transparentes Schachbrettmuster angezeigt.

Testen Sie die Genauigkeit des Freistellers, indem Sie auf einer neuen Ebene eine Farbe dahinterlegen.

4. Sichern Sie das Bild im Photoshop-Format. Die Option »Ebenen« muss aktiviert sein.

6. Enthält das Bild Ebenentransparenz oder eine Ebenenmaske, kann man in Photoshop auch einen Effekt hinzufügen, beispielsweise einen Schlagschatten. Wobei solche Effekte auch in Adobe InDesign möglich sind.

5. Voila! Das Bildmotiv wird im Layoutprogramm freigestellt gezeigt und kann beispielsweise mit einer Farbfläche hinterlegt werden.

Beschneidungspfade funktionieren mit den Speicherformaten EPS, DCS, PDF und PSD.

Ähnlich wie mit Pfaden kann man Objekte auch mittels einer als Alphakanal gesicherten Auswahl freistellen. Das Bild bleibt vollständig, im Anwendungsprogramm wird nur der freigestellte Bereich gezeigt. Weiche Übergänge der Auswahl werden jedoch bislang nur innerhalb von Photoshop genutzt. Importiert man das Bild in ein Layoutprogramm, ist der Freisteller randscharf.

Ein vierter Weg ist die Nutzung der **Ebenentransparenz**. Vorteil ist die Möglichkeit, auch weiche Übergänge oder Schatten zu verwenden und das Bild mit einem natürlicheren Erscheinungsbild auf einen anderen Hintergrund zu stellen. Bilder mit komplizierten oder feinen Formen wie Haaren oder Rauch sind jedoch schwierig so freizustellen, dass sie noch natürlich wirken. In diesem Fall leistet der **Extrahierungsfilter** gute Dienste. Man zieht mit dem **Kantenmarker** eine farbige Markierung um den gewünschten Bildausschnitt, füllt diesen dann mit dem **Füllwerkzeug** auf, die restliche Arbeit erledigt der Filter. Dann muss das Bild unter Beibehaltung der Transparenz als PSD oder PDF gesichert werden. Nur die aktuellen Versionen von Adobe InDesign und QuarkXPress verstehen Bilder mit Ebenentransparenz, andere Programme oder ältere Versionen aber nicht. Eine Alternative des Extrahierungsfilters mit guten Ergebnissen stellt das Photoshop Plug-in KnockOut von Corel dar.

Statt die umgebenden Bildbereiche zu löschen kann die Ebenentransparenz auch über eine Ebenenmaske erzeugt werden. Diese lässt ähnlich wie beim Beschneidungspfad oder dem Alphakanal jederzeit eine Nachbearbeitung zu.

5.6 Speichern und Archivieren

Die meisten Originalbilder sind heutzutage in digitaler Form vorhanden, so dass es wichtig ist, sie systematisch zu archivieren. Es ist üblich, dazu eine Art digitales Archiv zu verwenden. Ungeachtet dessen, wie man seine Bilder sichert, ist es wichtig, konkrete Informationen über die Bilder zu haben, um sie wiederzufinden und ihren Status abzulesen. Solche Informationen werden als Metadaten bezeichnet und werden zusätzlich als Textinformation in der Bilddatei gesichert.

5.6.1 Dateinamen

In vielen Fällen ist es von Bedeutung, dass bereits der Dateiname Auskunft über den Inhalt des Bildes gibt. Ein Dateiname wie »Bild 1« ist nicht gerade nützlich. Ein Dateiname wie »Lebensmittel Bericht 1« ist zwar besser, sagt aber nichts darüber aus, ob es sich um rohes Gemüse oder eine Aufnahme des Kochs bei der Arbeit handelt.

Ein wirklich guter Dateiname enthält wesentliche Informationen über das Bild. Beispielsweise kann er eine konkrete Angabe des Motivs, Projektname oder -nummer enthalten, Bildnummer, die Initialen des Fotografen und einen einfachen Code, der etwas über die Lizenzrechte aussagt. Manchmal ist es auch wichtig anzugeben, ob das Bild für das Web oder den Druck geeignet ist, welche Auflösung es hat etc.

Ein bedeutender Vorteil eines »sprechenden« Dateinamens mit verständlichen Informationen ist, dass dieser Dateiname von verschiedenen Leuten auf unterschiedlichen Rechnern gesucht und verstanden werden kann, ohne dazu ein spezielles Archivierungsprogramm zu benötigen. Nachteil ist, dass der Dateiname ziemlich lang werden kann.

5.6.2 Dateiinformation

Viele Dateiformate für Bilder unterstützen das Speichern detaillierter Textinformationen über das Bild, bekannt als Meta-Informationen. Schlüsselwörter beschreiben das Bildmotiv, das Genre, die Zielgruppe und so fort, so dass das Bild archiviert und gefunden werden kann. Es gibt auch Textfelder für eine genauere Beschreibung des Bildes, Nennung des Fotografen, wann und wo das Foto gemacht wurde und – vielleicht am wichtigsten von allem – unter welchen Bedingungen und wofür das Bild verwendet werden darf. Zu den Informationen, die grundsätzlich vorhanden sein sollten, gehören die Auskunft über den Erzeuger des Bildes, die Nutzerrechte und was im Bild dargestellt ist.

Der Standard, wie diese Textinformation auszusehen hat, wird IPTC (International Press Telecommunication Council) genannt, nach der Organisation, die zusammen mit der NAA (Newspaper Association of America) diesen Standard erarbeitet hat. Die auf dem IPTC-Standard erstellte Meta-Information wird im Bild mittels XMP-Technik (eXtensible Metadata Platform) eingebettet, einem auf XML basierenden Verfahren, das von Adobe entwickelt wurde. Diese Meta-Informationen können von Archivierungsprogrammen herausgefiltert werden [*siehe Layout 6.14*].

Vorteilhaft ist es, wenn die Meta-Informationen direkt nach dem Fotografieren hinzugefügt werden bzw. sobald die Bilder auf dem Computer gesichert werden. In Adobe Bridge und in vielen anderen Kamera- und Archivierungsprogrammen können solche Informationen mehreren Bildern auf einmal gegeben werden, was die Arbeit zeitsparender und einfacher macht. Oder es lassen sich Vorlagen für Meta-Informationen speichern und anwenden, was die Sache noch mehr vereinfacht.

METADATEN

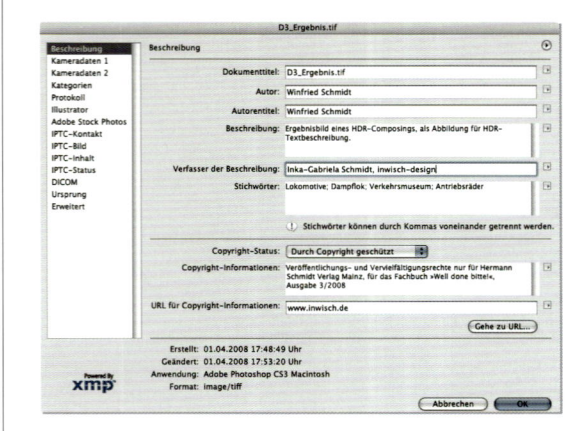

Bilddateien können detaillierte Zusatzinformationen enthalten, sogenannte Metadaten. Diese Informationen sind nur sichtbar, wenn man sie in einem entsprechenden Programm aufruft, beispielsweise in Adobe Photoshop oder einer Bilddatenbank.

Über die automatisch von der Kamera gespeicherten Informationen hinaus, wie Blende, Belichtungszeit, Verwendung eines Blitzes etc., kann der Fotograf Begriffe für die Stichwortsuche, Kontaktinformationen, Copyright-Hinweise und anderes selbst eintragen.

Diese Datenstruktur richtet sich nach einem internationalen Standard namens IPTC.

Digitale Kameras speichern Textinformationen über die Kameraeinstellung, Lichtverhältnisse etc. im Bild nach einem Standard, der EXIF genannt wird. Auch diese EXIF-Information ist für Archivierungsprogramme lesbar.

Wird das Bild in Photoshop bearbeitet, kann ein detailliertes Verlaufsprotokoll über die Art der Bearbeitung in die XMP-Information des Bildes aufgenommen werden. Dieses Verlaufsprotokoll muss dazu unter **Voreinstellungen → Allgemein** aktiviert sein. Beide, die EXIF-Information und das Verlaufsprotokoll, können von großem Nutzen sein, wenn man technischen Bildfehlern auf den Grund gehen möchte.

Meta-Informationen können in den Formaten PSD, PSB, TIFF, JPEG, EPS, PNG und PDF gesichert und von verschiedenen Programmen erkannt werden. Arbeitet man unter Mac OS können auch Metadaten anderer Speicherformate in Photoshop ausgelesen oder diesen hinzugefügt werden, stehen jedoch nicht für GIFs zur Verfügung.

5.7 Bilder für Druck und Web

Normalerweise werden Bilder nur so weit bearbeitet und retuschiert, dass sie als digitale Originale archiviert werden können. Ein gut vorbereitetes Bild kann unterschiedlich eingesetzt werden. Wird das Bild dann verwendet, muss es noch auf die richtige Größe gebracht und für die Ausgabe angepasst werden, bespielsweise für den Druck oder für eine Monitordarstellung.

5.7.1 Bilder für die Druckausgabe vorbereiten

Bevor das Bild gedruckt werden kann, muss es noch seiner Verwendung entsprechend vorbereitet werden. Es gibt drei Anpassungen, die nötig sind: Die Konvertierung in ein bestimmtes CMYK, das gewünschte Format und die Schärfung.

Sinnvoll ist es, das Bild bereits vor der Platzierung im Layoutprogramm in Adobe Photoshop zu konvertieren. Dabei sind spezifische Druckeigenschaften zu berücksichtigen. Zunächst stellt man das richtige ICC-Profil als Arbeitsfarbraum in der Farbvoreinstellungen des Programms ein [*siehe Druckvorstufe 7.4*]. Dann wird das Bild über das Menü **Bild → Modus → CMYK** konvertiert. Oder man verwendet das Menü **Bearbeiten → In Profil konvertieren**, dann spielt die Voreinstellung keine Rolle.

Die Formatanpassung wird am besten bereits in Adobe Photoshop im Menü **Bild → Bildgröße** vorgenommen. Das spart Zeit bei der Platzierung im Layoutprogramm und Rechenzeit bei der Ausgabe.

Bilder müssen auch in der Schärfe angepasst werden. Die Umrechnung in Rasterpunkte macht das Bild ein wenig unscharf. Je niedriger die Rasterfrequenz, desto unschärfer wirkt das Bild. Besonders wichtig ist dies für den Zeitungsdruck, der mit einer vergleichsweise niedrigen Rasterweite auskommen muss [*siehe Druckvorstufe 7.4.7*].

Eine Größen- und Druckanpassung kann noch automatisch vorgenommen werden, wenn man eine PDF-Datei erstellt. Wird das PDF in InDesign erzeugt, wird das Bild auch noch während der PDF-Berechnung zugeschnitten, allerdings findet in diesem Fall keine druckrelevante Nachschärfung statt.

BILDER UND PAPIER

- Dunkle Bilder sind auf ungestrichenem Papier häufig schlecht zu reproduzieren,
- während helle Bilder sowohl auf ungestrichenem als auch auf gestrichenem Papier gut aussehen.
- Die Oberfläche des ungestrichenen Papiers ist rau und die Rasterfrequenz gröber.
- Aus diesem Grund sollte man Bilder mit feinen Details vermeiden.
- Farben erscheinen auf ungestrichenem Papier weniger gesättigt.
- Soll das Bild den bestmöglichen Kontrast erhalten, muss gestrichenes Papier verwendet werden.
- Sollen die Farben genau wiedergegeben werden, muss man auf ein reines Papierweiß achten.

VORSCHAU DER DRUCKFARBEN IN PHOTOSHOP
In Adobe Photoshop kann man sich über **Ansicht→Farbproofs** eine Vorschau des späteren Druckergebnisses zeigen lassen.

KÖNNEN ALLE FARBEN GEDRUCKT WERDEN?
Wählt man in Adobe Photoshop **Ansicht→Farbumfang-Warnung** werden alle Farben, die nicht im Farbumfang der Druckausgabe enthalten sind, durch eine voreingestellte Farbe hervorgehoben.

Jegliche Bildbearbeitung sollte im RGB- oder Lab-Modus stattfinden. Weiß man, unter welchen Druckbedingungen das Bild eingesetzt werden soll, kann man bereits während der Bearbeitung eine Vorschau darauf halten, da der Farbumfang im Druck kleiner ist. Dazu aktiviert man **Ansicht→Farbproof** und bekommt das Bild mit den Druckeigenschaften am Monitor angezeigt, die als ICC-Profil unter **Bearbeiten→Farbeinstellungen** aktiv sind. Auch eine Vorschau der einzelnen Druckplatten ist möglich, indem man diese unter **Ansicht→Proof einrichten** auswählt.

Alle RGB-Farben werden während der Druckanpassung in den druckbaren Farbbereich übertragen. Farben, die außerhalb des Zielfarbraums liegen, können sich unerwünscht verändern. Sie werden am Bildschirm hervorgehoben, wenn man **Ansicht→Farbumfang-Warnung** aktiviert. Danach kann man sie noch manuell anpassen.

Zieht man den Cursor über das Bild, werden in der Info-Palette die CMYK-Werte angezeigt, selbst wenn sich das Bild im RGB- oder Lab-Modus befindet. Befindet sich der Cursor über einer Farbe, die außerhalb des druckbaren Bereichs liegt, erscheint neben den Farbwerten ein Ausrufezeichen.

5.7.2 Bilder für Monitordarstellung und Web vorbereiten

Es gibt vier grundsätzliche Anpassungen durchzuführen, wenn ein auf Pixeln basierendes Bild auf einem Monitor oder über einen Projektor gezeigt werden soll, beispielsweise wenn es auf einer Website dargestellt wird. Diese Anpassungen betreffen die Auflösung, den Farbmodus, das Dateiformat und die Schärfe.

Die hohe Auflösung des digitalen Originalbildes kann auf Monitoren und im Web nicht genutzt werden. Die Dateigröße von Bildern berechnet sich aus der Anzahl der Pixel, die sich aus Bildgröße, Farbtiefe und Auflösung ergibt. Der Monitor sowie Grafikkarten arbeiten systemunabhängig mit unterschiedlichen Auflösungen. In der Praxis werden Bilder, die nur am Monitor betrachtet werden, mit einer Auflösung von 72 ppi gespeichert. Rein rechnerisch müsste nun ein Bild von 72 Pixel 1 cm breit angezeigt werden. Da aber moderne Monitore und Grafikkarten auch eine höhere Auflösung darstellen können, hängt die tatsächlich angezeigte Bildgröße von der jeweils eingestellten Auflösung ab. Um die Dateimenge zu reduzieren und somit den Datenfluss im Internet zu optimieren, werden die Bilder nach wie vor mit einer Auflösung von 72 dpi gespeichert.

Um größere Darstellungen am Monitor zu erzielen, muss man das Bild in einem größeren Format speichern. In diesem Fall wird ein Bild, dessen Breite aus 72 Pixeln besteht, ein Inch breit angezeigt, also 2,54 cm. Moderne Monitore verfügen über eine höhere Auflösung und daher werden Bilder oftmals kleiner dargestellt. In der Praxis ist dies meist weniger bedeutend, weil die gesamte Website aufgrund der Gesamtmaße eines hoch auflösenden Monitors kleiner wird, oder anders ausgedrückt, das Bild wird in der richtigen Größe auf der Website angezeigt, beide werden zusammen proportional verkleinert. Trotzdem sollte die Auflösung auf 72 ppi gesetzt werden, da der Speicherbedarf eines Bildes davon abhängt, aus wie vielen Pixeln es sich zusammensetzt. Bilder sollen im Web aber möglichst schnell geladen werden. Wird das Bild über einen

Beamer projeziert, wird seine Breite und Höhe an die Auflösung des Projektors angepasst, beispielsweise 1.024 x 768 Pixel.

Bearbeitet man Bilder für die Web-Ausgabe, sollte man sie immer in einer Ansichtsgröße von 100 % am Monitor betrachten (bei einer Monitorauflösung von 1.024 x 768 Pixel, die derzeit Standard ist). Dies gibt den Eindruck wieder, wie groß das Bild auf den Monitoren der Internetuser erscheinen wird.

Für den Einsatz im Web stehen zwei Farbmodi zur Auswahl: RGB für Fotos und der indizierte Farbmodus für einfachere Illustrationen, Logos, bildbasierte Texte und einfache Bildanimationen. Farbmanagement ist für das Web eigentlich nicht durchführbar. Webbrowser wie Microsoft Internet Explorer verarbeiten keine ICC-Profile. Außerdem sind die Monitore der meisten Webuser sowieso nicht farbkalibriert. Wie auch immer, der Farbraum der meisten Monitore ist bis zu einem gewissen Grad an sRGB angepasst, weshalb man diesen als Arbeitsfarbraum in Adobe Photoshop einstellen sollte, um wenigstens einen ungefähren Eindruck davon zu bekommen, wie die Bilder auf den Monitoren der Internetbesucher aussehen werden.

Welches Dateiformat man wählt, hängt vom Bildtyp ab. RGB-Bilder werden im JPEG- oder PNG-24-Format gesichert. Im JPEG-Format wird so stark komprimiert, wie es die Bildqualität erlaubt, um möglichst Bilder mit geringen Datenmengen zu erhalten (wobei die Priorität immer auf der Bildqualität und nicht auf dem Einsparen von Speicherplatz liegen sollte). JPEG 2000 kann im Prinzip ebenfalls für Webbilder verwendet werden, wird aber zum einen nicht von allen Webbrowsern verstanden und zum anderen von kaum einer Software als Speicherformat angeboten. Bilder im indizierten Farbmodus werden im GIF- oder PNG8-Format gespeichert. PNG funktioniert aber nicht in älteren Browsern.

Zuletzt sollten die Bilder geschärft werden, soweit nötig, beispielsweise nach einer Herabsetzung von Format und Auflösung. Dies sollte der letzte Arbeitsschritt sein, damit man den richtigen Grad der Scharfzeichnung vornimmt [*siehe 5.4.12*].

5.8 Effizientere Bildbearbeitung

Die Bearbeitung der Bilder hinsichtlich Proofen, Anpassungen und Retusche kann mit mehr oder weniger guten Ergebnissen erfolgen. Außerdem kann die Bildbearbeitung mehr oder weniger effizient stattfinden. Effiziente Arbeitsmethoden lassen die Arbeit schneller vonstatten gehen und stellen eine korrekte Bearbeitung mit gleichbleibend guten Ergebnissen sicher. Effiziente Bildbearbeitung basiert darauf, dass man weiß, was man am Bild überprüfen muss, dass man die besten und einfachsten Arbeitsschritte herausfindet und dass man die Vorteile der zur Verfügung stehenden Programme sinnvoll nutzt.

5.8.1 Bildspezifikationen

Der beste Weg effizient zu arbeiten bedeutet, nur so viel wie unbedingt nötig an jedem Bild zu korrigieren. Dazu benötigt man aber möglichst gutes Ausgangsmaterial. Gibt man klare und einfache Anforderungen an diejenigen weiter, die das digitale Rohmaterial liefern, wird alles ein wenig einfacher. Am besten ist

DATEIFORMATE FÜR DAS INTERNET
Im Internet werden Bilder im Farbmodus Indizierte Farben oder RGB eingesetzt. CMYK- oder Pantone-Farben sind nicht möglich. Nur ein paar Dateiformate funktionieren:

- JPEG
- GIF
- PNG

es, die Anforderungen aufzuschreiben und weiterzugeben, in welchem Zustand man die Bilder geliefert haben möchte, beispielsweise in welcher Auflösung, Größe, Dateiformat, Kompression, Farbmodus und mit welchem ICC-Profil. Die Spezifikationen können auch Informationen darüber enthalten, welche Anpassungen bereits vorgenommen sein sollen und welche nicht, beispielsweise Graubalance, Weiß- und Schwarzpunkt, Retuschen und Bildschärfe. Abgesehen von technischen Bildanforderungen ist es viel leichter, die passenden Bilder zu finden, wenn diese über sinnvolle Dateinamen und zusätzliche Dateiinformationen verfügen. Dasselbe gilt natürlich, wenn man selbst ein Bildarchiv aufbauen möchte.

Benötigt man eine Auswahl möglichst homogener Bilder oder wünscht einen besonderen Stil, kann es sinnvoll sein, sich die Bildbeispiele verschiedener Fotografen und anderer Anbieter anzuschauen.

5.8.2 Die Reihenfolge beachten
Hat man eine bestimmte Reihenfolge erforderlicher, immer wiederkehrender Bearbeitungsschritte festgelegt, kann man daraus eine Checklist erstellen, die das Arbeiten schneller und effizienter macht. Dazu gehören beispielsweise das Überprüfen des Bildes, Anpassungen, Retuschen, Benennen, geeignetes Dateiformat wählen etc. Am besten erstellt man sich eine Checklist, was geprüft und was wie angepasst werden sollte und in welcher Reihenfolge. Auf diese Weise findet man am schnellsten zu einem routinierten Arbeitsablauf. Manche Arbeitsschritte können auch durch die Festlegung bestimmter Tastaturkürzel oder die Festlegung von Aktionen beschleunigt werden.

5.8.3 Tastenkürzel
Gerade in der Bildbearbeitung tauchen bestimmte Arbeitsschritte immer wieder auf. Ein guter Weg die Arbeit effizienter zu gestalten liegt darin, so viel wie möglich zu automatisieren.

Die Verwendung von Tastaturkürzeln anstelle der Verwendung von Maus und Menübefehlen macht das Arbeiten um einiges schneller. Vielen Funktionen in Adobe Photoshop ist bereits eine Tastenkombination zugewiesen. Braucht man ein Kürzel, das es noch nicht gibt, kann man ein neues unter **Bearbeiten → Tastaturbefehle** festlegen. Auch vorhandene Kurzbefehle können dort bearbeitet werden. Die gewählten Tastenkürzel können auch die Reihenfolge des Arbeitsablaufs reflektieren, indem man beispielsweise die F-Tasten F1, F2, F3 und so weiter mit den Arbeitsschritten für die Bildbearbeitung belegt.

5.8.4 Aktionen
Eine Serie von Arbeitsschritten, die man öfter benötigt, kann in Adobe Photoshop über die **Aktionen-Palette** aufgezeichnet und mit einem spezifischen Namen gesichert werden. Spielt man die Aktion über die Palette ab, lassen sich dieselben Arbeitsabläufe auf andere Bilder anwenden.

5.8.5 Droplet
Eine andere Möglichkeit, eine Aktion auszuführen, besteht darin, aus der Aktion ein sogenanntes Droplet zu erzeugen, über **Datei → Automatisieren → Droplet**

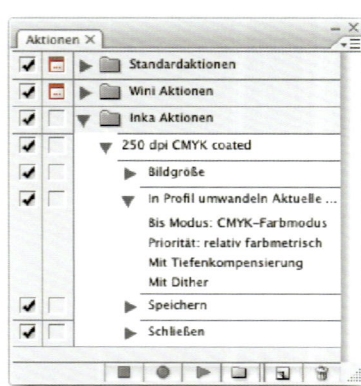

ARBEITSSCHRITTE AUFZEICHNEN
Adobe Photoshop macht es möglich, eine Kombination häufig gebrauchter Arbeitsschritte als so genannte **Aktion** in der **Aktionenpalette** aufzuzeichnen. Diese können dann entweder wieder über die Aktionenpalette oder über das Menü **Stapelverarbeitung** auf andere Bilder angewendet werden.

EINE AKTION ÜBER EIN DROPLET AUSFÜHREN
Eine andere Form automatischer Anwendung auf mehrere Bilder stellt das **Droplet** als Alternative zur Stapelverarbeitung dar. Die Bilder werden auf das Droplet-Icon gezogen und alles andere passiert dann wie von Zauberhand.

erstellen. Auf dem Desktop des Rechners erscheint das Symbol einer Anwendung. Zieht man ein oder mehrere Bilddateien auf dieses Symbol, werden diese in Photoshop geöffnet und die Aktion auf die Bilder ausgeführt. Danach wird das Bild automatisch wie in der Aktion vorgegeben benannt und gesichert.

5.8.6 Stapelverarbeitung

Aktionen können über **Datei → Automatisieren → Stapelverarbeitung** bequem auf alle Bilder, die im gleichen Ordner liegen, angewendet werden. Man kann aber auch in Adobe Bridge eine bestimmte Anzahl von Bildern auswählen und die Aktion auf diese berechnen lassen.

Stapelverarbeitung ist praktisch, wenn man dieselben Arbeitsschritte ausführen will, ohne dass die Notwendigkeit besteht, jedes Bild dabei anzuschauen. Beispielsweise möchte man auf mehrere Bilder die gleiche RAW-Format-Konvertierung anwenden, bei mehreren Bildern dieselbe Auflösungsanpassung vornehmen, sie in dasselbe ICC-Profil umwandeln oder die gleichen Einstellungsebenen hinzufügen.

Eine andere nützliche Art der Stapelverarbeitung kann in Adobe Bridge durchgeführt werden: die Umbenennung von Dateien. Man kann einer Gruppe von Bildern einen neuen Dateinamen zuweisen, einen Projektnamen oder eine -nummer hinzufügen, das Datum und eine fortlaufende Nummer generieren lassen [*siehe Layout 6.14*].

5.8.7 Werkzeugvoreinstellungen sichern

Die Einstellungen, die man für ein bestimmtes Werkzeug gewählt hat, kann man unter **Fenster → Werkzeugvorgaben** sichern. Das Werkzeug kann dann jederzeit wieder auf die Einstellungen zurückgesetzt werden. Beispielsweise kann man so für das Freistellungswerkzeug bequem auf bestimmte Größen und Auflösungen zurückgreifen. Ebenso lassen sich unterschiedliche Einstellungen für andere Werkzeuge wie Pinsel, Kopierstempel und die Radiergummis sichern. Beispielsweise könnte man für den Pinsel eine Einstellung speichern, mit der man die Sättigung von Lippen und Augenfarbe erhöht.

5.8.8 Eine gute Ausrüstung ist hilfreich

Arbeitet man mit Bildern im 16-bit-Modus, Einstellungsebenen, Ebenen, Ebenenmasken, einer großen Anzahl aufgezeichneter Protokollschritte, hoch aufgelösten Bildern etc., so erfordern diese Bilder eine Menge Arbeits- und Festplattenspeicher und Prozessorleistung. Ein entsprechend gutes Equipment erleichtert die Arbeit ungemein. Auch ein schneller Internetanschluss kann von Nutzen sein. Ein großer Monitor ist wichtig, da man in den meisten Programmen viel Platz für Paletten benötigt, damit man sie nicht ständig ein- und ausblenden muss. Eine gute Alternative ist das Anschließen eines weiteren kleineren Monitors zum Auslagern der Paletten. Man kann aber auch alle Paletten vorübergehend durch Drücken der Tabulatortaste ausblenden und trotzdem mit dem gewählten Werkzeug weiterarbeiten. Durch mehrmaliges Drücken der F-Taste kann man zwischen Vollbildmodus mit oder ohne Menüleiste und Standardmodus hin und her schalten. Auf diese Weise kann das Bild ohne störende Nebeneindrücke im Vollbildmodus am Bildschirm betrachtet werden.

06.
Layout & Reinzeichnung

6.1	LAYOUTERSTELLUNG	198
6.2	DAS TEXTMANUSKRIPT	201
6.3	IMPORTIEREN VON TEXTEN	203
6.4	SCHRIFTBILD, FONTS UND TYPOGRAFIE	206
6.5	SCHRIFTFORMATE UND IHRE FUNKTIONALITÄT	211
6.6	BILDER	216
6.7	BILDER EINBAUEN	219
6.8	FARBEN	221
6.9	LERNEN AUS FEHLERN IM UMGANG MIT FARBEN	226
6.10	TYPISCHE FEHLER BEIM LAYOUTEN	227
6.11	KORREKTUREN	232
6.12	PROOFS	233
6.13	DOKUMENTE IN DEN DRUCK GEBEN	236
6.14	STRUKTURIEREN UND ARCHIVIEREN	238

Welcher Unterschied besteht zwischen Fontformaten TrueType und OpenType? Ist es möglich, dasselbe Projekt teils auf dem Mac, teils unter Windows zu bearbeiten? Was sollte wie überprüft werden, bevor das Dokument in den Druck geht? Wie muss die Auflösung meiner Bilder eingestellt sein? Welche Farben dürfen für den Druck verwendet werden? Wie sollten Manuskripte vorbereitet sein? Was ist XML? Wie konvertiert man Pantone-Farben richtig in CMYK? Wie erzeugt man eine partielle Lackierung? Wie kann ich sicherstellen, dass die verwendeten Farben im Druck genauso aussehen werden? Warum ist Word als Layoutprogramm ungeeignet? Welche Programmfunktionen kann ich verwenden, um die Layoutarbeit effizienter zu gestalten?

WER REINZEICHNUNGSDOKUMENTE für Printprodukte erstellt, muss mehr beherrschen als nur ein schönes Layout zu gestalten. Ebenso wichtig ist es darauf zu achten, dass sich das Dokument ohne Probleme für die Erstellung der Druckplatten verarbeiten und korrekt drucken lässt. Ein Dokument, das eine falsche Ausgabe erzeugt, verursacht unnötige Produktionskosten oder -verzögerungen, oder das Erzeugnis entspricht nicht den Erwartungen.

Wir werden in diesem Kapitel alle wichtigen Aspekte ansprechen, die man beim Erstellen von Dokumenten für den Druck berücksichtigen muss. Dazu gehören die Arbeit am Manuskript, die Arbeit mit Bildern und Logos ebenso wie die Auswahl und Zusammenstellung der Farben. Wir zeigen auf, wie man Standardfehler bei der Layoutarbeit vermeidet und wie man mit Proofs umgeht.

In diesem Buch beschäftigen wir uns nicht mit den ästhetischen Aspekten der Typografie, sehr wohl aber mit einigen Fachbegriffen und typografischen Definitionen, die man kennen sollte. Wir werden uns in diesem Kapitel mit Schriften und dem Umgang und Aufbau von Fonts beschäftigen. Darüber hinaus werden wir das unterschiedliche Aussehen von Schriften am Bildschirm und im Druck behandeln sowie einige Programme zur Schriftverwaltung vorstellen. Zuletzt gehen wir darauf ein, was zu bedenken ist, bevor man ein Dokument in den Druck gibt und wie man Daten sinvoll archiviert.

DAS GELIEBTE KIND TRÄGT VIELE NAMEN
Wir schreiben in diesem Buch über das Layouten und das Erstellen der Reinzeichnung. Während man im deutschen Sprachgebrauch unter Layout die Entwurfsphase versteht, ist mit Reinzeichnung das endgültige Arrangieren von Texten und Bildern zu einer druckfertigen Anordnung gemeint.

Mit Grafikdesign ist im Allgemeinen das Layouten gemeint. Die Grenze zwischen beiden Bereichen ist, wie so oft, fließend.

Wenn das Druckerzeugnis wenige oder gar keine Bilder enthält und die Hauptarbeit in der Textgestaltung besteht, beispielsweise bei einem Roman, nennt man diesen Reinzeichnungsprozess auch einfach Satz- oder Seitenformatierung.

Zunächst aber stellen wir einige Programme für die Layoutarbeit vor, welche Einstellungen man vornehmen kann und wie man effizient damit arbeitet. Vorsicht bei internationaler Zusammenarbeit: Im Deutschen bezeichnet der Ausdruck Layout oft gerade *nicht* die druckfertige Reinzeichnung, sondern ein Vorstadium. Im angelsächsischen Sprachraum wird mit Layout oft aber auch die druckreife, endgültige Datei bezeichnet.

6.1 Layouterstellung

Die Person, die innerhalb des grafischen Produktionsablaufs das Original erstellt, die sogenannte Reinzeichnung oder das druckfertige Dokument, hat einen breit gefächerten Aufgabenbereich zu bewältigen. Dazu gehört die Überprüfung der gelieferten Daten, wie Texte, Bilder und Illustrationen, und gegebenenfalls die Überarbeitung oder Ergänzung dieser Daten; das Zusammenfügen dieser einzelnen Elemente in einem Layoutdokument, die typografische Bearbeitung, das Erzeugen von PDF-Dateien für die Erstellung von Proofs, Bearbeiten von Korrekturen, Ausgabe von Farbauszügen – häufig in Form eines für die Produktion geeigneten PDFs mit hoch aufgelösten Bildern. Die Layoutphase ist also ausschlaggebend für den reibungslosen Ablauf der Produktion.

Layoutdokumente werden mit spezieller Software wie Adobe InDesign und QuarkXPress erstellt. Das in einem Textverarbeitungsprogramm geschriebene Manuskript wird in das Layoutdokument importiert und dort eingebettet. Anschließend wird der Text innerhalb des Layoutprogramms typografisch bearbeitet, wobei die verwendeten Schriftarten jedoch nicht eingebettet, sondern mit dem Dokument verknüpft werden. Dasselbe geschieht mit den eingefügten Bildern. Nur ein Vorschaubild in niedriger Auflösung wird eingebettet, das hoch aufgelöste Originalbild dagegen nur mit der Layoutdatei verknüpft. Einfache Vektorgrafiken lassen sich mittels entsprechender Zeichenwerkzeuge direkt im Layoutprogramm erstellen. Die Farben für diese Grafiken und den Text werden direkt im Layoutprogramm zusammengestellt, wobei es auch möglich ist, Sonderfarben zu verwenden, die als Bibliotheken mit dem Layoutprogramm mitgeliefert werden.

Korrekturabzüge und Ausdrucke können direkt aus dem Layoutprogramm erzeugt werden. Dabei werden die verknüpften Bild- und Fontdateien in die an das Ausgabegerät geschickte PostScript-Datei eingebettet. Statt die PostScript-Datei direkt an den Drucker zu senden, wird daraus gewöhnlich zuerst eine PDF-Datei erstellt, beispielsweise mittels Adobe Acrobat Distiller. Das PDF enthält dann alle verwendeten Bilder und Schriften. Es kann außerdem am Monitor angezeigt und nochmal auf Richtigkeit geprüft werden. Arbeitet man mit einem professionellen Layoutprogramm, lässt sich das PDF auch direkt ausgeben. Die beiden Schritte (eine PostScript-Datei erstellen und diese anschließend in ein PDF umwandeln) werden dann automatisiert.

Es ist wichtig, ein geeignetes Layoutprogramm zu installieren, um flexibel und professionell arbeiten zu können. Das Erstellen von Layoutvorlagen und Verwenden anderer nützlicher Einstellungen erleichtert die Arbeit erheblich. Wir werden als nächstes die gebräuchlichsten Layoutprogramme vorstellen.

6.1.1. **Layoutprogramme**
Bei der Entscheidung für ein Layoutprogramm sollte man darauf achten, dass es sich um eine in der Druckproduktion übliche Software handelt, damit Datenaustausch und Weiterverarbeitung reibungslos funktionieren.

Die gebräuchlichsten Layoutprogramme sind QuarkXPress, Adobe InDesign, Adobe Pagemaker und Adobe Framemaker. Adobe Illustrator, obgleich eigentlich ein Grafikprogramm, wird im Bereich der Verpackungsindustrie ebenfalls für die Layouterstellung eingesetzt. Es gibt noch eine Reihe einfacherer Layoutprogramme wie Microsoft Publisher und Corel Ventura, die aber normalerweise nicht für die Produktion verwendet werden. Mit Layoutprogrammen werden Seiten gestaltet sowie Texte, Grafiken und Bilder zu fertigen Seiten zusammengefügt. Die für die Produktion üblichen Text- und Bildformate können verwendet werden. Direkt aus dem Programm heraus können Drucke in hoher Qualität ausgegeben oder druckrelevante PDFs berechnet werden.

Für die Verwendung eines Layoutprogramms spricht also das flexible Gestalten mit Typografie, Bildern und Farben sowie die Unterstützung der in der Produktion eingesetzten Seitenbeschreibungssprache PostScript [*siehe Druckvorstufe 7.1*].

Programme wie Microsoft Word, Corel WordPerfect, Microsoft PowerPoint und Microsoft Excel basieren nicht auf den Seitenbeschreibungssprachen PDF oder PostScript. Sie unterstützen weder den Vierfarbprozess noch Sonderfarben. Sie erzeugen eine minderwertigere Druckqualität. Außerdem warnen sie nicht im Falle fehlender Fonts, sondern ersetzen diese automatisch durch andere. Ebenso fehlt die Verarbeitung von in der Produktion üblichen Bildformaten. Aus diesen Gründen sind diese Programme für die direkte Herstellung von Druckvorlagen ungeeignet. Deshalb sind sie natürlich nicht grundsätzlich schlecht, aber für die professionelle grafische Produktion kommen sie nicht in Frage. Wenn man ein Dokument erhält, das in einem dieser Programme erstellt wurde, sollte man die Inhalte in ein Layoutprogramm übertragen, bevor man sie in den Druck gibt.

6.1.2 **Vorbereiten des Layouts**
Bevor man ein Layoutdokument anlegt, muss das Seitenformat festgelegt werden. Ebenso die Seitenanzahl und die Papiersorte, weil dies einen Einfluss auf den Druckpunktzuwachs und die Darstellungsqualität der Farben hat. Die gewünschte Bindung beeinflusst zusätzlich die Anlage des Layouts, ob die Bilder beispielsweise über zwei Seiten hinweg platziert werden dürfen. Es ist daher sinnvoll, sich vorher einen Seitenplan mit Scribbles, also gezeichneten Entwürfen anzulegen. Für die Layoutarbeit muss auch festgelegt werden, wie viele Farben verwendet werden dürfen, ob das Dokument einfarbig, vierfarbig oder mit Schmuckfarben erstellt wird.

Die Anordnung der Seiten auf dem Druckbogen kann ebenfalls von Bedeutung sein. Man kann sich von der Druckerei einen Ausschießplan geben lassen, der zeigt, welche Seiten später auf einem Bogen stehen. Dies kann den Einsatz von Schmuckfarben beeinflussen oder welche Seiten zuerst geliefert werden müssen, falls nicht alles gleichzeitig fertig wird. Der Ausschießplan zeigt auch, wo Doppelseiten im Druck nebeneinander stehen und wo nicht [*siehe 6.10.2*].

PROGRAMME FÜR DIE GRAFISCHE PRODUKTION
Es werden unterschiedliche Programme verwendet, um Pixelgrafiken zu bearbeiten, vektorbasierte Objektgrafiken zu zeichnen, Texte und Seiten zu erstellen. Wenngleich sich die Programme in manchen Funktionen überlappen, empfiehlt es sich meistens, das Programm einzusetzen, das für diese Bearbeitung am besten geeignet ist. Beispielsweise sollte man das Seitenlayout nicht in einem Textverarbeitungs- oder Grafikprogramm erstellen, sondern in einem der Layoutprogramme.

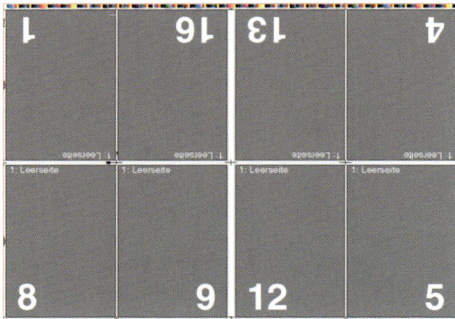

AUSSCHIESSSCHEMA
Ein Ausschießplan gibt vorab Informationen darüber, wie die Druckseiten später auf den Druckbogen zusammenstehen. Hier ein Ausschießschema aus dem Ausschießprogramm einer Signa Station von Heidelberg.

6.1.3 Grundstruktur und Vorlagen

Um eine durchgängige Struktur zu erreichen, empfiehlt es sich, mit diversen Vorlagen zu arbeiten. Dies sorgt für eine einheitliche Darstellung und effiziente Arbeitsweise im Umgang mit Manuskripten und Layouts, vor allem wenn man zu mehreren arbeitet.

Für viele Dokumentarten bietet es sich an, zunächst eine Vorlage (Template) zu erstellen. Wenn man auf der Basis einer solchen Vorlage ein neues Arbeitsdokument erzeugt, werden alle enthaltenen Vorgaben übernommen. Dies können beispielsweise Randeinstellungen, Spalteneinteilungen oder die Definition des Grundlinienrasters sein. Die Musterseiten enthalten darüber hinaus alle gleichbleibenden Objekte des Designs wie Kopfzeilen oder Seitennummerierung.

Innerhalb des Layoutdokuments nimmt man weitere Einstellungen vor, die das Arbeiten erleichtern und Einheitlichkeit gewährleisten. Dazu gehören beispielsweise Zeichen- und Absatzformate (Stilvorlagen), die typografische Einstellungen für einzelne Zeichen oder ganze Absätze enthalten. Diese können auf einfache Weise auf andere Textstellen übertragen werden, die dieselbe Formatierung erhalten sollen. Wird die Formatierungsvorlage zu einem späteren Zeitpunkt geändert, beispielsweise weil eine andere Schriftart oder -größe gewünscht ist, so wird diese Änderung automatisch überall im Text aktualisiert, wo mit dieser Vorlage formatiert wurde. Der Mehraufwand, systematische Formatierungsvorlagen vor Beginn der Arbeit anzulegen, lohnt sich selbst bei wenig umfangreichen Dokumenten und reduziert erheblich den Korrekturaufwand. Ebenso können selbst definierte Farbkombinationen in Farbfeldern abgelegt und von dort aus jederzeit auf Schriftzeichen und Objekte angewendet oder für Verläufe genutzt werden.

In Adobe InDesign stehen auch Objektvorlagen zur Verfügung, in denen alle Attribute, die ein Rahmen enthalten kann, gesichert werden, beispielsweise Konturstärke und -farbe, Transparenz, Schatten- oder andere Effekte. Diese können mittels der Objektvorlage bequem auf andere Rahmen übertragen werden. Darüber hinaus gibt es Bibliotheken, die hilfreich für die wiederholte Verwendung von Text- oder Bildrahmen sind, mit oder ohne Inhalt, oder auch von Gruppen aus mehreren Objekten. Die Objekte werden in der Bibliothek gesichert und können von dort jederzeit auf die Seite gezogen werden.

6.1.4 Grundlegende Voreinstellungen

In diesem Zusammenhang erscheint es sinnvoll, im Layoutprogramm einige Voreinstellungen vorzunehmen, so dass die Verwendung von Schriften, Rahmen und Werkzeugen stets den eigenen Wünschen entspricht. Standardschrift, Trennvorgaben, Farben, Objektattribute usw. sind in den Voreinstellungen des Programms gesichert. Diese sind automatisch Bestandteil eines jeden neuen Dokuments. In Adobe InDesign können individuelle Voreinstellungen für Werkzeuge und Paletten inklusive ihrer Position auf dem Bildschirm als **Arbeitsbereiche** gesichert werden, in QuarkXPress heißt dies **Palettengruppen sichern als...** Ebenso erlauben QuarkXPress und Adobe InDesign gleichermaßen das Sichern von PDF- und Druckereinstellungen, was die Nutzung bestimmter Attribute beim Erzeugen von PDFs und Ausdrucken erleichtert.

6.2 Das Textmanuskript

Text ist ein fundamentaler Bestandteil der meisten grafischen Produkte und gleichzeitig der Teil, der die größte Aufmerksamkeit bei der Bearbeitung und im Ausdruck verdient. Deshalb ist es so besonders wichtig, dass man sich darum bemüht, die Bearbeitung und eventuelle Korrekturen zu erleichtern. Bevor der erfasste Text im Druckprodukt eingefügt wird, sollte er auf Inhalt und Rechtschreibung geprüft und genehmigt werden. Erst dann wird der gelieferte Text zum Original-Manuskript.

Das Manuskript sollte dem Layout angepasst sein, so dass beispielsweise der Fließtext gut hineinpasst und Überschriften in einer Zeile stehen. Es sollte in einem kompatiblen Format gesichert werden, das für die Bearbeitung geöffnet und in verschiedene Programme importiert werden kann.

Manuskripte werden in einem Textverarbeitungsprogramm zusammengestellt. Ihre endgültigen typografischen Attribute und Platzierung erhalten sie jedoch erst im Layoutprogramm.

6.2.1 Geeignete Textverarbeitungsprogramme
Das meistverwendete Textverarbeitungsprogramm ist Microsoft Word. Unter dem Betriebssystem Windows findet teilweise WordPerfect von Corel Verwendung, dem entspricht Apple Works (früher als Claris Works bekannt) auf Macintosh-Rechnern.

Eine Alternative ist das Textverarbeitungsprogramm OpenOffice, das in einer kostenlosen Version für MacOS, Windows und Linux erhältlich ist (www.openoffice.org). Es ist mit anderen Textverarbeitungsprogrammen kompatibel. Weitere unter Linux zur Verfügung stehende Textverarbeitungsprogramme sind LaTeX, GnomeOffice und StarOffice, teilweise als Freeware erhältlich.

6.2.2 Geeignete Dateiformate für Text
Originaltexte werden gewöhnlich in zweierlei Formaten gesichert. Die Dateien werden entweder im Textverarbeitungsprogramm in dessen eigenem Format gespeichert, beispielsweise als Worddokument (.doc), oder in einem offenen Format wie RTF oder dem ASCII-Format.

Die offenen Dateiformate sind unabhängig von Erstellungsprogrammen und Computerplattformen. Dies hilft Probleme zu vermeiden, beispielsweise eine falsche Zeichendarstellung, wenn man Textdaten zwischen Programmen oder Betriebssystemen austauscht.

6.2.3 Programmspezifische Textformate
Programmspezifische Textformate wie Dokumente aus Microsoft Word enthalten alle Funktionen und Feinheiten des Originalprogramms. Wenn sie jedoch auf ein anderes Computersystem übertragen werden, kann es manchmal Probleme geben.

Je neuer die Programmversion ist, desto mehr Funktionen werden vom Programmformat unterstützt. Um die Textdatei zu interpretieren, benötigt das Layoutprogramm einen entsprechenden Importfilter. Enthält die Textdatei

---

OCR – TEXTE FÜR DIE BEARBEITUNG SCANNEN
Gibt es einen Text nur auf dem Papier und man braucht ihn als digitale Textdatei, kann man ein OCR-Programm einsetzen. OCR bedeutet Optical Character Recognition (optische Zeichenerkennung). Dazu scannt man den Text mit einem gewöhnlichen Scanner als Bild ein. Das Programm interpretiert den eingescannten Text und übersetzt ihn in eine normale Textdatei. OCR wird beispielsweise verwendet, um Manuskripte und Bücher zu digitalisieren.

Die Ergebnisse der OCR-Interpretation sind selten perfekt. Fehler entstehen durch schlechte Druck- oder Kopiervorlagen, Mängel in der Scanqualität oder exotische Fonts. Dennoch kostet die Nachkorrektur meistens weniger Zeit, als den Text von Hand abzuschreiben.

Ein typisches OCR-Programm ist Omnipage von Nuance. Auch Adobe Acrobat Professional konvertiert Bilder, die Text enthalten, in bearbeitbare Textzeichen. Insbesondere liest das Programm aus PDF-Dateien die Zeichen aus, die in diesem Fall mit den zugehörigen Fonts im PDF eingebettet sind.

EXCEL-DATEIEN IM LAYOUT
Das Einfügen von Tabellen oder Diagrammen aus Excel läuft mitunter nicht ohne Schwierigkeiten ab. Hier drei Lösungswege:

- Als PDF exportieren und dann als Bild einfügen.
- Die Tabelle in Illustrator importieren und dort ein neues Diagramm erstellen. Dieses dann als Bild aus Illustrator importieren.
- Die Tabelle in das Layoutprogramm importieren und ihr mit den hier zur Verfügung stehenden Tabellenfunktionen ein neues Aussehen geben.

jedoch neuere Programmfunktionen als der Importfilter versteht, gibt es ein Verständigungsproblem. Demzufolge machen Textdateien älterer Programmversionen keine Schwierigkeiten und sollten bevorzugt eingesetzt werden. Sie sind in der Regel auch die Voraussetzung, damit sich die Textdatei in einem anderen Textverarbeitungsprogramm öffnen lässt.

Darüber hinaus können Dateien neuerer Programme Funktionen enthalten, deren Übertragung ins Layoutprogramm sinnvoll ist, wie Tabellen und Fußnoten. Adobe InDesign kann beispielsweise Tabellen importieren, die mit Microsoft Excel erstellt wurden.

6.2.4 Das ASCII-Format

Der American Standard Code for Information and Interchange, kurz ASCII, ist ein Standard für digitale Informationen, vor allem für Text. Wenn Text gespeichert wird, wird jedes Zeichen mit 7 bit gesichert, so dass 128 verschiedene Textzeichen in einem Text gespeichert werden können. Eine Vorgabe von 128 Zeichen reicht jedoch nicht für alle Ziffern, Sonderzeichen oder Symbole, die in einem Text vorkommen können. Die Folge sind diverse Probleme. Moderne Versionen arbeiten daher mit 8 bit pro Zeichen und können daher 256 verschiedene Zeichen ausgeben.

Das ASCII-Format kann von den meisten Programmen, die Text verwalten, interpretiert werden und hat normalerweise die Dateinamenerweiterung .txt; ASCII-Dateien werden häufig als offenes Textformat bezeichnet, weil sie nur den Text enthalten, ohne Informationen über die Formatierung.

6.2.5 Das RTF-Format

Rich Text Format, kurz RTF, ist ein offenes Format, das für einen einfachen Austausch von Textdateien zwischen verschiedenen Programmen geschaffen wurde. Außer Text enthalten die Dateien auch Codierungen für Schriftarten und einfache Formatierungen. Das RTF kann dabei sogar die Bezeichnungen der Zeichen- und Absatzformate übertragen, was bei Bedarf ermöglicht, eine Verknüpfung zwischen dem Manuskript- und dem Layoutdokument herzustellen.

6.2.6 Unicode

Unicode ist ein moderner Standard um Zeichen zu speichern und darzustellen. Über 1,1 Millionen Zeichen, unterteilt in 17 »Ebenen« à 65.536 Zeichen, werden verwaltet und können alle weltweit gebräuchlichen Sprachen wiedergeben. Wir unterscheiden heute ungefähr 100.000 verschiedene Zeichen aller bekannten Alphabete.

Unicode wird von den modernen Betriebssystemen ebenso unterstützt wie von HTML und XML und stellt auch die Basis von OpenType-Fonts dar.

6.3 Importieren von Texten

Normalerweise werden Manuskripttexte in das Layout importiert, entsprechend formatiert und dann so bearbeitet, dass sie den vorhandenen Platz vorteilhaft ausfüllen. Bilder, die im Textdokument eingebettet sind, können nicht mit in das Layoutprogramm importiert werden. Mit anderen Worten: Es ist keine gute Idee, Bilder bereits im Textverarbeitungsprogramm zu platzieren, da sie nur unnötig Speicherplatz beanspruchen. Sämtliche im Textverarbeitungsprogramm vorgenommene Formatierungen und Layouteinstellungen sind – salopp ausgedrückt – *für die Katz'*. Die Manuskript-Datei kann in Adobe InDesign auf dieselbe Weise wie Bilder und Texte mit dem Layout verknüpft werden. Textänderungen lassen sich so leichter aktualisieren.

Hat man Schwierigkeiten, Textdateien in bestimmten Formaten zu importieren, sollte man versuchen, die Importfilter des Layoutprogramms zu aktualisieren. Alternativ kann man die Textdatei als ältere Version speichern oder testhalber als RTF- oder als ASCII-Datei, bevor man sie importiert.

Nachdem der Text ins Layout importiert wurde, kann es zu einer zeitraubenden Tätigkeit werden, den einzelnen Textabschnitten die erforderlichen Zeichen- und Absatzattribute zuzuweisen. Möglicherweise sind auch Informationen von demjenigen nötig, der das Manuskript verfasst hat, welche Formatierung für bestimmte Wörter oder Zeichen gewünscht ist. Fehlende Informationen kosten Zeit oder führen zu Missverständnissen in der typografischen Bearbeitung. Beispielsweise sollte klar hervorgehen, welche Textabschnitte als Überschrift, als Bildunterschriften, als Fußnoten etc. zu verstehen sind.

Es gibt verschiedene Wege, um den Text vorab im Textverarbeitungsprogramm zu gliedern. Man kann den Text über Absätze strukturieren, Kommentare hinzufügen, vorhandene oder selbst erstellte projektspezifische Formatvorlagen verwenden, spezielle Tags für Adobe InDesign oder QuarkXPress anhängen oder den Text mittels XML strukturieren.

6.3.1 Ein strukturiertes Manuskript verarbeiten

Wenn das Manuskript konsequent mit Zeichen- und Absatzvorlagen formatiert wurde, lässt sich diese Formatierung ins Layout übernehmen. Beim Importieren in Adobe InDesign oder QuarkXPress werden die Zeichen- und Absatzvorlagen automatisch übernommen und in die Formatvorlagen des Programms übersetzt. Damit dies reibungslos funktioniert, muss der Text als Microsoft Word oder im RTF-Format gespeichert werden.

Eine andere Möglichkeit den Text möglichst effizient zu formatieren ist dann gegeben, wenn die Reihenfolge der einzelnen Absätze einer festen Textstruktur entspricht. Ab Adobe InDesign Version CS2 kann die Formatierung dann vollautomatisch ausgeführt werden. Zum Verständnis: Der erste Absatz enthält die Überschrift, der zweite eine Unterüberschrift, der dritte eine Einleitung, der vierte den Fließtext ohne Einzug, der fünfte und die darauffolgenden den Fließtext mit Einzug. Diese Methode funktioniert sehr gut, solange es sich um einfach strukturierte Texte handelt, beispielsweise von der Zwischenüberschrift zum nachfolgenden Text, ausgenommen davon sind jedoch Absätze in separaten Textrahmen oder Tabellen. Die Methode basiert darauf, dass das aktuelle

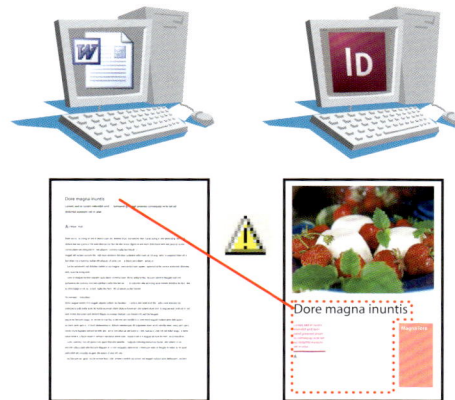

DAS MANUSKRIPT MIT DEM LAYOUT VERKNÜPFEN
Werden Bilder oder Grafiken in ein Layoutdokument importiert, werden sie automatisch mit diesem verknüpft, Texte dagegen nicht. Texte und Tabellen lassen sich in Adobe InDesign aber ebenfalls verknüpft importieren, jedoch nur, wenn die entsprechende Voreinstellung vor dem Import aktiviert ist.

Wurde ein Bild, eine Tabelle oder ein Text zwischenzeitlich bearbeitet, zeigt die **Verknüpfungspalette** in Adobe InDesign ein gelbes Warndreieck an. In QuarkXPress finden sich Hinweise auf die Bearbeitung von Bildern im Menü **Hilfsmittel**; Texte werden nicht verknüpft.

In beiden Programmen kann über eine entsprechende Schaltfläche aktualisiert werden.

DER LINKS STEHENDE TEXT ALS INDESIGN-TAGGED TEXT
<ParaStyle:Heading2><CharStyle:Entrynumbers> 6.3.1<CharStyle:>Ein strukturiertes Manuskript verarbeiten <ParaStyle:Body without indent> Wenn das Manuskript konsequent mit Zeichen- und Absatzvorlagen formatiert wurde, ...

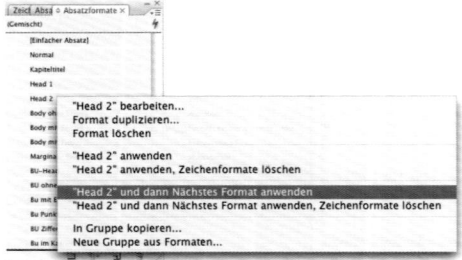

DER RECHTS STEHENDE TEXT XML-CODIERT
```
<cookbook style>
    <chapter number>
        6.3.2
    </chapter number>
    <heading_2>
        Eine mit Tags versehene Manuskriptdatei ver-
        arbeiten
    </heading_2>
    <body text>
        XML (eXtensible Markup Language) ermög-
    licht das Aufbereiten von Datenstrukturen in einer
    Textdatei und automatisiert das Ersetzen von
    Informationen einer Datei durch Daten aus einer
    anderen Datei.
    </body text>
</cookbook style>
```

Absatzformat eine Einstellung enthält, die besagt, welches das nachfolgende Absatzformat sein soll.

Um den Text typografisch zu bearbeiten, wählt man alle gewünschten Absätze aus und macht dann einen rechten Mausklick (bei Verwendung einer Ein-Tasten-Maus unter Mac OS: **Control-Klick**) auf das gewünschte erste Absatzformat in der **Absatzformat-Palette**, beispielsweise wählt man **Überschrift → dann nächstes Format anwenden**. Diese Vorgehensweise gestattet eine schnelle typografische Überarbeitung, wenn Texte immer auf dieselbe Weise strukturiert sind.

6.3.2 **Eine mit Tags versehene Manuskriptdatei verarbeiten**
XML (eXtensible Markup Language) ermöglicht das Aufbereiten von Datenstrukturen in einer Textdatei und automatisiert das Ersetzen von Informationen einer Datei durch Daten aus einer anderen Datei. XML verwendet Tags, um Teile einer Datei wie beispielsweise eine Überschrift oder einen Absatz zu definieren. Man kann sich XML als eine Art Übersetzer für Daten vorstellen. XML-Tags kennzeichnen Inhalte in einer Datei (wie einem Manuskript), damit diese Daten von anderen Anwendungen erkannt und dargestellt werden können.

Adobe InDesign und QuarkXPress sind zwei von vielen Anwendungen, die XML erstellen und auch selbst verwenden können. Wenn man den Inhalt einer InDesign-Datei mit Tags versehen hat, kann man die Datei als XML speichern und exportieren und sie so einer anderen InDesign-Datei oder einem anderen Programm zur Verfügung stellen. Ebenso kann man eine XML-Datei in InDesign importieren und das Programm anweisen, die XML-Daten nach den eigenen Vorstellungen zu formatieren.

Das Arbeiten mit XML im Layout erlaubt große Textmengen zu verarbeiten, die in Folge strukturiert sind und deren Inhalte bei Bedarf leicht ersetzt werden können, beispielsweise bei der Neuauflage einer Katalogproduktion oder Ähnlichem. Da die XML-Datei keinerlei Formatierungen enthält, kann sie Einsatz in verschiedenen Medien wie Druckprodukten, Websites oder Mobiltelefonen finden.

6.3.3 **Layout und Text verknüpfen**
Handelt es sich um größere Textmengen, so ist es möglich, zwischen Layoutprogramm und Textdatei eine Verknüpfung zu erstellen. Diese Arbeitsweise empfiehlt sich für die Katalogproduktion, wenn beispielsweise Änderungen im Originaltext in das Layout übertragen oder umgekehrt Textkorrekturen innerhalb des Layouts in den Originaltext zurückgespeichert werden sollen.

6.3.4 **Gleichzeitige Bearbeitung von Text und Layout**
In einem traditionellen Layoutarbeitsablauf wird zunächst von einem Autor der Text erstellt. Dieser liefert den Text dem Gestalter, der den Text in das Layout lädt, formatiert und dann ein PDF oder einen Ausdruck erstellt, den der Autor und andere Verantwortliche überprüfen. Da wir jedoch in einer Zeit leben, in der alles immer schneller produziert werden soll, ist es oftmals notwendig, dass Texterfassung und Layoutgestaltung parallel zueinander geschehen. Es gibt verschiedene Lösungen, die diese Arbeitsweise erleichtern.

Die einfachste Lösung hält Adobe InDesign parat. Werden die Texte importiert, kann ähnlich wie beim Bildimport eine Verknüpfung zur Textdatei erstellt werden. Ebenso wie bei Bildern, die zwischenzeitlich bearbeitet wurden, eine Warnung ausgegeben wird, geschieht dies auch bei nachträglichen Textkorrekturen in der Manuskriptdatei. Wurde diese vor dem Import ins Layout mit Zeichen- und Absatzformaten versehen und wurde im Layout weder eine Text- noch eine Formatierungsveränderung vorgenommen, dann kann die überarbeitete Manuskriptdatei ganz einfach aktualisiert werden und ersetzt den alten Text.

Wurde der Text im Layout verändert, muss er in ein neues Manuskript-Dokument im RTF-Format exportiert werden. Importiert man ihn dann wieder und erstellt dabei eine Verknüpfung, können andere Bearbeiter diese Korrekturen sehen und ihrerseits noch welche hinzufügen. Typografische Feineinstellungen wie Änderungen von Kerning oder Laufweite können im RTF-Format jedoch weder exportiert noch importiert werden.

Es gibt noch andere Lösungen für den Autor, den importierten Text zu überarbeiten. Entweder er nimmt die Bearbeitung direkt im Layout vor oder in einem speziellen Bearbeitungsprogramm, in dem ausschließlich der im Layout befindliche Text bearbeitet werden kann. Für Adobe InDesign und QuarkXPress gibt es solche Bearbeitungsprogramme: Adobe InCopy und Quark Copydesk. Alle Veränderungen am Text oder seiner Formatierung können in diesen Programmen unabhängig von Bildern, Textrahmen oder anderen Objekten vorgenommen werden. Dazu wird eine einfache Arbeitsansicht verwendet, die der von Textverarbeitungsprogrammen ähnelt.

Adobe InDesign erlaubt sogar, dass verschiedene Textelemente in Adobe InCopy zeitgleich von unterschiedlichen Autoren bearbeitet werden, während das Layout vom Gestalter bearbeitet wird, für den der Text jedoch gesperrt ist. In Adobe InCopy lassen sich in den Text Kommentare einfügen, die von InDesign interpretiert werden können. Adobe InCopy kann zudem niedrig aufgelöste PDF-Dateien zum Probelesen ausgeben, wobei vorhandene Kommentare in das PDF übernommen und in Adobe Acrobat gelesen werden können.

Arbeitet eine größere Anzahl von Autoren und Layoutern zusammen, beispielsweise bei einer Tageszeitung, werden für die Verwaltung der vielen Manuskripte, ihre Bearbeitung und ihren Einsatz umfangreichere Redaktionssysteme verwendet.

VERWENDUNG VON INCOPY
Sowohl QuarkXPress als auch Adobe InDesign machen es über ein Schwesterprogramm möglich, dass nur der Text vom Autor bearbeitet werden kann, ohne das Layout.

In InCopy, dem Schwesterprogramm von InDesign, lässt sich sogar definieren, welche Textabschnitte von wem bearbeitet werden dürfen und für wen sie gesperrt sind. Die Texte sind dann für den Gestalter gesperrt, am übrigen Layout kann jedoch weiter gearbeitet werden. Ist die Textbearbeitung erledigt, wird aktualisiert, und die Arbeit kann fortgesetzt werden.

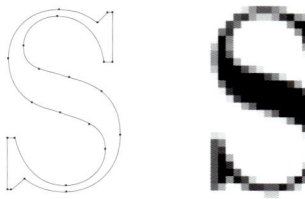

DRUCKERFONTS UND SCREENFONTS
Alle Fonttypen enthalten einen vektorbasierten Druckerfont. Zu PostScript Type 1 gehört auch ein auf Pixeln basierender Screenfont.

SCHRIFTEN AUSWÄHLEN
Moderne Schrift-Auswahl-Tools erleichtern die Suche nach der passenden Schrift. Dieser Schriftenfächer funktioniert wie die bekannten Farbfächer zur Auswahl von Farbtönen.

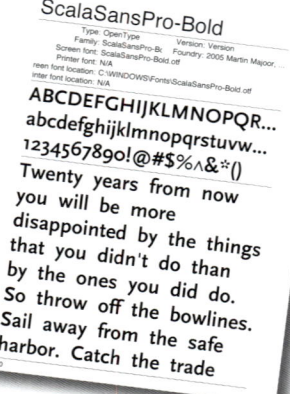

SCHRIFTMUSTER AUSDRUCKEN
Mit Schriftenverwaltungsprogrammen wie Extensis Suitcase kann man sich Schriftmuster der installierten Schriften ausdrucken.

6.4 Schriftbild, Fonts und Typografie

Eine der wichtigsten Komponenten von Design und Layout ist die Typografie. Die Darstellung jeder Schrift ist im Font gespeichert, der digitalen Schriftbilddatei, die mit dem Layoutdokument verknüpft ist. Wird die Datei ausgedruckt oder ein druckfähiges PDF erzeugt, werden die Fonts zusammen mit Bild- und Grafikelementen in der PostScript- oder PDF-Datei eingebettet.

Wir werden nun einen Blick darauf werfen, wie Fonts aufgebaut sind, in welchem Dateiformat sie vorkommen, wie man eine Vorschau des Schriftbilds erhält, wie man die richtige Schriftart auswählt und wie dadurch eine gute typografische Gestaltung entsteht.

6.4.1 Schriftart und Font

Zunächst ist es wichtig, den Unterschied zwischen Schriftart und Font zu verstehen. Schriftart ist die Bezeichnung für eine bestimmte Gestaltung der Zeichen, beispielsweise Garamond. Font oder Schriftfamilie ist die historische Bezeichnung für die Varianten einer Schriftart. Heutzutage bezeichnet Font jedoch die digitale Form der Schrift. Schriftfamilien enthalten eine Anzahl verschiedener Schriftschnitte wie light, italic oder bold. Der Font ist ein digitaler Schriftzeichensatz, der einen oder mehrere Schriftschnitte enthält.

Es gibt keine Norm, die vorgibt, welche Zeichen in einem Font vorkommen müssen. Auch enthalten manche Fonts nicht alle für Westeuropa notwendigen Zeichen oder keine Groß- und Kleinbuchstaben (Versalien und Gemeine). Einige Fonts bestehen sogar nur aus einer Handvoll Symbole oder Sonderzeichen. Jede Taste auf der Tastatur entspricht einem Zeichen oder Sonderzeichen. Durch Tastenkombinationen lassen sich weitere Zeichen erzeugen.

Verarbeitet man andere als westeuropäische Sprachen, beispielsweise osteuropäische oder asiatische Sprachen, sind meistens Spezialfonts notwendig, um die spezifischen Zeichen dieser Sprachen zu setzen.

Es gibt verschiedene Dateiarten für Fonts, beispielsweise OpenType, TrueType und PostScript Typ 1. OpenType-Fonts enthalten bis zu 65.000 verschiedene Zeichen und können daher mit einem einzigen Font alle Schriftschnitte und die Zeichen für verschiedene Sprachen darstellen.

6.4.2 Die Wahl einer Schriftart

Um eine Schriftart zu wählen ist es am besten, man schaut sich das gedruckte Schriftbild an, da die Bildschirmdarstellung der Schriften grundsätzlich vom Schriftbild abweicht [siehe 6.5.2]. Von den meisten Schriftenherstellern kann man Schriftenkataloge oder Schriftmusterbücher anfordern. Hat man keinen Schriftenkatalog zur Hand, kann man die Schriftart entweder anhand der Bildschirmdarstellung im großen Grad auswählen oder besser, man druckt sich selbst ein Schriftmuster aus.

Sowohl das Mac OS als auch Windows unterstützen die gebräuchlichen Fontformate. Um eine schnelle Vorschau des Schriftbildes zu erhalten, genügt ein Doppelklick auf die Fontdatei. Unter Windows öffnet sich ein Dialogfenster mit einem Schriftbeispiel, das Mac OS öffnet die Schriftart in einem Fenster des Programms **Schriftsammlung**. Davon lässt sich jeweils ein Ausdruck erzeugen.

Möchte man verschiedene Schriftmuster ausdrucken, erstellt man sich am besten ein Textbeispiel in Adobe InDesign oder QuarkXPress, mit den Schriftschnitten und Schriftgrößen, die einem wichtig erscheinen. Zunächst formatiert man die ganze Seite in einer der gewünschten Schriftarten. Dann druckt man dieses aus und formatiert neu im nächsten Font, und so fort.

Ältere Windowsversionen (Windows 98, NT …) und Mac OS Classic unterstützen keine Darstellung von PostScript-Fonts am Bildschirm. In diesen Fällen benötigt man den Adobe Type Manager (ATM) [siehe 6.4.8].

6.4.3 Mit typografischen Vorlagen arbeiten

Die meisten Druckprodukte zeigen ein einheitliches typografisches Bild, betreffend Überschriften, Intros, Fließtexte oder Bildunterschriften. Statt den gesamten Text von Hand zu formatieren, stehen typografische Vorlagen zur Verfügung, um alle Einstellungen wie Schriftart, -größe, -farbe, Ausrichtungsart und so weiter bequem auf Zeichen oder Absätze anzuwenden. Diese Funktion beherrschen alle Layoutprogramme. Die Formatvorlagen sparen zum einen wertvolle Zeit und stellen sicher, dass der gesamte Text des Dokuments auf eine einheitliche Weise formatiert ist. Ebenso lassen sich Änderungen, beispielsweise das Anwenden einer anderen Schriftart auf alle Überschriften, sekundenschnell vornehmen. Ändert man die Formatvorlage, so werden alle damit formatierten Textabschnitte automatisch aktualisiert.

Formatvorlagen können von einem Dokument in ein anderes importiert werden. Verwendet man die Buchfunktion in Adobe InDesign oder QuarkXPress kann man sogar die Formatvorlagen verschiedener Dokumente miteinander synchronisieren, damit beispielsweise in einem Buch, das aus einzelnen Kapiteldateien besteht, eine einheitliche Formatierung des Fließtextes gewährleistet ist.

In QuarkXPress heißen diese typografischen Formatvorgaben Zeichen- und Absatz-Stilvorlagen, in Adobe InDesign Zeichen- und Absatzformate. Außer Schriftart und -größe enthalten sie auch Farbe, Zeichenabstände, -breite, Laufweite, Breite des Leerzeichens, Grundlinienversatz, Einstellungen für die Verwendung von OpenType-Fonts, Ausrichtungsart, Zeilenabstand, Einzüge, Initialen, Sprache, Silbentrennvorgaben, Abstand vor und nach dem Absatz, Tabulatoren und manches mehr. Im Zeichenformat kann sogar die Art der zu verwendenden Ziffern festgelegt werden. Beispielsweise integrieren sich Mediävalziffern aufgrund von Ober- und Unterlängen harmonischer in Fließtexte.

Eine der wichtigsten und meist sträflich vernachlässigten Standardeinstellungen betrifft Blocksatz – dessen Parameter insbesondere in älteren QuarkXPress-Versionen völlig unbefriedigend eingestellt sind. Je nach gewählter Schriftart kann durch Variation der Parameter **minimaler/optimaler/maximaler Wortabstand** eine wesentlich ruhigere Textspalte mit weniger »löchrigen« Zeilen erreicht werden. Die Standardeinstellung in Adobe InDesign ist beispielsweise 80/100/133, optimal ist aber oft 65/95/150 oder wie in diesem Buch 60/90/120. Auch die Silbentrennung sollte man prüfen. Mehr als zwei bis drei aufeinanderfolgende Trennungen sollten nicht zulässig sein, um unruhige Blocksatzränder und zu viele und damit leseunfreundliche Trennungen zu vermeiden.

TYPOGRAFISCHE BEGRIFFE

FONT-BEGRIFFE

SCHRIFTART
Der Schriftgestalter verleiht den Zeichen »seiner« Schriftart einen spezifischen Charakter. Ein und dasselbe Zeichen kann in verschiedenen Schriftarten völlig unterschiedlich aussehen.

SCHRIFTSCHNITT
Variationen einer Schriftart, meistens gekennzeichnet durch andere Stärke (light, medium, bold), andere Lage (italic) oder Zeichenbreite (condensed, extended).

FONTDATEI
Ein Datensatz, der spezifische Schriftinformationen enthält, beispielsweise Helvetica bold.

FONT
Eine Sammlung von Fontdateien (bezeichnet auch als Schriftfamilie), die dasselbe Schriftbild beinhalten, beispielsweise normal, bold und italic der Schriftart Helvetica.

6.4.4 Wie installiert man Fonts?

Fonts können entweder manuell zu den vorhandenen Schriftarten im Betriebssystem installiert werden oder mit Hilfe einer Schriftenverwaltungssoftware. Um einen Font zu aktivieren, muss er nur im richtigen Ordner auf der Festplatte abgelegt werden. Unter Windows ist dies der Ordner **Fonts** innerhalb des Windows-Ordners. Statt die Fonts dort manuell hineinzukopieren, kann man auch die Systemsteuerung verwenden, dann kopiert Windows die Fonts automatisch an den richtigen Ort. Unter dem Mac OS gibt es gleich mehrere Ordner mit der Bezeichnung **Fonts**. Der erste ist im Verzeichnis **System → Library** zu finden. In diesem sind die Systemschriften abgelegt. Der zweite befindet sich im Verzeichnis **Library** direkt auf der obersten Ebene der Festplatte. Die in diesem Ordner abgelegten Zeichensätze stehen automatisch jedem Anwender zur Verfügung. Fonts, die im Benutzerordner unter **Library → Fonts** installiert werden, sieht dagegen nur der eingeloggte Benutzer in den Schriftenmenüs der Programme. Hat man ein Adobe-Programm installiert, gibt es sogar einen Fontordner innerhalb dieses Programmordners. Fonts, die in diesen Ordner installiert werden, stehen nur Adobe-Programmen zur Verfügung.

Verwendet man eine Schriftenverwaltungssoftware, legt diese die Fontdateien an der richtigen Stelle ab und prüft gleichzeitig, welche Fonts im Augenblick aktiviert sind.

DAS KORREKTE ZEICHEN FINDEN

INDESIGN
Die Palette im Menü **Schrift → Glyphen** gibt einen Überblick über alle in einem Font zur Verfügung stehenden Zeichen. Auch die speziellen, nur in OpenType-Fonts vorkommenden Zeichenvarianten wie Ligaturen, Mediävalziffern etc. werden gezeigt. Macht man einen Doppelklick auf das gewünschte Zeichen, wird es dort im Text eingefügt, wo sich der Cursor befindet.

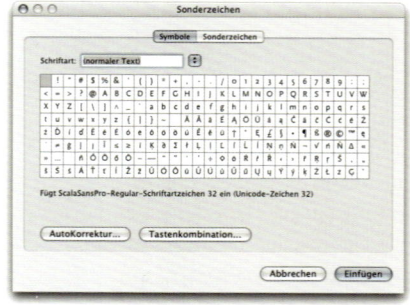

MICROSOFT WORD
Eine ähnliche Funktion, um besondere Zeichen bereits im Manuskript einzufügen, findet sich in MS Word im Menü **Einfügen → Symbol …**

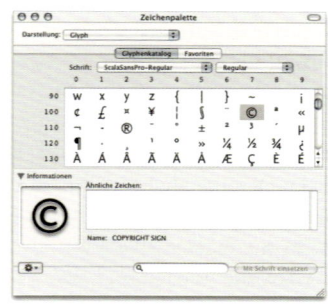

MAC OS UND WINDOWS
Unter dem Mac OS findet man Zeichen und ihre Tastaturbelegung im Finder unter **Bearbeiten → Sonderzeichen**. Durch drücken von Alt, Shift oder Kombinationen erhält man weitere Zeichen angezeigt.

Unter Windows findet sich ein vergleichbares Hilfsmittel unter **Programme → Zubehör → Systemprogramme → Zeichenpalette**.

6.4.5 **Fonts aktivieren**

Das Mac OS beinhaltet eine Schriftenverwaltung mit der Bezeichnung **Schriftsammlung**. Damit lassen sich die Schriften in Gruppen einteilen, beispielsweise für bestimmte Projekte, und jederzeit an- und ausschalten, wenn sie nur zeitweise benötigt werden. Will man unter Windows ähnliche Funktionen verwenden, benötigt man ein zusätzliches Programm wie Suitcase des Herstellers Extensis. Dieses gibt es auch für den Mac, wenn man weitere Funktionen verwenden will, die die Schriftsammlung nicht zur Verfügung stellt. Ähnlich wie in der Schriftsammlung von Apple kann man auch mit Suitcase Schriften ein- und ausschalten, projektbezogene Schriftgruppen anlegen und bekommt darüber hinaus Konflikte mit doppelt vorhandenen oder defekten Fonts angezeigt.

Verwendet man Suitcase oder die Freeware Linotype-Fontexplorer, kann man die zum Arbeiten nötigen Fonts aktivieren, ohne das Anwendungsprogramm neu starten zu müssen. Oder man verknüpft bestimmte Fonts mit Programmen wie QuarkXPress, Adobe InDesign oder Adobe Illustrator. Öffnet man ein Dokument in einem dieser Programme, versucht Suitcase die benötigten Fonts automatisch nachzuladen. Dafür benötigt man allerdings ein spezielles Plug-in. Diese Funktion ist zwar praktisch, nimmt einem jedoch ein wenig die Kontrolle über Dokumente, die man an die Druckerei schickt, wo sich dann plötzlich herausstellt, dass ein Font fehlt.

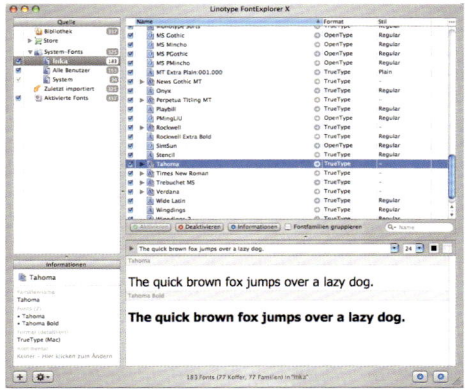

WIE SIEHT DIE SCHRIFT AUS?
In Schriftenverwaltungsprogrammen wie Linotype-Fontexplorer können die Fonts, die auf dem Computer installiert sind, betrachtet werden.

6.4.6 **Bestimmte Zeichen des Fonts finden**

Fonts enthalten gewöhnlich sehr viel mehr Zeichen, als die Tastatur anbietet. Um alle diese Zeichen in ihren unterschiedlichen Versionen und auch noch die nicht druckenden Sonderzeichen zu sehen, kann man verschiedene Tastenkombinationen verwenden, beispielsweise alt-Taste plus einen Buchstaben. Nicht alle diese Kombinationen kann man sich merken. Aber es gibt Hilfe.

In Adobe InDesign gibt es die **Glyphen-Palette**. Glyphe ist der Fachbegriff für die konkrete Form eines Zeichens. Die Glyphen-Palette zeigt einen Überblick über alle im Font enthaltenen Zeichen. Enthält ein OpenType-Font spezielle Zeichen wie Brüche oder verschiedene Versionen eines Zeichens, werden diese ebenfalls angezeigt. Zusätzlich bietet Adobe InDesign dem Anwender die Befehle **Sonderzeichen einfügen** und **Leerraum einfügen** im Menü **Schrift** an, beispielsweise um ein Copyright-, ein Auslassungszeichen, einen Gedankenstrich oder Leerzeichen in einer anderen als der Standardbreite oder andere Zeichen einzufügen.

In Microsoft Word 2007 gibt es eine ähnliche Funktion im Menü **Einfügen → Symbol**.

Die Betriebssysteme bieten ihrerseits auch Hilfe an. Auf dem Mac OS mit **Bearbeiten → Sonderzeichen …**, unter Windows mit **Programme → Zubehör → Systemprogramme → Zeichentabelle**.

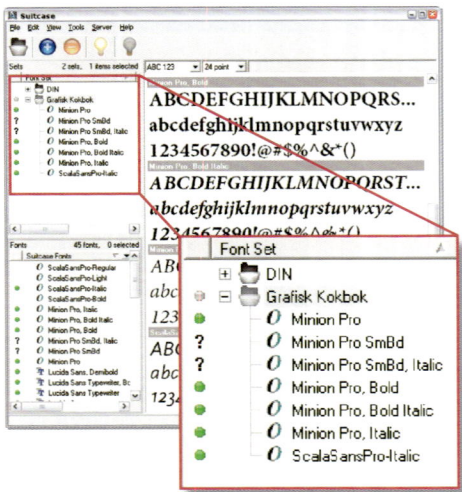

SORTIEREN MIT SUITCASE ODER SCHRIFTSAMMLUNG
Suitcase (Windows, Mac OS) und Schriftsammlung (Mac OS) ermöglichen das Sortieren der Fonts. Es bleibt dem Anwender überlassen, nach welcher logischen Struktur er die Fonts sortiert, beispielsweise alphabetisch, nach ihrem Erscheinungsbild, nach Fonthersteller oder Kunden und Projekten zugeordnet.

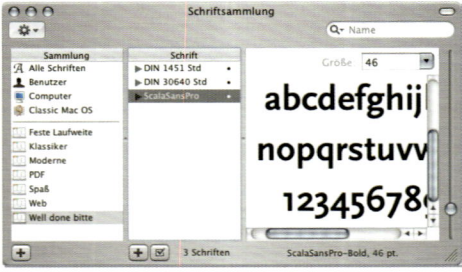

6.4.7 Schriftenverwaltung

Wenn man mit vielen verschiedenen Schriftarten arbeitet, entsteht leicht Unordnung im Schriftenordner. Außerdem werden die Schriftenmenüs in den Programmen entsetzlich lang, wenn viele Fonts geladen sind. Zu guter Letzt wird auch noch eine gehörige Portion Arbeitsspeicher darauf verwendet, die Fonts bereitzustellen.

Hilfsprogramme wie Suitcase von Extensis oder die im Mac OS integrierte Schriftsammlung erleichtern es, Ordnung zu halten und nicht mehr als die benötigten Fonts zu aktivieren, wodurch Arbeitsspeicher freigegeben wird. Es hängt von der persönlichen Arbeitsweise ab, wie man vorgeht. Kennt man alle Schriften beim Namen, kann man sie alphabetisch sortieren. Oder man fasst Schriften aufgrund ihres Aussehens und der Zugehörigkeit zu Schriftgruppen zusammen, beispielsweise alle Serifen- und serifenlosen Fonts oder alle Renaissance-, Barock-, Schreibschriften und so weiter. Oder, die dritte Alternative, man sortiert sie nach Herstellern: Adobe, Agfa, Elsner + Flake, Linotype, Monotype, URW++ etc.

Arbeiten mehrere Leute in einem Netzwerk, kann man die Fonts auch auf einem Server installieren, auf den jeder ständig Zugriff hat. Will man in einem größeren Unternehmen ein besseres Fontmanagement nutzen, verwendet man ein spezielles Server-Client-Programm, beispielsweise von Extensis. Dies hilft zum Beispiel bei der Verwaltung von Lizenzrechten und garantiert, dass jeder Mitarbeiter dieselbe Version eines Fonts verwendet.

6.4.8 Adobe Type Manager

Adobe Type Manager, kurz ATM, ist ein Systemzubehör von Adobe, das vor allem für die Verwendung von PostScript-Schriften unter früheren Betriebssystemen entwickelt wurde. Seit Mac OX und Windows 2000 ist die Monitordarstellung von PostScript-Schriften gewährleistet. Verwendet man noch ein älteres Betriebssystem wie Mac OS 9 (bzw. Mac OS X Classic), Windows 95, 98 oder NT 4.0, benötigt man ATM, um PostScript-Fonts zu verwenden. ATM light kann kostenlos von der Adobe-Website geladen werden (www.adobe.com).

Unter anderem ermöglicht auch erst ATM das Ausdrucken von PostScript-Fonts auf nicht-PostScript-fähigen Druckern oder die Umwandlung eines Textes in Vektorpfade in einem Grafikprogramm wie Adobe Illustrator.

Auch wenn man ATM installiert hat, braucht man unter älteren Mac-OS-Betriebssystemen zusätzlich den Bildschirmfont, andernfalls findet der Computer nicht den Druckerfont. Ein weiterer Grund für Screenfonts trotz ATM besteht darin, dass auf Bitmap-Basis erstellte Zeichen eines Bildschirmfonts in den kleinen Graden auf dem Bildschirm schärfer dargestellt werden als die von ATM aus dem Druckerfont erzeugten.

6.4.9 Woher bekommt man Fonts?

Heutzutage gibt es Tausende von Fonts, und es werden ständig neue angeboten. Außer den großen Anbietern (siehe oben) gibt es aber auch eine Vielzahl kleinerer Schriftenhersteller, die ebenfalls gute Fonts verkaufen.

Die Fonts bezieht man meist über den Großhandel (beispielsweise von FontShop) oder direkt vom Hersteller via Internet. Jeder Schriftschnitt kann separat oder als Teil eines Schriftpakets gekauft werden, das dann noch weitere Schriftschnitte enthält.

Viele Fonts sind auch kostenlos erhältlich und können über das Internet geladen werden. Mit der Verwendung sollte man jedoch vorsichtig sein, denn manchmal verursachen sie nach dem Entpacken Probleme. Bei Fonts aus dem Ausland fehlen häufig die typisch deutschen Zeichen wie ä, ö, ü und ß.

In jedem Font, auch in Freefonts, sind Angaben über die Rechte und die (manchmal eingeschränkte) Verwendbarkeit enthalten. Viele Freefonts verlangen bei kommerzieller Nutzung eine Gebühr, sind aber für Layoutzwecke frei. Schriften unterliegen dem Copyright; illegal verwendete Fonts können empfindliche Urheberrechtsverletzungsstrafen zur Folge haben.

6.4.10 Herstellen, Modifizieren und Konvertieren von Fonts

Man kann seine eigenen Schriftarten entwerfen oder vorhandene bearbeiten. Fontlab, Fontlab Studio und Fontographer sind die gebräuchlichsten Programme dafür. Um in diesen Programmen neue Fonts zu erstellen, benötigt man eine gescannte Vorlage oder aus Adobe Illustrator importierte Objekte. Dann fügt man Informationen wie Zeichenabstand oder Laufweite hinzu oder OpenType-Funktionen, sofern zum Sichern der Fontdatei ein beliebiges Format gewählt werden kann.

Diese Programme können auch verwendet werden, um Fonts zwischen verschiedenen Computerplattformen wie Windows und Mac OS zu konvertieren oder andere Fonttypen zu erzeugen. Dies kann beispielsweise notwendig sein, wenn ein Font nur im TrueType-Format vorhanden ist, das RIP damit aber nicht arbeiten kann, oder wenn während der Arbeit an der Layoutdatei zwischen Mac OS und Windows gewechselt wird. Für diese Zwecke gibt es auch einfachere und billigere Konvertierungsprogramme wie Transtype.

Will man lediglich Schriftzeichen für die Erstellung eines Logos verändern, benötigt man keines dieser Programme. Sowohl Adobe Illustrator als auch InDesign erlauben die Umwandlung von Buchstaben in ihre Vektorpfade, die sich wie eine Illustration modifizieren lassen.

6.5 Schriftformate und ihre Funktionalität

Es gibt drei Typen von Fonts, traditionell das TrueType-Format und PostScript Type 1 sowie seit einiger Zeit auch OpenType. Sie unterscheiden sich in ihrem technischen Aufbau und in ihren Feinheiten. Alle drei sind für die grafische Produktion geeignet, wenngleich das TrueType-Format mit älterem Equipment manchmal zu Problemen führt.

6.5.1 OpenType

OpenType ist ein modernes Dateiformat für Fonts, das gemeinsam von Adobe und Microsoft entwickelt wurde. Das Format mit der Dateiendung .otf bietet eine Reihe von Vorteilen. Der wohl wichtigste besteht darin, dass für Macintosh und Windows dieselbe Fontdatei verwendet wird. Darüber hinaus besteht der Font aus nur einer Datei anstatt aus zwei, wie dies beispielsweise bei PostScript Type 1 der Fall ist.

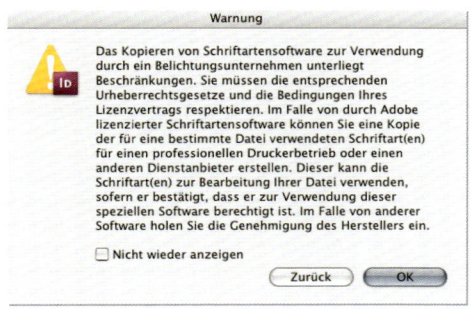

FINGER WEG VON FONTS?
Layoutprogramme wie Adobe InDesign weisen darauf hin, dass Fonts ausschließlich zum Zweck der Belichtung weitergegeben werden dürfen.

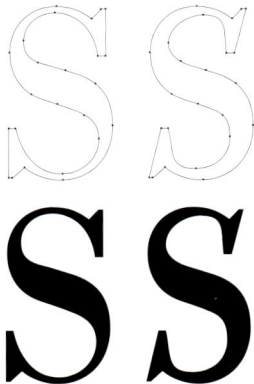

MODIFIZIEREN VON FONTS
Druckerfonts bestehen aus Bézierkurven. Es ist daher leicht, die Form ohne Qualitätsverlust zu modifizieren.

VERZERRUNGEN IM LAYOUTPROGRAMM
Breite und Höhe, Form, Farbe und Effekte – im Layoutprogramm kann das Aussehen vektorbasierter Fonts bearbeitet werden.

OPENTYPE

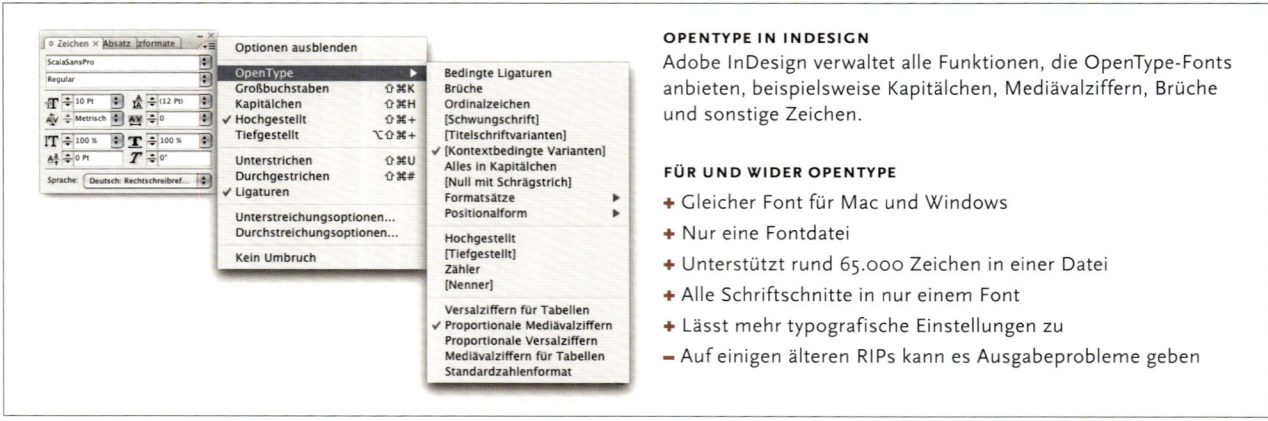

OPENTYPE IN INDESIGN
Adobe InDesign verwaltet alle Funktionen, die OpenType-Fonts anbieten, beispielsweise Kapitälchen, Mediävalziffern, Brüche und sonstige Zeichen.

FÜR UND WIDER OPENTYPE
+ Gleicher Font für Mac und Windows
+ Nur eine Fontdatei
+ Unterstützt rund 65.000 Zeichen in einer Datei
+ Alle Schriftschnitte in nur einem Font
+ Lässt mehr typografische Einstellungen zu
− Auf einigen älteren RIPs kann es Ausgabeprobleme geben

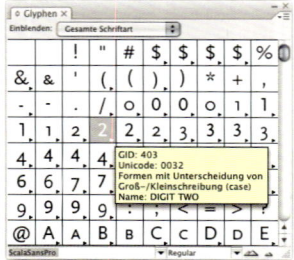

VERSCHIEDENE VERSIONEN DESSELBEN ZEICHENS
Fonts im OpenType-Format können verschiedene Versionen desselben Zeichens enthalten, beispielsweise normale und Mediävalziffern, Versalien und Kapitälchen oder Versionen, die für besonders kleine oder große Schriftgrade optimiert sind.

OpenType-Fonts verwenden einen Standard namens Unicode, der auf 16 bit pro Zeichen basiert, wodurch jede Fontdatei ungefähr 65.000 Zeichen enthalten kann. Das bedeutet, alle denkbaren Schriftschnitte und Zeichen können in einer einzigen Fontdatei gespeichert werden. OpenType eignet sich daher besonders gut für Texte, die in unterschiedlichen Sprachversionen gedruckt werden sollen, oder für eine typografische Gestaltung, die viele verschiedene Schriftschnitte verwendet. Arbeitet man bei einem mehrsprachigen Projekt mit einem der anderen Fonttypen, sind oft mehrere Fonts desselben Schriftschnitts erforderlich, um die jeweiligen Sonderzeichen abzudecken.

OpenType-Fonts ermöglichen auch eine anspruchsvolle Typografie, da der Font mehrere Varianten desselben Zeichens enthalten kann – zum Beispiel verschiedene Ausführungen eines Zeichens für den Beginn und das Ende eines Wortes (wie ein kleines s einer Schreibschrift mit oder ohne Verbindungsstrich zum nächsten Buchstaben) oder modifizierte Varianten desselben Zeichens für verschiedene Schriftgrößen. Weil OpenType-Fonts einen größeren Zeichenvorrat bieten, ermöglichen sie auch verschiedene Ligaturen.

Es gibt zwei Arten von OpenType-Fonts: auf TrueType- oder auf PostScript-Basis. Für OpenType-Fonts auf TrueType-Basis gilt dasselbe wie für normale TrueType-Fonts, in seltenen Fällen verursachen sie auf älteren RIPs Probleme. OpenType-Fonts im PostScript-Format kann man dagegen auch auf älteren RIPs verwenden.

6.5.2 PostScript Type 1

PostScript-Type 1 ist die Basis der drei aktuellen Versionen von PostScript und kam in den späten 1980er Jahren auf den Markt.

Ein PostScript-Type 1-Font besteht eigentlich aus zwei Fontdateien. Der eine Font enthält Informationen über die Zeichenbreite und das Kerning sowie ein Bild auf Pixelbasis in niedriger Auflösung für die Anzeige auf dem Bildschirm. Der andere Font, auch Drucker- oder Outline-Font genannt, besteht

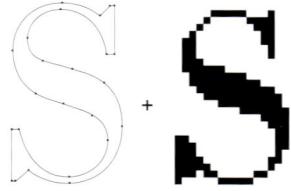

POSTSCRIPT-TYPE 1-FONTS
Sie bestehen aus zwei Teilen, einem aus Vektoren konstruierten Druckerfont und einem aus Pixeln aufgebauten Bildschirmfont. Inzwischen erfolgt die Bildschirmanzeige auch mit Druckerfonts.

FONTS TECHNISCH BETRACHTET

ANTI-ALIASING
Anti-Aliasing ist eine Glättungsfunktion, die Fonts am Monitor besser aussehen lässt. Die Außenform des Zeichens wird mit einer grauen Kontur weichgezeichnet. Aktiviertes Anti-Aliasing macht die Bildschirmanzeige langsamer. Der linke Buchstabe ist geglättet, der rechte nicht. In Adobe InDesign aktiviert man das Anti-Aliasing unter **Voreinstellungen → Anzeigeleistung... → Kantenglättung aktivieren**.

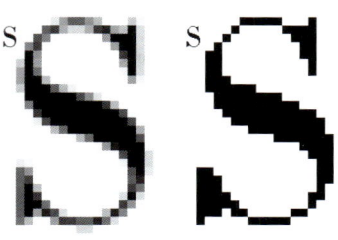

CLEARTYPE UNTER WINDOWS
ClearType ist eine Technik von Microsoft, die unter Windows die Textdarstellung auf Laptops und Flachbildschirmen verbessert. Es handelt sich um eine Weiterentwicklung des Anti-Aliasing, bei der das rote, grüne und blaue Licht jedes Pixels individuell angepasst wird, um ein Zeichen zu glätten. Normales Anti-Aliasing behandelt jedes Pixel als Ganzes. ClearType wird eingeschaltet unter **Start → Systemsteuerung → Darstellung und Designs → Anzeige → ClearType**.

UNICODE
Da PostScript-Type1- und TrueType-Fonts auf der 8-bit-Technologie aufbauen und daher maximal 256 verschiedene Zeichen enthalten, verfügen diese Fonts nicht über genügend Reserven, alle Zeichen zu speichern. Es wurden deshalb spezielle Fonts entwickelt, die beispielsweise besondere Zeichen osteuropäischer Sprachen enthalten. Dasselbe gilt für Schriftschnitte wie bold, italic etc. Um dieses Problem in den Griff zu bekommen, wurde der internationale Standard Unicode entwickelt. Er beruht auf 16 bit pro Zeichen, wodurch bis zu 1.114.112 verschiedene Zeichen in einem einzigen Font möglich sind. Für jedes Zeichen steht doppelt so viel Speicher zur Verfügung wie bei älteren 8-bit-Fonts. Das OpenType-Format unterstützt Unicode und enthält über 65.000 verschiedene Zeichen in einer Datei.
Windows unterstützt seit Version 2000, das MacOS seit Version X den Unicode. Adobe-Programme haben eine eingebaute Unicode-Unterstützung.

COOLTYPE
Einige Adobe-Programme haben eine Schriftenverwaltung eingebaut, die CoolType heißt. Diese ermöglicht unter anderem die Verwendung von Windows-Fonts unter dem MacOS.

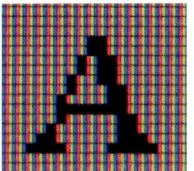 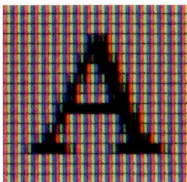 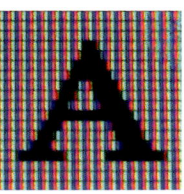

NORMAL   **ANTI-ALIASING**   **CLEARTYPE**

aus Bézierkurven, mit denen die eigentliche Zeichenform berechnet wird. Der Bildschirmfont enthält auch Informationen, durch welchen Druckerfont er beim Ausdrucken ersetzt werden muss.

Dieses Dateiformat gibt es in unterschiedlichen Versionen für MacOS und Windows. Diese sind nicht untereinander austauschbar. Unter Windows hat der Outline-Font die Dateiendung .pfb (Printer Font Binary) und der Bildschirmfont .pfm (Printer Font Metrics).

Der Bildschirmfont enthält einen ganzen Satz kleinerer Schriftgrößen, bestehend aus kleinen Bildern, die sich aus schwarzen und weißen Pixeln zusammensetzen und für eine bessere Darstellung dieser Schriftgrade am Bildschirm sorgen. Meistens gehören zu einem Druckerfont mehrere solche Bildschirmfonts, beispielsweise in 10, 12, 14, 16, 18 und 24 Punkt. Unter dem MacOS sind sie in einem speziellen Ordner abgelegt, einem sogenannten Schriftenkoffer.

In einem PostScript-Type1-Font wird jedes Zeichen mit 8 bit berechnet. Der Font kann also nur 256 verschiedene Zeichen enthalten. Daher sind verschiedene Fontdateien für die einzelnen Schriftschnitte light, medium, bold, italic, condensed, extended, outline, small caps (Kapitälchen) etc. und für verschiedene Sprachversionen nötig.

6.5.3 TrueType

TrueType-Fonts bestehen aus einer einzigen Datei und basieren vollständig auf Bézierkurven. Sie wurden ursprünglich von Apple entwickelt und 1991 erstmals eingesetzt. Bei der Ausgabe auf älteren RIPs verursachen TrueType-Fonts Probleme beim Rastern. Auf RIPs mit PostScript-Level 2 oder 3 können sie aber in der Regel ohne Schwierigkeiten ausgegeben werden. Sichert man ein Layout, das TrueType-Fonts verwendet, als PDF, werden die Fonts konvertiert, so dass die Ausgabe auf einem RIP, das TrueType nicht unterstützt, dennoch gewährleistet ist.

TrueType-Fonts gibt es als Mac- und als Windows-Version. Tauscht man Dokumente zwischen beiden Plattformen aus, kann dies zum Problem werden. Das MacOS kann mit den Windows-TrueTypes meistens klarkommen, sofern sie aus dem programmeigenen Fontordner stammen. Besser ist es, OpenType-Fonts zu verwenden, dann vermeidet man Probleme im Voraus.

6.5.4 Kerning-Tabellen

Jeder Font enthält Informationen über die Abstände aller möglichen Zeichenkombinationen, beispielsweise zwischen A und V. Diese werden als Kerning-Tabellen bezeichnet und sind im Font gespeichert. Ist man mit dem Ergebnis der Kerningwerte nicht zufrieden, kann man sie jederzeit bei der Textformatierung verändern. Braucht man dies häufig und möchte die Werte generell bearbeitet verwenden, kann man sich in QuarkXPress seine eigenen Kerning-Tabellen speichern.

In Adobe InDesign gibt es zwei Möglichkeiten. Entweder man verwendet die im Font enthaltenen Kerningwerte, das sogenannte metrische Kerning, oder man wählt optisches Kerning, dann steuert InDesign den Zeichenabstand. Das optische Kerning erspart oftmals den manuellen Eingriff in das im Font gespeicherte Kerning. Will man eine solche Bearbeitung dennoch vornehmen, benötigt man ein Plug-in, beispielsweise Cool Kerning der Firma Knowbody.

6.5.5 Hints für bessere Ausdrucke

Wenn man Schriftzeichen in kleinen Graden auf einem Drucker mit schwacher Auflösung ausdruckt – wie auf einem Laserdrucker –, lassen sich feine Zeichenelemente oft nur schlecht wiedergeben. Zum Beispiel ist eine dünne Linie des Zeichens 1,5 Punkt stark. Die Zahl der Belichtungspunkte pro Zoll (dpi) ist ein Maß für die Auflösung des Druckers. Ob der Drucker die Linie ein oder zwei Punkt breit druckt – also 50% magerer oder 50% fetter, ändert auf jeden Fall das Erscheinungsbild der Schriftart. Um dem RIP die Entscheidung zu erleichtern, sind im Font einige Vorschläge gespeichert. Einen solchen Vorschlag nennt man »Hint«. Alle für die grafische Produktion verwendeten Fonts enthalten diese Hints.

TrueType- und OpenType-Fonts haben dabei mehr Möglichkeiten als PostScript-Type1. Letzteres enthält ein einfacheres Hinting und überlässt die Berechnung hauptsächlich dem RIP, was bedeutet, dass neuere RIPs eine bessere Darstellung erzielen als ältere.

ANDERE DATEIFORMATE

D-FONTS
Das MacOS verwendet eine spezielle Version von TrueType-Fonts im Betriebssystem, die sogenannten dfonts. Sie sollten nicht für grafische Produkte verwendet werden und funktionieren nicht auf anderen Computerplattformen.

FON
Fon-Dateien sind Bitmap-Fonts, die von Windows-Programmen verwendet werden, um Schriften in kleinen Schriftgraden auf dem Monitor besser anzeigen zu können. Sie tauchen nirgendwo sonst auf als direkt in diesen Programmen.

MULTIPLE MASTER
Multiple Master (MM) war eine Weiterentwicklung des PostScript-Type1-Formats, das von Adobe eingesetzt wurde. Multiple-Master-Fonts konnten typografisch korrekt in ihrer Strichstärke geändert werden. Sie werden nicht länger hergestellt.

HINTS
Der Querstrich des abgebildeten Buchstabens ist 1,5 Punkt stark. Ein »Hint« entscheidet, ob ein oder zwei Punkte für die bestmögliche Darstellung verwendet werden sollen.

6.5.6 Fehlende Fonts

Verwendete Fonts werden von QuarkXPress und Adobe InDesign mit dem Layoutdokument verknüpft. Diese Fonts müssen im Arbeitsspeicher des Rechners geladen sein, wenn man den Eindruck des Schriftbildes am Monitor prüfen will, das Dokument drucken oder ein PDF erstellen möchte. Fehlen die Fonts, gibt es spätestens beim Ausdrucken Probleme. Um diese Schwierigkeiten zu vermeiden, empfiehlt es sich, für Ausdrucke oder Proofs ein PDF zu schreiben, in dem die Fonts eingebettet werden – für die Belichtung am besten im Standardformat PDF/X [*siehe Druckvorstufe 7.2.6*]. Das heißt, der Empfänger der Datei muss die verwendeten Fonts nicht auf dem Rechner vorliegen haben, um eine korrekte Darstellung am Monitor oder im Ausdruck zu erhalten.

Wenn man eine Layoutdatei trotz fehlender Fonts öffnet, erhält man eine Warnung und kann dann entweder das Öffnen abbrechen oder die fehlenden Fonts durch verfügbare ersetzen lassen. Es ist also wichtig, dass man bei der Weitergabe von Originaldateien auch die entsprechenden Fonts mitliefert. Um dies zu erleichtern, bietet Adobe InDesign den Befehl **Verpacken** an, in QuarkXPress heißt dieselbe Funktion **Für Ausgabe sammeln** [*siehe 6.13.2*]. In beiden Fällen werden das Layoutdokument, die verknüpften Bild- und Textdateien sowie die verwendeten Fonts in einen neuen Ordner kopiert. Schickt man diesen weiter, sind alle Daten vollständig. Aus Sicht der Fontlizenzierung ist dieser Schritt akzeptabel, solange der Empfänger die Fonts nicht für eigene Arbeiten, sondern nur für die Ausgabe einsetzt.

6.5.7 Verschiedene Schriftbilder derselben Benennung

Manche Schriften existieren mit demselben Namen, weichen in ihrer Darstellung jedoch ein wenig voneinander ab, weil sie von verschiedenen Schriftdesignern geschnitten wurden. Das bedeutet beispielsweise, dass die Garamond des einen Herstellers nicht genauso aussieht wie die eines anderen. Ersetzt man nun einen fehlenden Font durch einen desselben Namens, der aber von einem anderen Schriftenhersteller stammt, muss sich nicht exakt dasselbe Schriftbild ergeben. In aller Regel ändert sich der Umbruch, weil der Font ein anderes Kerning enthält; auch andere Trennungen sind eine Folge davon.

Es gibt auch Fälle, in denen man bekannten Fonts neue Namen gegeben hat, die den Originalen ähnlich sind, um urheberrechtliche Konsequenzen zu umgehen. So wurde die Franklin zum Beispiel zur Frankfurt, Peignot zu Penguin, Frutiger zu Frutus.

6.5.8 Bold oder italic im Layoutprogramm

In einigen Layoutprogrammen, beispielsweise QuarkXPress, kann man Schriftschnitte wie bold oder italic im **Stil-Menü** auswählen. Das Programm sucht im verwendeten Font nach einem vorhandenen Schriftschnitt. Ist ein solcher jedoch nicht vorhanden, wird der Schriftschnitt digital erzeugt. Das bedeutet auch: Liegt zum Ausdrucken kein echter Schriftschnitt vor, kann es zu unerwarteten Ergebnissen kommen, beispielsweise weil das Kerning zu unterschnitten ist oder Zeichen bei der Verwendung von bold zulaufen. Eine Warnung wird in diesem Fall nicht ausgegeben. Arbeitet man mit Adobe InDesign, tritt dieses Problem nicht auf, da es die entsprechende Funktion hier nicht gibt.

WELCHER FONT VERBIRGT SICH HINTER ...?
Es gibt keine offiziellen Listen, welcher Alias-Name für welche klassische Schrift steht. Aufschluss über einige Zuordnungen gibt die Website: www.typografie.info/typowiki

6.6 Bilder

Es gibt zwei grundsätzliche Bildarten: Vektorgrafiken und Pixelgrafiken [*siehe Digitale Bilder 4.1 und 4.4*]. Grafiken wie Firmenzeichen, Diagramme, statistische Schaubilder, Lagepläne und Ähnliches werden als Vektorgrafiken erstellt. Das funktioniert, solange sie nicht wie von Hand gemalt oder gezeichnet aussehen sollen.

Firmenlogos sollten auf jeden Fall auf Vektor- und nicht auf Pixelbasis erstellt sein, also aus mathematischen Kurven bestehen, damit ihre Größe jederzeit ohne Qualitätsverluste verändert werden kann. Firmenzeichen, die nur in Pixelform vorliegen, sollten als Vektorgrafiken neu erstellt werden [*siehe Digitale Bilder 4.2*].

Vektorgrafiken werden in Adobe Illustrator, Macromedia Freehand und ähnlichen Programmen als EPS- oder PDF-Datei gesichert. Adobe InDesign importiert auch Dateien im Illustrator-eigenen Format AI. Diese benötigen weniger Speicherplatz, sind jedoch nicht zu anderen Programmen kompatibel. In allen drei Formaten kann die Datei erneut im Erstellungsprogramm geöffnet und wieder mit allen Funktionen wie Ebenen und Filtern bearbeitet werden.

Fotos und handgezeichnete Illustrationen, die Pinsel- oder Zeichenstrich und Schattierungen wiedergeben sollen, werden in Form von Pixelgrafiken erstellt. Die meisten Pixelgrafiken werden mittels Digitalkameras erzeugt, sind Scans oder stammen aus Zeichenprogrammen wie Corel Painter. Sie können problemlos mit Adobe Photoshop bearbeitet werden. Gesichert werden diese Bilder in den Standardformaten TIFF, EPS oder PDF, um sie anschließend in QuarkXPress, Adobe InDesign oder Adobe Photoshop zu importieren. Komprimieren lassen sie sich je nach Speicherformat mit der JPEG- oder der LZW-Kompression [*siehe Digitale Bilder 4.9*].

Pixelbasierte Bilder kann man auch in Photoshops eigenem Format PSD speichern, das ebenfalls von vielen Programmen verstanden wird. Das Bild enthält dann Funktionen wie Ebenen, Masken u. a., die man aber nur in Photoshop nutzen kann. Außer in InDesign lässt sich das PSD-Format auch in Adobe Illustrator und QuarkXPress importieren.

6.6.1 Bilder im Farbmodus CMYK oder RGB?

Wird ein Bild gescannt oder von einer Digitalkamera aufgenommen, verwendet es die Farben des RGB-Farbraums. Um diese Bilder zu drucken, müssen sie zuvor in den CMYK-Farbraum (das für den Druck gebräuchliche Farbsystem) umgerechnet werden. Dies sollte in der Druckvorstufe geschehen. Während der Konvertierung werden die Bilder auch auf die spätere Rasterung, die Papiersorte und den Druckprozess abgestimmt [*siehe Druckvorstufe 7.4*].

Die Vorbereitung und Konvertierung der Bilder in CMYK sollte abgeschlossen sein, bevor sie ins Layout importiert werden. Man kann zwar auch Bilder im RGB-Modus platzieren und während der Erstellung des PDFs in CMYK umrechnen lassen, allerdings ist man dann vor Überraschungen in Form von Farbänderungen nicht sicher. Es gibt jedoch auch Vorteile. Befindet sich das Bild noch im RGB-Modus, ist es unabhängig von einer spezifischen Drucksituation wie Rasterweite oder Druckpunktzuwachs und kann für verschiedene Aus-

Ein Beispiel für Firmenlogos auf Vektorbasis ist das Aldusblatt, eine Ornamentform aus der Frühzeit der Druckkunst. Es ist benannt nach Aldus Manutius, dem großen venezianischen Typografen, Drucker und Verleger, der das herzförmige Blatt als Schmuckelement in seinen Büchern verwendete.

Heute ziert das Aldusblatt als Symbol für die Qualitätsphilosophie die Bücher des Verlags Hermann Schmidt Mainz.

VORSICHT MIT DEM COPYRIGHT
Bevor man Bilder verwendet, sollte man bedenken, dass sie durch ein Copyright geschützt sind oder nur für bestimmte Zwecke eingesetzt werden dürfen. Eine gesetzwidrige Verwendung kann teuer werden.

gabeprozesse eingesetzt werden. Bevor man im Layout RGB-Dateien verwendet, sollte man dies am besten mit seiner Druckerei besprechen.

CMYK- und RGB-Dateien können gemeinsam innerhalb eines Layouts Verwendung finden. Auch in diesem Fall werden die RGB-Dateien erst während der PDF-Erstellung konvertiert, wohingegen die CMYK-Dateien unverändert bleiben.

Arbeitet man mit Adobe InDesign und ist sich nicht sicher, ob sich ein Bild im RGB- oder CMYK-Modus befindet oder welches ICC-Profil eingebettet ist, so kann man dies im Informationsfenster nachlesen. Es ist wichtig, dass bei der Ausgabe das richtige ICC-Profil eingesetzt wird, da die Bilder sonst im schlimmsten Fall zu hell oder zu dunkel werden oder sich sogar die Farben verändern. Um festzustellen, in welchem Farbmodus die Bilder vorliegen, kann man auch die **Verknüpfungsinformation** der Bilder anschauen oder eine Prüfung über das Menü **Datei → Preflight** ausführen. Werden RGB-Bilder verwendet, gibt InDesign in diesem Fall eine Warnung aus.

6.6.2 Gedrehte, geneigte oder gespiegelte Bilder

Prinzipiell ist es möglich, Bilder im Layoutprogramm zu drehen, schräg zu stellen oder zu spiegeln. Allerdings dauert die Ausgabe pixelbasierter Bilder in diesem Fall länger, weil der RIP des Ausgabegerätes diese Einstellungen für jeden neuen Ausdruck erneut berechnen muss. Man sollte derartige Bearbeitungen daher im Bildbearbeitungsprogramm vornehmen, bevor man das Bild ins Layout importiert.

6.6.3 Die optimale Größe

Mit der Platzierung eines Bildes im Layoutprogramm entscheidet man, in welcher Größe das Bild im Druck dargestellt wird. Das heißt, die tatsächliche Auflösung pixelbasierter Bilder hängt von der Größe ab, mit der sie im Layout eingesetzt werden. Skaliert man das Bild kleiner, erhöht sich die Auflösung, da die Pixel im Bild ebenfalls verkleinert werden. Wird das Bild dagegen vergrößert, nimmt die Auflösung ab, weil die Pixel »aufgeblasen« werden. Verringert sich die Auflösung dabei zu sehr, verschlechtert sich die Bildqualität. Deshalb sollte man vor Beginn der Layoutarbeit eine Bildliste erstellen und entscheiden, welches Bild in welcher Größe gezeigt werden soll. Während der Bildbearbeitung sollte man dann bereits auf die Auflösung achten und diese gegebenenfalls auf das Doppelte der Rasterweite erhöhen.

Ist man sich nicht sicher, mit welcher Rasterweite das Produkt gedruckt werden wird, kann man die Bilder in der Endgröße mit einer Auflösung von 300 ppi (120 ppcm) vorbereiten, was für alle Druckarten und Rasterweiten ausreichend ist (aber die Dateien sehr groß werden lässt) – oder besser, man versucht, diese Information vorab zu erfragen.

6.6.4 Arbeiten mit Bildern niedriger Auflösung – OPI und DCS

Es gibt verschiedene Situationen, in denen speicherintensive Bilddateien eine Belastung darstellen, beispielsweise weil nicht genügend Arbeits- oder Festplattenspeicher zur Verfügung steht, die Netzwerkverbindung oder der Rechner selbst langsam ist. Eine Lösung besteht darin, im Layout nur niedrig aufgelöste

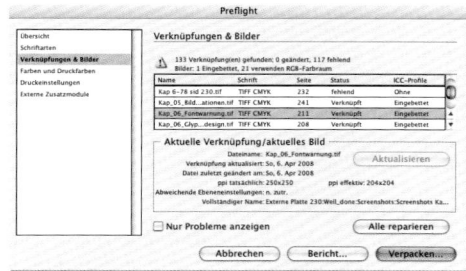

PREFLIGHT UND VERKNÜPFUNGSPALETTE
Sowohl über die **Verknüpfungspalette** als auch über das Menü **Preflight** kann man feststellen, ob der Bildstatus verknüpft oder eingebettet ist, ob ein Bild fehlt oder aktualisiert werden muss [*siehe auch 6.7 und 6.7.1*].

DER WORKFLOW MIT OPI (OPEN PREPRESS INTERFACE)

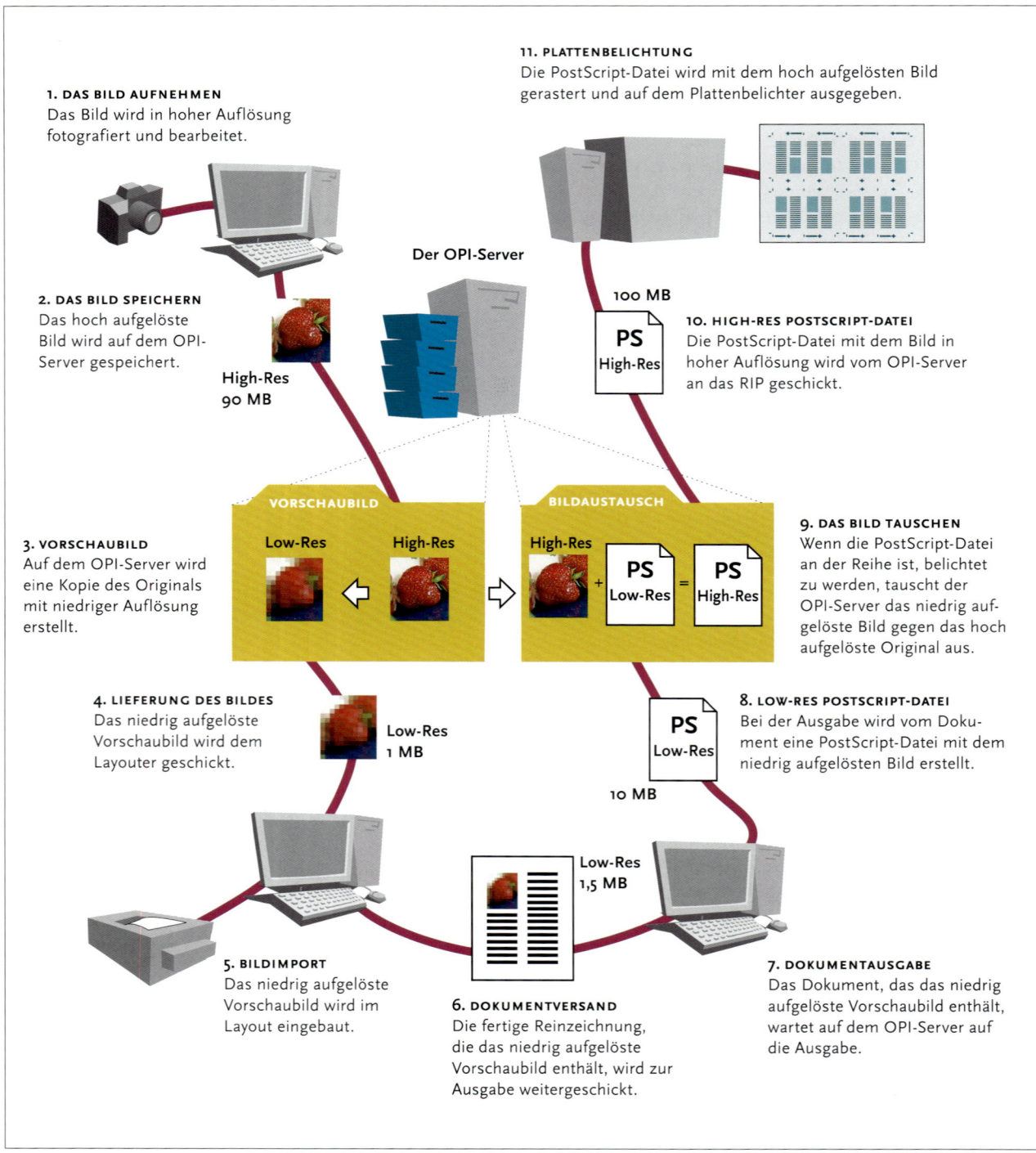

Bildduplikate zu platzieren, die bei der Ausgabe durch die entsprechenden hoch aufgelösten Originale ersetzt werden.

Der Vorteil liegt auf der Hand: speicherärmere Bilder mit geringer Auflösung können schneller per Internet übertragen und zügiger ins Layout geladen werden. Der Nachteil besteht in der Abhängigkeit, innerhalb eines Workflows zu arbeiten und möglicherweise auf einen bestimmten Dienstleister festgelegt zu sein. Es gibt noch mehr Nachteile: in niedrig aufgelösten Bildern sind Details schlecht zu erkennen, was manchmal ein exaktes Platzieren erschwert. Die tatsächliche Qualität der Feindaten kann nicht beurteilt werden. Man kann ohne die Originaldaten selber kein PDF in hoher Auflösung erstellen. Auch Bildbearbeitung macht ohne Feindaten keinen Sinn.

Benennt man das Bild aus irgendeinem Grund um, lässt es sich nicht automatisch durch die Feindaten ersetzen. Der Name muss immer derselbe sein.

Da Computer aber immer leistungsfähiger werden, nimmt die Notwendigkeit, mit Kopien in niedriger Auflösung zu arbeiten und die genannten Nachteile in Kauf zu nehmen, immer mehr ab.

Arbeitet man dennoch auf diese Weise, steht einem entweder ein OPI-System (Open Prepress Interface) zur Verfügung, oder man verwendet das DCS-Format für Vierfarben-Bilder.

Beim OPI-System handelt es sich um ein Programm auf einem Server, das bei der Druckausgabe die Kopien niedriger Auflösung automatisch gegen Bilder hoher Auflösung austauscht. Das OPI-System findet seinen Einsatz ausschließlich in Druckvorstufenbetrieben und Verlagshäusern.

Die andere Alternative, mit Kopien der hoch aufgelösten Daten zu arbeiten, bieten im DCS-Format gesicherte Bilder. Das DCS ist eine Variante des EPS [*siehe Digitale Bilder 4.8.4*]. DCS-Dateien sind Bilder im CMYK-Modus, die in fünf einzelne Dateien separiert sind – eine Composite-Datei in niedriger Auflösung, die der Platzierung im Layoutprogramm dient, und vier hoch aufgelöste Feindatenbilder, eines für jede Druckfarbe. Das DCS wird daher auch als Fünf-Dateien-EPS bezeichnet. Druckt man das Layout aus oder erzeugt ein PDF, ersetzen die hoch aufgelösten Einzeldateien das Compositebild.

Arbeitet man mit DCS, benötigt man kein spezielles System wie bei OPI.

 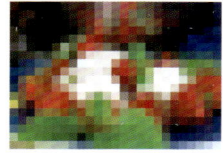

BILDER MIT HOHER ODER NIEDRIGER AUFLÖSUNG
Manchmal spricht man von hoher oder niedriger Bildauflösung in Verbindung mit dem Layout. Hoch aufgelöste Bilder sind solche, deren Auflösung für die Druckausgabe ausreicht.

Niedrig aufgelöste Bilder werden nur als Platzhalter im Layout eingefügt. Ihre Auflösung beträgt nur 72 ppi oder wenig mehr, genügt jedenfalls nicht für die Belichtung, aber für die Bildschirmausgabe als Microsoft PowerPoint-Präsentation oder fürs Internet.

6.7 Bilder einbauen

Wird ein Bild in ein Layoutdokument geladen oder platziert, wird innerhalb des Dokuments sowohl für Vektor- wie auch für Pixeldateien eine Vorschaukopie niedriger Auflösung erzeugt. Diese ist automatisch mit der Feindatendatei verknüpft. Wird das Dokument ausgedruckt, sucht das Programm automatisch nach der verknüpften Originaldatei. Die Verknüpfung arbeitet dabei mit der hierarchischen Rechnerstruktur und sucht nach Namen und Ort der Datei, wie sie zum Zeitpunkt des Imports gewesen sind. Man sollte folgerichtig bereits platzierte Bilder nicht umbenennen oder in einen anderen Ordner verschieben. Hat man dies fälschlicherweise getan, kann man aber über ein Dialogfenster oder eine **Verknüpfungspalette** dem Programm mitteilen, wo sich die Datei neuerdings befindet. In den meisten Fällen ist der Verknüpfungspfad ungültig geworden, wenn man mit den Daten auf einen anderen Rechner wechselt, bei-

PDF-IMPORT IN INDESIGN
PDF-Dateien können als Bilder in Layoutprogramme importiert werden. Adobe InDesign lässt bei mehrseitigen PDFs die Wahl einer beliebigen Seite zu.

EINE MINIATUR-ABBILDUNG ALS PDF-DATEI
Der beste Weg, eine Abbildung eines anderen Druckerzeugnisses wie beispielsweise des Buchcovers zu erhalten, ist die Erstellung einer PDF-Datei aus dem Layoutdokument.

Scannt man das Druckerzeugnis in Graustufen oder RGB ein oder macht einen Screenshot der Seite, wird der Text gepixelt. In der PDF-Version bleiben dagegen Vektorgrafiken und Texte erhalten, so dass man damit die beste Qualität erhält. Es ist auch möglich, das EPS-Format zu verwenden, aber das PDF-Format hat verschiedene Vorteile, beispielsweise werden die Fonts eingebettet [siehe Digitale Bilder 4.13].

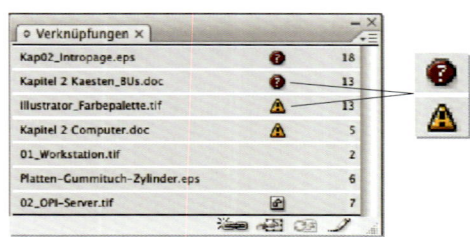

VERBUNDEN ODER NICHT VERBUNDEN
– das ist die Frage! Die Verknüpfungspalette zeigt an, ob ein Bild oder Text seit dem Import geändert (Warndreieck), eingebettet (siehe unterstes Bild) oder entfernt (Fragezeichen) wurde. Um ein Bild erneut zu verknüpfen, zu aktualisieren oder im Erstellungsprogramm zu öffnen, verwendet man die Symbole am unteren Rand der Palette.

spielsweise wenn man sie zum Belichten verschickt hat. Der Empfänger muss dann die Bildverknüpfungen aktualisieren.

In Adobe InDesign prüft man den Zustand der Bildverknüpfungen über **Fenster → Verknüpfungen**, in QuarkXPress über **Hilfsmittel → Verwendung → Bilder**. Bei Bedarf klickt man auf **Aktualisieren** und wählt im Dialogfenster den aktuellen Speicherort aus.

Bilder können in Layoutprogrammen verschoben, skaliert und gedreht, aber nicht im Detail bearbeitet werden. In manchen Programmen lassen sich auch Farbe und Kontrast verändern (nicht in allen Bildformaten), grundsätzlich sollte man dies aber in einem Bildbearbeitungsprogramm vornehmen. In Adobe InDesign besteht die Möglichkeit, ein Bild über eine Schaltfläche der **Verknüpfungspalette** direkt in Photoshop aufzurufen, zu bearbeiten, und anschließend wird es in der Regel automatisch aktualisiert.

Übrigens: Möchte man anstelle des ungenauen Vorschaubildes mit einer feineren Ansicht arbeiten, findet man inzwischen sowohl in QuarkXPress als auch in Adobe InDesign einen Befehl für **hohe Anzeigequalität**. Müssen viele Bilder eingebaut werden, kann dies allerdings zulasten des Speichers gehen.

6.7.1 Bilder im Layout-Dokument einbetten

Adobe InDesign und Adobe PageMaker können Bilder direkt im Layoutdokument einbetten, statt sie zu verknüpfen. Man sollte dies jedoch aus mehreren Gründen vermeiden. Die Layoutdatei wird unnötig um zusätzlichen Speicherbedarf aufgebläht. Werden Bilder zwischenzeitlich bearbeitet, lassen sie sich nicht automatisch aktualisieren, sondern müssen neu importiert oder neu verknüpft werden. Pixelbasierte Dateien, die weniger als 48 KB benötigen, werden von Adobe InDesign automatisch eingebettet.

6.7.2 Skalieren von Bildern

Importiert man ein Bild in optimaler Auflösung und verkleinert dies anschließend, erhöht sich die Auflösung mehr als notwendig. Dies verschlechtert zwar nicht die Bildqualität, aber das Bild belastet mit unnötig hohem Speicherbedarf.

Vergrößert man das Bild, wird die Auflösung im gleichen Maße reduziert und man riskiert eine möglicherweise nun zu niedrige Auflösung mit schlechterer Bildqualität. Verfügt das Bild bei 100 % Größe über eine optimale Auflösung, kann man es normalerweise im Layout bis zu 120 % vergrößern, ohne eine Bildverschlechterung zu sehen.

Ein Beispiel: Ein Bild, dessen Auflösung mit Samplingfaktor 2 aus der Rasterweite errechnet wurde, wird im Layoutdokument auf 150 % vergrößert. Der Samplingfaktor sinkt in diesem Moment von $2/1{,}5 = 1{,}33$ – was zu niedrig ist [*Samplingfaktor siehe Digitale Bilder 4.13.8*]. Entscheidet man, einen Samplingfaktor von 1,7 zuzulassen, kann das Bild folgendermaßen vergrößert werden: $2/1{,}7 = 1{,}18 = 118\,\%$. Irgendwo mittendrin befindet sich die Grenze, ab der man eine Qualitätsminderung sieht. Daher geht man pauschal davon aus, dass eine Skalierung bis zu 115 % zulässig ist.

Im Umgang mit Graustufenbildern sollte man dagegen noch vorsichtiger sein und nicht mehr als 105 bis 110 % vergrößern. Es wird immerhin nur mit einer Farbe gedruckt und auch nur ein Rasterwinkel angewendet. Qualitätsmängel fallen daher eher auf als bei Vierfarbenbildern, wo jede Druckfarbe einen eigenen Rasterwinkel hat und eine knapp bemessene Auflösung besser vertuscht werden kann.

In Adobe InDesign lässt sich die Auflösung, die sich aus der Skalierung ergibt, im **Informationsfenster** unter **ppi effektiv** ablesen. Man kann also das Bild ruhigen Gewissens vergrößern, solange der hier angezeigte Wert ausreichend ist.

Benötigt man sowohl eine Vergrößerung als auch eine gute Auflösung, und ist es nicht möglich, das Bild in dieser Qualität zu besorgen, bleibt einem meistens nur noch der Weg, es in Photoshop im Menü **Bild › Bildgröße** zu interpolieren. Die Bildqualität ist danach zwar nicht mehr dieselbe, aber immer noch besser, als das Bild mit einer zu niedrigen Auflösung zu drucken [*siehe Bildbearbeitung 5.4.5*].

6.7.3 Ausdrucken mit niedriger oder mit hoher Auflösung

In den meisten Layoutprogrammen kann man wählen, ob man das Dokument mit der niedrigeren Vorschau-Auflösung oder mit den hoch aufgelösten Bilddaten ausgeben will. Der Ausdruck in niedriger Auflösung erfolgt natürlich schneller und ist ausreichend für Testdrucke, oder wenn man den Druck zum Korrekturlesen benötigt. Am schnellsten funktioniert die Ausgabe, wenn man die Bilder überhaupt nicht druckt, sondern die Grobeinstellung wählt, bei der die Bilder von grauen Feldern ersetzt werden. Allerdings kann der Korrektor die Bilder nicht prüfen und auch keine falsch zugeordneten Bildunterschriften erkennen.

6.8 Farben

Wenn man Farben für sein Design, die Illustrationen, Typografie und so weiter auswählt, muss man sich entscheiden, ob man mit den vier Skalenfarben arbeitet oder mit Schmuckfarben oder sogar mit beidem. Schmuck- oder Sonderfarben sind spezielle, fertig gemischte Druckfarben, die jeweils mit einer eigenen Druckplatte gedruckt werden. Es gibt sie in vielen Farbtönen. Die gebräuchlichsten Volltonfarbensysteme bei uns sind HKS und Pantone [*siehe Farbenlehre 3.5*].

Unter Skalen- oder Prozessfarben versteht man die vier Druckfarben Cyan, Magenta, Gelb und Schwarz. Kombinationen unterschiedlicher Prozentwerte aus diesen vier Farben ergeben Tausende verschiedener Farbtöne [*siehe Farbenlehre 3.4*].

6.8.1 Farben aus Farbtafeln wählen

Die für das Design, Illustrationen, Typografie u. a. verwendete Farbe wird auf dem Monitor oftmals anders als im Druck dargestellt. Aus diesem Grund ist es sinnvoll, die gewünschten Farben aus einem Farbfächer oder einer Farbtabelle auszuwählen, egal ob man mit Prozessfarben oder Schmuckfarben arbeitet.

VOLLTON- ODER SKALENFARBEN?

WANN VERWENDET MAN SONDERFARBEN?

- Wenn man das Druckerzeugnis nur mit einer oder zwei Farben drucken will.
- Wenn man den Text in Farbe, aber ohne das Risiko der Passerungenauigkeit drucken will.
- Wenn eine bestimmte Farbe absolut exakt gedruckt sein soll, beispielsweise ein Firmenlogo oder eine Volltonfläche.
- Wenn man Farben verwendet wie Gold, Silber, fluoreszierende oder Neonfarben oder Farben, die gesättigter sind als die Vierfarbenkombination wiedergeben kann.
- Wenn man eine bestimmte Farbe ohne Rasterung drucken will.
- Wenn der Farbauftrag begrenzt ist.

WANN VERWENDET MAN SKALENFARBEN?

- Wenn man Fotos in Farbe druckt.
- Wenn man mehr als zwei Farben benötigt.

EINE PANTONE-FARBE IN CMYK UMWANDELN

- Ein Farbfächer zeigt, welche CMYK-Kombination der Pantone-Farbe entspricht.
- Die Pantone-Farbe mit einem Farbfeld einer Vierfarbskala vergleichen und die Kombination suchen, die der Volltonfarbe am nächsten ist.
- Die Volltonfarbe im Farbfeld von QuarkXPress oder InDesign auf Prozessfarbe umstellen.

FARBBEZEICHNUNGEN

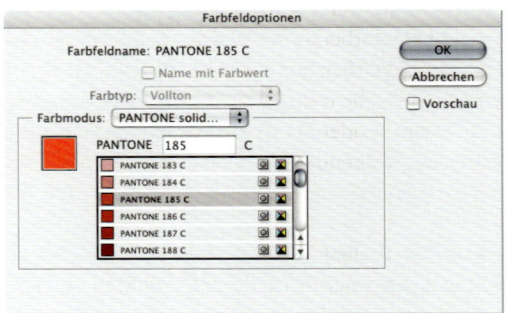

WAS BEDEUTET »X052« IN DER VIERFARBTAFEL?
In Farbtafeln sind die Prozentwerte auf einfache Weise mit einem vierstelligen Code dargestellt. Im Beispiel entspricht 0–9 den Werten 0% bis 90%, X steht für 100%.
Die Art und Weise, wie die Farben und ihre Mischungen deklariert werden, ist zu Beginn der Farbtafel erklärt. Folgt die Farbtafel dem europäischen Standard, werden die Farben von hell zu dunkel, also als YMCK, aufgelistet.
Einige Druckereien listen ihre Farben in den eigenen Farbtafeln jedoch in CMYK-Reihenfolge auf, so wie die Farben normalerweise nacheinander gedruckt werden, so auch in diesem Beispiel: X052 bedeutet 100 % Cyan, 0 % Magenta, 50 % Gelb und 20 % Schwarz, was ein dunkles Grün ergibt.

WAS BEDEUTET »CVC« BEI PANTONE-FARBEN?
Pantone-Farben haben hinter einer Ziffernfolge noch einen Buchstaben, beispielsweise »185 C«. Dieses Kürzel steht für die Papiersorte, auf die die Farbe gedruckt wird:

C = Coated (glänzend gestrichen),
M = Matt (matt gestrichen) oder
U = Uncoated (ungestrichen).

Steht CV vor der Farbbezeichnung, wenn man die Farbe im Computerprogramm wählt, so ist damit gemeint, dass die Farbe eine Bildschirmsimulation ist (CV = Computer Video). 185 CVM meint die Bildschirmsimulation der Pantone-Farbe 185, gedruckt auf matt gestrichenem Papier.

COLOR CHIPS
Es gibt Pantone- und Vierfarb-Fächer, aus denen man Farbmuster heraustrennen kann. Man kann diese an die Druckerei mitsenden, um sicherzustellen, dass die richtige Farbe gedruckt wird.

Dabei ist zu beachten, dass man die Farben unter neutralem Licht betrachtet und die Farbtafel mit der Papiersorte wählt, die der für den Druck möglichst nahe kommt. Denn je nach Oberflächenglätte und Weißgrad des Papiers kann dieselbe Farbe sehr unterschiedlich wirken. Deshalb gibt es Farbmuster auf gestrichenem (coated), ungestrichenem (uncoated) und Zeitungsdruckpapier (newsprint).

Standardfarbtafeln der Vierfarbskala bestehen aus 10 %-Schritten für jede Druckfarbe. Um eine bestimmte Farbe zu erzeugen, kann man so bequem die erforderliche Farbmischung ablesen.

Ideal ist die Verwendung einer Farbtafel der Druckerei, mit der man zusammenarbeiten will. Die Farbtafel ist dann unter denselben Bedingungen (Papier, Farbe, Rasterweite, Druckmaschinen, Luftfeuchtigkeit) erstellt worden, die auch für den Fortdruck des eigenen Produkts gelten.

Für Schmuckfarben gibt es ebenfalls Farbtafeln, die auch Prozentabstufungen enthalten. Und sogar solche, die eine Kombination der Prozessfarben mit den gängigsten Schmuckfarben zeigen.

6.8.2 Skalenfarben plus Schmuckfarben
Manchmal soll ein Vierfarbdruck durch eine Schmuckfarbe aufgewertet werden, beispielsweise indem die Schmuckfarbe für Überschriften, Zierlinien, Flächen oder Logos eingesetzt wird. Beabsichtigt man zu den Skalenfarben

zusätzlich auch noch Schmuckfarben zu verwenden, sollte man sich vorher erkundigen, über wie viele Farbwerke die Druckmaschine verfügt. Stehen der Druckmaschine beispielsweise nur vier Farbwerke zur Verfügung, müssen zunächst die vier Skalenfarben gedruckt werden und dann in einem weiteren Durchlauf die Schmuckfarben auf derselben Druckmaschine. Dies kann die Kosten immens in die Höhe treiben. Viele Druckereien besitzen eine Druckmaschine mit fünf, sechs oder bis zu zehn Farbwerken. Dann ist es möglich, Skalen- und die entsprechende Anzahl Schmuckfarben in einem einzigen Druckvorgang zu drucken.

6.8.3 **Schmuckfarben in Skalenfarben umwandeln**
Die Layoutprogramme können Schmuckfarben auf Wunsch automatisch in die vier Skalenfarben umrechnen. Die dabei ausgegebenen Vierfarbkombinationen müssen nicht unbedingt dieselben Werte aufweisen, die eine Farbtafel zeigt, in der die Schmuckfarbe den entsprechenden Skalenfarbwerten gegenübergestellt ist. Das Ergebnis ist dennoch zufriedenstellend. Will man jedoch die Kontrolle über die Vierfarbkombinationen behalten, sollte man selbst anstelle der Schmuckfarbe entsprechende Skalenfarbenwerte wählen. Außerdem sollte man sich nicht auf automatische Umrechnungen oder die Bildschirmdarstellung verlassen, sondern immer den Vergleich mit dem gedruckten Muster heranziehen, um selbst den Überblick zu behalten und bösen Überraschungen vorzubeugen.

Bei der Umwandlung in CMYK kommt es vor, dass einzelne Farben nur geringe Prozentanteile haben (beispielsweise 5 % Magenta). Werden diese Schmuckfarben auch aufgerastert verwendet (beispielsweise nur 30 % Tonwert), sinken die Rastertonwerte unter die druckbare Punktgröße und es kommt zu Farbverschiebungen.

GEDRUCKTE FARBTAFELN

PANTONE-FÄCHER
Für die Wahl der richtigen Pantone-Farbe verwendet man gedruckte Muster eines Pantone-Farbfächers. Es gibt auch Farbmuster, bei denen man einzelne Farbtöne heraustrennen kann, und Separationen als CMYK.

FARBTAFELN FÜR CMYK
Man sollte Farben nicht am Bildschirm auswählen. Besser sind Farbmuster, die auf einem Papier gedruckt sind, das dem zu verwendenden möglichst nahe kommt. Dort kann man die Mischung jedes Farbtons ablesen.

Doch nicht nur die Umwandlung von Schmuckfarben in Skalenfarben birgt Überraschungen. Zu Farbverschiebungen kann es auch bei Pixelbildern kommen, die von RGB in CMYK konvertiert werden, zum einen, weil der CMYK-Farbraum kleiner ist als RGB, und zum anderen, weil die Druckfarben in Farbauftrag und Schwarzanteil auf die Papiersorte und das Druckverfahren abgestimmt werden müssen [siehe Druckvorstufe 7.4.3–7.4.4].

6.8.4 **Skalenfarben in Pantone umwandeln**
Möchte man anstelle einer Skalenfarbenmischung mit einer einzelnen Pantone-Farbe drucken, verwendet man am besten einen gedruckten Farbfächer und sucht die Farbe, die der Mischfarbe am nächsten kommt. Dabei sollte man auf neutrale Lichtverhältnisse achten. Steht kein gedrucktes Farbmuster zur Verfügung, kann man sich mit Adobe Photoshop behelfen. Dazu gibt man die Werte der Mischfarbe in den vier CMYK-Feldern des Farbwählers oder der Farbenpalette als Vordergrundfarbe ein. Anschließend wechselt man zu den Farbbibliotheken und wählt den digitalen Pantone-Fächer mit der passenden Papiersorte, coated oder uncoated, aus. Photoshop zeigt nun die Pantone-Farbe an, die der Vierfarbmischung am nächsten kommt.

6.8.5 **Farbkombinationen speichern**
Selbst gemischte Farben werden im Layoutprogramm als Grundfarben des Dokuments gesichert. In QuarkXPress ist dies grundsätzlich der Fall, in Adobe InDesign nur bei Verwenden der Farbfelderpalette, jedoch nicht, wenn die Farbe mit den Reglern der Farbenpalette gemischt und nicht als neues Farbfeld gespeichert wird. Ändert man das CMYK-Mischungsverhältnis einer gespeicherten Farbe, wird diese automatisch in allen Objekten aktualisiert, die diese Farbe enthalten. Wurde die Farbe mit Tonwerten unter 100 % verwendet, wird auch dort das Mischungsverhältnis neu berechnet.

6.8.6 **Lack anstelle von Farbe**
Manchmal möchte man bestimmte Objekte des Druckprodukts durch eine partielle Lackierung besonders hervorheben, beispielsweise das Firmenlogo oder Bildausschnitte [siehe Weiterverarbeitung 10.3]. Im Originaldokument legt man diese Bereiche genauso an, wie man dies für eine Schmuckfarbe machen würde. Man benennt eine spezielle Volltonfarbe als Lack und gibt an, wo diese drucken (lackieren) soll. Dazu kann man auch Vektorgrafikobjekte oder separate Rahmen des Layoutprogramms verwenden.

Zur Arbeitserleichterung setzt man die Platzhalter für die Lackierung am besten auf eine eigene Ebene, die ein- und ausgeschaltet werden kann. Wichtig ist, dass die als Lack verwendete Farbe auf **Überdrucken** eingestellt ist.

Um in einem Foto eine Person oder einen Gegenstand durch partielle Lackierung zu betonen, erzeugt man in Adobe Photoshop zuerst eine Auswahl davon. Anschließend wählt man in der **Kanäle-Palette** die Option **Volltonfarbenkanal** aus. Das Innere der Auswahl ist nun im Volltonfarbenkanal als schwarze Fläche zu sehen, was wiederum der Lackfläche auf der Druckplatte entspricht. Um in der Druckerei Verwechslungen auszuschließen, benennt man den Volltonfarbenkanal als »Lack«. Welche Farbe am Monitor als Referenz für die zu lackierenden

PARTIELLE LACKIERUNG
Soll eine einfache Fläche lackiert werden, wird im Layoutprogramm für den Lack eine Volltonfarbe als Platzhalter angelegt. Die Fläche, die mit Lack auf andere Objekte drucken soll, muss auf **Überdrucken** eingestellt sein. Die **Separationsvorschau** in Adobe InDesign zeigt alle Druckfarben des Dokuments an.

TEILLACKIERUNG EINES FOTOS
Soll beispielsweise nur eine der Erdbeeren durch partielle Lackierung herausgehoben werden, so wird die Form der Erdbeere über eine Auswahl in einen Volltonfarbenkanal übernommen.

Flächen angezeigt wird, ist nebensächlich, da die Farbe nur der Bildschirmkontrolle dient. Das Bild muss als TIFF, PDF oder DCS 2.0 gespeichert werden. Nach dem Import ins Layoutprogramm erscheint der Lack als Sonderfarbe in der Farbenpalette des Programms.

6.8.7 Verwendung eines »unechten« Duplex

Unter »falschen« oder »unechten« Duplexbildern versteht man Graustufenbilder, die im Layoutprogramm lediglich auf eine Farbfläche gedruckt werden [*siehe Digitale Bilder 4.6.3*].

6.8.8 Verwendung von ICC-Profilen im Dokument

Die Farben des Layouts, die am Bildschirm angezeigt werden, sollen möglichst genau mit denen im Druck übereinstimmen. Drei Voraussetzungen müssen dazu erfüllt sein:

Der Monitor muss die Farben korrekt anzeigen können [*siehe Computer 2.4.5*]. Am besten ist es, wenn man ihn kalibriert [*siehe Farbenlehre 3.11*].

Das Drucksystem muss technisch in der Lage sein, alle Farben zu reproduzieren. Informationen darüber, wie der Drucker mit Farben umgeht, findet man in den ICC-Profilen. Größere Druckereien bieten meistens auf ihrer Website aktuelle ICC-Profile ihrer Druckmaschinen als Download an.

Damit das Layoutprogramm die Druckfarben am Bildschirm simulieren kann, müssen die ICC-Profile der zu verwendenden Druckmaschine im Computersystem installiert sein. Anschließend aktiviert man das Farbmanagementsystem des Layoutprogramms. In Adobe InDesign findet man dies unter **Bearbeiten → Farbeinstellungen**. Verschiedene CMYK-Farbprofile stehen zur Auswahl. In QuarkXPress muss die Xtension Quark CMS eingeschaltet sein, dann wählt man unter **Bearbeiten → Vorgaben → Quark CMS → Ausgabeprofile → Composite-Ausgabe** das passende Profil aus. In Adobe InDesign kann man zusätzlich schwarze Druckfarbe simulieren und den Weißgrad der Farbe simulieren. Damit wird eine noch höhere Übereinstimmung zwischen Anzeige und Druckergebnis erreicht. Die Einstellung findet man im Menü **Ansicht → Proof einrichten → Benutzerdefiniert …** In Adobe InDesign muss nun noch die Druckvorschau durch Wahl des Menübefehls **Ansicht → Farbproof** eingeschaltet werden.

Das gewählte ICC-Profil wird beim Sichern des Dokuments eingebettet. Damit ist sichergestellt, dass es auch verwendet wird, wenn man das Dokument an einem anderen Rechner öffnet.

Ist der Farbmanager eingeschaltet und man öffnet ein InDesign-Dokument ohne eingebettete Profile, so wird man gefragt, ob man ein RGB- und ein CMYK-Profil verwenden möchte. Damit die Bildschirmdarstellung überall gleich ist, sollte auch ein RGB-Profil gewählt werden.

Das Verwenden von Profilen und Farbmanagement verändert nicht die in den einzelnen Dateien oder Objekten enthaltenen Farben. Es regelt lediglich die Bildschirmdarstellung und die Ausgabe der Farben in ein PDF oder auf ein Drucksystem. Enthalten Bilder oder das Layoutdokument selbst RGB-Farben, so werden diese bei der Ausgabe mittels des eingestellten ICC-Profiles automatisch in CMYK konvertiert [*siehe Druckvorstufe 7.4*].

6.9 Lernen aus Fehlern im Umgang mit Farben

Es gibt typische Fehler im Umgang mit Farben, die aus Unachtsamkeit oder Unwissenheit geschehen und Ärger bei der Ausgabe machen. Die meisten passieren, wenn man Schmuckfarben verwendet. Die schlimmsten Fallen stellen wir hier vor.

6.9.1 Entfernen nicht benutzter Schmuckfarben

Jede Druckfarbe wird mittels einer eigenen Druckplatte auf den Bedruckstoff aufgetragen. Enthält das Dokument Prozessfarben und zusätzlich zwei Schmuckfarben, wird folglich mit sechs Farben gedruckt – beispielsweise CMYK für die Bilder und zwei Schmuckfarben für zusätzliche Elemente.

Während der Entwurfsphase hat man möglicherweise verschiedene Schmuckfarben verwendet. Wenn man die Objekte später umfärbt, kann es leicht geschehen, dass man eines übersieht und daher noch ein Objekt mit einer nicht gewünschten Schmuckfarbe belegt ist. Am Bildschirm sieht man das nicht ohne weiteres.

NICHT VERWENDETE FARBEN ENTFERNEN
In der **Farbfelder-Palette** von Adobe InDesign und im Menü **Bearbeiten → Farben** von QuarkXPress kann man über entsprechende Befehle **Alle nicht verwendeten** bzw. **Farben nicht in Gebrauch** auswählen. Anschließend löscht man sie, um einem versehentlichen Zuweisen oder Problemen bei der Belichtung aus dem Weg zu gehen.

Das Dumme dabei ist, dass für dieses Objekt bei der Ausgabe eine separate Druckplatte erstellt wird, die man gar nicht haben wollte. Manchmal passiert es sogar, dass Druckplatten für alle im Dokument definierten Druckfarben ausgegeben werden, ungeachtet dessen, ob sie im Layout überhaupt verwendet wurden oder nicht. Man zahlt dann also für Platten, die man nicht braucht. Zusätzlich sorgt dies auch noch für Verwirrung in der Druckerei. Am besten ist es, man klärt vorher mit der Druckerei ab, mit welchen Schmuckfarben gedruckt werden soll.

Unbenutzte Farben sollten sicherheitshalber aus dem Dokument gelöscht werden, bevor man es in den Druck gibt. Sowohl in Adobe InDesign als auch in QuarkXPress gibt es Funktionen, mit denen man nicht verwendete Farben entfernen kann. Ist eine der Farben doch in Verwendung, erhält man einen Hinweis und wird gefragt, durch welche andere Farbe diese ersetzt werden soll.

Liefert man belichtungsfähige PDF-Dateien an die Druckerei, kann man die im Dokument enthaltenen Farben zuvor in Adobe Acrobat Professional über das Menü **Erweitert → Druckproduktion → Druckfarbenverwaltung** anzeigen lassen. Zu beachten ist, dass verwendete Schmuckfarben in CMYK konvertiert werden, wenn das PDF aus Adobe InDesign über den **Exportieren**-Dialog ausgegeben wird. Erstellt man das PDF dagegen über den **Drucken**-Dialog, kann man die Schmuckfarben mittels der Einstellung **Ausgabe → Composite unverändert** beibehalten.

6.9.2 Benennen der Schmuckfarben

Arbeitet man auch innerhalb von Illustrationen mit Schmuckfarben, muss man beachten, dass diese dieselbe Bezeichnung tragen wie die Schmuckfarben im Layoutdokument. Normalerweise werden alle Schmuckfarben beim Platzieren der Grafik ins Layoutdokument mit importiert, so dass man leicht erkennen kann, ob zwei Schmuckfarben mit ähnlichem Namen in der Farbliste stehen. In diesem Fall muss man einen der beiden Namen entsprechend ändern, am einfachsten den des Layoutdokuments. Will man den in der Illustration enthaltenen Farbnamen ändern, muss dies unbedingt im Erstellungsprogramm geschehen. Gleichzeitig sollte man alle unbenutzten Farben entfernen.

6.9.3 Vorsicht mit Farbmischungen

Stellt man Vierfarbmischungen in Grafik- oder Layoutprogrammen zusammen, muss man selbst darauf achten, dass sie nicht zu viel Farbanteile enthalten. Theoretisch liegt der maximale Farbauftrag bei 100 + 100 + 100 + 100 = 400 %. In Abhängigkeit von Druckprozess und Papiersorte ist jedoch der Farbauftrag begrenzt. Ein qualitativ hochwertiges Kunstdruckpapier verträgt durchaus 340 % Farbauftrag, während im Zeitungsdruck maximal 240 % möglich sind. Die genauen Werte erfährt man in der Druckerei [siehe Druck 9.11.4].

Bevor man Bilder von RGB in CMYK konvertiert, ist ebenfalls das richtige ICC-Profil zu erfragen. Am besten geeignet ist eines, das auf die Druckmaschine und das Auflagenpapier abgestimmt ist. Darin enthalten ist dann auch der maximale Farbauftrag und der Schwarzanteil (Separation als GCR oder UCR), sowie der Druckpunktzuwachs [siehe Druckvorstufe 7.4.3–7.4.4]. Ist der Farbauftrag zu hoch, wird er zwar in der Regel beim Preflight korrigiert. Dennoch kommt es vor, dass sich Bilder durchmogeln und ganze Auflagen weggeworfen werden müssen!

6.10 Typische Fehler beim Layouten

Beim Layouten lassen sich einige typische Fehler vermeiden. Nicht nur in der Verwendung der Skalenfarben liegen Fallstricke, es gibt auch noch andere mit eher technischem Hintergrund. Die wichtigsten führen wir hier auf.

6.10.1 Angeschnittene (randabfallende) Bilder

Bilder oder Volltonflächen, die aus dem Satzspiegel fallen und bis an die Papierkante reichen, nennt man randabfallend oder angeschnitten. Wenn man damit arbeitet, muss man dafür sorgen, dass die entsprechenden Objekte noch etwas über das Papierformat hinausreichen, so dass der Effekt mit Sicherheit auch nach Beschneiden und Weiterverarbeitung des Druckerzeugnisses beibehalten wird. Wenn man daran nicht denkt, besteht die Gefahr, dass das Bild oder die Volltonfläche nicht ganz bis an die Kante reichen. Dann entsteht ein weißer, unbedruckter Bereich zwischen Bild oder Volltonfeld und Papierkante, ein so genannter Blitzer. Grund dafür sind Ungenauigkeiten beim Schneiden und Falzen. Um diese Blitzer zu vermeiden, wird bei Druck und Weiterverarbeitung

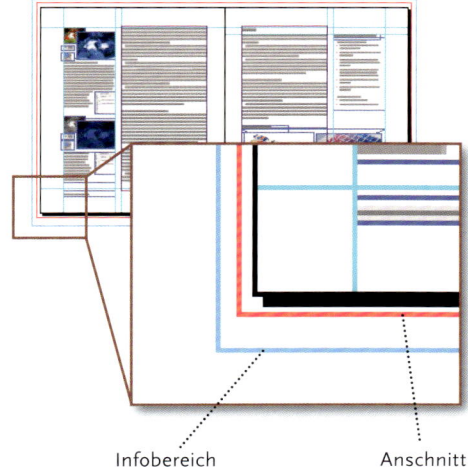

Infobereich   Anschnitt

HILFSLINIEN FÜR INFOBEREICH UND ANSCHNITT
In Adobe InDesign kann man Hilfslinien für den Anschnitt und – außerhalb davon – weitere für den Infobereich einrichten.

Bilder und Flächen, die bis zur Blattkante drucken sollen, müssen mindestens 3 mm darüber hinausstehen, damit es keine »Blitzer« beim Zuschneiden gibt. Der Anschnittbereich erinnert daran und wird automatisch beim Druck oder der PDF-Erstellung mit ausgegeben, so dass man nicht vergessen kann, ihn einzustellen.

Im Infobereich kann man Anweisungen oder Kommentare eintragen, die nicht gedruckt werden sollen.

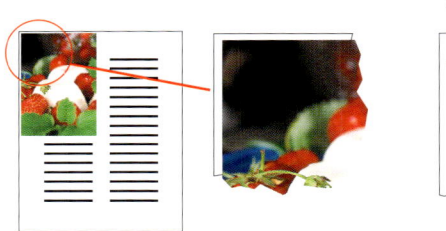
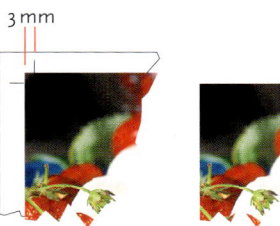

3 mm

ANGESCHNITTENES BILD
Wenn ein Bild im Dokument nur bis an die äußerste Papierkante reicht, wird mit großer Wahrscheinlichkeit im Druck dennoch ein schmaler weißer Streifen zwischen Bild und Kante auftreten. Um dies zu verhindern, lässt man das Bild 3 bis 5 mm über die Blattkante hinausragen. Dann reicht es auch nach dem Beschneiden bis an die Kante und wird buchstäblich angeschnitten.

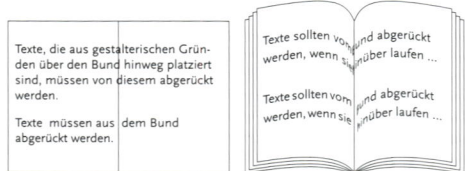

UNECHTE UND ECHTE DOPPELSEITEN
Bei einer unechten Doppelseite liegen die beiden Seiten auf zwei verschiedenen Druckbogen (links). Eine echte Doppelseite (Mittelseite) besteht aus Seiten, die nebeneinander auf demselben Bogen gedruckt werden (rechts).

sicherheitshalber mit einer Randzugabe gearbeitet. Daher wird für angeschnittene Flächen eine Formatzugabe von mindestens 3 mm empfohlen.

Rückseite, Rücken und Vorderseite des Umschlags sollten am besten zusammenhängend gestaltet werden. Hierbei sollte die Zugabe mindestens 5 mm betragen.

Wird das Layout mit Adobe InDesign erstellt, kann man einen Hilfslinienrahmen für den Anschnittbereich einblenden. Das erinnert einen daran, die Objekte weit genug über den Rand zu platzieren. Im **Drucken**-Dialog ist dieser Bereich dann ebenfalls für die Ausgabe angegeben und erleichtert die richtigen Einstellungen.

6.10.2 Bilder und Text über eine Doppelseite

Manchmal soll sich ein Bild oder ein anderes Objekt über eine Doppelseite erstrecken. Beim Drucken liegen die beiden Hälften einer Doppelseite oft auf verschiedenen Druckbögen oder zwar auf demselben Bogen, aber nicht nebeneinander [*siehe Weiterverarbeitung 10.12*]. So hergestellte Doppelseiten nennt man unechte Doppelseiten. In der Weiterverarbeitung ist es dann eventuell schwierig, beim Falzen und Binden die beiden Seiten passgenau aneinanderzufügen. Die beiden Teile des Objekts gehen also nicht nahtlos ineinander über. Besonders empfindliche Objekte mit kleinem Text oder feinen durchgehenden Linien sollten nicht auf solche Seiten gedruckt werden. Besonders problematisch sind auch Bilder, die schräg über eine falsche Doppelseite verlaufen.

Die Farbgebung im Druck variiert oft etwas über die gesamte Auflage und auch von Bogen zu Bogen. Bei den beiden Bildhälften kann es also zu Farbabweichungen kommen. Bei empfindlichen Bildern oder Objekten fällt das besonders auf. Setzt man Text über eine falsche Doppelseite hinweg, sollte er so verteilt werden, dass Textteile nicht durch die Bindung verschwinden oder durchgeschnitten werden.

TEXT ÜBER DEN BUND LAUFEND
Platziert man Text so, dass er über zwei getrennt gedruckte Seiten läuft, sollte er zumindest vom Bund abgerückt werden, damit keine Buchstaben durchtrennt werden oder aufgrund der Bindung im Bund verschwinden. Dies ist insbesondere bei der Klebebindung wichtig und betrifft natürlich auch Bilder.

WARNUNG — UNECHTE DOPPELSEITEN

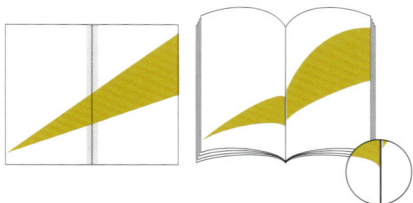

TEIL 1
Bei der Farbdosierung kommt es immer zu leichten Abweichungen von Bogen zu Bogen und sogar zwischen linker und rechter Bogenseite. Deshalb sollte man keine Objekte in empfindlichen Farbtönen oder empfindliche Bilder angeschnitten auf einer unechten Doppelseite platzieren.

TEIL 2
Bei einer unechten Doppelseite ist es praktisch nicht möglich, die Seiten hundertprozentig genau aneinanderzufügen. Deshalb sollte man möglichst keine diagonalen Objekte und Bilder auf unechten Doppelseiten verwenden.

TEIL 3
Auch feine Linien sollten nicht über eine unechte Doppelseite verlaufen. Dickere Linien sind weniger bedenklich.

6.10.3 **Farbabweichungen**
Der Farbauftrag, wie viel Farbe also tatsächlich auf das Papier übertragen wird, kann während des Drucks variieren. Er kann innerhalb eines Druckbogens schwanken, zwischen unterschiedlichen Druckbögen oder auch innerhalb der Auflage. Kommen also dieselben Farbkombinationen auf mehreren Seiten des Produkts vor, kann es sein, dass ihr Erscheinungsbild nicht identisch ist. Störend fällt dies insbesondere auf, wenn vierfarbige Farbflächen als Registermarken verwendet werden. Abhilfe bieten entweder Sonderfarben oder möglichst stabil erzeugte Farbwerte (nur aus zwei Tönen und Schwarz, oder eine Farbe als Vollton).

6.10.4 **Geschöntes Schwarz und Überdrucken**
Liegt eine Fläche, die mit 100 % Schwarz gefüllt ist, neben dem dunklen Bereich eines Fotos, wird sie im Druck matter wirken. Der Grund liegt im Aufbau des Fotos, das in der Tiefe außer Schwarz auch noch Anteile von Cyan, Magenta und Gelb enthält. Skalenfarben drucken transparent übereinander, deshalb wird die Farbe umso dunkler, je mehr man aufeinander druckt. Platziert man also ein Foto direkt neben oder sogar in eine schwarze Fläche, sollte diese nicht nur aus Schwarz bestehen. Damit das Schwarz besonders intensiv wirkt, kann man ein sogenanntes geschöntes oder reiches Schwarz aus 100 % Schwarz und ungefähr 50 % Cyan oder/und Magenta anlegen. Gibt man Magenta hinzu, wirkt das Schwarz ein wenig wärmer, mit Cyan etwas kälter. Cyan und Magenta dürfen jedoch nicht mit mehr Anteilen dazugegeben werden, sonst sind sie bei Passerungenauigkeiten zu sehen [*siehe Druckvorstufe 7.4.8*].

Druckt eine schwarze Fläche über andere Objekte auf der Seite, bietet es sich ebenfalls an, ein geschöntes Schwarz zu verwenden. Skalenfarben drucken, wie gesagt, transparent. Liegt also ein Objekt unter der darauf druckenden Fläche, schimmert die Objektfarbe hindurch, weil das einfache Schwarz nicht genügend deckt.

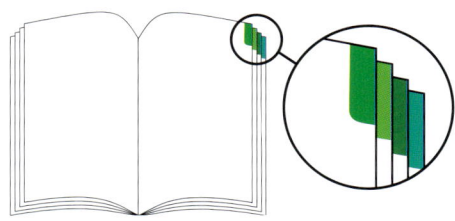

FARBABWEICHUNGEN IM DRUCK
Auf verschiedenen Bereichen des Druckbogens und während des Auflagendrucks, auch bei unterschiedlicher Herstellung, können die Farben innerhalb eines Druckerzeugnisses variieren. Das bedeutet, empfindliche Vierfarbkombinationen und Tertiärfarben können innerhalb des Auflagendrucks unterschiedlich ausfallen. Liegen die Flächen solcher Vierfarbmischungen nahe beieinander, beispielsweise bei Registermarken am Buchschnitt, kann dieser Effekt störend wirken.

TIEFSCHWARZ

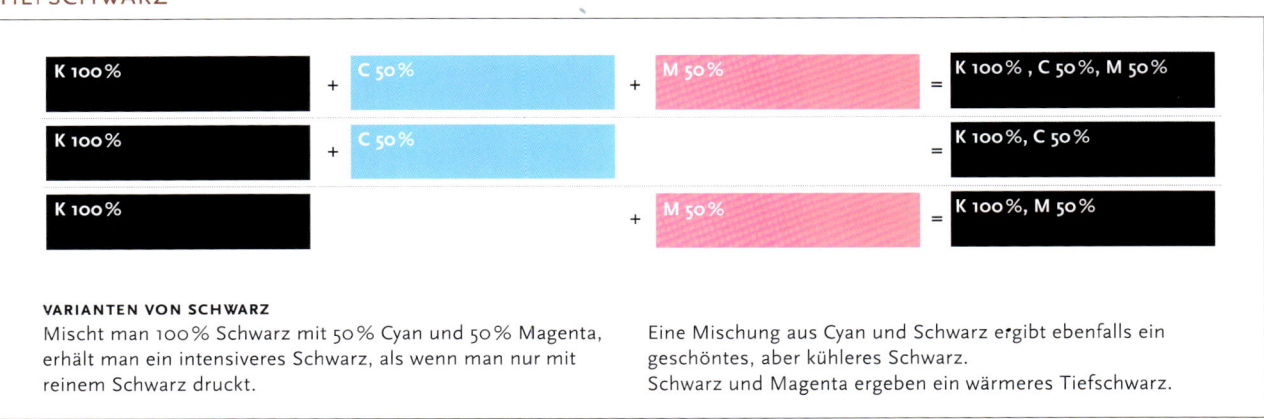

VARIANTEN VON SCHWARZ
Mischt man 100 % Schwarz mit 50 % Cyan und 50 % Magenta, erhält man ein intensiveres Schwarz, als wenn man nur mit reinem Schwarz druckt.

Eine Mischung aus Cyan und Schwarz ergibt ebenfalls ein geschöntes, aber kühleres Schwarz.
Schwarz und Magenta ergeben ein wärmeres Tiefschwarz.

PASSERPROBLEME IM TEXT VERMEIDEN

Fließtext, vor allem in Antiqua, hat zu dünne Linien, um im Vierfarbsatz ein sauberes Schriftbild zu ergeben.

Es ist sicherer, den Text in einer der Skalenfarben oder einer Schmuckfarbe zu drucken, weil so Passerdifferenzen zu vermeiden sind.

PASSERPROBLEME IM TEXT
Klein gedruckte Texte sollten nicht aus Vierfarbenmischungen gedruckt werden, da es dabei häufig zu Passerungenauigkeiten kommt.

Vermeiden Sie es, kleine Antiquaschriften negativ in Volltonflächen aus mehreren Teilfarben zu drucken. Generell sind Groteskschriften negativ besser lesbar. **Noch besser ist halbfette Schrift mit leicht gesperrter Laufweite.**

NEGATIVER TEXT AUF VIERFARBFLÄCHEN
Negative Texte in kleinen Schriftgraden einer Serifenschrift führen in Farbflächen, die aus Rasterpunkten bestehen, zu Passerproblemen und können zulaufen.

Auf einem Untergrund aus nur einer Farbe kann es bei Text keine Passerprobleme geben.

Bei negativem Text gehen Sie daher mit Volltonflächen aus nur einer Farbe auf Nummer sicher und vermeiden Ärger.

VOLLTONFLÄCHEN AUS EINER EINZIGEN FARBE SIND SICHER
Um Passerungenauigkeiten bei negativem Text auszuschließen, druckt man ihn auf einen Hintergrund aus nur einer Teilfarbe.

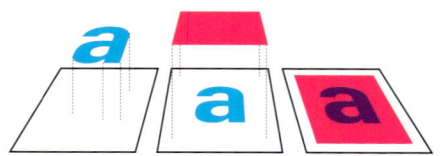

SKALENFARBEN SIND TRANSPARENT
Dies ist die Voraussetzung für die subtraktive Farbmischung und bedeutet, dass ein gedrucktes Objekt durch die darüber gedruckte Farbe hindurchscheint.

AUCH SCHWARZ IST TRANSPARENT
Eine Volltonfläche aus 100 % Schwarz deckt ein Objekt, das aus einer der anderen Teilfarben besteht, nicht ab. Für volle Deckkraft ist eine tiefschwarze Volltonfläche erforderlich.

In den meisten Layoutprogrammen ist definiert, dass alle Objekte – außer mit 100 % Schwarz gefüllte – bei Überlappungen in den anderen Farben ausgespart werden. Das oberste Objekt wird folglich auf die unbedruckte weiße Papierfläche gedruckt. Mit 100 % Schwarz gefüllte Objekte überdrucken dagegen darunter liegende Objekte. Ist also ein schwarzer Text nur teilweise auf einem Foto platziert, dann wird er sich dort mit den Cyan-, Magenta- und Gelbanteilen des Fotos mischen, gleichzeitig aber nur mit Schwarz drucken, wo er direkt auf das Papier druckt. Um solche Effekte zu vermeiden, spart man den schwarzen Text aus dem Foto aus, oder man verwendet wiederum für den Text ein geschöntes Schwarz.

Will man verhindern, dass 100 % Schwarz überdruckt, gibt es einen einfachen Weg, dies zu verhindern. Reduziert man den Tonwert auf 99,9 %, versteht ihn das RIP nicht als 100 % und wird folglich aussparen statt überdrucken. Den Unterschied sieht man nicht.

6.10.5 Überfüllen und Unterfüllen

Wenn man mehrere Farben übereinander druckt, kommt es immer wieder mal zu Passerungenauigkeiten. Bei großen Objekten wie Bildern, Illustrationen, Vollflächen oder groß gesetztem Text fällt dies weniger auf als bei Text in kleinen Schriftgraden, dünnen Linien oder Grafiken mit feinen Details. Die Objekte wirken unscharf. Farbkombinationen aus allen vier Skalenfarben sind daher für solche Objekte ungeeignet. Um Text oder feine Linien in einer bestimmten Farbe zu drucken, sollte man in diesem Fall eine Schmuckfarbe in Erwägung ziehen. Derselbe unscharfe Eindruck entsteht, wenn man Texte oder Linien negativ – also weiß – auf dunklem Hintergrund oder einem Foto positioniert. In diesem Fall sollte die Hintergrundfläche nur aus einer Farbe drucken, beispielsweise Schwarz oder einer Schmuckfarbe. Lässt es sich nicht umgehen, negativen Text auf einen verschiedenfarbigen Hintergrund wie ein

Bild zu stellen, sollte man wenigstens eine serifenlose Schriftart und einen stärkeren Schriftschnitt wählen. Feinen Serifen könnten bei Passerungenauigkeiten zulaufen. Wie groß die Ungenauigkeiten sind, hängt größtenteils vom Druckverfahren ab. Zeitungsdruck hat mehr mit Passerungenauigkeiten zu kämpfen als der Bogenoffsetdruck [*siehe Druck 9.5.2*].

6.10.6 Transparenz und Schlagschatten

QuarkXPress und Adobe InDesign bieten Transparenzeinstellungen für Objekte und importierte Bilder an sowie Schlagschatten und andere Effekte, die von den Objekten ausgehen. Bei der Ausgabe verursachen solche Funktionen mitunter Ärger, da ältere RIPs keine Transparenzen unterstützen. Vermeiden lässt sich dies, indem man zuerst eine PDF/X-Datei erzeugt [*siehe Druckvorstufe 7.2.6*]. Dann werden alle Transparenzen durch ein hoch aufgelöstes Bild ersetzt.

6.10.7 Dokumentaustausch zwischen Mac OS X und Windows

Manchmal ist es notwendig, Dokumente zwischen Rechner verschiedener Betriebssysteme auszutauschen. Dateien aus Adobe InDesign, Illustrator, Photoshop, Acrobat, QuarkXPress, Microsoft Word, Excel und PowerPoint lassen sich normalerweise ohne Schwierigkeiten zwischen Mac OS und Windows übertragen. Zumindest, solange es sich um dieselbe Programmversion handelt. Bilddateien in den Formaten JPEG, TIFF, EPS, PDF, PSD, GIF, PNG und auch andere sind sowieso unproblematisch.

Wenn es doch mal zu Problemen kommt, hat es meistens etwas mit den Schriften zu tun. PostScript- und TrueType-Fonts sind systemabhängig und verursachen beim Plattformwechsel oftmals falsche Schriftzeichen und andere Seitenumbrüche. Um solchen Ärger zu vermeiden, verwendet man am besten OpenType-Fonts, da diese auf beiden Plattformen funktionieren.

6.10.8 Dokumentenaustausch zwischen Programmen

Öffnet man Dateien eines bestimmten Programms in einem anderen, können verschiedene Probleme auftreten. Wechselt man lediglich in eine andere Version desselben Programms, gilt normalerweise die Regel, dass ältere Dokumente in neueren Versionen geöffnet werden können, jedoch nicht umgekehrt. Der Wechsel in eine ältere Version funktioniert entweder gar nicht oder führt zu Einbußen, wenn das Dokument Funktionen enthält, die diese Programmversion nicht kennt.

Die Konvertierung zwischen unterschiedlichen Programmen führt mitunter zu erstaunlich guten Ergebnissen, beispielsweise von QuarkXPress oder Adobe PageMaker in Adobe InDesign. Manchmal benötigt man dafür spezielle Plug-ins. Aber auch wenn es funktioniert, liegen meistens irgendwelche Beschränkungen vor. So kann Adobe InDesign aus rechtlichen Gründen nur QuarkXPress-Dokumente der Versionen 5 oder älter konvertieren. Nichtsdestotrotz gibt es ein Plug-in, mit dem sich auch neuere Versionen konvertieren lassen.

Bei der Konvertierung können unter Umständen einige Funktionen verloren gehen oder andere unerwartete Phänomene auftreten. Dann bleibt einem nichts anderes übrig, als das Dokument im neuen Programm von Grund auf neu zu erstellen.

6.11 Korrekturen

Während der Arbeitsphase am Layout genügen normale Ausdrucke auf einem Laserdrucker. Um die Qualität von Text, Typografie und Layout aber wie im späteren Druck zu sehen, wird ein sogenannter Proof auf einem kalibrierten Drucker ausgegeben. Vorteilhaft ist auch das Verwenden von PDFs als Digitalproof, um die Kommentarfunktionen von Adobe Acrobat zu nutzen. Texte sollten bereits vor dem Importieren ins Layout auf Inhalt, Ausdruck, Sprache, Grammatik und Rechtschreibung geprüft werden.

6.11.1 Korrekturlesen auf dem Papier

Korrekturzeichen müssen eindeutig sein und unterliegen Standardregeln (internationaler Standard ISO-5776), um Missverständnisse zu vermeiden, Kommunikation und Korrekturen zu vereinfachen. Trotzdem gibt es Unterschiede, wie die Korrekturzeichen gesetzt werden und manchmal benötigt man für spezielle Fälle Zeichen, die es so gar nicht gibt. Zudem wird in jeder Sprache mit den Korrekturzeichen ein bisschen anders umgegangen. Aus diesem Grund sollte man in der Art der Verwendung möglichst konsequent sein, damit der Empfänger die Korrekturen leicht versteht.

Korrekturzeichen werden direkt im Manuskripttext angebracht, wo die Korrektur ausgeführt werden soll. Dazu verwendet man am besten einen Rotstift, damit sich die Korrekturen klar abheben. Die Korrekturzeichen weden jeweils in der Randspalte wiederholt und dahinter vermerkt, was korrigiert werden soll. Soll der Schriftschnitt geändert werden, beispielsweise von normal in italic, wird das Wort unterstrichen und der gewünschte Schnitt am Rand notiert.

Für das Korrigieren des Layouts gibt es keine festen Regeln. Am besten verbindet man Pfeile und Linien mit eindeutig formulierten Kommentaren. Prüfen sollte man auch typografische Einstellungen sowie richtige und genaue Positionierung der Objekte.

6.11.2 Korrekturlesen eines PDFs in Acrobat

Adobe Acrobat stellt verschiedene Werkzeuge zur Verfügung, mit denen man Texte und Layout direkt in PDF-Dateien korrigieren kann: Notizzettel, Zeichenwerkzeuge, Textwerkzeug, Radiergummi, Stempel etc. Die Werkzeuge können auch verwendet werden, um Korrekturen an Bildern des PDFs vorzunehmen. Alle während der Korrekturphase eingegebenen Kommentare können aufgelistet werden, man sieht, wer den Kommentar hinzugefügt oder beantwortet hat, und kann überprüfen, ob die Korrekturen ausgeführt wurden.

Adobe Acrobat erlaubt, Informationen für den Workflow in einer PDF-Datei zu sammeln. Dazu wird diese auf einem Webserver gesichert und jedem gemailt, der das PDF überprüfen soll. Es werden aber nur Kommentare zurückgeschickt, in Form eines speicherarmen, aus dem PDF exportierten FDF. Auch eine in Acrobat eingebaute E-Mail-Funktion steht zur Verfügung. Wird die FDF-Datei am Speicherort des PDFs geöffnet, werden ihre Kommentare automatisch in die PDF-Datei übertragen.

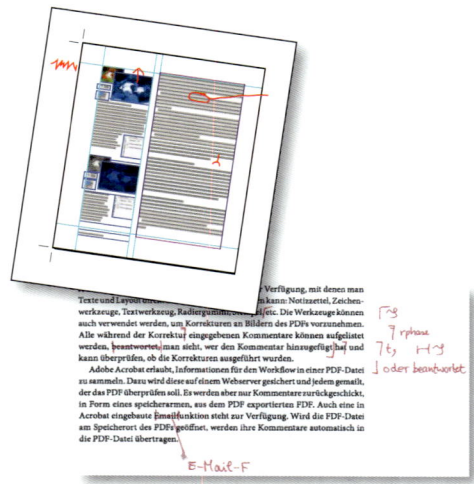

LAYOUT-PROOFS AUF GRÖSSEREM PAPIER DRUCKEN
Druckt man den Layoutproof auf einem größeren Format, bleibt genügend Platz für Korrekturanweisungen. Reicht der Platz nicht aus, kann man aber auch Nummern eintragen und die Kommentare auf einem separaten Blatt sammeln.

Eine Liste der üblichen Korrekturzeichen findet sich im Rechtschreibduden oder ausführlicher in »Detailtypografie« (www.typografie.de).

WAS SOLLTE AM TEXT ÜBERPRÜFT WERDEN?
- Richtigkeit des Inhalts
- Sprache, Grammatik, Stil
- Rechtschreibung, Satzzeichen
- Trennungen und Zeilenumbrüche
- Typografische Details wie Gedankenstriche, Anführungszeichen, Ligaturen etc.
- Seiten- und Bildverweise
- Seitennummerierung
- Einheitlichkeit von Schreibweisen, Typografie und Symbolen

TIPPS ZUM KORREKTURLESEN
- Viele Fehler können über Menübefehle wie **Rechtschreibprüfung** oder **Suchen/Ersetzen** sowohl im Textverarbeitungs- als auch im Layoutprogramm beseitigt werden.
- Einen aktuellen Rechtschreibduden und ein Fremdwörterbuch zu Hilfe nehmen.

6.12 Proofs

Bevor man das Layoutdokument oder die PDF-Datei an die Druckerei schickt, sollte das Material aus technischer Sicht überprüft werden. Sind die Dateien vollständig? Sind alle Verknüpfungen zu Bildern und Fonts in Ordnung? Man sollte ferner kontrollieren, ob Überdrucken oder Aussparen eingestellt wurde, ob die Bilder die richtige Auflösung haben und sich in einem druckbaren Farbmodus befinden, ob randabfallende Objekte korrekt angelegt sind und so fort.

Um diese Arbeit zu erleichtern, gibt es sogenannte Preflight-Programme. Man kann aber auch Separationen als PDF am Bildschirm betrachten oder ausdrucken, das ist ebenfalls eine große Hilfe bei der Datenkontrolle.

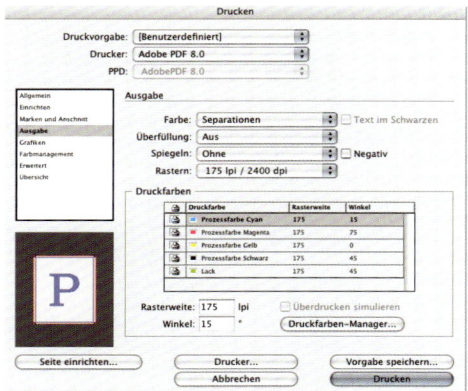

SEPARATION TESTEN
Ein guter Weg herauszufinden, ob das Dokument in Ordnung ist, ist die Ausgabe als Schwarzweiß-Separation auf einem Schwarzweiß-Laserdrucker (oder als PDF).

6.12.1 Testausdrucke

Um die technischen Belange des Layouts zu prüfen genügt in der Regel ein Ausdruck auf einem Farblaserdrucker. Man sieht, ob die gewünschten Farben an den richtigen Stellen verwendet wurden. Ein farbverbindlicher Ausdruck ist dies in der Regel aber nicht. Während die Bildqualität sich besser auf einem Farbdrucker testen lässt, wird die Schriftqualität manchmal auf Schwarzweißdruckern genauer getroffen. Ist der Laserdrucker farbkalibriert, lassen sich sogar die Farben einigermaßen genau in Augenschein nehmen.

Ist das Papierformat des Druckers größer als das des zugeschnittenen Originalformats, sollte man diesen Vorteil ausnutzen und mit Beschnitt und Schnittmarken ausdrucken, um auch die Richtigkeit dieser Einstellungen zu kontrollieren.

Benötigt man einen Überblick über alle Seiten eines Dokuments, druckt man sich mittels einer Programmeinstellung oder einer Option im **Drucken**-Dialog die Seiten als Miniaturen (Thumbnails) aus. Damit erhält man einen schnellen Überblick über die Positionierung bestimmter Bilder und die Seitenanordnung, welche Seiten bereits fertiggestellt sind oder wo noch etwas fehlt.

Auf separierten Laserausdrucken kann man Aussparungen und Überdrucken prüfen. Ob die Anzahl der Druckfarben korrekt sind, kann man ebenfalls gut testen, indem man Farbauszüge pro Seite druckt. Es sollten nicht mehr Auszüge sein, als man geplant hatte.

Alle Druckfarben sind zu sehen.

Nur die Druckfarbe Magenta ist zu sehen.

6.12.2 Druckfarben prüfen

Um festzustellen, mit wie vielen und welchen Druckfarben im Layout gearbeitet wird, kann man in Adobe InDesign die Funktion **Datei → Preflight** verwenden.

Oder man erstellt ein PDF, öffnet dieses in Acrobat Professional und wählt **Erweitert → Druckproduktion → Druckfarbenverwaltung**. Um am Bildschirm zu sehen, welche Objekte auf Überdrucken eingestellt sind, aktiviert man in Adobe InDesign **Ansicht → Überdruckenvorschau**.

DIE DRUCKFARBEN PRÜFEN
Wenn man mit Adobe InDesign arbeitet, kann man sich die Separation, also die Aufsplittung in Druckfarben, über die Palette **Separationsvorschau** am Bildschirm anzeigen lassen.

Im Beispiel sehen wir die Magenta-Platte dargestellt. Der gelbe Text wird aus dem Bild ausgespart, der schwarze Text fehlt, weil er Magenta überdrucken wird.

6.12.3 Preflight durchführen

Der Begriff »Preflight« wurde aus dem Bereich der Luftfahrt entlehnt und verweist auf die Flugvorbereitung, die ein Pilot vor dem Abflug der Maschine vornimmt. In der grafischen Produktion dient der Preflight der Kontrolle aller

PROOFAUSGABE MIT EINEM PDF

WARUM SOLLTE MAN LERNEN, MIT ACROBATS KORREKTURWERKZEUGEN UMZUGEHEN?
Schickt man ein PDF, um ein Proof zu erstellen, bedeutet dies Zeit- und Geldersparnis. Adobe Acrobat bietet verschiedene Korrekturfunktionen zum Zeichnen und Schreiben an. Soll zwischen Mediengestalter und Korrektor eine klare Sprache herrschen, ist es sinnvoll, dem Umgang mit diesen Werkzeugen zu erlernen.

Alternativ kann man natürlich auch Kommentare in einer Textdatei verfassen, riskiert dann aber, dass manches schwierig zu erklären ist oder übersehen wird. Einfacher ist, wie auf einem Ausdruck, Kommentare direkt auf der Seite einzutragen. Außerdem werden die Kommentare direkt in die aktuelle Datei gesichert, so dass Verwechslungen bei verschiedenen Fassungen ausgeschlossen sind.

KOMMENTARE
Die Werkzeugleiste **Kommentieren und Markieren** enthält nützliche Funktionen, die wir uns hier genauer ansehen:

ZEICHENWERKZEUGE
mit denen man Kreise, Pfeile, freie Formen etc. zeichnen kann.

HERVORHEBEN
Um bestimmte Textbereiche hervorzuheben, kann man sie farblich unterlegen, einkringeln, unterstreichen etc.

STEMPEL
dient der Kennzeichnung, ob Änderungsvorschläge angenommen werden.

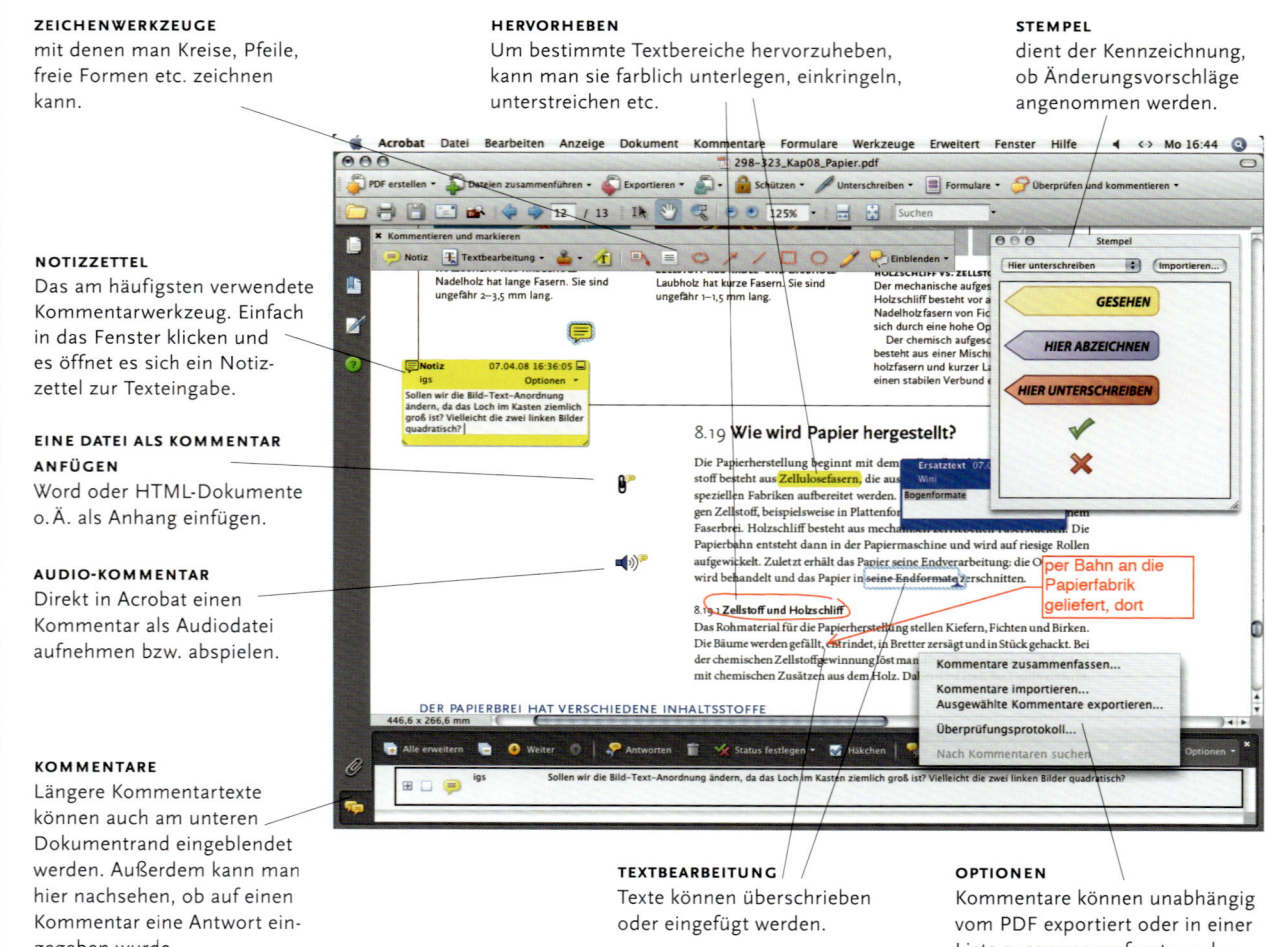

NOTIZZETTEL
Das am häufigsten verwendete Kommentarwerkzeug. Einfach in das Fenster klicken und es öffnet es sich ein Notizzettel zur Texteingabe.

EINE DATEI ALS KOMMENTAR ANFÜGEN
Word oder HTML-Dokumente o. Ä. als Anhang einfügen.

AUDIO-KOMMENTAR
Direkt in Acrobat einen Kommentar als Audiodatei aufnehmen bzw. abspielen.

KOMMENTARE
Längere Kommentartexte können auch am unteren Dokumentrand eingeblendet werden. Außerdem kann man hier nachsehen, ob auf einen Kommentar eine Antwort eingegeben wurde.

TEXTBEARBEITUNG
Texte können überschrieben oder eingefügt werden.

OPTIONEN
Kommentare können unabhängig vom PDF exportiert oder in einer Liste zusammengefasst werden.

DER UMGANG MIT PDF-PROOFS

Es gibt verschiedene Wege, wie man die Kommentare in Adobe Acrobat verwendet. Der Einfachste ist es, sie im PDF einzutragen und dann als Anhang per E-Mail weiterzuschicken.

Das Versenden der Kommentare erfolgt schneller, als das gesamte PDF zu schicken, da die Datei wesentlich kleiner ist. Diese FDF-Datei kann über das eigene E-Mail-Programm oder direkt aus Adobe Acrobat heraus geschickt werden. Macht der Empfänger einen Doppelklick darauf, öffnet sich automatisch die zugehörige PDF-Datei und die Kommentare werden an ihrem Platz eingefügt.

WER ERHÄLT WAS?

Manchmal ist mehr als eine Person beteiligt, das Dokument zu prüfen. In diesem Fall gibt es zwei Funktionen, die in Adobe Acrobat Professional enthalten sind, um Proofs unter verschiedenen Personen auszutauschen. Die Empfänger des zu korrigierenden PDFs benötigen nur die einfachere Version von Adobe Acrobat.

Die erste Funktion befindet sich unter **Datei→an E-Mail anhängen…** Das E-Mail-Programm öffnet sich, und die PDF-Datei wird als an Anhang verschickt. Alle Kommentare werden an den Absender zurückgeschickt und in der Originaldatei gesammelt.

Die zweite Möglichkeit besteht in **Datei→Meeting eröffnen…** In diesem Fall wird allen Beteiligen ermöglicht, auf dieselbe PDF-Datei zuzugreifen und dort direkt ihre Kommentare einzugeben. Dabei sind auch gleichzeitig die Kommentare der anderen zu sehen. Für diese Funktion wird ein spezieller Webserver und eine Freigabe benötigt.

TECHNISCHER FORTSCHRITT VS. ERFAHRUNG

Allen technischen Errungenschaften zum Trotz muss an dieser Stelle eine wichtige Anmerkung gemacht werden, aus der jahrelange Erfahrung spricht: Am Monitor liest man nicht so leicht und genau Korrektur wie auf dem Papier. Zum einen ist das Lesen am Bildschirm anstrengender, zum anderen »sieht« man beim Lesen auf Papier einfach mehr Fehler.

Natürlich kann man ein PDF auch ausdrucken, aber dann müsste man die Korrekturen nachträglich wieder in Acrobat eingeben, was bei komplexen Korrekturaufgaben wie Büchern keine effiziente Arbeitsweise ist.

Beim manuellen Arbeiten sollten jedoch unbedingt allgemein gültige Korrekturzeichen beachtet werden. Anleitungen zum Umgang damit findet man u. a. in »Erste Hilfe in Typografie« und ausführlicher in »Detailtypografie« (beide erschienen im Verlag Hermann Schmidt Mainz).

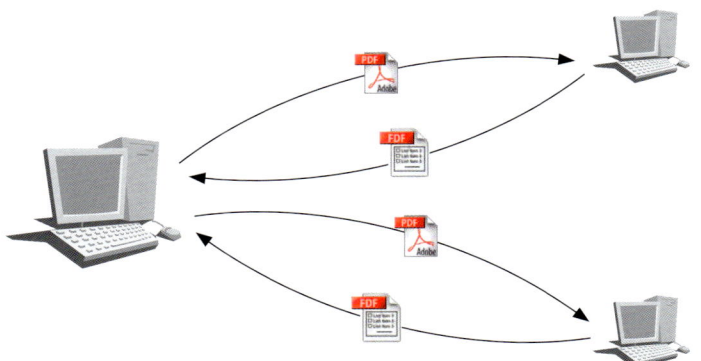

Datei→an E-Mail anhängen…
und jeder schickt seinen Kommentar an den Absender zurück.

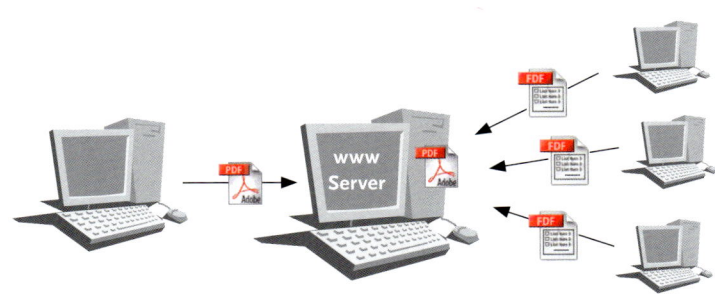

Datei→Meeting eröffnen…
Alle nehmen ihre Einträge direkt in der Original-PDF-Datei vor.

FREIE KOMMENTARWERKZEUGE

In der kostenfreien Version von Adobe Acrobat Reader gibt es keine Werkzeuge für die Kommentarerstellung. Dennoch können bestimmte PDF-Dateien diese im Acrobat Reader versteckten Werkzeuge zur Verfügung stellen. Das ist praktisch, wenn man PDFs an Leute schickt, die nur diese freie Acrobat-Version haben.

Dazu öffnet man das PDF in **Acrobat Professional** und wählt Menü **Kommentare→Zum Kommentieren und Analysieren in Acrobat Reader aktivieren**.

digitalen Dokumente, bevor sie in die Produktion gehen. Spezielle Preflight-Programme überprüfen die Dokumente anhand einer Standard-Prüfliste. Die technischen Voraussetzungen eines Dokuments beinhalten richtig verknüpfte Bilder in ausreichender Auflösung, vorhandene Fonts, korrekt verwendete Druckfarben u. a.

In Adobe InDesign und QuarkXPress kann ein einfacher Preflight innerhalb des Programms durchgeführt werden. Die Preflight-Funktion von Adobe InDesign ist darauf beschränkt, Fonts und Verknüpfungen zu testen, außerdem zu warnen, wenn das Dokument RGB- oder Pantone-Farben enthält, wenn bestimmte Plug-ins erforderlich sind oder Transparenzen verwendet wurden. Jedoch erfolgt kein Hinweis, wenn die Bildauflösung zu niedrig ist. In QuarkXPress ist ein ähnlicher Preflight möglich, wenn man eine entsprechende Xtension installiert, beispielsweise QC der Firma Gluon.

Sicherer und umfassender ist ein Preflight der Layoutdokumente mit externer Software oder eines PDFs mittels Adobe Acrobat oder Enfocus Pitstop [*siehe Druckvorstufe 7.2.7*].

6.13 Dokumente in den Druck geben

Ist das Layout fertiggestellt und geprüft, kann man es in den Druck geben. Traditionell schickt man die Layoutdatei, beispielsweise ein Adobe-InDesign-Dokument, zusammen mit den verwendeten Fonts und hoch aufgelösten Bilddateien in die Druckerei.

Hat man selbst Zugriff auf alle Originalbilddaten kann man alternativ ein PDF in hoher Auflösung erzeugen, in dem das Layout, die Bilder und die Fonts eingebettet werden. Diese Vorgehensweise stellt eine sichere und effizientere Methode dar und hilft Fehler wie fehlende Dateien zu vermeiden, da der Layouter selbst die Vollständigkeit kontrollieren kann, bevor er das PDF zum Drucken schickt [*siehe auch Druckvorstufe 7.2.7*].

Gibt man Originaldateien in die Druckerei, benötigt man dort dasselbe Layoutprogramm in der Version, mit der das Layoutdokument erstellt wurde. Ein Vorteil besteht darin, dass man bis zur letzten Minute noch Korrekturen vornehmen kann. Allerdings steckt in dieser Vorgehensweise auch ein gewisses Risiko. Lässt man die Druckerei Textkorrekturen vornehmen, ist es durchaus möglich, dass sich dabei eine Veränderung des Umbruchs ergibt, die man nicht unter Kontrolle hat. Soll das Produkt später noch einmal nachgedruckt werden, kann es sogar sein, dass man dazu unwissentlich die unkorrigierte Fassung verwendet, denn die korrigierte Version hatte ja nur die Druckerei.

Die Verwendung einer PDF-Datei schließt die eben genannten Risiken aus, reduziert allerdings die Möglichkeiten nachträglicher Änderungen, wenngleich sich einige direkt im PDF vornehmen lassen. Beim Nachdruck können sich dieselben bereits genannten Probleme ergeben, denn die Korrekturen wurden ja nur im PDF vorgenommen, nicht jedoch im Layoutoriginal. Lassen sich die Korrekturen genauso schnell im Layoutdokument erledigen, ist dieser Weg vorzuziehen. Man erstellt danach ein neues PDF und schickt dieses der Druckerei.

KLEINERE DATEIGRÖSSEN FÜR LAYOUTDOKUMENTE
Arbeitet man bereits eine Zeit lang an einem Layoutdokument, wächst die Dateigröße und wächst ... und verbraucht mehr Speicherplatz, verlangsamt die Arbeitsgeschwindigkeit, obwohl man kaum Material hinzugefügt hat. In den meisten Layoutprogrammen lässt sich die Dateigröße reduzieren, in dem man das Dokument über das Menü **Datei→speichern unter...** neu sichert.

DIE LETZTE VERSION VERSCHICKEN
Die Ausdrucke, die man verschickt, müssen unbedingt die allerletzte Version sein, und danach darf am Dokument nichts mehr geändert werden. Andernfalls kann es geschehen, dass zur falschen Version »zurückkorrigiert« wird.

MANUELLER DOKUMENTCHECK

Preflight-Programme überprüfen eine ganze Menge und sind so gesehen eine große Hilfe, aber manche technischen Probleme kann man schon im Vorfeld vermeiden – oder bleiben selbst beim Preflight unentdeckt. Deshalb hier ein paar Tipps, wie Sie Ihr Dokument technisch gut vorbereiten können:

BILDER
- Sollten eine Auflösung haben, die hoch genug, aber nicht übertrieben hoch ist. Die Auflösung sollte das Doppelte der Rasterfrequenz betragen.
- Bilder sollten nicht unnötig im Layoutprogramm gedreht, skaliert und beschnitten werden. Besser ist es, dies bereits vorher im Bildbearbeitungsprogramm zu machen.
- Bilder müssen sich im RGB-Modus befinden oder mit Hilfe der ICC-Profile der Druckerei genau an die Druckbedingungen angepasst werden.
- Vektorbasierte Grafiken sollten die richtige Graubalance aufweisen. Der Gesamtfarbauftrag sollte gemäß der Druckbedingungen begrenzt sein (beispielsweise auf 320 %).
- Falls das PDF Bilder im RGB- oder CIELab-Modus enthält, muss man nachfragen, ob die Druckerei damit umgehen kann. Bilder im Modus Indizierte Farben können im Druck nicht ausgegeben werden (GIF, BMP, PNG-8).
- Werden JPEG-Bilder verwendet, dürfen diese nicht zu stark komprimiert sein.
- Alle verknüpften Dateien wie Bilder, Fonts, Profile etc. müssen mit dem Layoutdokument mitgeliefert werden, wenn mit offenen Dateien gearbeitet wird (Verpacken).

FARBEN
- Unbenutzte Farben aus dem Dokument entfernen.
- Soll nur mit CMYK gedruckt werden: Prüfen, ob das Dokument ohne Sonderfarben angelegt ist.
- Überdrucken-Einstellung prüfen (Schwarz sollte immer auf Überdrucken stehen).
- Für ein dreifarbiges Grau die richtige Graubalance verwenden (keine gleichen Werte für C, M, Y).
- Darauf achten, dass bei bunten Volltonflächen der maximale Farbauftrag nicht überschritten wird (beispielsweise 320 %).
- Dünne Linien und mehrfarbige Linien wegen möglicher Passerprobleme vermeiden.

TYPOGRAFIE UND FONTS
- Fonts im PDF für die Belichtung einbetten. Alternativ die Fontdateien an die Druckerei mitgeben (auch an solche denken, die in Bildern und Vektorgrafiken vorkommen), wenn mit offenen Dateien belichtet wird.
- In großen Schriftgraden gesetzte Texte innerhalb von Vektorgrafiken in Pfade umwandeln.
- Keine über QuarkXPress erzeugten falschen Schriftschnitte wie bold, italic oder Outline verwenden.
- Kleine Textgrade und Serifenschriften nicht als Negativtexte auf mehrfarbigen Flächen oder Bildern platzieren.

DIE SEITE
- Bilder und Flächen randabfallend mit 3 bis 5 mm Beschnitt anlegen, bei Umschlägen bis 8 mm. Bei Unklarheiten in der Druckerei nachfragen.
- Den Einband in einem Stück anlegen, wie eine Doppelseite mit dem Rücken dazwischen.
- Die korrekte Seitenzahl mit der Druckerei besprechen. Unbenutzte Seiten aus dem Dokument entfernen.
- Nicht verwendete Objekte außerhalb der Seite aus dem Dokument entfernen.
- Keine Linienstärken unter 0,3 Punkt verwenden und auf gar keinen Fall »Haarlinien«.
- Bei Verwendung von Bildern über unechte Doppelseiten bei der Druckerei nachfragen, um wie viel die Bilder zum Bund verschoben sein müssen.

6.13.1 Einen Dummy erstellen

Schickt man Originaldateien an die Druckerei, sollte man zusätzlich ein PDF oder Ausdrucke hinzufügen. Ausdrucke in Schwarzweiß sind meistens ausreichend. Man sollte darauf achten, dass man dabei wirklich die letzte Version des Dokuments verwendet. Ausdrucke dienen einerseits der eigenen Kontrolle und geben andererseits der Druckerei die Gelegenheit, mögliche Fehler frühzeitig zu entdecken, beispielsweise wenn die Typografie des geöffneten Dokuments und des Ausdrucks nicht übereinstimmen.

Erfordert das gedruckte Produkt eine besondere Weiterverarbeitung, beispielsweise eine komplizierte Falzung, ist es sinnvoll, der Druckerei ein Muster zu liefern, einen sogenannten Dummy. Dieser zeigt, wie das fertige Produkt aussehen soll. Auch ein Seitenplan oder Miniaturabbildungen mit Randbemerkungen können erforderlich sein, zum Beispiel wenn seitenweise mit unterschiedlichen Farben gedruckt wird, die Papierart zwischendurch wechselt, teilweise eine Oberflächenbehandlung gewünscht ist (beispielsweise einzelne Seiten lackiert oder gestanzt werden sollen) oder andere Besonderheiten zu beachten sind.

6.13.2 Sammeln der Dokumente, Bilder und Fonts für die Ausgabe

Sendet man offene Dateien an die Druckerei, muss gewährleistet sein, dass das Material vollständig ist. Alle Dateien, die zum Layoutdokument gehören, wie Bilder, Grafiken, Logos und Fonts müssen gesammelt werden. Um diese Arbeit zu erleichtern und sicherer zu machen, bieten QuarkXPress, Adobe InDesign und Adobe PageMaker praktische Funktionen an, die alle zusammengehörenden Dateien in einem Ordner bündeln. In Adobe InDesign findet man diesen Befehl unter **Datei → Verpacken...** Als Erstes wird über einen automatischen Preflight festgestellt, ob das Dokument in Ordnung ist; dann wird es zusammen mit den Bildern, Fonts und einem Bericht in einen neu erstellten Ordner kopiert. In QuarkXPress funktioniert es ähnlich, aber ohne Preflight. Der Befehl zum Sammeln heißt hier **Datei → Für Ausgabe sammeln**. Der beigefügte Bericht enthält Informationen über alle Fonts, Bilder und Farben, die im Dokument verwendet wurden, sowie weitere technische Details.

In Adobe PageMaker findet man zwei ähnliche Funktionen. Eine befindet sich unter **Datei → Sichern als**, wenn man **Kopieren** wählt und dann **Sende Ausgabe an**. Auch hier wird das Dokument mit Bildern und Überfüllungsinformationen, aber ohne Bericht, gesammelt. Der zweite Befehl befindet sich unter **Werkzeuge → Plug-ins → Sichern für Dienstleister** und ist umfangreicher. Gleichzeitig mit den Fonts wird auch ein Bericht erstellt.

6.13.3 Datenübertragung

Überträgt man Dateien über das Internet, sollten diese komprimiert sein. Die gebräuchlichste Art der Dateikompression ist in diesem Fall das Zippen, das sowohl auf dem Mac wie auch unter Windows funktioniert. Dabei werden alle Dateien in einem einzigen Dokument abgelegt, einem Archiv. Auf jeden Fall sollte man daran denken, wenn man Dateien als E-Mail-Anhang verschickt, dass es möglicherweise eine Speichergrößenbegrenzung für Anhänge gibt. Manche Druckereien stellen auch ein Log-in auf einem FTP-Server zur Verfügung, dann spielt die Dateigröße meistens keine so große Rolle.

Alternativ kann man das digitale Material auf CD oder DVD brennen, sollte dabei aber nicht vergessen, diese ordentlich zu beschriften. Auch der Inhalt sollte klar gekennzeichnet sein, damit der Empfänger sich schnell zurechtfindet.

6.14 Strukturieren und Archivieren

Derjenige, der das Layout erstellt, hat eine Schlüsselposition im grafischen Prozess. Damit ist gemeint, dass er häufig den Überblick über eine große Menge verschiedener Dateien behalten muss. Umso wichtiger ist es also, eine saubere

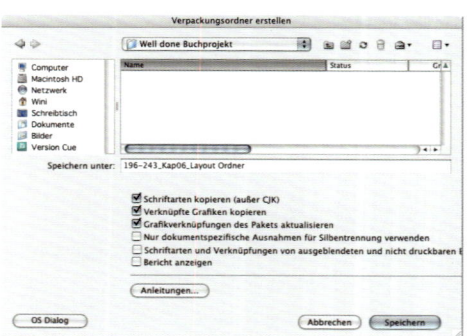

VERPACKEN
In Adobe InDesign heißt die Funktion **Datei → Verpacken...**, in QuarkXPress **Für Ausgabe sammeln**. Beide machen dasselbe – sie erstellen einen neuen Ordner (Verpackungsordner) und legen in diesem Duplikate der Layoutdatei, aller verknüpften Dateien und der verwendeten Fonts ab. Nutzt man diese Funktion, bevor man die offenen Dateien an die Druckerei verschickt (oder archiviert), kann man sicher sein, dass alles vollständig ist.

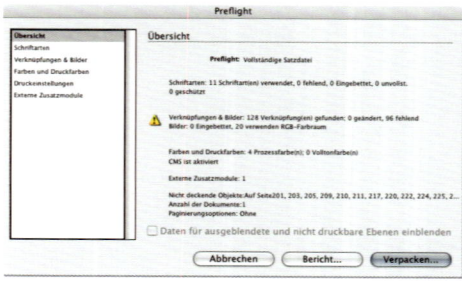

PREFLIGHT IN INDESIGN
Bevor die Verpackungsfunktion mit ihrer Arbeit beginnt, führt sie automatisch einen **Preflight** durch (den man aber auch im Menü **Datei → Preflight** separat durchführen kann), um zu prüfen, ob die verknüpften Dateien vollständig und aktuell sind oder andere Probleme vorliegen, die gegen ein Sammeln der Daten sprechen.

Struktur für die Dateiverwaltung aufzubauen, damit es so einfach wie möglich ist, jederzeit bestimmte Dateien aufzufinden. Noch mehr Bedeutung kommt diesem Thema zu, wenn mehrere Personen mit demselben Material arbeiten. Dann muss der Aufbau logisch und einheitlich für alle sein.

6.14.1 Auf einen Server zugreifen

Um die Grundlage für eine einheitliche und strukturierte Datenarchivierung zu schaffen, sichert man alles Material auf einem Server, auf den alle zugreifen können, die damit arbeiten müssen. Die heutigen Computernetzwerke und Server sind so leistungsfähig, dass sie annähernd dieselbe Leistungsfähigkeit bereitstellen, wie wenn die Dateien auf der Festplatte des eigenen Rechners gespeichert sind. In vielen Systemen lassen sich Dateien so synchronisieren, dass die ausgewählten Ordner und Dateien als Kopien auf dem Arbeitsplatzrechner gespeichert werden. Dies erlaubt manchmal ein schnelleres Arbeiten, garantiert aber vor allem den Zugriff auf die Daten, falls das Netzwerk einmal ausfallen sollte oder nicht zur Verfügung steht, wie bei der Verwendung eines Laptops. Ein weiterer wichtiger Vorteil des Servers liegt darin, dass man auf diesem sehr leicht ein regelmäßiges und automatisches Backup einrichten kann.

6.14.2 Dateien strukturiert sichern

Um Material schnell wiederzufinden, benötigt man eine klare Struktur bei der Archivierung. Wie man diese aufbaut, ist grundsätzlich der persönlichen Arbeitsweise überlassen. Zum Beispiel kann der Name des Kunden oder das Jahr an oberster Stelle stehen. Dort hinein platziert man die Ordner, die nach den jeweiligen Projekten benannt sind. Gehören zu jedem Projekt große Mengen unterschiedlicher Daten, sollte man diese in Unterordner sortieren, beispielsweise in Manuskripte, administrative Dokumente, Layoutdateien, Proofs, Bilder, PDFs und so fort. Je mehr Ordner und Hierarchieebenen man aufbaut, desto genauer ist die Struktur, auch wenn es vielleicht ein paar Klicks mehr braucht, um zur gewünschten Datei zu kommen.

Arbeiten alle Mitarbeiter mit derselben Struktur, lohnt es sich, den Aufbau einmal mit leeren, aber korrekt benannten Unterordnern vorzubereiten, von dem man sich für das nächste Projekt dann einfach eine Kopie ziehen kann.

6.14.3 Dateien und Ordner benennen

Ordner und Dateien müssen in einer einheitlichen und gut verständlichen Art benannt sein, die auch ein anderer versteht. Ähnliche Dateien kann man beispielsweise im selben Ordner archivieren und alphabetisch benennen, das heißt, sie folgen nach ihrem Anfangsbuchstaben aufeinander. Alternativ kann man sie aber auch durchnummerieren, beispielsweise wenn sie denselben Namen erhalten sollen. Eine sinnvolle Namensgebung erleichtert es, Dateien mittels der im Computersystem eingebauten Suchfunktion suchen zu lassen.

Der Dateiname sollte daher wichtige Informationen enthalten, beispielsweise die Projektnummer, Sprache, Kundenname, Format, Art des Druckprodukts, Version, Initialen des Bearbeiters oder andere Informationen, nach denen man die gesuchten Daten identifizieren kann. Solange die Information dann noch verständlich ist, kann man dabei auch mit Abkürzungen arbeiten, zum

ORDNUNG HALTEN
Damit man nichts verliert und alles schnell wiederfindet, sollte man mit einer klaren Struktur arbeiten. Der einfachste Weg ist, bei allen Projekten immer mit derselben Struktur zu arbeiten. Unter Mac OS X kann man auch Farben zuweisen, um bestimmte Ordner oder Dateien hervorzuheben.

DATEIMANAGER
In Dateimanagern kann man nach Bildern und anderen Dateien suchen, in Bildern hinterlegte Metadaten lesen oder bearbeiten.

Ein Beispiel für ein solches Programm ist Adobe Bridge, das zum Lieferumfang von Adobe's Programmpaket Creative Suite gehört.

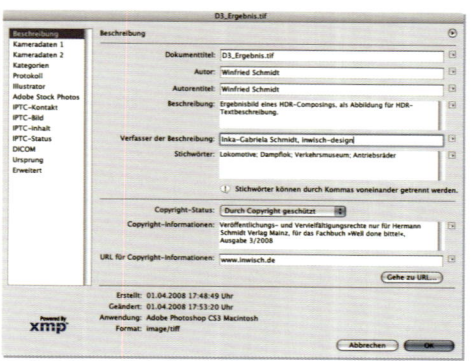

METADATEN
In vielen Dateiformaten, vor allem in Bildern, werden Informationen über die Datei hinterlegt. Diese kann in verschiedenen Programmen ausgelesen oder bearbeitet werden.

Beispiel VHSM_AZ_SZ_HALBSF_0123_BSF_#3-IND. Man könnte aus diesem Dateinamen herauslesen, dass es sich um die dritte Version einer InDesign-Datei des Verlags Hermann Schmidt Mainz handelt, eine Anzeige in der Süddeutschen Zeitung, im vertikalen Halbseitenformat mit der Projektnummer 0123, das Layout wurde erstellt von einer Person mit dem Kürzel BSF. Alle diese Informationen sind leicht auf dem Computer (bzw. Server) zu finden, wenn alle Anzeigen des Unternehmens in einem Ordner liegen, es darin einen Unterordner für Tageszeitungen gibt und die Dateien zudem alphabetisch sortiert sind. Andererseits wäre es in diesem Beispiel vielleicht sinnvoll, die Projektnummer für die Sortierung an den Anfang des Namens zu stellen.

Beachten sollte man auch die Kennzeichnung mit einer Versionsnummer, damit immer die letzte Version verwendet wird. Das in der Datei gespeicherte Datum und die Uhrzeit der letzten Sicherung sind keine Garantie, da sich diese ändern können, wenn die Datei kopiert oder versehentlich geöffnet und dabei gespeichert wurde. Auch die Kennzeichnung mit »Neu« oder »Letzte Fassung« ist kein Garant dafür, dass bei der nächsten Bearbeitung die richtige Datei verwendet wird.

6.14.4 Metadaten und Schlüsselwörter

Dateien kann auch noch eine separate Information zugefügt werden, bekannt als Metadaten. In Bilddateien entsprechen diese Informationen meistens dem IPTC-Standard [*siehe Bildbearbeitung 5.6.2*].

Adobe hat ebenfalls eine ähnliche Technik in seinen Programmen eingebaut, die XMP (Extensible Metadata Platform) heißt. Dateien aus InDesign, Illustrator, Photoshop und so weiter können damit Meta-Informationen und Schlüsselwörter hinzugefügt werden, mit Kategorien, Kontakt- und Copyrightinformationen u. a. verknüpft werden. Diese Informationen können zum Suchen in Archivierungsprogrammen und Mediendatenbanken verwendet werden.

6.14.5 Dateimanager

Sowohl Windows als auch Mac OS haben eingebaute Suchfunktionen, um Dateien zu finden und Miniaturvorschauen bestimmter Bilddateien zu zeigen. Die Suchfunktion orientiert sich in erster Linie am Dateinamen. Man kann aber auch nach Textinhalten suchen lassen, nach bestimmten Dateiarten, dem Erstellungs- oder letzten Speicherdatum und so fort.

Um Metadaten in den Dateien einzugeben oder nach diesen zu suchen benötigt man einen speziellen Dateimanager. Verwendet man das Adobe-Programmpaket, so ist ein solches Programm mit Namen Bridge bereits dabei. Es gibt andere Programme mit ähnlichen Funktionen wie Mediadex, Fotostation, Portfolio etc. Man kann sowohl nach Dateinamen suchen als auch nach den Metadaten. Verwendet man Bridge zusammen mit anderen Adobe-Programmen, kann man die gefundenen Bilddateien und Photoshop direkt über Bridge starten.

Dateimanagerprogramme können meistens eine vollständige Datenliste der auf dem Server gefundenen Dateien aufstellen, aber auch von externen Medien wie externen Festplatten, CDs und DVDs. Dies beschleunigt die Suche erheblich, vor allem kann man auch über die Metadaten suchen und muss dazu nicht jeden Datenträger zuerst einlesen. Einige der Programme können dieselben Metadaten gleichzeitig in mehreren Dateien eintragen oder Vorschaubilder auch für andere als Bilddateien erstellen.

6.14.6 **Digital Asset Management System (Digitale Materialverwaltung)**
Arbeiten viele Personen mit einer großen Anzahl von Dateien über einen Server zusammen, sollte man eine digitale Materialverwaltung nutzen, um eine schnelle Suche zu garantieren. Einige der Standardprogramme, die eine solche Funktionalität anbieten, sind Cumulus der Firma Canto und Fotostation von Fotoware. Diese bauen eine übersichtliche Datenstruktur auf, in der alle Dateiinformationen, also die Metadaten in einer Mediendatenbank (Medienarchiv) gesichert werden. Jedem Benutzer wird eine Client-Version des Programms auf seinem Rechner installiert. Über dieses kann er schnell und einfach auf dem Server nach Daten suchen.

Diese Art einer Mediendatenbank steht auch für die Dateiensuche über das Internet zur Verfügung. Sowohl Cumulus als auch Fotoware bieten Extension-Module an, um den Inhalt des Verwaltungssystems für das Web freizugeben. Das System erstellt selbstständig Icons der verwalteten Dateien und berechnet verschiedene Auflösungen für Bilddateien während des Downloads.

UMWELTFAKTOREN BERÜCKSICHTIGEN

PLANEN DER GESTALTUNG
Klimaneutrales Drucken und umweltgerechte, nachhaltige Produktion sind mittlerweile immer öfter Anforderungen an Gestalter und Druckereien. Viele Aspekte werden zurzeit unterschiedlich diskutiert und bewertet. Einen guten Überblick über den Stand der Diskussion gibt das Buch *Design Ecology!* von Jutta Nachtwey (www.typografie.de).

Einige Punkte seien hier kurz gestreift, auch wenn das Thema ein eigenes Buch wert wäre:

MATERIALWAHL
1. Minimieren Sie die Verwendung unterschiedlicher Materialien, um die Lebensdauer und Recyclingfähigkeit des Produkts zu verbessern.
2. Welche Produktbestandteile sind nach Gebrauch wiederverwertbar oder reiner Abfall? Berücksichtigen Sie bei der Gestaltung, dass eine Materialtrennung stattfinden kann.
3. Bestimmen Sie, ob das Papier zertifiziert ist und aus nachhaltiger Produktion stammt (FSC oder PEFC), und aus welchen Faserstoffen es produziert wurde.
4. Minimieren Sie die Verwendung umweltschädlicher Stoffe (wie Chloride) im Herstellungsprozess.
5. Legen Sie sich eine Sammlung der »besten wiederverwertbaren, holz- und chlorfreien sowie zertifizierten« Papierbeispiele zu und sortieren Sie diese in der Reihenfolge ihrer Qualität, damit Sie bei der Auswahl einen schnellen Überblick haben [*siehe Papier 8.17.2*].

DRUCKPRODUKTION
1. Fragen Sie die Druckerei, ob sie ein Umweltschutzzertifikat besitzt. Wählen Sie Druckverfahren, die sparsam mit Wasser und Energie umgehen und wenig Abfall produzieren. Kann das Projekt digital auf die Druckplatte ausgegeben werden, vermeidet man die Belichtung von Filmen und den Einsatz weiterer Chemikalien etc.
2. Seien Sie sich der Problematik von Lacken und Laminaten bewusst, da diese Materialien schwieriger zu trennen und zu recyceln sind. Verwenden Sie eine nicht toxische Druckfarbe statt einer, die Schwermetalle enthält.
3. Lassen Sie nur solche Produkte kaschieren oder laminieren, die eine lange Lebensdauer haben sollen, also einen hohen Schutz und eine besondere ästhetische Hervorhebung benötigen.
4. Vermeiden Sie Abfall und entscheiden Sie über Blattgröße und Faserlaufrichtung, bevor Sie Ihr Design fertigstellen.
5. Machen Sie das beste aus Ihren Druckbogen – und selbst wenn aus den Resten nur Lesezeichen entstehen. Verwenden Sie die Überreste aus der Produktion für einen guten Zweck.

07.
Druckvorstufe

7.1	POSTSCRIPT	244
7.2	PDF – PORTABLE DOCUMENT FORMAT	248
7.3	JDF – JOB DEFINITION FORMAT	260
7.4	EINSTELLUNGEN FÜR DEN DRUCK	261
7.5	ANALOGE UND DIGITALE PROOFS	274
7.6	AUSSCHIESSEN	279
7.7	HALBTONRASTER	286

Wie überprüft man vor dem Druck, ob sich alle Seiten an der richtigen Position befinden? Warum kann ein Druckprodukt keine 15 Seiten haben? Was ist PDF/X? Warum weicht das gedruckte Produkt oft vom Proof ab? Kann man Druckfarben am Monitor kontrollieren? Kann ich ein Druckprodukt ablehnen, wenn ich kein Kontraktproof vorweisen kann? Was passiert, wenn man ein Bild von RGB nach CMYK umwandelt?

DRUCKVORSTUFE (ENGL. PREPRESS) IST EIN ALLGEMEINER ÜBERBEGRIFF für alle Arbeitsschritte, die vor dem Druck durchgeführt werden. Repro ist eine ältere Bezeichnung, die oft für die Druckvorstufe verwendet wurde. Die Grenzen zwischen Druckvorstufe und Bildbearbeitung sind nicht definiert und führen im Alltag in Bezug auf die Zuständigkeit zu manchen Missverständnissen. Früher gab es sogenannte Druckvorstufenbetriebe, die sich sowohl um die druckreifen Daten als auch um Layoutgestaltung und Bildbearbeitung kümmerten. Da diese Unternehmen die einzelnen Bereiche für die Kunden nicht entsprechend differenzierten, trugen sie zu der Verwirrung bei, was die Druckvorstufe eigentlich umfasst.

Heute erfolgt die Layoutgestaltung überwiegend in eigenen Werbe- und Marketingabteilungen oder bei externen Werbeagenturen oder Designbüros. Bildbearbeitungen führen heute meist bereits die Fotografen oder spezialisierte Bildretuscheunternehmen durch. Also was ist die Druckvorstufe? In diesem Buch behandeln wir unter der Überschrift Druckvorstufe alle Arbeitschritte und Technologien, die nötig sind, um druckreife Digitaldaten für den professionellen Druck zu erzeugen.

Aktuell umfasst die Druckvorstufe den Bereich der Erzeugung hoch aufgelöster PDF-Dateien, druckfähiger Bilder und Dokumente sowie kontrollierter Ausschieß- und Rasterinformationen, ebenso aber auch Technologien wie PostScript, PDF, JDF und verschiedene Arten von Andrucken (Proofs).

SEITENBESCHREIBUNGSSPRACHE POSTSCRIPT
Wenn man eine Seite ausdruckt, ist es für den Drucker wichtig zu wissen, wie die Seite aussehen wird. Aus diesem Grund wird die Seite in eine Sprache übersetzt, die das Gerät versteht. Eine solche Sprache nennt man Seitenbeschreibungssprache. PostScript gilt in diesem Bereich als Industriestandard.

DER POSTSCRIPT-CODE

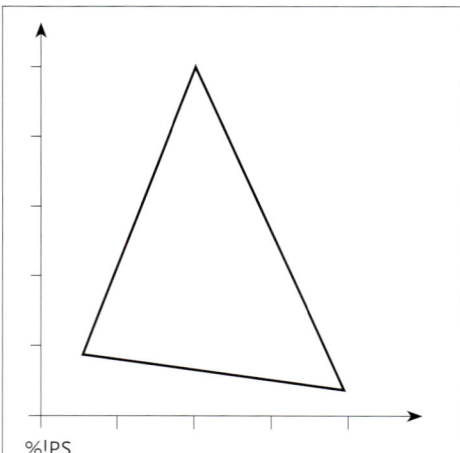

```
%!PS
/cm{28.35 mul}def      %define cm-procedure
0.5 cm 1 cm moveto     %create start-up value
2 cm 5 cm lineto       %create line segment
4 cm 0.5 cm lineto     %additional line segment
closepath              %complete figure
stroke                 %draw outline
showpage               %show result
```

DER CODE FÜR EIN DREIECK
Wenn der oben abgedruckte Code an den Drucker geschickt wird, wird dieser ein Dreieck erstellen (wie in der Illustration). Beim Text nach den Prozentzeichen handelt es sich um einen Kommentar, der nicht gedruckt wird.

Ein großer Teil der in der Vorstufe zu leistenden Arbeit ist heute standardisiert und wird oft von Druckereien selbst durchgeführt.

Weil die Grenzen all dieser Bereiche fließend sind, werden manche Arbeitsschritte der Vorstufe bereits bei der Layoutgestaltung und Bildbearbeitung erledigt. Das Wichtigste ist genau zu definieren, wer was zu tun hat: Welche Produktionsschritte sind nötig und wer ist wofür verantwortlich.

7.1 PostScript

Eine Seitenbeschreibungssprache (Page Description Language = PDL) ist eine grafische Programmiersprache, die das Layout und das Erscheinungsbild einer Seite beschreibt. Beim Drucken eines Dokuments muss das verwendete Dateiformat (z.B. QuarkXPress, Adobe InDesign, Microsoft Word) in ein Dateiformat übersetzt werden, das der Raster Image Prozessor (RIP) oder Belichter verstehen kann. Eine PDL dient zur Beschreibung der Elemente einer Seite (Text, Bilder, Grafiken etc.) und enthält die Lage dieser Elemente auf der Seite, um den Prozessor oder Drucker entsprechend zu steuern. Es ermöglicht auch die RIP-Übersetzung der Seitenbeschreibung in einen Halbtonraster [siehe 7.7].

Von verschiedenen Herstellern wurde eine Reihe unterschiedlicher Seitenbeschreibungssprachen entwickelt. Die grafische Industrie verwendet in der Produktion heute Hard- und Software von vielen verschiedenen Herstellern, so dass die ideale Seitenbeschreibungssprache mit allen Maschinen unabhängig von der Marke funktionieren und eine fehlerfreie Kommunikation miteinander gewährleisten muss. Einige Beispiele für solche Seitenbeschreibungssprachen sind AFP von IBM, PCL von HP oder CT/LV von Scitex. Allerdings dominiert PostScript von Adobe derzeit den Markt und ist daher als der Industriestandard anzusehen.

PostScript ist ein offener Standard, was bedeutet, dass auch andere Unternehmen, neben Adobe, PostScript nutzen können. In der Produktion, wo grafische Programme und Maschinen verschiedener Hersteller in der Lage sein müssen, miteinander zu kommunizieren, ist es absolut notwendig, dass eine Seitenbeschreibungssprache herstellerunabhängig ist.

PostScript begann als eine Programmiersprache, aber für unsere Zwecke ist es einfacher, es als ein System bestehend aus verschiedenen Teilen zu sehen. Das System besteht aus drei Hauptkomponenten: Übersetzung von Dateien in den PostScript-Code, Übertragung von PostScript-Code und Verarbeitung (Rastern) des PostScript-Codes.

Der PostScript-Code verwendet auf 7 bit basierende Text-Dateien (ASCII), diese werden nun als 8-bit-Binärcode gespeichert. PostScript existiert heute in drei Versionen: PostScript Level 1, PostScript Level 2 und PostScript 3. PostScript 3 ist die neueste Version und enthält im Vergleich zu früheren Versionen erweiterte Funktionen [siehe 7.1.7].

Adobe bietet in einem Buch mit dem Titel »The PostScript Language Reference Manual« die kompletten PostScript-Spezifikationen für diejenigen, die auf PostScript basierende Geräte oder Programme entwickeln möchten. Leider treten mit sogenannten PostScript-»Klonen« bei RIPs und Druckertreibern oft Probleme auf. PostScript ist eine Form von Programmcode, was bedeutet, dass es nicht nur einen klaren Weg gibt, um ein Layout in PostScript-Code zu beschreiben. Verschiedene Programme erstellen oft stark abweichende PostScript-Dateien. Probleme zeigen sich meist erst, wenn eine Datei gespeichert oder zum Rastern an einen anderen PostScript-Anwender (z. B. an einen Drucker) übertragen wird. Daher wird empfohlen, nur bei einem Hersteller zu kaufen, der den Original-PostScript-Code von Adobe einsetzt.

Man kann ein Dokument auch ohne es an einen Drucker zu senden im PostScript-Format speichern. Dadurch »sperrt« man das Aussehen des Dokuments: Man kann das Dokument nicht aus der PostScript-Datei öffnen, noch kann man die PostScript-Datei bearbeiten. Wenn man Änderungen vornehmen möchte, muss man auf die Originaldatei zurückgreifen und diese als völlig neue PostScript-Datei speichern.

Einige Programme, die beispielsweise ausschießen und mit Überfüllung separieren, basieren auf dem PostScript-Format. Ein Dokument muss zunächst als PostScript-Datei gespeichert werden, bevor es mit dieser Art von Programmen bearbeitet werden kann. Allerdings erlauben diese Programme nur das Hinzufügen oder Entfernen von Informationen aus einem Dokument, nicht jedoch das Ändern der eigentlichen Inhalte.

Auch wenn in der heutigen Arbeit meist die PDF-Datei verwendet wird, so basiert der Verarbeitungsprozess doch auf der zugrunde liegenden Funktionalität von PostScript. Viele Dokumente werden über PostScript erstellt, bevor sie mit dem Acrobat Distiller in das PDF-Format konvertiert werden. RIPs in den Druckern verwenden PostScript-Code zum Verarbeiten aller Ausdrucke, einschließlich der an den Drucker gesendeten PDF-Dateien.

7.1.1 PostScript ist objektbasiert

PostScript ist eine objektbasierte Seitenbeschreibungssprache, was bedeutet, dass eine Seite auf der Grundlage der beschriebenen Objekte, die es enthält, definiert wird. Die Objekte in einer bestimmten PostScript-Datei – sei es Schrift oder grafische Objekte wie Linien, Kurven, Farben, Muster etc. – sind alle mit mathematischen Kurven beschrieben. Ein Pixelbild – beispielsweise ein gescanntes Foto – wird als Bitmap mit einem PostScript-Dateikopf in einer PostScript-Datei gespeichert.

Da die Objekte in PostScript auf Bézierkurven basieren, kann man diese verkleinern oder vergrößern, ohne dass die Bildqualität leidet. Dies ist jedoch nur teilweise richtig – wenn die Datei keine Pixel-Bilder enthält, kann man sie ohne Probleme skalieren. Sollte allerdings ein einziges auf Pixeln basierendes Bild in der Datei enthalten sein, kann diese Seite nicht ohne Qualitätsverlust vergrößert werden. Denn die Auflösung einer Bitmap-Datei reduziert sich im Verhältnis zur Vergrößerung [*siehe Digitale Bilder 4.7.1*].

7.1.2 Erstellen von PostScript-Dateien

Jedes Mal, wenn man ein Dokument vom Computer an einen PostScript-kompatiblen Drucker ausgibt, wird eine PostScript-Datei erstellt. Diese enthält sämtliche Informationen, wie die Seite gedruckt aussehen wird. Statt der Ausgabe einer Datei auf einem Ausgabegerät, kann man diese auch als PostScript-Datei auf der Festplatte oder einem anderen Medium speichern.

Im Wesentlichen gibt es, abhängig von der Art des Anwendungsprogramms, zwei Möglichkeiten, eine Datei in PostScript zu konvertieren. Die häufigste Art und Weise, ursprüngliche Dateien in PostScript umzuwandeln, nutzen Programme wie Adobe InDesign, Adobe PageMaker, Adobe FrameMaker, QuarkXPress, Adobe Illustrator, Macromedia/Adobe FreeHand, CorelDRAW und Ähnliche. Diese Programme übersetzen die Ursprungsdatei bei der Ausgabe in PostScript und ermöglichen das Speichern als Datei. Heute können alle Grafikprogramme im Prinzip direkt PDFs erzeugen oder verwenden, daher ist es in der Regel nicht erforderlich, zuerst eine PostScript-Datei zu erstellen.

Wenn man allerdings mit einem Programm wie Microsoft Word arbeitet, das selbst nicht in der Lage ist PostScript auszugeben, muss der Computer die eigene Druckfunktion verwenden, um PostScript zu erstellen. Dazu muss auf dem Computer ein PostScript-Druckertreiber und eine entsprechende PostScript-Druckerbeschreibung (PPD) installiert sein. Diese verleiht dem Programm den Zugang zu spezifischen Informationen über das benutzte Ausgabegerät, wie Auflösung, Seitengröße etc. Die PostScript-Datei wird darüber entsprechend angepasst. Wenn ein PostScript-Drucker über USB mit dem Computer verbunden ist, weist dieser meist auch die entsprechende PPD-Datei auf. Im anderen Fall muss die richtige PPD-Datei manuell installiert werden. Der einfachste Weg, um PostScript-Dateien aus Microsoft Office zu erstellen, ist Adobe Acrobat zu installieren. Dabei werden den Office-Programmen Funktionalitäten hinzugefügt, über die man direkt aus dem Programm PDF-Dateien generieren kann. Bei Bedarf können diese in Adobe Acrobat sehr gut in PostScript umgewandelt werden.

7.1.3 PostScript RIPs

RIP steht für Raster Image Prozessor. Es ist ein speziell auf dem Computer installiertes Programm, das beim Ausdrucken benutzt wird. Manchmal ist dieses RIP-Programm im Drucker integriert. Ein RIP besteht aus zwei Teilen, einem PostScript-Interpreter und einem Prozessor zur Umwandlung der Seiten in Rasterbilder (Bitmaps).

Dokumente, die in Programmen wie QuarkXPress und Adobe InDesign erstellt sind, benutzen den PostScript-Interpreter beim Erstellen ihrer PostScript-Dateien. Um sich ein PostScript-Dokument auf dem Bildschirm ansehen zu können, muss der PostScript-Code in eine für den Monitor verständliche Sprache übersetzt werden. Bei der Ausgabe wird das Dokument mit einem erweiterten PostScript-Code übertragen.

Der Raster Image Prozessor erhält die PostScript-Informationen, interpretiert deren Inhalt und führt alle zur Belichtung erforderlichen Berechnungen durch. Wenn eine ganze Seite berechnet wurde (einschließlich der Bilder, Schrift, Logos etc.), wird eine gerasterte bzw. vektororientierte Druckfarbe erstellt, beim CMYK-Druck z. B. vier separate Informationen [*siehe Digitale Bilder 4.6.1*]. Durch das Umsetzen der Raster- und Vektorinformation in die Bitmaps (auf der Grundlage von Nullen und Einsen) des Belichters wird festgelegt, welche Punkte gesetzt werden [*siehe 7.7.6*]. Beim Drucken werden die Farben hierbei im Belichter in separate Filme oder Druckplatten zerlegt, jede Seite wird in der Regel vier Mal produziert, einmal für jede zu druckende Farbe.

Je komplexer eine Seite ist, desto länger dauern die Berechnungen und somit die Konvertierung. Eine komplexe Seite kann vieles enthalten, beispielsweise zahlreiche Schriften, komplizierte Abbildungen mit mehreren Lagen von Informationen, vektorbasierte Bilder mit vielen Ankerpunkten, gedrehte oder skalierte Bilder oder Bilder, die nicht im Bildbearbeitungsprogramm beschnitten wurden, sondern im Layoutprogramm. Das Übertragen und Rastern solcher Seiten kann einige Zeit in Anspruch nehmen, auch wenn die Dateigröße gering ist. Nicht gerastert werden lediglich Konturen und Flächen von Vektorgrafiken, die zu 100 % mit einer Farbe gefüllt sind. Auf der anderen Seite benötigt die Belichtung als solche immer die gleiche Zeitdauer, unabhängig von der Größe der Datei oder der Komplexität des Dokuments.

7.1.4 PostScript und Schriftmanagement

Bei der Verwendung von TrueType-Schriftarten muss jeder Buchstabe in eine PostScript-basierte Vektorgrafik umgewandelt werden. Beim Anlegen einer PostScript-Datei für die Ausgabe oder zur Speicherung für die weitere Bearbeitung kann man die Schriften mit der Datei ausgeben oder Schriftarten wählen, die bereits im Ausgabemedium gespeichert sind. In PostScript-2-Ausgabegeräten sind 35, in PostScript-3-Geräten 136 Standardschriften integrierbar. Wenn es sich um einen öfter zu erzeugenden Druck mit der gleichen Schrift handelt, ist es einfacher, die benutzten Schriftarten in das Ausgabegerät zu laden. So werden die PostScript-Dateien kleiner und damit schneller beim Übertragen und Ausgeben. Da die meisten gedruckten Produkte aber variieren, werden die Schriften hauptsächlich in den PostScript-Dateien eingebettet.

7.1.5 PostScript Level 1

Level 1 ist die Grundlage für die drei aktuellen Versionen von PostScript und wurde in der Mitte der achtziger Jahre entwickelt. Die beiden späteren Level basieren auf der gleichen Seitenbeschreibungssprache wie Level 1. Jede spätere Version enthält Ergänzungen und Verbesserungen. Die verschiedenen Level sind miteinander kompatibel, ein PostScript-3-RIP kann also Level 1 umwandeln und umgekehrt. Jedoch können beim Wechsel von einem höheren zu einem niedrigeren Level Informationen verloren gehen. PostScript Level 1 ist im Vergleich zu den beiden anderen eine relativ einfache Seitenbeschreibungssprache. Zum Beispiel unterstützt Level 1 kein Farbmanagement.

7.1.6 PostScript Level 2

Erst PostScript Level 2 kennt Farbmanagement. Vorher unterstützten nur einige speziell entwickelte Produkte von verschiedenen Herstellern Farbmanagement, aber mit der Einführung von PostScript Level 2 waren alle Hard- und Softwareprodukte in der Lage, den CMYK-Farbmodus und Bilder in RGB und CMYK zu verarbeiten. Neue Funktionen wurden hinzugefügt, einschließlich der Unterstützung geräteunabhängiger Farbmodelle (CIE), verbesserter Rastertechniken, Kompressions- und Dekompressionsfiltern und einer erweiterten Unterstützung spezifischer Funktionen einzelner Druckermodelle.

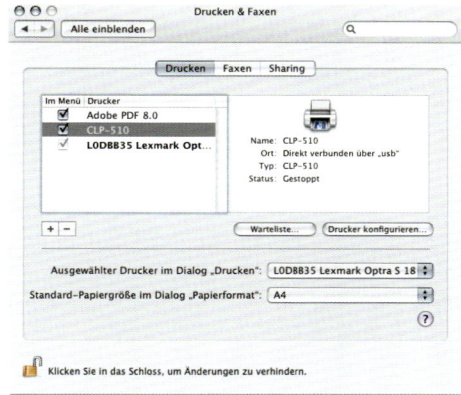

DRUCKERAUSWAHL IN MAC OS
In der **Systemeinstellung → Drucken & Faxen** findet man alle Drucker, die auf dem Computer installiert sind. Hier kann man den Standarddrucker für gewisse Programme auswählen, Updates von Druckertreibern laden oder neue Druckertreiber installieren.

NACH POSTSCRIPT-FEHLERN SUCHEN
Früher hatte man oft mit PostScript-Fehlern zu tun, mittlerweile kommt das aber nicht mehr so häufig vor. Sollte doch einmal ein Fehler auftreten, kann man Folgendes versuchen:

- Drucken Sie das Dokument ohne Bilder. Damit stellen Sie fest, ob eines der Bilder den Fehler verursacht.
- Drucken Sie einzelne Seiten, um die fehlerhafte Seite zu entdecken.
- Ersetzen Sie die Schriften, um zu erkennen, ob eine der Schriftarten das Problem ist.
- Versuchen Sie eine PDF/X-Datei zu erstellen und drucken Sie diese aus.

POSTSCRIPT 3
PostScript 3 gibt es seit 1997. Der Zusatz »Level« im Produktnamen wurde der Einfachheit halber weggelassen.

VERWENDEN VON PDF-DATEIEN
PDF-Dateien werden für verschiedene Zwecke eingesetzt:

- Archivieren von Dokumenten (PDF/A)
- Multimedia- und Dia-Präsentationen
- Formulare
- Originale für die Druckvorstufe (PDF/X)
- CAD- und 3D-Illustrationen
- Bildformate
- Andrucke / Proofs
- Desktop-Publishing

7.1.7 PostScript 3

Ein wichtiger Unterschied im Vergleich zu den älteren Versionen besteht darin, dass PostScript 3 sehr viel schneller bei der Verarbeitung von Seiten in der Druckausgabe ist. Ein mehrseitiges Dokument kann sogar automatisch aufgeteilt und zur Zeitersparnis in mehreren parallelen RIPs berechnet werden. Dies ist besonders im Digitaldruck wichtig, wo das Berechnen im RIP genauso schnell geschehen muss, wie der Drucker die Seiten ausgeben kann.

Ab PostScript 3 Version 3017, veröffentlicht im Januar 2006, kann ein PostScript-Drucker auch PDF-Dateien korrekt ausgeben, die transparente Objekte, zusätzliche Farbkanäle und 3D-Objekte enthalten. Damit kann nun die oft problematische Tendenz der Verflachung von transparenten Objekten vermieden werden. Diese ergab sich, wenn eine Seite für den Digital- oder Offsetdruck über PostScript in das PDF-Format umgewandelt wurde. Da es noch lange dauern wird, bis alle Druckereien RIPs mit der neuen Version von PostScript einsetzen, empfiehlt es sich für den Moment, Dateien zum Ausdrucken im PDF-Format ohne Transparenzen anzulegen. Ein guter Standard dafür ist PDF/X [*siehe 7.2.6*].

Moderne Layoutprogramme können Transparenzen auch mit RIP-Techniken umwandeln. Daraus resultiert eine PDF-Datei mit gleichem Aussehen. Zu beachten ist, dass PostScript-Dateien vor Version 3017 keine Transparenzen enthalten können. Will man also Transparenzen beibehalten, sollte die PDF-Datei direkt aus dem Layoutprogramm erstellt werden und nicht über eine PostScript-Datei unbekannter Version. Beispiele für Layoutprogramme, die komplett mit transparenten Objekten funktionieren, sind Adobe InDesign und Adobe Illustrator.

7.2 PDF – Portable Document Format

PDF, eine Abkürzung für »Portable Document Format«, ist ein Dateiformat, das geschaffen wurde, um komplexe Inhalte auf einfache Art und Weise zwischen Computern auszutauschen. Adobe brachte das PDF-Format 1993 auf den Markt. Der Durchbruch in der grafischen Industrie erfolgte aber erst in den späten 1990er Jahren, unter den anderen Anwendern sogar erst ein paar Jahre danach. Das PDF-Format ist jetzt ein offener Standard, was bedeutet, dass Programme, die PDF-Technik benutzen, frei entwickelt werden können.

Eine PDF-Datei kann viele verschiedene Dinge enthalten. Neben den grafischen Inhalten wie Texten und Bildern kann sie auch Video, Ton und 3D-Grafiken sowie interaktive Software für das Ausfüllen von Formularen enthalten. PDF ist für eine Vielzahl von Dateiformaten gut geeignet. Es kann so unterschiedlichen Anwendungen wie Grafik-Produktionen, der Übertragung von Fotos und CAD-Zeichnungen, Andrucken, E-Books, leeren Formularen und Multimedia-Präsentationen als Medium dienen.

Ein PDF kann ohne Zugang zu dem Programm, das die Inhalte erstellt hat, geöffnet werden, da es alles Nötige selbst enthält. Das Einzige, was man als Anwender braucht, ist eine Installation des kostenlosen Programms Adobe Reader auf dem Computer oder eine andere PDF-Reader-Software. Unter Mac OS gibt es sogar eine integrierte PDF-Unterstützung direkt im Betriebssystem. Jeder, der mit einem besonderen Programm arbeitet und die

Ergebnisse anderen zeigen muss – die keinen Zugang zu diesem Programm haben –, kann dazu PDF benutzen.

PDF steht in engem Zusammenhang mit PostScript, da beide den Inhalt einer Datei als Objekte oder Vektoren beschreiben, genau wie beispielsweise auch Adobe Illustrator. Wie oben beschrieben ist das PDF-Format jedoch weiter entwickelt und kann verschiedenste Elemente enthalten. Es ist auch besser standardisiert als PostScript. Während PostScript dieselbe Sache auf ganz unterschiedliche Art beschreiben kann, wählt PDF einen fest definierten und gleichzeitig einfacheren Weg. Dies ist ein großer Vorteil beim Ausdrucken von Seiten, da es die Gefahr mindert, dass unterschiedliche Drucker sich anders verhalten. Man kann sagen, dass PDF PostScript als Datenaustauschformat bei grafischen Produktionen abgelöst hat, auch wenn die Sprache PostScript technisch gesehen immer noch Basis aller Druckertreiber ist. Heute ist PDF die Grundlage für den gesamten Informationsfluss bei grafischen Produktionen und Softwareanwendungen. Es ist auch der aktuelle Standard für die Einreichung von Anzeigen und Druckdaten an Druckereien auf der ganzen Welt.

7.2.1 Programme für PDF-Dateien

Mit wenigen Ausnahmen wird zum Betrachten, Bearbeiten und Drucken von PDF-Dateien Adobes Acrobat-Programmserie verwendet. Je nachdem, wie die PDF-Datei erzeugt wurde, können im Programm auch fortgeschrittene Funktionen aktiviert werden, wie zum Beispiel bestimmte Korrektur-Werkzeuge. Mit Adobe Reader kann man jedoch keine neuen PDF-Dateien erstellen.

Es gibt auch eine spezielle Version des Acrobat für größere Unternehmen, die eine Volumen-Lizenz einsetzen, um PDF-Dateien aus Microsoft-Office-Software zu erstellen. Diese heißt Acrobat Elements und hat die gleichen Funktionen wie Adobe Reader, beinhaltet aber auch PDF-Tools für Office-Programme.

Möchte man neue PDF-Dateien erstellen oder andere bestehende Dateien ändern, benötigt aber nicht unbedingt die erweiterten Funktionen zum Erstellen leerer Formulare oder zum Bearbeiten von Grafiken, genügt Acrobat Standard. In diesem Programm kann man unter anderem Verbindungen zwischen den verschiedenen Seiten, verschiedenen Dokumenten und sogar zu anderen Seiten und dem Internet schaffen. Auf diese Weise kann man interaktive Dokumente aus einer Datei erzeugen, die ursprünglich als Druckdatei vorgesehen war. Acrobat Standard hat auch eine Reihe sehr nützlicher Funktionen, es unterstützt die digitale Bearbeitung und bietet die Möglichkeit der Unterzeichnung und Genehmigung von Dateien. Man kann auch Änderungen in den bestehenden Texten und Bildern durchführen [*siehe 7.2.8*]. Acrobat Distiller ist im Acrobat-Standard-Paket enthalten. Damit kann man PDF-Dateien aus jeder Software erstellen, die in der Lage ist, auszudrucken.

Alle Anwender in der grafischen Produktion sollten jedoch Acrobat Professional einsetzen. Es enthält leistungsstarke Werkzeuge zur Steuerung, Korrektur und Farbumwandlung von PDF-Dateien vor dem Druck. Die Unterstützung für den PDF/X-Standard gibt es nur in dieser Version.

Acrobat Professional umfasst auch Acrobat Distiller, der die Erstellung von PDF-Dateien ermöglicht, beispielsweise aus Anwendungsprogrammen wie QuarkXPress.

DIE ADOBE-ACROBAT-FAMILIE

Programm	PDFs anzeigen	Formulare ausfüllen	Sicherheitseinstellungen	Formulare erstellen	Scannen und OCR-Erkennung	Kommentare eingeben	Kommentare für Reader aktivieren	Preflight und Druckvorschau	PDF/X Unterstützung
Acrobat Reader	•	•							
Acrobat Elements	•	•	•						
Acrobat Standard	•	•	•	•		•			
Acrobat Professional	•	•	•	•	•	•	•	•	•

Adobe hat eine eigene Programmfamilie rund um das PDF-Format entwickelt. Die bekanntesten Anwendungen sind:
- Adobe Reader – PDF-Dateien lesen und anzeigen.
- Adobe Acrobat Elements – PDF-Dateien aus Office-Programmen erstellen (wird nur als Einzellizenz verkauft).
- Adobe Acrobat Standard – PDF-Dateien erstellen und bearbeiten.
- Adobe Acrobat Professional – Professionelles Prüfen und Bearbeiten von PDF-Dateien für die grafische Druckproduktion.
- Adobe Acrobat 3D – unterstützt 3D-Zeichnungen.

Acrobat Elements wurde nicht mehr weiterentwickelt und ist in der seit Herbst 2008 erhältlichen Version der Acrobat-9-Produkte nicht mehr enthalten. Adobe empfiehlt den Anwendern stattdessen ein Upgrade auf Acrobat 9 Standard.

Aus Acrobat Professional wurde Pro und außerdem wurde die Produktreihe um Acrobat Pro Extended ergänzt, mit dem man u. a. interaktive Präsentationen erstellen und Videos in PDFs einbetten kann. Auch die Integration von 3D-Daten wurde erweitert.

Acrobat 3D ist eine Version des Acrobat für die Nutzer von CAD-Programmen. 3D-Grafik kann zwar auch in der zweiten Version von Acrobat bearbeitet werden, aber in dieser speziellen Version kann dreidimensionaler Inhalt mit einer Reihe von fortschrittlichen Werkzeugen angepasst werden. Acrobat 3D installiert die PDF-Funktionalität in gängige CAD-Programme.

7.2.2 Erstellen von PDF-Dateien

PDF-Dateien können im Wesentlichen auf zwei Arten erstellt werden. Entweder durch eine integrierte Unterstützung in der Anwendung, in der man arbeitet (beispielsweise Adobe InDesign oder Adobe Illustrator), oder mit Hilfe von Adobe Acrobat. Für Microsoft-Office- und CAD-Programme installiert Adobe automatisch ein Skript, das den Export von PDF-Dateien direkt aus dem Programm mit einem Klick sehr einfach macht. Andernfalls muss man eine PostScript-Datei schreiben und diese dann mit dem Adobe Acrobat Distiller konvertieren. Auf diese Weise kann man PDF-Dateien aus allen Programmen erstellen, die in der Lage sind, auf einem PostScript-Drucker zu drucken. QuarkXPress verfügt über einen integrierten »PDF-Export«, der automatisch eine PostScript-Datei erstellt und anschließend in das PDF-Format umwandelt. Wenn man ein Adobe-Programm benutzt, gibt es ebenfalls integrierte Funktionen zur Erstellung für den Druck geeigneter PDF/X-Dateien [siehe 7.2.6].

Beim Erzeugen einer PDF-Datei muss man wählen, mit welchen Einstellungen die Datei erstellt werden soll. Acrobat Distiller und die PDF-Export-Funktionen, die in Microsoft Office, CAD-Programmen und in Adobe-Grafikprogrammen installiert sind, weisen alle eine Reihe vordefinierter Einstellungen auf, die sogenannten Job-Optionen. Sie erleichtern es, angepasste PDF-Dateien für verschiedene Anwendungsbereiche wie Druckabgabe, Präsentationen etc. zu erstellen. Die Job-Optionen beeinflussen eine Reihe unterschiedlicher Parameter, beispielsweise Auflösung, Kompression, Schriftarten und Farbanpassungen. Falls die PDF-Datei nur zur Darstellung auf einem Monitor verwendet wird, können Auflösung und Bilder komprimiert werden, um die Größe der Datei zu reduzieren. Wenn die Datei für den Druck verwendet wird, sollten die Bilder eine hohe Auflösung, aber keine Transparenz aufweisen. Falls man in Adobe InDesign arbeitet, kann man beim PDF-Export auch montierte RGB-Bilder mit einem ICC-Profil in den CMYK-Farbraum konvertieren lassen [*siehe Kasten auf der nächsten Doppelseite*].

7.2.3 Einstellungen für den Proof

Adobe Acrobat hat auch eine Funktion, um bestehende PDF-Dateien für verschiedene Anwendungen anzupassen. Die Funktion befindet sich im Menü **Erweitert → PDF-Optimierung**. Sie ist nützlich, wenn man eine niedrig aufgelöste Kopie eines hoch auflösenden PDFs drucken oder eine Kontrolldatei an jemanden senden möchte, der keine großen Dateien empfangen kann. Da die niedrig aufgelöste PDF-Datei aus der für den Druck optimierten PDF-Datei erstellt wird, sind beide Dateien mit Ausnahme der Auflösung der Bilder identisch, wodurch eine sichere Kopie zur Datenprüfung entsteht.

7.2.4 Sicherheitseinstellungen

Beim Erstellen einer PDF-Datei kann man auch verschiedene Sicherheitseinstellungen zum Schutz der Dateien wählen. PDF-Dateien können mit einem Passwort geschützt werden, um zu kontrollieren, wer die Datei lesen oder verändern darf. Es ist möglich zu erlauben oder zu verbieten, dass das Dokument gedruckt oder darin Änderungen durchgeführt werden dürfen. Man kann festlegen, ob das Kopieren von Text und Bildern erlaubt ist und ebenso das Hinzufügen oder Ändern von Texten oder Feldern in Formularen. Wenn man den Druck in hoher Auflösung erlaubt, sollte man daran denken, dass der Benutzer mit dem Acrobat Distiller daraus eine neue PDF-Datei erstellen kann. Die so erzeugte Datei wird dann keine Sicherheitseinstellungen aufweisen und kann vollwertig benutzt werden. In der Praxis bedeutet dies, dass man den Druck nicht zulassen sollte, wenn die Inhalte einer PDF-Datei von sensibler Natur sind.

Es ist in Adobe Acrobat Standard oder Professional auch möglich, die Sicherheitseinstellungen nachträglich in eine vorhandene PDF-Datei einzufügen. Diese Einstellungen können in Zertifikaten gespeichert und später erneut angewendet werden, um eine PDF-Datei eigener Wahl auf die gleiche Weise zu schützen. Ein Zertifikat wird in Acrobat mit einem Assistenten erstellt, hierbei werden die Art des Zugriffs und dessen Grenzen festgelegt, anschließend wird der Schutz durch ein Passwort oder eine digitale ID aktiviert. Acrobat und PDF-Standards unterstützen auch erweiterte Verschlüsselungen oder elektronische IDs. So können auch PDFs, die sehr hohen Anforderungen zur Geheimhaltung unterliegen – beispielsweise die empfindlichen finanziellen Informationen in Unternehmen –, vor unberechtigtem Zugriff geschützt werden.

Sobald man eine PDF-Datei mit aktivierten Sicherheitseinstellungen geöffnet hat, zeigt diese am unteren linken Rand des Dokument-Fensters ein kleines

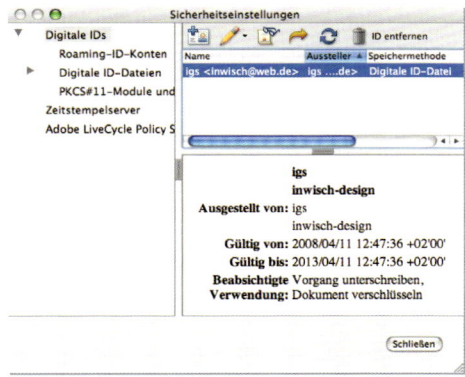

SICHERHEITSEINSTELLUNGEN IN ADOBE ACROBAT
Adobe Acrobat kann Benutzungseinschränkungen enthalten. Sicherheitseinstellungen können beispielsweise das Ausdrucken in nur einer niedrigen Qualität erlauben oder Änderungen an der Datei verbieten. Zur Nutzung von PDF-Dateien kann eine Identifikation über ein Passwort oder eine erweiterte codierte ID-Kontrolle nach einer auf dem Markt üblichen digitalen ID erfolgen. Die Einstellungen für Beschränkungen können in Sicherheitsrichtlinien verwaltet werden.

Wenn PDF-Dateien für die Druckvorstufe oder zum Proofen versendet werden, dürfen keine Sicherheitseinstellungen aktiviert sein.

EINSTELLUNGEN FÜR DIE ERSTELLUNG VON PDF-DATEIEN

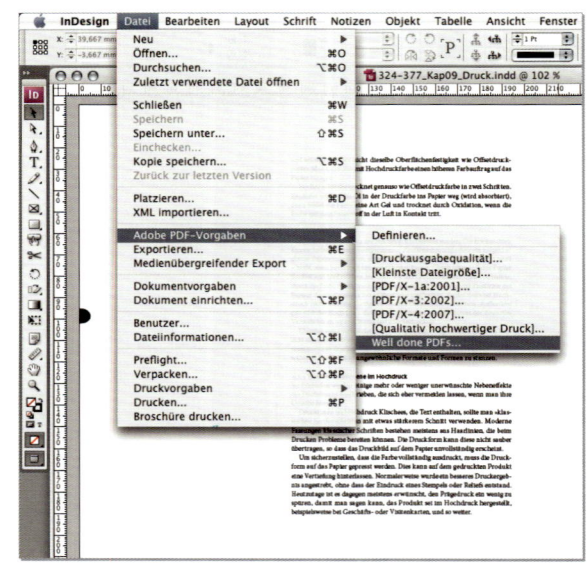

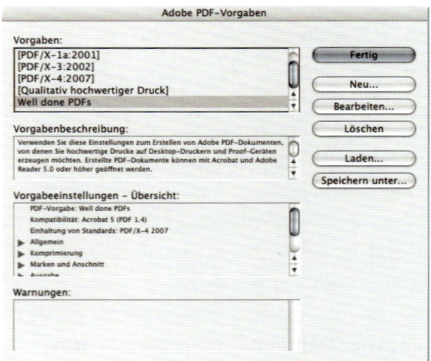

1. Die Grafikprogramme von Adobe haben eine eingebaute Funktion zum Erstellen von PDF-Dateien, weshalb man dafür nicht immer den Adobe Acrobat Distiller verwenden muss. Hier wird die PDF-Export-Funktion in Adobe InDesign gezeigt. Man kann entweder seine eigenen PDF-Export-Einstellungen erzeugen oder die im Programm vorhandenen Vorgaben benutzen.

2. Wenn man individuelle PDF-Spezifikationen festlegen möchte, kann man vorhandene Vorgaben variieren oder das Gewünschte eigenständig zusammenstellen. PDF-Einstellungen funktionieren in allen Adobe-Programmen gleich. Dies bedeutet, dass ein in Adobe InDesign erstelltes Vorgaben-Setting auch in Adobe Illustrator und Adobe Acrobat Distiller verwendbar ist.

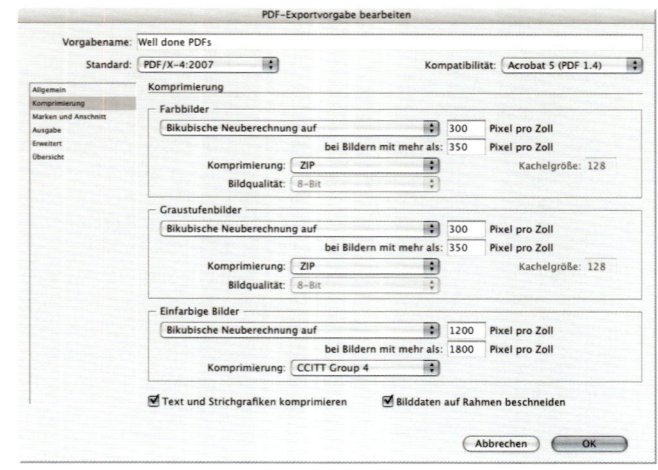

3. Unabhängig davon, welches Programm man zur Erstellung einer PDF-Datei verwendet, kann man die Einstellungen für Bildauflösung und eine eventuelle Komprimierung als JPEG oder ZIP definieren.

Es ist durchaus üblich, dass in Layoutprogrammen unnötig hohe Auflösungen für die Bilder vorliegen. In diesem Beispiel wird die Auflösung in allen Farb- und Graustufenbildern mit einer höheren Auflösung als 350 ppi auf 300 ppi reduziert. Darüber hinaus sind alle Bilder mit ZIP komprimiert, um die Größe der PDF-Datei ohne Verlust der Bildqualität zu verringern.

In Adobe InDesign kann man unter **Komprimierung** auch wählen, ob die Teile des Bildes, die unsichtbar sind, in der PDF-Datei entfernt werden sollen, was ebenfalls die Datenmenge reduziert.

252 | PRINTPRODUKTION WELL DONE!

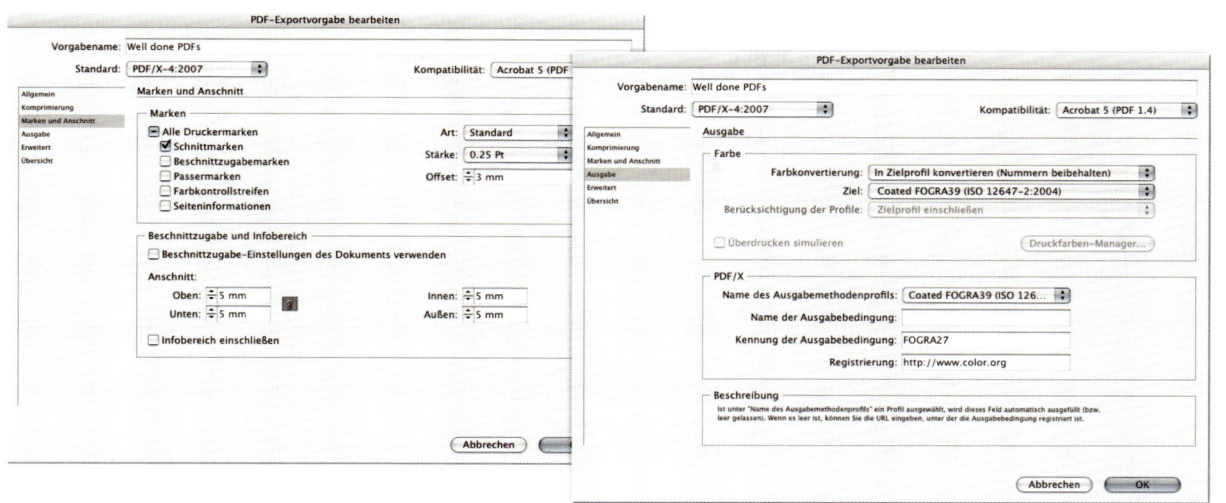

4. Das Dialogfenster **Marken und Anschnitt** im Dialog **PDF-Vorgaben** von Adobe InDesign: Hier kann man in der PDF-Datei Beschnittmarken, Anschnitt und Seiteninformationen integrieren. Wenn man mit einem anderen Programm zunächst eine PostScript-Datei ausgeben und anschließend das PDF-Format mit dem Acrobat Distiller berechnen möchte, müssen diese Einstellungen bereits beim Generieren der PostScript-Datei erfolgen.

5. Wenn man eine PDF-Datei aus Adobe InDesign exportiert, kann ein ICC-Profil für den zu verwendenden Druck integriert werden. Mit der Wahl **In Zielprofil konvertieren (Nummern beibehalten)** werden RGB-Bilder automatisch in den CMYK-Farbraum umgewandelt und mit dem entsprechenden ICC-Profil versehen; Bilder im CMYK-Modus und andere Objekte im CMYK-Farbraum hingegen bleiben unberührt. Dies kann ein möglicher Arbeitsweg sein, wenn sich im Layout RGB-Bilder befinden, die Druckerei aber nur PDF-Dateien mit CMYK akzeptiert.

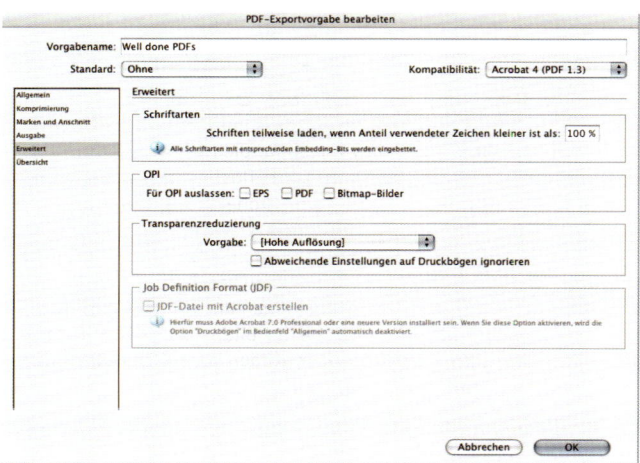

6. Da Adobe InDesign und Adobe Illustrator mit transparenten Objekten arbeiten können, ist es unter Umständen erforderlich, diese umzuwandeln, damit sie auf einem normalen Drucker gedruckt werden können. In dem Beispiel verwenden wir die PDF-Exportvorgaben auf dem ISO-Standard PDF/X. Hierbei ist es nicht möglich, transparente Objekte in der Datei zu erhalten. Transparenzreduzierung bedeutet, dass die Bereiche der Seite, die transparente Objekte enthalten, in kleine Bilddateien umgewandelt werden. Deshalb ist es wichtig, die Einstellung **Hohe Auflösung** zu wählen, damit auch eine entsprechend hochwertige Bilddatei generiert wird.

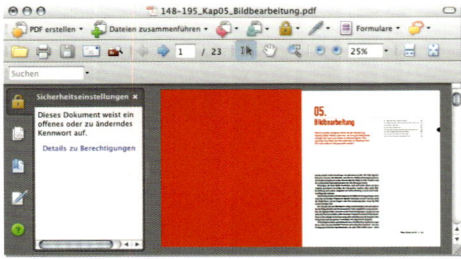

VORHÄNGESCHLOSS
Ist das PDF durch Sicherheitseinstellungen geschützt, zeigt Acrobat ein Vorhängeschloss an. Durch Klick auf das Schloss erhält man Auskunft darüber, um welche Sicherheitsmaßnahmen es sich handelt.

PDF Version	Acrobat Version	Wichtige grafische Spezifikationen
1.3	4	Sonderfarben, Überdrucken
1.4	5	Formularfunktionen, Transparenzen
1.5	6	Transparenz, Ebenen
1.6	7	Verschieben von 3D-Grafiken
1.7	8	Interaktive 3D-Grafiken
1.8	9	PDF-Landkarten durch Import von Geodaten erzeugen

VERSIONEN DES PDF-FORMATS
Jedes Mal, wenn die Spezifikationen für das PDF-Format aktualisiert werden, hat auch Adobe entsprechend eine neue Version von Acrobat veröffentlicht.
  PDF/X-Standards basieren auf PDF 1.3, damit sie auch mit älteren Versionen von Acrobat sowie älteren Druckern und RIPs funktionieren.

orangefarbenes Vorhängeschloss. Durch einen Klick auf dieses Symbol kann man überprüfen, welche Sicherheitseinstellungen für das Dokument gelten. Die genauen Angaben erhält man auch unter **Datei → Eigenschaften → Sicherheit.**

Wenn man eine PDF-Datei in eine Druckerei sendet, sollte man keine Sicherheits-Spezifikationen benutzen, damit auch noch Last-Minute-Korrekturen durchgeführt werden können. Wenn eine PDF-Datei allerdings nur zur Überprüfung und Kontrolle versendet wird, ist es oft ratsam, entsprechende Eingriffe in die Datei vorab auszuschließen. Man sollte jedoch für die Überprüfung erlauben, Notizen hinzuzufügen oder Text zu kopieren, um diesen über eine E-Mail oder in einer Microsoft-Word-Datei korrigiert zurückzusenden.

7.2.5 Unterschiedliche Arten von PDF-Dateien

Das PDF-Format wurde im Laufe der Jahre im gleichen Tempo weiterentwickelt wie Adobe Acrobat, das mit der Zeit immer kompliziertere Inhalte zu verarbeiten gelernt hat. Aus diesem Grund hat die Spezifikation für das PDF-Format eine Versionsnummer. Frühere Versionen (PDF 1.1 und 1.2) waren für die Druckvorstufe kaum brauchbar, da ihr Handling von Farben und Schriftarten nicht gut genug war. PDF-Version 1.3 war die erste Version, die für die Druckvorstufe praktikabel und nützlich war und immer noch ist. Diese Version gilt als Standard für die Erstellung von PDF-Dateien in der grafischen Industrie.

Heute gibt es keine strengen technischen Beschränkungen beim Einsatz von PDFs für die Druckvorstufe. Die Schwierigkeit liegt eher im Gegenteil: Das PDF-Format kann viel mehr als drucken, was möglicherweise zu Problemen in der Druckvorstufe führen kann. Ein interaktives Formular oder eine Präsentation mit Videoclip sind Beispiele für etwas, was nicht Bestandteil der Druckvorstufe ist. Aus diesem Grund haben die meisten Druckereien und Zeitungen eigene PDF-Exportvorgaben für ihre Produktion definiert.

7.2.6 PDF/X

Um die Druckproduktionen zu vereinfachen und das Risiko technischer Probleme bei der Ausgabe für den Druck zu minimieren, wurde PDF/X als ISO-Standard für die PDF-Dateien der Druckvorstufe entwickelt. Eine PDF/X-Datei ist eine normale PDF-Datei, die nach standardisierten Kriterien für die sichere grafische Produktion erstellt wurde. Diese Kriterien sind in Job-Optionen zur Erstellung von PDF-Dateien integriert, in der gleichen Art und Weise gibt es diese Job-Optionen auch für andere spezielle PDF-Dateien, die beispielsweise als Basis für E-Books dienen. Durch diese Job-Optionen können PDF/X-Dateien direkt aus modernsten Software-Anwendungen für die Druckvorstufe erstellt werden.

Die Kriterien regeln eine lange Reihe technischer Parameter. Der Gedanke dahinter ist, dass PDF/X-Dateien vollständig standardisiert werden, mit dem Ziel, dass Funktionalität und Ergebnis in allen Druckern und Systemen immer genau gleich sind. Der PDF/X-Standard soll auch das Auftreten einer Reihe von nicht erlaubten Funktionen wie Ebenen, Interaktivität, Transparenz und anderer Dinge, die sich nicht für den Druck eignen, verhindern. Zu beachten ist, dass die meisten Sicherheitseinstellungen verhindern, dass die Datei in das PDF/X-Format umgewandelt werden kann. Der Standard ist nicht speziell für bestimmte Produktionsverfahren geregelt. In PDF/X wurden keine Festlegungen getroffen, die beispielsweise die Messung von Farben oder der Bildauflösung beinhalten; diese sind unabhängig definierbar.

Derzeit gibt es zwei Versionen des PDF/X-Standards: PDF/X-1 und PDF/X-3. X-1 dient für alle Dateien, die ausschließlich bereits druckfähige Farben, also CMYK- oder Pantone-Farben enthalten. X-3 erlaubt auch RGB-Farben und eignet sich für eine Arbeitsumgebung, in der die Bilder im Drucker in CMYK umgewandelt werden können. Es gibt auch noch eine andere ISO-Norm namens PDF/A, diese dient zur langfristigen Archivierung verschiedenster digitaler Dokumente.

7.2.7 Prüfen der PDF-Dateien

Eine PDF-Datei, die für den Druck bereit ist, sollte direkt nach dem Erstellen geprüft werden, bevor sie zur Produktion in die Druckerei geht. Eine erneute Prüfung sollte von der Person durchgeführt werden, welche die Daten bei der Zeitung oder der Druckerei entgegennimmt. Das Überprüfen besteht aus zwei Schritten: inhaltliche Überprüfung und technische Kontrolle. Die inhaltliche Überprüfung bedeutet, dass man die Datei in Adobe Acrobat begutachtet und dann ausdruckt. Auf einem Ausdruck lassen sich technische Mängel entdecken, die man sonst leicht übersieht, wie verdeckte Linien, Rechtschreibfehler etc., und man kann sicherstellen, dass alle Elemente enthalten sind. Man kann eine Lupe verwenden, um Teile der Seiten auf einfache Weise zu vergrößern.

Für technische Kontrollen benötigt man das Programm Adobe Acrobat Professional (ab Version 9 Acrobat Pro), das eine Reihe nützlicher Werkzeuge enthält. Die Wichtigsten findet man unter **Erweitert Preflight...** und **Erweitert → Druckproduktion → Ausgabevorschau... → Ausgabevorschau Separation**.

Durch die Verwendung von **Ausgabevorschau Separation** kann ein Farbkanal (der Inhalt einer Druckplatte) geprüft werden. Dies ist ein guter Weg, um die Datei auf Farbüberlagerungen, überdruckendes Schwarz [siehe 7.4.8] oder Tiefschwarz [siehe Layout 6.10.4] zu überprüfen, was auf dem Monitor schwer abzuschätzen ist. In Acrobat Professional kann man alle Stellen der Datei, wo eine Überfüllung oder Schwarzüberdruck vorliegt, farblich markieren. Ebenso lässt sich der Gesamtfarbauftrag [siehe 7.4.3] in dunklen Bildbereichen überprüfen. Für manche Druckverfahren ist es von großer Bedeutung, dass dieser gewisse Werte nicht überschreitet, beispielsweise im Zeitungsdruck, wo es maximal 240 % sein sollten. Indem man einen Wert für den maximalen Farbauftrag in den Dateien festlegt, kann man Elemente erkennen, die diesen Wert überschreiten.

Es gibt auch eine Funktion **Erweitert → Druckproduktion → Überdrucken-Vorschau**. Durch Aktivierung dieser Funktion wird auf dem Monitor simuliert, wie die Datei gedruckt aussehen wird: Ist beispielsweise weiße Schrift auf einem Bild platziert und steht auf Überdrucken, dann wird der Text in der Vorschau verschwinden. Schwarze Schrift wird dagegen durchscheinend angezeigt und darunter liegende Objekte werden im Schriftbild sichtbar. Farbige Schrift, die auf Überdrucken steht, verrechnet sich mit dem Hintergrund in eine Mischfarbe. Man sollte diese Funktion während der Ausgabevorschau verwenden, um eine genaue Vorstellung des Farbverhaltens im Druck zu bekommen.

PDF/X

Den ISO-Standard PDF/X gibt es in verschiedenen Versionen. Er legt fest, welche Einstellungen eine PDF-Datei beim Erstellen erhält. Bestimmte Variablen können trotzdem geändert werden, andere Einstellungen sind fest definiert. Eine PDF/X-Datei ist ein normales PDF, allerdings erstellt nach einem strengen Satz von Leitlinien zugunsten einer sicheren Druckproduktion.

PDF/X-1 ODER PDF/X-3

Es gibt grundsätzlich zwei Arten von PDF/X-Dateien: PDF/X-1 und PDF/X-3. Was sie unterscheidet, ist der mögliche Farbraum in der Datei: PDF/X-1 kann nur CMYK- und Sonderfarben, PDF/X-3 kann zusätzlich RGB-Daten enthalten. PDF/X-3-Dateien müssen daher vor dem Druck möglicherweise zuerst separiert werden.

DIE WICHTIGSTEN ANFORDERUNGEN IN PDF/X

PDF/X stellt eine Vielzahl von Anforderungen an die PDF-Datei, um das Drucken sicherer zu machen. Einige Beispiele sind:

- Keine Ebenen
- Keine Interaktivitäten
- Keine Transparenzen
- Fonts müssen enthalten sein
- Farben müssen bestimmte Normen erfüllen (RGB, CMYK und ICC-Profile)

PDF/X REGELT NICHT ALLES

Es gibt eine Reihe von Faktoren, die in PDF/X nicht festgelegt sind, da sie für Druckverfahren variabel anpassbar sein müssen. Diese Parameter müssen also manuell eingestellt werden. Hier sind einige der Wichtigsten:

- Die Bildauflösung
- Namen und Eigenschaften von Druckfarben
- Maximale Anzahl der Farben
- Beschnittzugabe
- Schnitt- und Passermarken

KONTROLL-WERKZEUGE IN ACROBAT PROFESSIONAL

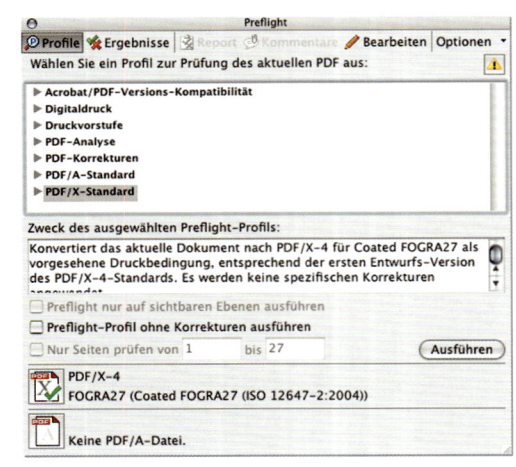

PREFLIGHT – TEIL 1
Adobe Acrobat Professional hat eine eingebaute Funktion zur technischen Kontrolle, den **Preflight**. Um eine Prüfung durchzuführen, wählt man unter **Erweitert→Preflight** ein Profil aus, das darüber entscheidet, welche Informationen in der Datei überprüft werden.

Es ist relativ einfach, ein eigenes Profil zu erstellen, um z. B. zu überprüfen, ob alle Farben in CMYK vorliegen oder ob alle Bilder eine bestimmte Auflösung haben.

PREFLIGHT – TEIL 2
Wenn man auf eines der wählbaren Profile doppelklickt oder auf **Ausführen** klickt, wird eine Dokumentprüfung durchgeführt. Dabei ändert sich das Fenster auf die zweite Rubrikreiteranzeige **Ergebnisse**.

Sollte man bei einer Fehlermeldung z. B. zu einem Bild wissen wollen, um welches Bild es sich handelt, kann man sich dieses in einer entsprechenden **Snap-Ansicht** anzeigen lassen.

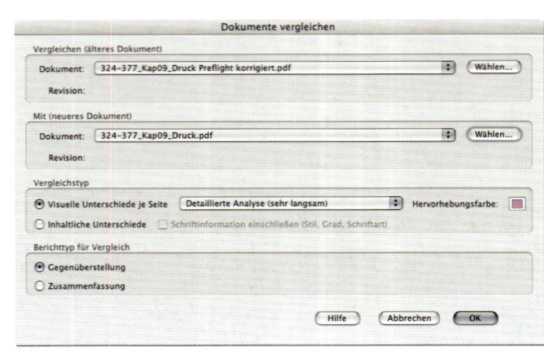

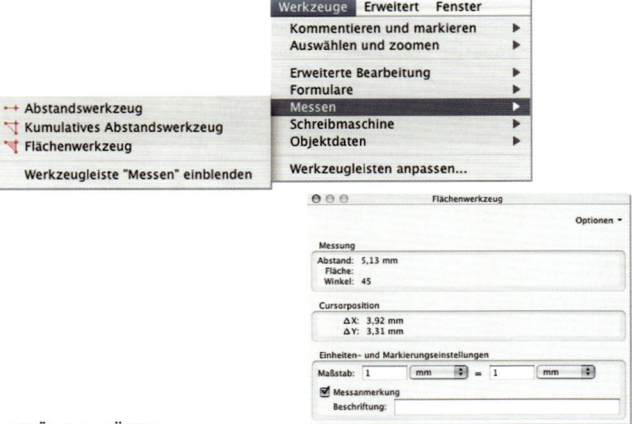

DOKUMENTE VERGLEICHEN
Wenn man, z. B. nach einer Korrektur, eine neue Version von einem PDF gemacht hat und sicher sein will, dass nichts sonst seit der letzten Version verändert wurde, kann man das alte und das neue Dokument miteinander vergleichen.

Hierbei werden alle Dinge, die sich zwischen den beiden Dokumenten unterscheiden, hervorgehoben.

ABSTÄNDE PRÜFEN
Um Abstände und andere Maße auf der Seite zu überprüfen, gibt es drei verschiedene Messwerkzeuge. Beim Einsatz dieser Werkzeuge öffnet sich ein entsprechendes Feld, in dem die Ergebnisse dargestellt werden. Möglich sind Längen-, Umfangs- und Flächenmessungen.

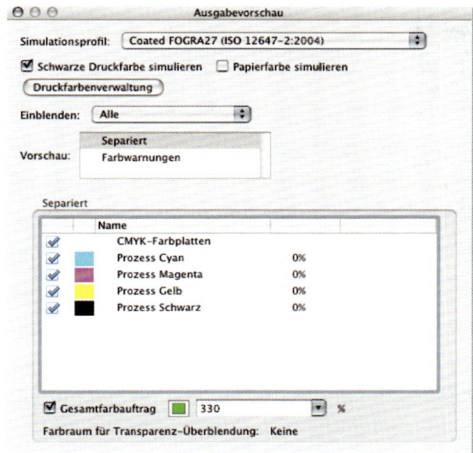

AUSGABEVORSCHAU – TEIL 1
Die Palette **Ausgabevorschau** enthält viele clevere Funktionen. Unter **Simulationsprofil** wählt man das entsprechende ICC-Profil. Das im Druck unter diesen Bedingungen erzielbare Ergebnis wird angezeigt. Aktiviert man zusätzlich **Papierfarbe simulieren**, erzeugt der Monitor einen »Soft-Proof«. Unter **Separiert** kann man die Farbwerte jedes Elements anzeigen lassen, auf dem man sich mit dem Mauszeiger befindet. Am unteren Rand des Dialogfelds ist eine Funktion zur Überprüfung des Gesamtfarbauftrags der Druckfarbe. Wenn man einen Maximalwert angibt, z. B. 330 %, werden alle Bereiche der Seite markiert, die diesen Wert überschreiten.

AUSGABEVORSCHAU – TEIL 2
Die Ausgabevorschau enthält außerdem zwei Farbwarnungen. **Überdruck anzeigen** markiert alle Elemente, die andere Bereiche überdrucken, meist wird dies die schwarze Schrift sein. **Tiefschwarz** zeigt alle Bereiche an, die den Schwarzaufbau aus mehreren Farben durchführen.

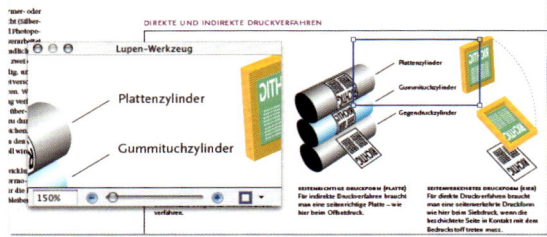

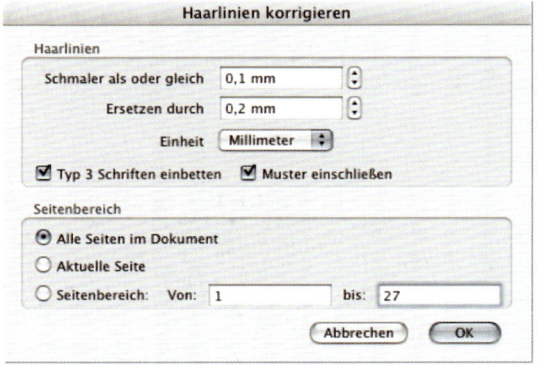

PRÜFEN MIT DEM LUPENWERKZEUG
Mit der Lupe kann man gezielt einen Bereich der Seite auswählen, um diesen möglichst groß darzustellen, ohne die gesamte Seite zoomen zu müssen.

HAARLINIEN KORRIGIEREN
Falls man befürchtet, dass bestimmte Linien in der PDF-Datei zu dünn für den Druck sind, kann man mit dieser Funktion alle Linien im Dokument prüfen und dünnere notfalls korrigieren lassen. Die kritische Linienstärke kann man vorher selbst bestimmen.

WAS MAN IM PREFLIGHT PRÜFEN SOLLTE
Im Folgenden sind einige Dinge aufgeführt, die man über den Preflight prüfen sollte:

- Entspricht die Datei den Anforderungen des PDF/X-Standards?
- Ist die Auflösung der Bilder angemessen?
- Verwendet die Datei Sonderfarben?
- Überschreitet die Anzahl der verwendeten Farben eine gewissen Wert?
- Sind im Text zu kleine Schriftgrade gewählt?
- Sind Linien zu dünn?

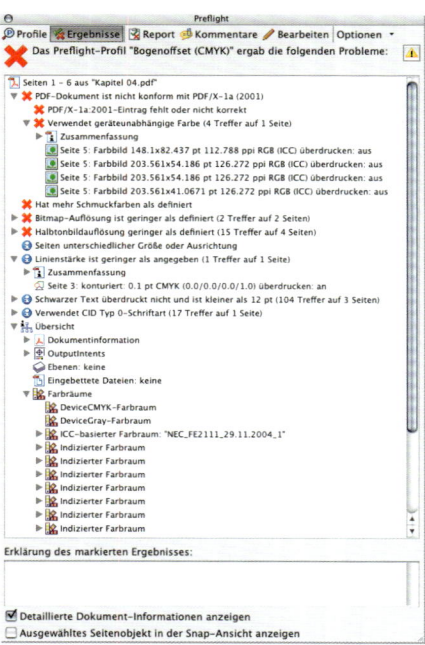

IM PREFLIGHT GEFUNDENE FEHLER
Fördert der Preflight falsche Linienstärken, nicht druckfähige Farbräume oder zu geringe Bildauflösungen etc. zutage, korrigiert man am besten in der Originaldatei und erstellt dann ein neues, fehlerfreies PDF.

Für den Umgang mit Sonderfarben gibt es die Funktion **Druckfarbenverwaltung**. Wenn man beispielsweise eine Schmuckfarbe mit zwei verschiedenen Namen importiert, eine Pantone-Farbe eine Glasur oder eine Deckfarbe ist, kann dies hier ermittelt und korrigiert werden. Eine weitere wichtige Funktion ist **Haarlinien korrigieren**. Sie wandelt Linien, die zu dünn und schwierig zu drucken sind, in Linien druckbarer Stärke um.

Mit der Funktion **Preflight** können alle technischen Parameter in der Datei überprüft werden, zum Beispiel Auflösung, Farbraum, maximaler Farbauftrag, Sonderfarben und Schriftarten. Es ist auch möglich, komplexere Dinge zu kontrollieren, zum Beispiel, dass kein Text kleiner als acht Punkt ist und gleichzeitig mehr als eine Farbe enthält.

Man kann in Acrobat Professional aus den vorgegebenen Prüf-Profilen das Gewünschte auswählen. Auch besteht die Möglichkeit, auf einfache Weise eigene Prüf-Profile zu erstellen. Es gibt auch eine Funktion, um sich zu vergewissern, ob eine Datei dem PDF/X-Standard entspricht. Wenn die Datei technische Fehler enthält, wird eine Liste mit entsprechenden Erläuterungen angezeigt, und die Datei wird als nicht druckfähig klassifiziert.

Für den professionellen Bedarf gibt es die Zusatzsoftware PitStop Professional von Enfocus, mit der man solche Daten korrigieren kann, bevor sie in Druck gehen. Das Programm verfügt über eine Preflight-Funktion ähnlich der in Acrobat Professional, kann aber mit entsprechenden Gegenmaßnahmen eine Reihe von Fehlern beheben. Auch in Acrobat Professional kann man Schritte gegen einfachere Fehler unternehmen, jedoch steht erst ab Version 8 auch eine entsprechende Korrekturmöglichkeit über den Preflight zur Verfügung. Aber grundsätzlich ist es am besten, alle Fehler in der Originaldatei zu korrigieren und eine neue PDF-Datei zu erstellen.

7.2.8 Bearbeiten von PDF-Dateien

Obwohl PDF-Dateien eigentlich vor einer Bearbeitung geschützt sind, können doch bestimmte Änderungen durchgeführt werden. Das Ausmaß, wie viel möglich ist, wird durch die Sicherheitseinstellungen begrenzt, mit denen die PDF-Datei erstellt wurde. Im Allgemeinen wird die Überarbeitung von PDF-Dateien nicht empfohlen, aber manchmal kann es notwendig sein, einfachere Last-Minute-Korrekturen durchzuführen. Einige nützliche Korrekturwerkzeuge in Adobe Acrobat Professional sind das Text-, das Objekt- und das Beschneiden-Werkzeug.

Änderungen am Text erledigt man mit dem **TouchUp-Textwerkzeug**. Die Textbearbeitung wird durch die Tatsache begrenzt, dass die notwendigen Informationen nicht mehr in einer PDF-Datei vorhanden sind. Der Vorteil einer PDF-Datei besteht darin, dass man sich nicht mit fehlenden Fonts herumärgern muss. Der Nachteil ist, dass große Änderungen im Text praktisch nicht möglich sind, da im PDF die Schrift zeilenweise definiert wird und damit jede Zeile eine Einheit für sich ist. Die Ausnahme sind PDF-Dateien, die zur Verwendung als E-Books erstellt werden. Es gibt in diesen Dateien zusätzliche Informationen, durch die Zeilen über das gesamte Dokument verbunden werden, damit es möglich ist, den Text auf die Breite verschieden großer Bildschirme anzupassen.

Ansonsten müsste man mehrere Seiten bewegen, um zum Beispiel eine lange Zeile auf einem Pocket-PC zu lesen.

Textbearbeitung ist in Adobe Acrobat schnell erledigt. Aber wie schon gesagt, ist sie begrenzt, denn man kann Änderungen nur in einzelnen Zeilen durchführen. Das heißt, man kann zum Beispiel nicht in den Zeilenfall eingreifen. Es ist lediglich möglich, eine neue Zeile innerhalb des Textes zu erzeugen, aber Zeilenumbrüche und Silbentrennungen müssen manuell erledigt werden. Um Text in Acrobat zu bearbeiten, muss die richtige Schriftart installiert werden. Ist das nicht der Fall, wird die Schrift des Textes durch eine andere Schrift aus dem Computer ersetzt. Textbearbeitung in Acrobat ist in der Regel nicht zu empfehlen und sollte nur minimal, wo es absolut notwendig ist, durchgeführt werden. Alle wesentlichen Änderungen am Text sollten in der Originaldatei erledigt werden.

Pixelbilder und Vektorgrafiken können in Adobe Acrobat mit dem **TouchUp-Objektwerkzeug** bearbeitet werden. Das Tool ermöglicht es, die Elemente zu markieren, die man ändern will. Bilder können dann verschoben, abgeschnitten, entfernt, kopiert und in anderen Teilen des Dokuments eingesetzt werden. Man kann auch einzelne Bilder oder Illustrationen in Adobe Photoshop oder Adobe Illustrator bearbeiten und sie direkt in die PDF-Datei speichern, die dann automatisch aktualisiert wird. Adobe Professional kann diese beiden Programme auch zum Bearbeiten des Inhalts einer PDF-Datei benutzen. Man verwendet das **Objektwerkzeug** und markiert das Bild, welches man ändern möchte, klickt mit der rechten Maustaste auf das Objekt und wählt **Bild bearbeiten**. Falls das Objekt ein Pixelbild ist, öffnet sich automatisch Adobe Photoshop, handelt es sich um eine Vektorgrafik, zum Beispiel Text oder Logo, wird es in Adobe Illustrator geöffnet. Welches Programm verwendet werden soll, wird in den Acrobat-Einstellungen konfiguriert. Das Objekt kann dann unabhängig von der PDF-Datei bearbeitet werden. Beim Schließen des Objekts werden die Änderungen automatisch in die PDF-Datei übertragen. Dies kann nützlich sein, wenn beispielsweise ein RGB-Bild in den CMYK-Farbraum konvertiert werden muss. Bilder und Objekte können innerhalb der PDF-Datei mit dem **TouchUp-Objektwerkzeug** auch an eine andere Position verschoben werden.

Mit dem **Beschneidungswerkzeug** kann die Seite beschnitten werden. Beispielsweise können so Passermarken und Beschnittzeichen entfernt oder der leere Teil der Seite weggeschnitten werden (z. B. bei schmalen Ausklappseiten). Man benutzt das Werkzeug wie in Adobe Photoshop, indem man einen Rahmen aufzieht und mit der Return-Taste bestätigt. Dabei öffnet sich das Dialogfenster **Seite beschneiden**, in dem man seine Einstellungen genauer bearbeiten kann. Das PDF-Format kann vier Seitenrahmen verwenden. Über ein Pop-up-Menü hat man die Wahl, welcher dieser Rahmen beeinflusst werden soll. Normalerweise ist es der Beschnitt-Rahmen, dieser regelt den äußersten Rand einer PDF-Datei. Es gibt auch einen Objekt-, einen Anschnitt- und einen Endformat-Rahmen, je nachdem, was man vorhat.

VORAUSSETZUNGEN FÜR DIE TEXTBEARBEITUNG
Für die Bearbeitung genügt es nicht, dass der Font im PDF eingebettet ist. Das reicht nur aus, um das Dokument zu drucken bzw. zu belichten. Voraussetzungen für die Textverarbeitung im PDF sind:

- Der verwendete Font muss mit allen Zeichen eingebettet sein (nicht nur als Untergruppe).
- Der verwendete Font muss auf dem Rechner installiert sein.
- Das PDF darf nicht mit Schutzmaßnahmen gegen Bearbeitung gesperrt sein.

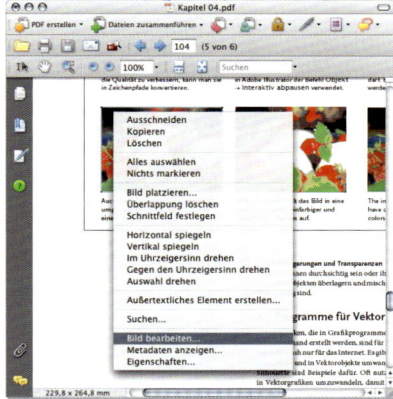

OBJEKTBEARBEITUNG
Nachdem man mit dem **TouchUp-Objektwerkzeug** auf ein Bild geklickt hat, kann man über das Pop-up-Menü den Befehl **Bild bearbeiten...** aufrufen, und das zugehörige Erstellungsprogramm öffnet das eingebettete Bild.

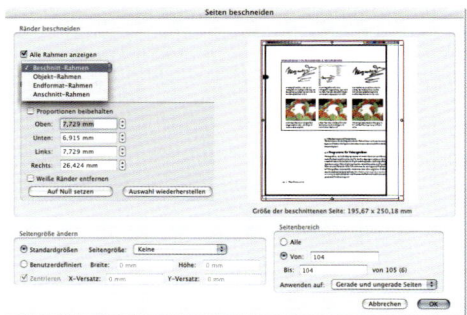

BESCHNEIDEN EINZELNER SEITEN
Über das Menü **Seiten beschneiden** können Seiten nachträglich zugeschnitten werden.

7.3 JDF – Job Definition Format

Heute gibt es einen erhöhten Bedarf an Automatisierung und Kommunikation zwischen den verschiedenen Systemen für grafische Produktions- und Verwaltungsabläufe. Gleichzeitig wird die grafische Produktion oft in gemischten Umgebungen mit Systemen verschiedener Hersteller durchgeführt. Aus diesem Grund begann eine Zusammenarbeit zwischen Heidelberg, MAN Roland, Agfa und Adobe mit dem Ziel, einen Kommunikationsstandard zwischen Verwaltungs- und Produktionssystemen zu erzeugen.

Dieser Standard heißt JDF – Job Definition Format – und beginnt mit der PDF-Produktion. JDF basiert zum Teil auf dem Adobe PJTF (Portable Job Ticket Format), welches Beziehungen zwischen Informationen rund um die Tätigkeiten der Vorstufe herstellt. Beispiele hierfür sind: Seitenumbruch, Überfüllungen und Ausschießen auf Druckplattenformat. Aufgabe ist, den Informationsaustausch zwischen den verschiedenen Stufen der Produktion zu regeln: Vorstufe, Druck und Weiterverarbeitung. JDF deckt all diese Bereiche ab.

JDF definiert in einer Job-Spezifikation, wie diese Informationen strukturiert werden sollen. Die Job-Spezifikation liegt in einem unabhängigen XML-Format vor und kann als digitale Arbeitsanweisung gesehen werden, deren Aufgabe es ist, unterschiedliche Produktionssysteme miteinander zu verknüpfen. Die Idee ist, dass mit Hilfe von JDF ein Verwaltungssystem entsteht, das die gesamte auszuführende Arbeit der Produktionsbereiche (z. B. Seitenanzahl, Falzen, Binden und Schneiden) steuert. Die Produktionsbereiche sollten auch in der Lage sein, Informationen auszutauschen (z. B. Farbauftrag, Falzen und Schneiden).

JDF ermöglicht, dass diese verschiedenen Systeme miteinander kommunizieren und kann daher verwendet werden, um unterschiedliche Prozesse zu definieren und zu steuern. Auf diese Weise erreicht man einen höheren Grad an Automatisierung und gleichzeitig verbessert man die Kontrolle und Nachvollziehbarkeit der Produktionsschritte. Die Vision dabei ist, dass die Druckerei eine Kundenanfrage in das Verwaltungssystem übernimmt und dieses dem Kunden ein auf den Punkt genaues Angebot im PDF-Format erstellt. Wenn das PDF die Druckmaschine erreicht, wird eine JDF-Datei erzeugt und mit den Daten des Angebots gefüllt, das mit einer Angebotsnummer verbunden ist. Auf diese Weise werden alle Informationen automatisch erstellt und können direkt als Angaben für die Produktion verwendet werden.

Der JDF-Standard wurde in verschiedene Bereiche aufgeteilt, so dass Anbieter von Vorstufe, Druck und Weiterverarbeitung nicht auf Teile achten müssen, an denen sie nicht beteiligt sind. Die JDF-Datei enthält daher grundlegende Fakten (z. B. Auflagenhöhe, Format, Anzahl der Seiten, Druckfarben, Papier), sowie zusätzliche Informationen über Druckvorstufe, Druck, Weiterverarbeitung und Bindung. Darüber hinaus enthält sie Informationen darüber, wohin Protokolldateien gesichert werden. Dies wird als JMF – Job Messaging Format – bezeichnet und ist ein Standard für die Übertragung von Statusinformationen zwischen verschiedenen Systemen, beispielsweise im Hinblick auf Auftragssteuerung, also wo sich ein Produkt im Produktionsprozess befindet und ob Fehler aufgetreten sind.

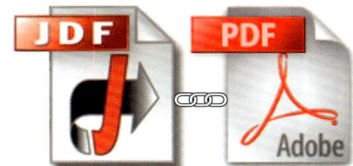

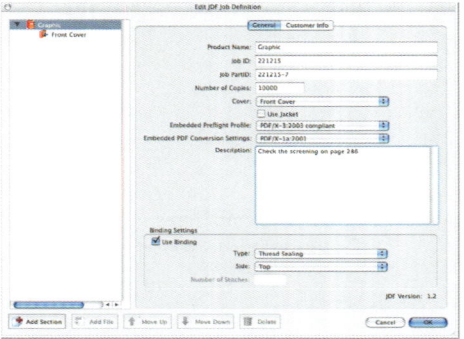

PDF UNTERSTÜTZT JDF
JDF definiert, wie die Auftragsinformationen, die in einem unabhängigen XML-Format gespeichert sind, strukturiert werden sollen. Das Adobe-PDF-Format unterstützt JDF und macht es möglich, Einstellungen zu erzeugen und zu bearbeiten. Man findet die Funktion unter **Erweitert → Druckproduktion → JDF Auftragsdefinitionen**.

Seit Programmversion 7 enthält Adobe Acrobat ein Formular, um solche Informationen anhand des JDF-Standards zu generieren.

Die Schwachstelle am JDF-Workflow ist, dass man von allen Anbietern im System, von der Druckmaschine über die Weiterverarbeitung bis zur Verwaltung, alle Informationen und einzuhaltenden Standards benötigt. Es gibt deshalb nur wenige Betriebe, die in der Lage sind, die Vorteile des JDF-Systems vollständig zu nutzen. Am ehesten wird es beim Ausschießen, Drucken und in der Weiterverarbeitung voll ausgeschöpft. In diesen Bereichen gibt es bereits traditionelle Automatisierungen und eine begrenzte Zahl etablierter Unternehmen, die groß genug sind, die Entwicklung des JDF-Systems zu steuern. Für die weitere Ausdehnung von JDF wäre es aber notwendig, dass Hersteller von Business-Systemen (MIS – Management Information System) JDF vollständig unterstützen. Hier gab es in letzter Zeit wenig Fortschritte, da nur einige Unternehmen im MIS-Bereich speziell für die grafische Produktion entwickeln. So bleiben oft nur kleine Spezialunternehmen übrig, die aber nicht über die Mittel für umfassende Systementwicklungen verfügen. Die Verantwortung für die Weiterentwicklung von JDF hat heute CIP4 (International Cooperation for the Integration of Processes in Prepress, Press and Postpress) übernommen – ein internationaler Zusammenschluss für die Integration von Prozessen in der Druckvorstufe, im Druck und in der Weiterverarbeitung. CIP4 wird von allen Lieferanten innerhalb der grafischen Produktion unterstützt und garantiert auf diese Weise die unabhängige Entwicklung.

7.4 Einstellungen für den Druck

Wenn bei einer Werbekampagne das gleiche Bild auf verschiedenen Werbeträgern (Tageszeitung, Magazin, Großflächenplakat, Buswerbung etc.) erscheinen soll, muss man sich bewusst sein, dass das Bild speziell für jeden Zweck zu bearbeiten ist. Technisch sind das eigentlich vier völlig unterschiedliche digitale Bilder, die für ihre jeweilige Verwendung anzupassen sind. Allgemein kann ein digitalisiertes Bild nur in der Art von Produkt verwendet werden, für welches es erstellt wurde.

Die Farbwiedergabe im Druck ist im Wesentlichen durch drei Faktoren beeinflusst: Farbe, Papier und Druckverfahren. Farbpigmente können theoretische Farben nie genau reproduzieren. Je mehr sie den theoretischen Werten entsprechen, desto genauer werden sie wiedergegeben. Gleichzeitig erfordern verschiedene Druckverfahren für eine erfolgreiche Reproduktion unterschiedliche Eigenschaften. Dies macht es schwierig, mit verschiedenen Techniken vergleichbare Ergebnisse zu erreichen. Die Dichte der Farbe und die Art ihres Auftrages variieren zwischen den verschiedenen Drucktechniken und Papiersorten. Auch unterscheidet sich die Anzahl der möglichen Farben. Je höher der Farbauftrag auf dem Papier sein darf, desto besser ist die Farbwiedergabe. Die Eigenfarbe des Papiers, seine Oberflächenstruktur und drucktechnische Eigenschaften beeinflussen die Farbwiedergabe in einem hohen Maß. Es gibt nur wenige Papiersorten, die völlig weiß sind. Die meisten haben eine zarte Tönung, andere hingegen Färbungen wie zum Beispiel das rosafarbene Papier einiger Tageszeitungen, was eine Kontrolle der Graubalance in Bildern erfordert.

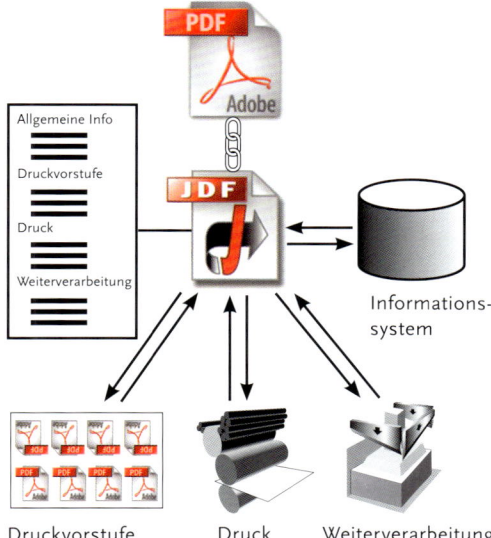

AUSTAUSCH VON INFORMATIONEN

Die JDF-Datei enthält grundlegende Fakten (z. B. Auflage, Format, Umfang, Farben, Papier) sowie Informationen zu Vorstufe, Druck, Weiterverarbeitung und Bindetechnik. Darüber hinaus enthält sie Informationen über den bisherigen Ablauf des Produktionsprozesses.

Über JDF ist es möglich, verschiedene Systeme miteinander kommunizieren zu lassen. Es kann daher zum Definieren und Steuern unterschiedlicher Prozesse in der Produktion verwendet werden. Auf diese Weise erhält man einen höheren Grad an Automatisierung und eine zunehmende Kontrolle des Produktionsablaufs.

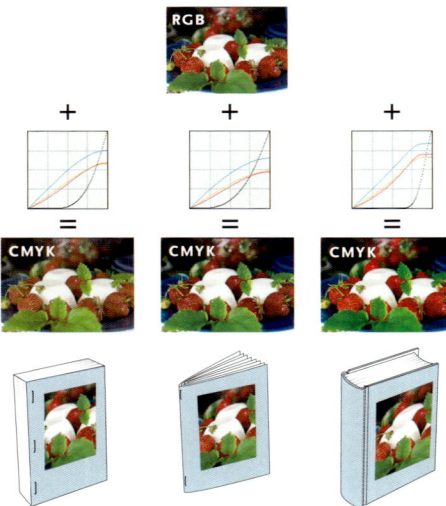

ÄHNLICH UND DOCH VERSCHIEDEN
Ein Bild muss zur korrekten Reproduktion für jedes individuelle Druckverfahren über ein eigenes ICC-Profil verfügen. Das bedeutet, dass das gleiche Originalbild unterschiedlich angepasst und bearbeitet werden muss, je nach seinem beabsichtigten Verwendungszweck.

WAS BEEINFLUSST DIE CMYK-UMWANDLUNG?
Die drei wichtigsten Faktoren bei der Umwandlung für den Druck sind:

- Papiereigenschaften
- Druckverfahren
- Rastertechnik

BEIM UMWANDELN ZU CMYK EINZUSTELLENDE WERTE

- Graubalance
- Separationsart (GCR / UCR)
- Maximaler Farbauftrag
- Maximales Schwarz
- Tonwertzunahme durch Druckpunktzuwachs
- Druckfarbenstandard

Papier und Druckverfahren begrenzen die Anzahl verwendbarer Farben und beeinflussen die Tonwertzunahme im Druck [siehe 7.4.5]. Die auftretenden Farbtonabweichungen variieren je nach Druckverfahren und zu bedruckendem Material. Bilder und Dokumente müssen an die spezifischen Voraussetzungen angepasst werden. Beispielsweise können gestrichene Papiere mit feineren Rastern bedruckt werden und verursachen eine geringere Tonwertzunahme als ungestrichene oder Zeitungspapiere. Das Verhalten auf Kunststofffolien oder Textilien ist wiederum ein anderes als auf Papier. Wenn man auf ungewöhnliches Material druckt, sind die Anpassungen, die vorgenommen werden müssen, in der Regel aufwändiger. Bestimmte Drucktechniken werden durch die Größe des minimalen Druckpunkts limitiert, der mit dem jeweilgen Verfahren realisierbar ist. Nicht mit jeder Technik kann also die gleiche Breite an Farbnuancen reproduziert werden.

Dies alles erfordert ein hohes Maß an Kompetenz in Bezug auf das Druckverfahren und Material, auf welches gedruckt wird. Man muss die richtigen Einstellungen für Aussparen, Überfüllung und Überdrucken wählen.

Beim Vorbereiten der Originale für den Druck müssen zuerst die korrekten Farben aus der Druckfarbskala gewählt werden [siehe Layout 6.8.1]. Das Aufbereiten der Bilder für den Druck wird als Vierfarbseparation oder Herstellen von Farbauszügen bezeichnet. Mittels ICC-Profilen wird die korrekte Umwandlung der Bilder von RGB zu CMYK erreicht. Diese Anpassung kann direkt in Adobe Photoshop oder in der Druckvorstufe der Druckerei vor der Druckplattenerstellung durchgeführt werden.

Bei der Umwandlung von RGB-Bildern in den CMYK-Farbraum unter Verwendung von ICC-Profilen sind diese bereits auf das jeweilige Verfahren und Papier optimiert. Die drei wichtigsten Faktoren sind dabei Berücksichtigung der Papiersorte, des Druckverfahrens und der Rastertechnik. Alle drei stellen spezielle Anforderungen an die Anpassung. Die wichtigsten Parameter sind: Farbstandard, Graubalance, maximaler Farbauftrag, Schwarzaufbau (UCR oder GCR) und Tonwertzunahme. Arbeitet man mit ICC-Profilen, muss man sich in der Praxis nicht mit diesen Parametern beschäftigen, da diese im ICC-Profil integriert sind. Man sollte jedoch verstehen, wie diese funktionieren, denn sie bilden die Grundlage für die korrekte Vierfarbseparation und das erzielbare Druckergebnis. Wenn man selbst ein ICC-Profil erstellt, entwickelt man ein tieferes Verständnis dafür, welche Parameter die Werte beeinflussen. Eigentlich sollte jeder, der für den Druck arbeitet, einmal ein ICC-Profil erstellen, um dessen Einfluss auf das gedruckte Ergebnis zu begreifen.

Mitunter sind für außergewöhnliche Druckverhältnisse spezielle manuelle Druckanpassungen erforderlich, die nicht durch ein ICC-Profil abgedeckt sind. Wir gehen die verschiedenen Parameter durch und erklären, was sie bewirken.

7.4.1 Farbstandards

Wenn man ein Bild in CMYK konvertiert, benötigt man den entsprechenden Farbstandard. Verschiedene Länder und Regionen der Welt nutzen eigene Definitionen für die Druckfarben Cyan (C), Magenta (M), Gelb (Y) und Schwarz (K). In den Vereinigten Staaten verwendet man beispielsweise den

GRAUBALANCE

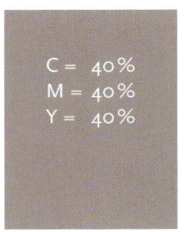
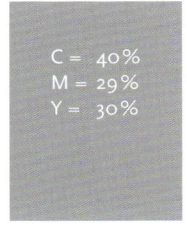

NEUTRALES GRAU
Im Druck ergibt eine CMY-Kombination von 40/40/40 kein neutrales Grau; eine CMY-Kombination von 40/29/30 dagegen schon.

RICHTIGE UND FALSCHE GRAUBALANCE
Das linke Bild zeigt die richtige Graubalance, während das rechte Bild eine falsche Graubalance hat und – als Folge davon – einen störenden Farbstich zeigt.

C	0	5	10	20	30	40	50	60	70	80	90	95	100
M	0	3	4	11	20	29	38	48	58	68	78	83	88
Y	0	4	5	12	21	30	39	49	59	69	79	84	89

BOGENOFFSET AUF GESTRICHENEM PAPIER
Beispiel für Graubalance-Werte auf gestrichenem weißen Papier.

C	0	5	10	20	30	40	50	60	70	80	90	95	100
M	0	2	4	10	19	28	37	47	57	67	77	82	87
Y	0	1	3	8	17	26	35	45	55	65	75	80	85

ZEITUNGSPAPIER
Beispiel für Graubalance-Werte auf ungestrichenem Zeitungspapier.

SWOP-Standard, in Europa die Farbangaben der European Color Initiative (ECI). Innerhalb dieser Farbnormen gibt es verschiedene Optionen in Bezug auf Papier und Druckmethode, wie Euroscale Coated für gestrichenes Papier mit Farben und Tonwertzunahme entsprechend der ECI.

Vor einiger Zeit wurden neue Farbumwandlungstechniken entwickelt, welche auf mehr als die vier traditionellen Prozessfarben eingehen, was für den Sechs-, Sieben- oder Achtfarbendruck notwendig ist. Diese Verfahren ermöglichen einen größeren Farbumfang und sind in der Lage, der Reproduktion einen wesentlich größeren Teil des Farbspektrums zu eröffnen. Die gedruckten Bilder ähneln den ursprünglichen im Ergebnis wesentlich stärker. Oft werden die vier Farben CMYK mit zwei, drei oder vier weiteren Farben unterstützt. Hexachrome ist die häufigste dieser neuen Techniken und basiert auf sechs Farben: CMYK plus die zusätzlichen Farben Grün und Orange. Für diese Art der Farbseparation sind spezielle Programme erforderlich.

7.4.2 Graubalance

Wenn man mit der gleichen Menge der drei Farben C, M und Y druckt, wird dies dazu führen, dass man kein neutrales Grau erhält, obwohl es theoretisch so sein sollte. Dies hat etwas mit der Farbe des Papiers zu tun, aber auch damit, dass die Druckfarben sich nicht komplett miteinander vermischen (verursacht durch die Druckabfolge der Farben). Auch die unterschiedlichen Rasterwinkel

SCHWARZWEISS AUS VIER FARBEN
Ein Schwarzweiß-Bild kann zum Drucken in ein CMYK-Bild umgewandelt werden, um weichere Töne und eine bessere Tiefe im Bild zu erreichen. In diesem Fall ist es besonders wichtig, den richtigen Wert für die Graubalance zu ermitteln, sonst erhält das Bild einen Farbstich.

MAXIMALER FARBAUFTRAG
Das hier abgebildete Bild weist in den dunklen Farbbereichen einen hohen Gesamtfarbauftrag auf. Dieser entsteht durch das Zusammenspiel der vier Prozessfarben und erreicht hierbei einen maximalen Farbauftrag von 343 %.

AN DIE TONWERTZUNAHME ANGEPASST
Bilder müssen an die Tonwertzunahme, die beim Drucken auftritt, angepasst werden. Ein nicht angepasstes Bild wird zu dunkel gedruckt. Hier sieht man ein nicht angepasstes Bild (oben) und ein angepasstes (unten).

der Druckfarben, die unebenen Farbpigmente und die Transparenz der Druckfarben spielt dabei eine Rolle. Wenn die Graubalance nicht stimmt, werden natürliche Farben in Bildern wie Gras, Himmel oder Hauttöne verfälscht und es entsteht der Eindruck eines Farbstichs [*siehe Kasten auf der vorhergehenden Seite*]. Ein üblicher Wert für die Graubalance ist 40 % Cyan, 29 % Magenta und 30 % Gelb. Diese Kombination ergibt meistens einen neutralen Grauton beim Druck auf gestrichenem Papier.

7.4.3 UCR und maximaler Farbauftrag

Der reguläre Vierfarbendruck erfolgt mit den vier Farben CMYK, wobei jede Farbe einen Volltonwert von 100 % haben kann. Theoretisch ließe sich also eine Flächendeckung von insgesamt 400 % erreichen, bestehend aus je 100 % Cyan, Magenta, Gelb und Schwarz. Dies ist in der Praxis aber nicht möglich, da ein Deckungsgrad von 400 % im traditionellen Druck verschmiert. Im Digitaldruck kann es dazu führen, dass der Toner nicht richtig auf dem Papier haftet.

Eine der wichtigsten Einstellungen beim Konvertieren von RGB zu CMYK ist daher die Begrenzung der maximalen Flächendeckung in dunklen Bildbereichen. Das Prinzip dafür nennt sich Unterfarbenreduktion oder UCR (Under Color Removal). Hierbei werden in den dunklen Mischfarben die Anteile von Cyan, Magenta und Gelb reduziert und durch einen entsprechenden Anteil schwarzer Farbe ersetzt. Wenn man eine maximale Flächendeckung von 300 % erlaubt, bedeutet dies, dass im Bild kein Farbton mehr vorkommt, der einen Gesamtfarbauftrag von über 300 % erfordert.

Helle Farben werden anteilsmäßig nicht durch Schwarz ersetzt. Man spricht daher hier vom Skelettschwarz, da der Schwarzauszug nicht alle Bildbereiche darstellt, sondern nur die Tiefen verstärkt.

Abhängig von der Art des Papiers und der Druckmethode liegt der Gesamtfarbauftrag normalerweise zwischen 240 % und 340 %. Unter bestimmten Umständen kann er auch auf 150 % sinken, Beispiele hierfür sind der Druck auf Blech, Glas oder Kunststoff. Wenn der Druck direkt in der Druckmaschine mit einem schützenden Lack versehen wird [*siehe Weiterverarbeitung 10.3*], kann dies bedeuten, dass mehr Farbe verwendet werden darf, da sich die Trockenzeit verkürzt. Auf bestimmten Papiersorten ist aber genau das Gegenteil der Fall. Wo die Grenzen für Farbauftrag eines bestimmten Druckverfahrens liegen, muss durch Erprobung in der Praxis herausgefunden werden.

7.4.4 GCR und UCA

Druckt man die Farben C, M und Y mit der richtigen Graubalance, erhält man einen neutral grauen Farbton. Diese Farbkombination kann durch schwarze Druckfarbe ersetzt werden und man wird trotzdem die gleiche graue Farbe sehen. Auch nicht graue Farben enthalten eine Graukomponente. Entfernt man beispielsweise aus der Mischfarbe C = 90 %, M = 25 % und Y = 55 % den grauen Bestandteil von je 25 % und ersetzt diesen durch K = 25 %, entsteht theoretisch die gleiche Farbe mit dem verbleibenden Betrag in Höhe von C = 65 %, Y = 30 % (und K = 25 %).

Diese Art der Farbersetzung nennt man Unbuntaufbau oder Graukomponentenersetzung (Gray Component Replacement, kurz GCR). Man kann die

Intensität von GCR steuern, so dass nur ein Teil der Graukomponenten durch Schwarz ersetzt wird. In dem zuvor genannten Beispiel könnte dies bedeuten, man ersetzt nur einen kleineren Grauanteil durch das Beimischen schwarzer Farbe (K = 10 %), also je 10 % von C, M, Y. Dadurch reduzieren sich die verbleibenden Anteile auf C = 80 %, M = 15 %, Y = 45 %. In einem Farbbild bedeutet dies, dass der Grauanteil der Tertiärfarben im gesamten Bild vollständig oder teilweise durch schwarze Druckfarbe ersetzt werden kann.

In Wirklichkeit erzeugen die gleichen Mengen von Cyan, Magenta und Gelb jedoch keinen neutralen Grauton. Abhängig von Papiersorte und Druckverfahren kann der genaue Wert der Graubalance variieren [siehe 7.4.2]. Dieser Wert ist die Grundlage für die gemeinsame Graukomponente und definiert die Anteile, die mit GCR ersetzt werden.

Zweck des GCR ist die Verringerung der Gesamtmenge der Farben ohne Änderung der Farbdarstellung. Damit lassen sich leichter die Graubalance halten und eine einheitlich gute Druckqualität erreichen, da durch den geringeren Farbauftrag auch weniger Probleme in der Druckmaschine entstehen. Bilder, die besonders empfindlich auf Veränderungen in Farben reagieren, sollten daher mit GCR umgewandelt werden. Schwarzweiß-Bilder, die aus den vier Druckfarben CMYK aufgebaut sind, sind nur ein Beispiel für solche sensiblen Bilder.

Wenn man zu viel Schwarz als Ersatz für die anderen Farben einsetzt, können die dunkelsten Töne des Bildes verwaschen wirken. Um dies zu vermeiden, kann man in den dunklen Bereichen ein wenig Buntfarben hinzufügen. Dies nennt man auch Unterfarbenzugabe oder Under Color Addition, kurz UCA. Diese Anpassung sollte sparsam geschehen, da zu viel Farbe in dunklen Bereichen kontraproduktiv wirken kann und das Gegenteil dessen erreicht, was beabsichtigt wurde, nämlich eine neutrale schwarze Farbe und begrenzter Farbauftrag im Druck.

7.4.5 **Punktzuwachs und Tonwertzunahme**

Tonwertzunahme bezeichnet das technische Phänomen, dass sich die Größe der Rasterpunkte während des Druckens erhöht. In der Praxis bedeutet dies, dass ein Bild, das für die Tonwertzunahme nicht angepasst wurde, zu dunkel erscheint, wenn es gedruckt wird. Um eine optimale Bildqualität zu erzielen, muss man daher beim CMYK-Konvertieren des Bildes einen Ausgleich für die Tonwertzunahme durchführen. Damit man die richtige Einstellung vornimmt, muss man zuerst die Tonwertzunahmewerte für das Papier und das Druckverfahren in Erfahrung bringen und fragt am besten bei der Druckerei nach.

Die Größe der Rasterpunkte erhöht sich, wenn sie auf die Druckplatte kopiert werden. Dies gilt nur für negative Filme und Platten. Bei positiven Filmen und Platten findet der gegenteilige Effekt statt – die Punktgröße nimmt ab.

Punktzuwachs entsteht auch beim Drucken, wenn die Farbe von der Druckplatte auf das Papier übertragen wird. Verschiedene Papiere haben unterschiedliche Eigenschaften, die sich auf den Grad der Tonwertzunahme auswirken, daher muss die Anpassung unter Berücksichtigung dieser Faktoren erfolgen.

Wenn ein Bild fälschlicherweise für ein feines, gestrichenes Papier (mit einer geringen Tonwertzunahme) optimiert ist und auf Zeitungspapier (mit

GCR – WIE ES FUNKTIONIERT

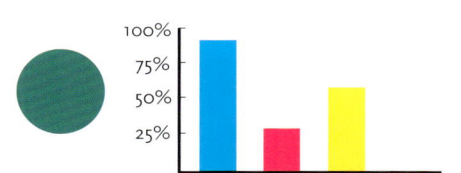

Die obere Farbkombination besteht aus C = 90 %, M = 25 % und Y = 55 %. Der Gesamtfarbauftrag beträgt 170 % (90 + 25 + 55).

Die Farbkombination hat einen gemeinsamen Grauwert von C = 25 %, M = 25 % und Y = 25 %. Dieser Grauanteil wird durch reines Schwarz von K = 25 % ersetzt.

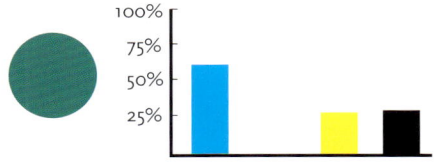

Das Ergebnis ist eine Farbkombination mit einem beachtlich geringeren Farbauftrag bei optisch gleichem Ergebnis. Der maximale Farbauftrag liegt jetzt bei nur 120 %.

EINIGE VORTEILE MIT GCR SIND:

- Die Graubalance ist leichter zu erreichen und besser zu halten, wodurch sich eine bessere Druckqualität ergibt.
- Die Gefahr des Abziehens im Druck ist geringer.
- Farbtöne können genau reproduziert werden – bei geringerem Farbauftrag.

BILDAUFBAU MIT GCR UND UCR

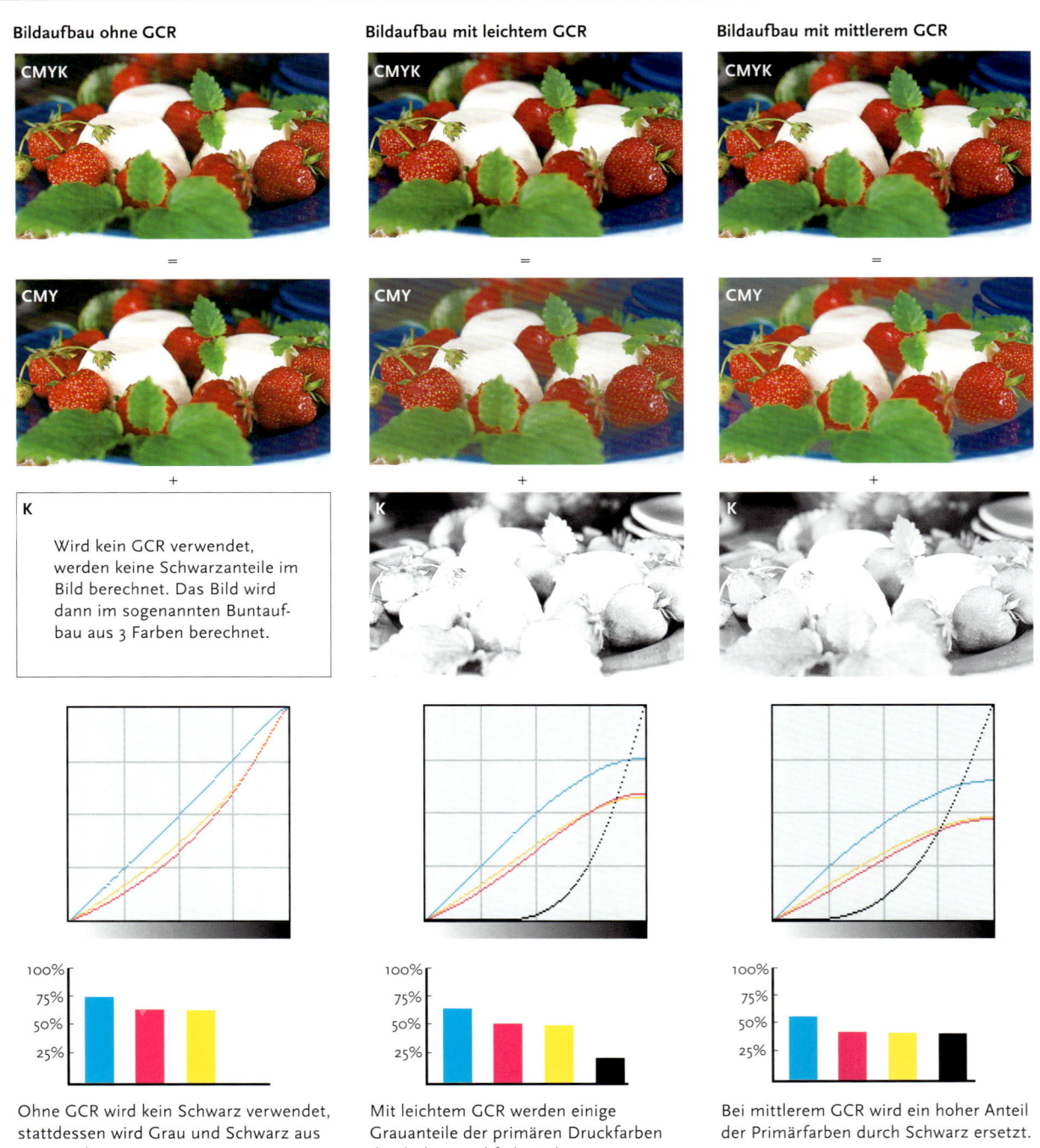

Bildaufbau mit maximalem GCR

=

+

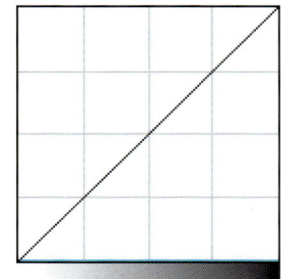

Bei maximalem GCR werden alle grauen Farbanteile der primären Druckfarben durch die schwarze Druckfarbe ersetzt.

Bildaufbau mit UCR

=

+

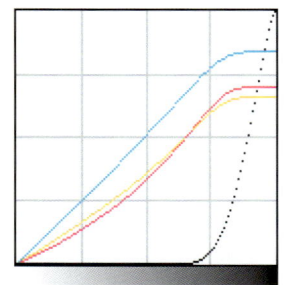

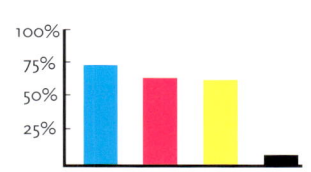

UCR ersetzt in den dunklen Bereichen des Bildes die primären Druckfarben anteilig durch die schwarze Druckfarbe.

Normalerweise sollten Bilder mit und ohne GCR gleiche Ergebnisse erzielen. Sollten aber in der Druckmaschine zwischen den einzelnen Druckfarben Abweichungen existieren oder die Druckform oder der Bedruckstoff Unebenheiten aufweisen, können die Bilder Abweichungen zeigen.

Ein Bild ohne oder mit leichtem GCR besteht hauptsächlich aus den Primärfarben und reagiert deshalb stärker auf Farbschwankungen im Druck. Es kann deshalb bei leichten Abweichungen einen Farbstich aufweisen.

Hingegen ist bei Bildern, die mit höheren GCR-Werten erzeugt werden, die Graubalance stärker durch Schwarz gesteuert und somit weniger von Farbschwankungen betroffen. Dieses Bild erzielt daher unter unterschiedlichen Bedingungen ähnlichere Ergebnisse.

DRUCKVORSTUFE | 267

PUNKTZUWACHS

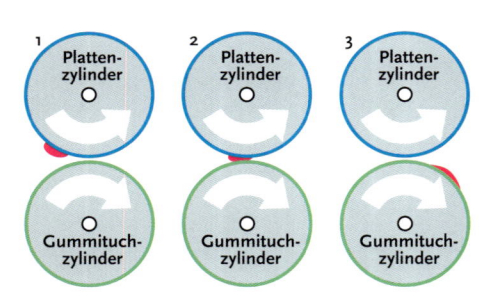

RASTERPUNKTE WERDEN GEPRESST
Im Druck werden die Rasterpunkte auseinandergepresst und vergrößert.

MESSEN DES PUNKTZUWACHSES
Man kann den Punktzuwachs mit Hilfe eines Densitometers und Kontrollstreifens messen.

Man misst die 40%-Töne und manchmal auch die 80%-Töne als Referenzwerte. Der Punktzuwachs wird immer in absoluten Prozentzahlen gemessen. Ein Volltonfeld mit 40% ergibt bei einem Punktzuwachs von 19% im Druck folglich 59%.

Der Effekt, den ein Punktzuwachs von 19% über die gesamte Tonwertskala im Druck ergibt, kann an der oberen Kurve abgelesen werden.

Will man wissen, wie man ein Volltonfeld definieren muss, damit es im Druck 40% ergibt, zieht man eine waagerechte Linie bei 40% zur relevanten »Drucklinie«. Vom Schnittpunkt aus zieht man dann eine senkrechte Linie zur »Plattenachse« und liest den Wert ab. In diesem Fall muss man also ein 40-%-Feld auf 20% reduzieren, damit es im Druck korrekt wirkt.

Das untere Diagramm zeigt einen Vergleich des Druckpunktzuwachses auf verschiedenen Papiersorten.

hoher Tonwertzunahme) gedruckt wird, bedeutet dies, dass das Bild zu dunkel gedruckt wird. Auch das Druckverfahren wirkt sich auf den Grad der Tonwertzunahme aus. Rollenoffset erzeugt beispielsweise beim Druck auf ein Papier gleicher Qualität eine stärkere Tonwertzunahme als Bogenoffset. Eine höhere Rasterauflösung ergibt immer eine stärkere Tonwertzunahme als eine niedrige Rasterauflösung, unter der theoretischen Annahme, dass man mit dem gleichen Verfahren auf das gleiche Papier druckt.

Tonwertzunahme wird in der Regel in 40%- und 80%-Tönen gemessen. Ein häufiger Wert für die Tonwertzunahme beträgt etwa 23% im 40-prozentigen Ton bei einem 150-lpi-Raster auf gestrichenem Papier (auf Negativfilm). Die Tonwertzunahme wird immer in ganzzahligen Prozentwerten gemessen. In dem zuvor genannten Beispiel bedeutet dies, dass ein Ton mit 40% auf dem Film zu 63% im Druck führt (40% + 23% = 63%).

7.4.6 Minimaler Druckpunkt

Die hellste Farbe entspricht dem geringsten Prozentwert und damit dem kleinsten Rasterpunkt, den ein bestimmter Druckprozess bei einer bestimmten Rasterweite auf einer bestimmten Papiersorte ausführen kann. Die gängigsten Druckverfahren können helle Farben so reproduzieren, dass ein tonaler Übergang in Weiß erfolgt, ohne dass dabei Tonwertabrisse entstehen. Dies ist die Voraussetzung, damit sehr helle Bereiche in einem Bild erfolgreich reproduziert werden können.

In bestimmten Druckverfahren, beispielsweise Flexodruck auf Aluminiumfolie oder Siebdruck auf Textilien, kann es schwierig sein, die hellsten Töne zu reproduzieren, außer man verwendet eine grobe Rasterauflösung. Manchmal verschwinden dabei beispielsweise alle Töne unter 10 % und es wird unmöglich, Übergänge zu Weiß umzusetzen, ohne unschöne gezackte Kanten in sehr hellen Bildbereichen zu erhalten. In einem Farbbild können auch in verschiedenen anderen Bildbereichen diese abgerissenen Kanten erscheinen, weil das Zusammenspiel der verschiedenen Druckfarben dazu führen kann, dass die Farbe plötzliche Verschiebungen in den hellen Bereiche aufweist.

Wenn man ein Bild mit einem Druckprozess drucken möchte, der nicht besonders gut für das Reproduzieren heller Töne geeignet ist, kann man die hellen Bereiche des Bildes manuell über Gradationskurven oder Tonwertkorrektur abdunkeln [siehe Bildbearbeitung 5.4.7, 5.4.8], um solchen Problemen vorzubeugen. Außerdem sollten die Bilder besonders sorgfältig ausgewählt werden.

7.4.7 Bilder schärfen

Digitale Bilder sollten in der Regel vor dem Druck ein wenig geschärft werden. Ein Grund hierfür ist das Ausgleichen des Druckprozesses (Rasterweite, Passerungenauigkeiten, feuchte Farbe auf dem Papier), der etwas Weichheit ins Bild bringt. Der zweite Grund ist, dass die meisten von uns gewohnt sind, im Druck eher etwas schärfere Bilder zu sehen. Ungeschärfte Bilder können als unscharf empfunden werden, auch wenn sie dem Original entsprechen.

Da sich der Weichzeichnungseffekt in den verschiedenen Druckverfahren in unterschiedlichem Maße auswirkt, muss man mal mehr, mal weniger nachschärfen, um jeweils ein optimales Ergebnis zu erreichen. Bilder, die mit einer hohen Rasterweite auf gutem Papier im Bogenoffset gedruckt werden, müssen nicht so stark geschärft werden wie ein Bild, das in der Tageszeitung gedruckt wird, unter dem negativen Einfluss höherer Passerdifferenzen und niedriger Rasterfrequenzen.

Es ist auch wichtig, dass die verschiedenen Einstellungen für die Scharfzeichnung angepasst werden. Schärfere Übergänge zeigen sich stärker bei feineren Rastern. Das ist der Grund, warum für die feinen Drucke eher eine stärkere Scharfzeichnung mit kleinem Radius ausgewählt werden sollte. Während man bei einer Tageszeitung eine weniger deutliche Scharfzeichnung mit größerem Radius wählen kann [siehe Bildbearbeitung 5.4.12].

7.4.8 Aussparen, Überfüllen und Überdrucken

Wenn ein Objekt auf einem anderen steht (beispielsweise Text auf einer Farbfläche), kann man direkt darauf drucken oder ein Loch in der exakten Textform aus der Farbfläche aussparen. Wenn man sich für die erste Variante entscheidet, das sogenannte Überdrucken, wird sich die Textfarbe zusammen mit der Flächenfarbe zu einer neuen Farbe mischen. Wenn man sich für die zweite Alternative entscheidet, das sogenannte Aussparen, wird der Text ausschließlich

HELLSTER RASTERPUNKT (LICHTPUNKT)
Wir sehen hier, was passiert, wenn man die hellste Stelle nicht auf den ersten druckbaren Rasterwert, sondern auf 0 % setzt (Bild Mitte). Der hellste Farbton des Originalbildes (oben) wurde nicht reproduziert. Man erhält daher ausgewaschene Bereiche (siehe auch die Graustufenskala unter dem Bild).

Im unteren Bild sind wir von einem minimalen Druckpunkt bei einem Tonwert von 7 % ausgegangen. Wenn der hellste Punkt im Bild auf diesen Wert gesetzt ist, erhält man ein besseres Ergebnis (der Effekt ist hier übertrieben dargestellt).

FARBKORREKTUREN MIT ICC-PROFILEN

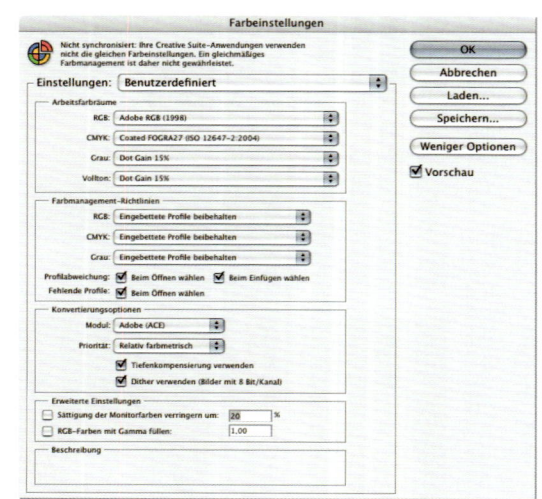

ICC-PROFILE
Der wichtigste Schritt, um ein RGB-Bild in einem Druckverfahren auf Papier auszugeben, ist die Umwandlung in den CMYK-Farbraum. Dies geschieht mit Adobe Photoshop, indem Sie den Farbmodus im Menü **Bild → Modus** von RGB in CMYK umstellen, um die aktuelle Voreinstellung anzuwenden, oder über **Bearbeiten → in Profil umwandeln**, um eine andere Einstellung auszuwählen. Man kann dies auch bei der PDF-Erstellung, z. B. aus Adobe InDesign durchführen. Das Ergebnis ist das Gleiche, es ist also eine Frage des Workflows, wann man es tut. Allerdings sieht man in Photoshop sofort, ob sich Farbverschiebungen ergeben, die bearbeitet werden müssen.

ICC-Profile und Programmeinstellungen bestimmen, wie die Umwandlung durchgeführt wird. ICC-Profile für den Druck bestehen wie andere ICC-Profile aus einer Korrekturtabelle, um die richtigen Farben in einer bestimmten Druckmaschine zu erreichen. Aber ICC-Profile für den Druck haben zusätzliche Einstellungen, die speziell festlegen, wie viel Schwarz im Bildaufbau und wie viel maximaler Farbauftrag verwendet wird. Durch die Wahl der richtigen ICC-Profile für den Druck erhält man optimale CMYK-Werte im Bild. Die Abbildung oben zeigt das Dialogfenster der **Farbeinstellungen** in Adobe Photoshop.

ADOBE BRIDGE
Im Adobe-Bridge-Programm können Sie sicherstellen, dass alle Adobe-Programme auf dem Computer die gleichen Grundeinstellungen verwenden, wenn es um Farbumwandlungen geht. Dies geschieht unter **Bearbeiten → Creative Suite Farbeinstellungen**. Am einfachsten ist es aber, die Einstellung in Photoshop vorzunehmen und unter Bridge auf die ganze Suite zu synchronisieren. Dadurch übertragen Sie die Einstellungen automatisch auch auf Adobe Illustrator und Adobe InDesign.

ARBEITSFARBRAUM
Der erste Rahmen im Dialogfenster dient zur Einstellung des **Arbeitsfarbraums**. Hier ist der Bereich, in dem Sie die entsprechenden ICC-Profile wählen. Als RGB-Profil wurde hier z. B. **Adobe RGB (1998)** gewählt.

Die wichtigste Einstellung ist allerdings die Auswahl des CMYK-Profils. In diesem Beispiel haben wir Fogras ICC-Profil für ISO-basierenden Bogenoffset auf gestrichenem Papier gewählt. Wenn wir also jetzt ein Bild in den CMYK-Farbraum umwandeln, erzeugen wir ein exakt für dieses Druckverfahren optimiertes Bild. Es ist wichtig, vor dem Umwandeln eines Bildes in den CMYK-Farbraum das richtige ICC-Profil zu wählen.

FARBMANAGEMENT-RICHTLINIEN
Der nächste Rahmen heißt **Farbmanagement-Richtlinien** und ist für die Umwandlungseinstellungen unwichtig. Hier bestimmen Sie, wie das Programm beim Öffnen von Dateien verfährt, die nicht den aktuellen Arbeitsfarbräumen entsprechen.

Sollten Sie die Funktion **beim Öffnen wählen** angeklickt haben, fragt das Programm beim Öffnen eines Bildes mit einem anderen als dem Arbeitsfarbraum, in welchem Farbraum es geöffnet werden soll.

KONVERTIERUNGSOPTIONEN
Der dritte Rahmen **Konvertierungsoptionen** wird erst angezeigt, wenn Sie die **erweiterten Optionen** aktiviert haben. Hier wird festgelegt, mit welchem Modul die Umrechnung von RGB nach CMYK durchgeführt wird. Früher war es entscheidend, ob mit einem Modul von Agfa oder von Heidelberg gerechnet wurde. Heute reicht das Umrechnungsprogramm von Adobe völlig aus, da es mit allen ICC-Profilen zusammenarbeitet.

Priorität ist ein sehr wichtiger Bestandteil der Umrechnung, da hierbei festgelegt wird, was mit Farben passiert, die außerhalb des neuen Farbraumes liegen. Ein Beispiel dafür ist, dass im RGB mehr Farben existieren als in CMYK dargestellt werden können.

Die Methode **Perzeptiv** ist zu bevorzugen, wenn von RGB zu CMYK umgewandelt wird. Es überträgt alle Farben des Bildes, so wie wir sie wahrnehmen, in den anderen Farbraum. Die Methode **Relativ farbmetrisch** ist meistens zu benutzen, wenn Sie bereits umgewandelte CMYK-Bilder in ein anderes CMYK-Profil übertragen müssen [*siehe Farbenlehre 3.13*].

ERWEITERTE EINSTELLUNGEN
Der Bereich **Erweiterte Einstellungen** beinhaltet zwei Festlegungen für die Monitordarstellung und wirkt sich damit nicht auf die Dateien selbst aus. Alle Einstellungen lassen sich wie die bereits genannten auch als komplettes Setting abspeichern, was von großem Vorteil ist, wenn man mit verschiedenen Druckereien arbeitet und öfter wechseln muss.

EIN ICC-PROFIL IN PHOTOSHOP ERSTELLEN

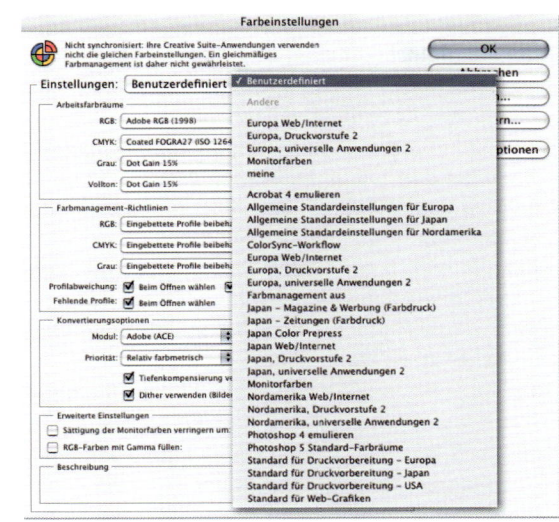

In Adobe Photoshop existiert eine Funktion, mit der Sie Ihr eigenes ICC-Profil für den Druck erstellen können. Um diese Funktion zu erreichen, müssen Sie unter CMYK auf die Pfeile für **Mehr Optionen** klicken. In der jetzt angezeigten Liste wählen Sie **Eigenes CMYK**.

In dem erscheinenden Dialogfenster können Sie sehr spezifische Einstellungen zur Auswahl der CMYK-Farben und vieler anderer Faktoren treffen. Dieser Dialog existiert schon seit der ersten Version von Photoshop, lange vor den ICC-Profilen. Sie können Ihre Einstellungen sogar **Benutzerdefiniert** über CIELab-Farbwerte aus einer Spektralfotometer-Messung eines Druckbogens eingeben. Das zusammen mit dem einstellbaren Wert für den Punktzuwachs sind genug Informationen, um ein komplettes ICC-Profil zu erstellen.

Abschließend können Sie auch noch zwei Separationsparameter definieren, **Maximum Schwarz** und **Gesamtfarbauftrag**. So wird festgelegt, wie hoch der maximale Schwarzanteil sein soll und bei welchem Wert das Limit für den maximalen Farbauftrag liegt.

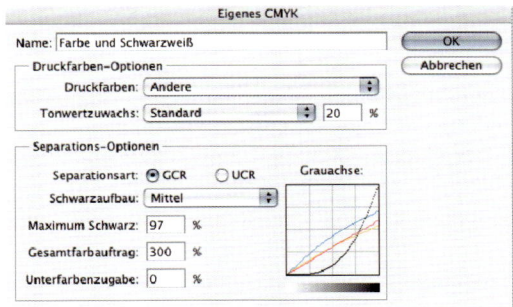

Spezielle Programme zur Erstellung von ICC-Profilen können über Tausend vorab gemessene CIELab-Werte in ihre Berechnungen miteinbeziehen, um ein absolut verlässliches Profil für die verschiedenen Drucktechniken zu erzeugen. Druckereien benutzen deshalb zum Erstellen ihrer Profile nicht Photoshop, sondern solche Spezialprogramme. Hier aber wurde Photoshop als Beispiel gewählt, um zu erklären, was ein ICC-Profil beinhaltet. Außerdem können die hier gezeigten Funktionen von Nutzen sein, wenn kein professionelles ICC-Profil oder kein professionelles ICC-Profilprogramm verfügbar ist, aber eine besondere Notwendigkeit für ein Profil besteht.

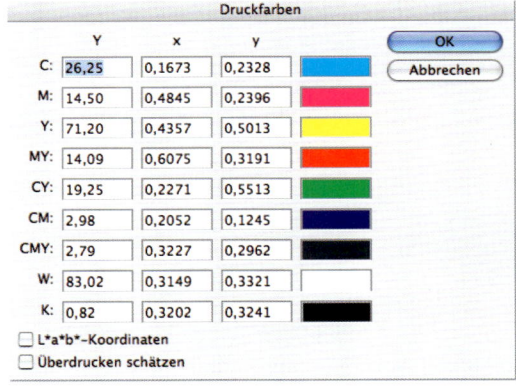

Beispielwerte für Separation	Tageszeitung	ungestrichenes Papier	gestrichenes Papier
Rasterweite	65–100 lpi	100–150 lpi	150–200 lpi
Punktzuwachs	ca. 28–30 %	ca. 22–24 %	ca. 18–20 %
GCR/UCR	starkes GCR	niedriges/ mittleres GCR	niedriges GCR/UCR
Farbauftrag	240–260 %	280–300 %	320–340 %

in der mit dem Layoutprogramm definierten Farbe in das »Loch« der Farbfläche gedruckt. Gibt man nichts an, wird das Layoutprogramm automatisch aussparen. Druckt man mehrere Farben aufeinander, wird man immer eine gewisse Abweichung in der Passergenauigkeit zwischen den Farben feststellen. Der Grund dafür ist, dass sich die Abmessungen des Papiers während des Druckprozesses in Länge und Breite verändern. Benutzt man Aussparen, kann ein weißer oder verfärbter feiner Rand zwischen dem Objekt und dem Hintergrund erscheinen, ein sogenannter »Blitzer«. Selbst kleinste Abweichungen können hier sehr auffallen. Das größte Problem besteht im Rollenoffset und Flexodruck, wo die Papierbahn großen Veränderungen in den Abmessungen unterliegt und sich seitwärts verschieben kann. Diese Ungenauigkeiten können auch mit anderen Drucktechniken passieren, sind dort aber nicht so auffällig wie im Rollenoffset und Flexodruck. Um dem vorzubeugen, muss man Überfüllen oder Überdrucken verwenden.

Überfüllen bedeutet, dass ein Objekt um so viel vergrößert wird, dass es Überschneidungen zu einem anderen Objekt aufweist. Damit es keine weiße Lücke zwischen den beiden Objekten gibt, vergrößert sich ein Farbbereich, in der Regel der hellere, so dass er am Rand etwas über dem anderen liegt. Überfüllung (Trapping) ist der Oberbegriff für die Aufgaben Überfüllen und Unterfüllen von Flächen, um Randüberlagerungen zu erreichen. Überfüllen bedeutet, dass die oben liegenden Objekte größer werden, während Unterfüllen bedeutet, dass die Aussparung, also das »Loch«, in seinen Dimensionen ein wenig schrumpft. Beide Funktionen erstellen eine Überschneidung zwischen dem Objekt und dem Hintergrund, die verhindert, dass beim Druck Blitzer entstehen.

Durch diese partielle Überfüllung drucken das Objekt und der Hintergrund am Objektrand bis zu einem gewissen Grad aufeinander und bilden eine neue, dunklere Farbe. Sie erzeugen dabei möglicherweise eine störende sichtbare Kante, die aber das kleinere Übel gegenüber einer weißen Lücke ist. Ein kleiner

AUSSPAREN UND ÜBERDRUCKEN

PRINZIPIELLE GRUNDLAGEN
Wie man oben sieht, mischen sich die Farben beim Überdrucken zu einer neuen Farbkombination. Im Beispiel darunter bleiben die Farben durch Aussparen erhalten.

ÜBERDRUCKEN ODER AUSSPAREN
Da Schwarz sich im Farbton beim Überdrucken nicht wesentlich verändert, ist Überdrucken dem Aussparen vorzuziehen.

TRANSPARENTES ÜBERDRUCKEN
Weil die Druckfarben transparent sind, kann das untere Objekt durchscheinen und die obere Farbe dort intensiver bzw. gemischt erscheinen.

Verlauf der Farbe zwischen Objekt und Hintergrund bedeutet, dass die Kanten weniger sichtbar werden, als wenn der Unterschied in der Farbe groß ist. Denn die dunkelsten Teile eines Objektes oder Hintergrundes bestimmen, welche Form das Auge sieht. Daher werden in der Regel die helleren Farben vergrößert um zu verhindern, dass das Auge die Objektveränderung wahrnimmt. Wenn man also beispielsweise den gelben Hintergrund eines dunkelblauen Textes unterfüllt, bleibt der Text in seiner optischen Form erhalten. Wenn man jedoch andererseits den dunklen Text überfüllt, wirkt dieser wie konturiert, verliert seine typische Linienstärke und die Zwischenräume laufen zu.

Es ist auch wichtig, dass die Überfüllung nur an den Objektkanten berechnet wird, die tatsächlich auf anderen Farben liegen, und nicht die Form zu weißen Flächen hin verändert. In den Beispielen wurden der Einfachheit halber nur zwei reine Druckfarben verwendet. Natürlich funktioniert die Überfüllung auch, wenn Objekt und Hintergrund aus Mischfarben bestehen. Die Überfüllung arbeitet in einem solchen Fall in jeder einzelnen Prozessfarbe.

Kommen Objekt und Hintergrund im Druckprozess auf der gleichen Druckform vor, ist eine Überfüllung nicht erforderlich. Sollten zwei Objekte unterschiedlichen Farbauftrages aus allen Farben aufeinander treffen, ist eine Überfüllung ebenfalls nicht erforderlich.

Wenn der Unterschied zwischen einem dunklen Objekt und einem hellen Hintergrund groß genug ist, ist es am sinnvollsten Überdrucken zu benutzen. Für schwarzen Text ist Überdrucken immer empfehlenswert, weil dadurch Blitzer zwischen Objekt und Fläche automatisch vermieden werden. Überdrucken empfiehlt sich auch für dünne Linien oder kleine Schriftgrade, sofern die gewünschten Farben dies zulassen.

Mit der Überfüllung verändern sich die Dimensionen des Objektes ein wenig. Dieser Effekt wird stärker sichtbar, je kleiner das Objekt ist, da der Wert der Überfüllung nicht von der Größe des Objekts abhängt. Aus diesem Grund sollte für kleinere Objekte möglichst Überdrucken verwendet werden. Schwarzer Text wird unterschiedlich wirken, wenn man mit Überdrucken teilweise auf eine Farbfläche oder ein Bild und den Rest auf einem weißen Hintergrund druckt. Der Teil des Textes, der auf die Hintergrundfarbe trifft, wird dunkler als der Teil auf weißem Hintergrund. Will man dies vermeiden, sollte man stattdessen den schwarzen Text Aussparen, dann wird der ganze Text auf weißem

STILÄNDERUNGEN IN DUNKLEN TEXTOBJEKTEN
Im oberen Beispiel wurde der Text überfüllt und dadurch der Schriftstil verändert. Das Auge nimmt Unterschiede in dunklen Objekten schneller wahr.
Um eine optische Formänderung zu vermeiden sollte daher wie im Beispiel unten die hellere Farbe, also hier der Hintergrund, unterfüllt werden.

AUSSPAREN ODER ÜBERFÜLLEN

ÜBERDRUCKEN MIT KLEINEN TEXTEN
Kleinen Text sollte man möglichst überdrucken, jedoch weder aussparen noch überfüllen.

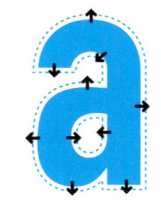

BLITZER BEIM AUSSPAREN
Beim Aussparen können durch Passerfehler weiße oder fehlfarbige Konturen entstehen.

ÜBERFÜLLEN UND UNTERFÜLLEN
Beim Überfüllen wird das Objekt erweitert. Beim Unterfüllen schrumpft die Aussparung in der Fläche.

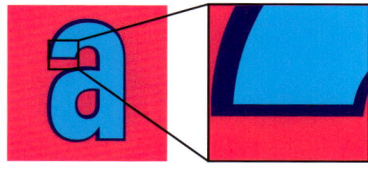

VERFÄRBTE KONTUR
Wenn über- und unterfüllt wird und zwei Objekte ähnliche starke Farbtöne haben, wird der überlappende Bereich als dunkler Rand wahrgenommen, was manchmal als störend empfunden wird.

NUR ZUR HÄLFTE ÜBERFÜLLEND
Um verfärbte Objekte und vergrößerte Objektformen zu vermeiden, sollte nur an erforderlichen Stellen überfüllt werden.

ÜBERFÜLLEN NICHT ERFORDERLICH
Wenn Objekt und Hintergrund eine ähnliche Farbkombination aufweisen, würde auch ein eventueller Blitzer eine ähnliche Farbe haben. Aus diesem Grund wird hier keine Überfüllung benötigt.

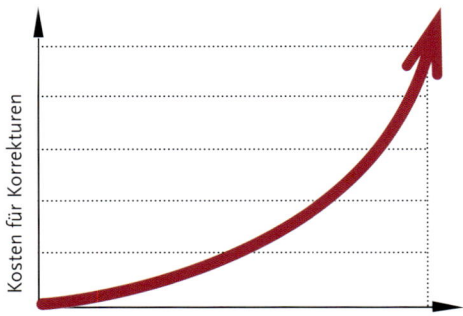

Produktionsprozess
Layout Druckvorstufe Platte Druck Weiterverarbeitung

KORREKTURKOSTEN
Fehler kosten immer Geld. Je früher im Workflow Fehler entdeckt werden, desto kostengünstiger können sie behoben werden.

Hintergrund gedruckt und somit entsteht überall das gleiche Schwarz. Oder man mischt ein eigenes Schwarz mit einem Farbanteil der Farbe, auf die der Text partiell trifft.

Die Anpassungen für Überfüllungen werden heute nicht mehr mit Layoutprogrammen wie QuarkXPress oder Adobe InDesign endgültig festgelegt, sondern erst vor der Belichtung in der Druckerei. Es gibt zwei Methoden Überfüllungen durchzuführen. Entweder werden die Einstellungen beim Erzeugen der PDF-Datei vorgenommen, die zum Drucker gesendet wird, oder diese erfolgen automatisch in der RIP-Software während der Ausgabe. Üblicherweise wird mit einer RIP-Software überfüllt. Wie dies genau erfolgt, variiert zwischen den Herstellern, aber die häufigste Variante ist, dass die Seiten automatisch nach vorgegebenen allgemeinen Regeln überfüllen. Die Überfüllung wird dann gleichzeitig mit dem Druck zu einem automatisierten Prozess.

Es ist schwierig, einen allgemein gültigen Überfüllungswert zu definieren, denn es gibt verschiedene Werte für jeden Druck- und Papiertyp, etwa so wie es unterschiedliche Tonwertzunahme gibt. Überfüllungswerte liegen in der Regel zwischen 0,1 und 0,5 Punkt, je nach Druckverfahren.

Für komplexere Produktionen, beispielsweise Verpackungen, wo viele verschiedene Farben verwendet werden, gibt es spezielle Programme, die alle Überfüllungen auf der Seite kontrollieren und bei Bedarf verändern. Das am häufigsten für diesen Zweck eingesetzte Programm ist Art Pro und wird von vielen Druckereien im Verpackungsbereich benutzt.

7.5 Analoge und digitale Proofs

Bevor das Produkt gedruckt wird, ist es wichtig sicherzustellen, dass alle Texte, Bilder und das Layout in Ordnung sind. Je später in der Produktion Fehler entdeckt werden, desto teurer und zeitaufwändiger ist es, diese zu korrigieren. Die Druckvorstufe ist eigentlich die letzte Chance, das Dokument vor dem Druck zu prüfen. Dies ist auch notwendig, wenn man eine Art endgültige Genehmigung des Dokuments vor dem Druck benötigt.

Heute stehen uns viele verschiedene Möglichkeiten zur Dokumentprüfung zur Verfügung. Man kann PDFs und andere Dateien auf einem Monitor überprüfen, mit einem Laserdrucker in Farbe oder Schwarzweiß ausdrucken oder verschiedene andere analoge oder digitale Proofs erstellen. Bei besonders wichtigen Produktionen oder dem Einsatz von Sonderfarben kann auch ein Andruck in einer Druckmaschine nötig sein, bevor die Auflage gedruckt wird. Das ist teuer, aber in bestimmten Fällen gerechtfertigt.

Wenn kein anderer Andruck vorliegt, kann man auch einen niedriger aufgelösten Plot (meist mit Tintenstrahldruckern erstellt) zur Endkontrolle nutzen. Solche Plots sind nicht farbverbindlich, ebensowenig wie ausgedruckte PDFs.

Alle diese Überprüfungen und Proofverfahren dienen dem gleichen Zweck: um sicherzustellen, dass jeder Schritt wie geplant abläuft. Welche Methode man wählt, hängt zu einem großen Maß von den Qualitätsanforderungen ab, aber auch von praktischen Faktoren wie Kosten- und Zeitrahmen.

In den folgenden Abschnitten werden die Vor- und Nachteile der verschiedenen Verfahren dargestellt und was für welchen Zweck am besten geeignet ist.

7.5.1 Was muss geprüft werden und von wem?

Das Original vor dem Drucken zu prüfen ist die gemeinsame Verantwortung von Kunde, Mediengestalter und Druckerei. Als Kunde ist es daher wichtig zu wissen, welche Verantwortung man hat und was man prüfen sollte.

Im Prinzip kann man sagen, dass der Kunde die Hauptverantwortung für die Überprüfung der Inhalte, des Layouts und der optischen Farbwirkung hat, während die Druckerei für die Durchführung der technischen Kontrollen, ob alles für den Druckprozess und das Papier korrekt eingestellt ist, verantwortlich zeichnet. Derjenige, der die Medien gestaltet, verantwortet, dass das Layout und die Bilder den Inhalt und das Konzept des Kunden repräsentieren und dass die Daten für Reproduktion und Druck technisch geeignet sind, beispielsweise auch die Definition von Farben. Dies nimmt der Druckerei aber nicht ihre Pflicht, etwaige Fehler zu prüfen und zu verhindern. Am Ende liegt es immer in der Verantwortung der Druckerei, nicht zu beginnen, bevor alle Tests zur Gewährleistung eines technisch korrekten Druckergebnisses abgeschlossen sind.

7.5.2 Softproofs – Kontrolle am Bildschirm

Softproof ist ein Begriff für die Überprüfung von Text und Bildern am Monitor. In der Regel werden druckkompatible PDF-Dateien verwendet. Der Vorteil dieser Methode ist, dass sie billig und schnell ist, da man keine Ausdrucke machen muss, um sie dann an verschiedene Personen zu versenden.

Um die Farben auf dem Bildschirm zu prüfen ist es wichtig, dass dieser sorgfältig kalibriert wird. Der Bildschirm verwendet ein additives Farbsystem (RGB), während der Druck ein subtraktives Farbsystem (CMYK) verwendet [*siehe Farbenlehre 3.3 und 3.4*]. Deshalb sieht man auf dem Monitor kein farbverbindliches Abbild des gedruckten Produkts. Mit guter Bildschirmkalibrierung und mit Hilfe des korrekten Drucker-ICC-Profils kann man jedoch eine erstaunlich enge Übereinstimmung zwischen dem Bildschirm und dem gedruckten Dokument erreichen. Gleichzeitig ist die Prüfung der Farbe nicht gut genug, um die richtigen druckgenauen Korrekturangaben für die Bearbeitung von Bildern zu erstellen. Um dies zu tun, muss ein farbverbindlicher Proof auf einem hochauflösenden Drucker erstellt werden.

Mit einem Softproof kann man die meisten Dinge kontrollieren, beispielsweise Typografie, Bildplatzierung, Illustrationen, Logos und Text. Auch Rechtschreibung, Worttrennungen und Umbruch, Format und Satzspiegel, Anschnitt und die Ausführung von Korrekturen lassen sich auf diese Weise überprüfen.

7.5.3 Ausgabe als Laserdruck

Laserausdrucke sind in erster Linie für die Überprüfung von Typografie, Bild, Grafik und Platzierungen sowie zur Text- und Rechtschreibkontrolle gedacht. Laserausdrucke ermöglichen auch, Silbentrennung, Linien, Format, Satzspiegel und Anschnitt zu prüfen. Farblaserdrucker sind nicht für die Farbkontrolle der Bilder zu empfehlen, da sie häufig dem Druck farblich nicht genau genug entsprechen. Wenn man sich für die Verwendung eines Laserdrucks als Basis für die Freigabe gegenüber einer Druckerei entscheidet, kann man sich später nicht

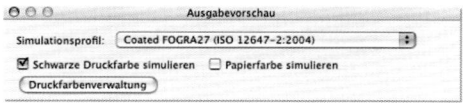

ICC-PROFILE FÜR SOFTPROOFS
In Acrobat ist es einfach, das ICC-Profil zu wählen, das dem Druck entspricht, den man am Monitor simulieren will. Unter **Erweitert→Ausgabevorschau** kann man zwischen allen auf dem Computer verfügbaren ICC-Profilen wählen. Durch einen Klick auf **Schwarze Druckfarbe simulieren** werden die auf dem Monitor angezeigten Farben an das Aussehen im Druck angepasst. Durch zusätzliches Aktivieren von **Papierfarbe simulieren** wird der Weißgrad auf dem Monitor an die Farbe des gewünschten Papiers angepasst.

BILDER PROOFEN / DRUCKEN

Wenn man hohe Ansprüche an die Bildqualität stellt, sollte man farbverbindliche Proofs der Bilder erzeugen. Wenn die Bildqualität von untergeordneter Bedeutung ist, kann es ausreichen, diese auf einem gut kalibrierten Bildschirm zu betrachten. Je mehr Informationen über Bilder und Reproduktion vorliegen, desto genauer kann am Bildschirm geprüft werden.

DIGITALE PROOFSYSTEME

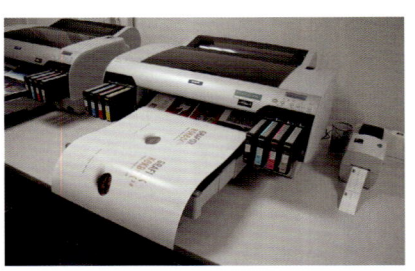

INKJET-TECHNIK

Inkjet-Drucker haben sich als Proofsysteme etabliert. Sie haben eine Auflösung von bis zu 2.880 dpi und können auf den meisten Papiersorten bis zum A2-Format ausdrucken.

THERMODRUCKTECHNIK

Es gibt auch spezielle Proofsysteme basierend auf Thermodrucktechnik. Diese Systeme können traditionelle Raster verwenden, haben eine Auflösung von bis zu 2.540 dpi, und manche können auch mit Pantone-Farben drucken.

über etwaige Farbabweichungen der Bilder im gedruckten Produkt beschweren. Man spart zwar Zeit und Geld, aber in der Regel sind die eingesparten Kosten nicht groß im Vergleich zu den Kosten für den Druck.

Um einen Eindruck zu gewinnen, wie die Seite aussehen wird, genügt oftmals ein Ausdruck auf einem PostScript-Drucker in Schwarzweiß. Im Idealfall sollte der Ausdruck die gleiche Größe wie das Endprodukt aufweisen. Wenn man farbig ausdruckt, kann man auch überprüfen, ob alle Elemente auf der Seite in etwa die Farbe haben, die man sehen möchte.

Die korrekte Farbseparation lässt sich prüfen, indem man die Druckfarben getrennt ausgibt. Für eine normale Vierfarbseite erhält man vier Ausdrucke pro Seite, eine für jede Druckfarbe. Wenn dabei mehr Farben ausgegeben werden als gewünscht, hat man entweder vergessen die betreffenden Farben zu löschen oder es wurden Farben als Sonderfarben angelegt, die aus Prozessfarben zusammengesetzt werden sollten. In separierten Ausdrucken kann man auch die Einstellungen für Überfüllen und Überdrucken kontrollieren.

7.5.4 Preflight-Software – Technische Kontrollen

Das Wort »Preflight« ist aus der Welt der Luftfahrt entlehnt und bezieht sich auf den Preflight-Check, den ein Pilot in einem Flugzeug vor dem Abflug durchführt. In der grafischen Industrie bezieht sich Preflight auf die Überprüfung der digitalen Dokumente, bevor sie in Produktion gehen. Preflight ist eine technische Kontrolle um festzustellen, ob die digitalen Dokumente in Ordnung und bereit sind für den richtigen Druck, das entsprechende Papier, die jeweilige Weiterverarbeitung und Bindetechnik. Generell erfolgt dies durch die Druckerei.

Bestimmte Preflight-Funktionen prüfen das Dokument Schritt für Schritt nach einer speziellen Checkliste. Die eigentliche Kontrolle erfolgt meist schon im Layout mit InDesign, QuarkXPress oder aber in PDF-Dateien. Eventuelle Korrekturen sind in den Programmen vorzunehmen, in denen Dokumente, Grafiken und Bilder entstanden sind, beispielsweise in Adobe Illustrator oder Adobe Photoshop. In einigen Fällen kann man auch direkt in PDF-Dateien korrigieren.

Preflight-Überprüfungen mögen wie ein unnötiger Schritt erscheinen, aber in den meisten digitalen Dokumente kommen Fehler vor, die bis dahin übersehen wurden und korrigiert werden müssen. Preflight-Programme helfen, diese Fehler so früh wie möglich abzufangen, um Verzögerungen und Kostenüberschreitungen zu verhindern [*siehe auch 7.2.7*].

7.5.5 Kontraktproof

Als Kontraktproof wird ein Farbausdruck bezeichnet, der das Aussehen des gedruckten Produkts farbverbindlich simuliert. Erzeugt wurden sie früher meist in einem chemischen Verfahren, auf der Grundlage der separierten Filme. Die verschiedenen Methoden konnten nicht an ein bestimmtes Druckverfahren angepasst werden, sondern folgten ihrem eigenen Standard. An der Druckmaschine musste man dann anhand der vorliegenden Proofs versuchen, den Druck so genau wie möglich anzupassen. Die Hersteller dieser Kontraktproofsysteme haben in vielen Fällen dem Verfahren ihren Namen gegeben. Alte Namen wie Chromalin, Chroma und Colorart existieren bis heute.

Der Begriff Kontraktproof entstand aus der Idee, dass ein rechtlicher Vertrag zwischen dem Kunden und der Druckerei entsteht. In der Praxis bedeutet dies, dass es schwierig ist ohne einen solchen farbverbindlichen Proof einen Auftrag wegen farblicher Abweichungen nachträglich zu monieren.

Der Kontraktproof soll nach korrekter Ausführung aller Arbeiten der Druckvorstufe als letzte Kontrolle vor der Belichtung der Druckplatten dienen. So kann der Kunde das zu erwartende Endergebnis vorab in Augenschein nehmen und die Druckfreigabe erteilen. Ein solcher Proof ist aber auch Leitlinie und Muster für die Druckerei, das festlegt, wie das fertige Produkt aussehen soll.

Heute wird der Kontraktproof mit Hilfe von modernen hoch auflösenden Farbdruckern erstellt, meist sind es Tintenstrahldrucker. Diese Art des farbverbindlichen Proofs kann auf zwei Arten entstehen. Entweder kann man den Drucker auf verlässliche Farben einstellen oder man kann über den Drucker das Erscheinungsbild eines anderen Gerätes simulieren, in der Regel das der Druckmaschine. Die erste Methode wird verwendet, um RGB-Bilder zu prüfen und wird als Bildproof oder Druck zur Farbbestimmung bezeichnet, wie Fotografen sie nutzen. Ein Kontraktproof sollte andererseits das Aussehen des endgültigen Druckes simulieren. Dies wiederum kann auf zwei Wegen geschehen. Entweder wird der Ausdruck einem bestimmten Druckstandard wie der ISO-Norm für den Druck auf gestrichenem Papier oder einer allgemeinen Einstellung für Tageszeitungsdruck angepasst, oder man simuliert den Druck für eine bestimmte Papierart in einer bestimmten Druckmaschine. Alle Einstellungen für die Simulation auf einem Drucker werden über ICC-Profile erreicht [*siehe Farbenlehre 3.12*].

Die meisten Druckereien empfehlen die Erstellung eines Kontraktproofs. Sollte man dies als Kunde ablehnen, sind die Möglichkeiten begrenzt, wenn man später mit dem gedruckten Produkt unzufrieden ist. In seltenen Fällen – vor allem unter Zeitdruck – kann es gerechtfertigt sein, diesen Schritt zu umgehen. Gibt man einen Folgedruck in Auftrag, kann man auch ein gedrucktes Produkt aus der vorherigen Produktion als Referenz benutzen. Wenn man sich gegen einen Kontraktproof entscheidet, sollte man mit der Druckerei klar definieren, wer wofür die Verantwortung trägt. Stellt man hohe Ansprüche an die Farbe, sollte man also unbedingt vorab einen Kontraktproof erzeugen.

Wenn jemand anderer als die Druckerei den Kontraktproof produziert, ist eine sehr enge Kommunikation mit der Druckerei notwendig. Ein Kontraktproof sollte immer Kontrollstreifen enthalten, die es möglich machen, den Proof technisch zu überprüfen. Sonst ist es bei abweichendem Endresultat schwer zu bestimmen, wer die Schuld trägt, ob der Druck falsch ist oder der Proof. Viele Druckereien und Reprofirmen nutzen den Kontrollstreifen als laufende Kontrolle um zu gewährleisten, dass Kontraktproofs technisch korrekt sind, bevor sie dem Kunden gezeigt werden. Dies ist wichtig für den Kunden, da es ansonsten nicht möglich ist, über die Qualität des Proofs zu entscheiden. Als Kunde sollte man immer die Frage stellen, wie genau der Ausdruck dem Endprodukt entspricht.

FARBVERBINDLICHER PROOF
Im Prinzip kann man sagen, Proofs erfüllen drei wichtige Funktionen:

- Sie dienen zum Prüfen von Farben und Bildern sowie der endgültigen Kontrolle des Produktes als Ganzes.

- Sie dienen als rechtsverbindliche Vertragsgrundlage zwischen dem Kunden und der Druckerei (Kontraktproof).

- Sie fungieren als Muster bzw. Leitlinie für die Druckerei, wie das Endprodukt aussehen soll.

KONTRAKTPROOF	ANDRUCK

UNTERSCHIEDE ZWISCHEN KONTRAKTPROOF UND DRUCK

Die meisten Kontraktproofs, die heute verwendet werden, können nicht mit der traditionellen Halbtonrastertechnik arbeiten. Hier sehen wir Punkte aus einem digitalen Andruck und einem echten Andruck. Der gezeigte digitale Proof wurde mit Inkjet-Technik erzeugt, der echte Andruck mit der traditionellen Rasterung auf der Druckmaschine gedruckt.

7.5.6 Grenzen des Kontraktproofs

Man sollte sich bewusst sein, dass niemals eine hundertprozentige Übereinstimmung zwischen Proof und gedrucktem Produkt erreicht wird. Dies liegt daran, dass der Kontraktproof mit anderen Druckern, mit anderen Farben und oft auf anderem Papier erzeugt wird. Es kann dem Ergebnis aber sehr nahe kommen, wenn das verwendete Drucksystem kalibriert ist und man mit den entsprechenden ICC-Profilen arbeitet.

Gleichzeitig gibt es gewisse Einschränkungen, die möglicherweise nur schwer zu umgehen sind und bestimmte Fehler erzeugen.

Die Erste ergibt sich aus der Qualität und den Eigenschaften der für den Druck des Kontraktproofs verwendeten Geräte. Einige Maschinen haben eine relativ niedrige Auflösung, können nur mit glänzendem weißen Papier arbeiten und variieren während des Drucks stark in ihren Farben. Der Begriff Kontraktproof wird für die Ausgabe auf allen möglichen Druckern verwendet. Die Auswahl des Gerätes ist deshalb sehr wichtig, damit das Endergebnis möglichst farbverbindlich ist.

Der zweite wichtige Faktor ist, wie mit dem Equipment umgegangen wird. Viele professionelle Drucker nehmen viel Zeit für Wartung und Farbmanagement in Anspruch, um ein stabiles und erstklassiges Ergebnis zu gewährleisten. Im Allgemeinen haben die grafischen Unternehmen genügend Routine und Verantwortung für die Pflege und Kalibrierung ihrer Maschinen.

Kontraktproofs werden meistens auf Lieferanten-Standardpapier gedruckt, was bedeutet, dass man in der Papierwahl eingeschränkt ist. Dieses Papier ist oft weiß und glänzend. Wenn man sich für ein gestrichenes, satiniertes Papier mit hohem Weißgrad für die Produktion entschieden hat, kommt man mit einem solchen Proof sehr nahe an das Endergebnis. Wenn man sich andererseits für ein ungestrichenes Papier entscheidet, das ein wenig matt und gelblich ist, können die Farben zwischen dem Proof und dem gedruckten Produkt stark abweichen. In vielen Kontraktproofsystemen kann man zwischen verschiedenen spezifischen Papieren wählen, die als Alternativmaterial empfohlen werden. Bestimmte Drucktechniken, Papiertypen und Farben können als Kontraktproof nur unzureichend simuliert werden. Offsetdruck auf gestrichenem Papier lässt sich mit einem Proofsystem noch am ehesten reproduzieren. Andere Techniken wie Tiefdruck, Flexodruck oder Siebdruck sind erheblich schwieriger zu imitieren, besonders dann, wenn der Druck auf ungewöhnliche Materialien wie Kunststoff, Glas oder Metall erfolgen soll. Dies bedeutet, dass erheblich höhere Anforderungen an die Farbverbindlichkeit zwischen Proof und Druck gestellt werden als mit jeder anderen Methode.

Die meisten Kontraktproofsysteme können keine Sonderfarben reproduzieren, was in der Regel bedeutet, dass diese sich auf den Vierfarbdruck mit Cyan, Magenta, Gelb und Schwarz beschränken. Wenn Pantone- oder HKS-Farben enthalten sind, müssen diese für den Proof in CMYK-Farben konvertiert werden. Dies vermittelt natürlich nicht den verbindlichen Farbeindruck, aber man erkennt wenigstens, ob alle Elemente enthalten sind. Diese Art von Proof sollte mit einer gedruckten Referenz (beispielsweise einer Pantone-Farbpalette) optisch unterstützt werden, um zu sehen, wie die tatsächliche Farbe in der Realität aussehen würde.

7.5.7 Andruck

Andruck bedeutet vor der eigentlichen Auflage einige Probedrucke auf einer Druckmaschine zu drucken. Andrucke werden meistens nicht auf der Fortdruckmaschine erstellt, sondern auf sogenannten Andruckpressen, die nach demselben Prinzip arbeiten, aber schneller und preiswerter einzurichten sind. Aufgrund derselben technischen Verfahrensweise stellt ein Andruck die genaueste Vorschau auf das Endergebnis dar. Im Digitaldruck ist es zwar einfacher und billiger, Einzelstücke zu drucken, aber auch ungenauer.

Bei der Herstellung von Büchern mit hohen Standards für die Bildreproduktion, zum Beispiel Bildbänden oder Kunstkatalogen, ist es üblich, nur die Bilder auf einem großen Bogen zu sammeln und einen Andruck für diese in einer realen Druckmaschine durchzuführen.

7.6 Ausschießen

Ausschießen ist der Schritt, in dem die Seiten auf einem Bogen der Druckmaschine an die späteren Weiterverarbeitungs-, Falz- und Bindetechniken angepasst werden, wobei das Papierformat möglichst optimal ausgenutzt wird. Beim Drucken wird immer versucht, das Format der Druckmaschine mit dem größten Papierformat so effektiv wie möglich zu nutzen und gleichzeitig die bedruckbare Oberfläche optimal zu füllen, so dass sich keine kostspielige Verschwendung von Papier ergibt. Die Druckmaschine ist die teuerste Einheit pro Stunde im grafischen Produktionsprozess. Man sollte also immer versuchen, die Zeit für die Druckmaschine zu minimieren. Papier ist gleichzeitig das teuerste Material bei der Erstellung gedruckter Produkte. Ausschießen ist mit anderen Worten der entscheidende wirtschaftliche Faktor beim Druck. Neben dem Druckmaschinenformat und dem Bogenformat gibt es fünf Parameter, die sich auf das Ausschießen auswirken:

- *Das endgültige Format des gedruckten Produkts* – Das Format des gedruckten Produktes entscheidet, wie viele Seiten auf einen Bogen gedruckt werden können, und bestimmt damit, wie das Ausschießen erfolgt.
- *Die Anzahl der Seiten des gedruckten Produkts* – Wenn die Anzahl der Seiten größer ist als die Anzahl der auf Vorder- und Rückseite des Bogens untergebrachten Seiten, können hohe Rüstzeiten entstehen. Die Anzahl der Seiten bestimmt das Ausschießmuster.
- *Laufrichtung* – Um dauerhaft haltbare Bindungen und attraktive Produkte zu erzielen, ist die Faserlaufrichtung des Papiers zu beachten; der Bund oder auch der Hauptfalz eines Produkts muss parallel zur Laufrichtung liegen. So beeinflusst auch die Laufrichtung, wie die Seiten auf dem Bogen verteilt werden.
- *Zusammentragmethoden* – Unterschiedliche Methoden bei der Bogenzusammenführung – die Bogen werden nacheinander mittig ineinander gesteckt oder aufeinander gesammelt abgelegt. Wie die gefalzten Bogen später miteinander verbunden werden, entscheidet also über die Platzierung der einzelnen Seiten pro Bogen. So nehmen auch die Zusammentragmethoden Einfluss auf das Ausschießen [*siehe Weiterverarbeitung 10.12*].

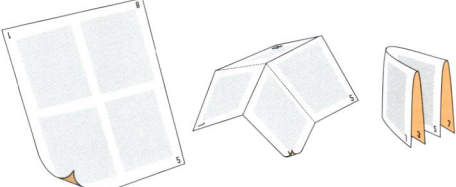

AUSSCHIESSMUSTER
Damit man weiß, welche Seiten wie angeordnet werden, arbeitet man zur Kontrolle mit einem Ausschieß- oder Falzmuster (Spicker).

AUSSCHIESSEN — WIE ES FUNKTIONIERT

VERSCHIEDENE ARTEN DES AUSSCHIESSENS
Die Druckmaschine verursacht die höchsten Stundenkosten im gesamten grafischen Prozess. Deshalb versucht man, die Zeit in der Druckmaschine zu minimieren, indem man so große Papierbogen wie möglich verwendet. Die meisten Druckmaschinen arbeiten mit Papierformaten, auf die 4, 8, 16 oder 32 Seiten im A4-Format gedruckt werden können.

Beim Drucken zum Beispiel eines Buchs oder eines Hefts werden mehrere Seiten auf einem Druckbogen nebeneinander angeordnet. Das Verteilen der Seiten auf dem Druckbogen heißt Ausschießen und richtet sich danach, für wie große Bogenformate die Druckmaschine geeignet ist. Als Beispiel für die Varianten des Ausschießens nehmen wir ein 8-seitiges A4-Heft. Es besteht aus zwei A3-Bogen, die in der Mitte gefalzt sind und mit zwei Klammern am Falz zusammengehalten werden.

Auf jeden A3-Bogen passen vier A4-Seiten – auf Vorder- und Rückseite je zwei. Im Hinblick auf die Weiterverarbeitung kann man ein 8-seitiges Heft auf zweierlei Weise herstellen: Indem man zwei separate A3-Bogen falzt und dann klammert oder indem man einen A2-Bogen doppelt falzt, klammert und dann beschneidet.

aus zwei A3-Bogen angefertigtes 8-seitiges Heft

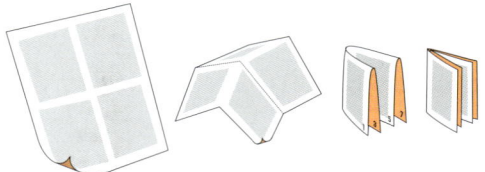
aus einem A2-Bogen angefertigtes 8-seitiges Heft

AUSSCHIESSSCHEMA FÜR EIN 8-SEITIGES A4-HEFT
FÜR EINE A3-DRUCKMASCHINE
Ist das größtmögliche Druckformat A3, muss man ein Ausschießschema für vier A3-Seiten anfertigen. Die Druckmaschine benötigt vier Druckformen, denn jeder A3-Bogen durchläuft die Maschine zweimal, einmal für jede Bogenseite.

Nach dem Drucken hat man zwei 4-seitige A3-Bogen mit je zwei A4-Seiten auf Vorder- und Rückseite. Sie werden einzeln gefalzt und dann mit Klammern zu einem 8-seitigen A4-Heft geheftet.

vier Druckplatten   zwei bedruckte Bogen

AUSSCHIESSSCHEMA FÜR EIN 8-SEITIGES A4-HEFT
FÜR EINE A2-DRUCKMASCHINE
Ist das größtmögliche Druckformat A2, muss man ein Ausschießschema für zwei A2-Seiten anfertigen. Die Druckmaschine druckt nur 2 Formen. Jeder A2-Bogen durchläuft die Maschine zweimal, einmal für jede Bogenseite. Nach dem Drucken hat man ein 8-seitiges A2-Heft mit je vier A4-Seiten auf Vorder- und Rückseite. Es wird über Kreuz gefalzt und dann zu einem 8-seitigen A4-Heft geheftet.

zwei Druckplatten   ein bedruckter Bogen

AUSSCHIESSSCHEMA FÜR EINE 8-SEITIGE A4-BROSCHÜRE
FÜR EINE A1-DRUCKMASCHINE
Ist das größtmögliche Druckformat A1, muss man ein Ausschießschema für eine A1-Seite anfertigen. Man benötigt also nur eine einzige Druckform. Der Bogen durchläuft die Maschine zweimal, einmal für jede Bogenseite, jedoch ohne Wechsel der Druckplatte. Alle 8 Seiten passen auf eine einzige Druckplatte. Die Seiten 1, 8, 4 und 5 werden auf der einen Hälfte des A1-Bogens ausgeschossen, die Seiten 2, 7, 3 und 6 auf der anderen. Indem man den A1-Bogen wendet und dann mit derselben Druckplatte die andere Seite bedruckt, erhält man einen 16-seitigen Bogen mit acht Seiten auf jeder Seite. Der A1-Bogen kann dann in zwei gleiche 8-seitige Bogen geteilt, über Kreuz gefalzt und zu zwei 8-seitigen Heften geklammert werden.

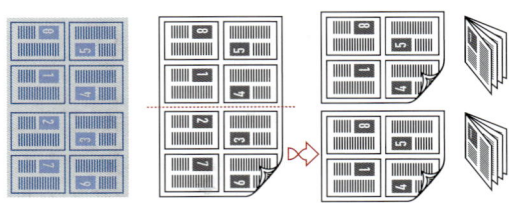
eine Druckplatte   ein bedruckter Bogen   Der Bogen wird in zwei Hälften geteilt

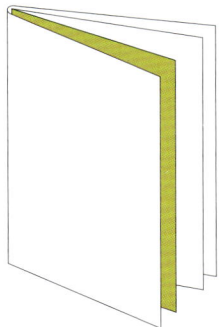

DIE BEDEUTUNG DES AUSSCHIESSENS FÜR DIE FARBBELEGUNG

Sollen nicht alle Seiten eines Druckerzeugnisses mit gleich vielen Farben gedruckt werden, kann es preiswerter sein, den Druck auf verschiedene Maschinen zu verteilen. Eine Einfarbenmaschine ist pro Stunde billiger als eine Vierfarbenmaschine. Deshalb kann es sinnvoll sein, einfarbige Seiten separat in einer Einfarbenmaschine zu drucken. Die Information darüber, welche Seiten zum Beispiel mit einer oder vier Farben gedruckt werden, nennt man Farbbelegung.

Wenn man im Voraus weiß, in welchem Format gedruckt werden soll, kann man bei der Arbeit am Original durch Einbeziehen des Ausschießschemas die Farbbelegung effektiv nutzen. Angenommen, wir wollen ein 8-seitiges Heft drucken. Es soll einfarbig Schwarz gedruckt werden, nur Seite 3 erfordert Vierfarbendruck. Die Seite des Druckbogens, auf dem die Seite 3 liegt, muss dann in einer Vierfarbenmaschine bedruckt werden. Im unten stehenden Beispiel kann man dann alle Seiten, die auf demselben Druckbogen liegen wie Seite 3, ohne Zusatzkosten vierfarbig gestalten (die Kosten für die Farbseparation sind dabei natürlich nicht berücksichtigt).

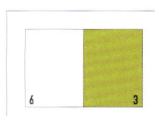 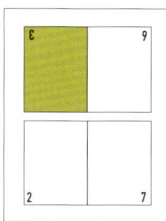 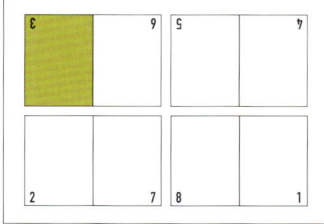

In einer A3-Druckmaschine muss die ganze Seite des Druckbogens, auf der sich die Seite 3 befindet, in einer Vierfarbenmaschine gedruckt werden. So wird auch Seite 6 in der Vierfarbenmaschine gedruckt, auch wenn sie nur einfarbig ist.

In einer A2-Druckmaschine muss die ganze Seite des Druckbogens, auf der sich die Seite 3 befindet, in einer Vierfarbenmaschine gedruckt werden. So werden auch die Seiten 2, 6 und 7 in der Vierfarbenmaschine gedruckt.

In einer A1-Maschine liegen alle Heftseiten auf den beiden Seiten des A1-Bogens. Das heißt, man muss den ganzen Bogen in einer Vierfarbenmaschine drucken, und alle Seiten werden somit gleichzeitig gedruckt, ob sie Farben enthalten oder nicht.

BUDGET UND AUSSCHIESSEN

Sie sollten grundsätzlich versuchen, die Seiten so wirtschaftlich wie möglich anzuordnen, damit die Druckzeit kurz gehalten wird. Die Kosten sind abhängig von der Stundenbelegung der Druckmaschine. Da die Druckbögen unterschiedliche Formate haben, sollte man sich erkundigen, bei welchem Druckbogenformat man günstiger fährt. Die Rüstzeiten weichen nur wenig voneinander ab.

Die Illustration rechts vergleicht die Produktionszeiten der verschiedenen Druckmaschinen.

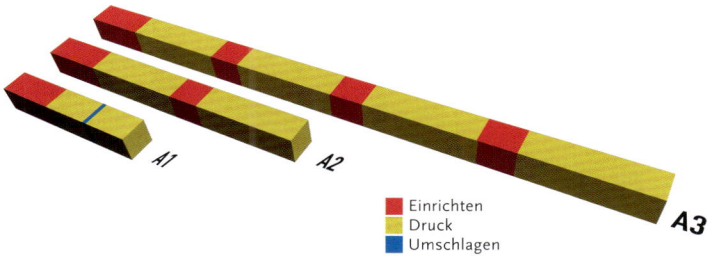

DIE PRODUKTIONSZEIT BEI VERSCHIEDENEN MASCHINENFORMATEN

Die Grafik zeigt die Produktionsdauer für ein 8-seitiges Heft bei verschiedenen Maschinenformaten. Wirtschaftlichkeitsfaktoren entscheiden darüber, welcher Maschinentyp verwendet wird, und bestimmen somit auch, wie ausgeschossen werden muss. Letztlich entscheidend für die Wahl des Maschinenformats sind die Stundensätze der einzelnen Maschinen und deren Einrichte- und Laufzeiten.

AUSSCHIESSEN

PER HAND AUSSCHIESSEN
Beim manuellen Ausschießen werden die einzelnen Seitenfilme von Hand mit Klebestreifen zu einer großen Filmmontage zusammengefügt. Um sicherzustellen, dass die Seiten korrekt platziert werden, erfolgt die Montage auf einem Leuchttisch.

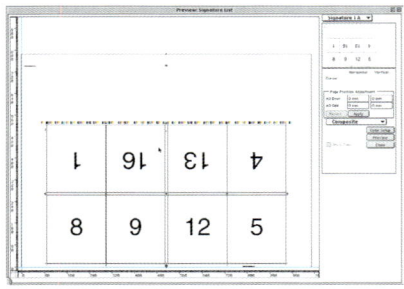

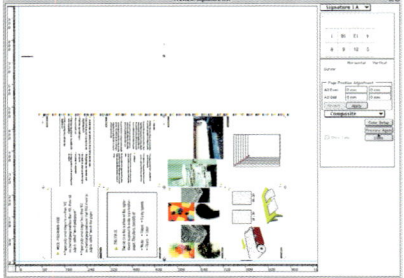

DIGITALES AUSSCHIESSEN
Beim digitalen Ausschießen werden die Seiten auf einen digitalen Druckbogen montiert. Abgebildet ist ein Beispiel für zwei derartige Ausschießverfahren.

- *Weiterverarbeitung und Bindetechniken* – Die Maschinen, die in der Weiterverarbeitung benutzt werden, können die maximal verwendbare Bogengröße beschränken. Falzmaschinen können in der Anzahl der Umbrüche beschränkt sein [siehe Weiterverarbeitung 10.10]. Bestimmte Weiterverarbeitungs- und Bindetechniken benutzen auch einen Greifrand, eine zusätzliche »Lippe«, die verwendet wird, damit die Maschine das Blatt greifen kann. Alle diese verschiedenen Faktoren beeinflussen und bestimmen, wie das Ausschießen erfolgt.

Unter Berücksichtigung all dieser Faktoren wird versucht, das jeweils kostengünstigste Ausschießschema zu verwenden, um mit einem minimalen Einsatz von Papier und Zeit in der Druckmaschine auszukommen. Wie die Seiten später zueinander stehen müssen, wird meist mit Hilfe eines Ausschießmusters ermittelt. Dies bedeutet, dass man beispielsweise ein oder mehrere A4-Blätter so faltet, wie das gedruckte Produkt gefalzt wird. So entsteht eine kleine Kopie des gedruckten Produkts, die man dann durchlaufend paginiert. Wenn man dann das Falzmuster öffnet, sieht man, wie die Seiten auf dem Druckbogen platziert werden müssen.

Beim Ausschießen wird zusätzlich eine Reihe von Hilfszeichen für Druck, Weiterverarbeitung und Bindetechnik auf dem Bogen angelegt. Die entsprechenden Marken und Farbstreifen befinden sich an den Rändern des Bogens und werden für die einzelnen Arbeitsschritte benutzt.

Das Ausschießen erfolgt heute mit speziellen Programmen. Dabei werden die Seiten digital in Form von PDF- oder PostScript-Seiten im Programm platziert. So entsteht ein digitales Druckbild, welches dem Druckbogen entspricht. In Ausschießprogrammen können alle erstellten Ausschießschemas in Form von Vorlagen mit zugehörigen Markierungen gespeichert werden. Auf diese Weise erhält man eine Bibliothek häufig benutzter Vorlagen. Durch die Verwendung vorbereiteter Ausschießvorlagen erhöht sich die Effizienz der Arbeit: Laden der Vorlage in das Programm, Importieren der entsprechenden Seiten – schon ist das Ausschießen abgeschlossen.

Gibt man auf Film aus, befindet sich jede Seite, die gedruckt wird, auf einem separaten Film. In diesem Fall muss das Ausschießen von Hand erfolgen. Die Seiten werden dann nach einem Ausschießschema mit Hilfe spezieller Klebestreifen auf einen größeren transparenten Montagefilm geklebt. Für jede Farbe und für jede Seite des zu bedruckenden Bogens erfolgt eine eigene Montage. Die manuelle Montage stellt eine sehr hohe Anforderung an die Passgenauigkeit der verschiedenen Farben beim Drucken. Diese Montageart ist heute eher ungewöhnlich.

Es gibt eine Reihe von Standard-Ausschießmethoden, so dass jeder den Papierverbrauch minimieren, die Zeit im Druck reduzieren und auch die Weiterverarbeitung und das Binden berücksichtigen kann. Wir stellen die gängigsten Arten vor.

7.6.1 Mehrere Nutzen
Je nachdem, wie viele Kopien des Produktes man auf einen Bogen ausschießt, wird dies als 2-, 3-Nutzen-Druck etc. bezeichnet. Dieses Ausschießen wird in der

Regel verwendet, wenn das Produkt nur aus einer oder zwei Seiten besteht. Man will dann so viele Kopien der Seiten wie möglich auf einem Bogen unterbringen, um die Zeit in der Druckmaschine und den Papierverbrauch zu minimieren. Wenn das gedruckte Produkt beispielsweise aus einem A4-Blatt besteht und auf einem Bogem von 50 × 70 cm druckt, kann man den Druck mit vier Nutzen durchführen. Im Folgenden erläutern wir den Druck eines Produktnutzens in Kombination mit einigen der Ausschießmethoden.

7.6.2 Ausschießen für Schön- und Widerdruck

Für jede Seite des Druckbogens – die Schöndruck- und die Widerdruckseite – wird eine eigene Druckplatte benötigt. Im Bogenoffset wird für jede Seite eine Rüstzeit berechnet, das heißt, es ergeben sich zwei Rüstzeiten pro Bogen. Die Bogen sind so ausgeschossen, dass die erste Seite des bedruckten Produktes auf der Vorderseite des Druckbogens liegt, und der Druck der zweiten Seite auf der Rückseite des Bogens. Nachdem die Vorderseite bedruckt ist, wird der Bogen in der Druckmaschine umschlagen, um die Rückseite zu bedrucken.

7.6.3 Mit zwei Nutzen arbeiten und Umschlagen bzw. Umstülpen

Mit zwei Nutzen kann man arbeiten, wenn der Bogen für mindestens doppelt so viele Seiten Platz hat, wie das gedruckte Produkt enthält. Bei dieser Methode wird auf die eine Hälfte des Bogens die Vorderseite und auf die andere Hälfte die entsprechende Rückseite der zu druckenden Information montiert. Dadurch ergeben sich zwei Nutzen, denn man erhält zwei gedruckte Produkte aus einem Bogen. Wenn die halbe Auflage auf einer Seite bedruckt ist, lässt man die Bogen noch einmal gewendet durch die Maschine laufen. Auf diese Weise bedruckt man beide Seiten des Bogens mit nur einer Rüstzeit – das heißt ohne Druckplat-

BOGENGRÖSSE UND PAPIERLAUFRICHTUNG
Weiterverarbeitung und Bindearten beeinflussen die Größe des Druckbogens und die Richtung, in der die Papierfasern ausgerichtet sein müssen (Laufrichtung). Man muss dabei auch den Greiferrand und den Anschnitt berücksichtigen.

DEN ZU BEDRUCKENDEN BEREICH BERÜCKSICHTIGEN
Beim Ausschießen sollte man (wenn möglich) vermeiden, stark eingefärbte Farbflächen oder Bilder übereinander anzuordnen, weil die Farbmenge des einen Bildes die des darunter stehenden mit beeinflusst.

TYPISCHES AUSSCHIESSEN

NUTZEN
Hier sehen Sie einen Bogen mit zwei bzw. vier Nutzen.

SCHÖNDRUCK- UND WIDERDRUCKFORM
Jede Seite des Druckbogens braucht eigene Druckplatten und separate Rüstzeiten in der Druckmaschine.

HALBBOGENMONTAGE (UMSCHLAGEN)
Man platziert die Vorderseite (Schöndruck) auf der ersten Hälfte des Druckbogens und die Rückseite (Widerdruck) auf der anderen Hälfte des Druckbogens. Beim Drucken werden nach der halben Anzahl der Druckauflage die Bogen aus der Maschine genommen und umschlagen, um anschließend die zweite Seite zu bedrucken. Nach dem Druck werden die Bogen in der Mitte geteilt. Bei diesem Vorgang können beide Seiten mit ein und derselben Druckplatte bedruckt werden.

EINSTECKEN UND ZUSAMMENTRAGEN

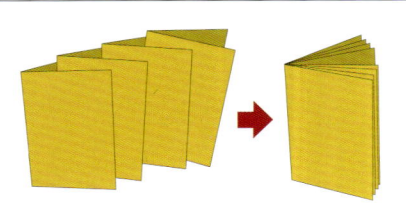

EINSTECKEN
Die gefalzten Bogen (Lagen) werden ineinandergesteckt. Diese Methode wird unter anderem bei der Klammerheftung verwendet.

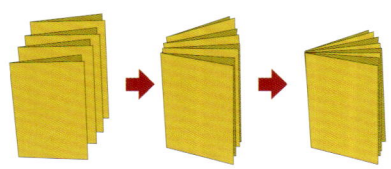

ZUSAMMENTRAGEN
Die gefalzten Bogen werden hintereinander zu einem Bund zusammengetragen. Diese Methode findet z. B. bei der Fadenheftung Verwendung.

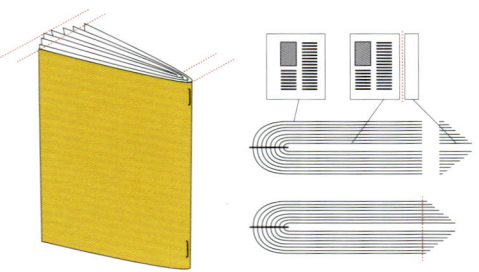

STEIGUNG
Wenn Kreuzfalzbogen ineinandergesteckt werden, verschiebt sich die Vorderkante der Seiten im Mittelbereich nach vorne. Je mehr Seiten es sind und je weiter die Seite innen liegt, desto größer ist diese sogenannte Steigung. Beim Ausschießen wird dieser Effekt kompensiert, indem man das Druckbild entsprechend weit zum Bund hin verschiebt und dann die Außenkanten beschneidet.

---

tenwechsel. Auch wenn das gedruckte Produkt auf einer Seite mit vier Farben und auf der anderen Seite nur schwarzweiß bedruckt wird, kann diese Methode trotzdem kostengünstiger sein als doppelte Rüstzeiten.

Umschlagen ist die am häufigsten verwendete Methode dieser beiden Ausschießarten. Die Druckmaschine greift dabei sowohl beim Drucken der Vorderseite als auch der Rückseite die gleiche Kante des Papiers, was für eine hohe Passergenauigkeit zwischen Schön- und Widerdruckseite sorgt.

Beim Umstülpen wechselt dagegen der Greifrand zwischen Vorder- und Rückseite. Beim zweiten Lauf des Bogens in der Druckmaschine wechselt der Greifrand auf die andere Seite des Druckbogens, so dass es schwieriger wird, Vorder- und Rückseite anzugleichen. Selbst minimale Abweichungen in der Größe der Papierbogen können hier zu sichtbaren Passerungenauigkeiten führen.

7.6.4 Einstecken und Zusammentragen
Wenn man ein gedrucktes Produkt bindet, ob mit Klebebindung, Klammer- oder Fadenheftung, verwendet man generell eine rechts geöffnete Falzung. Für die Drahtheftung braucht man rechts geöffnete Falzbogen, sogenannte Lagen, die alle ineinandergesteckt werden. Für die Klebebindung und Fadenheftung werden die Lagen aufeinandergestapelt, man nennt dies Zusammentragen. Die korrekte Reihenfolge ist über versetzte Markierungen zwischen der ersten und letzten Seite erkennbar, die sogenannten Flattermarken [*siehe Weiterverarbeitung 10.12*]. Die beiden Varianten erfordern verschiedene Arten des Ausschießens. Beim Einstecken müssen die erste und die letzte Seite eines Produktes auf dem gleichen Bogen drucken, während beim Zusammentragen die Bogen einfach seitenweise durchsortiert werden können.

7.6.5 Seitenversatz
Wenn man Druckerzeugnisse mit Klebe- und Fadenbindung verarbeitet, können Probleme mit Teilen der Bilder oder Layoutobjekte im Bund entstehen, weil diese nicht mehr ganz sichtbar oder sogar abgeschnitten sind. Als Ausgleich kann man beim Ausschießen einen Seitenversatz einfügen oder schon beim Erstellen des Layouts einen Seitenversatz oder Überschneidungen berücksichtigen. Dafür muss man wissen, wie groß der zu berücksichtigende Bereich beim Gestalten sein muss. Im Zweifelsfall kann man in der Druckerei nachfragen, ob ein Seitenversatz nötig ist und wie ein eventueller Ausgleich aussehen sollte. In der Druckvorstufe muss dann geprüft werden, ob alles für ein korrektes Ausschießen eingestellt ist.

7.6.6 Greifrand
Der Greifrand ist ein separater Abstand zwischen dem bedruckbaren Bereich und dem Rand des Bogens, den die Druck-, die Weiterverarbeitungs- und die Bindemaschine brauchen, um das Blatt transportieren zu können. Wie groß der Greifrand sein sollte und wo er sich befindet, variiert von Presse zu Presse und zwischen Weiterverarbeitungs- und Bindemaschinen. Die Druckerei weiß, wie groß der Greifrand der jeweiligen Druckmaschine ist und integriert diesen auch in die Ausschießform, um sicherzustellen, dass alle Voraussetzungen

erfüllt sind. Hat der Buchbinder spezielle Anforderungen an die Greifkante, informiert er den Ausschießenden entsprechend verbindlich. In der Regel hat eine Druckerei ein Diagramm oder Ähnliches, in dem die genaue Lage und Größe des Greifrandes definiert ist.

7.6.7 Ausgleich für die Bundzunahme

Wenn ein Blatt im rechten Winkel gefaltet wird, wölbt sich die Falzkante leicht nach außen. Im Inneren des Bogens werden die Inhalte weiter nach außen gedrückt. Werden weitere Seiten eingesteckt, werden diese langsam in der Breite immer weniger Platz bekommen und vorne überstehen. Dieses Phänomen nennt man Bundzunahme oder Steigung. Dies wird noch deutlicher, wenn Seitenzahlen oder andere Signaturen immer an der gleichen Stelle der Blätter positioniert sind, da diese systematisch nach außen wandern. Man kann diesem Problem mit der sukzessiven Reduzierung des Bundstegs begegnen. Dies geschieht, indem die Dicke des Papiers im Ausschießprogramm eingegeben und als Faktor berücksichtigt wird. Das Programm gleicht dann automatisch die entsprechende Breite aus. Dadurch wird sichergestellt, dass Bilder, Seitenzahlen etc. konstant an derselben Stelle im Endprodukt liegen.

7.6.8 Ausschießkontrolle (Standbogen)

Die Ausschießkontrolle ist der letzte Proof vor dem Druckbeginn. Diese Kontrollbogen sind unter verschiedenen Namen bekannt, die teilweise noch von Drucktechniken stammen, die heute längst nicht mehr im Einsatz sind. Die Bezeichnung Blaupause oder Blueprint bezieht sich noch auf die früher in blauer Farbe gedruckten Proofs. Heute werden die Standbogen meist als Plots bezeichnet.

Das Ziel der Ausschießkontrolle ist, sicherzustellen, dass alle Einstellungen korrekt sind, dass die richtigen Seiten an der richtigen Stelle vorhanden und alle Schneidezeichen und Weiterverarbeitungsmarkierungen gesetzt sind.

AUSSCHIESS-PROOF

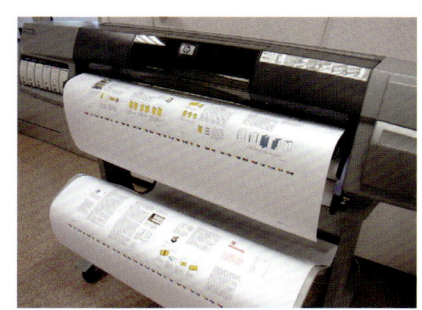

Mit speziellen Inkjet-Druckern lassen sich Großformate ausdrucken – hier sieht man einen gesamten Standbogen. Manchmal werden diese Ausdrucke als Blaupause bezeichnet, in Erinnerung an die Blaupausen früherer Zeiten. Blaupausen waren eine spezielle Art eines analogen Proofs und dienten der Kontrolle der ausgeschossenen Filme auf dem Standbogen.

PASSERMARKEN UND FARBKONTROLLSTREIFEN

Beim Ausschießen fügt man Passkreuze und Farbbalken ein, um Druck und Weiterverarbeitung zu vereinfachen:

- *Passkreuze*: zur Kontrolle der deckungsgleichen Platzierung der einzelnen Druckfarben (exakter Schön- und Widerdruck).
- *Farbkontrollstreifen*: zur Überprüfung des korrekten Farbauftrags beim Druck.
- *Flattermarken*: um die Reihenfolge der Bögen beim Zusammentragen zu bestimmen.
- *Falzmarken*: um die Falzposition zu definieren.
- *Schnittmarken*: zur exakten Bestimmung des Endformats.

Dies geschieht, indem der Ausdruck auf einen Prototyp zusammengefaltet und kontrolliert wird.

Heute werden diese Kontrollbogen auf großen Tintenstrahldruckern (Plottern) als Ganzes in voller Druckbogengröße inklusive der nötigen Greifränder ausgedruckt. Im Allgemeinen wird einseitig geplottet, so dass die Schöndruck- und die Widerdruckseite dann zunächst zusammengeklebt werden müssen, um sie anschließend entsprechend der geplanten Weiterverarbeitung falzen zu können. Alle im Ausschießen zu berücksichtigenden Kriterien werden dabei sichtbar und man kann anhand eines Layout-Dummys überprüfen, ob die Seitenreihenfolge korrekt ausgeschossen ist.

Normalerweise wird diese Prüfung nur in der Druckerei durchgeführt und genehmigt, da sie überwiegend deren Arbeit betrifft. Trotzdem nutzen viele Kunden diesen letzten Kontrollschritt vor dem Druck, um abschließend zu prüfen, ob Rechtschreibung, Bilder oder Layout in Ordnung sind.

Es gibt jedoch viele Gründe, warum man Veränderungen zu diesem Zeitpunkt vermeiden sollte. Erstens ist es eigentlich zu spät, um diese Dinge noch zu korrigieren. Diese Art von Fehlern sollte man bereits auf Text-, Bild- und Layoutproofs entdeckt haben. Zweitens haben die Ausdrucke meist eine niedrige Auflösung, was bedeutet, dass sie nicht geeignet sind zur Kontrolle der Qualität von schwer zu lesendem Text, Bildern und Farben. Auch das Layout erscheint ungenau. Und natürlich können Korrekturen in diesem späten Stadium extrem kostspielig werden. Abgesehen davon sollte man sich als Kunde gut überlegen, ob man sich den gefalzten Ausschießbogen vorlegen lässt. Denn gibt man ihn druckfrei, ist man für nicht entdeckte Ausschießfehler zumindest mitverantwortlich.

7.7 Halbtonraster

Ein Foto besteht aus einer Vielzahl von Farbnuancen. Eine Druckmaschine kann jedoch nicht alle Tonwertnuancen reproduzieren. Stattdessen verbindet der Druck eine Kombination zwischen bedruckten und nicht bedruckten Bereichen, um mit diesem Halbtonraster das Auge zu täuschen. Man glaubt beim Betrachten des Bildes aus einem normalen Abstand kontinuierliche Farbübergänge zu sehen. Dies geschieht durch das Zerlegen des Bildes in sehr kleine Teile. Feinere Raster ergeben optisch eine bessere Bildqualität.

Es gibt im Wesentlichen zwei Techniken, das Auge mit Hilfe der Rasterpunkte zu täuschen. Bei der sogenannten traditionellen Rastertechnik stehen die Rasterpunkte immer im gleichen Abstand (von Mittelpunkt zu Mittelpunkt) zueinander und variieren in der Größe, um verschiedene Tonwerte zu erzeugen. Man spricht auch vom amplitudenmodulierten Raster (AM-Raster). Beim zweiten Rasterverfahren sind die Punkte alle gleich groß und ihre Entfernung zueinander variiert, um optisch eine geringere oder höhere Dichte zu erreichen. Dieses Verfahren ist bekannt als stochastischer oder frequenzmodulierter Raster.

Ein Halbtonraster besteht aus kleinen Punkten in sehr eng beieinanderliegenden Zeilen. Die Größe der Punkte hängt beim AM-Raster von den Tonwerten ab, die diese simulieren sollen. In hellen Bereichen sind die Punkte klein,

HALBTONRASTER – EINE SIMULATION VON GRAUSTUFEN

Eine Druckmaschine kann keine linearen Tonwertstufen erzeugen, wie diese in einem Foto vorkommen. Sie kann nur mit oder ohne Farbe drucken.

Um Grautöne zu reproduzieren und zu drucken, verwendet der Druck stattdessen Halbtonraster. Halbtonraster bestehen aus kleinen Punkten in eng beieinanderliegenden Reihen. Ihre Größe variiert je nachdem, welche Helligkeitsstufe sie simulieren sollen (AM-Raster).

Halbtonraster täuschen die Augen: Man glaubt verschiedene Grautöne zu sehen, obwohl nur Schwarz und Weiß verwendet wurde.

VERSCHIEDENE RASTERPUNKTE

Verschiedene Formen des Rasterpunktes weisen unterschiedliche Merkmale bei feinen Farbübergängen auf.

- **ELLIPTISCHE PUNKTE:**
  Geeignet für Bilder mit vielen unterschiedlichen Inhalten, z. B. sowohl Hauttöne als auch Produktmotiv. Elliptische Rasterpunkte neigen dazu, Muster zu ergeben.
- **QUADRATISCHE PUNKTE:**
  Diese können für sehr detailreiche Bildern mit hohem Kontrast benutzt werden, z. B. für Abbildungen von Juwelen oder Schmuck. Für Hauttöne sind quadratische Punkte dagegen nicht geeignet.
- **RUNDE PUNKTE:**
  Diese eignen sich hervorragend für helle Bildbereiche, z. B. Hauttöne. Schlecht geeignet sind sie jedoch für stark schattierte Bereiche.

Darüberhinaus gibt es noch Effektraster wie den abgebildeten Linienraster [siehe 7.7.4].
Die Wahl der Punktform hängt nicht nur vom Motiv, sondern vor allem auch vom Druckverfahren ab.

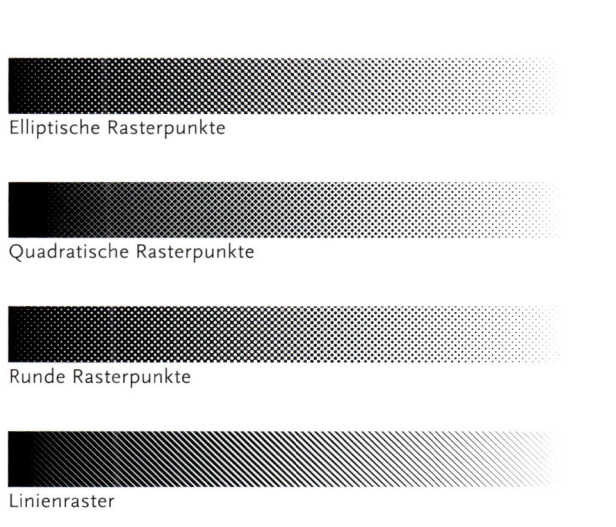

in dunklen Bereichen größer. Je dichter die gepunkteten Zeilen beieinander liegen, desto höher ist die »Rasterfrequenz«. Eine hohe Rasterfrequenz bedeutet, das Bild ist in kleinere Teile aufgeteilt (kleinere Punkte im Halbtonraster) und als Ergebnis erhält man feinere Farbübergänge und feinere Details, falls Bilder gedruckt werden. Eine schwarze Oberfläche hat eine Flächendeckung zwischen 1% und 99%, abhängig vom Grauton. Wenn die Oberfläche zur Hälfte mit Rasterpunkten bedeckt ist, liegt eine 50%-Deckung vor.

Halbtonraster werden durch die Druckersoftware über einen Raster Image Processor (RIP) berechnet, wenn man ein Dokument ausdruckt. Die meisten Anbieter von RIPs benutzen ihre eigenen Halbtonraster, was bedeutet, dass die Rasterpunkte auf unterschiedliche Art und Weise aufgebaut sind, je nachdem durch welches RIP der Halbtonraster erstellt wurde.

7.7.1 Rasterpunktformen

Traditionelle Halbtonraster täuschen die Wahrnehmung des Auges, indem die Rasterpunkte in der Größe variieren und so mehr oder weniger der Papieroberfläche bedecken. Kleine Punkte schaffen helle Farbtöne, während große Punkte dunkle Farbtöne ergeben. Wenn die Rasterpunkte größer werden, wachsen sie zusammen und erstrecken sich über die gesamte Oberfläche.

Nicht alle »Punkte« sind rund. Rasterpunkte können rund, elliptisch oder quadratisch sein. Je nach Druckverfahren und -produkt können manchmal quadratische oder elliptische Punkte die bessere Wahl sein. Die Ecken der quadratischen Punkte treffen bei einem Wert von 50% aufeinander. Das Auge kann diesen Übergang manchmal in weicheren Schattierungen wahrnehmen.

KONTINUIERLICHE FARBÜBERGÄNGE
In den oberen Graustufen haben wir einen kontinuierlichen Farbübergang dargestellt. Die Farbübergänge sind in Wahrheit nicht kontinuierlich, sondern werden durch die Wahl eines sehr feinen Rasters simuliert.

In den unteren Grauwerten zeigen wir den gleichen Farbübergang, aber mit einem gröberen Raster. Das Gehirn nimmt auch dieses Beispiel als einen kontinuierlichen Farbübergang war.

Sie sehen hier, dass Grauwerte aus unterschiedlich großen schwarzen und weißen Punkten erzeugt werden.

DIE STRUKTUR DES HALBTONRASTERS

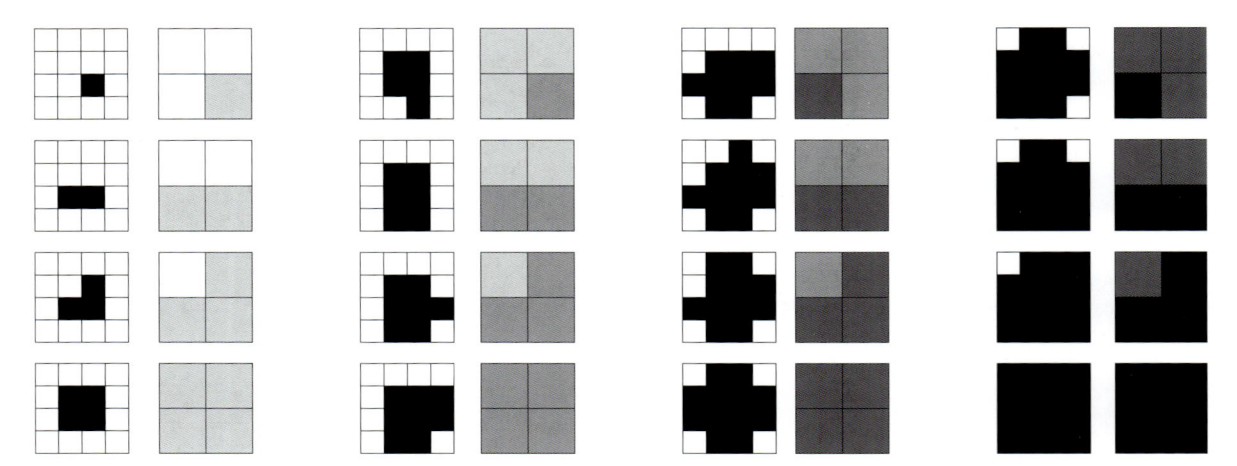

ZWEI FARBZUSTÄNDE ERFORDERN HÖHERE DRUCKAUFLÖSUNG ALS DRUCKE MIT FÜNF FARBDICHTESTUFEN
In einer Rasterzelle des Rasterpunktes werden die Belichterpunkte beim Füllen der Zelle immer nach dem gleichen Schema aufgebaut, von der Mitte nach außen. Die Anzahl der Belichterpunkte, die in eine Rasterzelle passen, bestimmt die Anzahl der Grautöne, die der Raster simulieren kann. Die gezeigten Rasterpunkte können 4 × 4 + 1 = 17 Töne (+ 1 ergibt sich aus der unbesetzten Halbtonzelle) simulieren.

Einige Tintenstrahl- und Thermodrucker verwenden ein Rasterverfahren, bei dem nicht nur die Häufigkeit, sondern auch die Farbdichte der Druckpunkte verändert werden kann. Das heißt, diese können mit einer niedrigeren Druckauflösung als herkömmliche Raster ohne Verlust der Qualität oder der Anzahl darstellbarer Farben produzieren.

Im oberen Beispiel sehen wir einen Halbtonraster mit fünf verschiedenen Farbdichten im Vergleich zu einem traditionellen Raster mit zwei Farbzuständen (schwarz und weiß).

ELLIPTISCHE PUNKTE
Aufgrund ihrer Form berühren sich elliptische Punkte bei zwei verschiedenen Farbwerten, bei 40 % an den spitzen Enden und bei 60 % mit den langen Seiten. Es entstehen somit zwei kritische Punkte bei der Erzeugung weicher Farbübergänge, welche ein lineares Muster verursachen.

Runde Punkte arbeiten auf die gleiche Art und Weise, treffen sich aber erst bei einem dunkleren Ton von ca. 70 %. Aufgrund ihrer Form treffen elliptische Punkte in zwei verschiedenen Tonwerten aufeinander, bei 40 % die schmalen und bei 60 % die langen Seiten. Sie weisen somit zwei kritische Stellen auf und können manchmal Zeilen im Bild erzeugen. Es gibt auch kombinierte Halbtonraster, bei denen Punkte verschiedener Form verbunden werden. Agfa Balanced Screening (ABS) beispielsweise verbindet runde und quadratische Punkte, um die Vorteile beider Formen zu nutzen.

Weitere Beispiele für Rastertechniken im traditionellen Verfahren sind Irrational Screening von Heidelberg und Co-Res Screening von Fujifilm.

7.7.2 Frequenzmodulierter Raster (Stochastischer Raster)

Der große Unterschied der stochastischen zur traditionellen Rasterung besteht darin, dass die Zahl der Punkte pro Fläche variiert, anstelle der Punktgröße. Die Bezeichnung »stochastische Rasterung« ist an und für sich nicht ganz korrekt, denn stochastisch bedeutet »zufällig«, aber diese Raster arbeiten nicht zufällig. Ein besserer Name für diese Technik ist frequenzmodulierter Raster oder kurz FM-Raster.

RASTERFREQUENZ

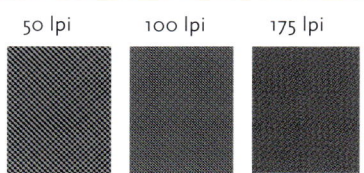

RASTERFREQUENZ
Die Rasterauflösung wird in lpi angegeben und ist ein Maß für die Anzahl der Halbtonzellen pro Zoll. Je geringer der Frequenzwert, desto größer ist die Rasterzelle und der Rasterpunkt. Oben sind Beispiele der verschiedenen Rasterweiten. Bei 50 lpi kann das Auge noch die Lage der einzelnen Punkte erkennen, aber bei 175 lpi werden sie nur noch als weicher Farbton wahrgenommen.

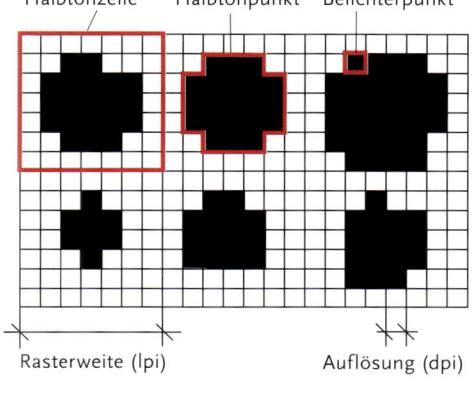

BELICHTER- UND RASTERAUFLÖSUNG
Hier ist dargestellt, in welcher Beziehung Belichterauflösung (dpi) und Rasterfrequenz (lpi) zueinander stehen.

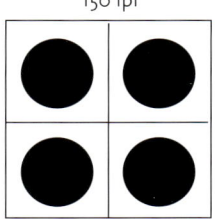 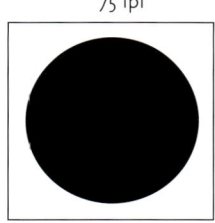

HALBIERTE RASTERFREQUENZ
Verwendet man den Raster in der halben Auflösung, wird der Punkt vier Mal so groß. Ein Rasterpunkt mit gleichem Grauton hat also bei einem 150-lpi-Raster ein Viertel der Größe im Vergleich zu einem 75-lpi-Raster.

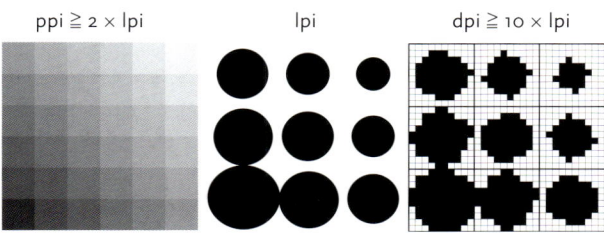

DIE VERBINDUNG ZWISCHEN PPI, LPI UND DPI
Ein digitales Bild sollte eine Auflösung (ppi) haben, welche der doppelten Rasterauflösung (lpi) entspricht. Beim Ausdrucken auf eine Platte oder auf einen Drucker wird eine Ausgabeauflösung (dpi) verwendet, die mindestens 10-mal so groß wie die Rasterfrequenz (lpi) sein sollte.

Beim FM-Raster haben alle Rasterpunkte die gleiche Größe, die etwa den kleinsten Punkten in der traditionellen Halbtonrasterung entspricht. Ein dunkler Bereich des traditionellen AM-Rasters enthält große Punkte, während der gleiche Bereich in einem FM-Raster eine dichtere Anzahl kleiner Punkte enthält. Es mag scheinen, als wären diese Punkte zufällig platziert, in Wirklichkeit erstellt ein Programm diese Punkte nach mathematischen Berechnungen.

Punkte verschiedener Größen stehen für verschiedene Papiersorten zur Verfügung. Kleinere Punktgrößen für Papiere mit glatter Oberfläche, auf denen eine höhere Auflösung ausgegeben werden kann. Größere Punkte sind eher für geringere Papierqualitäten mit unebenen Oberflächen und für Drucke mit niedriger Rasterfrequenz gedacht.

Welche verschiedenen Größen verfügbar sind, wird über das verwendete RIP definiert. Die Größe kann zwischen 14 bis 41 Mikrometer variieren. Ein Mikrometer (µ) ist ein tausendstel Millimeter.

FM-Raster ermöglichen generell eine bessere Wiedergabe von Details als herkömmliche AM-Raster. Dies wird besonders deutlich bei der Verwendung von FM-Rastern auf minderwertigeren Papieren, die sonst relativ niedrige

Lines per inch	Lines per cm	glatter l/cm-Wert
50	20	20
60	24	24
72	28	28
85	33	34
100	39	40
120	47	48
133	52	54
150	59	60
175	69	70
200	79	78
300	118	120

LINES PER INCH ODER LINES PER CM
In den USA wird die Rasterweite in Inch (lpi) angegeben; in anderen Teilen der Welt in Zentimeter (l/cm).

ANDERE HALBTONTECHNIKEN

HYBRIDE RASTER
Hybride Raster vereinen traditionelle und FM-Rasterung.

LINIENRASTER
Wird oft für Effekte verwendet und liefert generell niedrigere Bildqualität. Der Raster besteht aus Linien, nicht aus Punkten.

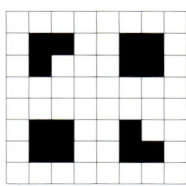 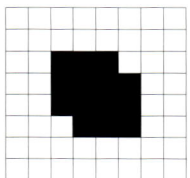

GETEILTE RASTERPUNKTE
Wenn man das Bild mit geteilten Rasterpunkten aufbaut, wird der Raster innerhalb einer Zelle aus vier separaten Einheiten aufgebaut (links). Die Zelle behält damit ihren Grauwert bei, aber die Auflösung scheint sich verglichen mit der traditionellen Rasterung verdoppelt zu haben. Beide Beispiele zeigen einen Grauton von 20 %.

VARIATION DER FARBDICHTE
In einigen Tintenstrahl- und Thermodruckern wird eine Rastertechnik eingesetzt, die nicht nur die Größe und die Häufigkeit der Rasterpunkte variiert, sondern auch ihre optische Dichte. Dies erfolgt durch eine unterschiedliche Farbdicke beim Auftragen auf das Papier.

Rasterfrequenzen aufweisen. Weiche Farbübergänge können jedoch fleckig erscheinen. Bei dieser Art der Rasterung gibt es keine Rasterwinkel und daher keine Probleme mit Moiré-Effekten oder Rosetten [siehe 7.7.9–7.7.11].

Wie bei der herkömmlichen Halbtonrasterung haben auch hier verschiedene Hersteller ihre eigenen Versionen dieser Technologie entwickelt, beispielsweise Cristalscreening von Agfa, Prinect Stochastic Screening von Heidelberg und Staccato Screening von Creo/Kodak. Sie arbeiten alle nach dem gleichen Prinzip, wenn auch mit verschiedenen Rasterpunkt-generierenden Algorithmen.

7.7.3 Hybrid-Rasterpunkte

Es gibt Rasterpunkte, welche die traditionelle und stochastische Halbtontechnik kombinieren, um das Beste aus beiden Techniken zu nutzen – die stochastischen Rasterpunkte mit der Fähigkeit zur Reproduktion feiner Details in hellen und dunklen Tonwertbereichen und die traditionellen Rasterpunkte mit der Fähigkeit, den Mitteltonbereich ohne Flecken wiederzugeben. Man nennt dies Hybrid-Rasterpunkte. Verschiedene Anbieter haben ihre eigenen Varianten der Hybrid-Rasterpunkte, zum Beispiel Sublima von Agfa, Maxtone Hybrid Screening von Creo/Kodak und Prinect Hybrid Screening von Heidelberg.

7.7.4 Andere Rasterverfahren

Zusätzlich zu den oben genannten Methoden gibt es noch andere spezielle Rasterverfahren wie Linienraster und geteilte Rasterpunkte. Die erste Technik basiert auf Linien, die in der Breite variieren, um verschiedene Töne im Bild zu erreichen. Die zweite Technik teilt jeden normal großen Punkt in vier kleinere Punkte auf, was den Eindruck der doppelten Rasterfrequenz bei gleichem Farbumfang der großen Zelle ermöglicht. Dieses Rasterverfahren kommt bei bestimmten Tintenstrahldruckern zum Einsatz, welche nicht nur die Größe und Häufigkeit der Rasterpunkte, sondern auch ihre Dichte durch eine dickere Schicht Tinte auf dem Papier variieren. Das heißt, man kann mit einer niedrigeren Druckauflösung arbeiten als bei herkömmlichen Rasterpunkten, ohne dass die Qualität oder die Anzahl der Farben optisch reduziert wird.

7.7.5 Rasterfrequenz und Punktgröße

Die Rasterfrequenz ist ein Maß für die Anzahl der Rasterzellen pro Zeile. Sie wird gemessen in Zeilen pro Zoll (inch) oder lpi (manchmal bezeichnet als l/in, Linien pro Zoll oder l/cm = Linien pro Zentimeter). Je niedriger die Frequenz,

ERFORDERLICHE RASTERWEITE
Eine Übersicht über die Rasterweiten, je nach Papierqualität und Druckverfahren:

Papier	Rasterweite	Druckverfahren	Rasterweite
Zeitungsdruck	65–100 lpi	Offsetdruck	65–200 lpi
ungestrichen	100–150 lpi	Tiefdruck	120–200 lpi
gestrichen, matt	150–175 lpi	Siebdruck	50–100 lpi
gestr., glänzend	150–200 lpi	Flexodruck	90–150 lpi

desto größer ist die Rasterzelle und somit die Rasterpunkte. Dies bedeutet, dass ein Rasterpunkt mit einer Abdeckung von 50 % in einem 60-lpi-Raster viermal so groß ist wie der gleiche Rasterpunkt in einem 120-lpi-Raster.

Je höher die Rasterfrequenz, desto feiner die Details und die daraus resultierenden Bilder. Mit welcher Rasterauflösung gedruckt werden kann, hängt nicht zuletzt vom Papier und dem Druckverfahren ab. Papierlieferanten geben in der Regel Rasterfrequenz-Empfehlungen für die verschiedenen Papiersorten. Auch die Druckerei kann diese Informationen bieten. Ist die Rasterfrequenz für eine bestimmte Papiersorte zu hoch, besteht die Gefahr, dass die Rasterpunkte verwischen, was sich in einem Verlust von Details und Kontrast im Druck auswirkt. 175 lpi (70 l/cm) ist die häufigste Rasterfrequenz und 20 Mikrometer eine typische Punktgröße für hochwertige Produkte wie Broschüren und Geschäftsberichte. Hingegen ist 85 lpi (34 l/cm) eine übliche Rasterfrequenz und 40 Mikrometer eine typische Punktgröße für Produkte geringerer Qualität wie im Zeitungsdruck.

7.7.6 Die Struktur der Rasterpunkte

Bei einem traditionellen Raster mit einer bestimmten Rasterfrequenz ist ein Bereich für jeden Rasterpunkt definiert, bekannt als Rasterzelle. In diesem Bereich können die Punkte in der Größe variieren, abhängig von der Größe der Oberfläche sollte der Punkt einen gewissen Halbtonwert erzeugen. Wenn ein Rasterpunkt beispielsweise die Hälfte seiner Zelloberfläche ausfüllt, ergibt dies einen 50 %-Ton, wenn er die ganze Zelle füllt, einen 100 %-Ton.

Die Rasterpunkte bauen sich aus einer Reihe von Belichterpunkten auf. Die kleinste Größe eines Rasterpunkts ist der Umfang eines Belichterpunkts. Die größte Größe wird erreicht, wenn die ganze Zelle mit Belichterpunkten befüllt ist. Jeder Belichterpunkt kann nur drucken oder nicht drucken. Bei traditioneller Halbtonrasterung werden die Rasterpunkte aus der Mitte heraus aufgebaut. Im FM-Raster ist die Anzahl der Halbton-Punkte sehr unterschiedlich auf der Oberfläche verteilt und es entstehen dadurch unterschiedliche Tonwerte. Die Größe der Rasterpunkte im FM-Raster entspricht im Prinzip der Größe eines Belichterpunkts.

Die Anzahl der Belichterpunkte, die für den Aufbau eines traditionellen Rasterpunkts verwendet werden, entscheidet über seine Größe und den Farbton, den er simuliert. Wenn ein traditioneller Rasterpunkt nur für vier Belichterpunkte in jeder Zelle Platz hat, kann der Punkt auch nur fünf Töne zeigen, das wären Weiß (keine schwarzen Belichterpunkte), Hellgrau (einer der vier schwarzen Belichterpunkte), Mittelgrau (die Hälfte der schwarzen Belichterpunkte), Dunkelgrau (drei von vier schwarzen Belichterpunkten) und Schwarz (alle schwarzen Belichterpunkte). In der Praxis benötigt man mehr Töne, um einen kontinuierlichen Farbübergang zu simulieren. In der Regel benötigt man 100 Töne, um einen kontinuierlichen Farbübergang zu gewährleisten.

7.7.7 Rasterfrequenz und optische Auflösung

Wenn man kontinuierliche Farbübergänge mit Halbtonrasterung erzeugt, gibt es zwei Aspekte der Funktionalität des Auges zu beachten. Erstens, welche Auflösung erfordert ein Halbtonraster, damit das Auge die einzelnen Punkte

FM- VS. TRADITIONELLER RASTER

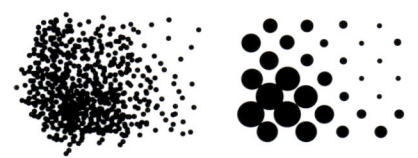

PRINZIPIELLE UNTERSCHIEDE
Im FM-Raster haben die Rasterpunkte immer die gleiche Größe, lediglich der Abstand zwischen ihnen wird verändert.
Beim traditionellen Raster sind die Rasterpunkte unterschiedlich groß, haben aber immer den gleichen Mittelpunktabstand zueinander.

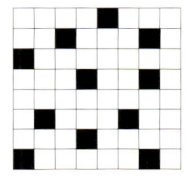 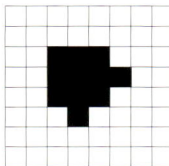

GRAUTONERZEUGUNG
In der FM-Technik (links) verteilen sich die Belichterpunkte in der Zelle. Beim traditionellen Raster (rechts) werden die Belichterpunkte im Mittelpunkt der Zelle zu einem Punkt vereint. Beide Halbtonraster von 64 L/cm erzeugen dabei den gleichen Grauwert von ca. 17 % (11/64).

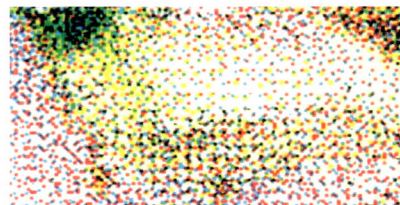

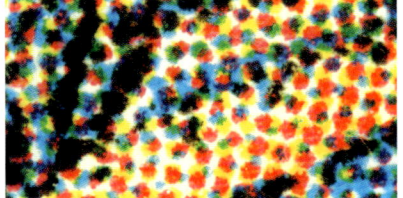

UNTER DER LUPE
Die vergrößerten Rasterabbildungen zeigen den Unterschied zwischen FM- und traditionellem AM-Raster.

DIE AUFLÖSEFÄHIGKEIT DES AUGES

Rasterweite lpi	Rasterweite l/cm	weitester Betrachtungsabstand
20 lpi	7,9 l/cm	146 cm
40 lpi	15,7 l/cm	73 cm
85 lpi	33,5 l/cm	35 cm
133 lpi	52,4 l/cm	22 cm
150 lpi	59,1 l/cm	20 cm
175 lpi	68,9 l/cm	17 cm
200 lpi	78,7 l/cm	15 cm

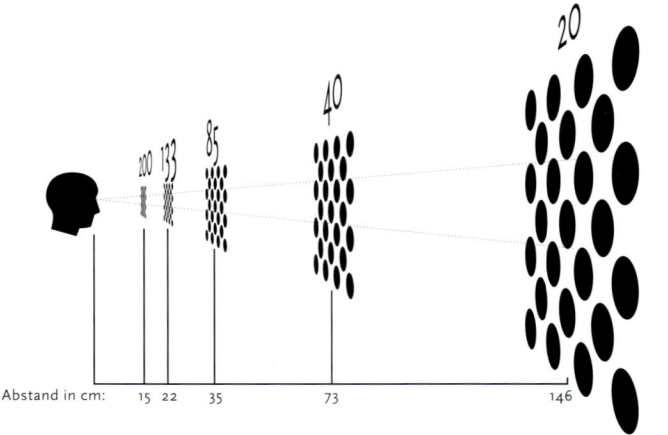

Abstand in cm: 15 22 35 73 146

RASTERFREQUENZ UND BETRACHTUNGSABSTAND
Beim Festlegen von Rasterfrequenzen will man eine Auflösung erreichen, bei der die Rasterpunkte so klein sind, dass sie mit bloßem Auge nicht wahrgenommen werden, wenn man das Produkt aus einem normalen Abstand betrachtet. Wie groß der »normale« Abstand ist, hängt vom Einsatzzweck des gedruckten Produktes ab. Ein Großflächenplakat hat z. B. einen größeren Betrachtungsabstand als eine Broschüre. Das Bild und die Tabelle zeigen die erforderlichen minimalen Rasterfrequenzen für einen bestimmten Abstand, damit die einzelnen Rasterpunkte unsichtbar bleiben.

RASTERFREQUENZ UND AUFLÖSUNGSFEINHEIT DER AUGEN
Wenn man eine Rasterfrequenz wählt, sollte man die Fähigkeit der Augen, Feinheiten zu erkennen, in die Entscheidung mit einbeziehen. Die Fähigkeit des Auges wird dadurch berechnet, wie eng der Abstand zwischen einer weißen und schwarzen Linie gleicher Dicke sein muss, damit das Auge die einzelnen Linien nicht mehr differenziert, sondern nur noch deren Grauwert wahrnimmt. Dies geschieht mit Hilfe des Betrachtungsabstands (in diesem Fall 35 cm) und des Winkels der Auflösung (0,025 Grad).

Dbw = Abstand zwischen schwarzen und weißen Linien
Vd = Betrachtungsabstand = 35 cm
Ar = Winkel der Auflösung = 0,025 Grad
Dbw = Vd x tanUV = 35 x tan 0,025 = 0,015 cm.

Der Abstand zwischen den schwarzen und weißen Linien wird dann mit 2 multipliziert, um den Abstand zwischen zwei schwarzen Linien zu erhalten.

Dbb = Entfernung zwischen zwei schwarzen Linien
Dbb = 2 x Dbw = 2 x 0,015 = 0,030 cm

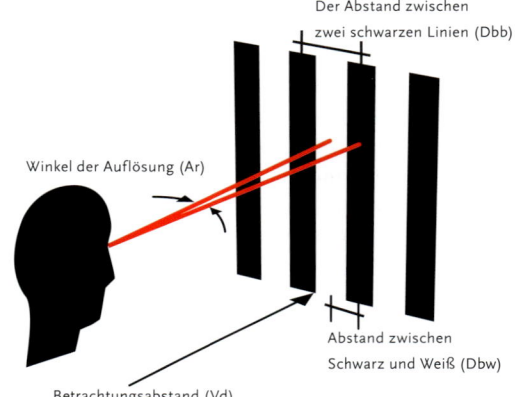

Für die Berechnung der höchsten Rasterfrequenz (Zeilen pro Längeneinheit), in der die Rasterpunkte immer noch sichtbar sind, nimmt man den Abstand zwischen den beiden schwarzen Linien und invertiert diesen. Mit anderen Worten, man nimmt die Zahl 1 und teilt diese durch die Distanz. Dies ergibt die Möglichkeit, die Auflösungsfeinheit der Augen mit der höchsten sichtbaren Rasterfrequenz zu vergleichen.

R = Auflösungsfeinheit der Augen = Niedrigste Rasterweite
R = 1/Dbb = 1/0.030 = 33 l/cm = 84 lpi

Wenn man Raster zum Anzeigen in dieser Entfernung verwendet, muss die Rasterfrequenz höher sein als der ermittelte Wert, dann sind die Rasterpunkte nicht wahrnehmbar.

nicht wahrnehmen kann, oder anders gesagt, wie klein müssen die Rasterpunkte sein? Zweitens, was ist der kleinste Unterschied in hellen Bildbereichen, den das Auge wahrnehmen kann?

Halbtonraster täuschen die Augen, so dass man aufgrund der Zerlegung des gedruckten Bildes in sehr kleine Teile kontinuierliche Tonwertübergänge sieht. Durch praktische Tests hat sich gezeigt, dass mindestens hundert verschiedene Grautöne notwendig sind, damit das Auge tatsächlich eine kontinuierliche Skala von Schwarz zu Weiß sieht.

Ein traditioneller Halbtonraster muss eine höhere Auflösung haben und ein FM-Raster muss kleinere Punkte aufweisen als das, was das Auge wahrnehmen kann. Wie hoch die Rasterfrequenz sein muss oder wie klein die Rasterpunkte werden müssen, hängt von der Fähigkeit des Auges ab. Dies kann mit einer schwarzen und einer weißen Linie festgestellt werden, indem man den kleinsten Winkel ermittelt, bei dem das Auge die beiden Linien differenzieren kann.

Dieser Winkel entsteht durch das Dreieck, das durch die Entfernung zwischen zwei Licht-Rezeptoren des Auges (Stäbchen und/oder Zäpfchen) sowie deren Entfernung von der Pupille entsteht. Normalerweise ist dieser Winkel etwa 0,025 Grad. Je näher man einen Raster von Augen führt, umso eher kann man die einzelnen Rasterpunkte erkennen. Kleinformatige Drucksachen, die man automatisch näher als üblich betrachtet, brauchen daher eher einen feineren Raster!

Für einen normalen Betrachtungsabstand von 35 cm muss der Raster also eine höhere Frequenz als 84 lpi bzw. 33 l/cm haben. Wenn man etwas aus weiterer Entfernung betrachtet, beispielsweise ein Großflächenplakat aus einer Entfernung von 1,5 Metern, sind auch 20 lpi genug.

Auf die gleiche Weise kann man berechnen, wie klein die Punktgröße für ein FM-Raster sein muss, damit das Auge die Punkte nicht einzeln wahrnehmen kann, da aber der FM-Raster ohnehin sehr kleine Punkte verwendet, ist dies nur selten ein Problem.

7.7.8 Farbumfang

Der Farbumfang bezieht sich auf die maximale Anzahl von Grauwerten, die man mit einer bestimmten Frequenz im Belichter auflösen kann. Die Beziehung zwischen der Häufigkeit und der Rasterauflösung legt fest, welche farbliche Bandbreite wiedergegeben werden kann. Die Anzahl der Farbtöne wird durch die Anzahl der Belichterpunkte pro Rasterzelle festgelegt. Die Anzahl der Belichterpunkte pro Rasterzelle wird durch die Auflösung des Druckers und die Rasterfrequenz definiert. Die Belichterauflösung wird in dpi (dots per inch) angegeben und definiert die Zahl der Belichterpunkte per inch. Bei den meisten Belichtern oder Druckern hat man die Wahl der Auflösung – normal sind Auflösungen von 1.200, 2.400 oder 3.600 dpi, je höher die Rasterfrequenz desto höher die Belichterauflösung. Höhere Druckerauflösungen erzeugen bessere Farbübergänge, da diese eine größere Anzahl von Farbtönen in Halbtonrasterungen umsetzen können.

Die Grauwerte des Computers und der Belichter werden nach einer linearen Funktion erstellt: jeder graue Farbton ist ein gleich großer Schritt im gesamten Tonumfang. Im Gegensatz dazu ist die Wahrnehmung von Graustufungen

TREPPENEFFEKTE
Wenn die Belichterauflösung zu gering ist, um weiche Farbübergänge (oberes Bild) zu erzeugen, können als Nebeneffekt Farbbalken aus nebeneinanderliegenden Farben entstehen. Am deutlichsten wird dieser Effekt in Verläufen sichtbar. Dieses Phänomen ist als Treppeneffekt oder optische Farbbalkenwirkung bekannt.

GRAUWERTE, RASTERFREQUENZ UND BELICHTERAUFLÖSUNG

Mit folgender Formel können Sie die maximale Anzahl von Grauwerten berechnen, die ein traditioneller Raster bei einer bestimmten Auflösung auf einem bestimmten Drucker oder Belichter erzielen kann:

Anzahl der Grauwerte =
(Belichterauflösung / Rasterfrequenz)^2 +1

Für einen Farbübergang mit mindestens 100 Grautönen empfehlen wir die Verwendung eines 100-lpi-Rasters und eine Druckerauflösung von 1.200 dpi. Wenn Sie die Auflösung erhöhen wollen, verwenden Sie einen Drucker mit einer Auflösung von 2.400 dpi bei 200 lpi.

Bestimmte Druckertechniken können Belichterpunkte unterschiedlicher Dichte erzeugen. In solchen Fällen reichen meist weniger hohe Auflösungen im Drucker, da die gleiche Anzahl von Rasterpunkten auf eine Reihe von verschiedenen Tonwerte zurückgreifen kann. Um die Anzahl der so darstellbaren Grauwerte zu berechnen, muss mit dieser Formel gerechnet werden:

Anzahl der Grauwerte =
(Belichterauflösung / Rasterfrequenz)^2 x (g−1) +1

g = Anzahl der verwendbaren Dichteabstufungen (keine Farbe), welche von den Druckerpunkten definiert werden können

Dies bedeutet, dass Sie, wenn Sie mit einer Rastertechnik mit fünf Dichteabstufungen arbeiten, die Ausgabe im Vergleich zu einer traditionellen Rastertechnik mit halbierter Auflösung bei gleicher Qualität durchführen könnten.

Zum Beispiel: Ein auf 175 lpi ausgegebener Raster mit 189 Graustufen bei 2.400 dpi würde, wenn Sie das gleiche Bild mit einer Belichtung in fünf Dichteabstufungen ausgeben, bei gleicher Geräteauflösung 753 Graustufen erzeugen. Fünf Dichteabstufungen machen es möglich, die Ausgabe mit 1.200 dpi Auflösung und immer noch 189 Graustufen auszugeben.

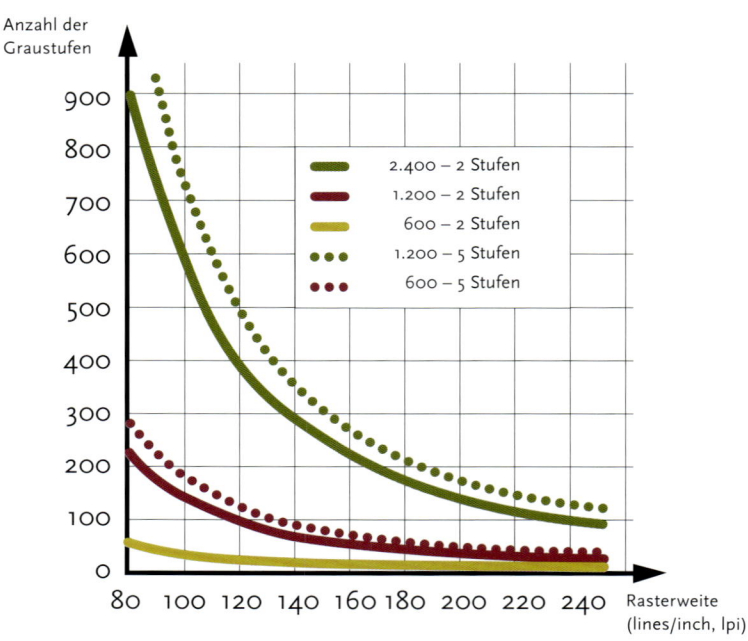

durch das Auge logarithmisch, das bedeutet im Wesentlichen, dass das Auge verschiedene Teile der Graustufenskala unterschiedlich wahrnimmt – es kann Differenzierungen in helleren Bereichen des Spektrums leichter unterscheiden als in den dunkleren. Um einen Ausgleich für sensible Augen zu schaffen, muss man in der Lage sein, rund 65 lineare Abstufungen zu erzeugen. Es ist schwierig, die genaue Anzahl der Farben zu ermitteln, die benötigt werden. Daher wird empfohlen, dass man mindestens 100 Abstufungen pro Farbe erzeugt. Die Belichterauflösung wiederum muss in der Lage sein, diese Information dem entsprechenden Raster zur Verfügung zu stellen. Das bedeutet, in jeder Halbtonrasterzelle müssen im Aufbau mindestens 10 x 10 Belichterpunkte enthalten sein, dies macht 101 Farbtöne möglich (10 x 10 plus die leere Halbtonzelle).

Auf Basis des vorherigen Beispiels kann man jetzt eine traditionelle Halbtonraster-Abstufung mit Hilfe der Druckerauflösung und der Rasterfrequenz durchführen. Zum Beispiel ergibt ein 175-lpi-Raster bei einer Auflösung von 2.400 dpi eine Anzahl von 189 Abstufungen, genug um das Auge zu täuschen. Hätte man einen Belichter mit 1.200 dpi zur Auswahl und er soll eine Rasterfrequenz von 175 lpi auflösen, würde er nur 48 Abstufungen reproduzieren. Das ist zu wenig, weshalb diese Alternative ist nicht zu empfehlen ist. Mit einem 85-lpi-Raster hingegen würde der gleiche Belichter mit einer Auflösung von 1.200 dpi 200 Abstufungen erreichen, das ist mehr als genug in der heutigen Zeitungsproduktion.

Das gleiche Bild würde, hätte man bei der Belichtung Hybrid-Rasterpunkte in fünf Ebenen benutzt, einen Ertrag von 753 Abstufungen erzielen. Fünf

GRAUSTUFEN

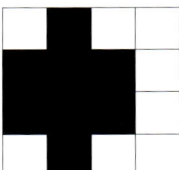
17 Graustufen
(4 × 4 + 1)

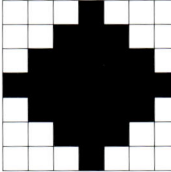
50 Graustufen
(7 × 7 + 1)

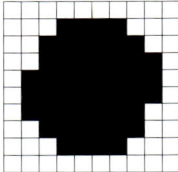
101 Graustufen
(10 × 10 + 1)

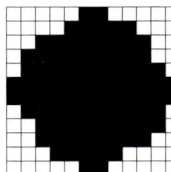
145 Graustufen
(12 × 12 + 1)

WIE VIELE GRAUSTUFEN SIND NÖTIG?
Ein Halbtonraster sollte in der Lage sein, genügend Grautöne zu zeigen, um weich übergehende Grauwerte zu erzeugen. Die Zahl der Graustufen, die dazu notwendig ist, hängt von der Fähigkeit des Auges ab, diese zu erkennen. Wenn man mit dem kleinsten Grauwertübergang arbeitet, den das Auge wahrnehmen kann, erhält man einen Richtwert von 100 Graustufen.

Wenn ein Raster zu wenige Graustufen hat, wie in den beiden oberen Bildern, erhält man Tonwertabrisse anstelle feiner Grauunterschiede. In den Bildern ist dies besonders in den Schatten hinter den Tomaten sichtbar.

Mehr als 100 Graustufen führen nicht zu einer sichtbar höheren Qualität, zu vergleichen in den beiden unteren Bildern, sondern nur zu längeren Druckzeiten.

Für einen traditionellen Raster kann man die möglichen Grauwerte aus der Druckerauflösung und der Rasterfrequenz berechnen.

Beispiel: Ein 175-lpi-Raster auf einem 2.400-dpi-Drucker liefert 189 Grautöne; dies sind genug, um das Auge zu täuschen. Verwendet man eine Druckerauflösung von 1.200 dpi, entstehen mit einem 175-lpi-Raster nur 48 Grautöne; diese Alternative wird nicht empfohlen. Mit einem 85-lpi-Raster, typisch für heutige Tageszeitungen, würden mit einer Druckerauflösung von 1.200 dpi jedoch 200 Grauwerte entstehen, das ist mehr als genug.

RASTERWINKEL

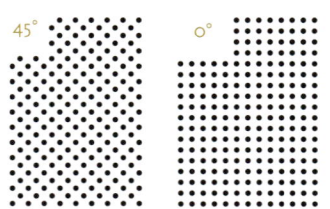

WIE DAS GEHIRN MUSTER WAHRNIMMT
Das Gehirn wird leicht von Mustern abgelenkt, insbesondere von denen, die sich im 0- und 90-Grad-Winkel befinden. Um ihr Muster weniger offensichtlich erscheinen zu lassen, werden Raster deshalb mit 45-Grad-Winkeln geneigt.

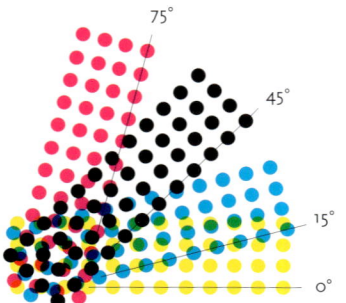

RASTERWINKEL IM FARBDRUCK
Schwarz ist die auffälligste Farbe. Um das Gehirn abzulenken, wird diese Farbe im 45-Grad-Winkel geneigt. Gelb ist die am wenigsten auffällige Farbe und wird deshalb auf die vom Gehirn als am meisten störend wirkende Neigung von 0 Grad geneigt.

offenes Zentrum · Punkt im Zentrum
RASTERROSETTEN
Wenn die in der Druckindustrie verwendeten Rasterwinkel gedruckt werden, ergibt sich daraus im Endbild ein Rosettenmuster. Es gibt im wesentlichen zwei Arten von Rosetten: Rosetten mit einem offenen Zentrum und Rosetten mit einem Punkt in der Mitte. Welche die bessere ist, ist umstritten.

Dichteebenen würden es möglich machen, den Druck auf eine Auflösung bis 1.200 dpi zu verringern, und es wären immer noch 189 Abstufungen. Bei der Verwendung eines Hybrid-Rasters lässt sich also bei gleicher Belichterauflösung ein höherer Tonwertumfang erzeugen.

Für den Druck ist es wichtig, die Auflösung so hoch zu wählen, wie die Dichte der Belichterpunkte dies zulässt. Gleichzeitig wird man nicht wollen, dass eine höhere Auflösung als nötig erzeugt wird, da dies die Druckzeit erheblich verlängert, ohne sichtbar bessere Ergebnisse zu erzielen.

Bei der Arbeit am Computer ist es wichtig, dass man mehr als hundert Abstufungen nachweisen kann. Ein Graustufenbild auf dem Computer besteht im allgemeinen aus 256 grauen Tonwerten, das sind mehr als die 100 Abstufungen, die das Auge sieht. Die zusätzlichen Töne sind notwendig, da das Bild Informationen im Belichter verliert. Teilweise muss man für solche Bilder größere Anpassungen bestimmter Töne durchführen. 256 Abstufungen sind normalerweise viel, aber wenn wiederholt Bildbearbeitungen am gleichen Bild durchgeführt werden, kann es passieren, dass das Bild Tonwertverluste erleidet und nicht mehr genügend Informationen vorliegen, um es in ausreichender Qualität zu reproduzieren [*siehe Bildbearbeitung 5.3.6*].

7.7.9 Rasterwinkel

Die traditionellen Rasterpunkte werden in Zeilen aufgebaut, so dass sie am Bildschirm Linien erzeugen. Das Gehirn kann jedoch Muster mit 0- und 90-Grad-Winkeln leicht wahrnehmen. Halbtonraster für die dunkelste Farbe, meistens Schwarz, sind deshalb im 45-Grad-Winkel geneigt, um das Muster weniger offensichtlich zu machen, da das Auge diesen Winkel am schlechtesten wahrnehmen kann.

Beim Drucken mit vier Farben muss für jede Rasterfarbe ein anderer Winkel festgelegt werden, um einen Moiré-Effekt zu vermeiden [*siehe 7.7.11*]. Gelb ergibt den geringsten Kontrast, so dass der Raster den problematischsten Rasterwinkel von 0 Grad erhält. Die Winkel der Cyan- und Magenta-Raster orientieren sich so nahe wie möglich an 45 Grad, aber in entgegengesetzten Richtungen. Für den Offsetdruck sind die empfohlenen Rasterwinkelungen 45 Grad für Schwarz, 15 Grad für Cyan, 75 Grad für Magenta und 0 Grad für Gelb. Damit haben die drei auffälligsten Farben einen Abstand von 30 Grad zueinander. Diese Winkel gelten nur für den Offsetdruck. Andere Methoden wie Siebdruck oder Tiefdruck erfordern andere Ausrichtungen.

Es kommt auch vor, dass man im Offsetdruck mit anderen Rasterwinkeln arbeitet. Man wird stattdessen Schwarz auf 0 Grad setzen – ungeachtet dessen, was zuvor erklärt wurde. Dies liegt daran, dass beim Drucken von Bildern bei der Umwandlung von RGB zu CMYK Schwarz nur in den wirklich dunklen Teilen des Bildes benutzt wird. In diesen dunklen Teilen des Rasters sind die Linienstrukturen nicht sehr deutlich zu erkennen, da sich die Oberfläche an 100 % Deckung annähert. In einem solchen Fall könnte man Cyan oder Magenta auf 45 Grad ausrichten. Diese Technik eignet sich also gut für Bilder und hilft dabei, Probleme mit Halbtonraster-Rosetten [*siehe 7.7.10*] zu umgehen, kann aber andererseits störende Muster in anderen Farbbereichen nach sich ziehen.

7.7.10 Raster-Rosetten

Wenn die Rasterwinkel wie zuvor beschrieben ausgerichtet sind, ergibt sich im Druck daraus ein Rosetten-Muster. Beim Betrachten eines gedruckten Bildes ist das Rosetten-Muster mehr oder weniger mit dem bloßen Auge sichtbar, abhängig von der Flächendeckung und der Kombination der Druckfarben. Obwohl Rosetten in einigen Teilen offensichtlich werden können, gehören diese bei einem gedrucktes Bild als ein »normales« Raster-Phänomen dazu, im Gegensatz zum Moiré. In der Regel heißt es, je geringer die Rasterfrequenz, desto mehr sieht man die Rosetten. Heute ist es üblich, nicht mit traditionellen Rasterwinkeln im Halbtonraster zu arbeiten, um das Problem der Halbtonraster-Rosetten in den Griff zu bekommen. Frequenzmodulierte Raster haben keinen gleichmäßigen Punktabstand und erzeugen daher keine Rosetten.

Alle analogen Proofs und einige digitale arbeiten mit einer scharfen Wiedergabe der Halbtonrasterung, wodurch Rosetten sehr deutlich auftreten können – auch wenn sie möglicherweise nicht auf diese Art und Weise im abschließenden Auflagendruck dargestellt werden. Ein Beispiel: Wenn man einen analogen Proof für eine Zeitungsanzeige mit 85 lpi (niedrige Rasterfrequenz) druckt, könnten die Rosetten als störend empfunden werden, da man hierbei auf einem sehr glatten und feinen Papier produziert. Wenn die Anzeige aber auf minderwertigerem Zeitungspapier gedruckt wird, erscheinen die Punkte nicht mehr so scharf und die Rosetten sind nicht so offensichtlich.

7.7.11 Moiré

Die korrekte Ausrichtung der Raster ist sehr wichtig für die Gewährleistung hoher Druckqualität. Falsch eingestellte Rasterwinkel können dazu führen, dass ein Moiré-Effekt entsteht. Moiré nennt man ein offensichtliches, regelmäßig auftretendes Muster, das vom Auge deutlich wahrgenommen wird. Es ist sehr störend. Der übliche Weg, ein Moiré zu vermeiden, besteht in der Winkelung der einzelnen Farben. Moderne Rasterverfahren vermeiden Moiré-Effekte zusätzlich durch die Zuordnung einzelner Farben in eine etwas andere Rasterfrequenz. So treten die aus verschiedenen Halbtonrastern entstehenden Muster noch seltener auf.

Wenn man Bilder scannt, die mit traditionellen Halbtonrastern gedruckt sind, ergibt sich in den Bildern beim Druck meistens ein Moiré-Effekt. Dies liegt daran, dass die Bilder in dem neu gedruckten Produkt bereits Halbtonraster vom Scan enthalten und die ursprünglichen mit den neuen Halbtonrastern zusammenwirken. Die meisten professionellen Scanner verfügen über sogenannte Descreen- oder Entrasterungsfilter zur Reduzierung dieses Problems [*siehe Digitale Bilder, Kasten Seite 149*].

Manchmal findet man auch ein Moiré in isolierten Teilen des Bildes, ein Effekt namens »Objekt-Moiré«. Dies ist nicht das Ergebnis eines Fehlers bei der Festsetzung der Rasterwinkel, sondern weil in dem Bild ein Muster vorliegt, das sich mit dem des Rasters addiert. Objekt-Moiré ist relativ ungewöhnlich, kann aber gelegentlich auftreten, wie in empfindlichen Bilder mit karierten oder fein gemusterten Stoffen. Ein ähnliches Phänomen lässt sich auch beobachten, wenn jemand auf einem TV-Bildschirm mit einem karierten oder gemusterten Anzug bekleidet ist.

MOIRÉ

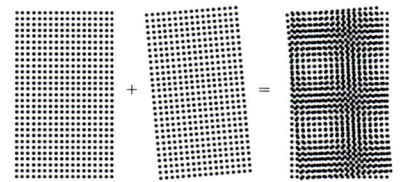

MUSTER, DIE AUFEINANDER REAGIEREN
Moiré-Muster entstehen, wenn zwei individuelle Muster, die sich ähneln, aufeinandergelegt werden. Moiré ist mit bloßem Auge leicht wahrzunehmen und kann in Printmedien sehr störend sein.

FALSCHE RASTERWINKEL KÖNNEN MOIRÉ-EFFEKTE VERURSACHEN
Gibt man ein Bild mit falsch eingestellten Rasterwinkeln aus, kann ein Moiré-Effekt beim Druck entstehen.

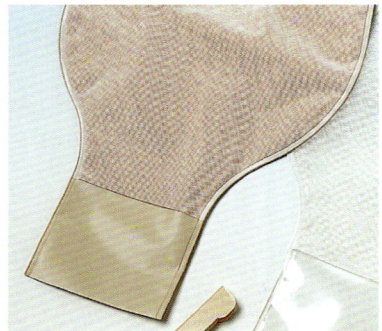

OBJEKT-MOIRÉ
Manchmal können Muster in einem Bild deckungsgleich mit denen der Raster sein und ein sogenanntes Objekt-Moiré erzeugen.

08. Papier

Was ist der Unterschied zwischen gestrichenem und ungestrichenem Papier? Auf welchem Papier erhält man die beste Druckqualität? Ab wann spricht man von Karton? Warum vergilben manche Papiere mit der Zeit? Welches Papier ist besonders langlebig? Gibt es große Preisunterschiede bei den verschiedenen Papiersorten? Wie berechnet man die Breite des Buchrückens? Warum brechen manche Druckprodukte im Rücken auseinander? Sind gebleichte Papiere weniger umweltfreundlich?

8.1	GESTRICHEN ODER UNGESTRICHEN	300
8.2	MATT, SATINIERT ODER GLÄNZEND	301
8.3	HOLZFREI ODER HOLZHALTIG	301
8.4	PAPIER ODER KARTON	301
8.5	KUNSTSTOFF ODER FOLIEN	301
8.6	PAPIERFORMAT	302
8.7	BOGEN- UND PAPIERGEWICHT	304
8.8	VOLUMEN	304
8.9	OBERFLÄCHENBESCHAFFENHEIT	304
8.10	HELLIGKEIT UND WEISSGRAD	304
8.11	OPAZITÄT	305
8.12	LAUFRICHTUNG	305
8.13	FORMSTABILITÄT	307
8.14	FESTIGKEIT	307
8.15	ALTERUNGSBESTÄNDIGKEIT	307
8.16	DIE PAPIERWAHL	308
8.17	PAPIER UND UMWELT	313
8.18	DER UMGANG MIT DEM PAPIER	317
8.19	WIE WIRD PAPIER HERGESTELLT?	320

DIE EINZELNEN PAPIERSORTEN eignen sich jeweils für unterschiedliche Printprodukte. In diesem Buch beschränken wir uns auf Papiere für grafische Produkte, sogenannte Feinpapiere. Die Papiereigenschaften sind entscheidend für das Druckergebnis. Deshalb sollte die Entscheidung über die Papierwahl so früh wie möglich erfolgen, am besten noch vor Beginn der Reproduktion (Lithografie) der Originale. Nur so lassen sich die Produktionsabläufe optimal an das Papier anpassen, um die bestmögliche Qualität zu erzielen.

Allzu häufig wird das Papier zu spät ausgesucht oder die Entscheidung darüber kurz vor Druckstart noch revidiert. Oftmals wird bei der Papierwahl überhaupt nicht bedacht, welche Konsequenzen sie für das Druckergebnis hat. Dabei beeinflusst die Papierwahl unter anderem Lesbarkeit, Text-, Farb- und Bildwiedergabe, Druckqualität, also den Gesamteindruck sowie die Haltbarkeit des Druckerzeugnisses. Eine hohe Bedeutung kommt auch Temperatur und Luftfeuchtigkeit bei der Lagerung des Papiers zu. Während des Produktionsablaufs verändern sich zudem die Papiereigenschaften, weil sie von Bestandteilen wie Holzfasern, Leim und anderen bei der Papierherstellung zugeführten Füllstoffen abhängig sind.

In diesem Kapitel wollen wir zunächst Kriterien für die Papierwahl vorstellen, danach die wichtigsten Papiersorten und ihren Einfluss auf das zu druckende Produkt. Wir erklären aber auch, was bei der Papierherstellung und Papierlagerung zu beachten ist.

GESTRICHENES UND UNGESTRICHENES PAPIER

KONTRAST
Auf ungestrichenem Papier (im unteren Bild simuliert) erhält man nicht denselben Kontrast wie auf gestrichenem (siehe oben).

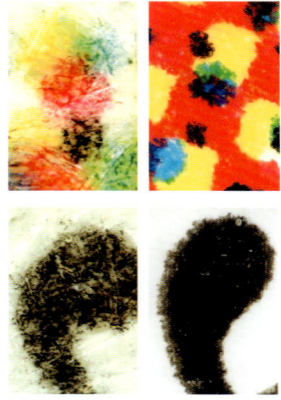

GESTRICHEN VS. UNGESTRICHEN
In den nebenstehenden Bildern sieht man eine Gegenüberstellung von Druck auf ungestrichenem (links) und gestrichenem Papier (rechts). Das Streichen verbessert nicht nur die Druckeigenschaften, sondern auch die optische Wirkung. Man kann mit höherer Rasterfrequenz arbeiten und erhält einen stärkeren Glanz, weil das Papier die Farbe schneller und gleichmäßiger annimmt.

8.1 Gestrichen oder ungestrichen

Druckereien unterscheiden vor allem gestrichene und ungestrichene Papiere (engl.: coated und uncoated). Das gestrichene Papier lässt sich dann weiter unterteilen in matt, halbmatt, glänzend oder mehrfach gestrichenes Bilderdruck- und Kunstdruckpapier. Gestrichenes Papier verfügt über eine glattere Oberfläche, die bessere Druckqualität zulässt. Verwendet werden solche Papiere für Broschüren, Kunstbücher und Zeitschriften. Ungestrichene Papiere finden ihren Einsatz als Brief- und Kopierpapiere sowie in Taschenbüchern, zunehmend aber auch für Geschäftsberichte und Broschüren. Die meisten ungestrichenen Papiere werden oberflächengeleimt, um die Oberflächenfestigkeit zu verbessern.

In der Regel verlässt die Papierbahn die Papiermaschine mit maschinenglatter Oberfläche, also vollkommen unbehandelt. Ein Verfahren für die Oberflächenglättung ungestrichener und gestrichener Papiere ist das Satinieren. Die Papierbahn wird dazu zwischen einem System aus mehreren aufeinander angeordneten, beheizten und polierten Walzen aus Schalenhartguss oder Stahl hindurchgeführt, dem sogenannten Kalander. Dabei wird sie stark gepresst und durch eine Art Bügeleffekt geglättet. Es gibt satinierte, hochsatinierte oder im Prägekalander mit Struktur versehene Oberflächen.

Ungestrichene Papiere müssen nicht zwangsläufig preiswerter sein als gestrichene Papiere.

8.2 Matt, satiniert oder glänzend

Die Oberfläche des Papiers kann durch die Glättung im Kalander einen höheren Glanz erhalten. Ein gestrichenes Papier kann matt, seidenmatt oder glänzend sein. Dasselbe gilt für ungestrichene Papiere. Ein glänzendes Papier gibt Bilder und Farben in einer höheren Qualität wieder. Die Lesbarkeit des Textes kann allerdings durch starke Reflexionen beeinträchtigt werden. Um bei großen Textmengen, wie sie in Büchern vorkommen, eine bessere Lesbarkeit zu erreichen, druckt man in der Regel auf ungestrichene oder matt gestrichene Papiere. Letztere bieten die Vorteile einer geschlossenen Oberfläche, sind jedoch reflexfrei, vereinen also gute Lesbarkeit mit guter Bildwiedergabe.

8.3 Holzfrei oder holzhaltig

Diese Unterteilung richtet sich nach der Zusammensetzung der Papiere und spielt für die moderne grafische Produktion kaum noch eine Rolle. Holzhaltige Papiere haben eine kürzere Lebensdauer, eine geringere Festigkeit und Weiße, aber bessere Opazität und höheres Volumen. Holzhaltige Papiere sind generell preiswerter als holzfreie. Dafür vergilben sie jedoch wesentlich stärker und eignen sich daher eher für Druckprodukte, deren Inhalt bald überholt ist.

Die Begriffe holzfrei und holzhaltig finden innerhalb von Handelsbestimmungen Anwendung, die die verschiedenen Papiertypen in bestimmte Preisgruppen einteilen. Da in den verschiedenen Ländern jedoch unterschiedliche Auffassungen vorherrschen, was unter holzfrei oder holzhaltig genau zu verstehen ist, spielt diese Einteilung nur noch eine untergeordnete Rolle.

8.4 Papier oder Karton

Karton ist ein steifes Papierprodukt. Die Papierlieferanten definieren Karton oft als Papiere mit einem Flächengewicht von über 170 g/m². Gibt es ein Papier sowohl in niedrigem Papier- als auch mit höherem Kartonflächengewicht, spricht man von Feinkarton. Diese Art von Karton wird genauso hergestellt wie Papier. Ebenso wie bei den Papieren gibt es ungestrichene und gestrichene Kartonsorten.

Karton, der in speziellen Kartonmaschinen hergestellt wird, heißt Grafikkarton. Er kann in zwei Typen unterteilt werden: mehrlagig und homogen. Mehrlagenkarton besteht meist aus mehreren Schichten unterschiedlicher Stoffzusammensetzung. Homogener Karton besteht ebenfalls aus mehreren Schichten, die jedoch dieselben Inhaltsstoffe haben.

8.5 Kunststoff oder Folien

Manche Produkte sollen nicht auf Papier, sondern auf Kunststoff oder Folie gedruckt werden. Kunststoffe sind in der Regel formstabil, widerstehen Feuchtigkeit und normalen Temperaturen, können steif oder flexibel sein, sind leicht zu verarbeiten und preiswert. Aus diesen Gründen haben Kunststoffe längst als Bedruckstoff die Verpackungsindustrie erobert.

HADERNPAPIER
Enthält ein Papier mindestens 25 % Baumwollfasern, nennt man es Hadernpapier oder hadernhaltiges Papier. Hadernpapiere sind besonders langlebig und angenehm weich (sie fühlen sich ähnlich an wie Stoff). Dieser Papiertyp eignet sich für verschiedene Arten von Spezialprodukten wie hochwertige Briefausstattungen.

DRUCK AUF DURCHSICHTIGEN KUNSTSTOFF
Da transparenter Kunststoff kein Licht reflektiert, müssen die Bereiche, die anschließend das Dekor erhalten sollen, zuerst mit Weiß bedruckt werden.

OXIDATION
Druckt man auf Kunststoffe oder Folien, steht die Druckfarbe auf der Oberfläche des Materials. Aus diesem Grund muss eine Druckfarbe verwendet werden, die mittels Oxidation trocknet. Dabei handelt es sich um eine chemische Reaktion zwischen der Farbe und dem Sauerstoff der Luft. Dieser Vorgang braucht mehr Zeit, als wenn man ganz normal auf Papier druckt. Bis die Farbe richtig trocken ist, können schon mal drei Tage vergehen.

Es gibt verschiedene Arten von Kunststoffen: Thermo- und Duroplaste. Thermoplaste sind fest bei Raumtemperaturen, aber weich und verformbar unter Hitzeeinfluss. Sie nehmen wieder eine stabile Form an, sobald sie abgekühlt sind. Thermoplaste können über verschiedene Oberflächen gezogen werden, beispielsweise als Schrumpffolie über Verpackungen. Duroplaste hingegen sind hitzeempfindlich. Bei zu hohen Temperaturen verlieren sie ihre Form. Duroplaste werden meistens für verschiedenen Arten von Behältern verwendet.

Der größte Unterschied zwischen dem Drucken auf Papier oder Kunststoff besteht in der porösen, absorbierenden Oberfläche des Papiers. Das bedeutet, die Druckfarbe dringt in das Papier ein. Druckt man dagegen auf Kunststoff, bleibt die Farbe auf der Oberfläche stehen. Es dauert also wesentlich länger, bis sie getrocknet ist. Daraus resultieren Probleme im Mehrfarbendruck und das Risiko des Verschmierens.

Für den Druck auf Kunststoffen werden andere Farben verwendet als beim Drucken auf Papier. Es werden besondere Anforderungen an das Bindemittel in der Druckfarbe gestellt, damit diese auf der Kunststoffoberfläche haften bleibt. Außerdem darf die Farbe keine Stoffe enthalten, die den Kunststoff angreifen könnten. Eine weiteres Problem besteht in den verschiedenen chemischen Zusammensetzungen der Kunststoffe, die ein standardisiertes Drucken auf diesem Material erschweren.

8.6 Papierformat

Die üblichsten Papierformate in Europa orientieren sich an den DIN-Formaten, wobei die Formatreihe A, also A0, A1, A2, A3, A4 usw., am häufigsten ist. Bei der Definition geht man von A0 aus, das einer Fläche von einem Quadratmeter entspricht, wobei die Längsseite zur Kurzseite $1:\sqrt{2}$ entspricht (die Quadratwurzel aus $2 = 1{,}414$). Ist also die Kurzseite einer A4-Seite 210 Millimeter lang, misst die Längsseite $210 \times 1{,}414 = 297$ mm. Durch Halbieren des A0-Bogens erhält man zwei A1-Bogen von einem halben Quadratmeter Fläche bei gleichen Proportionen.

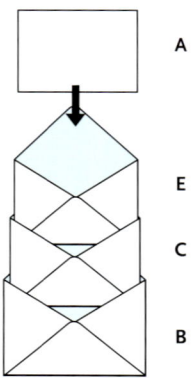

A PASST IN E, E IN C, C IN B
Ein Blatt Papier der A-Reihe passt ungefaltet in einen Umschlag der E-Reihe, dieser passt wiederum in einen Umschlag der C-Reihe, und letzterer in einen der B-Reihe.

AMERIKANISCHE UND EUROPÄISCHE PAPIERFORMATE

Die amerikanischen und europäischen Papierformate weichen voneinander ab. Während sie sich in Europa vom A0 = 1 m² ableiten, liegt den amerikanischen Papierformaten das Papiergewicht zugrunde.

Europa	Größe (mm)	Größe (inch)	USA	Größe (inch)	Größe (mm)
A0	841 × 1189	33 1/8 × 46 3/4	Letter	8 1/2 × 11	216 × 279
A1	594 × 841	23 3/8 × 33 1/8	Ledger, Tabloid	11 × 17	279 × 432
A2	420 × 594	16 1/2 × 23 3/8	Demy	17 1/2 × 22 1/2	445 × 572
A3	297 × 420	11 3/4 × 16 1/2	19 × 25	19 × 25	483 × 635
A4	210 × 297	8 1/4 × 11 3/4	23 × 35	23 × 35	584 × 889
A5	148 × 210	5 7/8 × 8 1/4	25 × 38	25 × 38	635 × 965

PAPIERFORMATE

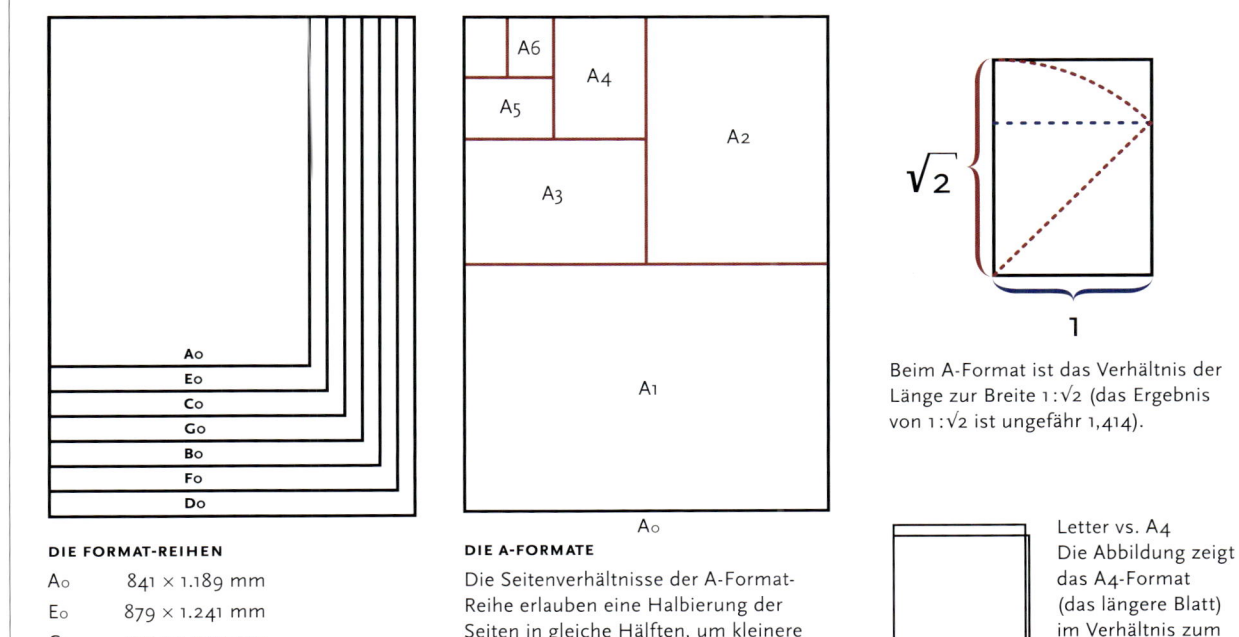

DIE FORMAT-REIHEN

A0	841 × 1.189 mm
E0	879 × 1.241 mm
C0	917 × 1.297 mm
G0	958 × 1.354 mm
B0	1.000 × 1.414 mm

DIE A-FORMATE
Die Seitenverhältnisse der A-Format-Reihe erlauben eine Halbierung der Seiten in gleiche Hälften, um kleinere Formate zu erhalten.
A4 = A0/16

Beim A-Format ist das Verhältnis der Länge zur Breite $1:\sqrt{2}$ (das Ergebnis von $1:\sqrt{2}$ ist ungefähr 1,414).

Letter vs. A4
Die Abbildung zeigt das A4-Format (das längere Blatt) im Verhältnis zum amerikanischen Letter-Format.

ROHBOGENFORMATE

Außerhalb der DIN-A-Bogen gibt es noch die Rohformate, die in ihrer Fläche jeweils um 5% größer sind (Rohbogenformat A0: 860 × 1.220 mm). Sie ermöglichen über das eigentliche Produktformat hinaus das Drucken von Schnittmarken und von Beschnittfläche.

Wie viele Nutzen auf das jeweilige Bogenformat passen, hängt vom Dokumentformat ab, und ob mit oder ohne Beschnitt gearbeitet werden muss.

Hier eine Übersicht der gebräuchlichen Bogenformate:

- 43 × 61 cm
- 45 × 64 cm
- 50 × 70 cm
- 61 × 86 cm
- 64 × 90 cm
- 70 × 100 cm
- 86 × 122 cm
- 100 × 140 cm

Beispiel: auf das Rohbogenformat 61 × 86 cm passen 8 Nutzen A4.

GRAMMATUR

In der Papier- und Druckbranche wird das Flächengewicht von Papier auch als Grammatur bezeichnet. Die Einheit ist g/m².

Das Flächengewicht von 100 g/m² gibt an, dass ein Bogen von 1 m² dieses Papiers 100 g wiegt.

Gewicht eines Blattes der ISO/DIN-Reihe A bei einer Grammatur von 80 g/m²

DIN A	Maße in mm	Bruchteil von A0	Gewicht (g)
0	841 × 1189	1	80
1	594 × 841	1/2	40
2	420 × 594	1/4	20
3	297 × 420	1/8	10
4	210 × 297	1/16	5
5	148 × 210	1/32	2,5
6	105 × 148	1/64	1,25
7	74 × 105	1/128	0,625
8	52 × 74	1/256	0,3125
9	37 × 52	1/512	0,15625
10	26 × 37	1/1.024	0,078125

PAPIERGEWICHT BERECHNEN

$$G = \frac{L \times B \times Q}{10.000}$$

G entspricht dem Bogengewicht in Gramm, L der Länge des Papierbogens, B der Breite des Papierbogens und Q dem Flächengewicht des Papiers (Grammatur).

RECHENBEISPIEL 1
Der Papierbogen misst 86 × 61 cm, das Flächengewicht beträgt 80 g/m².

$$G = \frac{86 \times 61 \times 80}{10.000} = 41,97 g$$

RECHENBEISPIEL 2
Der Papierbogen misst 21 × 10,5 cm, das Flächengewicht beträgt 90 g/m².

$$G = \frac{21 \times 10,5 \times 90}{10.000} = 1,98 g$$

8.7 Bogen- und Papiergewicht

Mit Flächengewicht oder Grammatur bezeichnet man das Gewicht eines Papiers in Gramm pro Quadratmeter [g/m²]. Es ist in den meisten Ländern die gebräuchlichste Gewichtsangabe für Papier, mal abgesehen von Amerika. Wenn man von einem 80-Gramm-Papier spricht, meint man also ein Papier, das 80 Gramm pro Quadratmeter wiegt. Was wiegt dann ein 80-Gramm-A4-Bogen? Da der A0-Bogen einen Quadratmeter groß ist und 16 A4-Bogen hineinpassen, ergibt sich daraus, dass ein A4-Bogen 5 Gramm wiegt (80 Gramm dividiert durch 16). Der korrekte Rechenweg für Formate, die von der DIN-Reihe abweichen, ermittelt einfach den Bruchteil des Formats an einem Quadratmeter [*siehe Rechenbeispiel in der Randspalte*].

Fotokopierpapier ist normalerweise mit einem Flächengewicht von 80 g/m² erhältlich, Zeitungspapier mit ca. 50 g/m² und Standard-Offsetdruckpapier zwischen 80 g/m² und 150 g/m². Papiere, die ein Flächengewicht von mehr als 170 g/m² haben, nennt man Karton.

8.8 Volumen

Ein Papier gleicher Grammatur ist bei hohem Volumen luftig und dick, bei geringem Volumen dagegen kompakt und dünn. Bei der Leimbindung ist ein Papier mit hohem Volumen vorzuziehen. Damit die Bindung stabil wird, muss der Leim ins Papier eindringen, was durch ein hohes Volumen erleichtert wird. Papier mit hohem Volumen fühlt sich in der Regel steifer und dicker an als ein Papier desselben Flächengewichts mit niedrigem Volumen.

8.9 Oberflächenbeschaffenheit

Die Oberflächenbeschaffenheit ist eine spezifische Eigenschaft eines Papiers. Papiere mit gestrichener Oberfläche fühlen sich glatt an, ungestrichene Papiere dagegen eher rau. Der Unterschied ist ähnlich dem eines feinen und eines groben Schleifpapiers. Die Struktur hängt von der Herstellung des Papiers und seinen Inhaltsstoffen ab. Betrachtet man einen Papierbogen gegen das Licht, erkennt man eine unterschiedliche Wolkigkeit. Gute Struktur ist eine wesentliche Voraussetzung für gute Druckqualität, beispielsweise im Offsetdruck, wenn die Feuchtigkeit der Druckfarbe in das Papier wegschlägt. Weist das Papier eine unruhige Struktur auf, bewirkt dies eine Fleckigkeit auf vollflächigen, vor allem dunkleren Bildteilen.

8.10 Helligkeit und Weißgrad

Die Helligkeit des Papiers beschreibt, wie viel Licht von der Oberfläche reflektiert wird. Der Weißgrad bemisst sich aus den Anteilen weißen Lichts, die von der Papieroberfläche reflektiert werden, und gibt an, ob das Papier ein neutrales Weiß hat oder farbstichig ist.

Von der Helligkeit des Papiers hängt ab, ob Texte und Bilder mit hohem Kontrast gedruckt werden können. Man kann die Helligkeit des Papiers beeinflussen, indem man es während der Herstellung bleicht und bestimmte Stoffe (optische, meist bläuliche Aufheller) oder Pigmente hinzufürt. Der technische Begriff für die Helligkeit ist Luminanz oder Y-Wert.

Der Weißgrad oder Weißpunkt entspricht dem Ergebnis einer Messung einer Speziallampe, deren Licht eine Wellenlänge von 457 Nanometern hat. Bei der Messung wird geprüft, wie viel Licht vom Papier reflektiert wird. Der Weißpunkt wird mittels CIELab dargestellt [siehe Farbenlehre 3.7].

8.11 Opazität

Opazität bedeutet Undurchsichtigkeit und ist ein Gradmesser dafür, wie viel Licht das Papier durchdringt. Die Opazität hängt davon ab, wie gut das Licht sich über das Papier ausbreitet und von ihm absorbiert wird. Sie gibt Aufschluss darüber, wie stark Druckfarbe von der Rückseite eines Blattes durchscheint. Ein Papier mit einer Opazität von 100 % ist völlig undurchsichtig bzw. opak. Mit anderen Worten ausgedrückt, Papier mit hoher Opazität ist wenig durchsichtig, Papier mit niedriger Opazität eher durchsichtig. Ein Beispiel für ein Papier mit geringer Opazität ist Butterbrotpapier. Meist ist eine hohe Opazität für Druckpapier vorzuziehen, weil Text und Bilder auf der Rückseite nicht durchscheinen sollen.

Wenn die Druckfarbe aufgebracht wird, sinkt ihr Ölanteil in das Papier ab, damit die Farbe sich auf der Oberfläche setzen kann [siehe Druck 9.5.5]. Wie bei einem Fettfleck sinkt dadurch die Opazität und der Druck schimmert auf der anderen Seite durch. Das gilt vor allem für Zeitungsdruck, bei dem der Ölanteil der Farbe relativ hoch ist.

Für die Papierwahl ist es also wichtig zu bedenken, dass die Opazität bedruckten Papiers niedriger ist als die unbedruckten Papiers.

8.12 Laufrichtung

Bei der Papierherstellung richten sich die meisten Fasern in Längsrichtung der Papierbahn aus. Diese Richtung entspricht also der Laufrichtung des Papiers. Da die meisten Fasern in eine Richtung verlaufen, ist das Papier in dieser Richtung weniger biegsam.

Dieses Verhalten kann man nutzen, um die sogenannte Laufrichtung eines Papiers festzustellen. Dazu lässt man den Papierbogen ein Stück über eine Tischkante hinausragen. Die stärkste Durchbiegung erfolgt mit der Laufrichtung.

Bei einigen Druckverfahren, vor allem aber bei der Weiterverarbeitung, spielt die Laufrichtung eine wichtige Rolle. Deshalb sollte das Papier mit der Faserausrichtung quer zur Druckrichtung in der Maschine liegen, da es sich so leichter wölbt. Außerdem dehnt sich Papier unter dem Einfluss von Feuchtigkeit quer zur Laufrichtung stärker. Besonders bei XXL-Formaten ist dies zu berücksichtigen.

Aber auch beim Falzen muss die Laufrichtung stimmen. Falzt man quer zur Faserrichtung, brechen die Fasern und das Papier sieht aus, als würde es reißen. Falzt man stattdessen längs zur Faserrichtung, erhält man einen schönen Falz.

VOLUMEN

Ein Papier mit hohem Volumen ist luftig, während ein Papier mit geringem Volumen kompakt ist. Liegen einem zwei Papiersorten desselben Papiergewichts vor, die sich im Volumen unterscheiden, fühlt sich das Papier mit dem geringeren Volumen fester an. Manchmal muss man das Papiergewicht reduzieren, um Kosten zu sparen. In diesem Fall empfiehlt es sich, ein höheres Papiervolumen zu wählen, damit sich das Druckerzeugnis nicht zu dünn anfühlt.

NIEDRIGE ODER HOHE OPAZITÄT

Die Opazität beschreibt, wie viel von der bedruckten Rückseite durch das Papier hindurchscheint. Papier mit hoher Opazität ist weniger durchscheinend als ein Papier mit niedriger Opazität. Der Gegenbegriff zu Opazität ist Transparenz.

FASERLAUFRICHTUNG

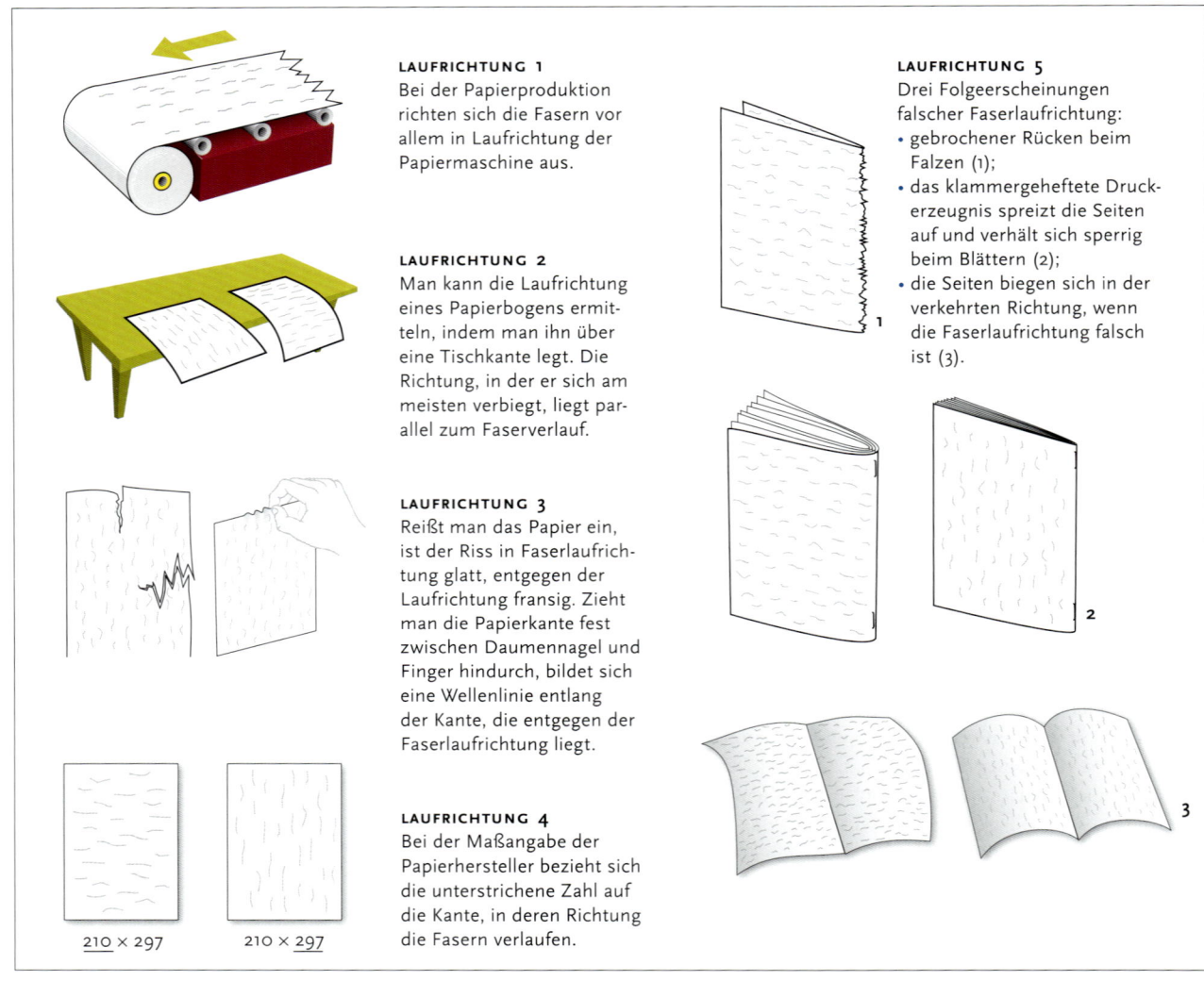

LAUFRICHTUNG 1
Bei der Papierproduktion richten sich die Fasern vor allem in Laufrichtung der Papiermaschine aus.

LAUFRICHTUNG 2
Man kann die Laufrichtung eines Papierbogens ermitteln, indem man ihn über eine Tischkante legt. Die Richtung, in der er sich am meisten verbiegt, liegt parallel zum Faserverlauf.

LAUFRICHTUNG 3
Reißt man das Papier ein, ist der Riss in Faserlaufrichtung glatt, entgegen der Laufrichtung fransig. Zieht man die Papierkante fest zwischen Daumennagel und Finger hindurch, bildet sich eine Wellenlinie entlang der Kante, die entgegen der Faserlaufrichtung liegt.

LAUFRICHTUNG 4
Bei der Maßangabe der Papierhersteller bezieht sich die unterstrichene Zahl auf die Kante, in deren Richtung die Fasern verlaufen.

LAUFRICHTUNG 5
Drei Folgeerscheinungen falscher Faserlaufrichtung:
- gebrochener Rücken beim Falzen (1);
- das klammergeheftete Druckerzeugnis spreizt die Seiten auf und verhält sich sperrig beim Blättern (2);
- die Seiten biegen sich in der verkehrten Richtung, wenn die Faserlaufrichtung falsch ist (3).

Bei Broschüren und Büchern muss die Laufrichtung immer parallel zum Bund verlaufen, sonst »sperrt« der Buchblock beim Aufschlagen.

Die Angaben auf den Verpackungsetiketten der Papierlieferanten geben Aufschluss über die Laufrichtung. Die üblichen Bezeichnungen lauten:
- 70 x <u>100</u> SB (*Schmalbahn*, Laufrichtung parallel zur 100-cm-Längsseite)
- <u>70</u> x 100 BB (*Breitbahn*, Laufrichtung parallel zur 70-cm-Seite).

8.13 Formstabilität

Da die Fasern je nach ihrer Ausrichtung unterschiedliche Eigenschaften haben, weist auch das Papier in Quer- und Längsrichtung ein unterschiedliches Verhalten auf.

Papierfasern schrumpfen beim Trocknen in Längsrichtung weniger als in Querrichtung. Wenn die Papierfasern beim Trocknen gleichzeitig schrumpfen und sich verbinden, ist das Papier in Maschinenlaufrichtung gespannt und es können Risse im Papier entstehen. Diese Spannungen sind in der Laufrichtung am stärksten. Da die Dimensionsveränderung der Fasern in Querrichtung am größten ist, und da quer zur Maschinenlaufrichtung keine größeren Spannungen bestehen, neigt das Papier quer zur Laufrichtung stärker zu Dimensionsveränderungen.

Bei verändertem Feuchtigkeitsgehalt treten also asymmetrische Veränderungen auf. Dieses Phänomen trägt dazu bei, dass beim Nassoffset stets in beiden Richtungen unterschiedliche Passerungenauigkeiten auftreten. Ein Papier mit guter Formstabilität bleibt während des gesamten Druckvorgangs relativ gut in Form, und das Risiko von Passerungenauigkeiten wird minimiert.

8.14 Festigkeit

Papiere können unterschiedliche Festigkeitsarten aufweisen. Man spricht von Dehnungs-, Rupf- und Abriebfestigkeit, Bruch-, Berst- und Falzfestigkeit. Während des Druckprozesses ist es wichtig, dass das Papier eine hohe Dehnungs- und Rupffestigkeit aufweist, damit es nicht allzu sehr an Formstabilität verliert, sich Partikel aus der Oberfläche lösen oder es gar reißt. Die Oberfläche muss eine hohe Abriebfestigkeit aufweisen, so dass das Papier weder im Druck beschädigt wird noch anschließend die Farben leicht abgerieben werden. Für die Herstellung von Papiertüten und Verpackungen spielt die Bruch- und Berstfestigkeit eine große Rolle. Die Falzfestigkeit beschreibt, wie stabil die gefalzten Kanten zusammenhalten, beispielsweise bei Kartonagen.

8.15 Alterungsbeständigkeit

Die Lebensdauer eines Papiers hängt davon ab, wie schnell es vergilbt oder verblasst und wie stabil seine Festigkeit ist. Entscheidend ist der Papiertyp, aus welchen Grundstoffen er hergestellt ist und welche Zusatzstoffe enthalten sind. Die Alterungsbeständigkeit der Papierfasern kann verbessert werden, indem man Calciumcarbonat als Füllstoff hinzufügt und so dem Papier einen neutralen pH-Wert gibt. Die Langlebigkeit des Papiers hängt aber auch von seiner Verwendung, Temperaturen, Luftfeuchtigkeit und Lichteinflüssen ab.

Holzhaltige Papiere mit einem hohen Anteil von Holzschliff vergilben und altern schneller als holzfreie Papiere mit hohem Anteil chemisch aufbereiteten Zellstoffs. Zeitungspapier altert besonders schnell, weil es hauptsächlich aus Holzschliff hergestellt ist und daher schnell vergilbt. Holzfreies Papier kann also länger die Farbqualität beibehalten als holzhaltiges Papier.

Es gibt einen internationalen Standard für alterungsbeständiges Papier (ISO 9706), um die physikalische Beständigkeit des Papiers zu definieren. Solche Papiersorten werden beispielsweise für die Archivierung von Daten verwendet, die auch noch in mehreren hundert Jahren lesbar sein sollen. Dieser Standard sagt jedoch nur etwas über die physikalische Langlebigkeit des Papiers aus, nichts über seine Tendenz, zu vergilben oder seine ursprüngliche Farbe wieder anzunehmen.

Für ganz besonders wichtige Dokumente verwendet man Archivpapiere. Sie sind besonders strapazierfähig und können bis zu 150-mal gefaltet werden. Archivpapiere enthalten Hadern (Baumwoll- oder Leinenfasern). Diese Fasern sind länger und fester als normale Holzfasern und werden bevorzugt in der traditionellen Papierherstellung verwendet.

8.16 Die Papierwahl

Es gibt Hunderte verschiedener Papiersorten in einer Vielzahl unterschiedlicher Qualitäten. Die Wahl des Papiers hängt von der gewünschten Haptik und dem Erscheinungsbild des gedruckten Erzeugnisses ab und kann für den Erfolg der Produktaussage entscheidend sein. Wichtige Aspekte sind jedoch auch Folgende:

Wie soll das Druckerzeugnis eingesetzt werden und welche Lebensdauer sollte es erreichen? Wie viel darf es kosten? Haben die Bilder oder die Texte Priorität? Welches Druckverfahren und welche Bindeart sollen eingesetzt werden? Stellt die Drucktechnik irgendwelche besonderen Anforderungen? Jeder dieser Aspekte beeinflusst die Papierwahl auf seine Weise.

8.16.1 Die emotionalen Komponenten: Haptik und Optik des Druckprodukts

Die Papierwahl ist entscheidend für den Eindruck, den ein Druckerzeugnis vermittelt. Soll es verkaufen, informieren oder repräsentativen Zwecken dienen? Es gibt eine Reihe von Papieren, mit deren Hilfe man eine spezielle Wirkung erzielen kann. Unbewusst beeinflusst die Papierwahl, wie ein Druckprodukt wahrgenommen wird. Es hilft bei der Auswahl des Papiers, sich gute Druckbeispiele vorzunehmen: Das Impressum, das am Anfang oder Ende des Druckerzeugnisses steht, enthält gewöhnlich einen Hinweis auf die Papierqualität, die Druckerei und andere Informationen. Um etwas über die Papiersorte zu erfahren, kann man Kontakt mit einem Papierhersteller aufnehmen und diesen um Papiermuster oder einen Papierdummy bitten (Letzterer ist anschaulicher, wenn ein mehrseitiges Produkt geplant ist).

Haptik und Erscheinungsbild werden vor allem von drei Kriterien bestimmt: der Papieroberfläche, der -farbe und der -stärke. Die Entscheidung über die Oberfläche wird mit der Wahl von gestrichenem (coated) oder ungestrichenem (uncoated) Papier gefällt, aber auch zwischen matt oder glänzend. Gestrichene Papiere werden darüber hinaus in die Unterkategorien matt, seidenmatt und glänzend aufgeteilt. Mehrfach gestrichenes Papier wird auch als Kunstdruckpapier bezeichnet. Vor allem der Druck von Farbflächen und Bildern erreicht auf gestrichenen und glänzenden Papieren eine bessere visuelle Qualität. Aber gestrichene Papiere sind in der Regel dünner, weniger stabil und weniger opak

EINIGE FRAGEN, DIE MAN SICH SELBST STELLEN SOLLTE, BEVOR MAN EIN PAPIER AUSWÄHLT:

- Welches »Gefühl« möchte man mit dem Druckerzeugnis vermitteln?
- Wie lange soll es halten?
- Wie viel darf es kosten?
- Was ist wichtiger, die Lesbarkeit des Textes oder die Bildqualität?
- Welche Rasterweite und welcher Tonwertumfang soll verwendet werden?
- Welches Druckverfahren wird eingesetzt?
- Wie soll das Druckerzeugnis weiterverarbeitet werden?
- Auf welchem Weg gelangt es zum Endverbraucher?
- Wie wichtig sind Umweltaspekte für den Auftraggeber?

als ungestrichene Papiere derselben Grammatur. Um also dieselbe Festigkeit und Opazität zu erzielen, muss man bei gestrichenen Papieren ein höheres Flächengewicht wählen.

Darüber hinaus stehen farbige Papiere ebenso zur Auswahl wie andere Spezialpapiere, die transparent oder strukturiert sein können. Farbige Papiere sind normalerweise ungestrichene Papiere und häufig ein bisschen teurer, was nicht so ins Gewicht fällt, wenn man sie für Kleinauflagen verwendet. Wichtig ist aber zu bedenken, dass die Papierfarbe die Wirkung farbig gedruckter Flächen und Bilder beeinflusst.

Das Volumen des Papiers beeinflusst in einem hohen Maße, wie sich das Druckerzeugnis anfühlt und wie gut es sich blättern lässt. Wenn man vom Volumen spricht, muss man wissen, dass zwei verschiedene Papierqualitäten derselben Grammatur ein unterschiedliches Volumen haben können. Das Volumen beschreibt, wie luftig oder kompakt das Papier ist. Liegen dagegen zwei Papiere desselben Volumens aber mit verschiedenem Papiergewicht vor, so ist das Papier mit der höheren Grammatur dicker als das der niedrigeren Grammatur. Das Papiergewicht hat also ebenfalls Einfluss auf die Festigkeit des Papiers. Man sagt, die Festigkeit des Papiers steigere sich um das Dreifache im Verhältnis zum Papiergewicht. Entscheidet man sich für eine glänzende oder seidenmatte Oberfläche, wird das Papier ebenfalls dicker als matte Qualitäten. Glänzende Papiere werden bei der Herstellung zwischen den Walzen eines Kalanders platt gepresst und sind daher dünner und nicht so fest wie matte Papiere.

Stellt man aus dem gewünschten Druckpapier zunächst ein Blindmuster (Dummy) her, erhält man den besten Eindruck, wie das fertige Druckerzeugnis aussehen und sich anfühlen wird. So kann man auch testen, ob es sich gut blättern lässt und wie dick das Endprodukt sein wird. Das Material für Blindmuster kann man bei den meisten Papierherstellern anfordern.

8.16.2 Lebensdauer und Benutzung des Druckerzeugnisses

Die Lebensdauer des Druckerzeugnisses hängt primär von seiner Nutzung und der Papierwahl ab, aber auch, wie häufig es dem Sonnenlicht ausgesetzt wird. Im Laufe der Zeit ändern sich die Papiereigenschaften. Als Erstes vergilbt das Papier und verliert an Stabilität. Ein typisches Beispiel ist die Tageszeitung, die bereits in kürzester Zeit vergilbt und leicht zerreißt, wenn sie älter ist. Nun ist das aufgrund der kurzlebigen Inhalte einer Tageszeitung nicht so tragisch, in anderen Fällen jedoch ein Desaster. Generell vergilben holzhaltige Papiere schneller als holzfreie. Ebenso altern ungestrichene Papiere schneller als gestrichene.

Es gibt auch Papiere, die für besondere Einsatzbereiche entwickelt wurden. Für Bücher, die täglich verwendet werden, gibt es besonders feste Papiersorten. Papiere, die Leinen enthalten, sind besonders schmutzresistent. Es gibt auch noch feuchtigkeitsunempfindliche Papiere für Außenwerbung wie Plakate, aber auch für Buchcover oder Kuverts, die ihren sensiblen Inhalt schützen sollen.

8.16.3 Kosten und Auflage

Bei der Papierwahl spielt der Kostenfaktor eine nicht unerhebliche Rolle. Eine Grundregel lautet, je höher die Auflage ist, desto höher ist der Anteil der Papierkosten an den Kosten der gesamten Produktion. Ein kleiner Preisunterschied

Papierton — Papierton

DRUCK AUF FARBIGEM PAPIER
Beim Bedrucken farbiger Papiere muss der Papierton in den Bildern bereits in der Lithografie kompensiert werden. In einigen Fällen sind Probleme dennoch unvermeidlich.

PREISUNTERSCHIEDE

- Formatpapiere sind teurer als Papiere von der Rolle.
- Glänzende Papiere sind teurer als matte oder seidenmatte Qualitäten.
- Holzfreie Papiere sind teurer als holzhaltige.
- Farbige Papiere sind teurer als weiße.
- Hadernhaltige Papiere sind teurer als nicht hadernhaltige.

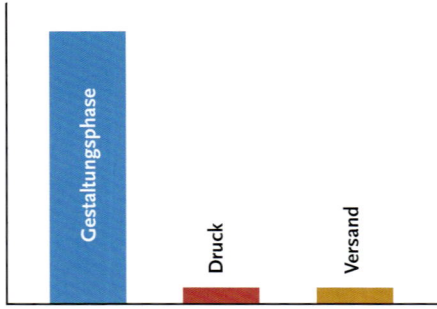
Kosten bei Kleinauflagen

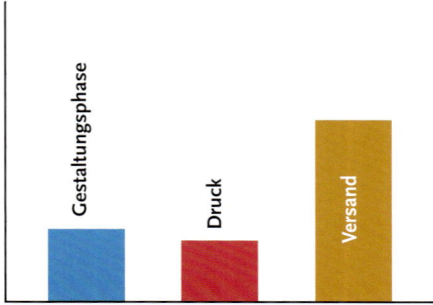
Kosten bei Großauflagen

PREIS PRO EINHEIT
Die Kosten des Druckerzeugnisses fallen je nach Auflagenhöhe unterschiedlich aus. Während bei einer Kleinauflage die Kosten für die Gestaltung wie Texterfassung, Bildbearbeitung und Grafikdesign den größeren Anteil ausmachen, fällt bei hohen Auflagen dem Versand (Porto) der Löwenanteil zu.

zwischen zwei Papierqualitäten kann daher durchaus bei höheren Auflagen, wie 50.000 Stück oder mehr, einen großen Unterschied bei den Gesamtkosten ausmachen. Bei Kleinauflagen von ein paar Tausend Exemplaren sind kleine Preisunterschiede eher nebensächlich. Tatsächlich variiert der Preis der gängigsten Papiersorten nicht mehr als 15 % voneinander. Der Preisunterschied von Spezialpapieren kann allerdings um einiges höher ausfallen.

Wählt man eine andere Grammatur einer bestimmten Papiersorte, ändert sich der Preis normalerweise proportional zum Papiergewicht. Halbiert sich das Papiergewicht, halbiert sich meistens auch der Preis. Für höhere Auflagen wird daher gerne ein Papier mit niedriger Grammatur, aber hohem Volumen gewählt. Das Papier ist preiswerter, fühlt sich jedoch fast genauso an wie ein Papier höherer Grammatur.

Plant man die Auflagenhöhe, muss man auch über den Umfang des Druckerzeugnisses nachdenken: die Anzahl der Seiten. Auch das Format schlägt sich im Papierverbrauch nieder. Ungewöhnliche Formate erschweren die optimale Ausnutzung der Papierfläche und verursachen viel Abfall. Kleine Formatänderungen können daher große Unterschiede in der Papierausnutzung ausmachen. Die Druckerei kann bei der Formatwahl beraten.

Gewöhnlich bezieht man das Papier über die Druckerei, bei der gedruckt werden soll. Der Preis ist in diesem Fall auch von den Vereinbarungen zwischen Druckerei und Papierlieferanten abhängig und von den Mengen, die von einer bestimmten Papiersorte eingekauft werden. Der Preis für dasselbe Papier kann daher bei verschiedenen Druckereien unterschiedlich ausfallen. Will man die Preisunterschiede verschiedener Papiersorten wissen, sollte man die Druckerei bitten, Mehr- oder Minderpreise gesondert auszuweisen.

8.16.4 Gute Lesbarkeit oder hohe Bildqualität?

Qualitativ hochwertige Bilder zeigen das beste Druckergebnis auf gestrichenem, möglichst glänzenden Papier mit hohem Weißgrad. So kann der höchste Kontrast zwischen der Druckfarbe und dem Papier erreicht werden. Farben und Tonabstufungen werden klarer und schärfer abgebildet. Die gestrichene Papieroberfläche erlaubt einen höheren Farbauftrag in der Druckmaschine, mit der der Kontrast zwischen Farbe und Papier verstärkt werden kann. Man erzielt auch eine bessere Auflösung, da mit feineren Rasterweiten gedruckt werden kann.

Wenn Textinformationen wichtiger sind als Bildinformationen, muss man die Prioritäten auch beim Papier entsprechend anpassen. Denn ein zu starker Kontrast zwischen Papier und gedrucktem Text ermüdet beim Lesen das Auge. Deshalb ist für ein Druckerzeugnis mit hohem Textanteil ein cremeweißes Papier empfehlenswert. Darüber hinaus sollte das Papier matt gestrichen oder sogar ungestrichen sein, um störende Reflexe zu vermeiden. Die Fähigkeit des Auges, Text zu erfassen, steigert sich um bis zu 80 %, wenn auf ungestrichenem statt gestrichenem Papier gedruckt wurde. Taschenbücher werden aus diesem Grund gewöhnlich auf ungestrichenem, cremefarbenem Papier gedruckt. Man spricht dann von lesefreundlichen Papieren. In diesem Fall ist auch darauf zu achten, ein Papier mit hoher Opazität auszusuchen, damit Texte und Bilder nicht von der Rückseite durchscheinen. Ungestrichene Papiere haben meistens eine höhere Opazität. Bei Verwendung gestrichener oder glänzender Papiersorten sollte man also ein höheres Papiergewicht wählen.

Wenn Bild und Text gleich wichtig sind, geht man am besten einen Kompromiss ein, indem man ein matt gestrichenes Papier wählt. Sollen die Bilder einen höheren Glanz und eine bessere Bildqualität erhalten, kann man sie zusätzlich lackieren. Eine andere Möglichkeit besteht in der Wahl zweier unterschiedlicher Papiersorten für Bilder und Texte. Dies setzt allerdings voraus, dass Texte und Bilder im Layout auf getrennten Seiten platziert werden. In alten Büchern sieht man oft diese Zusammenstellung. Damals lag der Grund in der Verwendung verschiedener Maschinen, um Text- und Bildseiten zu drucken.

Auch auf ungestrichenem Papier lässt sich eine hohe Bildqualität erzeugen. Dazu bedarf es einiger Erfahrung und genauerer Absprachen mit der Druckerei. Auch bei der Motivwahl muss man kritischer sein. Hellere Bilder sind leichter zu reproduzieren als dunkle. Bilder mit vielen Details, besonders in dunklen Bildbereichen, sind ebenfalls schwieriger wiederzugeben. Farben, Kontrast, Schärfe und Auflösung lassen sich auf gestrichenem und ungestrichenem Papier nicht unbedingt in demselben Maße reproduzieren. Das bedeutet nicht, dass die Bilder minderwertig ausfallen, es heißt lediglich, dass man nicht genau dieselbe Qualität wie beim Original erwarten darf. Da viele Proofsysteme nicht so gut mit ungestrichenen Papiersorten umgehen können, ist es manchmal schwierig, die Qualität vorab festzustellen. Wie immer klärt ein Andruck auf Originalpapier am sichersten alle Fragen.

Ungestrichene Papiere führen zu einem größeren Druckpunktzuwachs und weniger Bildkontrast. Dies muss bei der Vorbereitung der Bilder für den Druck berücksichtigt werden. Mit sogenannten Unbuntreproduktionen [*genauer gesagt mit Grey Color Replacement, siehe Druckvorstufe 7.4.4*] werden bestimmte Farbanteile der einzelnen Druckfarbenkanäle durch Schwarz ersetzt, wodurch man den Kontrast erhöhen kann, wenn auf ungestrichenes Papier gedruckt wird. Außerdem muss mit gröberer Rasterweite als auf gestrichenem Papier gedruckt werden, so dass man also auch nur eine niedrigere Bildauflösung erhält. Um eine bessere Bildqualität zu erzielen, kann man die Druckerei fragen, ob sie mit einem frequenzmodulierten Raster drucken kann [*siehe Druckvorstufe 7.7.2*]. Dieser erzeugt eine deutliche bessere Auflösung als ein traditioneller amplitudenmodulierter Raster mit geringer Rasterfrequenz. Papierlieferanten geben Empfehlungen für die maximale Rasterweite ihrer Papiersorten.

Druckt man Bilder auf farbiges Papier oder auf ein Papier mit geringerem Weißgrad, muss man beachten, dass es schwierig ist, die Papierfarbe im Reproduktionsprozess zu berücksichtigen. Die Bildqualität ist im Druck oftmals schlechter. Farbige Texte und Illustrationen wirken auf farbigem Papier ebenfalls anders.

8.16.5 Einfluss der Druckverfahren

Einige Druckverfahren erfordern eine bestimmte Faserlaufrichtung im Papier, um gute Laufeigenschaften der Druckmaschine zu gewährleisten. Die einzelnen Verfahren begrenzen auch die Wahlmöglichkeiten bei Papierdicke und Bogenformat. Beim Offsetdruck ist zu bedenken, dass das Papier eine stabile, rupffeste Oberfläche haben muss. Die zähflüssige Druckfarbe neigt dazu, Fasern aus

LESBARKEIT
Text, der auf einem glänzenden Papier (links) gedruckt wurde, ist anstrengend zu lesen, weil das Licht vom Papier reflektiert wird.

Auf mattem Papier wird das Licht mehr gestreut (rechts), das ist angenehmer für das Auge. Ein eher gelbliches oder leicht graues Papier ist ebenfalls lesefreundlicher als ein strahlend weißes.

EMPFOHLENE RASTERWEITEN

	50 LPI / 20 L/CM	100 LPI / 40 L/CM	150 LPI / 60 L/CM	200 LPI / 80 L/CM
Zeitungspapier	■■			
ungestrichen		■■■		
matt			■■	
seidenmatt			■■■	
glänzend			■■■	

Papiersorte	empfohlene Rasterweite
Zeitungspapier	25–30 l/cm
ungestrichen	40–50 l/cm
gestrichen matt	50–60 l/cm
gestrichen seidenmatt	64–120 l/cm
gestrichen glänzend	64–120 l/cm

dem Papier herauszureißen, während zudem das Wasser das Papier schwächt. Das Wasserproblem entfällt beim Trockenoffset, doch die Farbe hat dafür eine noch größere Zähigkeit [*siehe Druck 9.5.2*]. Tiefdruck hingegen erfordert eine sehr glatte und saugfähige Papieroberfläche, sonst können Probleme bei der Farbübertragung auftreten.

Druckereien, die mit Digitaldruckmaschinen produzieren, bieten passend zu den möglichen Auflagenhöhen bestimmte Papiersorten an. Man sollte in diesem Fall vor Beginn der Datenproduktion über die Papierwahl sprechen. Xerografische Verfahren wie Laserdrucker oder Kopierer funktionieren am besten auf einer leicht unebenen Papieroberfläche, daher wird häufig ungestrichenes Papier verwendet. Das Tonerpulver, das bei diesen Verfahren eingesetzt wird, haftet schlecht auf gestrichenen Papieren. Deshalb kann in Laserdruckern auch kein übliches gestrichenes Offsetdruckpapier benutzt werden. Dies ist wichtig für Vordrucke und Formulare, die anschließend noch in Laserdruckern bedruckt werden. Die Papierlieferanten vertreiben jedoch Spezialpapiere für xerografische Geräte, die einen ähnlichen Eindruck wie gestrichene Papiere vermitteln. Diese Papiere sind wiederum oft nicht für den Offsetdruck geeignet, weil sie die Ölanteile der Offsetdruckfarben nicht absorbieren können und die Pigmente folglich nicht auf der Papieroberfläche haften bleiben [*siehe Druck 9.5.5*].

8.16.6 Weiterverarbeitung und Bindung

Die Qualität des Falzes wird von der Papiersorte beeinflusst. Um einen glatten Falz zu erhalten, muss das Papier auf jeden Fall mit der Faserlaufrichtung gefalzt werden. Wird entgegen der Laufrichtung gefalzt, brechen die Fasern auseinander und es sieht aus, als ob die Oberfläche des Papiers aufgerissen wäre. Falls die Faserlaufrichtung falsch gewählt wurde, kann man das Papier vor dem Falzen erst rillen und damit den Faserbruch minimieren [*siehe Weiterverarbeitung 10.11*]. Die falsche Laufrichtung verursacht auch Probleme mit der Haltbarkeit der Klebebindung und dem Aufschlag- und Blätterverhalten [*siehe Weiterverarbeitung 10.15*].

Dicke oder steife Papiere müssen gerillt werden, bevor man sie falzt. Beim Rillen werden die Fasern in einer glatten Linie zusammengequetscht, daher brechen sie beim anschließenden Falzen nicht. Gestrichene Papiere von mehr als 150 g/m² und ungestrichene von mehr als 200 g/m² sollten immer vor dem Falzen gerillt werden – ein Kostenfaktor, den man bei der Wahl der Grammatur beachten muss!

Gestrichene und glänzende Papiere lassen sich nur schlecht mit der Klebebindung weiterverarbeiten. Sie lösen sich gerne wieder vom Buchrücken ab. Gestrichenes Papier kann den Leim nicht genauso gut aufnehmen wie ungestrichenes. Die Festigkeit der Klebebindung ist bei großvolumigem Papier besser, weil es dicker und poröser ist. Es hat eine größere Kantenfläche, an der der Leim haften bleiben kann, und die geringere Dichte des Papiers erleichtert das Eindringen des Klebers. Druckt man auf gestrichenes Papier, sollte man demzufolge eines mit höherer Grammatur wählen oder eine Fadenheftung in Erwägung ziehen. Taschenbücher sind das beste Beispiel für eine gelungene Kombination aus ungestrichenem Papier und Klebebindung [*siehe Weiterverarbeitung 10.15*].

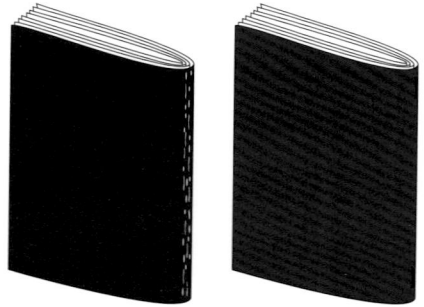

RISIKO DES RÜCKENBRUCHS
Wird gestrichenes bedrucktes Papier gegen die Laufrichtung gefalzt, bricht es. Um dieses Problem zu vermeiden, muss das Papier vor dem Falzen gerillt werden oder man verwendet ungestrichenes Papier, da dieses nicht so leicht bricht.

GEWICHT IN GRAMM FÜR EIN A4-ERZEUGNIS MIT UNTERSCHIEDLICHEM SEITENUMFANG

		Seitenanzahl (2 Seiten = 1 Bogen)							
	g/m²	2	4	6	8	12	16	24	32
Flächengewicht	70	4,38	8,75	13,13	17,50	26,25	35,00	52,50	70,00
	80	5,00	10,00	15,00	20,00	30,00	40,00	60,00	80,00
	90	5,63	11,25	16,88	22,50	33,75	45,00	67,50	90,00
	100	6,25	12,50	18,75	25,00	37,50	50,00	75,00	100,00
	115	7,19	14,38	21,56	28,75	43,13	57,50	86,25	115,00
	130	8,13	16,25	24,38	32,50	48,75	65,00	97,50	130,00
	150	9,38	18,75	28,13	37,50	56,25	75,00	112,50	150,00

Um besonderen Glanz zu erzielen, werden Drucksachen lackiert. Ungestrichene Papiere erhalten durch die Lackierung keinen Glanz, gestrichene dagegen schon.

Eine Laminierung oder Folienkaschierung sollte man nur für gestrichene Papiere wählen. Auf unebenen Papieroberflächen und ungestrichenen Papieren erzielt man keine gute Verbindung. Das Ergebnis hat zudem einen Grauschleier. In diesem Fall entscheidet man sich besser für gestrichenes, am besten glänzendes Papier – auch wenn man matt kaschieren möchte!

8.16.7 Versand und Gewicht

Soll das fertige Produkt per Post verschickt werden, spielen die postalischen Vorgaben bei der Papierwahl ebenfalls eine Rolle. Ein niedrigeres Papiergewicht senkt die Versandkosten. Es stellt sich auch die Frage, ob man Umschläge verwendet oder eine andere Verpackungsart. Man sollte auch unbedingt darauf achten, dass Umschläge das richtige Format haben. Umschlagformate außerhalb der Norm verursachen manchmal längere Zustellzeiten und enorme Mehrkosten.

8.17 Papier und Umwelt

Glaubt man dem Worldwatch Institute, hat sich der Holzverbrauch in den letzten 50 Jahren mehr als verdoppelt. Der Papierverbrauch hat sich um das Sechsfache erhöht.

»Weniger als ein Fünftel der Weltbevölkerung lebt in Europa, den USA und Japan und verbraucht mehr als die Hälfte der Holzvorräte, über zwei Drittel davon sind Papier. Es ist zu erwarten, dass die weltweite Nachfrage nach Papier in den nächsten 15 Jahren noch mal um die Hälfte steigen wird.«

Dies hängt mit der expandierenden Wirtschaft zusammen, aber das Ökosystem wird dabei immens strapaziert. Die Anzeichen dafür sind vorhanden. Schrumpfende Waldflächen, Absinken des Grundwasserspiegels, Bodenerosion, Erhöhung des CO_2-Wertes, steigende Temperaturen, das Aussterben von Pflanzen- und Tierarten.

DAS PAPIERLAGER
Oft empfiehlt es sich, Papier zu verwenden, das die Druckerei regelmäßig nutzt, vorrätig hat und mit dem Erfahrungswerte vorliegen. Lagersorten sind seltener geworden, meist wird das Papier direkt für den Auftrag geordert. Rechtzeitige Information der Druckerei schützt vor langen Lieferzeiten.

8.17.1 Altpapier

Nur weil Papier recycelt wird, heißt das noch lange nicht, dass es umweltfreundlich ist. Auch dabei können Abfallstoffe anfallen. Um grundlegende Abfallprobleme zu vermeiden, ist es wichtig zu bedenken, inwieweit das Papier später wiederverwertet werden kann (oder ob man holzfreie Alternativen verwendet). Hierbei können Mediengestalter und Agenturen im Kampf gegen die globale Erwärmung ihren Teil beitragen. Denn Wälder verbrauchen und speichern Kohlendioxid aus der Atmosphäre, wo dieses Schäden verursacht, die zur Erwärmung führen. Heutzutage gibt es viele Möglichkeiten der Verarbeitung, so dass ein hundertprozentiges Recyclingpapier mit wenigstens 30 % Altpapieranteil der Mindeststandard sein sollte. Je mehr Altpapier wiederverwertet wird, desto mehr trägt man zu einem umweltverträglichen Wirtschaften bei.

Bei Altpapier unterscheidet man zwei Sorten: Mit den sogenannten »Pre-Consumer-Sorten« sind unbedruckte Sekundärstoffe gemeint, beispielsweise Stanzabschnitte aus der Briefhüllenfertigung oder Randbeschnitte bei der Rollenverarbeitung. Sie fallen in Druckereien und Verarbeitungsbetrieben an, sind dadurch sortenrein sortiert, ohne Verunreinigungen.

Die anderen sind die »Post-Consumer-Sorten«, die den Verwertungskreislauf bis zum Verbraucher hinter sich haben. Bevor man sie weiterverarbeiten kann, müssen sie nach Qualitäten und Reinheit sortiert, von Druckfarbe und Verunreinigungen befreit sowie von Zusatzstoffen wie Klammern, Kunststofffolien und anderem getrennt werden.

8.17.2 Chlorfrei gebleicht

Die Chlorbleichung ist der einzige umweltfeindliche Anteil in der Papierherstellung. Chlor wird verwendet, um das Lignin aus dem Holz zu entfernen. Lignine sind sozusagen die Klebstoffe im Holz, die die Zellulosefasern zusammenhalten. Dabei werden die Fasern weiß gebleicht. Die chemischen Nebenprodukte sind das Ergebnis aus der Reaktion zwischen Chlor, Lignin und Zellulosefasern und gehören zu den giftigsten Substanzen, die in der Produktion entstehen können. In Studien hat man herausgefunden, dass ein enger Zusammenhang zwischen der Herstellung chlorgebleichter Papiere und Dioxin besteht. Das sind Karzinogene, die Krebs, Fortpflanzungsstörungen sowie Fehlbildungen und Entwicklungsprobleme bei Kindern verursachen und das Immunsystem schwächen. Da sie nur sehr schlecht abbaubar sind, kommen Dioxine in unserer Luft, im Wasser und im Boden vor, befinden sich in der Nahrungskette und reichern sich in den Körpern von Wildtieren und Menschen an.

Eine Alternative ist der Einsatz von chlorfreiem bzw. chlorfrei gebleichtem Papier. Um zu verstehen, was mit chlorfreien Papieren gemeint ist, müssen wir erst einige Fachbegriffe definieren. Allgemein unterscheidet man chlorfreie Papiere in »elementar-chlorfrei« und »mit Chlorperoxid gebleicht«. 82 % aller angeblich chlorfreien Papiere fallen unter diese Sorten. Da sie aber mit einer Chlorverbindung gebleicht wurden, sind sie entgegen aller Behauptungen keineswegs umweltfreundlich.

- *Chlorfrei gebleichte Papiere* (ECF, elemental chlorine free) werden üblicherweise mit Chlordioxid, einer chemischen Verbindung aus Chlor und Sauerstoff, Chlorperoxid oder ähnlichen Stoffen gebleicht, so dass die Umweltschäden manchmal verharmlost werden. Obwohl der Anteil schädlicher Chlordioxide und Chlorkohlenwasserstoffe reduziert wurde, sind sie immer noch in großen Mengen vertreten. Die Langzeitwirkung der weiterhin chlororganisch belasteten Abwässer ist noch nicht ausreichend untersucht, stellt aber sicherlich eine Umweltbelastung dar. Zudem werden für das Bleichen mit Chlordioxiden 20-mal mehr Wasser und Energie verbraucht als für eine chlorfreie Verarbeitung.

- *Chlorfrei recyceltes Papier* (PCF, processed chlorine-free recycled) wird ohne den Zusatz von Chlor oder Chlorverbindungen hergestellt. Weil aber Altpapier enthalten ist und sich darunter auch chlorgebleichte Papiere befinden können, kann nicht garantiert werden, dass das Endprodukt völlig chlorfrei ist.
- *Chlorfreies Papier* (TCF, totally chlorine free) wird zu 100 % aus reinen Holzfasern oder chlorfreiem Zellstoff hergestellt. Dabei ist »chlorfrei« definiert als gebleicht ohne Verwendung von elementarem Chlor oder Chlorverbindungen. Gebleicht wird stattdessen mit umweltfreundlicherem Sauerstoff. Man vermeidet dadurch die Belastung des Abwassers in der Zellstoff- und Papierfabrik mit schädlichen Chlorverbindungen.
- *Nicht entfärbtes Altpapier*, das also von Druckfarbe und Verunreinigungen nicht befreit ist (sogenanntes Deinking), durchläuft den Bleichvorgang kein zweites Mal. Nur die Chemikalien, die während der Papierherstellung verwendet wurden, werden verringert. Das daraus erzeugte Papier sieht durch die übrig gebliebenen Farbreste fein gesprenkelt aus.
- *Sauerstoff- und Ozonbleichung* sind vollkommen chlorfreie Verfahren, in denen das Lignin von den Holzfasern getrennt und der Papierbrei gebleicht wird. Papiermühlen, die mit diesen Verfahren arbeiten, leiten ihre Abwässer in eine Wiederaufbereitungsanlage, wo das organische Material zur Energiegewinnung verbrannt wird und Metalle und Mineralien herausgefiltert werden, so dass sich der Kreislauf wieder schließt.

Wasserstoffperoxid wird gerne verwendet, da es keine schädlichen Nebenprodukte erzeugt. Es wird daher vor allem für die Bleichung von Zeitungsdruckpapier und Holzschliff eingesetzt.

8.17.3 Alternative (holzfreie) Fasern

Während Altpapiervorräte die Müllprobleme lindern, sind am Deinking des Altpapiers aggressive Chemikalien beteiligt und zusätzlich fallen giftige Nebenprodukte an. Wenngleich Altpapier einen nicht unerheblichen Prozentsatz an vom Verbraucher zurückgeleitetem Papier enthält, so muss trotzdem frischer Papierbrei zugeführt werden, um eine gewisse Festigkeit zu gewährleisten. Dazu wird altes Holz aus Wäldern, aber auch Holz aus Aufforstungen verwendet.

Inzwischen wurde schätzungsweise die Hälfte der ca. 1,5 Billionen Hektar Wald, die einst die Erdoberfläche bedeckten, zerstört. In den vergangenen 35 Jahren hat sich der Holzverbrauch verdoppelt und der Papierverbrauch mehr als verdreifacht. Bäume produzieren gleichmäßige Fasern, aber sie wachsen sehr langsam. Es bedarf eines großen Aufwands, sie zu bleichen und chemisch aufzubereiten, und die industriellen Abholzungsmethoden sind weit davon entfernt, umweltschonend zu arbeiten.

Alternative Lösungen: Es ist dringend erforderlich, weltweit die Wälder zu schützen und zu erhalten. Dazu entwickelt sich eine neue Industrie rund um »baumfreie« Papiere. Diese werden aus schnell wachsenden und leicht zu kultivierenden Pflanzen gewonnen wie Kenaf und Hanf, aber auch aus ohnehin anfallenden landwirtschaftlichen Überschüssen wie Gemüse, Getreide und Stroh, Kaffeesträuchern und Bananenstauden, Flachs, Zuckerrohr, Bambus oder Seetang; auch industrielle Abfälle wie Altkleider, Jeansstoffe, Baumwolllumpen und Arbeitskleidung eignen sich für die Papierherstellung.

Von den genannten Pflanzen ist Kenaf am besten als Alternative zum Holz geeignet. Die einjährige Pflanze aus der Familie der Malvengewächse schießt innerhalb von fünf Monaten drei bis vier Meter in die Höhe. Ein Hektar voller Kenafpflanzen wirft etwa drei Tonnen verwendbare Fasern in einem Jahr ab. Ein Hektar Wald ergibt maximal zwei Tonnen verwendbare Fasern in 20 bis 30 Jahren. Die Kenaffasern sind fester und besser geformt als Holzfasern, und weil sie einen geringeren Ligninanteil haben, benötigt man weniger Chemie und Energie bei der Verarbeitung. Als schnell wachsende Pflanze benötigt Kenaf ein Minimum an Dünger, Pestiziden und Wasser verglichen mit anderen Erntepflanzen. Plantagen verwenden Chemiedünger und Pestizide, die Flüsse, Seen, Ozeane und das Grundwasser verunreinigen.

Hanf war einst das Rückgrat der amerikanischen Industrie, bis es 1935 verboten wurde, weil bestimmte Hersteller wie DuPont und die Hearst Corporation Kapital aus ihren eigenen, auf Synthetik und auf Holz basierenden Fasermärkten, schlagen wollten. Trotz der Vorteile für Umwelt und Produktion wehrt sich die Industrie aus Angst, Hanf würde mit Marihuana assoziiert. Genauso wie Kenaf ist Hanf (Cannabis) eine einjährige robuste Pflanze, die wenig Wasser, Dünger oder Pestizide braucht. Es lassen sich drei bis sechs Tonnen verwertbare Fasern pro Hektar in einem Jahr herstellen. Im Gegensatz zur Holzverarbeitung benötigt man nur wenig chemische Zusätze, um die Fasern für die Papierherstellung aufzubereiten. Hanfpapier ist ein ausgezeichnetes Archivpapier, weil es säurefrei ist (es hält schätzungsweise bis zu 1.500 Jahre).

Während eine Verringerung des Holzverbrauchs vorhergesagt wird, stehen jährlich 2,5 Billionen Tonnen landwirtschaftlicher Überschuss zur Verfügung. Umgerechnet 500 Millionen Tonnen Pulp (Papierfaserbrei) ergeben genügend Fasern, um das Eineinhalbfache der weltweiten Papierproduktion zu gewährleisten. Die Faserbreiproduktion aus Stroh kann beispielsweise vollkommen chlor- und säurefrei erfolgen, und überbleibende feste Abfallprodukte können guten Gewissens als Futter oder Dünger verwertet werden.

Obwohl es in den 1970er Jahren Druckprobleme bei der Verwendung von Recyclingpapieren gab, wurde die Herstellung solcher Papiere – und neuerer alternativer Fasern – weiter vorangetrieben. Recyclingpapiere und Originalpapiere nehmen gleichermaßen gut Farbe an und liegen in derselben Preisklasse, abhängig von der Güteklasse und der Verarbeitung. Einige Recyclingpapiere und Papiere aus alternativen Fasern gibt es inzwischen auch als Rollenoffsetpapier. Am besten bittet man seine Druckerei oder den örtlichen Papierlieferanten um Hilfe, das geeignetste und umweltschonendste Papier für das eigene Projekt zu finden.

Der Rückgang vieler umweltschonender Papiersorten ist auf die mangelnde Verfügbarkeit zurückzuführen. Da dieser Markt noch nicht ausgereift ist und viele der Hersteller kleine Papiermühlen sind, ist die Produktion auf geringe Mengen begrenzt und der Preis höher als der normaler Papiersorten. Dennoch, diese Papiere sind es wert, dass man nach ihnen fragt – und nach den Zusatzkosten. Wenn man sich für eine dieser Papiersorten entscheidet, hilft man den Markt dafür auszubauen. Dann ist es nur eine Frage der Zeit, bevor die Nachfrage einen Preisnachlass zulässt und eine weitreichende Verfügbarkeit eintritt.

8.17.4 Zertifiziertes Papier

Am Markt erkennt man mittlerweile eine immer größer werdende Nachfrage nach zertifizierten Papieren. Die beiden wichtigsten Zertifikate für nachhaltige Holzwirtschaft lauten FSC (Forest Stewardship Council) und PEFC (Programme for the Endorsement of Forest Certification Schemes), ein »Programm für die Anerkennung von Waldzertifizierungssystemen«, das über Ländergrenzen hinweg ein Ziel verfolgt: die weltweite Verbesserung der Waldnutzung und Waldpflege. Das FSC-System ist als Einziges von allen wichtigen Umweltverbänden anerkannt und gefördert. Aber viele, vor allem kleinere Waldbesitzer scheuen die hohen Kosten der Zertifizierung. Deshalb wird zum Teil das Holz, das nachweisbar alle FSC-Erforderungen erfüllen würde, dennoch nur mit PEFC-Siegel oder ganz ohne Zertifikat in den Handel gebracht.

Der Forest Stewardship Council wurde 1993, also ein Jahr nach der internationalen Umweltkonferenz von Rio der Janeiro, als gemeinnützige Organisation gegründet. Er wird von Umweltorganisationen, Sozialverbänden und Unternehmen unterstützt und getragen. Der FSC setzt sich für eine umweltgerechte, sozialverträgliche und wirtschaftlich tragfähige Bewirtschaftung der Wälder ein und fördert die Vermarktung ökologisch und sozial korrekt produzierten Holzes. Bewertet wird die Art und Weise der Waldwirtschaft unter Berücksichtigung nationaler Besonderheiten. Das Label unterliegt strengen Kontrollen und schließt auch die Verarbeitungskette (Chain of Custody) mit ein. Man unterscheidet vier verschiedene Zertifikate: FSC 100 %, FSC-Mix, FSC-Mix Recycling und FSC-Recycling.

Es empfiehlt sich, die Papierlieferanten nach den FSC-zertifizierten nachhaltigen Papieren zu fragen; in vielen Fällen gibt es bereits vollwertige Sortimente, sowohl bei gestrichenen als auch bei Naturpapieren. Die Kosten liegen in der Regel etwas über denen der nicht-zertifizierten Papiere; dafür kann man aber sicher sein, dass die Hölzer nicht aus Raubbau, Regenwäldern oder umweltschädlich produzierenden Plantagen kommen.

8.18 Der Umgang mit dem Papier

Der Grundstoff für die Papierherstellung sind Zellulosefasern, ein lebendiges, oder genauer gesagt organisches Material. Deshalb ist Papier unter anderem feuchtigkeits- und wärmeempfindlich und seine Eigenschaften unterliegen Veränderungen. Aus diesen Gründen ist die richtige Handhabung und Lagerung wichtig, um sicherzustellen, dass das Papier wie geplant eingesetzt werden

---

DIE FSC-ZERTIFIKATE

FSC 100 %
Das Produkt enthält ausschließlich Holz aus FSC-zertifizierten Wäldern.

FSC-Mix
Bei der Produktion wurde neben FSC-zertifizierten Rohstoffen auch nicht zertifiziertes Material aus ebenfalls kontrollierten Quellen verarbeitet. Holz aus illegalen Quellen, Raubbau oder ohne Herkunftsnachweis ist auch in dieser Mischung ausgeschlossen.

FSC-Mix Recycling
Zusätzlich zu der Rohstoffkombination, wie sie unter FSC-Mix beschrieben ist, enthält dieser Zertifizierungsgrad zudem einen bestimmten Anteil an kontrolliertem Altpapier.

FSC-Recycling
Beim Einsatz von 100 % kontrolliertem Altpapier kann das »FSC-Recycling«-Label vergeben werden. Altpapier steht hier für Papiere und Kartons, die bereits verarbeitet und gebraucht wurden (Post-Consumer-Ware). Fertigungsausschuss gilt nicht als Recyclingmaterial.

DEHNEN SICH DIE FASERN AUS …
Der Durchmesser der Fasern vergrößert sich bei Erhöhung der Luftfeuchtigkeit bis auf das Dreifache.

… GILT DIES FÜR DAS GESAMTE BLATT
Dehnen sich die Fasern aus, ändert sich zwangsläufig auch das Format des Papiers. Quer zur Faserlaufrichtung kann die Veränderung dreimal so stark ausfallen wie in Faserlaufrichtung.

kann. Dazu gehört auch das Akklimatisieren frisch gelieferter Papierpaletten, das manchen zu knappen Terminplan zum Scheitern bringen kann.

8.18.1 Papier und Feuchtigkeit

Werden Papierfasern feucht, dehnen sie sich aus. Trocknen sie aus, schrumpfen sie. Sie dehnen sich hauptsächlich in der Breite aus, während die Länge annähernd dieselbe bleibt. Praktisch ausgedrückt bedeutet dies, ein Blatt Papier dehnt sich hauptsächlich quer zur Laufrichtung, und zwar ungefähr dreimal so viel wie in Längsrichtung.

Die immensen durch Feuchtigkeit bedingten Veränderungen erschweren die Verwendung des Papiers. Selbst kleinste Feuchtigkeitsschwankungen führen zu dauerhaften Größenveränderungen, weil Papier, das zunächst feucht wurde und dann wieder getrocknet ist, nicht mehr seine Originalmaße einnimmt. Manchmal kann dies während des Druckprozesses zu Passerungenauigkeiten führen. Je größer der Druckbogen, desto stärker die Problematik.

Mittlerweile gibt es Plattenbelichtungsprogramme, die die Dimensionsänderung einiger Papiere von Druckwerk zu Druckwerk bereits berücksichtigen. Papier mit unterschiedlicher Oberflächenbehandlung auf der Vorder- und Rückseite ist besonders empfindlich gegenüber Feuchtigkeit, weil die Fasern verschieden reagieren.

8.18.2 Papierlagerung

Lagert man Papiere, spielt die richtige Luftfeuchtigkeit eine wichtige Rolle. Luftfeuchtigkeit und Temperatur hängen zusammen, deshalb muss auch die Temperatur im Papierlager kontrolliert werden. Die Luftfeuchtigkeit wird darüber definiert, wie viel Wasser ein Kubikmeter Luft bei einer bestimmten

PAPIER UND LUFTFEUCHTIGKEIT

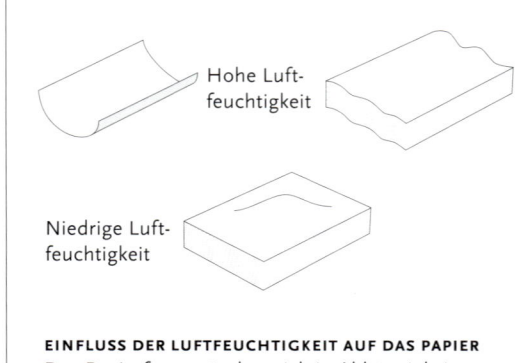

EINFLUSS DER LUFTFEUCHTIGKEIT AUF DAS PAPIER
Das Papierformat ändert sich in Abhängigkeit vom Grad der Luftfeuchte. Die Veränderung erfolgt im Faserquerschnitt, während die Faserlaufrichtung mehr oder weniger unbeeinflusst bleibt. Daraus entstehen in der Praxis einige Probleme.

SCHWIERIGKEITEN BEI ZU GERINGER LUFTFEUCHTIGKEIT

- Die Papierkanten ziehen sich zusammen und das Papier wirft sich in der Mitte auf.
- Formatänderungen, Unebenheiten, Passerungenauigkeiten
- Höhere Staubempfindlichkeit
- Statische Aufladungen verursachen Stopper in der Maschine und machen Probleme beim Trocknen und bei der Weiterverarbeitung.

SCHWIERIGKEITEN BEI ZU HOHER LUFTFEUCHTIGKEIT

- Die Papierkanten dehnen sich aus, das Blatt wellt sich.
- Formatänderungen, Unebenheiten, Passerungenauigkeiten
- Längere Trocknungszeiten der Druckfarbe

PAPIERBREI HAT UNTERSCHIEDLICHE EIGENSCHAFTEN

	mechanisch	chemisch	recycelt
Verwendung von Rohmaterialien	+	–	++
Energie erforderlich	–	+	+
Lebensdauer	–	+	–
Wiederverwertbarkeit	–	+	–
Opazität	+	–	+
Herstellung des Papierbreis	+	–	–
Festigkeit	–	+	–
Steifigkeit	+	–	–

Temperatur enthält. Sie wird mit einem Hygrometer gemessen. Üblicherweise sind 50 % relative Luftfeuchtigkeit für die Lagerung von Offsetdruckpapier bei einer Temperatur von 20 °C empfohlen. Unter diesen Bedingungen minimiert man das Risiko, dass sich die Dimensionen des Papiers verändern.

Papier, das für Fotokopien, im Laserdrucker oder im Digitaldruck verwendet wird, braucht eine geringere relative Luftfeuchtigkeit, da es im xerografischen Verfahren hohen Temperaturen ausgesetzt ist. Eine Luftfeuchtigkeit von 30 % bei 20 °C ist ausreichend. Weicht die Temperatur nur wenige Grade ab, beeinflusst das bereits das Verhalten des Papiers. Daher ist es besser, das ganze Jahr über Temperatur und Luftfeuchtigkeit zu kontrollieren.

Ein anderer wichtiger Faktor ist das Licht. Es verändert die Papierfarbe und beschleunigt den Alterungsprozess des Papiers. Deshalb sollte Papier immer lichtdicht verpackt oder in abgedunkelten Räumen gelagert werden.

8.18.3 Papiertransport

Auch wenn Papier transportiert wird, sollte der Einfluss schwankender Luftfeuchtigkeit und Temperatur bedacht werden, vor allem wenn es draußen kalt ist. In diesem Fall sollte sich das Papier erst an die Raumtemperatur akklimatisieren, bevor es verwendet wird. Wurde Papier beispielsweise bei – 10 °C transportiert und es soll sich auf 20 °C anpassen, dauert dies etwa 50 bis 60 Stunden. Diesen Zeitraum sollte man bei der Papierbestellung mit einkalkulieren.

Papierhersteller schweißen ihre Papiere gewöhnlich in Polyethylenfolie ein, um eine konstante Feuchtigkeit während des Transports zu halten, aber bei längeren Transportzeiten ist dieser Schutz nicht ausreichend und die Feuchtigkeit kann je nach Umgebungsbedingungen ab- oder zunehmen. Während sich das Papier akklimatisiert, sollte man die Schutzfolie nicht entfernen.

PAPIER RECHTZEITIG BESTELLEN

Papier reagiert während des Transports auf Temperaturschwankungen, vor allem wenn es draußen kalt ist. Das gelieferte Papier muss Zeit haben, sich an die Raumtemperatur zu akklimatisieren, bevor man es verwendet. Hier ein Anhaltspunkt, wie lange das Papier dazu braucht, je nach Unterschied zwischen Außen- und Innentemperatur.

- 10 Stunden bei einem Unterschied von 10 °C
- 30 Stunden bei einem Unterschied von 20 °C
- 55 Stunden bei einem Unterschied von 30 °C
- 70 Stunden bei einem Unterschied von 40 °C

HOLZSCHLIFF UND ZELLSTOFF

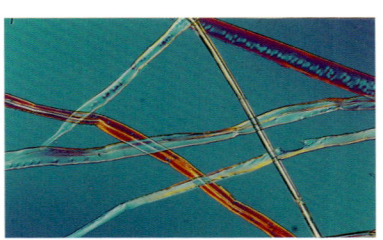

HOLZSCHLIFF AUS NADELHOLZ
Nadelholz hat lange Fasern. Sie sind ungefähr 2 bis 3,5 mm lang.

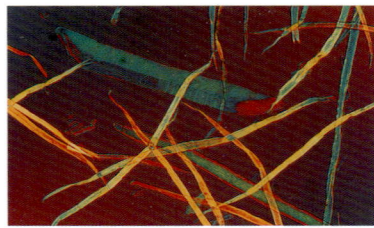

ZELLSTOFF AUS LAUBHOLZ
Laubholz hat kurze Fasern. Sie sind ungefähr 1 bis 1,5 mm lang.

HOLZSCHLIFF VS. ZELLSTOFF
Der mechanisch aufgeschlossene Holzschliff (links) besteht vor allem aus langen Nadelholzfasern von Fichten. Er zeichnet sich durch eine hohe Opazität aus. Der chemisch aufgeschlossene Zellstoff (rechts) besteht aus einer Mischung langer Nadelholzfasern und kurzer Laubholzfasern, die einen stabilen Verbund ergeben.

8.19 Wie wird Papier hergestellt?

Die Papierherstellung beginnt mit dem Zellstoff und dem Holzschliff. Zellstoff besteht aus Zellulosefasern, die aus dem Holz gewonnen und oftmals in speziellen Fabriken aufbereitet werden. Die Papierfabriken kaufen den fertigen Zellstoff, beispielsweise in Plattenform gepresst, und rühren ihn zu einem Faserbrei. Holzschliff besteht aus mechanisch zerriebenen Faserstücken. Die Papierbahn entsteht dann in der Papiermaschine und wird auf riesige Rollen aufgewickelt. Zuletzt erhält das Papier seine Endverarbeitung: Die Oberfläche wird behandelt und das Papier in seine Endformate zerschnitten.

8.19.1 Zellstoff und Holzschliff

Das Rohmaterial für die Papierherstellung stellen Kiefern, Fichten und Birken. Die Bäume werden gefällt, entrindet, in Bretter zersägt und in Stücke gehackt. Bei der chemischen Zellstoffgewinnung löst man die Zellulosefasern durch

DER PAPIERBREI HAT VERSCHIEDENE INHALTSSTOFFE

DER GANZSTOFF
Der Ganzstoff ist die fertige Mischung von Zutaten für eine bestimmte Papierqualität und enthält:

- Wasser
- Füllstoffe
- Farbe
- Fasern
- Leim

MAHLEN DER FASERN
Das Mahlen der Fasern bei der Ganzstoffherstellung ergibt mehr Berührungspunkte und somit einen festeren Faserverbund, also ein kräftigeres Papier.

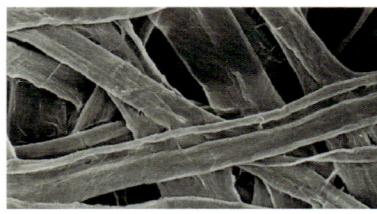

Kochen mit chemischen Zusätzen aus dem Holz. Dabei wird auch das Lignin entfernt, das als Klebstoff die Fasern zusammenhält. Bei der mechanischen Gewinnung von Holzschliff wird das Holz gemahlen, um die Zellulosefasern freizusetzen, dabei bleibt jedoch das Lignin weitgehend erhalten. Der chemisch gewonnene Zellstoff setzt sich in der Regel aus langen Nadelholzfasern (etwa 2 bis 3,5 mm) und kurzen Laubholzfasern (etwa 1 bis 1,5 mm) zusammen, während Holzschliff meistens aus Nadelholzfasern, vor allem von Fichten, besteht.

Bei der Papierherstellung mischt man kurz- und langfaserigen Zellstoffe in unterschiedlichem Verhältnis, je nachdem, welche Eigenschaften das Papier haben soll. Da Nadelholzfasern relativ lang sind, verbinden sie sich aufgrund der zahlreichen Berührungspunkte fester, und das Papier wird stabiler. Laubholzfasern bieten nicht dieselbe Festigkeit, weil ihre Fasern etwas kürzer und schwächer sind, ergeben aber eine bessere Opazität.

Als holzhaltige Papiere bezeichnet man solche, die zu mehr als 10 % aus Holzschliff und zu weniger als 90 % aus Zellstoff bestehen, während man Papiere, die zu weniger als 10 % aus Holzschliff und zu mehr als 90 % aus Zellstoff bestehen, holzfrei nennt. Holzfreies Druckpapier hat eine hohe Weiße und Festigkeit und wird für fast alle Arten von Druckerzeugnissen verwendet. Holzhaltiges Papier hat oft einen leichten Gelb-Grau-Stich und vergilbt schneller als holzfreies. Daraus werden Tageszeitungen, Kataloge, Telefonbücher usw. produziert. Indem man dem chemisch gewonnenen Zellstoff einen geringen Anteil mechanisch gewonnenen Holzschliffs beimischt, kann man Volumen und Opazität erhöhen und dennoch die Weiße und die gute Bildwiedergabe erhalten. So gleichen sich die Unterschiede zwischen holzfreien und holzhaltigen Papieren an.

Die chemische Zellstoffgewinnung ist etwa doppelt so teuer wie die mechanische, unter anderem weil dabei eine Menge Abfall anfällt. Mechanische Holzschliffgewinnung schützt unsere Waldressourcen um einiges besser. Auf der anderen Seite kann die Energie, die beim chemischen Prozess entsteht, für die Papierherstellung weiter genutzt werden [*siehe auch Tabelle auf Seite 319*].

Die gesamte europäische Papierindustrie hat sich verpflichtet, 66 % aller in Europa gebrauchten Papiere, Kartonagen und Pappen bis zum Jahr 2010 dem Recycling zuzuführen. Jede Tonne recycelter Papierfasern ersetzt ungefähr den Zellstoff von zwölf Bäumen. Altpapierfasern sind zwar nicht so fest und lang wie frische Fasern, aber sie können dennoch für viele verschiedenen Bereiche verwendet werden. Zellulosefasern können fünf- bis sechsmal recycelt werden

HOLZHALTIG/HOLZFREI

- Papier mit mehr als 10 % mechanisch aufgeschlossenem Holzschliff und weniger als 90 % chemisch aufschlossenem Zellstoff wird als holzhaltig bezeichnet.
- Papier mit weniger als 10 % mechanisch aufgeschlossenem Holzschliff und mehr als 90 % chemisch aufschlossenem Zellstoff wird als holzfrei bezeichnet.

PRINTABILITY – BEDRUCKBARKEIT
Die Druckeigenschaften sind die Merkmale eines Papiers, die die Voraussetzungen für eine gute Druckqualität schaffen.

- Die Poren ermöglichen das Absorbieren der Druckfarbe, wodurch Abziehen verhindert wird (nicht absorbierte Farbe setzt sich auf dem nächsten Druckbogen ab). Gleichzeitig darf es keinen Durchdruck geben, das heißt, das Druckbild darf nicht auf der Rückseite des Papiers sichtbar sein.
- Die Papieroberfläche darf den Kontakt zwischen Druckform, der druckenden Fläche in der Druckmaschine, und dem Papier nicht beeinträchtigen.
- Das Papier muss eine stabile Oberfläche haben, damit keine Partikel abgerupft werden, was im Druck zu Butzenbildung führen kann. Im Druckbild entstehen dabei kleine weiße Flecken. Sie fallen vor allem bei einfarbigen Flächen und Volltonfeldern auf.
- Poröse Papiere streuen das auftreffende Licht beim Absorbieren, wodurch die Opazität erhöht wird.
- Der Weißgrad des Papiers ist wichtig, um einen möglichst hohen Druckkontrast zu erzielen.

FUNKTIONSSCHEMA EINER PAPIERMASCHINE
Der Ganzstoff wird im Stoffauflauf auf das Sieb aufgebracht. Auf dem Sieb wird das Papier auf einen Trockengehalt von 35 bis 50 % entwässert.
In Pressenpartie und Trockenpartie wird der Trockengehalt auf 90 bis 95 % erhöht. Anschließend wird das Papier geglättet und aufgerollt.

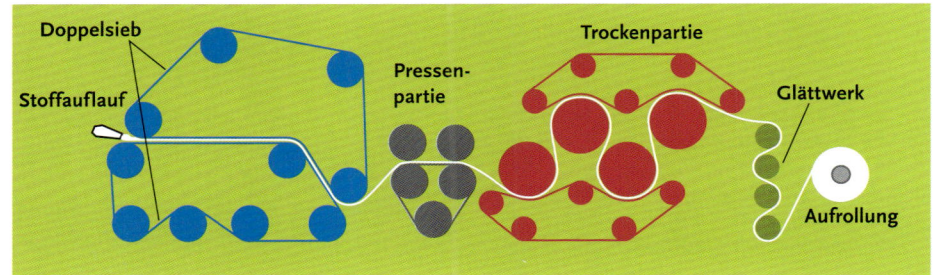

DIE PAPIERMASCHINE
Papiermaschinen haben riesige Dimensionen. Beachten Sie das Größenverhältnis der Menschen zur Maschine.

und geben bei entsprechender Verarbeitung immer noch ein gutes Rohmaterial für neues Papier ab. In den vergangenen Jahren sind Feinpapiere auf den Markt gekommen, die zu 100 % aus Altpapier bestehen und gute Verdruckbarkeits- (runability) und Bedruckbarkeitseigenschaften (printability) aufweisen. Wenn der Zellstoffbrei hergestellt ist, sind noch drei Schritte in der Papierfertigung erforderlich: die Stoffaufbereitung, der Weg durch die Papiermaschine und die Veredelung.

8.19.2 Stoffaufbereitung

Bei der Stoffaufbereitung wird der Zellstoffbrei verfeinert und für die Papiermaschine vorbereitet. Dem Zellstoff werden Wasser, Füllstoffe, Leimstoffe und gegebenenfalls Farbstoffe zugesetzt. Damit verleiht man dem Papier die gewünschten Eigenschaften. Die Zellulosefasern werden geknetet, um das Bindevermögen zu steigern. Die häufigsten Füllstoffe sind gemahlener Marmor oder Kalkstein ($CaCO_3$) und Ton. Diese Zusätze verbessern die Opazität des Papiers und das Wegschlagen der Farbe beim Drucken. Die Füllstoffe verleihen dem Papier auch Glätte und Spannung. Die Masseleimung mit Alaun und Harzleim setzt die Saugfähigkeit des Papiers herab. Wenn Druckfarbe nicht so stark wegschlägt, breitet sie sich nicht unnötig im Papier aus. Während der Stoffaufbereitung werden auch Farbstoffe oder andere Spezialeffekte wie Pflanzenteile oder Papierstückchen untergemischt.

8.19.3 Die Papiermaschine

Am Eingang der Papiermaschine, dem sogenannten Stoffauflauf, enthält der Ganzstoff ungefähr 99 % Wasser. Ein Großteil davon wird bereits in der sogenannten Siebpartie entfernt, wo das Wasser von Siebtüchern aufgesaugt wird. Das Sieb bewegt sich mit hoher Geschwindigkeit, das heißt, die Zeit zum Entwässern ist sehr kurz. Damit der Ganzstoff sich ebenso schnell bewegt wie das Sieb, muss er beim Stoffauflauf beschleunigt werden. Dabei richten sich die meisten Fasern in Maschinenlaufrichtung (»Laufrichtung des Papiers«) aus. Dadurch erhält das Papier in Längs- und Querrichtung unterschiedliche Eigenschaften, was wiederum Konsequenzen für die Formstabilität hat.

STREICHMASSE AUFTRAGEN
Die Streichmasse besteht aus einem Bindemittel (Stärke oder Latex) und einem Pigment (feine Kaolinkreide oder Kalk). Eine Rakel sorgt dafür, dass der Strich in einer hauchfeinen Schicht auf das Papier aufgebracht wird.
    Auch andere Inhaltsstoffe sind möglich, um bestimmte Eigenschaften zu erzeugen.

Die Laufgeschwindigkeit des Ganzstoffs beim Auflauf bestimmt das Flächengewicht des Papiers. Indem man Zufluss und Konzentration des Ganzstoffs reguliert, erzeugt man unterschiedliche Flächengewichte. In der Siebpartie erfolgt auch die Blattbildung.

Von der Siebpartie gelangt das Papier in die Pressenpartie. Sie besteht aus einer Walzenpresse mit Filzen, die den Trockengehalt des Papiers erhöhen. Hier lässt sich das Papiervolumen beeinflussen. An die Pressenpartie schließt sich die Trockenpartie an. Der jeweilige Trocknungsgrad richtet sich nach dem Anwendungsbereich des Papiers. Papiere für Bogenoffset, Rollenoffset oder Kopierpapier müssen einen unterschiedlichen Trockengehalt haben.

Soll das Papier eine Oberflächenleimung erhalten, wird es zunächst in der Trockenpartie getrocknet. Dann wird es in einer Leimpresse geleimt und danach wieder getrocknet. Die Oberflächenleimung soll gewährleisten, dass die Papieroberfläche den Kräften standhält, denen sie beim Drucken ausgesetzt ist.

ROLLE
Die Papierbahn wird am Ende der Papiermaschine auf große Rollen, so genannte Tamboure, aufgerollt.

8.19.4 Veredelung

Je nachdem, welche Qualität und welche Oberflächeneigenschaften gewünscht sind, wird das Papier weiterverarbeitet. Ein Veredelungsverfahren, das noch in der Papiermaschine ausgeführt wird, ist die sogenannte Maschinensatinierung oder das Glätten. Dabei wird das Papier durch Druck so geglättet, dass es gute Druckeigenschaften erhält.

Um das Papier weiter zu verbessern, kann es noch gestrichen werden. Das hat einen ähnlichen Effekt wie das Ausgleichen des Papiers mit Spachtel und Kitt. Die Streichmasse besteht aus Bindemittel (Stärke oder Latex) und Pigmenten (feiner Kaolinton oder Kalziumkarbonat). Darüber hinaus wird eine Reihe weiterer Zusätze verwendet, um die gewünschten Papiereigenschaften zu erzielen. Der Strich verbessert nicht nur die Druckeigenschaften des Papiers, sondern auch seine optische Erscheinung. Dank der glatteren, geschlossenen Oberfläche kann man auch mit feineren Rasterweiten arbeiten [*siehe Druckvorstufe 7.7.5*]. Die Farbe schlägt schneller und gleichmäßiger weg, und man erzielt beim Druck mehr Glanz.

Anschließend kann man das Papier noch satinieren, um den Glanz zu erhöhen. Das ermöglicht eine bessere Bildwiedergabe, reduziert jedoch Opazität und Steifigkeit. Beim Satinieren wird das Papier durch mehrere Walzenpaare des sogenannten Kalanders geführt. Diesen Prozess nennt man daher auch Kalandrieren. Zum Schluss wird das Papier je nach Anwendungsbereich aufgerollt oder in Formate geschnitten. 🌿

MEHR ODER WENIGER GESTRICHEN
Der Strich kann dicker oder dünner sein. Je dicker der Strich ist, desto besser wird die Druckqualität. In der Abbildung nimmt der Strichauftrag von oben nach unten ab (weiß).

09.
Druck

Wann ist es sinnvoller im Digitaldruck und wann sinnvoller im Offset zu drucken? Welche Drucktechnik ist bei hohen Auflagen kostengünstiger? Warum verschmiert der Druck manchmal? Lässt sich jede Papierart auch im Digitaldruck verarbeiten? Wie vermeidet man ein Moiré? Warum darf im Flexodruck nicht so viel Farbe verwendet werden? Wird Text im Tiefdruck immer gerastert? Wie viel Farbe kann eine Druckmaschine aufnehmen?

9.1	VERSCHIEDENE DRUCKVERFAHREN	326
9.2	XEROGRAFIE	326
9.3	TINTENSTRAHLDRUCK	332
9.4	THERMOTRANSFERDRUCK	334
9.5	OFFSETDRUCK	335
9.6	HOCHDRUCK	351
9.7	SIEBDRUCK	354
9.8	TIEFDRUCK	357
9.9	FLEXODRUCK	359
9.10	EINRICHTEN DER DRUCKMASCHINE	361
9.11	DRUCKE PRÜFEN	363

DER WESENTLICHE UNTERSCHIED in der Technologie einer Druckmaschine und eines Druckers (Druckgerätes) liegt in der Art der Druckübertragung, im Offset geschieht dies beispielsweise via Druckplatte. Druckplatten sind statisch, das heißt, jeder davon erstellte Druck wird genauso aussehen wie der andere. Die gängigsten Druckverfahren für große Auflagen sind: Offsetdruck, Tiefdruck, Flexodruck und Siebdruck.

Es gibt aber auch Druckgeräte, die ohne Platten auskommen. Jeder Ausdruck ist hier ein Unikat und kann vom nächsten abweichen. Drucktechniken wie Xerografie, Inkjet- und Thermotransferdruck sind bestens für kleine Auflagen von 500 Stück oder weniger geeignet.

Sprechen wir von Digitaldruck, meinen wir in der Regel, dass die Maschine mit der Technik eines Druckers funktioniert, nur dass sie die hohe Kapazität einer traditionellen Druckmaschine hat. Die Vorteile des Digitaldrucks liegen darin, dass der Inhalt von Blatt zu Blatt ein anderer sein darf und dass keine hohen Vorbereitungs- und Einrichtungskosten entstehen, da man weder einen Film noch Druckplatten herstellen muss. Traditionelle Druckmaschinen verwenden Druckplatten oder andere »statische« Druckübertrager und erfordern daher eine längere Rüstzeit, sind dafür aber kostengünstiger bei hohen Auflagen.

In diesem Kapitel werden wir die verschiedenen Drucktechniken und Druckmaschinen mit ihrer technischen Funktionalität und ihren charakteristischen Eigenschaften vorstellen. Wir werden diverse Druckphänomene betrachten und wie man die Qualität eines Ausdrucks beurteilt. Zunächst beginnen wir aber damit, wie man das geeignete Verfahren auswählt und welche Kriterien dabei relevant sind.

9.1 Verschiedene Druckverfahren

Will man ein Produkt drucken, muss man die Technik auswählen, die am besten dafür geeignet ist. Dabei sind verschiedene Gesichtspunkte zu beachten: Um welche Art von Layout handelt es sich, um welches Format, wie viele Seiten hat das Printprodukt, welche Qualitätsanforderungen werden gestellt und auf welches Material soll gedruckt werden? In der rechten Tabelle sind einige typische Druckerzeugnisse zusammen mit ihren Erfordernissen, geeigneten Druckverfahren und zu erwartenden Ergebnissen aufgelistet. Die Tabelle erhebt keinen Anspruch auf Vollständigkeit, sondern lässt sich ergänzen.

9.2 Xerografie

Beim xerografischen Verfahren handelt es sich um eine Technologie, die auf der Verwendung von Toner basiert; sie wird beispielsweise in Laserdruckern, Kopierern und Digitaldruckmaschinen eingesetzt. Die Xerografie wird nur für Kleinauflagen von wenigen Exemplaren bis zu höchstens 500 Stück eingesetzt.

9.2.1 Wie die Xerografie funktioniert

Das Prinzip des xerografischen Verfahrens ist eigentlich immer dasselbe, gleichgültig welches Gerät verwendet wird. Die wichtigsten Prozesse sind: das Aufladen der Trommel, die Belichtung durch den Laser, die Übertragung der Tonerpartikel auf das Papier und die Fixierung unter Hitze.

Die Trommel ist mit einer Schicht überzogen, deren elektrostatische Ladung durch Licht gesteuert wird. Der Ladeprozess wird von einer rotierenden Trommel ausgelöst, die entweder eine positive oder eine negative Aufladung erhält (je nach Drucker-Fabrikat). Die Trommel ist genauso groß wie das Papier, das maximal bedruckt werden kann.

Mit Hilfe eines Laserstrahls wird die Trommel im Laserdrucker belichtet. Um die Trommel so schnell wie möglich belichten zu können, wird ein rotierender vielkantiger, meist achteckiger Spiegel verwendet. Weil der Spiegel rotiert, kann eine Kante des Spiegels den Laserstrahl so ablenken, dass die Trommel in ihrer gesamten Breite belichtet wird. Der Laserstrahl wird einfach unterbrochen, wenn er einen Bereich der Trommel erreicht, der nicht belichtet werden soll.

Wenn eine Kante des Spiegels eine Zeile auf der Trommel belichtet hat, dreht ein Motor die Trommel ein kleines Stück vorwärts, und die nächste Kante des Spiegels kann die nächste Zeile belichten. Der Spiegel rotiert sehr schnell, oft mehrere Tausend Male pro Minute, so dass Laserdrucker meist stoßempfindlich sind.

Der Laserstrahl erzeugt auf der Trommel ein seitenverkehrtes, statisch aufgeladenes Bild, das dann mit Toner, kleinen Farbpartikeln, bestäubt und dadurch sichtbar wird. Die Tonerpartikel sind je nach Fabrikat entweder statisch geladen oder neutral. Wenn das Papier die Trommel passiert, wird der Toner auf das Papier übertragen, weil es stärker geladen ist.

Nun liegt der Toner lose auf dem Papier, wo er nur durch eine schwache elektrische Ladung gehalten wird. Um ihn dauerhaft auf dem Papier zu fixieren,

DIGITALDRUCK UND UMWELT
Viele Leute glauben, dass der Digitaldruck die Umwelt weniger belastet als das traditionelle Offsetdruckverfahren, weil die gedruckten Flächen ohne die Verwendung einer traditionellen Druckplatte erzeugt werden. Das Digitaldruckverfahren ist jedoch so weit von den traditionellen Drucktechniken entfernt, dass es schwierig ist, ihre Einflüsse auf die Umwelt zu vergleichen, ohne näher ins Detail zu gehen. Man muss z. B. auch die Lebenserwartung einer Druckmaschine wie auch ihrer elektronischen Komponenten in die Kalkulation miteinbeziehen, und was es braucht, das alles zu ersetzen.

EIGENSCHAFTEN/TECHNOLOGIEN

	Xerografie	Inkjet	Thermo-transferdruck	Bogenoffset	Rollenoffset	Hochdruck	Tiefdruck	Siebdruck	Flexodruck
Bildträger	keiner	keiner	keiner	Platte	Platte	(stempelähnliches) Klischee	gravierter Zylinder	beschichtetes Sieb	Flexodruck-Klischee
Auflage (Stückzahl)	1–1.000	1–20	1–5	500–50.000	15.000–1.000.000	50–500	ab 100.000	10–200	ab 50
Formate	A4–A3		A4–A2	bis 100 x 140 cm					
Auflösung / Rasterweite	bis zu 1.200 dpi	bis zu 9.600 dpi	bis zu 2.400 dpi	bis zu 120er Raster	bis zu 64er Raster	bis zu 70er Raster	bis zu 70er Raster	bis zu 30er Raster	bis zu 54er Raster
Bedruckstoff	Papier, Overheadfolien	Papier, Textilien, Kunststoffe	Papier, Kunststoff, Schrumpffolie	Papier, Karton	Papier	Papier	spezielle Tiefdruckpapiere	Textilien, Glas, Papier, Metall, Kunststoff	Kunststoff, Papier
Variable Daten	Seiteninhalt kann variieren	Ausdruck Seite für Seite	Ausdruck Seite für Seite						
Druckform-Format	Bogen oder Rolle	Bogen oder Rolle	Bogen	Bogen	Rolle	Bogen oder Rolle	Rolle	flache und zylindrische Druckform	flache und unebene Formen
Druckeigenschaften	begrenzte Qualität	hoher Tonwertumfang	hoher Tonwertumfang	hohe Qualität	gute Qualität	erstellt ein Relief	Flächen und Texte gerastert	helle Tonwerte nicht darstellbar	helle Tonwerte nicht darstellbar

wird er bei etwa 200 °C und unter leichtem mechanischem Druck sozusagen »eingebrannt«. Beim Vierfarbendrucker läuft der oben beschriebene Prozess viermal ab, also für jede Teilfarbe (CMYK) separat.

Es gibt auch andere Arten von Laserdruckern, die anstelle des Spiegels und des Laserstrahls mit einer Anzahl Laserdioden arbeiten, die jeden Punkt einer Linie Stück für Stück nacheinander belichten. Diese Drucker werden LED-Drucker genannt (LED = Light-Emitting Diodes).

Die Auflösung eines Laserdruckers hängt im Wesentlichen von drei Faktoren ab: dem Belichtungspunkt des Laserstrahls, der Schrittgröße des Motors und der Feinheit der Tonerpartikel. Der Belichtungspunkt des Laserstrahls hängt vom Laser selbst ab und von der Optik des Laserdruckers. Bei einigen Druckermodellen variiert die Auflösung je nach Richtung. Das liegt daran, dass der Motor sich in Schritten bewegt, die kleiner als der Belichtungspunkt des Lasers sind, oder umgekehrt. Vor allem der Toner setzt der Auflösung Grenzen. Kleinere Tonerpartikel erlauben eine höhere Auflösung. Bei LED-Druckern wird die Auflösung von der Anzahl der Leuchtdioden bestimmt. Die übliche Auflösung eines Laserdruckers liegt derzeit bei 600 bis 1.200 dpi.

RASTERWEITEN

Während man die Qualität von Druckern mit dpi (dots per inch) angibt und ihre Rasterweiten üblicherweise in lpi (lines per inch), spricht man bei Druckmaschinen von Linien pro cm (z.B. 64er Raster oder 64 Linien pro cm).

1 inch entspricht 2,54 cm. Somit entsprechen 150 lpi etwa einem 60er Raster.

9.2.2 **Der Toner**

Die Farbe, die im xerografischen Verfahren eingesetzt wird, ist nicht flüssig, sondern besteht aus sehr, sehr kleinen Partikeln, dem Toner. Tonerpartikel messen nur ein paar Tausendstel Millimeter und wirken daher in ihrem Behälter wie eine dicke Flüssigkeit.

Nun, da die Farbe nicht flüssig ist, kann sie auch nicht ins Papier eindringen. Stattdessen liegt sie auf der Oberfläche und ist zu fühlen, wenn man mit der Hand über das Papier streicht. Das ist aber auch der Grund, warum die Farbe unter Hitze auf dem Papier fixiert werden muss und warum sie etwas glänzender erscheint als die unbedruckte Papieroberfläche.

Toner wird heutzutage in den Farben Cyan, Magenta, Gelb und Schwarz hergestellt. Eine kleinere Anzahl Drucker und Drucksysteme kann auch Pantone-Farben verwenden. Für einige kann man sogar seine eigenen Farben ordern,

DAS XEROGRAFISCHE VERFAHREN

Die handelsüblichen Kopierer und Laserdrucker basieren alle auf derselben Technik, dem xerografischen Verfahren. Dabei arbeitet man mit Licht, das die elektrische Ladung einer Fotorezeptorschicht auf der Trommel ändert, Toner, Wärme und mechanischem Druck.

Hier erklären wir kurz die Funktionsweise eines (negativ druckenden) Laserdruckers.

DIE BESTANDTEILE DES LASERDRUCKERS
Die Ziffern in der Abbildung beziehen sich auf die folgenden Schritte beim Ausdruckvorgang.

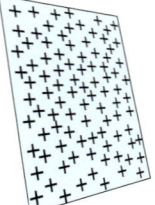

1. Die Fotorezeptorschicht auf der Trommel wird statisch geladen, bevor sie dem Laserstrahl ausgesetzt wird.

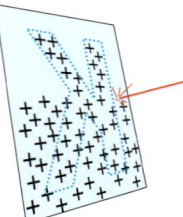

2. Indem man den Laserstrahl direkt auf einen rotierenden Spiegel richtet, erreicht man, dass er über die volle Breite der Fotorezeptorschicht fährt. Wird der Rezeptor vom Laserstrahl getroffen, entlädt er sich genau an dem Punkt.

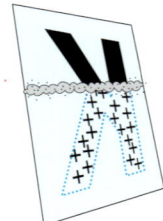

3. Nach der Belichtung nimmt der Fotorezeptor Toner auf. Der Toner kann die entgegengesetzte Ladung haben wie das Druckbild, um die Haftung zwischen Rezeptor und Toner zu verbessern.

4. Der Fotorezeptor passiert dann das Papier, das genauso geladen ist wie der Rezeptor, nur stärker. Dadurch wird der Toner angezogen und auf das Papier übertragen.

5. Wenn der Toner auf das Papier übertragen ist, wird er dort nur durch schwache elektrische Ladung gehalten. Deshalb fixiert man den Toner mit Hitze und leichtem mechanischem Druck.

6. Die Fotorezeptorschicht wird gereinigt.

GERÄTE MIT XEROGRAFISCHER TECHNIK

LASERDRUCKER
Arbeitet man in der grafischen Produktion, benötigt man einen auf PostScript basierenden Laserdrucker. Häufig sind diese ein wenig teurer als Drucker ohne PostScript. Manche können auch auf PostScript-Fähigkeit nachgerüstet werden.

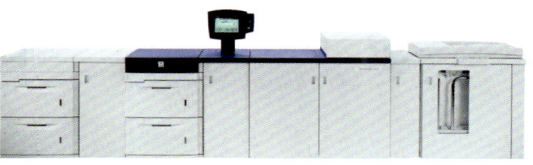

DIGITALDRUCKMASCHINE, TEIL 1
Der Digitaldruck arbeitet häufig nach dem xerografischen Prinzip und wird für Kleinauflagen mit kurzfristiger Lieferzeit und auch für Probedrucke eingesetzt. Die Drucke können normalerweise innerhalb weniger Stunden geliefert werden.

Die Farbe ist bereits trocken, wenn der Druck aus der Maschine kommt. Daher ist es möglich, sofort mit der Weiterverarbeitung fortzufahren. Die Papierauswahl ist aufgrund der Technik beschränkt, dennoch bietet der Markt einige Hundert Papiersorten zur Auswahl.

GROSSAUFLAGENSYSTEME
Viele dieser Drucksysteme verfügen über integrierte Weiterverarbeitungstechniken wie Falzen oder Klammerheftung. Sie werden für die Herstellung von Berichten, Handbüchern und Lehrmaterialien eingesetzt oder anders ausgedrückt – für gedruckte Produkte, die in kurzen Zeiträumen neu aufgelegt und in Kleinauflagen gedruckt werden und die einen großen Tonwertumfang haben.

Die Einrichtekosten sind im Digitaldruck vergleichweise niedrig, der Stückpreis dagegen hoch. Deshalb liegt der Punkt, ab dem ein traditionelles Druckverfahren günstiger ist, etwa bei einer Auflage von 1.000 Stück.

Die meisten Großauflagendrucker arbeiten mit einer Auflösung von 600 dpi.

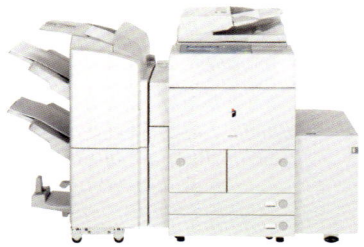

FOTOKOPIERER
Der Fotokopierer war das ursprüngliche Einsatzgebiet des xerografischen Verfahrens. Bei Kopierern ist Xerografie heute noch Standard.

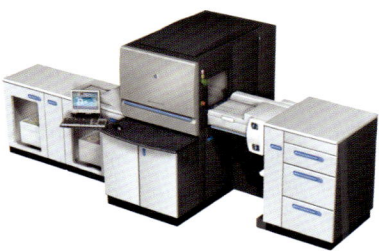

DIGITALDRUCKMASCHINE, TEIL 2
Einige Digitaldruckmaschinen verwenden flüssige Farbe anstelle von Toner. Die Farbe hat ähnliche Eigenschaften wie der Toner, beispielsweise kann sie mittels statischer Aufladung übertragen werden. Das bekannteste System ist die Indigo von Hewlett-Packard.

sofern man eine größere Menge abnimmt. Darüber hinaus gibt es noch Drucklösungen auf xerografischer Basis, die Flüssigtinten anstelle von Toner verwenden. Diese Tinte weist aber ähnliche Eigenschaften wie der Toner auf, so dass sie ebenfalls unter elektrostatischer Ladung verarbeitet wird. Das bekannteste dieser Systeme ist das Indigo-System von Hewlett-Packard.

Der Toner wird in speziellen Tonerkassetten verkauft. Jeder Hersteller hat da seine eigenen Modelle, oftmals sogar für jedes Gerät andere, so dass man sie mitunter nur direkt beim Hersteller beziehen kann. Das betrifft Geräte für den privaten Gebrauch ebenso wie Bürodrucker bzw. -kopierer.

DIGITALDRUCK VS. OFFSETDRUCK

Der Digitaldruck arbeitet nach dem xerografischen Verfahren und wird hauptsächlich für Kleinauflagen mit kurzen Lieferfristen eingesetzt. Die Lieferung erfolgt oft innerhalb weniger Stunden. Die Farbe ist bereits trocken, wenn der Druck aus der Maschine kommt. Daher ist es möglich, sofort mit der Weiterverarbeitung fortzufahren. Die Papierauswahl ist aufgrund der Technik beschränkt, dennoch bietet der Markt einige Hundert Papiersorten zur Auswahl. Der Digitaldruck kann in naher Zukunft weder den Offsetdruck noch andere Druckverfahren vollständig ersetzen, aber ergänzt diese.

Vergleicht man die Kosten des Digital- und des Offsetdrucks anhand der Kurven in der Grafik, fällt der Digitaldruck durch niedrige Einrichte- und hohe Stückkosten auf. Das Gegenteil ist beim Offset der Fall: hohe Einrichtekosten und niedrige Stückkosten.

Die hohen Stückkosten des Digitaldrucks entstehen, weil die Maschinen verglichen mit Offsetdruckmaschinen viel langsamer sind. Hinzu kommen hohe Wartungs- und Materialkosten (Toner, Trommel etc.).

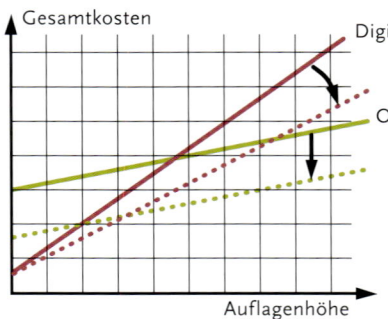

Die Grenze der Wirtschaftlichkeit zwischen Digital- und Offsetdruck hängt von Art und Format des Druckproduktes ab und liegt derzeit zwischen 500 und 1.000 Stück. Es ist schwierig, diesbezüglich Zukunftsprognosen aufzustellen, denn die Konkurrenz durch den Digitaldruck hat auch den technischen Fortschritt im Offset-Bereich beflügelt. So konnten z. B. die Einrichtezeiten neuerer Offsetdruckmaschinen drastisch reduziert werden.

In der gleichen Zeit sind die Materialkosten im Digitaldruck zurückgegangen und Maschinen für höhere Auflagen entwickelt worden.

Vergleicht man die Kosten zwischen Digital- und Offsetdruck, sollte man auch bedenken, dass beim Offsetdruck weitere Kosten für Druckplatten und Proofs entstehen, die im Digitaldruck entfallen.

Infolge des harten Wettbewerbs unter den Herstellern der Digitaldruckmaschinen wurde viel Geld und Zeit in die Verbesserung der Druckqualität gesteckt – so dass die Digitaldruckqualität inzwischen den Standard des Rollenoffsetdrucks erreicht hat. Dennoch variiert die Qualität der digital gedruckten Produkte weiterhin. Die beste Qualität erzeugen häufig Dienstleister, die auch in der Druckvorstufe tätig sind. Sie verfügen einfach über mehr Erfahrung und die Kapazitäten für eine sichere und effiziente Produktion, haben Personal, das Erfahrung in der digitalen grafischen Produktion mitbringt, und wissen, mit welchen Einstellmöglichkeiten und Qualitätskontrollen man dieses Ziel erreicht.

9.2.3 Das Papier

Xerografie-Papier muss über bestimmte Eigenschaften verfügen. Es darf nicht zu glatt sein, wie etwa gestrichene Papiere, weil dann der Toner schlecht auf der Oberfläche haftet. Außerdem darf das Papier die statische Ladung nicht zu schnell abgeben, weil dann der Toner nicht vom Papier angezogen wird. Und nicht zuletzt muss es die hohen Temperaturen beim Fixieren des Toners vertragen. Die Oberfläche gestrichener Papiere kann sich bei starker Erhitzung ablösen und die Trommel beschädigen.

Bestimmte Digitaldruckmaschinen drucken von der Rolle und können besonders große Papiere bedrucken. Die gebräuchlichsten Laserdrucker arbeiten mit Papierformaten von A4 bis A3 und mit Flächengewichten zwischen 80 g und 200 g. Man sollte keine zu dicken Papiere verwenden, weil der Drucker dadurch beschädigt werden kann. Wichtig für gute Laufeigenschaften des Papiers im Drucker ist auch eine gewisse Steifigkeit. Es darf aber nicht so steif sein, dass es sich auf dem Weg durch den Drucker nicht biegen lässt. Da man im Laserdrucker keine gestrichenen Papiere verwenden kann, wurde eine Reihe von Spezialpapieren entwickelt, die wie gestrichen wirken. Sie sind allerdings besonders teuer.

XEROGRAFIE UNTER DER LUPE

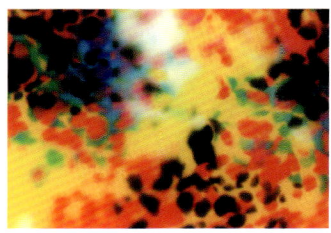

Halbtonpunkte auf digitalen Ausdrucken sind weicher als jene im Offset- oder Tiefdruck. Die Reproduktionsqualität von Bildern ist daher etwas geringer. Das liegt letztlich daran, dass Digitaldruckmaschinen mit Festtoner statt mit Flüssigtinte drucken.

Um den Toner zu fixieren, wird er erhitzt und ins Papier eingebrannt. Beim Drucken mit Toner werden sowohl Rasterpunkte als auch Text etwas unscharf, weil die Tonerpartikel nicht immer exakt an der richtigen Stelle landen.

Das ist die Hauptursache, warum Text im Offsetdruck randschärfer wird als im Digitaldruck.

VARIABLE DATEN

Entwirft man ein Produkt, das digital hergestellt werden soll, kann man die Informationen von Exemplar zu Exemplar verändern. Dies war die bahnbrechende Erfindung bei Einführung des Digitaldrucks: die »variablen Daten«.

Heutzutage wird diese Möglichkeit vor allem für die Personalisierung und Adressierung von Mailings und anderen Werbematerialien eingesetzt, beispielsweise »Hallo Peter Müller, wir haben gehört, Sie freuen sich über ein neues Auto…«

Die auszutauschenden Daten werden über eine Datenbank zur Verfügung gestellt. Wichtig ist, dass die Datenbank korrekt erstellt ist, damit der Datenaustausch ohne Probleme erfolgt. Dazu sollte man sich mit dem Dienstleistungsbetrieb, der den Digitaldruck übernimmt, sorgfältig absprechen.

AUSTAUSCH DER DATEN
Hier sieht man, wie man variable Daten nutzen kann, um Texte und Bilder auszuwechseln.

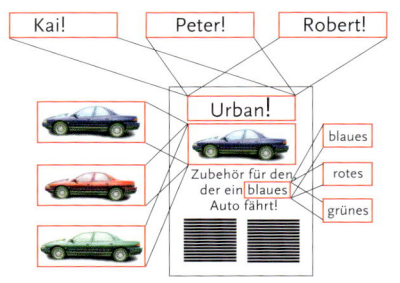

Von Bedeutung ist auch die richtige Papierfeuchte, die einen Einfluss auf die Ladung des Papiers hat. Zum Verständnis: In einem Vierfarbdrucker, der auf xerografischer Basis arbeitet, wird das Papier viermal geladen und erhitzt, nämlich für jede der vier Farben einmal. Die Papierfeuchtigkeit wird also schrittweise abnehmen. Ist das Papier zu trocken, wird die statische Ladung zu hoch und ein Papierstau im Drucker ist die Folge. Aus diesem Grund wird Papier, das für xerografische Verfahren hergestellt wird, so verpackt, dass der Feuchtigkeitsgehalt geschützt wird. Man sollte das Papier deshalb auch erst dann auspacken, wenn man es verwendet. Der optimale Feuchtigkeitsgehalt variiert je nach Drucktechnik und ist für xerografische Verfahren ein anderer als bei Offsetdruckpapier.

Häufig werden auf Laserdruckern auch Formulare verwendet, beispielsweise im Offsetverfahren gedruckte Geschäftsbriefbögen. Bei der Herstellung und Verwendung solcher Vordrucke gibt es einiges zu beachten, damit das Papier später im Drucker keinen Stau verursacht. Zunächst muss man ein Papier finden, das sich sowohl für den Offsetdruck als auch für den Laserdruck eignet. Ein Layout mit senkrechten Linien und großen stark farbigen Flächen ist zu vermeiden, weil diese auf die Fixierwalze abfärben können. Vor allem sollte der

POSITIV- UND NEGATIV-XEROGRAFIE

Je nach der im Drucker verwendeten Technologie kann das Druckergebnis im xerografischen Verfahren unterschiedlich ausfallen:

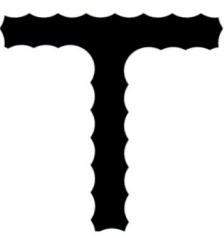

Bei einem negativ druckenden Gerät beschreibt der Laserstrahl die Fläche, die auf dem Papier weiß bleiben soll. Beim positiv druckenden ist es genau umgekehrt. Das wirkt sich unter anderem auf die Konturen kleiner Objekte aus, vor allem Ecken.

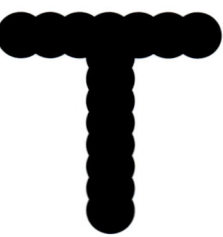

In positiv beschreibenden Druckern definiert der Laserstrahl auf der Trommel die schwarz zu druckenden Bereiche. Dünne Linien werden daher fetter wiedergegeben.

Offsetdruck richtig getrocknet sein, bevor man die Formulare im Laserdrucker verwendet. Dies kann bis zu zwei Wochen dauern.

Bei der Verwendung von Vordrucken muss man sich auch darüber im Klaren sein, dass es schwierig ist, darauf einen passgenauen Ausdruck auszuführen. Es ist nahezu unmöglich, genau einzustellen, wo der Drucker das Papier bedrucken soll. Häufig variiert der Ausdruck auf dem Papier sogar um etwa +/– 1 mm pro Blatt.

Die meisten Laserdrucker können auch für Ausdrucke auf transparenten Folien verwendet werden. Dazu muss man die vom Hersteller empfohlenen Folien benutzen, die die Erhitzung beim Fixieren des Toners vertragen ohne aufzuweichen oder zu schmelzen.

9.3 Tintenstrahldruck

Bei der Tintenstrahltechnik, auch Inkjet genannt, werden kleine Farbtropfen auf das Papier gesprüht. Dieses Verfahren wird in verschiedenen Bereichen eingesetzt, in Druckern für zu Hause und in Büros, Vierfarb-, Großformat- oder Digitalproofdruckern. Einfache Schwarzweißdrucker werden zur Adressierung von Druckerzeugnissen eingesetzt. Das Verfahren ist zeitintensiv und die Ausdrucke sind teurer als andere, so dass Tintenstrahldrucker hauptsächlich verwendet werden, wenn nur wenige Ausdrucke benötigt werden.

9.3.1 Die Technik des Tintenstrahldruckers

Es gibt zwei Hauptvarianten der Tintenstrahltechnik. Bei der einen werden die Tropfen in einem kontinuierlichen Strahl auf das Papier gespritzt. An den Stellen des Papiers, auf die keine Farbe aufgebracht werden soll, lenkt man den Strahl mit Hilfe eines elektrischen Feldes ab. Bei der anderen Variante wird der Tintenstrahl nur auf die Punkte des Papiers gerichtet, die bedruckt werden sollen.

Die Tropfen der kontinuierlichen Methode sind kleiner, ergeben eine höhere Auflösung und einen besseren Tonwertumfang. Die Tintenstrahltechnik ist überhaupt das Verfahren, das die beste Auflösung erbringt, bis zu 9.600 dpi. Die Auflösung kann eingestellt werden und steht in direktem Bezug zur Druckgeschwindigkeit. Je höher die Auflösung ist, desto länger dauert der Ausdruck. Aus diesem Grund wird man nur selten die Höchstauflösung wählen, sondern eine, die dem Zweck dienlich ist, beispielsweise variieren die Einstellungen, wenn man Layoutausdrucke macht, Plots der ausgeschossenen Seiten, Großformatdrucke oder Fotos ausdruckt.

Das Inkjet-Verfahren basiert nicht auf traditionellen Druckrastern. Stattdessen wird das Halbtonverfahren genutzt. Das bedeutet, die Farben werden durch unterschiedlichen Farbauftrag pro Punkt erzeugt. Es ist schwierig, den Farbauftrag in so kleinen Abstufungen zu steuern, dass beispielsweise ein schöner Übergang von Cyan über Magenta bis Weiß erreicht wird. Als Lösung wurden Tintenstrahldrucker entwickelt, bei denen Cyan und Magenta jeweils in zwei Farben aufgeteilt wurden. Das bedeutet, im Druck werden dunkles und helles Cyan, dunkles und helles Magenta, Gelb und Schwarz verwendet, um einen größeren Tonwertumfang und feinere Tonwertabstufungen zu erzielen.

TINTENSTRAHLTECHNIK UNTER DER LUPE

Inkjet-Drucker verwenden eine Art frequenzmodulierten Raster [siehe Druckvorstufe 7.7.2]. Dabei werden kleine Farbtropfen auf das Papier geschossen. Jeder Halbtonpunkt besteht aus mehreren einzelnen Tintentropfen.

Aufgrund der Sprühtechnik werden die Textränder ein wenig weich. Dies unterscheidet das Inkjet-Verfahren vom Offsetdruck. Beachten Sie die Tröpfchen, die außerhalb der Zeichen auf dem Papier gelandet sind.

TINTENSTRAHL- BZW. INKJET-DRUCKER
Die Inkjet-Technologie wird in verschiedenen Druckgeräten für unterschiedliche Ansprüche eingesetzt. Es gibt Inkjet-Schreibtischdrucker für Büros und zu Hause, Vierfarbdrucker, Großformatdrucker und Digitalproof-Geräte. Einige können auch spezielle Materialien bedrucken, z.B. Textilien.

GROSSFORMATDRUCKE VON DER ROLLE
Dargestellt ist ein Inkjet-Drucker für Großformatdrucke. Nur die Breite der Papierrolle beschränkt hier das Format.

9.3.2 Die Farben

Die Druckfarbe in einem Tintenstrahldrucker besteht aus 60 bis 90 % Lösungsmittel und verschiedenen Farbstoffen. Das Lösungsmittel besteht gewöhnlich aus Wasser, Polyethylenglykol oder einer Mischung von beidem. Die Zusammensetzung der Farbe beeinflusst die Funktionalität des Druckers und die Druckqualität. Eines der häufigsten Probleme bei Tintenstrahldruckern besteht darin, dass die Farbe in der Düse antrocknet und sie verstopft. Um dieses Problem zu vermeiden, mischt man auch Polyethylenglykol in die Farben, die auf Wasser basieren.

Bei den Farbstoffen kann es sich um reine Pigmentpartikel oder gelöste Farbstoffe handeln. Pigmente haben den Nachteil, dass sie schneller die Düsen verstopfen, sie sind aber dafür auf dem Papier weniger licht- und wasserempfindlich. Pigmente ergeben auch eine stärkere Farbsättigung als gelöste Farbstoffe. Die gelösten Farbstoffe reagieren empfindlicher auf Wasser und Licht, verstopfen dafür aber nicht die Düsen. Da Inkjet-Farben vergleichsweise teuer sind, gibt es viele Anbieter dafür. Die Farben werden in geschlossenen Kartuschen verkauft. In manchen Geräten lassen sie sich einzeln austauschen, in anderen sind alle Farben in einer einzigen Farbkartusche enthalten, was nicht ökonomisch ist, denn ist nur eine Farbe leer, muss trotzdem die ganze Kartusche gewechselt werden.

9.3.3 Das Papier

Die Tintenstrahltechnik erfordert eine noch sorgsamere Papierwahl. Bei einigen Tintenstrahldruckern kann ausschließlich das vom Hersteller angebotene Papier verwendet werden, das dann meistens auch besonders teuer ist. Dadurch soll vor allem ein Problem vermieden werden, das sogenannte Ausbluten, wenn zwei Farben ineinanderlaufen. Um das zu verhindern, muss die Farbe schnell trocknen. Das setzt voraus, dass das Papier die flüssigen Bestandteile der Farbe so schnell wie möglich absorbiert, ohne dabei den Farbstoff mit aufzusaugen. Wird auch der Farbstoff zu stark absorbiert, wirkt sich das negativ auf die Farbdichte aus. Das Inkjet-Papier sollte formstabil sein, sich also unter der Feuchtigkeit weder ausdehnen noch wellen.

9.3.4 Typische Phänomene der Inkjet-Technik

Die Absorption der Farbe erfolgt nicht nur in die Tiefe, sondern auch in die Breite. Man bezeichnet diesen Effekt als Punktzuwachs und kann ihn damit vergleichen, wie sich ein Filzstift auf Zeitungspapier verhält. Wird der Tintentropfen vom Papier absorbiert, kann er sich bis auf das Dreifache vergrößern. Ist der Punktzuwachs zu stark, werden helle Bereiche zu dunkel und dunkle Bereiche laufen zu. Deshalb ist also nicht jedes Papier für den Tintenstrahldruck geeignet.

9.4 Thermotransferdruck

Der Thermotransferdruck basiert auf einer Technik, bei der die Farbe durch einen Druckkopf oder Laser unter Hitze von einer speziellen Transferfolie auf das Papier oder einen anderen Bedruckstoff übertragen wird. Das Thermotransferdruckverfahren ist relativ teuer und wird vor allem für bestimmte digitale Proofs sowie für Ausdrucke auf Fotopapier verwendet. Neben dem Thermotransferdruck gibt es noch ein ähnliches Verfahren, das ebenfalls mit Wärmeenergie arbeitet: den Thermosublimationsdruck.

9.4.1 Die Technik des Thermotransferdrucks

Beim Thermotransferdruck wird eine mit Farbe aus Paraffin oder Wachsestern beschichtete Transferfolie verwendet. Die Folie wird durch Heizelemente des Thermodruckkopfes erwärmt und kann dann auf den Bedruckstoff übertragen werden. Ein entscheidender Nachteil dabei ist, dass durch die einmalige Benutzung der Farbfolie hohe Druckkosten entstehen.

Ein ähnliches Verfahren ist der Thermosublimationsdruck. Die Bezeichnung Sublimation bedeutet bei diesem Verfahren das Überspringen der Farbe aus dem festen in einen gasförmigen Aggregatzustand: Die Farbpigmente werden auf der Trägerfolie bei 100 bis 400 °C verdampft und dringen in die Oberfläche des Bedruckstoffs ein.

Die Informationsübertragung kann im Thermotransferdruck auch ohne Rasterung erfolgen, denn der Druckkopf besteht aus vielen kleinen, von Porzellan umhüllten Heizelementen. Jedes Heizelement kann computergesteuert separat auf unterschiedliche Temperatur erhitzt werden. So lässt sich steuern, wie groß die Farbmenge ist, die pro Punkt übertragen wird.

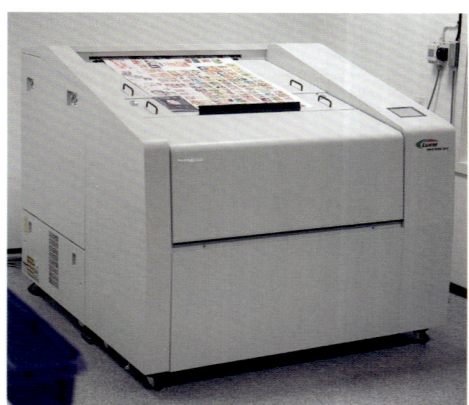

THERMOTRANSFERDRUCKER

Thermotransferdrucker, auch kurz als Thermodrucker bezeichnet, tragen die Farbe über Erwärmung der Farbe auf der Transferfolie auf.

Der Thermotransferdruck ist ein vergleichsweise teures Verfahren.

9.4.2 Die Farben

Die mit Farbe beschichtete Transferfolie befindet sich auf einer Rolle und wird für jede Farbe einzeln gekauft. Die meisten Thermotransferdrucker arbeiten auf CMYK-Basis, einige auch mit Pantone-Farben. Es gibt allerdings einen kleinen Wermutstropfen, denn unglücklicherweise kann die Transferfolie, auf der sich die Farbe befindet, nur einmal genutzt werden, und man zahlt also auch für die Bereiche der Folie, die gar nicht abgetragen wurden. Die Transferfolie ist ungefähr 10 Mikrometer dick, wovon etwa 4 Mikrometer den Farbanteil bilden.

9.4.3 Mögliche Bedruckstoffe

Die Papierwahl ist ziemlich frei, solange man darauf achtet, dass die Papieroberfläche nicht zu rau ist. Die Drucker verlangen ein Papier mit ziemlich feiner Oberfläche, bedrucken jedoch gestrichenes wie ungestrichenes Papier gleichermaßen. Nur bei zu rauer Oberfläche verschlechtert sich die Druckqualität deutlich.

Neben Papier können aber auch Kunststoffoberflächen, Keramik und Textilien bedruckt werden, sofern Transferfolie und Temperatur auf das zu bedruckende Medium abgestimmt sind.

Das Thermodruckverfahren wird beispielsweise für den Druck von Etiketten, Aufklebern oder Eintrittskarten eingesetzt, aber auch für qualitativ hochwertige Fotodrucke und farbverbindliche Proofs.

9.5 Offsetdruck

Der Offsetdruck ist das am häufigsten eingesetzte Druckverfahren und kann für fast alles verwendet werden, angefangen von Visitenkarten, Broschüren, Zeitschriften und Tageszeitungen bis hin zu Plakaten. Dem Offsetdruck liegt das Prinzip druckender und nicht druckender Flächen auf ein und derselben Druckplatte zugrunde. Das bedeutet, dass jeder Punkt entweder als Vollton oder gar nicht auf das Papier gedruckt wird [siehe Druckvorstufe 7.7].

Es gibt zwei Arten von Offsetdruck: Bogen- und Rollenoffsetdruck. Diese Begriffe leiten sich von der Konstruktionsweise der Druckmaschinen ab: Im Bogenoffset druckt man auf einzelne Papierbogen, im Rollenoffset kommt der Bedruckstoff von der Rolle.

Rollenoffset ist für hohe Auflagen von 15.000 bis zu einer Million Stück ausgelegt, während Bogenoffset besser für 50 bis 50.000 Stück geeignet ist. Der Rollenoffsetdruck wird zusätzlich in Heatset und Coldset differenziert. Außerdem unterscheidet man zwischen Nassoffset und Trockenoffset.

9.5.1 Die Technik des Offsetdrucks

Alle Offsetdruckverfahren basieren auf einer Interaktion zwischen Farbe, Wasser und einer Druckplatte, auch als lithografisches Prinzip bezeichnet. Anders als beim Stempel, bei dem druckende und nicht druckende Flächen durch einen Höhenunterschied getrennt sind, basiert das lithografische Prinzip darauf, dass druckende und nicht druckende Flächen sich durch ihre chemischen Eigenschaften voneinander unterscheiden.

BOGENOFFSETDRUCKMASCHINE
Im Vordergrund der Ausleger, an dem die bedruckten Bogen ausgegeben werden. Im Hintergrund sieht man fünf separate Druckwerke. Mit dieser Maschine können also fünf Farben in einem Durchgang gedruckt werden, z. B. CMYK plus Lack oder CMYK plus eine Schmuckfarbe.

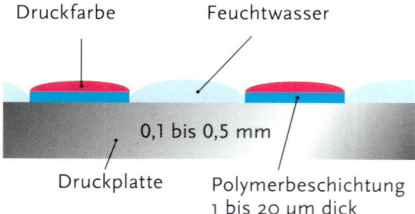

DAS LITHOGRAFISCHE PRINZIP
Damit die Farbe nur auf den druckenden Flächen haftet, wird die Druckplatte befeuchtet. So wird die Farbe ausschließlich von den Polymerbereichen der Druckplatte angenommen.

Wie oben abgebildet, ist der Höhenunterschied zwischen den druckenden und nicht druckenden Bereichen gering, so dass dieser für eine Trennung beider Bereiche nicht ausreichen würde.

ROLLENOFFSETDRUCKMASCHINE
Die großen Rollenoffsetdruckmaschinen sind für Großauflagen geschaffen. Die direkten Weiterverarbeitungsmöglichkeiten beschränken sich auf das Falzen und Heften der Druckerzeugnisse.

Üblicherweise wird Rollenoffset für den Druck von Tageszeitungen, Periodika, Prospekten und anderen Produkten in Großauflage eingesetzt.

Die nicht druckenden Flächen ziehen Wasser an, während es von den druckenden Flächen abperlt. Die druckenden Flächen werden daher als hydrophob *(wasserabstoßend; hydro = Wasser, phob = fürchtend)* bezeichnet, die nicht druckenden Flächen als hydrophil *(wasserfreundlich; phil = liebend)*. Im wasserfreien Trockenoffsetdruck werden die nicht druckenden Flächen mit einer oliophoben *(fettabstoßenden)* Lösung bedeckt.

9.5.2 Bogenoffset und Rollenoffset

Bogenoffset wird für die Herstellung von Werbebroschüren, Geschäftsberichten, Plakaten und Büchern verwendet, aber auch für viele andere hochwertige Druckprodukte. Es ist die traditionelle Technologie mit der höchsten Qualität. Wie der Name schon besagt, wird auf Papierbogen gedruckt. Die Größe der Bogen hängt vom Format der Druckmaschine ab, in der Regel reicht es von A3 bis A0.

Bogendruckmaschinen haben heute ein bis zwölf Druckwerke. Diese Technologie erlaubt eine reiche Auswahl an Papiersorten, sowohl hinsichtlich Papierart und -oberfläche, Qualität und Grammatur. Die Weiterverarbeitung erfolgt in einem getrennten Arbeitsschritt.

Rollenoffsetdruck eignet sich für hohe Auflagen wie Tageszeitungen, Periodika, Prospekte und andere Massendrucksachen. Über direkt angeschlossene Falz- und Bindeaggregate ist hier eine sofortige Weiterverarbeitung möglich.

Unter Heatset-Druck versteht man Illustrationsrollenoffsetdruck mit einem integrierten Heizwerk, über das die in den Farben enthaltenen Lösemittel bei rund 200 °C getrocknet werden. Wie hoch die Temperatur sein muss, hängt von der Laufgeschwindigkeit des Papiertransports ab. Anschließend wird das Produkt über Kühlzylinder auf etwa 20 °C abgekühlt. Mit diesem Verfahren werden hauptsächlich Periodika, Broschüren und Kataloge hergestellt.

Beim Heatset-Druck kann durch den Trocknungsprozess ein Phänomen auftreten, das als Curling bezeichnet wird. Es stellt sich wie ein Aufblähen der Farbe auf dem Papier dar. Curling geschieht als Folge einer Kombination von starkem Farbauftrag, Hitze und Laufgeschwindigkeit der Papierführung. Es lässt sich durch weniger Farbauftrag verhindern, was aber eine flachere Bilddarstellung zur Folge hat.

Heatset-Druck erzeugt eine wesentlich höhere Qualität als der Coldset-Druck, aber eine etwas geringere als Bogenoffsetdruck. Ein typisches Problem sind Farbannahmefehler (wie gut eine Farbe auf der nächsten haften bleibt), wodurch sich bei den Mischfarben Verschiebungen und Fehler ergeben.

Der Coldset-Druck heißt hierzulande auch Zeitungsrollenoffsetdruck, dessen Farben ohne Heizwerk trocknen, daher der englische Name. Diese Technik findet ihren Einsatz hauptsächlich in der Herstellung von Tageszeitungen und Werbematerial, also Produkten mit kurzer Lebensdauer, aber hohen Auflagen. Daher kann Papier minderer Qualität zum Einsatz kommen. Die Kombination aus schlechterem Papier, niedrigerer Rasterfrequenz, hoher Druckgeschwindigkeit und Fertigstellung bevor die Farbe wirklich trocken ist, ergibt eine weitaus geringere Qualität als beim Bogenoffsetdruck oder Heatset. Unter diesen Bedingungen wird mit weniger Farbe gearbeitet, um ein Abziehen und Passerprobleme zu verhindern.

Trockenoffset hat prinzipiell dieselbe Funktionalität wie normaler Offsetdruck, erfordert jedoch spezielle, mit Silikon beschichtete Druckplatten, um die nicht druckenden Flächen von den druckenden zu trennen. Nach Belichtung und Entwicklung wird das Silikon von den Flächen gewaschen, die drucken sollen. Trockenoffsetdruck arbeitet mit höherer Viskosität der Druckfarben als Nassoffset. Dafür werden oftmals umgerüstete Offsetdruckmaschinen eingesetzt, in denen beheizbare Zylinder eingebaut wurden, um die Temperatur der Farbe und damit ihre Druckeigenschaften zu beeinflussen.

9.5.3 Das Druckwerk

Der Bereich der Druckmaschine, in dem die Farbe auf das Papier übertragen wird, wird als Druckwerk bezeichnet. Das Druckwerk einer Offsetdruckmaschine besteht aus drei Elementen: dem Plattenzylinder, dem Gummituchzylinder und dem Gegendruckzylinder. Die Konstruktion des Druckwerks und seine Platzierung in der Druckmaschine variieren. Um dies zu vereinfachen, werfen wir nur auf folgende vier Versionen einen Blick: Dreizylinder-Druckwerke, Fünfzylinder-Druckwerke, Satelliten-Druckwerke und Gummi-gegen-Gummi-Druckwerke.

Im Bogenoffset sind Dreizylinder-Druckwerke am üblichsten. Sie bestehen aus einem Gegendruckzylinder, einem Gummituchzylinder und einem Plattenzylinder. Das System druckt nur eine Farbe auf eine Seite des Papiers. Beim Mehrfarbendruck sind mehrere Dreizylinder-Systeme hintereinandergeschaltet, für jede Druckfarbe eines. Einige Mehrfarbendruckmaschinen, die mit Dreizylinder-Systemen arbeiten, drehen das Papier mit Hilfe einer Wendetrommel nach dem Schöndruck um und können so auch die Widerdruckseite in einem Durchlauf bedrucken.

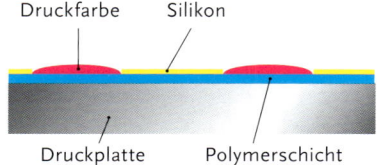

DRUCKPLATTE FÜR DEN TROCKENOFFSET
Die nicht druckenden Flächen der Druckplatte für das Trockenoffsetverfahren sind mit Silikon beschichtet, das (anstelle von Wasser) die Farbe abstößt.

FÜR UND WIDER TROCKENOFFSET

+ Der Druckpunkt ist schärfer, das bedeutet, man kann mit einer höheren Rasterweite drucken.
+ Man braucht keine Farb-Feuchte-Balance, was das Einrichten beschleunigt und die Menge der beim Einrichten entstehenden Makulatur (Ausschuss) reduziert.
+ Weil die Druckfarbe weniger flüssig ist, ist die maximale Farbdichte höher, was einen größeren Tonwertumfang ermöglicht.
+ Kein Feuchtwasser bedeutet weniger Umweltbelastung.
− Butzenbildung und Rupfen kommen öfter vor, weil die Farbe zähflüssiger ist und weil es kein reinigendes Feuchtwasser gibt [siehe 9.5.4 und 9.5.15].
− Die Druckwerke müssen gekühlt werden, dadurch höhere Maschinenkosten.

BOGENOFFSET VS. HEATSET VS. COLDSET
In dieser Tabelle werden die drei Offsetdruckverfahren miteinander verglichen.

Druckverfahren	Format	Anzahl der Farben	Druckgeschwindigkeit	Rasterweite	Papiergewicht (Grammatur)	maximaler Farbauftrag	Farbdichte	Weiterverarbeitung
Bogenoffset	zwischen A3–A0	1–10 (selten mehr)	10.000–15.000 Bogen pro Stunde	133–200 lpi	70–300 g/m²	360 %	D 1,4–1,9	separat
Rollenoffset (Heatset)	kontrolliert von A-Formaten und der Seitenzahl im Druck	4–5		100–150 lpi	70–150 g/m²	320 %	D 1,2–1,8	online; Falzen, Klebebindung oder Klammerheftung
Rollenoffset (Coldset)	kontrolliert von Broadsheet- und Tabloid-Formaten und der Seitenzahl im Druck	1 oder 2–4		85–120 lpi	40–120 g/m²	240 %	D 0,9–1,1	online; Falzen, Klebebindung oder Klammerheftung

VERSCHIEDENE DRUCKWERKE

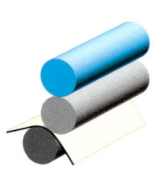

DREIZYLINDER-DRUCKWERK
Das am weitesten verbreitete Druckwerk beim Bogenoffset. Es besteht aus einem Gegendruckzylinder, einem Gummituchzylinder und einem Plattenzylinder.

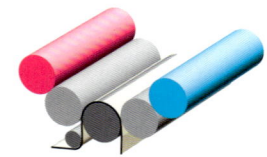

FÜNFZYLINDER-DRUCKWERK
Wird vor allem im Bogenoffset benutzt. Diese Systeme bestehen aus zwei Platten- und zwei Gummituchzylindern, haben aber nur einen gemeinsamen Gegendruckzylinder.

SATELLITEN-DRUCKWERK
Wird vor allem im Rollenoffset eingesetzt. Das Satellitensystem besteht meistens aus vier Plattenwalzen, vier Gummituchzylindern und einem gemeinsamen Gegendruckzylinder.

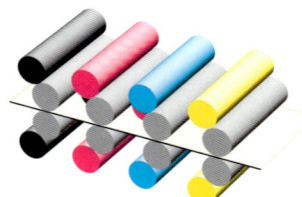

GUMMI-GEGEN-GUMMI-DRUCKWERK
Das Gummi-gegen-Gummi-Druckwerk wird ausschließlich im Rollenoffset eingesetzt. Dieses System hat gar keinen Gegendruckzylinder. Stattdessen erzeugen die Gummituchzylinder sich gegenseitig den Gegendruck.

DAS DRUCKWERK

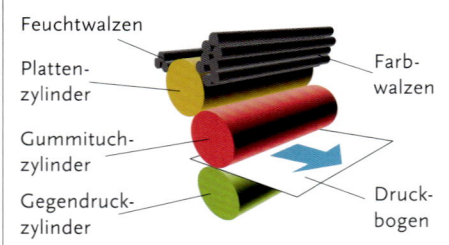

Hier sehen wir die Illustration eines Druckwerks einer Offsetdruckmaschine. So läuft der Druckvorgang ab:

1. Das Feuchtwasser wird aufgebracht und haftet nur auf den nicht druckenden Flächen der Platte.
2. Die Farbe wird aufgebracht und haftet nur auf den druckenden Flächen.
3. Das Druckbild wird von der Platte auf das Gummituch übertragen.
4. Das Gummituch wird auf das Papier gepresst, das zwischen Gummizylinder und Gegendruckzylinder hindurchgeführt wird.

Fünfzylinder-Druckwerke gibt es vor allem im Bogenoffset. Diese Systeme bestehen aus zwei Plattenzylindern und zwei Gummituchzylindern, haben aber nur einen gemeinsamen Gegendruckzylinder. Ein Fünfzylindersystem druckt also mit zwei Farben auf eine Papierseite.

Satelliten-Druckwerke verwendet man hauptsächlich in Rollenoffsetdruckmaschinen, aber sie eignen sich auch für den Bogenoffset. Ein Bogen, der ein Satellitensystem durchläuft, wird während des gesamten Druckvorgangs vom selben Greifer gehalten, was die Passgenauigkeit zwischen den Druckfarben unterstützt. Das Satellitensystem besteht meist aus vier Plattenwalzen, vier Gummituchzylindern und einem gemeinsamen Gegendruckzylinder. Dabei werden also vier Farben auf eine Papierseite gedruckt. Es gibt auch Satellitensysteme mit fünf und sechs Farbwerken.

Gummi-gegen-Gummi-Druckwerke werden ausschließlich im Rollenoffset eingesetzt. Es handelt sich dabei um ein Schön-und-Widerdruck-System. Bei einem Maschinendurchlauf werden also beide Seiten parallel bedruckt. Bei diesem System gibt es keine Gegendruckzylinder. Die Gummituchzylinder, die sich auf beiden Seiten der Papierbahn befinden, wirken wie Gegendruckzylinder aufeinander, daher auch der Name Gummi-gegen-Gummi-Druckwerk.

9.5.4 Das Gummituch

Der Offsetdruck ist ein indirektes Druckverfahren. Das heißt, die Farbe wird nicht direkt von der Druckplatte auf das Papier übertragen. Der Plattenzylinder überträgt das Druckbild zunächst auf einen Gummituchzylinder, der es dann an das Papier weitergibt. Das Papier läuft zwischen dem Gummituchzylinder und einem Gegendruckzylinder hindurch. Weil das Gummituch die Farbe auf das Papier überträgt, sind seine Eigenschaften ausschlaggebend für die Druckqualität.

Eine wichtige Eigenschaft des Gummituchs ist, dass es die Farbe leicht von der Druckplatte aufnimmt und sauber auf das Papier abgibt. Ist das nicht der Fall, reißt die Papieroberfläche leicht auf, man spricht dann von »Rupfen« oder »Butzen«, und es entstehen kleine Flecken in den Druckflächen.

Das Gummituch ist ein Verschleißartikel und muss regelmäßig erneuert werden, damit die Druckqualität erhalten bleibt. Ein erstes Anzeichen für die Abnutzung des Gummituchs ist ein leichter Glanz; außerdem zeigen sich bei verschlissenem Tuch typische Fehler im Druck:

- Das Gummituch überträgt die Farbe zu schwach – was den Drucker dazu veranlasst, mehr Farbe auf die Platte zu bringen, wodurch aber die Farbbalance gestört werden kann.
- Die Rasterpunkte drucken zu weit aus – dies führt zu größeren Druckpunkten mit dunklerem Druckergebnis, dem sogenannten Druckpunktzuwachs.
- Das Gummituch »druckt« nicht – das bedeutet, es hat nicht genügend Druckkontakt zum Papier und druckt fleckig. Dies kann durch eine Erhöhung des Drucks zwischen Gummituchzylinder und Gegendruckzylinder bis zu einem gewissen Grad ausgeglichen werden und/oder durch Anwendung einer Ausgleichzurichtung, indem man Papier unterschiedlicher Dicke unter dem Gummituch anbringt.

Anlass zum Wechseln des Gummituchs ist oftmals auch das Auftreten eines Schadens, verursacht beispielsweise durch ein Stück Papier, das sich irgendwie in der Druckmaschine gefaltet hat. Es ist einfach zu dick, um zwischen Gummituchzylinder und Gegendruckzylinder hindurchzupassen und beschädigt daher die Oberfläche des Gummituchs. Im beschädigten Bereich verliert das Gummituch seine Elastizität.

9.5.5 **Die Druckfarbe**

Die wichtigsten Eigenschaften der Druckfarbe sind:

- die farblichen Charakteristika, wie Reinheit, Übereinstimmung mit dem verwendeten Farbstandard (zum Beispiel Euroskala in Europa oder SWOP in den USA), Farbsättigung, Lichtechtheit, Fließverhalten, Viskosität;
- das Trocknungsverhalten der Farbe auf dem Papier.

Die farblichen Eigenschaften der Druckfarbe hängen von ihren Pigmenten ab. Dabei handelt es sich um kleine Partikel organischer oder anorganischer Herkunft. Man verwendet beispielsweise chemische Ausfällungen und Ruß als schwarzes Pigment. Um die Pigmente zu binden und auf das Papier zu bringen, verwendet man ein sogenanntes Bindemittel. Durch das Bindemittel wird die Farbe flüssig und erhält ihre lithografischen Eigenschaften. Die physikalischen Eigenschaften, wie Fließverhalten und Viskosität werden auch durch die Zusammensetzung des Bindemittels beeinflusst. Außerdem sorgt das Bindemittel dafür, dass sich die Pigmentpartikel nicht im Feuchtwasser lösen, so dass ein Tonen vermieden wird.

Die Bindemittel in Offsetdruckfarben bestehen aus Harz, Alkydharzen und Mineralöl. Diese Kombination verleiht der Farbe ihre Trocknungseigen-

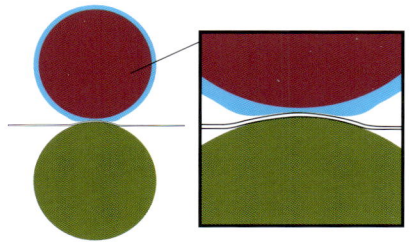

DER DRUCKSPALT
Das Gummituch wird mit leichtem Druck zwischen Gummituchzylinder und Gegendruckzylinder zusammengepresst.

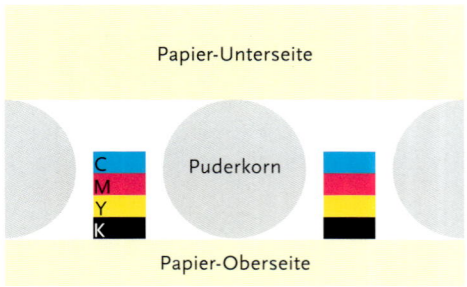

PUDERN
Um zu verhindern, dass die Bogenunterseiten vom Farbauftrag »abziehen«, wird der Bogen gepudert. Die Körner müssen hierfür größer sein als die Summe der Farbschichten. Auf diese Weise sorgt das Puder auch dafür, dass Luft zwischen die Druckbogen gelangt und die Farbe schneller aushärtet.

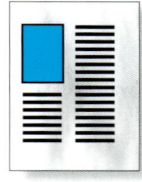

TONEN
Tonen tritt auf, wenn nicht druckende Flächen auf der Druckplatte Farbe annehmen und in gewissem Umfang drucken (Farbschleier auf freien Flächen).

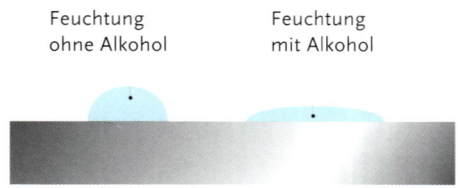

ALKOHOLZUSATZ IM FEUCHTWASSER
Durch den Zusatz von Alkohol wird die Oberflächenspannung des Feuchtwassers reduziert. So verläuft das Wasser und erzeugt den dünnen Film, der die nicht druckenden Flächen gleichmäßig bedeckt.

schaften. Wenn die Farbe auf das Papier aufgebracht ist, wird als Erstes das Mineralöl absorbiert. Diese erste Trocknungsphase nennt man »Wegschlagen«. Die Pigmente jedoch dürfen vom Papier nicht absorbiert werden, sondern müssen auf dessen Oberfläche bleiben. Wenn die Pigmente absorbiert werden, leidet die Farbsättigung. Pigmente, Alkydharze und Harz bilden auf der Papieroberfläche eine Art Gelee. Dieses Gelee ist gerade trocken genug, um nicht »abzuziehen«, also beim Trocknen auf die Rückseite des nächsten Bogens abzufärben.

Das Gelee ist vollständig getrocknet, wenn die Alkydharze oxidiert sind. Das heißt, sie gehen eine chemische Reaktion mit dem in der Luft enthaltenen Sauerstoff ein. Das ist die zweite Trocknungsphase, das sogenannte »Aushärten«. Dieser Vorgang wird manchmal mit Hilfe von UV-Strahlung beschleunigt. Meist wird der bedruckte Bogen auch mit Trockenpuder bestäubt, um ein Abziehen zu verhindern. Das Trockenpuder hat die Aufgabe, die Bogen auseinanderzuhalten, damit die Farbe nicht auf den aufliegenden Bogen übertragen werden kann. Es gibt Puder mit unterschiedlichen Feinheitsgraden für unterschiedlich raue Oberflächen. Diese Puder bestehen in der Regel aus Stärke oder Kalziumkarbonat ($KaCO_3$).

9.5.6 Die Farb-Feuchte-Balance
Um gute Druckergebnisse zu erzielen muss das Gleichgewicht zwischen Farbe und Wasser stimmen, die Farb-Feuchte-Balance. Zu viel Wasser führt zu einem Übermaß emulgierter Wassertropfen in der Farbe und kann kleine weiße Punkte im Druck verursachen. Das Resultat wird »wässrig«, mit reduzierter Dichte. Zu wenig Wasser wiederum kann zum Tonen führen, das heißt, die nicht druckenden Flächen nehmen Farbe an.

Allen zuvor genannten Arten an Offsetdruckmaschinen ist gemeinsam, dass sie ein separates System aus Farbwalzen, die sogenannte Farbwerkpyramide, und Feuchtwalzen, sogenannte Feuchtwerke, haben. Nicht alle Farb- und Feuchtwerke sehen aus wie im Kasten rechts dargestellt, aber die Abweichungen zwischen den einzelnen Maschinen sind relativ gering, und das Funktionsprinzip ist immer dasselbe.

9.5.7 Das Feuchtwasser
Damit die Farbe nicht auf den nicht druckenden Flächen haftet, wird die Druckplatte vor dem Aufbringen der Farbe mit einem hauchdünnen Wasserfilm befeuchtet. Durch den Zusatz von Alkohol sorgt man für das gleichmäßige Bedecken der nicht druckenden Flächen und verhindert Tropfenbildung. In der Regel mischt man in das Feuchtwasser 8 bis 12 % Isopropylalkohol, um so die Oberflächenspannung des Wassers entsprechend herabzusetzen und die gewünschten Eigenschaften für das Befeuchten und Sauberhalten der Druckplatte zu erzielen.

Für ein gutes Druckergebnis muss sich die Farbe zu einem gewissen Teil mit dem Wasser mischen, bevor sie sich auf der Druckplatte absetzt. Das Wasser emulgiert in der Farbe, das heißt, es ergibt sich eine Emulsion aus einzelnen Tropfen der beiden Flüssigkeiten – gewissermaßen ein Mix aus Öl und Wasser. Dabei ist es wichtig, dass das Feuchtwasser den richtigen pH-Wert und

FARBWERKPYRAMIDE UND FEUCHTWERK

Eine *Farbwerkpyramide* besteht aus mehreren Walzentypen mit unterschiedlichen Aufgaben.

Das Feuchtwerk hat weniger Walzen als das Farbwerk, sie sind aber vom selben Typ und haben daher dieselben Funktionen:

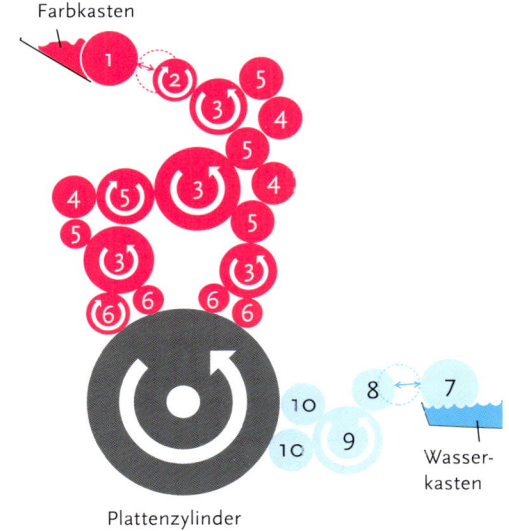

DAS FARBWERK

1. Die Duktorwalze nimmt die Farbe aus dem Farbkasten auf und überträgt sie auf das Farbwerk. Sie dreht sich meist langsam und besteht aus Gussstahl.

2. Der Farbheber nimmt eine Farbschicht vom Duktor ab und überträgt sie an den Verreiber. Er ist nie mit beiden Walzen gleichzeitig in Kontakt. Der Farbheber ist mit Gummi beschichtet.

3. Die Verreiber verteilen die Farbe zu einer feinen Farbschicht. Sie rotieren und bewegen sich seitlich hin und her, um die Farbe gleichmäßig zu verteilen.
   Der erste Verreiber nimmt die Farbe vom Farbheber ab, der letzte Verreiber überträgt die Farbe auf die Brückenwalze. Die Verreiber haben in der Regel eine Kunststoffbeschichtung.

4. Die Brückenwalze überträgt die Farbe zwischen farbaufnehmenden und farbabgebenden Walzen. Sie ist gummibeschichtet.

5. Die Transferwalze nimmt die Farbe von der Brückenwalze ab und gibt sie an die Farbauftragswalzen weiter. Sie besteht aus Gussstahl, hat allerdings wie die Verreiber eine Kunststoffbeschichtung.

6. Die Farbauftragswalzen, die Farbe von den letzten Verreibern auf die Druckplatte übertragen, sind mit Gummi beschichtet.

DAS FEUCHTWERK

7. Die Feuchtduktorwalze besteht aus Chromstahl.

8. Die Dosierwalze besteht aus Chromstahl oder Keramik und übernimmt den Feuchtfilm von der Feuchtduktorwalze. Sie überträgt den Wasserfilm auf den Feuchtreibzylinder (»Abquetschen«).

9. Der Feuchtreibzylinder ist eine Stahlwalze, die den Wasserfilm auf die Feuchtauftragswalzen überträgt.

10. Die Feuchtauftragswalzen haben eine Gummibeschichtung und übertragen den hauchdünnen Wasserfilm auf die Druckplatte.

---

den richtigen Härtegrad (°dH = Grad deutscher Härte) hat, um einwandfrei zu funktionieren. Hartes Wasser enthält verschiedene Mineralsalze, die bei zu starker Konzentration die Pigmente aus der Druckfarbe lösen können. Sie lösen sich im Feuchtwasser und gelangen so auf die nicht druckenden Flächen. Dieses Phänomen nennt man Tonen. Die Wasserhärte wird durch Zusatz eines Härteregulators ausgeglichen und sollte zwischen 8 und 12 °dH liegen. Moderne Druckbetriebe verfügen über eine Osmoseanlage, die den Härtegrad des Feuchtwassers automatisch steuert.

Mit speziellen Feuchtwasserzusätzen lässt sich auch der ph-Wert des Wassers regulieren. Er sollte bei 5,2 bis 5,5 liegen. Ein zu niedriger pH-Wert verursacht Trocknungsprobleme und führt dazu, dass das Papier rupft. Zu saures Feuchtwasser wirkt sich auf Dauer negativ auf die Druckmaschine aus und kann Korrosion hervorrufen. Auf der anderen Seite erschwert ein zu hoher pH-Wert das Sauberhalten während des Druckens.

FUNKTIONEN DES FEUCHTWASSERS

Das Feuchtwasser hat im Offsetdruck folgende Funktionen:

- Es sorgt dafür, dass die Farbe nicht auf den nicht druckenden Flächen haftet.
- Es hält den Produktionsprozess von Papierstaub sauber.
- Es kühlt die Druckplatten.

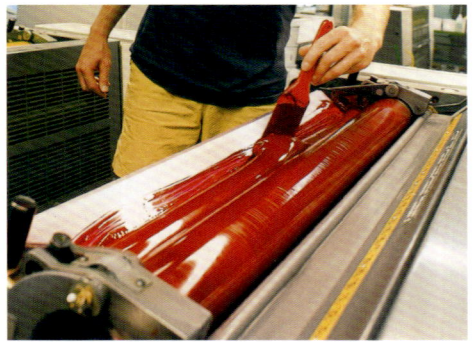

DER FARBKASTEN
Der Drucker hält die Farbe geschmeidig und verteilt sie gleichmäßig im Farbkasten. Dort wird sie von der Duktorwalze aufgenommen.

DIE FARBZONEN
Jede Ziffer im Farbkasten entspricht einer Farbzone.

DAS STEUERPULT
Durch Messen der einzelnen Zonen am Kontrollstreifen auf dem Druckbogen weiß man, in welchen Zonen der Farbauftrag über die Schrauben des Farbmessers justiert werden muss.

9.5.8 Kontrollieren des Farbauftrags

Abhängig von der Gestaltung des Produkts werden die verschiedenen Bereiche des Blattes unterschiedlich stark bedruckt. Dazu muss der Farbauftrag über ein sogenanntes Farbmesser gesteuert werden. Mit Hilfe von Stellschrauben kann man regulieren, wie viel Farbe auf die verschiedenen Farbzonen des Druckbogens übertragen werden soll. Moderne große Druckmaschinen haben Farbdosiereinrichtungen, die eine Fernsteuerung der Farbführung ermöglichen. Bei kleineren und älteren Maschinen erfolgt dies noch von Hand.

Um einen unnötig hohen Papierausschuss bei Druckbeginn zu vermeiden, sollte der Farbauftrag zuvor möglichst genau eingestellt werden. Moderne Druckmaschinen werden dabei von JDF unterstützt (Job Definition Format, früher CIP3) [*siehe Druckvorstufe 7.3*]. Diese Software analysiert die digitale Druckinformation und berechnet, welche Farbmenge von Cyan, Magenta, Gelb und Schwarz in den einzelnen Zonen verwendet werden muss. Anhand dieser Werte werden die computergesteuerten Zonenschrauben des Farbmessers justiert, wodurch sich der Aufwand für das Einrichten erheblich reduziert.

Bevor die JDF-Technik entwickelt wurde, waren sogenannte Plattenscannersysteme im Einsatz, um die für jede Zone erforderliche Farbmenge zu bestimmen. Diese Technik wird teilweise noch heute in Druckmaschinen verwendet, die nicht auf JDF umgerüstet sind. Das System scannt die Druckplatte ein, bevor sie in der Druckmaschine eingespannt wird. Die erfassten Werte werden digital an die Druckmaschine übermittelt. So erhält man schon vor Druckbeginn eine gute Voreinstellung der Stellschrauben des Farbmessers, und die Einrichtezeit wird verkürzt.

Am effektivsten lassen sich die Farbzonen jedoch einstellen, indem man die Information über die Farbmenge für jede Zone der dem Druck zugrunde liegenden digitalen Datei entnimmt. Moderne Systeme analysieren die Druckdaten und setzen sie direkt in eine entsprechend berechnete Voreinstellung um.

Ein ungleichmäßiger Farbauftrag ist die häufigste Ursache für Qualitätsschwankungen während eines Auflagendrucks. Man muss die aktuellen Druckergebnisse ständig mit den ersten vergleichen und den Farbauftrag entsprechend nachjustieren. Es handelt sich also hauptsächlich um eine visuelle Kontrolle, aber die Anpassung der verschiedenen Zonen erfolgt heute auch anhand von Messergebnissen eines in das Steuerpult integrierten Densitometers oder Spektralfotometers. Das Kontrollsystem der Druckmaschine errechnet dann, wie hoch der Farbauftrag sein müsste, um dasselbe Ergebnis zu erzielen. Bevor es dieses integrierte System gab, wurde manuell mit einem Densitometer gemessen und dann der Farbauftrag basierend auf Erfahrungswerten korrigiert.

9.5.9 Das Papier

Ganz allgemein kann nahezu jedes Papier im Offsetdruck verarbeitet werden. Die charakteristischen Eigenschaften, die das Papier möglichst haben sollte, hängen von der Art der Druckmaschine ab, ob es sich also um eine Bogen- oder eine Rollenoffsetdruckmaschine handelt (und ob es eine Coldset- oder eine Heatset-Druckmaschine ist) [*siehe 9.5.2*].

Die nebenstehende Tabelle gibt einen Überblick über die verschiedenen Offsettechniken und die passenden Papiere.

9.5.10 Die Papierführung

Bei einer Bogendruckmaschine sind die Teile, die den Bogen greifen und der Druckmaschine zuführen, entscheidend für das spätere Druckergebnis. Sie haben drei Hauptaufgaben:

- das Aufnehmen eines einzelnen Bogens vom Stapel,
- die Kontrolle, dass wirklich exakt ein Bogen aufgenommen wurde,
- das Anlegen des Bogens, so dass alle Bogen in der exakt selben Position in die Druckmaschine gelangen. Das ist wichtig, damit das Druckbild auf allen Bogen genau an derselben Stelle erscheint.

Der Teil der Druckmaschine, der den Bogen vom Stapel hebt, heißt Anleger. Die Funktionsweise variiert, aber die meisten heben den Bogen mit einem pneumatischen Saugkopf an. Gleichzeitig blasen Düsen seitlich zwischen die obersten Bögen des Stapels, damit sie getrennt werden und nicht aneinander haften. So ist gewährleistet, dass nicht mehrere Bögen aufgenommen werden. Der einzelne Bogen wird zuerst auf dem Anlegetisch abgelegt. Hier wird noch einmal geprüft, ob wirklich nur ein Bogen aufgenommen wurde. Geraten mehrere Bogen gleichzeitig in die Maschine, besteht die Gefahr, dass das Gummituch beschädigt wird.

Für gute Druckqualität und exakte Weiterverarbeitung ist es wichtig, dass die Druckbogen beim Anlegen exakt gleich platziert sind. Sonst entstehen Passerprobleme oder das Druckbild verspringt nach dem Falzen sichtbar. Deshalb werden alle Bogen auf dem Anlegetisch präzise eingepasst, bevor sie der Maschine zugeführt werden. Der Bogen wird an zwei Kanten angelegt, an der Vorderkante, auch Greiferkante genannt, und an einer der Seitenkanten, der sogenannten Anlagekante. Dass die Bogen nur an zwei Kanten angelegt werden und nicht an allen, beruht darauf, dass das Papierformat innerhalb eines Stapels leicht variieren kann.

Man muss wissen, welche Ecke des Druckbogens durch diese beiden Registrierungskanten gehalten wird. Soll der Bogen beidseitig bedruckt werden,

DER ANLEGER
Der Anleger einer Bogenoffsetmaschine nimmt die Bogen auf und legt sie auf den Anlegetisch.

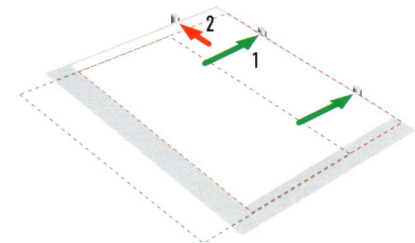

REGISTERHALTUNG DER BOGEN
Vor dem Drucken werden die Bogen erst an der Vorderkante und dann seitlich ausgerichtet (Anlage). Das ist erforderlich, damit alle Bogen der Auflage standgenau verarbeitet werden, damit der Druck auf Vorder- und Rückseite deckungsgleich ist und damit die Weiterverarbeitung exakt ausgeführt werden kann.

PAPIERE FÜR DEN OFFSETDRUCK
In dieser Tabelle wird das Papier für die drei Offsetdruckverfahren miteinander verglichen.

	Bogenoffsetdruck	Heatset	Coldset (Tageszeitung)
Papiergewicht (Gramm)	40–800 g/m²	70–150 g/m²	40–120 g/m²
Papier geliefert als	Bogen, passend in Format und Laufrichtung für das Druckprodukt	Rollenformat entsprechend der Druckmaschine	Rollenformat entsprechend der Druckmaschine
Beschränkungen und Probleme	keine sehr dünnen Papiere einsetzbar	Curling – Papier kann sich während des Trocknens wellen	erfordert rasche Trocknung
Qualität	hoch	mittel	niedrig
Materialienvielfalt	große Vielfalt, unterstützt alle Papiere, teilweise auch Karton und Kunststoff	begrenzte Auswahl	stark begrenzte Auswahl

muss man sicherstellen, dass beim Druck der zweiten Seite dieselbe Anlage verwendet wird. Andernfalls ist das Druckbild auf Vorder- und Rückseite möglicherweise nicht deckungsgleich. Wie bereits erwähnt, ist das Register auch für die Weiterverarbeitung wichtig. Um Missverständnissen vorzubeugen wird deshalb die Anlage, also die Ecke zwischen Greiferkante und Anlegekante, auf dem bedruckten Druckbogenstapel, der in die Weiterverarbeitung geht, stets markiert [siehe Weiterverarbeitung 10.2].

9.5.11 Die Herstellung der Offsetdruckplatten

Der Bildträger im Offsetdruck ist die Druckplatte. Wird mit verschiedenen Farben gedruckt, benötigt man für jede Farbe eine eigene Druckplatte. Die Kombination der zusammengehörenden Platten wird als Plattensatz bezeichnet. Es gibt verschiedene Plattentypen. Die meisten Offsetplatten sind aus Aluminium, beschichtet mit einem lichtempfindlichen Polymer (Kunststoff).

Um druckende und nicht druckende Bereiche zu definieren, wird die lichtempfindliche Schicht belichtet. Werden die belichteten Platten entwickelt, wird die Polymerschicht von den nicht druckenden Flächen gewaschen und die blanke Aluminiumoberfläche kommt zum Vorschein. Auf diese Weise erhält man druckende Flächen aus oliophilem Polymer und nicht druckende Flächen aus oliophobem Aluminium. Die Aluminiumoberfläche ist mikroskopisch fein gekörnt, wodurch einerseits das Polymer bei der Herstellung Halt findet, und später im Druckprozess dann der Feuchtfilm. Im Trockenoffset wird eine Silikonbeschichtung verwendet, die anstelle des Wassers die druckenden und nicht druckenden Bereiche voneinander abgrenzt.

Die Offsetplatte wird in einem Plattenbelichter belichtet, auch CTP (Computer to Plate) genannt. Der Plattenbelichter funktioniert im Prinzip wie ein Laserdrucker. Statt mit dem Laser die statisch aufgeladene Bildtrommel zu entladen, wird hier das digitale Original direkt auf eine licht- oder hitzeempfindliche Offsetplatte belichtet. Der Plattenbelichter hat eine wesentlich höhere Auflösung als ein Laserdrucker. Ein durchschnittlicher Laserdrucker erreicht ungefähr 1.200 dpi, zum Vergleich ein durchschnittlicher Plattenbelichter über 2.400 dpi bis 3.600 dpi.

Die Platte wird durch einen sehr feinen Laserstrahl belichtet. In manchen Systemen belichtet der Laserstrahl die Punkte, die gedruckt werden sollen (Positivtechnik), in anderen die Punkte, die nicht gedruckt werden sollen (Negativtechnik). Das RIP des Plattenbelichters berechnet den Halbtonraster, indem ein Bitmap aus unterschiedlich großen Punkten erzeugt wird [siehe Druckvorstufe 7.1.3], wobei jeder belichtete Punkt durch Eins oder Null definiert wird (als belichtete oder nicht belichtete Fläche). Druckt man mit mehreren Farben, wird für jede ein separates Bitmap errechnet.

Die meisten Platten müssen nach der Belichtung entwickelt werden. Für manche Plattentypen reicht die Energie des Laserstrahls nicht aus, um den chemischen Prozess der Plattenentwicklung abzuschließen. Die Platte muss dann erst noch in einem Ofen erwärmt werden, bevor sie entwickelt werden kann. Anschließend wird sie in eine separate Maschine gegeben, den Plattenentwickler. Oftmals sind Plattenbelichter, Ofen und Entwickler direkt miteinander verbunden. Man spricht dann von der Online-Entwicklung.

Um eine exakte Passergenauigkeit der einzelnen Druckfarben zu erhalten, ist es wichtig, die Druckplatten präzise in der Druckmaschine einzuspannen. Um dies zu erleichtern, arbeitet man mit Registerstiften und Stanzlöchern in der Druckplatte. Das Einsetzen der Druckplatte erfolgt heute häufig manuell, aber Druckmaschinen mit automatischem Plattenwechsler setzen sich immer mehr durch.

9.5.12 Der Plattenbelichter

Es gibt verschiedene Belichtertypen: Kapstan- oder Flachbettmodell sowie Innen- und Außentrommelbelichter. Das Kapstan- oder Flachbettmodell ist so konstruiert, dass die Platte bei der Belichtung eben liegt. Die Belichtung erfolgt mit Hilfe eines Laserstrahls, der an- oder ausgeschaltet wird. Dazu wird über die Information der RIP-Datei ein Quarzkristall gesteuert, der den Strahl auf die Fläche durchlässt oder ablenkt, je nachdem, ob die Stelle belichtet werden soll oder nicht. Der durchgelassene Laserstrahl fällt dann auf einen achteckigen Spiegel, ähnlich wie beim Laserdrucker. Dieser lenkt den Strahl entlang einer Linie quer über die Platte. Wenn eine Zeile belichtet ist, wird die Platte weitertransportiert und die nächste Zeile belichtet, bis die Platte fertig ist. Bei dieser Art von Belichter ist es sehr wichtig, dass die Platte exakt weitergeschoben wird und dass der Spiegel präzise rotiert.

Bei der Außentrommelbelichtung wird die Platte um eine Trommel gespannt, die rotiert, während die Platte vom Laserstrahl belichtet wird. Der Laserstrahl wird auch hier an- und ausgeschaltet, dann über einen Spiegel weitergeleitet, der die rotierende Trommel abarbeitet. Die Platte wird Reihe für Reihe belichtet. Bei diesen Belichtern ist es wichtig, dass die Platte äußerst exakt auf die Trommel gespannt wird und dass der Spiegel mit hoher Präzision arbeitet.

Bei der Innentrommelbelichtung wird die Platte in eine Trommel eingeführt und dann festgesaugt. Die Belichtung erfolgt im Prinzip wie oben beschrieben, nur wird der Laserstrahl diesmal über einen Spiegel geleitet, der entlang einer Spindel an der Trommelinnenseite rotiert. Der Spiegel bewegt sich Reihe für Reihe über die gesamte Plattenbreite. Wenn die Platte belichtet ist, wird eine Neue in die Trommel eingespannt, und die fertig belichtete kann zur Entwicklung weitergeleitet werden. Entscheidend bei dieser Technik ist die Präzision der Spiegelbewegung. Dieses Verfahren ist das einzige, bei dem die Platte während der Belichtung nicht bewegt wird.

Bei allen Typen von Plattenbelichtern sind Präzision und Wiederholbarkeit äußerst wichtig. Wiederholbarkeit ist das Vermögen des Plattenbelichters, mehrere Male hintereinander exakt identische Belichtungen durchzuführen. Es gibt Registersysteme wie Stanzlöcher und Stifte, die die Platten im Belichter genau positionieren, um eine hohe Passgenauigkeit zwischen den einzelnen Platten zu erreichen. Ebenso wichtig für die Druckqualität ist die korrekte Belichtung und Entwicklung der Platten. Der Plattenbelichter muss demzufolge kalibriert sein und die Entwicklerlösung muss regelmäßig ausgetauscht werden. Alter Entwickler verliert seine Fähigkeit, die Platten gleichmäßig zu entwickeln, was eine ungleichmäßige Beschichtung und Farbannahme verursacht, und ein beschädigter oder unkalibrierter Plattenbelichter kann völlig verfälschte Tonwerte produzieren.

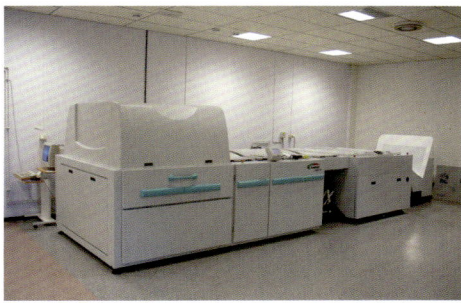

PLATTENBELICHTER
Plattenbelichter werden meist direkt an die Plattenentwickler online angeschlossen. Man unterscheidet Modelle mit manueller und automatischer Plattenzufuhr. Letztere können viele Platten ohne Bedienungspersonal belichten.

GROSSFORMATE FÜR LEUCHTTAFELN (CITYLIGHTS)
Das Hauptproblem jeglicher Leuchttafeln ist ihr mangelnder Bildkontrast. Um den Kontrast zu verbessern, kann man das Motiv zusätzlich als Spiegelbild auf die Rückseite drucken.

Um den Kontrast noch mehr zu erhöhen und ein schöneres Ergebnis zu erzielen, wird die Rückseite normalerweise mit Cyan und/oder Schwarz bedruckt. Es gibt aber auch Varianten mit Cyan, Magenta und Gelb.

9.5.13 Die Plattentypen

Es gibt grundsätzlich drei Plattentypen: Silberhalogenid-, Photopolymer- oder Thermoplatten. Die verschiedenen Typen reagieren entweder auf Licht (Silberhalogenid, Photopolymer) oder Hitze (Thermo). Silberhalogenid- und Photopolymerplatten sind so lichtempfindlich, dass sie nicht bei Tageslicht verarbeitet werden können. Thermoplatten dagegen sind nicht tageslichtempfindlich.

Die jeweilige Beschichtung der Aluminiumplatten hat zwei charakteristische Eigenschaften: Der oliophile Charakter ist notwendig, um zu drucken, der lichtempfindliche, um zu belichten. Häufig werden zwei verschiedene Materialien kombiniert, um beide Eigenschaften zu optimieren. Wichtig ist zunächst, dass die Platte über eine gleichmäßig Beschichtung verfügt, damit auch die Belichtung einheitlich ist. Alle Plattentypen können über- und unterbelichtet werden. Positivplatten werden bei Überbelichtung zu dunkel, überbelichtete Negativplatten verlieren Tonwerte in den hellen Bereichen. Für bestimmte Plattentypen reicht die Energie des Lasers nicht aus, um den chemischen Prozess der Entwicklung zu vervollständigen. In diesem Fall wird die Platte vor dem Entwickeln zusätzlich erwärmt.

Die neueste, umweltverträglichere Druckplattengeneration kommt ganz ohne Entwicklungschemie aus. Man unterscheidet hier die UV-, die Thermo- und die Inkjet-Technik. Die UV-Technik verwendet ebenfalls einen Laserstrahl für die Plattenbelichtung. Die nicht druckende Schicht wird in der Druckmaschine über das Feuchtwerk von der Druckplatte gespült. Bei der Thermotechnik wird die Plattenbeschichtung dort von der Hitze pulverisiert, wo sie der Laserstrahl belichtet hat. Nach der Belichtung saugt eine Vakuumpumpe den Staub ab. Die Inkjet-Technologie steckt noch in der Entwicklungsphase, das

CTP-PLATTEN
In dieser Tabelle werden verschiedene CTP-Plattentypen miteinander verglichen.

	Silberhalogenidplatten	**Fotopolymerplatten**	**Thermoplatten**
Lasertypen	Violett-Laser – 405 nm Argon Ion – 488 nm FD-YAG – 532 nm	Violett-Laser – 405 nm Argon Ion – 488 nm FD-YAG – 532 nm	Infrarot(IR-)Laser – 830 nm
Belichtungsart	Innentrommel oder Flachbett	Innentrommel oder Flachbett	Außentrommel
tageslichtempfindlich	ja	ja	nein
von welchen Druckereien verwendet	am zweithäufigsten im Tageszeitungsdruck und anderen Druckverfahren eingesetzt	die am häufigsten im Tageszeitungsdruck eingesetzte Druckplatte	wird überall im Druck eingesetzt, selten im Tageszeitungsdruck
Eigenschaften	nicht für besonders hohe Auflagen geeignet, nicht für unter UV-Licht trocknende Farben	nicht für besonders hohe Auflagen geeignet, nicht für unter UV-Licht trocknende Farben	kann für hohe Auflagen und unter UV-Licht trocknende Farben eingesetzt werden
Auflösung	höchste Auflösung 200 lpi	niedrige Auflösungen bis max. 175 lpi	hohe Auflösung, auch über 200 lpi

Inkjet-Prinzip bedeutet, dass auf das oliophile Aluminium dort Druckpunkte aufgesprüht werden, wo sich später druckende Fläche befinden soll.

Unterschiedliche Plattentypen erfordern verschiedene Lasertypen für die Belichtung. Es gibt Belichtungsgeräte mit violettem Laserlicht von 405 nm, die Gaslaser mit Heliumneon (632 nm) und Argon-Ionen (488 nm), den Festkörperlaser FD-YAG (532 nm) oder den IR-Laser. Der IR-Laser wird für Thermoplatten verwendet. Er schaltet sich während der Belichtung nie aus, sondern wird vom sogenannten Modulator abgelenkt, wenn er eine Stelle nicht belichten soll.

Die Violett-Lasertechnik wird sowohl für Photopolymer- als auch für Silberhalogenidplatten eingesetzt und ist preiswerter als der IR-Laser. Diese Technik ist in billigen Laserdioden eingebaut, wie beispielsweise in DVD-Playern, und hat eine lange Lebensdauer. Die Dioden werden für jeden Punkt, der auf die Platte belichtet werden soll, an- und ausgeschaltet, daher ist kein Modulator nötig.

9.5.14 **Typische Fehlerquellen im Offsetdruck**
Beim Offsetdruck kann es zu einer Vielzahl unerwünschter Erscheinungen kommen, die wir im Folgenden betrachten wollen: Rupfen- und Butzenbildung, Abliegen oder Abziehen, Tonen und Schmieren, Dublieren sowie Spiegelungen und Geistereffekte. Kennt man die Ursachen dieser drucktechnischen Phänomene, kann man sie leichter vermeiden.

9.5.15 **Rupfen- und Butzenbildung**
Manchmal lösen sich beim Drucken Fasern und Teilchen aus dem Papier. Das nennt man Rupfen. Wenn diese Fragmente, die man »Butzen« nennt, sich auf der druckenden Fläche der Druckplatte absetzen, nimmt sie an dieser Stelle keine Farbe an, und im Druckbild treten kleine weiße Punkte auf. Dasselbe passiert, wenn sich Butzen auf dem Gummituch absetzen. Stellt man Butzenbildung fest, muss man die Maschine anhalten und Druckplatte und Gummituch abwaschen. Moderne Druckmaschinen besitzen meistens eine automatische Reinigungsfunktion, die Butzen entfernt.

Rupfen kann durch mangelnde Rupffestigkeit der Papieroberfläche, zu zähflüssige (viskose) Farbe oder zu hohe Druckgeschwindigkeit verursacht werden. Beim Trockenoffset tritt dieses Phänomen häufiger auf, weil die Farbe zäher ist und Platten und Gummitücher nicht wie beim Nassoffset durch das Feuchtwasser saubergehalten werden.

9.5.16 **Abliegen oder Abziehen**
Wenn die bedruckten Bogen aufeinander abfärben, spricht man von Abliegen oder Abziehen. Mögliche Ursachen sind eine zu große Farbmenge oder mangelhafte Trocknung. Das Problem kann durch Puder [siehe 9.5.5] oder Trocknungsanlagen vermieden werden.

9.5.17 **Tonen und Schmieren**
Wie schon erwähnt, kann zu wenig Feuchtwasser dazu führen, dass die nicht druckenden Flächen der Druckplatte Farbe annehmen und drucken. Das äußert sich als heller Farbschleier auf den unbedruckten Papierflächen und wird auch

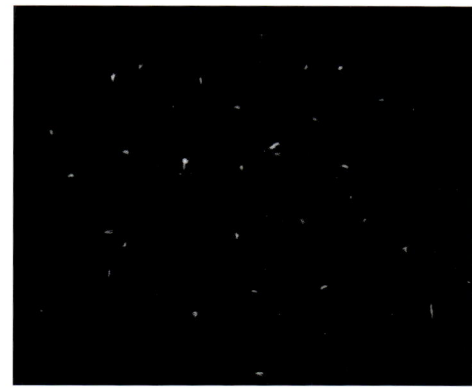

BUTZEN
Butzen sind Papierfragmente, die sich auf Druckplatte oder Gummituch absetzen und im Druck weiße Pünktchen verursachen. Sie fallen vor allem bei dunklen Volltonflächen auf.

Man kann die Empfindlichkeit schwarzer Volltonflächen für diesen Effekt reduzieren, indem man sie mehrfarbig anlegt [siehe Layout 6.10.4]. Dann nimmt das Auge sie nicht so deutlich wahr.

MASCHINEN STOPP!
Wenn Butzenbildung auftritt, muss die Maschine angehalten und die Druckplatte oder das Gummituch gereinigt werden.

WIE ES MIT FILM FUNKTIONIERTE ...

Bevor Belichter für die direkte Plattenbelichtung hergestellt wurden, verwendete man grafische Filme (Lithofilme), die man belichten und entwickeln musste. Der entwickelte Film wurde dann auf die Druckplatte gelegt und mit UV-Licht bestrahlt. Heute wird dieses Verfahren nur noch wenig angewendet, außer bei Großformat-Offset, Flexodruck und Siebdruck. Inzwischen gibt es zwar auch für diese Druckverfahren direkte Belichtungstechniken, aber sie sind teuer und es dauert länger, bis der Film in diesen Bereichen verdrängt wird.

Lithofilme bestehen aus einer Kunststofffolie, die mit einer lichtempfindlichen Emulsion beschichtet ist. Der unbelichtete Film ist in einer Filmkassette aufgerollt. Er wird in einem Belichtungsgerät belichtet und dann mit Chemikalien entwickelt. Diese Chemikalien sind eine der größten Umweltbelastungen in der grafischen Produktion. Viele Filmhersteller haben deswegen eine Menge Energie in die Entwicklung sogenannter »Trockenfilme« gesteckt, um ohne diese umweltschädlichen Chemikalien auszukommen.

Der fertig entwickelte Film wird auf die Druckplatte aufgelegt und beleuchtet. Die Platte ist mit einer lichtempfindlichen Polymerschicht überzogen, die auf die Belichtung reagiert. Diese Methode ähnelt dem Verfahren, wenn Fotografen Kontaktabzüge herstellen. Nach der Belichtung wird die Platte mit flüssigen Chemikalien entwickelt.

Es gibt Negativ- und Positivfilme. Wird der Positivfilm belichtet und entwickelt, werden alle druckenden Flächen schwarz, alle nicht druckenden transparent. Diese Filme sehen im Prinzip wie eine Seite aus, die aus dem Laserdrucker herauskommt. Belichtete und entwickelte Negativfilme sehen genau andersherum aus – die druckenden Bereiche sind transparent und die nicht druckenden Flächen schwarz.

Das Offsetdruckverfahren kann beide Filmsorten verarbeiten, und beide haben ihre Vor- und Nachteile. Manche Druckereien bevorzugen Positivfilme, andere Negativfilme. Geografisch gesehen wird in den USA eher der Negativfilm eingesetzt, bei uns in Europa eher der Positivfilm.

POSITIVES UND SPIEGELVERKEHRTES DRUCKBILD

Indirekte und direkte Druckverfahren benötigen verschiedene Arten von Filmen. Direkte Druckverfahren erfordern ein Positivbild mit seitenrichtiger Schicht (right-reading emulsion up, RREU), indirekte Druckverfahren dagegen ein seitenverkehrtes Druckbild mit seitenverkehrter Schicht (right-reading emulsion down, RRED).

Die Bezeichnungen seitenrichtig (RREU) und seitenverkehrt (RRED) setzen voraus, dass man den Film von seiner Schichtseite, der matten Seite, betrachtet. Ist das Druckbild invertiert, handelt es sich um einen Negativfilm, entspricht das Bild dem endgültigen Druck, ist es ein Positivfilm.

FILMMONTAGE UND AUSSCHIESSEN

Wird mit mehreren Farben gedruckt, benötigt man je einen Film pro Druckfarbe. Die Sammlung solcher zusammengehöriger Filme wird als Satz bezeichnet, im Falle von vier Druckfarben als Vierfarbsatz.

Die Druckplatte muss alle Seiten enthalten, die gemeinsam auf demselben Bogen gedruckt werden sollen. Stellt man die Filmoriginale her, kann man entweder für jede Seite einen einzelnen Film herstellen oder einen sogenannten »Montagefilm«. Verwendet man einzelne Filme, müssen diese anschließend auf einer großen Montagefolie im Ausschießschema montiert werden. Diese Montage wird dann auf die Druckplatte belichtet.

Um den Film bereits in ausgeschossener Anordnung zu belichten, werden die Seiten in einem Ausschießprogramm entsprechend angeordnet, bevor sie ausgegeben werden. Diese Vorgehensweise erlaubt die direkte Belichtung der ausgeschossenen Seiten auf die Druckplatte.

DIE HERSTELLUNG DER OFFSETDRUCKPLATTEN

Arbeitet man mit der Filmbelichtung auf Druckplatten, ist zu beachten, dass die Schichtseite des Films in direkten Kontakt mit der Druckseite der Druckplatte tritt. Die Offsetdruckplatte wird für einige Sekunden in einem Belichtungsrahmen belichtet. Bei Großformaten, wie sie im Siebdruck oder Offset verarbeitet werden können, wird der Film stattdessen auf das Sieb oder die Druckform projiziert.

Wichtig ist die genaue Belichtungszeit. Eine falsche Belichtung ergibt falsche Rasterprozentwerte (zu große oder zu kleine Rasterpunkte, je nachdem, ob die Belichtungszeit zu kurz oder zu lang war). Die richtige Belichtungszeit stellt man mit Hilfe eines Kontrollstreifens fest. Die Lichtquelle unterliegt einem Alterungsprozess und ändert im Laufe der Zeit ihre Eigenschaften. Daher sollte man regelmäßig prüfen, ob die Belichtungszeit noch stimmt. Neuere Belichtungsrahmen passen die Belichtungszeit automatisch dem Alter der Lampe an.

Bevor man belichtet, wird der Film über ein Vakuum auf die Druckplatte angesaugt. Es ist wichtig, dass der Film dicht und plan ohne Luftblasen oder Staub auf der Platte liegt, vor allem Staub würde auf dem Film, folglich auch auf der Druckplatte, zu sehen sein.

Verwendet man Negativfilm, werden die beleuchteten Bereiche der Druckplatte während der Belichtung gehärtet. Entwickelt man die Platte, werden die nicht belichteten, also nicht gehärteten Bereiche der Druckplatte ausgewaschen. Verwendet man Positivfilm, werden die belichteten Flächen im Entwicklungsprozess ausgewaschen. Bei beiden Verfahren erhält man dasselbe Ergebnis.

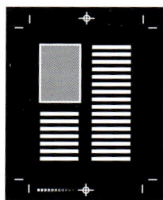 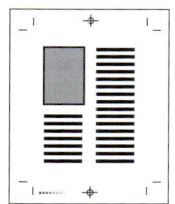

NEGATIV- UND POSITIVFILM
Beim Negativfilm werden die druckenden Flächen transparent und die nicht druckenden Schwarz. Beim Positivfilm ist es umgekehrt.

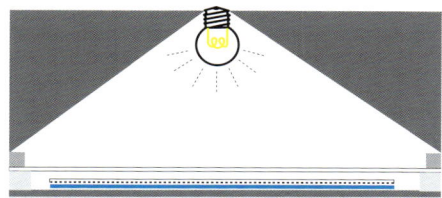

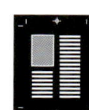

FILMMONTAGE
Wird jede Seite auf einem separaten Film ausgegeben, müssen die Seiten anschließend manuell ausgeschossen und montiert werden. Sie werden dabei mit Montageband auf eine große Folie aufgeklebt.

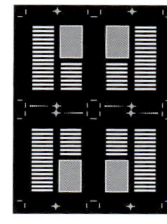 

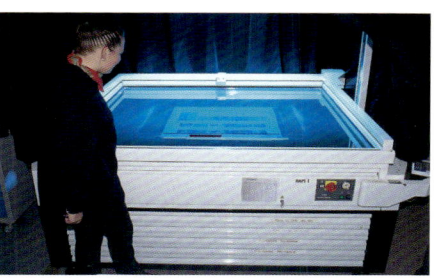

PLATTENBELICHTUNG
Der Film wird auf die Platte in einem Kopierrahmen gelegt und durch ein Vakuum angesaugt. Das Ansaugen hat den Zweck, dass Film und Druckplatte ohne Zwischenräume aufeinander liegen. Die Platte wird dann mit dem UV-Lampe des Kopierrahmens belichtet.

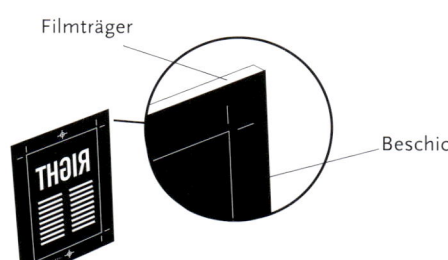

Filmträger

Beschichtung

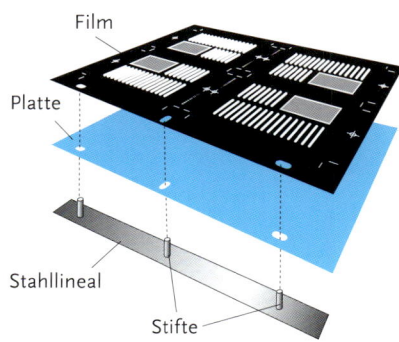

Film

Platte

Stahllineal

Stifte

DIE SCHICHTSEITE FINDEN
Wenn Sie sich nicht sicher sind, welche der beiden Seiten die Schichtseite ist, halten Sie den Film gegen das Licht. Die Schichtseite ist matter. Oder Sie schaben mit einem scharfen Gegenstand vorsichtig an einer Filmecke. Auf der Schichtseite entsteht ein Kratzer, auf der anderen nicht.

Aber beachten Sie, dass Kratzer auf der Schichtseite direkt auf die Platte belichtet und im Druck sichtbar werden. Um dies zu verhindern, kann man den Kratzer vor der Plattenbelichtung abdecken.

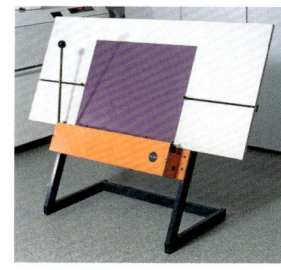

PLATTENSTANZE
Damit werden die Löcher für die Registerstifte in die Platte gestanzt.

REGISTERLINEAL
Um das Register zwischen Film und Platte, sowie im Druck zu gewährleisten, werden Film und Platte gestanzt. Bei Montage und Plattenbelichtung verwendet man ein Lineal mit Passstiften, an dem das gestanzte Material befestigt wird. Da auch die Druckmaschine entsprechende Stifte hat, erzielt man im Druck Passgenauigkeit.

FADENZÄHLER
Mit einer speziellen Lupe, dem sogenannten Fadenzähler, lässt sich die Passgenauigkeit und die Qualität der Rasterpunkte visuell überprüfen.

DER OFFSETDRUCK UNTER DER LUPE

Die Rasterpunkte sind im Offsetdruck unregelmäßig und unscharf, weil sie auf dem Papier ausgewalzt werden. Dadurch wird die Bildqualität etwas schlechter als im Tiefdruck oder beim analogen Proofverfahren.

Text wird im Offsetdruck scharf und weist klare Konturen auf. Die Textwiedergabe ist besser als im Tiefdruck, aber etwas schlechter als beim analogen Proofverfahren.

Trockenlaufen genannt. Tonen kann auch auftreten, wenn das Feuchtwasser zu hart ist. Die Farbpigmente werden dann durch das Wasser ausgelöst und färben das Papier an unerwünschten Stellen.

9.5.18 Dublieren
Beim Dublieren erscheinen die Rasterpunkte doppelt nebeneinander, einer stärker, einer schwächer. Das kann unter anderem an mechanischen Defekten im Druckwerk oder an mangelnder Spannung des Gummituchs liegen, wodurch die Rasterpunkte bei jeder Zylinderumdrehung an unterschiedlichen Stellen landen. Das Druckbild wird insgesamt unscharf und dunkler als geplant.

9.5.19 Spiegelungen und Geistereffekte
Volltonfelder benötigen oft viel Farbe und können das Gesamtergebnis beeinträchtigen. Außerdem sind die Volltonfelder sehr anfällig für Störungen durch anderen Druck auf demselben Bogen. Ein Phänomen, das durch diese Faktoren verursacht wird, ist die Spiegelung. Sie äußert sich als Spur anderer Druckflächen in den Volltonfeldern und beruht darauf, dass die Farbwalzen nicht genügend schnell »aufgefüllt« werden, ein Nachbild der Farbabnahme haben und dadurch nicht genügend Farbe für die Zonen anbieten, die besonders viel Farbe brauchen. Spiegelungen treten vor allem bei kleineren Maschinenformaten auf.

SPIEGELUNG
Spiegelungen sind Spuren gedruckter Objekte in anderen Objekten in Druckrichtung. Die Abbildung links zeigt, wie der Druck aussehen sollte. Die beiden Bilder rechts sind mit verschiedenen Druckrichtungen (Pfeile) gedruckt und zeigen, wie Spiegelungen aussehen können.

CONING — VERFORMUNG

1. Richtiges Druckbild auf der Druckplatte.
2. Das Papier wird im ersten Druckwerk, wo das Druckbild übertragen wird, ausgewalzt.
3. Nach dem Drucken nimmt das Papier wieder seine ursprüngliche Form an, so dass das Druckbild schrumpft.
4. Beim Drucken der zweiten Farbe wird der Bogen wieder ausgewalzt, und das zweite Bild wird kleiner als das erste.
5. Aussehen des Bogens nach dem Drucken in beiden Druckwerken.

Das Phänomen »Coning« bedeutet, dass das Druckbild der ersten Farbe breiter ist als das der letzten. Es beruht darauf, dass das Papier in jedem Druckwerk die Größe leicht verändert. Das Phänomen tritt sowohl im Bogen- als auch im Rollenoffset auf.

Geistereffekte nennt man das Sichtbarwerden von Druckelementen der Papierrückseite. Sie entstehen durch Diffundieren von Chemikalien im Stapel und zeigen sich oft erst nach Stunden oder Tagen. Ursache sind meist nicht aufeinander abgestimmte Chemikalien in Papier, Farbe oder Feuchtmittel.

9.6 Hochdruck

Der Hochdruck ist das klassische Druckverfahren, das sich seit dem Drucken von Holzstöcken im Mittelalter bis zu Gutenbergs erster Buchdruckpresse entwickelt hatte. Die Technik basiert darauf, dass die druckenden Bereiche ähnlich wie bei einem Stempel erhaben sind, die nicht druckenden vertieft. Im Prinzip nutzen moderne Hochdruckmaschinen dieselbe Technologie wie die ersten Hochdruckpressen, die jemals gebaut wurden.

Heutzutage wird der Hochdruck hauptsächlich für Visitenkarten, Einladungen, Quittungsblöcke, nummerierte Blankoformulare etc. eingesetzt. Es gibt zwei Hauptgründe, sich für das Hochdruckverfahren zu entscheiden. Der erste: Man möchte, dass das Druckerzeugnis ein bisschen altmodisch aussieht – beispielsweise eine Einladung, eine Visitenkarte, der Nachdruck eines alten Buches etc. Der zweite Grund wäre, dass das Produkt fortlaufend nummeriert werden soll, beispielsweise Blankoformulare, Quittungen etc. In diesem Fall muss die Maschine über ein Nummerierungswerk verfügen, um auf jedes Blatt eine neue Nummer zu drucken.

9.6.1 Die Technik des Hochdrucks

Die Hochdrucktechnik nutzt dasselbe Prinzip wie ein Stempel mit seitenverkehrtem Druckbild. Die Druckform wird eingefärbt und überträgt die Farbe unter Druckkontakt direkt auf das Papier.

Es gibt drei Hauptkategorien von Hochdruckpressen, die sich in ihrer technischen Lösung unterscheiden. Die erste Variante wird als Tiegeldruck bezeichnet und funktioniert mittels einer flachen Druckform, die wiederum mit einer flachen Gegendruckoberfläche in Kontakt tritt. Die am meisten verbreitete Hochdruckpresse, der Heidelberger Tiegel, funktioniert nach diesem Prinzip.

DAS STEMPELPRINZIP
Die Hochdruckmaschine arbeitet im Prinzip genauso wie ein Stempel. Das Druckbild befindet sich auf dem Druckträger in spiegelverkehrter Form. Die erhabenen Flächen werden eingefärbt und direkt auf das Papier gepresst.

HOCHDRUCKVERFAHREN
Das Hochdruckverfahren ist die klassische Drucktechnik, die seit dem Mittelalter von Holzblöcken und seit Gutenbergs erster Druckpresse verwendet wird. Die Technik basiert auf einem Klischee, dessen druckende Bereiche erhaben sind.

DRUCK | 351

BLEILETTERN À LA GUTENBERG
Beim Hochdruck handelt es sich um ein direktes Druckverfahren. Das bedeutet, die einzelnen Buchstaben sind spiegelverkehrt auf ihren Bleikegel gegossen und der Text muss als seitenverkehrtes Schriftbild montiert werden.

HOCHDRUCKKLISCHEE
Der Bedruckstoff erhält durch den Prägedruck zwischen Matrize und Patrize ein Relief.

Die zweite Variante wird Zylinderdruckpresse genannt und arbeitet mit einer flachen Druckform, die gegen einen Gegendruckzylinder gepresst wird.

Die dritte und letzte Variante wird Rotationsdruckpresse genannt. Die Druckform befindet sich auf einem Hochdruckzylinder und wird gegen einen Gegendruckzylinder (oder Presseur) gepresst.

Zylinderdruck- und Rotationsdruckmaschinen werden heutzutage nur noch selten eingesetzt.

9.6.2 Letterdruck und Klischeedruck

Der Bildträger im Hochdruck besteht entweder aus einzelnen gesetzten Buchstaben oder aus einem Klischee oder beidem. Heutzutage sind ungefähr 60% des Hochdrucks Lettersatz und 40% Klischeedruck. Es sind hauptsächlich Firmenlogos, die als Klischee gedruckt werden.

Wenn man den Text für ein Layout setzt, muss man die einzelnen Buchstaben aus dem Setzkasten aneinanderreihen, für jedes Zeichen eine eigene Bleiletter verwenden, und wenn diese zusammengestellt sind, das Ganze zu einer Druckform schließen. Man kann diese Druckform auch um fertige Klischees ergänzen, die dann entsprechend einmontiert werden.

Um ein Klischee zu erstellen, benötigt man einen grafischen Film und ein Basismaterial, auf dem das Klischee befestigt wird. Das Basismaterial besteht aus einem zwei Millimeter dicken Magnesiumträger, der mit einer lichtempfindlichen Schicht überzogen ist. Auf diese Schicht wird der Film belichtet und anschließend die nicht belichteten Stellen ausgewaschen. Zurück bleibt ein Höhenunterschied von etwa 0,8 mm zwischen den druckenden und den nicht druckenden Flächen.

Wenn geprägt werden soll, muss das Magnesiumklischee 7 mm stark sein, die eigentliche Druckform, die sogenannte Patrize, muss auf 3 mm aufgebaut werden. Außerdem braucht man ein Gegenstück, die Matrize, in deren Vertiefungen die Patrize hineinpasst. Sie besteht aus demselben Material wie die Patrize und ist lediglich deren Negativ.

9.6.3 Die Farbe

Die Farbe, die im Hochdruck verwendet wird, basiert genauso wie die Offsetdruckfarbe auf Öl und besteht aus Pigmenten und einem Bindemittel. Heutzutage kann man sowohl schwarze Offsetdruckfarbe wie auch schwarze Hochdruckfarbe im Hochdruck einsetzen, trotzdem gibt es Unterschiede in den Eigenschaften beider Farben. Beispielsweise muss die Offsetdruckfarbe von der Druckfläche der Hochdruckform nicht in demselben Maße angezogen werden wie von der Druckfläche der Offsetdruckplatte. Die Hochdruckfarbe kann also flüssiger sein und erfordert daher nicht dieselbe Oberflächenfestigkeit des Papiers wie im Offsetdruck. Auch kann man mit Hochdruckfarbe einen höheren Farbauftrag auf das Papier bringen und so ein tieferes Schwarz erzielen.

Hochdruckfarbe trocknet genauso wie Offsetdruckfarbe in zwei Schritten. Zunächst schlägt das Öl in der Druckfarbe ins Papier weg (wird absorbiert), dann bildet die Farbe eine Art Gel und trocknet durch Oxidation, wenn die Farbe mit dem Sauerstoff in der Luft in Kontakt tritt.

9.6.4 **Das Papier**
Fast jedes Papier kann für den Hochdruck verwendet werden. Die erwünschten Eigenschaften sind allerdings widersprüchlich. Einerseits möchte man ein möglichst glattes Papier verwenden, damit es von der Farbe vollständig bedeckt wird – man bevorzugt ein gestrichenes Papier. Gleichzeitig soll das Papier kompressibel (verformbar) sein und sich ein bisschen wie das Gummituch im Offset verhalten, damit die Farbe richtig ausdruckt. Unglücklicherweise wird die Elastizität des Papiers durch die gestrichene Oberfläche geschwächt. Papier muss im Hochdruck nicht dieselbe Steifigkeit wie im Offsetdruck aufweisen. Außerdem gestattet der Hochdruck eine höhere Bandbreite an Papierstärken. Man kann von der dünnsten Variante bis zu 0,5 mm Stärke fast alles bedrucken.

Üblicherweise verwendet man ein Papier mit Lumpenanteil, um dem gedruckten Produkt einen altmodischen Look zu geben. Oft werden auch Etiketten im Hochdruck gedruckt, weil hier die Möglichkeit besteht, sie während des Drucks in ungewöhnliche Formate und Formen zu stanzen.

9.6.5 **Typische Phänomene im Hochdruck**
Im Folgenden werden einige mehr oder weniger unerwünschte Nebeneffekte des Hochdrucks beschrieben, die sich eher vermeiden lassen, wenn man ihre Ursachen kennt:

Druckt man im Hochdruck Klischees, die Text enthalten, sollte man »klassische« Serifenschriften mit etwas stärkerem Schnitt verwenden. Moderne Schnitte klassischer Schriften haben meist Buchstabenteile in Haarlinienstärke,

DIREKTE UND INDIREKTE DRUCKVERFAHREN

Man unterscheidet zwischen direkten und indirekten Druckverfahren.

Unter einem direkten Druckverfahren versteht man, dass die Druckfarbe direkt von der Druckform auf den Bedruckstoff (z.B. Papier) abgegeben wird. Das Druckbild muss in diesem Fall auf der Druckform seitenverkehrt abgebildet sein, arbeitet also ähnlich wie ein Stempel. Beispiele für direkte Druckverfahren sind der Flexodruck und der Tiefdruck.

Beim indirekten Druck wird die Druckfarbe von der Druckform zunächst an ein Gummituch abgegeben, und kommt erst von dort auf das Papier. Das Druckbild ist in diesem Fall seitenrichtig auf der Druckform dargestellt, steht seitenverkehrt auf dem Gummituch und wieder seitenrichtig auf dem Bedruckstoff. Der Offsetdruck ist das bekannteste Beispiel für ein indirektes Druckverfahren.

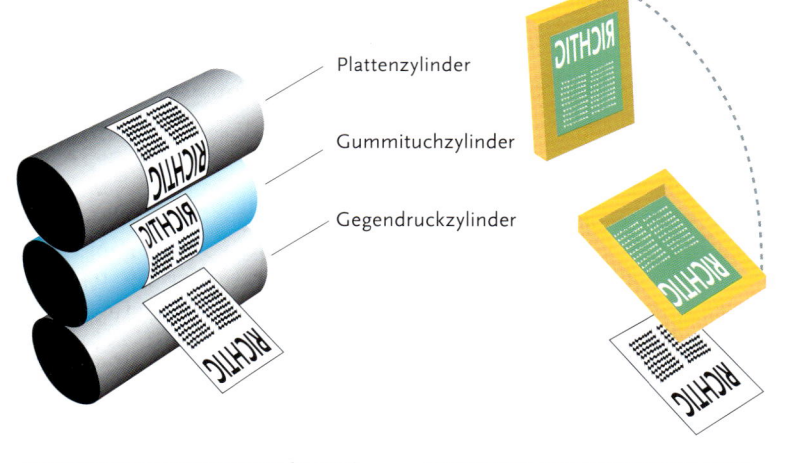

Plattenzylinder
Gummituchzylinder
Gegendruckzylinder

SEITENRICHTIGE DRUCKFORM (PLATTE)
Für indirekte Druckverfahren braucht man eine seitenrichtige Platte – wie hier beim Offsetdruck.

SEITENVERKEHRTE DRUCKFORM (SIEB)
Für direkte Druckverfahren braucht man eine seitenverkehrte Druckform wie hier beim Siebdruck, wenn die beschichtete Seite in Kontakt mit dem Bedruckstoff treten muss.

die beim Drucken Probleme bereiten können. Die Druckform kann diese nicht sauber übertragen, so dass das Druckbild auf dem Papier unvollständig erscheint, ausbricht oder abquetscht.

Um sicherzustellen, dass die Farbe vollständig ausdruckt, muss die Druckform auf das Papier gepresst werden. Dies kann auf dem gedruckten Produkt eine Vertiefung hinterlassen. Früher war es das Ziel der Drucker, ein gutes Druckbild zu erzielen, ohne dass der Eindruck eines Stempels oder Reliefs entstand. Heutzutage ist es dagegen meistens erwünscht, den Prägedruck ein wenig zu spürbar werden zu lassen, um dem Produkt eine mehr haptische Qualität zu verleihen, beispielsweise bei Geschäfts- oder Visitenkarten.

9.7 Siebdruck

Der größte Stärke des Siebdrucks besteht darin, dass man damit im Prinzip jedes Material, jede Form und jedes Format bedrucken kann. Mit dieser Technik bedruckt man unter anderem Porzellan, Textilgewebe, Metall, Karton und anderes. Die Produktpalette reicht von Tassen, Kleidung bis zu Keksdosen und Schildern, um nur einige Beispiele zu nennen.

9.7.1 Die Technik des Siebdrucks

Siebdruck unterscheidet sich am stärksten von den anderen Druckverfahren. Man arbeitet dabei nicht mit einer Druckform auf einem Zylinder, sondern pro Druckfarbe mit einem dünnen, feinen Siebgewebe, das auf einen Rahmen gespannt wird. Die Farbe wird mit Hilfe einer Rakel durch das Gewebe gepresst und dann auf den Druckträger übertragen. Das Gewebe ist so präpariert, dass die Farbe nur an den druckenden Stellen passieren kann.

Im traditionellen Siebdruck, wenn man auf einen flachen Bedruckstoff druckt, liegen Bedruckstoff und Siebrahmen still, nur die Rakel bewegt sich über das Sieb und presst die Farbe hindurch.

Heutzutage besteht eine Siebdruckpresse normalerweise aus vier hintereinandergeschalteten Rahmen, für jede Farbe einer. Vier Druckträger können zeitgleich bedruckt werden, jeder mit einer Farbe in einem Rahmen. Wenn der Druckvorgang erfolgt ist, trocknet die Farbe unter einer UV-Lampe. Danach wandert der Druckträger weiter zum nächsten Rahmen.

Da oft sehr große Formate verarbeitet werden, ist auch die Siebdruckmaschine meistens sehr lang. Die Druckpresse hat Kontrollsysteme, mit denen man die Farbzufuhr auf dem Sieb schnell erhöhen oder zurücknehmen kann. Eine Veränderung in der Farbe ist sofort spürbar, im Gegensatz zum Offsetdruck, wo eine langsame Anpassung erfolgt.

Ein großer Vorteil von Siebdruckpressen liegt darin, größere Farbmengen aufzutragen. Dadurch erzielt man im Druckergebnis einen stärkeren Kontrast. Druckt man große Formate für Citylights oder Durchleuchtung, muss nicht wie im Offset die Rückseite nochmals spiegelverkehrt aufgedruckt werden.

Bedruckt man runde Objekte wie Flaschen oder Dosen, wird eine etwas andere Methode eingesetzt. Der Druckträger und der Siebrahmen bewegen sich, während die Rakel stillsteht. Der Druckträger – beispielsweise eine Flasche – rotiert, während der Rahmen in derselben Geschwindigkeit darüberrollt.

SIEBDRUCKTECHNIK
Die Farbe wird mit einer Rakel durch das Gewebe gepresst. Das Gewebe ist so vorbereitet, dass die Farbe nur durch die freien Druckbereiche hindurchgelassen wird.

SIEBDRUCKMASCHINE
Eine Siebdruckmaschine besteht heutzutage aus vier hintereinander geschalteten Druckwerken, einem für jede Farbe. Da man häufig sehr große Formate verarbeitet, ist auch die Siebdruckmaschine meistens sehr groß.

BESONDERHEITEN IM SIEBDRUCK

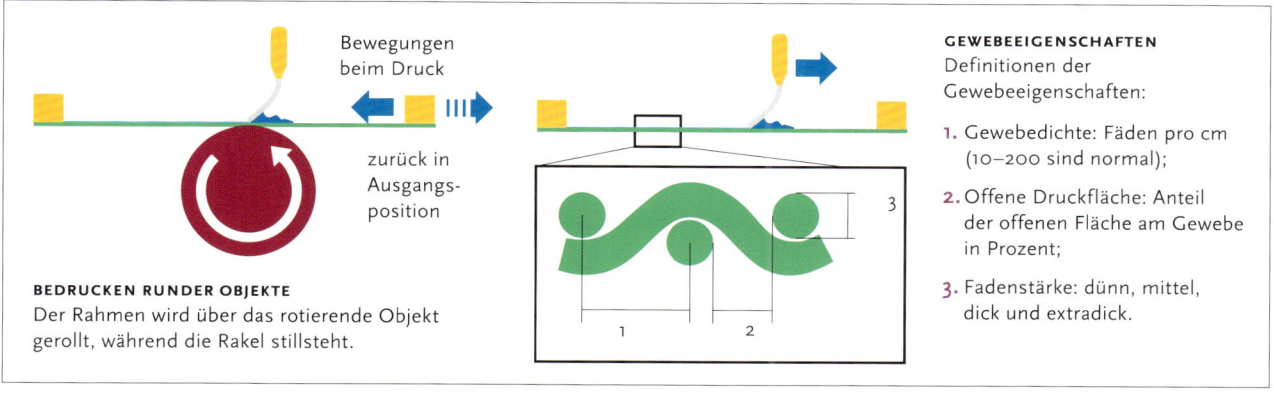

BEDRUCKEN RUNDER OBJEKTE
Der Rahmen wird über das rotierende Objekt gerollt, während die Rakel stillsteht.

GEWEBEEIGENSCHAFTEN
Definitionen der Gewebeeigenschaften:

1. Gewebedichte: Fäden pro cm (10–200 sind normal);
2. Offene Druckfläche: Anteil der offenen Fläche am Gewebe in Prozent;
3. Fadenstärke: dünn, mittel, dick und extradick.

Es gibt auch Siebdruckpressen, die ähnliche Verfahren verwenden, um flache Bedruckstoffe zu bedrucken. Diese Druckpressen besitzen einen Gegendruckzylinder, der rotiert, während der Druckträger parallel den Bewegungen des Gewebes folgt.

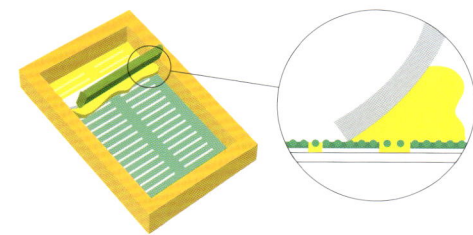

9.7.2 Das Sieb

Bei dem Gewebe handelt es sich um ein sehr feinmaschiges Netz aus Naturseide-, Kunststoff- oder Metallfäden. Damit die Farbe nur an bestimmten Stellen hindurch kann, wird das Siebgewebe mit einer Sperrschicht, der Schablone überzogen. Die Schicht besteht aus einem hauchdünnen Kunststofffilm und deckt die nicht druckenden Flächen des Siebgewebes ab, wohingegen die druckenden Flächen frei bleiben. Es gibt verschiedene Methoden und Materialien für die Herstellung solcher Schablonen. Bei manchen Verfahren ist die Schablone bei der Belichtung bereits auf dem Siebgewebe montiert, bei anderen wird sie erst entwickelt und dann montiert.

Oftmals werden Siebdruckformen mittels eines Schablonenschneiders hergestellt. Das Sieb wird dazu mit einer lichtempfindlichen Emulsion beschichtet, auf die die Schablone aufgelegt wird. Ein Laserstahl belichtet die Flächen, die später drucken sollen. Später bei der Entwicklung wird die Emulsion in diesen Bereichen herausgewaschen. Die nicht druckenden Flächen härten während des Entwicklungsvorgangs aus und bilden die Schablone für den Druck.

Im traditionellen Herstellungsverfahren wurden die Schablonen ebenfalls aus Filmmaterial hergestellt. Aber im Gegensatz zur vorausgegangenen Beschreibung wurde die Schablone über eine Reprokamera belichtet. Der seitenrichtige Positivfilm wurde auf der Beschichtung platziert und dann belichtet. Die belichteten, nicht druckenden Flächen härteten dabei als Schablone aus und die unbelichteten, druckenden Flächen wurden während des Entwicklungsvorgangs ausgewaschen.

Man unterscheidet die verschiedenen Siebgewebe nach Fadendicke, Gewebedichte und der Größe der offenen Druckfläche. Je dicker der Faden und je dichter

WIE DIE SIEBDRUCKFORM ENTSTEHT
Als Erstes muss das Sieb mit einer lichtempfindlichen Schicht bezogen werden. Siebdrucker, die wie hier die Inkjet-Technik nutzen, beschreiben die druckenden Oberflächen des Siebs mit Farbe oder Wachs. Nachdem die Emulsion mit ultraviolettem Licht beleuchtet wurde, werden die nicht belichteten Bereiche, die mit Farbe bedeckt waren, herausgewaschen.

FÜR UND WIDER SIEBDRUCK

+ Für fast alle Materialien geeignet, inklusive dicker Papiere und Karton
+ Dreidimensionale Körper (beliebige Form)
+ Wenig Makulatur
+ Farben auf Wasserbasis können verwendet werden
+ Hoher Farbauftrag und große Beständigkeit
− Eignet sich nicht für feinere Raster
− Häufige Probleme mit der Wiedergabe der gesamten Tonwertskala, zum Beispiel feiner Tonwertabstufungen

SIEBDRUCK UNTER DER LUPE

Beim Siebdruck werden die Rasterpunkte sehr ungleichmäßig, was die Bildqualität beeinträchtigt.

Text kann beim Siebdruck an den Kanten etwas unscharf werden, die Textwiedergabe ist also eher schlecht.

das Gewebe, umso dicker darf die Farbschicht im Druck sein. Je dicker die Farbschicht ist, desto länger dauert die Trocknung. Wird das Gewebe nicht fest genug, nicht mit geradem Fadenverlauf oder nicht exakt im rechten Winkel zum Rahmen aufgespannt, können unerwünschte Moiré-Effekte und Interferenzmuster im Druck auftreten [*siehe Druckvorstufe 7.7.11*].

Die Gewebe können lose, aber auch auf Rahmen vormontiert bezogen werden. Wenn die Schablone belichtet und auf dem gespannten Gewebe befestigt ist, muss man sicherstellen, dass die nicht druckenden Flächen wirklich undurchlässig sind. Kleine Löcher entstehen jedoch immer beim Entwickeln. Sie müssen vor dem Druck abgedichtet werden, indem man sie mit einem Füllmittel zustreicht.

9.7.3 Die Siebdruckfarbe

Farbe, die durch Verdunstung von Lösungsmitteln trocknet, stellt ein ernst zu nehmendes Umweltproblem dar. Inzwischen werden umweltfreundlichere Farben auf Wasserbasis verwendet, die mit Hilfe von UV-Licht getrocknet werden. Beim Siebdruck kommt es darauf an, dass die Farbe schnell trocknet, weil dieses Verfahren keinen Nass-in-Nass-Druck zulässt. Die nächste Farbe kann erst aufgetragen werden, wenn die vorherige trocken ist.

9.7.4 Bedruckstoffe

Der Siebdruck ist das Druckverfahren mit den geringsten Beschränkungen, was die möglichen Bedruckstoffe angeht. Im Prinzip kann man alles bedrucken, egal ob flach oder rund.

GROSSFORMATE
Die Siebdruck ist besonders für große Formate geeignet.

9.7.5 **Typische Phänomene im Siebdruck**
Ein unerwünschter Nebeneffekt ist das Moiré [*siehe Druckvorstufe 7.7.11*]. Das feine Gewebe der Siebfläche bildet ein Muster, das mit dem Druckraster interagiert und deshalb ein störendes Interferenzmuster bildet. Die einzige Möglichkeit der Vermeidung besteht darin, einen anderen Rasterwinkel zu wählen. Deshalb werden im Siebdruck häufig andere Rasterwinkel als im Offsetdruck verwendet.

9.8 Tiefdruck

Der Tiefdruck ist ein altes Druckverfahren und hat seine Ursprünge im Kupferstich. Dieses teure Verfahren ist nur bei sehr hohen Auflagen ökonomisch vertretbar. Tiefdruckmaschinen sind meist große Rollendruckmaschinen mit sehr hoher Produktionsgeschwindigkeit. Sie werden hauptsächlich für Periodika, Kataloge, Broschüren und im Foliendruck, beispielsweise für Verpackungen eingesetzt.

9.8.1 Die Technik des Tiefdrucks
Die Technik funktioniert sozusagen nach dem umgekehrten Stempelprinzip: Die druckenden Flächen liegen tiefer als die nicht druckenden. Man arbeitet im Tiefdruck nicht mit Druckplatten, sondern die Druckform besteht aus Stahlwalzen, die mit einer Kupferschicht bedeckt werden. Das Druckbild wird in einen Zylinder eingraviert (mechanische Herstellung) oder geätzt (chemische Herstellung), so dass ein Halbtonraster aus Näpfchen entsteht. Um auf dem Papier Rasterpunkte unterschiedlicher Größe zu erzeugen, variieren die Näpfchen in Größe und/oder Tiefe, je nach Gravurtechnik. Beim Drucken werden die Näpfchen mit Farbe gefüllt, die sich auf das Papier überträgt, während dieses mit Hilfe eines gummibeschichteten Gegendruckzylinders gegen die Druckform gepresst wird.

9.8.2 Die Tiefdruckform
Vor jedem neuen Gravur- oder Ätzvorgang muss eine neue Kupferschicht auf den Druckformzylinder aufgetragen werden. Das Verkupfern erfolgt durch Elektrolyse mit Hilfe von Kupfersulfat und Schwefelsäure.

Die Gravur ist heute das übliche Tiefdruckverfahren. Die Technik verwendet einen mit einem Diamanten besetzten Gravurkopf, der durch physischen Druck Rasternäpfchen in die Druckform graviert. Während der Gravur rotiert der Druckformzylinder, und nach jeder vollständigen Umdrehung wird der Gravurkopf ein Stückchen weiterbewegt, bis der ganze Zylinder mit Näpfchen versehen ist. Die Gravur von Tiefdruckzylindern kann direkt über eine digitale Information gesteuert werden. Man bezeichnet dies als Direktgravur. Bevor man den Gravurkopf digital steuern konnte, wurde die Information von einem Opalfilm abgelesen. Der Lesekopf verwendete Licht, um die Information vom Film abzutasten und an den Gravurkopf zu übermitteln.

Heutzutage brennen Belichter die Näpfchen auch mittels eines Lasers in die Kupferschicht. Dazu bedarf es eines Hochleistungslasers, der 1.000.000.000 Watt pro Kubikzentimeter abgibt. Durch diese neuartige Technik hat sich die

TIEFDRUCK
Der Tiefdruck ist eine alte Druckmethode, die ihre Wurzeln im künstlerischen Kupferstich und in der Radierung hat. Tiefdruckmaschinen sind Rollendruckmaschinen, die oft sehr groß sind und mit sehr hoher Geschwindigkeit laufen. Sie werden hauptsächlich für Periodika, Kataloge, Broschüren und für Verpackungsfolien eingesetzt.

Bogen-Tiefdruckmaschinen gibt es heute kaum noch.

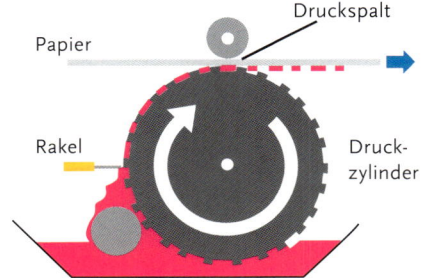

DAS TIEFDRUCKPRINZIP
Die Rasternäpfchen werden mit Farbe gefüllt, und eine Rakel entfernt die überschüssige Farbe. Im Druckspalt wird die Farbe von der Form auf das Papier übertragen.

DRUCK | 357

FÜR UND WIDER TIEFDRUCK

+ Die Druckformen reichen für hohe Auflagen
+ Geeignet für große Umfänge und hohe Auflagen wegen hoher Vorstufenkosten und geringer Stückkosten
+ Gute Bildwiedergabe dank »echter« Halbtöne
− Hoher Bedarf an Chemikalien und Lösungsmitteln in der Farbe
− Hohe Vorstufen- und Einrichtekosten, daher für kleine Auflagen nicht wirtschaftlich
− Weil alle druckenden Flächen aus Rasternäpfchen gebildet werden, werden Linien und Buchstaben etc. gerastert.

TIEFDRUCK UNTER DER LUPE

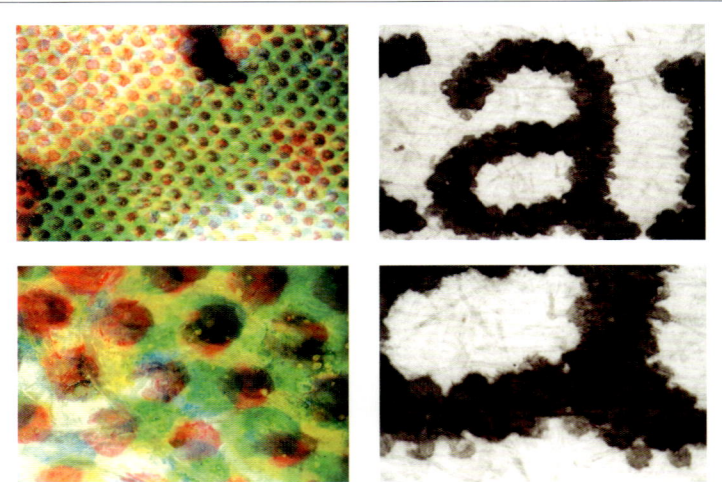

Die Rasterpunkte werden im Tiefdruck sehr exakt reproduziert, weil sie nicht auf dem Papier ausgewalzt werden. Daraus ergibt sich eine bessere Bildwiedergabe als im Offset.

Bei Tiefdruck sind Text und Bilder, sogar Volltonflächen, gerastert. Das bedeutet, dass die Textwiedergabe schlechter ist als im Offsetdruck.

Gravurdauer enorm verkürzt, und auch die Beschränkungen, die mit der Tiefdrucktechnik einhergingen (gerasterte Texte und Linien etc.) wurden weitgehend überwunden.

Eine ältere Methode ist das Ätzen. Der erste Schritt des Ätzvorgangs erinnert an das Entwickeln von Offsetdruckplatten. Man benutzt lichtempfindliche Gelatine, die durch Belichtung gehärtet wird und so das Druckbild speichert. Die Gelatine ist nicht binär wie die Offsetplatte – deren Partien nur druckend oder nicht druckend sein können –, sondern die Ätzungen werden je nach Belichtungsdauer unterschiedlich tief. Die gesamte Gelatine wird dann auf die Druckform übertragen, wo die nicht gehärtete Gelatine ausgespült werden kann.

Das eigentliche Ätzen der Kupferdruckform erfolgt dann mit Hilfe einer Säure, die sich in das Kupfer frisst. Sie löst auch die Gelatine nach und nach auf. Da diese Auflösung langsam erfolgt, wird die darunterliegende Kupferschicht unterschiedlich stark der Ätzflüssigkeit ausgesetzt, je nachdem, wie dick die Gelatineschicht darüber ist. Auf diese Weise entstehen Rasternäpfchen unterschiedlicher Tiefe.

9.8.3 Die Farbe für den Tiefdruck

Die Tiefdruckfarbe darf nicht zu zähflüssig sein, da sie in kleinste Näpfchen eindringen und schnell trocknen muss. Ein Nass-in-Nass-Druck ist bei diesem Verfahren nicht möglich. Die Farbe enthält flüchtiges Lösungsmittel (Toluol),

TIEFDRUCKFORMEN
Links eine geätzte Tiefdruckform und das entsprechende Druckresultat; rechts eine gravierte. Auf der geätzten Platte sind die Rasternäpfchen gleich groß, aber unterschiedlich tief. Auf der gravierten Platte unterscheiden sich die Rasternäpfchen in beidem, in Größe und Tiefe.

das auf dem Weg von einem Farbwerk zum nächsten verdunstet, so dass die Farbe sehr schnell trocken ist. Die Trocknung wird zudem durch ein Heißluft-Trockensystem beschleunigt. Das verdunstete Toluol muss recycelt werden.

9.8.4 Das Papier
Die Papieroberfläche muss glatt sein, da die Halbtonpunkte sonst nicht vom Papier angenommen werden und fehlende Punkte entstehen. Aus diesem Grund muss satiniertes oder gestrichenes Papier verwendet werden. Die Auswahl wird dadurch eingeschränkt und in der Regel muss man das Papier verwenden, das die Druckerei anbietet.

9.8.5 Typische Phänomene im Tiefdruck
Nun erläutern wir die am häufigsten im Tiefdruck vorkommenden unerwünschten Nebenerscheinungen. Kennt man die Ursache, so kann man die Druckqualität optimieren.

9.8.6 Fehlende Punkte
Das Phänomen fehlender Punkte (dot skip) tritt in Vollflächen und Bildern auf, wenn nicht alle Halbtonnäpfchen die Farbe übertragen. Fehlende Punkte werden durch Unebenheiten im Papier oder Probleme bei der Farbzufuhr in der Druckmaschine verursacht.

9.8.7 Gerasterter Text
Jede Volltonfläche, Illustration und auch Text muss im Tiefdruck gerastert werden. Der Tiefdruck nutzt ein Halbtonraster und hat dadurch eine geringere Qualität als der Offsetdruck. Neuere Maschinen können teilweise auf die Rasterung verzichten, was die Druckqualität steigert.

9.8.8 Falsche Laufrichtung
Tiefdruck wird nur für hohe Auflagen eingesetzt. Die Papierkosten verschlingen einen großen Anteil der Gesamtkosten. Die Zylinderbreite wird meist optimal genutzt, auch wenn dadurch das Endprodukt die falsche Laufrichtung erhält. Das Bindeergebnis hat dann eine schlechtere Haltbarkeit und das Druckprodukt lässt sich schlechter aufschlagen.

9.9 Flexodruck
Der Flexodruck gehört zu den wenigen modernen Drucktechniken, die nach dem Hochdruckprinzip funktionieren. Die druckenden Flächen sind gegenüber den nicht druckenden erhaben. Im Flexodruck kann man nahezu alle Materialien bedrucken, Papier, Karton, Kunststoffe und Metall. Wegen dieser Vielseitigkeit hat der Flexodruck sich vor allem in der Verpackungs- und Hygienepapierindustrie durchgesetzt.

9.9.1 Technik des Flexodrucks
Beim Flexodruck besteht die Druckform aus Gummi oder Kunststoff. Es handelt sich um ein direktes Druckverfahren, bei dem die Druckform die Farbe

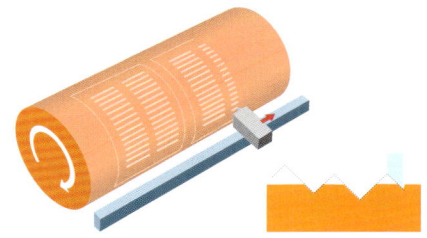

DIREKTGRAVUR
Bei der Direktgravur wird das Druckbild direkt anhand digitaler Informationen mit einem Diamantstichel direkt eingraviert. Die Bewegung des Diamanten erzeugt unterschiedlich tiefe Näpfchen.

FLEXODRUCKMASCHINE
Im Flexodruck kann auf die unterschiedlichsten Materialien gedruckt werden, nicht nur auf Papier, sondern auch auf Karton, Kunststoffe und Metall. Diese Vielseitigkeit hat dazu geführt, dass der Flexodruck vor allem in der Verpackungs- und der Hygieneindustrie Fuß gefasst hat.

FÜR UND WIDER FLEXODRUCK
+ Im Flexodruck kann man nahezu alle Materialien bedrucken
+ Farben auf Wasserbasis können verwendet werden
+ Wenig Makulatur
+ Variables Druckformat
− Der Flexorand ist störend
− Häufige Probleme mit der Wiedergabe der gesamten Tonwertskala, zum Beispiel feiner Tonwertabstufungen

FLEXODRUCK UNTER DER LUPE

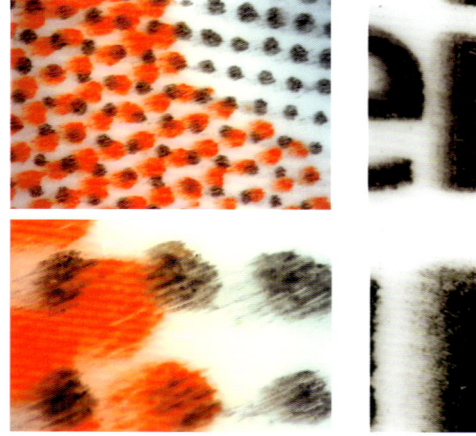

Im Flexodruck verschmieren die Rasterpunkte leicht, weil das Gummiklischee über den Bedruckstoff gleitet.

Text im Flexodruck verschmiert wegen des Stempelsprinzips leicht an den Kanten, und die Textwiedergabe ist schlechter als beim Offset. Beachten Sie den Flexorand, der innerhalb der Buchstabenkontur deutlich sichtbar ist.

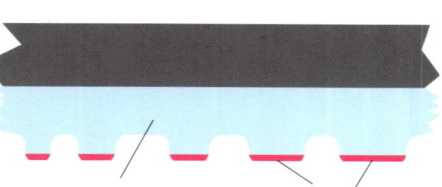

Klischee   druckende Flächen

DAS FLEXOKLISCHEE
Die Druckform hat beim Flexodruck erhabene, spiegelverkehrt druckende Flächen wie ein Stempel.

direkt auf das zu bedruckende Material überträgt. Das Druckbild auf der Druckform ist also spiegelverkehrt. Da diese aus elastischem Material besteht, muss der Gegendruckzylinder hart sein. Das Verhältnis ist also genau umgekehrt wie beim Tiefdruck, wo der Gegendruckzylinder weich und die Druckform hart ist.

9.9.2 Das Flexoklischee

Es gibt zwei Grundvarianten an Flexodruckklischees: flexible Gummiklischees und Fotopolymerklischees, wobei Letztere weiter verbreitet sind. Die Gummiausführung setzt ein Zinkklischee voraus, das durch Druck und Wärme das druckfertige Klischee formt. Die Polymerklischees werden in einem Belichtungsverfahren hergestellt, das an die Herstellung von Offsetplatten erinnert. Das Polymerklischee ist lichtempfindlich, und die druckenden Flächen werden mit UV-Licht gehärtet. Für die Belichtung verwendet man einen gewöhnlichen Lithofilm. Der Film muss seitenrichtig und negativ sein. Die nicht belichteten Bereiche werden mit Hilfe des Entwicklers ausgewaschen.

9.9.3 Farbe im Flexodruck

Die Farbe im Flexodruck trocknet hauptsächlich durch Verdunsten von Lösungsmitteln, da man oft auf nicht saugfähiges Material druckt. Deshalb ist die Farbe flüchtig und muss schnell vom Farbkasten auf die Druckform übertragen werden, damit sie nicht zwischenzeitlich in den Näpfchen der sogenannten Aniloxwalze eintrocknet. Diese wird anstelle glatter Farbwalzen (wie im Offset) verwendet und ist mit kleinen Rasternäpfchen bedeckt. Die Farbe muss sehr dünnflüssig sein, so dass sie sich schnell und gleichmäßig via Aniloxwalze auf das Klischee übertragen lässt. Eine Rakel entfernt zuvor die überschüssige Farbe, damit sich eine gleichmäßige Farbübertragung von der Walze auf den Druckträger ergibt.

9.9.4 Bedruckstoffe

Neben Siebdruck (und Tampondruck) gibt es im Flexodruck die geringsten Einschränkungen bei der Wahl des Bedruckstoffs. Zwar müssen die Farben jeweils auf die Oberfläche abgestimmt sein, aber prinzipiell kann man fast alles im Flexodruck bedrucken, solange es flach oder rund ist.

9.9.5 Typische Phänomene im Flexodruck

Auch bei diesem Druckverfahren gibt es unerwünschte Randerscheinungen – doch wenn man sie kennt, lassen sie sich oftmals vermeiden.

9.9.6 Der typische Quetschrand

Der Quetschrand ist ein Phänomen des Hochdrucks, das auch im Flexodruck entlang von Volltonflächen auftritt. Da die Farbe dünnflüssig ist und die Druckform flexibel, wird an den Rändern der Flächen eine Kontur sichtbar. Die Kontur entsteht, weil der Flexorand dunkler ist und sich innerhalb eine schmale Linie bildet, die heller als die Fläche ist.

9.9.7 Schwache Farbdeckung auf nicht absorbierendem Material

Im Flexodruck erreicht man auf nicht absorbierendem Material wie Plastik oder Glas keine so hohe Deckkraft wie beispielsweise im Siebdruck. Einige Materialien vertragen nicht mehr als 150% Gesamtfarbauftrag. Das heißt gleichzeitig, dass es eigentlich nicht möglich ist, im Vierfarbdruck zu arbeiten. Es ist daher üblich, mit Pantone-Farben zu drucken. Dafür ist eine spezielle Farbseparation nötig, die den Farbauftrag reduziert und Bilder statt aus vier Farben aus einer ganzen Reihe von Pantone-Farben aufbaut.

9.10 Einrichten der Druckmaschine

Das Einrichten der Druckmaschine umfasst alle Vorbereitungen für die Ausführung eines Druckauftrags bis zum Musterbogen, der dann als Referenz für die ganze Auflage dient. Das soll natürlich so schnell wie möglich gehen, doch dabei sind viele Schritte zu berücksichtigen. Viele der nun folgenden Punkte gelten für alle Druckverfahren; konkret geht es hier aber um den Bogenoffsetdruck. Die einzelnen Schritt sind:

- Einspannen der Druckplatten
- Einstellen des Anlegers
- Registrieren anhand der Vorder- und Seitenmarken
- Voreinstellen der Farbzonen

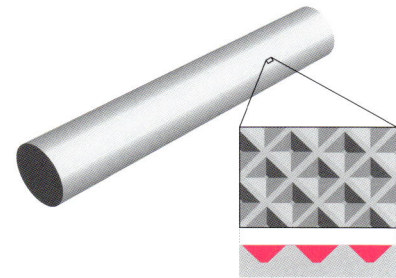

ANILOXWALZE
Die Aniloxwalze ist mit Näpfchen bedeckt und überträgt die dünnflüssige Farbe schnell und gleichmäßig auf das Flexoklischee.

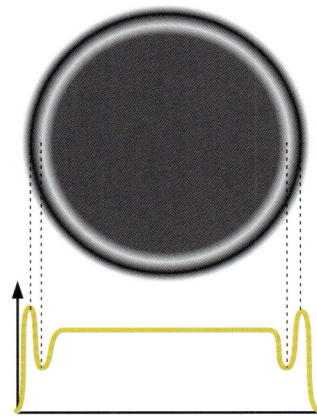

FLEXORAND
Darstellung einer Druckfläche im Flexodruck mit Dichtediagramm. Die Fläche ist umgeben von einem Kranz geringerer Dichte und einer dunkleren Kontur. Dieses Phänomen beruht darauf, dass die Farbe relativ dünnflüssig und die Druckform kompressibel ist, das heißt, sich zusammenpressen lässt.

Die Farbe wird am Rand verdrängt (dort wird es heller) und bildet an der Flanke der Druckform einen Wulst, der dann auf dem Papier dunkler erscheint.

EINRICHTEN DER PLATTE
Das sorgfältige Einpassen der Platte ist sehr wichtig, um hohe Passgenauigkeit im Druck zu erzielen.

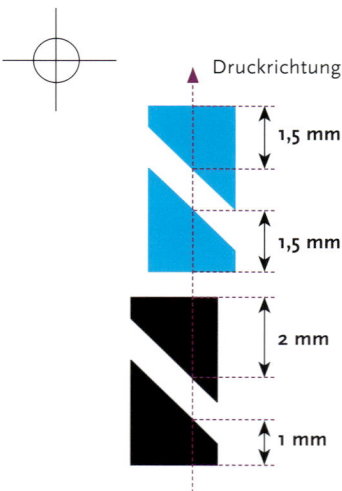

REGISTERMARKEN
Sie werden verwendet, um die genaue Ausrichtung der Farben zu kontrollieren. Oben links ist das traditionelle Passkreuz abgebildet.

Die Kontrollsysteme moderner Druckmaschinen überprüfen und passen die Ausrichtung automatisch an. Auf der gegenüberliegenden Seite ist ein farbiger Kontrollstreifen mit Passkreuzen abgebildet. Die Kontrolle erfolgt über eine Messung der Marken in Druckrichtung.

Sind zwei Marken der gleichen Farbe (siehe oben) gleich lang, wie die Cyan-Marken, druckt die Platte registerhaltig. Ist die Länge der Marken dagegen unterschiedlich, wie im Beispiel die schwarzen, wird die Platte automatisch nachjustiert.

- Einstellen der Farb-Feuchte-Balance
- Prüfen und Korrigieren der Passgenauigkeit
- Kontrolle der Farbmenge in den einzelnen Farbzonen
- Prüfen der Übereinstimmung mit dem Andruck/Proof

Man ist immer bemüht, die Zeit der Maschineneinrichtung zu minimieren, weil sie im Verhältnis zum eigentlichen Druckvorgang sehr aufwändig ist. Es folgt die nähere Beschreibung der einzelnen Einrichtungsschritte.

9.10.1 Einrichten der Platte

Um von Anfang an höchstmögliche Passgenauigkeit zwischen den einzelnen Druckfarben zu erzielen, müssen die Platten präzise eingepasst werden. Um dies zu erleichtern, arbeitet man mit Registerstiften und Stanzlöchern in der Druckplatte. Das Einpassen der Druckplatte erfolgt häufig manuell, aber Druckmaschinen mit automatischem Plattenwechsel werden immer gebräuchlicher.

9.10.2 Einstellen des Anlegers

Der Anleger muss auf das jeweilige Bogenformat und die Papierstärke eingestellt und so justiert werden, dass er immer nur einen Bogen aufnimmt.

9.10.3 Registrieren anhand der Vorder- und Seitenmarken

Die Papierbogen müssen exakt an der Seitenmarke ausgerichtet werden, bevor sie der Druckmaschine zugeführt werden. Damit wird sichergestellt, dass das Druckbild während der gesamten Auflage immer an derselben Stelle erzeugt wird, und natürlich auch, dass die Weiterverarbeitung möglichst präzise vonstatten geht.

9.10.4 Voreinstellen der Farbzonen

Es dauert ziemlich lange, bis die Korrektur der Farbzufuhr in den einzelnen Farbzonen im Druckresultat sichtbar wird. Deshalb sollte die Voreinstellung so sorgfältig wie möglich ausgeführt werden. Die Einstellung erfolgt entweder manuell oder automatisch auf Grundlage von Informationen des Plattenscanners oder einer digitalen Datei (JDF) – oft sogar schon während der vorherige Druckjob noch läuft.

9.10.5 Einstellen der Farb-Feuchte-Balance

Zu viel Wasser zerstört die Farb-Feuchte-Balance; ein Überschuss an emulgierten Wassertropfen in der Farbe kann kleine weiße Punkte im Druck verursachen. Zu wenig Wasser wiederum kann zum Tonen führen, das heißt, die nicht druckenden Flächen nehmen Farbe an. Deshalb ist die richtige Farb-Feuchte-Balance so wichtig.

9.10.6 Prüfen und Korrigieren der Passgenauigkeit

Beim Drucken mit mehreren Farben ist die Passgenauigkeit von äußerster Wichtigkeit. Die Druckfarben müssen so exakt wie irgend möglich aufeinander liegen. Dabei helfen die auf der Platte mitbelichteten sogenannten Registermarken. Faktisch verformt sich das Papier während des Druckprozesses ein wenig, weshalb eine ideale, hundertprozentige Passgenauigkeit nie erzielt werden kann. Im Rollendruck übliche kameragestützte automatische Registerkontrollsysteme finden mittlerweile auch in schnell laufenden Bogendruckmaschinen Anwendung.

9.10.7 Kontrollieren der Farbmenge

Die Farbdosierung, das heißt, die Farbmenge, die auf das Papier übertragen wird, muss ständig kontrolliert werden. Zu viel Farbe verschmiert, verursacht Trocknungsprobleme und kann dazu führen, dass Bilder in ihren dunklen Partien an Kontrast verlieren. Zu wenig Farbe führt zu kontrastarmen Bildern, das Bild wirkt ausgewaschen.

Die Farbdosierung wird mit einem Densitometer gemessen [siehe 9.11.1]. Ist sie in einem Bereich zu gering, kann man die Grundeinstellung in diesem Bereich ändern, indem man die Farbmenge in den betreffenden Farbzonen justiert.

Ist nur eine der Farben zu schwach dosiert, kann das bei den Bildern zu einem Farbstich führen. Man spricht dann von fehlenden Farbbalance. Sie wird mit Hilfe von Graubalance-Testfeldern geprüft, die sich bei falscher Farbbalance verfärben [siehe 9.11.7].

9.10.8 Prüfen der Übereinstimmung mit dem Andruck/Proof

Der Proof soll dem Auftraggeber einen Eindruck davon vermitteln, wie das fertige Produkt aussehen wird. Es ist also wichtig, dafür zu sorgen, dass das Druckergebnis so weit wie möglich mit dem Proof übereinstimmt. Deshalb nimmt man oft vor dem Fortdruck eine Feinjustierung im Abgleich mit dem Proof vor. Sind Proof und die Arbeiten der Druckvorstufe korrekt ausgeführt, sind in der Regel keine größeren Justierungen zwischen Proof und Fortdruck erforderlich [siehe Druckvorstufe 7.5.5].

9.11 Drucke prüfen

Beim Drucken sollte man immer einen sogenannten Druckkontrollstreifen mit auf die Platte belichten, um die Druckqualität messen, beurteilen und steuern zu können. Die Messungen sind erforderlich, um Werte zu erhalten, anhand derer man die Arbeit in der Druckvorstufe (also Originalherstellung und Bildbearbeitung) an die Druckbedingungen anpassen kann. Die Geräte, mit denen man heutzutage diese Messungen vornimmt, sind das Densitometer und das Spektralfotometer.

9.11.1 Dichte

Die Dichte ist ein Maß dafür, wie viel Licht von der bedruckten Papierfläche reflektiert wird. Je weniger reflektiert wird, desto höher ist die Dichte. Die Dichte wird in logarithmischen Dichtewerten gemessen. 10 % ergeben einen Wert von 1; 1 % ergibt einen Wert von 2; 0,1 % ergibt einen Dichtewert von 3. Die Dichte wird mit einem Densitometer an den Volltonfeldern des Messstreifens gemessen – die sogenannte Volltondichte. Mit der Dichte werden auch andere Parameter geprüft: der Farbauftrag, die Überfüllung, der Punktzuwachs und anderes.

REPRODUKTION VON TEXT IN VERSCHIEDENEN DRUCKVERFAHREN

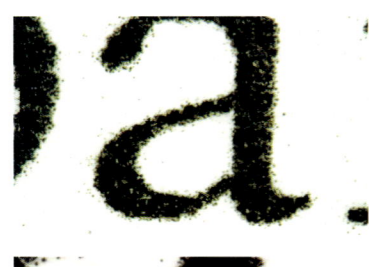

XEROGRAFIE
Beim Drucken mit Toner werden sowohl Rasterpunkte als auch Text etwas unscharf, weil die Tonerpartikel nicht immer exakt an der richtigen Stelle landen. Die Textwiedergabe wird also schlechter als im Offsetdruck.

INKJET (TINTENSTRAHLDRUCK)
Text wird im Inkjet-Druck an den Kanten leicht unscharf, weil die Tinte gespritzt wird und die Farbtröpfchen auch außerhalb der Buchstabenkontur landen können. Die Textwiedergabe ist also schlechter als beim Offsetdruck.

OFFSETDRUCK
Text wird im Offsetdruck scharf, er weist klare und deutliche Konturen auf. Die Textwiedergabe ist besser als beim Tiefdruck, aber etwas schlechter als beim analogen Proofverfahren.

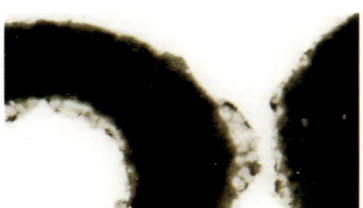

SIEBDRUCK
Text kann beim Siebdruck an den Kanten etwas unscharf werden, die Textwiedergabe ist also eher schlecht.

TIEFDRUCK
Beim Tiefdruck sind Text und Bilder, sogar Volltonflächen, gerastert. Vor allem die Konturen kleiner Schriftgrade wirken deshalb leicht ausgefranst und unscharf.

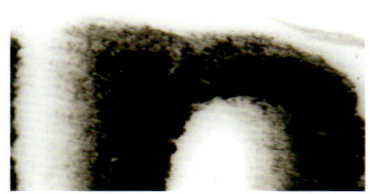

FLEXODRUCK
Text im Flexodruck verschmiert wegen des Stempelsprinzips leicht an den Kanten, und die Textwiedergabe ist schlechter als beim Offset.

REPRODUKTION VON BILDERN IN VERSCHIEDENEN DRUCKVERFAHREN

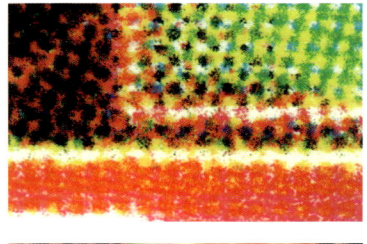
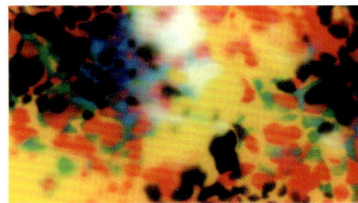

XEROGRAFIE
Rasterpunkte im Digitaldruck werden unscharf und die Bildwiedergabe ist schlechter als im Offset- oder Tiefdruck, weil man mit Toner druckt. Der Druck sieht aus, als hätte er eine höhere Rasterweite, weil die Rasterpunkte zersplittert sind.

INKJET (TINTENSTRAHLDRUCK)
Beim Inkjet-Druck verwendet man meist eine Form des stochastischen Rasters. Die Farbe wird in Form feiner Tropfen auf das Papier gespritzt. Jeder Rasterpunkt setzt sich aus vielen kleinen Tintentropfen zusammen.

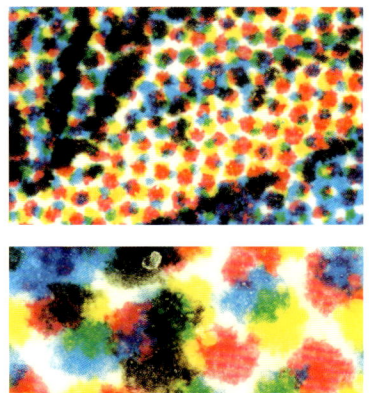

OFFSETDRUCK
Die Rasterpunkte sind im Offsetdruck unregelmäßig und unscharf, weil sie auf dem Papier ausgewalzt werden. Dadurch wird die Bildqualität etwas schlechter als im Tiefdruck oder beim analogen Proofverfahren.

SIEBDRUCK
Beim Siebdruck werden die Rasterpunkte sehr ungleichmäßig, was die Bildqualität beeinträchtigt.

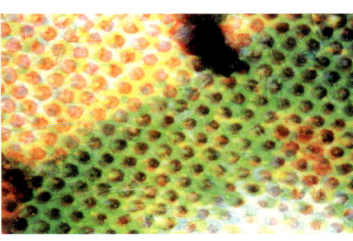
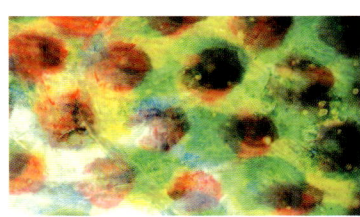

TIEFDRUCK
Die Rasterpunkte werden im Tiefdruck sehr exakt reproduziert, weil sie nicht auf dem Papier ausgewalzt werden. Daraus ergibt sich, dass die Bildwiedergabe besser gelingt als im Offsetdruck.

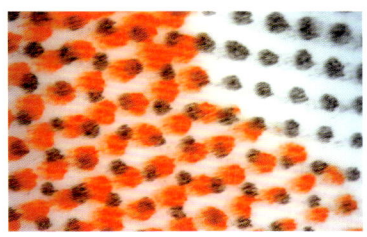

FLEXODRUCK
Im Flexodruck verschmieren die Rasterpunkte leicht, weil das Gummiklischee über den Druckstoff gleitet.

PRINTPRODUKT / TECHNIK

Printprodukt	Xerografie	Inkjet (Proof- und Großformatdrucker)	Thermotransferdruck	Bogenoffset
Großplakate		Einzelexemplare bis zu kleineren Auflagen		mittlere bis hohe Auflagen
Romane	Einzelexemplare			mittlere Auflagen
Bildbände				alle
Geschäftsberichte, Kataloge, Magazine	Vorab- und Testauflagen			mittlere Auflagen
Preislisten	einzelne Seiten, Einzelexemplare, Kleinauflagen			mittlere Auflagen
Geschäfts- und Visitenkarten	für mittlere Qualitätsanforderungen	für mittlere Qualitätsanforderungen		für hohe Qualitätsanforderungen
Flyer, Prospekte und Broschüren	Einzelexemplare bis zu Kleinauflagen			mittlere Auflagen
Proofs, Andrucke (Farbtestdrucke)		für hohe Qualitätsanforderungen, Einzelexemplare	für hohe Qualitätsanforderungen, Einzelexemplare	für hohe Qualitätsanforderungen, Einzelexemplare
Glas als Bedruckstoff				Etiketten
Plastik als Bedruckstoff			Schrumpffolie, Einzelexemplare	Schrumpffolie, Etiketten, für hohe Qualitätsanforderung
Etiketten, Aufkleber	für niedrige Qualitätsanforderungen; Einzelexemplare bis zu Kleinauflagen			für hohe Qualitätsanforderungen, mittlere bis Großauflagen
Tageszeitungen				
Tüten / Textilien		Textilien	Textilien	Papiertüten, für hohe Qualitätsanforderungen
Fotos	für mittlere Qualitätsanforderungen	für mittlere bis hohe Qualitätsanforderungen	für den Heimanwender, geringe Haltbarkeit	für mittlere bis hohe Qualitätsanforderungen
Banner	kleinere Banner, nicht witterungsbeständig, nur auf Papier	Textilien, Kunststoffe, Papier als Bedruckstoff; auch witterungsbeständig; Einzelexemplare		

PRINTPRODUKT / TECHNIK

Rollenoffset	Tiefdruck	Siebdruck	Flexodruck
		kleine bis mittlere Auflagen	
Großauflagen			
		für Sonderfarben in Kombination mit Offset	
Großauflagen	höhere Großauflagen		
Großauflagen	höhere Großauflagen		
Großauflagen	höhere Großauflagen		
		direkt auf Glas (z.B. Flaschen), für hohe Qualitätsanforderungen, keine Fotos, keine Raster	Etiketten
			direkt auf die Form; für niedrige Qualitätsanforderungen
		für höchste Qualitätsanforderungen, keine Fotos, keine Raster	
Coldset-Verfahren			
	Kunststofftüten, für hohe Qualitätsanforderungen	Papiertüten; für niedrige Qualitätsanforderungen	Kunststoff- und Papiertüten; für niedrige Qualitätsanforderungen
	für mittlere bis hohe (s/w) Qualitätsanforderungen		für niedrige Qualitätsanforderungen
		mittelgroße Banner, Innen- und Außenwerbung, Textilien, Kunststoff und Papier als Bedruckstoff	

Der Grad der Lichtreflexion verringert sich, je mehr Farbe auf das Papier gebracht wird, je dicker also die Farbschicht ist. Aber auch die Pigmente verschiedener Farben und die Reflexionseigenschaften unterschiedlicher Papiere erzeugen variierende Dichte. Das heißt, die Stärke der Farbe ist kein absolutes Maß für die Dichtewerte. Sie kann nur als Gradmesser zwischen Drucksachen herangezogen werden, die auf demselben Papier und mit derselben Farbe produziert wurden. Verschiedene Farbfilter im Densitometer machen es möglich, die verschiedenen Druckfarben Cyan, Magenta, Gelb und Schwarz zu messen. Der Reflexionsgrad einer frisch gedruckten Farbe weicht von dem einer bereits getrockneten Farbe ab. Deshalb verfügen Densitometer über einen Polarisationsfilter, der die Dichteunterschiede zwischen trockener und feuchter Farbe reduziert.

9.11.2 Farbmenge

Die Dichte ist der Gradmesser, wie viel Farbe während des Druckvorgangs auf das Papier gebracht wird. Ist die Farbdosierung zu gering, wird der Druck flau und ausgewaschen wirken. Zu viel Farbe weitet die Rasterpunkte aus und ergibt einen schlechten Kontrast. Zusätzlich verlängert sich auch die Trocknungszeit. Es ist deshalb sehr wichtig, die richtige Farbdosierung für das Papier zu wählen, auf das gedruckt wird. Der Drucker kann dies austesten. Mit einem Densitometer misst er die Volltonfarben im Farbkeil, genauer gesagt deren Farbdichte. Für jede Druckfarbe gibt es auf dem Kontrollstreifen eine Volltonfarbfläche.

Man möchte beim Drucken so viel Farbe wie möglich einsetzen, gleichzeitig aber die Tonwertabstufungen in den dunklen Partien erhalten. Um die optimale Farbmenge zu ermitteln, misst man den relativen Druckkontrast. Er entspricht der Dichtedifferenz zwischen einem 100%-Ton und einem 80%-Ton, geteilt durch die Dichte des 100%-Tons (beim Tageszeitungsdruck arbeitet man mit einem 70%-Ton). Den optimalen Druckkontrast erreicht man, wenn die Dichtedifferenz zwischen dem 80%-Ton und dem 100%-Ton am größten ist und die Volltondichte so hoch wie möglich, der Punktzuwachs aber nicht zu groß ausfällt. Das Dichteniveau, bei dem der Druckkontrast optimal ist, ergibt auch die optimale Farbmenge. Der Polarisationsfilter sollte während dieser Messungen mit dem Densitometer ausgeschaltet sein. Die Bezeichnung für dieses Verfahren lautet NCI-Messung (von *Normal Color Intensity*).

9.11.3 Punktzuwachs

Der Punktzuwachs bei der Plattenherstellung entsteht, weil sich die Größe der Rasterpunkte ändert, wenn sie auf die Druckplatte kopiert werden. Punktzuwachs im Druckprozess entsteht, wenn die Farbe von der Druckplatte auf das Gummituch übertragen wird, und dann vom Gummituch auf das Papier. Die Farbe wird ausgewalzt, was die Rasterpunkte ein wenig vergrößert, so dass Voll-

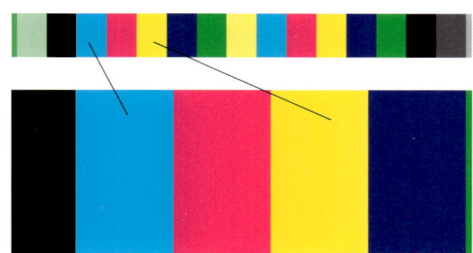

VOLLTONFLÄCHEN
Die Volltondichte wird anhand der Volltonfelder auf dem Kontrollstreifen gemessen.

DIE DICHTE VERSCHIEDENER DRUCKVERFAHREN

	C	M	Y	K
Bogenoffset	1,6	1,5	1,3	1,9
Heatset	1,4	1,4	1,2	1,6
Coldset	1,0	1,0	0,9	1,1
Tiefdruck	1,3	1,3	1,2	1,5

Gemessen mit einem Polarisationsfilter.

KONTROLLSTREIFEN
Mit Hilfe des Kontrollstreifens kann man die Farbführung überprüfen.

tonfelder und Bilder dunkler werden (»Tonwertzunahme«). Es gibt auch einen optischen Punktzuwachs, der davon abhängt, wie das Licht vom Papier reflektiert wird. Dieser ist bei heutigen Punktgrößen jedoch zu vernachlässigen.

Verwendet man Lithofilme, erhält man bei Negativfilmen einen Punktzuwachs. Positivfilm führt dagegen zu einer Punktverkleinerung. Der gesamte Punktzuwachs des fertigen Druckerzeugnisses setzt sich zusammen aus Punktzuwachs bzw. Punktverkleinerung bei der Plattenherstellung und beim Drucken sowie dem optischen Punktzuwachs. Der Punktzuwachs beim Drucken macht sich am stärksten bemerkbar.

Durch den Punktzuwachs wird das Druckresultat dunkler als das Original, deshalb muss er kompensiert werden. Um die Kompensation durch den Einsatz von ICC-Profilen richtig vornehmen zu können, muss man den Punktzuwachs beim jeweiligen Druckverfahren, Papier und Raster kennen. Druckereien sollten regelmäßige Kontrollmessungen dazu vornehmen und die Resultate dokumentieren, um eine stabile Produktion zu gewährleisten. Ein Bild, das nicht dem Punktzuwachs entsprechend kompensiert wird, wird im Druck deutlich dunkler als erwartet.

Da der Punktzuwachs in einer kontinuierlichen Kurve verläuft, reicht es, ein oder zwei Werte anzugeben. Der Punktzuwachs wird vor allem am 40%-Ton und manchmal auch am 80%-Ton gemessen. Häufig liegt der Punktzuwachs bei rund 19% im 40%-Ton, bei einem 150-lpi-Raster auf gestrichenem Papier (Negativfilm). Der Punktzuwachs wird immer in absoluten Prozenteinheiten gemessen. Das bedeutet, dass ein 40%-Ton auf Film oder am Bildschirm bei einem Punktzuwachs von 19% im Druck 59% ergibt (40% + 19%).

Faktoren, die den Umfang des Punktzuwachses im Druck beeinflussen, sind in erster Linie Papierqualität, Druckverfahren und Rasterweite. Auf ungestrichenen Papieren ist der Punktzuwachs in der Regel größer als auf gestrichenen. Bei Zeitungspapieren ist der Punktzuwachs sehr stark. Die Papierhersteller geben den jeweiligen Punktzuwachs für ihre Papierqualitäten an. Der Grad des Punktzuwachses hängt dabei auch vom Druckverfahren ab. Beim Rollenoffset ist der Punktzuwachs zum Beispiel bei gleicher Papierqualität größer als beim Bogenoffset. Ein weiterer Faktor ist die Rasterweite. Eine höhere Rasterweite ergibt immer einen größeren Punktzuwachs als eine niedrige Rasterweite, vorausgesetzt, man druckt im selben Verfahren auf die gleiche Papierqualität.

9.11.4 Maximale Farbmenge

Die maximale Farbdeckung ergibt sich aus der maximalen Farbmenge, die man auf einem bestimmten Papier in einem bestimmten Druckverfahren auftragen kann. Sie wird in Prozent ausgedrückt. Wenn man 100% aller vier Druckfarben (CMYK) übereinanderdruckt, erhält man eine Farbdeckung von 400%. Das ist zu viel und die Farbe verschmiert. Jedes Papier hat ein anderes Farbauf-

DENSITOMETER
Um Punktzuwachs und NCI-Niveau zu messen, braucht man ein Densitometer.

DER RELATIVE DRUCKKONTRAST
Der relative Druckkontrast errechnet sich nach folgender Formel:

$$\frac{D_{100} - D_{80}}{D_{100}}$$

D_{100} = Dichte einer Druckfarbe im Vollton

D_{80} = Dichte des 80%-Tons derselben Farbe

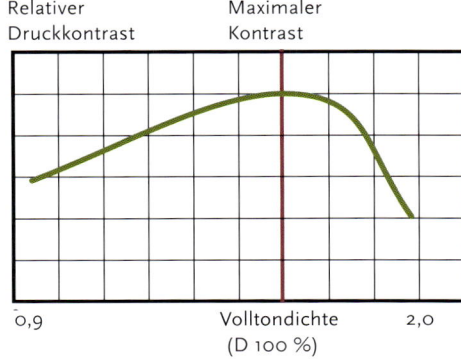

NCI-MESSUNG
Die Volltondensität am höchsten Punkt der Kurve ergibt den maximalen Kontrast zwischen dem 80%- und dem 100%-Ton und ist somit die optimale Volltondichte.

PUNKTZUWACHS

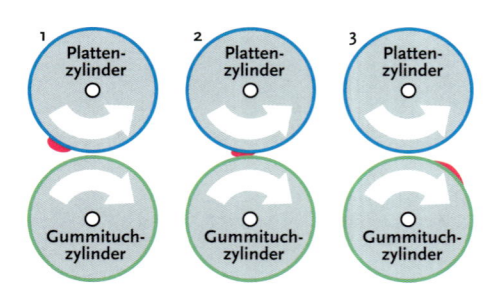

RASTERPUNKTE WERDEN GEPRESST
Im Druck, bei der Übertragung auf das Gummituch und von dort auf den Plattenzylinder, werden die Rasterpunkte auseinandergepresst und vergrößert.

MESSEN DES PUNKTZUWACHSES
Man kann den Punktzuwachs mit Hilfe eines Densitometers am Kontrollstreifen messen. Man misst die 40%-Töne und manchmal auch die 80%-Töne als Referenzwerte.

Der Punktzuwachs wird immer in absoluten Prozenteinheiten gemessen. Das bedeutet, dass ein Volltonfeld mit 40% bei einem Punktzuwachs von 19% im Druck 59% ergibt. Der Effekt, den ein Punktzuwachs von 19% über die gesamte Tonwertskala im Druck ergibt, kann in der Grafik unten abgelesen werden.

Will man wissen, wie man ein Volltonfeld definiert, damit es im Druck 40% ergibt, zieht man eine waagerechte Linie von 40% von der »Druckachse« bis zum Schnittpunkt mit der Kurve. Vom Schnittpunkt aus zieht man dann eine senkrechte Linie zur »Plattenachse« und liest den Wert ab.

In diesem Fall muss man also ein 40%-Feld auf 20% reduzieren, damit es im Druck korrekt wirkt.

Die Grafik unten vergleicht den Druckpunktzuwachs auf drei verschiedenen Papiersorten.

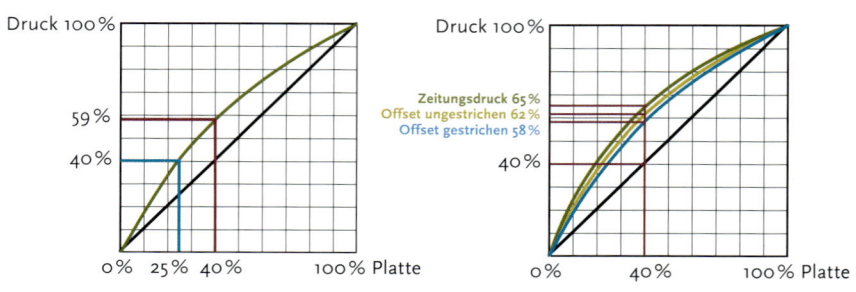

nahmeverhalten. Deshalb muss man ausprobieren, wie hoch der Farbauftrag jeweils sein darf. Beispielsweise liegt die maximale Farbmenge bei gestrichenen glänzenden Papieren bei rund 340%, bei einem ungestrichenen Zeitungspapier bei rund 240%. Im Flexodruck kann der Wert je nach Bedruckstoff bis auf 150% absinken. Der Wert beeinflusst die Druckeinstellungen und sollte im ICC-Profil berücksichtigt werden [*siehe Druckvorstufe 7.4.3*].

9.11.5 Minimaler Druckpunkt

Der hellste Farbton entspricht gleichzeitig dem kleinsten Druckpunkt, den die Druckmaschine auf einem bestimmten Papier und bei einer bestimmten Rasterfrequenz reproduzieren kann. Wird der minimale Punkt kleiner gewählt, kann er schon im Entwicklungsprozess weggewaschen werden. Abhängig vom Druckverfahren, der Rasterweite und dem Papier liegt der kleinste Druckpunkt zwischen 1% und 20%. Kompensiert man den kleinsten Druckpunkt nicht, erhält man in den hellen Flächen von Bildern überbelichtete Bereiche und Abrisse. Das Phänomen wird umso schlimmer, je größer der kleinste Punkt sein muss.

Je feiner die Rasterfrequenz druckt, desto kleiner sind die Rasterpunkte. Die Reproduktion wird noch schwieriger, wenn der hellste Druckpunkt vergleichsweise groß sein muss. Flexodruck und Siebdruck haben damit die größten Schwierigkeiten. Man misst in den gedruckten Messfeldern des Farbkontrollstreifens die feinen Tonwerte und stellt fest, ab welchem Prozentwert der Raster korrekt gedruckt hat. Es gibt Druckaufträge im Flexodruck, deren kleinster Druckpunkt bei 20 % liegt.

Man kann den kleinsten Druckpunkt bei der Bildbearbeitung kompensieren, indem man dem Weißpunkt diesen hellsten Druckpunkt zuweist. Alle anderen hellen Tonwerte werden im Verhältnis dazu angepasst. Das Ergebnis wird sein, dass im gedruckten Bild kein völliges Weiß zu sehen ist. Erfahrungsgemäß wirkt sich dies jedoch weniger störend aus als ausgebrochene Flächen.

Wenn man im Bogenoffsetdruck die Druckform mittels CTP herstellt, kann man alle Druckpunkte so einstellen, dass sie drucken, sogar den feinsten. Das bedeutet, man muss am Material nichts kompensieren. Beim Flexodruck dagegen, mit dem immens hohen Wert von 20 % für den hellsten Tonwert, muss man sich gut überlegen, welche Art von Bildern man verwendet und ob man überhaupt Bilder verwenden sollte [*siehe Druckvorstufe 7.4.6*].

9.11.6 Farbannahme (Ink Trapping)

Offsetfarben haften auf feuchter Farbe schlechter als direkt auf dem Papier. Normalerweise druckt man beim Offset nass-in-nass. Man druckt also alle Farben direkt aufeinander, bevor die jeweils untere getrocknet ist. Mit Farbannahme ist gemeint, wie viel Farbe direkt aufeinander oder auf dem Papier angenommen wird [*siehe Kasten auf Seite 373*].

Den Grad der Farbannahme kann man mit einem Densitometer messen. Die Kontrollstreifen haben Farbannahme-Messfelder, in denen Volltonfelder zweier zwei Druckfarben übereinandergedruckt sind. Dann vergleicht man deren Dichte mit den Volltondichten der beiden einzelnen Farben. Wenn die zwei Tonwerte vollständig angenommen wurden, müsste sich eine Volltondichte von 100 % ergeben, aber meistens liegt der Wert zwischen 70 % und 87 %. Sind die Werte zu niedrig, wirkt der Druck verwaschen, beispielsweise erscheint Rot dann eher wie Orange. Vor allem im Heatsetdruck kommt es häufig zu diesen Schwierigkeiten.

9.11.7 Graubalance

Druckt man die drei Farben C, M und Y in gleicher Menge, müsste sich theoretisch ein neutrales Grau ergeben. In der Praxis erhält man jedoch einen Farbstich. Dies kann aus verschiedenen Gründen passieren: durch den Farbton des Papiers, Abweichungen beim Punktzuwachs zwischen den einzelnen Druckfarben, mangelnde Haftung der Druckfarben aufeinander oder durch Mängel bei den Farbpigmenten.

MINIMALER DRUCKPUNKT
Ein Beispiel, was passiert, wenn man die Einstellung für das hellste Licht oder den kleinsten Druckpunkt nicht für die Reproduktion einstellt (mittleres Bild). Die hellsten Tonwerte des Originals (ganz oben) werden nicht reproduziert und erzeugen überbelichtete Bildbereiche und Volltonflächen (siehe Grauskala unter dem zweiten Bild). Kompensiert man das Problem (unteres Bild), wird dem hellsten Licht derselbe Wert gegeben wie dem hellsten Druckpunkt (siehe Grauskala unter dem Bild). Im 2. und 3. Bild haben wir einen Wert von 7 % für den minimalen Druckpunkt simuliert.

	Bogenoffset	Heatset	Coldset	Tiefdruck	Siebdruck	Flexodruck
Minimaler Druckpunkt	2–3 %	2–3 %	2–5 %	1–6 %	4–10 %	5–20 %

GRAUBALANCE

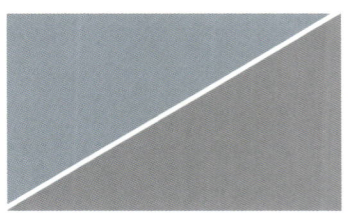

DIE GRAUBALANCE
Stimmt die Graubalance nicht, erhält man einen Farbstich im Druck. Im Beispiel zeigt die linke obere Ecke einen Cyan-Farbstich.

FELDER FÜR DIE GRAUBALANCE
Die Graubalance kann mit den Feldern des Farbkontrollstreifens geprüft werden. Hier ist dem CMY-Grau ein Grau aus reinem Schwarz gegenüber gestellt.

MEDIZIN GEGEN FARBSTICHE
Im Zeitungsdruck wird die Graubalance mit Feldern geprüft, die einer medizinischen Kapsel ähneln. Stimmen die Grauwerte der beiden Kapselhälften nicht überein, ist eine der drei Buntfarben CMY nicht korrekt eingestellt.

C	0	5	10	20	30	40	50	60	70	80	90	95	100
M	0	3	4	11	20	29	38	48	58	68	78	83	88
Y	0	4	5	12	21	30	39	49	59	69	79	84	89

BOGENOFFSET AUF GESTRICHENEM PAPIER
Beispiel für Graubalance-Werte auf gestrichenem weißen Papier.

C	0	5	10	20	30	40	50	60	70	80	90	95	100
M	0	2	4	10	19	28	37	47	57	67	77	82	87
Y	0	1	3	8	17	26	35	45	55	65	75	80	85

ZEITUNGSPAPIER
Beispiel für Graubalance-Werte auf ungestrichenem Zeitungspapier.

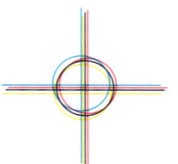

PASSERDIFFERENZEN
Durch Passerdifferenzen werden Bilder unscharf, und Objektkanten können sich verfärben.

Die Graubalance ist so wichtig, weil sie ein Hinweis darauf ist, ob man mit der richtigen Farbbalance druckt oder nicht. Sind die Farben nicht richtig ausbalanciert, riskiert man einen Farbstich im Druckergebnis. Um die richtige Balance zu erreichen, muss man herausfinden, wie sich die benutzte Druckmaschine in Kombination mit dem gewählten Papier, den Druckfarben und dem jeweiligen Raster verhält. Dann muss man die Arbeit in der Druckvorstufe entsprechend daran anpassen und ein geeignetes ICC-Profil erstellen. Zur Kontrolle der Graubalance gibt es Graubalancefelder, die mit vordefinierten CMY-Werten gedruckt sind, und Referenzfelder mit dem entsprechenden Grauton, der zum Vergleich nur mit Schwarz gedruckt ist. Mit der richtigen Graubalance erhält man in den Graubalancefeldern optisch die gleichen Tonwerte wie in den schwarzen Referenzfeldern. Bei der Bildbearbeitung kompensiert man dieses Problem durch GCR-Separation im ICC-Profil [*siehe Druckvorstufe 7.4.4*].

9.11.8 Passerdifferenzen

Wie zuvor erwähnt ist absolute Passgenauigkeit zwischen den einzelnen Druckfarben im Offsetdruck eigentlich nicht möglich, es treten immer gewisse Differenzen auf. Diese Passerungenauigkeiten kann man mittels Passkreuzen kontrollieren. Sie sollten im Druck genau aufeinander stehen. Moderne Kontrollsysteme korrigieren die Passerungenauigkeit automatisch.

FARBANNAHME (INK TRAPPING)

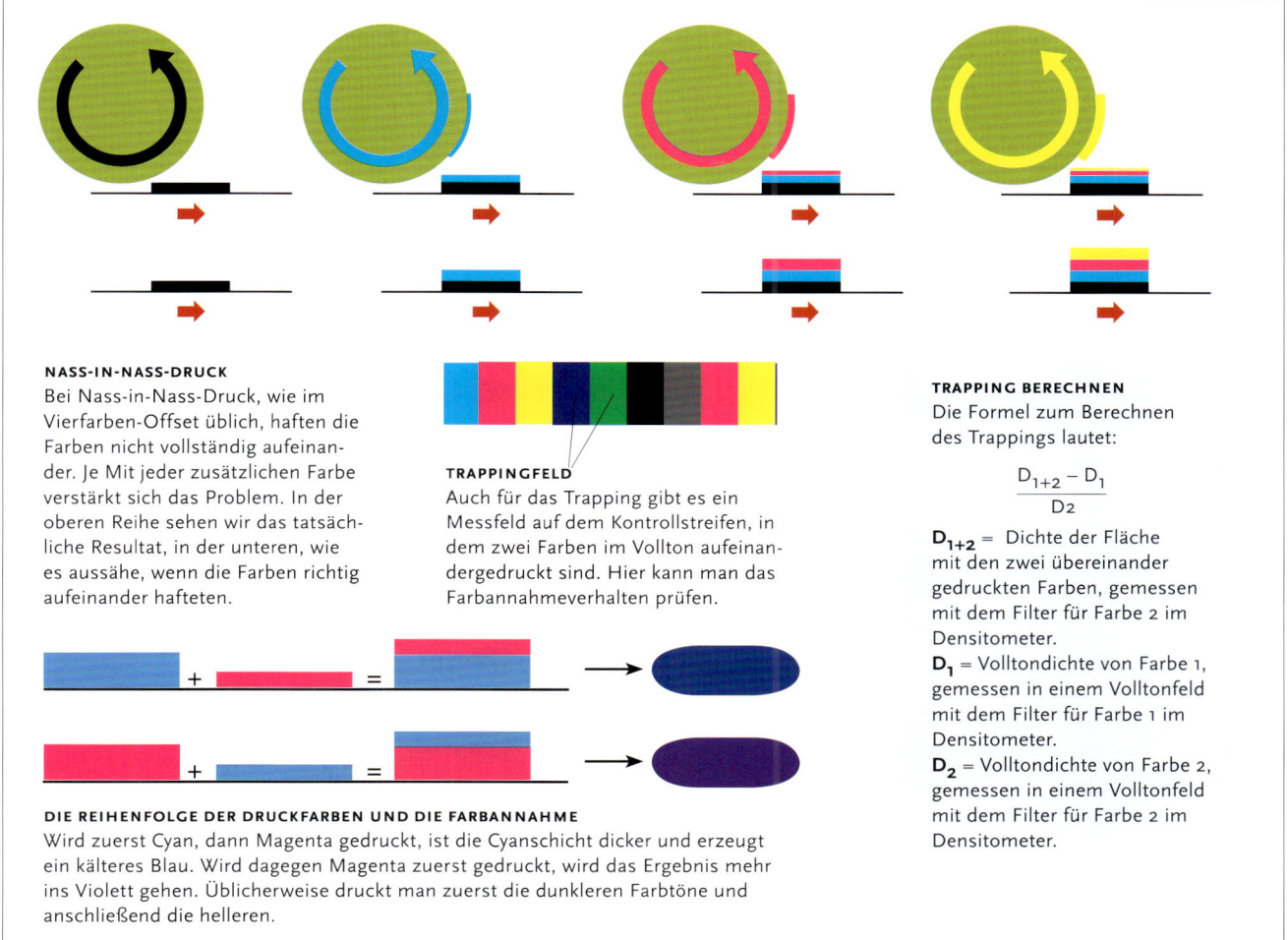

NASS-IN-NASS-DRUCK
Bei Nass-in-Nass-Druck, wie im Vierfarben-Offset üblich, haften die Farben nicht vollständig aufeinander. Je Mit jeder zusätzlichen Farbe verstärkt sich das Problem. In der oberen Reihe sehen wir das tatsächliche Resultat, in der unteren, wie es aussähe, wenn die Farben richtig aufeinander hafteten.

TRAPPINGFELD
Auch für das Trapping gibt es ein Messfeld auf dem Kontrollstreifen, in dem zwei Farben im Vollton aufeinandergedruckt sind. Hier kann man das Farbannahmeverhalten prüfen.

TRAPPING BERECHNEN
Die Formel zum Berechnen des Trappings lautet:

$$\frac{D_{1+2} - D_1}{D_2}$$

D_{1+2} = Dichte der Fläche mit den zwei übereinander gedruckten Farben, gemessen mit dem Filter für Farbe 2 im Densitometer.
D_1 = Volltondichte von Farbe 1, gemessen in einem Volltonfeld mit dem Filter für Farbe 1 im Densitometer.
D_2 = Volltondichte von Farbe 2, gemessen in einem Volltonfeld mit dem Filter für Farbe 2 im Densitometer.

DIE REIHENFOLGE DER DRUCKFARBEN UND DIE FARBANNAHME
Wird zuerst Cyan, dann Magenta gedruckt, ist die Cyanschicht dicker und erzeugt ein kälteres Blau. Wird dagegen Magenta zuerst gedruckt, wird das Ergebnis mehr ins Violett gehen. Üblicherweise druckt man zuerst die dunkleren Farbtöne und anschließend die helleren.

Bei manchen Druckverfahren, wie dem Bogenoffset, ist die Passerungenauigkeit normalerweise so gering, dass sie gar nicht auffällt. Bei Druckverfahren mit starker Passerungenauigkeit werden bei farbigen Objekten verfärbte Kanten sichtbar. Passerungenauigkeit kann auch zu unscharf erscheinenden Bildern führen. Man kann der Passerungenauigkeit mit der sogenannten Überfüllung in der digitalen Datei vorbeugen [*siehe Druckvorstufe 7.4.8*].

Eine Passerungenauigkeit erstreckt sich über den gesamten Druckbogen, wird jedoch an den äußeren Kanten besonders offensichtlich. Je größer das Format (A0 oder größer), desto stärker wird dieser Effekt. Man sollte daher im Großformat den Bogen nicht bis zum Rand mit kritischen Motiven belegen, wenn man auf hohe Präzision und Passgenauigkeit Wert legt. Je größer das zu bedruckende Format ist, desto stärker zeigt sich dieser Effekt.

PUNKTDEFORMATION

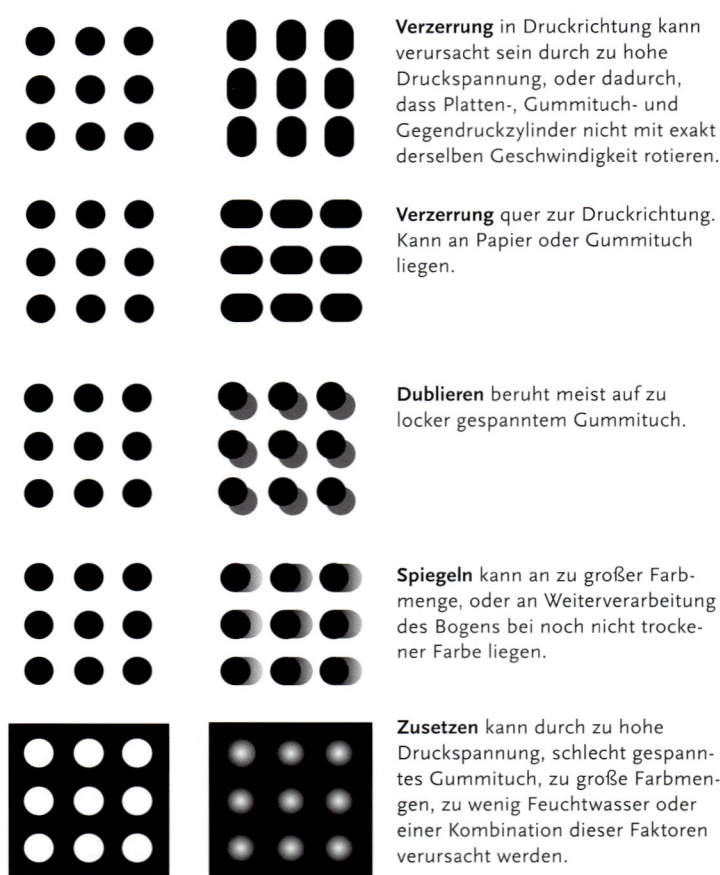

Verzerrung in Druckrichtung kann verursacht sein durch zu hohe Druckspannung, oder dadurch, dass Platten-, Gummituch- und Gegendruckzylinder nicht mit exakt derselben Geschwindigkeit rotieren.

Verzerrung quer zur Druckrichtung. Kann an Papier oder Gummituch liegen.

Dublieren beruht meist auf zu locker gespanntem Gummituch.

Spiegeln kann an zu großer Farbmenge, oder an Weiterverarbeitung des Bogens bei noch nicht trockener Farbe liegen.

Zusetzen kann durch zu hohe Druckspannung, schlecht gespanntes Gummituch, zu große Farbmengen, zu wenig Feuchtwasser oder einer Kombination dieser Faktoren verursacht werden.

VERZERREN
Bei der Verzerrung werden die Rasterpunkte verschmiert und ergeben lang gezogene ovale Punkte.

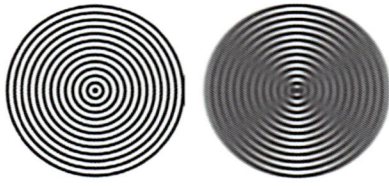

PRÜFEN AUF VERZERRUNG
Verzerrungen können am Kontrollstreifen festgestellt werden. Bei verzerrten Rasterpunkten entsteht ein Sanduhrmuster.

9.11.9 Punktdeformation und Dublieren

Bei der Punktdeformation ändern die Rasterpunkte ihre Form, was einen Punktzuwachs zur Folge hat. Die Deformation kann durch sogenannte Abrollprobleme verursacht sein, die wiederum auf mechanischen oder technischen Fehlern des Druckprozesses beruhen. Sie kann auch durch fehlerhafte Handhabung des Druckmaterials in der Maschine verursacht werden.

Bei der Verzerrung werden die Rasterpunkte verschmiert und ergeben langgezogene Ovale. Dieses Phänomen kann zum Beispiel bei zu hohem Druck zwischen Gummituchzylinder und Gegendruckzylinder auftreten oder wenn Plattenzylinder und Gummituchzylinder nicht exakt gleich schnell rotieren. Seltener liegt die Ursache in einem unterschiedlichen Zylinderumfang, so dass es zu unterschiedlichen Peripheriegeschwindigkeiten kommt. Letzteres kann durch die sogenannte Zurichtung behoben werden, wobei Papierbogen zwischen Gummituch und Gummituchzylinder gelegt werden.

Beim Dublieren erscheinen die Rasterpunkte doppelt nebeneinander, einer stärker, einer schwächer. Das kann an mangelnder Spannung des Gummituchs liegen, wodurch die Rasterpunkte bei jeder Zylinderumdrehung an unterschiedlichen Stellen auf dem Papier landen.

Verzerrte und verdoppelte Punkte bringen einen Punktzuwachs mit sich und führen so zu einer stärkeren Farbdeckung als beabsichtigt. Dadurch wird das gesamte Druckbild dunkler als geplant. Auf den Kontrollstreifen gibt es spezielle Kontrollfelder für Verzerrung und Dublieren.

9.11.10 Testdrucke zur Erstellung eines ICC-Profils

Heutzutage werden Bilder mittels ICC-Profilen für den Druck vorbereitet. Die ICC-Profile werden durch den Druck eines speziellen IT8-Testbildes (Testcharts) auf dem später zu verwendenden Papier oder Material erstellt. Die Testform enthält bis zu 300 farbige Referenzfelder mit Grautönen, primären, sekundären und tertiären Farben.

Damit beim Auflagendruck dasselbe Ergebnis erreicht wird, müssen Fortdruck und Proof unter denselben Bedingungen arbeiten. Zudem muss dafür gesorgt werden, dass die Druckmaschine stets stabil druckt. Auf dieser Basis können die Druckeinstellungen für das Material optimiert werden.

Weil auf die Druckmaschine abgestimmte Proofs die Grundlage für den Druck bilden, ist es wichtig, ständig unter optimalen Bedingungen zu drucken. Es gibt eine Menge Mess- und Kontrollmechanismen. Als Erstes prüft man, ob die Druckmaschine in Ordnung ist. Dann prüft man folgende Parameter: Punktverzerrung, Graubalance, minimaler Druckpunkt, Abziehen, Dublieren. Dann stellt man fest, wie hoch der Farbauftrag für das Papier sein darf. Wenn alle diese Dinge unter Kontrolle sind und einwandfrei funktionieren, kann man einen optimalen Andruck als Basis für ein neues ICC-Profil erstellen. Dieses Profil steuert dann auch externe (Inkjet-)Proofdrucke.

Während der normalen Produktion will man an diesen Andruck so nahe wie möglich herankommen. Dazu muss man zwei Parameter immer wieder überprüfen: die Dichte und den Punktzuwachs. Stehen diese beiden nicht in derselben Relation zueinander wie während des Proofens, muss man herausfinden, was falsch läuft. Und das heißt, wieder alle Parameter überprüfen: Graubalance, Punktzuwachs, Farbauftrag, Abziehen, Dublieren etc.

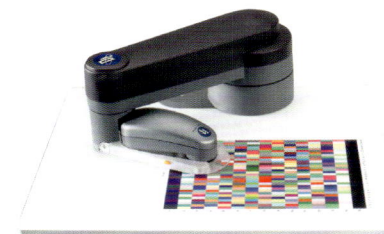

SPEKTRALFOTOMETER
Das Spektralfotometer ist ein Messgerät, das für die Erstellung von ICC-Profilen benötigt wird. Ein spezielles IT8-Chart wird auf das Papier oder den Bedruckstoff ausgedruckt, auf dem der Fortdruck erfolgen soll. Die Testform enthält bis zu 300 Referenzfelder in Grautönen, Primär-, Sekundär- und Tertiärfarben. Das Spektralfotometer auf der Abbildung ist mit einem Roboter verbunden, der durch automatisches Einlesen der Felder den Abgleich erleichtert.

10. Weiterverarbeitung

10.1	ARTEN DER WEITERVERARBEITUNG	378
10.2	VOR DER WEITERVERARBEITUNG	379
10.3	LACKIEREN	380
10.4	LAMINIEREN	381
10.5	HEISSFOLIENPRÄGUNG	381
10.6	PRÄGEN	381
10.7	SCHNEIDEN	382
10.8	STANZEN UND PERFORIEREN	383
10.9	LOCHEN	383
10.10	FALZEN	385
10.11	NUTEN UND RILLEN	386
10.12	ZUSAMMENTRAGEN ODER EINSTECKEN	386
10.13	KLAMMERHEFTUNG	388
10.14	SPIRALBINDUNG	389
10.15	KLEBEBINDUNG	389
10.16	FADENHEFTUNG	390
10.17	FADENSIEGELHEFTUNG	391
10.18	SOFTCOVER	391
10.19	HARDCOVER	392

Warum ist die Laufrichtung des Papiers wichtig beim Falzen? Wie kann ich die Rückenstärke berechnen? Welches Bindeverfahren ist preiswerter? Welche Papiersorten sind zum Folienkaschieren geeignet? Wie viele Seiten kann man heften? Wie kann man das Druckerzeugnis haltbarer machen? Ist Laminieren und Lackieren dasselbe? Welche weiteren Möglichkeiten der Druckveredelung gibt es? Wann sollte man ein fertiges Produkt lackieren?

WEITERVERARBEITUNG UND BINDUNG haben von Beginn an Konsequenzen in der grafischen Produktion und sollten deshalb bereits in die Planung einbezogen werden, wenn das Produkt entworfen wird. Beispielsweise sind manche Papiersorten für verschiedene Arten der Weiterverarbeitung und Bindung geeigneter als andere. Auch das Ausschießen, also die Anordnung der Seiten auf dem Druckbogen, ist entscheidend für die Fertigstellung. Man muss also frühzeitig darüber nachdenken.

Der spätere Einsatzbereich des Produktes sollte ebenfalls in diese Überlegungen mit einbezogen werden. Ein Handbuch, das in einer Kfz-Werkstatt verwendet werden soll, muss Öl und Schmutz widerstehen können, während ein Computerhandbuch flach aufzuschlagen sein sollte. Gleichzeitig werden die Entscheidungen von Kostenfaktoren und der Auflage beeinflusst. Eine Tageszeitung muss nicht länger als einen Tag halten. Das bedeutet, man wird eine einfache und preiswerte Fertigstellung wählen.

Bei höheren Auflagen muss man sich manchmal für eine preiswertere Bindeart entscheiden, um den vorgegebenen Kostenrahmen nicht zu sprengen. Druckt man auf einer Rollenoffset- oder -Tiefdruckmaschine, die normalerweise für Großauflagen eingesetzt werden, schließt die Weiterverarbeitung direkt an den Druckprozess an. Man nennt das auch Online-Verarbeitung. Es ist also wichtig, eine Weiterverarbeitungsart zu wählen, die auf dem jeweiligen Online-System zur Verfügung steht.

Weiterverarbeitung und Bindung werden von Druckereien und Buchbindereien angeboten. Arbeitet man mit einer bestimmten Bogenoffsetdruckerei zusammen, muss man die gedruckten Bögen mitunter in eine separate Buchbinderei geben. Buchbinder sind häufig auf bestimmte Bindearten spezialisiert, man muss also je nach gewünschter Weiterverarbeitung entscheiden, wohin man geht. Oft bietet die Druckerei aber auch die Komplettproduktion an und arbeitet mit verschiedenen Buchbindereien zusammen, soweit sie die Arbeitsschritte nicht im eigenen Haus hat.

10.1 Arten der Weiterverarbeitung

Die Weiterverarbeitung kann in verschiedene Bereiche der Oberflächenbearbeitung, Veredelung und Bindung aufgeteilt werden.

Die Oberflächenbearbeitung beinhaltet verschiedene Arbeitsschritte. Es gibt viele Gründe, warum die gedruckten Seiten eine Oberflächenbehandlung brauchen. Man kann optische Effekte wählen, beispielsweise Folien verarbeiten, Teile durch Prägen hervorheben, Bilder durch partielle Lackierungen betonen oder mit Metalleffekten gestalten. Häufig soll das Druckerzeugnis einen Schutz vor Schmutz und Abnutzung erhalten oder laminiert werden, um die Haltbarkeit zu verlängern. Es ist auch durchaus üblich, die bedruckten Bögen zu lackieren, damit man sie schneller verarbeiten kann und nicht warten muss, bis die Druckfarbe trocken ist. Dies geschieht aber meist schon in der Druckmaschine.

In weiteren Arbeitsschritten erhält das Papier seine gewünschte Form; dazu gehört das Beschneiden – erst im Bogen, um saubere und glatte Anlagen zu erhalten; später im Trimmer oder Dreiseitenschneider auch das gefalzte und fertige Produkt, um auf Endformat zu kommen und die gefalzten Seiten zu öffnen. Dazu gehören ebenfalls Stanzen (hier werden runde Ecken oder Sonderformen erzeugt), Perforieren oder Lochen für Abheftsysteme sowie das Lasern, bei dem man sehr feine Details aus dem Papier ausschneiden kann.

Weitere Schritte sind das Falzen – das Kleinfalten der Druckbogen zu Lagen (Achtung: der Buchbinder spricht nie vom Falten!), das Zusammentragen und schließlich die verschiedenen Arten der Bindung.

Unter Binden versteht man das Zusammenfügen einer Reihe einzelner Druckbogen zu einer Einheit wie einer mit Klammern gehefteten Broschüre, einem spiralgebundenen Handbuch, einem Taschenbuch oder einem fadengehefteten Hardcover. Der Begriff Heftung bedeutet, wie der Inhalt zusammengehalten wird: Es gibt die Klammerheftung, die Spiralbindung, die Klebebindung, die Fadenheftung oder die Fadensiegelheftung.

Bei der Klammerheftung und der Spiralbindung wird der Umschlag während des Bindeprozesses hinzugefügt. Bei der Faden- und der Fadensiegelheftung wird zuerst der Buchblock geheftet und dann in die Buchdecke eingehängt. Es gibt zwei Arten, den Buchblock in den Umschlag einzuhängen. Bei der ersten Version, die für Taschenbücher eingesetzt wird, wird der Umschlag angeklebt. Bem zweiten Verfahren, das man bei Hardcovern einsetzt, werden die erste und die letzte Seite, der sogenannte Vor- und Nachsatz, an die Innenseiten des Umschlags geklebt. Bei Taschenbüchern wird der Umschlag während des Heftens angebracht, beispielsweise während der Klebebindung.

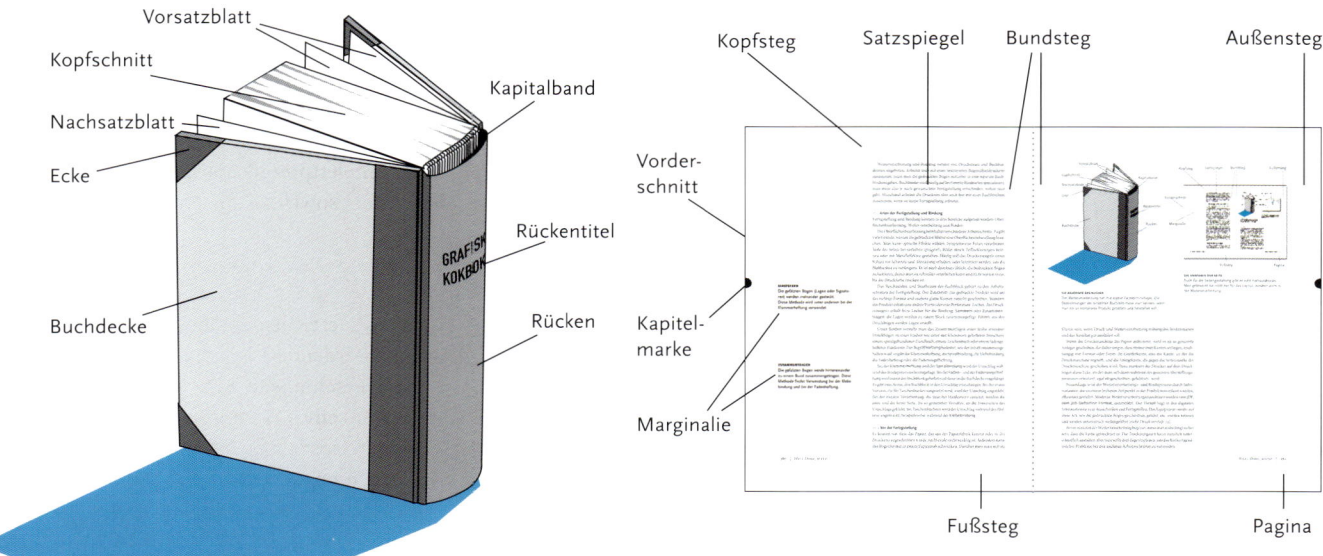

DIE ANATOMIE DES BUCHES
Die Weiterverarbeitung hat ihre eigene Fachterminologie. Die Bezeichnungen der einzelnen Buchteile muss man kennen, wenn man ein so komplexes Produkt gestalten und herstellen will.

DIE ANATOMIE DER SEITE
Auch für die Seitengestaltung gibt es viele Fachausdrücke. Man gebraucht sie nicht nur für das Layout, sondern auch in der Weiterverarbeitung.

10.2 **Vor der Weiterverarbeitung**

Es kommt vor, dass das Papier, das aus der Papierfabrik kommt oder in der Druckerei zugeschnitten wurde, nicht exakt rechtwinklig ist. Außerdem kann das Bogenformat in einem Papierstapel schwanken. Darüber muss man sich im Klaren sein, wenn Druck und Weiterverarbeitung reibungslos funktionieren und das Resultat gut ausfallen soll: Notfalls müssen alle Druckbogen zunächst »gewinkelt«, das heißt, vor dem Druck exakt zugeschnitten werden.

Wenn die Druckmaschine das Papier aufnimmt, wird es an sogenannte Anleger geschoben, die dafür sorgen, dass immer zwei Kanten anliegen, unabhängig von Format oder Form: die Greiferkante, also die Kante, an der die Druckmaschine zugreift, und die Anlagekante, die gegen die Seitenmarke der Druckmaschine geschoben wird. Dazu markiert der Drucker auf dem Druckbogen diese Ecke, an der man sich dann während des gesamten Herstellungsprozesses orientiert, egal ob zum Beispiel perforiert, geschnitten oder gefalzt wird.

Neuerdings wird der Weiterverarbeitungs- und Bindeprozess durch Informationen, die zu einem früheren Zeitpunkt in der Produktion erfasst wurden, effizienter gestaltet. Moderne Weiterverarbeitungsmaschinen werden vom JDF, dem Job Definition Format, unterstützt. Der Vorteil liegt in den digitalen Informationen über das Ausschießen und Fertigstellen. Das Equipment »weiß« aufgrund dieser Information, wie die gedruckten Bögen geschnitten und gefalzt werden müssen und kann sie automatisch weiterführen [*siehe Druckvorstufe 7.3*].

Bevor man mit der Weiterverarbeitung beginnt, muss man unbedingt sicher sein, dass die Farbe getrocknet ist. Dies hängt neben der verwendeten Druckfarbe und Farbmenge häufig von weiteren Einflüssen ab. Die Trocknungszeit kann ziemlich unterschiedlich ausfallen, deshalb sollte man ein bis zwei Tage zeitlichen Puffer einplanen, um das Risiko irgendwelcher Probleme bei den nächsten Arbeitsschritten zu vermeiden.

10.3 Lackieren

Das Lackieren ist die häufigste Oberflächenbehandlung. Sie gibt dem fertigen Druckerzeugnis einen schönen Oberflächenglanz. Der Lack ist genauso flüssig wie die Druckfarbe. Er kann partiell auf dem Bogen aufgetragen werden. Man spricht dann von einer Teil- oder partiellen Lackierung. Oder er kann die gesamte Fläche bedecken. Der Lack kann mit einem gewöhnlichen Farbwerk oder mit einem speziellen Lackwerk in einer Offsetmaschine oder in einer speziellen Lackiermaschine aufgebracht werden.

Lack wird vor allem für optische Effekte eingesetzt oder um die Weiterverarbeitung zu beschleunigen. Aber er bietet auch einen besonderen Schutz vor Verschmutzung und Abnutzung. Außerdem verhindert Lack bei vollflächiger Verarbeitung, dass beim Blättern Fingerabdrücke zurückbleiben.

Es werden drei verschiedene Lackierarten eingesetzt: Öldrucklackierung, Dispersionslackierung und UV-Lackierung. Auf Öl basierende Lacke können direkt in der Offsetmaschine verarbeitet werden. Diese Lackierart wird hauptsächlich verwendet, um einen schönen Glanz zu erzeugen. Sie kann aber auch für die Beschichtung der Druckbogen eingesetzt werden, um die Druckfarbe zu versiegeln und vor Abziehen oder Abliegen (das Abfärben der Farbpigmente auf unbedruckte Flächen, wenn der Druck noch nicht getrocknet ist) im Weiterverarbeitungsprozess zu schützen. Man muss dann also nicht warten, bis die Farbe getrocknet ist.

Möchte man das Druckerzeugnis einfach nur haltbarer machen, wählt man normalerweise einen Mattlack, der sozusagen unsichtbar ist. Möchte man dagegen einen schönen Glanzeffekt, wartet man mit dem Lackieren besser, bis die Farbe getrocknet ist.

Die Lackierung mit Dispersionslacken, die auf Wasserbasis hergestellt werden, kann mit speziellen Lackwerken ebenfalls direkt in der Offsetdruckmaschine erfolgen und erzeugt einen stärkeren Glanz als die Öldrucklackierung. Sie ergibt sogar einen besseren Glanz, wenn sie im selben Druckvorgang wie die Farbe aufgetragen wird, also nass-in-nass. Lebensmittelverpackungen sind ein typischer Einsatzbereich dieser Technik, da Dispersionslacke völlig geruchlos sind.

UV-Lackierung ist ein anderes gebräuchliches Verfahren, bei dem der Lack in einer speziellen UV-Lackiermaschine aufgebracht wird. Weil der Lack mit Hilfe von UV-Licht gehärtet wird, kann er dicker aufgetragen werden und bietet so einen höheren Glanz und erzeugt eine strapazierfähige Oberfläche. Lackierte Druckbogen müssen vor dem Falzen genutet werden, sonst riskiert man Risse im Falzbruch, weil die Oberfläche durch den Lack sehr hart wird [siehe 10.11].

Alle drei Varianten können auch für Teillackierungen in bestimmten Bildbereichen eingesetzt werden, beispielsweise bei Logos oder Fotos. Teillackie-

LACKIEREN
Die Lackierung findet in der Offsetdruckmaschine entweder über das normale Farbwerk oder über ein spezielles Lackierwerk statt oder in einer speziellen Lackiermaschine. Die Lackierung kann die gesamte Seite bedecken oder nur verschiedene Bereiche, dann spricht man von einer partiellen Lackierung.

LACKIEREN UND DIE UMWELT
Lacke belasten die Umwelt, zum einen in Form von Luftverschmutzung, zum anderen, weil lackierte Papiere schlechter zu recyceln sind. Lacke auf Wasserbasis lassen sich besser recyceln als UV-Lacke.

UV-Lacke enthalten hohe oder geringe Konzentrationen hochflüchtiger organischer Komponenten (VOC = Volatile Organic Compounds) und belasten dadurch auf jeden Fall die Umwelt. Wenn der Lack trocknet, reagiert das Gas mit den UV-Strahlen und bildet Ozon.

Lacke auf Wasserbasis gehen keine chemische Reaktion während der Trocknung ein. Allerdings entweichen ihre Dämpfe in die Atmosphäre und hinterlassen dort VOCs. Neuerdings gibt es auch Lacke auf Wasserbasis, die wenig oder gar keine Anteile an VOCs enthalten.

rungen sind ästhetisch reizvoll. Lackiert man nur die Bilder anstelle der gesamten Seite kann der Eindruck einer höheren Bildqualität entstehen. Die besten Ergebnisse erzielt man auf gestrichenen Papieren.

10.4 Laminieren

Zum Schutz vor Schmutz, Feuchtigkeit und Abnutzung kann man Druckerzeugnisse laminieren. Beim Laminieren wird eine schützende Kunststofffolie auf den Druck aufgebracht. Manchmal geschieht dies auch aus ästhetischen Gründen. Es gibt glänzende, matte, geprägte oder strukturierte Folien sowie Folien mit Glitzer- und Hologrammeffekten, mit denen man dem Druckerzeugnis eine glänzende, matte oder gemusterte Oberfläche verleihen kann. Diese Folien verwendet man meist für Buchumschläge.

Das Aufbringen der Folie erfolgt in einer speziellen Maschine, die mittels wasserlöslichem Leim und unter Hitze eine Plastikfolie über das Druckerzeugnis zieht. Papier, das laminiert werden soll, sollte möglichst gestrichen oder satiniert sein, um die bestmögliche Qualität zu erzielen.

Laminierte Bogen können genutet und gefalzt werden, ohne dass (wie bei der UV-Lackierung) die Oberfläche bricht. Sie sind auch nicht so empfindlich gegenüber Fingerabdrücken (wie die Glanzlackierung). Aber die Kosten fürs Laminieren sind etwa doppelt so hoch wie fürs Lackieren, weshalb man sich oft für das Lackieren entscheidet. Besondere Effekte kann man erzielen, indem mattfolienkaschierte Umschläge anschließend noch mit Nitroglanzlack partiell veredelt werden.

10.5 Heißfolienprägung

Eine weitere Oberflächenbehandlung stellt das Prägen mit einer Folie dar. Dies geschieht aus rein ästhetischen Erwägungen. Man kann metallisierte Flächen, Metallfarben oder einen besonders matten Eindruck erzeugen. Die Beschichtung ist dick und überdeckt die darunterliegende Oberfläche vollständig, so dass sich ganz spezielle Effekte erzielen lassen. Das Aufbringen erfolgt im sogenannten Heißfoliendruck.

10.6 Prägen

Ist auf dem Druckerzeugnis ein Reliefeffekt gewünscht, kann man diesen durch eine Prägung erreichen. Prägen unterscheidet sich von anderen Oberflächenbehandlungen dadurch, dass es dem Bogen eine dritte, fühlbare Dimension hinzufügt. Man kann so prägen, dass die Oberfläche erhaben wird (positive Prägung), oder so, dass sie eingedrückt wird (negative Prägung). Es gibt auch noch eine weitere Variante, den sogenannten Reliefstempel, der eine mehrstufige Prägung erzeugt. Geprägt wird in der Regel mit traditionellen Buchdruckpressen.

Beim Prägen wird die Patrize mit ihren erhabenen Flächen in das Papier gepresst und erhält einen Gegendruck von der Matrize, dem negativen Gegenstück. Die Matrize besteht aus 7 mm dickem Magnesium oder Messing, das auf einen Höhenunterschied von 3 mm geätzt wurde. Die Patrize wird aus einem speziellen Kunststoff hergestellt [siehe Druck 9.6.2]. Ist eine Prägung gewünscht, sollte man langfaserige Papiersorten bevorzugen, um Risse entlang der Prägekanten zu vermeiden.

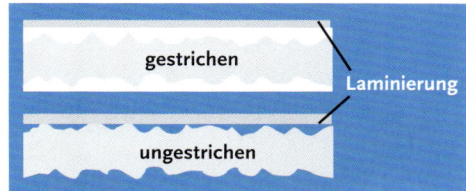

DAS GEEIGNETE PAPIER ZUM LAMINIEREN
Papier, das laminiert werden soll, sollte eine möglichst glatte Oberfläche besitzen, gestrichen und glänzend sein. Andernfalls können sich unter der Laminierung Luftbläschen bilden, die einen fleckigen oder vergrauten Eindruck vermitteln.

LAMINIEREN / KASCHIEREN
Laminiert wird in einer Laminierungsmaschine, die unter Verwendung eines wasserlöslichen Leims und Hitze eine Kunststofffolie über den Druck aufzieht.

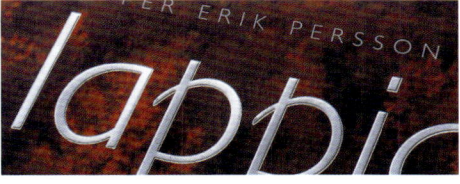

FOLIENPRÄGUNG
Man kann ein Druckerzeugnis auch partiell mit matter oder glänzender Folie kaschieren oder mit Gold- oder Silberfolie im Heißfoliendruck prägen.

PRÄGUNG
Durch Prägedruck kann von einer speziellen Druckpresse ein erhabenes oder vertieftes Relief in die Papieroberfläche gepresst werden. Dazu verwendet man alte Hochdruckmaschinen oder spezielle Prägepressen.

SCHNEIDEMASCHINE

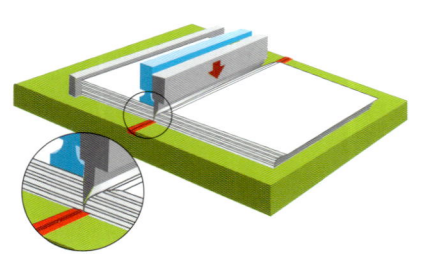

ANPRESSDRUCK
Das Messer wird von der Schneidemaschine mit einem Druck von mehreren Tonnen auf den Papierstapel gepresst.

VOREINSTELLUNGEN UND PRÄZISION
Schneidemaschinen können verschiedene Voreinstellungen speichern, beispielsweise für die häufigsten Ausschießformen. Die Maschine justiert sich dann selbstständig auf das korrekte Zuschnittformat. Moderne Schneidemaschinen werden von JDF unterstützt und profitieren von digitalen Ausschießinformationen, um den Zuschnitt einzustellen. Um die Maschine in Gang zu setzen, muss man zwei Knöpfe gleichzeitig drücken. Damit wird sichergestellt, dass keine Finger unter das Messer geraten.

Eine besondere Prägeart ist die Folienprägung. Hierbei kann gleichzeitig eine glänzende oder metallische Farbe verwendet werden. Dazu benötigt man spezielle Druckmaschinen. Die Patrize wird erwärmt und die Folie gleichzeitig mit der Prägung auf das Papier aufgebracht.

Eine andere Art der Oberflächenbehandlung stellt der Reliefdruck dar, der auf dem Druckerzeugnis ein Relief erstellt, jedoch ohne zu Prägen. Es wird mit speziellen Farben gedruckt, die anschließend unter Hitze aufquellen (Quellrelief). Dieses Verfahren wird hauptsächlich für Visitenkarten eingesetzt.

10.7 **Schneiden**

Schneiden bedeutet ganz einfach, dass das Papier mit einem Messer auf das gewünschte Format geschnitten wird. Das kann separat mit einer manuellen Schneidemaschine ausgeführt werden oder zusammen mit einem anderen Weiterverarbeitungsschritt.

Im Bogendruck kann ein dreimaliger Zuschnitt zu verschiedenen Zeitpunkten erforderlich sein. Zunächst kann es nötig sein, das Papier vom Lieferformat auf das für die Druckmaschine passende Format zu schneiden. Dann müssen die Bogen eventuell nach dem Druck auf das passende Format für die Weiterverarbeitungsmaschine geschnitten werden. In beiden Fällen wird eine Einmesserschneidemaschine verwendet. Diese kann in der Regel verschiedene Einstellungen speichern, beispielsweise für die am häufigsten verwendeten Formate. In diesem Fall justiert sich die Maschine automatisch auf das richtige Format. Moderne Schneidemaschinen unterstützen JDF, profitieren von der digitalen Ausschießinformation und »wissen«, wie die gedruckten Bogen zugeschnitten werden müssen [*siehe Druckvorstufe 7.3*].

Bei den üblichsten Bindeverfahren (Klammerheftung und Klebebindung) ist das Beschneiden der letzte Arbeitsschritt. Dazu verwendet man im Allgemeinen einen sogenannten Dreimesserautomaten. Er beschneidet Fuß, Kopf und Vorderkante des Druckerzeugnisses. Dieser letzte Schnitt ist aus mehreren Gründen erforderlich. Die auf einem Bogen ausgeschossenen Seiten hängen nach dem Falzen zusammen, entweder am Kopf oder am Fuß (wenn man acht-

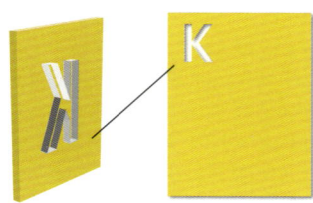

STANZEN
Beim Stanzen wird eine Form aus dem Papier ausgeschnitten. In der Abbildung ist es der Buchstabe K. Stanzen wird zur Erzeugung freier Formen und für andere Zwecke verwendet.

PERFORATION
Man perforiert Druckerzeugnisse, um Bereiche einer Seite leichter abtrennen zu können – zum Beispiel einen Coupon. Die Perforation findet gewöhnlich mittels eines speziellen Perforationslineals einer Hochdruckmaschine oder mit Perforierrädern in den Falzmaschinen statt.

oder mehrseitige Bogen mit Kreuzbruchfalz verwendet). Außerdem erfordert der Bundzuwachs ein Beschneiden der Vorderkante. Und nicht zuletzt sollen die Schnittkanten des Druckerzeugnisses sauber und gleichmäßig aussehen.

Die Messer der Schneidemaschinen sind empfindlich und müssen oft geschliffen werden. Lackierte und laminierte Papiere lassen das Messer schneller stumpf werden. Messerschäden äußern sich oft als Streifen in der Schnittfläche des Druckerzeugnisses.

10.8 Stanzen und Perforieren

Soll das Druckerzeugnis nicht rechteckig sein, muss die Form gestanzt werden. Eine Stanzform wird immer für den jeweiligen Zweck hergestellt. Die Stanzform besteht aus einer Holzplatte, in die ein dünner Schlitz in der gewünschten Form gefräst wird. In diesen wird ein Stahlband mit einer scharfen Kante eingesetzt. Die Stanze wird gegen das bedruckte Papier gepresst und schneidet die gewünschte Form aus. Der Anteil der Kosten für die Herstellung einer einzelnen Stanzform sind bei einer Kleinauflage des Druckerzeugnisses relativ hoch, sie kann jedoch für eventuelle Nachdrucke erneut verwendet werden.

Perforationen werden verwendet, um eine Art Abreißanweisung zu geben. Sie sind also auch eine Art Stanzung. Durch das Stanzen einer gepunkteten Linie (Perforation) erleichtert man das Abreißen eines Stücks der Seite – beispielsweise eines Gutscheins oder einer Antwortkarte. Das Perforieren erfolgt oft in einer Hochdruckpresse mit einem speziellen Perforierlineal, das in das Papier gepresst wird und eine Reihe kleiner Punkte stanzt, kann aber auch in einer speziellen Stanzmaschine vorgenommen werden. Außerdem gibt es Stanz- und Perforierlineale, die direkt in der Druckmaschine eingebaut werden.

10.9 Lochen

Papier wird gelocht, damit es in Ordnern oder Ringbüchern abgeheftet werden kann. Der internationale Standard, der unter anderem in den USA und Kanada üblich ist, heißt ISO 838. Die in Deutschland übliche DIN-Lochung ist nur in bestimmten Ländern verbreitet. Die Löcher haben bei uns einen Durchmesser von 6 mm. Der Abstand von der Blattkante zur Lochmitte beträgt üblicherweise zwischen 10 und 15 mm. Papierbogen im Format A4 werden mit zwei oder vier Löchern gestanzt. Für Spezialzwecke gibt es auch andere Anordnungen, beispielsweise zwei Dreiergruppen, wie sie häufig bei Terminplanern verwendet werden.

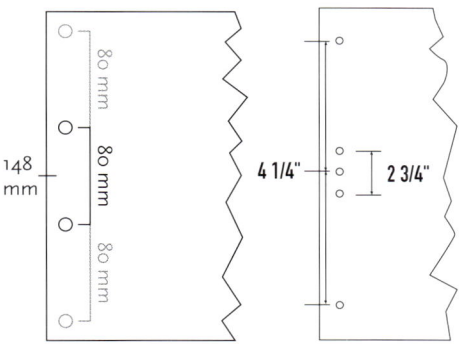

LOCHEN
Deutsche Normlochung (links): Der Lochabstand beträgt bei den Formaten DIN A4 und DIN A5 jeweils 88 mm, die Mitte zentriert sich bei 148 mm bzw. 105 mm. Passend zu den erhältlichen Ringordnern werden zwei oder vier Löcher gestanzt.
    U.S.-Standard (rechts): etwa 69 mm (2 ¾ Zoll) Abstand für die Zwei-Loch-Stanzung und 108 mm (4 ¼ Zoll) Abstand für die Drei-Loch-Stanzung).

VERSCHIEDENE FALZARTEN
Zwei Beispiele für Kreuzbruchfalz:
8-seitiger (1) und 16-seitiger (2) Kreuzbruchfalz.
Drei Beispiele für Parallelfalz:
6-seitiger Leporellofalz (3), 8-seitiger Altarfalz (4) und 6-seitiger Wickelfalz (5).

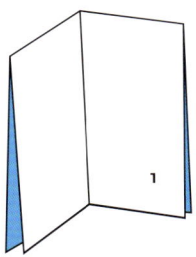 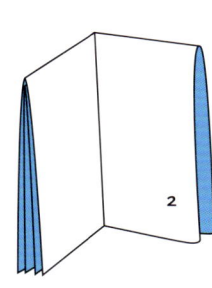 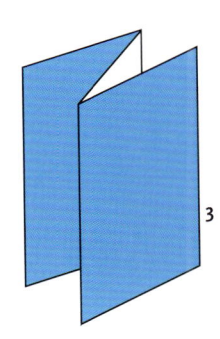 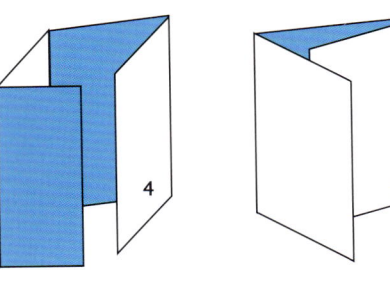

WEITERVERARBEITUNG | 383

DER WEG ZUR BINDUNG

	klammer-geheftet	spiral-gebunden	geklebtes Softcover	geheftetes Softcover	geklebtes Hardcover	geheftetes Hardcover
Falzen						
Sammeln		↓	↓	↓	↓	↓
Lagen einstecken bzw. zusammentragen	↓					
Klammerheftung		↓	↓		↓	
Klebebindung				↓		↓
Fadenheftung			*in einem Schritt*			
In den Einband einhängen						
Schneiden (und Runden)						
Spiralbindung					↓	↓
Den Einband am Vorsatz ankleben						

384 | PRINTPRODUKTION WELL DONE!

TASCHENFALZ UND SCHWERTFALZ

VERSCHIEDENE FALZARTEN

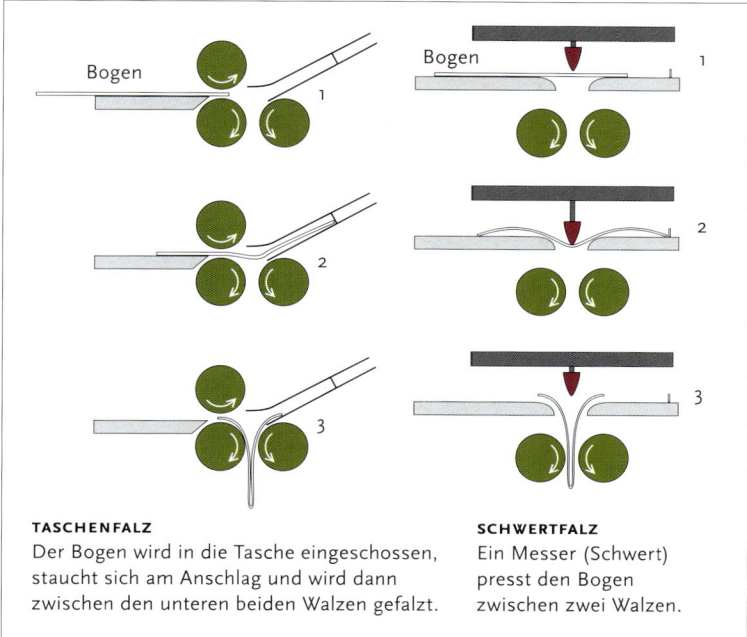

TASCHENFALZ
Der Bogen wird in die Tasche eingeschossen, staucht sich am Anschlag und wird dann zwischen den unteren beiden Walzen gefalzt.

SCHWERTFALZ
Ein Messer (Schwert) presst den Bogen zwischen zwei Walzen.

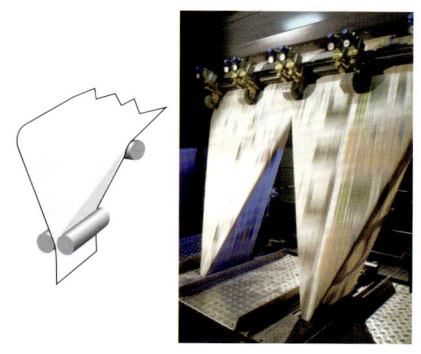

DER TRICHTERFALZAPPARAT
Beim Rollendruck arbeitet man mit Trichterfalzapparaten, um die Bahn in Längsrichtung zu falzen.

TASCHENFALZAPPARAT
Taschenfalzapparate nutzt man für einfache Falzungen, zum Beispiel für Briefe.

KREUZFALZAPPARAT
Ein Kreuzfalzapparat kann den Bogen in zwei Richtungen falzen – sowohl längs als auch quer.

In der grafischen Produktion stellt man die Lochung meist mit Hilfe sogenannter Lochbohrer her. Man kann auch fertig gelochte A4-Blätter bei den Papierherstellern beziehen.

10.10 Falzen

Um ein gut aussehendes und haltbares Druckprodukt herzustellen, muss der sichtbare Bruch stets parallel der Faserlaufrichtung falzen. Beachtet man dies nicht, wird das Papier geschwächt, die Fasern gebrochen und ein hässlich aussehender Falzbruch ist die Folge. Auch die Bindung wird durch eine falsche Faserlaufrichtung beeinträchtigt. Das Produkt wird sich ein wenig steif verhalten, wenn man es durchblättert, und nicht offen liegen bleiben. Und zu guter Letzt wird sogar die Haltbarkeit der Bindung leiden.

Man unterscheidet in erster Linie zwei Falzarten: Parallelfalzungen und Kreuzbruchfalzungen. Bei Parallelfalzungen verlaufen, wie schon der Name sagt, alle Falzbrüche parallel zueinander. Parallelfalzungen sind üblich, wenn das Druckerzeugnis nicht gebunden werden muss. Oder bei heiklen Motiven, die über unechte Doppelseiten gehen. Bei Parallelbruch kann man die Falzdifferenzen etwas minimieren. Bei Kreuzbruchfalzungen liegt jeder neue Falzbruch im rechten Winkel zum vorhergehenden, wobei hier das Problem auftritt, dass nur jeder zweite Falz parallel zur Faserlaufrichtung verläuft. Diese Methode wird hauptsächlich für gebundene Produkte verwendet, deren Falzseiten am Kopf und Fuß beim Endschnitt abgeschnitten werden. Auf diese Weise werden Probleme mit Falzbrüchen gegen die Faserlaufrichtung vermieden. Auch Kombinationen aus Parallel- und Kreuzbruchfalzungen sind möglich.

DICKERES UND STEIFERES PAPIER

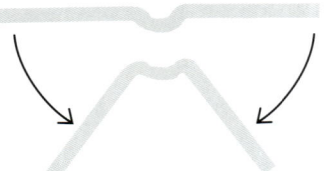

NUTEN
Das Papier wird genutet, um den Widerstand der Papierfasern gegen das Biegen zu reduzieren. Sehr dickes Papier muss gerillt werden – mit zwei Nuten, die nahe beieinander liegen.

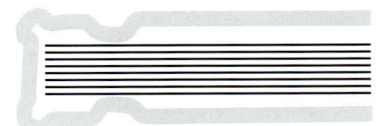

VIERFACH RILLEN
Buchumschläge müssen oftmals vierfach gerillt werden, damit sich der Umschlag nicht vom Rücken abhebelt, wenn das Buch geöffnet wird. Die seitliche Leimung beträgt meist 8 mm und muss in der Gestaltung der ersten Seite berücksichtigt werden.

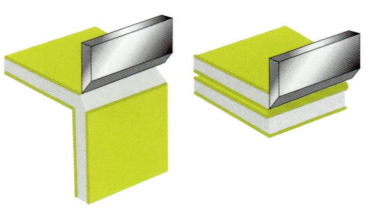

RILLEN
Ab einem Papiergewicht von 600 g/m² muss doppelt genutet oder gerillt werden. Je stärker das Material gefalzt werden soll, desto tiefer muss gerillt werden.

Ein gebräuchliches Falzverfahren beim Bogendruck ist der sogenannte Zwei-Bruch-Parallelfalz, eine Technik, die meist von einfachen, sogenannten Taschenfalzmaschinen ausgeführt wird. Bei anspruchsvolleren Falzungen, bei denen auch Kreuzbruchfalze vorkommen, arbeitet man mit Kombinationsapparaten, die aus einem Taschenfalzgerät und einem oder mehreren sogenannten Messerfalzgeräten bestehen. In Rollendruckmaschinen arbeitet man mit Trichter-, Pflug-, Flügel- und Schwertfalzapparaten.

10.11 Nuten und Rillen

Übersteigt das Flächengewicht eines ungestrichenen Papiers 150 g/m² oder eines gestrichenen Papiers 200 g/m², lässt es sich schwer falzen. Um hässliche Risse zu vermeiden (gestrichene und recycelte Papiersorten sind besonders empfindlich), nutet man diese Papiere vor dem Falzen. Man kann diese Nut als eine Art »Scharnier« betrachten, welches das Falzen erleichtert.

Beim Nuten wird im Papier eine Rille erzeugt, zum Beispiel mit einem dünnen Stahllineal. Dies muss selbstverständlich in Falzrichtung geschehen. Durch Nuten reduziert man den Biegewiderstand des Papiers.

Vor allem Karton wird genutet, zum Beispiel Einbände bei Klebebindung. Bei dickem Karton genügt ein einfaches Nuten nicht. Es muss mehrfach genutet werden. Eine andere Möglichkeit besteht darin, zu rillen. Bucheinbände werden häufig gerillt. Diese kräftigeren Nuten sorgen dafür, dass das Druckerzeugnis sich leichter und ohne Falzbruch aufschlagen lässt. Nuten beugt auch Rissen vor, wenn lackierte Bogen oder Drucke gegen die Laufrichtung gefalzt werden. Durch das Nuten werden die Fasern kontrolliert gebrochen und ein unansehnlicher Falz vermieden.

10.12 Zusammentragen oder Einstecken

Wenn ein Druckerzeugnis für Klammerheftung, Klebebindung oder Fadenheftung vorgesehen ist, arbeitet man meist mit Kreuzbruchfalzung. Bei der Klammerheftung – auch Rückstichheftung genannt – werden die Bogen mit

FLATTERMARKEN
Die Flattermarken, Rot im Bild, werden beim Ausschießen erzeugt. Es handelt sich um eine fette, von Seite zu Seite eines Bogens verschobene Linie, die die Kontrolle der Vollständigkeit und der richtigen Bogenfolge erleichtert.

KLAMMERHEFTUNG
Zwei Druckerzeugnisse wurden mit Klammerheftung gebunden. Man beachte, wie die inneren Seiten aus dem Bund heraus geschoben werden.

DOPPELSEITENDRUCK

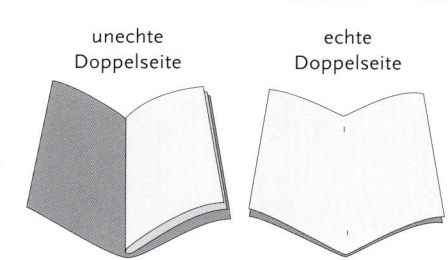

unechte Doppelseite   echte Doppelseite

Eine »unechte« Doppelseite besteht aus Seiten von zwei unterschiedlichen Bogen (links). Eine echte Doppelseite (Mittelseite) besteht aus Seiten desselben Bogens (rechts).

WARNUNG – UNECHTE DOPPELSEITE
Bei der Farbführung kommt es oft zu leichten Abweichungen von Bogen zu Bogen. Deshalb sollte man keine Objekte in empfindlichen Farbtönen oder Bilder über eine unechte Doppelseite platzieren.

Bei einer unechten Doppelseite ist es unmöglich, die Seiten hundertprozentig exakt aneinanderzufügen. Deshalb sollte man möglichst keine diagonalen Objekte und Bilder auf unechten Doppelseiten verwenden.

Auch feine Linien sollten nicht über solche Doppelseiten laufen. Dickere sind weniger anfällig für Passerdifferenzen.

der Kreuzbruchfalzung ineinandergesteckt (gesammelt) und ergeben eine sogenannte einlagige Broschur. Bei anderen Bindearten werden die gefalzten Bogen (Lagen) oder die Blätter einzeln aufeinander abgelegt. Dies führt zum sogenannten Buchblock.

Diese zwei Bindearten verlangen unterschiedliche Formen des Ausschießens. Das Zusammentragen der Blätter erfolgt entweder zeitgleich mit der Bindung oder zuvor, in einem separaten Arbeitsschritt. Ist ein Bogen im Kreuzbruchfalz gefaltet, werden mehrere Lagen erstellt und ineinandergesteckt. Man spricht vom Zusammentragen. Das hat zur Folge, dass sich die Doppelseiten, die sich in der Mitte eines Bogens befinden, etwas nach außen zur Schnittkante hin verschieben, also eine gewisse Seitenverdrängung entsteht. Dieses Phänomen nennt man Bundzuwachs. Beim Einstecken ist dieser Effekt noch viel stärker, weil das Material im Bund die Seiten immer weiter nach außen schiebt.

Wenn man das Produkt beschneidet, verschiebt sich der Satzspiegel auf den mittleren Seiten so immer stärker zum äußeren Rand hin. Um dies zu vermeiden, verringert man den Bundsteg immer stärker, je weiter sich die Seite in der Mitte des Druckerzeugnisses befindet. So wird der Satzspiegel aller Seiten deckungsgleich. Wenn man die Seiten digital ausschießt, wird diese Kompensation gleich im Ausschießprogramm vorgenommen. Das funktioniert jedoch nicht bei Motiven, die über eine Doppelseite gehen!

EINSTECKEN ODER ZUSAMMENTRAGEN

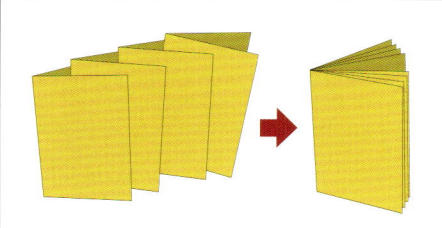

EINSTECKEN
Die gefalzten Bogen (Lagen) werden ineinandergesteckt. Diese Methode wird unter anderem bei der Klammerheftung verwendet.

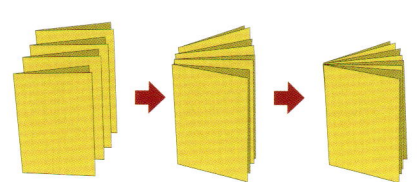

ZUSAMMENTRAGEN
Die gefalzten Bogen werden hintereinander zu einem Bund zusammengetragen. Diese Methode findet Verwendung bei der Klebebindung und bei der Fadenheftung.

BUNDZUWACHS
Bei der Kreuzbruchfalzung, vor allem beim Einstecken, verschiebt sich die Vorderkante der Seiten im Mittelbereich nach vorne. Wenn man das Produkt – vor allem bei mehreren ineinandergesteckten Lagen – dann beschneidet, wird der Außensteg schmaler, je näher man zur Buchmitte kommt. Diesem Effekt kann man beim Ausschießen vorbeugen, indem man nach und nach die Breite des Bundstegs reduziert, was als nicht so störend empfunden wird.

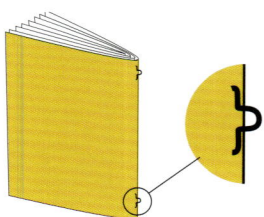

KLAMMERHEFTUNG
Die gefalzten Bogen werden in der Maschine mit Metallklammern geheftet.

ÖSENKLAMMERN
Ösenklammern ermöglichen das Abheften von Prospekten in Ordnern.

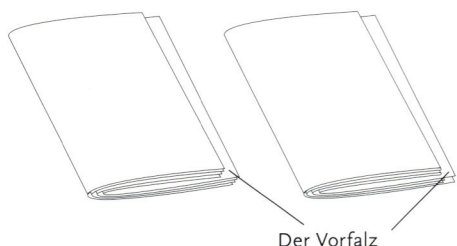

Der Vorfalz

DER VORFALZ
Der Vorfalz ist die Seite des bedruckten Bogens, in der die Bindemaschine den Bogen »greift«. Der Rand zum Druckbild muss etwas größer sein als die anderen Ränder auf dem Bogen. Dieser Überstand ist wichtig, damit die Bindemaschine die gefalzten Bogen öffnen kann. Zum Beispiel wird ein Greiferrand von 7 bis 15 mm bei der Klammerheftung benötigt.

10.13 Klammerheftung

Das Zusammenklammern einiger Seiten mit einem Tacker ist eine Form der Klammerbindung, die uns allen vertraut ist. Die professionelle Klammerheftung wird in zwei Arten unterteilt: die sogenannte Block- oder Seitenstichheftung, bei der die Klammer seitlich durch den Block oder eine Ecke der Seiten gesetzt wird, und die Rückstichheftung, bei der durch den Rücken geheftet wird.

Die Seitenstichheftung verwendet man für einfachere Produkte, zum Beispiel unternehmensinterne Broschuren. Oft können moderne Kopierer und Laserdrucker diesen Vorgang ausführen, wobei entweder zwei Klammern in den linken Rand oder eine in die linke obere Ecke gesetzt werden.

Bei der Rückstichheftung entsteht ein Heft oder eine Broschur. Dafür werden Falzbogen ineinandergesteckt. Die Anzahl der Bogen, die man ineinanderstecken darf, ist begrenzt und liegt bei etwa hundert Seiten (auch abhängig von der Papierstärke). Andernfalls wird das Druckerzeugnis nicht geschlossen liegen bleiben und die Seitenverdrängung nach außen wird zu stark.

Heutzutage wird die Rückstichheftung von den Sammelheftern in einem Durchgang vorgenommen. Die Anzahl der Seiten wird von der Anzahl der Stationen vorgegeben. Jede Station nimmt eine Lage auf, die eingeschossen werden soll. Soll das Endprodukt einen Umschlag erhalten, wird die letzte Station dafür

KLAMMERHEFTUNG

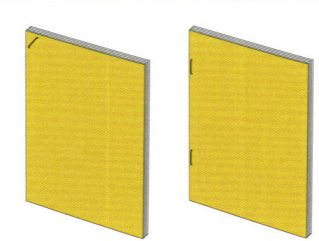

SEITENSTICHHEFTUNG
Links: eine Klammerheftung in der linken oberen Ecke.
Rechts: eine Seitenstichheftung mit zwei Klammern parallel zum Rücken.

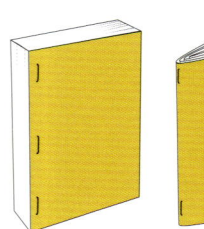

SEITENSTICH- VS. RÜCKSTICHHEFTUNG
Bei der Seitenstichheftung liegen die Seiten plan. Die Heftung erfolgt von der Vorderseite. Bei der Rückstichheftung sind die Blätter gefalzt und die Heftung geht durch den Rücken der Lagen.

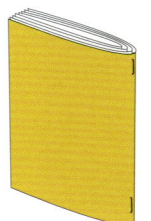 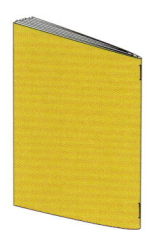

KLAMMERN VOR ODER NACH DEM FALZEN
Wenn man die Bogen zuerst klammert und dann falzt, schließt das Druckerzeugnis nicht richtig (links). Es ist besser, wenn zuerst gefalzt und dann geklammert wird (rechts).

VIER VERSCHIEDENE ARTEN VON BÜCHERN

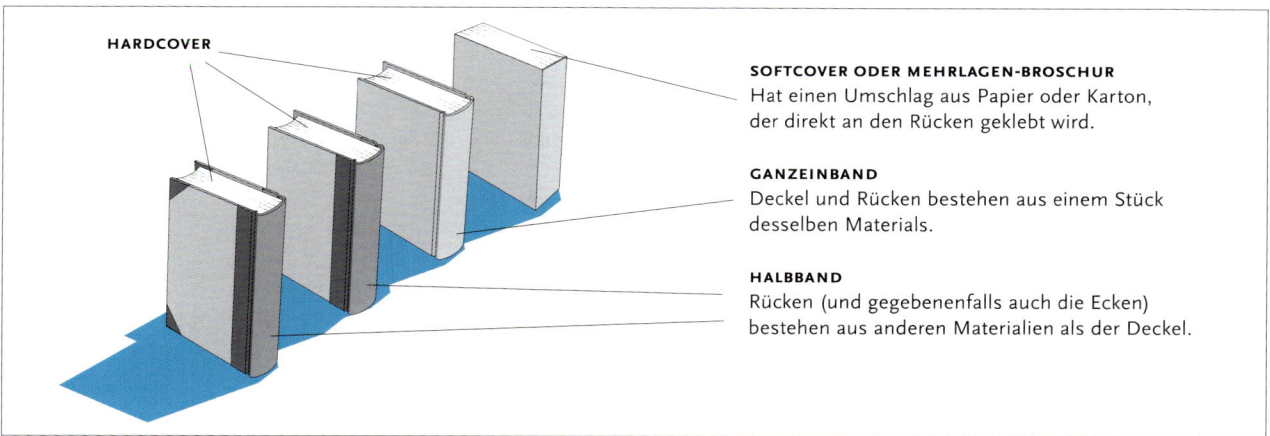

HARDCOVER

SOFTCOVER ODER MEHRLAGEN-BROSCHUR
Hat einen Umschlag aus Papier oder Karton, der direkt an den Rücken geklebt wird.

GANZEINBAND
Deckel und Rücken bestehen aus einem Stück desselben Materials.

HALBBAND
Rücken (und gegebenenfalls auch die Ecken) bestehen aus anderen Materialien als der Deckel.

10.17 Fadensiegelheftung

Bei der Fadensiegeltechnik handelt es sich um eine Mischtechnik zwischen Fadenheftung und Klebebindung. Preislich liegt sie zwischen den beiden anderen Bindungstypen. Das fertige Druckerzeugnis wirkt beim Durchblättern wie ein Produkt mit Fadenheftung. Diese Heftart wird in einer modifizierten Falzmaschine ausgeführt, wobei Falzen und Heften zur gleichen Zeit durchgeführt werden. Der verwendete Faden besteht aus einem speziellen Kunststoff, der bei Erwärmung schmilzt. Beim Falzen der Bogen sticht eine Nadel einen Faden in den Bogenrücken. Jeder Bogen wird also separat geheftet. Noch innerhalb der Falzmaschine werden die Fadenenden geschmolzen und am Bogen befestigt. Die gehefteten Bogen werden dann zusammengetragen und ohne vorheriges Auffräsen des Rückens in einer Klebebindemaschine miteinander verbunden. Handelt es sich um ein Hardcover-Buch, sind nur die bedruckten Bogen zusammengeheftet und der Umschlag separat angeklebt.

10.18 Softcover

Wenn man ein Taschenbuch mit einem Umschlag umgibt, spricht man vom Ganzeinband. Der Ganzeinband ist ein einteiliger Umschlag mit einem höheren Papiergewicht als der Buchblock. Er wird normalerweise in einer Klebebindemaschine an den Buchblock anklebt, selbst wenn dieser fadengeheftet ist.

Der Einband sollte möglichst ohne Überzug und an der Stelle unbedruckt sein, an der er mit dem Buchblock verbunden wird. Wird der Umschlag auf der Innenseite lackiert oder laminiert, muss der Rücken dort ausgespart bleiben, wo der Leim aufgetragen wird. Der Umschlag muss außerdem mindestens so groß wie der unbeschnittene Buchblock sein, und die Laufrichtung muss parallel zum Rücken verlaufen.

Um ein gut aussehendes und haltbares Produkt herzustellen, sollte der Einband gerillt werden. Die besten Ergebnisse erhält man bei einer Vierfach-Rillung: eine an jeder Seite des Rückens, eine einige Millimeter vom Rücken entfernt auf der Umschlagvorderseite und eine vergleichbare auf der Rückseite.

SO KALKULIERT MAN DIE RÜCKENSTÄRKE EINES BUCHES

Egal ob Klebebindung oder Fadenheftung: Um die Rückenzeile gestalten zu können, muss man die Buchblockstärke und die Rückenbreite abschätzen. Am sichersten ist die Herstellung eines Blindbandes mit Originalmaterialien (Dummy). Beispiel einer überschlägigen Rechnung:

Anzahl der Seiten geteilt durch 2 = Blatt
× Papiergewicht
× (ggf.) Volumen des Papiers
geteilt durch 1.000
+ 2 × Stärke des Umschlagkartons
+ bei rundem Rücken ca. 4 mm

Beispiel:
360 Seiten in 90 g/m² Offsetpapier mit 1,2-fachem Volumen; Deckenstärke 2 mm

$$\frac{360}{2} = 180 \text{ Blatt}$$

$$\frac{180 \times 90 \times 1,2}{1.000} = 19,4 \text{ mm}$$

19,4 mm + 2 mm + 2 mm + 4 mm = 27,44 mm
        vorderer hinterer Rundung
        Deckel   Deckel

Ergo: incl. Stärke des Einbandmaterials und Vor- und Nachsatz wird der Rücken rund 28 mm stark sein!

KOSTENFAKTOREN

Es gibt mehrere Faktoren, die die Wahl der Bindung beeinflussen, beispielsweise die Seitenanzahl, das Design, der Verwendungszweck und natürlich die Kosten. Bindearten von oben nach unten, von der teuersten zur günstigsten Variante.

1. Spiralbindung
2. Fadenheftung
3. Fadensiegelheftung
4. Klebebindung
5. Klammerheftung

Ist man sich nicht sicher, für welche Bindeart und Papiersorte man sich entscheiden soll, bittet man am besten den Papierlieferanten oder Buchbinder um ein Produktdummy.

ABPRESSEN

Abpressen ist eine Methode, den Buchblock zu fächern. Es geschieht, indem der Buchblock zusammengepresst wird, wobei die letzten 2 mm des Rückens ausgespart bleiben.
Das Abpressen reduziert die Spannung zwischen Vorsatz und Einbanddecke, wenn man das Buch aufschlägt.

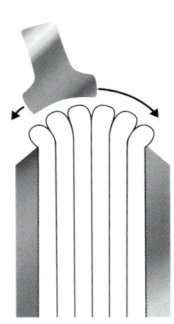

Diese vier Rillen sind die Ausnahme von der Regel, dass eine Nut in derselben Richtung verlaufen muss, in der das Produkt gefalzt wird. Diese Ausnahme wird gemacht, um den bestmöglichen Kontakt zwischen Buchblock, Leim und Umschlag herzustellen.

Die Rillen im Umschlag verhindern ein Brechen des Falzes und bewirken ein leichtes, flaches Aufschlagen des Buches und einen guten Kontakt zum Kleber. Zuletzt wird der eingebundene Buchblock an Kopf, Fuß und Vorderseite auf das endgültige Format zugeschnitten.

10.19 Hardcover

Man spricht von einem Hardcover, wenn der Einband aus einer zusammenhängenden Decke besteht. Dafür verwendet man eine Kartonage für Vorder- und Rückseite (in verschiedenen Stärken, meist zwischen 1,5 und 3 mm) und ein Überzugsmaterial (Papier, kaschierte Druckbogen oder Textilien), die in der Deckenmaschine zusammenkaschiert werden. Nach dem Heften fehlen noch drei Arbeitsschritte, ehe alles für das Hardcover vorbereitet ist: Der Buchblock muss beschnitten werden und die Buchfertigungsstraße durchlaufen. Parallel dazu wird die Buchdecke gefertigt, in die der Buchblock eingehängt wird.

Als Erstes wird der Buchblock durch einen Dreiseitenschneider beschnitten, der Kopf, Fuß und Vorderseite gleichzeitig abschneidet. Das Buch erhält dadurch glatte, ebene Kanten. Danach ist der Buchblock fertig für das sogenannte Runden und das Abpressen, wodurch die Spannung zwischen Vorsatz und Buchdecke abgeschwächt wird, die beim Aufschlagen entsteht. Ist das Buch weniger als einen Zentimeter dick, kann man darauf verzichten. Runden bedeutet, dass der Buchblock so geformt wird, dass er einen runden (konvexen) Rücken erhält und im Gegenzug die Vorderseite konkav eingezogen wird. Mit dem Abpressen des Rückens entsteht eine Art Faltung des Buchblocks, bei dem die letzten zwei Millimeter des Rückens frei bleiben und gewissermaßen aus dem Buchblock herausgequetscht werden. Blickt man von oben auf den Buchblock, ergibt sich die Silhouette eines Pilzkopfes.

ANDERE ARTEN DER WEITERVERARBEITUNG

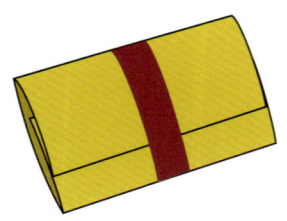

BANDEROLE
Eine Banderole ist ein schmaler Papierstreifen, der um ein Druckerzeugnis, beispielsweise einen Stapel Druckerzeugnisse oder ein Plakat geschlagen wird.

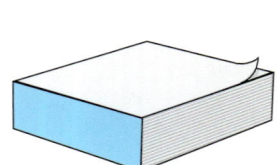

BLOCKLEIMUNG
Durch die Blockleimung wird aus einem dicken Papierstapel ein Block. Eine der Blockkanten, oft der Kopf, wird mit einem speziellen Leim bestrichen.

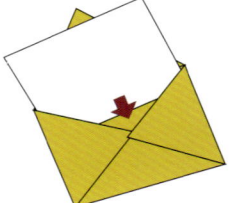

KUVERTIERUNG
Das Kuvertieren erfolgt manuell oder maschinell, je nach Auflage und Komplexität. Bei Auflagen bis zu 1.000 Exemplaren kann sich das manuelle Kuvertieren noch lohnen.

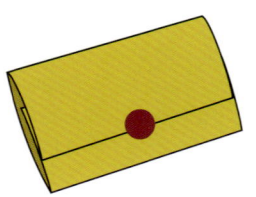

VERSIEGELN
Dabei wird zum Beispiel ein Druckerzeugnis mit Wickelfalz mit einem Klebepunkt verschlossen.

Nach diesen Arbeitsschritten wird ein Gazestreifen auf den Rücken geklebt. Dieser steht etwa eineinhalb Zentimeter auf die Vorsatz- und Nachsatzblätter über. Dadurch erhält die Bindung mehr Festigkeit.

Bevor der Buchblock in den Einband eingehängt werden kann, muss zunächst die Buchdecke fertiggestellt werden. Sie besteht aus vier Teilen. Dazu wird erst mal der eigentliche Überzug aus einem Stück hergestellt und bedruckt. In der Regel hat das Papier, das für den Einbanddruck verwendet wird, ein Papiergewicht von 115 bis 135 g/m². Die Laufrichtung sollte parallel zum Rücken ausgerichtet sein. Andere Materialien sind Kunststoff, Leinen und Leder. Meistens wird eine Buchdruckpresse eingesetzt, um den Umschlag zu bedrucken. Außerdem kann man mit dieser Maschine positive und negative Prägungen erzeugen und/oder Metalldrucke, indem farbige Folien verwendet und/oder mit Farbe gedruckt wird.

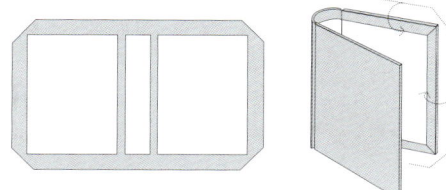

DER EINBAND BESTEHT AUS VIER TEILEN
Das Einbandmaterial wird bedruckt und aufgezogen. Die anderen drei, verstärkenden Teile werden aufgeklebt: zwei Kartons für die Vorder- und Rückseite sowie ein dünnerer Streifen für den Rücken. Der Umschlag wird dadurch stabiler und haltbarer, der lose Rücken fester.

Die anderen drei Teile werden auf das Einbandmaterial aufgeklebt. Zwei Kartons für Vorder- und Rückseite, die den Einband steifer machen, und ein Streifen aus dünnerem Karton in der Mitte, der den Rücken bildet.

Hardcover-Einbände können unterschiedlich ausgestattet sein, je nachdem wie exklusiv sie wirken sollen. Beim Ganzband besteht der Umschlag aus einem Stück desselben Materials. Beim Halbband bestehen der Rücken und manchmal die Ecken aus einem anderen Material als der übrige Einband. »Halbfranzösisch« oder »Halblederbände« sind Halbbände, bei denen Rücken und Ecken aus Leder bestehen. Quarter-Bound-Books bestehen aus unterschiedlichem Material für den Rücken und für Vorder- und Rückseite.

Zuletzt muss der Einband am Rücken gerundet werden, so dass er dieselbe Form annimmt wie der Buchblock. Danach kann der Buchblock eingehängt werden. Die Vor- und Nachsatzpapiere werden eingeleimt und angepresst. Dann wird das gesamte Buch zwischen Platten gepresst, um sicherzustellen, dass es die richtige Form annimmt. Schließlich erhält man ein fertiges Buch für die Auslieferung!

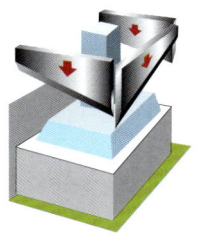

DER DREISEITENSCHNEIDER
Im Dreiseitenschneider wird der Buchblock an Kopf, Fuß und Vorderseite beschnitten.

WICHTIG!

- Es ist wichtig, dass das bedruckte Papier vor dem Weiterverarbeiten richtig trocknet. Sonst kann die Farbe leicht abziehen, das heißt, die Farbe eines Bogens setzt sich auf dem darüberliegenden ab. Besonders empfindlich sind Volltonflächen, einfarbige Flächen mit großer Farbmenge oder farbreiche Bilder.

- Um ein makelloses und haltbares Druckerzeugnis zu erhalten, muss man immer längs zum Faserverlauf falzen [siehe Papier 8.12.]. Falzt man quer zum Faserverlauf, brechen die Fasern und der Falz wird brüchig. Das Druckerzeugnis schließt dann nicht sauber. Bei der Klebebindung kann der falsche Faserverlauf zu Wellenbildung führen und die Haltbarkeit der Bindung beeinträchtigen.

- Papiere mit einem Flächengewicht von mehr als 160 g/m² müssen vor dem Falzen genutet werden. Andernfalls kann die Oberfläche reißen und das Produkt schließt nicht richtig.

- Bei der Rückstichheftung sollte man nicht zu viele Lagen haben. Sonst öffnet sich das Druckerzeugnis von alleine. Der Weiterverarbeitungsbetrieb kann entsprechend beraten.

- Es ist wichtig, ein Ausschießschema zur Verfügung zu haben, um die Farbbelegung über Doppelseiten zu erkennen sowie drucktechnische Probleme wie Spiegelungen zu vermeiden.

- Man sollte mit seinem Weiterverarbeitungsbetrieb klären, wie viel Zuschuss an Papier er für das Einrichten benötigt. Auch die benötigten Ausfallmuster müssen einberechnet werden.

11. Glossar

Dieses Glossar hat die Funktion eines kleinen Lexikons grafischer Fachbegriffe und dient gleichzeitig als Schlagwortregister zu diesem Buch. Die Verweise sind nicht in nummerischer Reihenfolge aufgeführt, sondern nach Relevanz der betreffenden Kapitel. Bezieht sich ein Verweis auf einen Infokasten oder eine Marginalie, so ist die betreffende Seite angegeben. Einige allgemeine Begriffe haben gar keine Seitenverweise, sondern sind nur erklärt.

A

Abriebfestigkeit 8.14
Widerstandskraft der Papieroberfläche gegenüber mechanischen Einflüssen.

Absatzformat 6.1.3 | 6.3.1–2
Ein fortlaufender Text wird in Absätze gegliedert, die durch einen sogenannten Hardreturn (Absatzmarke) abgeschlossen werden. Um Texte schneller mit den gewünschten Zeichen- und Absatzattributen auszuzeichnen, verwendet man im Layoutprogramm Absatzformate, die mit einem Klick alle Attribute auf den Text übertragen.

Absorbieren 9.5.5
Während der ersten Trocknungsphase im Offsetdruck wird das Öl in der Farbe absorbiert, d. h., es dringt in die Papieroberfläche ein.

Abziehen / Abliegen 9.5.16
Aufeinanderliegende Bogen färben gegenseitig ab. Das Phänomen tritt auf, wenn sich zu viel Farbe auf dem Bogen befindet oder die Farbe nicht schnell genug trocknet.

Acrobat 7.2.1
Adobe-Programm zum Erstellen, Betrachten und Ändern von PDF-Dateien. Gibt es in verschiedenen Versionen mit unterschiedlichen Funktionen.

Acrobat Distiller 7.2.1
Adobe-Programm, um PDF-Dateien aus PostScript-Dateien zu berechnen.

Acrobat Elements 7.2.1
Adobe-Programm, mit dem PDF-Dateien aus Microsoft-Office-Programmen exportiert werden können. Kostenpflichtig.

Acrobat Professional 7.2.1 | 7.2.7–8
Eine weiterentwickelte Version von Adobe Acrobat; enthält u. a. PDF/X- und Preflight-Funktionen.

AD
Kurzform für Art Director. Ein Designer mit leitender Funktion, beispielsweise in einer Werbeagentur.

Additives Farbsystem 3.3
Das Farbsystem des Auges, aber auch der Geräte, die mit Licht arbeiten. Die drei Primärfarben Rot, Grün und Blau ergeben bei voller Intensität Weiß.

Adobe (ACE) 3.13
Ein Farbmanagementmodul, das von Adobe-Programmen verwendet wird.

Adobe Bridge Seite 270 | 6.14.5
Bildverwaltungsprogramm von Adobe, im Programmpaket Creative Suite enthalten.

Adobe RGB 3.8.4 | 3.8.1
Ein additiver Farbraum, der in der grafischen Produktion oft als Standard dient.

ADSL 2.9.2
Asymmetric Digital Subscriber Line. Internetverbindung mit digitaler Datenübertragung via Telefonkabel.

Ätzen 9.8.2
Eine Technik, um Tiefdruckformen auf chemischem Weg zu erzeugen.

A-Format 8.6
Ein standardisiertes Papierformat, dessen Seitenverhältnis $1:\sqrt{2}$ entspricht. Die Fläche von A0 entspricht 1 m².

AFP 7.1
Scriptsprache von IBM.

AirPort Seite 60
Name für ein kabelloses Netzwerk (Mac).

Aktion / Makro 5.8.4
Eine Anzahl vordefinierter, miteinander verbundener Funktionen, die beim Starten der Aktion (Photoshop) oder des Makros (Word) automatisch ausgeführt werden.

Alphakanal 5.3.13 | 5.4.11
Ein zusätzlicher Graustufenkanal im Bild, zum Speichern von Auswahlen.

Alterungsbeständiges Papier 8.15
ISO 9706 ist ein internationaler Standard für Papiere, die mehrere Hundert Jahre überdauern sollen.

Amplitudenmodulierter (AM-)Raster 7.7
7.7.6
Ein periodisches Verfahren, bei dem durch Rasterpunkte unterschiedlicher Größe, aber mit gleichem Abstand von Mittelpunkt zu Mittelpunkt, verschiedene Helligkeiten und Farben erzeugt werden.

Anführungszeichen
Anführungszeichen sind Satzzeichen. Sie dienen der Kennzeichnung einer wörtlichen Rede, von Zitaten oder zum Hervorheben besonderer Begriffe.
Es gibt, je nach Land, unterschiedliche Schreibweisen:
„–" (deutsch, handschriftlich),
»–« (französisch, auch in deutscher Literatur gebräuchlich),
«–» (schweizerisch),
"–" amerikanisch.

Aniloxwalze 9.9.3
Eine spezielle Walze, die im Flexodruck die Farbe überträgt.

Ankerpunkte 4.1 | 7.1.3
Konstruktionspunkte, die eine Kurve festlegen, z. B. in einem Beschneidungspfad zum Freistellen eines Objekts.

Anlagekante / Anleger 9.5.9
Anlagekante: Kante des Papierbogens, die als erste in die Druckmaschine eingeführt wird. Anleger: Bereich der Druckmaschine, der das Papier zuführt.

Anlegetisch 9.5.9
Der Anleger der Druckmaschine platziert die Bogen auf dem Anlegetisch, von wo aus sie dem Registerwerk zugeführt werden. Auf dem Anlegetisch wird auch geprüft, ob der Anleger nur jeweils einen Bogen aufgenommen hat, die sogenannte Doppelbogenkontrolle.

Anti-Aliasing Seite 213
Eine Technik zum Erstellen geglätteter Kanten, z. B. bei Texten oder in einem pixelbasierten Bild.

Apple RGB 3.8.7 | 3.8
RGB-Standard, früher von Adobe Photoshop und Illustrator verwendet.

Appletalk
Altes Netzwerk-Protokoll der Firma Apple.

Archivierungsbeständigkeit 8.15
Ein Maß für die Lebensdauer und Beständigkeit von Papieren.

Artefakte 4.9.6
Sichtbare Effekte der JPEG-Kompression, häufig in Klötzchenform oder Mustern.

ArtPro 7.4.8
Spezielles Programm für die Verpackungsproduktion, das u. a. überfüllt, ausschießt, separiert.

ASCII 6.2.4
Text-Format. Nur die Zeichen werden gesichert, nicht die typografischen Einstellungen. Normalerweise mit der Dateiendung .txt

At-Zeichen
Erscheint als @ und wird »ät« ausgesprochen. Wird verwendet, um in der E-Mail-Adresse den Benutzernamen vom Domainnamen abzutrennen.

ATM, ATM Deluxe 6.4.8
Adobe Type Manager. Programm zu Verwaltung von Schriften.

Aufkupfern 9.8.2
Bevor im Tiefdruck geätzt oder graviert werden kann, muss eine Kupferschicht auf den Zylinder aufgetragen werden.

Auflage, Edition 1.3.2
Anzahl von Exemplaren, die von einer Publikation hergestellt werden. Tageszeitungen drucken häufig verschiedene Ausgaben in unterschiedlicher Auflagenhöhe, je nach Region (Lokalausgabe), in der sie verkauft werden. – Bücher erscheinen als Erstauflage; eine Neuauflage kann ohne oder mit Änderungen erscheinen.

Auflösung 4.7 | 4.12.8 | 4.13.7
5.3.4 | 5.4.4–5 | 7.7.7
Beschreibt die Dichte der Bildinformation, ausgedrückt in ppi, oder die Auflösung, den minimalen zu erfassenden oder zu druckenden Punktabstand eines Gerätes, ausgedrückt in dpi.

Ausbluten / Bleeding 9.3.3
Zwei Farben laufen ineinander, vermischen. Tritt auf, wenn Farben zu langsam trocknen, z. B. bei Inkjet-Drucken.

Ausgabe-Auflösung 7.7.8
Die Auflösung, mit der Drucker oder Belichter arbeiten, angegeben in dpi.

Ausgleichszurichtung 9.5.4
Ein Papierbogen, der z. B. zwischen Gummituch und -zylinder eingeschoben wird, um sicherzustellen, dass Gummituchzylinder und Plattenzylinder den gleichen Umfang haben und mit derselben Geschwindigkeit rotieren.

Ausschießen 7.6 | 7.6.8
Positionieren der Seiten eines Druckproduktes in der Anordnung, die die Seiten auf dem Druckbogen haben müssen, um nach der Weiterverarbeitung in der richtigen Reihenfolge zu erscheinen. Heutzutage mittels spezieller Ausschießsoftware.

Aussparen 7.4.8
Um Verfälschungen der Farbwiedergabe von Texten oder Bildern durch einen ebenfalls gedruckten farbigen Hintergrund zu vermeiden, werden die Objekte im Fond ausgespart.

Außentrommelbelichter 9.5.12
Ein Belichter, bei dem das Bild auf der Außenseite der rotierenden Trommel belichtet wird.

Autotypischer Raster 7.7
siehe Amplitudenmodulierter Raster

B

Backup 2.6 | 2.6.3 | 6.14.1 | 2.8.15
Datensicherung.

Bandbreite 2.8.16
Maß für die theoretische Übertragungsgeschwindigkeit in einem Netzwerk. Angabe in bit/s.

Banding / Streifenbildung 5.3.6 | 7.7.7
Tritt auf, wenn Tonwertübergänge mit zu wenigen Abstufungen dargestellt werden.

Batch-Verarbeitung 5.8.6 | 4.13.10
Stapelverarbeitung, bei der mit Hilfe einer Aktion z. B. alle Bilder in einen anderen Farbmodus konvertiert werden.

Bedruckstoff 8.5 | 9.7.1 | Seite 366–367
Das Material, auf das gedruckt wird, normalerweise Papier, aber auch Kunststoff, Glas, Textilien oder anderes.

Belichter 9.2.1 | 9.5.11–12 | 9.7.2
Eine Maschine (Belichter) belichtet das Druckbild auf den lichtempfindlich beschichteten Druckträger.

Belichterpunkt 7.7.6 | 7.1.3
Punkt, der von einem Laserstrahl über einen Belichter oder Drucker erzeugt wurde. Hat die Form eines Halbtonrasterpunkts.

Belichtungsrahmen Seite 348–349
Gerät, das für die Belichtung eines Films auf eine Druckplatte benötigt wird. Ist mit einer Vakuumpumpe und einer Lampe mit Zeitschaltuhr ausgerüstet.

Belichtungszeit Seite 348–349
Die Zeit, die nötig ist, um z. B. eine Druckplatte zu belichten. Der Begriff stammt aus der Fotografie und gibt hier den Zeitraum vom Öffnen bis zum Verschluss der Blende an.

Berliner Format 8.6
Tageszeitungsformat mit sechs Spalten. Maße 315 × 470 mm.

Beschneidungspfad 5.5.18 | 5.3.13
Ein Pfad, der ein vom Hintergrund ausgeschnittenes Bild umgibt.

Beschnitt 6.10.1 | 5.4.3
Bilder und Objekte, die bis zum Rand drucken sollen, müssen randabfallend, d. h. mit 3–5 mm Beschnitt angelegt werden, um Blitzer zu vermeiden.

Bézier-Kurve 4.1
Mathematische Beschreibung einer Kurve. Verwendung u. a. in Vektorgrafiken, Photoshop-Pfaden oder Fonts.

Bildauflösung 4.7
Dichte der Pixel in einem Bild, ausgedrückt in ppi (pixels per inch).

Bildbearbeitung 4.5 | 5.5
Erstellen, retuschieren, montieren, freistellen etc. von Bildern am Computer; meistens mit Adobe Photoshop.

Bilddatenbank / Image bank 6.14.5 | 5.6.2
Archivierungssystem zur Speicherung von Bilddaten; kann anderen Usern per Internet zugänglich gemacht werden.

Bildtiefe 4.11.2
Der räumliche Abstand zwischen verschiedenen Gegenständen im Bild oder Bildebenen wie Vordergrund und Hintergrund.

Bildunterschrift
Ein kurzer Text, der neben oder unter dem Bild platziert ist und dem besseren Verständnis dient.

Binärzahlensystem Seite 41
Das Zahlensystem der Computer, basierend auf 0 und 1.

Bindemittel 9.5.6 | 8.19.4
Komponente der Druckfarbe, die die Pigmente zusammenhält.

Binden 10.1 | 10.13–19
Zusammenheften mehrerer Druckbogen, die ein Druckprodukt ergeben, u. a. durch Klammerheftung, Klebebindung, Fadenheftung.

Bindung 10.13–19
Begriff, der beschreibt, wie die Lagen eines mehrseitigen Printprodukts zusammengehalten werden, u. a. Fadenheftung, Klebebindung.

Bit (b) Seite 41 | 4.6.1
Kleinste Speichereinheit von Computern, mit einem Wert von 0 oder 1.

Bitmap 4.6.1 | 4.8.15
Ein digitales Bild wird aus Einsen und Nullen beschrieben (schwarzweiß).

Bit-Tiefe Seite 108 | 4.12.7 | 4.6.4
Eine Maßeinheit für die Anzahl der Farben, die in einem Pixel gespeichert werden können [siehe auch Farbtiefe].

Blanko 9.2.3
Unbedruckte Formulare, die z. B. Logo, Adresse und Bankverbindung enthalten.

Bleichen 8.17.2
Den Papierbrei aufhellen oder »weiß machen«, z. B. mit ECF (Chlordioxid) oder TCF (Sauerstoff).

Blende 4.11.2
Öffnung der Lamellen im Objektiv einer Kamera. Je weiter die Blende geöffnet ist, desto mehr Licht trifft auf die Filmebene (Chip oder Film).

Blitzer 7.4.8
Kleine störende weiße Ränder am beschnittenen Format oder an den Kanten von Objekten.

Bluetooth 2.2.4
Funkstandard mit einer Reichweite von etwa zehn Metern, u. a. für Datenübertragung zwischen Computer und Mobiltelefon.

.bmp 4.8.15
Dateierweiterung von Bitmap-Dateien. Standardformat für Bilder unter Windows, hauptsächliche Verwendung für Bildschirmgrafiken und Büroanwendungen.

Bogenoffsetdruck 9.5.2
Offsetdruckverfahren, bei dem auf Papierbogen gedruckt wird, im Gegensatz zum Rollenoffsetdruck, wo das Papier von einer Rolle zugeführt wird.

Bold 6.4
Ein Schriftschnitt mit stärkerem (fetten) Liniencharakter.

Brennweite 4.11.1
In der Fotografie bestimmt die Brennweite eines Objektivs zusammen mit dem Aufnahmeformat den Bildwinkel und damit den Bildausschnitt einer Aufnahme. Ein Objektiv, dessen Brennweite etwa der Diagonalen des Aufnahmeformats entspricht, wird als Normalobjektiv bezeichnet. Daneben gibt es Teleobjektive (lange Brennweite) und Weitwinkelobjektive (kurze Brennweite).

Bridge 2.8.13
Netzwerkeinheit, die verschiedene Teile eines Netzwerks verbindet.

Brightness 3.7
Helligkeit z. B. eines Farbtons, auch Luminanz.

Broadsheet 8.6
Klassisches Tageszeitungsformat, zählt zu den Kleinformaten, Maße 295 × 533 mm.

Broschur 10.18
Druckerzeugnis mit flexiblem Umschlag, der direkt am Produkt anliegt. Bei Büchern bezeichnet Broschur (engl. Softcover) heute eine hochwertige Ausgabe mit weichem Einbandmaterial.

Buchbinderei 1.1.7
Ein Dienstleistungsbetrieb der Weiterverarbeitung. Aufgabengebiete u. a. Falzen, Prägen, Rillen, Binden.

Buchblock 10.19
Die Lagen werden zu einem Buchblock zusammengefügt, durch Klebebindung, Fadenheftung, Fadensiegelheftung.

Buchdruck 9.6
Druckverfahren, bei dem das Druckbild erhaben ist und unter hohem Druck auf das Papier gepresst wird [siehe Hochdruck].

Bundsteg Seite 379
Innerer Seitensteg, im Gegensatz zum Außensteg, dem äußeren Rand.

Bundzuwachs / Steigung 10.12 | 7.6.7
Je nach Falz- und Bindetechnik verschiebt sich die Vorderkante der Seiten mehr oder weniger nach außen. Der Effekt verstärkt sich, je mehr Lagen ineinandergesteckt werden, und kann beim Ausschießen kompensiert werden. Auch Steigungseffekt (engl. creaping).

Butzen 9.5.15
Kleinste Papier- oder Schmutzpartikel landen auf dem Gummituch oder der Offsetdruckplatte. Diese erzeugen kleine farbige »Inseln«, die von einem weißen Ring umgeben sind.

Byte Seite 41
Maßeinheit der Binärspeicherung. 1 Byte besteht aus 8 Bit.

C

Cache 2.3
Kurzzeitspeicher eines Computers. Ermöglicht flüssiges Arbeiten durch raschen Programmzugriff.

CAD 4.3.6
Computer-aided design. Programm zur Erstellung objektbasierter Zeichnungen und 3D-Modelle. Verwendung in Verpackungsdesign, Architektur etc.

Camera RAW 4.11.6 | 4.6.8
Rohdaten-Speicherformat ohne Kompression.

Capture One 4.11.6
Ein Programm von Phase One zur RAW-Format-Konvertierung.

Cat 5 2.8.4
Nicht abgeschirmte Twisted-Pair-Kabel, häufig für Ethernet genutzt.

CCD Seite 132 | 4.12.4 | 4.11.4
Charge Coupled Device. Lichtempfindlicher Chip, der einfallendes Licht in elektrische Signale umwandelt.

CCD-Matrix Seite 132 | 4.11.4
Eine Reihe von CCDs ist in einem Muster, einer sogenannten Matrix angeordnet, in der jedes CCD-Element einem Pixel entspricht.

CCITT 4.9.5
Verlustfreie Kompressionsmethode für Strichgrafiken, verwendet vom PDF-Format und PostScript.

chlorfrei 8.17.2
Verwendung der TCF-Methode (Totally Chlorine Free) zum Papierbleichen. Chlorfrei ist ein Papier, das ohne Zusatz von Chlor gebleicht wurde.

Chromalin 7.5.5
Analoger Proof von DuPont.

CIE / CIELab 3.7
Die Commission Internationale d'Eclairage (CIE) hat den geräteunabhängigen Farbraum Lab zur Farbkonvertierung entwickelt.

CIP3 / CIP4 7.3
Internationaler Verband für Druckvorstufe, Druck und Weiterverarbeitung; entwickelte CIP4 und JDF (Job Definition Format).

Client 2.8.8
Begriff, der im Zusammenhang mit Netzwerken und Servern verwendet wird. Der User kontaktiert den Server durch die Verwendung eines Client-Programms.

CMOS Seite 132
Complementary Metal Oxide Semiconductor. Eine Technologie für Bildsensoren in Digitalkameras.

CMYK 3.4
Cyan, Magenta, Yellow (Gelb), Key-color (Schwarz), subtraktives Farbsystem für Drucktechnologien.

CMYK-Modus 4.6.6
Ein Bild, das im CMYK-Modus gesichert ist, besteht im Prinzip aus vier Graustufenbildern: je eines steht für eine Druckfarbe. Das Bild benötigt daher viermal so viel Speicherplatz wie ein einfaches Graustufenbild gleicher Größe und Auflösung.

Coldset 9.5.2
Rollenoffsetdruck ohne Trockenwerk. Beispielsweise für den Zeitungsdruck verwendet.

Color Management System 3.9
siehe Farbmanagement

ColorMatch RGB 3.8.8
RGB-Farbraum, basierend auf den Farben, die ein Radius PressView Monitor anzeigt.

ColorSync 3.13
Apple's Farbmanagementsystem.

Colortune 3.10
Ein Programm der Firma Agfa zur Herstellung von ICC-Profilen.

ColourKit Profiles Suite 3.10
Ein Programm der Firma Fuji zur Herstellung von ICC-Profilen.

Compact Flash 2.6.5
Einer bestimmter Typ einer Speicherkarte, der die Flash-Technologie nutzt.

Composite 6.6.4
Zusammenfassung, farbige Dateianzeige. In einer Composite-PostScript-Datei enthält jede Seite alle Druckfarben, die für diese Seite verwendet wurden – im Gegensatz zu einer separierten PostScript-Datei, wo jede Seite nur eine Farbinformation enthält.

Computer-Plattform 2.1
Bezeichnet das Betriebssystem, das auf einem Rechner verwendet wird, z. B. Mac OS, Windows Vista oder Linux.

Coning Seite 351
Verformung des Papiers während des Druckprozesses, was sich auf die Passgenauigkeit des Druckbilds auswirkt.

CoolType Seite 213
Früher brauchte man für die Darstellung von PostScript-Fonts am Monitor den ATM (Adobe Type Manager). Diese Funktion ist heute in CoolType für Adobe-Programme integriert.

Copydesk 6.3.4
Textbearbeitungsprogramm zum Öffnen, Schreiben und Ändern von Text in QuarkXPress-Dokumenten. Wird z. B. von Journalisten verwendet, um Änderungen direkt im Layout vorzunehmen.

Copyright 5.6.2 | Seite 216
Urheberrecht. Schützt die intellektuelle Arbeit, z. B. von literarischen oder journalistischen Texten, Handbüchern, Musik, Filmen, Fotografien, Kunst etc.

Creative Suite 6.1.1
Ein Programmpaket von Adobe, das Photoshop, Illustrator, InDesign, Acrobat Professional, Bridge u. a. enthält.

Crossmodulierter (Hybrid-)Raster 7.7.3
Modernes Rasterverfahren, vereinigt in sich einen stufenlosen Übergang von der AM-Rasterung (überwiegend in den Mitteltönen) zur FM-Rasterung (in Lichtern und Tiefen).

CRT-Monitor 2.4.1
Cathode Ray Tube. Röhrenmonitor.

.crw 4.11.6
RAW-Format-Dateien, die von Canon-Digitalkameras verwendet werden.

CTP 9.5.11
Computer to Plate, eine Technologie zur Belichtung von Druckplatten ohne Filme, direkt aus dem Computer.

Cumulus 6.14.6
Bildarchivierungssoftware von Canto.

CVC, CVU, CVM Seite 222
Computer Video Coated / Uncoated bzw. Computer Video Matte. Programm zur Simulation von auf gestrichenem, glänzendem bzw. ungestrichenem Papier gedruckten Pantone-Farben am Monitor.

D

DAT 2.6.3
Digital Audio Tape. Magnetband für die Datenarchivierung, speichert 2–8 GB.

Dateikopf
Die Information einer digitalen Datei beginnt mit dem Dateikopf, in dem grundlegende Informationen wie das Erstellungsprogramm hinterlegt sind.

Dateinamenerweiterung Seite 122
Dateinamen tragen Erweiterungen, über die ihre Zuordnung zu einem bestimmten Programm erfolgt. Für Windows zwingend notwendig, für das Mac OS nicht. Für einen reibungslosen Datenaustausch zwischen beiden Betriebssystemen sollte man sie aber am besten immer verwenden (z. B. .doc, .ai, .indd, .qxp, .tif etc.).

Dateimanager 6.14.5
Ein Programm, das Dateien archiviert und katalogisiert, damit man sie wiederfindet.

Datenbus 2.1.2
Der Datenbus transportiert die Informationen zwischen dem Prozessor und dem Speicher.

.dcr 4.11.6
RAW-Format für Bilder einer Kodak-Digitalkamera.

.dcs 4.8.4
siehe EPS-DCS/EPSF

DCS2 4.8.4
Weiterentwicklung des DCS-Formats, häufig für den Druck von Verpackungen verwendet, wenn Sonderfarben (Pantone, HKS) im Einsatz sind.

Deadline
Zeitpunkt, bis zu dem Daten endgültig geliefert sein müssen.

Dekomprimieren 4.9
Eine komprimierte Datei öffnen.

Delta E 3.7
Maßeinheit für den Abstand zwischen zwei Farben im CIE-System. Ist Delta-E zwischen zwei Farben kleiner als 1, kann der Unterschied vom menschlichen Auge nicht wahrgenommen werden.

Densitometer 9.11.1–6 | Seite 373
Ein Gerät zum Messen verschiedener Druckparameter, z. B. Druckpunktzuwachs und Volltondichte.

Descreen 7.7.11 | 5.3.12
siehe Entrastern

Desktop
Der Arbeitsbereich auf dem Bildschirm, wo in Form von Icons verschiedene Programme, Papierkorb etc. angezeigt werden.

Dezimalsystem Seite 41
Unser gebräuchliches Zahlensystem, basierend auf 0 bis 9.

d-font Seite 214
TrueType-Font, der als interner Systemfont von Mac OS X verwendet wird.

Diamantraster 7.7.2
Frequenzmodulierter Raster der Firma Heidelberg, siehe auch Kristallraster.

Dichte, Densität 4.13.2 | 8.8
Lichtundurchlässigkeit einer Farbschicht oder eines Bedruckstoffs.

Digitaldruck 9.2–4
Druckmaschine, die ihre Druckinformationen direkt aus dem Computer erhält und ohne Druckplatten druckt.

Digitales Archiv 6.14.5
siehe Bilddatenbank

Digitales Ausschießen 7.6
Die digital angelegten Seiten werden mittels einer Ausschießsoftware in die richtige Seitenanordnung auf dem Druckbogen gebracht.

Digitalkamera 4.10
Elektronische Kamera, die lichtsensitive CCD-Zellen anstelle eines Dia-Negatives zur Erzeugung eines digitalen Bildes nutzt.

Digitalproof 7.5.5
Digitale Proofs basieren auf den für den Druck vorbereiteten Daten. Sie werden auf einem Drucker hoher Farbqualität ausgegeben, in der Regel ein Tintenstrahl- oder Thermotransferdrucker.

Digital publishing
Informationen als Bildschirmausgabe veröffentlichen, z. B. auf CD oder über das Internet.

Digitalzoom Seite 136 | 5.3.8
Digitales Vergrößern eines Motivs anstelle optischer Vergrößerung. Mathematische Berechnung mittels Interpolation, wobei die Bildqualität abnimmt.

Dimensionsstabilität 8.13
Ein Messwert, wie formstabil sich ein Papier verhält.

Direct advertising
Gedrucktes Werbematerial, das per E-Mail verschickt wird.

Direktes Druckverfahren Seite 353
Die Druckform tritt in direkten Kontakt mit dem Bedruckstoff (wie bei Tiefdruck und Xerografie).

Dispersionslack 10.3
Ein spezieller Lack, der geruchsfrei ist und einen schöneren Glanz erzeugt als Drucklack.

DLT 2.6.3
Digital Linear Tape, Magnetband zur Datensicherung, speichert bis zu 80 GB.

.dng 4.8.8
Digital Negative. Standardformat für RAW-Dateien, entwickelt von Adobe.

Doppelbogenkontrolle
siehe Anlegetisch

Doppelseiten 6.10.2
Eine echte Doppelseite wird auf einem Druckbogen gedruckt; eine unechte Doppelseite auf zwei verschiedenen Druckbogen, was zu Farbabweichungen und Passerproblemen führen kann.

Doppelseitiges Papier
Ein Papier, das auf beiden Seiten dieselbe Oberflächenbeschaffenheit aufweist.

DOS 2.5.1
Altes PC-Betriebssystem.

dpi 7.7.8
Dots per inch, die Anzahl der Punkte pro Inch; beschreibt die Auflösung eines Gerätes, z. B. von Belichter oder Drucker.

Dreizylinderdruckwerk 9.5.3
Häufigster Druckwerktyp im Bogenoffset, bestehend aus Platten-, Gummituch- und Gegendruckzylinder.

Droplet 5.8.5
Ein Icon, hinter dem sich eine Anwendung zur automatischen Ausführung einer Photoshop-Aktion verbirgt.

Druckbild 9.5.4 | 9.5.8
Die Darstellung, die durch Farbe sichtbar gemacht wird. Im Offset wird das Druckbild über ein Gummituch von der Druckplatte auf das Papier übertragen.

Druckerfont 6.4.2 | 6.5.2
Fontdatei, die zum Ausdrucken verwendet wird.

Druckertreiber 2.5.3 | 7.1
Systemerweiterung, die den Drucker für das Betriebssystem kompatibel macht.

Druckform 9.5.11 | 9.6.1–2 | 9.7.2
9.8.2 | 9.9.2
Material, von dem gedruckt wird, z. B. Offsetplatte, Siebdruckrahmen oder Tiefdruckzylinder.

Druckkennlinien 7.4.5
Sie dienen der differenzierten Anpassung der Plattenbelichtung an den spezifischen Punktzuwachs der Druckmaschine.

Drucklackierung 10.3
siehe Lackierung

Drucktechnik / Druckverfahren 9.1–9.9
Seite 364–367
Technologie, die im Druck verwendet wird, z. B. Hoch-, Tief-, Siebdruck.

Druckvorstufenbetrieb 1.1.5 | 7.0
Ein Dienstleistungsbetrieb, der Reproduktionsarbeiten anbietet, wie Scannen, Retusche, Erstellung druckfähiger PDFs.

Druckwerk 9.5.3
Eine Einheit verschiedener Zylinder, z. B. Plattenzylinder, Gummituchzylinder und Gegendruckzylinder einer Offsetdruckmaschine.

Dublieren 9.11.9
Ein Druckphänomen, das zu Punktdeformationen und einem dunkleren Druckbild führt. Beim Dublieren erscheinen Rasterpunkte doppelt nebeneinander, einer stärker, einer schwächer. Das kann z. B. an mangelnder Spannung des Gummituchs liegen, wodurch die Rasterpunkte bei jeder Umdrehung an unterschiedlichen Stellen landen.

Dummy / Blindmuster 6.13.1 | 8.16.1 | 7.6
Probeexemplar des geplanten Printprodukts zur Ansicht beim Kunden, normalerweise von Hand hergestellt.

Duplex 4.6.3
Ein Graustufenbild wird statt einfarbig mit zwei Farben gedruckt, um feine Details nuancierter darzustellen. In der Regel mit Schwarz plus einer weiteren Farbe.

DVD 2.6.4
Digital Versatile Disc, eine optische Scheibe zur Datensicherung und für Multimediaprodukte, bis zu 17 GB Speicherkapazität.

DVI 2.4.6
Digital Visual Interface, eine digitale Verbindung zwischen Computern und Monitoren, die es in verschiedenen Standards gibt.

.dwg 4.3.6
Standardformat zum Sichern von Strichzeichnungen aus einem CAD-Programm.

E

Ebenen 5.5.15–17
Eine Technik, die in Grafik- und Bildbearbeitungsprogrammen für Collagen genutzt wird. Bestimmte Objektgruppen werden auf Ebenen gesammelt, die sich ein- und ausschalten, getrennt voneinander drucken lassen etc.

Ebenenmaske 5.5.17
Eine Funktion in Photoshop, die Teile der Ebene maskiert, so dass sie transparent erscheinen.

ECI 3.8.5 | 3.10.4
European Color Initiative. Eine Expertenorganisation, die an der Entwicklung von Farbsystemen und Farbmanagement arbeitet.

ECI RGB 3.8.5
RGB-Farbstandard, der von der European Color Initiative unterstützt wird; hat einen ähnlichen Farbumfang wie Adobe RGB.

EDID 2.4.6
Extended Display Identification Data. Digitale Verbindung zur Kommunikation zwischen Rechner und Monitor, unterstützt von DVI.

editierbar
Bearbeitbar, kann verändert werden.

Einband 10.18 | 10.19 | 10.1
Umschlag eines Buches, bestehend aus Vorder- und Rückseite sowie Rücken.

Einhängen 10.18
Den Bucheinband am Rücken eines klebegebundenen Buchblocks festkleben (Broschur, Taschenbuch).

Einrichtekosten 1.3.1
Beim Zurichten einer Druck- oder Weiterverarbeitungsmaschine für den Auftrag entstehende Kosten.

Einseitiges Papier
Ein Papier mit verschiedenen Oberflächen der Schön- und Widerdruckseite, z. B. Postkarten, kann eine gestrichene Seite für das Bild, eine ungestrichene zum Beschriften haben.

Einstellungsebenen 5.4.6 | 5.4.1 | 5.5.16
Eine Funktion in Photoshop, die Farb- und Tonwertkorrekturen über eine Ebene hinzufügt und dabei die Originaldaten erhält.

Elektrolyse 9.8.2
Ein elektrochemisches Verfahren, um die Oberfläche von Tiefdruckzylindern zu gravieren.

.emf 4.3.4
Enhanced Metafile. Weiterentwicklung des WMF-Formats.

Emulsion Seite 348
Mischung zweier ineinander nicht lösbarer Flüssigkeiten (z. B. Öl in Wasser). Auch: lichtempfindliche Beschichtung fotografischer Platten, Filme und Papiere.

Entrastern 7.7.11 | 5.3.12
Eine Funktion der Scanner-Software, die den Halbtonraster und das Papierweiß zwischen den Rasterpunkten einer gedruckten Vorlage durch Tonwerte ersetzt, um einen Moiré-Effekt zu vermeiden.

Entwickler 9.5.12
Chemische Lösung, um Druckplatte oder Druckfilm (Litho) zu entwickeln.

Entwicklungsmaschine 9.5.11
Maschine, die Druckplatten oder Druckfilme unter Verwendung flüssiger Chemikalien entwickelt.

.eps 4.3.2
Encapsulated PostScript. Ein Dateiformat für digitale Bilder und Illustrationen. Kann Vektor- oder/und Pixeldaten enthalten.

EPS-DCS/EPSF 4.8.4
Encapsulated PostScript-Desktop Color Separation. Ein Dateiformat für das Vorseparieren digitaler Bilder.

Ethernet 2.8.2
Eine der häufigsten Netzwerklösungen.

Ethertalk
Apples Netzwerk-Protokoll, verwendet in Ethernet-Netzwerken unter OS 9.

Euroskala 7.4.1
Europäischer Standard, mit dem die spezifischen Eigenschaften von Druckfarben festgelegt sind. Im Gegensatz zum amerikanischen SWOP-Standard.

Excel 6.1.1
Programm von Microsoft zur Erstellung von Kalkulationen und Statistiken.

EXIF 4.10
Exchangeable Image File. Enthält Informationen z. B. über Datum, Blende, Weißbalance, Belichtungszeit etc., die mit dem Bild mitgesichert wurden.

Extensions 2.5.5
Programmerweiterungen, die die Funktionalität eines Programms vergrößern (auch Plug-in).

Extrahieren 5.5.18 | 5.3.13
Ein Bildmotiv anhand seiner Außenkonturen freistellen.

Eye-One 4.12.11
Gerät zur Monitorkalibrierung von Gretag Macbeth. Verschiedene Ausführungen sind erhältlich.

F

Fadenheftung 10.16
Traditionelle Buchbindemethode. Die gefalzten Lagen werden im Rücken zusammengenäht.

Fadensiegelheftung 10.17
Kombination aus Fadenheftung und Klebebindung.

Fadenzähler Seite 350
Eine kleine Lupe, mit der man den Raster oder die Passgenauigkeit eines Drucks prüfen kann.

Falsches Duplex 4.6.3 | Seite 108
Ein Graustufenbild, das einfach auf eine farbige Fläche gedruckt wird, wird als falsches Duplex bezeichnet. Anstelle von Weiß erscheinen die hellen Bereiche in der Farbe der hinterlegten Fläche.

Falzen / Falzwerk 10.10
Die Papierbogen werden im Falzwerk der Druckmaschine oder in einer separaten Falzmaschine zu Lagen gefaltet.

Falzmarken Seite 285
Spezielle Markierungen, die auf den Druckbogen im Beschnitt stehen und anzeigen, wo gefalzt werden muss.

Farbauftrag 9.5.8 | 9.10.4 | 9.10.7
9.11.2–4 | 9.11.6 | 9.9.7
Die Menge an Farbe, die auf verschiedenen Bereichen des Papiers aufgetragen wird. Der Farbauftrag kann während der Produktion schwanken. Beschreibt auch, wie viel Farbe bei einem Druckverfahren und auf einem bestimmten Papier maximal aufgetragen werden kann.

Farb-/Feuchtauftragswalze 9.5.5 | 9.5.7
Im Flachdruck erfolgt das Einfärben der Druckform mittels *Farbauftragswalzen*. Damit nur die druckenden Teile auf der Druckplatte die Farbe annehmen, wird die Druckform zuvor von einer *Feuchtauftragswalze* angefeuchtet.
Im Hochdruckverfahren erfolgt das Einfärben ebenso mittels Farbauftragswalzen, aber ohne vorherige Befeuchtung.

Farb-Feuchte-Balance 9.5.6 | 9.10.5 | 9.10.7
Um ein gutes Druckergebnis zu erzielen, muss im Offsetdruck ein ausgewogenes Gleichgewicht zwischen Feuchtmittel und Druckfarbe herrschen.

Farbfilter Seite 132 | 4.12
Ein Filter, der eine bestimmte Farbe aufgrund ihrer Wellenlängen aus dem Licht ausfiltert.

Farbkeil / Farbkontrollstreifen 9.11.1–2
Farbfelder der einzelnen Druckfarben und bestimmter Mischungsverhältnisse. Sie befinden sich am Rand des Druckbogens und dienen der Messung des Farbauftrags im Druck.

Farbmanagementsystem 3.9 | 3.10–14
Ein Verfahren, das die Farben zwischen verschiedenen Farbsystemen und Geräten aufeinander abstimmt.

Farbmesser 9.5.8
Das Farbmesser wird mittels Zonenstellschrauben justiert und steuert die Farbzufuhr in der Druckmaschine.

Farbmodus 4.6
Beschreibt die Farbinformation in einem Dokument, beispielsweise bei pixelbasierten Bildern; Bitmap-, Graustufen-, Duplex-, Indizierte-Farben-, RGB- oder CMYK-Modus.

Farbpigment
siehe Pigment

Farbreihenfolge 9.11.6 | Seite 373
Die Reihenfolge, in der Farben im Nass-in-Nass-Druck aufeinander gedruckt werden, bestimmt das anschließende Aussehen. Die hellste Farbe wird normalerweise als erste gedruckt: Gelb, Magenta, Cyan, dann Schwarz. Manche Druckereien bevorzugen es, Cyan und Schwarz nicht direkt hintereinander zu drucken, und tauschen daher Magenta und Cyan: Gelb, Cyan, Magenta, Schwarz.

Farbreproduktion 3.6 | 3.12 | 3.2
Die Art, wie Farben, beispielsweise von einem Monitor oder im Druck, dargestellt werden.

Farbstandard 3.8
Standardisierte Primärfarben eines bestimmten Farbsystems wie Adobe RGB, Eurostandard, SWOP.

Farbstich 5.4.6–7 | 5.4.11 | Seite 270–271
9.10.7 | 9.11.7 | Seite 169
Fehler in der Farbbalance eines Bildes.

Farbsystem 3.3–5 | 3.7
Definition bestimmter Farben wie RGB, CMYK oder CIE.

Farbtafel / Farbfächer 3.5
Gedruckte Farbbeispiele mit einer Beschreibung ihrer Zusammensetzung, meist auf verschiedenen Papiersorten gedruckt.

Farbtemperatur 3.4
beschreibt, wie warm (rötlich) oder kalt (bläulich) das Licht bzw. eine Farbe ist. Angabe in Kelvin (K).

Farbtiefe Seite 113 | Seite 108 | 4.6.5
4.8.7 | 4.12.7
ist der Speicherplatz, der für die Codierung der Werte eines Farbkanals verwendet wird; angegeben in Bit pro Farbkanal. Eine Farbtiefe von 1 Bit bedeutet, dass pro Farbkanal nur zwei Zustände möglich sind. Bei der gebräuchlichen Farbtiefe von 8 Bit sind $2^8 = 256$ Tonwerte möglich.

Farbumfang Seite 76 | 3.6 | 3.8.1 | 3.10
Die Anzahl der Farben, die theoretisch von einem bestimmten Farbsystem dargestellt werden können.

Farbwahrnehmung 3.1–2 | Seite 75
Das menschliche Auge nimmt nur einen bestimmten Anteil der Wellenlängen des Lichtspektrums wahr.

Farbwerke / Farbwalze 9.5.5
Das Zylinderfarbwerk besteht aus einem Farbkasten mit Duktor und Heberwalze, einem Verreiberwalzenblock und den Auftragswalzen. Der Duktor nimmt die Farbe aus dem Farbkasten auf und gibt sie an die anderen Walzen weiter.

Farbzonen 9.5.8
Die Farbzuführung wird zonenweise parallel zur Druckabwicklung mittels (digitaler oder manueller) Einstellung des Farbmessers gesteuert.

FDDI
Fiber Distributed Data Interchange. Netzwerk, das auf der optischen Übertragung via Glasfaserkabel basiert.

FDF-Datei 6.11.2
Acrobat Forms Data Format. Eine FDF-Datei enthält nur Kommentare für eine PDF-Datei. Zum Versenden von Proof-Anweisungen an verschiedene User, anstelle der gesamten PDFs.

Festplattenspeicher 2.6.2 | 2.1.6
Ein im Computer eingebauter Datenträger, auf dem sich Betriebssystem, Programme und Daten befinden; es kann aber auch zusätzlich eine externe Festplatte für große Datenmengen angeschlossen werden.

Fetch
Datenübertragungsprogramm für das Internet via FTP.

Feuchtmittel / Feuchtwasser 9.5.7
Im Offsetdruck zur Trennung druckender und nicht druckender Flächen eingesetzte wässrige Lösung. Diese muss einen gewissen Härtegrad und einen bestimmten pH-Wert haben.

Feuchtwerk 9.5.5 | 9.5.7
Eine Reihe sich berührender Walzen, die ein Feuchtmittel (meistens Wasser mit diversen Zusätzen) als Wasserfilm gleichmäßig auf die Druckplatte auftragen.

File Extension
siehe Dateinamenerweiterung

File Manager
siehe Dateimanager

Filmmontage 7.6 | Seite 348–349
Die Reprofilme werden nach dem Ausschießschema auf einer großen Folie montiert, um davon anschließend eine Druckplatte zu belichten.

Filmsatz Seite 348
Ein Satz zusammengehörender Reprofilme, für jede Druckfarbe einer.

Final proof
Digitales Proofsystem von Fuji.

Firefox
Ein Web-Browserprogramm von Mozilla.

Firewall 2.9.6
Ein System, das ein lokales Netzwerk gegen externe Angriffe, vor allem aus dem Internet, schützt.

FireWire 2.7.2 | 2.2.3
FireWire ist auch bekannt als IEEE-1394-Standard, der 1995 verabschiedet wurde. Die FireWire-Schnittstelle dient überwiegend dem schnellen Datenaustausch zwischen Computer und Multimedia- oder anderen Peripheriegeräten. Es gibt zwei Arten der Verbindung: 400 und 800 Mbit/s.

Fixierer Seite 348
Nach der Belichtung muss das Bild unter Verwendung von Chemikalien auf der Druckform entwickelt und fixiert werden.

Flachbettbelichter 9.5.12
Plattenbelichter, in dem die zu belichtende Druckplatte flach liegt.

Flachbettscanner 4.12.1
Das Original wird zum Scannen auf eine flache Glasplatte gelegt.

Flash 4.2
Programm von Macromedia, um vektorbasierte Animationen für das Web zu erstellen.

Flash memory 2.6.5
Wiederbeschreibbares kleines Speichermedium, das in USB-Sticks und Digitalkameras verwendet wird.

Flexografische Platte 9.9.2
Eine elastische Druckplatte aus Kunststoff oder Gummi, mit erhabenem Druckbild.

Flexografie 9.9
Eine Hochdrucktechnik, hauptsächlich für den Verpackungsdruck.

Flightcheck
Ein Preflight-Programm.

FM-Raster 7.7.2
siehe Frequenzmodulierter Raster

FOGRA 3.10.4
Forschungsgesellschaft Druck e.V. (früher: Deutsche Gesellschaft zur Förderung der Forschung im grafischen Gewerbe). Forscht und entwickelt Standardprofile für die deutsche Druckindustrie.

FOGRA-Keil Seite 368
Der von der FOGRA erstellte Farbkeil entspricht der Norm der Euroskala und wird beim Ausschießen mit auf die Druckbogen montiert.

.fon Seite 214
Bitmap-Font unter Windows, damit sehr kleine Schriftgrößen am Monitor dargestellt werden können.

Font 6.4 | 6.5.1–3
Eine Sammlung zusammengehörender Schriften in einer Datei. Es gibt TrueType-, PostScript-Type1- und OpenType-Fonts.

Fontlab Studio / Fontographer 6.4.10
Programme zum Erzeugen weiterer Zeichen für einen vorhandenen Font oder zur Erstellung eines neuen Fonts.

Format 8.6
Die Größe eines Druckbogens oder die zugeschnittene Endgröße. Ein Standardformat ist DIN A4.

FotoStation 2.5.4
Archivierungsprogramm von FotoWare.

FrameMaker 6.1.1 | 7.1.2
Ein Layoutprogramm von Adobe, das hauptsächlich für umfangreiche Druckprodukte wie Kataloge eingesetzt wird.

Freehand 4.2
Vektororientiertes Zeichenprogramm von Macromedia.

Frequenz 2.3 | 2.4.3 | 2.4.5 | 7.7.5 | 7.7.7
Wiederholungsrate, gemessen in Hz (Hertz), z. B. Rasterfrequenz (Feinheit des Druckrasters) oder Bildwiederholfrequenz bei Monitoren.

Frequenzmodulierter Raster 7.7.2
Ein Rasterverfahren, das sehr kleine Rasterpunkte in unterschiedlicher Dichte streut, um verschiedene Tonwerte zu erzeugen (Gegenteil: Amplitudenmodulierter Raster).

Frontispiz
Eine Seite, die meist dem Haupttitel eines Buches gegenübersteht und Bilder enthält.

FSC 8.17.4
Der Forest Stewardship Council ist eine gemeinnützige und unabhängige Organisation zur Förderung verantwortungsvoller Waldwirtschaft. Umweltorganisationen, Gewerkschaften, Waldbesitzer und Unternehmen der Holzwirtschaft unterstützen den FSC.

FTP 2.10.2 | 2.8.8 | 2.10
File Transfer Protocol. Protokoll für die Datenübertragung im Internet.

Füllstoffe 8.19.2
Bei der Papierproduktion beigemengt, z. B. Kaolin oder Calciumkarbonat. Dienen dazu, die winzigen Räume zwischen den verfilzten Cellulose-Fasern auszufüllen. Neben einer dichteren, glatteren Oberfläche bewirken sie u. a. höhere Opazität und Weiße des Papiers und erhöhen die Lebensdauer.

Fünfzylinderdruckwerk 9.5.3
Ein spezielles Druckwerk, das aus zwei Druckplattenzylindern, zwei Gummituchzylindern und einem Gegendruckzylinder besteht.

Fuß/Fußsteg Seite 379
Unterer Seitenrand, begrenzt den Satzspiegel von unten.

Fußnote
Randbemerkung; wie schon der Name besagt, unterhalb des Satzspiegels im Fußsteg platziert.

G

Gammawert 3.8.2 | 4.13.5
Beschreibt eine Tonwertkurve, mit der ein digitales Bild oder der Monitor eingestellt werden kann. Ein Gammawert von 1.0 entspricht in einer Eins-zu-Eins-Zuordnung. Gammawerte zwischen 0 und 1 bedeuten Überbetonung der mittleren Tonwerte. Gammawerte über 1.0 resultieren in einer Überbetonung der dunkelsten und hellsten Bildstellen.

GB / Gigabyte
z. B. 2^{30} GB = 1.073.741.824 byte.

GCR 7.4.4 | Seite 266–267
Grey Color Replacement. Eine spezielle Separationsmethode für digitale Bilder, bei der gleiche Anteile der drei Buntfarben C, M, Y zugunsten der Zugabe von Schwarz reduziert werden. Vorteile sind geringerer Gesamtfarbauftrag und höhere Farbstabilität im Druck.

Gegendruckzylinder / Presseur 9.5.3
Ein Zylinder im Druckwerk, der den Bedruckstoff gegen den Druckzylinder bzw. im Offsetdruckverfahren gegen den Gummituchzylinder presst. Durch den Gegendruck wird die Druckfarbe vom Druckträger auf den Bedruckstoff übertragen.

Geschütztes Leerzeichen
Spezieller Wortabstand, der nicht zulässt, dass zwei Worte über Zeilen oder Spalten hinweg getrennt werden.

Gestrichenes Papier 8.1
Papier mit einer speziellen Oberflächenbehandlung aus Bindemittel (Stärke oder Latex) und Pigmenten (feine Kaolinkreide oder Calciumcarbonat).

Geviert
ist ein typografisches Maß. Ein Geviert entspricht der Schriftgröße im Quadrat, also ist z. B. bei einer 10 Punkt-Schrift das Geviert 10 pt hoch und 10 pt breit. Darauf bauen die Zeichen- und andere Abstände auf. Die Zeichenabstände werden als eine Menge oder Proportion des Quadrats angegeben, z. B. Halbgeviert (Abstand der meisten Versalziffern; Breite des Gedankenstrichs), Viertelgeviert (Breite des Bindestrichs), Drittelgeviert (Breite des Leerzeichens), Achtelgeviert (Abstand zwischen einzelnen Elementen einer Abkürzung, bei Konto- oder Telefonnummern).

.gif 4.8.12
Graphic Interchange Format. Ein Dateiformat für Bilder im Modus Indizierte Farben, auch für animierte Pixelbilder. Maximal 256 Farben.

Glätten 8.9 | 9.8.4
Verbessern der Papieroberfläche im Glättwerk. Stärkerer Glanz, bessere Bildwiedergabe, jedoch weniger Opazität und Steifigkeit.

Goldschnitt
Die Schnittkanten eines Buches werden mit Blattgold belegt.

GPRS / 2,5 G 2.9.4
Übertragungstechnologie in Mobiltelefonen mit bis zu 170 kbit/s.

Grafikkarte 2.1.8
Wird auf dem Motherboard installiert und steuert die Anzeige auf dem Monitor.

Grammatur 8.7 | 8.4
Ein Maß für das Flächengewicht des Papiers, angegeben in g/m².

Graubalance 7.4.2 | 9.11.7 | 5.4.6
Beschreibt die Zusammensetzung, bei der eine bestimmte Kombination der Primärfarben neutrales Grau ergibt: z. B. 40 % Cyan, 30 % Magenta und 30 % Gelb.

Graustufen / Grauwerte 4.6.2
Maximal 254 Grauwerte können mittels PostScript in einem Graustufenbild zwischen Weiß (255) und Schwarz (0) dargestellt werden. Im Druck reichen sie von 0 % (Weiß) bis 100 % (Schwarz).

Graustufenkeil 9.11.7
Spezielle Messfelder, deren Mischung aus CMY ein neutrales Grau ergeben müssen. Ist dies nicht der Fall, ist der Druck farbstichig.

Gravur / Gravurdruck 9.8.2
Technik, mit der Halbtonnäpfchen unter physikalischem Druck und mittels eines Diamantkopfes in den Tiefdruckzylinder gestochen werden.

Greiferecke 7.6.6 | 10.2
Kante des Papiers, die von der Druck- oder Weiterverarbeitungsmaschine gefasst wird.

Großflächenplakat / Billboard
Großes Werbeplakat an Bus- oder U-Bahnstationen oder als Außenwerbung an Plakatwänden.

Gummieren
Eine Schutzschicht auftragen, die die Offsetdruckplatte vor Oxidation bewahrt. Wird heute kaum noch gemacht, da man über CTP schnell eine neue Platte herstellen kann.

Gummierung
Substanz, die klebt, wenn das Papier feucht gemacht wird, z. B. zum Verschließen von Umschlägen.

Gummi-gegen-Gummi-Druckwerk 9.5.3
Eine besondere Drucktechnik, die ohne Gegendruckzylinder arbeitet. Beide Bogenseiten werden gleichzeitig durch zwei Gummituchzylinder bedruckt, die sich gegenseitig als Gegendruckzylinder dienen.

Gummituch 9.5.3–4
Wird über den Gummituchzylinder im Offsetdruck gezogen und überträgt das Druckbild vom Druckplattenzylinder auf den Bedruckstoff.

H

Haarlinie Seite 207 | Seite 237 | Seite 257
Die dünnste Linie, die ein Font haben (thin) und die ein Gerät darstellen kann.

halbfett / semibold Seite 207
Schriftschnitt zwischen normal und fett.

Halbtonraster 7.7
siehe Amplitudenmodulierter und Frequenzmodulierter Raster

Halbtonverfahren 9.3.1 | 9.4.2
Man teilt das Bild in viele kleine Rasterpunkte auf, die das Auge als einheitliche Farbtöne wahrnimmt (Inkjet-, Thermotransferdruck).

Halbtonzellen / Rasterzellen 7.7.6
Bei der Belichtung werden die einzelnen Rasterpunkte aus mehreren Belichterpunkten zusammengesetzt. Die Fläche wird in eine feste Zahl von Rasterzellen aufgeteilt (z. B. 64er-Raster: 64×64 Zellen pro cm²). Die unterschiedlichen Helligkeits- und Farbeindrücke werden über die variable Größe bzw. Verteilung der Belichterpunkte in dieser Zelle erreicht (siehe auch Rasterpunkt).

Halo
Ein Phänomen, das auftritt, wenn ein Bild überbelichtet ist.

Harddisk 2.6.2 | 2.1.6
siehe Festplatte

Hardware 2.1 | 2.8.1
Komponenten eines Computers wie Rechner, Maus, Tastatur, Monitor, Scanner etc.

Hardware-RIP
Siehe RIP

HD 15 2.4.6
Üblicher VGA-Anschluss zwischen Monitor und Computer.

HDR-Bilder 4.8.9
High Dynamic Range. HDR-Bilder haben einen besonders hohen Kontrastumfang.

HDTV 2.4.6
High Definition TV, Fernsehstandard mit hoher Qualität, 1.920×1.080 Pixel Auflösung.

Headline
Überschrift, Titeltext.

Heatset 9.5.2
Rollenoffsetdruckverfahren mit Trockenwerk.

Heißfolienprägung 10.6
Besondere Prägeart, bei der unter Hitze eine Folie aufgeprägt wird, z. B. für metallische Buchstaben auf Visitenkarten.

Hertz/Hz 2.3
Einheit für die Frequenz, z. B. als Maß der Prozessorgeschwindigkeit [siehe Frequenz].

Hexachrome-Separation 7.4.1
HiFi-Farbseparation, basierend auf sechs Farben.

Hierarchische Datenstruktur 6.14.2–3
Speichern und sortieren von Dateien nach hierarchischen Regeln; die Dateien sind nach Haupt- und Unterbegriffen sortiert.

HiFi Color Seite 76
Subtraktives Farbsystem, das ein Hinzufügen von zwei oder vier Farben erlaubt, um einen größeren Farbumfang im Druck zu erzielen.

Hinting 6.5.5
Hints (engl. Hinweise) sind Anweisungen in Outline-Fonts, die die Darstellung von Texten auf Ausgabegeräten mit niedriger Auflösung (z. B. am Monitor) verbessern.

Hi-Res / High-Resolution 6.6.4 | 6.7
Ein Bild mit sehr hoher, für den Druck ausreichender Auflösung, bei Originalgröße meistens zwischen 250 und 300 ppi.

Histogramm Seite 171 | 5.3.6 | 5.4.6–7
Grafische Darstellung der Tonwerteverteilung (Häufigkeit) in einem Pixelbild.

HKS 3.5
Ein deutsches Volltonfarbensystem, ähnlich dem internationalen Pantone.

Hochdruck / Buchdruck 9.6
Drucktechnik, bei der das Druckbild erhaben ist. Die einzufärbenden Druckträger sind entweder Einzellettern, gegossene Schriftzeilen oder Klischees. Es ist ein direktes Druckverfahren, d. h. die Druckform gibt die Farbe direkt auf den Bedruckstoff ab.

Holzfreies Papier 8.3
Papier, das aus weniger als 10 % mechanisch aufgeschlossenem Holzschliff besteht und mehr als 90 % chemisch aufgeschlossenem Zellstoff.

Holzhaltiges Papier 8.3
Papier, das aus mindestens 90 % Holzschliff besteht und maximal 10 % Zellstoff enthält.

HSB Seite 78
Farbsystem: Hue (Farbton), Saturation (Sättigung) und Brightness (Helligkeit).

HTML
Hyper Text Markup Language, eingesetzt für Erscheinungsbild und Funktionalität von Websites.

Hub 2.8.11
Netzwerkgerät, das verschiedene Bestandteile des Netzwerks verbindet.

Huffman-Kompression 4.9.3
Verlustfreies Kompressionsverfahren für Strichgrafiken.

Hurenkind
Bezeichnet die letzte Zeile eines Absatzes, die alleine am Anfang einer Seite oder Spalte steht.

Hybridraster 7.7.3
siehe Crossmodulierter Raster

hydrophil / wasserliebend 9.5.1
Gegenteil von hydrophob. Beschreibt das Verhalten einer Oberfläche, die Wasser leicht annimmt, z. B. die unbeschichteten (nicht druckenden) Bereiche einer Offsetdruckplatte.

hydrophob / wasserabweisend 9.5.1
Gegenteil von hydrophil. Beschreibt das Verhalten einer Oberfläche, die Wasser abstößt (z. B. Beschichtung der Offsetplatte).

I

ICC 3.9
International Color Consortium, eine Gruppe von Soft- und Hardware-Herstellern der grafischen Industrie, die an einem gemeinsamen Farbmanagementstandard arbeiten.

ICC-Profil 3.10 | 6.8.8 | Seite 270–271
Ein Standard, die Farbreproduktionseigenschaften von Geräten wie Scannern, Digitalkameras, Monitoren und Druckern etc. zu beschreiben. Erstellung mittels eines IT8-Charts und eines Spektralfotometers.

Icon
Ein kleines Symbol zur Darstellung von Dateien, Programmen etc. auf der Arbeitsoberfläche des Computers.

IEEE 802.3 2.8.2
Standard für Ethernet.

IEEE 802.11 2.8.5 | Seite 60
Standard für kabellose Netzwerke.

IEEE 1394 2.7.2
FireWire-Technologie.

Illustrator 4.2 | 2.5.4
Vektorgrafikprogramm von Adobe.

Importfilter 6.2.3 | 6.3
Ein Layoutprogramm benötigt Importfilter, um Bilder und Texte in bestimmten Speicherformaten importieren zu können.

Impressum
Text, der Informationen zur Veröffentlichung des Druckwerkes enthält: Name des Autors, des Verlages, des Ortes, an dem der Verlag ansässig ist, das Veröffentlichungsjahr, die Auflage etc. Normalerweise auf einer der ersten Buchseiten gedruckt.

InCamera 4.11.7
System von PictoColor zur Erstellung von ICC-Profilen für Digitalkameras.

InCopy 6.3.4
Textbearbeitungsprogramm, mit dem InDesign-Dokumente geöffnet werden können.

InDesign 6.1.1
Weit verbreitetes Layoutprogramm von Adobe.

Indexnummer
Eine hochgestellte Ziffer in kleinerer Größe, die auf eine Fußnote verweist.

Indirektes Druckverfahren Seite 353 | 9.5.4
Das Druckbild wird von der Druckform zunächst auf einen Zwischenträger (z. B. Gummituch) abgegeben, erst dann auf den Bedruckstoff (z. B. im Offsetdruck).

Indizierter Farbmodus 4.6.7
Ein Farbmodus mit maximal 256 verschiedenen Farben, die in einer Palette festgelegt sind. Jedes Pixel im Bild hat einen Wert zwischen 1 und 256.

Infografiken 4.1
Illustrationen, die textliche Informationen in Zeitschriften grafisch vervollständigen, z. B. Säulen- und Tortendiagramme.

Infrarotlicht 3.1 | 2.7.4
Nicht sichtbares Licht, nahe den Rottönen des Spektrums, mit Wellenlängen um 705 nm.

Inhouse-Werbeagentur
Hauseigene Werbeabteilung, die alle oder die meisten Werbe- und Informationsmaterialien eines Unternehmens erstellt.

Initiale
Hervorgehobenes Zeichen am Anfang eines Absatzes oder Kapitels. Deutlich größer als die Grundschrift und häufig in einer anderen Schrift gesetzt.

Inkjet / Tintenstrahldrucker 9.3
Eine Druckertechnologie, bei der kleinste Farbtröpfchen auf das Papier gesprüht werden.

Innere Trommel 9.5.12
Spezielle Konstruktion eines Plattenbelichters, bei dem die Bebilderung auf der Innenseite der Trommel stattfindet.

Insert
Ein Druckerzeugnis, das im Hauptprodukt eingeschossen wird, z. B. der separate Sportteil einer Tageszeitung oder ein beigelegter Werbeflyer.

Intellihance
Ein Programm von Extensis zur automatischen Anpassung von Bildern.

Interferenz-Sensibilität 2.8.4
Netzwerkkabel unterscheiden sich in ihrer Empfindlichkeit gegenüber elektromagnetischen Feldern. Ein empfindliches Kabel kann Signale verlieren, wenn es zu viele Störungen gibt.

Interpolation 5.3.4 | 5.3.8 | 5.4.5
Verfahren zum Umrechnen digitaler Bildinformationen, z. B. beim Drehen oder Verändern der Bildauflösung.
IP 2.8.7–8 | 2.8.2
Internet Protocol, das für den Datentransfer in IP-basierten Netzwerken wie dem Internet verwendet wird.
IPTC 5.6.2
International Press Telecommunications Council. Standard für das Einfügen von Metadaten in digitalen Bildern.
IR 2.2.4 | 2.7.4
Kabellose Datenübertragung zwischen z. B. einem Computer und einem Mobiltelefon mittels Infrarotlicht.
Irisdruck
Auch bekannt unter Regenbogendruck. Mehrere Farben werden so nah beieinander gedruckt, dass sie sich am Rand miteinander vermischen.
ISDN 2.9.5
Integrated Services Digital Network. Hardware und Software für digitale Datenübertragung über das Telefonnetz.
ISO 14001 Seite 241
Umweltschutzmanagementsystem. Internationaler Standard.
Isopropyl-Alkohol 9.5.7
Alkohol, der dem Feuchtmittel hinzugegeben wird, um dessen Oberflächenspannung zu reduzieren.
IT8 3.10.1 | 9.11.10
Standard für die Erstellung von Testbildern, die man zur Erzeugung von ICC-Profilen benötigt.
Italic / Kursive Seite 207
Schräger Schriftschnitt. Von einer »falschen Kursiven« spricht man, wenn der normale Schriftschnitt einfach digital schräggestellt wurde. Eine echte Kursive ist eine anders gestaltete Version der Schrift, mit zum Teil anderen Buchstabenformen.

J

JAZ 2.6.9
Veraltete Form einer magnetischen Speichercartridge, Kapazität 1 oder 2 GB.
JDF 7.3
Job Definition Format. Ein Standard für den Informationsaustausch zwischen verschiedenen Produktionssystemen, dient der Gerätesteuerung passend zum Auftrag.
JPEG / .jpg 4.8.6 | 4.9.6
Joint Photographic Experts Group. Ein verlustbehaftetes Komprimierungsverfahren für pixelbasierte Bilder.

JPEG 2000 / .jp2 4.8.7 | 4.9.7
Nachfolger des JPEG-Formats mit besserer Bildqualität.

K

Kalander 8.1 | 8.19.4
Spezialmaschine in der Papierherstellung. Das Papier wird zwischen schweren Glättwalzen gepresst, um eine glatte, leicht glänzende Oberfläche zu erzeugen. Durch Hitze wird dabei der Bügeleffekt noch verstärkt. Das so erzeugte, satinierte Papier sorgt für ein sehr gutes Druckbild.
Kalibrierung 3.11.2 | Seite 92–93
Neutrale Einstellung der Farbwerte eines Gerätes mittels ICC-Profilen; nötig für das Farbmanagement im Arbeitsprozess.
Kanal Seite 113 | Seite 114 | 4.6.6 | 5.3.6
Der Begriff Kanal wird in der Bildbearbeitung verwendet. Ein RGB-Bild besteht aus drei Farbkanälen: Rot, Grün und Blau.
Kapitälchen / Small caps Seite 207
Kapitälchen sind Großbuchstaben (Versalien), deren Höhe der Normalhöhe (x-Höhe) der Kleinbuchstaben (Gemeinen) entspricht. Ihre Strichstärke und ihr Grauwert orientieren sich an den Kleinbuchstaben.
Kapstan-Belichter 9.5.12
Film oder Druckplatte wird hier in flacher Lage belichtet.
Karton 8.4 | 8.7
Ein steifes, dickeres Papierprodukt von etwa 150 g/m² bis 600 g/m². Bei mehr als 600 g/m² spricht man auch von Pappe.
Kaschieren 10.4
Die Oberfläche des Drucks wird mit einer Kunststoff- oder Metallfolie überzogen.
KB
Kilobyte, z. B. 2^{10} byte = 1.024 byte.
Kelvin 3.4 | Seite 74
Einheit zur Beschreibung der Farbtemperatur des Lichts.
Kerning 6.5.4 | Seite 207
Abstand zwischen zwei Zeichen. In der Kerningtabelle sind alle spezifischen Abstandswerte aller möglichen Zeichenpaare enthalten.
Klammerheftung 10.13
Preiswerte Bindetechnik, v. a. für Broschüren, Zeitschriften etc. Ineinander gesteckte gefalzte Lagen werden durch eine Klammerheftung miteinander verbunden.
Klebebindung 10.15
Weiterverarbeitung, bei der die gefalzten Druckbögen im Rücken miteinander verklebt werden. Wird die Klebebindung für Bücher verwendet, wird der Umschlag im selben Durchgang angeleimt.

Klischee 9.6.2 | 9.9.2
Druckform für Hochdruckverfahren wie Buchdruck und Flexodruck.
Koaxialkabel 2.8.4
Verwendet in Netzwerken und für Antennenkabel.
Kommentare im PDF 6.11.2 Seite 234–235 | Seite 250
Kann eine effiziente Arbeitsweise sein, um mittels eines PDFs Korrekturen zwischen verschiedenen Anwendern auszutauschen.
Kompatibilität
Gibt an, ob Geräte oder Systeme ihre Informationen austauschen können oder nicht.
Kompression / Komprimierung 4.9
Umrechnung der Farbinformationen auf eine Weise, die den Speicherbedarf der Datei senkt.
Kontrast 5.4.7–8
Tonwertdifferenzierungen. Ein Bild mit hohem Kontrast weist große Tonwertunterschiede zwischen Licht und Tiefe auf.
Kopf Seite 379
Randbereich oberhalb des Satzspiegels.
Kreuzbruchfalz 10.10 | Seite 383
Eine Falzart, bei der zwei Falze im rechten Winkel zueinander stehen.
Kristallraster 7.7.2
Frequenzmodulierter Raster, entwickelt von der Firma Agfa.

L

Lab 4.6.5
Ein im Lab-Modus gesichertes Bild hat drei Kanäle, die die Farbe jedes Pixels mit den Parametern L (Luminanz, Helligkeit), a (Grün–Rot) und b (Gelb–Blau) beschreiben.
Lackierung 10.3 | 6.8.6
Eine Veredelungstechnik, bei der auf das Papier eine mehr oder weniger glänzende Beschichtung aufgetragen wird, entweder über ein Druckwerk der Druckmaschine oder über eine separate Lackiermaschine.
Lagen Seite 389–391 | 10.12
Eine Anzahl gefalzter Druckbogen. Ein Buch besteht aus mehreren Lagen, die zusammengebunden sind.
Laminieren 10.4
Überziehen des Druckerzeugnisses mit einer transparenten Folie zum Schutz gegen Schmutz und Abnutzung.
LAN 2.8 | 2.8.1
Local Area Network, lokales Netzwerk zum Beispiel in einem Büro.
Laserdrucker 9.2
Drucker, der Lasertechnologie und das xerografische Verfahren verwendet. Tonerpuder wird unter Hitze auf dem Papier eingebrannt.

Lauffähigkeit / Runability 8.12
Die Lauffähigkeit gibt an, wie ein bestimmtes Papier sich beim Durchlaufen der Druckmaschine verhält [siehe auch Verdruckbarkeit].

Laufrichtung 8.12
Die Richtung, in der die Mehrheit der Fasern bei der Herstellung eines Papiers ausgerichtet wurden.

Layout 6.1 | 1.3.5
Fachbegriff für Seitengestaltung mit Grafiken, Bildern und Texten, z. B. erstellt in Adobe InDesign oder QuarkXPress.

LCD 2.4.2
Liquid Crystal Display. Technologie, die für Flachbildschirme und Displays genutzt wird.

LED 9.2.1
Light Emitting Diode. Signalleuchte in technischen Geräten. Aber auch als Laserlicht z. B. in Laserdruckern eingesetzt. Sehr energieeffizient.

Leinen 10.19
Textiles Material für Bucheinbände aus Flachs.

Leporello 10.10
Ein mehrseitiger Flyer im Zickzackfalz.

Lesegeschwindigkeit 2.6.2
Die Geschwindigkeit, mit der Daten von einem Medium gelesen werden können, angegeben in Kilobyte pro Sekunde.

Lesekopf 4.12.2–3 | 2.6.2
Teil eines Scanners oder eines Lesegeräts für Speichermedien (z. B. CD-Reader), der die Informationen des Speichermediums liest.

Letter 8.6
Amerikanische Papiergröße für Büroanwendungen, Äquivalent zu A4, Maße 216 × 279 mm.

Library / Bibliothek 6.4.4 | 6.1.4
Funktion in Illustrations- und Layoutprogrammen zum Archivieren häufig benutzter Objekte oder Farben.

Licht 3.1
Elektromagnetische Strahlung eines bestimmten Wellenlängenbereichs. Sichtbares Licht hat eine Wellenlänge zwischen 385 und 705 nm.

Lichter 5.4.7–8 | 5.5.13
Der hellste Ton in einem Tonwertbereich. Zusammen mit der Tiefe, erzeugen die Lichter den Kontrast im Bild.

Lichtintensität 3.7
Helligkeit, auch Brightness, Luminanz.

Ligatur Seite 207
Miteinander verbundenes Zeichenpaar, z. B. ff, fi, fl, fj, æ, œ.

Lignin 8.17.2–3
Natürlicher Stoff im Holz, verursacht das Vergilben holzhaltiger Papiere.

Link 6.7 | 6.6.4
Eine Verknüpfung, die Name und Speicherort z. B. des hochaufgelösten Bildes im Dokument enthält.

LinoColor 3.13
Farbmanagementmodul, das unter Windows verwendet wird.

Linux 2.5.1
Ein Betriebssystem.

Lithografisches Prinzip 9.5.1
Arbeitet mit druckenden Flächen, die Farbe annehmen, und mit nicht druckenden, hydrophilen Flächen, auf denen das Feuchtmittel haftet.

Localtalk
Veraltete Netzwerkverbindung unter Apple-Macintosh-Computern.

Lochung 10.9
Ermöglicht das Abheften von Blättern in Ringordnern, z. B. für Loseblattsammlungen.

Logo Seite 216
Ein grafisches Symbol für eine Firma, Organisation, Produktmarke.

Lo-Res/Low-Resolution 6.6.4
Ein Bild mit niedriger Auflösung, in der Regel 72 ppi, benötigt wenig Speicherplatz und ist vor allem für Webpublikationen geeignet.

lpi 7.7.7 | Seite 289
Lines per inch. Amerikanisches Maß für die Rasterweite; beschreibt, wie viele Rasterpunkte pro Inch erzeugt werden.

Luftfeuchtigkeit 8.18.2
Die Konzentration der mikroskopisch kleinen Wassertropfen in der Luft. Wird Papier bei falscher Luftfeuchtigkeit gelagert, gibt es Probleme beim Bedrucken.

Luminanz 3.7
siehe Lichtintensität

LZW 4.9.2
Verlustfreie Kompressionsmethode, benannt nach ihren Entwicklern Lempel, Ziv und Welch. LZW wird z. B. vom TIFF-Format verwendet.

M

Mac OS 2.5.1
Das Betriebssystem der Apple Computer. OS steht hier für Operating System.

Makro 5.8.4
Automatischer Ablauf gespeicherter Befehle; siehe auch Aktion.

Magazin
Ein Periodikum, z. B. eine monatlich erscheinende Zeitschrift.

Magnetische Richtung 2.6.2 | 2.6.3 | 2.6.7
Die Richtung zwischen Nord- und Südpol, verwendet in magnetisch zu lesenden und zu beschreibenden Speichermedien.

Magnetische Speichermedien 2.6.2–7
Speichermedien, die mit magnetischer Schreib- und Lesetechnologie arbeiten, wie Festplatte, JAZ, ZIP, DAT oder DLT.

Makulatur
Ausschuss an Druckbogen, der beim Einrichten der Druckmaschine entsteht.

Manuskript 6.2
Textdokument.

Marginalie / Marginalspalte Seite 379
Eine Textspalte am Außenrand (wie in diesem Buch), deren Inhalt eine Ergänzung zum nebenstehenden Text ist, häufig kleiner gesetzt. Alternative zu Fußnoten.

Matrize 9.6.2 | 10.6
Ein vertieftes Klischee, das im Hochdruck gegen das passendes Positiv, die Patrize, gepresst wird, z. B. beim Prägen.

Maximaler Farbauftrag 7.4.3 | 9.11.4
Bezeichnet den Maximalwert für die Summe der Druckfarben auf einem bestimmten Papier. Der Wert liegt zwischen 240 % und 340 % im Vierfarbendruck und wird für die Separationseinstellungen benötigt.

Mechanischer Aufschluss 8.19.1 | Seite 319
Die Zellulosefasern werden bei der Papierherstellung durch mechanische Reibung aufgelöst.

Medien 1.2.3
Sammelbegriff für die unterschiedlichen Kommunikationsbereiche, z. B. Print, Radio, Fernsehen, DVD oder Internet.

Mediengestalter 1.1.5
Eine Person in einer Werbeagentur, Druckerei o. Ä., die Grafiken erstellt, Bilder bearbeitet und druckfertige Layouts erzeugt.

Megabyte / MB
z. B. 2^{20} Megabyte = 1.048.576 Byte.

Megapixel 4.10
Megapixel steht für eine Million Bildpunkte (Pixel) und ist die gebräuchliche Einheit zur Angabe der Sensor- und Bildauflösung in der Digitalfotografie.

Memorycard 2.6.5
Digitales Speichermedium, z. B. für Digitalkameras.

Memory Stick Seite 54
Speichermedium, basierend auf der Flash-Technologie.

Metadaten 5.6.2 | 6.14.4–6
Zusatzinformationen in einem Bild, z. B. Erstellungsdatum, Belichtungszeit, Kameratyp, Blende, Fotograf, Copyright etc.

Metamerie Seite 76
Wenn zwei Farbtöne bei der einen Beleuchtung identisch, bei einer anderen verschieden aussehen.

Minimaler Druckpunkt 9.11.5
Der kleinste Halbtonrasterpunkt, der durch einen Drucker oder auf einer Druckmaschine reproduziert werden kann.

Mitteltöne 5.4.8
Tonwerte zwischen den hellen Lichtern und den dunklen Tonwerten.

.mng 4.8.14
Eine Variation des PNG-Formats, die eine Animation enthalten kann.

MO Disk 2.6.11
Magneto-optical disk. Speichermedium, Cartridge mit einem Speichervolumen zwischen 128 und 1.300 Megabyte.

Modem 2.9.3 | 2.9.2 | 2.2.6
Gerät, das den Datentransfer von Rechner zu Rechner über das Telefonnetz ermöglicht.

Moiré 7.7.10–11 | 5.3.12 | Seite 149
Eine Art Interferenzmuster, das auftritt, wenn die Winkel von Druckrastern zu nahe beieinander liegen, ein Objektmuster gerastert wird oder eine bereits gedruckte Vorlage eingescannt und erneut gerastert wird. Einen ähnlichen Effekt sieht man, wenn eine Person mit gemustertem Jacket im Fernsehen auftritt.

Monitorfrequenz 2.4.3
Gibt an, wie oft das Bild des Monitors neu aufgebaut wird. Gemessen in Hertz.

Monitor RGB 3.8.10
RGB-Farbraum, der auf den aktuellen Einstellungen des Monitors beruht.

Montagefilm 7.6 | Seite 348 | Seite 282
Große Folie, auf der einzelne Filmseiten im Ausschießschema montiert werden.

.mrw / .thm Seite 135
RAW-Format für Digitalkameras von Minolta.

Munsell
Farbsystem, das zu Beginn des 20. Jahrhunderts von Albert H. Munsell entwickelt wurde.

Musterseite 6.1.4
Eine Seite, auf der in Layoutprogrammen Spalten, Paginierung und andere wiederkehrende Objekte angelegt werden.

N

Nahaufnahme / Close-up 4.11.1
Aufnahme eines Porträts oder Objekts, die aus der Nähe oder mit Hilfe eines Zoomobjektivs fotografiert wird.

Nanometer (nm) 3.1
Maßeinheit, z. B. für die Wellenlängen des Lichts (1 nm = 0.000001 mm). Die Wellenlängen des sichtbaren Lichts befinden sich zwischen 385 und 705 nm.

Nass-in-Nass-Druck 9.11.6 | Seite 373
9.7.3 | 9.8.3
Farben drucken aufeinander, bevor sie trocken sind, z. B. im Offsetdruck.

NCI-Level 9.11.2
Normal Color Intensity. Ein Messwert der Druckmaschine für optimalen Farbauftrag und Kontrast.

.nef Seite 135
RAW-Format, das in Digitalkameras von Nikon eingesetzt wird.

Negativfilm Seite 348 | 9.11.3
Ein lithografischer Film, bei dem die nicht druckenden Flächen schwarz und druckenden transparent sind.

Netzwerkgerät 2.8.10–12
Für Verbindungen in einem Netzwerk eingesetzt, z. B. Switch, Bridge und Hub.

Netzwerkkarte 2.8.9
Hardware-Komponente zur Kommunikation des Rechners mit Peripheriegeräten wie Server, anderen Rechnern, Druckern etc.

Netzwerkprotokoll 2.8.7
Digitale Anweisungen, wie die Kommunikation innerhalb eines bestimmten Netzwerks durchgeführt wird.

Netzwerkserver 2.8.15
Ein Computer, der die gesamte Netzwerktätigkeit inklusive verschiedener Zugangsrechte überwacht.

Newtonringe Seite 139
Ein optisches Interferenzmuster, das in der Reprofotografie oder beim Scannen auftreten kann.

Normlicht 3.4 | 3.6
Wichtig für die korrekte Beurteilung von Farbdrucken ist eine farbneutrale Beleuchtung. Ihre Farbtemperatur entspricht mit 5.000 K bis 6.500 K (Kelvin) dem Tageslicht.

NTSC 3.8.12
RGB-Farbstandard für amerikanisches Fernsehen.

Nuten 10.11
Erleichtern des Falzens durch das Prägen einer Rille.

Nutzen 7.6.1
Werden mehrere Nutzen gedruckt, so ist eine Seite mehrmals auf einem Druckbogen platziert. Bei zwei Nutzen kann eine Auflage mit halber Bogenzahl gedruckt werden.

O

Oberflächenfestigkeit 8.14
Maß für die Festigkeit der Papieroberfläche. Wichtig, damit die Farbe beim Drucken die Oberfläche nicht aufreißt. Siehe Rupfen und Butzen.

Oberflächenspannung 9.5.7
Physikalisches Phänomen, das verhindert, dass das Feuchtwasser in der Offsetmaschine die Platten gleichmäßig benetzt. Die Spannung wird deshalb durch die Zugabe von Alkohol herabgesetzt.

OCR / Texterkennung Seite 201
Optical Character Recognition. Technologie, die in einem digitalen Bild Text erkennt und in editierbare Schriftzeichen umwandelt.

Offsetdruck 9.5
Druckverfahren, bei dem das Druckbild zuerst auf ein Gummituch, dann von da auf das Papier übertragen wird. Das Verfahren beruht auf dem lithografischen Prinzip der gegenseitigen Abstoßung von Fett und Wasser.

oliophil 9.5.1
Beschreibt eine Fläche, die sich fettfreundlich verhält, z. B. nehmen die beschichteten Druckflächen der Offsetdruckplatte die ölhaltige Druckfarbe an.

oliophob 9.5.1
Beschreibt eine Fläche, die sich fettabweisend verhält, z. B. nehmen die unbeschichteten Flächen der Offsetdruckplatte keine Druckfarbe an.

OmniPage Seite 201
OCR-Programm zur Texterkennung.

One-Shot-Kamera 4.11.4
Eine Digitalkamera, die alle drei Farben RGB auf einmal belichtet.

Online-Entwicklung 9.5.11
Bei der Online-Entwicklung sind Plattenbelichter und -entwickler miteinander verbunden.

Opazität 8.11
Ein Messwert für die Dichte des Papiers. Hohe Opazität bedeutet, dass das Papier eine hohe Dichte hat, bei geringer Opazität ist das Papier eher durchscheinend.

OpenOffice 6.2.1
Programmpaket mit ähnlichen Applikationen wie Microsoft Office. Freie Software, basierend auf open source codes.

OpenType 6.5.1
Fontformat mit vielen Sonderzeichen. Kompatibel zwischen Mac and PC.

OPI 6.6.4
Open Prepress Interface. Ein Programm für Produktion und Ausgabe, das es ermöglicht, mit niedrig aufgelösten Bildern zu arbeiten und diese beim Ausdrucken automatisch gegen die hoch aufgelösten Daten austauschen zu lassen.

Optische Disk 2.6.4
Speichermedium, das mittels Laser beschrieben und gelesen wird, z. B. eine CD.

Optisches Kerning 6.5.4
Zeichenabstand, der sich an der Form der Zeichen orientiert. Es ist genauer, als eine vordefinierte Tabelle zu verwenden.

.orf Seite 135
RAW-Format für Digitalkameras von Olympus.

Originalität
Damit ein Werk durch einen Copyright-Vermerk geschützt werden kann, muss es einen bestimmten Grad an Unabhängigkeit und Originalität aufweisen.

Outline 6.5.2
Ein Outline-Zeichen besteht aus einer ungefüllten Fläche und einer Kontur.

Outlinefont Seite 211 | 6.5.2
Ein vektorbasierter Font, der ohne Qualitätsverlust skaliert werden kann.

Oxidation 9.5.5 | Seite 301
Zweite Trocknungsphase im Offsetdruck, bei dem die Farbe mit Sauerstoff reagiert und aushärtet. Siehe auch Wegschlagen.

P

Packbit-Codierung 4.9.1
Kompressionsmethode, siehe RLE.

PageMaker 6.1.1
Einfaches Layoutprogramm von Adobe.

Pagina / Paginierung Seite 379
Seitenzahl, Seitennummerierung.

Painter 4.5
Pixelbasiertes Zeichenprogramm von Corel.

Paintshop Pro 4.4–5
Bildbearbeitungsprogramm von Corel.

Paket 2.8.8
Beschreibt eine Anzahl von Daten, die über ein Netzwerk bzw. das Internet verschickt werden. Die Information wird in kleine Pakete aufgeteilt.

PAL/SECAM 3.8.13
Europäische Fernsehnorm.

Pantone-Farben
siehe PMS-Farben

Papierbrei 8.19.1
Eine Mischung aus Zellulose, Wasser und Füllstoffen, die zu einer Papierbahn geformt wird.

Parallelfalz 10.10 | Seite 383
Eine Falzart, bei der alle Falze parallel zueinander liegen, z. B. Leporellofalz, Altarfalz [siehe auch Wickelfalz].

Parallelport 2.2.2
Ein Computeranschluss, z. B. für Drucker oder Modem.

Passergenauigkeit 9.11.8 | 9.10.3
9.10.6 | 9.5.10
Wenn alle Druckfarben genau aufeinandergedruckt sind, spricht man von Passergenauigkeit. Im Druck können jedoch durch die Dehnung des Papiers die Kanten der Objekte niemals 100-prozentig exakt aufeinanderpassen.

Passermarken 9.11.8 | Seite 363
Spezielle Kontrollmarken, die man im Druck verwendet, um verschiedene Farben so genau wie möglich übereinanderzudrucken.

Pfad 5.5.18
siehe Beschneidungspfad

Patrize 10.6 | 9.6.2
siehe Matrize

PCL 7.1
Seitenbeschreibungssprache von Hewlett Packard.

PCS 3.9
Profile Connection Space. Der geräteunabhängige Farbraum des CIELab.

.pcx 4.8.16
Pixelbasiertes Bildformat von Windows.

PDF 7.2
Portable Document Format. Ein Dateiformat, das z. B. mittels Adobe Acrobat Distiller erzeugt wird, und programmunabhängig ist.

PDF/A 7.2.6
PDF-Dateien, die nach dem PDF/A-Standard erstellt sind.

PDF/X 7.2.6
Eine PDF-Datei, die als Druckoriginal verwendet werden kann.

.pef Seite 135
RAW-Format für Digitalkameras von Pentax.

Perforation 10.8
Eine durch kleine gestanzte Löcher gekennzeichnete Abreißkante.

Periodikum
Eine Publikation, die in regelmäßigen Zeitabständen erscheint, z. B. monatlich.

Personalisiertes Drucken Seite 331
Technik, bei der bestimmte Inhalte der gedruckten Seite bei voller Druckgeschwindigkeit geändert werden.

PFB / PFM 6.5.2
Printer Font Binary = Outline-Zeichensatz. Printer Font Metrics = Bildschirm-Zeichensatz. Beide gehören zum PostScript-Type 1-Font unter Windows.

Photomultiplier 4.12.4
Geräteeinheit älterer Scanner, die die Lichtintensität in elektrische Signale umwandelt.

Photo-CD
CD für die Sicherung von Bilddaten, die Kodaks PhotoCD-Technologie verwendet.

PhotoPerfect 4.5
Automatisches Bildanpassungsprogramm von Binuscan.

Photopolymer-Platte 9.5.13
Eine bestimmte Art der Offsetdruckplatte, die nicht mit Licht, sondern mittels eines Lasers belichtet wird.

PhotoRetouch Pro 4.5
Professionelles Bildbearbeitungsprogramm von Binuscan.

Photosensitives Polymer 9.5.11
Eine lichtempfindliche Kunststoffschicht auf der Oberfläche einer Druckplatte.

Photoshop 4.5 | 5.5
Das derzeit gebräuchlichste Bildbearbeitungsprogramm von Adobe.

Photoshop Elements 4.5
Bildbearbeitungsprogramm von Adobe, einfachere Photoshop-Version für Heimanwender.

Photoshop-Format / .psd 4.8.1
Photoshops eigenes Speicherformat. Kann Ebenen, Kanäle, Masken, Einstellungsebenen etc. speichern.

Photoshop RAW 4.8.17
Wenig gebräuchliches Format für digitale Bilder. Nicht zu verwechseln mit den RAW-Formaten digitaler Kameras.

.pict 4.8.11
Picture File. Ein Macintosh-Format für Pixelbilder, das für Icons und andere Systemgrafiken genutzt wird.

Picture element / Pixel 2.4 | 4.4
Das Pixel ist die kleinste, am Bildschirm darstellbare Einheit.

Pigment 9.3.2 | 9.5.5 | 9.6.3
Der mineralische Anteil der Druckfarbe, der den eigentlichen Farbstoff darstellt.

PitStop 7.2.7
Preflight-Programm von Enfocus, für die Kontrolle und Bearbeitung von PDFs.

Pixelgrafik 4.4
Das Bild besteht aus einzelnen Bildpunkten. Die Qualität ist abhängig von der Auflösung, der Anzahl der Pixel pro Inch.

PJTF 7.3
Portable Job Ticket Format, Teil des JDF-Standards. Entwickelt von Adobe, um druckrelevante Informationen in Dateien mitzugeben.

Plakat 8.6.2
Klassische Bezeichnung einer großformatigen Werbung. Dazu gehören prinzipiell die Formate A1 und A0, aber auch das sogenannte 18/1 oder Großflächenformat, das in mehreren Teilen gedruckt wird, z. B. auch so: 4 Bogen im Querformat ergeben eine Gesamtgröße von 357×252 cm oder 6 Bogen im Hochformat ergeben eine Gesamtgröße von 357×252 cm.

Plattenbelichter 9.5.12
Maschine zum direkten Bebildern der Druckplatte aus dem Computer, auch als CTP (Computer to Plate) bekannt.

Plattenbelichtung 9.5.12 | Seite 348–349
Die Plattenbelichtung erfolgt mittels Licht oder Hitze durch einen Laser.

Plattenentwicklung 9.5.11 | 9.5.13
Nach der Belichtung muss die Druckplatte mit einer chemischen Entwicklerlösung behandelt werden.

Plattensatz 9.5.11
Ein Satz aus Druckplatten, die zu einem Druckbild zusammengehören. Die Plattenanzahl entspricht dabei der Zahl der verwendeten Farben.

Plattenscanner 9.5.8 | 9.10.4
Ältere Scannerart, der die belichteten Druckplatten einscannt, um die Farbeinstellungen an die Druckmaschine weiterzugeben.

Plattenzurichtung 9.10.1
Einspannen und Justieren der Druckplatte in der Offsetdruckmaschine.

Plattenzylinder 9.5.3
Der Druckzylinder, auf dem die Druckplatte aufgespannt ist.

Plotter Seite 333 | 7.6.8
Inkjet-Drucker für Großformate.

Plug-ins 2.5.5
Zusatz-Software, die ein Programm um Funktionen oder z. B. Speicherformate erweitert.

PMS-Farben 3.5 | 6.8 | Seite 222
Pantone Matching System oder kurz Pantone-Farben. Volltonfarbensystem.

.png 4.8.13
Portable Network Graphics. Bildformat für das Web mit besserer Qualität als GIF.

Point / Punkt (pt) 6.5.2
Typografische Maßeinheit für Schriftgrößen, Zeilenabstand, Kerning etc. 1 pt entspricht 0,3528 mm.

Polycarbonat Seite 53
Kunststoffmaterial, aus dem CDs bestehen.

Polymer-Schicht 9.5.13 | 9.5.11
Ein lichtempfindlicher Kunststoff (Polymer), mit dem die Oberfläche einer Offsetdruckplatte beschichtet ist.

Portfolio 6.14.5
Archivierungprogramm von Extensis.

Positivfilm Seite 348
Grafischer Film mit transparenten nicht druckenden Flächen und schwarzen druckenden Flächen.

PostScript / PostScript 3 7.1 | 7.1.7
Seitenbeschreibungssprache von Adobe. Level 3 ist der aktuelle Standard. Version 1 unterstützte kein Farbmanagement.

PostScript-Drucker 7.1.3 | 7.2.2. | 7.5.3
Ein Drucker, der die Seitenbeschreibungssprache PostScript unterstützt.

PostScript Extreme 7.1.7
Eine PostScript-3-RIP-Technik, bei der das RIP durch Nutzung mehrerer Prozessoren verschiedene Seiten eines Dokuments zur gleichen Zeit belichten kann.

PostScript Interpreter 7.1.3
Software, die den PostScript-Code interpretiert und in ein Bitmap aus Rasterpunkten umsetzt.

PostScript-RIP 7.1.3
Ein RIP, das auf der Seitenbeschreibungssprache PostScript basiert.

PostScript-Header 7.1.1
Im Dateikopf steht z. B. die Information über das Erstellungsprogramm.

PowerPoint 6.1.1
Präsentationssoftware von Microsoft. Für Diashows und Overheadfolien.

PPD 7.1.2
Die PostScript Printer Description enthält Informationen, die ein Gerät braucht, um in der richtigen Weise das Papier zu bedrucken (Format, Auflösung etc.).

PPF 7.3
Print Production Format. Ein System, das von CIP3 entwickelt wurde und ermöglicht, Informationen zwischen verschiedenen Stufen der Produktion auszutauschen.

ppi 4.7 | 5.3.4 | 5.7.2 | Seite 289 | Seite 157
Pixels per inch ist die Geräteauflösung. Ein Pixel entspricht der kleinsten Bildinformation, die ein Gerät erfassen oder darstellen kann (z. B. ein Scanner)

Prägen 10.6
Ein Reliefdruck mit erhabenen und vertieften Bereichen des Klischees, das unter hohem Druck in den Bedruckstoff gepresst wird.

Preflight-Programm 7.2.7 | 7.5.4 | 16.12.3
Testprogramm zum Anschauen, Prüfen und Anpassen von Dokumenten und ihren Einstellungen, bevor die Druckplatte belichtet wird.

Preps
Ausschießsoftware von Kodak.

Presseur 9.5.3
siehe Gegendruckzylinder

PressWise
Ausschießsoftware von Adobe.

Primärfarben Seite 72 | 3.2–4
Die drei Grundfarben eines Farbsystems, z. B. Cyan, Magenta und Gelb im Druck; Rot, Grün und Blau bei Monitoren, Scannern, Digitalkameras.

Printability 8.17.1 | 8.19.1 | 8.19.4
Ein Maß für die Bedruckeigenschaften des Papiers in der Druckmaschine. Mögliche Variablen sind Weißgrad, Saugfähigkeit, Gleichmäßigkeit etc.

Printopen 3.10
Programm von Heidelberg zur Erstellung von ICC-Profilen für Drucker und Druckmaschinen.

Profilemaker 3.10
Programm von Gretag Macbeth zur Erstellung von ICC-Profilen.

Profile / ICC-Profile 3.10
Korrekturtabellen, anhand derer man die Qualität und Einstellungen von Geräten wie Monitoren, Scannern, Druckern, Druckmaschinen etc. aufeinander abstimmen kann. Zentrales Hilfsmittel für ein funktionierendes Farbmanagement.

Proof 6.12 | 7.5 | 7.5.5
Farbverbindlicher Testdruck, heute meist digital, manchmal auch in gedruckter Form (Andruck). Siehe auch Softproof.

Proscript
Preflight-Programm von Cutting Edge Technology zur Prüfung von PostScript-Dateien; vor allem bei der Herstellung von Tageszeitungen eingesetzt.

Prozessfarben 6.8 | 7.4.1 | 7.5.3 | 6.9.1–3
Die Farben, die im Druck verwendet werden, normalerweise CMYK.

Prozessor 2.1.1
Das Rechenzentrum des Computers.

.psb 4.8.10
Variation des Photoshop-Formats, das besonders große Dateien unterstützt.

.psd 4.8.1
Photoshops eigenes Bildformat.

Publisher 6.1.1
Einfaches Layoutprogramm von Microsoft, nicht üblich in der grafischen Produktion.

Pudern 9.5.5 | 9.5.16
Um Abliegen bzw. Abziehen vorzubeugen, werden die bedruckten Bogen im Offset mit speziellem Puder bestäubt. Die Puderkörner sorgen für den nötigen Abstand zwischen den Druckbogen.

Punktgröße 7.7.2 | 7.7.5–7
Die Auflösung eines frequenzmodulierten Rasters wird mit der Punktgröße angegeben, anstelle der Rasterweite. In der Regel liegt sie zwischen 12 und 41 Mikrometer.

Punktzuwachs 7.4.5 | 9.11.3 | 9.11.9
auch Tonwertzunahme. Ein Messwert für die Vergrößerung des Druckpunkts während der Druckübertragung. Angegeben in Prozent. Variiert je nach Druckverfahren und Papierqualität.

Q

QC 6.12.3
Plug-in von Gluon für QuarkXPress das Preflight-Funktionen hinzufügt.

Quadruplex 4.6.3
Ein Graustufenbild wird statt mit einer Farbe mit vier Farben gedruckt. Siehe auch Duplex.

QuarkXPress 6.1
Weit verbreitetes Layoutprogramm von Quark.

Quetschrand 9.9.6
Ein Effekt im Buchdruck und Flexodruck, der sich als dunkle Linien entlang bedruckter Flächen zeigt.

QXGA Seite 46
Monitor-Standard mit den Maßen 2.048 × 1.536 Pixel.

R

.raf Seite 135
RAW-Format für Digitalkameras von Fuji.

RAID 2.6.2
Redundant Array of Independent Disks ist eine Technologie zur Verbindung mehrerer Festplatten für die Datensicherung.

Rakel 9.7.1
Die Rakel ist eine Art Messer, um die Farbe durch das Siebdruckgewebe zu streichen bzw. überschüssige Farbe von der Druckform abzustreifen (Hochdruck).

RAM 2.1.3
Random Access Memory, Arbeitsspeicher.

Rasterfrequenz / Rasterweite 7.7.5
Seite 289
Beschreibt über die Anzahl der Linien pro cm (Lpcm) oder lines per inch (lpi) wie »fein« ein Halbtonraster ist.

Rasterpunkte 7.7.1 | 7.7
Bildelemente im Halbtonverfahren, die eine Halbton- oder Graustufenvorlage in eine binäre Darstellung umsetzen. Rasterpunkte können kreisförmig, oval oder rautenförmig sein. [Siehe auch Amplitudenmodulierter und Frequenzmodulierter Raster.]

Rasterwinkel 7.7.9
Ein Halbtonraster wird so angelegt, dass die Rasterpunkte der verschiedenen Druckfarben in unterschiedlichen Winkeln ausgerichtet sind. Die Winkelung wird in Grad gemessen.

Rauschen 5.3.9 | 4.12.9
Digitalkameras produzieren ein gewisses Maß an Störungen, vor allem in dunklen Bildbereichen. Der Chip interpretiert Pixel an einer Stelle, wo sich diese nicht befinden.

RAW-Format 4.6.8 | 4.8.7 | 4.11.6
Einige Digitalkameras bieten zum Speichern der Bildinformation das RAW-Format an. Das bedeutet, alle Originalinformationen des Bildsensors werden in einer Datei gesichert.

RAW-Format-Konvertierung 4.11.6 | 4.8.8
Bilder, die im RAW-Format vorliegen, müssen vor ihrer Verwendung in einen RGB-Farbraum konvertiert werden.

RCS 3.9
Reference Color Space. Ein geräteunabhängiger Farbraum (CIELab), vom ICC-System genutzt.

Reader 7.2.1
Kostenloses Programm von Adobe zum Lesen von PDF-Dateien.

Receiver
Empfangsgerät, Datenempfänger.

recto–verso 7.6.2
Ausschießverfahren für zweiseitige Drucke (Schön- und Widerdruck).

Recyclingpapier 8.17.1
Papier, das wiederverwertete Fasern enthält. Übliche Sorten enthalten 50, 75 oder 100 % recycelte Fasern.

Referenzfarben 5.4.6–9 | 5.1 | 7.4.2
Referenzfarben werden auch als Farben mit natürlichem Farbton bezeichnet. Übliche Referenzfarben sind Hauttöne, Himmelblau oder Grasgrün. Siehe auch Farb- und Graubalance.

Referenzwerte 3.10
Standardwerte für verschiedene Druckeinstellungen, z. B. Druckpunktzuwachs, Volltondichte etc.

Reflexionseigenschaften 9.11.1
Wie viel Licht von einer Oberfläche reflektiert wird, hängt ab von Oberflächenstruktur und Farbe.

Registerstifte 9.5.11 | Seite 349 | 9.10.1
Ein Justierungssystem, das aus kleinen Metallstiften besteht, die in die vorgestanzten Löcher der Druckplatten passen, um bei der Filmmontage oder dem Einspannen der Druckplatte sicherzustellen, dass das Druckbild immer an derselben Stelle beginnt.

Reiches Schwarz 6.10.4
auch geschöntes Schwarz, bedeutet, dass eine weitere Farbe, in der Regel Cyan, hinterlegt wird, um im Druck mehr Deckung auf dem Papier zu erreichen.

Reliefdruck 10.6
Hier wird mit einer speziellen Farbe gedruckt, die unter Hitze aufquillt. So kann eine Prägung simuliert werden.

Repeatability 9.5.12
siehe Wiederholbarkeit

Repeater 2.8.14
Netzwerkgerät, das verschiedene Bestandteile eines Netzwerks verbindet und deren Signale verstärkt.

Reprint
Der Nachdruck eines bestehenden Printprodukts, ohne wesentliche Änderungen.

Reproduktionsrechte
Das Recht Druckwerke zu reproduzieren wird durch das Copyright festgelegt, siehe Copyright.

Retusche 5.5
Verbesserung der Bildqualität, z. B. durch die Entfernung von Staub, Fusseln, Rissen.

Rewritable Media 2.6.4
Ein Speichermedium, dessen Daten gelöscht oder überschrieben werden können.

RGB 3.3 | 4.6.4
Additives Farbsystem mit den Primärfarben Rot, Grün und Blau, verwendet in Monitoren, Scannern, Digitalkameras.

RGB-Modus 4.6.4
Ein Pixelbild im RGB-Modus besteht technisch gesehen aus drei einzelnen Graustufenbildern, die jeweils eine der drei Farben repräsentieren.

Ringösenbindung Seite 388
Eine Art der Klammerheftung, die es erlaubt, das Produkt in einem Ringordner abzuheften, so dass es weiterhin durchgeblättert werden kann.

Rillen 10.11
Die Oberfläche eines Kartons nuten, damit er sich sauber falzen lässt.

RIP 7.1.3
Raster Image Processor. Hardware oder Software, die den Ausgaberaster auf Grundlage des Layouts berechnet.

RLE 4.9.1
Rund Length Encoding (Lauflängencodierung). Einfache Kompressionsmethode für Bitmaps, die verlustfrei arbeitet.

Rollenoffset 9.5.2
Offsetdruck, bei dem auf eine endlose Papierbahn gedruckt wird. Heatset und Coldset sind zwei verschiedene Rollenoffsetdruckverfahren.

Rollenrotationstiefdruck 9.6.1
Buch- und Zeitungsdruckverfahren, bei dem sich das Druckbild auf einem gravierten Zylinder befindet, der gegen einen Gegendruckzylinder gepresst wird.

ROM 2.1.4
Read Only Memory, eingebauter Speicher mit grundlegenden Informationen für den Rechner, z. B. Laden des Betriebssystems. Die Inhalte des ROM können nicht verändert werden.

Rosettenbildung 7.7.10
Rasterphänomen, bei dem mehrere Rasterpunkte zusammen ein kreisförmiges Muster bilden, das im Druckbild störend wirkt.

Rotationsgeschwindigkeit 9.11.9
Verhältnis von Zylinderumfang und Umdrehungen. In Kontakt stehende Zylinder müssen mit derselben Rotationsgeschwindigket arbeiten.

Router 2.8.13
Netzwerkgerät, das verschiedene Teile des Netzwerks verbindet und in Zonen aufteilt.

RTF 6.2.5
Rich Text Format, Dateiformat für Text, das von den meisten Textverarbeitungs- und Layoutprogrammen erkannt wird. Es enthält typografische Informationen wie Zeichen- und Absatzformate.

Rückenbreite Seite 391
Die Breite des Buchrückens muss für die Umschlaggestaltung bekannt sein.

Rückstichheftung 10.13
siehe Klammerheftung

Runability 8.12 | 8.19.1–4
Die Laufeigenschaften des Papiers in der Druckmaschine [siehe Verdruckbarkeit].

Rupfen 9.5.15
Bezeichnet das Herausreißen kleinster Papierpartikel während des Drucks. Siehe Butzen.

S

Säurefreies Papier 8.15
Papier mit einem niedrigen Gehalt an Natriumchloriden und Sulfaten. Säurefreies Papier hat eine längere Lebensdauer als säurehaltiges Papier.

Samplingfaktor 4.7.1 | 4.13.7–9
Bezeichnet die Beziehung zwischen der Auflösung eines Bildes und der Rasterfrequenz.

Sans Serif Seite 207
Font ohne Serifen, auch Grotesk genannt.

SATA 2.1.2
Busübertragung von und zur Festplatte.

Satellitendruckwerk 9.5.3
Ein Druckwerk mit einem einzigen großen Gegendruckzylinder, um den die Druckwerke, je eines pro Farbe, angeordnet sind.

Satinieren 8.19.4 | 8.2
Ein satiniertes Papier wurde durch hohen Druck, Reibung und Wärme im Kalander glänzender gemacht.

Saturation
Bezeichnet den Sättigungsgrad einer Farbe, ihre Leuchtkraft und Reinheit.

Scanauflösung 4.12.8 | 4.13.6–8
Die Auflösung, die zum Scannen des Bildes gewählt wurde und die sich aus Rasterweite, Samplingfaktor und Skalierfaktor errechnet.

Scanner 4.12
Ein Gerät, mit dem Bildvorlagen digitalisiert werden.

Scanopen 3.10
Programm von Heidelberg zur Erstellung von ICC-Profilen für Scanner.

Scanprogramm 4.12.10
Das Programm, mit dem der Scanner das Bild einliest. Man kann Auflösung, Farbmodus, Schärfe etc. einstellen.

Schärfe 5.3.10–11 | 5.4.12 | 7.4.7
Ein Bild wirkt scharf, wenn es klare Konturen zwischen hellen und dunklen Tönen zeigt. Um einem Bild Schärfe zu verleihen, muss man die zu weichen Übergänge der Motivkonturen finden und sie markanter gestalten.

Schattieren / Schattenbildung 9.11.9
siehe Dublieren

Schmuckfarben
siehe Volltonfarben

Schneidemaschine 10.7
Spezielle Maschine zum exakten Zuschneiden unbedruckter oder bedruckter Papierbogen auf das Endformat.

Schnittmarken 7.6.8
Spezielle Linien am Dokumentrand, um zu kennzeichnen, wo das Blatt beschnitten werden muss.

Schöndruckseite 7.6.2–3 | 7.6.8 | Seite 283
Die Vorderseite des Druckbogens, die zuerst bedruckt werden sollte.

Schreibgeschwindigkeit 2.6.1
Die Geschwindigkeit, mit der Daten auf ein Speichermedium übertragen werden.

Schriftenkoffer 6.4.5 | 6.4.7
Ein spezielles Verzeichnis, in dem Screenfontdateien gesammelt sind (MacOS 9 und älter).

Schriftfamilie 6.4.1 | 6.4.7
Verschiedene Schriftschnitte gleichen Charakters, die zu einer Schriftart gehören, sich jedoch in Lage, Duktus und Zeichenbreite unterscheiden (z. B. regular, italic; light, bold; extended, condensed).

Schriftgrad 6.4.3
Typografische Maßeinheit für die Schriftgröße. Ein DTP-Punkt (pt) entspricht 0,3528 mm.

Schriftlinie Seite 207
Die Schriftlinie, auch Grundlinie, ist die Standlinie der meisten Versalien und Kleinbuchstaben einer Schrift.

Schriftsammlung 6.4.2 | 6.4.7
Programm unter MacOS X zur Verwaltung und Darstellung von Schriftarten.

Schriftverwaltung 6.4.7
Sind viele Schriften installiert, können sie mittels einer Schriftenverwaltungssoftware ein- und ausgeschaltet werden.

Schrumpffolie 8.5
Transparente Schutzfolie, die sich unter Hitze eng um ein Objekt wie eine Flasche oder Dose legt.

Schusterjunge
Bezeichnet die erste Zeile eines Absatzes, die alleine am Ende einer Seite oder Spalte steht.

Screenfonts 6.5.2 | 6.4.8
Bildschirmschrift für die Anzeige am Monitor. Besteht aus kleinen Bitmap-Bildern.

Script Seite 207
Schreibschrift.

SCSI 2.2.3 | 2.6.2 | 2.7.1 | Seite 66
Small Computer Standard Interface. Eine Schnittstelle zum Anschließen externer Geräte wie Scanner, Festplatten etc. per Kabel.

SCSI-Port 2.2.3
SCSI-Schnittstelle.

Seitenbeschreibungssprache 7.1
Eine codierte Sprache, die das Design einer Seite beschreibt. Siehe PostScript.

Seitenfilm Seite 282 | 348
Ein lithografischer Film, der eine Seite des Druckerzeugnisses abbildet.

Seitenrichtiger Film Seite 348
Ein seitenrichtiger Reprofilm, bei dem sich die Emulsionsschicht oben befindet, wenn man darauf schaut, verwendet man z. B. bei der traditionellen Belichtung von Offsetdruckplatten. Beim seitenverkehrten Film ist die Schichtseite spiegelverkehrt.

seitenunabhängig 7.2
Die Seiten in einem PDF-Dokument sind unabhängig voneinander gespeichert. Zu jeder Seite ist eine Beschreibung gesichert. Daher kann jede Seite einzeln gedruckt werden.

Sekundärfarben 3.3–4
Mischt man zwei Primärfarben (CMY), ergibt sich eine Sekundärfarbe, z. B. Rot, Grün oder Violett.

self-extracting
Eine Datei dekomprimiert sich selbstständig, sobald sie angeklickt wurde.

Separation 7.4
Aufteilung in die Druckfarben, meistens CMYK, evtl. auch Sonderfarben.

Separationseinstellungen 7.4
Damit wird bestimmt, mit welchem Raster, Tonwertzuwachs etc. separiert werden soll.

Sequenzielle Codierung 4.9.1
siehe RLE

Serial Port 2.2.2
Computerschnittstelle z. B. für Tastatur.

Serifen Seite 207
Als Serife bezeichnet man die kurzen Linien, die einen Buchstabenstrich am Ende, quer zu seiner Grundrichtung abschließen.

Server 2.8.15
Ein leistungsstarker Rechner für spezielle Programme, z. B. Dateimanagement und -ausgabe in einem Netzwerk.

Shortcut
Tastenkombination für eine schnellere Ausführung bestimmter Programmbefehle wie Speichern, Drucken etc.

Sieb / Siebdruck 9.7.1–2
Auf einem Siebdruckrahmen ist ein feines, lichtempfindlich beschichtetes Gewebe aufgespannt. Die Farbe wird mittels einer Rakel durch das Gewebe hindurchgestrichen.

Siebdichte 9.7.2
Gibt an, aus wie vielen Fäden ein Sieb im Siebdruck gewebt ist.

Signal-Bandbreite/-stärke 2.8.14 | 2.8.16–17
Gibt an, wie weit ein Signal ausstrahlt und wie stark das abgegebene Signal ist.

Silberhalogenid 9.5.13
Die Silberhalogenid-Beschichtung einer Offsetdruckplatte wird mittels Laserlicht belichtet.

Simultankontrast Seite 75
bezeichnet den Effekt, dass eine Farbe je nach Umgebungsfarbe anders wahrgenommen wird.

Singlepass 4.12
Technologie, bei der alle drei Farben in einem Durchgang verarbeitet werden, z. B. beim Scannen.

Skalieren / Skalierfaktor 4.13.6–8
Die Größe von Bildern, Bildausschnitten oder Objekten um einen bestimmten Prozentsatz verändern.

Small Caps Seite 207
Kapitälchen, ein besonderer Schriftschnitt, der aus Großbuchstaben in zweierlei Größen besteht. Denen in Versalhöhe, und den »kleinen« Großbuchstaben in x-Höhe der Kleinbuchstaben. Siehe Kapitälchen.

Smart Media 2.6.5
Speicherkarte auf Basis der Flash-Technologie.

SMPTE-240M 3.8.4
Früherer Farbraumname von Adobe RGB.

Softproof / Screenproof 7.5.2
Seite 234–235
Eine Druckvorschau am Bildschirm, z. B. mit Hilfe eines PDFs.

Software 2.5
Bezeichnung für Computerprogramme oder Applikationen.

Spalte
Die Spalte teilt den Satzspiegel in mehrere nebeneinanderliegende Bereiche. Tageszeitungen und Periodika werden im Spaltensatz gedruckt, um bei kleinen Schriftgrößen die Zeilenlänge auf dem oftmals sehr großen Produktformat in eine lesbare Form zu bringen.

Speicherkapazität 2.6
Beschreibt, wie viel Speichervolumen auf einem Datenträger vorhanden bzw. frei ist.

Spektralfotometer 3.10.2–3 | 4.12.11
Ein Gerät zur Erstellung von ICC-Profilen.

Spektrum 3.1
Der Bereich des sichtbaren Lichts (Spektrum) reicht von 385 nm bis 705 nm.

Sperren 6.4.3
Erweitern des Zeichenabstands.

Spiralbindung 10.14
Eine Metallspirale wird durch vorgestanzte Löcher geführt.

Spotfarben 3.5
siehe Volltonfarben

Spotlackierung 10.3 | 6.8.6
Eine Teillackierung, die den lackierten Bereich der Seite oder des Bildes durch Glanz aus dem Umfeld heraushebt.

sRGB 3.8.6
Ein kleinerer RGB-Farbraum, der auf dem HDTV-Standard basiert und für Webbilder verwendet wird.

Stabilisieren 3.11.1
Mechanische oder Umgebungseinflüsse wie falsche Temperatur oder Luftfeuchte verfälschen das Druckergebnis und müssen möglichst stabil gehalten werden.

Stäbchen 3.2
Die lichtempfindlichen Sinneszellen auf der Netzhaut des Auges können Helligkeitsunterschiede wahrnehmen, aber keine Farben. [Siehe auch Zäpfchen.]

Standardprofile 3.10.4
Allgemeine ICC-Profile, z. B. für eine bestimmte Papiersorte, Druckmaschine, etc.

Stanzen 10.8 | 4.1.5
Das Druckerzeugnis wird entweder gestanzt, um eine freie Außenform zu erhalten, oder eine Form wird als Loch aus den Bogen herausgestanzt.

Steigungseffekt / Bundzuwachs 10.13 | 7.6.7
Bei der Kreuzbruchfalzung verschiebt sich das Vorderkante der Seiten im Mittelbereich nach vorn. Beschneidet man das Buch, wird der Außensteg immer schmaler, je näher man zur Buchmitte kommt. Diesem Steigungseffekt oder Bundzuwachs kann man beim Ausschießen vorbeugen.

Stochastischer Raster 7.7.2
siehe Frequenzmodulierter Raster

Streamline 4.2
Ein Adobe-Programm, das pixelbasierte Bilder in Vektoren umrechnet. Verkauf und Entwicklung wurden eingestellt, da eine vergleichbare Funktion inzwischen in Illustrator enthalten ist.

Strichbild / Line art 4.6.1
Besteht aus nur zwei Farben, in der Regel Schwarz und Weiß.

Stuffit
Kompressionsprogramm, um den Speicherbedarf von Daten zum Versenden zu reduzieren.

Subtraktives Farbsystem 3.4
Farbsystem aus den Primärfarben CMYK. Die Farben sind transparent und filtern Teile des auftreffenden weißen Lichts aus.

Suffix Seite 122
Dateinamenerweiterung. Verwendet für die Abkürzung des Dateityps, z. B. .pdf, .doc usw.

Suitcase 6.4.5 | 6.4.7
Eine Schriftenverwaltungssoftware zum Laden, Aktivieren und Deaktivieren von Schriften.

.swf 4.3.7
Shockwave Flash Format. Verwendet für vektorbasierte Animationen aus Macromedia Flash.

.svg 4.3.5
Scalable Vector Graphics. Ein vektorbasiertes Grafikformat für das Web.

SVGA Seite 46
Eine breitere Version des VGA-Standards; Maß: 800×600 Pixel.

S-Video 2.4.6
Analoge Videoverbindung, die das Signal in Luminanz und Farbe aufteilt.

Switch 2.8.12
Netzwerkgerät zur Verbindung verschiedener Komponenten im Netzwerk.

SWOP 7.4.1
Specifications for Web Offset Printing. Spezifikationen für den Rollenoffsetdruck in den USA.

SXGA Seite 46
Monitorstandard mit den Maßen 1.280×1.024 Pixel.

Symbol font 6.4.6
Eine Schrift, die aus Symbolen wie Telefonzeichen, Smileys, Pfeilen u. a. besteht, z. B. Zapf Dingbats.

Syquest 2.6.10
Veraltetes Speichermedium.

Systemordner
Ordner, der das MacOS enthält.

T

Tabloid 8.6
Halbes Broadsheet-Format. Ein übliches Tageszeitungsformat im englischsprachigen Ausland.

Tageszeitung
Eine Zeitung, die maximal an sechs Tagen pro Woche erscheint.

Tagged text 6.3.1–2
Text, der Tags (Codes) enthält, die Zeichen- und Absatzformate vorgeben.

Taktrate 2.3
Übertragungsrate eines Prozessors, gemessen in Megahertz.

Taschenfalz 10.10
Die häufigste und einfachste Falzmethode in der Druckproduktion.

TCP/IP 2.8.8
Transmission Control Protocol/Internet Protocol. Ein Netzwerkprotokoll, das Standard im Internet und in lokalen Netzwerken ist.

Tertiärfarben 3.3
Wenn eine Sekundärfarbe mit der noch fehlenden Primärfarbe gemischt wird, entsteht eine Tertiärfarbe.

Theoretische Übertragungsgeschwindigkeit Seite 66
Ein Maß, wie schnell Daten theoretisch in einem Netzwerk übertragen werden könnten.

Thermoplatte 9.5.13
Ein bestimmter Druckplattentyp, belichtet mittels Hitze, die ein Laser erzeugt.

Thermotransferdruck 9.4
Druckertechnologie, bei der die Farben unter Hitze von einer Farbfolie auf das Papier übertragen werden.

Tiefdruckpapier 8.7 | 9.8.4
Holzhaltiges Papier für den Tiefdruck, begrenzte Lebensdauer.

Tiefen 5.4.7 | 5.5.13
Dunkelste Bildbereiche, z. B. Schatten.

Tiegelhochdruck 9.6.1
Buchdrucktechnik mit erhabenem Druckbild (Klischee) für kleinere Formate. Die Maschine arbeitet nach dem Druckprinzip »Fläche gegen Fläche«.

TIFF 4.8.2
Tagged Image File Format, ein gängiges Dateiformat für pixelbasierte Bilder, das auch Ebenen, Alphakanäle, u.Ä. speichert.

Tonen 9.5.17 | 9.5.7
Phänomen im Druck, wenn nicht druckende Flächen auf der Platte Farbe annehmen und in einem gewissen Umfang drucken. Kann durch zu hartes Feuchtmittel verursacht werden, das die Pigmente auslöst, oder durch zu wenig Wasser in der Farb-Feuchte-Balance.

Toner 9.2.2
Anstelle von flüssigen Druckfarben verwendem Geräte, die nach dem xerografischen Verfahren arbeiten, ein Tonerpulver, das aus winzig kleinen Farbpartikeln besteht.

Tonwertstufe 7.7.8
Differenz zwischen zwei Tonwerten.

Tonwertübergang 4.1.4 | 5.3.17 | 5.4.8
Verlauf zwischen zwei oder mehr Farben, kann linear oder radial oder auch auf andere Weise erfolgen.

Tonwert 3.3
Beschreibt die genaue Definition einer Farbe, im RGB-Modus mit 255 (Weiß) bis 0 (Schwarz) angegeben, in CMYK in 0 bis 100%.

Tonwertskala 4.6.2 | 7.7.8
Alle Tonwerte von 0% bis 100% einer Farbe.

Tortendiagramm
Ein rundes Diagramm, das ähnlich wie Kuchenstücke die prozentualen Anteile von 100% zeigt, z. B. die Sitzverteilung nach Parlamentswahlen.

Treiber 2.5.3
Systemerweiterung für die Kommunikation mit externen Geräten wie Drucker, Scanner etc.

Trichterfalz 10.10
Falzmethode im Rollendruck.

Triplex 4.6.3
Ein Graustufenbild wird mittels drei Farben gedruckt [siehe auch Duplex].

Trockenoffset 9.5.2
Der Trockenoffsetdruck, auch wasserloser Offset genannt, gehört zu der Gruppe der indirekten Flachdruckverfahren. Grundlage ist eine Druckplatte, auf der durch Beschichtung mit Silikongummi die druckenden Elemente die Farbe annehmen und die nicht druckenden Elemente farbabweisend sind. Gedruckt wird noch mit herkömmlicher Druckfarbe, der gegebenenfalls ein Zusatz beigemischt werden muss, um die Viskosität anzupassen.

Trockenpuder 9.5.5
Zwischen die bedruckten Blätter wird Puder geblasen, um zu verhindern, dass die Farbe auf den nächsten Bogen abzieht [siehe auch Pudern].

Trommelscanner 4.12.3
Scanner, bei dem das Original auf eine rotierende Glastrommel aufgespannt wird.

TrueType 6.5.3
Nicht auf PostScript basierender Font.

Twisted-Pair-Kabel 2.8.4
Bestimmter Typ eines Netzwerkkabels.

Typebook
Ein Programm zum Ausdrucken von Schriftbeispielen.

Trocknung 8.13 | 9.5–6 | 9.5.16 9.7.2 | 9.8.3
Der Prozess, der zwischen der Farbe und dem Bedruckstoff stattfindet. Die Feuchtigkeit der Farbe kann z. B. durch Oxidation (Verbindung mit Luft) trocknen. [siehe auch Wegschlagen.]
Trocknet das Papier in einer Trockenstation, kann der Trocknungsgrad kontrolliert werden, abhängig davon, wofür das Papier anschließend verwendet wird.

Typografische Vorlagen 6.1.3 | 6.3.1 | 6.4.3
siehe Zeichenformat, Absatzformat

Typografie 6.4
Formatierung und Gestaltung von Text.

U

Überdrucken 7.4.8 | 9.11.6
Schwarz wird immer überdruckt, das heißt, das obere Objekt druckt auf das darunterliegende. Beide Farben ergeben eine Mischung, was aber bei Schwarz nicht weiter auffällt. Zwei Farbflächen, beim Nass-in-Nass-Druck aufeinandergedruckt, ergeben keine 100%-Deckung.

Überfüllen 7.4.8
Bei Flächen, die sich berühren, besteht im Druck die Gefahr, dass dazwischen das Papier als sogenannter »Blitzer« hervorschaut. Um dies zu vermeiden, erhält das hellere Objekt eine Überfüllung, d. h., es überlappt mit einer schmalen Kontur die andere Fläche.

Überfüllungsprogramm 7.4.8
Programm, das in einem Dokument die Überfüllung berechnet, z. B. Delta Trapper von Heidelberg, Trapwise von ScenicSoft.

Übertragungsgeschwindigkeit 2.7–8 Seite 66
Die Geschwindigkeit, mit der Daten zu oder von einem Speichermedium oder in einem Netzwerk übertragen werden.

UGRA-/FOGRA-Keil 9.11.1–2
Farbmessfelder, um die Qualität der Farben im Druck zu kontrollieren.

Ultraviolettes Licht 3.1 | 10.3
Licht mit einer Wellenlänge von weniger als 385 nm, das für das menschliche Auge nicht wahrnehmbar und der Farbe Violett am nächsten im Spektrum ist. Es ist so energiereich, dass die Haut sich davor durch Pigmentierung schützt.

Umfang 1.3.2
Gesamtzahl der Seiten eines Druckerzeugnisses.

Umschlagen 7.6.3
Doppelseitiger Druck mit nur einer Maschineneinrichtung und Druckplatte, bei dem der bedruckte Bogen gewendet und dann an *derselben* Greiferkante wieder eingezogen wird, um auch die Rückseite mit derselben Druckplatte zu bedrucken (Schön- und Widerdruck).

Umstülpen 7.6.3
Wie Umschlagen, jedoch wird der Bogen an der gegenüberliegenden Greiferkante wieder eingezogen, um die Rückseite zu bedrucken. Durch den Wechsel der Greiferkante können leicht Passerprobleme entstehen.

umweltfreundlich Seite 241 | 8.17 | 1.3.11
Eigentlich ein Produkt oder Prozess, der einen positiven Einfluss auf die Umwelt hat – was auf die wenigsten zutrifft. Man benennt daher damit alles, was die Umwelt nur in geringem Maße schädigt.

Under Color Addition / UCA 7.4.4
Unterfarbenzugabe. In den dunklen Bereichen wird der Anteil von C, M, Y ein wenig erhöht, um den Tiefen mehr Sättigung zu verleihen.

Under Color Removal / UCR 7.4.3
Seite 267
Unterfarbenreduktion. Eine Separationsmethode für Bilder, bei der Schwarz nur zur Tiefenverstärkung eingesetzt wird (so genanntes Skelettschwarz). Der Buntanteil von C, M, Y in diesen Bereichen wird reduziert.

Ungestrichenes Papier 8.1
Naturpapier ohne Oberflächenbeschichtung, meistens oberflächengeleimt, um die Oberflächenfestigkeit zu verbessern, z.B. Brief- und Kopierpapier, Papier für Taschenbücher.

Unicode 6.2.6 | 6.5.1 | Seite 213
Zeichencode, der im Gegensatz zum ASCII-Code auch die meisten internationalen Zeichen enthält.

Unix 2.5.1
Leistungsstarkes Betriebssystem, Verwendung z.B. auf Servern.

Unscharf maskieren 5.3.10 | 5.4.4–5 | 5.4.12
Ein Scharfzeichnungsfilter in Adobe Photoshop.

Unterschneiden Seite 207
Den Zeichenabstand verringern, bei bestimmten Zeichenkombinationen besonders wichtig. Siehe Kerning.

USB 2.7.1 | 2.2.3
Universal Serial Bus, moderne Computerschnittstelle zum Anschließen von Maus, Tastatur, Drucker, Speichermedien etc.

UV-Lackierung 10.3
Lack, der unter UV-Licht härtet; kann dicker aufgetragen werden als andere Lacke.

UWXGA Seite 46
Monitorstandard im Widescreen-Format, mit den Maßen 1.920×1.080 Pixel.

UXGA 2.4.6 | Seite 46
Monitorstandard, mit den Maßen 1.600×1.200 Pixel.

V

Vektorgrafik 4.1–4.3
Eine zweidimensionale Objektgrafik, bestehend aus mathematisch berechneten Linien und Bézierkurven. Sie kann ohne Qualitätsverlust gedreht und skaliert werden.

Ventura 6.1.1
Layoutprogramm von Corel.

Verdruckbarkeit 8.19.1
Verschiedene Eigenschaften bestimmen die Verdruckbarkeit eines Papiers, z.B. Rupffestigkeit, Laufeigenschaften, Planlage etc. Siehe auch Printability und Laufeigenschaften.

Veredelung 8.19.4
Nachbehandlung des Papiers oder Druckprodukts zur Erzielung einer besonderen Qualität.

Verschluss / Verschlusszeit 4.11.3
Der Verschluss in einer Kamera bestimmt die Dauer der Belichtungszeit, wie lange also Licht auf die CCD-Zellen fällt.

Versand 1.1 | 1.1.8
Die letzte Stufe der grafischen Druckproduktion. Transport und Auslieferung zum Kunden oder direkt zum Verbraucher.

VGA Seite 46 | 2.4.6
Video Graphics Array, Monitorstandard im Format 640×480 Pixel.

Vierfarbendruck 3.4
Drucken mit den Farben der subtraktiven Farbmischung CMYK.

Vierfarbsatz 9.5.11
Die vier Reprofilme oder Druckplatten, die zur Erzeugung eines vierfarbigen Druckbildes zusammengehören.

Vierfarb-Separation 7.4
Zerlegen einer Datei in die vier Standard-Druckfarben CMYK, z.B. bei der Belichtung von Druckplatten.

Vignette
Ein grafisches Zeichen, ähnlich einem Piktogramm, aber verspielter.

Viskosität 9.5.2 | 9.5.5 | 9.5.15
Ein Maß für die Zähflüssigkeit z.B. der Druckfarbe.

Volltondichte 9.11.1
Die Dichte einer Volltonfarbfläche, gemessen mit einem Densitometer.

Volltonfarben 3.5 | 6.9.1–3
Farben eines bestimmten Farbsystems wie HKS (deutsch) oder Pantone (international), die vorgemischt in die Druckmaschine gegeben werden. Einsatz als Hausfarben, z.B. für Firmenlogo, aber auch im Verpackungsdruck.

Volltonfläche
Eine bedruckte Fläche im Vollton ist zu 100% mit Farbe bedeckt.

Volumen 8.8
Beschreibt, wie dick ein Papier ist (1-faches, 2-faches Volumen).

Vorsatzpapier 10.1 | 10.19 | Seite 390
Das erste und letzte Papier des Buchblocks, mit dem dieser in den Einband eingeklebt wird (Hardcover). Es ist meistens etwas stärker, kann strukturiert und farbig sein.

VRAM 2.3.2
Veraltete Speichertechnologie für Grafikkarten.

W

WAN 2.8.1
Wide Area Network. Großes Netzwerk, das mehrere lokale Netzwerke miteinander verbindet.

Wasserloser Offset 9.5.2
siehe Trockenoffset

Wegschlagen 9.5.5
Erster Schritt beim Trocknen der Offsetdruckfarbe. Dabei wird der Ölanteil der Farbe vom Papier absorbiert, während Alaun, Pigment und Harz ein Gelee auf der Papieroberfläche bilden.

Weiterverarbeitung 10.1–19 | 1.1.7
Sammelbegriff für Techniken, die nach dem Druck stattfinden, wie Prägen, Binden, Stanzen, Rillen, Laminieren, Kaschieren.

Wellenlänge 3.1
siehe Nanometer (nm)

Wendeeinheit 9.5.3
Wird in manchen Druckmaschinen zum Umschlagen oder Umstülpen verwendet, um die Rückseite der Bogen zu bedrucken.

Werbeagentur 1.1 | Seite 21
Eine Firma, die Werbekampagnen erstellt, z.B. in Tageszeitungen, im Fernsehen oder im Internet.

Wickelfalz 10.10 | Seite 383
Ein bestimmter Typ des Parallelfalzes, bei dem mindestens eine Seite nach innen eingeschlagen wird. Ein besonderer Wickelfalz ist der Altarfalz, bei dem von links und rechts die Seite eingeschlagen wird.

Wide Gamut RGB 3.8.9
Sehr großer RGB-Farbraum ohne besondere Funktionalität.

Widerdruckseite 7.6.2–3 | 7.6.8 | Seite 283
Die Rückseite des Druckbogens, die nach der Schöndruckseite bedruckt werden sollte.

Wiederholbarkeit 9.5.12
Zu jedem Zeitpunkt soll dasselbe Druckergebnis erreicht werden können.

WiFi 2.8.5 | Seite 60
Kabellose Netzwerktechnologie.

Windows 2.5.1
Betriebssystem von Microsoft.

Wire-O-Bindung 10.14
Eine bestimmte Art der Spiralbindung.

WLAN 2.8.5
Wireless Local Area Network. Kabellose Ethernet- und Internet-Verbindung.

.wmf 4.3.4
Windows Metafile. Älteres Dateiformat für Bilder unter Windows.

Wochenmagazine
Ein Magazin, das wöchentlich erscheint. Meistens handelt es von Klatsch und Tratsch der Königshäuser und Promis.

Word 6.2.1
Textverarbeitungsprogramm von Microsoft.

WordPerfect 6.2.1
Textverarbeitungsprogramm von Corel.

Works 6.2.1
Textverarbeitungsprogramm von Apple, früher Claris Works. Aber auch ein Programmpaket von Microsoft.

WQXGA Seite 46
Monitorstandard im Widescreen-Format, mit den Maßen 2.560 × 1.600 Pixel.

WSGA Seite 46
Monitorstandard im Widescreen-Format, mit den Maßen 1.024 × 576 Pixel.

WVGA Seite 46
Monitorstandard im Widescreen-Format, mit den Maßen 854 × 480 Pixel.

WWW 2.9
World Wide Web, weltweites Informations- und Datennetzwerk.

WXGA Seite 46
Monitorstandard im Widescreen-Format, mit den Maßen 1.280 × 720 Pixel.

X

xD Picture Card Seite 54
Eine kleine und nicht ganz billige Speicherkarte, basierend auf der Flash-Technologie.

Xerografischer Prozess 9.2
Ein Kopierer oder Drucker, der mit einer lichtempfindlichen Trommel arbeitet, die über elektrische Ladung Toner anzieht.

XGA 2.4.6 | Seite 46
Monitorstandard mit den Maßen 1.024 × 768 Pixel.

x-Höhe Seite 207
Höhe der Kleinbuchstaben ohne Ober- oder Unterlängen, daher auch am »x« orientiert.

XML 6.3.2
Extensible Markup Language (»erweiterbare Auszeichnungssprache«), kurz XML, ist eine Auszeichnungssprache zur Darstellung hierarchisch strukturierter Daten in Form von Textdateien.

Z

Zäpfchen 3.2
Für das Farbensehen zuständige Sinneszellen auf der Netzhaut des Auges.

Zeichen 6.4.1 | 6.4.6
Ein Buchstabe, eine Ziffer, ein Satzzeichen oder ein Symbol.

Zeichenbreite Seite 207
Die spezifische Breite eines Zeichens, gemessen in pt oder mm.

Zeichenformat 6.4.3
Beinhaltet Schriftart, -größe, -farbe, Laufweite etc. und dient der Steuerung des Layouts.

Zeichenpfad
Vektoren eines Objekts, Freistellers, oder eines in den Zeichenpfad konvertierten Textes. Fontinformation geht dabei verloren.

Zellulose 8.19.1
Holzfasern bestehen hauptsächlich aus Zellulose und Lignin.

Zickzackfalz 10.10 | Seite 383
Eine Parallelfalz-Art, auch Leporello genannt.

Zip 2.6.9 | 4.9.4
ZIP1: Magnetischer Datenträger.
ZIP2: Dateikomprimierungsverfahren.

Zurichtung 9.10 | 1.3.1
Vornehmen aller relevanten Druckeinstellungen, bevor gedruckt werden kann.

Zuschnitt 10.7
Das Papier wird auf die gewünschte Größe zugeschnitten, für die Verwendung in einer Druck- oder Weiterverarbeitungsmaschine.

10 base 2 2.8.3
Ethernet-Version, die Coaxial-Kabel verwendet. Übertragungsgeschwindigkeit bis zu 10 Mbit/s.

100 Base T 2.8.3
Ein Ethernet-Standard für Twisted-Pair-Kabel, der eine Übertragungsgeschwindigkeit von bis zu 100 Mbit/s erlaubt.

8-bit Modus / 24-bit Bild 4.6.4 | 4.6.8
RGB-Bild mit 8 bit = 256 Tonwertstufen pro Kanal. Jedes Pixel kann 3 × 8 = 24 bit speichern. bzw. 256 × 256 × 256 = 16,7 Mio. verschiedene Farben reproduzieren.

16-bit-Modus 4.6.4
Ein RGB-Bild mit 16 bit pro Kanal = 65.536 Tonwertstufen pro Kanal.

48-bit-Modus Seite 114
Ein RGB-Bild, das im 48-bit-Modus gesichert wurde, hat in jedem Kanal 16 bit. Daraus ergibt sich: 3 × 16 = 48 bit.

4+0 / 4+4 9.5.3
4+0: Vierfarbendruck auf der Schöndruckseite des Bogens, kein Druck auf der Rückseite.
4+4: Vierfarbendruck auf beiden Seiten des Druckbogens (Schön- und Widerdruck).

Weiterlesen! Buchtipps für noch mehr Input zum Thema

Jutta Nachtwey
Judith Mair
Design Ecology!
Neo-grüne Markenstrategien

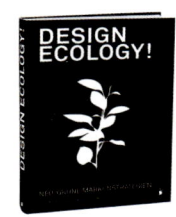

Design Ecology! präsentiert internationale Marken – von kleinen Labels bis zu global brands –, die zeigen, wie sich das wachsende Bedürfnis nach Nachhaltigkeit durch Kommunikations- und Designstrategien zielgruppengerecht aufgreifen lässt. Neben Highlights der aktuellen neo-grünen Bewegung stellt es Standpunkte und Visionen vor und weist Wege zu umweltfreundlicheren Printmedien und Verpackungen.

Design
Mario Lombardo
272 Seiten
Format 21,5 × 30 cm
Leinenband mit Folienprägung
Euro 68,– | sFr. 118,–
978-3-87439-763-6

Clemens Hartmann
Arne Schneider
Rasterblock
Weiten, Winkel und Effekte punktgenau gestalten

Nachdem die letzten sichtbaren Rasterpunkte aus immer perfekteren Drucksachen verschwunden sind, entdecken Kreative den Reiz des Rasters. Egal, ob Sie sicher sein wollen, dass Ihnen beim Druck kein Punkt quer kommt, oder ob Sie Lust am Experimentieren mit Rastern haben: Der *Rasterblock* bringt Ihnen alles, was Sie zum Gestalten mit Rastern in Photoshop, Illustrator und Vectoraster wissen müssen. Alles über Grauwerte, Rasterweiten und -formen, Moirés und experimentelle Raster. Eine Art »Pantone-Fächer« für Grauwerte!

520 Seiten,
Format 17 × 17 cm
Blockbindung
mit Tampondruck
im Moiré-
Kunststoffschuber
Euro 29,90 | sFr. 49,80
978-3-87439-765-0

Hans Peter Willberg
Friedrich Forssman
Lesetypografie
neue Ausgabe

Eine systematische Typologie der verschiedenen Les-Arten gibt den Einstieg zu einer Darstellung von Notwendigkeiten und Gestaltungsspielräumen in makrotypografischen Zusammenhängen, unterstützt von vielen Beispielen: Text mit Text, Text mit Bild, Bild mit Bild, Tabellen, Einzügen, Schriftmischungen und allem anderen, was das Verstehen von Gedrucktem ermöglicht.

340 Seiten,
Format 21 × 29,7 cm
Leinenband mit Schutzumschlag
Euro 98,– | sFr. 168,–
987-3-87439-652-3

Andreas und
Regina Maxbauer
Praxishandbuch Gestaltungsraster
Ordnung ist das halbe Lesen

Effizientes Arbeiten mit typografischen Rastersystemen: Mehr Nutzen, mehr Hintergründe zur undogmatischen Rastergestaltung.

Design
Karin Girlatschek
242 Seiten
Format 20,5 × 30,5 cm
Festeinband mit Schutzumschlag
Euro 59,– | sFr. 95,–
978-3-87439-571-7

Michael Wörgötter
**TypeSelect –
Der Schriftenfächer**

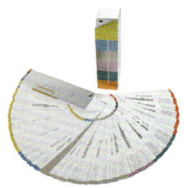

Cleveres Arbeitstool zum Schriftenvergleichen – so einfach wie mit dem Pantone-Fächer: beim Kunden, am Schreibtisch und zu Hause. 240 Blatt in sechs Sonderfarben mit 226 Schriften in über 1000 Schnitten, ausgewählt aus den wichtigsten Font-Bibliotheken. Unterteilt in Serif, Slab Serif, Sans, Script, Blackletter und Display. Das Schriftwahltool mit Buchschraube im Schuber.

240 Blatt
Format 5 × 21 cm
mit rundem Beschnitt
Euro 49,80 | sFr. 85,–
978-3-87439-685-1

Heide Hackenberg
Kommunikationsdesign
Akquisition und Kalkulation

Wie vermittle ich als Grafikdesigner Wert und Nutzen der gestalterischen Kreativität, wie berechne ich meine Leistungen, wie gewinne ich Kunden und wie binde ich sie? Nicht nur Einsteiger und Agenturgründer, sondern auch Angestellte sollten neben aller Kreativität die wirtschaftlichen Aspekte ihrer Arbeit kennen und steuern.

168 Seiten mit
82 farbigen Abbildungen
Format 17 × 24 cm
Hardcover mit Prägung
Euro 45,– | sFr. 75,–
978-3-87439-616-5

Das gesamte Verlagsprogramm zu Typografie | Grafikdesign | Kreativität unter www.typografie.de

»Printproduktion well done!« ist die deutsche Lizenz der 3. Ausgabe von Grafisk Kokbok,
Dritte, komplett überarbeitete und erweiterte Auflage 2008
Verlag Hermann Schmidt Mainz
© Kaj Johansson, Peter Lundberg, Robert Ryberg und Bokförlaget Arena 2007

Text	Kaj Johansson
	Peter Lundberg
	Robert Ryberg
Design	Urban Gyllström
Typografie	Bertram Schmidt-Friderichs
Einbandgestaltung	Max Kostopoulos
Deutsche Übersetzung und Überarbeitung	Inka-Gabriela Schmidt | www.inwisch.de
Illustrationen	Robert Ryberg – Technik und Beispiele
	Henrik Svensson – Vektorgrafiken mit Gitternetz
	Winfried Schmidt – Aktualisierung von Vektorgrafiken
Fotos	Tomas Ek und Johann Bergenholtz, Fälth & Hässler – Technik
	Joanna Hornatowska, STFI – Nahaufnahmen
	Johanna Löwenhamn – Autorenporträt
	Winfried Schmidt – Screenshots deutscher Software; sowie die Abbildungen:
	Monitore S. 44, HDR S. 120, Burg S. 167, Brushes S. 183, Fische S. 187/188, Lok S. 240
Schriften	ScalaSansPro, Minion Pro, DIN 1451 Engschrift
Satz und Layout	Inka-Gabriela Schmidt und Universitätsdruckerei H. Schmidt, Mainz
Lektorat	Karoline Deißner, Beratung: Alle Mitarbeiterinnen und Mitarbeiter
	der Universitätsdruckerei H. Schmidt, Mainz
Papier	Multiart Silk 130 g/m²
Druck und Buchbinderei	Fälth & Hässler, Värnamo, Schweden, www.foh.se

Alle Rechte vorbehalten. Dieses Buch oder Teile dieses Buches dürfen nicht
ohne die schriftliche Genehmigung des Verlags vervielfältigt,
in Datenbanken gespeichert oder in irgendeiner Form übertragen werden.

Verlag Hermann Schmidt Mainz
Robert-Koch-Straße 8
55129 Mainz
Tel. 06131|506030
Fax 06131|506080
info@typografie.de
www.typografie.de

ISBN 978-3-87439-731-5
Printed in Sweden